Taschenbuch der Chemie

H Hauptgruppe, **N** Nebengruppe
Über dem Symbol jedes Elements Ordnungszahl und relative Atommasse, darunter Elementname, daneben Elektronegativität (nach Pauling)
( ) Massenzahl des stabilsten Isotops

pe	6. Gruppe		7. Gruppe		8. Gruppe			
N	H	N	H	N	N			H
								2 4,00 **He Helium
	8 15,99 3,5 O Sauerstoff		9 19,00 4,0 F Fluor					10 20,18 Ne Neon
	16 32,06 2,5 S Schwefel		17 35,45 3,0 Cl Chlor					18 39,95 Ar Argon
3 50,94 V anadium		24 52,00 1,6 Cr Chrom		25 54,94 1,5 Mn Mangan	26 55,85 1,8 Fe Eisen	27 58,93 1,8 Co Cobalt	28 58,69 1,8 Ni Nickel	
	34 78,97 2,4 Se Selen		35 79,90 2,8 Br Brom					36 83,80 Kr Krypton
92,91 Nb Niob		42 95,95 1,8 Mo Molybdän		43 (97,9) 1,9 Tc Technetium	44 101,07 2,2 Ru Ruthenium	45 102,91 2,2 Rh Rhodium	46 106,42 2,2 Pd Palladium	
	52 127,60 2,1 Te Tellur		53 126,90 2,5 I Iod					54 131,29 Xe Xenon
180,95 Ta Tantal		74 183,84 1,7 W Wolfram		75 186,21 1,9 Re Rhenium	76 190,23 2,2 Os Osmium	77 192,22 2,2 Ir Iridium	78 195,08 2,2 Pt Platin	
	84 (209) 2,0 Po Polonium		85 (210) 2,2 At Astat					86 (222) Rn Radon
5 (270) Db ubnium		106 (269) Sg Seaborgium		107 (270) Bh Bohrium	108 (270) Hs Hassium	109 (278) Mt Meitnerium	110 (281) Ds Darmstadtium	
	116 (293) Lv Livermorium		117 (293) Ts Tenness					118 (294) Og Oganesson

162,50 Dy sprosium	67 164,93 1,2 Ho Holmium	68 167,26 1,2 Er Erbium	69 168,93 1,2 Tm Thulium	70 173,05 1,1 Yb Ytterbium

(251) Cf ifornium	99 (252) 1,3 Es Einsteinium	100 (257) 1,3 Fm Fermium	101 (258) 1,3 Md Mendelevium	102 (259) 1,3 No Nobelium

Stellung des Heliums
* He nach dem Atombau
** He nach den Eigenschaften

EUROPA LEHRMITTEL

Edition Harri Deutsch

Taschenbuch der Chemie

von

Dr. Karl-Heinz Lautenschläger
Prof. Dr. Wolfgang Weber

22., vollständig überarbeitete Auflage

VERLAG EUROPA-LEHRMITTEL · Nourney, Vollmer GmbH & Co. KG
Düsselberger Straße 23 · 42781 Haan-Gruiten

Europa-Nr.: 57624

Autoren:
Studiendirektor Dr. Karl-Heinz Lautenschläger †
Dresden

Professor Dr. Wolfgang Weber
Fakultät für Angewandte Geistes- und Naturwissenschaften
Hochschule Augsburg
wolfgang.weber@hs-augsburg.de

22., vollständig überarbeitete Auflage 2018
Druck 5 4 3 2 1

ISBN 978-3-8085-5763-1

http://www.europa-lehrmittel.de
Satz: Satzherstellung Dr. Naake, 09618 Brand-Erbisdorf
Umschlaggestaltung: braunwerbeagentur, 42477 Radevormwald
Druck: CPI | Ebner & Spiegel, 89075 Ulm

Vorwort zur 22. Auflage

Das Periodensystem lebt

Die UN haben 2019 zum Jahr des Periodensystems ausgerufen. Das gibt Anlass, wieder einmal über dessen Bedeutung zum Verständnis der Chemie nachzudenken.

Da sind zum einen die recht kurzlebigen neuen Elemente der vergangenen Jahre – zuletzt 113 Nh Nihonium, 115 Mc Moscovium, 117 Ts Tenness(ine) und 118 Og Oganesson – mit denen die 7. Periode nun abgeschlossen ist und die natürlich auch im vorliegenden Taschenbuch der Chemie ergänzt wurden. Man darf aber gespannt sein auf die 8. Periode, in der nach theoretischen Voraussagen wieder stabilere Elemente vorkommen sollten.

Zum anderen wies mein Coautor Dr. Lautenschläger auf die bisher unbefriedigende Stellung der Lanthanoiden und Actinoiden im Periodensystem hin und schlug vor, diese beiden Reihen im Langperiodensystem direkt nach der zweiten Gruppe einzuordnen. Damit stehen erst Lutetium und Lawrencium, ab denen die 5d- bzw. 6d-Elektronen systematisch eingebaut werden, in der dritten Gruppe unter Scandium und Yttrium. In dieser Form verwendet das vorliegende Taschenbuch der Chemie das Periodensystem. Der Argumentation schloss sich auch der RÖMPP an [Roe2018]. Die **I**nternational **U**nion of **P**ure and **A**pplied **C**hemistry (IUPAC) umgeht die Schwierigkeit der Eingruppierung, indem sie alle Lanthanoiden und Actinoiden in einem verkürzten Periodensystem in die dritte Gruppe einordnet.

Das Periodensystem „lebt" also auch 150 Jahre nach seiner Einführung durch MEYER und MENDELEJEW und gibt Stoff für Diskussionen!

Die Chemie entwickelt sich weiter

Ebenso lebt die Chemie und gewinnt in allen Lebensbereichen rasant immer weiter an Bedeutung.

- Nicht mehr nur einige bekannte, sondern nahezu alle Elemente des Periodensystems werden für High-Tech-Produkte verwendet.
- Die Rohstoffbasis der organischen Chemie verlagert sich allmählich von Erdöl und Kohle auf nachwachsende Rohstoffe und damit auf andere Plattformchemikalien und Verfahren als bisher.
- Katalysatoren verhelfen zu immer effizienteren und energiesparenderen Synthesen.
- Die Materialwissenschaften und die Biochemie boomen! Elektromobilität steht und fällt mit potenten Akkusystemen – hier ist die Elektrochemie gefordert.
- Bauten wie der Burj Khalifa Tower in Dubai oder die Brücke über den großen Belt zwischen Dänemark und Schweden wären ohne sichere bauchemische Kenntnisse und Produkte nicht denkbar – um nur einige Schlaglichter zu nennen.

Das TBC bleibt aktuell

Dieser Entwicklung trägt in der Ausbildung die gestiegene Bedeutung der Chemie innerhalb der MINT-Fächer (Mathematik, Informatik, Naturwissenschaften, Technik) Rechnung. Aufgabe des *Taschenbuchs der Chemie* („TBC") ist es hierbei, dem Leser/der Leserin einen pädagogisch fundierten Leitfaden der allgemeinen, anorganischen und organischen Chemie an die Hand zu geben. Die wichtigen Grundlagen werden verständlich und trotzdem sehr exakt erklärt.

Die 22. Auflage ist gründlich überarbeitet: sie wurde auf den aktuellen Stand gebracht, vermeidet inzwischen veraltete Begriffe und ist in ihrer Darstellung moderner. Der besseren und schnelleren Übersicht dient auch die Verwendung einer zweiten Farbe in Text und Abbildungen. Detailaspekte lassen sich leicht „googlen", aber nur mit einem fundierten Grundwissen kann man sie richtig einordnen und anwenden!

Das „TBC“ ist für jeden Sachverhalt stufenweise in die Tiefe gehend aufgebaut – vom einfachen Einstieg bis zu den komplexeren Aspekten – und ermöglicht so eine unterschiedlich tiefe Beschäftigung mit den einzelnen Themen. Das „TBC“ wächst mit dem Wissen des Lesers/der Leserin mit. Viele Querverweise und Beispiele – im Text durch ▲ gekennzeichnet – erleichtern es, einen Aspekt richtig einzuordnen.

Es eignet sich daher

- für Lernende an Gymnasien und berufsbildenden Einrichtungen
- für Studierende an Hochschulen mit Chemie als Grundlagenfach
- als Handbuch für Berufstätige
- als Leitfaden für Dozenten

Danksagungen

Das Taschenbuch der Chemie wurde von meinem sehr geschätzten Coautor Dr. paed. habil. Karl-Heinz Lautenschläger, Dresden, zusammen mit Werner Schröter (†), Leipzig, bereits 1963 begründet. Leider verstarb Dr. Lautenschläger nach Fertigstellung der 21. Auflage. Da ich das „Taschenbuch“ seit fünfzehn Jahren als Autor begleite, ist es mir eine große Ehre, es in seinem Sinn weiterführen zu dürfen. Ich danke ihm für viele befruchtende fachliche Diskussionen.

Weiterhin danke ich herzlich für Beiträge und wertvolle Diskussionen: Dr. Karl-Heinz Ehrhardt (†), Rehling; Prof. Dr. Günter E. Jeromin, Aachen; Dr. Thomas Kast, Stuttgart (Übernahme des hier verwendeten Periodensystems in den RÖMPP); Prof. Dr. Friedhelm Kober, Darmstadt (Darstellung der NaCl-Struktur); Prof. Dr. Holger Kohlmann, Leipzig; Martina Meitinger, Augsburg; Prof. Dr. Ulrich E. Steiner, Konstanz (Elektrochemie); Prof. Dr. Peter Tautzenberger, Augsburg (Kennzeichnung der Stähle und NE-Metalle); Prof. Dr. Dirk Volkmer, Augsburg (MOF’s).

Eine sehr große Hilfe war mir die stets kompetente und äußerst angenehme Zusammenarbeit mit Herrn Dipl.-Phys. Klaus Horn im Lektorat des Verlags, der immer ein offenes Ohr für neue Vorschläge hatte – herzlichen Dank dafür! Zu großem Dank verpflichtet bin ich auch Dr. Steffen Naake, der wie in den vorangegangenen Auflagen mit großer Sorgfalt den wissenschaftlichen Satz ausführte.

Augsburg, im August 2018 Wolfgang Weber

Sehr gerne nehmen Autor und Verlag Anregungen und Hinweise zum Inhalt entgegen:

Autor und Verlag Europa-Lehrmittel
Nourney, Vollmer GmbH & Co. KG
Düsselberger Str. 23
42781 Haan-Gruiten
lektorat@europa-lehrmittel.de
http://www.europa-lehrmittel.de

Inhaltsverzeichnis

Allgemeine Chemie

Anorganische Chemie

Organische Chemie

Anhang

Allgemeine Chemie

1 Chemische Grundbegriffe

Die Chemie ist die Lehre von den Stoffen und den stofflichen Veränderungen.

Gegenstand der Wissenschaft Chemie sind die Gesetzmäßigkeiten, die die Bildung von Verbindungen aus den Elementsubstanzen, die Umwandlung von Verbindungen in andere Verbindungen und den Zerfall von Verbindungen in Elementsubstanzen bestimmen.

Die Chemie untersucht und beschreibt diese Vorgänge

- sowohl im Bereich der *Stoffe*, also der wägbaren Mengen,
- als auch im Bereich der reagierenden *Teilchen*, also der Atome, Moleküle und Ionen.

Beide werden auch als

- *Makrobereich* und
- *Mikrobereich*

gegenübergestellt.

Indem die chemische Wissenschaft Erscheinungen im Makrobereich auf Vorgänge in dem der Beobachtung nicht unmittelbar zugänglichen Mikrobereich zurückführt und daraus Schlussfolgerungen für den Makrobereich zieht, trägt sie ständig zur Erweiterung unserer Naturerkenntnis bei.

In diesem Taschenbuch werden durchgängig die *stoffbezogene* Betrachtungsebene und die *teilchenbezogene* Betrachtungsebene gegenübergestellt und in Beziehung gesetzt, wobei kurz von

- **stofflicher Betrachtungsebene** und
- **atomarer Betrachtungsebene**

gesprochen wird.

1.1 Stoffe

Die *Chemie* beschäftigt sich mit den *Stoffen*, die *Physik* (unter anderem) mit *Körpern* und *Feldern*.

- *Stoffe* bestehen aus Teilchen, sie sind *korpuskular*[1].
- *Felder* sind *kontinuierlich*[2].

  ▲ elektromagnetisches Feld, Gravitationsfeld

- *Körper* bestehen aus Stoffen. Jeder Körper hat eine bestimmte *Masse* und – bei einer bestimmten Temperatur und einem bestimmten Druck – ein bestimmtes *Volumen*.
- *Reine Stoffe* haben – bei einer bestimmten Temperatur und einem bestimmten Druck – eine bestimmte *Dichte*.

$$\text{Dichte} = \frac{\text{Masse}}{\text{Volumen}} \qquad \varrho = \frac{m}{v} \qquad (1\text{-}1)$$

Die Anzahl der Stoffe ist unerschöpflich. Ständig werden neue Stoffe entdeckt oder künstlich erzeugt.

Ein Stoff kann an seinen spezifischen Eigenschaften erkannt und von anderen Stoffen unterschieden werden. Zu den charakteristischen Eigenschaften eines chemisch einheitlichen Stoffes gehören – neben der Dichte – unter anderem Schmelzpunkt und Siedepunkt, Löslichkeit und elektrische Leitfähigkeit, im festen Zustand auch die Kristallstruktur.

---

[1] *corpusculum* (lat.) Körperchen
[2] *continuus* (lat.) ununterbrochen, stetig

Im Prinzip können alle Stoffe in den **Aggregatzuständen fest, flüssig** und **gasförmig** auftreten. Bei Eis, Wasser und Wasserdampf handelt es sich um den gleichen Stoff *Wasser*. Der Aggregatzustand an sich ist also nicht charakteristisch für einen Stoff, sondern nur der Aggregatzustand, den der Stoff bei einer bestimmten Temperatur (z. B. bei Zimmertemperatur) hat. Im festen Zustand haben die meisten Stoffe *Kristallgitter* (↑ S. 145), d. h. eine bestimmte innere Struktur. Daneben können Stoffe *amorph*[1] oder *glasartig*[2] auftreten.

Ein **Kristall** ist ein Festkörper mit einer bestimmten *äußeren* Gestalt, die auf einer bestimmten *inneren* Gestalt, d. h. auf einer regelmäßigen Anordnung seiner Bausteine (Atome, Ionen, Moleküle) beruht. Es gehört zu den charakteristischen Merkmalen eines Stoffes, dass er Kristalle von bestimmter Struktur bilden kann. Manche Stoffe treten – je nach den herrschenden Bedingungen – in mehreren *Modifikationen* (Erscheinungsformen) von unterschiedlicher Kristallstruktur auf (z. B. rhombischer und monokliner Schwefel (↑ 16.3.2), Kohlenstoff als Graphit, Diamant (↑ 14.2.2.1) und Fullerene).

1.2 Chemische Reaktionen

Vorgänge, bei denen neue Stoffe entstehen, werden als *chemische Reaktionen* bezeichnet.

Diese neuen Stoffe heißen *Reaktionsprodukte*. Sie unterscheiden sich in ihren Eigenschaften mehr oder weniger deutlich von den *Ausgangsstoffen* (auch Edukte genannt), aus denen sie hervorgegangen sind.

Ausgangsstoff(e) → **Reaktionsprodukt(e)**
Edukte ***Produkte***

▲ $2\,Mg$	+	O_2	→	$2\,MgO$
Magnesium		Sauerstoff		Magnesiumoxid
(silberweißes Metall)		(farbloses Gas)		(weißes Pulver)

Chemische Reaktionen sind stets von physikalischen Vorgängen begleitet (Abgabe oder Aufnahme von Wärme und Arbeit, Änderung des Aggregatzustandes, der Farbe u. a.) und meist nur an diesen physikalischen Vorgängen zu erkennen.

Die chemischen Reaktionen stehen in der Natur zwischen den physikalischen und den kernphysikalischen Vorgängen.

Bei **physikalischen Vorgängen** bleiben die beteiligten Stoffe mit ihren charakteristischen Eigenschaften erhalten; es kann aber die äußere Form oder der Aggregatzustand dieser Stoffe verändert werden.

▲
- die spanende Formung (Hobeln, Drehen, Fräsen, Sägen u. a.);
- die spanlose Formung (Pressen, Biegen, Ziehen, Tiefziehen u. a.);
- das Zerkleinern (Mahlen, Zerstäuben u. a.);
- das Mischen (Verrühren, Zusammenschmelzen, Auflösen u. a.);
- das Trennen (Dekantieren, Filtrieren, Zentrifugieren, Destillieren u. a.);
- die Veränderungen des Aggregatzustandes (Schmelzen und Erstarren, Verdampfen bzw. Sieden und Kondensieren, Sublimieren).

---

[1] gestaltlos von *morphe* (grch.) Gestalt; a verneinende Vorsilbe; *amorphe* Stoffe entstehen aus Lösungen (z. B. Silicagel (↑ 14.3.4)), aus dem Dampfzustand (z. B. Schwefelblüte (↑ 16.3.2)), durch Reaktion zwischen Gasen (z. B. Ruß (↑ 14.2.2.1) aus der unvollständigen Verbrennung von Methan) oder durch Zerteilen von Feststoffen (z. B. in Kolloidmühlen oder durch Neutronenstrahlen). Zwischen kristallinen und amorphen Stoffen ist mittels der Röntgenspektroskopie zu unterscheiden. Charakteristisch für die amorphen Stoffe ist die große Oberfläche der Teilchen, woraus sich eine hohe Adsorptionswirkung ergibt. Vielfach erweisen sich als amorph bezeichnete Stoffe als mikrokristallin (z. B. Ruß).

[2] *Gläser* sind Stoffe, die aus der Schmelze erstarrt sind, ohne zu kristallisieren. Sie haben im Unterschied zu den kristallinen Stoffen keinen bestimmten Schmelzpunkt. Charakteristisches Merkmal von Gläsern ist deren Sprödigkeit. (Mitunter wird der Begriff „amorphe Stoffe“ so weit gefasst, dass er auch die Gläser einschließt.)

Bei den **chemischen Reaktionen** entstehen neue Stoffe, aber keine neuen Elemente (↑ S. 7). In den Atomen der beteiligten Elemente kommt es zu Veränderungen der *Elektronenhülle* (↑ Kap. 5).

Bei den **kernphysikalischen Vorgängen** (Kernreaktionen) entstehen neue Elemente, da Veränderungen in den *Atomkernen* der beteiligten Elemente auftreten [1)].

Mittels **chemischer Reaktionen** sind wir in der Lage, aus vorhandenen Stoffen neue Stoffe zu gewinnen. Dabei kann es sich um Stoffe handeln, die in der Natur nicht in den benötigten Mengen vorkommen (z. B. Stickstoffdüngemittel), aber auch um Stoffe, die es in der Natur gar nicht gibt (z. B. die Sulfonamide und andere synthetische Arzneimittel oder Polyethen und andere Kunststoffe).

Mit der Erzeugung neuer Stoffe bietet die Chemie den Menschen die Möglichkeit, ihre Bedürfnisse besser zu befriedigen. Leider schließt das aber auch die Gefahr des Missbrauchs chemischer Erkenntnisse für militärische Zwecke und der Verantwortungslosigkeit gegenüber der Umwelt ein. Bei der Behandlung einzelner Stoffe in den Teilen Anorganische Chemie und Organische Chemie wird auf ökologische Aspekte eingegangen.

1.3 Reine Stoffe und Stoffgemische

Bei den Stoffen wird zwischen *reinen Stoffen* und *Stoffgemischen* unterschieden.

Gemische (auch als *Mischungen* bezeichnet) bestehen aus zwei oder mehr reinen Stoffen. In einem Gemisch sind die charakteristischen Eigenschaften der reinen Stoffe, aus denen es sich zusammensetzt, erhalten.

Gemische (Tabelle 1-1) unterteilt man in

- *homogene* (einheitliche) Gemische und
- *heterogene* (uneinheitliche) Gemische.

Bei **homogenen Gemischen** sind die einzelnen Bestandteile weder mit bloßem Auge noch mithilfe eines Mikroskops zu erkennen. Homogene Gemische sind die *Gasgemische*, die *echten Lösungen* (↑ S. 20) und die in Form von Mischkristallen vorliegenden *Legierungen* (↑ S. 154).

Bei **heterogenen Gemischen** sind – unter Umständen nur mithilfe eines Mikroskops – bestimmte Bereiche zu unterscheiden, die durch Grenzflächen voneinander getrennt sind. Ein solcher in sich homogener Bereich wird als **Phase** bezeichnet.

- **Homogene Gemische bestehen aus einer Phase.**
- **Heterogene Gemische bestehen aus zwei oder mehr Phasen.**

Beim Begriff **Phase** begegnen uns erstmals die eingangs erwähnten zwei Betrachtungsebenen (↑ S. 2). Die *homogenen Gemische* bestehen in der stofflichen Betrachtungsebene (Makrobereich) aus *einer* Phase. Gehen wir zum Mikrobereich über, so müssen wir sagen: In einem homogenen Gemisch ist (mindestens) eine Phase in einer anderen Phase so fein verteilt, dass Phasengrenzflächen nicht mehr erkennbar sind. Dabei wird zwischen *Dispersionsmittel* (Verteilungsmittel) und *disperser Phase* (verteiltem Stoff) unterschieden. Disperse Phase und Dispersionsmittel bilden ein *disperses System* (↑ S. 19). Homogene Gemische sind demnach nur scheinbar homogen und in Wirklichkeit mikroheterogen.

---

1) Literatur: [Sto2018] Kernphysik

Tabelle 1-1: *Arten von Gemischen*

Aggregatzustände der Bestandteile vor Bildung des Gemisches	homogene Gemische (homogene Systeme)	heterogene Gemische (heterogene Systeme)
fest – fest	mischkristallbildende Legierungen (z. B. Messing, Bronze)	Gesteine (z. B. Granit) Erze mit Gangart
fest – flüssig	echte Lösungen (z. B. Salzlösungen)	**fest in flüssig** Suspensionen, Aufschlämmungen (z. B. Lehm in Wasser) kolloide Lösungen **flüssig in fest** (z. B. Wasser in Lehm)
fest – gasförmig	z. B. Wasserstoff in Metallen (Platin, Palladium, Stahl)	**fest in gasförmig** Rauch, Staub **gasförmig in fest** poröses Material (z. B. Ziegelsteine, Bimsstein)
flüssig – flüssig	echte Lösungen (z. B. Essig, das ist Essigsäure in Wasser)	Emulsionen (z. B. in der Milch: Fetttröpfchen in Wasser)
flüssig – gasförmig	echte Lösungen (z. B. Selterswasser: Kohlenstoffdioxid in Wasser)	**flüssig in gasförmig** Nebel (z. B. Wasser in Luft) **gasförmig in flüssig** Schaum
gasförmig – gasförmig	Da sich alle Gase unbegrenzt mischen, handelt es sich bei allen Gasgemischen um homogene Gemische.	

Mittels **physikalischer Trennverfahren** lassen sich Gemische in ihre Bestandteile, d. h. in die reinen Stoffe, zerlegen. Tabelle 1-2 gibt einen Überblick über die physikalischen Trennverfahren.

Als **reine Stoffe** werden alle Stoffe bezeichnet, die durch *physikalische* Trennverfahren

- weder in andere Stoffe zerlegt werden können,
- noch eine Änderung ihrer physikalischen Eigenschaften, wie Schmelzpunkt, Siedepunkt und Dichte, erfahren.

Bei den reinen Stoffen ist zu unterscheiden zwischen *chemischen Verbindungen* (↑ 1.5) und *Elementsubstanzen* (↑ 1.4).

Zu den Unterschieden zwischen *Gemisch* und *Verbindung* siehe Tabelle 1-4.

Absolut reine Stoffe gibt es nicht. So enthält z. B. Reinstaluminium immer noch 0,001 % Verunreinigungen. Der **reine Stoff** ist also eine *Abstraktion*. Wenn von einem bestimmten Stoff (z. B. Sauerstoff oder Aluminium) die Rede ist, bedient sich die Chemie im Allgemeinen dieser Abstraktion, d. h., man vernachlässigt Verunreinigungen, die der betreffende Stoff in einem konkreten Fall aufweisen kann. Werden theoretische Überlegungen in die Praxis des chemischen Labors oder der chemischen Produktion übertragen, müssen diese Verunreinigungen berücksichtigt werden, da sie oft die Eigenschaften eines Stoffes stark beeinflussen.

Tabelle 1-2: *Wichtige physikalische Trennverfahren*

Aggregatzustände der Bestandteile des zu trennenden Gemisches	Physikalische Eigenschaft, die zum Trennen ausgenutzt wird	Trennverfahren
fest – fest z. B. Erze mit Gangart, Kalirohsalze	Dichte	Schlämmen und Sedimentieren (Absetzen)
	Benetzbarkeit	Flotation (Schaumschwimmverfahren)
	Teilchengröße	Sieben (Klassieren)
	Löslichkeit	Extrahieren (Herauslösen)
	Magnetismus	Magnetscheiden
fest – flüssig Suspensionen, Aufschlämmungen	Dichte	Sedimentieren und Dekantieren (Abgießen der Flüssigkeit vom Bodenkörper), Zentrifugieren
	Siedepunkt	Abdampfen, Destillieren, Trocknen
	Teilchengröße	Filtrieren
echte Lösungen	Löslichkeit	Eindampfen, Auskristallisieren
fest – gasförmig Staub, Rauch	Dichte	Sedimentieren, Zyklonieren
	Teilchengröße	Filtrieren
	elektrische Ladung	Elektrofiltrieren
flüssig – flüssig z. B. Öl in Wasser Alkohol in Wasser	Dichte	Absetzenlassen (z. B. im Scheidetrichter, im Ölabscheider) Zentrifugieren
	Siedepunkt	Destillieren
	Löslichkeit	Extrahieren (Herauslösen)
flüssig – gasförmig Nebel, Schaum, Gas in Flüssigkeit	Dichte	Sedimentieren, Zyklonieren
	Löslichkeit	Abtreiben des Gases (durch Temperaturerhöhung), Auswaschen (mittels einer anderen Flüssigkeit)
gasförmig – gasförmig	Kondensationspunkt	Kondensieren
	Absorbierbarkeit	Absorption (Aufsaugen)
	Adsorbierbarkeit	Adsorption (Anlagern an der Oberfläche)
	Teilchengröße	Diffusion (z. B. für Isotopentrennung)
	Masse	Zentrifugieren (z. B. Gaszentrifuge für Isotopentrennung)

Tabelle 1-3: *Einteilung der Stoffe*

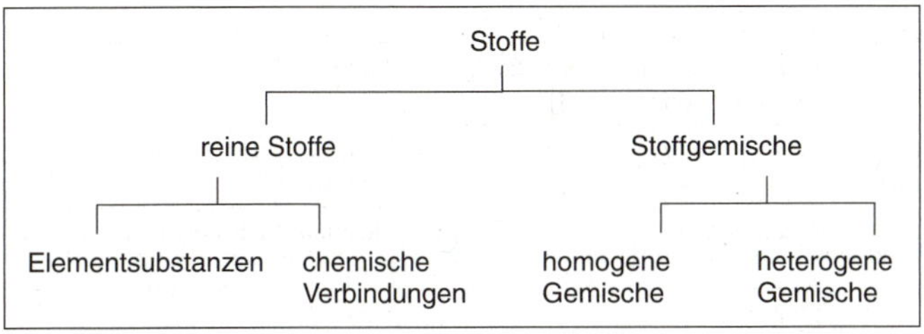

Tabelle 1-4: *Unterschiede zwischen Gemisch und chemischer Verbindung*

Gemisch	Chemische Verbindung
Ein Gemisch entsteht durch **physikalische Vorgänge** (Mischen von Stoffen).	Eine chemische Verbindung entsteht aus den Elementsubstanzen durch eine **chemische Reaktion.**
Die **Eigenschaften** der reinen Stoffe (Elementsubstanzen, Verbindungen), aus denen sich das Gemisch zusammensetzt, **bleiben erhalten.**	Chemische Verbindungen weisen *nicht* die **Eigenschaften** der Elementsubstanzen auf, die ihnen zugrunde liegen.
In einem Gemisch können die beteiligten reinen Stoffe (Verbindungen, Elementsubstanzen) in einem **beliebigen Massenverhältnis** vorliegen.	In einer chemischen Verbindung liegen die beteiligten Elemente stets in einem **bestimmten Massenverhältnis** vor.
Ein Gemisch kann mit **physikalischen Trennverfahren** in seine Bestandteile (reine Stoffe) zerlegt werden.	Chemische Verbindungen lassen sich nur mittels **chemischer Reaktionen** (Analyse) in Elementsubstanzen zerlegen.

1.4 Elemente und Elementsubstanzen

Der Begriff „Element" wurde bisher

- sowohl auf der *atomaren* Betrachtungsebene
- als auch auf der *stofflichen* Betrachtungsebene

chemischer Sachverhalte angewandt.

▲ Die Elemente Natrium und Chlor reagieren miteinander unter Bildung der Verbindung Natriumchlorid (*stoffliche* Betrachtungsebene; gemeint sind Natriummetall und Chlorgas).
Natriumchlorid enthält die Elemente Natrium und Chlor (*atomare* Betrachtungsebene; Kochsalz enthält *nicht* Natriummetall und Chlorgas).

Klarer ist es daher, zwischen der atomaren und der stofflichen Betrachtungsebene auch *begrifflich* zu unterscheiden. Dabei ist

- in der atomaren Betrachtungsebene von *Element*,
- in der stofflichen Betrachtungsebene von *Elementsubstanz* zu sprechen.

Ein Element ist eine Atomart mit einer bestimmten Kernladungszahl (↑ 3.3).

▲ Das Element Natrium ist die Atomart mit der Kernladungszahl 11.
Das Element Chlor ist die Atomart mit der Kernladungszahl 17.

Eine Elementsubstanz ist ein Stoff, der nur aus einer Atomart besteht.

▲ Natriummetall besteht aus Atomen mit der Kernladungszahl 11.
Chlorgas besteht aus Atomen mit der Kernladungszahl 17.

Die chemischen *Elemente* (*Atomarten*) sind in Tafel 3 im Anhang nach steigenden Kernladungszahlen geordnet. Dieses natürlichen Ordnungsprinzips wegen wird die Kernladungszahl auch **Ordnungszahl** genannt. Statt von *Elementsubstanzen* spricht man oft auch einfach von Elementen gesprochen. Um welche Betrachtungsebene es sich handelt, muss aus dem Textzusammenhang erschlossen werden.

Die **Häufigkeit**, mit der die *Elementsubstanzen* in der Natur auftreten, ist sehr unterschiedlich. Für die Zusammensetzung der *Erdhülle* liegen wohlbegründete Schätzungen vor.

Zur **Erdhülle** werden gerechnet:

- die *Lithosphäre* (Gesteinshülle) bis zu einer Tiefe von 17 km (**Erdkruste** genannt),
- die *Hydrosphäre* (Wasserhülle) und
- die *Atmosphäre* (Lufthülle) bis zu einer Höhe von 15 km.

Das Bild 1-1 zeigt die Anteile der häufigsten Elementsubstanzen an der **Erdhülle**. Den größten Anteil haben:

- *Sauerstoff* (mit rund der Hälfte) und
- *Silicium* (mit rund einem Viertel).

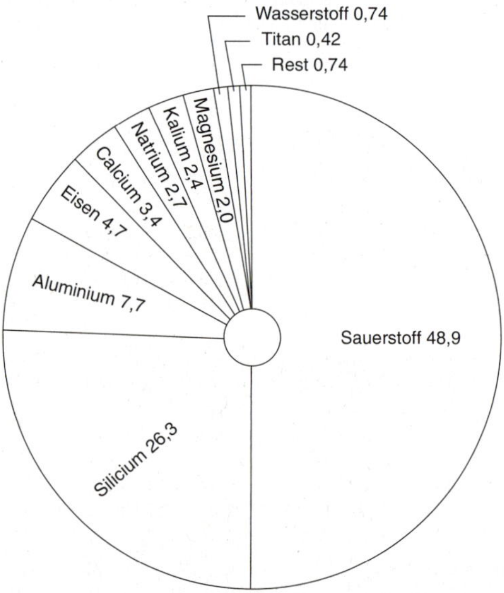

Bild 1-1: *Häufigkeit der Elementsubstanzen in der Erdhülle (Massenanteil in %)*

Zusammen mit den Elementsubstanzen *Aluminium*, *Eisen*, *Calcium*, *Natrium*, *Kalium*, *Magnesium*, *Titan* und *Wasserstoff* bilden sie mehr als 99 % der *Erdhülle*.

Aber auch die *künstlich* erzeugten *radioaktiven* Elementsubstanzen *Neptunium* (93), *Plutonium* (94), *Francium* (87), *Promethium* (61), *Technetium* (43) und *Astat* (84) wurden inzwischen in äußerst geringen Mengen in *natürlichen* radioaktiven Zerfallsprodukten gefunden (Reihenfolge in der vermuteten Häufigkeit).

Tabelle 1-4: *Massenanteile der Elementsubstanzen an der Erdkruste*[1)]

Um zu überschaubaren Zahlenwerten zu kommen, wurde die Tabelle nach abnehmenden Masseeinheiten gestaffelt. Alle übrigen Elementsubstanzen sind mit weniger als 1 µg/kg in der Erdkruste enthalten.

Lfd. Nr.	Element	OZ	Massenanteil
1	Sauerstoff	8	467,6 g/kg
2	Silicium	14	278,6 g/kg
3	Aluminium	13	81,6 g/kg
4	Eisen	26	50,2 g/kg
5	Calcium	20	36,4 g/kg
6	Natrium	11	28,4 g/kg
7	Kalium	19	26,0 g/kg
8	Magnesium	12	21,0 g/kg
9	Titan	22	4,4 g/kg
10	Wasserstoff	1	1,4 g/kg
11	Phosphor	15	1,0 g/kg
12	Mangan	25	950 mg/kg
13	Fluor	9	625 mg/kg
14	Barium	56	425 mg/kg
15	Strontium	38	375 mg/kg
16	Schwefel	16	260 mg/kg
17	Kohlenstoff	6	200 mg/kg
18	Zirconium	40	165 mg/kg
19	Vanadium	23	135 mg/kg
20	Chlor	17	130 mg/kg
21	Chrom	24	100 mg/kg
22	Rubidium	37	90 mg/kg
23	Nickel	28	75 mg/kg
24	Zink	30	70 mg/kg
25	Cer	58	60 mg/kg
26	Kupfer	29	55 mg/kg
27	Yttrium	39	33 mg/kg
28	Lanthan	57	30 mg/kg
29	Neodym	60	28 mg/kg
30	Cobalt	27	25 mg/kg
31	Scandium	21	22 mg/kg
32	Stickstoff	7	20 mg/kg
33	Lithium	3	20 mg/kg
34	Niob	41	20 mg/kg
35	Gallium	31	15 mg/kg
36	Blei	82	13 mg/kg
37	Thorium	90	11 mg/kg
38	Bor	5	10 mg/kg
39	Praseodym	59	8,2 mg/kg
40	Samarium	62	6 mg/kg
41	Gadolinium	64	5,4 mg/kg
42	Ytterbium	70	3,4 mg/kg
43	Caesium	55	3 mg/kg
44	Hafnium	72	3 mg/kg
45	Dysprosium	66	3 mg/kg
46	Beryllium	4	2,8 mg/kg
47	Erbium	68	2,8 mg/kg
48	Brom	35	2,5 mg/kg
49	Zinn	50	2 mg/kg
50	Tantal	73	2 mg/kg
51	Arsen	33	1,8 mg/kg
52	Uran	92	1,8 mg/kg
53	Germanium	32	1,5 mg/kg
54	Wolfram	74	1,5 mg/kg
55	Molybdän	42	1,5 mg/kg
56	Holmium	67	1,2 mg/kg
57	Europium	63	1,2 mg/kg
58	Terbium	65	0,9 mg/kg
59	Thallium	81	0,5 mg/kg
60	Iod	53	0,5 mg/kg
61	Lutetium	71	0,5 mg/kg
62	Thulium	69	0,5 mg/kg
63	Antimon	51	0,2 mg/kg
64	Bismut	83	0,2 mg/kg
65	Cadmium	48	0,2 mg/kg
66	Indium	49	0,1 mg/kg
67	Quecksilber	80	80 µg/kg
68	Silber	47	70 µg/kg
69	Selen	34	50 µg/kg
70	Palladium	46	10 µg/kg
71	Platin	78	10 µg/kg
72	Ruthenium	44	10 µg/kg
73	Tellur	52	10 µg/kg
74	Osmium	76	5 µg/kg
75	Rhodium	45	5 µg/kg
76	Gold	79	4 µg/kg
77	Iridium	77	1 µg/kg
78	Rhenium	75	1 µg/kg

1) Literatur: [HoWi2011]

1.5 Elementsubstanzen und Verbindungen

Die Atomart geht auch in die Definition der chemischen Verbindung ein.

Chemische Verbindungen sind Stoffe, die aus mehreren Atomarten bestehen.

▲ Natriumchlorid besteht aus Atomen mit der Kernladungszahl 11 und Atomen mit der Kernladungszahl 17.

Elementsubstanzen lassen sich mittels chemischer Reaktionen *nicht* in andere Stoffe zerlegen. Sie werden daher auch *chemische Grundstoffe* genannt.

Chemische Verbindungen lassen sich – im Prinzip – mittels chemischer Reaktionen *in Elementsubstanzen zerlegen.*

▲ Die Verbindung Quecksilber(II)-oxid, HgO, eine kristalline Substanz, die je nach Korngröße gelb bis rot gefärbt ist, zerfällt beim Erhitzen in zwei Elementsubstanzen, in das flüssige Quecksilbermetall, Hg, und in gasförmigen Sauerstoff, O_2.

Chemische Verbindungen lassen sich – im Prinzip – durch chemische Reaktionen *aus Elementsubstanzen gewinnen.*

▲ Die Elementsubstanzen Natrium, Na, und Chlor, Cl_2, reagieren miteinander, wobei die Verbindung Natriumchlorid, NaCl, entsteht.

In einer chemischen Verbindung sind die Eigenschaften der Elementsubstanzen, die ihr zugrunde liegen, *nicht* erhalten.

▲ Natriumchlorid reagiert weder mit Wasser (wie das Natriummetall), noch ist es giftig (wie das Chlorgas).

Die Beziehung zwischen Elementsubstanzen und chemischen Verbindungen gibt folgende allgemeine Gleichung wieder:

$$\textbf{Elementsubstanz + Elementsubstanz} \underset{\textbf{Analyse}}{\overset{\textbf{Synthese}}{\rightleftharpoons}} \textbf{Verbindung} \qquad (1\text{-}2)$$

▲ $2\,Hg + O_2 \rightleftharpoons 2\,HgO$
Quecksilber, Sauerstoff, Quecksilberoxid

Diese Reaktion verläuft unterhalb 400 °C von links nach rechts, oberhalb 400 °C von rechts nach links.

Unter **Synthese**[1] versteht man

- die Umsetzung *zweier Elementsubstanzen* zu *einer Verbindung* – in diesem Falle wird von *Elementarsynthese* gesprochen; ein Beispiel ist die Elementarsynthese des Ammoniaks aus Stickstoff und Wasserstoff: $N_2 + 3\,H_2 \rightarrow 2\,NH_3$,
- die Umsetzung vorhandener Verbindungen zu *anderen Verbindungen* – in der chemischen Forschung zu neuen, bisher unbekannten Verbindungen, in der chemischen Produktion zu bekannten Verbindungen in bedarfsgerechten Mengen.

[1] Zusammensetzung; von *syn* (grch.) zusammen und *thesis* (grch.) Setzung

Unter **Analyse**[1] versteht man

- das Ermitteln der Zusammensetzung von *Verbindungen* aus Elementen [in der organischen Chemie als *Elementaranalyse* bekannt; im Allgemeinen entstehen dabei keine Elementsubstanzen] und
- das Ermitteln der Zusammensetzung von *Stoffgemischen*, insbesondere von Lösungen [wobei es in der anorganischen Chemie vor allem um das Ermitteln von Ionen geht].

Es wird unterschieden zwischen

- **qualitativer Analyse**, bei der nur die *Art* der Bestandteile ermittelt wird, und
- **quantitativer Analyse**, bei der ermittelt wird, in welchen *Anteilen* diese Bestandteile vorliegen.

Alle Stoffe, d. h. Elementsubstanzen und Verbindungen, sind aus **Atomen** aufgebaut. Dabei können die Atome *einzeln* vorliegen, zu *Molekülen* (↑ S. 110) verbunden sein, als positiv und negativ elektrisch geladene *Ionen* (↑ S. 141) auftreten oder in *Kristallgittern* (↑ S. 110) angeordnet sein.

Von den *Elementsubstanzen* treten die Edelgase (z. B. Helium, He; Argon, Ar) in Form einzelner *Atome* auf. Die elementaren Gase (z. B. Wasserstoff, H_2; Stickstoff, N_2; Chlor, Cl_2) liegen in Form von *Molekülen* vor. Die Metalle (↑ 5.3) (z. B. Natrium, Na; Aluminium, Al; Eisen, Fe) bilden *Kristallgitter*.

Die *organischen Verbindungen* treten ganz überwiegend als *Moleküle* (z. B. Methan, CH_4; Ethanol, C_2H_5OH), aber auch als Makromoleküle auf (z. B. Stärke, Cellulose).

Von den *anorganischen Verbindungen* liegen die *Salze* (zu denen im weiteren Sinne auch die Metalloxide und -hydroxide gehören) in Form von *Ionen* vor, die im festen Zustand in *Ionengittern* angeordnet sind (z. B. Kaliumcarbonat, K_2CO_3; Aluminiumoxid, Al_2O_3; Calciumhydroxid, $Ca(OH)_2$). Daneben gibt es auch anorganische Verbindungen, die Moleküle bilden (z. B. Wasser, H_2O; Chlorwasserstoff, HCl; Schwefeldioxid, SO_2).

Die Aussage, Moleküle seien die kleinsten Teilchen der chemischen Verbindungen, gilt also nur mit zwei Einschränkungen:

- Nicht alle chemischen Verbindungen bestehen aus Molekülen.
- Auch manche Elementsubstanzen treten in Form von Molekülen auf.

1.6 Chemische Symbole

Für die chemischen Elemente gibt es eine international einheitliche Symbolik, die 1813 von dem schwedischen Chemiker Jöns Jacob Berzelius vorgeschlagen und seither ständig weiterentwickelt wurde.

Jedes Element wird mit einem Symbol gekennzeichnet.

Dieses Symbol besteht aus einem oder zwei lateinischen Buchstaben, von denen der erste groß, der zweite klein geschrieben wird.

▲ Kalium, K; Natrium, Na; Chlor, Cl.

Alphabetisch geordnet sind die Symbole der Elemente in Tafel 1 im Anhang.

Die Symbole bestehen aus dem *Anfangsbuchstaben* und zum Teil einem weiteren – nicht immer dem zweiten – Buchstaben des Namens. Für einige Elemente, die in den verschiedenen Sprachen unterschiedlich benannt werden, haben die Symbole keinen Bezug zum deutschen Namen des Elements.

▲ Quecksilber; engl. mercury, Symbol Hg nach hydrargyrum (griech.-lat.).

---

[1] Zerlegung, Auflösung; von *ana* (grch.) auf und *lysis* (grch.) Lösung

In Tafel 1 sind in diesen Fällen die lateinischen bzw. latinisierten Namen, von denen sich die Symbole ableiten, in Klammern angefügt. Die Symbole der chemischen Elemente werden auch in jenen Sprachen, die sich eines anderen Alphabets bedienen, z. B. im Russischen und Arabischen, mit lateinischen Buchstaben angegeben.

Mit dem Symbol ist – wie mit der Kernladungszahl (Ordnungszahl) – jedes Element eindeutig gekennzeichnet (↑ S. 67).

Die Festlegung der **Symbole** wie die Bestätigung der **Namen neuer** (künstlich erzeugter) **Elemente** erfolgt durch die Internationale Union für Reine und Angewandte Chemie (IUPAC). Bevor eine solche Festlegung erfolgt ist, werden neue Elemente mit zeitweiligen Namen und Symbolen belegt. Diese sind dreigliedrig und leiten sich nach folgendem Schlüssel aus den Ordnungszahlen ab:

	1	2	3	4	5	6	7	8	9	0
Name	*un*	*bi*	*tri*	*quad*	*pent*	*hex*	*sept*	*oct*	*enn*	*nil*
Symbol	u	b	t	q	p	h	s	o	e	n

Alle diese Namen enden auf *-ium*. Siehe hierzu Tafel 3 (↑ S. 854).

1.7 Chemische Formeln

Die chemischen *Symbole* gelten für die *Elemente*.

Verbindungen und *Elementsubstanzen* werden durch – gleichfalls international einheitliche – chemische **Formeln** wiedergegeben, die sich aus den Symbolen zusammensetzen.

▲ Cl ist das *Symbol* für das *Element* Chlor mit der Kernladungszahl 17.
Cl_2 ist die *Formel* für die *Elementsubstanz* Chlor, für das Chlorgas.
HCl und NaCl sind die Formeln für die *Verbindungen* Chlorwasserstoff und Natriumchlorid.

Während sich die *Symbole* stets auf die *atomare* Betrachtungsebene chemischer Sachverhalte beziehen, haben die *Formeln* sowohl auf der *stofflichen* als auch auf der *atomaren* Betrachtungsebene ihre Bedeutung.

Die Formeln sagen zunächst aus,

- um welchen *Stoff* (welche Verbindung, welche Elementsubstanz) es sich handelt[1)],
- aus welchen *Elementen* er aufgebaut ist und
- in welchen *Verhältnissen* diese Elemente dabei auftreten.

Auf der Grundlage von Kenntnissen über die chemische Bindung (↑ Kap. 5) erschließen sich aus den Formeln auch Aussagen zu den *kleinsten Teilchen* dieses Stoffes. Dabei ist nach dem Charakter des Stoffes zu unterscheiden zwischen Molekülsubstanzen, Ionensubstanzen und Metallen.

Bei den **Metallen** ist die *Formel* für die Elementsubstanz gleich dem *Symbol* für das Element.

▲ Na steht also für das Element mit der Kernladungszahl 11 und zugleich für die Elementsubstanz Natrium. In der Gleichung $2\,Na + Cl_2 \rightarrow 2\,NaCl$ steht Na bei den Ausgangsstoffen für Element *und* Elementsubstanz, beim Reaktionsprodukt jedoch nur für das Element.

[1)] Aus der Formel kann auf den *Namen* des Stoffes geschlossen werden, siehe Nomenklatur (↑ Kap. 28).

Bei **Molekülsubstanzen** geben die *Formeln* in der Regel die Zusammensetzung der *Moleküle* nach *Art* und *Anzahl* der *Atome* an.

▲ Die Formel des *Wassers*, H_2O, gibt an, dass

- die Verbindung Wasser aus den Elementen (Atomarten) Wasserstoff und Sauerstoff besteht,
- diese Atomarten dabei im Verhältnis 2:1 vorliegen und
- ein Molekül Wasser aus zwei Atomen Wasserstoff und einem Atom Sauerstoff zusammengesetzt ist.

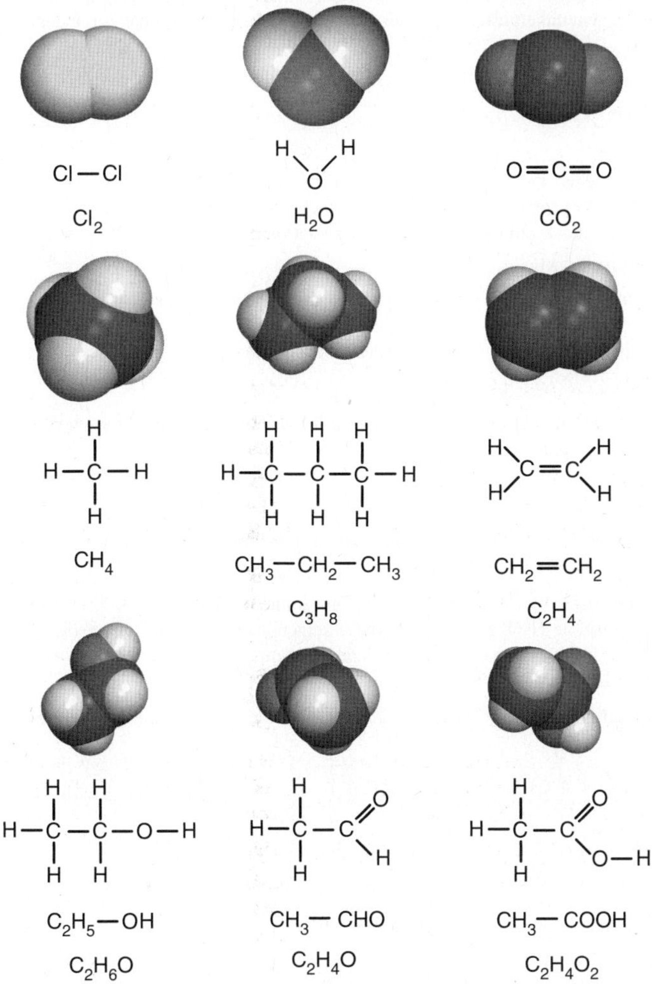

Bild 1-2: *Modelle – Strukturformeln – Summenformeln*

Mitunter werden auch Formeln verwendet, die nur das Verhältnis der Atomarten, aber *nicht* die Zusammensetzung der *Moleküle* wiedergeben.

▲ Die Moleküle des *Phosphorpentaoxids* enthalten 4 Phosphoratome und 10 Sauerstoffatome. Daraus ergibt sich die Formel P_4O_{10}. Manchmal schreibt man statt dessen nur das Elementverhältnis P_2O_5.

Die Formeln der Molekülsubstanzen können Sie – von solchen Ausnahmen abgesehen – als *Modelle* der Moleküle auffassen. Gegenüber Molekülmodellen (Bild 1-2) abstrahieren sie dabei mehr. Da sie nur die *Zusammensetzung* der Moleküle wiedergeben, werden diese Formeln *Bruttoformeln* oder *Summenformeln* genannt und den *Strukturformeln* gegenübergestellt, die den räumlichen Bau der Moleküle zumindest andeuten.

▲ Wassermolekül

Summenformel H_2O Strukturformel 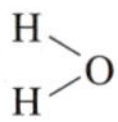

Bei **Ionensubstanzen** (↑ S. 141) geben die *Formeln* lediglich an, in welchem *Verhältnis* die Atomarten vorliegen. Das bezieht sich im festen Zustand auf die Zusammensetzung des *Ionengitters,* gilt aber auch für die Ionen in *Lösung.* Welche Ionen dabei auftreten, ist über die Dissoziationsgleichung (↑ S. 18) zugänglich.

▲ Die Formel des *Magnesiumchlorids*, $MgCl_2$, gibt an, dass

- die Verbindung Magnesiumchlorid aus den Atomarten Magnesium und Chlor besteht,
- diese Atomarten dabei im Verhältnis 1 : 2 vorliegen und somit
- im Ionengitter wie auch in einer (wässrigen) Lösung auf ein Magnesium-Ion, Mg^{2+}, jeweils zwei Chlorid-Ionen, Cl^-, kommen.

Die kleinste Anzahl Ionen, die die Zusammensetzung einer Ionensubstanz wiedergibt, wird **Formeleinheit** genannt.

▲ Die Formeleinheit des Aluminiumoxids ist Al_2O_3. Sie besagt, dass im Kristallgitter des Aluminiumoxids die Aluminiumatome und die Sauerstoffatome im Verhältnis 2 : 3 auftreten.

Der Begriff „Formeleinheit" soll vermeiden, dass von „Molekülen" gesprochen wird, wenn gar keine Moleküle vorliegen.

In den **Summenformeln** (Bruttoformeln) wird die Anzahl *gleicher* Atome innerhalb eines Moleküls oder einer Formeleinheit – wie die Beispiele H_2O, $MgCl_2$ und Al_2O_3 zeigen – durch eine *tief gestellte Ziffer hinter dem Symbol* angegeben. Diese Ziffern heißen auch (Teilchen)-Stöchiometriezahl oder in Anlehnung an die Mathematik Index (Plural: Indices).

Beziehen sich die Indices nicht auf ein einzelnes Atom, sondern auf eine Atomgruppe, werden deren Symbole in Klammern gesetzt.

▲ Calciumhydroxid, $Ca(OH)_2$, das bedeutet, auf ein Calcium-Ion, Ca^{2+}, kommen zwei Hydroxid-Ionen, OH^-. Das Verhältnis von Calcium zu Sauerstoff zu Wasserstoff in dieser Ionensubstanz beträgt 1 : 2 : 2.

Aluminiumsulfat, $Al_2(SO_4)_3$, das bedeutet, auf zwei Aluminium-Ionen, Al^{3+}, kommen drei Sulfat-Ionen, $SO_4{}^{2-}$. Das Verhältnis von Aluminium zu Schwefel zu Sauerstoff in dieser Ionensubstanz beträgt 2 : 3 : 12.

Tricalciumhexahydroxidoaluminat, $Ca_3[Al(OH)_6]_2$ bedeutet ein Elementverhältnis von Calcium zu Aluminium zu Sauerstoff zu Wasserstoff wie 3 : 2 : 12 : 12.

Aufstellen von Summenformeln

1. Schreiben Sie die Symbole der am Aufbau der chemischen Verbindung beteiligten Atome bzw. Atomgruppen (z. B. Säurereste (↑ S. 211)) auf.

Beispiel 1			Beispiel 2		
Aluminiumoxid	Al	O	Calciumphosphat	Ca	PO_4

2. Ermitteln Sie die Wertigkeiten dieser Bestandteile. Diese können Sie aus dem Periodensystem (↑ S. 94) ableiten oder Tabellen entnehmen (siehe auch Bild 5-42 (↑ S. 174)). Geben Sie die Wertigkeiten entweder als Ionenladungen (↑ S. 169) oder als Oxidationszahlen (↑ S. 170) an.

Ionenladungen:	Al^{3+}	O^{2-}	Ca^{2+}	$PO_4{}^{3-}$
Oxidationszahlen:	Al^{+III}	O^{-II}	Ca^{+II}	$PO_4{}^{-III}$

(Diese Wertigkeitsangaben sind *nicht* Bestandteil der Summenformel; nach einiger Übung kann darauf verzichtet werden, sie niederzuschreiben.)

3. Ermitteln Sie das kleinste gemeinsame Vielfache der Wertigkeiten:

   6 | 6

4. Dividieren Sie das kleinste gemeinsame Vielfache durch die Wertigkeit. So erhalten Sie die *Anzahl* der Atome bzw. Atomgruppen, die in der Summenformel als *Stöchiometriezahl* anzugeben ist:

6 : 3 = 2	6 : 2 = 3	6 : 2 = 3	6 : 3 = 2
Al_2O_3		$Ca_3(PO_4)_2$	

1.8 Chemische Gleichungen

Jede *chemische Reaktion* kann man durch eine *chemische Gleichung* wiedergeben. Diese werden auch *Reaktionsgleichungen* genannt. In einer chemischen Gleichung stehen auf der *linken* Seite die *Ausgangsstoffe* (*Edukte*), auf der *rechten* Seite die *Reaktionsprodukte*. Ausgangsstoffe und Reaktionsprodukte werden durch einen Pfeil miteinander verbunden, der die Richtung der Reaktion angibt.

Ausgangsstoffe → Reaktionsprodukte

▲ Fe + S → FeS; Eisen und Schwefel reagieren unter Bildung von Eisensulfid, FeS, wenn die Ausgangsstoffe in Pulverform vorliegen, gut gemischt und dann erhitzt werden.

Eine chemische Gleichung sagt *nichts* darüber aus, unter welchen *Bedingungen* die von ihr wiedergegebene Reaktion abläuft. Im Prinzip sind alle chemischen Reaktionen umkehrbar (↑ S. 178). Soll das in einer chemischen Gleichung zum Ausdruck gebracht werden, wird ein *Doppelpfeil* verwendet:

▲ Ammoniak-Synthese $N_2 + 3H_2 \rightleftharpoons 2NH_3$

Das bedeutet: Ein Molekül Stickstoff, N_2, reagiert mit drei Molekülen Wasserstoff, H_2, unter Bildung von 2 Molekülen Ammoniak, NH_3 (HABER-BOSCH-Verfahren). Da die Reaktion umkehrbar ist, können beide Gleichungen auch von rechts nach links gelesen werden: 2 Moleküle Ammoniak, NH_3, zerfallen in ein Molekül Stickstoff, N_2, und drei Moleküle Wasserstoff, H_2 (z. B. beim Nitrierhärten von Stahl).

Chemische Gleichungen sind zugleich mathematische Gleichungen. Dementsprechend werden *gleiche Summanden* in der Regel *als Produkt* geschrieben. Die Gleichung für die Ammoniak-Synthese kommt also wie folgt zustande:

$$\begin{aligned} N_2 + H_2 + H_2 + H_2 &= NH_3 + NH_3 \\ H_2 + H_2 + H_2 &= 3\,H_2 \\ NH_3 + NH_3 &= 2\,NH_3 \\ N_2 + 3\,H_2 &\rightleftharpoons 2\,NH_3 \end{aligned}$$

In den chemischen Gleichungen drückt sich das **Gesetz von der Erhaltung der Elemente** aus:

Bei chemischen Reaktionen bleibt die Art und Anzahl der Atome erhalten.

Das entscheidende Merkmal für *Kernreaktionen* ist, dass für sie dieses Gesetz *nicht* gilt[1)].

Für die chemischen Gleichungen folgt aus dem Gesetz von der Erhaltung der Elemente:

In einer chemischen Gleichung muss die Summe der Atome eines jeden Elements auf beiden Seiten gleich sein.

Dabei sind die **Stöchiometriezahlen** zu berücksichtigen.

▲ In der Gleichung $N_2 + 3\,H_2 \rightarrow 2\,NH_3$ sind auf der linken Seite 2 Atome Stickstoff und $(3 \cdot 2 =)$ 6 Atome Wasserstoff vorhanden, auf der rechten Seite 2 Atome Stickstoff und $(2 \cdot 3 =)$ 6 Atome Wasserstoff. Die Summe der beteiligten Atome ist also auf beiden Seiten gleich.

Die in chemischen Gleichungen (Reaktionsgleichungen) *vor* den chemischen Formeln stehenden Ziffern heißen

- (Reaktions-)**Stöchiometriezahl**,
- **stöchiometrischer Faktor** oder
- **Koeffizient**.

Diese Ziffern geben an:

- bei *Molekülsubstanzen* die Anzahl der *Moleküle*,
- bei *Ionensubstanzen* die Anzahl der *Formeleinheiten*, das heißt, die Anzahl der der chemischen Formel entsprechenden Ionen,
- bei *Metallen* die Anzahl der *Atome*.

▲ Die Gleichung $2\,Na + Cl_2 \rightarrow 2\,NaCl$ sagt aus, dass *zwei Atome* Natrium mit *einem Molekül* Chlor, bestehend aus zwei Atomen Chlor, zu Natriumchlorid reagieren. Da Natriumchlorid aus Natrium-Ionen, Na^+, und Chlorid-Ionen, Cl^-, besteht (Dissoziationsgleichung: $NaCl \rightarrow Na^+ + Cl^-$), bringt der Koeffizient 2 vor der Formel NaCl zum Ausdruck, dass bei dieser Reaktion *zwei* Natrium-*Ionen* und *zwei* Chlorid-*Ionen* entstehen (nicht etwa zwei *Moleküle* Natriumchlorid!).

Achten Sie auf die Unterscheidung der beiden Stöchiometriezahlen:

- Die **Reaktionsstöchiometriezahlen** sind Bestandteil der **chemischen Gleichung** (Reaktionsgleichung).
- Die **Teilchenstöchiometriezahlen** sind Bestandteil der **chemischen Formel**.

1) Literatur: [Sto2018] Kernphysik

Dabei gilt:

- Reaktionsstöchiometriezahlen beziehen sich auf die *gesamte Formel, vor* der sie stehen.

  ▲ In der Gleichung $2\,Na + Cl_2 \rightarrow 2\,NaCl$ bezieht sich die letzte 2 auf die Formel NaCl, also sowohl auf die Natrium-Ionen als auch auf die Chlorid-Ionen (↑ voriges Beispiel).

- Teilchenstöchiometriezahlen beziehen sich auf das *Atom, hinter dessen Symbol* sie stehen, bzw. auf die Atomgruppe, hinter deren – in Klammern gesetzten – Symbolen sie stehen.

  ▲ In der Formel NH_3 bezieht sich die 3 auf den Wasserstoff (nicht auf den Stickstoff). Es sind 3 Wasserstoffatome, aber nur 1 Stickstoffatom beteiligt.
  In der Formel $(NH_4)_2SO_4$ (Ammoniumsulfat) bezieht sich die 2 auf die Ammoniumgruppe, NH_4, die hier zweimal vorhanden ist. Es sind also insgesamt 2 Stickstoffatome und 8 Wasserstoffatome beteiligt.

Ist nur von *Stöchiometriezahl* die Rede, so ist meist die Reaktionsstöchiometriezahl gemeint.

Aufstellen von Reaktionsgleichungen

1. Schreiben Sie die Summenformeln (↑ S. 15) der *Ausgangsstoffe* auf die *linke Seite,* die Summenformeln der *Reaktionsprodukte* auf die *rechte Seite*.

   △ Zur technischen Gewinnung von Salpetersäure wird Ammoniak katalytisch oxidiert (OSTWALD-Verfahren (↑ S. 495)), dabei entstehen Stickstoffmonoxid, NO, und als Nebenprodukt Wasser:
   $NH_3 + O_2 \qquad NO + H_2O$

2. Setzen Sie *Reaktionsstöchiometriezahlen* so ein, dass die Anzahl der Atome der einzelnen Elemente auf beiden Seiten gleich wird.
   Praktisch erweitern Sie schrittweise die Anzahl der Atome. (Es wurde hier absichtlich ein verhältnismäßig kompliziertes Beispiel gewählt.)

   △ $NH_3 + O_2 \qquad NO + H_2O$
   N links 1, rechts 1, also gleichzahlig.
   H links 3, rechts 2, kleinstes gemeinsames Vielfaches 6; H wird gleichzahlig , wenn links mit 2 und rechts mit 3 multipliziert wird:

   $$2\,NH_3 + O_2 \qquad NO + 3\,H_2O$$

   N jetzt links 2, rechts 1; N wird wieder gleichzahlig, wenn rechts mit 2 multipliziert wird:

   $$2\,NH_3 + O_2 \qquad 2\,NO + 3\,H_2O$$

   O links 2, rechts (2 + 3 =) 5, kleinstes gemeinsames Vielfaches 10;
   O wird gleichzahlig, wenn links mit 5, rechts mit 2 multipliziert wird:

   $$2\,NH_3 + 5\,O_2 \qquad 4\,NO + 6H_2O$$

   Nun erneut prüfen:
   N links 2, rechts 4; N wird wieder gleichzahlig, wenn links mit 2 multipliziert wird:

   $$4\,NH_3 + 5\,O_2 \qquad 4\,NO + 6\,H_2O$$

3. Abschließend überprüfen Sie die gesamte Gleichung noch einmal:

   △ N links 4, rechts 4
   H links 12, rechts 12
   O links 10, rechts 10

   Die Gleichung ist jetzt stöchiometrisch richtig. Nun verbinden Sie die beiden Seiten mit einem Pfeil – bei Gleichgewichtsreaktionen einem Doppelpfeil.

   $$4\,NH_3 + 5\,O_2 \rightleftharpoons 4\,NO + 6\,H_2O$$

Anstelle der allgemeinen Reaktionsgleichungen werden für Reaktionen zwischen *Ionensubstanzen* häufig **Ionengleichungen** verwendet. Dazu setzen Sie in die Gleichung die aus den Salzen durch Dissoziation (↑ S. 149) frei werdenden *Ionen* ein. Das Aufstellen einer Ionengleichung setzt daher die Kenntnis der *Dissoziationsgleichungen* aller beteiligten Ionensubstanzen voraus. Bei der Anwendung der Ionenschreibweise unterscheiden Sie also zwischen:

- **Dissoziationsgleichungen,** die die elektrolytische Dissoziation *einer Ionensubstanz* wiedergeben, und
- **Ionengleichungen,** die eine Reaktion *zwischen Ionensubstanzen* wiedergeben.

Das Aufstellen der Dissoziationsgleichungen und das Aufstellen einer Ionengleichung sind zwei aufeinander folgende Schritte.

Die **Dissoziationsgleichung** eines *echten Elektrolyten* drückt den Übergang der im *Kristallgitter* gebundenen Ionen in mehr oder weniger frei bewegliche Ionen (in der Schmelze oder in einer Lösung) aus.

▲ Natriumhydroxid $NaOH \rightarrow Na^+ + OH^-$

Die Summenformel der Verbindung steht hier für die im *Ionengitter* gebundenen Ionen.

Die Dissoziationsgleichung eines *potenziellen Elektrolyten* (↑ S. 150) drückt die *Aufspaltung der Moleküle* in Ionen aus.

▲ Chlorwasserstoff $HCl \rightleftharpoons H^+ + Cl^-$ bzw.
$HCl + H_2O \rightleftharpoons H_3O^+ + Cl^-$

Die Summenformel der Verbindung symbolisiert hier deren *Molekül.*

Die Dissoziationsgleichungen der potenziellen Elektrolyte werden mit *Doppelpfeilen* geschrieben, da sie Gleichgewichtsvorgänge (↑ S. 178) wiedergeben.

Aufstellen einer Dissoziationsgleichung

1. Schreiben Sie links die Summenformel der chemischen Verbindung, die elektrolytisch dissoziiert:

   △ Aluminiumsulfat $Al_2(SO_4)_3$

2. Rechts schreiben Sie die Formeln der Ionen, die bei der Dissoziation entstehen:

   △ $Al_2(SO_4)_3 \quad 2\,Al^{3+} + 3\,SO_4^{2-}$

3. Die Dissoziationsgleichung ist zu überprüfen:
   Die Summe der Ladungen muss – wie auf der linken Seite – auch auf der rechten Seite null sein.
   $2 \cdot (+3) + 3 \cdot (-2) = 0$
   Setzen Sie nun den Pfeil ein:

   △ $Al_2(SO_4)_3 \rightarrow 2\,Al^{3+} + 3\,SO_4^{2-}$

Eine **Ionengleichung** umfasst – im Unterschied zur Dissoziationsgleichung – stets *mehrere* Stoffe. Wie in jeder Reaktionsgleichung stehen links die Ausgangsstoffe und rechts die Reaktionsprodukte. In Ionenschreibweise werden dabei nur *jene* Stoffe angegeben, die in der betrachteten Reaktion in Form von *frei beweglichen Ionen* vorliegen.

▲ Die Reaktionsgleichung

$$NaOH + HCl \rightarrow NaCl + H_2O$$

ist als Ionengleichung wiederzugeben. (Die Ionen der als Ausgangsstoffe beteiligten Elektrolyte sind den Beispielen für Dissoziationsgleichungen zu entnehmen.)

$$Na^+ + OH^- + H^+ + Cl^- \rightarrow Na^+ + Cl^- + H_2O$$

Das neben dem echten Elektrolyten Natriumchlorid, NaCl, entstehende Wasser ist zwar ein potenzieller Elektrolyt, aber nur äußerst schwach dissoziiert, sodass es auch in Ionengleichungen als *Molekül* geschrieben wird.

Ableiten der Ionengleichung aus der Reaktionsgleichung einer Ionenreaktion

1. Stellen Sie die Reaktionsgleichung auf:

   △ $2\,KOH + H_2SO_4 \rightarrow K_2SO_4 + 2\,H_2O$

2. Für alle an der Reaktion beteiligten Ionensubstanzen werden die Dissoziationsgleichungen aufgestellt (↑ S. 18), wobei die in der Reaktionsgleichung enthaltenen *Koeffizienten* zu berücksichtigen sind.

   △ $2\,KOH \rightarrow 2\,K^+ + 2\,OH^-$
   $H_2SO_4 \rightarrow 2\,H^+ + SO_4^{2-}$
   $K_2SO_4 \rightarrow 2\,K^+ + SO_4^{2-}$

   (Bei genügend Übung können Sie darauf verzichten, die Dissoziationsgleichungen hinzuschreiben.)

3. Anstelle der Summenformeln setzen Sie nun die bei der Dissoziation frei werdenden Ionen in die Reaktionsgleichung ein:

   △ $2\,K^+ + 2\,OH^- + 2\,H^+ + SO_4^{2-} \rightarrow 2\,K^+ + SO_4^{2-} + 2\,H_2O$

4. Überprüfen Sie die Ionengleichung:
   Die Anzahl der Atome der Elemente muss auf beiden Seiten gleich sein.

   △ 2 K, 6 O, 4 H, 1 S

   Die Summe der Ladungen muss auf beiden Seiten gleich sein.

   △ links: $(+4) + (-4) = 0$; rechts: $(+2) + (-2) = 0$

   Die Ionengleichung ist richtig.

1.9 Lösungen

Lösungen sind homogene Gemische aus zwei oder mehr Stoffen.

Dabei wird in den meisten Fällen unterschieden zwischen
Lösemittel und gelöstem Stoff.

Dem *Begriff Lösung* übergeordnet ist der *Begriff disperses System* (↑ S. 4). Das heißt, alle Lösungen sind disperse Systeme, aber nicht alle dispersen Systeme sind Lösungen.

Die dispersen Systeme werden nach der *Teilchengröße* der dispersen Phase eingeteilt (Tabelle 1-5).

Tabelle 1-5: *Disperse Systeme*

Echte Lösungen	**Kolloide Lösungen**	**Suspensionen**
molekulardisperse (iondisperse) Systeme	kolloiddisperse Systeme	grobdisperse Systeme
Teilchengröße $< 10^{-9}$ m	Teilchengröße $1 \cdot 10^{-9} \ldots 5 \cdot 10^{-7}$ m	Teilchengröße $> 5 \cdot 10^{-7}$ m
Teilchen optisch nicht erkennbar	Teilchen unter dem Ultramikroskop erkennbar	Teilchen mit bloßem Auge bzw. unter dem Mikroskop erkennbar
Teilchen laufen durch Papierfilter		Teilchen werden von Papierfiltern zurückgehalten

Es werden demnach unterschieden

- echte Lösungen und
- kolloide Lösungen.

Bei den *Suspensionen* handelt es sich um heterogene Gemische. Sie gehören nicht zu den Lösungen, aber zu den dispersen Systemen.

Im weitesten Sinne werden alle homogenen Gemische als Lösungen bezeichnet. Im engeren Sinne versteht man unter Lösungen nur die homogenen Gemische, bei denen das **Dispersionsmittel** (Lösemittel) *flüssig* ist. Als **disperse Phase** können dabei Stoffe vorliegen, die unvermischt bei Zimmertemperatur gasförmig, flüssig oder fest wären.

▲ In flüssigen Lösemitteln lösen sich:

- gasförmige Stoffe (Kohlenstoffdioxid in Wasser; z. B. im Selterswasser);
- flüssige Stoffe (Ethanol in Wasser; z. B. im Schnaps);
- feste Stoffe (Natriumhydroxid in Wasser ergibt Natronlauge).

Das weitaus wichtigste Lösemittel ist das *Wasser*. Daneben werden auch viele organische Lösemittel verwendet:

▲ Ethanol (Ethylalkohol), Aceton (Propanon); Dichlormethan zur Entfettung; Kohlenstoffdisulfid (Schwefelkohlenstoff); Toluen (Toluol); aber auch flüssiges Ammoniak und flüssiges Schwefeldioxid.

Lösungen spielen für die Chemie eine außerordentlich große Rolle. Sowohl im Labor als auch in der Produktion wird ein großer Teil der chemischen Reaktionen in Lösungen durchgeführt. Aber auch die Stoffwechselreaktionen in lebenden Organismen laufen in Lösungen ab.

1.9.1 Echte Lösungen

In einer echten Lösung sind gelöst:

- **Molekülsubstanzen** (Nichtelektrolyte) (↑ S. 110, 150) in Form ihrer **Moleküle** (*molekulardisperse Systeme*).

  ▲ Glucose in Wasser

- **Ionensubstanzen** (Elektrolyte) (↑ S. 150) in Form ihrer **Ionen** (*iondisperse Systeme*)

  ▲ Natriumchlorid in Wasser $NaCl \rightarrow Na^+ + Cl^-$

Moleküle und Ionen sind weder mit bloßem Auge noch mit einem normalen Mikroskop sichtbar. Sie sind im Lösemittel mehr oder weniger frei beweglich. Sie verhalten sich in dieser Hinsicht ähnlich wie die Moleküle eines Gases.

Stoffe mit sehr großen Molekülen (Makromolekülen) bilden keine echten, sondern nur kolloide Lösungen.

1.9.2 Kolloide Lösungen

In den kolloiden[1] Lösungen *(kolloiddispersen Systemen)* liegt die disperse Phase in Form von Teilchen vor,

- die einen Durchmesser von 10^{-9} bis $5 \cdot 10^{-7}$ m haben und
- aus 1000 bis 1 Milliarde Atomen bestehen.

Nach der Art und der Entstehung dieser Teilchen unterscheidet man:

- **Molekülkolloide**
  Disperse Phase: *Makromoleküle,* die keine echten Lösungen bilden, z. B. Eiweißstoffe, Kunststoffe.
- **Assoziationskolloide** (Mizellkolloide)[2]
  Disperse Phase: *Molekülaggregate* (*Molekülassoziate*)[3], die sich in manchen echten Lösungen von selbst bilden, wenn eine bestimmte Konzentration überschritten wird, z. B. Seifen.
- **Dispersionskolloide**
  Disperse Phase: *Aggregate* aus *Atomen* oder *Molekülen,* die durch *Dispersion* (Zerteilung) aus kompakten Substanzen oder durch *Kondensation* (Verdichtung) aus echten Lösungen hergestellt werden.

Im Prinzip lassen sich alle Stoffe in den kolloiden Zustand überführen. Unter den Stoffen, die von sich aus kolloide Lösungen bilden, sind neben Eiweiß besonders tierische und pflanzliche Leime[4] zu nennen. Es gibt aber auch anorganische Stoffe, die zur Bildung kolloider Lösungen neigen, z. B. Kieselsäuren.

Die Größe der kolloiden Teilchen reicht aus, eine kolloide Lösung bei seitlicher Beleuchtung trüb erscheinen zu lassen (so genanntes TYNDALL-*Phänomen*). Unter dem Ultramikroskop sind infolge der Lichtstreuung die einzelnen Teilchen erkennbar. Von Papierfiltern werden kolloidale Teilchen *nicht* zurückgehalten. Zum Filtrieren einer kolloiden Lösung bedarf es einer halbdurchlässigen (semipermeablen) Membran (z. B. Pergamentpapier), die normale Moleküle und Ionen durchlässt, kolloide Teilchen dagegen zurückhält. Die Trennung mit einer halbdurchlässigen Membran wird *Dialyse*[5] genannt.

Jedes kolloiddisperse System kann in zwei Zustandsformen vorliegen:

- als **Sol,** das heißt als *kolloide Lösung*, oder
- als **Gel,** das heißt als *gallertartige Masse*.

Der Begriff *Kolloid* umfasst sowohl den Solzustand als auch den Gelzustand. In einem **Sol** sind die kolloiden Teilchen mehr oder weniger frei beweglich. In einem **Gel** sind die kolloiden Teilchen raumnetzförmig miteinander verbunden, sodass sie sich nicht frei bewegen können. Ein Gel ist daher mehr oder weniger gallertartig steif.

Jedes Sol, also jede kolloide Lösung, kann in ein Gel umgewandelt werden. Dieser Vorgang wird als **Koagulation** (Ausflockung) bezeichnet. Umgekehrt lassen sich viele – aber nicht alle – Gele wieder in ein Sol überführen. Diesen Vorgang nennt man **Peptisation**. Je nachdem, ob eine Peptisation möglich ist oder nicht, wird zwischen reversiblen und irreversiblen Kolloiden unterschieden:

$$\textbf{Reversible Kolloide:}\quad \textbf{Sol} \underset{\text{Peptisation}}{\overset{\text{Koagulation}}{\rightleftharpoons}} \textbf{Gel}$$

$$\textbf{Irreversible Kolloide:}\quad \textbf{Sol} \xrightarrow{\text{Koagulation}} \textbf{Gel}$$

[1] auch *kolloidal*
[2] *Mizelle:* Zusammenballung von Molekülen zu größeren Teilchen
[3] *aggregare* (lat.) anhäufen; *associare* (lat.) sich verbinden
[4] *kolla* (grch.) Leim
[5] *dia* (grch.) durch; *lyein* (grch.) lösen

Die Beständigkeit der kolloiden Lösungen, d. h. der Widerstand, den sie einer Koagulation entgegensetzen, kann verschiedene Ursachen haben. Eine wichtige Rolle spielt dabei die elektrostatische Abstoßung zwischen gleich geladenen Teilchen. Werden diese Ladungen durch Zusatz einer Lösung, die Ionen enthält, aufgehoben, so flockt das Kolloid aus.

▲ Bei der Gewinnung von Seife ist diese zunächst kolloid gelöst. Durch Zusatz von Natriumchlorid („Aussalzen") wird die Seife aus der Lösung ausgefällt.

Andererseits kann der Ausflockung einer kolloiden Lösung durch Zusatz so genannter *Schutzkolloide,* das sind bestimmte makromolekulare Stoffe (z. B. Stärke oder Gelatine), entgegengewirkt werden. Auf diese Weise können auch von solchen Stoffen relativ beständige kolloide Lösungen hergestellt werden, die von sich aus nicht zur Kolloidbildung neigen, z. B. kolloide Goldlösungen (↑ 20.3).

Die Erzeugung kolloider Lösungen erfolgt im einfachsten Falle durch Auflösen eines Gels. Kann nicht von einem Gel ausgegangen werden, bedient man sich einer Kolloidmühle oder – bei Metallen – der Ultraschallzerstäubung und anderer Verfahren.

Kolloide Lösungen spielen eine große Rolle bei den Lebensprozessen. Sie gewinnen aber auch immer mehr Bedeutung für die Technik. Mit den Kolloiden beschäftigt sich die **Kolloidchemie,** die als besonderer Zweig der Chemie vor allem auf den deutschen Chemiker WOLFGANG OSTWALD (1883 bis 1943) zurückgeht.

2 Mengenverhältnisse bei chemischen Reaktionen

2.1 Gesetz von der Erhaltung der Masse

Die Einführung *quantitativer Untersuchungsmethoden* war ein entscheidender Entwicklungsschritt der Chemie. Als erstes wichtiges Ergebnis wurde 1785 das *Gesetz von der Erhaltung der Masse* durch den französischen Chemiker ANTOINE LAURENT LAVOISIER in die Chemie eingeführt, nachdem es der russische Gelehrte MICHAIL WASSILIEWITSCH LOMONOSSOW bereits 1756 beim Erhitzen von Blei mit Luft in einem zugeschmolzenen Glasgefäß erkannt hatte. In moderner Formulierung lautet es:

Bei einer chemischen Reaktion bleibt die Gesamtmasse der beteiligten Stoffe unverändert.

Mit anderen Worten:

Bei einer chemischen Reaktion ist die Summe der Massen der Reaktionsprodukte gleich der Summe der Massen der Ausgangsstoffe.

In einer chemischen Reaktion ändert sich nur die Anordnung aber nicht die Anzahl der beteiligten Atome. Wenn die Atomanzahl auf beiden Seiten einer chemischen Gleichung identisch ist, muss auch die Masse (Formelzeichen m) der auf beiden Seiten beteiligten Stoffe gleich sein.

Die **Masse** eines Körpers wird ermittelt, indem man sie auf einer *Hebelwaage* mit der Masse geeichter *Wägestücke* (im allgemeinen Sprachgebrauch „Gewichte“) vergleicht. Die Masse ist eine Basisgröße des Internationalen Maßeinheitensystems (SI). Die Einheit der Masse ist das Kilogramm (kg). Im chemischen Labor wird meist mit dem tausendsten Teil, dem Gramm (g), gerechnet, vielfach auch mit dem dem millionsten Teil, dem Milligramm (mg).

Achtung: Unterscheiden Sie zwischen Masse und Gewicht (Gewichtskraft). Die *Gewichtskraft G* ist das Produkt aus *Masse m* und *Fallbeschleunigung g*:

$$G = m \cdot g$$

Während die Masse ortsunabhängig ist, ist die Gewichtskraft ortsabhängig. Die Masse eines bestimmten Körpers ist auf der Erde und auf dem Mond gleich, seine Gewichtskraft ist auf dem Monde viel geringer ($\approx$ 1/7) als auf der Erde. Die Gewichtskraft wird mittels einer Federwaage ermittelt. Die SI-Einheit der Gewichtskraft ist das Newton (Formelzeichen N).

2.2 Relative Atommasse

Jedes Atom besitzt eine bestimmte Masse. Diese Masse eines einzelnen Atoms m_a ist außerordentlich gering ($m_a = 10^{-24}$ bis 10^{-22} g). Für chemische Berechnungen interessiert aber im Allgemeinen nicht die Masse eines einzelnen Atoms, sondern das *Verhältnis zwischen den Massen verschiedener Atome*. Statt der *Atommasse* m_a bedient sich der Chemiker daher der *relativen Atommasse* (Formelzeichen A_r):

Die relative Atommasse eines Elements ist ein Maß für die Masse der Atome dieses Elements.

Als *Bezugsbasis* für die relativen Atommassen wurde 1960 durch internationale Übereinkunft das *Kohlenstoffisotop* ^{12}C bestimmt, dessen relative Atommasse auf genau 12 festgelegt wurde[1]. Die Atommassen aller anderen Elemente werden seither auf ein Zwölftel der Atommasse dieses *Standardatoms* ^{12}C bezogen:

Die relative Atommasse A_r eines Elements gibt an, wie groß die Masse eines Atoms dieses Elements im Vergleich zu einem Zwölftel der Masse des häufigsten Atoms des Kohlenstoffs, des Kohlenstoffisotops ^{12}C, ist.

Mit anderen Worten:

Die relative Atommasse A_r eines Elements ist der Quotient aus der Masse m_a eines Atoms dieses Elements und einem Zwölftel der Masse m_a eines Atoms des Kohlenstoffisotops ^{12}C.

$$A_r(X) = \frac{m_a(X)}{\frac{1}{12}\, m_a(^{12}C)} \qquad (2\text{-}1)$$

X *steht für ein beliebiges Element.*

Unabhängig davon, ob die Atommassen m_a in Gramm oder einer anderen Masseneinheit eingesetzt werden, ergibt dieser Quotient für die relative Atommasse einen Zahlenwert ohne Einheit.

▲ Relative Atommasse des Fluors

$$A_r(F) = \frac{m_a(F)}{\frac{1}{12}\, m_a(^{12}C)}; \qquad A_r(F) = \frac{3{,}1548 \cdot 10^{-23}\ \text{g}}{\frac{1}{12} \cdot 1{,}9927 \cdot 10^{-23}\ \text{g}}; \qquad A_r(F) = 18{,}998$$

Die relative Atommasse A_r wird in der Chemie oft kurz *Atommasse* genannt, da mit der Atommasse m_a selbst in der Chemie kaum gearbeitet wird. (Aus den Zahlenwerten und dem Fehlen der Einheit kg bzw. g ist dann ersichtlich, dass es sich nicht um die Masse eines einzelnen Atoms, sondern um die *relative* Atommasse handelt.)

Die historisch entstandene Bezeichnung *Atomgewicht* ist im deutschen Sprachbereich kaum noch gebräuchlich.[2]

Die relativen Atommassen sind den Tafeln 3 und 4 zusammengestellt und im Periodensystem der Elemente enthalten.

▲ Die relative Atommasse des *Sauerstoffs* beträgt (rund) 16,00.
Die relative Atommasse des *Fluors* beträgt (rund) 19,00.
Die Masse eines Sauerstoffatoms ist (rund) 16-mal so groß, die Masse eines Fluoratoms ist (rund) 19-mal so groß wie ein Zwölftel der Masse eines Atoms des Kohlenstoffisotops ^{12}C.
Die Massen der Atome von Sauerstoff und Fluor verhalten sich also zueinander etwa wie 16:19.

Bei den chemischen Elementen ist zu unterscheiden zwischen Reinelementen und Mischelementen (↑ S. 67 f.):

- *Reinelemente* treten in der Natur nur in Form *eines Nuklids* auf.
- *Mischelemente* treten in der Natur als Gemisch *isotoper Nuklide* auf.

Die meisten Elemente sind Mischelemente. Bei der relativen Atommasse handelt es sich um einen *Mittelwert* (um das gewogene arithmetische Mittel) für das natürliche Isotopengemisch.

---

[1] Vorher war der Sauerstoff Bezugsbasis für die relativen Atommassen, und zwar in der Physik das Sauerstoffisotop ^{16}O, in der Chemie das natürliche Isotopengemisch, wodurch sich unterschiedliche Zahlenwerte ergaben.

[2] In englischsprachiger Literatur wird an „atomic weight“ festgehalten.

Bei den *Reinelementen* wurde mit verfeinerten Messmethoden eine immer höhere Genauigkeit der relativen Atommassen erreicht.

Bei den *Mischelementen* – zuerst beim Schwefel – wurde dagegen erkannt, dass das Isotopengemisch je nach Fundort unterschiedlich sein kann. Seit 2009 gibt die IUPAC daher bei einigen Mischelementen die gefundenen Intervalle der relativen Atommasse an (↑ Tafel 3 und 4 im Anhang).

Die *Bezugsbasis* der relativen Atommassen wurde absichtlich so gewählt, dass die relative Atommasse des leichtesten Elements, des *Wasserstoffs,* dessen Atome nur *ein Proton* enthalten, annähernd gleich 1 ist (1,008) (↑ S. 68).

In der *Atomphysik* wurde die Bezugsbasis der relativen Atommassen als **atomare Masseneinheit** u [von engl. *unit*, Einheit] eingeführt. Sie wird auch *atomphysikalische Masseneinheit* oder *Atommasseneinheit* genannt.

Die atomare Masseneinheit u ist der zwölfte Teil der Masse eines Atoms des Kohlenstoffisotops ^{12}C.

Wird die Masse m_a des Atoms eines Elements in dieser Masseneinheit u angegeben, so hat sie den gleichen Zahlenwert wie die relative Atommasse A_r dieses Elements.

▲ Fluor: A_r (F) = 19,00; m_a (F) = 19,00 u
Chrom: A_r (Cr) = 52,00; m_a (Cr) = 52,00 u

Der gleiche Zahlenwert tritt auch bei der *molaren Masse* (↑ S. 30) auf.

Gegenüber dem *Gramm,* der in der Chemie üblichen Masseneinheit, ist die atomare Masseneinheit u außerordentlich klein:

$$1\ \text{u} = 1{,}660539 \cdot 10^{-24}\ \text{g}$$
$$1\ \text{g} = 6{,}02214 \cdot 10^{23}\ \text{u}$$

Die atomare Masseneinheit u ist der Masseneinheit Gramm g proportional, wobei als Proportionalitätsfaktor die AVOGADROsche Zahl $6{,}02214 \cdot 10^{23}$ auftritt, die die Beziehung zwischen der stofflichen und der atomaren Betrachtungsebene herstellt (↑ S. 29).

$$1\ \text{u} \cdot N_A = 1\ \text{g/mol} \qquad (2\text{-}2)$$

2.3 Relative Molekülmasse

Wie jedem chemischen *Element* eine relative *Atommasse* zukommt, so lässt sich für jede chemische *Verbindung* eine relative *Molekülmasse* errechnen.

Die relative Molekülmasse einer chemischen Verbindung ist ein Maß für die Masse der Moleküle dieser chemischen Verbindung.

Für die relativen Molekülmassen gilt die gleiche Bezugsbasis wie für die relativen Atommassen:

Die relative Molekülmasse M_r einer chemischen Verbindung gibt an, wie groß die Masse eines Moleküls dieser Verbindung im Vergleich zu einem Zwölftel der Masse des häufigsten Atoms des Kohlenstoffs, des Kohlenstoffisotops ^{12}C, ist.

Die relative Molekülmasse wird häufig kurz *Molekülmasse* genannt. (Aus den Zahlenwerten und dem Fehlen der Einheit Gramm ist dann zu erkennen, dass es sich nicht um die Masse eines einzelnen Moleküls handelt.) Gelegentlich wird dafür auch noch der historisch entstandene Begriff *Molekulargewicht* verwendet.

Da die relativen Molekülmassen die gleiche Bezugsbasis haben wie die relativen Atommassen, besteht zwischen beiden eine einfache Beziehung:

Die relative Molekülmasse einer Verbindung ergibt sich durch Addition aus den relativen Atommassen (↑ 2.2) der am Aufbau der Verbindung beteiligten Elemente.

▲ Chlorwasserstoff HCl

A_r (H) = 1,008
A_r (Cl) = 35,450

M_r (HCl) = 36,458 ≈ 36,46

Sind von einem Element mehrere Atome am Aufbau des Moleküls einer chemischen Verbindung beteiligt, multiplizieren Sie die relative Atommasse dieses Elements mit der Anzahl der beteiligten Atome.

▲ Wasser H_2O

A_r (H) = 1,008
1,008 · 2 = 2,016
A_r (O) = 16,00

M_r (H_2O) = 18,016 ≈ 18,02

Bisher wurde auch bei den **Ionensubstanzen** (↑ S. 14), also bei Verbindungen, die unter normalen Bedingungen nicht als Moleküle, sondern als Ionen vorliegen, von einer relativen Molekülmasse gesprochen. Es setzt sich aber mehr und mehr durch, bei diesen Verbindungen treffender von **relativer Formelmasse** zu sprechen. Als Formelzeichen dient auch hier M_r.

▲ Natriumchlorid NaCl

A_r (Na) = 22,99
A_r (Cl) = 35,45

M_r (NaCl) = 58,44

Soweit **Elementsubstanzen** (↑ S. 10) in Form von Molekülen auftreten, lässt sich für sie ebenfalls eine relative Molekülmasse ermitteln.

▲ Sauerstoff

A_r (O) = 16,00
M_r (O_2) = 32,00

Ozon

M_r (O_3) = 48,00

2.4 Gesetz der konstanten Proportionen

Da die relativen Atom- und Molekülmassen ein Maß für die Masse der Atome bzw. Moleküle sind, gestatten sie auch Aussagen über die *Massenverhältnisse*, die zwischen den Atomen eines Moleküls bestehen.

▲ Da die relative Atommasse des *Wasserstoffs* 1,008 und die des *Sauerstoffs* 16,00 beträgt, besteht zwischen einem Wasserstoffatom und einem Sauerstoffatom ein Massenverhältnis von (rund) 1 : 16. Da ein *Wassermolekül*, H_2O, aus *zwei* Wasserstoffatomen und *einem* Sauerstoffatom zusammengesetzt ist, sind die Elemente Wasserstoff und Sauerstoff im Wasser im Massenverhältnis 2 : 16 = 1 : 8 enthalten.

So liegen in allen chemischen Verbindungen (↑ S. 10) die an ihrem Aufbau beteiligten Elemente stets in bestimmten Massenverhältnissen vor. Diese Gesetzmäßigkeit wurde Anfang des 19. Jahrhunderts aufgrund sorgfältiger quantitativer Analysen chemischer Verbindungen erkannt und von dem französischen Chemiker JOSEPHE-LOUIS PROUST als **Gesetz der konstanten Proportionen** ausgesprochen:

In einer chemischen Verbindung sind die Elemente in konstanten Proportionen (bestimmten Massenverhältnissen) enthalten.

Zur Deutung des Gesetzes der konstanten Proportionen (und des von ihm erkannten Gesetzes der multiplen Proportionen) stellte der englische Naturforscher JOHN DALTON im Jahre 1807 seine **Atomhypothese** auf, die besagt:

Jedes Element ist aus gleichen kleinsten Teilchen, den Atomen, aufgebaut.

Danach lässt sich das Gesetz der konstanten Proportionen so erklären, dass sich beim Entstehen einer chemischen Verbindung stets eine bestimmte Anzahl Atome der beteiligten Elemente zu einem Molekül vereinigen.

▲ 2 Atome Wasserstoff und 1 Atom Sauerstoff ergeben 1 Molekül Wasser, H_2O.

Das von DALTON erkannte **Gesetz der multiplen Proportionen** (mehrfachen Massenverhältnissen) besagt:

Bilden Elemente miteinander mehrere Verbindungen, so stehen die Massenverhältnisse, mit denen sie in diesen Verbindungen auftreten, zueinander im Verhältnis kleiner ganzer Zahlen.

▲ Der Schwefel bildet zwei Oxide, das Schwefeldioxid, SO_2, und das Schwefeltrioxid, SO_3.
Die relative Atommasse des Schwefels beträgt 32,06, die des Sauerstoffs 16,00. Demnach beträgt das Massenverhältnis von Schwefel und Sauerstoff im Schwefeldioxid (rund) $32 : (2 \cdot 16) = 32 : 32$ und im Schwefeltrioxid (rund) $32 : (3 \cdot 16) = 32 : 48$.
Die Massen, mit denen der Sauerstoff in den beiden Schwefelverbindungen auftritt, stehen demnach zueinander im Verhältnis $32 : 48 = 2 : 3$, also im Verhältnis kleiner ganzer Zahlen.

2.5 Stoffmenge – Mol

Chemische Reaktionen spielen sich zwischen einzelnen *Atomen, Molekülen* und *Ionen* der beteiligten Stoffe ab. In der chemischen Produktion, aber auch im Labor werden chemische Reaktionen jedoch stets mit wägbaren Substanzmengen durchgeführt, die eine außerordentlich große Anzahl von Atomen, Molekülen oder Ionen enthalten.

Um vom atomaren Bereich zu wägbaren Substanzen zu kommen, also zwischen der atomaren und der stofflichen Betrachtungsebene zu unterscheiden, wurde die **Stoffmenge** (Formelzeichen n) als *Basisgröße* [1] eingeführt.

Einheit der Stoffmenge ist das **Mol**, Einheitenzeichen **mol**.

Die Stoffmenge einer Verbindung (oder Elementsubstanz) wird – wie bei der relativen Atommasse (↑ S. 24) – auf das Kohlenstoffisotop ${}^{12}_{6}C$ bezogen. Die Einheit Mol ist nach IUPAC 2018 wie folgt definiert:

Das Mol, Symbol mol, ist die SI-Einheit der Stoffmenge [2]. 1 mol enthält exakt $6{,}022\,140\,76 \cdot 10^{23}$ Einzelteilchen [3]. Diese Zahl ist der numerische Wert der Avogadro-Konstante N_A in mol^{-1} und heißt Avogadrozahl.

---

1) Das Mol wurde 1971 als Basiseinheit in das Internationale Einheitensystem (SI) aufgenommen. Damit gehört die Stoffmenge zu den *Basisgrößen.* Die übrigen Basisgrößen sind (in Klammern die Basiseinheiten): Länge (Meter), Zeit (Sekunde), Masse (Kilogramm), Stromstärke (Ampere), Temperatur (Kelvin) und Lichtstärke (Candela).

2) engl. *amount of substance*

3) engl. *elementary entities*

Diese Anzahl Einzelteilchen eines Mols ist durch die AVOGADRO-Konstante festgelegt (↑ S. 25) und beträgt rund $6{,}022 \cdot 10^{23}\,\text{mol}^{-1}$. Das Mol leitet sich von lat. *moles* ab und bedeutet sinngemäß „große Menge, großer Haufen"; um zu einer wägbaren Masse bzw. einem sichtbaren Effekt zu kommen, ist eine „große Menge" kleiner Einzelteilchen notwendig. Einzelteilchen sind dabei nicht nur Atome, sondern auch Moleküle, Atomgruppen (Molekülbruchstücke) oder Ionen etc.; sogar auf Elektronen (z. B. ein mol Strom bei der Metallabscheidung in der Galvanik), Photonen (ein mol Licht in fotochemischen Reaktionen) oder Bindungen lässt sich der Molbegriff anwenden. Es handelt sich allgemein um zählbare elementare Objekte.

Auch die Hafenmole – als „großer Haufen" Steine zur Befestigung einer Hafeneinfahrt – leitet sich von *moles* ab. Um eine Vorstellung von der Größe der Avogadro-Konstante zu bekommen: Die gesamte Weltbevölkerung ($\approx$ 7,4 Mrd. Menschen) entspricht nur $\approx 1{,}2 \cdot 10^{-14}$ mol oder 1 mol Getränkedosen würde die Erdoberfläche ca. 300 km hoch bedecken!

Beachten Sie: Das Mol ist eine *Mengen*einheit. Für verschiedene Teilchen mit einer unterschiedlichen Masse ergibt ein Mol daher zwar die gleiche Teilchen*menge* (nämlich die Avogadro-Konstante), aber eine unterschiedliche Gesamt*masse* (↑ S. 30, Molare Masse).

▲ $n(\text{Na})$ bedeutet Stoffmenge der Natriumatome;
$n(SO_2)$ bedeutet Stoffmenge der Schwefeldioxidmoleküle;
$n(O_2)$ bedeutet Stoffmenge der Sauerstoffmoleküle;
$n(Mg^{2+})$ bedeutet Stoffmenge der Magnesium-Ionen;
$n(SO_4{}^{2-})$ bedeutet Stoffmenge der Sulfat-Ionen.

▲ 1 mol Schwefelsäure sind rund $6 \cdot 10^{23}$ Moleküle H_2SO_4, die – bei vollständiger elektrolytischer Dissoziation – nach der Gleichung

$$H_2SO_4 \rightarrow 2\,H^+ + SO_4^{2-}$$

2 mol ($\approx 12 \cdot 10^{23}$) Wasserstoff-Ionen, H^+, und 1 mol ($\approx 6 \cdot 10^{23}$) Sulfat-Ionen, $SO_4{}^{2-}$, ergeben. Diese Sulfat-Ionen tragen 2 mol ($\approx 12 \cdot 10^{23}$) *negative elektrische Elementarladungen.*

Eine Stoffmenge kann nur dann angegeben werden, wenn es sich um *gleichartige* Einzelteilchen (elementare Teilchen, elementare Objekte) handelt, also nur für reine Stoffe, nicht für Stoffgemische, aber auch nicht für hochpolymere Stoffe mit ihren unterschiedlich großen Makromolekülen.

Da Stoffe miteinander im Verhältnis ihrer *Stoffmengen* (oder Vielfachen oder Bruchteilen davon) (↑ 2.7) reagieren – und nicht etwa im Verhältnis ihrer *Massen* –, ist die Stoffmenge mit ihrer Einheit Mol unentbehrlich für die quantitative Behandlung chemischer Reaktionen.

Unter **Stoffportion** (DIN 32 629) versteht man einen abgegrenzten Stoffbereich, wie z. B. einen Kristall, ein Pulver oder eine Gasportion.

▲ Ein Stück Natrium ist eine Stoffportion.

Zwei Stoffportionen des gleichen Stoffes, von denen die eine als ein *Kristall*, die andere als *Pulver* vorliegt, haben *bei gleicher Masse* auch *die gleiche Stoffmenge*.

▲ Ein Kochsalzkristall mit der Masse 58,44 g und ein Häufchen Kochsalz mit der Masse 58,44 g haben beide die Stoffmenge 1 mol.

Es sind aber auch stets *Stoffportionen* gemeint, wenn z. B. gesprochen wird von

- einem Mol Natrium (gemeint ist eine Stoffportion Natrium mit der Stoffmenge 1 mol) oder von
- zehn Gramm Natrium (gemeint ist eine Stoffportion Natrium mit der Masse 10 g).

▲ Eine Stoffportion Natriumchlorid mit der Masse 116,88 g hat die Stoffmenge 2 mol.

Durch die Stoffmenge und ihre Einheit Mol wird die *atomare* Betrachtungsebene auf die *stoffliche* Betrachtungsebene ausgedehnt. Um das anschaulich zu erläutern, wird der Begriff *Formelumsatz* herangezogen.

Setzen sich die Moleküle (Atome, Ionen) der Ausgangsstoffe in der von den Koeffizienten angegebenen *Anzahl* in Moleküle (Atome, Ionen) der Reaktionsprodukte um, spricht man von einem **Formelumsatz**.

Aussagen zum Formelumsatz sind immer an eine bestimmte Reaktionsgleichung gebunden.

▲ Ammoniaksynthese

$$N_2 + 3\,H_2 \rightarrow 2\,NH_3$$

Ein Formelumsatz ist vollzogen, wenn sich *ein* Molekül Stickstoff mit *drei* Molekülen Wasserstoff zu *zwei* Molekülen Ammoniak umgesetzt haben.

Damit stehen wir auf der *atomaren* Betrachtungsebene.

Auf der *stofflichen* Betrachtungsebene geben die Koeffizienten die Stoffmengen (in Mol) der Ausgangsstoffe und Reaktionsprodukte wieder. Sind diese Stoffmengen umgesetzt, so ist auch stofflich ein Formelumsatz vollzogen.

▲ Ammoniaksynthese

Ein (stofflicher) Formelumsatz umfasst die Umsetzung von einem Mol Stickstoff mit drei Mol Wasserstoff zu zwei Mol Ammoniak.

Eine Reaktionsgleichung gibt also sowohl auf der *atomaren* wie auch der *stofflichen* Ebene einen **Formelumsatz** wieder.

Dementsprechend steht in einer Reaktionsgleichung

- jedes **Symbol** sowohl
  - für *ein* Atom des Elements als auch
  - für *ein Mol* Atome dieses Elements,
- jede **Formel** sowohl
  - für *ein* Molekül bzw. eine Formeleinheit als auch
  - für *ein Mol* Moleküle bzw. ein Mol Formeleinheiten

  einer chemischen Verbindung oder einer Elementsubstanz.

▲ *Beispiele für die stoffliche Betrachtungsebene:*

Die *Formel* HCl steht für 1 mol Chlorwasserstoffmoleküle, die Formel NaCl für 1 mol Formeleinheiten NaCl und damit zugleich für 1 mol Natrium-Ionen , Na^+, und 1 mol Chlorid-Ionen, Cl^-.

Die *Symbole* H, Na und Cl stehen in diesen Formeln jeweils für 1 mol Atome der Elemente Wasserstoff, Natrium und Chlor.

Eine chemische Reaktion, die in der Wirklichkeit eine Umsetzung im *Verhältnis der kleinsten Teilchen* der beteiligten Stoffe ist, stellt sich damit auf der stofflichen Betrachtungsebene als eine Umsetzung im *Verhältnis der Stoffmengen* der beteiligten Stoffe dar.

Beim Umgang mit der Stoffmenge muss man sich immer bewusst sein:

- Hinter der *Stoffmenge* steht die *Anzahl der Einzelteilchen.*
- Durch die Einheit *Mol* wird erreicht, dass mit *gut handhabbaren Zahlenwerten* gearbeitet werden kann.

Der Stoffmenge 1 mol entspricht die Teilchenzahl $6{,}022 \cdot 10^{23}$. Zwischen Stoffmenge n und **Teilchenzahl**[1)] (Formelzeichen N; Einheit 1) besteht demnach folgende Beziehung:

$$\frac{\text{Teilchenzahl}}{\text{Stoffmenge}} = 6{,}022 \cdot 10^{23}\ \text{mol}^{-1} \qquad \frac{N}{n} = N_A \tag{2-3}$$

[1)] engl. *number of entities*

N_A ist die **AVOGADRO-Konstante** mit dem Wert:

$$N_A = 6{,}02214 \cdot 10^{23}\,\text{mol}^{-1}$$

Stoffmenge n und *Teilchenzahl N* sind einander proportional, wobei die AVOGADRO-Konstante als Proportionalitätsfaktor auftritt:

$$n \sim N \qquad n \cdot N_A = N \tag{2-4}$$

Eine quantitative Beziehung zwischen der atomaren und der stofflichen Betrachtungsebene stellte 1865 – ausgehend von der Atomhypothese J. DALTONs (↑ S. 27) und der AVOGADROschen Hypothese (↑ S. 35) – zuerst der Österreicher JOSEPH LOSCHMIDT her. Er ermittelte, dass in 1 cm³ eines Gases (bei normalem Druck und normaler Temperatur) $2{,}76 \cdot 10^{19}$ Moleküle enthalten sind. Daraus ergab sich die **LOSCHMIDT-Konstante**, deren heute gültigem Zahlenwert $N_L = 2{,}687 \cdot 10^{19}\,\text{cm}^{-3}$ LOSCHMIDT schon erstaunlich nahe gekommen ist.

2.6 Molare Masse – stoffmengenbezogene Masse

Chemische Verbindungen sowie Elementsubstanzen reagieren miteinander im Verhältnis ganzzahliger Stoffmengen, wie sie durch die Reaktionsstöchiometriezahlen (Koeffizienten) in den chemischen Gleichungen angegeben werden (↑ S. 16). Dagegen sind die *Massen*, mit denen zwei beliebige Stoffe miteinander reagieren, ganz *unterschiedlich.* Für die quantitative Behandlung chemischer Reaktionen eignet sich daher die Stoffmenge wesentlich besser als die Masse. Andererseits ist aber nur die Masse (sowie auch das Volumen) eines Stoffes einer unmittelbaren Messung zugänglich, nicht aber die Stoffmenge.

Um die Beziehung zwischen *Stoffmenge* und *Masse* eines Stoffes herzustellen, wurde die *stoffmengenbezogene Masse* als Größe eingeführt. Sie wird **molare Masse** genannt (Formelzeichen *M*).

***Molare Größen* sind allgemein *Quotienten,* bei denen die *Stoffmenge im Nenner* steht.**

Die molare Masse *M* einer chemischen Verbindung oder einer Elementsubstanz ist der Quotient aus der Masse *m* und der Stoffmenge *n* dieses Stoffes.

$$\textbf{molare Masse}_A = \frac{\textbf{Masse}_A}{\textbf{Stoffmenge}_A} \qquad M = \frac{m}{n} \tag{2-5}$$

Die molare Masse *M* ist eine *stoffspezifische Größe;* sie besitzt für jede chemische Verbindung und jede Elementsubstanz einen *speziellen Zahlenwert.* Der Index A in der Gleichung (2-5) bringt zum Ausdruck, dass sich alle drei Größen auf den gleichen Stoff A beziehen.

Aus den Basiseinheiten für Masse (kg) und Stoffmenge (mol) ergibt sich als abgeleitete Einheit für die molare Masse:

$$[M] = \frac{\text{kg}}{\text{mol}}$$

In der Chemie wird meist der tausendste Teil dieser Einheit verwendet ($\text{g} \cdot \text{mol}^{-1}$), da sich dabei leicht handhabbare Zahlenwerte ergeben.

Der Zahlenwert der molaren Masse *M* einer chemischen Verbindung oder einer Elementsubstanz ist gleich der relativen Molekülmasse M_r (↑ 2.3).

▲ Sauerstoff $M_r(O_2) = 32{,}00$ $M(O_2) = 32{,}00\ \text{g} \cdot \text{mol}^{-1}$
Schwefelsäure $M_r(H_2SO_4) = 98{,}08$ $M(H_2SO_4) = 98{,}08\ \text{g} \cdot \text{mol}^{-1}$

Bei *Ionensubstanzen* bezieht sich die molare Masse auf die *relative Formelmasse.*

▲ Natriumchlorid M_r(NaCl) = 58,55 M(NaCl) = 58,55 g · mol^{-1}

Bei *Elementsubstanzen*, die *einatomig* auftreten, tritt an die Stelle der relativen Molekülmasse M_r die *relative Atommasse* A_r.

▲ Helium A_r(He) = 4,003 M(He) = 4,003 g · mol^{-1}
Natrium A_r(Na) = 22,99 M(Na) = 22,99 g · mol^{-1}

Der *Zahlenwert* der relativen Atommasse bzw. relativen Molekülmasse tritt in *drei* verschiedenartigen *Größen* auf,

- in der *relativen Atommasse* A_r und der *relativen Molekülmasse* M_r (mit der Maßeinheit 1),
- in der *Masse* der *Atome* bzw. *Moleküle* m (mit der Maßeinheit u) (↑ S. 25) und
- in der *molaren Masse* (mit der Maßeinheit g · mol^{-1}).

▲ Das Natrium hat die relative Atommasse A_r = 22,99, ein Natriumatom hat die Masse m = 22,99 u, und das Natrium hat die molare Masse M = 22,99 g · mol^{-1}.
Das Kohlenstoffdioxid, CO_2, hat die relative Molekülmasse 44,01, ein Kohlenstoffdioxidmolekül hat die Masse m = 44,01 u, und das Kohlenstoffdioxid hat die molare Masse M = 44,01 g · mol^{-1}.

Bei Masse und molarer Masse handelt es sich um zwei Größen von ganz unterschiedlichem Charakter:

- Die *Masse* ist eine *extensive Größe.*
- Die *molare Masse* ist eine *intensive Größe.*

Extensive Größen sind *Quantitätsgrößen.* Sie ändern sich mit der Größe der betrachteten Stoffportion. Außer der Masse gehören auch das *Volumen* und die *Stoffmenge* zu den *extensiven Größen.* Beim Zusammengeben mehrerer Portionen des gleichen Stoffes *addieren* sich deren Massen, deren Volumina (konstanten Druck vorausgesetzt) und auch deren Stoffmengen.

Intensive Größen sind *Qualitätsgrößen.* Sie verändern sich *nicht* mit der Größe der betrachteten Stoffportion. Außer der molaren Masse gehört zu den intensiven Größen die *Dichte.* Wird eine Stoffportion geteilt, so ändern sich Dichte und molare Masse des Stoffes nicht.

Nach Gleichung (2-5) ist die *intensive* Größe molare Masse M der Quotient aus zwei *extensiven* Größen, der Masse m und der Stoffmenge n. Damit ermöglicht es die intensive Größe molare Masse M, die extensive Größe Masse m, die gemessen werden kann, in die extensive Größe Stoffmenge n umzurechnen, die nicht gemessen werden kann.

$$\textbf{Stoffmenge}_\textbf{A} = \frac{\textbf{Masse}_\textbf{A}}{\textbf{molare Masse}_\textbf{A}} \qquad n = \frac{m}{M} \tag{2-6}$$

▲ Welche Stoffmenge hat ein Stück (Stoffportion) Schwefel mit der Masse 160,35 g?

$$n(\mathrm{S}) = \frac{m(\mathrm{S})}{M(\mathrm{S})}; \qquad n(\mathrm{S}) = \frac{160{,}35\ \mathrm{g}}{32{,}07\ \mathrm{g \cdot mol^{-1}}}; \qquad n(\mathrm{S}) = 5\ \mathrm{mol}$$

2.7 Äquivalent

Treten bei einer chemischen Reaktion zwei Stoffe mit der *gleichen Wertigkeit* auf, so reagieren sie miteinander in *gleichen Stoffmengen* und dementsprechend im Verhältnis ihrer molaren Massen.

▲ Kupfer und Schwefel verbinden sich zu Kupfer(II)-sulfid:

$$Cu + S \rightarrow CuS$$

Beide Stoffe treten hier zweiwertig auf. Sie verbinden sich im Stoffmengenverhältnis 1:1 und dementsprechend im Massenverhältnis 63,55 g Kupfer zu 32,06 g Schwefel.

In diesem Falle sind gleiche Stoffmengen einander *äquivalent* (gleichwertig).

Treten die reagierenden Stoffe mit *unterschiedlichen* Wertigkeiten auf, muss ein *Äquivalenzfaktor* berücksichtigt werden.

Der Äquivalenzfaktor f_{eq} ist der reziproke Wert der für die betrachtete Reaktion maßgeblichen Wertigkeit z eines Stoffes.

$$f_{eq} = \frac{1}{z} \qquad (2\text{-}7)$$

Der Äquivalenzfaktor bezieht sich sowohl auf die reagierenden Stoffe als auch auf die reagierenden Teilchen (Atome, Moleküle, Ionen), aus denen die Stoffe bestehen.

▲ Der Äquivalenzfaktor beträgt
- bei Stoffen bzw. Teilchen, die **zweiwertig** auftreten: $\frac{1}{2}$ (z. B. Schwefelsäure, H_2SO_4, bzw. Sulfat-Ion, SO_4^{2-});
- bei Stoffen bzw. Teilchen, die **dreiwertig** auftreten: $\frac{1}{3}$ (z. B. Aluminiumhydroxid, $Al(OH)_3$, bzw. Aluminium(III)-Ion, Al^{3+});
- bei Stoffen bzw. Teilchen, die **einwertig** auftreten: 1 (z. B. Chlorwasserstoff, HCl, bzw. Chlorid-Ion, Cl^-).

Das heißt $\frac{1}{2}$ mol Schwefelsäure, $\frac{1}{3}$ mol Aluminiumhydroxid und 1 mol Chlorwasserstoff (Salzsäure) sind einander äquivalent.

Stoffe reagieren miteinander in den ihrem Äquivalenzfaktor entsprechenden Stoffmengen.

▲ Zur Umsetzung von $\frac{1}{3}$ mol Aluminiumhydroxid ist $\frac{1}{2}$ mol Schwefelsäure oder 1 mol Salzsäure erforderlich. Das lässt sich auch in der Reaktionsgleichung darstellen, indem die übliche Reaktionsgleichung mit dem größten gemeinsamen Teiler der beiden Äquivalenzfaktoren multipliziert wird:

$$2\,Al(OH)_3 + 3\,H_2SO_4 \rightarrow Al_2(SO_4)_3 + 6\,H_2O \quad | \cdot \tfrac{1}{6}$$

$$\tfrac{1}{3}\,Al(OH)_3 + \tfrac{1}{2}\,H_2SO_4 \rightarrow \tfrac{1}{6}\,Al_2(SO_4)_3 + H_2O$$

Zur Ermittlung des Äquivalenzfaktors kann von den verschiedenen in der Chemie gebräuchlichen *Wertigkeitsbegriffen* bzw. Wertigkeitseinheiten ausgegangen werden:

- der stöchiometrischen Wertigkeit (↑ S. 168);
- der positiven und negativen Ionenwertigkeit (↑ S. 169);
- den Protonen (Wasserstoff-Ionen) als Trägern einer positiven Elementarladung (↑ S. 67);
- den Elektronen als Trägern einer negativen Elementarladung (↑ S. 66);
- der Änderung der Oxidationszahl (↑ S. 170).

Wirkt ein Stoff in verschiedenen Reaktionen mit *unterschiedlichen Wertigkeiten*, so hat er auch *unterschiedliche Äquivalenzfaktoren.*

▲ Im Kaliumpermanganat, $KMn^{VII}O_4$, hat Mangan die Oxidationszahl +7. Von Reduktionsmitteln wird es in saurer Lösung zu Mangan(II)-Ionen, Mn^{2+}, in basischer Lösung zu Mangan(IV)-oxidhydroxid, $Mn^{IV}O(OH)_2$, reduziert. Entsprechend der Änderung der Oxidationszahl beträgt der Äquivalenzfaktor des Kaliumpermanganats in saurer Lösung $\frac{1}{5}$, in basischer Lösung $\frac{1}{3}$.

Ein Äquivalent ist der dem Äquivalenzfaktor entsprechende Teil eines Atoms, Moleküls oder Ions eines Stoffes.

▲ Da der Äquivalenzfaktor der Schwefelsäure $\frac{1}{2}$ beträgt, ist ein halbes Schwefelsäuremolekül, $\frac{1}{2}\ H_2SO_4$, bzw. ein halbes Sulfat-Ion, $\frac{1}{2}\ SO_4^{2-}$, ein Äquivalent.

Ein Äquivalent trägt jeweils *eine Wertigkeitseinheit.* Demnach ist bei Atomen, Molekülen und Ionen, die mit der Wertigkeit 1 reagieren, das Äquivalent mit diesen Teilchen identisch.

▲ Ein *Äquivalent* ist $\frac{1}{3}\ Al^{3+}$-Ion, $\frac{1}{3}\ PO_4^{3-}$-Ion,
$\frac{1}{2}\ Mg^{2+}$-Ion, $\frac{1}{2}\ SO_4^{2-}$-Ion,
1 Na^+-Ion, 1 Cl^--Ion.

In Redoxreaktionen (↑ S. 206) ist das Äquivalent jener Bruchteil eines Atoms, Moleküls oder Ions (eines bestimmten Stoffes), der *ein Elektron* abgeben oder aufnehmen kann.

In Säure-Base-Reaktionen (↑ S. 219) ist das Äquivalent jener Bruchteil eines Moleküls oder Ions (eines bestimmten Stoffes), der ein *Wasserstoff-Ion (Proton)* abgeben oder aufnehmen kann.

Indem das Äquivalentteilchen neben Atom, Molekül und Ion gestellt wird, lassen sich alle Größen, die der quantitativen Behandlung von Atomen, Molekülen und Ionen dienen, auch auf das Äquivalent beziehen.

Daraus ergeben sich nachfolgende Größen:

- *Äquivalentmenge* n_{eq}
- *relative Äquivalentmasse* $M_{r,eq}$
- *molare Äquivalentmasse* M_{eq} (↑ S. 34)

Die **Äquivalentmenge** n_{eq} ist die *Stoffmenge der Äquivalente.* Sie ist das Produkt aus Stoffmenge n und Wertigkeit z.

Äquivalentmenge = Stoffmenge · Wertigkeit $n_{eq} = n \cdot z$ (2-8)

▲ Der Stoffmenge $n(H_2SO_4)$ = 1 mol entspricht die Äquivalentmenge $n(\frac{1}{2}\ H_2SO_4)$ = 2 mol.
Der Stoffmenge nPO_4^{3-} = 5 mol entspricht die Äquivalentmenge $n(\frac{1}{3}\ PO_4^{3-})$ = 15 mol.

Hiermit sind wir bei dem Anliegen, das mit der Einführung des *Äquivalentbegriffs* erfüllt wurde:

Zwei Stoffe reagieren miteinander mit gleichen Äquivalentmengen:

$$n_{eq}(A) = n_{eq}(B)$$

▲ Eine Stoffproportion Natronlauge mit der *Äquivalentmenge* $n_{eq}(NaOH) = 2$ mol wird von einer Stoffproportion Schwefelsäure mit der Äquivalentmenge $n_{eq}(H_2SO_4) = 2$ mol neutralisiert.
Dem steht gegenüber: Eine Stoffproportion Natronlauge mit der *Stoffmenge* $n(NaOH) = 2$ mol wird von einer Stoffproportin Schwefelsäure mit der Stoffmenge $n(H_2SO_4) = 1$ mol neutralisiert.

Die **relative Äquivalentmasse** $M_{r,eq}$ ist die *relative Molekülmasse der Äquivalente* (relative Formelmasse der Äquivalente).

Sie ist der Quotient aus relativer Molekülmasse M_r und Wertigkeit z:

$$\textbf{relative Äquivalentmasse} = \frac{\textbf{relative Molekülmasse}}{\textbf{Wertigkeit}} \qquad M_{r,eq} = \frac{M_r}{z} \tag{2-9}$$

▲ $M_r(H_2SO_4) = 98{,}086;\quad M_r(\frac{1}{2}\,H_2SO_4) = \frac{98{,}086}{2};\quad M_r(\frac{1}{2}\,H_2SO_4) = 49{,}043$

$M_r(Al^{3+}) = 26{,}98;\quad M_r(\frac{1}{3}\,Al^{3+}) = \frac{26{,}98}{3};\quad M_r(\frac{1}{3}\,Al^{3+}) = 8{,}99$

Da in der Klammer der Äquivalenzfaktor erscheint, erübrigt sich der Index eq.

Da eq in anderem Zusammenhang auch für „im Gleichgewichtszustand" verwendet wird, ist für „Äquivalent" auch der Index ev im Gebrauch.

Die **molare Äquivalentmasse** M_{eq} ist die *molare Masse der Äquivalente.* Sie ist der Quotient aus der molaren Masse n und der Wertigkeit z:

$$\textbf{molare Äquivalentmasse} = \frac{\textbf{molare Masse}}{\textbf{Wertigkeit}} \qquad M_{eq} = \frac{M}{z} \tag{2-10}$$

▲ $M(H_2SO_4) = 98{,}086\ g\quad M(\frac{1}{2}\,H_2SO_4) = \frac{98{,}086\ g}{2}\quad M(\frac{1}{2}\,H_2SO_4) = 49{,}043$

$M(Al^{3+}) = 26{,}98\ g\quad M(\frac{1}{3}\,Al^{3+}) = \frac{26{,}98\ g}{3}\quad M(\frac{1}{3}\,Al^{3+}) = 8{,}99\ g$

Die Ausdrücke „molare Äquivalentmasse" und „molare Masse der Äquivalente" sind wenig gebräuchlich. Dafür wird meist kurz, aber nicht eindeutig, von „Äquivalentmasse" gesprochen.

2.8 Volumenverhältnisse bei chemischen Reaktionen

Das *Volumen* der an einer chemischen Reaktion beteiligten Stoffe kann sich – im Gegensatz zu deren Masse – *verändern.* Bei *Gasreaktionen* unterliegen die Volumenänderungen bestimmten Gesetzmäßigkeiten.

Das Volumen eines Gases ist bei gegebenem Druck und gegebener Temperatur der Masse dieses Gases proportional.

Daher kann bei chemischen Berechnungen das *Volumen* eines Gases anstelle der *Masse* dieses Gases eingesetzt werden.

Der Franzose JOSEPH-LOUIS GAY-LUSSAC erkannte 1808 auf Grund zahlreicher Experimente:

Bei chemischen Reaktionen stehen die Volumina der – als Ausgangsstoffe oder Reaktionsprodukte – beteiligten Gase in einfachen ganzzahligen Verhältnissen zueinander.

(Chemisches Volumengesetz[1]) von GAY-LUSSAC)

---

[1]) zu unterscheiden von dem 1802 von GAY-LUSSAC erkannten *physikalischen Volumengesetz:* Das Volumen eines Gases ist bei konstantem Druck der absoluten Temperatur proportional.

▲ Aus einem Volumenteil Wasserstoff und einem Volumenteil Chlor entstehen zwei Volumenteile Chlorwasserstoff:

Aus zwei Volumenteilen Schwefeldioxid und einem Volumenteil Sauerstoff entstehen zwei Volumenteile Schwefeltrioxid:

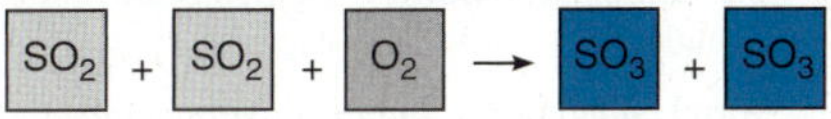

Die Kästchen symbolisieren jeweils einen Volumenteil.

Das chemische Volumengesetz ließ sich mit der bis dahin herrschenden Vorstellung, die elementaren Gase – wie Wasserstoff, Sauerstoff und Chlor – lägen in *einzelnen Atomen* vor, nicht deuten. Dieser *Widerspruch* zwischen experimentell gewonnenen Erkenntnissen und bestehenden theoretischen Vorstellungen führte u. a. zu der Erkenntnis, dass elementare Gase in *zweiatomigen Molekülen* auftreten.

Zur Deutung des chemischen Volumengesetzes stellte der Italiener AMADEO AVOGADRO 1811 die Hypothese auf:

Gleiche Volumina aller Gase enthalten unter gleichen äußeren Bedingungen (Druck, Temperatur) die gleiche Anzahl Moleküle.

(AVOGADROsche Hypothese; Gesetz von AVOGADRO)

Der Begriff **Molekül** wurde von AVOGADRO als Bezeichnung für die kleinsten Teilchen der Gase neu geprägt.

2.9 Molares Volumen der Gase

Da *ein Mol* eines Stoffes die *gleiche Anzahl Moleküle* enthält (AVOGADRO-Konstante) (↑ S. 29) und die *gleiche Anzahl Moleküle* verschiedener Gase (bei gleichen äußeren Bedingungen) das *gleiche Volumen* einnehmen (AVOGADROsche Hypothese), ergab sich als Schlussfolgerung:

Ein Mol eines jeden Gases hat (bei gleichen äußeren Bedingungen) das gleiche Volumen.

Bei Gasreaktionen ist also mit der *Stoffmenge* (in mol) zugleich das *Volumen* jedes Reaktionspartners gegeben.

▲ Die Gleichung $2\ SO_2 + O_2 \rightarrow 2\ SO_3$ besagt nicht nur: 2 mol Schwefeldioxid und 1 mol Sauerstoff ergeben 2 mol Schwefeltrioxid, sondern auch: 2 Volumenteile Schwefeldioxid und 1 Volumenteil Sauerstoff ergeben 2 Volumenteile Schwefeltrioxid.

Das Volumen eines Gases, das 1 mol ($6 \cdot 10^{23}$) Moleküle enthält, wird als **molares Volumen** (auch *Molvolumen*) bezeichnet.

Das molare Volumen V der Gase ist definiert als Quotient aus dem Volumen v und der Stoffmenge n eines Gases:

$$\textbf{molares Volumen} = \frac{\textbf{Volumen}_\textbf{A}}{\textbf{Stoffmenge}_\textbf{A}} \qquad V = \frac{v}{n} \qquad (2\text{-}11)$$

Der Index A gibt an, dass sich Volumen und Stoffmenge auf ein bestimmtes Gas beziehen, während das molare Volumen bei allen Gasen annähernd gleich ist.

In der Chemie wird viel mit molaren Größen gerechnet; sie werden in der Regel mit Großbuchstaben gekennzeichnet. Die Physik verwendet allgemein für das Volumen ein großes V, da v für die Geschwindigkeit belegt ist. Das Formelzeichen für das molare Volumen ist dann V_m.

Aus den Einheiten für Volumen (m^3) und Stoffmenge (mol) ergibt sich für das *molare Volumen* als abgeleitete Einheit $m^3 \cdot mol^{-1}$. In der Chemie wird in der Regel der millionste Teil dieser Einheit ($cm^3 \cdot mol^{-1}$), aber auch der tausendste Teil dieser Einheit ($L \cdot mol^{-1}$) verwendet [1)].

Für das molare Volumen eines idealen Gases unter Normbedingungen (*molares Normvolumen* bei 273,15 K = 0 °C und 101 325 Pa = 1,013 bar) gilt:

$$\mathbf{V = 0{,}022\,414\ m^3 \cdot mol^{-1} \quad oder \quad V = 22{,}4140\ L \cdot mol^{-1}}$$

Praktisch wird bei Gasreaktionen meist mit einem molaren Volumen von $0{,}0224\ m^3 \cdot mol^{-1}$ bzw. $22{,}4\ L \cdot mol^{-1}$ gerechnet. Der genaue Wert bezieht sich auf ein ideales Gas (↑ S. 37). Der Wert $22{,}4\ L \cdot mol^{-1}$ trifft aber auch für reale Gase mit sehr niedrigem Kondensationspunkt zu (Wasserstoff, Sauerstoff, Stickstoff). Leicht kondensierbare Gase haben ein etwas geringeres molares Volumen (Kohlenstoffdioxid $22{,}26\ L \cdot mol^{-1}$, Ammoniak $22{,}08\ L \cdot mol^{-1}$).

Über das molare Volumen lässt sich bei gegebenem Volumen eines Gases dessen Stoffmenge (Beispiel 1) berechnen:

$$\mathbf{Stoffmenge_A} = \frac{\mathbf{Volumen_A}}{\mathbf{molares\ Volumen}} \qquad n = \frac{v}{V} \qquad (2\text{-}12)$$

und bei gegebener Stoffmenge das Volumen dieses Gases (Beispiel 2):

$$\mathbf{Volumen_A = Stoffmenge_A \cdot molares\ Volumen} \qquad v = n \cdot V \qquad (2\text{-}12a)$$

▲ *Beispiel 1:*
Welche Stoffmenge n enthält 1 m^3 eines Gases unter Normbedingungen?

$$\frac{1\ m^3}{0{,}0224\ m^3 \cdot mol^{-1}} = 44{,}6\ mol$$

▲ *Beispiel 2:*
Welches Volumen v haben unter Normbedingungen 5 mol eines Gases?
$5\ mol \cdot 22{,}4\ L \cdot mol^{-1} = 112\ L$

Mittels des *molaren Volumens* kann man für die an chemischen Reaktionen beteiligten Gase *anstelle der Massen die Volumina* zu Berechnungen verwenden. Das ist sehr vorteilhaft, da die Messung des Volumens eines Gases wesentlich einfacher ist als die Ermittlung der Masse eines Gases.

▲ Aus der Gleichung $2\ SO_2 + O_2 \rightarrow 2\ SO_3$ sind die Volumina wie folgt zu errechnen:

$$\left.\begin{array}{ll} \text{Schwefeldioxid:} & 2\ mol \cdot 22{,}4\ L \cdot mol^{-1} = 44{,}8\ L \\ \text{Sauerstoff:} & 1\ mol \cdot 22{,}4\ L \cdot mol^{-1} = 22{,}4\ L \end{array}\right\} 67{,}2\ L$$
$$\text{Schwefeltrioxid: } 2\ mol \cdot 22{,}4\ L \cdot mol^{-1} = 44{,}8\ L$$

1) Als Einheitenzeichen für die Einheit *Liter* ist seit langem der Kleinbuchstabe l gebräuchlich. Vielfach ist er jedoch nicht von der Ziffer 1 zu unterscheiden. Die IUPAC lässt daher als Alternative auch den Großbuchstaben L zu, den wir in diesem Buch verwenden. Damit soll der Kleinbuchstabe l in der *Schreibschrift* nicht verdrängt werden.

Schwefeldioxid und Sauerstoff verbinden sich demnach im Verhältnis von 44,8 L zu 22,4 L miteinander. Aus 67,2 L des Gemisches aus Schwefeldioxid und Sauerstoff können 44,8 L Schwefeltrioxid entstehen. Die Reaktion verläuft unter Volumenverminderung.

Das molare Volumen von Gasen ergibt sich auch als Quotient aus der AVOGADRO-Konstante und der LOSCHMIDT-Konstante (↑ S. 29):

$$\frac{6{,}022 \cdot 10^{23}\ \text{mol}^{-1}}{2{,}687 \cdot 10^{19}\ \text{cm}^{-3}} = 2{,}241 \cdot 10^{4}\ \text{cm}^{3} \cdot \text{mol}^{-1}$$

Das molare Volumen stellt demnach die Beziehung zwischen diesen beiden Konstanten her.

Der Quotient aus molarer Masse M und molarem Volumen V von Gasen ergibt deren **Dichte** ϱ:

$$\frac{\textbf{molare Masse}_\text{A}}{\textbf{molares Volumen}} = \textbf{Dichte}_\text{A} \qquad \frac{M}{V} = \varrho \tag{2-13}$$

▲ Kohlenstoffmonoxid, CO: $\frac{28{,}01\ \text{g} \cdot \text{mol}^{-1}}{22{,}41\ \text{L} \cdot \text{mol}^{-1}} = 1{,}250\ \text{g} \cdot \text{L}^{-1}$

Kohlenstoffdioxid, CO_2: $\frac{44{,}01\ \text{g} \cdot \text{mol}^{-1}}{22{,}41\ \text{L} \cdot \text{mol}^{-1}} = 1{,}964\ \text{g} \cdot \text{L}^{-1}$

Berechnet man das molare Volumen nach Abschnitt 2.11 bei beliebigen anderen Bedingungen, lassen sich mit Gleichung (2-13) sehr einfach die Gasdichten bei diesen Bedingungen berechnen.

2.10 Idealer Gaszustand

Bei allen *realen Gasen,* d. h. bei allen Gasen, die es gibt, beanspruchen die einzelnen Moleküle einen bestimmten Raum, und es herrschen Kräfte zwischen ihnen. Die Gasmoleküle behindern sich daher gegenseitig mehr oder weniger in ihrer Beweglichkeit. In der Modellvorstellung des idealen Gases vernachlässigt man das:

Das (fiktive) ideale Gas besteht aus punktförmigen Teilchen ohne Eigenvolumen, zwischen denen keine Kräfte wirken.

Ein reales Gas kommt dem idealen Gaszustand um so näher, je weiter die jeweilige Temperatur über dem Kondensationspunkt Kp dieses Gases liegt.

Bei Zimmertemperatur kommen daher

Wasserstoff ($Kp = 20$ K = -253 °C),
Stickstoff ($Kp = 77$ K = -196 °C) und
Sauerstoff ($Kp = 90$ K = -183 °C)

dem idealen Gaszustand sehr nahe, während

Schwefeldioxid ($Kp = 263$ K = -10 °C) und
Ammoniak ($Kp = 240$ K = -33 °C)

erheblich vom idealen Gaszustand abweichen. Allgemein kommen reale Gase dem idealen Gaszustand um so näher, je geringer ihr Druck und je höher ihre Temperatur ist. Bei normalem Druck verhalten sich Schwefeldioxid und Ammoniak oberhalb 500 °C nahezu ideal.

2.11 Allgemeine Zustandsgleichung der Gase

Das molare Volumen der Gase von 0,022414 $m^3 \cdot mol^{-1}$ gilt nur für **Normbedingungen.** Darunter wird vereinbarungsgemäß verstanden

- ein **Druck** von 101,325 kPa (Kilopascal), das sind 1,01325 bar oder 1013,25 mbar (Millibar), früher 1 atm (physikalische Atmosphäre)[1], und
- eine **Temperatur** von 273,15 K (Kelvin), das sind 0 °C (Grad Celsius).

Bei chemischen Reaktionen liegen aber diese Normbedingungen praktisch nie vor. Daher müssen die gemessenen Volumina in der Regel auf Normbedingungen umgerechnet werden, bevor damit weitere Berechnungen durchgeführt werden können.

Die Umrechnung erfolgt mit der allgemeinen Zustandsgleichung der Gase:

$$\frac{p \cdot v}{T} = \frac{p_0 \cdot v_0}{T_0} \qquad (2\text{-}14)$$

p Druck, unter dem das Gas mit dem Volumen v steht
v Volumen bei der Temperatur T und dem Druck p
T absolute Temperatur, die das Gas mit dem Volumen v besitzt
p_0 Normdruck (101,325 kPa)
v_0 Volumen des Gases im Normzustand
T_0 Normtemperatur (273,15 K)

Kelvin (Einheitenzeichen K) ist die SI-Einheit der Temperatur.

Zwischen der Temperatur T in Kelvin und der Temperatur t in °C (Grad Celsius) besteht folgende Beziehung (siehe Bild 2-1):

$$\boldsymbol{T \text{ (in K)} = t \text{ (in °C)} + 273{,}15}$$

Oft wird mit dem gerundeten Wert 273 gerechnet.

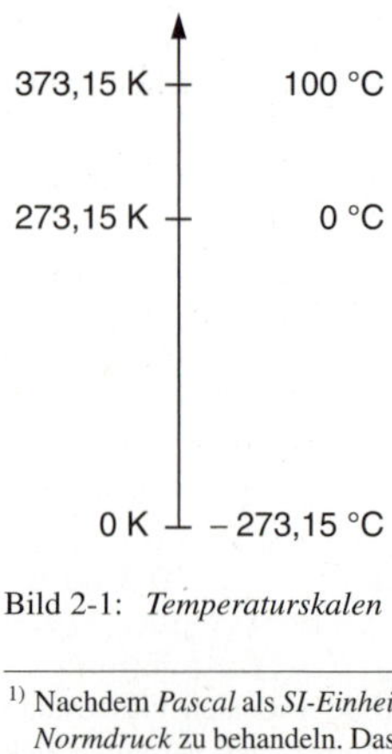

Bild 2-1: *Temperaturskalen*

---

[1] Nachdem *Pascal* als *SI-Einheit* des *Druckes* festgelegt worden war, hat die IUPAC schon 1982 empfohlen, 100 kPa (= 1 bar) als *Normdruck* zu behandeln. Das setzt sich aber nur zögernd durch, da alle vorher ermittelten Tabellenwerte auf die physikalische Atmosphäre bezogen waren. Für genaue Berechnungen muss man sich vergewissern, für welchen Normdruck die verwendeten Tabellenwerte gelten.

Zum Umrechnen eines unter gegebenen Bedingungen *gemessenen* Volumens in das Volumen unter Normbedingungen erhält die Zustandsgleichung folgende Form:

$$v_0 = \frac{p \cdot v \cdot T_0}{p_0 \cdot T} \qquad (2\text{-}15)$$

▲ Bei 20 °C und 100 kPa wurde ein Volumen von 100 cm^3 ermittelt. Wie groß wäre dieses Volumen unter Normbedingungen?

$$v_0 = \frac{100\ \text{kPa} \cdot 100\ \text{cm}^3 \cdot 273\ \text{K}}{101{,}3\ \text{kPa} \cdot 293\ \text{K}}; \qquad v_0 = 91{,}98\ \text{cm}^3$$

Unter Normbedingungen würde das Volumen nur etwa 92 cm^3 betragen.

Zum Umrechnen eines für Normbedingungen berechneten Volumens, wie wir es bei stöchiometrischen Berechnungen zunächst stets erhalten, in das Volumen unter gegebenen Bedingungen erhält die Zustandsgleichung die Form:

$$v = \frac{p_0 \cdot v_0 \cdot T}{p \cdot T_0} \qquad (2\text{-}15a)$$

▲ Bei einer chemischen Reaktion würden unter Normbedingungen 100 cm^3 eines Gases entstehen. Welches Volumen nimmt dieses Gas bei 20 °C und 100 kPa (1000 mbar) ein?

$$v = \frac{101{,}3\ \text{kPa} \cdot 100\ \text{cm}^3 \cdot 293\ \text{K}}{100\ \text{kPa} \cdot 273\ \text{K}}; \qquad \text{v}_0 = 108{,}7\ \text{cm}^3$$

Bei 20 °C und 100 kPa beträgt das Volumen nahezu 109 cm^3.

Meist wird die **allgemeine Zustandsgleichung der Gase** (2-14) in einer anderen Fassung verwendet, in der an die Stelle

- der *extensiven Größe Volumen* v
- die *intensive Größe molares Volumen* $V = \frac{v}{n}$

getreten ist:

$$\frac{p \cdot V}{T} = \frac{p_0 \cdot V_0}{T_0} \qquad (2\text{-}16)$$

Das molare Volumen V_0 des idealen Gases beträgt unter Normbedingungen 22,4 L · mol^{-1}. Damit ist der rechte Term dieser Zustandsgleichung für alle Gase (näherungsweise) gleich. Er ist als **molare** oder **allgemeine Gaskonstante** (Formelzeichen *R*) bekannt:

$$R = \frac{p_0 \cdot V_0}{T_0} \qquad (2\text{-}17)$$

$$R = \frac{101\,325\ \text{Pa} \cdot 0{,}022\,414\ \text{m}^3 \cdot \text{mol}^{-1}}{273{,}15\ \text{K}}; \qquad R = 8{,}3145\ \text{m}^3 \cdot \text{Pa} \cdot \text{mol}^{-1} \cdot \text{K}^{-1}$$

Da das Produkt aus Druck p und Volumen v eine *Energie E* darstellt:

$$\boldsymbol{p \cdot v = E},$$

kann man das Produkt $m^3 \cdot Pa$ durch die Einheit der Energie *Joule* (= Newtonmeter = Wattsekunde) ersetzen:

$$R = 8{,}3145\ J \cdot mol^{-1} \cdot K^{-1} \tag{2-18}$$

Zur Einheit Joule (Einheitenzeichen J) kommt man über folgende Schritte:

$$1\ Pa \cdot m^3 = 1\ N \cdot m^{-2} \cdot m^3 = 1\ N \cdot m = 1\ J$$

Setzen wir in den *linken Term* der Gleichung (2-16) an die Stelle des molaren Volumens V den Quotienten $V = \frac{v}{n}$ ein, so erhalten wir:

$$\frac{p \cdot v}{T \cdot n} = R$$

und daraus:

$$\boldsymbol{p \cdot v = n \cdot R \cdot T} \tag{2-19}$$

Das ist die am häufigsten verwendete Form der *allgemeinen Zustandsgleichung der Gase*.

▲ Welches Volumen nehmen 10 kg Sauerstoff, O_2, bei 15 MPa (Megapascal) Druck (150 bar) und 20 °C Temperatur ein?
Zunächst ist in Gleichung (2-19) für die Stoffmenge n der Quotient aus Masse m und molarer Masse M einzusetzen (↑ Gleichung (2-5), S. 31):

$$n = \frac{m}{M}$$

$$p \cdot v = \frac{m \cdot R \cdot T}{M}$$

und dann nach v aufzulösen:

$$v = \frac{m \cdot R \cdot T}{M \cdot p}$$

$$v = \frac{10\,kg \cdot 8{,}3145\,J \cdot mol^{-1} \cdot K^{-1} \cdot 293{,}15\,K}{0{,}032\,kg \cdot mol^{-1} \cdot 15 \cdot 10^6\,Pa}$$

$$v = 0{,}050\,78\,J \cdot Pa^{-1}$$

$$v = 0{,}050\,78\,N \cdot m \cdot m^2 \cdot N^{-1}$$

$$v = 0{,}050\,78\,m^3$$

▲ Welche Dichte hat Luft (ca. 78 % Stickstoff, 21 % Sauerstoff und 1 % Argon) bei 300 000 Pa und 200 °C?
Nach Gleichung (2-13) lässt sich die Dichte ϱ eines Gases als Quotient aus molarer Masse M und molarem Volumen V berechnen. Dazu benötigen wir zunächst M_{Luft}; die molare Masse von Gas*gemischen* errechnet sich als Summe der Einzelbestandteile multipliziert mit ihrem jeweiligen Massenanteil (↑ S. 45):

$$M_{Luft} = 0{,}78 \cdot 0{,}028\,kg \cdot mol^{-1} + 0{,}21 \cdot 0{,}032\,kg \cdot mol^{-1} + 0{,}01 \cdot 0{,}040\,kg \cdot mol^{-1}$$
$$= \underline{0{,}029\,kg \cdot mol^{-1}}$$

Dann brauchen wir das molare Volumen V für 300 000 Pa und 200 °C (Gleichung (2-18)):

$$V = \frac{v}{n} = \frac{R \cdot T}{p} = \frac{8{,}3145\,\mathrm{J \cdot K^{-1} \cdot mol^{-1}} \cdot 473{,}15\,\mathrm{K}}{300\,000\,\mathrm{Pa}} = 0{,}0131\,\mathrm{m^3 \cdot mol^{-1}}$$

d. h., ein Mol ($n = 1$) Luft nimmt ein Volumen von $\underline{0{,}0131\,\mathrm{m^3}}$ ein.

Die Einheit $\mathrm{m^3 \cdot mol^{-1}}$ ergibt sich mit $\mathrm{J = N \cdot m}$ und $\mathrm{Pa} = \frac{\mathrm{N}}{\mathrm{m^2}}$ wie folgt:

$$\frac{\mathrm{J \cdot K^{-1} \cdot mol^{-1} \cdot K}}{\mathrm{Pa}} = \frac{\mathrm{N \cdot m \cdot K^{-1} \cdot m^2 \cdot mol^{-1} \cdot K}}{\mathrm{N}} = \mathrm{m^3 \cdot mol^{-1}}$$

Nun können Sie die Dichte ϱ ausrechnen:

$$\varrho_{\mathrm{Luft}} = \frac{M}{V} = \frac{0{,}029\,\mathrm{kg \cdot mol^{-1}}}{0{,}0131\,\mathrm{m^3 \cdot mol^{-1}}} = 2{,}21\,\mathrm{kg \cdot m^{-3}}$$

2.12 Stöchiometrische Berechnungen

Aufgrund des Gesetzes von der Erhaltung der Masse (↑ S. 23) und des Gesetzes der konstanten Proportionen (↑ S. 26) lassen sich für jede *vollständig verlaufende* Reaktion aus der Masse *eines* Reaktionsteilnehmers (Ausgangsstoff *oder* Endprodukt) die Massen aller anderen Reaktionsteilnehmer berechnen. Dabei geht man von dem in der chemischen Gleichung wiedergegebenen *Formelumsatz* (↑ S. 28) aus. Derartige Berechnungen sind Gegenstand der *Stöchiometrie* [1)].

Stöchiometrische Berechnungen leiten sich von der folgenden grundlegenden Gleichung ab:

$$\frac{m_{\mathrm{U}}}{m_{\mathrm{B}}} = \frac{n_{\mathrm{U}} \cdot M_{\mathrm{U}}}{n_{\mathrm{B}} \cdot M_{\mathrm{B}}} \qquad (2\text{-}20)$$

Das heißt:

In einer chemischen Reaktion verhalten sich die Massen m zweier Reaktionsteilnehmer [2)] zueinander wie die Produkte aus Stoffmenge n und molarer Masse M dieser Reaktionsteilnehmer.

In Gleichung (2-20) wird der Index U für alle Größen verwendet, die sich auf den Reaktionsteilnehmer beziehen, dessen Masse *unbekannt* ist, also *gesucht* wird, der Index B für alle Größen, die sich auf den Reaktionsteilnehmer beziehen, dessen Masse *bekannt* ist.

Zur Ermittlung der gesuchten Masse eines Reaktionsteilnehmers lösen Sie Gleichung (2-20) nach m_{U} auf:

$$m_{\mathrm{U}} = \frac{n_{\mathrm{U}} \cdot M_{\mathrm{U}} \cdot m_{\mathrm{B}}}{n_{\mathrm{B}} \cdot M_{\mathrm{B}}} \qquad (2\text{-}20\mathrm{a})$$

Durchführung stöchiometrischer Berechnungen

▲ Es soll ermittelt werden, wie viel Gramm Aluminium und wie viel Gramm Eisen(II,III)-oxid, Fe_3O_4, einzusetzen sind, um auf aluminothermischem Weg (↑ S. 456) 500 g Eisen zu erhalten.

[1)] *stoicheion* (grch.) Element; *metron* (grch.) Maß; also etwa: das Messen von Bestandteilen, Ermittlung der Zusammensetzung chemischer Verbindungen

[2)] Wenn hier von Reaktionsteilnehmern die Rede ist, sind stets *Stoffportionen* (↑ S. 28) der Reaktionsteilnehmer gemeint.

1. Stellen Sie die chemische Gleichung auf und kontrollieren Sie diese (↑ S. 17):

   △ $3\,Fe_3O_4 + 8\,Al \rightarrow 9\,Fe + 4\,Al_2O_3$

2. Ermitteln Sie die molare Masse (↑ S. 30) M für alle Reaktionsteilnehmer, auf die sich die Aufgabenstellung erstreckt.

   △ $M(Al) = 26{,}98\ g \cdot mol^{-1}$
   $M(Fe) = 55{,}85\ g \cdot mol^{-1}$
   $M(Fe_3O_4) = 231{,}55\ g \cdot mol^{-1}$
   $M(Al_2O_3) = 101{,}96\ g \cdot mol^{-1}$

3. Der Aufgabenstellung ist zu entnehmen,
   - für welchen Reaktionsteilnehmer die Masse *gesucht* wird,
   - für welchen Reaktionsteilnehmer die Masse *gegeben* ist.

   △ Gesucht wird

   (a) die Masse des Aluminiums,
   (b) die Masse des Eisen(II,III)-oxids.

   Gegeben ist die Masse des Eisens.

4. Für den Reaktionsteilnehmer, dessen Masse m_U gesucht wird, und für den Reaktionsteilnehmer, dessen Masse m_B gegeben ist, setzen Sie die Stoffmengen n, die sich aus den Stöchiometriezahlen (Koeffizienten) der chemischen Gleichung (siehe Punkt 1) ergeben, und die molaren Massen M in Gleichung (2-20a) ein.

   △ *Beispiel a):*

$$m(Al) = \frac{n(Al) \cdot M(Al) \cdot m(Fe)}{n(Fe) \cdot M(Fe)}$$

$$m(Al) = \frac{8\ mol \cdot 26{,}98\ g \cdot mol^{-1} \cdot 500\ g}{9\ mol \cdot 55{,}85\ g \cdot mol^{-1}}; \qquad m(Al) = 214{,}7\ g$$

   △ *Beispiel b):*

$$m(Fe_3O_4) = \frac{n(Fe_3O_4) \cdot M(Fe_3O_4) \cdot m(Fe)}{n(Fe) \cdot M(Fe)}$$

$$m(Fe_3O_4) = \frac{3\ mol \cdot 231{,}55\ g \cdot mol^{-1} \cdot 500\ g}{9\ mol \cdot 55{,}85\ g \cdot mol^{-1}}; \qquad m(Fe_3O_4) = 691{,}0\ g$$

   Um 500 g Eisen zu gewinnen, sind (von Verlusten abgesehen) 214,7 g Aluminiumpulver und 691 g Eisen(II,III)-oxid, Fe_3O_4, einzusetzen.

Anschaulicher als der Schritt 4 ist folgendes Vorgehen:

1. *Über* der Reaktionsgleichung werden die gesuchten und gegebenen Massen eingetragen.
   Unter der Reaktionsgleichung wird jeweils das Produkt aus Stoffmenge n und molarer Masse M eingetragen.

△ $m(Fe_3O_4)$		$m(Al)$		500 g		$m(Al_2O_3)$
$3\,Fe_3O_4$	+	$8\,Al$	$\rightarrow$	$9\,Fe$	+	$4\,Al_2O_3$
$3\ mol \cdot 231{,}55\ \frac{g}{mol}$		$8\ mol \cdot 26{,}98\ \frac{g}{mol}$		$9\ mol \cdot 55{,}85\ \frac{g}{mol}$		$4\ mol \cdot 101{,}96\ \frac{g}{mol}$
694,65 g		215,84 g		502,65 g		407,84 g

2. Daraus werden die der Gleichung (2-20) (↑ S. 41) entsprechenden Proportionsgleichungen abgelesen und nach der gesuchten Größe aufgelöst.

△ *Beispiel a):*

$$\frac{m(\text{Al})}{500\ \text{g}} = \frac{215{,}84\ \text{g}}{502{,}65\ \text{g}}$$

$$m(\text{Al}) = \frac{215{,}84\ \text{g} \cdot 500\ \text{g}}{502{,}65\ \text{g}}; \qquad m(\text{Al}) = 214{,}7\ \text{g}$$

△ *Beispiel b):*

$$\frac{m(\text{Fe}_3\text{O}_4)}{500\ \text{g}} = \frac{694{,}65\ \text{g}}{502{,}65\ \text{g}}$$

$$m(\text{Fe}_3\text{O}_4) = \frac{694{,}65\ \text{g} \cdot 500\ \text{g}}{502{,}65\ \text{g}}; \qquad m(\text{Fe}_3\text{O}_4) = 691{,}0\ \text{g}$$

Für *Gase als Reaktionsteilnehmer* rechnet man anstelle der molaren Masse mit dem *molaren Volumen.*

▲ Es soll ermittelt werden, wie viel Gramm Kaliumchlorat zu erhitzen sind, um 25 L Sauerstoff zu entwickeln.

$m(\text{KClO}_3)$				25 L
$2\ \text{KClO}_3$	$\rightarrow$	$2\ \text{KCl}$	+	$3\ \text{O}_2$
$2\ \text{mol} \cdot 122{,}55\ \text{g} \cdot \text{mol}^{-1}$				$3\ \text{mol} \cdot 22{,}41\ \text{L} \cdot \text{mol}^{-1}$
245,1 g				67,23 L

$$\frac{m(\text{KClO}_3)}{25\ \text{L}} = \frac{245{,}1\ \text{g}}{67{,}23\ \text{L}}$$

$$m(\text{KClO}_3) = \frac{245{,}1\ \text{g} \cdot 25\ \text{L}}{67{,}23\ \text{L}}; \qquad m(\text{KClO}_3) = 91{,}14\ \text{g}$$

Es werden 91,14 g Kaliumchlorat benötigt, um 25 L Sauerstoff (unter Normbedingungen) (↑ S. 38) zu erzeugen.

2.13 Löslichkeit

Lösungen (↑ S. 19) können eine außerordentlich unterschiedliche Zusammensetzung haben. Manche **Flüssigkeiten** lassen sich unbegrenzt miteinander mischen (z. B. Ethanol und Wasser). Viele Flüssigkeiten zeigen aber untereinander bestimmte *Grenzen der Mischbarkeit.*

▲ *Wasser* und *Phenol* sind bei 20 °C in folgenden Bereichen mischbar:

100 bis 92 % Wasser mit 0 bis 8 % Phenol,
28 bis 0 % Wasser mit 72 bis 100 % Phenol.

In dem dazwischen liegenden Bereich

92 bis 28 % Wasser und 8 bis 72 % Phenol

bilden sich zwei Phasen aus, von denen die eine aus Wasser besteht, das mit (8 %) Phenol gesättigt ist, die andere aus Phenol, das mit (28 %) Wasser gesättigt ist.

Beim Lösen von **festen Stoffen** und von **Gasen** in flüssigen Lösemitteln gibt es in jedem Falle eine Grenze, die als **Löslichkeit** bezeichnet wird.

Die Löslichkeit eines Stoffes in einem bestimmten Lösemittel gibt den Gehalt dieses Stoffes in einer gesättigten Lösung an.

Als **gesättigte Lösung** wird eine Lösung bezeichnet, die von dem gelösten Stoff nichts mehr zu lösen vermag.

Jeder Stoff hat in jedem Lösemittel eine andere Löslichkeit. Die Löslichkeit ist von der *Temperatur* abhängig.

In flüssigen Lösemitteln

- **steigt die Löslichkeit von festen Stoffen im Allgemeinen mit zunehmender Temperatur,**
- **nimmt die Löslichkeit von Gasen mit steigender Temperatur ab.**

Auf die Löslichkeit von Gasen übt auch der Druck einen starken Einfluss aus.

Die Löslichkeit von Gasen steigt mit zunehmendem Druck.

Unter **Löslichkeit** versteht man das Massenverhältnis (↑ S. 49) zwischen *gelöstem Stoff* und *Lösemittel* in einer gesättigten Lösung (siehe Bild 2-2).

▲ In 100 g Wasser lösen sich bei 20 °C 87 g Natriumnitrat, $NaNO_3$. Die Löslichkeit des Natriumnitrats beträgt also 87 g in 100 g Wasser. Das kann so formuliert werden:

$$L(NaNO_3) = \frac{87\ g}{100\ g\ H_2O}$$

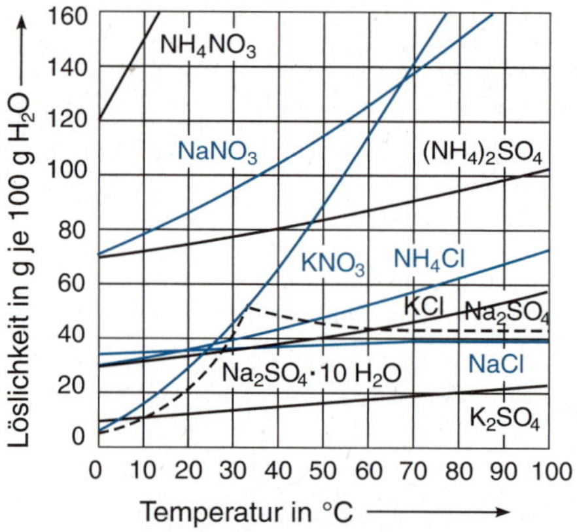

Bild 2-2: *Löslichkeit einiger wichtiger Salze*

Liegt die in einer Lösung enthaltene Menge des gelösten Stoffes unter dessen Löslichkeit, so handelt es sich um eine **ungesättigte Lösung**, d. h. um eine verdünnte Lösung, die weitere Anteile dieses Stoffes lösen kann.

Ist in einer Lösung eine *größere* Menge eines gelösten Stoffes enthalten, als dessen Löslichkeit entspricht, so fällt der überschüssige Anteil des gelösten Stoffes als Niederschlag aus der Lösung aus. Es kommt aber häufig vor, dass sich diese Ausfällung verzögert. Dann liegt eine **übersättigte Lösung** vor, die mehr oder weniger unbeständig ist. Durch „Impfen“ mit einem kleinen Kristall des gelösten Stoffes kann der überschüssige Anteil dieses Stoffes ausgefällt werden.

Für den **Sättigungsgrad von Lösungen** gelten folgende Beziehungen:

- **ungesättigte Lösung:** Gehalt an gelöstem Stoff *kleiner* als Löslichkeit;
- **gesättigte Lösung:** Gehalt an gelöstem Stoff *gleich* Löslichkeit;
- **übersättigte Lösung:** Gehalt an gelöstem Stoff *größer* als Löslichkeit.

2.14 Zusammensetzungsgrößen

Die Zusammensetzung von Gemischen (Mischungen),

- *Gasgemischen,*
- *Lösungen* oder
- *Mischkristallen*

wird durch *Zusammensetzungsgrößen* angegeben. Dabei handelt es sich um intensive Größen (↑ S. 31); sie ändern sich *nicht*, wenn eine Stoffportion geteilt wird.

Nach DIN 1310 wird grundsätzlich unterschieden zwischen

- **Anteil,**
- **Konzentration** und
- **Verhältnis.**

Als Oberbegriff für diese Zusammensetzungsgrößen dient **Gehalt**.

Gegliedert nach

- Anteilsgrößen,
- Konzentrationsgrößen und
- Verhältnisgrößen

werden im Folgenden die einzelnen Zusammensetzungsgrößen entsprechend ihrer unterschiedlichen Bedeutung anhand von Beispielen dargestellt.

Innerhalb dieser drei Gruppen wird nach den extensiven (↑ S. 31) Größen

- Stoffmenge n
- Masse m und
- Volumen v,

auf die sich die Gehaltsangaben beziehen können, weiter unterschieden:

Stoffmengenanteil (↑ 2.14.1)	Massenanteil (↑ 2.14.2)	Volumenanteil (↑ 2.14.7)
Stoffmengenkonzentration (↑ 2.14.4)	Massenkonzentration (↑ 2.14.3)	Volumenkonzentration (↑ 2.14.7)
Stoffmengenverhältnis (↑ 2.14.1)	Massenverhältnis (↑ 2.14.2)	Volumenverhältnis (↑ 2.14.7)

Als weitere extensive Größe kann die *Teilchenzahl N* herangezogen werden, die über die AVOGADRO-Konstante N_A (↑ S. 29) mit der Stoffmenge n verbunden ist:

$$N = n \cdot N_A.$$

Das ergibt weitere drei mögliche Zusammensetzungsgrößen:

Teilchenzahlanteil (↑ 2.14.1)	Teilchenzahlkonzentration (↑ 2.14.4)	Teilchenzahlverhältnis (↑ 2.14.1)

Bei allen diesen Zusammensetzungsgrößen handelt es sich um *Quotienten.*

Als weitere Zusammensetzungsgrößen werden

- Molalität (↑ S. 54) und
- Partialdruck (↑ S. 62)

behandelt.

Bei den **Anteilgrößen** steht im Quotienten jeweils die *gleiche* extensive Größe im Zähler und im Nenner. Im Zähler ist sie auf eine *Komponente* (einen Bestandteil) des Gemischs bezogen, im Nenner auf das *Gesamtgemisch*:

$$\text{Stoffmengenanteil } (\uparrow 2.14.1) = \frac{\text{Stoffmenge einer Komponente}}{\text{Stoffmenge des Gesamtgemischs}}$$

$$\text{Massenanteil } (\uparrow 2.14.2) = \frac{\text{Masse einer Komponente}}{\text{Masse des Gesamtgemischs}}$$

$$\text{Volumenanteil } (\uparrow 2.14.7) = \frac{\text{Volumen einer Komponente}}{\text{Gesamtvolumen aller Komponenten}}$$

Da im Zähler und im Nenner jeweils die gleiche Einheit (mol, g, m^3) auftritt, ist die Einheit aller Anteilgrößen 1. Die Zahlenwerte der Anteilgrößen sind stets <1. Sie können auch in

%	10^{-2}	Prozent	Hundertstel
‰	10^{-3}	Promille	Tausendstel
ppm	10^{-6}	parts per million	Millionstel
ppb	10^{-9}	parts per billion	Milliardstel[1)]
ppt	10^{-12}	parts per trillion	Billionstel[1)]
ppq	10^{-15}	parts per quadrillion	Billiardstel[1)]

angegeben werden.

Die **Konzentrationsgrößen** sind jeweils auf das *Volumen des Gesamtgemischs* bezogen.

$$\text{Stoffmengenkonzentration } (\uparrow 2.14.4) = \frac{\text{Stoffmenge einer Komponente}}{\text{Volumen des Gesamtgemischs}}$$

Einheit: $mol \cdot L^{-1}$; $kmol \cdot m^{-3}$

$$\text{Massenkonzentration } (\uparrow 2.14.3) = \frac{\text{Masse einer Komponente}}{\text{Volumen des Gesamtgemischs}}$$

Einheit: $g \cdot L^{-1}$; $kg \cdot m^{-3}$

$$\text{Volumenkonzentration } (\uparrow 2.14.7) = \frac{\text{Volumen einer Komponente}}{\text{Gesamtvolumen des Gemischs}}$$

Einheit: 1

Volumenanteil (↑ S. 61) und Volumenkonzentration (↑ S. 61) sind nicht identisch, wie es den Anschein haben könnte.

1) Die abweichenden Bezeichnungen ergeben sich daraus, dass die pp-Einheiten auf die in den USA gebräuchlichen Zahlbezeichnungen bezogen sind.

Die **Verhältnisgrößen** unterscheiden sich von den Anteilgrößen und den Konzentrationsgrößen dadurch, dass in den Quotienten keine auf das Gesamtgemisch bezogene Größe auftritt. Vielmehr werden von *zwei Komponenten des Gemischs* jeweils *die gleichen extensiven Größen* miteinander in Beziehung gesetzt.

$$\text{Stoffmengenverhältnis } (\uparrow 2.14.1) = \frac{\text{Stoffmenge der Komponente A}}{\text{Stoffmenge der Komponente B}}$$

$$\text{Massenverhältnis } (\uparrow 2.14.2) = \frac{\text{Masse der Komponente A}}{\text{Masse der Komponente B}}$$

$$\text{Volumenverhältnis } (\uparrow 2.14.7) = \frac{\text{Volumen der Komponente A}}{\text{Volumen der Komponente B}}$$

Da im Zähler und im Nenner jeweils die gleiche Einheit (mol, g, L) steht, ist die Einheit aller Verhältnisgrößen 1. Im Unterschied zu den Anteilgrößen kann jedoch der Zahlenwert auch >1 sein. Das ist der Fall, wenn von den verglichenen extensiven Größen die der Komponente A größer ist als die der Komponente B. Da in die Verhältnisgrößen keine Größe für das *Gesamtgemisch* eingeht, können sie *nicht* in %, ‰ oder ppm angegeben werden.

2.14.1 Stoffmengenanteil und Stoffmengenverhältnis

Der **Stoffmengenanteil**[1] (Formelzeichen x) einer Komponente A ist der Quotient aus der Stoffmenge $n(\mathrm{A})$ und der Stoffmenge des Gesamtgemischs n:

$$x(\mathrm{A}) = \frac{n(\mathrm{A})}{n} \qquad \text{(2-21)}$$

Die Gesamtstoffmenge des Gemischs n ergibt sich als Summe der Stoffmengen aller Komponenten des Gemischs:

$$n = \sum_{i=1}^{k} n_i \qquad i = 1, 2, \ldots, k$$

Das **Stoffmengenverhältnis** (Formelzeichen r) zweier Komponenten eines Gemischs ist der Quotient aus den Stoffmengen dieser Komponenten:

$$r(\mathrm{A/B}) = \frac{n(\mathrm{A})}{n(\mathrm{B})} \qquad \text{(2-22)}$$

Der **Teilchenzahlanteil** (Formelzeichen X)

$$X(\mathrm{A}) = \frac{N(\mathrm{A})}{N} \qquad \text{(2-21a)}$$

hat den gleichen Zahlenwert wie der Stoffmengenanteil x.

[1] engl. *amount fraction*

Das **Teilchenzahlverhältnis** (Formelzeichen R)

$$R(\mathrm{A/B}) = \frac{N(\mathrm{A})}{N(\mathrm{B})} \tag{2-22a}$$

hat den gleichen Zahlenwert wie das Stoffmengenverhältnis r.

▲ Knallgasgemisch $2\ H_2 + O_2 \rightarrow 2\ H_2O$

Stoffmengenverhältnis

$$r(H_2/O_2) = \frac{n(H_2)}{n(O_2)}; \qquad r(H_2/O_2) = \frac{2\ \mathrm{mol}}{1\ \mathrm{mol}}; \qquad r(H_2/O_2) = 2$$

Stoffmengenanteil des Wasserstoffs $x(H_2)$

$$x(H_2) = \frac{n(H_2)}{n(H_2) + n(O_2)}; \quad x(H_2) = \frac{2\ \mathrm{mol}}{2\ \mathrm{mol} + 1\ \mathrm{mol}}; \quad x(H_2) = 0{,}667; \quad x(H_2) = 66{,}7\ \%$$

Stoffmengenanteil des Sauerstoffs $x(O_2)$

$$x(O_2) = \frac{n(O_2)}{n(H_2) + n(O_2)}; \quad x(O_2) = \frac{1\ \mathrm{mol}}{2\ \mathrm{mol} + 1\ \mathrm{mol}}; \quad x(O_2) = 0{,}333; \quad x(O_2) = 33{,}3\ \%$$

Die Summe der Stoffmengenanteile aller Komponenten eines Gemisches muss 1 bzw. 100 % ergeben.

2.14.2 Massenanteil und Massenverhältnis

Der **Massenanteil** [1] (Formelzeichen w) einer Komponente A ist der Quotient aus der Masse dieser Komponente $m(\mathrm{A})$ und der Masse des Gesamtgemischs m:

$$w(\mathrm{A}) = \frac{m(\mathrm{A})}{m} \tag{2-23}$$

Diese Gesamtmasse des Gemischs m ergibt sich als Summe der Massen aller Komponenten des Gemischs:

$$m = \sum_{i=1}^{k} m_i \qquad i = 1, 2, \ldots, k$$

Das **Massenverhältnis** [2] (Formelzeichen ζ, griech. *zeta*) zweier Komponenten eines Gemischs ist der Quotient aus den Massen dieser Komponenten:

$$\zeta(\mathrm{A/B}) = \frac{m(\mathrm{A})}{m(\mathrm{B})} \tag{2-24}$$

---

[1] engl. *mass fraction*

[2] engl. *mass ratio*

▲ In welchem *Massenverhältnis* reagieren bei der Bildung von Silbersulfid Ag_2S die Elementsubstanzen Silber und Schwefel miteinander?
Nach der Reaktionsgleichung $2\,Ag + S \rightarrow Ag_2S$ ist das Stoffmengenverhältnis

$$r(Ag/S) = \frac{2\text{ mol}}{1\text{ mol}}; \qquad r(Ag/S) = 2$$

Mittels der molaren Masse M lässt sich daraus errechnen, in welchem *Massenverhältnis* die beiden Ausgangsstoffe miteinander reagieren.

$$m(Ag) = n(Ag) \cdot M(Ag)$$

$$m(Ag) = 2\text{ mol} \cdot 107{,}9\text{ g} \cdot \text{mol}^{-1}; \qquad m(Ag) = 215{,}8\text{ g}$$

$$m(S) = n(S) \cdot M(S)$$

$$m(S) = 1\text{ mol} \cdot 32{,}07\text{ g} \cdot \text{mol}^{-1}; \qquad m(S) = 32{,}07\text{ g}$$

$$\zeta(Ag/S) = \frac{m(Ag)}{m(S)}$$

$$\zeta(Ag/S) = \frac{215{,}8\text{ g}}{32{,}07\text{ g}}; \qquad \zeta(Ag/S) = 6{,}73$$

Für die *Massenanteile* gilt:

$$w(Ag) = \frac{m(Ag)}{m(Ag) + m(S)}$$

$$w(Ag) = \frac{215{,}8\text{ g}}{215{,}8\text{ g} + 32{,}07\text{ g}}; \qquad w(Ag) = 0{,}871; \qquad w(Ag) = 87{,}1\,\%;$$

$$w(S) = \frac{m(S)}{m(Ag) + m(S)}$$

$$w(S) = \frac{32{,}07\text{ g}}{215{,}8\text{ g} + 32{,}07\text{ g}}; \qquad w(S) = 0{,}129; \qquad w(S) = 12{,}9\,\%$$

Der **Massenanteil** w wird vor allem für die Angabe der Zusammensetzung von *wässrigen Lösungen* verwendet. Die Gleichung (2-23) erhält dabei die Form:

$$\text{Massenanteil des gelösten Stoffes} = \frac{\text{Masse des gelösten Stoffes}}{\text{Masse der Lösung}}; \quad w(A) = \frac{m(A)}{m(L)} \qquad (2\text{-}23a)$$

▲ Wenn in 500 g Natronlauge 100 g Natriumhydroxid, NaOH, enthalten sind, so beträgt der Massenanteil

$$w(NaOH) = \frac{m(NaOH)}{m(L)}$$

$$w(NaOH) = \frac{100\text{ g}}{500\text{ g}}; \qquad w(NaOH) = 0{,}20; \qquad w(NaOH) = 20\,\%$$

Wird der Massenanteil mit 100 multipliziert, erhält man *Massenprozent.*

Da zwischen dem *Massenanteil des gelösten Stoffes* und der **Dichte der Lösung** ein – temperaturabhängiger – Zusammenhang besteht (siehe Bild 2-3), kann der Massenanteil auf einfache Weise mit einem *Aräometer* (Senkspindel) ermittelt werden. Dafür stehen Tabellen (z. B. Tabelle 2-1), für manche Lösungen aber auch spezielle Aräometer zur Verfügung (z. B. für die Kühlflüssigkeit von Kraftfahrzeugen).

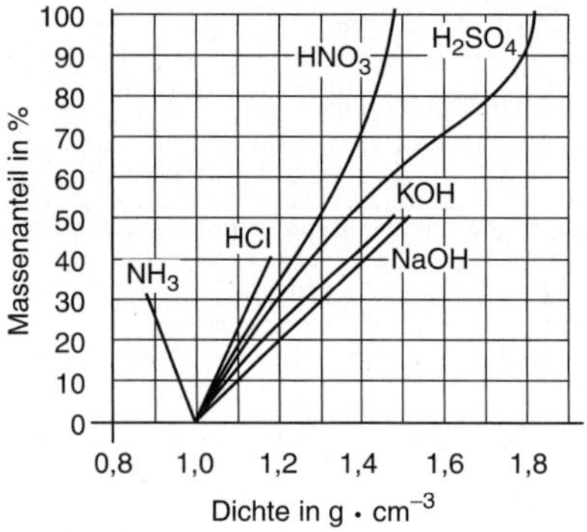

Bild 2-3: *Abhängigkeit der Dichte wässriger Lösungen vom Massenanteil des gelösten Stoffes*

Das **Massenverhältnis** ζ verwendet man z. B. in der Angabe der *Löslichkeit* (↑ S. 43) von Stoffen in einem bestimmten *Lösemittel*.

$$\frac{\text{Massenverhältnis}}{\text{einer Lösung}} = \frac{\text{Masse des gelösten Stoffes A}}{\text{Masse des Lösemittels}}; \qquad \zeta(\text{L}) = \frac{m(\text{A})}{m(\text{LM})} \qquad (2\text{-}24)$$

Da unter Löslichkeit das Massenverhältnis in einer *gesättigten* Lösung verstanden wird, kann auch vom *Sättigungsmassenverhältnis* ζ_S gesprochen werden. Um zu leicht handhabbaren, anschaulichen Löslichkeitsangaben zu kommen, wird in Tabellenbüchern anstelle der Einheit 1 meist die Einheit $\frac{\text{g}}{100 \text{ g } H_2O}$ zugrunde gelegt (Bild 2-2) (↑ S. 44).

▲ In 1 kg Wasser lösen sich bei 20 °C 344 g Kaliumchlorid.

$$\zeta(\text{KCl}/H_2O) = \frac{344 \text{ g}}{1\,000 \text{ g}}; \qquad \zeta(\text{KCl}/H_2O) = 0{,}344$$

dafür gilt auch:

$$\zeta(\text{KCl}/H_2O) = \frac{344 \text{ g}}{1\,000 \text{ g}} \quad |:10; \qquad L(\text{KCl}/H_2O) = \frac{34{,}4 \text{ g}}{100 \text{ g } H_2O}$$

In der *Chemie der wässrigen Lösungen* spielen außerdem die Massenkonzentration, (↑ 2.14.3) die Stoffmengenkonzentration (↑ 2.14.4) und die Äquivalentkonzentration (↑ 2.14.5) eine wichtige Rolle.

Tabelle 2-1: *Dichte (in $g \cdot cm^{-3}$) einiger wichtiger Lösungen bei 20 °C*

Massenanteil (%)	H_2SO_4	HNO_3	HCl	NaOH	KOH	$NH_3 \cdot H_2O$
5	1,032	1,026	1,023	1,054	1,044	0,977
10	1,066	1,054	1,047	1,109	1,090	0,958
15	1,102	1,084	1,073	1,164	1,138	0,940
20	1,139	1,115	1,098	1,219	1,186	0,923
25	1,178	1,147	1,124	1,274	1,236	0,907
30	1,219	1,180	1,149	1,328	1,288	0,892
35	1,260	1,214	1,174	1,380	1,341	–
40	1,303	1,246	1,198	1,430	1,396	–
45	1,348	1,278	–	1,478	1,452	–
50	1,395	1,310	–	1,525	1,511	–
55	1,445	1,339	–	–	–	–
60	1,498	1,367	–	–	–	–
65	1,553	1,391	–	–	–	–
70	1,611	1,413	–	–	–	–
75	1,669	1,434	–	–	–	–
80	1,727	1,452	–	–	–	–
85	1,779	1,469	–	–	–	–
90	1,814	1,483	–	–	–	–
95	1,834	1,493	–	–	–	–
100	1,831	1,513	–	–	–	–

2.14.3 Massenkonzentration

Die **Massenkonzentration**[1] (Formelzeichen β, griech. *beta*) ist der *Quotient* aus der *Masse des gelösten Stoffes A* und dem *Volumen der Lösung:*

$$\beta(\mathrm{A}) = \frac{m(\mathrm{A})}{v(\mathrm{L})} \tag{2-25}$$

Die SI-Einheit[2] ist $\mathrm{kg \cdot m^{-3}}$; im Labor wird meist mit der Einheit $\mathrm{g \cdot L^{-1}}$ gearbeitet.

Die Massenkonzentration wird im Labor vor allem dann herangezogen, wenn Lösungen bestimmter Konzentration herzustellen sind.

▲ In einem Messkolben von 250 mL soll eine Silbernitratlösung mit der Massenkonzentration $17\ \mathrm{g \cdot L^{-1}}$ hergestellt werden.
Wie viel Silbernitrat ist einzuwägen?

$$m(\mathrm{AgNO_3}) = \beta\ (\mathrm{AgNO_3}) \cdot v$$

$$m(\mathrm{AgNO_3}) = 17\ \mathrm{g \cdot L^{-1}} \cdot 0{,}250\ \mathrm{L}; \qquad m(\mathrm{AgNO_3}) = 4{,}25\ \mathrm{g}$$

Dieser Weg über die Massenkonzentration muss auch dann gegangen werden, wenn eine Lösung mit bestimmter Stoffmengenkonzentration hergestellt werden soll, da die Stoffmenge selbst nicht messbar ist.

2.14.4 Stoffmengenkonzentration

Die **Stoffmengenkonzentration**[3] (Formelzeichen c) ist der *Quotient* aus der *Stoffmenge des gelösten Stoffes* und dem *Volumen der Lösung.*

$$c(\mathrm{A}) = \frac{n(\mathrm{A})}{v(\mathrm{L})} \tag{2-26}$$

Die SI-Einheit der Stoffmengenkonzentration c ist $\mathrm{mol \cdot m^{-3}}$; im chemischen Labor wird meist mit $\mathrm{mol \cdot L^{-1}}$ gearbeitet.

Wenn kurz von *Konzentration* die Rede ist, ist meist die Stoffmengenkonzentration c gemeint. Um Verwechslungen zu vermeiden, ist stets auf die Einheit zu achten.

$\mathrm{mol \cdot L^{-1}}$	Stoffmengenkonzentration c
$\mathrm{mol \cdot kg^{-1}}$	Molalität b (↑ S. 54)
$\mathrm{g \cdot L^{-1}}$	Massenkonzentration β

Die *Stoffmengenkonzentration c* lässt sich mittels der *molaren Masse M* aus der *Massenkonzentration β* berechnen:

$$c(\mathrm{A}) = \frac{\beta(\mathrm{A})}{M(\mathrm{A})} \tag{2-27}$$

[1] engl. *mass concentration/mass density*

[2] Die gleiche SI-Einheit hat die Dichte ϱ, bei der es sich um die *Massenkonzentration* eines *reinen Stoffes* handelt (↑ S. 2). Die Massenkonzentration *eines Stoffes in einem Stoffgemisch* kann daher auch als *Partialdichte* aufgefasst werden.

[3] engl. *amount concentration*

▲ Welche Stoffmengenkonzentration c hat eine Silbernitratlösung mit der Massenkonzentration $\beta = 17\ \mathrm{g \cdot L^{-1}}$?

$$c(\mathrm{AgNO_3}) = \frac{\beta(\mathrm{AgNO_3})}{M(\mathrm{AgNO_3})}$$

$$c(\mathrm{AgNO_3}) = \frac{17\ \mathrm{g \cdot L^{-1}}}{170\ \mathrm{g \cdot mol^{-1}}}; \qquad c(\mathrm{AgNO_3}) = 0{,}1\ \mathrm{mol \cdot L^{-1}} \quad (\frac{1}{10}\ \text{molar})$$

Die *Stoffmengenkonzentration* wird vorwiegend für wässrige Lösungen von *Ionensubstanzen* angewandt. Dabei bezieht sich das Mol auf die Formeleinheit (↑ S. 14) und die ihr entsprechenden *Ionen.*

▲ Für eine Magnesiumchloridlösung mit $c = 2\ \mathrm{mol \cdot L^{-1}}$ ergibt sich:
Magnesiumchlorid $MgCl_2 \rightarrow Mg^{2+} + 2\ Cl^-$

$$c(\mathrm{MgCl_2}) = 2\ \mathrm{mol \cdot L^{-1}}; \qquad c(\mathrm{Mg^{2+}}) = 2\ \mathrm{mol \cdot L^{-1}}; \qquad c(\mathrm{Cl^-}) = 4\ \mathrm{mol \cdot L^{-1}}$$

Für die Stoffmengenkonzentration ist noch die ältere Benennung *Molarität* im Gebrauch. Daraus leiten sich verschiedene ältere Konzentrationsangaben ab, die in der Literatur mitunter noch auftreten.

▲ Statt $c = 2\ \mathrm{mol \cdot L^{-1}}$ auch: 2molare Lösung, 2-m Lösung, 2 M Lösung

Von zwei Lösungen mit der *gleichen Stoffmengenkonzentration c* reagieren *gleiche Volumina* miteinander, wenn die gelösten Stoffe die *gleiche Wertigkeit* haben. (Anderenfalls sind die Wertigkeiten (↑ S. 55) zu berücksichtigen.)

▲ Natronlauge wird durch Salzsäure neutralisiert:

$$\mathrm{NaOH + HCl \rightarrow NaCl + H_2O}$$

Wie die Dissoziationsgleichungen

$$\mathrm{HCl \rightleftharpoons H^+ + Cl^-}$$

$$\mathrm{NaOH \rightarrow Na^+ + OH^-}$$

erkennen lassen, sind beide Reaktionspartner *einwertig.* Um $100\ \mathrm{cm^3}$ einer Natronlauge mit $c(\mathrm{NaOH}) = 0{,}1\ \mathrm{mol \cdot L^{-1}}$ zu neutralisieren, sind $100\ \mathrm{cm^3}$ einer Salzsäure mit $c(\mathrm{HCl}) = 0{,}1\ \mathrm{mol \cdot L^{-1}}$ erforderlich. Wäre die Stoffmengenkonzentration der Salzsäure *höher,* würde *weniger* Salzsäure benötigt.

Allgemein gilt für die vollständige Umsetzung zwischen zwei Lösungen mit *gleicher Wertigkeit* der gelösten Stoffe:

Die Volumina v der beiden Lösungen sind deren Stoffmengenkonzentration c umgekehrt proportional.

$$v(\mathrm{A}) : v(\mathrm{B}) = c(\mathrm{B}) : c(\mathrm{A}) \tag{2-28}$$

$$v(\mathrm{A}) \cdot c(\mathrm{A}) = v(\mathrm{B}) \cdot c(\mathrm{B}) \tag{2-28a}$$

▲ Wie viel $\mathrm{cm^3}$ Salzsäure mit $c(\mathrm{HCl}) = 0{,}5\ \mathrm{mol \cdot L^{-1}}$ werden zur Neutralisation von $100\ \mathrm{cm^3}$ Natronlauge mit $c(\mathrm{NaOH}) = 0{,}1\ \mathrm{mol \cdot L^{-1}}$ benötigt?

$$v(\mathrm{HCl}) = \frac{v(\mathrm{NaOH}) \cdot c(\mathrm{NaOH})}{c(\mathrm{HCl})}$$

$$v(\mathrm{HCl}) = \frac{100\ \mathrm{cm^3} \cdot 0{,}1\ \mathrm{mol \cdot L^{-1}}}{0{,}5\ \mathrm{mol \cdot L^{-1}}}; \qquad v(\mathrm{HCl}) = 20\ \mathrm{cm^3}$$

Aus der *Stoffmengenkonzentration* c lässt sich die in einem bestimmten Volumen v enthaltene *Stoffmenge* n *des gelösten Stoffes* berechnen:

$$n(A) = c(A) \cdot v(L) \qquad (2\text{-}29)$$

▲ Welche Stoffmenge Silbernitrat $AgNO_3$ ist in 50 mL einer Lösung mit der Stoffmengenkonzentration $c(AgNO_3) = 2\ \text{mol} \cdot \text{L}^{-1}$ enthalten?

$n(\text{AgNO}_3) = 2\ \text{mol} \cdot \text{L}^{-1} \cdot 0{,}050\ \text{L}$; $\quad n(\text{AgNO}_3) = 0{,}1\ \text{mol}$

Die Teilchenzahlkonzentration (Formelzeichen C) ist eine – wenig gebräuchliche – Zusammensetzungsgröße, die sich als Produkt aus Stoffmengenkonzentration c und AVOGADRO-Konstante N_A ergibt:

$$C(A) = c(A) \cdot N_A \qquad (2\text{-}30)$$

▲ Magnesiumchlorid $MgCl_2 \rightarrow Mg^{2+} + 2\ Cl^-$; (↑ Beispiel S. 52)

$C(\text{MgCl}_2) = c(\text{MgCl}_2) \cdot N_A$

$C(\text{MgCl}_2) = 2\ \text{mol} \cdot \text{L}^{-1} \cdot 6 \cdot 10^{23}\ \text{mol}^{-1}$; $\quad C(\text{MgCl}_2) = 12 \cdot 10^{23}\ \text{L}^{-1}$

$C(\text{Cl}^-) = c(\text{Cl}^-) \cdot N_A$

$C(\text{Cl}^-) = 4\ \text{mol} \cdot \text{L}^{-1} \cdot 6 \cdot 10^{23}\ \text{mol}^{-1}$; $\quad C(\text{Cl}^-) = 24 \cdot 10^{23}\ \text{L}^{-1}$

Die *Teilchenzahlkonzentration C* ist der *Quotient* aus der *Teilchenzahl N des gelösten Stoffes* und dem *Volumen der Lösung*:

$$C(\text{A}) = \frac{N(\text{A})}{v(\text{L})} \qquad (2\text{-}26\text{a})$$

In die *Stoffmengenkonzentration c* (und damit auch in die Teilchenzahlkonzentration C) geht nach der Gleichung (2-26) das *Volumen v* ein, das temperatur- und druckabhängig ist. Damit sind auch diese beiden Zusammensetzungsgrößen von Temperatur und Druck abhängig. Für Untersuchungen, bei denen das stört, wurden zwei weitere Zusammensetzungsgrößen eingeführt, die *von Temperatur und Druck unabhängig* sind.

- die *Molalität b* und
- die *spezifische Partialstoffmenge q*,

bei denen im *Nenner* des Quotienten statt des Volumens v eine *Masse m* steht. Im *Zähler* steht – wie bei der Stoffmengenkonzentration c – die Stoffmenge n des gelösten Stoffes (oder allgemein eines Bestandteils des Gemischs).

Bei der **Molalität** (Formelzeichen b), einer seit langem gebräuchlichen Zusammensetzungsgröße, steht im Nenner die *Masse des Lösemittels m*(LM):

$$b(\text{A}) = \frac{n(\text{A})}{m(\text{LM})} \qquad (2\text{-}31)$$

Bei der **spezifischen Partialstoffmenge** (Formelzeichen q), einer bisher wenig verbreiteten Zusammensetzungsgröße [1], steht im Nenner die *Masse der Lösung* m(L) (oder allgemeiner die Masse des Gemischs):

$$q(\mathrm{A}) = \frac{n(\mathrm{A})}{m(\mathrm{L})} \tag{2-32}$$

Die SI-Einheit beider Zusammensetzungsgrößen ist $\mathrm{mol \cdot kg^{-1}}$.

2.14.5 Äquivalentkonzentration

Liegen gelöste Stoffe mit *unterschiedlicher Wertigkeit* vor, werden bei *gleicher* Stoffmengenkonzentration *unterschiedliche* Volumina der beiden Lösungen für eine vollständige Umsetzung benötigt.

▲ Neutralisation von Natronlauge mit Schwefelsäure

$$2\,NaOH + H_2SO_4 \rightarrow Na_2SO_4 + H_2O$$

Nach den Dissoziationsgleichungen

$$NaOH \rightarrow Na^+ + OH^- \text{ und}$$
$$H_2SO_4 \rightleftharpoons 2\,H^+ + SO_4^{2-}$$

ist die Natronlauge *einwertig*, die Schwefelsäure *zweiwertig*. Um 50 cm^3 Natronlauge mit $c(NaOH) = 0{,}1\ mol \cdot L^{-1}$ zu neutralisieren, reichen 25 cm^3 Schwefelsäure mit $c(H_2SO_4) = 0{,}1\ mol \cdot L^{-1}$ aus.

Durch die Zusammensetzungsgröße *Äquivalentkonzentration* c_{eq}, in die anstelle der Stoffmenge n die Äquivalentmenge n_{eq} (Stoffmenge der Äquivalente) (↑ S. 33) eingeht, wird vermieden, dass in chemischen Laboren bei unterschiedlichen Wertigkeiten Umrechnungen vorgenommen werden müssen.

Die **Äquivalentkonzentration** c_{eq} ist der *Quotient* aus der *Äquivalentmenge* n_{eq} *des gelösten Stoffes* und dem *Volumen der Lösung*:

$$c_{eq}(A) = \frac{n_{eq}(A)}{v(L)} \tag{2-33}$$

Wie die Äquivalentmenge n_{eq} (↑ S. 33) das Produkt aus Stoffmenge n und Wertigkeit z ist (Gleichung (2-7))

$$n_{eq} = n \cdot z,$$

so ist die *Äquivalentkonzentration* c_{eq} das Produkt aus Stoffmengenkonzentration c und Wertigkeit z:

$$c_{eq} = c \cdot z \tag{2-34}$$

▲ Schwefelsäure

Der Stoffmengenkonzentration $c(H_2SO_4) = 1\ mol \cdot L^{-1}$ entspricht die Äquivalentkonzentration $c(\frac{1}{2}\ H_2SO_4) = 2\ mol \cdot L^{-1}$.

$$c(\tfrac{1}{2}\ H_2SO_4) = c(H_2SO_4) \cdot z(H_2SO_4)$$
$$c(\tfrac{1}{2}\ H_2SO_4) = 1\ mol \cdot L^{-1} \cdot 2$$
$$c(\tfrac{1}{2}\ H_2SO_4) = 2\ mol \cdot L^{-1}$$

---

[1] Siehe DIN 32 625

Wenn – wie hier – in der Klammer vor der Formel ein *Äquivalenzfaktor* steht (was ausdrückt, dass sich die Einheit mol auf die Äquivalenzteilchen bezieht), entfällt der Index eq.

Von zwei Lösungen mit der gleichen Äquivalentkonzentration c_{eq} sind gleiche Volumina einander äquivalent (gleichwertig).

▲ Um 50 cm³ Natronlauge mit $c_{eq}(NaOH) = c(\frac{1}{10}\ NaOH) = 0{,}1\ mol \cdot L^{-1}$ zu neutralisieren, sind 50 cm³ Schwefelsäure mit $c_{eq}(H_2SO_4) = c\ (\frac{1}{2}\ H_2SO_4) = 0{,}1\ mol \cdot L^{-1}$ erforderlich.

Liegen *unterschiedliche* Äquivalentkonzentrationen vor, so gilt für eine vollständige Umsetzung:

Die Volumina v der beiden Lösungen sind deren Äquivalentkonzentrationen c_{eq} umgekehrt proportional.

$$v(A) : v(B) = c_{eq}(B) : c_{eq}(A) \qquad (2\text{-}35)$$

$$v(A) \cdot c_{eq}(A) = v(B) \cdot c_{eq}(B) \qquad (2\text{-}36)$$

▲ Zur Neutralisation von 12 cm³ Schwefelsäure mit unbekannter Konzentration wurden 15 cm³ Natronlauge mit $c_{eq}(NaOH) = 0{,}1\ mol \cdot L^{-1}$ verbraucht. Die Äquivalentkonzentration der Schwefelsäure soll berechnet werden.

$$c_{eq}(H_2SO_4) = \frac{v(NaOH) \cdot c_{eq}(NaOH)}{v(H_2SO_4)}$$

$$c_{eq}(H_2SO_4) = \frac{15\ cm^3 \cdot 0{,}1\ mol \cdot L^{-1}}{12\ cm^3}; \qquad c_{eq}(H_2SO_4) = 0{,}125\ mol \cdot L^{-1}$$

Von der *Äquivalentkonzentration* q_{eq} ausgehend, die experimentell ermittelt werden kann, sind weitere Größen zugänglich:

- die *Äquivalentmenge* n_{eq},
- die *Massenkonzentration* β und
- die *Masse m* des gelösten Stoffes.

Die **Äquivalentmenge** n_{eq} (Stoffmenge der Äquivalente) (↑ S. 33) des gelösten Stoffes ist – analog zu Gleichung (2-29) (↑ S. 54) – das Produkt aus der Äquivalentkonzentration c_{eq} und dem Volumen v der Lösung:

Äquivalentmenge = Volumen · Äquivalentkonzentration

$$n_{eq}(A) = v(L) \cdot c_{eq}(A) \qquad (2\text{-}37)$$

Durch Einsetzen in Gleichung (2-36) ergibt sich als mathematischer Ausdruck für den Merksatz

Zwei Stoffe reagieren miteinander mit gleichen Äquivalentmengen n_{eq}:

$$n_{eq}(A) = n_{eq}(B) \qquad (2\text{-}38)$$

Die **Massenkonzentration** β einer Lösung lässt sich mittels der molaren Äquivalentmasse (↑ S. 34) M_{eq} aus der Äquivalentkonzentration berechnen.

Massenkonzentration = Äquivalentkonzentration · molare Äquivalentmasse

$$\beta(A) = c_{eq}(A) \cdot M_{eq}(A) \qquad (2\text{-}39)$$

▲ Der Äquivalentkonzentration $c_{eq}(H_2SO_4) = 0{,}125\ \text{mol} \cdot \text{L}^{-1}$ entspricht die Massenkonzentration $\beta\ (H_2SO_4) = 6{,}13\ \text{g} \cdot \text{L}^{-1}$.

$$\beta\ (H_2SO_4) = c_{eq}\ (H_2SO_4) \cdot M_{eq}\ (H_2SO_4)$$

$$\beta\ (H_2SO_4) = 0{,}125\ \text{mol} \cdot \text{L}^{-1} \cdot 49{,}04\ \text{g} \cdot \text{mol}^{-1}$$

$$\beta\ (H_2SO_4) = 6\ {,}13\ \text{g} \cdot \text{L}^{-1}$$

Die **Masse** m des gelösten Stoffes in einer Lösungsportion ist gleich dem Produkt aus deren Massenkonzentration β (↑ S. 52) und deren *Volumen* v:

Masse = Massenkonzentration · Volumen $m(\text{A}) = \beta(\text{A}) \cdot v(\text{L})$ (2-40)

▲ Für die 12 cm³ Schwefelsäure der vorangegangenen Beispiele ergibt sich die Masse $m(H_2SO_4)$ wie folgt:

$$m(H_2SO_4) = \beta\ (H_2SO_4) \cdot v$$

$$m(H_2SO_4) = 6{,}13\ \text{g} \cdot \text{L}^{-1} \cdot 0{,}012\ \text{L}$$

$$m(H_2SO_4) = 0{,}07356\ \text{g}; \qquad m\ (H_2SO_4) = 73{,}56\ \text{mg}$$

Ein klassisches Verfahren der quantitativen chemischen Analyse ist die *Maßanalyse*. Ihr liegen die Gleichung (2-35) bis (2-40) zugrunde.

2.14.6 Maßanalyse

Die **Maßanalyse** beruht auf folgendem Prinzip:

Einem abgemessenen Volumen einer zu untersuchenden Lösung *unbekannter* Konzentration wird tropfenweise eine *Maßlösung,* eine Lösung *bekannter* Konzentration, zugegeben, bis eine bestimmte chemische Reaktion eintritt. Dieser Vorgang wird als *Titration* bezeichnet (siehe Bild 2-4). Aus dem verbrauchten Volumen der Maßlösung wird dann die Konzentration der untersuchten Lösung berechnet.

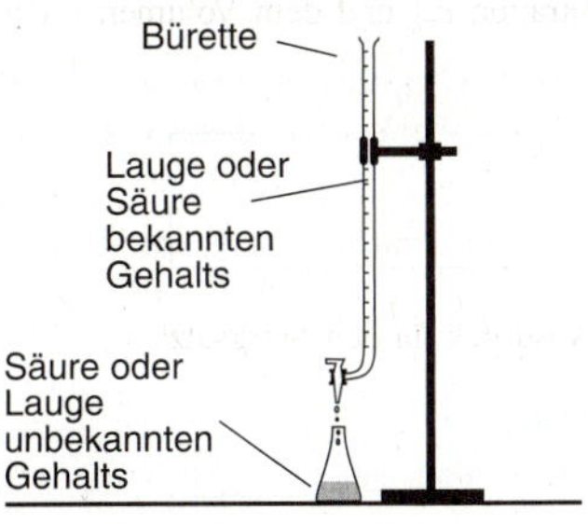

Bild 2-4: *Titration*

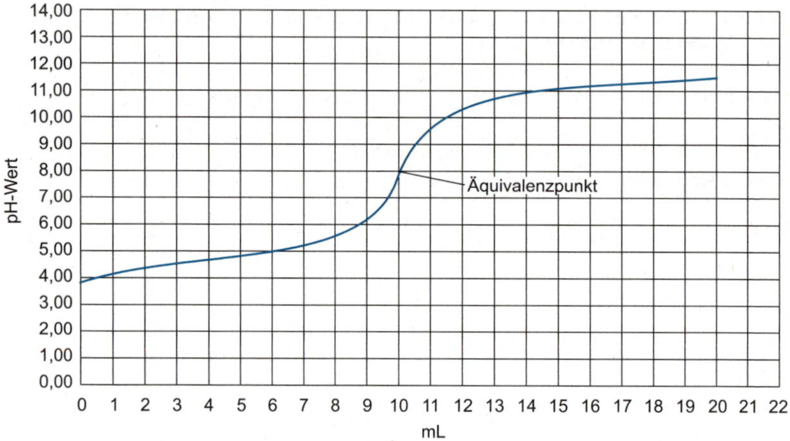

Bild 2-5: *Titrationskurve*

Am bekanntesten ist die **Neutralisationsanalyse** (*Säure-Base-Titration*), bei der

- einer Säure unbekannter Konzentration als Maßlösung eine Lauge oder
- einer Lauge unbekannter Konzentration als Maßlösung eine Säure

zugegeben wird. Als chemische Reaktion tritt die Neutralisationsreaktion ein, d. h. Säure und Base reagieren zu Salz und Wasser (↑ S. 232). Hat genau ein Äquivalent Säure mit einem Äquivalent Base reagiert, liegt nur Salz und Wasser vor; man befindet sich dann am Äquivalenzpunkt (Wendepunkt der Titrationskurve, siehe Bild 2-5). Er wird durch Farbindikatoren (↑ S. 223) oder elektrochemisch bestimmt.

Bei starken Säuren und Basen entsteht ein neutrales Salz; der Äquivalenzpunkt liegt dann bei pH 7 (Neutralpunkt). Titriert man starke Säuren mit schwachen Basen oder schwache Säuren mit starken Basen, entstehen saure bzw. basische Salze; der Äquivalenzpunkt liegt dann unter bzw. über pH 7.

▲ Bild 2-5 zeigt die Titrationskurve einer Essigsäure unbekannter Konzentration (HAc, schwache Säure) mit Natronlauge (NaOH, $c = 0{,}1\ \text{mol/L}$, starke Base):

$$\text{HAc} + \text{NaOH}\ \text{NaAc} + \text{H}_2\text{O}$$

Die Titration startet beim pH-Wert der Essigsäure. Der Äquivalenzpunkt liegt bei pH 8; das Salz Natriumacetat (NaAc) reagiert basisch. Setzt man danach weiter Natronlauge zu, nähert sich der pH-Wert immer mehr dem der NaOH mit $c = 0{,}1\ \text{mol/L}$, nämlich pH 13.

Es ist üblich, Titrationen nach dem verwendeten Titriermittel (nach der Maßlösung) zu benennen (z. B. Manganometrie bei Verwendung einer Kaliumpermanganatlösung). Danach wird bei der Säure-Base-Titration unterschieden zwischen

- **Acidimetrie** (mittels einer *Säure* bekannten Gehalts wird eine Lauge unbekannten Gehalts titriert) und
- **Alkalimetrie** (mittels einer *Lauge* bekannten Gehalts wird eine Säure unbekannten Gehalts titriert)[1].

Bei jeder Titration stehen sich Titrand und Titrator gegenüber:

- **Titrand** ist der Stoff, dessen Gehalt ermittelt werden soll.
- **Titrator** ist der Stoff, mit dessen Hilfe der Gehalt an Titrand ermittelt werden soll.

[1] Gelegentlich tritt allerdings in der Literatur auch eine entgegengesetzte Zuordnung dieser Bezeichnungen auf: Acidimetrie (Messen des Gehalts einer Säure) und Alkalimetrie (Messen des Gehalts einer Lauge).

Die **Berechnung einer Titration** geht von Gleichung (2-35) aus, wobei die Untersuchungslösung mit U, die Maßlösung mit M gekennzeichnet werden können:

$$v(\mathrm{U}) : v(\mathrm{M}) = c_{\mathrm{eq}}(\mathrm{M}) : c_{\mathrm{eq}}(\mathrm{U}) \qquad (2\text{-}35\mathrm{a})$$

Daraus ergibt sich:

$$v(\mathrm{U}) \cdot c_{\mathrm{eq}}(\mathrm{U}) = v(\mathrm{M}) \cdot c_{\mathrm{eq}}(\mathrm{M}) \qquad (2\text{-}36\mathrm{a})$$

Die linke Seite dieser Gleichung stellt – nach Gleichung (2-37) – die Äquivalentmenge der Untersuchungslösung $n_{\mathrm{eq}}(\mathrm{U})$ dar:

$$n_{\mathrm{eq}}(\mathrm{U}) = v(\mathrm{U}) \cdot c_{\mathrm{eq}}(\mathrm{U}) \qquad (2\text{-}37\mathrm{a})$$

die rechte Seite die Äquivalentmenge der Maßlösung $n_{\mathrm{eq}}(\mathrm{M})$:

$$n_{\mathrm{eq}}(\mathrm{M}) = v(\mathrm{M}) \cdot c_{\mathrm{eq}}(\mathrm{M}) \qquad (2\text{-}37\mathrm{b})$$

Da am Umschlagpunkt (Äquivalenzpunkt) die beiden Äquivalentmengen einander gleich sind:

$$n_{\mathrm{eq}}(\mathrm{U}) = n_{\mathrm{eq}}(\mathrm{M}), \qquad (2\text{-}38\mathrm{a})$$

kann in Gleichung (2-37b) $n_{\mathrm{eq}}(\mathrm{M})$ durch $n_{\mathrm{eq}}(\mathrm{U})$ ersetzt werden:

$$n_{\mathrm{eq}}(\mathrm{U}) = v(\mathrm{M}) \cdot c_{\mathrm{eq}}(\mathrm{M}) \qquad (2\text{-}37\mathrm{c})$$

Das *Produkt* aus der bekannten *Äquivalentkonzentration* c_{eq} (M) der Maßlösung und aus dem bei der Titration verbrauchten *Volumen* $v(\mathrm{M})$ der Maßlösung ergibt also die *Äquivalentmenge* der Untersuchungslösung $n_{\mathrm{eq}}(\mathrm{U})$.

Die **Masse** $m(\mathrm{U})$ des in der Untersuchungslösung *gelösten Stoffes* wird ermittelt, indem in Gleichung (2-37c) für die *Äquivalentmenge* $n_{\mathrm{eq}}(\mathrm{U})$ – nach Gleichung (2-5) (↑ S. 31) – der Quotient

$$n_{\mathrm{eq}}(\mathrm{U}) = \frac{m(\mathrm{U})}{M_{\mathrm{eq}}(\mathrm{U})}$$

eingesetzt wird

$$\frac{m(\mathrm{U})}{M_{\mathrm{eq}}(\mathrm{U})} = v(\mathrm{M}) \cdot c_{\mathrm{eq}}(\mathrm{M}) \qquad (2\text{-}37\mathrm{d})$$

$$m(\mathrm{U}) = v(\mathrm{M}) \cdot c_{\mathrm{eq}}(\mathrm{M}) \cdot M_{\mathrm{eq}}(\mathrm{U})$$

Masse des gelösten Stoffes	=	**Volumen** der Maßlösung	·	**Äquivalentkonzentration** der Maßlösung	·	**molare Äquivalentmasse** des gelösten Stoffes	(2-41)

Anstelle der *molaren Äquivalentmasse* $M_{\mathrm{eq}}(\mathrm{U})$ kann – nach Gleichung (2-9) (↑ S. 34) – auch der *Quotient* aus der molaren Masse $M(\mathrm{U})$ und der Wertigkeit $z(\mathrm{U})$

$$M_{\mathrm{eq}}(\mathrm{U}) = \frac{M(\mathrm{U})}{z(\mathrm{U})}$$

eingesetzt werden

$$m(\mathrm{U}) = v(\mathrm{M}) \cdot c_{\mathrm{eq}}(\mathrm{M}) \cdot \frac{M(\mathrm{U})}{z(\mathrm{U})} \quad (2\text{-}41\mathrm{a})$$

Die Gleichungen (2-41) bzw. (2-41a) sind Grundlage für die Berechnung der *Masse eines gelösten Stoffes* $m(\mathrm{U})$ in einer Lösungsportion.

Die *molare Äquivalentmasse* $M_{\mathrm{eq}}(\mathrm{U})$ des gelösten Stoffes und die *Äquivalentkonzentration* $c_{\mathrm{eq}}(\mathrm{M})$ der Maßlösung sind bekannt. Das verbrauchte *Volumen* der Maßlösung $v(\mathrm{M})$ wird bei der Titration ermittelt. Zu beachten ist, dass sich v und c_{eq} auf die *Maßlösung*, M_{eq} bzw. M und z auf die *Untersuchungslösung* beziehen.

▲ Zur Titration von 26 mL einer Schwefelsäure unbekannten Gehalts wurde 16,25 mL einer Natronlauge mit c_{eq} (NaOH) = 0,1 mol · L^{-1} verbraucht.

$$m(H_2SO_4) = v(\mathrm{NaOH}) \cdot c_{\mathrm{eq}}(\mathrm{NaOH}) \cdot M_{\mathrm{eq}}(H_2SO_4)$$

$$m(H_2SO_4) = 0{,}01625\ \mathrm{L} \cdot 0{,}1\ \mathrm{mol} \cdot \mathrm{L}^{-1} \cdot 49{,}04\ \mathrm{g} \cdot \mathrm{mol}^{-1}$$

$$m(H_2SO_4) = 0{,}0797\ \mathrm{g}$$

Die Schwefelsäureprobe enthielt also 79,7 mg H_2SO_4.

Die **Massenkonzentration** $\beta(\mathrm{U})$ der Untersuchungslösung lässt sich mit dem Volumen $v(\mathrm{U})$ der Untersuchungslösung nach Gleichung (2-40) wie folgt berechnen:

$$\beta(\mathrm{U}) = \frac{m(\mathrm{U})}{v(\mathrm{U})} \quad (2\text{-}40\mathrm{a})$$

▲ Für die Schwefelsäureprobe des vorigen Beispiels ergibt sich eine Massenkonzentration β (H_2SO_4) von:

$$\beta(H_2SO_4) = \frac{0{,}0797\ \mathrm{g}}{0{,}026\ \mathrm{L}}; \qquad \beta(H_2SO_4) = 3{,}065\ \mathrm{g} \cdot \mathrm{L}^{-1}$$

Die **Äquivalentkonzentration** $c_{\mathrm{eq}}(\mathrm{U})$ ergibt sich nach Gleichung (2-36a) wie folgt:

$$c_{\mathrm{eq}}(\mathrm{U}) = \frac{v(\mathrm{M}) \cdot c_{\mathrm{eq}}(\mathrm{M})}{v(\mathrm{U})} \quad (2\text{-}36\mathrm{b})$$

▲

$$c_{\mathrm{eq}}(H_2SO_4) = \frac{v(\mathrm{NaOH}) \cdot c_{\mathrm{eq}}(\mathrm{NaOH})}{v(H_2SO_4)}$$

$$c_{\mathrm{eq}}(H_2SO_4) = \frac{0{,}01625\ \mathrm{L} \cdot 0{,}1\ \mathrm{mol} \cdot \mathrm{L}^{-1}}{0{,}026\ \mathrm{L}}; \qquad c_{\mathrm{eq}}(H_2SO_4) = 0{,}0625\ \mathrm{mol} \cdot \mathrm{L}^{-1}$$

Die **Stoffmengenkonzentration** $c(\mathrm{U})$ ergibt sich daraus nach Gleichung (2-34) (↑ S. 55)

$$c(\mathrm{U}) = \frac{c_{\mathrm{eq}}(\mathrm{U})}{z(\mathrm{U})} \quad (2\text{-}34\mathrm{a})$$

▲

$$c(H_2SO_4) = \frac{c(\frac{1}{2}\ H_2SO_4)}{z(H_2SO_4)}$$

$$c(H_2SO_4) = \frac{0{,}0625\ \mathrm{mol} \cdot \mathrm{L}^{-1}}{2}; \qquad c(H_2SO_4) = 0{,}03125\ \mathrm{mol} \cdot \mathrm{L}^{-1}$$

Für die **Äquivalentkonzentration** c_{eq} findet sich in älterer Literatur die Bezeichnung **Normalität**. Danach werden Lösungen mit einer bestimmten Äquivalentkonzentration auch *Normallösungen* genannt. Da diese Lösungen in der

Maßanalyse eingesetzt werden, wird (in DIN 32 625) empfohlen, von **Maßlösungen** zu sprechen. Von der Bezeichnung Normallösung leiten sich einige ältere Konzentrationsangaben ab.

▲ Gleichbedeutend mit $c(\frac{1}{2}\ H_2SO_4) = 0{,}1\ \text{mol} \cdot \text{L}^{-1}$ sind
0,1-normale H_2SO_4, 0,1 N H_2SO_4, 0,1-n H_2SO_4.

2.14.7 Volumenanteil – Volumenkonzentration – Volumenverhältnis

Für Gasgemische und Flüssigkeitsgemische gibt es Zusammensetzungsgrößen, in die als extensive Größen ausschließlich *Volumina* eingehen.

Der **Volumenanteil**[1)] (Formelzeichen φ, griech. *phi*) ist der Quotient aus dem Volumen einer Komponente und dem Gesamtvolumen aller Komponenten eines Gemischs:

$$\textbf{Volumenanteil der Komponente A} = \frac{\textbf{Volumen der Komponente A}}{\textbf{Gesamtvolumen aller Komponenten}}$$

$$\varphi(\text{A}) = \frac{v(\text{A})}{v_0} \qquad \text{(2-42)}$$

v_0 ist die *Summe der Volumina*, die die Komponenten *vor dem Mischungsvorgang* einnahmen:

$$v_0 = \sum_{i=1}^{k} v_i \qquad i = 1, 2, \ldots, k$$

Die **Volumenkonzentration**[2)] (Formelzeichen σ, griech. *sigma*) ist der Quotient aus dem Volumen einer Komponente und dem Gesamtvolumen des Gemischs:

$$\textbf{Volumenkonzentration der Komponente A} = \frac{\textbf{Volumen der Komponente A}}{\textbf{Gesamtvolumen des Gemischs}}$$

$$\sigma(\text{A}) = \frac{v(\text{A})}{v} \qquad \text{(2-43)}$$

v ist das *Gesamtvolumen nach dem Mischvorgang*.

Die Einheit von *Volumenanteil* und *Volumenkonzentration* (↑ S. 62) ist 1.

Volumenanteil φ und *Volumenkonzentration* σ sind – nach Gleichung (2-42) und (2-43) – einander nur dann gleich, wenn sich das Volumen beim Mischungsvorgang *nicht* verändert, wenn weder eine *Volumenkontraktion* noch eine *Volumenvergrößerung* eintritt. In diesem Falle wird von einem *idealen Gemisch* gesprochen. Viele *Gasgemische* verhalten sich annähernd ideal. Bei *Lösungen* ist das meist nicht der Fall.

▲ Werden 52 mL Ethanol (Ethylalkohol) mit 48 mL Wasser gemischt, so entstehen nicht 100 mL, sondern nur 96,3 mL verdünntes Ethanol. Bei diesem Volumenverhältnis ist die *Volumenkontraktion* am größten. Daher ergeben sich für den Volumenanteil und die Volumenkonzentration unterschiedliche Zahlenwerte.

Volumenanteil

$$\varphi(\text{C}_2\text{H}_5\text{OH}) = \frac{v(\text{C}_2\text{H}_5\text{OH})}{v_0}$$

$$\varphi(\text{C}_2\text{H}_5\text{OH}) = \frac{52\ \text{mL}}{100\ \text{mL}}; \qquad \varphi(\text{C}_2\text{H}_5\text{OH}) = 0{,}52$$

Volumenkonzentration

1) engl. *volume fraction*
2) engl. *volume concentration*

$$\sigma(C_2H_5OH) = \frac{v(C_2H_5OH)}{v}$$

$$\sigma(C_2H_5OH) = \frac{52\ \text{mL}}{96{,}3\ \text{mL}}; \qquad \sigma(C_2H_5OH) = 0{,}540$$

Das **Volumenverhältnis**[1)] (Formelzeichen ψ, griech. *psi*) ist der Quotient aus den Volumina zweier Komponenten eines Gemischs:

$$\textbf{Volumenverhältnis A/B} = \frac{\textbf{Volumen der Komponente A}}{\textbf{Volumen der Komponente B}} \qquad \psi(A/B) = \frac{v(\text{A})}{v(\text{B})} \tag{2-44}$$

▲ Für das im vorigen Beispiel genannte Gemisch aus Ethanol und Wasser ergibt sich folgendes:
Volumenverhältnis

$$\psi(C_2H_5OH/H_2O) = \frac{v(C_2H_5OH)}{v(H_2O)}$$

$$\psi(C_2H_5OH/H_2O) = \frac{52\ \text{mL}}{48\ \text{mL}}; \qquad \psi(C_2H_5OH/H_2O) = 1{,}083$$

Da die SI-Einheit des Volumens der Kubikmeter m^3 ist, haben alle diese Zusammensetzungsgrößen die Einheit $\frac{m^3}{m^3} = 1$. Volumenkonzentration σ und Volumenanteil φ können auch in % oder ‰ angegeben werden, nicht dagegen das Volumenverhältnis ψ (in das das *Gesamt*volumen gar nicht eingeht). Die Volumenkonzentration alkoholischer Getränke (im Beispiel 54 %) ist die bekannteste Anwendung auf Flüssigkeitsgemische.

Größere Bedeutung als für Lösungen haben diese Zusammensetzungsgrößen für **Gasgemische.** *Gleiche Volumina* verschiedener Gase enthalten – nach dem Gesetz von AVOGADRO (↑ S. 35) – die *gleiche Anzahl Teilchen* und – wie durch die AVOGADRO-Konstante (↑ S. 29) ausgedrückt wird – die gleichen Stoffmengen.

Das **Volumenverhältnis** ψ (A/B) ist daher in einem Gasgemisch gleich

- dem Teilchenzahlverhältnis R(A/B) (↑ S. 48) *und*
- dem Stoffmengenverhältnis r(A/B) (↑ S. 48).

$$\psi(A/B) = R(A/B); \qquad \frac{v(\text{A})}{v(\text{B})} = \frac{N(\text{A})}{N(\text{B})}$$

$$\psi(A/B) = r(A/B); \qquad \frac{v(\text{A})}{v(\text{B})} = \frac{n(\text{A})}{n(\text{B})}$$

Der **Volumenanteil** einer Komponente φ(A) ist in einem *Gasgemisch* gleich

- deren Teilchenzahlanteil X(A) (↑ S. 48) und
- deren Stoffmengenanteil x(A) (↑ S. 47).

$$\varphi(\text{A}) = X(\text{A}); \qquad \frac{v(\text{A})}{v_0} = \frac{N(\text{A})}{N}$$

$$\varphi(\text{A}) = x(\text{A}); \qquad \frac{v(\text{A})}{v_0} = \frac{n(\text{A})}{n}$$

1) engl. *volume ratio*

Der **Partialdruck** steht für *Gasgemische* (als weitere Zusammensetzungsgröße) zur Verfügung. Der Partialdruck eines Gases in einem Gasgemisch ist der Druck, den das Gas ausüben würde, wenn es das Gasvolumen allein einnähme.

Der Gesamtdruck eines Gasgemischs ist gleich der Summe der Partialdrücke seiner Komponenten (DALTON 1801):

$$p = \sum_{i=1}^{k} p_i \qquad i = 1, 2, \ldots, k$$

Nach der allgemeinen Zustandsgleichung der Gase (Gleichung 2-19) (↑ S. 40)

$$v \cdot p = n \cdot R \cdot T$$

ist (bei konstantem Volumen und konstanter Temperatur) der Druck p der Stoffmenge n proportional:

$$p \sim n$$

Demnach verhalten sich in einem Gasgemisch die Partialdrücke p der Komponenten A und B zueinander wie die Stoffmengen n dieser Komponenten:[1)]

$$p(A) : p(B) = n(A) : n(B) \qquad (2\text{-}45)$$

Die SI-Einheit des Druckes – und damit auch des Partialdruckes – ist das *Pascal* (Einheitenzeichen Pa).

▲ Beim explosiven Zerfall von Stickstoffwasserstoffsäure, HN_3,

$$2\ HN_3 \rightarrow H_2 + 3\ N_2$$

entstehen Wasserstoff und Stickstoff im Stoffmengenverhältnis

$$r(H_2/N_2) = \frac{n(H_2)}{n(N_2)}$$

$$r(H_2/N_2) = \frac{1\ \text{mol}}{3\ \text{mol}}; \qquad r(H_2/N_2) = \frac{1}{3}$$

Im gleichen Zahlenverhältnis stehen nach Gleichung (2-45) (↑ S. 62) die Partialdrücke zueinander:

$$p(H_2) : p(N_2) = 1 : 3$$

Steht das Gasgemisch unter einem Druck von 100 kPa (= 1 bar), so ergeben sich folgende Partialdrücke:

$$p(H_2) = \frac{100\ \text{kPa} \cdot 1}{4}; \qquad p(H_2) = 25\ \text{kPa}$$

$$p(N_2) = \frac{100\ \text{kPa} \cdot 3}{4}; \qquad p(N_2) = 75\ \text{kPa}$$

Die Summe der Partialdrücke ergibt den Gesamtdruck.

Der *Partialdruck* einer Komponente A kann errechnet werden, indem

- deren Stoffmengenanteil $x(\text{A})$,
- deren Teilchenzahlanteil $X(\text{A})$ oder
- deren Volumenanteil $\varphi\ (\text{A})$

mit dem Gesamtdruck multipliziert wird:

$$p(\text{A}) = x(\text{A}) \cdot p; \qquad p(\text{A}) = X(\text{A}) \cdot p; \qquad p(\text{A}) = \varphi\ (\text{A}) \cdot p$$

---

1) Eine dem Stoffmengenverhältnis $r(\text{A/B}) = n(\text{A})/n(\text{B})$ analoge Zusammensetzungsgröße $p(\text{A})/p(\text{B})$, die „Partialdruckverhältnis" genannt werden könnte, ist nicht definiert und wird nicht verwendet.

▲ Im Ammoniakgleichgewicht (↑ S. 182) liegen bei 500 °C und 20 MPa (200 bar) folgende Volumenanteile vor:

$\varphi\,(H_2) = 0.615$
$\varphi\,(N_2) = 0{,}205$
$\varphi\,(NH_3) = 0{,}18$

Die Partialdrücke betragen:

$p(H_2) = 0.615 \cdot 20$ MPa	$p(H_2) = 12{,}3$ MPa
$p(N_2) = 0{,}205 \cdot 20$ MPa	$p(N_2) = 4{,}1$ MPa
$p(NH_3) = 0{,}180 \cdot 20$ MPa	$p(NH_3) = 3{,}6$ MPa
	$\sum p = 20{,}0$ MPa

3 Bau der Atome

3.1 Historisches

Die Vorstellung von der Unteilbarkeit der Atome musste Ende des 19. Jahrhunderts aufgrund neuer Forschungsergebnisse aufgegeben werden. Der Franzose HENRI BECQUEREL hatte 1896 an einem Uranerz die **Radioaktivität** entdeckt, die in der Folgezeit von MARIE und PIERRE CURIE gründlich erforscht wurde. Dabei stellten sie fest, dass das von ihnen entdeckte Element *Radium* spontan zerfällt, wobei es über Zwischenstufen unter Abspaltung von *Helium* in *Blei* übergeht. Da die Atome des Bleis von denen des Radiums qualitativ verschieden sind, war diese *Elementumwandlung* nur dadurch zu erklären, dass die *Atome beider Elemente aus gleichen kleineren Teilchen aufgebaut* sind. Damit war für Physik und Chemie Anfang des 20. Jahrhunderts die Aufgabe gestellt, den Aufbau der Atome zu erforschen.

Die erste grundlegende Erkenntnis über den Aufbau der Atome stammt von dem in Neuseeland geborenen Physiker ERNEST RUTHERFORD, der 1911 ermittelte, dass jedes Atom einen **Atomkern** besitzt, der von einer **Elektronenhülle** umgeben ist. Der Däne NIELS BOHR wandte auf diese Vorstellungen die von MAX PLANCK um 1900 entwickelte *Quantentheorie* an und trat 1913 mit Modellvorstellungen hervor, die als **BOHRsches Atommodell** (↑ S. 73) bekannt sind. BOHR fasste die Elektronen als Teilchen auf, die sich auf bestimmten Kreisbahnen um den Atomkern bewegen. Das BOHRsche Atommodell wurde 1916 von dem deutschen Physiker ARNOLD SOMMERFELD verbessert, wobei er für die Elektronen teils kreisförmige, teils elliptische Bahnen annahm.

Eine weitere Etappe in der Aufklärung des Atombaus wurde 1924 durch den Franzosen LOUIS DE BROGLIE eingeleitet, als er dem Elektron neben dem **Teilchencharakter** (Korpuskularcharakter) zugleich – ähnlich wie dem Licht – **Wellencharakter** zusprach. Davon ausgehend, entwickelte in den folgenden Jahren der Österreicher ERWIN SCHRÖDINGER die Wellenmechanik, die zum **wellenmechanischen Atommodell** führte, das allgemeiner auch als quantenmechanisches Atommodell bezeichnet wird[1].

Die *Quantenmechanik* ist die Verallgemeinerung der (klassischen) Mechanik auf der Grundlage der Quantentheorie. Die Wellenmechanik SCHRÖDINGERs und die Matrizenmechanik WERNER HEISENBERGs sind zwei gleichwertige Darstellungsformen der Quantenmechanik[2].

Jede *Modellvorstellung* spiegelt die Wirklichkeit nicht vollständig, sondern nur in bestimmten – für den jeweiligen wissenschaftlichen Zweck – wesentlichen Merkmalen wider. Das BOHRsche Atommodell war über Jahrzehnte das wichtigste Hilfsmittel zur Erläuterung der chemischen Bindung. Inzwischen wurde aber erkannt, dass die Vorstellung, die Elektronen bewegten sich auf bestimmten Bahnen um den Atomkern, die Wirklichkeit nicht richtig widerspiegelt. Sie lehnt sich zu sehr an die Mechanik der festen Körper an und ist daher nicht geeignet zu erklären, wie eine chemische Bindung zustande kommt. Im Orbitalmodell (↑ S. 74) steht heute auch eine anschauliche Darstellung der an sich nur mathematisch fassbaren Erkenntnisse der Wellen- bzw. Quantenmechanik über den Aufbau der Elektronenhülle zur Verfügung.

---

[1] Literatur: [Sto2018] Schrödinger-Gleichung

[2] Weiterführende Literatur:
Reinhold, J.: Quantentheorie der Moleküle. Teubner-Verlag, Stuttgart 1994
Haken, W.; Wolf, H. Ch.: Atom- und Quantenphysik. Springer-Verlag, Berlin 1993
Haken, W.; Wolf, H. Ch.: Molekülphysik und Quantenchemie. Springer-Verlag, Berlin 1992

3.2 Atomkern und Elektronenhülle

Der Bau der Elektronenhülle und die chemische Bindung (↑ Kap. 5) werden im Folgenden vorrangig mittels des Orbitalmodells dargestellt. Beziehungen zu dem älteren BOHRschen Atommodell sind im Kleindruck angefügt. Auch das Elektronenpaar-Abstoßungs-Modell (↑ S. 112) wird herangezogen.

Jedes Atom besteht, wie zuerst ERNEST RUTHERFORD erkannte, aus Atomkern (↑ 3.3) und Elektronenhülle.

Elektronen sind Elementarteilchen, denen sowohl Korpuskular- als auch Wellencharakter zukommt.

Ein **Elektron** (Symbol e^-; auch ⊖) hat eine *Masse* von $9{,}1094 \cdot 10^{-28}$ g und eine negative elektrische *Ladung* von $1{,}6022 \cdot 10^{-19}$ A · s (Amperesekunden). Das ist die kleinste bekannte elektrische Ladung, die so genannte **Elementarladung** (Formelzeichen *e*).

Nach außen sind die Atome ungeladen (elektrisch neutral). Das beruht darauf, dass die negativen Ladungen der Elektronen durch positive Ladungen des Atomkerns kompensiert werden.

In jedem Atom ist die Anzahl der (negativ geladenen) Elektronen in der Hülle gleich der Anzahl der positiven Ladungen des Atomkerns.

▲ Im *Wasserstoffatom* steht einem einfach positiv geladenen Atomkern ein (negativ geladenes) Elektron gegenüber (siehe Bild 3-1a).
Im *Berylliumatom* stehen einem vierfach positiv geladenen Atomkern vier (negativ geladene) Elektronen gegenüber (siehe Bild 3-1b).

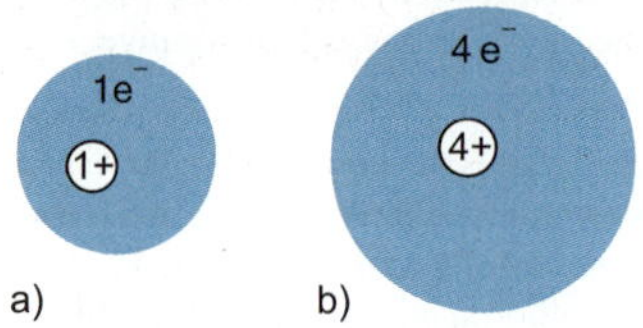

Bild 3-1: *Kern und Elektronenhülle;*
a) des Wasserstoffatoms und b) des Berylliumatoms

Der **Durchmesser eines Atoms,** d. h. der Durchmesser der Elektronenhülle eines Atoms, liegt in der Größenordnung von 10^{-10} m (= 1 zehnmilliardstel Meter).
Der **Durchmesser eines Atomkerns** liegt dagegen in der Größenordnung von 10^{-14} m (= 1 hundertbillionstel Meter). Er beträgt also nur etwa 1/10 000 des Atomdurchmessers.

Die Masse eines Atoms ist fast vollständig im Kern konzentriert.

Im leichtesten Atom, dem Wasserstoffatom, besitzt der *Kern* eine Masse von $1{,}6726 \cdot 10^{-24}$ g, während das *Elektron* nur eine Masse von $9{,}1094 \cdot 10^{-28}$ g hat. Die Masse eines Elektrons beträgt also nur 1/1 836 der Masse des Kerns des Wasserstoffatoms, bei dem es sich um ein einzelnes Proton (↑ S. 67) handelt.

Zwischen dem Atomkern und den Elektronen wirken elektrostatische Anziehungskräfte.

3.3 Aufbau der Atomkerne

Wenn beim radioaktiven Zerfall aus den Atomen eines Elements Atome zweier anderer Elemente entstehen (z. B. Bleiatome und Heliumatome aus Radiumatomen), so müssen die Atomkerne der verschiedenen Elemente *aus gleichen kleineren Teilchen aufgebaut* sein.

Die Atomkerne aller Elemente bestehen aus den gleichen Nukleonen[1] (Kernbausteinen).

---

[1] ***nucleus* (lat.) Kern**

Es gibt zwei Arten von **Nukleonen:**

Protonen und **Neutronen:**

- Die **Protonen** (Symbol p) tragen eine positive elektrische Ladung von $1{,}6022 \cdot 10^{-19}$ A · s (Elementarladung) und haben eine Masse von $1{,}6726 \cdot 10^{-24}$ g.
- Die **Neutronen** (Symbol n) tragen keine elektrische Ladung und haben eine Masse von $1{,}6749 \cdot 10^{-24}$ g.

Die *Masse* eines Atomkerns ist also von der Anzahl der *Protonen* und von der Anzahl der *Neutronen* abhängig.

Die *Ladung* eines Atomkerns geht auf die Anzahl der in diesem Kern enthaltenen *Protonen* zurück.

Die Anzahl der (positiv geladenen) Protonen, die der Atomkern eines Elements enthält, wird als **Kernladungszahl** dieses Elements bezeichnet. Da die positive Ladung eines Protons der negativen Ladung eines Elektrons dem Betrag nach gleich ist (Elementarladung), muss in einem (ungeladenen) Atom die Anzahl der (negativ geladenen) Elektronen gleich der Anzahl der (positiv geladenen) Protonen sein. Mit der Kernladungszahl ist also zugleich die *Anzahl der Elektronen* gegeben. Da die chemischen Eigenschaften eines Elements entscheidend von der Anzahl der Elektronen abhängen, die seine Atome besitzen, ist die Kernladungszahl das wichtigste Merkmal eines chemischen Elements.

Alle Atome eines Elements haben die gleiche Kernladungszahl (Protonenzahl, Elektronenzahl).

Die Atome zweier Elemente haben stets unterschiedliche Kernladungszahlen.

Protonen, Neutronen und Elektronen werden als **Elementarteilchen** bezeichnet. In der Atomphysik sind neben Protonen, Neutronen und Elektronen zahlreiche andere Elementarteilchen bekannt, die aber für die Chemie keine Rolle spielen[1)].

3.4 Nuklide – Isotope

In der Reihe der nach der Ordnungszahl (Kernladungszahl) angeordneten Elemente (Tafel 3) nimmt die Anzahl der *Protonen* von Element zu Element jeweils um 1 zu. Die Anzahl der *Neutronen* und damit die Anzahl der *Nukleonen* steigt dagegen unregelmäßig:

Wasserstoff	1 Proton			=	1 Nukleon
Helium	2 Protonen	+	2 Neutronen	=	4 Nukleonen
Lithium	3 Protonen	+	4 Neutronen	=	7 Nukleonen
Beryllium	4 Protonen	+	5 Neutronen	=	9 Nukleonen
Bor	5 Protonen	+	6 Neutronen	=	11 Nukleonen
Kohlenstoff	6 Protonen	+	6 Neutronen	=	12 Nukleonen
Stickstoff	7 Protonen	+	7 Neutronen	=	14 Nukleonen
Sauerstoff	8 Protonen	+	8 Neutronen	=	16 Nukleonen
Fluor	9 Protonen	+	10 Neutronen	=	19 Nukleonen
Neon	10 Protonen	+	10 Neutronen	=	20 Nukleonen

Die Anzahl der Nukleonen, die die Atome eines Elements besitzen, ist gleich der gerundeten *relativen Atommasse* A_r dieses Elements.

▲ Wasserstoff: $A_r = 1{,}008$; 1 Nukleon
Kohlenstoff: $A_r = 12{,}01$; 12 Nukleonen

1) Literatur: [Sto2018] Elementarteilchenphysik

Die *Anzahl der Neutronen* lässt sich daher als *Differenz* aus gerundeter relativer Atommasse und Anzahl der Protonen (Kernladungszahl) ermitteln:

gerundete relative Atommasse
– Kernladungszahl

= Anzahl der Neutronen

Relative Atommasse und Kernladungszahl sind der Tafel 3 oder dem Periodensystem der Elemente zu entnehmen.

▲ Wasserstoff: 1 – 1 = 0 Neutronen
Kohlenstoff: 12 – 6 = 6 Neutronen
Fluor: 19 – 9 = 10 Neutronen

Beim Chlor und anderen Elementen, deren relative Atommassen stark von ganzzahligen Werten abweichen, stößt es auf Schwierigkeiten, in dieser Weise die Anzahl der Neutronen zu ermitteln, da die relative Atommasse sowohl auf- als auch abgerundet werden könnte.

▲ Chlor 35,45; Kupfer 63,55

Die meisten Elemente treten mit mehreren (2 bis 10) unterschiedlichen Sorten von Atomen auf, die als **Nuklide**[1)] bezeichnet werden, da sie sich ihren *Atomkernen* unterscheiden, und zwar in der Anzahl der *Neutronen* (Mischelemente (↑ S. 69)).

Wie ein *Element* durch seine *Protonenzahl* (Kernladungszahl), so ist ein *Nuklid* durch seine *Protonenzahl* und seine *Neutronenzahl* eindeutig gekennzeichnet.

Für die *Nuklide* gibt es eine besondere Symbolik. Links vom Symbol des jeweiligen Elements wird

oben die **Massenzahl**
unten die **Kernladungszahl** $^{35}_{17}\mathbf{Cl}$

angegeben. Auf die Kernladungszahl wird allerdings meist verzichtet, da sie durch das Symbol des Elements schon eindeutig festliegt (Tafel 1).

Es ist zu unterscheiden:

- Das Symbol Cl steht für das *Element* Chlor.
- Das Symbol ^{35}Cl steht für das *Nuklid* Chlor 35.

Die **Massenzahl** gibt an:

Anzahl der Nukleonen = Summe der Protonen und Neutronen

Jedes *Nukleon* (Proton, Neutron) hat die *Massenzahl* 1.

Zwischen *Massenzahl* und *relativer Atommasse* besteht folgende Beziehung:

Proton und *Neutron* haben fast die gleiche Masse:

$$m_p = 1{,}6726 \cdot 10^{-24}\,\text{g} \quad (\text{relative Atommasse } A_r = 1{,}0073)$$
$$m_n = 1{,}6749 \cdot 10^{-24}\,\text{g} \quad (\text{relative Atommasse } A_r = 1{,}0087)$$

Die Masse des *Elektrons* beträgt:

$$m_e = 9{,}1094 \cdot 10^{-28}\,\text{g} \quad (\text{relative Atommasse } A_r = 0{,}000548)$$

---

1) *nucleus* (lat.) Kern

Für das *Wasserstoffatom* ergibt sich als Summe[1] aus den relativen Atommassen von *Proton* und *Elektron* die relative Atommasse $A_r = 1{,}0078$. Die Bezugsbasis der relativen Atommassen wurde mit $\frac{1}{12}$ der Masse des Kohlenstoffisotops ^{12}C so gewählt (↑ S. 24), dass die relativen Atommassen von Nukliden stets nahe bei einer ganzen Zahl liegen, die der Anzahl der *Nukleonen* entspricht[2].

Die Massenzahl eines Nuklids ist demnach gleich der auf eine ganze Zahl gerundeten relativen Atommasse.

Mit Massenzahl und Kernladungszahl ist jedes *Nuklid* eindeutig gekennzeichnet:

Massenzahl	**= Zahl der Nukleonen**
Kernladungszahl	**= Zahl der Protonen**
Massenzahl – Kernladungszahl	**= Zahl der Neutronen**

Da jedes *Element* durch seine Kernladungszahl eindeutig bestimmt ist, gehören alle *Nuklide* (Kernarten), die sich bei *gleicher Protonenzahl* nur in ihrer Neutronenzahl unterscheiden, zum *gleichen Element* und sind daher im Periodensystem *an der gleichen Stelle* einzuordnen. Die zu einem Element gehörenden Nuklide werden dementsprechend als *isotope Nuklide* oder meist kurz als **Isotope**[3] bezeichnet.

Isotope sind Nuklide, die die gleiche Kernladungszahl (Protonenzahl) besitzen und daher zum gleichen Element gehören.

Die Isotope eines Elements unterscheiden sich in der Anzahl der *Neutronen* und dementsprechend auch in der Anzahl der *Nukleonen*.

▲ Die Atomkerne der beiden in der Natur auftretenden Chlorisotope setzen sich wie folgt zusammen:
17 Protonen + 18 Neutronen = 35 Nukleonen
17 Protonen + 20 Neutronen = 37 Nukleonen

Da mit der Anzahl der Protonen auch die Anzahl der Elektronen gegeben ist und die chemischen Eigenschaften eines Elements von Anzahl und Anordnung der Elektronen abhängen, gilt allgemein:

Alle Isotope eines Elements haben die gleichen chemischen Eigenschaften, sodass sie sich mit chemischen Methoden nicht voneinander trennen lassen.

Nuklid ist der *Oberbegriff* zu *Isotop*, d. h., jedes Isotop ist ein Nuklid. Von Isotopen darf nur gesprochen werden, wenn man zwei (oder mehr) Nuklide eines Elements miteinander in Beziehung setzt.

▲ ^{12}C, ^{60}Co und ^{235}U sind *Nuklide*,
^{12}C, ^{13}C und ^{14}C sind *Isotope des Kohlenstoffs*.

In der Natur treten manche Elemente nur mit *einem Nuklid* auf. Bei diesen Elementen besitzen alle Atome außer der gleichen Kernladungszahl (Protonenzahl) auch die gleiche Neutronenzahl und dementsprechend die gleiche Anzahl Nukleonen. Solche Elemente werden **Reinelemente** genannt. Nach dem heutigen Stand der Erkenntnis handelt es sich bei 22 Elementen um Reinelemente[4].

---

[1] Bei schweren Atomen liegen die experimentell bestimmten relativen Atommassen bis zu 1 % unter der Summe aus den relativen Atommassen der Nukleonen. Die Differenz (der sog. Massendefekt) erklärt sich nach ALBERT EINSTEIN aus der frei gewordenen Bindungsenergie der Nukleonen.

[2] Bei den Nukliden (Isotropen) und Elementarteilchen (Proton, Neutron, Elektron) wird statt von relativer Atommasse mitunter auch vom *Massenwert* gesprochen.

[3] *isos* (grch.) gleich; *topos* (grch.) der Ort

[4] Atomic weights of the elements: Review 2000; Pure Appl. Chem., Vol. 75, No. 6, pp. 721–728. © 2003 IUPAC.

Namen der Reinelemente

nach Ordnungszahl:	alphabetisch:
Beryllium (4)	Aluminium
Fluor (9)	Arsen
Natrium (11)	Beryllium
Aluminium (13)	Bismut
Phosphor (15)	Caesium
Scandium (21)	Cobalt
Mangan (25)	Fluor
Cobalt (27)	Gold
Arsen (33)	Holmium
Yttrium (39)	Iod
Niob (41)	Mangan
Rhodium (45)	Natrium
Iod (53)	Niob
Caesium (55)	Phosphor
Praseodym (59)	Praseodym
Terbium (65)	Protactinium
Holmium (67)	Rhodium
Thulium (69)	Scandium
Gold (79)	Terbium
Bismut (83)	Thorium
Thorium (90)	Thulium
Protactinium (91)	Yttrium

Elemente, die in der Natur als Gemisch aus zwei oder mehr *Isotopen* (isotopen Nukliden) auftreten, die also aus Atomen mit unterschiedlicher Neutronenzahl bestehen, werden **Mischelemente** genannt. Die meisten Elemente sind Mischelemente. Die *relative Atommasse* eines Mischelements bezieht sich auf das natürliche Isotopengemisch. Es handelt sich also um einen *Mittelwert,* der stark von ganzzahligen Werten abweichen kann, während die relative Atommasse von Reinelementen stets annähernd ganzzahlig ist.

Die Anzahl der in der Natur auftretenden Isotope eines Elements beträgt bis zu zehn (beim Zinn).

Das Mischungsverhältnis, in dem die Isotope eines Elements auftreten, ist bei allen natürlichen Vorkommen dieses Elements näherungsweise gleich und bleibt bei chemischen Reaktionen unverändert.

▲ In den in der Natur auftretenden Chlorverbindungen sind
75,8 % Chloratome mit 18 Neutronen und
24,2 % Chloratome mit 20 Neutronen enthalten.

Seit der zweiten Hälfte des zwanzigsten Jahrhunderts wurde allerdings mit verfeinerten Messmethoden (zuerst beim Schwefel, dann vor allem beim Lithium) festgestellt, dass es – je nach Herkunft der Proben – doch erhebliche Abweichungen in der Zusammensetzung der Isotopengemische gibt. Daher hat die IUPAC für einige dieser Elemente statt eines Mittelwertes das **Intervall** festgelegt, in dem die unterschiedlichen relativen Atommassen liegen. (↑ S. 24 und Tafeln 3 und 4.)

Die **Nuklide** lassen sich einteilen:

- nach ihrer **Herkunft** in
  natürliche Nuklide und
  künstliche Nuklide ;
- nach ihren **Eigenschaften** in
  stabile Nuklide und
  radioaktive Nuklide (*Radionuklide*).

Die Mehrzahl der in der Natur auftretenden Nuklide ist *stabil,* also nicht radioaktiv. Außer den in der Natur vorkommenden *radioaktiven* Nukliden gibt es heute viele Nuklide, die mit Mitteln der Kernphysik *künstlich erzeugt* wurden und sämtlich radioaktiv sind. Bisher sind mehr als 1500 Nuklide bekannt. Auch von den Elementen, die in der Natur als Reinelemente auftreten, wurden inzwischen zahlreiche weitere Nuklide künstlich erzeugt.

▲ Das Reinelement Cobalt tritt in der Natur nur als Nuklid $^{59}_{27}$Co auf. Heute wird aber das Nuklid $^{60}_{27}$Co in erheblichem Umfange künstlich erzeugt und unter anderem in der Medizin anstelle von Radium verwendet. $^{59}_{27}$Co und $^{60}_{27}$Co sind aufgrund der gleichen Kernladungszahl *isotope Nuklide*; sie sind Isotope des Cobalts.

Die radioaktiven Nuklide zerfallen spontan unter Aussendung von Strahlen (α-, β-, γ-Strahlen) in andere Nuklide [1]. Dieser *radioaktive Zerfall* geht teils außerordentlich langsam, teils außerordentlich rasch vonstatten. Angegeben wird das in der *Halbwertszeit* (Formelzeichen $T_{1/2}$). Das ist die Zeitspanne, in der die Hälfte der ursprünglich vorhandenen Atome zerfallen sein wird (DIN 25 404).

▲ Chlor	^{36}Cl	$T_{1/2} = 3 \cdot 10^5$ Jahre
Kohlenstoff	^{14}C	$T_{1/2} = 5730$ Jahre
Wasserstoff (Tritium)	^{3}H	$T_{1/2} = 12{,}6$ Jahre
Cobalt	^{60}Co	$T_{1/2} = 5{,}27$ Jahre
Zink	^{65}Zn	$T_{1/2} = 245$ Tage
Kupfer	^{64}Cu	$T_{1/2} = 12{,}8$ Stunden
Stickstoff	^{13}N	$T_{1/2} = 10$ Minuten
Kohlenstoff	^{15}C	$T_{1/2} = 2{,}5$ Sekunden
Sauerstoff	^{13}O	$T_{1/2} = 8{,}7$ Millisekunden

Von den natürlich vorkommenden Elementen hat das Uran mit 92 die höchste Kernladungszahl. Alle Elemente mit den Kernladungszahlen 93 und größer, die *Transurane*, wurden künstlich erzeugt; sie weisen nur radioaktive Isotope auf.

[1] Literatur: [Sto2018] Zerfall, radioaktiver

3.5 Aufbau der Elektronenhülle

3.5.1 Energieniveaus der Elektronen im Atom

Die Elektronenhülle der Atome weist eine bestimmte Struktur auf, die auf dem unterschiedlichen *Energiegehalt* der einzelnen Elektronen innerhalb eines Atoms beruht. BOHR erkannte als erster, dass die Elektronen nur ganz bestimmte Energiezustände einnehmen können. Die *Energieniveaus* (Energiestufen), auf denen sich die Elektronen innerhalb eines Atoms befinden können, sind im Bild 3-2 dargestellt.

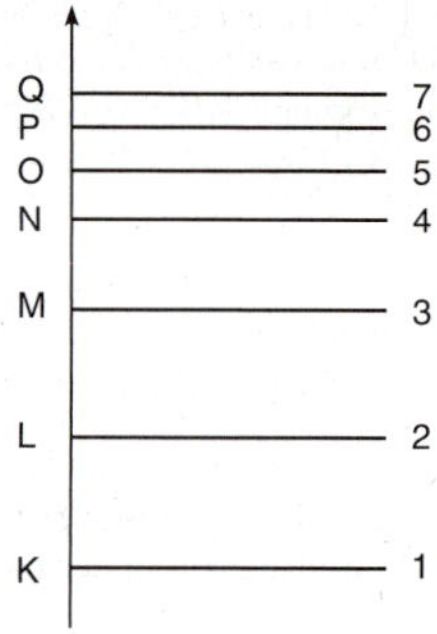

Bild 3-2: *Energieniveaus in der Elektronenhülle*

Die Anzahl der Elektronen, mit der die einzelnen Energieniveaus maximal besetzt sein können, beträgt

$$2\,n^2,$$

wobei n die Nummer des Energieniveaus ist. Die Energieniveaus werden, mit dem niedrigsten beginnend, mit arabischen Ziffern oder mit den Buchstaben K bis Q bezeichnet (siehe Bild 3-2). Die maximale Besetzung der ersten vier Energieniveaus beträgt:

$$2 \cdot 1^2 = 2 \text{ Elektronen}$$
$$2 \cdot 2^2 = 8 \text{ Elektronen}$$
$$2 \cdot 3^2 = 18 \text{ Elektronen}$$
$$2 \cdot 4^2 = 32 \text{ Elektronen}$$

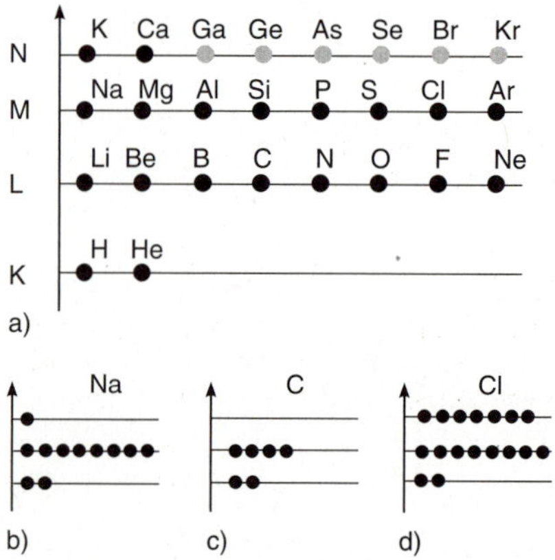

Bild 3-3:
a) Fortschreitende Besetzung der Energieniveaus bei den Hauptgruppenelementen Wasserstoff bis Krypton; (Die grau symbolisierten Elektronen auf dem N-Niveau werden vom Gallium bis zum Krypton erst eingebaut, nachdem vorher vom Scandium bis zum Zinn das M-Niveau mit 18 Elektronen voll besetzt worden ist (siehe Bild 4-1).) Energieniveaumodelle des Natriums (b), des Kohlenstoffs (c) und des Chlors (d).

Wie die 20 leichtesten Elemente (Wasserstoff bis Calcium) zur Auffüllung der Energieniveaus beitragen, zeigt Bild 3-3a. Daraus lassen sich für diese Elemente einfache Atommodelle ableiten, indem die Elektronen – von unten nach oben und von links nach rechts fortschreitend – bis zu dem Elektron aufgezeichnet werden, das das Symbol des gewünschten Elements trägt (siehe Bild 3-3b bis d).

Nach dem **BOHRschen Atommodell** (↑ S. 65) werden die Energiezustände der Elektronen so aufgefasst, dass sich jedes Elektron auf einer eigenen, seinem Energiezustand entsprechenden kreisförmigen Bahn um den Atomkern bewegt. Danach haben Elektronen mit annähernd gleichem Energiezustand Bahnen mit annähernd gleichem Abstand vom Atomkern. BOHR fasst solche Elektronen mit annähernd gleichem Energiezustand zu Gruppen zusammen, die als *Elektronenschalen* bezeichnet werden. Eine anschauliche Vorstellung von diesen konzentrisch ineinander liegenden Kugelschalen, in denen sich die Elektronen bewegen, vermittelt Bild 3-8 (↑ S. 77). Diese Elektronenschalen entsprechen den – im Bild 3-3 dargestellten – Energieniveaus. Im Bild 3-4 erfolgt eine Gegenüberstellung von BOHRschem Atommodell und Energieniveaumodell. Das als Beispiel gewählte Natriumatom weist drei Elektronenschalen auf. Bei der Nummerierung der Elektronenschalen wird mit der dem Atomkern am nächsten liegenden Schale begonnen, die dem niedrigsten Energieniveau entspricht. Die äußerste Elektronenschale bildet die äußere Begrenzung des Atoms.

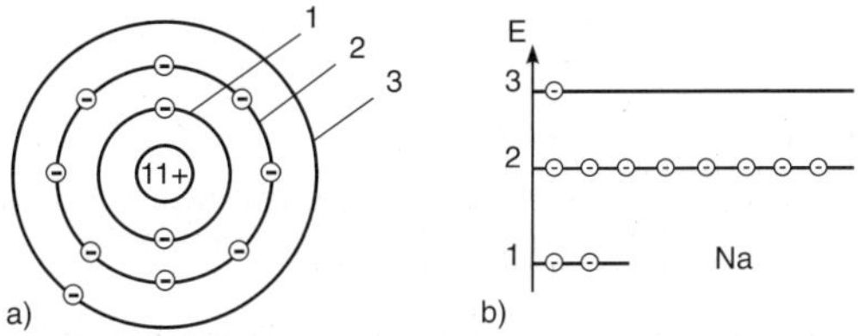

Bild 3-4: *Natriumatom; a) Atommodell nach* BOHR, *b) Energieniveaumodell*

Befindet sich ein Atom im *Grundzustand,* so nimmt jedes seiner Elektronen ein möglichst *niedriges* Energieniveau ein. Durch Energiezufuhr, z. B. durch Zufuhr von Wärme, können Elektronen auf höhere Energieniveaus gehoben werden. Das Atom befindet sich dann in einem *angeregten Zustand.* Da jedes Elektron die Tendenz hat, ein möglichst niedriges Energieniveau einzunehmen, rücken auf die bei der Anregung des Atoms frei gewordenen Plätze in den niedrigeren Energieniveaus Elektronen von den höheren Energieniveaus nach (Bild 3-5). Dabei geben diese Elektronen jene Energie ab, die der Differenz zwischen den beiden Energieniveaus entspricht. Das kann z. B. als Lichtstrahlung in Erscheinung treten. Aus den Spektrallinien des emittierten (ausgestrahlten) Lichts können Rückschlüsse auf die Energieniveaus der Atome gezogen werden[1].

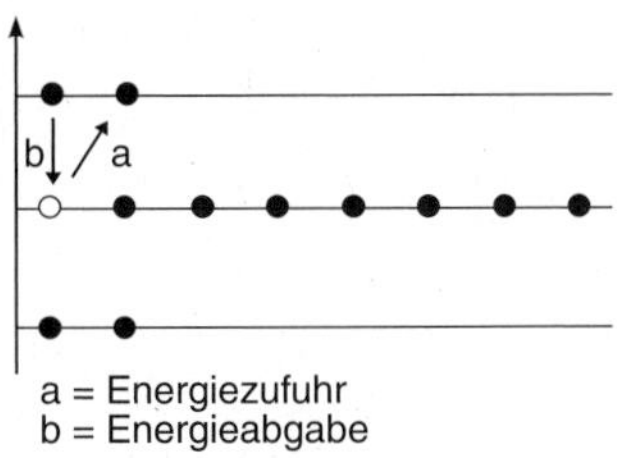

Bild 3-5: *Elektronenübergang zwischen den Energieniveaus*
a) Durch Energiezufuhr wird ein Elektron auf ein höheres Energieniveau gehoben
b) Ein anderes Elektron nimmt unter Energieabgabe den frei gewordenen Platz auf dem niedrigeren Energieniveau ein.

[1] Literatur: [Sto2018] Atom- und Kernphysik

▲ Wird Natriumchlorid in eine Gasflamme gebracht, leuchtet diese gelb auf. Durch das Erwärmen werden in einem Teil der Natriumatome Elektronen auf ein höheres Energieniveau gehoben. Unter Abgabe von Energie in Form von Licht rücken andere Elektronen in die frei gewordenen Plätze in dem niedrigeren Energieniveau (siehe Bild 3-5).

3.5.2 Orbitalmodell des Atoms

Um zu einer anschaulichen Darstellung von Atombau und chemischer Bindung zu kommen, werden in der Chemie *Modellvorstellungen* herangezogen, die auf der *Wellenmechanik* fußen, der von ERWIN SCHRÖDINGER entwickelten Darstellungsform der Quantenmechanik. Eine zentrale Stellung nimmt dabei der *Orbitalbegriff* [1] ein.

Unter *Orbital* versteht man einen auf den Atomkern orientierten Raum, der durch die Quantenzahlen (↑ S. 83)

- *Hauptquantenzahl n*
- *Nebenquantenzahl l* und
- *Magnetquantenzahl m*

charakterisiert ist und dem jeweils maximal *zwei* Elektronen zugeordnet sind.

Da das Elektron zugleich *Teilchencharakter* und *Wellencharakter* hat, können für die Modellvorstellungen *zwei* Betrachtungsstandpunkte gewählt werden, die aber beide zur gleichen anschaulichen Darstellung, dem *Orbitalmodell* des Atoms, führen.

- **Als Teilchen hält sich das Elektron in einem bestimmten Raum auf.**
- **Als Welle besitzt das Elektron eine bestimmte Frequenz und damit eine bestimmte Energie.**

Zum Verständnis des Aufbaus der Elektronenhülle der Atome sowie der darin beim Zustandekommen chemischer Bindungen auftretenden Veränderungen muss dieser Doppelcharakter des Elektrons, dessen *Dualität,* stets beachtet werden.

Vom **Teilchencharakter des Elektrons** ausgehend, kommen wir am Beispiel des einfachsten Atoms, des Wasserstoffatoms, durch folgende Überlegungen zu einer Vorstellung vom *Orbitalmodell.* Im Wasserstoffatom nimmt die Wahrscheinlichkeit, das eine Elektron anzutreffen, vom Atomkern aus in allen Richtungen des Raumes in gleicher Weise ab. Für das Wasserstoffatom ergibt sich daher ein kugelsymmetrisches Atommodell, wie im Bild 3-6 gezeigt wird.

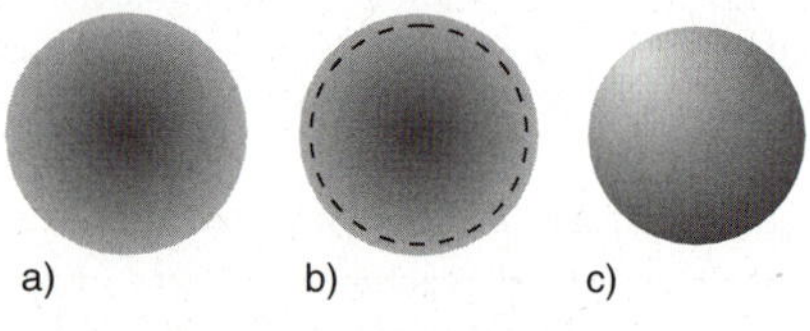

Bild 3-6: *Wasserstoffatom*
a) Aufenthaltswahrscheinlichkeit des 1s-Elektrons (im Schnitt)
b) Bereich mit 90 % Aufenthaltswahrscheinlichkeit (im Schnitt)
c) 1s-Orbital (in der Draufsicht)

[1] In der *Wellenmechanik* werden den Elektronen Wellenfunktionen (engl. *wave functions*) zugeordnet. Das sind mathematische Gleichungen, die sich aus der SCHRÖDINGER-Gleichung ableiten, auf die in diesem Taschenbuch nicht eingegangen werden kann. Zur Unterscheidung von anderen Wellenfunktionen wird hier auch von *orbital wave functions* gesprochen, womit auf die vorangegangenen Vorstellungen von den Elektronenbahnen (*orbit*, lat. Kreis; *orbital*) zurückgegriffen wird. Mitunter werden auch diese Wellenfunktionen selbst kurz *Orbitale* genannt.
Literatur zur SCHRÖDINGER-Gleichung: [Sto2018]; [Atk2013]; [Atk2008]; [AtB2006]; [Bro2011]

Die Aufenthaltswahrscheinlichkeit eines Elektrons im Wasserstoffatom lässt sich nach einer von ERWIN SCHRÖDINGER angegebenen Gleichung berechnen.

Dabei ist zwischen **Wahrscheinlichkeit** und **Wahrscheinlichkeitsdichte** zu unterscheiden (Bild 3-7):

$$\frac{\text{Aufenthaltswahrscheinlichkeit}}{\text{Volumen}} = \text{Aufenthaltswahrscheinlichkeitsdichte}$$

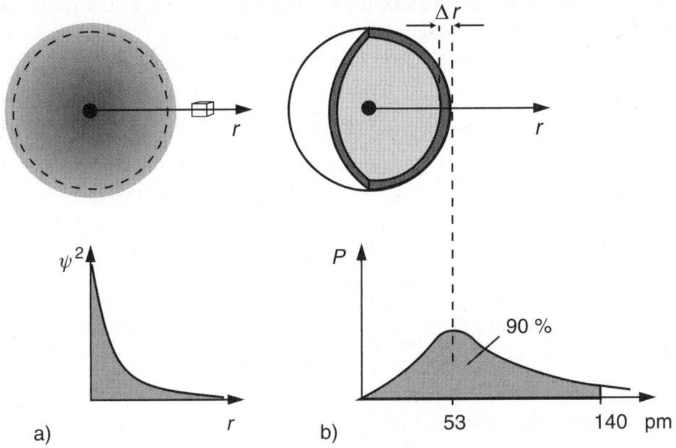

Bild 3-7: *Aufenthaltswahrscheinlichkeitsdichte (a) und Aufenthaltswahrscheinlichkeit (b) des 1s-Elektrons*

Als **Aufenthaltswahrscheinlichkeitsdichte**(Formelzeichen ψ^2) wird die Wahrscheinlichkeit betrachtet, das Elektron in einem kleinen *gleich bleibenden Volumen* anzutreffen. Sie ist im Wasserstoffatom in der Nähe des Atomkerns am größten und nimmt entlang eines vom Atomkern ausgehenden Strahls *r* zunächst rasch und dann immer langsamer ab. Das ergibt die im Bild 3-7a dargestellte Kurve. In der Aufenthaltswahrscheinlichkeitsdichte tritt die in der SCHRÖDINGER-Gleichung enthaltene *Wellenfunktion* ψ in Erscheinung. Mathematisch ist die Aufenthaltswahrscheinlichkeitsdichte das Quadrat des Betrages der Wellenfunktion $|\psi|^2$.

Die **Aufenthaltswahrscheinlichkeit** (Formelzeichen *P*) bezieht sich dagegen auf *Kugelschalen,* in deren Mittelpunkt der Atomkern steht. Die *Aufenthaltswahrscheinlichkeit P* des Elektrons im Wasserstoffatom (Bild 3-7b) *nimmt mit steigendem Volumen* der Kugelschalen zunächst *zu.* Bei $r = 53$ pm erreicht sie den höchsten Wert[1)]. Das ist der Radius, den BOHR für die Bahn des Elektrons im Wasserstoffatom aus dem Linienspektrum des Wasserstoffs errechnet hat.

Jenseits dieses Radius wird die *Zunahme* des Volumens der Kugelschalen durch die *Abnahme* der Wahrscheinlichkeitsdichte ψ^2 (Bild 3-7a) überkompensiert, sodass die Aufenthaltswahrscheinlichkeit *P* in den Kugelschalen *abnimmt* (Bild 3-7b). Aber erst in großer Entfernung vom Atomkern nähert sie sich dem Wert null. Dadurch wird es unmöglich, eine äußere Begrenzung für den Raum anzugeben, in dem sich das Elektron des Wasserstoffatoms aufhalten kann. Deshalb lässt sich auch für das Wasserstoffatom selbst eine äußere Begrenzung nicht ermitteln.

Um für eine grafische Darstellung der Orbitale zu einer äußeren Begrenzung zu kommen, wird diese durch folgende Überlegungen willkürlich festgelegt: Werden die Aufenthaltswahrscheinlichkeiten *P* für alle denkbaren Kugelschalen vom Atomkern aus mit wachsendem *r* summiert, so wird bei $r = 140$ pm eine Aufenthaltswahrscheinlichkeit von 90 % erreicht (Bild 3-7b). Bei der grafischen Darstellung von Orbitalen wird im Allgemeinen der Raum zugrunde gelegt, für den die Aufenthaltswahrscheinlichkeit des Elektrons 90 %

[1)] Zur Größenordnung der Atomradien siehe S. 105.

beträgt (Bild 3-6b und c). Jene 10 % der Aufenthaltswahrscheinlichkeit des 1s-Elektrons des Wasserstoffatoms, die im Bild 3-7b rechts von $r = 140$ pm liegen, bleiben also unberücksichtigt.

Diese Überlegungen gelten in dieser einfachen Form nur für das 1s-Elektron (↑ S. 77). Für die s-Elektronen der höheren Energieniveaus ist der Kurvenverlauf der Aufenthaltswahrscheinlichkeit komplizierter. Für die p-Elektronen (↑ S. 79) ist die Aufenthaltswahrscheinlichkeit am Atomkern gleich null.

Vom **Wellencharakter des Elektrons** ausgehend, wird das Orbital als *Elektronenwolke* oder – da das Elektron eine negative Ladung trägt – auch als *Ladungswolke* aufgefasst. Der Ordinate im Bild 3-7a wird dann anstelle der Wahrscheinlichkeitsdichte die *Ladungsdichte* zugeordnet:

$$\frac{\text{Ladung}}{\text{Volumen}} = \text{Ladungsdichte}$$

und der Ordinate im Bild 3-7b die *Ladung*. Die Ladung des Elektrons ist über den Raum um den Atomkern ungleichmäßig verteilt (mitunter wird gesagt „verschmiert"). Die gerasterte Fläche im Bild 3-7b gibt den Bereich an, der 90 % der Ladung umfasst.

Aus den zwei Betrachtungsstandpunkten für den gleichen Sachverhalt ergibt sich:

Im *Orbitalmodell* wird der *Raum* dargestellt,

- in dem sich das Elektron mit 90 % *Wahrscheinlichkeit* aufhält,
- der 90 % der *Ladung* des Elektrons umfasst.

Jedes Orbital kann zwei Elektronen aufnehmen.

Das Orbitalmodell des Wasserstoffatoms (Bild 3-6c) gilt daher auch für das *Heliumatom*, zu dem *zwei* Elektronen gehören.

Befindet sich in einem Orbital nur ein Elektron, wie es beim Wasserstoffatom der Fall ist, so spricht man von einem *einfach* besetzten Orbital. Befinden sich in einem Orbital zwei Elektronen, so spricht man von einem *doppelt* besetzten oder auch *voll* besetzten Orbital. Die einfach besetzten Orbitale spielen beim Zustandekommen einer chemischen Bindung (↑ S. 118) eine wichtige Rolle.

Die beiden in einem Orbital befindlichen Elektronen unterscheiden sich in ihrem Spin.

Der *Spin* ist eine Eigenschaft des Elektrons, die mit unseren herkömmlichen Vorstellungen nicht exakt erklärt werden kann. Er kann *verglichen* werden mit der Rotation einer Kugel um eine Achse. Den beiden Elektronen eines Orbitals kommen dabei entgegengesetzte Drehrichtungen zu. Man sagt: Die Elektronen besitzen antiparallelen *Spin* (↑ S. 140).

Als Symbol für die Orbitale werden Kästchen verwendet, in denen die Elektronen als Pfeile wiedergegeben werden.

Die entgegengesetzte Richtung der Pfeile gibt den antiparallelen Spin der beiden Elektronen an.

[ ] unbesetztes Orbital

[↑] Orbital mit einem Elektron

[↑↓] Orbital mit zwei Elektronen

3.5.3 s-Orbitale – s-Elektronen

Die kugelförmigen Orbitale werden s-Orbitale, die darin befindlichen Elektronen s-Elektronen genannt. [1)]

Im BOHR-SOMMERFELDschen Atommodell, das zwischen kreisförmigen und elliptischen Elektronenbahnen unterscheidet, kommen den s-Elektronen die kreisförmigen Bahnen zu (↑ S. 65).

Auf jedem Energieniveau (Bild 3-2) gibt es nur *ein* s-Orbital und demnach höchstens *zwei* s-Elektronen. Die s-Orbitale werden wie folgt bezeichnet:

- das s-Orbital des 1. Energieniveaus als **1s-Orbital**,
- das s-Orbital des 2. Energieniveaus als **2s-Orbital**,
- das s-Orbital des 3. Energieniveaus als **3s-Orbital**,
- das s-Orbital des 4. Energieniveaus als **4s-Orbital** usw.

Der Radius der s-Orbitale wächst von Energieniveau zu Energieniveau, wobei stets der Atomkern den Mittelpunkt bildet. Das 1s-Orbital liegt demnach innerhalb des 2s-Orbitals, dieses innerhalb des 3s-Orbitals usw.

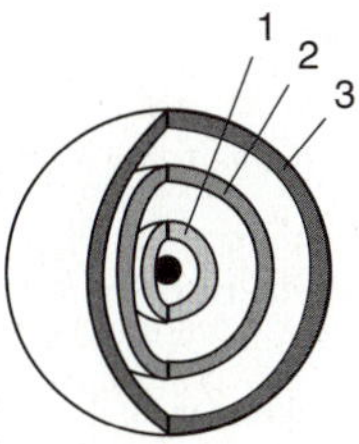

Bild 3-8: *Schalenaufbau eines Atoms der 3. Periode des PSE*

Auf diese Weise kommt ein schalenförmiger Aufbau zustande. Die Energieniveaus werden auch beim Orbitalmodell vielfach als *Elektronenschalen* bezeichnet, obwohl dieser Begriff ursprünglich dem BOHRschen Atommodell zugehört.

Für die *Elektronenbesetzung* der Atome gibt es eine Symbolik, bei der

- eine **Ziffer** das **Energieniveau** (die Elektronenschale),
- ein **Buchstabe** die **Art des Orbitals** und
- eine **hoch gestellte Ziffer** die **Anzahl der Elektronen**

angibt.

[1)] Die Bezeichnung s-Elektron und im Folgenden p-Elektron, d-Elektron und f-Elektron dürfen nicht zu der Vorstellung führen, es sei zwischen verschiedenen Arten von Elektronen zu unterscheiden. Sie drücken lediglich aus, in welcher *Art von Orbital* sich das betrachtete Elektron aufhält.

Von der quantenmechanischen Betrachtung des Aufbaus der Elektronenhülle ausgehend, wird die Ziffer des Energieniveaus auch als *Hauptquantenzahl* bezeichnet, während der Buchstabe der *Nebenquantenzahl* (↑ S. 83) entspricht.

Der *Wasserstoff* hat folgende Elektronenbesetzung:

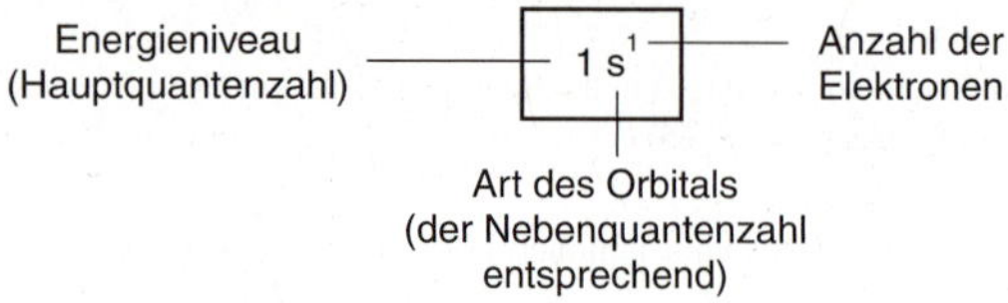

Dem entspricht das Orbitalsymbol für Wasserstoff:

Das heißt: Die Atome des Wasserstoffs haben ein Elektron, das sich auf dem 1. Energieniveau in einem s-Orbital befindet.

Die weitere Besetzung der s-Orbitale verläuft wie folgt:

Helium (2 Elektronen)	$\mathbf{1s^2}$	
Lithium (3 Elektronen)	$\mathbf{1s^2}$	$\mathbf{2s^1}$
Beryllium (4 Elektronen)	$\mathbf{1s^2}$	$\mathbf{2s^2}$

Beim Helium ist das 1s-Orbital und damit das 1. Energieniveau voll besetzt. Beim Lithium wird mit der Besetzung des 2. Energieniveaus begonnen, dessen 2s-Orbital beim Beryllium voll besetzt ist (siehe Bild 3-9).

Das 2. Energieniveau vermag 8 Elektronen zu fassen. Davon befinden sich nur 2 Elektronen in einem s-Orbital, die übrigen 6 in andersartigen Orbitalen (↑ 3.5.4).

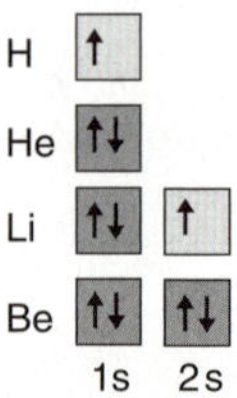

Bild 3-9: *Elektronenbesetzung der Elemente Wasserstoff bis Beryllium (1s- und 2s-Orbital)*

3.5.4 p-Orbitale – p-Elektronen

Im 2. Energieniveau treten in den Atomen – neben dem s-Orbital – Orbitale auf, die etwa die im Bild 3-10 wiedergegebene Gestalt aufweisen. Der Bereich der 90%igen Aufenthaltswahrscheinlichkeit (↑ S. 75) der Elektronen besteht in diesem Falle aus zwei Hälften, von denen jede rotationssymmetrisch auf einer gemeinsamen Achse liegt. Diese Achse steht senkrecht auf der Ebene, die die beiden Hälften des Orbitals voneinander trennt.

Die rotationssymmetrischen Orbitale werden p-Orbitale, die darin befindlichen Elektronen p-Elektronen genannt.

Jedes p-Orbital kann *zwei* Elektronen aufnehmen. Diese besetzen beide Hälften des Orbitals *gemeinsam*. (Die Vorstellung, jede Hälfte des p-Orbitals enthalte eines dieser Elektronen, ist falsch.)

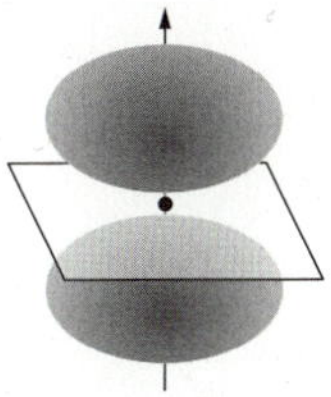

Bild 3-10: *p-Orbital (Bereich der 90%igen Aufenthaltswahrscheinlichkeit der Elektronen)*

Bild 3-11: *p-Orbital (vereinfachte Darstellung)*

Auf jedem Energieniveau gibt es *drei* p-Orbitale und demnach *sechs* p-Elektronen. Die drei p-Orbitale eines Energieniveaus unterscheiden sich voneinander durch ihre *räumliche Anordnung*. Ihre Achsen stehen senkrecht aufeinander (siehe Bild 3-12a). Diese drei Achsen werden mit x,y und z bezeichnet. Dementsprechend wird auf jedem Energieniveau zwischen einem p_x-Orbital, einem p_y-Orbital und einem p_z-Orbital unterschieden.
(Die Buchstaben x,y und z entsprechen hier einer *dritten* Quantenzahl, die zur Kennzeichnung des Energiezustandes eines Elektrons erforderlich ist. Sie wird als *Magnetquantenzahl* (↑ S. 83) bezeichnet, da sie Aussagen über den Einfluss eines Magnetfeldes auf die Elektronenhülle eines Atoms ermöglicht.)

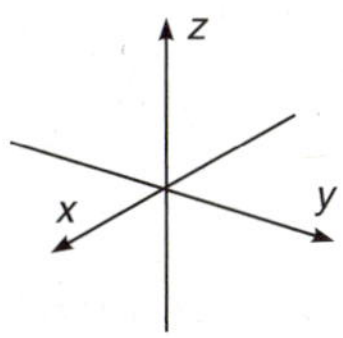

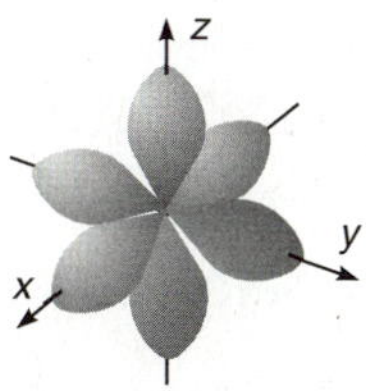

Bild 3-12: *p-Orbitale*

a) Die Achsen der drei p-Orbitale stehen senkrecht aufeinander

b) Räumliche Anordnung der drei p-Orbitale

Die drei p-Orbitale eines Energieniveaus (einer Elektronenschale) *durchdringen* einander. Da es schwierig ist, das in einer Zeichnung darzustellen, wird für die zeichnerische Wiedergabe der p-Orbitale die im Bild 3-11 gezeigte Form bevorzugt.

Bild 3-12b zeigt mit dieser vereinfachten Darstellung – mitunter als „Hantelform" bezeichnet – die räumliche Anordnung der drei p-Orbitale. (Wenn sich im Bild 3-11 und im Bild 3-12b – im Gegensatz zum Bild 3-10 – die beiden Hälften eines Orbitals berühren, ist das ein Zugeständnis an die zeichnerische Darstellung.)

Nach dem BOHR-SOMMERFELDschen Atommodell (↑ 3.1) kommen den p-Elektronen elliptische Bahnen zu. Den Achsen der drei p-Orbitale entsprechen dabei unterschiedliche Bahnebenen.

In der Reihe der nach steigender Kernladungszahl – die zugleich die Anzahl der Elektronen angibt – geordneten Elemente tritt beim **Bor** erstmals ein p-Elektron auf. Die Besetzung der p-Orbitale des 2. Energieniveaus verläuft wie folgt:

5	Bor	$\mathbf{1s^2}$	$\mathbf{2s^2}$	$\mathbf{2p^1}$
6	Kohlenstoff	$\mathbf{1s^2}$	$\mathbf{2s^2}$	$\mathbf{2p^2}$
7	Stickstoff	$\mathbf{1s^2}$	$\mathbf{2s^2}$	$\mathbf{2p^3}$
8	Sauerstoff	$\mathbf{1s^2}$	$\mathbf{2s^2}$	$\mathbf{2p^4}$
9	Fluor	$\mathbf{1s^2}$	$\mathbf{2s^2}$	$\mathbf{2p^5}$
10	Neon	$\mathbf{1s^2}$	$\mathbf{2s^2}$	$\mathbf{2p^6}$

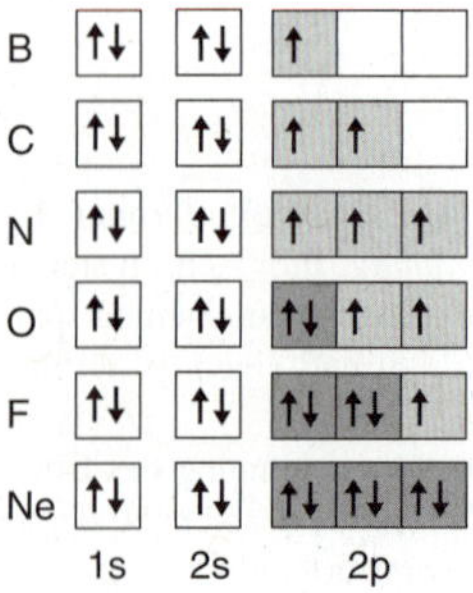

Bild 3-13: *Elektronenbesetzung der Elemente Bor bis Neon (2p-Orbitale)*

Im Bild 3-13 fällt auf, dass von den 2p-Orbitalen jedes zunächst mit einem Elektron besetzt wird, bevor mit einem zweiten Elektron die volle Besetzung erfolgt. Dieser Sachverhalt wird von der HUNDschen Regel wiedergegeben.

Die HUNDsche Regel besagt:

Von mehreren Orbitalen des gleichen Energieniveaus wird zunächst jedes mit einem Elektron besetzt, bevor die volle Besetzung erfolgt.

Im Bild 3-13 ist das für die 2p-Orbitale dargestellt. Vom Bor B bis zum Stickstoff N wird jedes der drei 2p-Orbitale mit einem Elektron besetzt. Beim Sauerstoff beginnend, kommt ein zweites Elektron hinzu.

In der für die Orbitalbesetzung üblichen Schreibweise wird das mittels der Indizes x, y und z ausgedrückt, die die Achsen der drei p-Orbitale angeben.

5	Bor	$1s^2$	$2s^2$	$\mathbf{2p_x^1}$		
6	Kohlenstoff	$1s^2$	$2s^2$	$2p_x^1$	$\mathbf{2p_y^1}$	
7	Stickstoff	$1s^2$	$2s^2$	$2p_x^1$	$2p_y^1$	$\mathbf{2p_z^1}$
8	Sauerstoff	$1s^2$	$2s^2$	$\mathbf{2p_x^2}$	$2p_y^1$	$2p_z^1$
9	Fluor	$1s^2$	$2s^2$	$2p_x^2$	$\mathbf{2p_y^2}$	$2p_z^1$
10	Neon	$1s^2$	$2s^2$	$2p_x^2$	$2p_y^2$	$\mathbf{2p_z^2}$

Es fällt auf, dass die 2s-Orbitale (beim Beryllium (↑ S. 78)) bereits doppelt besetzt sind, bevor (beim Bor) mit der Besetzung der p-Orbitale begonnen wird. Das beruht darauf, dass innerhalb eines Energieniveaus der Energiegehalt der s-Elektronen geringer ist als der der p-Elektronen.

Hier zeigt sich: Ein *Hauptenergieniveau* kann in mehrere *Nebenenergieniveaus* (↑ S. 83) aufgespalten sein.

Beim *Neon* ist die Besetzung der drei 2p-Orbitale und damit auch die des 2. Energieniveaus (der 2. Elektronenschale) abgeschlossen. Beim folgenden Element *Natrium* wird nach folgender Übersicht mit der Besetzung des 3. Energieniveaus (der 3. Elektronenschale) begonnen (siehe auch Bild 4-1 (↑ S. 89)).

11	Natrium	$1s^2$	$2s^2$	$2p^6$	$\mathbf{3s^1}$			
12	Magnesium	$1s^2$	$2s^2$	$2p^6$	$\mathbf{3s^2}$			
13	Aluminium	$1s^2$	$2s^2$	$2p^6$	$3s^2$	$\mathbf{3p^1}$		
14	Silicium	$1s^2$	$2s^2$	$2p^6$	$3s^2$	$\mathbf{3p^2}$		
15	Phosphor	$1s^2$	$2s^2$	$2p^6$	$3s^2$	$\mathbf{3p^3}$		
16	Schwefel	$1s^2$	$2s^2$	$2p^6$	$3s^2$	$\mathbf{3p^4}$		
17	Chlor	$1s^2$	$2s^2$	$2p^6$	$3s^2$	$\mathbf{3p^5}$		
18	Argon	$1s^2$	$2s^2$	$2p^6$	$3s^2$	$\mathbf{3p^6}$		
19	Kalium	$1s^2$	$2s^2$	$2p^6$	$3s^2$	$3p^6$		$\mathbf{4s^1}$
20	Calcium	$1s^2$	$2s^2$	$2p^6$	$3s^2$	$3p^6$		$\mathbf{4s^2}$
21	Scandium	$1s^2$	$2s^2$	$2p^6$	$3s^2$	$3p^6$	$\mathbf{3d^1}$	$4s^2$

Heliumrumpf ($1s^2$)

Neonrumpf ($1s^2$ $2s^2$ $2p^6$)

Argonrumpf ($1s^2$ $2s^2$ $2p^6$ $3s^2$ $3p^6$)

Die Orbitale, die bei den Edelgasen voll besetzt sind, ändern sich in ihrer Besetzung bei den nachfolgenden Elementen nicht mehr. Das sind

- beim Helium: $1s^2$ (auch *Heliumrumpf* genannt),
- beim Neon: $1s^2$ $2s^2$ $2p^6$ (auch *Neonrumpf* genannt),
- beim Argon: $1s^2$ $2s^2$ $2p^6$ $3s^2$ $3p^6$ (auch *Argonrumpf* genannt).

Aus vorstehender Übersicht geht hervor:

Beim *Magnesium* ist das 3s-Orbital voll besetzt, vom *Aluminium* bis zum *Argon* werden die 3p-Orbitale besetzt, wobei wiederum jedes p-Orbital zunächst ein Elektron erhält (HUNDsche Regel (↑ S. 80)).

Beim **Kalium** beginnt mit dem 4s-Orbital die Besetzung des 4. Energieniveaus (der 4. Elektronenschale):

19	Kalium	$1s^2$	$2s^2$	$2p^6$	$3s^2$	$3p^6$		$\mathbf{4s^1}$
20	Calcium	$1s^2$	$2s^2$	$2p^6$	$3s^2$	$3p^6$		$\mathbf{4s^2}$
21	Scandium	$1s^2$	$2s^2$	$2p^6$	$3s^2$	$3p^6$	$\mathbf{3d^1}$	$4s^2$

Das 3. Energieniveau, das 18 Elektronen aufnehmen kann (↑ S. 72), ist aber noch nicht abgeschlossen. Es weist nun 8 Elektronen auf. Erst nachdem beim **Calcium** das 4s-Orbital mit zwei Elektronen voll besetzt ist, beginnt mit dem **Scandium** die weitere Besetzung des 3. Energieniveaus.

Dabei tritt mit den 3d-Orbitalen (↑ S. 82) eine weitere Art von Orbitalen auf. Die Reihenfolge der Besetzung lässt erkennen, dass die 3d-Orbitale einen höheren Energiezustand aufweisen als die 4s-Orbitale (siehe Bild 3-16).

3.5.5 d-Orbitale und f-Orbitale

Das 1. Energieniveau umfasst nur ein s-Orbital, das 2. Energieniveau neben einem s-Orbital noch drei p-Orbitale. Diese Orbitale treten auch auf allen höheren Energieniveaus auf. Vom 3. Energieniveau an kommen aber *fünf* weitere Orbitale hinzu, die als **d-Orbitale** bezeichnet werden, und vom 4. Energieniveau an noch *sieben* weitere Orbitale, die **f-Orbitale** genannt werden. Jedes dieser Orbitale kann zwei Elektronen aufnehmen, die sich durch ihren Spin (↑ S. 76) unterscheiden. Über die Beteiligung der verschiedenen Orbitale am Aufbau der Elektronenhülle gibt Tabelle 3-2 Auskunft.

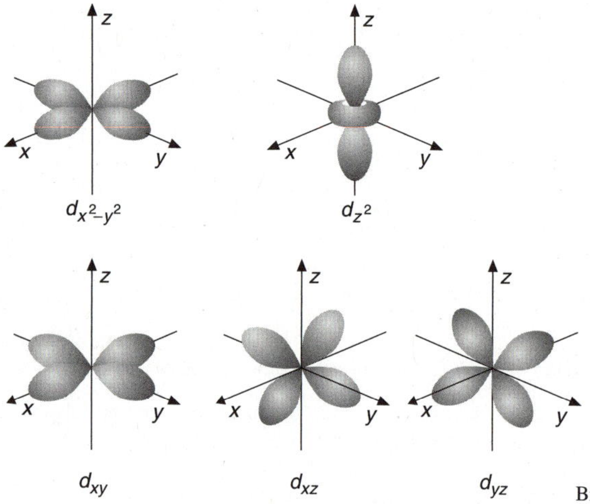

Bild 3-14: *Die fünf d-Orbitale*

Die fünf d-Orbitale unterscheiden sich voneinander in der räumlichen Gestalt (siehe Bild 3-14), was – wie bei den p-Orbitalen – in unterschiedlichen Magnetquantenzahlen (↑ S. 83) zum Ausdruck kommt.

3.5.6 Hauptenergieniveaus – Nebenenergieniveaus

Die zu *einem* Energieniveau (einer Elektronenschale) gehörenden Elektronen (Bild 3-2 (↑ S. 72)) unterscheiden sich in ihrem Energiezustand beträchtlich, wenn sie *unterschiedliche* Orbitale besetzen. Daher sind Energieniveaus, die unterschiedliche Orbitale umfassen, *aufgespalten* (siehe Bild 3-15). Das führt zu einer Unterscheidung von Hauptenergieniveaus und Nebenenergieniveaus.

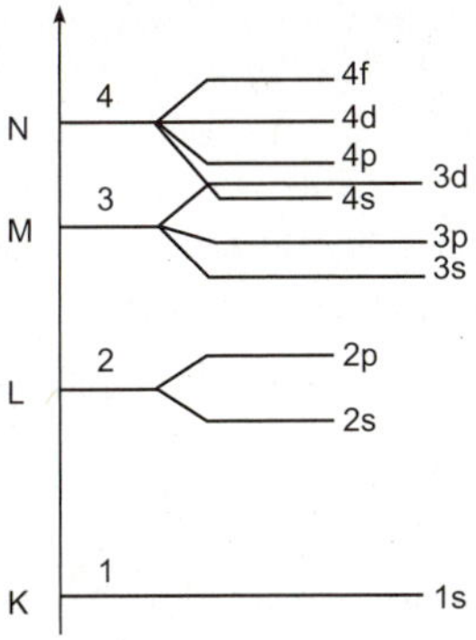

Bild 3-15: *Aufspaltung der Hauptenergieniveaus in Nebenenergieniveaus*

Das **Hauptenergieniveau** wird durch die **Hauptquantenzahl** *n* bezeichnet. Bei den bisher bekannten Elementen reichen die Hauptquantenzahlen von 1 bis 7.

Die **Nebenenergieniveaus** werden durch die **Nebenquantenzahl** *l* bezeichnet. Die Nebenquantenzahl kann alle ganzzahligen Werte von 0 bis *n* – 1 annehmen. Da sie die *Art* der Orbitale angibt, wird sie auch *Orbitalquantenzahl* genannt. Dabei gelten die in Tabelle 3-2 wiedergegebenen Zuordnungen.

Tabelle 3-2: *Aufbau der Elektronenhülle*

Hauptenergieniveau = Hauptquantenzahl *n*	Nebenenergieniveau		Bezeichnung des Orbitals	Anzahl der Orbitale		Anzahl der Elektronen		Magnetquantenzahl *m*
	Nebenquantenzahl *l*	Art des Orbitals						
1	0	s	1s	**1**		2		0
2	0	s	2s	**1**		2		0
	1	p	2p	**3**	Σ = 4	6	Σ = 8	+1,0, – 1
3	0	s	3s	**1**		2		0
	1	p	3p	**3**		6		+1,0, – 1
	2	d	3d	**5**	Σ = 9	10	Σ = 18	+2, + 1,0, – 1, – 2
4	0	s	4s	**1**		2		0
	1	p	4p	**3**		6		+1,0, – 1
	2	d	4d	**5**		10		+2, + 1,0, – 1, – 2
	3	f	4f	**7**	Σ= 16	14	Σ = 32	+3, + 2, + 1,0, – 1, – 2, – 3

Die höchste *Nebenquantenzahl l* ist in jedem Energieniveau um 1 niedriger ist als die *Hauptquantenzahl n*. Demnach können p-Orbitale erst vom 2., d-Orbitale erst vom 3. und f-Orbitale erst vom 4. Hauptenergieniveau an auftreten. Das 5. Hauptenergieniveau umfasst 5s-, 5p-, 5d- und 5f-Orbitale. Welche Orbitale im 6. und 7. Hauptenergieniveau besetzt sind, geht aus Tafel 2 im Anhang hervor.

Für den Aufbau der Elektronenhülle jedes Atoms gilt ein von dem Österreicher WOLFGANG PAULI 1926 erkanntes Naturgesetz, das als PAULI-Prinzip (auch PAULI-Verbot) bekannt ist.

Von den Elektronen eines Atoms befinden sich niemals zwei im gleichen Zustand.

Für Elektronen, die in der Hauptquantenzahl und der Nebenquantenzahl übereinstimmen, kommt eine Unterscheidung nach einer dritten Quantenzahl hinzu. Da diese zur Erklärung des Verhaltens von Elektronen im Magnetfeld herangezogen wird, wird sie **Magnetquantenzahl** m genannt. Während die *Nebenquantenzahl* die *Art* der Orbitale angibt, hängt von der *Magnetquantenzahl* die *räumliche Anordnung* der Orbitale ab. So werden unterschieden: p_x-, p_y- und p_z-Orbitale (siehe Bild 3-12) (↑ S. 79).

Die Magnetquantenzahl m hängt derart von der Nebenquantenzahl l ab, dass sie alle ganzzahligen Werte zwischen $+l$ und $-l$ annehmen kann (siehe Tabelle 3-2).

Für die **s-Orbitale** gilt: $l = 0$; $m = 0$; demnach gibt es je Hauptenergieniveau nur **ein** s-Orbital.

Für die **p-Orbitale** gilt: $l = 1$; $m = +1, 0, -1$; demnach gibt es je Hauptenergieniveau **drei** p-Orbitale.

Für die **d-Orbitale** gilt: $l = 2$; $m = +2, +1, 0, -1, -2$; demnach gibt es je Hauptenergieniveau **fünf** d-Orbitale.

Für die **f-Orbitale** gilt: $l = 3$; $m = +3, +2, +1, 0, -1, -2, -3$; demnach gibt es je Hauptenergieniveau **sieben** f-Orbitale.

Mit der Hauptquantenzahl, der Nebenquantenzahl und der Magnetquantenzahl ist jedes in einem Atom auftretende *Orbital* eindeutig bestimmt. Da jedes Orbital *zwei* Elektronen aufnehmen kann, ist die Anzahl der je Hauptenergieniveau und je Nebenenergieniveau möglichen Elektronen doppelt so groß wie die Anzahl der Orbitale (siehe Tabelle 3-2, Spalten 5 und 6). Die im gleichen Orbital befindlichen Elektronen stimmen in Hauptquantenzahl, Nebenquantenzahl und Magnetquantenzahl überein. Sie unterscheiden sich in einer *vierten* Quantenzahl, die den *Spin* (↑ S. 76) des Elektrons angibt und daher **Spinquantenzahl** genannt wird. Das PAULI-Prinzip kann daher auch so formuliert werden:

Innerhalb eines Atoms stimmen niemals zwei Elektronen in allen vier Quantenzahlen überein.

Die **Einordnung der Elektronen in die Energieniveaus bzw. Orbitale** erfolgt in der Reihe der nach der Kernladungszahl (Ordnungszahl) geordneten Elemente (Tafel 2) nach folgender *Regel*:

Jedes neu hinzukommende Elektron nimmt das niedrigste freie Energieniveau ein.

Da das 4s-Niveau *niedriger* liegt als das 3d-Niveau (siehe Bild 3-15), ergibt sich die Reihenfolge:

1s 2s 2p 3s 3p **4s 3d 4p**

Demnach werden besetzt:

Beim *Kalium* und *Calcium* das 4s-Orbital;
vom *Scandium* bis zum *Zink* die 3d-Orbitale (damit ist das 3. Hauptenergieniveau gefüllt);
mit dem *Gallium* beginnend die 4p-Orbitale (also Fortsetzung des Aufbaus des 4. Hauptenergieniveaus).

Die weitere Reihenfolge der Besetzung der Orbitale zeigt Bild 4-1 (↑ S. 89).

Gegenüber dieser theoretischen Reihenfolge gibt es allerdings einige *Unregelmäßigkeiten* (z. B. bei Chrom, Kupfer, Silber und Gold), die darauf beruhen, dass sich der Energiezustand der d-Orbitale von dem Energiezustand der s-Orbitale des nächsthöheren Hauptenergieniveaus nur geringfügig unterscheidet (Bild 3-15). Unter dem Einfluss der übrigen Elektronen kann es daher zu Umbesetzungen zwischen diesen Orbitalen kommen. (In Tafel 2 wurden diese Stellen durch * gekennzeichnet.)

▲ Kupfer: Theoretisch zu erwarten wäre die Besetzung:

$3s^2\ 3p^6\ 3d^9\ 4s^2$

Ermittelt wurde die Besetzung:

$3s^2\ 3p^6\ 3d^{10}\ 4s^1$

Obwohl schon vom Calcium an (Bild 4-1 (↑ S. 89)) *zwei* 4s-Elektronen vorhanden waren, besitzt das Kupfer nur *ein* 4s-Elektron. Mit dem anderen Elektron wird die volle Besetzung des 3. Hauptenergieniveaus (der 3. Elektronenschale) erreicht. Jede *volle* Besetzung eines Energieniveaus entspricht einem günstigen, d. h. niedrigen Energiezustand.

Bei der Elektronenbesetzung der Hauptenergieniveaus treten stabile Zwischenzustände auf, sobald die volle Besetzung der Nebenenergieniveaus (s, p, d oder f) erreicht ist.

Solche stabile Zwischenzustände sind:

- vom 2. Hauptenergieniveau an: **2 Elektronen,**
  das ist die Besetzung des s-Orbitals;
- vom 3. Hauptenergieniveau an: **8 Elektronen,**
  das ist die Besetzung der s- und p-Orbitale;
- vom 4. Hauptenergieniveau an: **18 Elektronen,**
  das ist die Besetzung der s-, p- und d-Orbitale;
- auf dem 5. Hauptenergieniveau: **32 Elektronen,**
  das ist die Besetzung der s-, p-, d- und f-Orbitale.

Siehe auch Bild 4-1.

Auf dem höchsten Energieniveau eines Atoms befinden sich nie mehr als acht Elektronen.

Die Besetzung eines Hauptenergieniveaus mit 8 Elektronen, also die volle Besetzung der s- und p-Orbitale, erweist sich als besonders stabil.

Solche **Elektronenoktetts** sind auf dem höchsten Hauptenergieniveau aller *Edelgase* vorhanden, die daher nur schwer chemische Reaktionen eingehen.

Die Elektronen des jeweils höchsten Hauptenergieniveaus (der äußersten Elektronenschale, auch kurz Außenschale) werden auch **Außenelektronen** genannt. Ein Atom hat also nie mehr als acht Außenelektronen. Die Anzahl der Außenelektronen, der Elektronen auf dem höchsten Hauptenergieniveau, bestimmt weitgehend die *chemischen Eigenschaften* eines Elements (↑ Kap. 5).

4 Periodensystem der Elemente

4.1 Gesetz der Periodizität

Die Anzahl der bekannten Elemente (chemischen Grundstoffe) war um die Mitte des 19. Jahrhunderts so angestiegen (auf etwa 60), dass sich ein Bedürfnis ergab, sie zu ordnen. Dabei wurde erkannt, dass in der Reihe der nach ihrem „*Atomgewicht*" (↑ S. 24) geordneten Elemente in bestimmten Abständen Elemente mit einander ähnlichen Eigenschaften auftreten. Den entscheidenden Schritt zu der heute noch gültigen Systematisierung der Elemente gingen in den Jahren 1868/69 – unabhängig voneinander – der deutsche Chemiker LOTHAR MEYER und der russische Chemiker DIMITRI IWANOWITSCH MENDELEJEW. Sie ordneten die damals bekannten Elemente in einem System an, indem sie die Reihe der Elemente in der Weise in *Perioden* zerlegten, dass Elemente mit ähnlichen Eigenschaften in *Gruppen* zusammengefasst sind. Diese Anordnung der Elemente ist als Periodensystem der Elemente (abgekürzt PSE) bekannt.

Heute wissen wir, dass der Zusammenhang zwischen der Stellung der Elemente im Periodensystem und den Eigenschaften der Elemente auf dem Atombau, vor allem auf dem Aufbau der *Elektronenhülle,* beruht. Das war aber MENDELEJEW und MEYER noch völlig unbekannt, was ihre Entdeckung als geniale wissenschaftliche Leistung kennzeichnet. Als Anfang des 20. Jahrhunderts der Atombau schrittweise aufgeklärt wurde, wurde auch klar, dass nicht das Atomgewicht, sondern die *Kernladungszahl* (↑ S. 67) ein Element eindeutig charakterisiert. Was als *Gesetz der Periodizität* aufgefasst wird, lautet daher in moderner Formulierung:

Die nach ihren Kernladungszahlen geordneten Elemente zeigen eine Periodizität ihrer Eigenschaften.

MEYER und MENDELEJEW verstanden unter einem *Element* einen *chemischen Grundstoff,* das heißt, einen Stoff, der sich auf chemischem Wege nicht in andere Stoffe zerlegen lässt und in moderner Auffassung als *Elementsubstanz* zu bezeichnen ist.

Die Entdeckung des Periodensystems der Elemente verlieh der Entwicklung der chemischen Wissenschaft wichtige Impulse. MENDELEJEW selbst zog aus dem Gesetz der Periodizität Schlussfolgerungen und sagte aufgrund von Lücken, die sich im Periodensystem zeigten, die Existenz noch unbekannter Elemente und deren Eigenschaften mit großer Genauigkeit voraus. Mit der bald darauf folgenden Entdeckung von *Scandium, Gallium* und *Germanium* wurden die auf deduktivem Wege gewonnenen Voraussagen MENDELEJEWs glänzend bestätigt. Auch die viel später entdeckten bzw. künstlich hergestellten Elemente Polonium, Rhenium und Technetium wurden von MENDELEJEW vorausgesagt, aber nicht so genau beschrieben.

In der Reihe der Elemente bis zum Uran bestanden noch lange Zeit vier Lücken. Die Elemente Technetium, Promethium, Astat und Francium, die bis dahin in der Natur nicht gefunden werden konnten, wurden zwischen 1937 und 1945 von Atomphysikern künstlich erzeugt.

4.2 Aufbau des Periodensystems

Bei den verschiedenen Darstellungsweisen des Periodensystems, die seit seiner Entdeckung entwickelt wurden, ist prinzipiell zwischen

- **Langperiodensystem** (siehe Beilage) und
- **Kurzperiodensystem** (vordere Umschlagseite)

zu unterscheiden.

Im Periodensystem der Elemente werden

- die (waagerechten) Zeilen **Perioden,**
- die (senkrechten) Spalten **Gruppen**

genannt.

Das Periodensystem umfasst bisher sieben **Perioden**, die folgende Anzahl von Elementen enthalten:

1. Periode	2 Elemente
2. Periode	8 Elemente
3. Periode	8 Elemente
4. Periode	18 Elemente
5. Periode	18 Elemente
6. Periode	32 Elemente
7. Periode	32 Elemente

Im *Langperiodensystem* sind alle Elemente einer Periode in *einer* Zeile angeordnet.

Im *Kurzperiodensystem* werden die langen Perioden unterteilt, sodass sich für jede dieser Perioden *zwei* Zeilen ergeben.

Das diesem Taschenbuch beiliegende Periodensystem der Elemente enthält für jedes Element:

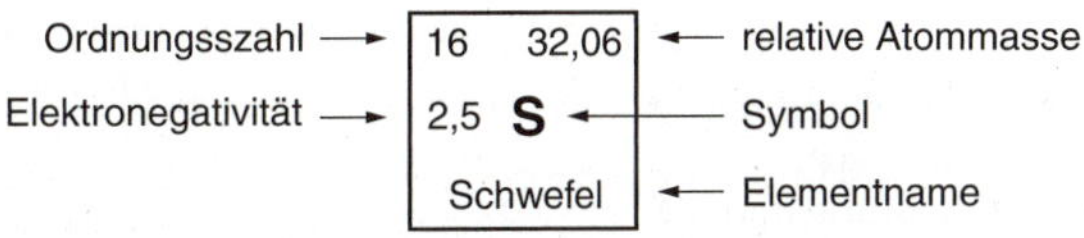

In jeder der Gruppen des Periodensystems stehen – entsprechend dem Gesetz der Periodizität – Elemente mit einander ähnlichen Eigenschaften.

Traditionell wird zwischen *Hauptgruppen* und *Nebengruppen* unterschieden. In dieser Einteilung spiegelt sich der Bau der Elektronenhülle wider. So ist das energiereichste Elektron

- bei den **Hauptgruppenelementen** ein **s- oder p-Elektron,**
- bei den **Nebengruppenelementen** ein **d-Elektron**

siehe dazu Bild 4-1 (↑ S. 89).

Von der 1. Periode – mit zwei Hauptgruppenelementen – abgesehen, treten in jeder Periode **acht Hauptgruppenelemente** auf.

Von der 4. Periode an kommen **zehn Nebengruppenelemente** hinzu. Es wird dann von einer langen Periode gesprochen.

Die IUPAC hat (1985) eine **Durchnummerierung der Haupt- und Nebengruppen** – entsprechend der steigenden Ordnungszahl – **von 1 bis 18** empfohlen (siehe Tabelle 4-1, Zeile 1).

Diese Gruppennummern 1 bis 18 geben wie folgt die Elektronenbesetzung des jeweils höchsten Energieniveaus wieder:

1 und 2	Anzahl der s-Elektronen
3 bis 12	Summe der s- und d-Elektronen
13 bis 18	nach Subtraktion von 10, das ist
3 bis 8	Summe der s- und p-Elektronen

Vergleiche dazu Tafel 2 (↑ S. 850).

Tabelle 4-1: *Vergleichende Gegenüberstellung verschiedener Bezifferungen der Gruppen des Periodensystems der Elemente*

Haupt-												gruppen					
		Nebengruppen															
1	**2**	**3**	**4**	**5**	**6**	**7**	**8**	**9**	**10**	**11**	**12**	**13**	**14**	**15**	**16**	**17**	**18**
I.	II.	3.	4.	5.	6.	7.		8.		1.	2.	III.	IV.	V.	VI.	VII.	VIII.
IA	IIA	IIIB	IVB	VB	VIB	VIIB		VIIIB		IB	IIB	IIIA	IVA	VA	VIA	VIIA	VIIIA
K	Ca	Sc	Ti	V	Cr	Mn	Fe	Co	Ni	Cu	Zn	Ga	Ge	As	Se	Br	Kr

(In der letzten Zeile sind die Elemente der 4. Periode als Beispiel angeführt.)

Neben der Unterscheidung durch römische und arabische Ziffern ist in der Literatur auch die Kennzeichnung

- der **Hauptgruppen** mit **dem Zusatz A** und
- der **Nebengruppen** mit **dem Zusatz B**

zu finden; zum Beispiel: IIIA für die 3. Hauptgruppe und IIIB für die 3. Nebengruppe; siehe Tabelle 4-1, Zeile 3 sowie Kurzperiodensystem (siehe Umschlag vorn). Es werden dabei anstelle der römischen Ziffern auch arabische Ziffern und anstelle der Großbuchstaben auch Kleinbuchstaben verwendet.

Die Benennung der **acht Hauptgruppen** erfolgt teils nach dem jeweils in der 2. Periode stehenden Element, teils durch besondere Namen:

I. Hauptgruppe	Alkalimetalle	
II. Hauptgruppe	Erdalkalimetalle	Berylliumgruppe
III. Hauptgruppe	Erdmetalle	Borgruppe
IV. Hauptgruppe		Kohlenstoffgruppe
V. Hauptgruppe		Stickstoffgruppe
VI. Hauptgruppe	Chalkogene	Sauerstoffgruppe
VIII. Hauptgruppe	Halogene	
VIII. Hauptgruppe	Edelgase	

Allgemein verbreitet sind nur die Gruppenbezeichnungen *Alkalimetalle, Erdalkalimetalle, Halogene* und *Edelgase.* Die Bezeichnung der Hauptgruppen nach dem Element der 2. Periode ist insofern problematisch, als gerade diese Elemente in ihren Eigenschaften erheblich von den anderen Elementen der jeweiligen Hauptgruppen abweichen. Das gilt für Lithium (↑ 11.2), Beryllium (↑ 12.2), Bor (↑ 13.2), Kohlenstoff (↑ 14.2.2), Stickstoff (↑ 15.2.2), Sauerstoff (↑ 16.2) und Fluor (↑ 17.2.2).

Die **zehn Nebengruppenelemente**, die von der 4. Periode an, zu den acht Hauptgruppenelementen hinzu kommen, werden im Periodensystem so auf die acht Gruppen verteilt, dass in der 8. Gruppe *drei* dieser Elemente stehen. Auf diese Weise ergeben sich auch **acht Nebengruppen,** die meist nach dem Element der 4. Periode benannt werden:

1. Nebengruppe	Kupfergruppe
2. Nebengruppe	Zinkgruppe
3. Nebengruppe	Scandiumgruppe
4. Nebengruppe	Titangruppe
5. Nebengruppe	Vanadiumgruppe
6. Nebengruppe	Chromgruppe
7. Nebengruppe	Mangangruppe

Wenn in der 8. Nebengruppe jeweils *drei* Elemente untergebracht wurden, so geschah das nicht allein, um damit die gleiche Anzahl an Haupt- und Nebengruppen zu erhalten, sondern es wird auch der Tatsache

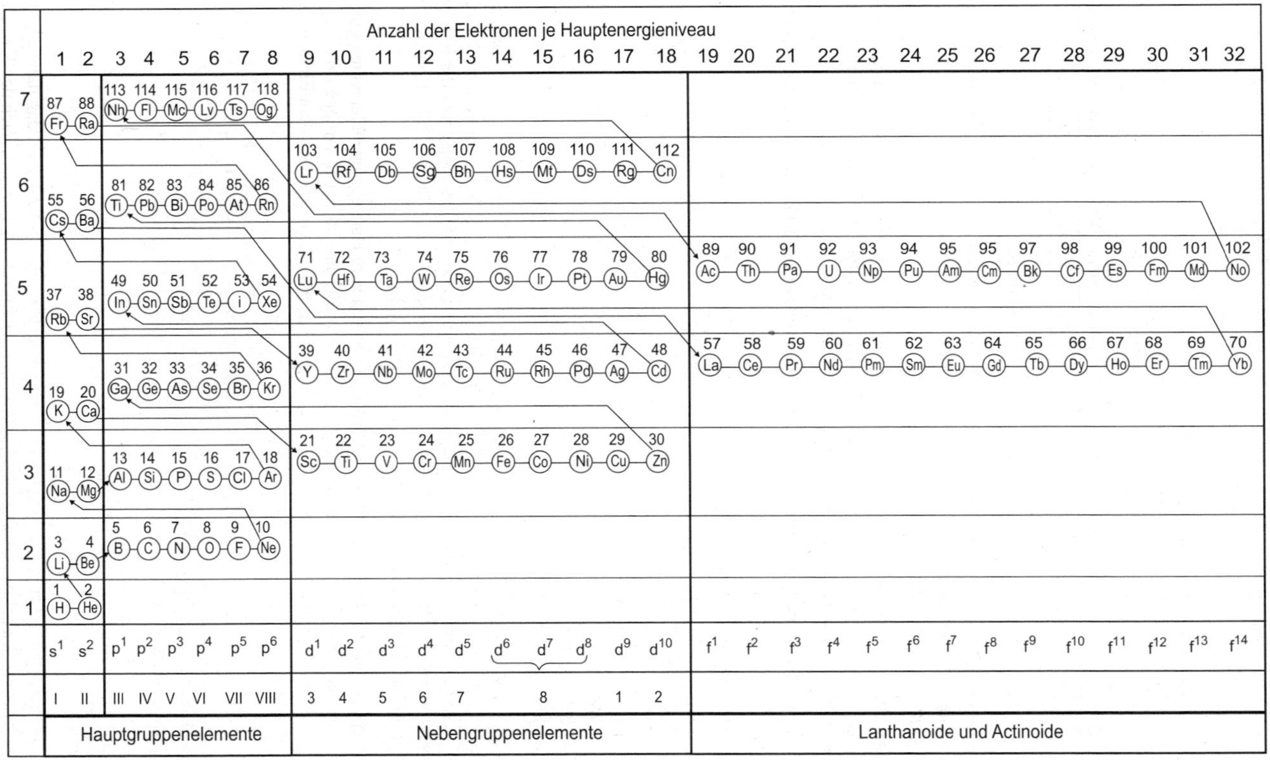

Bild 4-1: *Prinzip des Aufbaus der Elektronenhülle*

*Die Verbindungspfeile zeigen, in welcher Reihenfolge innerhalb der Reihe der Elemente die Elektronenhülle aufgebaut wird. Da die Energieunterschiede zwischen den höheren Energieniveaus zum Teil sehr gering sind, treten einige Abweichungen von diesem Aufbauprinzip auf. Tafel 2 (im Anhang) gibt den tatsächlichen Aufbau nach dem heutigen Erkenntnisstand wieder, wobei die Abweichungen durch * gekennzeichnet sind.*

gerecht, dass diese drei Elemente einer Periode jeweils ähnliche Eigenschaften besitzen. Die 8. Nebengruppe wird weiter unterteilt in:

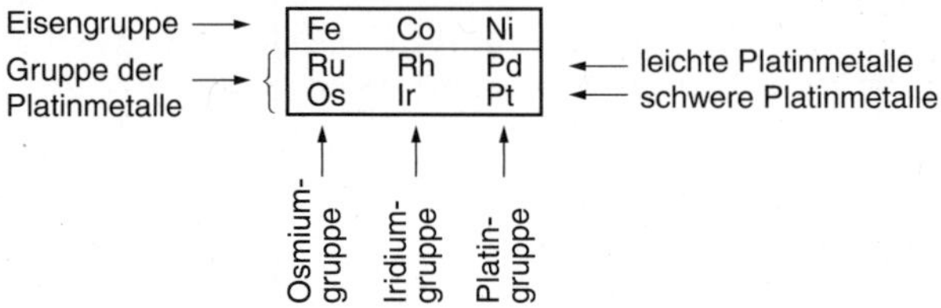

In der **6. Periode** erhöht sich die Anzahl der Elemente gegenüber der 5. Periode von 18 auf 32 (siehe Beilage Periodensystem). Die Elemente *Lanthan* bis *Ytterbium* werden ihrer Ähnlichkeit wegen als **Lanthanoide** (früher *Lanthaniden*) zusammengefasst.

Für diese 14 Elemente ist die fortschreitende Besetzung der 4f-Orbitale (↑ S. 82) charakteristisch (siehe Bild 4-1), die beim Ytterbium abgeschlossen ist. Lanthan und Gadolinium sind insofern Ausnahmen, als hier jeweils ein 4f-Elektron in ein 5d-Orbital übergegangen ist[1)] (Tafel 2).

Auf ähnliche Weise werden in der *7. Periode* bei den **Actinoiden** (früher *Actiniden*) die 5f-Orbitale besetzt.

Im **Langperiodensystem** werden alle Elemente einer Periode einschließlich der Lanthanoide und der Actinoide jeweils in einer Zeile angeordnet (siehe Beilage PSE).

Im **Kurzperiodensystem** ist es üblich, die Lanthanoide und die Actinoide in gesonderten Zeilen anzuordnen (siehe Umschlag vorn)

Die *Beilage Periodensystem* ist so gefaltet, dass es möglich ist,

- zunächst die *Lanthanoide* und *Actinoide* abzudecken und dann auch
- die *Nebengruppenelemente*.

Nach dem ersten Schritt liegt

- ein **Periodensystem der Haupt- und Nebengruppenelemente** vor,

nach dem zweiten Schritt

- ein **Periodensystem der Hauptgruppenelemente**.

Das *Langperiodensystem* ist ein wichtiges Arbeitsmittel in der Chemie.

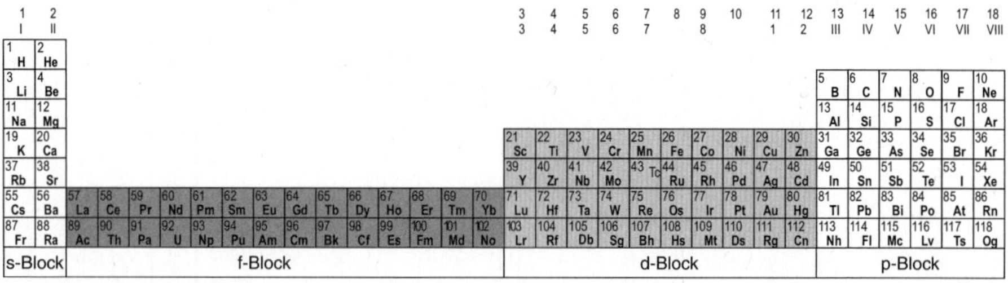

Bild 4-2: *Langperiodensystem*

[1)] Das war lange Zeit Anlass, das Lanthan in die 3. Nebengruppe – also in den d-Block – einzuordnen. Die gesetzmäßige Besetzung der 5d-Orbitale beginnt aber erst mit dem Lutetium (Tafel 2). Siehe auch Abschnitt 22.3.

Helium steht aufgrund seiner *Eigenschaften* als Edelgas im Periodensystem üblicherweise in der *VIII. Hauptgruppe*. Betrachten wir das Periodensystem vom Standpunkt des *Atombaues*, müssen wir es mit seinen 2 s-Elektronen in die *II. Hauptgruppe* stellen.

Lanthanoide und *Actinoide* werden vielfach aus dem Langperiodensystem herausgenommen und erscheinen dann darunter in zwei gesonderten Zeilen. In dieser Form ist das Langperiodensystem heute am weitesten verbreitet.

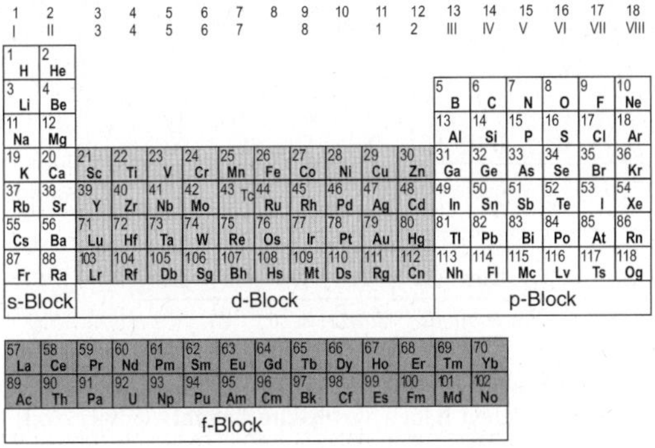

Bild 4-2a: *Langperiodensystem*

Wird auf die *Lanthanoide* und *Actinoide* ganz verzichtet, ergibt sich ein *Periodensystem der Haupt- und Nebengruppenelemente*.

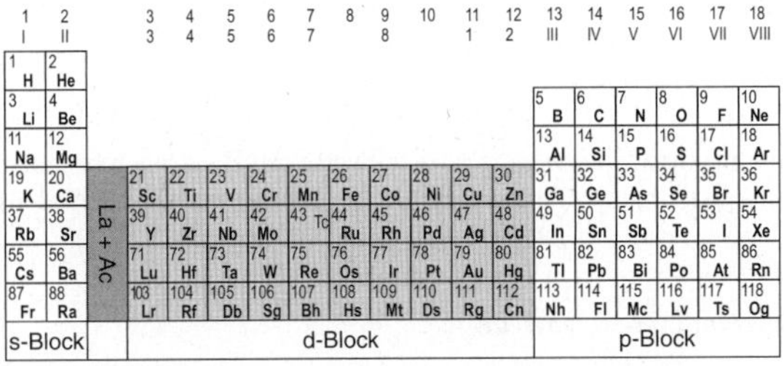

Bild 4-3: *Periodensystem der Haupt- und Nebengruppenelemente*

4.3 Periodensystem und Atombau

Das Periodensystem der Elemente *spiegelt den Bau der Atome wider.* Die Einordnung der Elemente in die Perioden und Gruppen des Periodensystems folgt der *Besetzung der Energieniveaus* (Elektronenschalen) in den Atomen dieser Elemente mit *Elektronen.* Durch einen *Vergleich des Periodensystems der Hauptgruppenelemente mit der Elektronenbesetzung*, wird das deutlich.

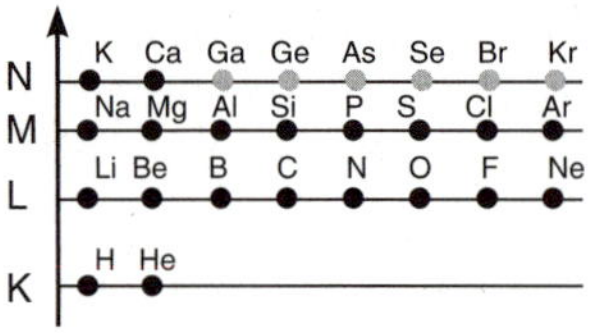

	I	II	III	IV	V	VI	VII	VIII
1.	1 **H**	2 **He**						
2.	3 **Li**	4 **Be**	5 **B**	6 **C**	7 **N**	8 **O**	9 **F**	10 **Ne**
3.	11 **Na**	12 **Mg**	13 **Al**	14 **Si**	15 **P**	16 **S**	17 **Cl**	18 **Ar**
4.	19 **K**	20 **Ca**	31 **Ga**	32 **Ge**	33 **As**	34 **Se**	35 **Br**	36 **Kr**

Bild 4-4: *Vergleich Atombau – Periodensystem (zur Stellung des Heliums (↑ S. 91))*

Zwischen Periodensystem und Atombau bestehen zwei wichtige Beziehungen:

- Die Atome aller Elemente, die in der **gleichen Periode** stehen, haben die **gleiche Anzahl** - teilweise oder ganz mit Elektronen besetzter – **Hauptenergieniveaus (Elektronenschalen)**.
- **Die Atome aller Elemente, die in der gleichen Hauptgruppe stehen, haben die gleiche Anzahl Außenelektronen (Elektronen auf dem höchsten Hauptenergieniveau).**

Nummer der Periode
= Anzahl der Elektronenschalen
= Nummer der äußersten Elektronenschale
= Anzahl der Hauptenergieniveaus
= Nummer des höchsten Hauptenergieniveaus
= Hauptquantenzahl

Da die Atome der bisher bekannten Elemente maximal *sieben* ganz oder teilweise mit Elektronen besetzte Hauptenergieniveaus (Elektronenschalen) aufweisen, hat das Periodensystem der Elemente *sieben* Perioden.

Nummer der Hauptgruppe
= Anzahl der Außenelektronen
= Anzahl der Elektronen auf dem höchsten Hauptenergieniveau

Als **Außenelektronen** werden die Elektronen der äußersten Elektronenschale (der Außenschale, des höchsten Hauptenergieniveaus) bezeichnet. Da ein Atom im Höchstfalle *acht* Außenelektronen besitzt (zwei s-Elektronen (↑ S. 77) und sechs p-Elektronen (↑ S. 78)), hat das Periodensystem *acht* Hauptgruppen.

Für die *Besetzung der Außenschalen* der Atome wird eine Symbolik verwendet, die auf den Amerikaner GILBERT NEWTON LEWIS zurückgeht. Dabei werden die *Außenelektronen* durch *Punkte* gekennzeichnet, die um das Symbol angeordnet sind. Das Symbol gibt den *Atomrumpf* wieder, das heißt, den *Atomkern* und die *inneren Elektronenschalen* (alle unter dem höchsten Energieniveau liegenden Energieniveaus). Für die ersten zwanzig Elemente ergibt das folgende Symbolik (vergleiche mit Bild 4-4):

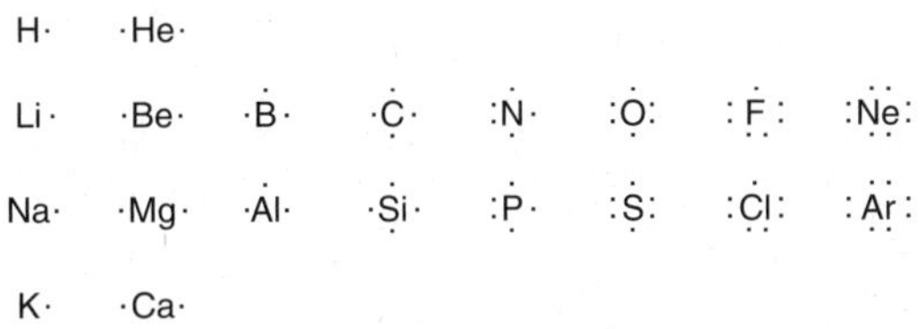

Die Punkte werden oft beliebig auf die vier Seiten des Symbols verteilt. Soll die HUNDsche Regel (↑ S. 80) mit zum Ausdruck kommen, ist zu schreiben:

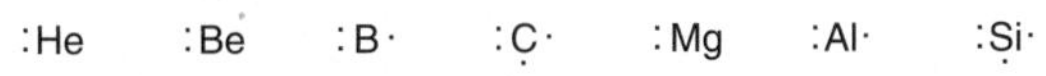

Die Beziehung zwischen der Gruppennummer und der Anzahl der Außenelektronen gilt *nicht* für die **Nebengruppenelemente**.

Bei den **Nebengruppenelementen** steht das – in der Reihe der Elemente entsprechend der zunehmenden Kernladungszahl – zuletzt hinzugekommene Elektron, d. h. das energiereichste Elektron, nicht in der Außenschale, sondern in der *zweitäußersten* Elektronenschale. Es handelt sich um ein **d-Elektron** des zweithöchsten Energieniveaus (siehe Bild 4-1 (↑ S. 89)). Bei den Nebengruppenelementen treten dementsprechend neben den s-Elektronen auch d-Elektronen als **Valenzelektronen** (↑ S. 163) auf.

Bei den **Lanthanoiden und Actinoiden** steht das – in der Reihe der Elemente entsprechend der zunehmenden Kernladungszahl – zuletzt hinzugekommene Elektron, d. h. das energiereichste Elektron, sogar in der *drittäußersten* Elektronenschale (siehe Bild 4-1). Es handelt sich dabei um ein **f-Elektron** des dritthöchsten Hauptenergieniveaus, also um ein 4f-Elektron. Bei den Lanthanoiden und Actinoiden können dementsprechend neben den s-Elektronen und d-Elektronen auch f-Elektronen als Valenzelektronen auftreten.

Zu dem in der Reihe der Elemente fortschreitenden Aufbau der Elektronenhülle steuern demnach

- die **Hauptgruppenelemente** **s- und p-Elektronen**
- die **Nebengruppenelemente** **d-Elektronen** und
- die **Lanthanoide** und **Actinoide** **f-Elektronen**

bei.

Als **Valenzelektronen** treten auf

- bei den **Hauptgruppenelementen** **s- und p-Elektronen**
- bei den **Nebengruppenelementen** **s- und d-Elektronen**
- bei den **Lanthanoiden** und **Actinoiden** **s-, d- und f-Elektronen**

Aus der Elektronenbesetzung (↑ S. 85) erklärt sich die unterschiedliche **Länge der Perioden** wie folgt:

1. Periode:	$1s^2$				2 Elemente
2. Periode:	$2s^2$	$2p^6$			8 Elemente
3. Periode:	$3s^2$	$3p^6$			8 Elemente
4. Periode:	$4s^2$	$4p^6$	$3d^{10}$		18 Elemente
5. Periode:	$5s^2$	$5p^6$	$4d^{10}$		18 Elemente
6. Periode:	$6s^2$	$6p^6$	$5d^{10}$	$4f^{14}$	32 Elemente
7. Periode:	$7s^2$	$7p^6$	$6d^{10}$	$5f^{14}$	32 Elemente

4.4 Periodensystem und Wertigkeit

Da bei den **Hauptgruppenelementen** die Nummer der Gruppe mit der Anzahl der Außenelektronen übereinstimmt, die ihrerseits die höchstmögliche Wertigkeit (↑ S. 168) angibt, besteht folgende Beziehung:

Nummer der Hauptgruppe = höchstmögliche Wertigkeit

Hauptgruppe,	**I**	**II**	**III**	**IV**	**V**	**VI**	**VII**
Höchstwertigkeit	**1**	**2**	**3**	**4**	**5**	**6**	**7**
Weitere Wertigkeiten				2	3	4	5
						2	3
							1

▲ Schwefel, VI. Hauptgruppe

Sulfat-Ion, SO_4^{2-}

Schwefel sechswertig
(Oxidationszahl +6)

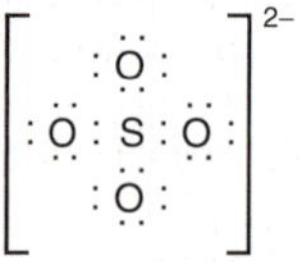

Sulfit-Ion, SO_3^{2-}

Schwefel vierwertig
(Oxidationszahl +4)

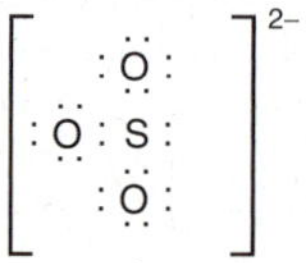

Im Sulfit-Ion ist *ein* Elektronenpaar des Schwefels *nicht* an einer chemischen Bindung beteiligt.

In ihren **binären**[1] **Verbindungen** mit **Sauerstoff** erreichen in der Regel alle Hauptgruppenelemente ihre Höchstwertigkeit. In den binären Verbindungen mit **Wasserstoff** ist das nur bei den Elementen der I. bis IV. Hauptgruppe der Fall. Von der IV. bis zur VII. Hauptgruppe nimmt die Wertigkeit gegenüber Wasserstoff von 4 bis 1 ab (siehe Tabelle 4-2).

Wichtige **Ausnahmen**:

- Sauerstoff ist immer **zweiwertig**.
- Fluor ist immer **einwertig**.

Tabelle 4-2: *Wertigkeit der Hauptgruppenelemente in binären Sauerstoff- und Wasserstoffverbindungen*

Hauptgruppe	I	II	III	IV	V	VI	VII
	Na_2O	MgO	Al_2O_3	SiO_2	P_2O_5	SO_3	Cl_2O_7
Höchste Wertigkeit gegenüber Sauerstoff	1	2	3	4	5	6	7
Wertigkeit gegenüber Wasserstoff	1	2	3	4	3	2	1
	NaH	MgH_2	AlH_3	SiH_4	PH_3	H_2S	HCl

[1] Als *binär* werden Verbindungen bezeichnet, die aus *zwei* Elementen bestehen, z. B. HCl, H_2O, $NaCl$, SO_2, CH_4, CCl_4. *Ternäre* Verbindungen bestehen aus drei, *quaternäre* aus vier Elementen.

Bei den **Nebengruppenelementen** wird die der Gruppennummer entsprechende Höchstwertigkeit meist nicht erreicht, zum Teil aber auch überschritten (z. B. bei Kupfer und Gold). Überhaupt treten hier sehr unterschiedliche Wertigkeiten auf (Bild 5-41 (↑ S. 174)).

Die **Edelgase** (↑ Kap. 18) hielt man bis 1962 für absolut reaktionsunfähig und bezeichnete sie daher als *nullwertig.* Inzwischen wurden vor allem vom *Xenon* zahlreiche Verbindungen hergestellt, in denen dieses Element acht-, sechs-, vier- und zweiwertig auftritt. Auch Verbindungen des *Kryptons* und des *Radons* sind bekannt.

4.5 Stellung der Elemente im Periodensystem und Eigenschaften der Elementsubstanzen

Die Eigenschaften der Elementsubstanzen (↑ S. 8) hängen wesentlich davon ab, welche Stellung die *Atomarten,* aus denen sie bestehen, im Periodensystem einnehmen.

4.5.1 Elektropositive und elektronegative Elemente

Je nachdem, ob ein Element (eine Atomart) mehr dazu neigt, positive Ionen oder negative Ionen zu bilden (↑ S. 141) wird zwischen elektropositiven und elektronegativen Elementen unterschieden.

- **Elektronegative Elemente** haben *viele Außenelektronen* und gehen durch *Aufnahme* weiterer Elektronen in *negativ* geladene Ionen mit einer stabilen Elektronenbesetzung über.
  Elektronegative Elemente halten die Außenelektronen *sehr fest,* sie haben eine *hohe Elektronenaffinität*[1].
- **Elektropositive Elemente** haben *wenig Außenelektronen* und gehen durch deren *Abgabe* in *positiv* geladene Ionen mit einer stabilen Elektronenbesetzung über.
  Elektropositive Elemente halten die Außenelektronen *wenig fest,* sie haben eine *geringe Elektronenaffinität.*

Im Periodensystem nimmt bei den **Hauptgruppenelementen**

- der **elektronegative Charakter**

  von links nach rechts zu und
  von oben nach unten ab.

- der **elektropositive Charakter**

  von links nach rechts ab und
  von oben nach unten zu.

Am stärksten *elektronegativ* sind die Halogene, die alle typische *Nichtmetalle* bilden. Am stärksten *elektropositiv* sind die Alkalimetalle, die alle typische *Metalle* bilden.

Alle **Nebengruppenelemente** sind mehr oder weniger **elektropositiv** und daher Metalle.

[1] *affinitas (lat.) Verwandtschaft; siehe auch 4.6.2*

4.5.2 Metalle und Nichtmetalle

Die Elementsubstanzen werden nach ihren Eigenschaften unterteilt in *Metalle* und *Nichtmetalle.* Dabei ist die auf bewegliche Elektronen beruhende elektrische Leitfähigkeit der Metalle das wichtigste Unterscheidungsmerkmal. Da sich in den Eigenschaften der Elementsubstanzen der elektropositive bzw. elektronegative Charakter der Elemente widerspiegelt, zeigt sich im Periodensystem eine gesetzmäßige Verteilung von Metallen und Nichtmetallen[1].

Tabelle 4-3: *Periodensystem der Hauptgruppenelemente*

	I	II	III	IV	V	VI	VII	VIII
1.	1 **H**							2 **He**
2.	3 **Li**	4 **Be**	5 **B**	6 **C**	7 **N**	8 **O**	9 **F**	10 **Ne**
3.	11 **Na**	12 **Mg**	13 **Al**	14 **Si**	15 **P**	16 **S**	17 **Cl**	18 **Ar**
4.	19 **K**	20 **Ca**	31 **Ga**	32 **Ge**	33 **As**	34 **Se**	35 **Br**	36 **Kr**
5.	37 **Rb**	38 **Sr**	49 **In**	50 **Sn**	51 **Sb**	52 **Te**	53 **I**	54 **Xe**
6.	55 **Cs**	56 **Ba**	81 **Tl**	82 **Pb**	83 **Bi**	84 **Po**	85 **At**	86 **Rn**
7.	87 **Fr**	88 **Ra**						

Im Periodensystem der Hauptgruppenelemente steht rechts oben das Element *Fluor,* bei dem der *Nichtmetallcharakter* am stärksten ist, und links unten das Element *Caesium,* bei dem der *Metallcharakter* am stärksten ist. (Francium spielt als sehr kurzlebiges radioaktives Element für chemische Betrachtungen keine Rolle.)

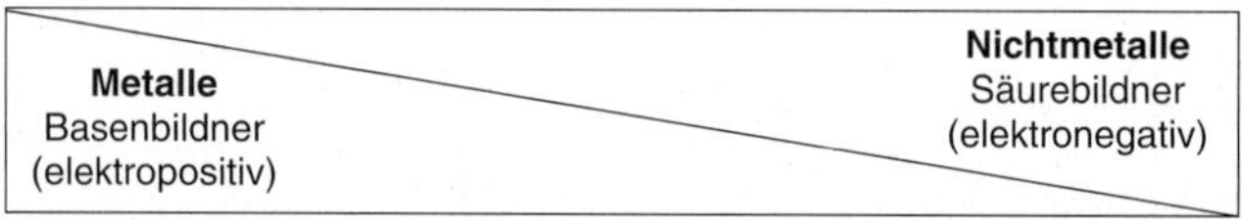

Siehe hierzu die farbige Unterlegung in der Beilage Periodensystem.

Von diesen beiden Ecken des Periodensystems strahlt der Nichtmetallcharakter bzw. der Metallcharakter über die übrigen Hauptgruppenelemente aus. An der von Bor bis Astat verlaufenden Grenze stehen Elemente mit *Halbmetallcharakter* (z. B. Germanium) bzw. Elemente, die sowohl *metallische* als auch *nichtmetallische* Modifikationen (Erscheinungsformen) haben (z. B. Arsen). Alle *Nebengruppenelemente* einschließlich Lanthanoide und Actinoide bilden *Metalle.*

[1] Wasserstoff und die Edelgase nehmen eine gewisse Sonderstellung ein. So sind z. B. keine Sauerstoffsäuren der Edelgase bekannt; es gibt jedoch Salze wie $NaHXeO_4 \cdot 3/2\,H_2O$.

Bei den *Hauptgruppenelementen* ist ein deutlicher Übergang festzustellen:

- In den **Perioden** nimmt bei den Hauptgruppenelementen
  der **Metallcharakter** von links nach rechts ab,
  der **Nichtmetallcharakter** von links nach rechts zu.
- In den **Hauptgruppen** nimmt
  der **Metallcharakter** von oben nach unten zu,
  der **Nichtmetallcharakter** von oben nach unten ab.

I. Hauptgruppe	mittlere Hauptgruppen	VII. Hauptgruppe
nur Metallcharakter	**oben Nichtmetallcharakter unten Metallcharakter**	**nur Nichtmetallcharakter**

4.5.3 Basenbildner und Säurebildner

Auch chemische Verbindungen ändern ihre Eigenschaften periodisch, je nach dem, welche Elemente sie enthalten.

So ergeben die **Oxide** (↑ S. 205), die von fast allen Elementen gebildet werden, mit Wasser teils **Säuren** (↑ S. 212), teils **Basen** (↑ S. 213).

▲ Schwefel: $S + O_2 \rightarrow SO_2$ Schwefeldioxid
$SO_2 + H_2O \rightarrow H_2SO_3$ Schweflige Säure
Calcium: $2\,Ca + O_2 \rightarrow 2\,CaO$ Calciumoxid
$2\,CaO + 2\,H_2O \rightarrow 2\,Ca(OH)_2$ Calciumhydroxid (Base)

Im Allgemeinen gilt:
Nichtmetalloxide bilden Säuren.
Metalloxide bilden Basen.

Aber auch von Metallen lassen sich Säuren ableiten, soweit diese Metalle

- Oxide mit saurem Charakter oder
- Oxide mit amphoterem Charakter

bilden.

Amphotere[1] Oxide bilden mit Wasser **amphotere Hydroxide**, die je nach dem Charakter des Reaktionspartners sowohl als **Base** als auch als **Säure** reagieren können.

▲ Aluminiumhydroxid, $Al(OH)_3$, verhält sich gegenüber Säuren als Base, gegenüber Basen als Säure: $H_3AlO_3 = HAlO_2 \cdot H_2O$.

$Al(OH)_3$	+	$3\,HNO_3$	→	$Al(NO_3)_3$	+	$3\,H_2O$
Base		Säure		Salz		Wasser
$HAlO_2 \cdot H_2O$	+	$NaOH$	→	$NaAlO_2$	+	$2\,H_2O$
Säure		Base		Salz		Wasser

[1] sprich amfotér; von *amphoteroi* (grch.) beide

Für die **Oxide der Hauptgruppenelemente** gilt allgemein:

In den **Perioden** nimmt von links nach rechts

der Basencharakter ab,
der Säurecharakter zu.

In den **Gruppen** nimmt von oben nach unten

der Basencharakter zu,
der Säurecharakter ab.

▲ Die Oxide von Natrium und Magnesium sind basenbildend, die Oxide von Phosphor, Schwefel und Chlor sind säurebildend.
Die Oxide von Kohlenstoff und Silicium sind säurebildend, die Oxide von Zinn und Blei sind amphoter. Beim Blei(II)-oxid, PbO, überwiegt der basische Charakter, beim Blei(IV)-oxid, PbO_2, überwiegt der saure Charakter.

Von den **Metallen**, die in den *Nebengruppen* des Periodensystems stehen, bilden die meisten *Oxide* mit *unterschiedlichen Wertigkeiten* (Oxidationsstufen). Dabei gilt

Mit **steigender Wertigkeit** nimmt

- der basische Charakter der Oxide ab,
- der saure Charakter der Oxide zu.

▲ Mangan(II)-oxid, MnO, ist ein Baseanhydrid:

$$MnO + H_2O \rightarrow Mn(OH)_2$$

Mangan(IV)-oxid, MnO_2, ist amphoter:

als Base: $MnO_2 + 4\,HCl \rightarrow MnCl_4 + 2\,H_2O$
als Säure: $MnO_2 + 2\,KOH \rightarrow K_2MnO_3 + H_2O$

Mangan(VII)-Oxid, Mn_2O_7, ist ein Säureanhydrid:

$$MnO_2O_7 + H_2O \rightarrow 2\,HMnO_4$$

Säurebildend sind im Allgemeinen die Metalloxide, in denen das Metall 5-, 6- oder 7-wertig auftritt.

4.6 Periodizität von Eigenschaften der Elemente

Die Periodizität von Eigenschaften, die in den vorhergehenden Abschnitten qualitativ betrachtet wurde, lässt sich auch quantitativ erfassen. Ein Maß für die Tendenz der Atome, Elektronen abzugeben und damit in positiv geladene Ionen überzugehen, ist die *Ionisierungsenergie.*

4.6.1 Ionisierungsenergie

Die Ionisierungsenergie [1)] muss man aufwenden, um aus einem Atom *ein Elektron abzutrennen*, wobei ein *Kation* zurückbleibt.

▲ $Li \rightarrow Li^+ + e^-$

Sie gibt die *Differenz* zwischen dem Energiezustand des *Atoms* und dem Energiezustand des *Ions* an. Da das betrachtete System „Atom/Ion" bei der Ionisierung Energie *aufnimmt*, ist die Ionisierungsenergie *positiv*.

In der Chemie interessiert weniger die Ionisierungsenergie für ein einzelnes Atom als vielmehr die *molare Ionisierungsenergie* (Formelzeichen E_I, E_i). Das ist der *Quotient* aus Ionisierungsenergie und Stoffmenge. Die SI-Einheit der molaren Ionisierungsenergie ist demnach $J \cdot mol^{-1}$. Um zu gut handhabbaren Zahlenwerten zu kommen und keine größeren Genauigkeiten der Zahlenwerte vorzutäuschen, als aus Messungen vorliegen, empfiehlt sich die Einheit $MJ \cdot mol^{-1} = 10^6 J \cdot mol^{-1}$.

▲ Wasserstoff $E_I(H) = 1{,}31 MJ \cdot mol^{-1}$
Helium $E_I(He) = 2{,}37 MJ \cdot mol^{-1}$
Lithium $E_I(Li) = 0{,}52 MJ \cdot mol^{-1}$

Der *Metallcharakter* drückt sich in einer *niedrigen* Ionisierungsenergie aus (siehe Bild 4-5).

Im Bild 4-5 sind die **ersten Ionisierungsenergien** der Hauptgruppenelemente wiedergegeben. Aus einem Atom können auch *mehrere* Elektronen abgetrennt werden. Dementsprechend wird zwischen der ersten, zweiten, dritten usw. Ionisierungsenergie unterschieden. Die aufzuwendende Ionisierungsenergie steigt dabei von Elektron zu Elektron stark an.

▲ $E_{I1}(Na) = 0{,}496 MJ \cdot mol^{-1}$
$E_{I2}(Na) = 4{,}564 MJ \cdot mol^{-1}$
$E_{I3}(Na) = 6{,}913 MJ \cdot mol^{-1}$

Die *ersten Ionisierungsenergien* der *Hauptgruppenelemente* zeigen eine ausgeprägte *Periodizität* (Bild 4-5). Die *höchste* Ionisierungsenergie ist jeweils bei den *Edelgasen* erforderlich, da hier ein Elektron aus voll besetzten s- und p-Orbitalen (beim Helium aus dem 1s-Orbital) abgespalten werden muss.

Relativ hoch ist auch die Ionisierungsenergie bei den *Halogenen,* die mit sieben Außenelektronen eine fast abgeschlossene Außenschale haben (und damit die Tendenz, diese zu vervollständigen).

Am *niedrigsten* ist die erste Ionisierungsenergie jeweils bei den *Alkalimetallen*, da hier das einzelne in der Außenschale stehende Elektron sehr leicht abgegeben und damit ein Edelgaszustand erreicht wird.

In den Ionisierungsenergien spiegeln sich zum Teil **stabile Zwischenzustände** im Aufbau der Elektronenhülle wider (siehe Bild 4-5). *Beryllium* hat eine höhere erste Ionisierungsenergie als *Bor,* gleiches gilt zwischen *Magnesium* und *Aluminium.* Hier zeigt sich, dass es leichter ist, ein einzelnes Elektron aus einem p-Orbital abzuspalten, als ein Elektron aus dem voll besetzten s-Orbital. Andererseits ergeben die drei einfach besetzten p-Orbitale des Stickstoffatoms eine höhere Stabilität als die Elektronenbesetzung des Sauerstoffs, der zwei einfach besetzte und ein doppelt besetztes p-Orbital aufweist. Solche stabilen Zwischenzustände findet man bei **halb- und vollbesetzten Orbitalen**.

[1)] Die Ionisierungs*energie* misst man bei konstantem Volumen, die Ionisierungs*enthalpie* bei konstantem Druck; letztere Werte sind etwas größer.

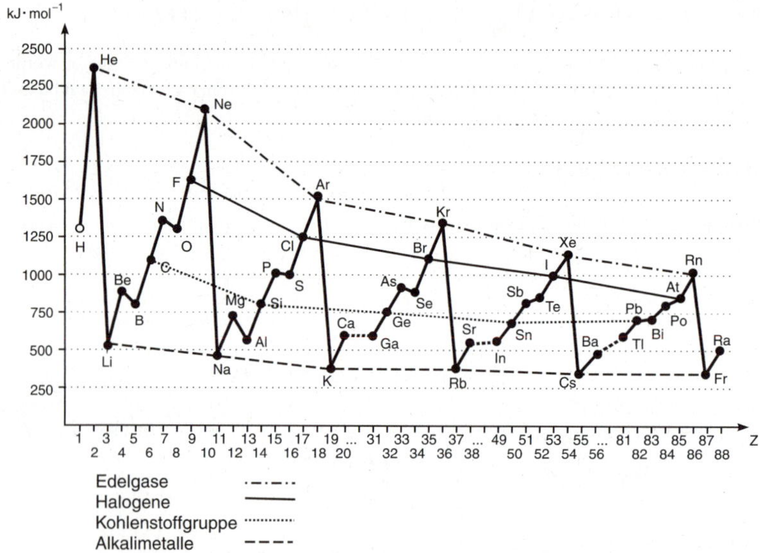

Bild 4-5: *Ionisierungsenergien der Hauptgruppenelemente*

Die Ionisierungsenergie eines *einzelnen* Atoms ergibt sich, indem die molare Ionisierungsenergie durch die Anzahl der in einem Mol enthaltenen Teilchen, das heißt, durch die AVOGADRO-Konstante N_A, geteilt wird.

▲ Die Ionisierungsenergie eines Lithiumatoms beträgt:

$$\frac{5{,}2 \cdot 10^5 \text{ J} \cdot \text{mol}^{-1}}{6{,}022 \cdot 10^{23} \text{ mol}^{-1}} = 8{,}6 \cdot 10^{-19} \text{ J}$$

Für Energieumsetzungen im atomaren Bereich ist noch die SI-fremde Einheit **Elektronenvolt** (Einheitenzeichen eV) im Gebrauch, die über die *elektrische Elementarladung* $e = 1{,}602\,177 \cdot 10^{-19}$ A · s mit der SI-Einheit Joule J (= W · s) in Beziehung steht:

$$1 \text{ eV} = 1 \text{ V} \cdot 1{,}602\,177 \cdot 10^{-19} \text{ A} \cdot \text{s} = 1{,}602\,177 \cdot 10^{-19} \text{ J}$$

Die Einheit Elektronenvolt liegt also in der Größenordnung der im atomaren Bereich auftretenden Energieumsetzungen, wodurch sich gut handhabbare Zahlenwerte ergeben.

▲ Die Ionisierungsenergie eines Lithiumatoms beträgt:

$$\frac{8{,}6 \cdot 10^{-19} \text{ J}}{1{,}6 \cdot 10^{-19} \text{ J} \cdot \text{eV}^{-1}} = 5{,}4 \text{ eV}$$

Zwischen der in Elektronenvolt gemessenen Ionisierungsenergie und der *molaren Ionisierungsenergie* stellt die FARADAY-Konstante $F = 96485$ A · s · mol⁻¹ die Beziehung her:

$$\mathbf{1 \text{ eV} \mathrel{\widehat{=}} 96{,}485 \text{ kJ} \cdot \text{mol}^{-1}}$$

▲ Die molare Ionisierungsenergie der Lithiumatome ergibt sich aus der Ionisierungsenergie in eV wie folgt:

$$5{,}4 \text{ eV} \cdot 96{,}485 \text{ kJ} \cdot \text{mol}^{-1} \cdot \text{eV}^{-1} \approx 521 \text{ kJ} \cdot \text{mol}^{-1}$$

4.6.2 Elektronenaffinität

Ionisierungsvorgänge, die unter *Elektronenabgabe* (↑ 4.6.1) verlaufen, führen zur Bildung von *positiv* geladenen Ionen, die als *Kationen* bekannt sind. Diese Ionisierungsvorgänge erfolgen am leichtesten (das heißt, mit geringer Ionisierungsenergie) bei den Elementen mit *Metallcharakter*, also bei den *elektropositiven* Elementen.

Im Gegensatz dazu treten bei den Elementen mit *Nichtmetallcharakter*, also bei den *elektronegativen* Elementen, leicht Ionisierungsvorgänge auf, die unter **Elektronenaufnahme** verlaufen und zur Bildung *negativ* geladener Ionen führen, die als *Anionen* bekannt sind.

▲ Fluor $F + e^- \rightarrow F^-$; $:\ddot{\underset{..}{F}}\cdot + e^- \rightarrow \left[:\ddot{\underset{..}{F}}:\right]^-$

Mit der Aufnahme eines Elektrons ist die Außenschale des Fluoratoms voll besetzt. Sie entspricht dann der Außenschale des Edelgases Neon.

Die *Aufnahme* eines Elektrons verläuft (bei den meisten Atomen) unter *Energieabgabe*. Das Fluorid-Ion, F^-, ist energieärmer als das Fluoratom, F.

Eine Gegenüberstellung der beiden Arten von Ionisierungsvorgängen ergibt:

	Abgabe von Elektronen	**Aufnahme von Elektronen**
Bildung von	Kationen	Anionen
Beispiel:	$Li \rightarrow Li^+ + e^-$	$F + e^- \rightarrow F^-$
Energieumsetzung	Aufnahme von Energie	Abgabe von Energie
Bezeichnungder Energie	*Ionisierungsenergie*	*Elektronenaffinität*

Unter *Elektronenaffinität*[1] wird bei *qualitativen* Betrachtungen (↑ S. 95) die Tendenz der Atome verstanden, Elektronen anzuziehen (zu binden).

▲ Die Halogene haben eine hohe Elektronenaffinität.

Bei *quantitativen* Betrachtungen wird unter Elektronenaffinität eine *energetische Größe* verstanden:

Die Elektronenaffinität ist jene Energie, die frei wird, wenn ein Atom ein Elektron aufnimmt.

Wie die Ionisierungsenergie wird auch die Elektronenaffinität eines einzelnen Atoms in Joule (oder in Elektronenvolt) angegeben. Für die Chemie wichtiger ist die *molare Elektronenaffinität* mit der Einheit $J \cdot mol^{-1}$. Formelzeichen für die molare Elektronenaffinität ist E_{EA}, was diese Größe eindeutig als molare *Energie* kennzeichnet und aus der Benennung Elektronenaffinität leider nicht hervorgeht.

Zwischen Elektronenaffinität und Ionisierungsenergie besteht folgende Beziehung:

$$\text{Atom} + \text{Elektron} \underset{\text{Ionisierungsenergie}}{\overset{\text{Elektronenaffinität}}{\rightleftharpoons}} \text{Anion}$$

▲ Fluoratom F und Fluorid-Ion F^- gehen durch Elektronenaufnahme bzw. -abgabe ineinander über:

$$F + e^- \underset{E_I}{\overset{E_{EA}}{\rightleftharpoons}} F^-$$

Dabei wird in der einen Richtung die Elektronenaffinität des Fluoratoms $E_{EA}(F)$ frei, während in der anderen Richtung die Ionisierungsenergie des Fluorid-Ions $E_I(F^-)$ [nicht des Fluoratoms!] aufzuwenden ist. Die Elektronenaffinität des Fluoratoms $E_{EA}(F)$ ist demnach gleich der *negativen* Ionisierungsenergie des Fluorid-Ions $E_I(F^-)$:

$$E_{EA}(F) = -E_I(F^-)$$

[1] *affinitas* (lat.) Verwandtschaft

Die Elektronenaffinität eines Atoms ist gleich der negativen Ionisierungsenergie des entstehenden Anions.

Der Vorgang, auf den sich die Ionisierungsenergie bezieht, kann – wie das vorstehende Beispiel zeigt – auch von einem *Anion ausgehen* und zu einem ungeladenen *Atom* führen. (Ionisierung ist also in diesem Zusammenhang nicht als Bildung von Ionen, sondern allgemeiner als *Abgabe von Elektronen* zu verstehen.)

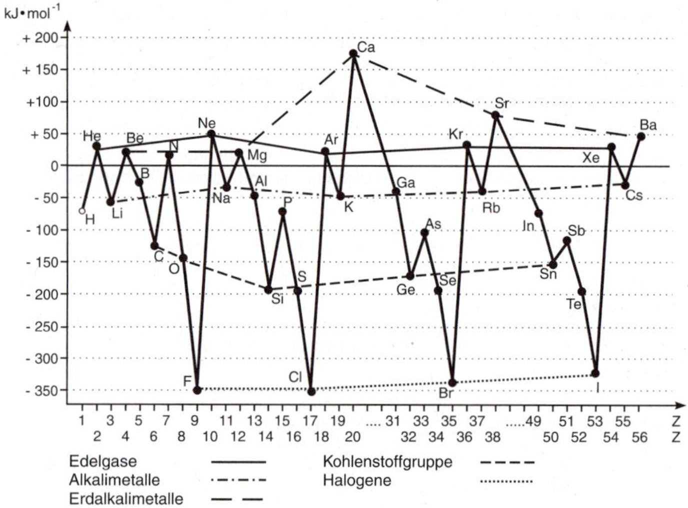

Bild 4-6: *Periodizität der Elektronenaffinitäten der Hauptgruppenelemente (Mitunter sind die Elektronenaffinitäten auch mit entgegengesetzten Vorzeichen tabelliert)*

Bild 4-6 zeigt die Periodizität der Elektronenaffinitäten der Hauptgruppenelemente. Es fällt auf:

- Die *Halogenatome* (↑ Kap. 17) haben die *negativsten Elektronenaffinitäten,* also die *stärkste Anziehung* für Elektronen. Bei der Aufnahme eines Elektrons wird Energie *abgegeben.*
- Die *Edelgasatome* (↑ Kap. 18) haben *positive Elektronenaffinitäten.* Sie ziehen Elektronen *nicht* an. Um ein zusätzliches Elektron einzubauen, müsste Energie *aufgewandt* werden.
- Die *Erdalkalimetalle* (↑ Kap. 12) (II. Hauptgruppe) haben gleichfalls *positive Elektronenaffinitäten,* die zum Teil noch über denen der benachbarten Edelgase liegen. Um ein zusätzliches Elektron einzubauen, also z. B. ein Ca^--Anion zu erzeugen, müssten hohe Energien aufgewandt werden. Nach dem gefüllten s-Orbital ein einzelnes zusätzliches Elektron in ein d-Orbital einzubauen ist also energetisch ungünstig.
- Die Elemente der *V. Hauptgruppe* (↑ Kap. 15) haben stets eine weniger negative Elektronenaffinität als die benachbarten Elemente der IV. und VI. Hauptgruppe. Hier zeigt sich die *relative Stabilität* der mit je *einem Elektron* besetzten drei *p-Orbitale,* die der Aufnahme eines weiteren Elektrons entgegenwirkt.

Die experimentelle Ermittlung von Elektronenaffinitäten ist schwierig. Die meisten tabellierten Zahlenwerte wurden aus anderen thermochemischen Größen berechnet, wobei infolge unterschiedlicher Berechnungsverfahren zum Teil erhebliche Abweichungen auftreten. Die im Bild 4-6 dargestellte *Periodizität* wird aber durch diese Unsicherheiten in den Zahlenwerten nicht infrage gestellt.

Elektronenaffinitäten und *Ionisierungsenergien* sagen nur etwas darüber aus, wie sich *isolierte Atome* gegenüber Elektronen verhalten, die aufgenommen oder abgegeben werden können. Aus ihren Zahlenwerten kann nicht unmittelbar auf das Verhalten der Elemente *in chemischen Bindungen* geschlossen werden. Diesem Anliegen werden die *Elektronegativitätswerte* gerecht.

4.6.3 Elektronegativität

Die Elektronegativität wurde 1932 von dem nordamerikanischen Chemiker LINUS PAULING eingeführt, um das Verhalten der Elemente in chemischen Bindungen abschätzen zu können.

Die Elektronegativität ist ein Maß dafür, wie stark die Atome eines Elements die Elektronen einer Atombindung in einem Molekül anziehen.

Die Elektronegativität (gebräuchliches Formelzeichen *EN*) ist eine Zahl ohne Maßeinheit. Für das elektronegativste Element Fluor wurde willkürlich die $EN = 4$, für das Element Lithium die $EN = 1$ festgelegt. Davon ausgehend, wurden die Zahlenwerte für die übrigen Elemente auf der Grundlage von Bindungsenergien (↑ S. 116) ermittelt. Elektronegativitäten sind *keine* Elementkonstanten. Mit ihnen können also keine exakten Berechnungen durchgeführt, sondern nur Abschätzungen über den Charakter chemischer Bindungen, z. B. über deren Polarität (↑ S. 130), vorgenommen werden.

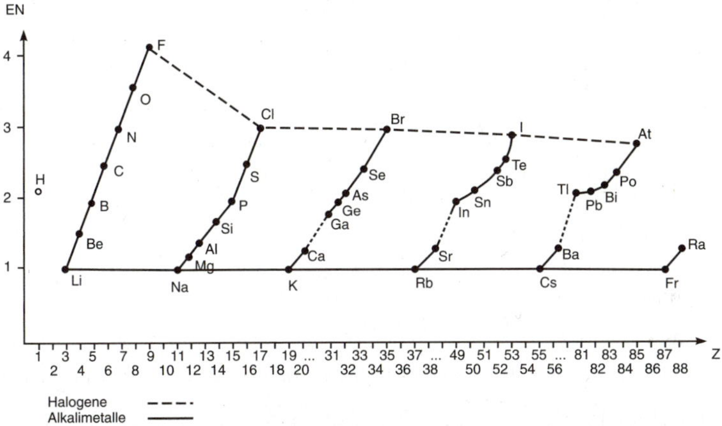

Bild 4-7: *Elektronegativitäten der Hauptgruppenelemente*

Bild 4-7 zeigt deutlich die *Periodizität* der Elektronegativitäten der Hauptgruppenelemente.

Die vollständige Elektronegativitätsskala nach PAULING gibt Tabelle 5-3 (↑ S. 132) wieder. In der Beilage Periodensystem ist in jedem Feld links die Elektronegativität des Elements angegeben.

Der nordamerikanische Chemiker ROBERT MULLIKEN hat (1934) erkannt, dass zwischen der *Elektronegativität* eines Elements und der *Differenz* der Zahlenwerte von *Ionisierungsenergie* und *Elektronenaffinität* näherungsweise eine *Proportionalität* besteht. Der Proportionalitätsfaktor liegt bei 0,0019.

▲ Chlor $E_I(Cl) = 1250\ kJ \cdot mol^{-1}$
$E_{EA}(Cl) = -355\ kJ \cdot mol^{-1}$
$EN(Cl) = 0{,}0019\ [1250 - (-355)]$
$EN(Cl) = 3{,}05$

Inzwischen wurden auf verschiedenen Wegen Elektronegativitäten ermittelt. Die Abweichungen, die sich dabei zeigten, lagen im Allgemeinen unter 0,2. Die Abschätzung des Charakters chemischer Bindungen wird dadurch nicht beeinträchtigt.

4.6.4 Atomradien – Ionenradien

Eine deutliche Periodizität zeigt auch die *Größe der Atome.* Da eine äußere Begrenzung (↑ S. 75) für die Elektronenhülle eines Atoms nicht angegeben werden kann, wird als Maß für die Größe eines Atoms meist der kovalente Radius herangezogen.

Der **kovalente Radius** ist die *Hälfte des Abstands zwischen zwei Atomkernen* des gleichen Elements in einer *kovalenten Bindung* (↑ S. 109) (Bild 4-8).

Der *Abstand* zwischen den beiden Atomkernen in einer chemischen Bindung wird allgemein **Bindungslänge** genannt.

▲ Da die Bindungslänge im Fluormolekül, F_2, etwa 144 pm beträgt, ergibt sich für das Fluoratom ein kovalenter Radius von 72 pm (Bild 4-8).

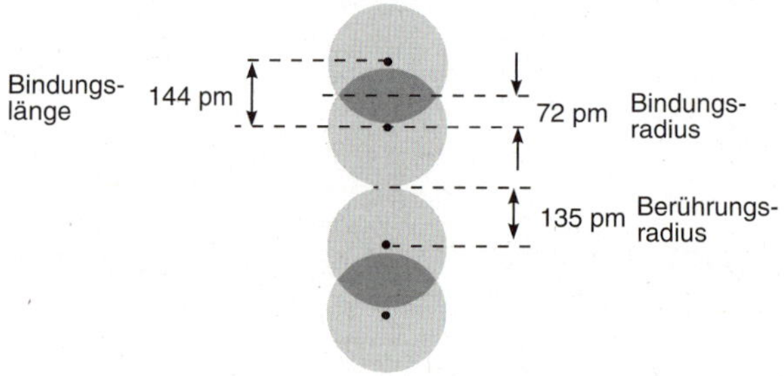

Bild 4-8: *Bindungsradius und Berührungsradius*
Beispiel: zwei Fluormoleküle

Bei den Elementen, die *Metalle* bilden, tritt der metallische Radius an die Stelle des kovalenten Radius.

Der **metallische Radius** ist die *Hälfte des Abstands,* der *zwischen zwei Atomkernen* in einem *Metallgitter* besteht.

Kovalenter Radius und metallischer Radius werden unter dem Oberbegriff **Bindungsradius** zusammengefasst. Er bringt zum Ausdruck, dass zwischen den beiden Atomkernen *bindende Elektronen* vorliegen, bei der Atombindung als Elektronenpaar, bei der Metallbindung als „Elektronengas" (↑ S. 151). Werden die kovalenten Radien *und* metallischen Radien gleichermaßen in *kovalente Einfachbindungen* (↑ S. 127) umgerechnet, lassen sie sich in *einer* Reihe anordnen. Dabei zeigt sich wiederum eine deutliche Periodizität (Bild 4-9).

Den *Bindungsradien* stehen die *Berührungsradien* gegenüber.

Der **Berührungsradius** ist die *Hälfte des kleinstmöglichen Abstands* der Kerne zweier Atome des gleichen Elements, zwischen denen *keine bindenden Elektronen* vorhanden, sondern nur VAN-DER-WAALSsche Kräfte (↑ S. 136) wirksam sind.

▲ Der *kovalente Radius* des Fluoratoms wird zwischen den beiden Atomkernen *eines* Fluormoleküls ermittelt, der *Berührungsradius* zwischen zwei Atomkernen *benachbarter* Fluormoleküle (Bild 4-8), und zwar im festen Zustand ($F = -219$ °C).

Die *Berührungsradien* sind in grober Näherung *doppelt* so groß wie die *Bindungsradien* (Bild 4-8).

Die **Atomradien** liegen in der Größenordnung von 10^{-10} m, das sind 100 pm (Pikometer) oder 0,1 nm (Nanometer). Die Längeneinheit Pikometer ergibt für die Atomradien gut handhabbare Zahlenwerte. Sie kann aber eine größere Genauigkeit vortäuschen, als tatsächlich vorhanden ist. Das ist der Fall, wenn z. B. statt 0,15 nm 150 pm angegeben wird. In älterer Literatur tritt noch die Längeneinheit Ångström (Einheitenzeichen Å) auf; 1 Å = 10^{-10} m.

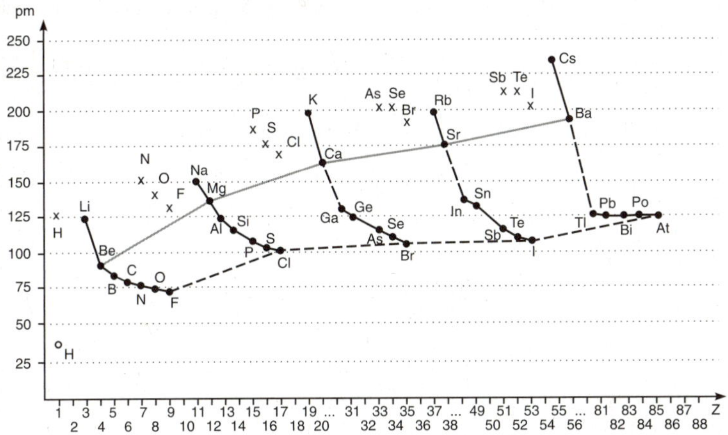

Bild 4-9: *Bindungsradien der Hauptgruppenelemente (Kreuze geben Berührungsradien an)*

Zwischen den **Bindungsradien** einerseits und den *Ionisierungsenergien* und *Elektronenaffinitäten* andererseits besteht ein enger Zusammenhang.

- Bei *großen Bindungsradien* (I. und II. Hauptgruppe) ist die elektrostatische Anziehung zwischen Atomkern und Außenelektronen relativ *gering*. Es ist nur eine *geringe* Ionisierungsenergie (↑ S. 99) erforderlich. Es entstehen *Kationen*.
- Bei *kleinen Bindungsradien* (VII. und VI. Hauptgruppe) ist die elektrostatische Anziehung zwischen Atomkern und Außenelektronen sehr stark. Hier wäre eine *sehr hohe Ionisierungsenergie* erforderlich. Bei diesen Elementen werden umgekehrt zusätzlich Elektronen aufgenommen, wobei *Energie abgegeben* wird (Elektronenaffinität (↑ S. 101)). Es entstehen *Anionen*.

Die **Ionenradien** unterscheiden sich ganz erheblich von den Atomradien (den Bindungsradien der ungeladenen Atome).

- **Der *Ionenradius* eines *Kations* ist *kleiner* als der Radius des zugrunde liegenden Atoms.**

▲ Natrium $r(\mathrm{Na}) = 157$ pm; $r(\mathrm{Na}^+) = 97$ pm
Magnesium $r(\mathrm{Mg}) = 136$ pm; $r(\mathrm{Mg}^{2+}) = 75$ pm

- **Der *Ionenradius* eines *Anions* ist *größer* als der Radius des zugrunde liegenden Atoms.**

▲ Chlor $r(\mathrm{Cl}) = 99$ pm; $r(\mathrm{Cl}^-) = 181$ pm
Schwefel $r(\mathrm{S}) = 104$ pm; $r(\mathrm{S}^{2-}) = 184$ pm

Bild 4-10 zeigt das für einen Ausschnitt des Periodensystems. Die Ionen vom N^{3-} bis zum Si^{4+} haben alle die Elektronenkonfiguration des Edelgases Neon. Diese Ionen sind dem Neonatom **isoelektronisch** (gleich-elektronisch). Da vom N^{3-} bis zum Si^{4+} die Elektronenzahl gleich bleibt, führt die Zunahme der Kernladungszahl in dieser Reihe von Elementen zu einer immer stärkeren Anziehung der Außenelektronen und dadurch zu immer kleineren Ionenradien.

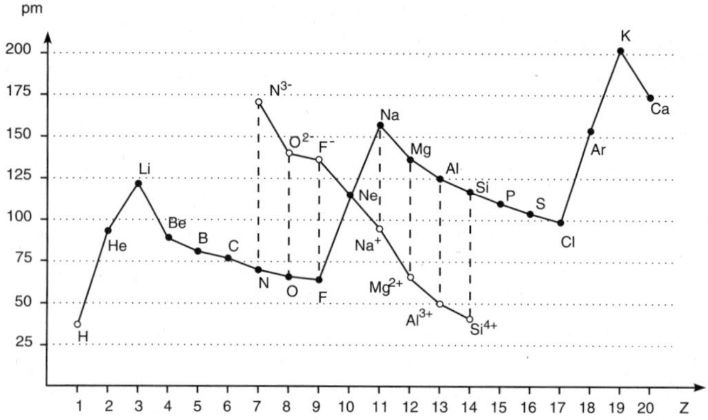

Bild 4-10: *Vergleich von Atomradien und Ionenradien*

Die **Nebengruppenelemente** wurden in den vorangegangenen Abschnitten außer Betracht gelassen, da bei ihnen keine so große Regelmäßigkeit wie bei den Hauptgruppenelementen zu beobachten ist. Die Außenschale ist bei den Nebengruppenelementen in der Regel mit *zwei* Elektronen besetzt. Die fortschreitende Besetzung der zweitäußersten Schale wirkt nur wenig nach außen.

Der *Atomradius* der Nebengruppenelemente ist stets *geringer* als der Atomradius des vorangehenden Elements der II. Hauptgruppe. Er nimmt von der 3. bis zur 8. Nebengruppe allmählich ab, um in der 1. und 2. Nebengruppe wieder etwas zuzunehmen.

▲ 4. Periode, Atomradien in pm

K	Ca	Sc	Ti	V	Mn	Cr	Fe	Co	Ni	Cu	Zn	Ga
203	174	144	132	122	117	117	116	116	115	135	131	126

Alle Nebengruppenelemente bilden *Metalle.* Sie geben leicht Elektronen ab, wobei Kationen unterschiedlicher Ionenwertigkeit entstehen. Neben den beiden s-Elektronen der Außenschale sind dabei vielfach auch d-Elektronen der darunter liegenden Schale beteiligt. Wichtige Wertigkeiten der Nebengruppenelemente sind – in Form der *Oxidationszahlen* – dem Bild 5-39 (↑ S. 174) zu entnehmen.

5 Chemische Bindung

Als chemische Bindung wird der Zusammenhalt von Atomen verstanden, wie er in Molekülen und Kristallgittern besteht.

Nachdem NIELS BOHR (1913) seine grundlegenden Erkenntnisse über den Bau der Elektronenhülle (↑ S. 66) veröffentlicht hatte, gelang es, die chemische Bindung auf Vorgänge in der Elektronenhülle der Atome zurückzuführen.

1915 gab der deutsche Physiker WALTER KOSSEL eine Erklärung für die in den *Ionensubstanzen* (Salzen) vorliegende chemische Bindung, die heute als *Ionenbindung* (↑ S. 141) bekannt ist.

1916 gelang es dem nordamerikanischen Chemiker GILBERT NEWTON LEWIS, auch die chemische Bindung in den *Molekülsubstanzen* zu erklären. Sie ist heute als *Atombindung* (↑ S. 108) bekannt.

Beide Wissenschaftler gingen von der Vorstellung aus, dass alle Atome die „Tendenz" haben, die *Elektronenbesetzung eines Edelgases* zu erreichen. Die Edelgase haben – mit Ausnahme des Heliums – auf ihrer Außenschale (auf dem höchsten Hauptenergieniveau) *acht* Elektronen. Eine solche Außenschale wird *Achterschale* (↑ S. 85 und 141) oder *Elektronenoktett*[1] genannt. Diese Elektronenanordnung ist so stabil, dass die Edelgase nur äußerst schwer chemische Reaktionen eingehen. Vor allem treten die Edelgase im Gegensatz zu anderen elementaren Gasen nicht als zweiatomige Moleküle auf.

Der Nordamerikaner IRVING LANGMUIR fasste (1919) die Ansätze von KOSSEL – als *Elektrovalenz* – und LEWIS – als *Kovalenz* – zur *Elektronentheorie der Valenz*[2] zusammen. Diese Theorie erklärt die Wertigkeit (Valenz) der Elemente mit Vorgängen in der Elektronenhülle.

Bei den Hauptgruppenelementen hängt die Wertigkeit von der Anzahl der Elektronen ab, die die Atome auf der Außenschale besitzen. Diese so genannten *Außenelektronen* werden daher auch *Valenzelektronen* genannt. Die Veränderungen, die bei chemischen Reaktionen in den Elektronenhüllen stattfinden, erstrecken sich nur auf die Valenzelektronen. Bei den Nebengruppenelementen (↑ S. 93), einschließlich der Lanthanoide und Actinoide, können auch Elektronen als Valenzelektronen auftreten, die nicht dem höchsten Hauptenergieniveau angehören.

Bei der chemischen Bindung wird allgemein zwischen drei Bindungsarten unterschieden (Tabelle 5-1):

- **Atombindung** (↑ 5.1)
- **Ionenbindung** (↑ 5.2)
- **Metallbindung** (↑ 5.3)

Diese Bindungsarten stehen nicht isoliert nebeneinander, sondern sind Erscheinungsformen einer einheitlichen chemischen Bindung. Dementsprechend gibt es zwischen diesen drei Bindungsarten *Übergangsformen.*

Viel schwächer als diese drei Bindungsarten sind die *zwischenmolekularen Bindungen*, die den Zusammenhalt zwischen den Molekülen in einem Kristallgitter (z. B. festem Kohlenstoffdioxid) oder in einer Flüssigkeit (z. B. Wasser) bewirken (VAN-DER-WAALSsche Kräfte (↑ S. 136)).

---

1) *octo* (lat.) acht

2) *valere* (lat.) gelten, wert sein

Tabelle 5-1: *Arten der chemischen Bindung*

Bindungsart	**Ionenbindung** (↑ 5.2) heteropolare Bindung, elektrovalente Bindung	**Atombindung** (↑ 5.1) Elektronenpaarbindung, homöopolare Bindung kovalente Bindung		**Metallbindung** (↑ 5.3) metallischer Zustand
Art der beteiligten Atome	Metallatom + Nichtmetallatom	Nichtmetallatome		Metallatome
Charakter der Atome	elektropositiv + elektronegativ	elektronegativ bzw. elektroneutral		elektropositiv
Vorgänge in den Elektronenhüllen	Übergang von Elektronen	Bildung gemeinsamer Elektronenpaare, Besetzung bindender Molekülorbitale		Abgabe von Valenzelektronen
Art der entstehenden Teilchen	positive und negative Ionen	Moleküle	–	positive Ionen und Elektronengas
Kristallgitter	Ionengitter	Molekülgitter	Atomgitter	Metallgitter
Charakter der entstehenden Stoffe	salzartig	flüchtig oder makromolekular (nichtflüchtig)	diamantartig	metallisch
Beispiele	Natriumchlorid, NaCl Calciumoxid, CaO Natriumhydroxid, NaOH	Brom, Br_2 Kohlenstoffdioxid, CO_2 Benzen Stärke	Diamant Silicium Siliciumcarbid, SiC Borcarbid, B_4C	alle Metalle und Legierungen

5.1 Atombindung

5.1.1 Atombindung und Eigenschaften der Stoffe

Die *Atombindung* beruht auf der Bildung von *gemeinsamen Elektronenpaaren.* Das sind Elektronenpaare, die den Elektronenhüllen beider an der Bindung beteiligten Atome angehören. Die Atombindung wird daher auch als *Elektronenpaarbindung* bezeichnet. Die gleichfalls gebräuchlichen Bezeichnungen *homöopolare*[1] *Bindung* und *unpolare Bindung* drücken aus, dass die beiden beteiligten Atome – im Gegensatz zur Ionenbindung (↑ 5.2) – keine elektrischen Ladungen tragen. In den gleichfalls gebräuchlichen Bezeichnungen *kovalente Bindung* oder *Kovalenzbindung* kommt zum Ausdruck, dass die beiden beteiligten Atome einander gleichwertig sind. Sie gehören entweder zum gleichen Element (z. B. bei den Molekülen der zweiatomigen elementaren Gase H_2, O_2, N_2, Cl_2) oder doch zu Elementen, die in ihrem chemischen Charakter (in ihrer Elektronegativität) einander ähnlich sind (z. B. Kohlenstoff und Schwefel im Kohlenstoffdisulfid, CS_2). Unterscheiden sich die Elemente, deren Atome an einer Bindung beteiligt sind, in ihrem chemischen Charakter (in ihrer Elektronegativität) erheblich voneinander, ergibt sich eine *polarisierte Atombindung* (↑ S. 130).

---

[1] *homoios* (grch.) ähnlich, gleich

Atombindungen treten nur zwischen Atomen mit mehr oder weniger elektronegativem Charakter auf, also zwischen Nichtmetallatomen.

Atombindung
= Elektronenpaarbindung
= homöopolare Bindung
= unpolare Bindung
= kovalente Bindung
= Kovalenzbindung

Die Atombindungen können mittels der von G. N. LEWIS eingeführten **Elektronenformeln** wie folgt dargestellt werden:

▲ Chlormolekül, Cl_2:

Jedes *Elektron* wird durch einen *Punkt* symbolisiert: $:\overset{..}{\underset{..}{Cl}}:\overset{..}{\underset{..}{Cl}}:$

Jedes *Elektronenpaar* wird durch einen *Strich* symbolisiert: $|\overline{\underline{Cl}}-\overline{\underline{Cl}}|$

Nur das *bindende* (gemeinsame) Elektronenpaar wird durch einen *Strich* symbolisiert: $Cl-Cl$

Diese drei Elektronenformeln sind gleichbedeutend.

Das **BOHRsche Atommodell** erklärt das Zustandekommen von Atombindungen wie folgt: Die Atome haben die Tendenz, auf ihrer äußersten Elektronenschale ein Elektronenoktett (eine abgeschlossene Achterschale, d. h. die Edelgaskonfiguration) zu erlangen. Bei der Atombindung wird das erreicht, indem die beiden beteiligten Atome je ein ungepaartes Elektron zu einem Elektronenpaar beisteuern, das dann beiden Atomen gemeinsam angehört.

▲ Die Atome des Chlors besitzen 7 Außenelektronen (3 Elektronenpaare und 1 ungepaartes Elektron). Sie können zu Achterschalen gelangen, indem sie sich unter Bildung eines gemeinsamen Elektronenpaares zu zweiatomigen Molekülen vereinigen (siehe Bild 5-1):

$$:\overset{..}{\underset{..}{Cl}}\cdot + \cdot\overset{..}{\underset{..}{Cl}}: \rightarrow :\overset{..}{\underset{..}{Cl}}:\overset{..}{\underset{..}{Cl}}:$$

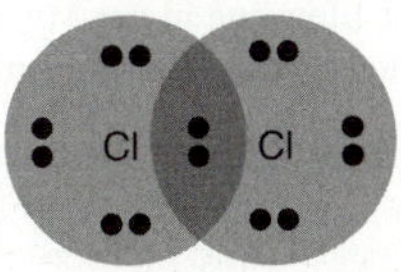

Bild 5-1: *Schematische Darstellung eines Chlormoleküls*

Aus den Modellvorstellungen BOHRs folgt die Frage, auf welchen Bahnen sich die Elektronen des gemeinsamen Elektronenpaares um die beiden Atomkerne bewegen. Diese Frage kann nicht beantwortet werden, da solche Bahnen in der Wirklichkeit nicht existieren. Das BOHRsche Atommodell erweist sich daher als unzureichend, die Atombindung zu erklären. Das Orbitalmodell (↑ S. 118) aber auch das Elektronenpaar-Abstoßungsmodell (↑ S. 112) beseitigen diese Schwierigkeiten.

Atombindungen führen zu zwei Stoffklassen von sehr unterschiedlichem Charakter:

- den *diamantartigen Feststoffen* und
- den *Molekülsubstanzen.*

5.1.1.1 Atombindungen in Feststoffen

Bei einer verhältnismäßig kleinen Gruppe von Stoffen führen die gerichteten Atombindungen zum Aufbau eines *Kristallgitters,* das *Atomgitter* genannt wird.

Als typisches Beispiel gilt der elementare Kohlenstoff in Form des *Diamanten* (siehe Bild 5-2). Im Atomgitter des Diamanten ist jedes Kohlenstoffatom durch vier Atombindungen, d. h. durch vier gemeinsame Elektronenpaare, mit vier benachbarten Kohlenstoffatomen verbunden. Dadurch ergibt sich um jedes Kohlenstoffatom eine *Tetraederstruktur*. Das führt zu einem außerordentlich festen Zusammenhalt. Alle Stoffe, die ein Atomgitter haben (z. B. Borcarbid, B_4C, und Siliciumcarbid, SiC), zeichnen sich daher durch *große Härte* und durch *sehr hohe Schmelz-* und *Siedepunkte* aus. Diese Stoffe werden unter der Bezeichnung **diamantartige Stoffe** zusammengefasst.

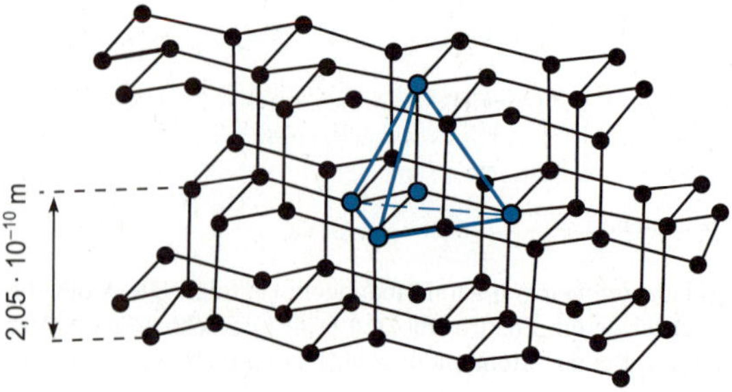

Bild 5-2: *Atomgitter des Diamanten (mit Tetraederstruktur)*

5.1.1.2 Atombindungen in Molekülsubstanzen

Zu den *Molekülsubstanzen* gehören die elementaren Gase – außer den Edelgasen – also z. B. Wasserstoff, H_2, und Chlor, Cl_2, einige nicht-salzartige anorganische Verbindungen, z. B. Wasser, H_2O; Chlorwasserstoff, HCl; Ammoniak, NH_3, und Kohlenstoffdioxid, CO_2, vor allem aber die organischen Verbindungen, d. h. Verbindungen des Kohlenstoffs. Der *Kohlenstoff* steht im Periodensystem der Elemente in der Mitte zwischen elektropositiven Elementen (Metallatomen) und elektronegativen Elementen (Nichtmetallatomen) und wird daher auch als *elektroneutral* bezeichnet.

Für organische Verbindungen ist die Atombindung charakteristisch.

Da die Moleküle keine elektrische Ladung tragen, leiten die Verbindungen, die auf reinen Atombindungen beruhen, den elektrischen Strom nicht.

Die Atombindungen sind *gerichtet*. Das heißt, *innerhalb* eines Moleküls liegt jede Atombindung zwischen zwei bestimmten Atomen.

Bevor ein Molekül mit einem anderen Molekül reagieren kann, muss ein Teil der innerhalb des Moleküls bestehenden Atombindungen aufgespalten werden. Daher verlaufen die *Molekülreaktionen* in der Regel viel langsamer als die für die anorganische Chemie typischen Ionenreaktionen.

Der Zusammenhalt *zwischen* den Molekülen in den Molekülsubstanzen ist *sehr gering*. Er wird durch **zwischenmolekulare Kräfte** bewirkt. Bei manchen Stoffen reichen diese Kräfte immerhin schon bei Zimmertemperatur zum Aufbau eines *Molekülgitters* aus (↑ S. 135).

Die Elektronenbesetzung von Molekülen (und Ionen) wird durch **Elektronenformeln** oder meist durch **Valenzstrichformeln** angegeben.

▲ *Methan*, CH_4

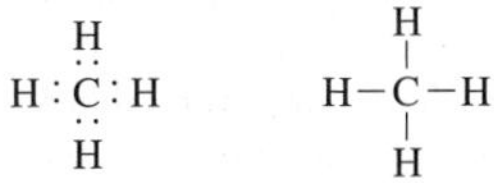

Das Kohlenstoffatom hat vier Valenzelektronen, die Wasserstoffatome haben ein Valenzelektron. Daraus werden vier gemeinsame Elektronenpaare gebildet. Das Kohlenstoffatom hat damit ein Elektronenoktett.

Tetrachlormethan, CCl_4

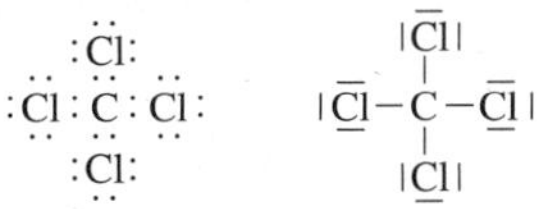

Zu den vier gemeinsamen Elektronenpaaren trägt das Kohlenstoffatom vier, jedes Chloratom ein ungepaartes Elektron bei. Die Chloratome haben dann noch je drei *freie* (nicht an einer chemischen Bindung beteiligte) Elektronenpaare. Alle Atome haben ein Elektronenoktett.

Für die meisten chemischen Verbindungen ergibt sich keine so einfache Darstellung.

▲ *Schwefeldioxid*, SO_2

Sowohl das Schwefelatom als auch die Sauerstoffatome haben sechs Außenelektronen. Durch die folgende Valenzstrichformel wird für alle drei Atome ein Elektronenoktett erreicht:

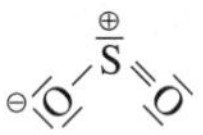

Danach würden allerdings zwei unterschiedliche Bindungen zwischen dem Schwefelatom und den Sauerstoffatomen vorliegen. Experimentelle Untersuchungen zeigen jedoch, dass beide Bindungen gleich sind. Dem wird durch folgende Formulierung Rechnung getragen:

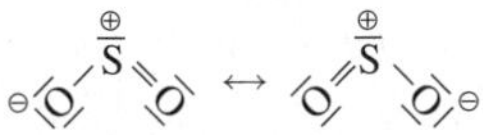

Sie besagt: Die tatsächliche Elektronenbesetzung liegt zwischen den beiden Formeln, die daher als (*mesomere*) *Grenzformeln* bezeichnet werden. Die Elektronendichte zwischen Schwefel und den beiden Sauerstoffatomen ist identisch.

Dass die Elektronenbesetzung vieler Moleküle nur mittels Grenzformeln dargestellt werden kann, ist als **Mesomerie**[1] oder **Resonanz**[2] bekannt. Der Pfeil ↔ wird *Mesomeriepfeil* genannt, er hat nichts mit dem Doppelpfeil ⇌ für Gleichgewichtsreaktionen zu tun.

Die beiden wichtigsten **Modellvorstellungen** für die Atombindung (kovalente Bindung) sind

- das **Elektronenpaar-Abstoßungs-Modell** und
- das **wellenmechanische Modell** (↑ S. 116).

[1] mesos (griech.) zwischen; meros (griech.) Teil
[2] *resonare* (lat.) widerhallen

5.1.2 Elektronenpaar-Abstoßungs-Modell

Aussagen zur räumlichen Gestalt von Molekülen lassen sich mit dem *Elektronenpaar-Abstoßungs-Modell* gewinnen. Nach dem kanadischen Chemiker RONALD GILLESPIE, dem man den Hauptanteil an der Entwicklung dieser Modellvorstellungen zuschreibt, wird es auch **Gillespie-Modell** genannt. In der englischsprachigen Literatur findet man die *valence-shell elektron-pair repulsion*, woraus die Abkürzung **VSEPR-Modell** resultiert.

Nach diesem Modell ist nur die negative Ladung der Valenzelektronenpaare wesentlich. Um das Zentralatom eines Moleküls wird jedem *Elektronenpaar* ein *Aufenthaltsraum* zugeschrieben. Diese Aufenthaltsräume der Elektronenpaare ordnen sich so um das Zentralatom an, dass sich deren negative Ladungen maximal abstoßen, das Molekül also den energieärmsten Zustand einnimmt. Auf diese Weise erhalten wir einfache geometrische Gebilde (siehe Bild 5-3).

▲ Im *Methanmolekül*, CH_4, sind die vier bindenden Elektronenpaare nach den Ecken eines regelmäßigen *Tetraeders* (siehe Bild 5-3c) gerichtet. Die Winkel zwischen den Bindungen betragen 109,5°.

Da Valenzschalen mit *acht* Elektronen besonders häufig auftreten, gibt es zahlreiche Moleküle mit Tetraederstruktur (Beispiel: *Tetrachlormethan*, CCl_4; siehe Bild 5-26c (↑ S. 134)). Diese Moleküle sind mit dem Methanmolekül *isoelektronisch*, sie haben die gleiche Elektronenkonfiguration.

Auch Verbindungen mit *freien* (einsamen, nicht bindenden) *Elektronenpaaren* lassen sich in der Struktur ihrer Moleküle auf das Tetraeder zurückführen. Als Beispiele sind dafür bekannt:

▲ Ammoniak, NH_3 (Bild 5-26a (↑ S. 134)) und
Wasser, H_2O.

Bei solchen Molekülen ergeben sich allerdings andere *Winkel* zwischen den Bindungen, und zwar deshalb, weil freie Elektronenpaare einen größeren Aufenthaltsraum einnehmen und größere Abstoßungskraft aufweisen als bindende Elektronenpaare. Es gilt allgemein:

- Zwischen zwei *freien* Elektronenpaaren besteht eine *starke* Abstoßung.
- Zwischen einem *freien* und einem *bindenden* Elektronenpaar besteht eine *mittlere* Abstoßung.
- Zwischen zwei *bindenden* Elektronenpaaren besteht eine *schwache* Abstoßung.

Das führt zu unterschiedlichen Winkeln zwischen benachbarten Bindungen. Allgemein gilt: Freie Elektronenpaare drücken benachbarte bindende Elektronenpaare zusammen. Der Winkel zwischen ihnen ist also geringer als 109,5°.

▲ Ammoniak 107°; Wasser 104,5°

Die verschiedenen Strukturen, die sich nach dem Gillespie-Modell ergeben, lassen sich in einfacher Weise symbolisieren. Wenn

- für das *Zentralatom* das Symbol Z,
- für die daran gebundenen *Atome* das Symbol A und
- für die freien *Elektronenpaare* das Symbol E

verwendet werden, ergeben sich für die Beispiele:

Methan, CH_4,	ZA_4
Ammoniak, NH_3,	ZA_3E
Wasser, H_2O,	ZA_2E_2

Diese Symbole werden wie folgt aus den Valenzstrichformeln oder Elektronenformeln (nach LEWIS) (↑ S. 109 und 111) abgeleitet.

▲ *Methan*

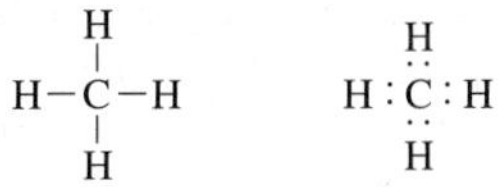

kein freies Elektronenpaar ZA_4

Ammoniak

ein freies Elektronenpaar ZA_3E

Wasser

zwei freie Elektronenpaare ZA_2E_2

Mehrfachbindungen sind nach dem Gillespie-Modell wie Einfachbindungen zu behandeln. Das ist dadurch begründet, dass in diesem Falle mehrere Bindungen in die *gleiche Richtung* weisen. Der *Doppelbindung* entspricht ein Aufenthaltsraum, der *zwei* Elektronenpaare enthält, der *Dreifachbindung* ein Aufenthaltsraum, der *drei* Elektronenpaare enthält. Um dem Rechnung zu tragen, wird für die Formulierung der Symbole nicht die Anzahl der *Bindungen*, sondern die Anzahl der *gebundenen Atome* zugrunde gelegt.

▲ Das *Kohlenstoffdioxidmolekül*, CO_2, hat die Valenzstrichformel[1)]

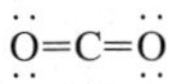

Freie Elektronenpaare sind am Zentralatom nicht vorhanden, da jedes der vier Valenzelektronen des Kohlenstoffatoms mit einem Elektron eines Sauerstoffatoms ein gemeinsames Elektronenpaar bildet. Daher gilt für das Kohlenstoffdioxidmolekül das Symbol ZA_2. Das gibt eine *lineare* Anordnung wieder (siehe Bild 5-3a).

Das *Ethenmolekül*, $CH_2{=}CH_2$, weist ebenfalls keine freien Elektronen auf:

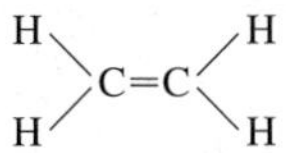

Daher gilt für jedes der Kohlenstoffatome das Symbol ZA_3. Das entspricht einer *trigonal ebenen* Struktur (siehe Bild 5-3b).

Im *Ethinmolekül*, CH≡CH, ist jedes Kohlenstoffatom nur mit zwei Atomen verbunden

H–C≡C–H

Freie Elektronenpaare gibt es nicht. Daher gilt für jedes Kohlenstoffatom das Symbol ZA_2. Es liegt eine *lineare* Anordnung vor (siehe Bild 5-3a).

1) Die Valenzstrich- und die Elektronenformeln sind gleichbedeutend. Hier und im Folgenden werden zur besseren Veranschaulichung bindende Elektronenpaare als Striche, freie Elektronenpaare als Punkte wiedergegeben.

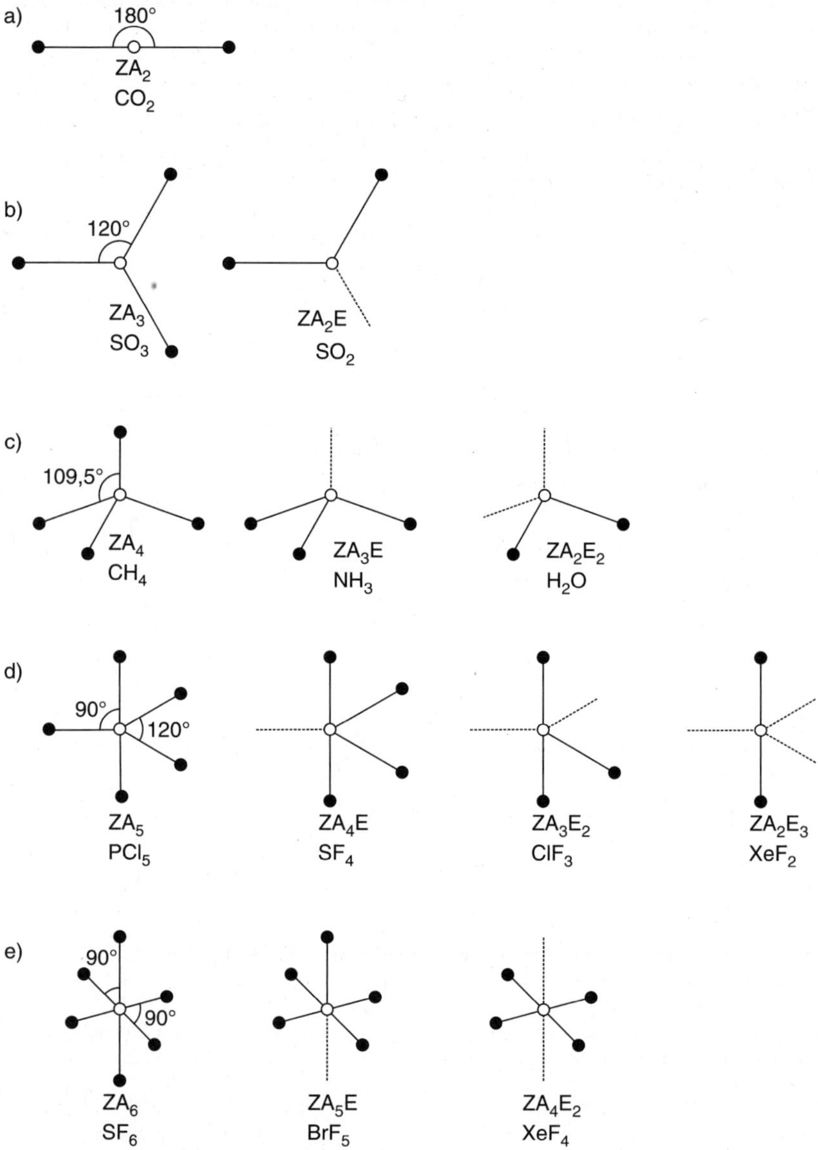

Bild 5-3: *Räumliche Struktur von Molekülen nach dem Elektronenpaar-Abstoßungsmodell*
Z = Zentralatom; A = gebundene Atome; E = freie Elektronenpaare;
darunter Summenformeln von Beispielen

Da nicht die Anzahl der Bindungen zugrunde gelegt wird, sondern die Anzahl der gebundenen Atome, lässt sich das Elektronenpaar-Abstoßungs-Modell auch auf Moleküle (und Ionen) anwenden, deren Bindungsverhältnisse nur mittels *mesomerer Grenzformeln* (↑ S. 111) dargestellt werden können.

▲ Das *Schwefeldioxidmolekül*, SO_2, wird durch die Grenzformeln

$$:\ddot{\underset{..}{O}}-\ddot{S}=\ddot{\underset{..}{O}} \leftrightarrow \ddot{\underset{..}{O}}=\ddot{S}-\ddot{\underset{..}{O}}:$$

wiedergegeben. Da *zwei* an das Schwefelatom gebundene Atome und *ein* freies Elektronenpaar vorliegen, gehört das Schwefeldioxidmolekül zum Typ ZA_2E. Dieser leitet sich vom trigonal ebenen Typ ZA_3 ab, dem das Schwefeltrioxid, SO_3, zugehört. Dessen Bindungswinkel beträgt 120°. Im Schwefeldioxidmolekül, SO_2, drückt das eine freie Elektronenpaar die Bindungen etwas zusammen, allerdings nur auf 119,3°, also wesentlich weniger als die zwei freien Elektronenpaare im Wassermolekül, H_2O.

Die bisherigen Beispiele erstrecken sich auf Moleküle mit zwei, drei und vier Elektronenpaar-Aufenthaltsräumen. Wichtig sind auch solche

- mit *fünf* Aufenthaltsräumen, die eine trigonal-bipyramidale Struktur ergeben (siehe Bild 5-3d) und
- mit *sechs* Aufenthaltsräumen, denen die oktaedrische Struktur entspricht (siehe Bild 5-3e).

▲ *Phosphorpentachlorid*, PCl_5, hat die Elektronenformel und *trigonal-bipyramitale Struktur*:

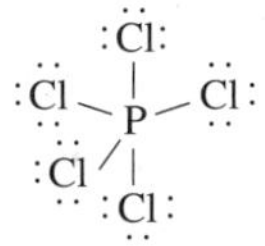

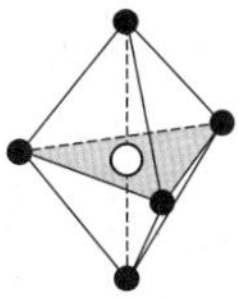

Dieses Molekül existiert nur im Gaszustand. Das Phosphoratom ist an fünf bindenden Elektronenpaaren beteiligt. Die Valenzschale umfasst also zehn Elektronen – im Unterschied zu dem üblichen Elektronenoktett. Eine solche „Oktetterweiterung" wird möglich durch die Beteiligung von d-Elektronen, die nur einen wenig höheren Energiezustand aufweisen als die 3p-Elektronen. Das Phosphorpentachloridmolekül gehört zum Typ ZA_5, es liegt eine trigonal bipyramidale Struktur vor.

▲ Das *Schwefelhexafluorid*, SF_6, wird allgemein als Beispiel für die *oktaedrische Struktur* (siehe Bild 5-3e) herangezogen.

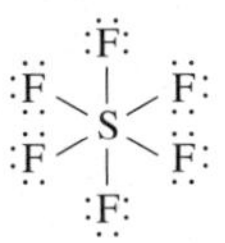

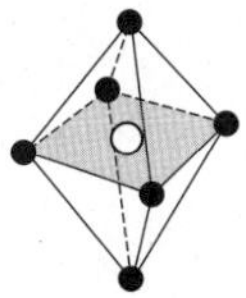

Das Schwefelatom hat sechs Außenelektronen. Jedes bildet mit einem Elektron eines Fluoratoms ein gemeinsames Elektronenpaar. Auf diese Weise erhalten alle Fluoratome ein Elektronenoktett, während um das Schwefelatom sechs gemeinsame Elektronenpaare vorhanden sind. Mit insgesamt *zwölf* Elektronen liegt also auch hier eine Oktetterweiterung vor. Das Schwefelhexafluorid gehört zum Typ ZA_6. Auch hiervon leiten sich Strukturen mit freien Elektronenpaaren ab (ZA_5E; ZA_4E_2; siehe Bild 5-3e).

Das Elektronenpaar-Abstoßungs-Modell gestattet nur Aussagen darüber, in welcher *Richtung* Bindungen von der regulären Struktur (z. B. des Tetraeders) abweichen. Die auftretenden Winkel lassen sich nicht berechnen, sondern müssen experimentell ermittelt werden.

In der Anwendung des Elektronenpaar-Abstoßungs-Modells auf Verbindungen, in denen ein *Nebengruppenelement* als Zentralatom auftritt, stoßen diese Modellvorstellungen auf Grenzen, da hier in vielfältiger Weise d-Elektronen als Valenzelektronen beteiligt sind.

5.1.3 Wellenmechanisches Modell der Atombindung

Ausgehend von den wellenmechanischen (quantenmechanischen) Modellvorstellungen über den Atombau, also von den *Orbitalmodellen der Atome* (↑ S. 74), ergeben sich die nachfolgenden *Modellvorstellungen über die Atombindung*.

Eine *Atombindung* entsteht, wenn sich *zwei Atome* mit (mindestens) je einem nur *einfach besetzten Orbital einander nähern*, wobei *Energie abgegeben* wird.

5.1.3.1 Bindungsenergie

Der einfachste Fall einer Atombindung ist die Vereinigung zweier *Wasserstoffatome*, H, zu einem *Wasserstoffmolekül*, H_2. Die Wasserstoffatome haben je ein einfach besetztes s-Orbital. Bei der Annäherung *durchdringen* sich diese beiden Orbitale, was als *Überlappung* bezeichnet wird.

Bild 5-4 zeigt den *Energieverlauf* bei der Annäherung der beiden Wasserstoffatome. Zunächst wird *Energie abgegeben*, da sich der positiv geladene Atomkern des ersten und das negativ geladene Elektron des zweiten Wasserstoffatoms anziehen. Mit fortschreitender Annäherung der beiden *positiv* geladenen Atomkerne tritt jedoch die elektrostatische Abstoßung zwischen diesen immer stärker in Erscheinung. Bei vollständiger Überlappung ($l = 0$) käme es zur Kernfusion, für die sehr hohe Energien notwendig sind.

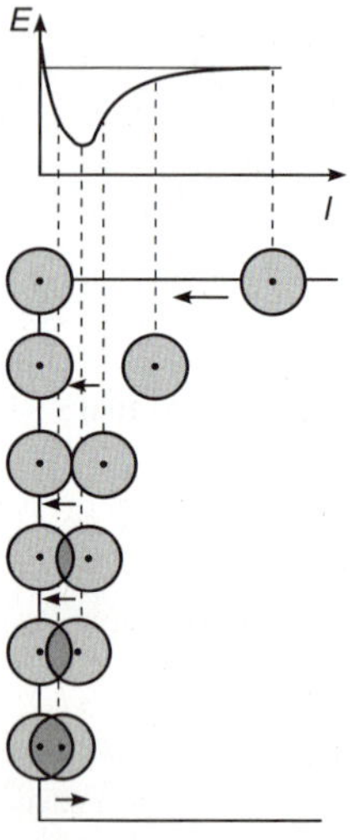

Bild 5-4: *Energieverlauf bei der Überlappung von Atomorbitalen*

Die Überlappung kommt zum Stillstand, bevor die für die weitere Annäherung erforderliche Energie *größer* wird als die bei der Überlappung freiwerdende Energie. Es ist dann der *energieärmste Zustand* erreicht (siehe Bild 5-4). Der Abstand, der dabei zwischen den beiden Atomkernen besteht, ist die **Bindungslänge** der Atombindung.

Andererseits muss *Energie aufgewandt* werden, wenn die in einem Wasserstoffmolekül, H_2, miteinander verbundenen Wasserstoffatome, H, voneinander *getrennt* werden sollen; und zwar der gleiche Betrag, der bei der Überlappung der Orbitale frei wurde. Dieser Betrag ist als **Bindungsenergie** bekannt. Bei der *quantitativen* Verwendung dieser Größe ist es exakter, von *Bindungsenthalpie* zu sprechen, da sich die tabellierten Zahlenwerte auf *konstanten Druck* (↑ S. 272) beziehen.

Wird diese Größe – wie in diesem Beispiel – mit *positivem* Vorzeichen angegeben, so bezieht sie sich auf den Vorgang der *Trennung* der Atombindung, bei welchem dem System „Molekül–Atome" Energie *zugeführt* werden muss. Es wird daher exakter auch von *Bindungstrennungsenergie* oder von *Bindungsdissoziationsenergie* gesprochen (gebräuchliche Formelzeichen D oder E_D).

Allgemein gilt:
Bei der Vereinigung von Atomen zu Molekülen wird der energieärmste Zustand angestrebt.

Die relative Festigkeit einer Atombindung beruht darauf, dass zu ihrer *Aufspaltung Energie zugeführt* werden muss.

In Tabelle 5-2 sind **molare Bindungsenthalpien** für eine Anzahl wichtiger Atombindungen aufgeführt. Nur für zweiatomige Moleküle lässt sich diese Größe exakt angeben. In mehratomigen Molekülen beeinflussen sich benachbarte Atombindungen gegenseitig, sodass in diesem Falle nur mittlere Bindungsenergien angegeben werden können, wie sie sich aus der Untersuchung unterschiedlicher Moleküle ergeben.

▲ Atombindung O–H
Bindungsenthalpie im Wasserstoffmolekül H–O–H: 492 kJ · mol^{-1}
Bindungsenthalpie im Methanolmolekül CH_3–O–H: 435 kJ · mol^{-1}
Mittlere Bindungsenthalpie für die O-H-Bindung: 463 kJ · mol^{-1}

Tabelle 5-2: *Molare Bindungsenthalpien (bei 25 °C)*

Bindung	molare Bindungsenthalpie in kJ · mol^{-1}	Bindung	molare Bindungsenthalpie in kJ · mol^{-1}
H–H	436	C–C	348
F–F	159	C=C	615
Cl–Cl	242	C≡C	839
Br–Br	193	C–H	413
I–I	151	C–F	489
O=O	498	C–Cl	339
S=S	255	C–Br	285
N≡N	945	C–I	211
H–F	567	C–O	358
H–Cl	431	C=O	745
H–Br	366	C–N	305
H–I	298	C≡N	891
		N–H	391
		N–O	201
		N=O	607

5.1.3.2 s-s-σ-Bindung

Mittels des *Orbitalmodells* lässt sich die Atombindung im *Wasserstoffmolekül* anschaulich erklären: Die einfach besetzten s-Orbitale der beiden Wasserstoffatome vereinigen sich zu *einem Orbital,* das mit zwei Elektronen voll besetzt ist und in dem beide Atomkerne liegen (siehe Bild 5-5, rechts).

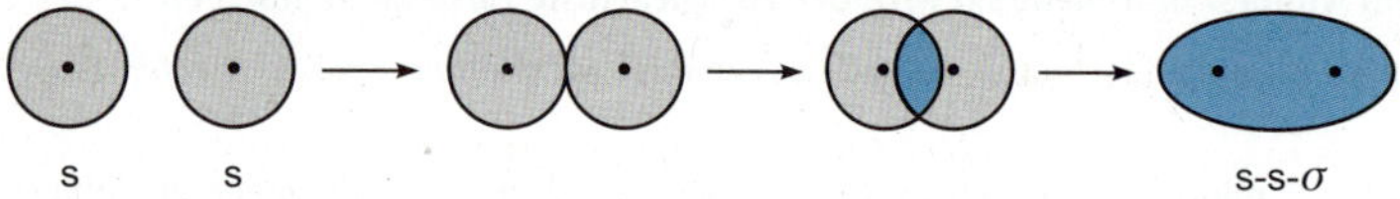

Bild 5-5: *s-s-σ-Bindung*

Aus zwei einfach besetzten Atomorbitalen entsteht bei der Atombindung ein voll besetztes Molekülorbital.

Dieses Molekülorbital nimmt ein niedrigeres Energieniveau ein als die beiden Atomorbitale, aus denen es hervorgegangen ist (siehe Bild 5-6).

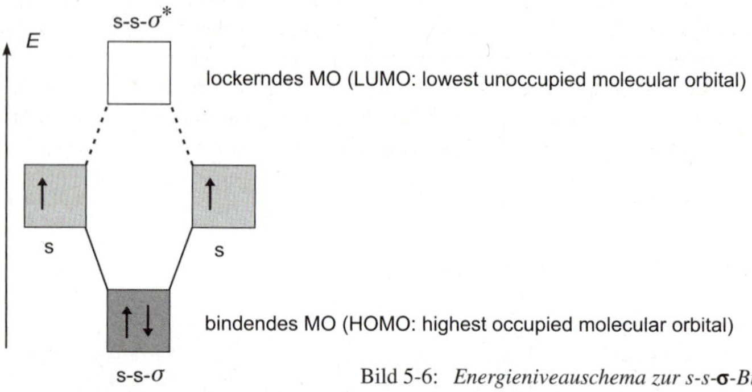

Bild 5-6: *Energieniveauschema zur s-s-**σ**-Bindung*

Ein **Molekülorbital** können wir uns anschaulich vorstellen als den Raum der 90%igen Aufenthaltswahrscheinlichkeit (↑ S. 75) eines gemeinsamen Elektronenpaares. Die Aufenthaltswahrscheinlichkeitsdichte (die Ladungsdichte) der beiden Elektronen ist innerhalb des Molekülorbitals im Raum zwischen den beiden Atomkernen am größten[1)].

Atombindungen, bei denen sich die beiden beteiligten Atomorbitale *längs einer Achse* vereinigen, sodass ein *rotationssymmetrisches Molekülorbital* entsteht (siehe Bild 5-5), werden *σ-Bindungen* genannt. Im Wasserstoffmolekül liegt, da es sich bei den beiden beteiligten Atomorbitalen um s-Orbitale (↑ S. 77) handelt, eine **s-s-σ-Bindung** vor.

Bei der Bezeichnung von *Molekülorbitalen* geben

- die *lateinischen Buchstaben* die Art der beteiligten *Atomorbitale* an,
- die *griechischen Buchstaben* die Art der *Bindung*.

Zu jedem bindenden Elektronenpaar (Molekülorbital) ist als Gegenstück ein **lockerndes** (antibindendes) **Elektronenpaar** (Molekülorbital) möglich. Während das *bindende* Molekülorbital stets ein *niedrigeres*

1) Wir beschränken uns hier auf Molekülorbitale, die *zwei* Atomkerne umfassen. Die *Molekülorbitaltheorie* geht ursprünglich von Molekülorbitalen aus, die sich über das *ganze Molekül* erstrecken (vgl. Benzenmolekül (↑ S. 130)).

Energieniveau aufweist als die beiden Atomorbitale, aus denen es hervorgegangen ist (siehe Bild 5-6, unten), kommt dem *lockernden* Molekülorbital stets ein *höheres* Energieniveau zu (siehe Bild 5-6, oben). Die lockernden Molekülorbitale werden mit einem Sternchen * gekennzeichnet.

Die Aufenthaltswahrscheinlichkeitsdichte (die Ladungsdichte) der Elektronen ist zwischen den beiden Atomkernen

- im *bindenden* Molekülorbital am *höchsten,*
- im *lockernden* Molekülorbital am *niedrigsten* (Bild 5-7).

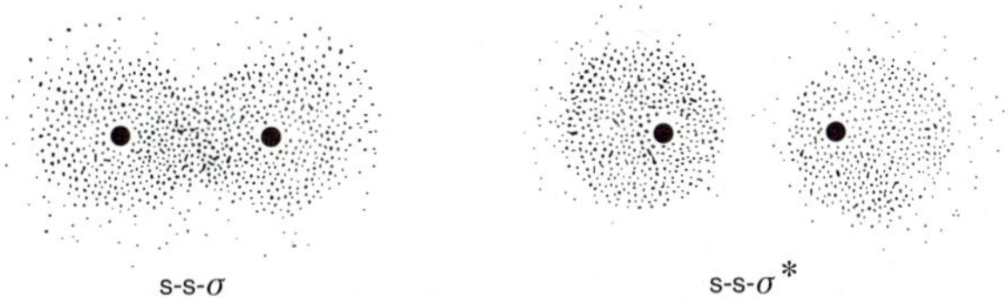

Bild 5-7: *Bindendes und lockerndes Molekülorbital*

Das Bild 5-6 bezieht sich auf das Wasserstoffmolekül H_2. Es ermöglicht aber zugleich eine Erklärung, weshalb ein Heliummolekül , He_2, nicht möglich ist. Das 1s-Orbital des Helium*atoms* ist mit *zwei* Elektronen voll besetzt. In einem Helium*molekül*, He_2, wären also *vier* 1s-Elektronen vorhanden, die zusammen *zwei* gemeinsame Elektronenpaare bilden könnten. Davon kann aber nur ein Elektronenpaar ein bindendes Molekülorbital besetzen (siehe Bild 5-6, unten). Für das andere Elektronenpaar stünde nur ein lockerndes Molekülorbital zur Verfügung (siehe Bild 5-6, oben). Da das lockernde Molekülorbital die Wirkung des bindenden Molekülorbitals aufheben (kompensieren) würde, kommt es nicht zur Bildung von Heliummolekülen.

5.1.3.3 p-p-σ-Bindung

Auch p-Orbitale (↑ S. 78) können sich bei Annäherung überlappen und zu Molekülorbitalen vereinigen (siehe Bild 5-8). Das Plus- bzw. Minus-Zeichen in den beiden Hälften jedes p-Orbitals gibt keine elektrischen Ladungen an, sondern das *Vorzeichen der Wellenfunktion,* einer Größe, die (nach der SCHRÖDINGER-Gleichung) das Orbital charakterisiert, auf die aber hier nicht eingegangen werden kann[1]. Eine *Überlappung* zwischen Atomorbitalen ist *nur bei gleichem Vorzeichen* der Wellenfunktion möglich. Überlappen sich die positiven (oder die negativen) Hälften zweier Orbitale entlang einer Achse, so kommt es zur Bildung eines *rotationssymmetrischen Molekülorbitals*, das als **p-p-σ-Molekülorbital** bezeichnet wird. Die dadurch zustandekommende Atombindung heißt dementsprechend **p-p-σ-Bindung**.

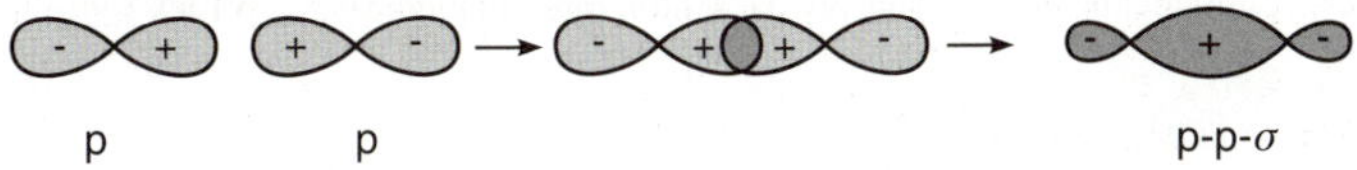

Bild 5-8: *p-p-σ-Bindung*

Das *bindende* p-p-σ-Molekülorbital besitzt ein *niedrigeres Energieniveau* als die beiden p-Orbitale, aus denen es hervorgegangen ist (siehe Bild 5-9).

[1] Literatur: [Sto2018] Wellenfunktion

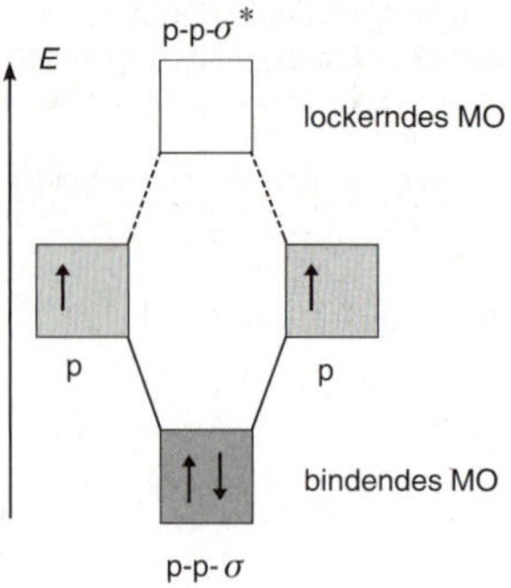

Bild 5-9: *Energieniveauschema zur p-p-σ-Bindung*

▲ Das Chloratom besitzt auf dem höchsten (3.) Hauptenergieniveau zwei s-Elektronen und fünf p-Elektronen.

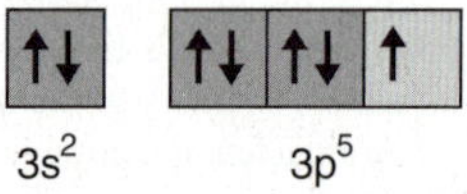

Durch Überlappung der einfach besetzten p-Orbitale zweier Chloratome kommt es zur Bildung eines p-p-σ-Molekülorbitals, welches die beiden Chloratome zu einem Chlormolekül, Cl_2, verbindet:

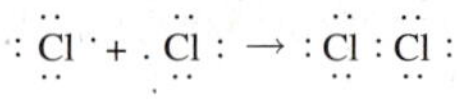

5.1.3.4 s-p-σ-Bindung

Auch zwischen einem s-Orbital und einem p-Orbital kann es zu einer Überlappung kommen, die zur Bildung eines Molekülorbitals führt (siehe Bild 5-10). (Da die Wellenfunktion im s-Orbital stets ein positives Vorzeichen hat, erfolgt die Überlappung mit der positiven Hälfte des p-Orbitals.) Das entstehende rotationssymmetrische **s-p-σ-Molekülorbital** stellt eine **s-p-σ-Bindung** dar.

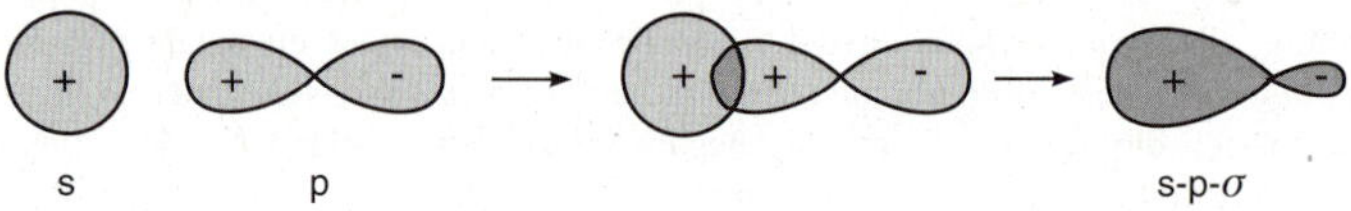

Bild 5-10: *s-p-σ-Bindung*

▲ Das Wasserstoffatom besitzt ein ungepaartes s-Elektron, das Chloratom ein ungepaartes p-Elektron

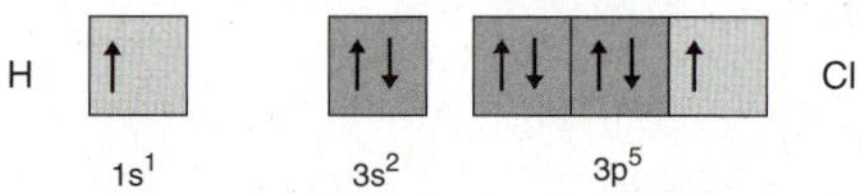

Im Chlorwasserstoffmolekül, HCl, haben sich das einfach besetzte s-Orbital des Wasserstoffatoms und das einfach besetzte p-Orbital des Chloratoms zu einem vollbesetzten s-p-σ-Molekülorbital vereinigt (siehe Bild 5-10, rechts):

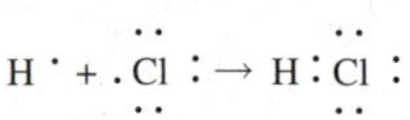

Nach dem **BOHRschen Atommodell** wird die Atombindung im Chlorwasserstoffmolekül, HCl, so erklärt, dass die beiden ungepaarten Elektronen ein gemeinsames Elektronenpaar bilden (siehe Bild 5-11). Dadurch erlangt das Chloratom ein Elektronenoktett, und die Elektronenschale des Wasserstoffatoms wird mit zwei Elektronen ebenfalls voll besetzt.

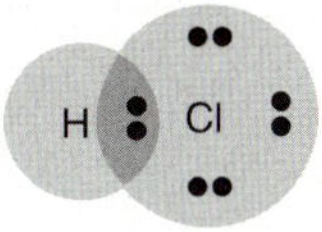

Bild 5-11: *Schematische Darstellung eines Chlorwasserstoffmoleküls*

5.1.3.5 p-p-π-Bindung

Wenn sich zwei Atome entlang ihren *x*-Achsen (↑ S. 79) einander nähern, kann nicht nur zwischen den beiden p_x-Orbitalen eine Überlappung eintreten, die zu einer p-p-σ-Bindung (↑ S. 119) führt . Auch zwischen den p_z-Orbitalen und zwischen den p_y-Orbitalen kann es zu Überlappungen kommen. Dabei bilden sich Molekülorbitale, die im Gegensatz zu den σ-Orbitalen nicht rotationssymmetrisch sind, sondern symmetrisch zu einer Ebene liegen, in der die *x*-Achse verläuft (siehe Bild 5-12). Solche Molekülorbitale werden als **π-Orbitale** oder genauer als **p-p-π-Orbitale** bezeichnet, die durch diese Molekülorbitale bewirkten Bindungen als **p-p-π-Bindungen**.

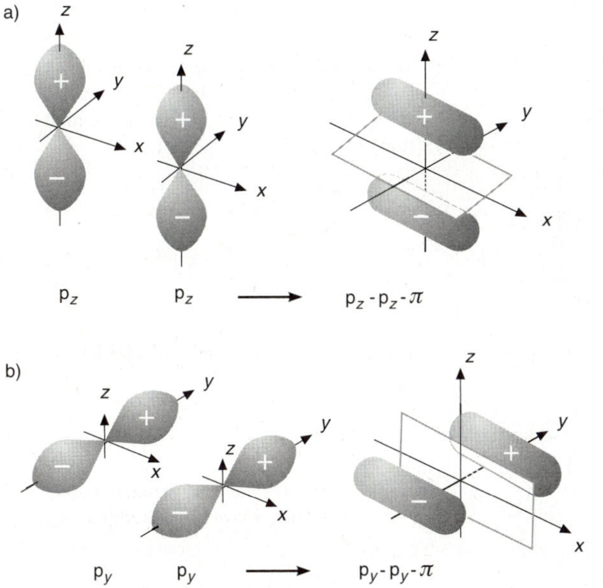

Bild 5-12: *a) p_z-p_z-π-Bindung; b) p_y-p_y-π-Bindung*

Molekülorbitale können sich nur zwischen p-Orbitalen gleicher räumlicher Orientierung bilden. So ist z. B. ein p_x-p_z-Molekülorbital nicht möglich, da sich in diesem Falle zwei Überlappungsbereiche ergeben würden, von denen nur bei dem einen die Vorzeichen der Wellenfunktionen (↑ S. 119) übereinstimmen könnten (siehe Bild 5-13). Die bindende Wirkung des einen Überlappungsbereichs würde durch den anderen Überlappungsbereich aufgehoben, sodass es zu keiner Bindung kommt.

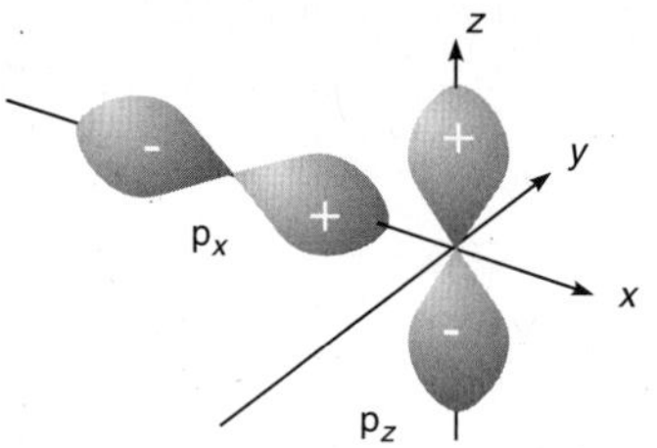

Bild 5-13: *Zwischen einem p_x-Orbital und einem p_z-(p_y)-Orbital ist keine Bindung möglich*

Zwischen *zwei Atomen* sind im Höchstfalle *drei Atombindungen* möglich, und zwar

- *eine* p-p-σ-Bindung (genauer: p_x-p_x-σ)
- *zwei* p-p-π-Bindungen (genauer: p_y-p_y-π; p_z-p_z-π).

Damit sind die *drei* bindenden p-p-Molekülorbitale voll besetzt.

Das ist im *Stickstoffmolekül* N≡N der Fall (siehe Bild 5-14).

Bei den auf den *Stickstoff* folgenden Elementen *Sauerstoff* und *Fluor* treten die hinzukommenden Elektronen in *lockernde* Molekülorbitale ein (siehe Bild 5-14).

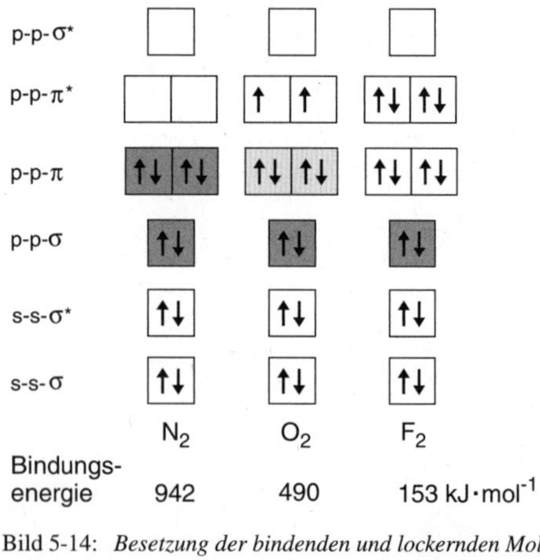

Bild 5-14: *Besetzung der bindenden und lockernden Molekülorbitale und Bindungsenergie des Stickstoff-, Sauerstoff- und Fluormoleküls*

Hier und im Folgenden wird das *Prinzip* der Besetzung der Molekülorbitale dargestellt. Es gibt davon Abweichungen (↑ S. 124).

Wie die Atomorbitale zur **Besetzung der Molekülorbitale** beitragen, zeigt Bild 5-15 am Beispiel des *Sauerstoffmoleküls.*

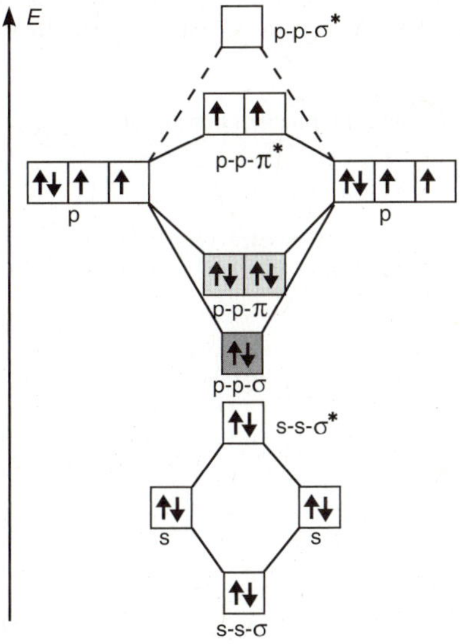

Bild 5-15: *Besetzung der Molekülorbitale (Beispiel: Sauerstoffmolekül)*

Die zwei p-p-π-Molekülorbitale haben das gleiche Energieniveau.

Neben den *drei* p-p-Bindungen kann *keine* s-s-σ-Bindung vorliegen, da sowohl die bindenden als auch die lockernden s-s-σ-Molekülorbitale besetzt werden, bevor mit der Besetzung der p-p-Orbitale begonnen wird (siehe Bild 5-15 unten). Bei der p-p-σ-Bindung können anstelle der p-Orbitale auch *Hybridorbitale* (↑ S. 126) (sp^3, sp^2, sp) beteiligt sein.

Die in den Bildern 5-14 und 5-15 stark grau unterlegten Molekülorbitale sind voll bindend wirksam. Bei den schwach grau unterlegten Molekülorbitalen wird die Bindungswirkung durch die einfach besetzten lockernden Molekülorbitale zum Teil kompensiert.

Allgemein gilt für die Bindungsverhältnisse in Molekülen:

Die bindenden und lockernden Molekülorbitale werden nach steigendem Energieniveau besetzt.

Eine Bindung zwischen zwei Atomen kommt dann zustande, wenn mindestens ein bindendes Molekülorbital besetzt wird, das nicht durch ein lockerndes Molekülorbital in seiner Wirkung kompensiert wird.

Das **Stickstoffatom** besitzt drei ungepaarte p-Elektronen:

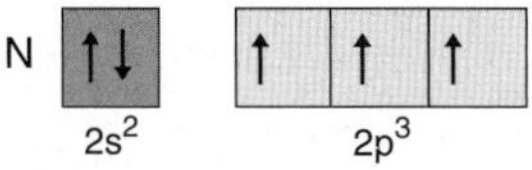

Bei der Vereinigung zu einem **Stickstoffmolekül** bilden sich *drei* gemeinsame Elektronenpaare

:N⋮ + ⋮N: → :N:::N:

Damit sind alle drei bindenden Molekülorbitale des 2p-Energieniveaus voll besetzt (vergleiche Bild 5-14). Daraus erklärt sich die sehr hohe Bindungsenergie des Stickstoffmoleküls (942 kJ · mol^{-1}), die dessen Reaktionsträgheit zur Folge hat.

Das **Sauerstoffmolekül** (490 kJ · mol^{-1}) und das **Fluormolekül** (153 kJ · mol^{-1}) haben wesentlich geringere Bindungsenergien und dementsprechend höhere Reaktionsfähigkeit, da hier die lockernden p-p-π*-Molekülorbitale teilweise (beim O_2) oder voll (beim F_2) besetzt sind (Bild 5-14). Das beruht darauf, dass auf dem höchsten Energieniveau das Sauerstoffatom *ein* und das Fluoratom *zwei* p-Elektronen mehr besitzt als das Stickstoffatom:

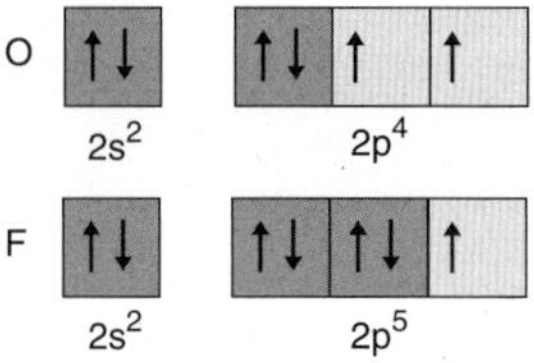

Von den Molekülorbitalen mit gleichem Energieniveau erhält nach der HUNDschen Regel (↑ S. 80) zunächst jedes *ein* Elektron. Im *Sauerstoffmolekül* (Bild 5-14) ist das bei den lockernden p-p-π*-Molekülorbitalen der Fall. Durch diese lockernden Molekülorbitale wird die Wirkung der bindenden p-p-π-Molekülorbitale *teilweise* aufgehoben. Die beiden *ungepaarten* Elektronen mit *parallelem* Spin sind die Ursache dafür, dass das Sauerstoffmolekül *paramagnetisch* ist (↑ S. 140).

Die p-Elektronen des *Fluors* besetzen dagegen die lockernden p-p-π*-Molekülorbitale vollständig, sodass die Wirkung der bindenden p-p-π-Molekülorbitale völlig aufgehoben wird. Im Fluormolekül liegt also nur *eine* Atombindung vor (Bild 5-14).

Im Allgemeinen sind die π-Bindungen schwächer als die σ-Bindungen. Daher stehen die p-p-π-Molekülorbitale im Energieniveauschema (Bild 5-15) über dem p-p-σ-Molekülorbital.

Infolge der sehr geringen Energieunterschiede kann es – aufgrund von Wechselwirkungen mit s-Elektronen – zu Abweichungen von diesem Prinzip kommen. So wurde ermittelt, dass beim *Stickstoffmolekül* N_2 ein Austausch stattfindet: Das p-p-σ-Molekülorbital steht hier über den p-p-π-Molekülorbitalen (Bild 5-14a). Erst vom *Sauerstoffmolekül* O_2 an entspricht die Abfolge der Molekülorbitale dem Prinzip, wie es im Bild 5-14 wiedergegeben ist.

Reine Atombindungen gibt es nur zwischen zwei Atomen des *gleichen* Elements (z. B. im Chlormolekül). Bei ihnen ist die Aufenthaltswahrscheinlichkeitsdichte des bindenden Elektronenpaares (die Ladungsdichte der Elektronen im bindenden Molekülorbital) genau in der Mitte zwischen den beiden Atomkernen am größten. Zwischen Atomen zweier Nichtmetalle, die sich in ihrem *elektronegativen Charakter* voneinander unterscheiden (↑ S. 103), sind die Atombindungen mehr oder weniger *polarisiert* (↑ S. 130).

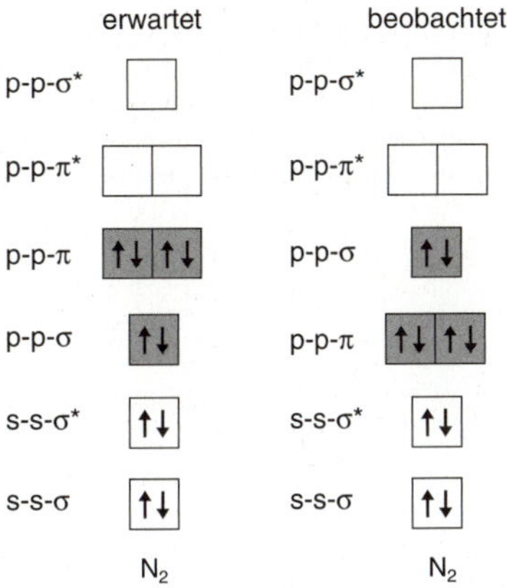

Bild 5-14a: *Molekülorbitale des Stickstoffmoleküls*

5.1.3.6 Bindungen am Kohlenstoffatom

Einer gesonderten Betrachtung bedürfen die vielfältigen Atombindungen, die das Kohlenstoffatom mit den Atomen anderer Nichtmetalle einzugehen vermag. Die außerordentlich große Anzahl organischer Verbindungen, die der Kohlenstoff bildet, beruht darauf.

Jedes Kohlenstoffatom vermag *vier Atombindungen* zu bilden.
Es kann an *vier gemeinsamen Elektronenpaaren* teilnehmen.

▲ Das ist der Fall im *Methanmolekül*, CH_4:

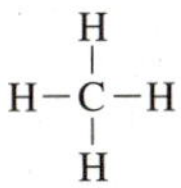

Die vier Kohlenstoff-Wasserstoff-Bindungen sind einander völlig *gleich*. Um das vom Orbitalmodell her zu erklären, müssen die Modellvorstellungen ergänzt werden:

Das Kohlenstoffatom hat auf dem 2. Hauptenergieniveau folgende Elektronenbesetzung:

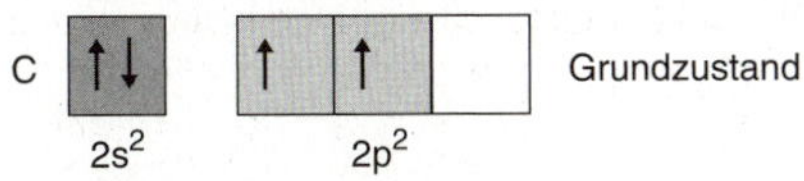

Um an der Bildung von vier gemeinsamen Elektronenpaaren (Molekülorbitalen) teilnehmen zu können, muss das Kohlenstoffatom jedoch über *vier einfach besetzte* Atomorbitale verfügen. Das wird erreicht, indem es aus dem vorstehend angegebenen Grundzustand in einen angeregten Zustand mit der Elektronenbesetzung

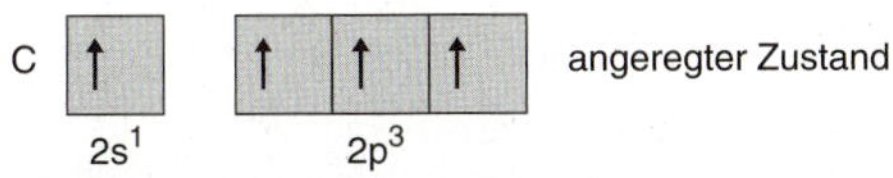

übergeht. Dieser angeregte Zustand hat ein etwas höheres Energieniveau als der Grundzustand. Die für die *Anregung* (auch als *Promotion* bezeichnet) aufzuwendende Energie wird *Anregungsenergie* (oder *Promotionsenergie*) genannt.

Von dieser Elektronenbesetzung (ein ungepaartes s-Elektron und drei ungepaarte p-Elektronen) ausgehend, lässt sich aber noch nicht erklären, wieso die vier Atombindungen im Methanmolekül einander *gleich* sind. Es muss angenommen werden, dass – beim Zustandekommen der vier C–H-Bindungen im *Methanmölekül* – sich die vier Orbitale des Kohlenstoffatoms überlagern, wobei vier andersartige – untereinander gleichartige – Orbitale bilden. Diese werden, ihrer Herkunft aus den Atomorbitalen entsprechend, *sp^3-Hybridorbitale* genannt.

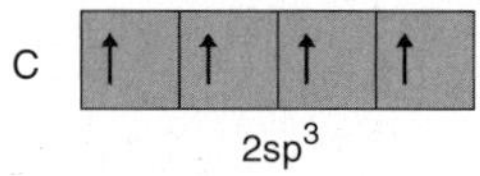

hybridisierter Zustand [1]

Gegenüber dem angeregten Zustand hat der hybridisierte Zustand wiederum ein höheres Energieniveau. Diese Energiedifferenz wird *Hybridisierungsenergie* genannt.

Es handelt sich hier wiederum um eine *Modellvorstellung*. Sie wird als **Hybridisierung**[2] bezeichnet. Aus Sicht der Wellenmechanik handelt es sich um eine *Überlagerung* (Linearkombination) *von Wellenfunktionen* (↑ S. 75).

Wie den p-Orbitalen die Form einer *Hantel* (↑ S. 79) zugeschrieben wird, so ordnet man den Hybridorbitalen die Form einer *Keule* mit kleinem Griff zu. Der Atomkern liegt an der Schnittstelle (Bild 5-16b).

Es ist zwischen verschiedenen Hybridorbitalen zu unterscheiden. Die drei wichtigsten *Hybridorbitale*, die je einem *Bindungszustand des Kohlenstoffatoms* entsprechen, werden hier dargestellt.

Die Benennung der Hybridorbitale ergibt sich aus der Art und der Anzahl der Atomorbitale, aus denen sie hervorgegangen sind. Allgemein werden die Hybridorbitale auch als *q-Orbitale* bezeichnet.

- **sp^3-Hybridorbitale** sind aus einem s-Orbital und drei p-Orbitalen hervorgegangen.

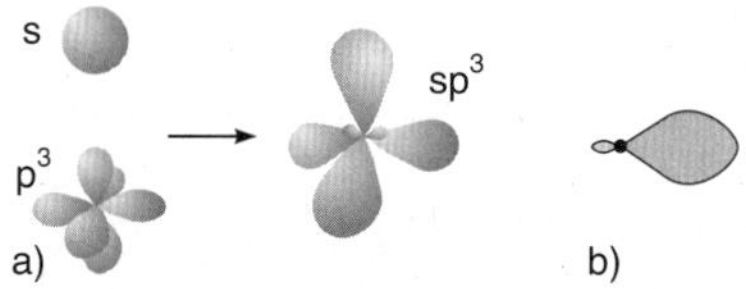

Bild 5-16:
a) sp^3-Hybridisierung;
b) Schnitt durch ein sp^3-Hybridorbital

Die vier sp^3-Orbitale sind nach den Ecken eines gleichseitigen Tetraeders gerichtet. Das Kohlenstoffatom befindet sich im *tetragonalen Bindungszustand* (siehe hierzu *Einfachbindung* (↑ S. 127)).

- **sp^2-Hybridorbitale** sind aus einem s-Orbital und zwei p-Orbitalen hervorgegangen. Ein p-Orbital des Kohlenstoffatoms ist unhybridisiert geblieben.

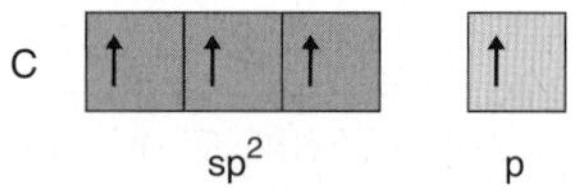

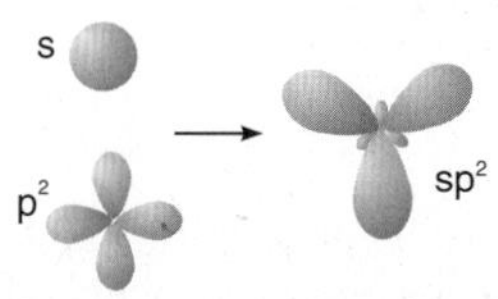

Bild 5-17: *sp^2-Hybridisierung*

[1] Die Elektronen in den *Hybrid*orbitalen werden mitunter durch einen senkrechten Strich | ohne Pfeilspitze symbolisiert.
[2] *hybrida* (lat.) Mischling

Die drei sp^2-Orbitale liegen in einer Ebene, in der sich auch der Atomkern befindet, und sind nach den Ecken eines gleichseitigen Dreiecks gerichtet. Das Kohhlenstoffatom befindet sich im *trigonalen Bindungszustand* (siehe hierzu *Doppelbindung* (↑ S. 128)).

- **sp-Hybridorbitale** sind aus einem s-Orbital und einem p-Orbital hervorgegangen. Zwei p-Orbitale des Kohlenstoffatoms sind unhybridisiert geblieben.

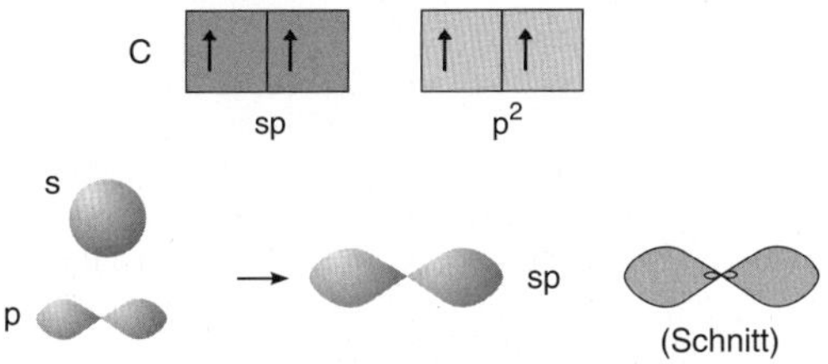

Bild 5-18: *sp-Hybridisierung*

Die zwei sp-Orbitale liegen – einander entgegengesetzt – auf einer durch den Atomkern verlaufenden *Achse*. Das Kohlenstoffatom liegt im *linearen Bindungszustand* vor (siehe hierzu *Dreifachbindung* (↑ S. 129))

Bei der Hybridisierung verändert sich – wie die Beispiele zeigen – die *Anzahl* von vier Orbitalen *nicht.* Auf einem Hauptenergieniveau sind vorhanden:

- *ein* s-Orbital und *drei* p-Orbitale oder
- *zwei* sp-Orbitale und *zwei* p-Orbitale oder
- *drei* sp^2-Orbitale und *ein* p-Orbital oder
- *vier* sp^3-Orbitale.

Über die hier behandelten Hybridorbitale hinaus gibt es auch Hybridorbitale, an deren Entstehung d-Orbitale (↑ S. 163) beteiligt sind.

Die Hybridorbitale nehmen in der gleichen Weise an der Bildung von Molekülorbitalen teil wie nicht hybridisierte Orbitale.

Die **Anregungsenergie** und **Hybridisierungsenergie** werden aus der **Bindungsenergie** gedeckt, die frei wird, wenn sich Atomorbitale überlappen (wenn die Elektronen ein bindendes Molekülorbital mit niedrigerem Energieniveau besetzen (siehe Bild 5-9 (↑ S. 120)). Zur Hybridisierung kann es also erst im Zusammenhang mit einer chemischen Bindung kommen. Die *Kohlenstoffatome* liegen praktisch nie im Grundzustand, sondern immer im angeregten bzw. hybridisierten Zustand vor, da sie nicht nur in den Kohlenstoffverbindungen, sondern auch im elementaren Zustand (Diamant (↑ S. 110), Graphit (↑ S. 464), Fullerene (↑ S. 465)) stets an Atombindungen beteiligt sind.

Im Folgenden werden die chemischen Bindungen, die den verschiedenen *Bindungszuständen* des Kohlenstoffatoms entsprechen, anhand von Beispielen dargestellt.

Einfachbindung

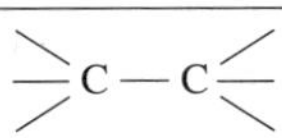

Im **Methan**, CH_4, liegt der Kohlenstoff im *tetraedrischen Bindungszustand* (sp^3-Hybridisierung) vor (siehe Bild 5-19). Jedes der vier sp^3-Orbitale hat mit je einem s-Orbital eines Wasserstoffatoms einen Überlappungsbereich gebildet. Es liegen

- vier **s-sp^3-σ-Bindungen** (s-sp^3-σ-Molekülorbitale) vor.

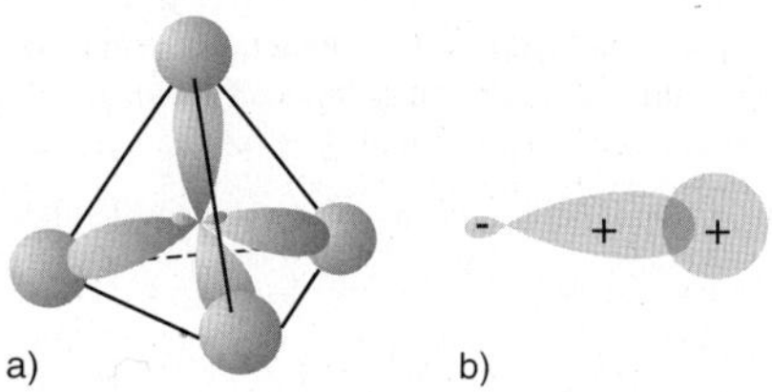

Bild 5-19: *a) Orbitalmodell des Methanmoleküls; b) Schnitt durch eine s-sp³-σ-Bindung*

Im **Ethan**, C_2H_6, – ebenfalls tetraedrischer Bindungszustand – haben sich je *ein* sp^3-Hybridorbital der beiden Kohlenstoffatome überlappt. An jedem Kohlenstoffatom stehen dann noch *drei* sp^3-Hybridorbitale zur Verfügung, die mit dem s-Orbital je eines Wasserstoffatoms überlappen. So entstehen (siehe Bild 5-20)

- eine **sp^3-sp^3-σ-Bindung** zwischen den beiden Kohlenstoffatomen und
- sechs **s-sp^3-σ-Bindungen** zwischen den Wasserstoffatomen und Kohlenstoffatomen.

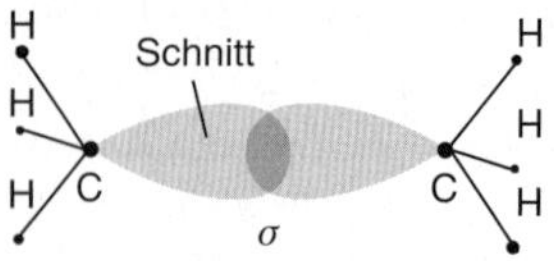

Bild 5-20: *Einfache Atombindung zwischen zwei Kohlenstoffatomen (Ethanmolekül)*

(In den Bildern 5-19 bis 5-22 sind nur die am jeweiligen Beispiel neu einzuführenden Bindungen als Orbitale wiedergegeben, während die aus den vorangegangenen Beispielen bekannten Bindungen durch Striche symbolisiert sind.)

Doppelbindung	>C=C<

Im **Ethen**, C_2H_4, befinden sich die Kohlenstoffatome im *trigonalen Bindungszustand* (sp^2-Hybridisierung). Die vorhandenen Atomorbitale bilden folgende Bindungen:

- eine **sp^2-sp^2-σ-Bindung** zwischen den beiden Kohlenstoffatomen,
- vier **s-sp^2-σ-Bindungen** zwischen den Kohlenstoff- und den Wasserstoffatomen und
- eine **p-p-π-Bindung** zwischen den beiden Kohlenstoffatomen (Bild 5-12a (↑ S. 121)).

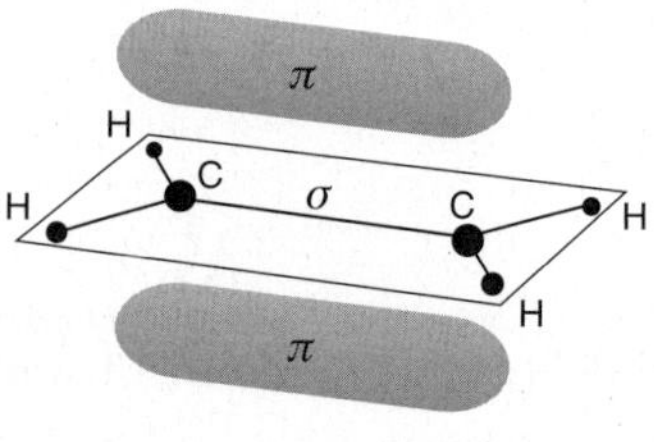

Bild 5-21: *Doppelbindung zwischen zwei Kohlenstoffatomen (Ethenmolekül)*

Im Ethenmolekül liegt also eine Doppelbindung zwischen den beiden Kohlenstoffatomen vor, die sich aus einer σ-Bindung und einer π-Bindung zusammensetzt (siehe Bild 5-21). Dass hier zwei unterschiedliche Bindungen vorliegen, wird aus den Bindungsenthalpien deutlich. Die molare Bindungsenthalpie der Doppelbindung ist mit 615 $kJ \cdot mol^{-1}$ *niedriger* als das Doppelte der molaren Bindungsenthalpie einer Einfachbindung (348 $kJ \cdot mol^{-1}$).

Dreifachbindung	—C≡C—

Im **Ethin** (Acetylen), C_2H_2, befinden sich die Kohlenstoffatome im *linearen Bindungszustand* (sp-Hybridisierung). Außer den zwei Hybridorbitalen sind also noch zwei unhybridisierte p-Orbitale vorhanden.

Es liegen folgende Bindungen vor (siehe Bild 5-22):

- eine **sp-sp-σ-Bindung** zwischen den beiden Kohlenstoffatomen,
- zwei **s-sp-σ-Bindungen** zwischen den Kohlenstoff- und den Wasserstoffatomen und
- zwei **p-p-π-Bindungen** zwischen den beiden Kohlenstoffatomen.

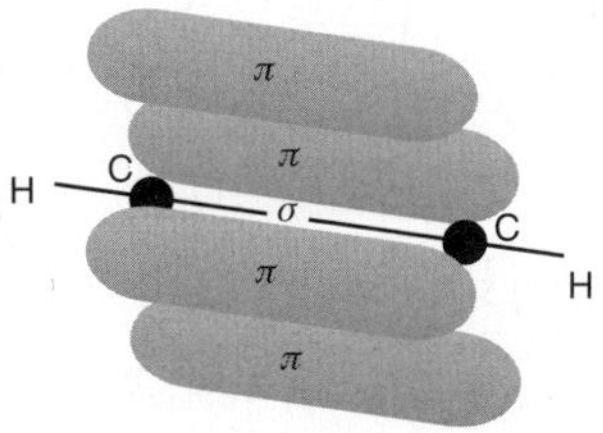

Bild 5-22: *Dreifachbindung zwischen zwei Kohlenstoffatomen (Ethinmolekül)*

Im Ethinmolekül ist also eine Dreifachbindung zwischen den Kohlenstoffatomen vorhanden, und zwar eine σ-Bindung und zwei π-Bindungen. Die molare Bindungsenthalpie der Dreifachbindung ist mit 839 $kJ \cdot mol^{-1}$ wesentlich *niedriger* als das Dreifache der molaren Bindungsenthalpie einer Einfachbindung (348 $kJ \cdot mol^{-1}$).

Für organische Verbindungen, die nur σ-Bindungen enthalten (Beispiele: Methan, Ethan), sind **Substitutionsreaktionen** (↑ 29.3.1) charakteristisch. Additionsreaktionen vermögen sie nicht einzugehen.

Für organische Verbindungen, die auch π-Bindungen enthalten (Beispiele: Ethen, Ethin), sind **Additionsreaktionen** (↑ 29.3.2) charakteristisch. Dabei werden die π-Bindungen aufgespalten.

Es gibt auch Modellvorstellungen, nach denen eine *Hybridisierung* zwischen den verschiedenartigen Bindungen (Molekülorbitalen) einer Doppelbindung oder Dreifachbindung angenommen wird, wobei zwei bzw. drei einander gleichartige Bindungen einer neuen Art entstehen, die als ***τ*-Bindungen** bezeichnet werden. Man beachte:

- Bei den q-Orbitalen liegen hybridisierte *Atom*orbitale vor.
- Bei den τ-Bindungen handelt es sich um hybridisierte *Molekül*orbitale.

Aromatischer Zustand

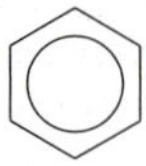

Im Molekül des **Benzens** (früher *Benzol* genannt), C_6H_6, sind die sechs Kohlenstoffatome ringförmig miteinander verbunden. In diesem *Benzenring* (Benzolring) liegen die Kohlenstoffatome im *trigonalen Bindungszustand* vor. Von den drei sp^2-Orbitalen jedes Kohlenstoffatoms bilden

- zwei mit sp^2-Orbitalen der beiden Nachbaratome **sp^2-sp^2-σ-Bindungen**,
- eines mit dem s-Orbital eines Wasserstoffatoms eine **s-sp^2-σ-Bindung** (siehe Bild 5-23a).

Jedes der sechs Kohlenstoffatome besitzt außerdem ein (nicht hybridisiertes) p-Orbital, dessen Achse senkrecht zur Ebene der σ-Bindungen steht (siehe Bild 5-23b). Im Unterschied zum Ethenmolekül (↑ S. 128) treten diese p-Orbitale aber im Benzenmolekül nicht zu p-p-π-Bindungen zwischen jeweils zwei benachbarten Kohlenstoffatomen zusammen, sondern alle sechs p-Orbitale bilden ein gemeinsames π-Molekülorbital, ein π-Elektronensextett. Die beiden Hälften dieses Molekülorbitals liegen oberhalb und unterhalb der Ebene der σ-Bindungen (siehe Bild 5-23b).

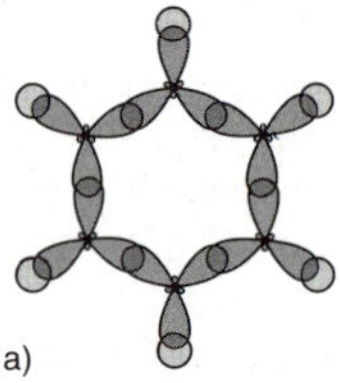
a)

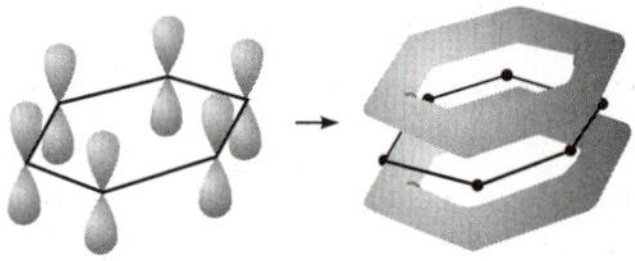
b)

Bild 5-23: *Bindungen im Molekül des Benzens (Benzols)*
a) σ-Bindungen; b) π-Bindungen

Das π-Molekülorbital des Benzens ist *polyzentrisch*, d. h., es umfasst mehr als zwei Atomkerne. Nach diesen Modellvorstellungen sind die sechs p-Elektronen im Benzenmolekül nicht an feste Plätze gebunden, sondern *delokalisiert*. Dieser Bindungszustand, der für alle aromatischen Verbindungen (↑ 39.3) charakteristisch ist und daher auch als *aromatischer Zustand* bezeichnet wird, hat ein besonders niedriges Energieniveau und ist daher sehr stabil.

Am Benzenring treten vor allem *Substitutionsreaktionen* (↑ 29.3.1) auf. Dabei bleibt der aromatische Zustand erhalten. Dagegen müssen *Additionsreaktionen* (↑ 29.3.2), wie sie für das Ethen und allgemein für Verbindungen mit *lokalisierten* π-Bindungen charakteristisch sind, zur Auflösung des π-Elektronensextetts führen.

5.1.4 Polarisierte Atombindungen – Dipolmoleküle

Reine Atombindungen gibt es nur zwischen zwei Atomen des gleichen Elements (z. B. im Chlormolekül, Cl_2). Bei ihnen ist die Aufenthaltswahrscheinlichkeitsdichte des bindenden Elektronenpaares (die Ladungsdichte der Elektronen im bindenden Molekülorbital) genau in der Mitte zwischen den beiden Atomkernen am größten.

Zwischen Atomen zweier Nichtmetalle, die sich in ihrem *elektronegativen Charakter* (↑ S. 103) voneinander unterscheiden, kann es keine reine Atombindung geben. Der Atomkern des stärker elektronegativen Elements zieht die Elektronen *stärker* an als der Atomkern des schwächer elektronegativen Elements. (Das beruht auf der unterschiedlichen Ladung des Atomkerns sowie auf dem unterschiedlichen Radius und der unterschiedlichen Besetzung der Elektronenhülle.) Dadurch wird die *Ladungsverteilung* entlang der Atombindung *unsymmetrisch*. Das Atom des stärker elektronegativen Elements erhält eine *negative Partialladung* (Teilladung), das Atom des schwächer elektronegativen Elements eine *positive Partialladung*. Diese Ladungen sind stets *kleiner* als die Ladungen von Ionen.

▲ Chlor ist stärker elektronegativ als Wasserstoff. Im Chlorwasserstoffmolekül, HCl, werden daher die bindenden Elektronen vom Atomkern des Chloratoms stärker angezogen als vom Atomkern des Wasserstoffatoms:

$$\overset{\delta+}{\mathrm{H}} \; : \overset{\delta-}{\ddot{\underset{..}{\mathrm{Cl}}}} :$$

Dadurch wird der Schwerpunkt der negativen Ladungen zum Chloratom verschoben, was eine Verschiebung des Schwerpunktes der positiven Ladungen zum Wasserstoffatom zur Folge hat. Im Chlorwasserstoffmolekül trägt das Wasserstoffatom etwa 20 % der Ladung eines Wasserstoff-Ions, H^+, das Chloratom etwa 20 % der Ladung eines Chlorid-Ions, Cl^-. Man sagt auch: Die *Atombindung* zwischen dem Wasserstoffatom und dem Chloratom hat 20 % *Ionenbindungscharakter*.

Die *Partialladungen* werden mit δ^+ und δ^- symbolisiert.

Atombindungen, bei denen die beteiligten Atome – infolge unterschiedlicher Elektronegativität – Partialladungen tragen, werden als polarisierte Atombindungen bezeichnet.

Die polarisierte Atombindung stellt einen Übergang von der reinen Atombindung zur Ionenbindung (↑ 5.2, S. 141) dar.

Die an einer polarisierten Atombindung (auch als *Atombindung mit partiellem Ionenbindungscharakter* bezeichnet) beteiligten Atome haben ein Merkmal der Ionen, die elektrische Ladung. Ihnen fehlt aber das andere wesentliche Merkmal der Ionen, die relativ freie Beweglichkeit. Moleküle mit polarisierten Atombindungen neigen aber zur elektrolytischen Dissoziation, also zur Aufspaltung in Ionen (potenzielle Elektrolyte (↑ S. 150)).

Der **Übergang von der Atombindung zur Ionenbindung** zeigt sich deutlich am Beispiel der binären Verbindungen des Chlors mit den anderen Elementen der 3. Periode des Periodensystems:

NaCl	$MgCl_2$	$AlCl_3$	$SiCl_4$	PCl_3	SCl_2	Cl_2
Ionenbindung	polarisierte Atombindungen					reine Atombindung

zunehmende Polarisation

⟵

Die **Elektronegativitäten** (↑ S. 103) der Elemente ermöglichen es, die *Polarität von Atombindungen* abzuschätzen.

Die *Elektronegativitätsskala* (Bild 5-24; Tabelle 5-3) gestattet zwar keine exakten Berechnungen; sie reicht aber aus, um zu angenäherten quantitativen Aussagen über die Polarität von Atombindungen zu kommen. Mit dieser Einschränkung kann gesagt werden:

Die Differenz der Elektronegativitäten zweier miteinander verbundener Atome ist ein Maß für die Polarität der Atombindung.

Jede Atombindung hat eine bestimmte *Elektronegativitätsdifferenz* Δ *EN*.

▲ Wasser, H_2O:	$EN(O) = 3{,}5$	$EN(H) = 2{,}1$	$\Delta EN(O\text{-}H) = 1{,}4$
Chlorwasserstoff, HCl:	$EN(Cl) = 3{,}0$	$EN(H) = 2{,}1$	$\Delta EN(Cl\text{-}H) = 0{,}9$
Ammoniak, NH_3	$EN(N) = 3{,}0$	$EN(H) = 2{,}1$	$\Delta EN(N\text{-}H) = 0{,}9$
Dichlormonoxid, Cl_2O:	$EN(O) = 3{,}5$	$EN(Cl) = 3{,}0$	$\Delta EN(O\text{-}Cl) = 0{,}5$
Stickstofftrichlorid, NCl_3	$EN(N) = 3{,}0$	$EN(Cl) = 3{,}0$	$\Delta EN(N\text{-}Cl) = 0$

Die Polarität der Atombindungen nimmt – wie die Zahlenwerte erkennen lassen – in der Reihenfolge der vorstehenden Beispiele ab. Die N-Cl-Bindungen im Molekül des Stickstofftrichlorids, NCl_3, sind reine Atombindungen wie die Cl-Cl-Bindung im Cl_2-Molekül.

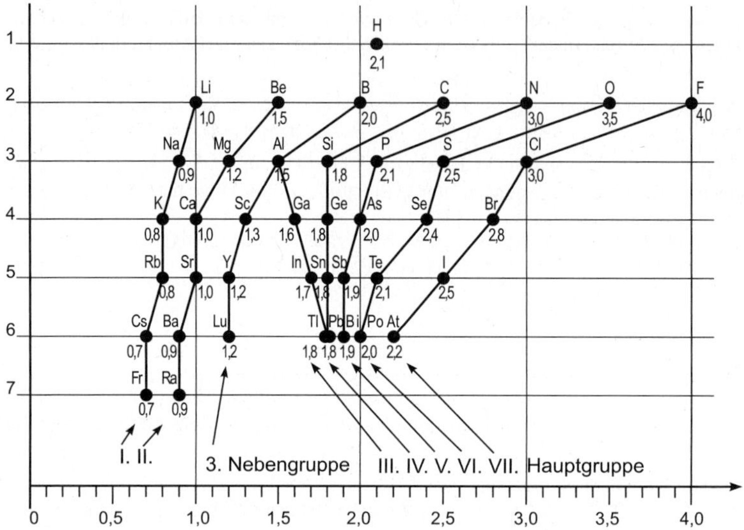

Bild 5-24: *Elektronegativitäten der Hauptgruppenelemente*
(Die zusätzlich eingefügte 3. Nebengruppe zeigt in ihrem chemischen Charakter eine gewisse Übereinstimmung mit der I. und II. Hauptgruppe. Daher gibt es auch Auffassungen, nach denen Scandium bis Lutetium der III. Hauptgruppe zugerechnet werden und dafür Gallium bis Thallium als 3. Nebengruppe gelten.)

Tabelle 5-3: *Elektronegativitätsskala nach* PAULING

													H 2,1			
Li 1,0	Be 1,5											B 2,0	C 2,5	N 3,0	O 3,5	F 4,0
Na 0,9	Mg 1,2											Al 1,5	Si 1,8	P 2,1	S 2,5	Cl 3,0
K 0,8	Ca 1,0	Sc 1,3	Ti 1,5	V 1,6	Cr 1,6	Mn 1,5	Fe 1,8	Co 1,8	Ni 1,8	Cu 1,9	Zn 1,6	Ga 1,6	Ge 1,8	As 2,0	Se 2,4	Br 2,8
Rb 0,8	Sr 1,0	Y 1,2	Zr 1,4	Nb 1,6	Mo 1,8	Te 1,9	Ru 2,2	Rh 2,2	Pd 2,2	Ag 1,9	Cd 1,7	In 1,7	Sn 1,8	Sb 1,9	Te 2,1	I 2,5
Cs 0,7	Ba 0,9	Lu 1,2	Hf 1,3	Ta 1,5	W 1,7	Re 1,9	Os 2,2	Ir 2,2	Pt 2,2	Au 2,4	Hg 1,9	Tl 1,8	Pb 1,8	Bi 1,9	Po 2,0	At 2,2
Fr 0,7	Ra 0,9															

Je größer die *Elektronegativitätsdifferenz* zwischen den beiden an einer Bindung beteiligten Atomen ist, um so stärker ist der *partielle Ionenbindungscharakter.* Die höchste Aufenthaltswahrscheinlichkeitsdichte der bindenden Elektronen (die höchste Ladungsdichte der Elektronen im Molekülorbital) rückt dabei immer mehr in die Nähe des Atomkerns des stärker elektronegativen Elements. Im Grenzfall gehen diese Elektronen ganz in die Elektronenhülle des Atoms des stärker elektronegativen Elements über. Es liegt dann eine *Ionenbindung* (↑ 5.2) vor.

Der **partielle Ionenbindungscharakter** von Einfachbindungen lässt sich nach einer von PAULING angegebenen Skala in grober Näherung abschätzen (siehe Tabelle 5-4). Danach liegt bei einer Δ EN = 1,7 eine Bindung mit 50 % Atombindungs- und 50 % Ionenbindungscharakter vor.

Tabelle 5-4: *Abschätzung des Ionenbindungscharakters einfacher Atombindungen aufgrund der Elektronegativitätsdifferenzen (nach* PAULING*)*

Elektronegativitäts-differenz	Ionenbindungs-charakter in %	Elektronegativitäts-differenz	Ionenbindungs-charakter in %
0,2	1	1,8	55
0,4	4	2,0	63
0,6	9	2,2	70
0,8	15	2,4	76
1,0	22	2,6	82
1,2	30	2,8	86
1,4	39	3,0	89
1,6	47	3,2	92

Polarisierte Atombindungen können bewirken, dass innerhalb eines Moleküls der Schwerpunkt der negativen Ladungen nicht mehr mit dem Schwerpunkt der positiven Ladungen zusammenfällt. Die Moleküle zeigen dann auf der einen Seite eine geringe positive, auf der anderen Seite eine geringe negative Ladung. Sie haben zwei Pole (Beispiel: HCl (↑ S. 131)).

Ein Molekül, das zwei entgegengesetzt elektrisch geladene Seiten hat, wird als Dipolmolekül bezeichnet.

Ein sehr wichtiges Dipolmolekül ist das Molekül des *Wassers*:

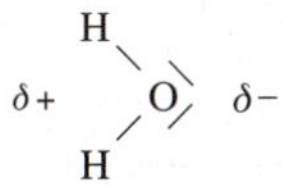

Der Dipolcharakter kommt hier dadurch zustande, dass das Molekül gewinkelt ist (siehe Bild 5-25a). Wäre es gestreckt, so läge sowohl der Schwerpunkt der negativen als auch der der positiven Ladungen des Moleküls im Sauerstoffatom.

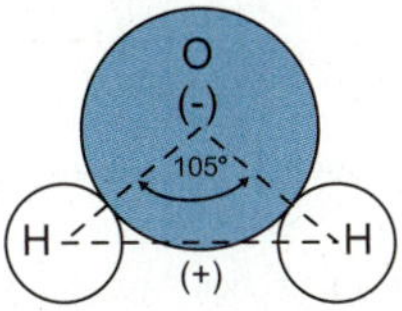

Bild 5-25a: *Das Wassermolekül als Dipol; (+) und (−) geben die Ladungsschwerpunkte an*

Auch das Molekül des *Ammoniaks,* NH_3, ist ein Dipolmolekül, da die drei Atombindungen polarisiert sind und die Schwerpunkte der positiven und negativen Ladungen nicht zusammenfallen (siehe Bild 5-25b).

Dagegen ist das Molekül des *Tetrachlormethans,* CCl_4, kein Dipolmolekül. Zwar sind die Atombindungen zwischen Kohlenstoff und Chlor gleichfalls polarisiert; aber die Schwerpunkte der positiven und negativen Ladungen fallen infolge des symmetrischen Baus des Moleküls (siehe Bild 5-25c) im Kohlenstoffatom zusammen.

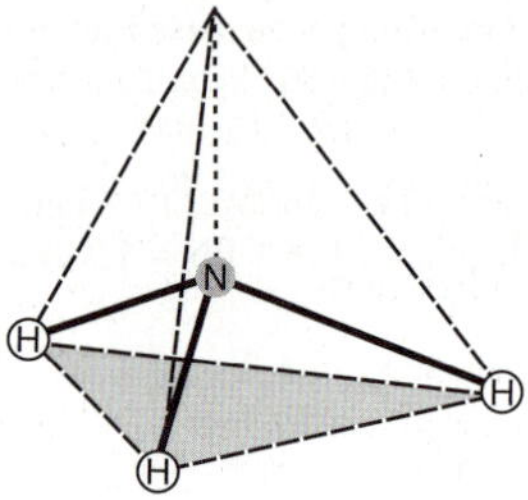

Bild 5-25b: *Räumliche Anordnung der Atome im Ammoniakmolekül, NH_3*

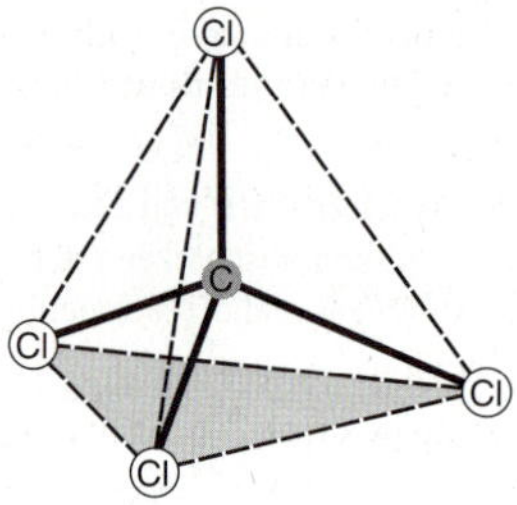

Bild 5-25c: *Räumliche Anordnung der Atome im Molekül des Tetrachlormethans, CCl_4*

5.1.5 Bindungen an freien Elektronenpaaren

Ein Sonderfall der Atombindung liegt vor, wenn beide Elektronen des bindenden Elektronenpaares (des bindenden Molekülorbitals) von *einem* der an der Bindung beteiligten Atome stammen. Solche Bindungen entstehen an freien (einsamen) Elektronenpaaren.

Freie (einsame) Elektronenpaare sind Valenzelektronenpaare, die innerhalb eines Moleküls (oder Ions) nicht an einer chemischen Bindung beteiligt sind.

▲ Das Ammoniakmolekül besitzt ein freies Elektronenpaar, das Wassermolekül zwei freie Elektronenpaare:

Stickstoff nutzt im Ammoniak 3 Valenzelektronen für die Bindung zu den 3 Wasserstoff-Atomen. Bei den insgesamt 5 Valenzelektronen von N (Stellung in der 5. Hauptgruppe!) bleiben 2 freie Elektronen, also ein freies Elektronenpaar übrig. Sauerstoff besitzt 6 Valenzelektronen; für die Bindung zu den beiden Wasserstoff-Atomen im Wassermolekül nutzt er 2 davon. Es bleiben daher 4 Valenzelektronen, d. h. 2 freie Elektronenpaare, übrig.

In diesen Strukturformeln werden gekennzeichnet:

- *bindende Elektronenpaare* durch Striche, die *zwischen* den Symbolen der an der Bindung beteiligten Atome stehen,
- *freie Elektronenpaare* durch Striche, die *quer* am Symbol des Atoms stehen, dem sie zugehören.

Mittels eines freien Elektronenpaares kann ein Molekül (oder Ion) eine weitere Atombindung einzugehen, wenn ein geeigneter Bindungspartner (mit Elektronenmangel) zur Verfügung steht.

▲ In einer wässrigen Ammoniaklösung (Salmiakgeist) lagert sich infolge der elektrostatischen Anziehung zwischen den Partialladungen an das Stickstoffatom des Ammoniakmoleküls ein Wassermolekül mit einem seiner Wasserstoffatome an:

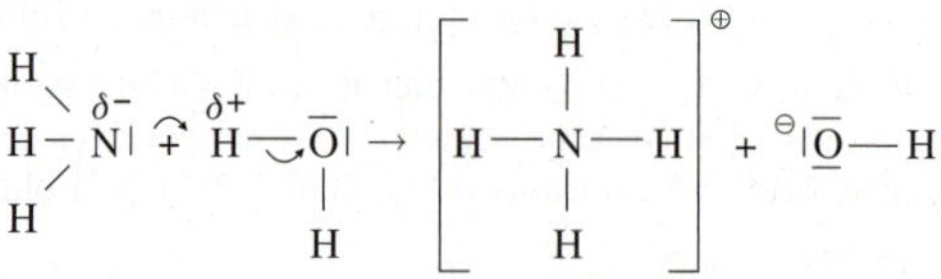

Von diesem Wasserstoffatom kann der positiv geladene Kern (also ein Proton) zum Ammoniakmolekül übergehen, während das Elektron dieses Wasserstoffatoms am Sauerstoff zurückbleibt und die negative Ladung des Hydroxid-Ions, OH^-, verursacht. Das Proton wird durch das freie Elektronenpaar am Stickstoffatom des Ammoniaks gebunden, und es entsteht ein Ammoniumion, NH_4^+. Durch sp^3-Hybridisierung (↑ S. 127) sind die vier Bindungen am Stickstoffatom untereinander gleich, sodass das Ammonium-Ion ein regelmäßiges Tetraeder bildet wie das Methanmolekül Bild 5-19 (↑ S. 128).

Atombindungen an freien Elektronenpaaren unterscheiden sich nur in ihrer Entstehung, nicht in ihren Eigenschaften von anderen Atombindungen. Sie werden in der Literatur auf unterschiedliche Weise bezeichnet, und zwar als [1)]

- **dative Bindung** [von *dativus* (lat.) der Spender] oder
- **Donorbindung** [von *donator* (lat.) der Geber]

weil *ein Bindungspartner beide Elektronen* für die Bindung beisteuert;

in Komplexverbindungen (↑ 5.4) auch als

- **koordinative Bindung** [von *koordinare* (lat.) zuordnen], weil einem Molekül (oder Ion) weitere Atome angelagert werden.

Mittels der Orbitalmodelle lässt sich die Atombindung an einem freien Elektronenpaar so erklären, dass ein *voll* (mit 2 Elektronen) besetztes Atomorbital (im Beispiel: des Stickstoffatoms) mit einem leeren Atomorbital (im Beispiel: des Wasserstoffatoms) überlappt bzw. ein Molekülorbital bildet, das dann mit zwei Elektronen ebenfalls voll besetzt ist.

5.1.6 Zwischenmolekulare Kräfte

Molekülsubstanzen sind bei Normaltemperatur zu einem großen Teil *gasförmig* (z. B. Chlor, Kohlenstoffdioxid, Ammoniak, Methan), andere sind *flüssig* (z. B. Brom, Ethanol, Octan, Benzen), andere *fest* (z. B. Iod, Phenol, Hexadecan). Aber alle diese Stoffe haben relativ niedrige Schmelz- und Siedepunkte und lassen sich daher leicht in den Gaszustand überführen. Sie werden deshalb als *flüchtige Stoffe* bezeichnet.

Werden vergleichbare Stoffe betrachtet, so zeigt sich, dass der *Aggregatzustand* von der *molaren Masse* und der *Molekülgröße* abhängt.

	M in $g \cdot mol^{-1}$	F_p in °C	K_p in °C
Chlor, Cl_2	70,90	−100,9	−34,1
Brom, Br_2	159,8	−7,2	+58
Iod, I_2	253,8	+113,5	+183
Methan, CH_4	16,04	−182,5	−161,5
Ethan, C_2H_6	30,07	−183,3	−88,6
Butan, C_4H_{10}	58,12	−138,4	−0,5
Octan, C_8H_{18}	114,2	−56,8	+125,7
Hexadecan, $C_{16}H_{34}$	226,4	+18,2	+287

[1)] Für diese *Bindungen* wird in Strukturformeln mitunter anstelle eines Strichs ein Pfeil → verwendet, der die Richtung der angenommenen Ladungsverschiebung angibt. Heute werden die durch den Pfeil symbolisierten Bindungsverhältnisse meist mithilfe der formalen Ladungen (↑ S. 175) wiedergegeben.

Aber bei weitem nicht alle Molekülsubstanzen sind flüchtige Stoffe. Viele werden beim Erwärmen zersetzt [z. B. Traubenzucker (Glucose) und Rohrzucker (Saccharose)]. Vor allem gilt das für die makromolekularen Stoffe.

Gehen Molekülsubstanzen aus dem gasförmigen oder flüssigen Zustand in der festen Zustand über, so bilden sie *Molekülgitter*. Die Gitterpunkte sind darin von Molekülen besetzt, zwischen denen Bindungskräfte wirken, die weitaus schwächer sind als in den Atomgittern, Ionengittern und Metallgittern. Diese *zwischenmolekularen Kräfte* werden auch **VAN-DER-WAALSsche Kräfte**[1] genannt. Es wird auch von einer VAN-DER-WAALS*schen Bindung* gesprochen. Deren Bindungsdissoziationsenergie E_D (↑ S. 117) beträgt nur etwa ein Hundertstel der Bindungsdissoziationsenergie einer kovalenten Bindung (↑ S. 108).

VAN-DER-WAALSsche Kräfte lassen sich anschaulich erklären, indem man sie zurückführt auf *elektrostatische Anziehungskräfte*

- zwischen Dipolmolekülen (Dipol-Dipol-Kräfte, *Orientierungskräfte*, früher auch KEESOM-Kräfte),
- zwischen Dipolmolekülen und unpolaren Molekülen (*Induktionskräfte*, auch DEBYE-Kräfte genannt) und
- zwischen unpolaren Molekülen (*Dispersionskräfte*, auch LONDON-Kräfte[2] genannt).

Es werden also drei Arten dieser Kräfte unterschieden. Bei stärkerer Annäherung der Teilchen wirken *Abstoßungskräfte* entgegen, so dass sich bei einem bestimmten Abstand der Teilchen im Molekülgitter ein Gleichgewicht einstellt.

Bei dieser Betrachtung wird zwischen *permanenten* (dauernden) Dipolen und *temporären* (zeitweiligen) Dipolen unterschieden:

- Die Anziehung und Abstoßung zwischen permanenten Dipolen führt zu einer räumlichen Ausrichtung der Moleküle im Molekülgitter (Orientierungskräfte).
- Dipolmoleküle induzieren in benachbarten unpolaren Molekülen ein zeitweiliges Dipolmoment; die beiden Moleküle ziehen sich dann gegenseitig an (Induktionskräfte).
- Um bei diesem Betrachtungstandspunkt zu bleiben, wird angenommen, dass sich auch in unpolaren Molekülen durch *fluktuierende* (schwankende) Ladungsdichteverteilungen der Elektronen zeitweilige Dipole bilden, zwischen denen dann gleichfalls Anziehungskräfte auftreten (LONDON-Kräfte).

Orientierungkräfte und *Induktionskräfte* können nur auftreten, wenn permanente Dipolmoleküle vorhanden sind. Die LONDON-Kräfte treten immer auf und sind die einzigen Kräfte, die z. B. zwischen den Atomen von *Edelgasen* wirken und deren Verflüssigung und schließlich auch den Übergang in den festen Zustand bei sehr tiefen Temperaturen ermöglichen.

Die zwischenmolekularen Kräfte wirken in allen Richtungen des Raumes, sie sind nicht auf einen bestimmten Partner gerichtet. Sie wirken auch zwischen den Molekülen *unterschiedlicher Stoffe*. Diese Erscheinung ist als *Adhäsion* bekannt. Ihr steht die *Kohäsion* gegenüber, die zwischen den Molekülen des *gleichen Stoffes* wirkt. Die Adhäsion wird in vielen technischen Verfahren genutzt (z. B. bei Klebevorgängen, beim Beschichten von Oberflächen, beim Haften von Anstrichstoffen und Schmiermitteln, bei den verschiedenen Druckverfahren).

---

[1] nach dem Niederländer VAN-DER-WAALS, der (1873) in die Zustandsgleichung der Gase Korrekturglieder zur Berücksichtigung dieser Kräfte einfügte

[2] Diese Kräfte, die auch bei der Dispersion des Lichts eine Rolle spielen, wurden (um 1930) von dem Deutschen FRITZ WOLFGANG LONDON, der 1933 emigrieren musste, von der Quantenmechanik ausgehend, erforscht.

5.1.7 Wasserstoffbrückenbindungen

Aus den Eigenschaften einiger Molekülsubstanzen, insbesondere des Wassers, wird deutlich, dass es außer den VAN-DER-WAALSschen Kräften noch andere zwischen Molekülen wirkende Kräfte geben muss, die wesentlich stärker sind. Bei einem Vergleich der Schmelzpunkte und der Siedepunkte der Wasserstoffverbindungen der Elemente der IV. bis VII. Hauptgruppe des PSE (Bild 5-26a) fällt sofort die Sonderstellung des *Wassers* auf, aber auch die von *Ammoniak*, NH_3, und *Fluorwasserstoff*, HF. Die ungewöhnlich hohen Schmelz- und Siedepunkte dieser Verbindungen sind darauf zurückzuführen, dass es sich bei den Bindungen

N–H	$\Delta EN = 0{,}9$
O–H	$\Delta EN = 1{,}4$
F–H	$\Delta EN = 1{,}9$

um stark polarisierte Atombindungen handelt (↑ S. 131). Stickstoff, Sauerstoff und Fluor sind so stark elektronegativ, dass ihre Atome das gemeinsame Elektronenpaar stark zu sich heranziehen, wodurch am Wasserstoffatom *Elektronenmangel* herrscht. Das drückt sich in einer starken *positiven Partialladung* des *Wasserstoffatoms* aus. Dem steht am *Sauerstoffatom* des Wassermoleküls eine starke *negative Partialladung* gegenüber.

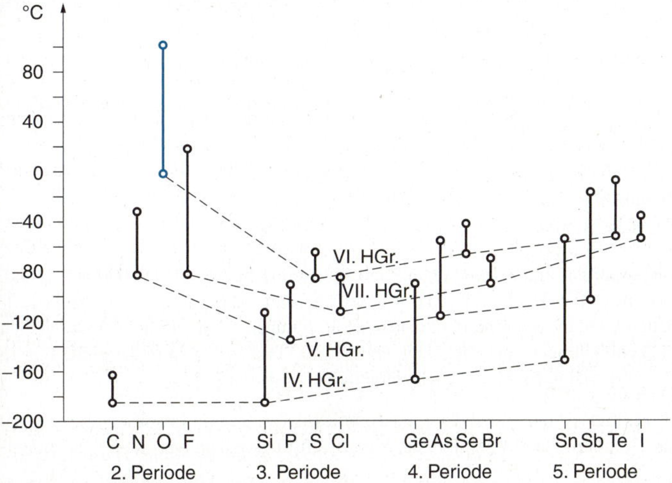

Bild 5-26a: *Schmelz- und Siedepunkte von Wasserstoffverbindungen der Elemente der IV. bis VII. Hauptgruppe (Anomalie des Wassers)*

Zwischen den elektropositiven Wasserstoffatomen und einem freien Elektronenpaar des Sauerstoffatoms eines benachbarten Wassermoleküls kommt es zu elektrostatischer Anziehung:

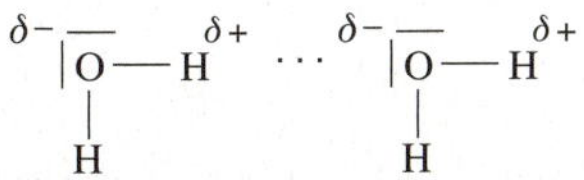

Das *elektropositive* Wasserstoffatom bildet somit eine Brücke zwischen zwei *elektronegativen* Atomen. Daher spricht man hier von **Wasserstoffbrückenbindungen**.

Im Eis ist jedes Wassermolekül über Wasserstoffbrücken mit *vier* anderen Wassermolekülen verbunden, die ihm gegenüber in den Ecken eines *Tetraeders* stehen (Bild 5-26b). Auf diese Weise ergibt sich ein lockeres Molekülgitter mit Tetraederstruktur. Beim Schmelzen des Eises bricht dieses Molekülgitter zusammen. Es bleiben aber *Molekülaggregate* aus 30 und mehr Wassermolekülen erhalten. Da diese einen geringeren Raum einnehmen als im Gitter, hat das Wasser am Gefrierpunkt (mit 0,9998 $g \cdot mL^{-1}$) eine um ca. 9 % höhere Dichte als Eis (0,9168 $g \cdot mL^{-1}$). Das Eis schwimmt daher auf dem Wasser. Die Molekülaggregate sind die Ursache dafür, dass Schmelzpunkt und Siedepunkt beim Wasser so sehr viel höher liegen als bei der analogen Verbindung Schwefelwasserstoff, H_2S (Bild 5-26a).

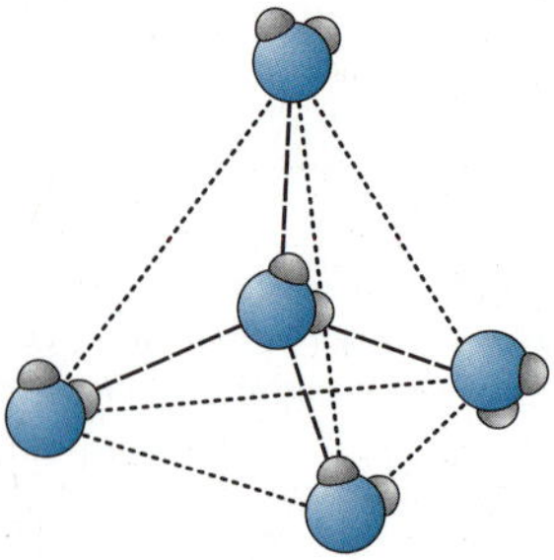

Bild 5-26b: *Tetraederstruktur des Wassers*

Die Wasserstoffbrückenbindungen liegen in ihrer Festigkeit zwischen den Atombindungen (kovalenten Bindungen) und den VAN-DER-WAALSschen Bindungen:

Atombindungen	$E_D = 100 \dots 600\ kJ \cdot mol^{-1}$
Wasserstoffbrückenbindungen	$E_D = 4 \dots 40\ kJ \cdot mol^{-1}$
VAN-DER-WAALSsche Bindungen	$E_D = 0{,}1 \dots 4\ kJ \cdot mol^{-1}$

Das ist eine der Voraussetzungen für das organische Leben. Viele biochemische Reaktionen beruhen darauf, dass in Makromolekülen (Eiweißstoffen, Nucleinsäuren u. a.) durch geringen Energieaufwand Wasserstoffbrückenbindungen aufgespalten werden, während die kovalenten Bindungen erhalten bleiben. Durch sich neu bildende Wasserstoffbrückenbindungen entstehen dann neue Stoffe. Das geschieht in der vielfältigsten Weise in der Natur, wird aber in der Biotechnologie auch zielgerichtet herbeigeführt.

Bei vielen natürlichen (z. B. Cellulose) und künstlichen makromolekularen Stoffen (insbesondere Synthesefasern) liegen zwischen den Kettenmolekülen zahlreiche Wasserstoffbrücken vor, was die Festigkeit entscheidend erhöht.

▲ Polyamidseide

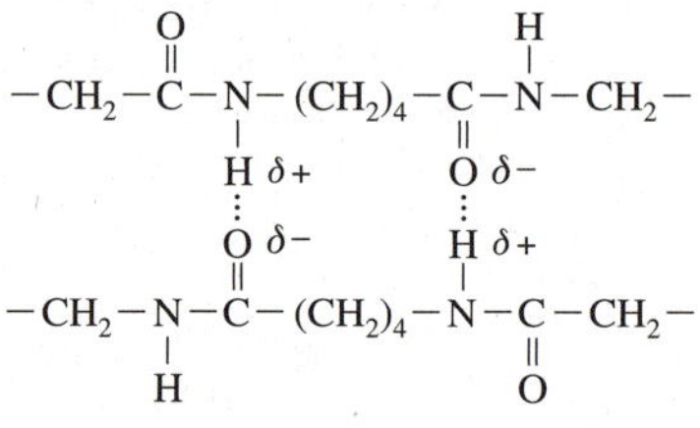

Außer den zwischenmolekularen (*intermolekularen*) Wasserstoffbrücken treten auch Wasserstoffbrücken innerhalb eines Moleküls (*intramolekulare* Wasserstoffbrücken) auf.

▲ Salicylsäure (2-Hydroxy-benzen-carbonsäure)

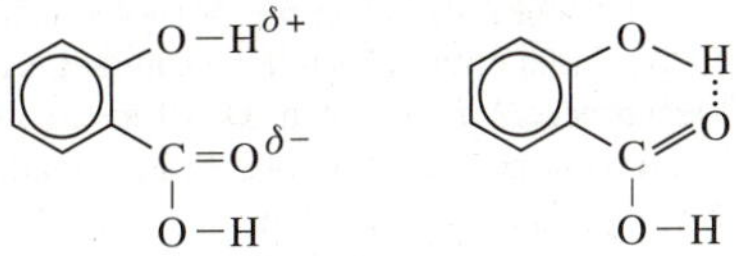

5.1.8 Halogenbrücken

Elektronegative Halogenatome (δ^-) in polaren Verbindungen ziehen normalerweise durch elektrostatische Wechselwirkungen positiv polarisierte Atome (δ^+) (↑ S. 137) an.

▲

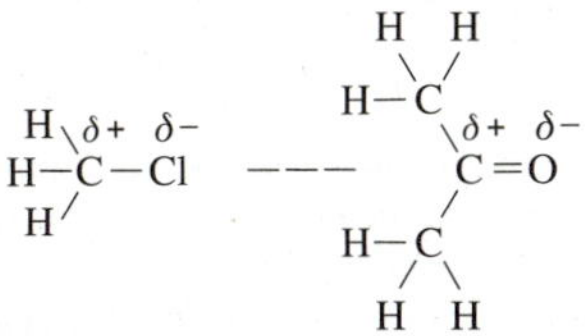

Monochlormethan (Chloroform) — Aceton

Die Elektronendichte und damit die negative Ladung um die Halogenatome X (X = Cl, Br, I) verläuft aber anisotrop, d. h., sie ist nicht in alle Raumrichtungen gleichmäßig (= isotrop) verteilt, sondern gerichtet. Die Elektronendichte ist vor allem senkrecht zur Bindungsachse hoch, in Richtung der Bindungsachse aber niedrig (Bild 5-27).

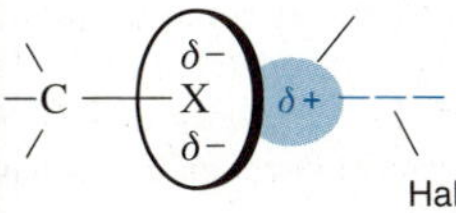

Bild 5-27: *Halogenbrückenbindung*

Diese im 180°-Winkel vom Halogen X weg gerichtete *niedrige* Ladungsdichte bezeichnet man nach POLITZER als **σ-Loch**. Dadurch können Halogene in Verlängerung der Bindungsachse auch Moleküle mit *hoher* Ladungsdichte, also nichtbindenden Elektronenpaaren (LEWIS-Basen) oder negativen Partialladungen, anlagern. Diese der Wasserstoffbrückenbindung ähnliche, nicht kovalente Bindung heißt **Halogenbrückenbindung** bzw. kurz Halogenbrücke.

▲

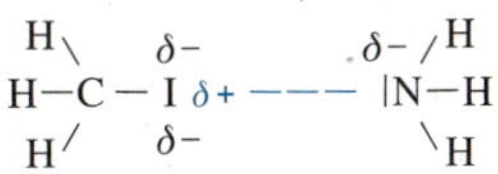

Bindung an die LEWIS-Base Ammoniak

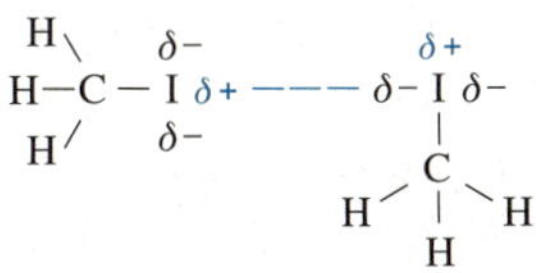

Bindung an ein zweites Halogen

Die Stärke der Halogenbrückenbindung entspricht etwa der der Wasserstoffbrückenbindung. Elektronenziehende Substituenten wie Fluor (statt des Wasserstoffs im oben gezeigten Beispiel Monoiodmethan) verstärken aber den Elektronenmangel und damit das σ-Loch. Auch die mit wachsendem Atomradius zunehmende **Polarisierbarkeit**[1)] der Halogene verstärkt die Halogenbrückenbindung, d. h. sie ist in der Reihe I > Br > Cl bei Iod am stärksten. Fluor ist zu elektronegativ, um ein positiviertes σ-Loch auszubilden; es bildet daher keine Halogenbrücken mehr.

Wichtig sind Halogenbrücken in Flüssigkristallen, bei Rezeptoren für Arzneimittel und in der Katalyse.

5.1.9 Paramagnetismus und Diamagnetismus

Da der *Spin* (↑ S. 76) des Elektrons ein *Magnetfeld* bewirkt, verhält sich jedes Elektron wie ein winziger *Magnet*. In einem Elektronenpaar mit *antiparallelem* Spin sind die Magnetfelder *entgegengesetzt* gerichtet, sodass sie sich in ihrer Wirkung gegenseitig *aufheben*. Dagegen wirken die Magnetfelder ungepaarter Elektronen nach *außen*.

Stoffe, die Atome bzw. Moleküle mit *ungepaarten* Elektronen enthalten, werden von einem (inhomogenen) Magnetfeld *angezogen* (Bild 5-28). Diese Erscheinung wird *Paramagnetismus* genannt. Die entgegengesetzte Eigenschaft, von einem (inhomogenen) Magnetfeld *abgestoßen* zu werden, zeigen *alle* Stoffe. Sie wird *Diamagnetismus* genannt. Da der Diamagnetismus stets schwächer ist als der Paramagnetismus, tritt er nur bei Stoffen in Erscheinung, die *keine* ungepaarten Elektronen enthalten.

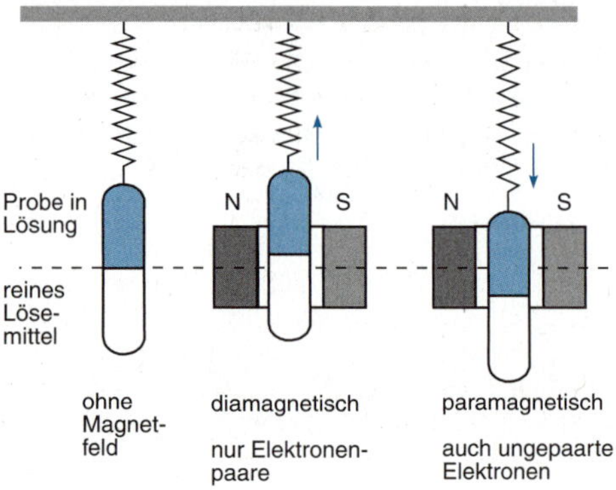

Bild 5-28: *Paramagnetismus und Diamagnetismus*

1) Je weiter die Elektronen vom Atomkern entfernt sind, desto schwächer werden sie von der positiven Kernladung gebunden und desto leichter lassen sie sich innerhalb der Orbitale „verschieben“; umso leichter **polarisierbar** ist also das jeweilige Atom. Mit steigender Polarisierbarkeit verstärken sich auch die VAN-DER-WAALS-Kräfte.

5.2 Ionenbindung

Die *Ionenbindung* ist charakteristisch für die *salzartigen Stoffe*, die unter der Bezeichnung **Ionensubstanzen** zusammengefasst werden.

5.2.1 Entstehung von Ionen durch Elektronenübergang

Ionen sind Teilchen, die durch Abgabe oder Aufnahme von Elektronen aus Atomen oder Molekülen hervorgegangen sind und daher positive oder negative elektrische Ladungen tragen.

Da zwischen den entgegengesetzt elektrisch geladenen Ionen *elektrostatische Anziehungskräfte* wirken, ordnen sich die Ionen in *Kristallgittern* an, die in diesem Falle **Ionengitter** genannt werden (↑ S. 146). Der in den Ionengittern vorliegende Bindungszustand heißt **Ionenbindung**.

Ionenbindungen kommen zustande zwischen

- Atomen von *Metallen* (elektropositiven Elementen) und
- Atomen von *Nichtmetallen* (elektronegativen Elementen) (↑ S. 95).

Es werden dabei von den Metallatomen Elektronen an die Nichtmetallatome abgegeben. Begünstigt wird dieser Elektronenübergang durch

- eine relativ *niedrige Ionisierungsenergie* der *Metallatome* (↑ S. 99) und
- eine relativ *hohe Elektronenaffinität* der *Nichtmetallatome* (↑ S. 101).

Bei diesem Elektronenübergang werden

- die *Metallatome oxidiert* und
- die *Nichtmetallatome reduziert.*

Die entstehenden Ionen weisen auf ihrer Außenschale eine relativ stabile Elektronenbesetzung auf, meist ein Elektronenoktett (↑ S. 85) (Achterschale). Das ist die volle Besetzung der s- und p-Orbitale eines Hauptenergieniveaus, wie sie stets bei den *Edelgasen* vorliegt.

Im Folgenden wird das am Beispiel der Bildung von *Natriumchlorid*, NaCl, ausführlich dargestellt:

▲ *Natrium* (I. Hauptgruppe) besitzt ein Außenelektron. *Chlor* (VII. Hauptgruppe) besitzt sieben Außenelektronen. Gibt ein Natriumatom sein Außenelektron an ein Chloratom ab (siehe Bild 5-29a), so erreicht das Chloratom mit 8 Außenelektronen die stabile Elektronenbesetzung des Edelgases *Argon.* Aber auch das Natriumatom erhält eine stabile Elektronenbesetzung, die des Edelgases *Neon,* da mit dem Wegfall des einen Außenelektrons die nächst niedrigere Elektronenschale zur Außenschale wird.

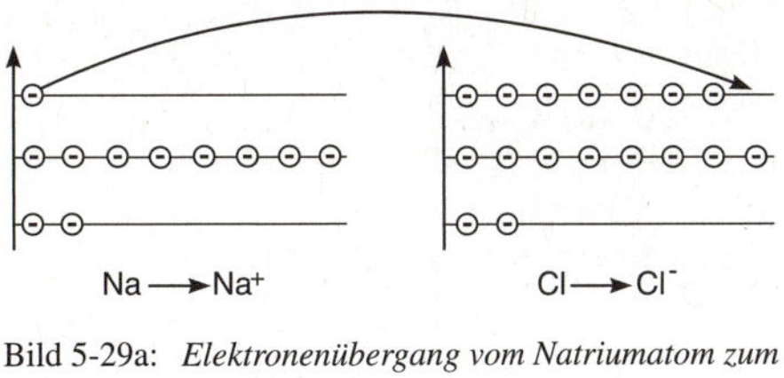

Bild 5-29a: *Elektronenübergang vom Natriumatom zum Chloratom; Bildung eines Natrium-Ions, Na^+, und eines Chlorid-Ions, Cl^-*

Mit dem einen Elektron geht eine negative Ladung vom Natriumatom zum Chloratom über. Die Anzahl der negativen Ladungen stimmt nun sowohl beim Natrium als auch beim Chlor nicht mehr mit der Anzahl der positiven Ladungen der Protonen des Atomkerns überein:

- Aus dem ungeladenen Natriumatom, Na, ist ein einfach positiv geladenes Natrium-Ion, Na^+, geworden.
- Aus dem ungeladenen Chloratom, Cl, ist ein einfach negativ geladenes Ion, Cl^-, geworden, das als Chlorid-Ion bezeichnet wird.

Natriumatom →	**Natrium-Ion**	**Chloratom →**	**Chlorid-Ion**
Na	Na^+	Cl	Cl^-
11p	11p	17p	17p
$11e^-$	$10e^-$	$17e^-$	$18e^-$

Die *elektrische Ladung der Ionen* wird auch **Ionenwertigkeit** (↑ S. 169) genannt. Zur Symbolisierung von Ionen wird die Anzahl der Ladungen rechts oben neben dem Symbol des jeweiligen Elements angegeben.

Na^+ Ca^{2+} Al^{3+} Cl^- S^{2-}

Mittels des **Bohrschen Atommodells** wird der Elektronenübergang vom Natriumatom zum Chloratom wie folgt veranschaulicht (Bild 5-29b).

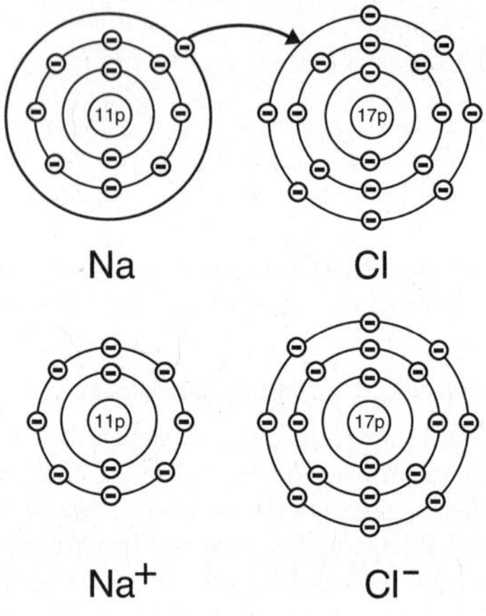

Bild 5-29b: *Elektronenübergang vom Natriumatom zum Chloratom und Bildung eines Natrium-Ions, Na^+, und eines Chlorid-Ions, Cl^-*

Auf der Grundlage der **Orbitalmodelle** ergibt sich folgende Darstellung:

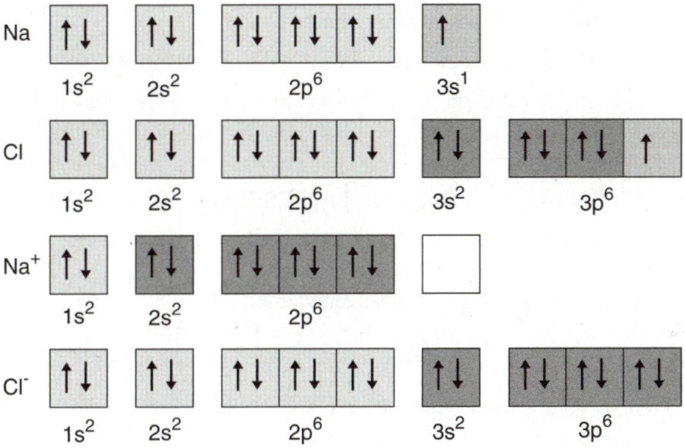

Das 3s-Elektron des Natriumatoms ist in ein 3p-Orbital des Chloratoms übergegangen. Im *Natrium-Ion,* Na^+, ist das 3s-Orbital unbesetzt; das voll besetzte 2. Hauptenergieniveau ist nun das höchste Energieniveau. Im *Chlorid-Ion,* Cl^-, sind nun die 3p-Orbitale voll besetzt. Damit hat das 3. Hauptenergieniveau, das noch fünf d-Orbitale aufweist, einen stabilen Zwischenzustand (↑ S. 85) erreicht.

Vom Standpunkt der *wellenmechanischen Modellvorstellungen* kann der *Übergang von Elektronen* so aufgefasst werden, dass zunächst je ein ungepaartes Elektron der beiden Atome (im Beispiel das 3s-Elektron des Natriums und ein 3p-Elektron des Chlors) gemeinsam ein *Molekülorbital* besetzen, also ein gemeinsames Elektronenpaar bilden. Dieses Molekülorbital wird von dem Atom des elektronegativen Elements so stark angezogen, dass es ganz zu diesem übergeht und zu einem *Atomorbital* dieses Atoms wird (im Beispiel: des Chloratoms). So betrachtet, kann die *Ionenbindung* als *Grenzfall der polarisierten Atombindung* aufgefasst werden.

Mittels **Elektronenformeln** (nach LEWIS) (↑ S. 92) werden der Elektronenübergang und die Bildung von Ionen wie folgt schematisch dargestellt:

$$\mathrm{Na}^{\boldsymbol{\cdot}} + \boldsymbol{\cdot}\ddot{\underset{\cdot\cdot}{\mathrm{Cl}}}\boldsymbol{:} \rightarrow [\mathrm{Na}]^+ + [\boldsymbol{:}\ddot{\underset{\cdot\cdot}{\mathrm{Cl}}}\boldsymbol{:}]^-$$

Jeder Punkt symbolisiert ein Außenelektron. Die Elementsymbole stehen für den *Atomrumpf,* d. h. für den *Atomkern* und die *inneren Elektronenschalen.* (Durch die Eckklammern wird besonders darauf hingewiesen, dass es sich hier um *Ionen* handelt. Auf diese Klammern kann verzichtet werden.)

Beim Aufstellen solcher Schemata zur Ionenbindung ist zu beachten:

Die Anzahl der aufgenommenen Elektronen muss gleich der Anzahl der abgegebenen Elektronen sein.

1. Die beiden beteiligten Elemente werden mit ihren Symbolen einschließlich Außenelektronen niedergeschrieben.

   △ $\boldsymbol{\cdot}\underset{\cdot}{\mathrm{Al}}\boldsymbol{\cdot} \quad + \quad \boldsymbol{:}\dot{\underset{\cdot}{\mathrm{O}}}\boldsymbol{:}$

2. Es wird ermittelt, wie viel Elektronen
   - das Atom des elektropositiven Elements abgeben und
   - das Atom des elektronegativen Elements aufnehmen muss,

   um zu stabilen Elektronenbesetzungen zu kommen.

   △ Al muss 3 Elektronen abgeben. Es hat dann die Elektronenbesetzung des Edelgases Neon, O muss 2 Elektronen aufnehmen. Es hat dann gleichfalls die Elektronenbesetzung des Edelgases Neon (siehe Bild 3-4a (↑ S. 72)).

3. Das entworfene Schema vervollständigen Sie, indem rechts die Symbole der beiden Elemente
   - mit den durch die Abgabe bzw. Aufnahme von Elektronen zustandegekommenen positiven bzw. negativen Ladungen und
   - mit den veränderten Elektronenbesetzungen eingetragen werden.

   △ 

4. Bestimmen Sie nun das kleinste gemeinsame Vielfache der Anzahl der abzugebenden und der aufzunehmenden Elektronen.

   △ Das kleinste gemeinsame Vielfache von 3 und 2 ist 6.

5. Es ist zu ermitteln,
   - wie viele Atome des elektropositiven Elements *die* Anzahl an Elektronen abgeben und
   - wie viele Atome des elektronegativen Elements *die* Anzahl an Elektronen aufnehmen,

   die gleich dem kleinsten gemeinsamen Vielfachen ist.

   △ 2 Aluminiumatome geben 6 Elektronen ab.
   3 Sauerstoffatome nehmen 6 Elektronen auf.

6. Das entworfene Schema (aus Schritt 3) vervollständigen Sie, indem für Sie jedes Atom die nach Schritt 5 ermittelte Anzahl als (Reaktions-)Stöchiometriezahl (Koeffizient) (↑ S. 16) einsetzen.

   △ 

7. Abschließend überprüfen Sie das Schema:
   Die Summe der Ladungen muss auf beiden Seiten gleich sein.

   △ Die Summe der Ladungen ist links 0.
   Die Summe der Ladungen ist rechts 2 (+3) + 3 (-2) = 0.

   Erst jetzt ist der Reaktionspfeil gerechtfertigt.

Die **Summenformeln** der Ionensubstanzen drücken das Verhältnis aus, in dem die Ionen am *Bau des Ionengitters* beteiligt sind:

▲ Im Ionengitter des Natriumchlorids, NaCl, liegen Natrium-Ionen, Na^+, und Chlorid-Ionen, Cl^-, im Verhältnis 1:1 vor.
Im Ionengitter des Aluminiumoxids, Al_2O_3, liegen Aluminium-Ionen, Al^{3+}, und Oxid-Ionen, O^{2-}, im Verhältnis 2:3 vor.

Obwohl die Ionensubstanzen keine Moleküle bilden, wird vielfach auch für diese Verbindungen der Begriff *relative Molekülmasse* verwendet. Treffender ist es, bei den Ionensubstanzen von *relativer Formelmasse* (↑ S. 26) zu sprechen.

Die relative Formelmasse einer Ionensubstanz ergibt sich durch Addition der relativen Atommassen der laut Summenformel am Aufbau der Verbindung beteiligten Elemente.

Dabei sind die (Teilchen-)Stöchiometriezahlen (↑ S. 16) zu berücksichtigen.

▲ Aluminiumoxid, Al_2O_3,

relative Atommasse des Al:	26,98 · 2 =	53,96
relative Atommasse des O:	16,00 · 3 =	48,00
relative Formelmasse des Al_2O_3		101,96

5.2.2 Struktur und Eigenschaften der Stoffe mit Ionenbindung

Bei der Reaktion zwischen einem (elektropositiven) Metall und einem (elektronegativen) Nichtmetall entsteht unter Abgabe bzw. Aufnahme von Elektronen ein *Salz*.

▲ $2\ Na + Cl_2 \rightarrow 2\ NaCl$ (Natriumchlorid)
$Fe + S \rightarrow FeS$ (Eisen(II)-sulfid)

Die Ionenbindung ist charakteristisch für Salze.

Zwischen den entgegengesetzt geladenen Ionen eines Salzes bestehen *elektrostatische Anziehungskräfte* (so genannte COULOMBsche Kräfte [1]). Diese Anziehungskräfte wirken *nach allen Seiten gleichmäßig*. Dadurch ordnen sich die Ionen in bestimmter Weise räumlich an (siehe z. B. Bild 5-30). Eine solche räumliche Anordnung wird allgemein als *Kristallgitter* bezeichnet. In diesem Falle handelt es sich um ein *Ionengitter*, da die Gitterpunkte von *Ionen* besetzt sind.

Die Festigkeit eines Ionengitters ist gekennzeichnet durch die *molare Gitterenthalpie*. Das ist die Energie, die bei konstantem Druck erforderlich ist, um ein Mol Ionen aus dem Gitter in den Gaszustand überzuführen (↑ S. 297).

Kristallgitter [2] gibt es mit sehr unterschiedlicher Gestalt. Das ist Gegenstand der Kristallographie. Einige einfache aber wichtige *Ionengittertypen* werden hier als Beispiele behandelt [3]. Dabei beschränken wir uns zunächst auf Salze vom Typ AB, also auf Salze, bei denen die Anzahl der Kationen gleich der Anzahl der Anionen ist. In diesem Falle ergibt sich für beide Ionenarten die *gleiche Koordinationszahl* (↑ S. 176). Das heißt, jedem Ion ist im Gitter die gleiche Anzahl an Ionen der anderen Art unmittelbar benachbart.

▲ Im *Natriumchlorid*, NaCl, haben die Natrium-Ionen und die Chlorid-Ionen gleichermaßen die Koordinationszahl sechs.

Das Ionengitter des Natriumchlorids leitet sich aus dem *kubisch-flächenzentrierten Gitter* ab, das im Abschnitt 5.3.1 (↑ S. 151) als kubisch-dichteste Kugelpackung behandelt wird. Die *dichtesten Kugelpackungen* weisen *Lücken* auf und zwar in *oktaedrischer* und *tetraedrischer* Anordnung. Sind bei einem Salz die Gitterpunkte mit *Anionen* besetzt, so können in den Lücken *Kationen* Platz finden, die kleiner sind als die Anionen. Je *kleiner* die Kationen sind, umso *weniger* Anionen können ihnen unmittelbar benachbart sein. Von der Modellvorstellung sich berührender starrer Kugeln ausgehend, heißt das: Um ein kleines Kation finden weniger Anionen Platz als um ein größeres Kation.

In den dichtesten Kugelpackungen der *Metalle* beträgt die Koordinationszahl 12. Das heißt, jede Kugel berührt 12 Nachbarkugeln, 6 in der eigenen Schicht und je 3 in der darüber liegenden und der darunter liegenden Schicht (↑ S. 152).

[1] Literatur: [Sto2018]

[2] In der Kristallographie wird das hier Beschriebene *Kristallstruktur* genannt, während unter *Kristallgitter* eine Abstraktion verstanden wird, die zu Messungen und Berechnungen dient.

[3] Weiterführende Literatur: [Mue2006]

In den *Ionengittern* treten vor allem die *Koordinationszahlen* 8, 6 und 4 auf. Dem entsprechen folgende räumliche Anordnungen der Ionen:

Anordnung	Koordinationszahl	r_K/r_A	Beispiel (r in Pikometer)	r_K/r_A
Würfel	8	$> 0{,}732$	CsCl $r_K = 167$; $r_A = 181$	0,92
Oktaeder	6	$0{,}732 \ldots 0{,}414$	NaCl $r_K = 97$; $r_A = 181$	0,54
Tetraeder	4	$0{,}414 \ldots 0{,}225$	ZnS $r_K = 74$; $r_A = 184$	0,40

Wie die vorstehenden Beispiele zeigen, kann aus dem *Radienverhältnis* auf die *Koordinationszahl* geschlossen werden. Die als Beispiele gewählten Salze Caesiumchlorid, Natriumchlorid und Zinksulfid vertreten je einen wichtigen *Kristalltyp*.

Das **Natriumchloridgitter** (Bild 5-30) kann man sich so entstanden vorstellen, dass ein kubisch-flächenzentriertes Gitter von Chlorid-Ionen (a) von einem kubisch-flächenzentrierten Gitter von Natrium-Ionen (b) überlagert wird. Dabei sind die beiden Gitter um *die Hälfte der Raumdiagonale* gegeneinander versetzt (c). Das ergibt eine kubisch-dichteste Kugelpackung der Chlorid-Ionen, deren *Oktaederlücken* von Natrium-Ionen besetzt sind.

Bild 5-30d stellt die *Elementarzelle* des Natriumchlorids dar.

Eine Elementarzelle ist der kleinste Ausschnitt eines Kristallgitters, aus dem durch Translation[1] das gesamte Gitter aufgebaut werden kann.

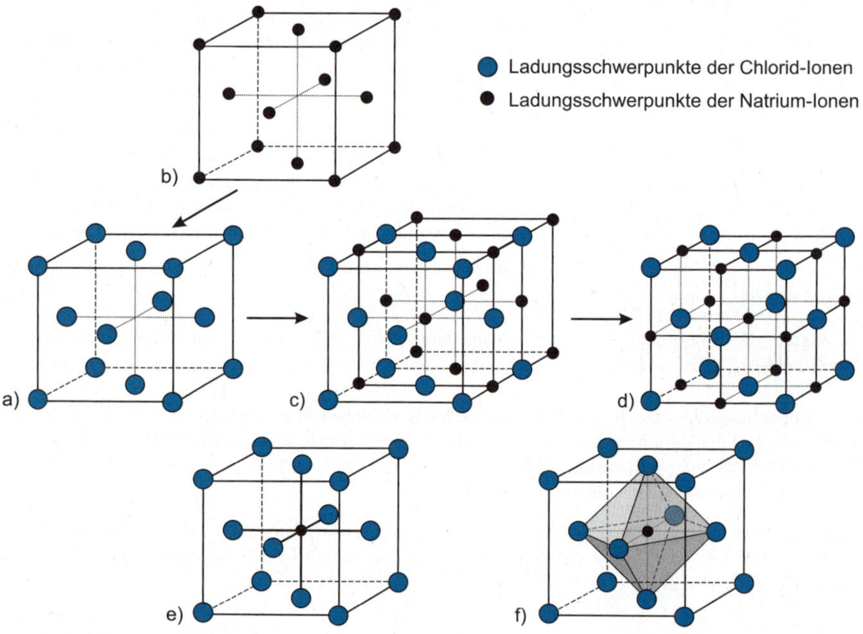

Bild 5-30: *Natriumchloridgitter*

[1] Verschiebung in bestimmten Richtungen um bestimmte Beträge

Aus der Elementarzelle des Natriumchlorids ist nur für das mittelständige Natrium-Ion die Koordinationszahl 6 unmittelbar ersichtlich (Bild 5-30e). Die dieser Koordinationszahl entsprechende räumliche Gestalt, das *Oktaeder*, ist im Bild 5-30f dargestellt. Nur dieses mittelständige Natrium-Ion gehört allein der im Bild 5-30e dargestellten Elementarzelle an. Alle übrigen Ionen gehören anteilig zu benachbarten Elementarzellen, und zwar gehören jeweils

- die flächenständigen Ionen zu zwei Elementarzellen,
- die kantenständigen Ionen zu vier Elementarzellen und
- die eckständigen Ionen zu acht Elementarzellen.

▲ Das ergibt für die *Natrium-Ionen* pro Elementarzelle:

1 ganzes Ion	= 1
12 Ionen je zu einem Viertel	= 3
insgesamt	4

für die *Chlorid-Ionen*:

6 Ionen je zur Hälfte	= 3
8 Ionen je zu einem Achtel	= 1
insgesamt	4

Zur Elementarzelle des Natriumchlorids gehören also vier Natrium-Ionen und vier Chlorid-Ionen.

Im *Natriumchlorid-Typ* kristallisieren zahlreiche Oxide (MgO, CaO, SrO, BaO, MnO, FeO, CoO, NiO) und Sulfide (MgS, CaS, SrS, BaS, PbS) sowie Halogenide einwertiger Metalle (LiCl, KBr, AgCl u. a.).

Die Erscheinung, dass unterschiedliche Stoffe das gleiche Kristallgitter haben, wird *Isomorphie*[1] genannt.

Das **Zinksulfidgitter** (auch *Zinkblendegitter*[2] genannt) kann man sich so entstanden denken, dass sich zwei kubisch-flächenzentrierte Gitter überlagern. Sie sind um *ein Viertel der Raumdiagonale* gegeneinander versetzt. Dem Radienverhältnis $r_K/r_A = 0{,}40$ entsprechend sind hier die *tetraedrischen* Lücken der von den Kationen gebildeten dichtesten Kugelpackung von Anionen besetzt. Bild 5-31a gibt die *Elementarzelle* des Zinksufidgitters wieder. Von den *acht* Würfeln, in die sich die Elementarzelle aufteilen lässt, enthalten nur *vier* je ein Sulfid-Ion. Diese Sulfid-Ionen sitzen in einem *Tetraeder*, das von einem *Eckatom* und den drei angrenzenden *Flächenmittenatomen* gebildet wird (Bild 5-31b).

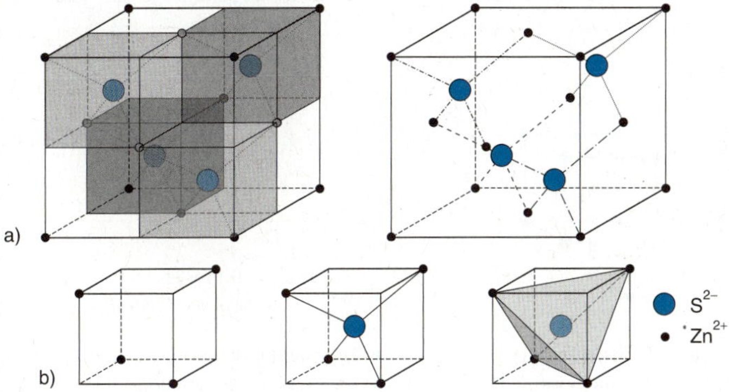

Bild 5-31: *Zinksulfidgitter*

[1] *isos* (grch.) gleich; *morphe* (grch.) Gestalt, Form

[2] Außer als Zinkblende tritt das Zinksulfid in der Natur auch als *Wurtzit* auf, dessen Kristallgitter sich von der *hexagonal-dichtesten* Kugelpackung ableitet.

Die *Koordinationszahl* ist für Kationen und Anionen gleichermaßen 4. Nur für die Sulfid-Ionen ist das aus Bild 5-31a unmittelbar ablesbar. Die flächenständigen Zink-Ionen stehen mit je zwei Sulfid-Ionen, die eckständigen Zink-Ionen mit je drei Sulfid-Ionen in benachbarten Elementarzellen in Beziehung.

Die Besetzung der Elementarzelle des Zinksulfids lässt sich wie folgt symbolisieren (vgl. mit Bild 5-31a):

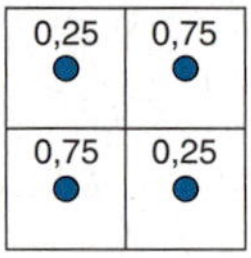

Die Dezimalbrüche geben den Abstand der Anionen von der Grundfläche der Elementarzelle an, wenn deren Höhe gleich 1 gesetzt wird.

Nach dem Zinksulfid-Typ kristallisieren unter anderem: Zinkselenid, ZnSe; Cadmiumsulfid, CdS; Cadmiumselenid, CdSe, sowie die Halogenide des einwertigen Kupfers (CuCl, CuBr, CuI).

Hier bietet sich ein Vergleich mit zwei anderen Gittern an:

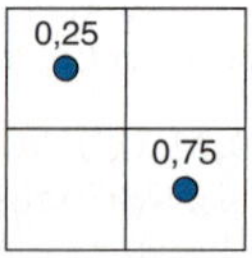

Kupfer(I)-oxid, Cu_2O
A_2B-Typ

Calciumfluorid, CaF_2
AB_2-Typ

Beim Kupfer(I)-oxid sind nur zwei der acht Würfel mit Tetraedern besetzt, beim Calciumfluorid dagegen alle acht Würfel.

Das **Caesiumchloridgitter** erweist sich als Überlagerung von zwei *einfach kubischen Gittern*, die gegeneinander um die *Hälfte der Raumdiagonale* verschoben sind (Bild 5-32). Die *Koordinationszahl* ist für Anionen und Kationen gleichermaßen 8. Die Nachbaratome stehen an den Ecken eines *Würfels*. Zu einer Elementarzelle gehören nur ein Anion und ein Kation (nach Bild 5-32 ist das achtmal je ein Achtel der eckständigen Ionen).

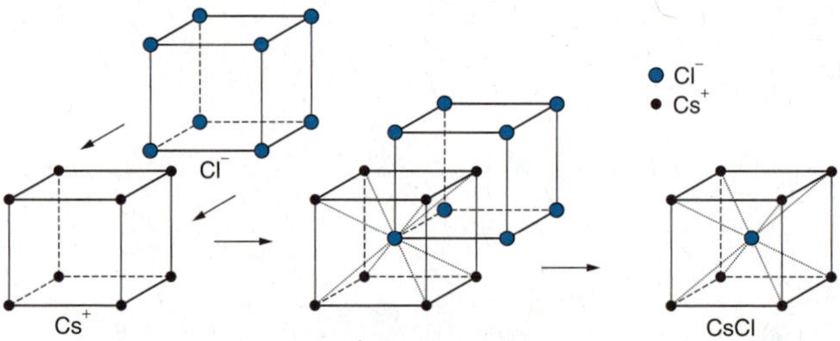

Bild 5-32:
Caesiumchloridgitter

Nach dem Caesiumchlorid-Typ kristallisieren unter anderem auch das Rubidiumchlorid, RbCl, das Thallium(I)-chlorid, TlCl, und das Ammoniumchlorid, NH_4Cl, sowie die analogen Bromide und Iodide.

Die **Ionenbindung** prägt den chemischen Verbindungen bestimmte **Eigenschaften** auf.

Durch die allseitig wirkenden Anziehungskräfte sind die Ionen in den Ionengittern verhältnismäßig fest gebunden. Sie können Schwingungen um die Gitterpunkte ausführen, die sie im Ionengitter besetzen. Bei Zimmertemperatur sind die Ionensubstanzen daher *fest*. Erst durch erhebliche Zufuhr von Wärme lässt sich die Bewegungsenergie der Ionen so weit erhöhen, dass die Gitterkräfte überwunden werden und das Ionengitter zusammenbricht. Damit ist die *Schmelztemperatur Fp* erreicht. Sie liegt bei den Ionensubstanzen verhältnismäßig hoch. Noch wesentlich höher liegt die *Siedetemperatur Kp*.

▲ Natriumchlorid, NaCl $Fp = 800\ °C$ $Kp = 1440\ °C$
Kaliumbromid, KBr $Fp = 728\ °C$ $Kp = 1376\ °C$

Ionensubstanzen haben relativ hohe Schmelz- und Siedepunkte.

Manche Salze, besonders Komplexsalze (↑ S. 159) und Salze organischer Säuren, zersetzen sich allerdings beim Erhitzen, bevor die Siedetemperatur, und manche schon, bevor die Schmelztemperatur erreicht ist.

Die *Schmelzen*, aber auch *wässrige Lösungen* von Ionensubstanzen, *leiten* den *elektrischen Strom*. Das beruht darauf, dass die *Ionen* als *Ladungsträger* in den Schmelzen und wässrigen Lösungen mehr oder weniger frei beweglich sind.

Der Zerfall von Ionensubstanzen in der Schmelze oder in einer Lösung in frei bewegliche Ionen wird **elektrolytische Dissoziation** genannt.

▲ Natriumchlorid, NaCl, liegt in der Schmelze und in wässriger Lösung in Form von Natrium-Ionen, Na^+, und Chlorid-Ionen, Cl^-, vor:

$$NaCl \rightarrow Na^+ + Cl^-$$

In einer wässrigen Lösung erfolgt die elektrolytische Dissoziation unter dem Einfluss der Dipolmoleküle des Wassers. Die elektrolytische Dissoziation ist keine Wirkung des elektrischen Stromes, sondern die Voraussetzung für die elektrische Leitfähigkeit.

Wird an eine Schmelze oder eine wässrige Lösung einer Ionensubstanz eine *Gleichspannung* angelegt, indem zwei *Elektroden* (↑ S. 341) in die Lösung oder Schmelze eingetaucht werden, so wandern die Ionen, die sich vorher regellos bewegten (Bild 5-33a), infolge der elektrostatischen Anziehung in Richtung der Elektrode mit der *entgegengesetzten* Ladung (Bild 5-33b). Von dieser Eigenschaft haben die Ionen[1] ihren Namen.

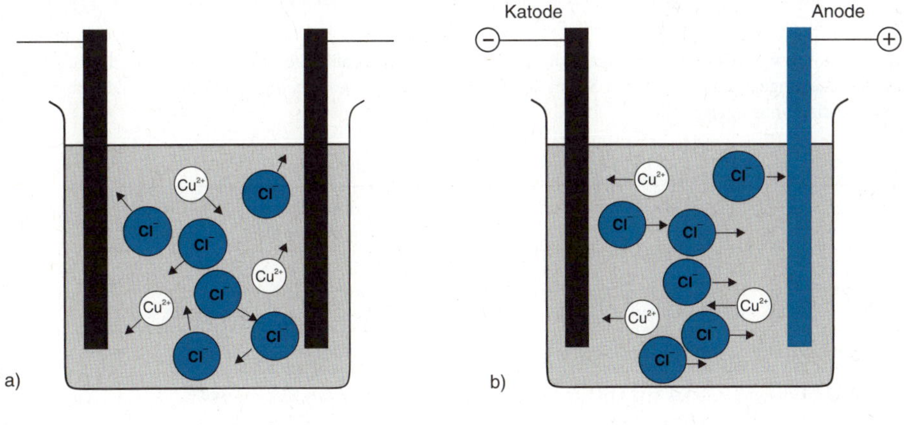

Bild 5-33: *a) Regellose Bewegung der Ionen in einer Kupfer(II)-chloridlösung vor dem Anlegen einer Spannung b) Gerichtete Bewegung der Ionen in einer Kupfer(II)-chloridlösung nach dem Anlegen einer Gleichspannung*

[1] *ion* (grch.) wandernd

Die mit dem *negativen Pol* der Spannungsquelle verbundene Elektrode wird **Katode** (auch Kathode geschrieben) genannt.

Die mit dem *positiven Pol* der Spannungsquelle verbundene Elektrode wird **Anode** genannt.

Diese Bezeichnungen beziehen sich auf den Weg, den die Elektrizität durch die Elektroden nimmt; *kathodos* (grch.) der Weg abwärts; *anhodos* (grch.) der Weg aufwärts; siehe auch Bild 9-4 (↑ S. 342).

Die Ionen werden nach der Elektrode benannt, zu der sie infolge der elektrostatischen Anziehung wandern:

- **Kationen tragen *positive Ladungen* und wandern zur (negativ geladenen) Katode.**
- **Anionen tragen *negative Ladungen* und wandern zur (positiv geladenen) Anode.**

Zu den **Kationen** gehören:

- alle Metall-Ionen (z. B. Na^+, Cu^{2+}, Al^{3+}),
- das Wasserstoff-Ion, H^+, bzw. das Oxonium-Ion, H_3O^+ (↑ S. 221),
- das Ammonium-Ion, $NH_4{}^+$.

Zu den **Anionen** gehören:

- alle Säurerest-Ionen (z. B. Cl^-, $SO_4{}^{2-}$, $NO_3{}^-$),
- das Hydroxid-Ion, OH^-.

In den **Summenformeln** der Ionensubstanzen stehen stets:

links	**rechts**
die **Kationen**	die **Anionen**

▲ Natriumchlorid, NaCl — Schwefelsäure, H_2SO_4
Ammoniumchlorid, NH_4Cl — Natriumhydroxid, NaOH

Die Ionensubstanzen werden beim Stromdurchgang *zersetzt,* indem die Ionen an den Elektroden entladen werden. Dieser Vorgang heißt **Elektrolyse** (↑ S. 364). Dieser elektrolytischen Zerlegung wegen werden die Ionensubstanzen **Elektrolyte** genannt und als *Leiter 2. Klasse* den *Metallen* (*Leitern 1. Klasse*) gegenübergestellt, die sich beim Stromdurchgang nicht verändern.

Zum anderen werden den *Elektrolyten* die *Nichtelektrolyte* gegenübergestellt, die weder in der Schmelze noch in Lösungen den elektrischen Strom leiten. Zu den *Nichtelektrolyten* gehören die Molekülsubstanzen und die diamantartigen Stoffe (↑ S. 110).

Tabelle 5-5: *Klassifizierung der Stoffe nach der elektrischen Leitfähigkeit*

	Metalle	Ionensubstanzen	Molekülsubstanzen	diamantartige Stoffe
	–	Elektrolyte	Nichtelektrolyte	
	Leiter 1. Klasse	Leiter 2. Klasse	Nichtleiter	
Ladungsträger	Elektronen	Ionen	–	
Leitfähigkeit	sehr gut	gering	keine	
nimmt mit steigender Temperatur	ab	zu	–	
stoffliche Veränderung beim Stromdurchgang	keine	werden an den Elektroden zersetzt	–	

Zwischen den Elektrolyten und den Nichtelektrolyten stehen die **potenziellen Elektrolyte.** Das sind Molekülsubstanzen mit stark *polarisierten Atombindungen* (↑ S. 131), die der elektrolytischen Dissoziation unterliegen, sobald sie in Lösung gehen. Unter dem Einfluss der Dipolmoleküle des Wassers werden die polarisierten Atombindungen zum Teil aufgespalten.

▲ Durch Aufspaltung der stark polarisierten Atombindung im Chlorwasserstoffmolekül, HCl, entstehen ein Chlorid-Ion, Cl^-, und ein Wasserstoff-Ion, H^+, das unmittelbar durch ein Wassermolekül zu einem Oxonium-Ion, H_3O^+, hydratisiert wird:

$$\text{H-Cl} \rightarrow H^+ + Cl^- \qquad H^+ + H_2O \rightarrow H_3O^+$$

Die wässrige Lösung des Chlorwasserstoffs reagiert durch die vorhandenen Wasserstoff- bzw. Oxonium-Ionen sauer; sie heißt *Salzsäure*.

Zur Unterscheidung werden die Elektrolyte, die schon im festen Zustand in Form von Ionen vorliegen, als *echte Elektrolyte* den potenziellen Elektrolyten gegenübergestellt. Die wässrigen Lösungen potenzieller Elektrolyte sind elektrisch leitfähig. Die potenziellen Elektrolyte unterliegen wie die echten Elektrolyte der Elektrolyse (↑ S. 364), indem die Ionen an den Elektroden entladen werden.

5.3 Metallbindung und Bändermodell

5.3.1 Metallbindung

Die *Metalle* und deren *Legierungen* kristallisieren in Form von **Metallgittern.** In einem Metallgitter sind die Gitterpunkte durch positiv geladene *Metall-Ionen* besetzt, die hier vielfach als *Atomrümpfe* bezeichnet werden, da ihnen ein entscheidendes Merkmal der Ionen fehlt – die Beweglichkeit, das Wandern in einem elektrischen Feld. Die *Valenzelektronen* bewegen sich mehr oder weniger frei zwischen den Atomrümpfen und bewirken die elektrische Leitfähigkeit der Metalle. Aufgrund eines Vergleichs mit der Beweglichkeit von Gasmolekülen wird hier häufig von einem „Elektronengas" gesprochen. Der Zusammenhalt des Metallgitters kann durch die elektrostatische Wechselwirkung zwischen den positiv geladenen Atomrümpfen und den negativ geladenen beweglichen Elektronen erklärt werden.

Die Metalle treten – mit wenigen Ausnahmen – in einem der drei folgenden Kristallgitter auf (siehe Bilder 5-35 und 5-35):

- *kubisch*[1]*-raumzentriertes Gitter*
- *kubisch-flächenzentriertes Gitter* (kubisch-dichteste Kugelpackung)
- *hexagonales*[2] *Gitter* (hexagonal-dichteste Kugelpackung).

Aus Bild 5-35 ist ersichtlich, dass

- bei der hexagonal-dichtesten Packung die 3. Schicht,
- bei der kubisch-dichtesten Packung erst die 4. Schicht

genau über der 1. Schicht liegt.

Bild 5-35a (Mitte) zeigt, wie man mittels eines anderen Betrachtungsstandpunktes von der kubischen Darstellung zu der Darstellung als dichteste Kugelpackung kommt.

Metalle, die im gleichen Gittertyp kristallisieren, unterscheiden sich durch ihre *Gitterkonstanten* a. Das sind die *Abstände* zwischen den *Mittelpunkten* der benachbarten Atomrümpfe. Beim hexagonalen Gitter wird zwischen der Gitterkonstante a (Länge der Sechseckseite) und der Gitterkonstante c (Höhe der Sechsecksäule) unterschieden. Für die hexagonal-dichteste Packung gilt der Quotient $c/a = 1{,}633$.

[1] *cubus (lat.) Würfel*

[2] *hexagonal (grch.) sechseckig*

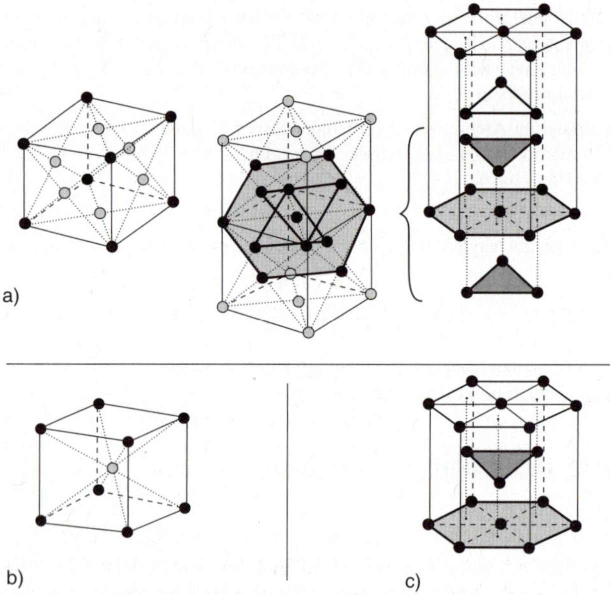

Bild 5-34: *Wichtigste Kristallgitter der Metalle:*
a) kubisch-flächenzentriert, b) kubisch-raumzentriert, c) hexagonal

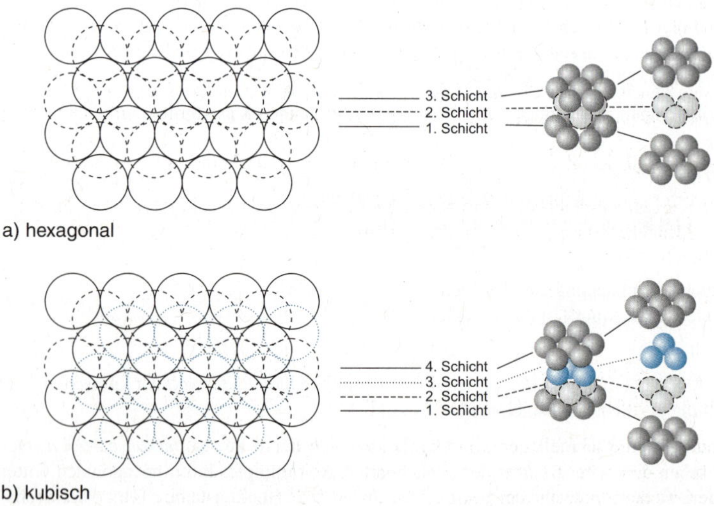

Bild 5-35: *Dichteste Kugelpackungen*

Tabelle 5-6: *Kristallgittertypen wichtiger Metalle mit Gitterkonstanten in pm (10^{-12} m)*

kubisch-flächenzentriert		kubisch-raumzentriert		hexagonal			
	a		*a*		*a*	*c*	*c/a*
Aluminium	404	Barium	502	Beryllium	227	359	158
Blei	494	Caesium	605	Cadmium	297	561	189
Calcium	556	Chrom	288	Magnesium	320	520	163
Gold	407	Eisen	286	Zink	266	494	186
Kupfer	361	Kalium	533				
Nickel	352	Molybdän	314				
Silber	408	Natrium	428				
Strontium	607	Rubidium	652				
		Vanadium	303				
		Wolfram	316				

Im *kubisch-raumzentrierten Gitter* sind jedem Atomrumpf *acht* andere benachbart, in der *kubisch-dichtesten* und in der *hexagonal-dichtesten Kugelpackung* dagegen *zwölf*. Diese Zahlen werden *Koordinationszahlen* (↑ S. 176) genannt. Die Bindungskräfte wirken auf alle benachbarten Atomrümpfe gleichermaßen und sind daher wesentlich weniger fest als die gerichteten Bindungen im *Atomgitter*. Die Metalle haben daher mit wenigen Ausnahmen (z. B. Wolfram 3410 °C, Rhenium 3180 °C, Molybdän 2620 °C) niedrigere Schmelztemperaturen als die diamantartigen Stoffe.

Wie die Atome im Atomgitter und die Ionen im Ionengitter führen auch die Atomrümpfe im Metallgitter ständig Schwingungen um die Gitterpunkte aus, die sie besetzen. Diese Schwingungen werden durch Wärmezufuhr verstärkt, bis bei der *Schmelztemperatur Fp* das Metallgitter zusammenbricht. Die Schmelztemperatur steigt in der Regel mit zunehmender Anzahl an Valenzelektronen und mit abnehmender Gitterkonstante a.

▲ Natrium: 1 Valenzelektron; $a = 428$ pm; $Fp = 98$ °C
Kalium: 1 Valenzelektron; $a = 533$ pm; $Fp = 63$ °C
Calcium: 2 Valenzelektronen; $a = 556$ pm; $Fp = 851$ °C

Schmelztemperatur des Natriums höher als die des Kaliums, weil kleinere Gitterkonstante.
Schmelztemperatur des Calciums höher als die des Kaliums, weil mehr Valenzelektronen.

Die **Verformbarkeit der Metalle** hängt vom Gittertyp und von den Gitterkonstanten ab:

kubisch-flächenzentriertes Gitter (kubisch-dichteste Kugelpackung)	hexagonal-dichteste Kugelpackung	kubisch-raumzentriertes Gitter
leicht verformbar	←——————→	*schwer verformbar*

▲ Eisen geht beim Erhitzen bei 911°C aus dem kubisch-raumzentrierten Gitter (α-Eisen; Ferrit) in das kubisch-flächenzentrierte Gitter (γ-Eisen; Austenit) über, wodurch es leichter verformbar wird.

Zusätzlich tragen hierzu die unterschiedlichen Gitterkonstanten – d. h., die unterschiedlichen Ionenabstände im Metallgitter bei. α-Eisen besitzt trotz des nicht dichtesten, kubisch-raumzentrierten Gitters mit $a = 286$ pm die kleinere Gitterkonstante als die kubisch-flächenzentrierte Hochtemperaturform γ-Eisen mit $a = 356$ pm. Auch je größer die Gitterkonstanten sind, desto leichter verformbar wird das Metall.

▲ Die Alkalimetalle kristallisieren alle in dem an sich schwer verformbaren kubisch-raumzentrierten Gitter; sie lassen sich jedoch wegen ihrer großen Gitterkonstanten (Tabelle 5-6) und den geringen Anziehungskräften durch das nur eine Außenelektron leicht mit dem Messer schneiden. Sie sind also gut verformbar!

Beim Erstarren einer Metallschmelze entstehen zahllose Kriställchen (so genannte *Kristallite*), die sich gegenseitig in ihrem Wachstum behindern und daher selten eine Größe erreichen, in der sie mit bloßem Auge sichtbar sind. Zur Erzeugung annähernd defektfreier Kristalle, so genannte *Einkristalle*, bedarf es aufwendiger Züchtungsverfahren [1].

Zu den *metallischen Stoffen* gehören außer den *metallischen Elementsubstanzen* auch die *Legierungen:*

Legierungen sind Gemische aus zwei oder mehr Metallen.

Auch bestimmte Nichtmetalle können an Legierungen beteiligt sein (z. B. Kohlenstoff und Silicium). Die Legierungen werden meist durch Zusammenschmelzen der Bestandteile gewonnen, aber viele Metalle sind nicht in beliebigem Verhältnis miteinander legierbar.

In den Legierungen können vorliegen:

- **Einlagerungsmischkristalle**
- **Substitutionsmischkristalle**
- **Gemisch der reinen Kristalle der Legierungsbestandteile**
- **Kristalle von intermetallischen Verbindungen der Legierungsbestandteile**

Bei den **Einlagerungsmischkristallen** (siehe Bild 5-36a) werden die Gleitebenen des Metallgitters durch Einlagerung von Fremdatomen (z. B. Kohlenstoffatomen) teilweise blockiert. Daher ist kohlenstoffhaltiges Eisen viel härter als reines Eisen.

Bei den **Substitutionsmischkristallen** (siehe Bild 5-36b) ist ein Teil der Atome durch Fremdatome ersetzt (substituiert).

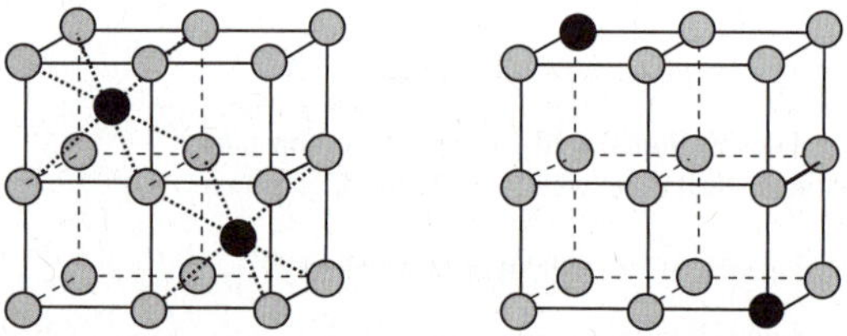

Bild 5-36:
a) Einlagerungsmischkristall,
b) Substitutionsmischkristall

Gemische der reinen Kristalle der Legierungsbestandteile bilden sich für jede Metallpaarung bei einem bestimmten Mischungsverhältnis, das als *eutektisches Gemisch* [2] bezeichnet wird. *Lötzinn* mit der Schmelztemperatur 181 °C ist das eutektische Gemisch von Zinn (64 %) und Blei (36 %).

Die Legierungsbestandteile können aber auch **intermetallische** (zwischenmetallische) **Verbindungen** miteinander bilden. In der *Bronze* ist eine intermetallische Verbindung mit der Formel $SnCu_3$ enthalten, im *Messing* eine solche mit der Formel Zn_3Cu. Auch das *Eisencarbid* (Zementit), Fe_3C, ein wichtiger Bestandteil des Stahls, kann zu den intermetallischen Verbindungen gezählt werden. Die Formeln der intermetallischen Verbindungen geben zwar die stöchiometrische Zusammensetzung wieder, nicht aber die Wertigkeitsverhältnisse. So besagt die Formel Fe_3C lediglich, dass im Kristallgitter des Eisencarbids auf drei Eisenatome jeweils ein Kohlenstoffatom kommt.

[1] Literatur: [Wil1988]

[2] *tektos* (grch.) schmelzbar; *eu* (grch.) gut; das eutektische Gemisch zeigt von allen möglichen Mischungsverhältnissen zwischen zwei (oder mehr) Metallen den niedrigsten Schmelzpunkt

5.3.2 Bändermodell der Elektronen in Kristallen

Auch in den Kristallgittern nehmen die Elektronen bestimmte Energieniveaus ein. Auf Kristallgitter angewandt, besagt das PAULI-Prinzip (↑ S. 83), dass *innerhalb eines Kristalls* jeweils nur zwei Elektronen (mit antiparallelem Spin) den gleichen Energiezustand aufweisen können. Bei der Vielzahl von Valenzelektronen in einem Kristall muss es also eine Vielzahl von Energiezuständen geben, die sich dann allerdings nur durch sehr geringe Beträge voneinander unterscheiden können.

An die Stelle des einzelnen Energieniveaus tritt auf diese Weise ein ganzes Bündel sehr eng beieinander liegender Energieniveaus, das als *Energieband* bezeichnet wird. Die mehr oder weniger breiten Energiebänder haben voneinander unterschiedliche Abstände. Das wird durch so genannte *Bändermodelle* wiedergegeben.

▲ Bändermodell des Natriums (siehe Bild 5-37). Die aus Bild 3-16 (↑ S. 83) bekannten Energieniveaus sind zu Energiebändern aufgespalten. Das Energieband 3s ist je Atom mit einem Elektron besetzt, das Energieband 3p ist unbesetzt. Es fällt auf, dass sich die Bänder 3s und 3p überlappen.

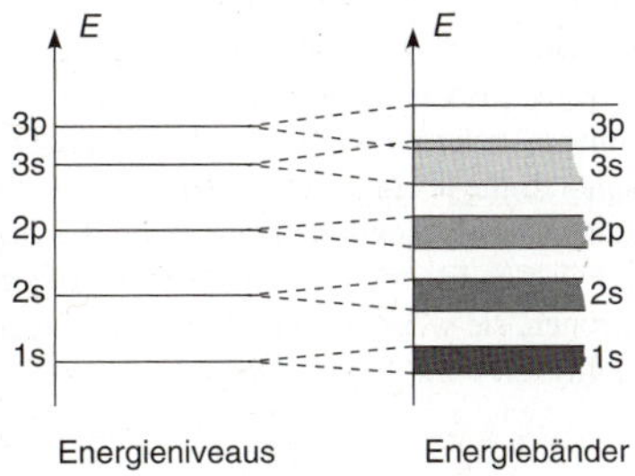

Bild 5-37: *Energiebänder des Natriumatoms*

Das Energieband, in dem sich die *Valenzelektronen* befinden, wird **Valenzband** genannt (im Beispiel: 3s). Das unbesetzte Energieband, das sich *über* dem Valenzband befindet, wird **Leitungsband** genannt (im Beispiel: 3p).

Nach diesen Modellvorstellungen kommt die Leitfähigkeit so zustande, dass

- innerhalb eines nicht voll besetzten Valenzbandes freie Energiezustände vorhanden sind, in die die Valenzelektronen überwechseln können, sowie
- Valenzelektronen aus dem Valenzband in das Leitungsband übergehen können.

Dieser Übergang in das Leitungsband ist ohne weiteres möglich, wenn sich dieses mit dem Valenzband überlappt (siehe Bild 5-38, links). Es handelt sich dann um ein *Metall.* Besteht zwischen dem Valenzband und dem Leitungsband ein großer Abstand (so genannte *verbotene Zone* bzw. *Bandlücke*), *ist ein Elektronenübergang nicht* möglich. Es liegt dann ein *Isolator* vor (siehe Bild 5-38, rechts). Ist die verbotene Zone schmal, so kann sie von Elektronen, die durch Energiezufuhr (Wärme, Licht) angeregt wurden, übersprungen werden (siehe Bild 5-38, Mitte). Der Umstand, dass sich dadurch die elektrische Leitfähigkeit erhöht, wird beispielsweise in Fotodioden technisch genutzt. Schmale verbotene Zonen sind charakteristisch für *Halbleiter*.

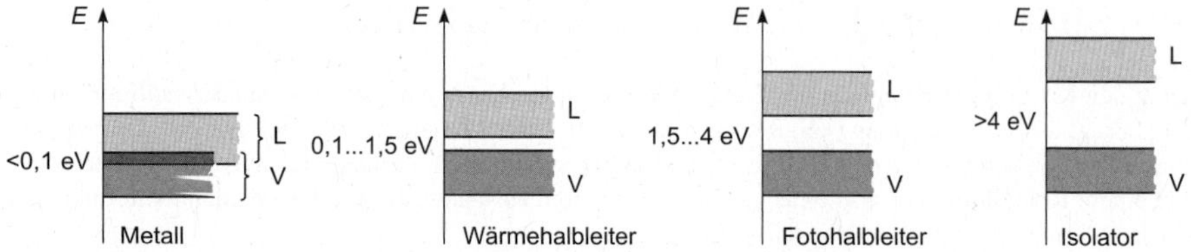

Bild 5-38: *Valenzband, Leitungsband sowie Bandlücke bei Metall, Wärmehalbleiter, Fotohalbleiter und Isolator*

▲ In der 4. Hauptgruppe nimmt der Metallcharakter vom Blei zum Kohlenstoff (Diamant) ab. Entsprechend nimmt die Bandlücke von Pb (0 eV, Metall) über Sn (0,08 eV, Metall), Ge (0,6 eV, Wärme- bzw. Infrarothalbleiter) und Si (1,9 eV, Fotohalbleiter) zu Diamant (5,2 eV, Isolator) zu; die Kohlenstoff-Modifikation Graphit ist dagegen metallisch leitfähig (Bandlücke 0 eV). 1 Elektronenvolt (eV) entspricht für ein Mol Elektronen einer Energie von 96,485 kJ/mol.

Durch Zuführen von Fremdatomen (in der Schmelze oder mittels Diffusion) können bestimmte Halbleitereigenschaften auch künstlich hervorgerufen werden. Dieser Vorgang wird als *Dotierung* bezeichnet. So können z. B. in einen Siliciumkristall (4 Valenzelektronen) Boratome (3 Valenzelektronen) oder Phosphoratome (5 Valenzelektronen) eingefügt werden. Während die Phosphoratome je ein überzähliges Elektron in das Kristallgitter einbringen, entsteht durch jedes Boratom eine Lücke in der Elektronenanordnung des Siliciumkristalls (Bild 5-39). Diese *Lücken* wandern im elektrischen Feld den Elektronen entgegengesetzt, sie verhalten sich also, als handelte es sich um *positiv* geladene Elektronen, sie werden auch *Defektelektronen* genannt. Die durch Defektelektronen verursachte elektrische Leitfähigkeit wird als *p-Leitung* der *n-Leitung* der Elektronen gegenübergestellt (p = positiv; n = negativ).

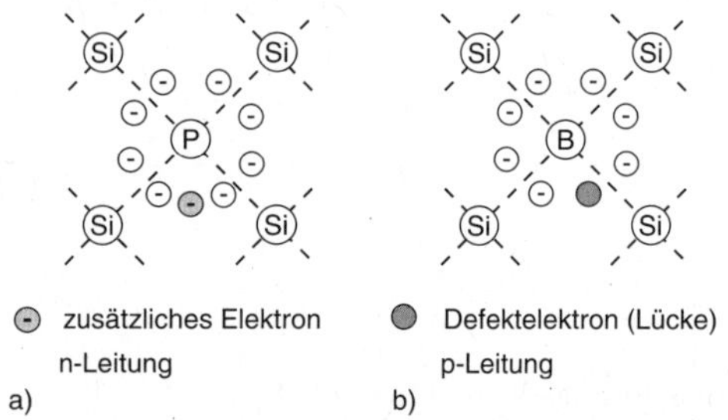

Bild 5-39: *Siliciumkristall mit a) einem Phosphoratom, b) einem Boratom als Fremdatom*

Die überzähligen Elektronen bauen knapp *unterhalb* des Leitungsbandes ein Energieniveau auf, das *Donatorniveau*[1] genannt wird, da die Elektronen daraus leicht in das darüber liegende Leitungsband übergehen (siehe Bild 5-40, links).

Die Defektelektronen verursachen knapp über dem Valenzband ein Energieniveau, das *Akzeptorniveau*[2] genannt wird (Bild 5-40, rechts), da leicht Elektronen aus dem Valenzband in dieses Energieniveau übergehen. Diese hinterlassen im Valenzband Lücken (Defektelektronen). Sowohl die Elektronen im Leitungsband (n-Leitung) als auch die Defektelektronen im Valenzband (p-Leitung) tragen durch ihre Beweglichkeit zur elektrischen Leitfähigkeit bei.

[1] *donator* (lat.) Geber
[2] *acceptor* (lat.) Empfänger

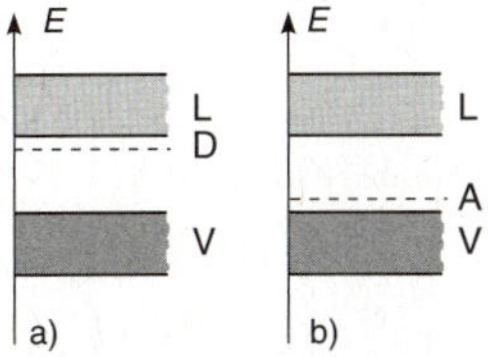

Bild 5-40: *Bändermodelle mit a) Donatorniveau, b) Akzeptorniveau*

Durch *Dotierung* können für die elektronische Industrie Halbleiter mit ganz bestimmten Eigenschaften hergestellt werden, wie sie in der Natur nicht vorkommen.

▲ Die Leitfähigkeit von Silicium ($4 \cdot 10^{-6}$ S/m) erhöht sich durch Dotierung mit 1 ppm Bor um das 200 000-fache auf 0,8 S/m. Es entsteht ein p-Halbleiter.

5.4 Bindungen in Komplexen

Als vierte Bindungsart neben Atom-, Ionen- und Metallbindung steht die Komplexbindung. Sie ist eine kovalente Bindung (↑ S. 108), bei der jedoch die bindenden Elektronen überwiegend nur von einem der Bindungspartner stammen.

Komplexverbindungen werden in der älteren Literatur auch als „Verbindungen höherer Ordnung" oder als „Koordinationsverbindungen" bezeichnet. Mit diesen Verbindungen beschäftigt sich die *Komplexchemie*, ein von dem Schweizer Chemiker ALFRED WERNER um 1893 als „chemische Koordinationslehre" begründeter Zweig der Chemie.

5.4.1 Aufbau von Komplexen

Beim Entstehen einer Komplexverbindung werden an ein Atom, das *Zentralatom* (bzw. *Zentral-Ion*), andere Moleküle oder Ionen, die *Liganden*, angelagert und gebunden. In den Formeln der Komplexverbindungen steht das Komplexteilchen in eckigen Klammern.

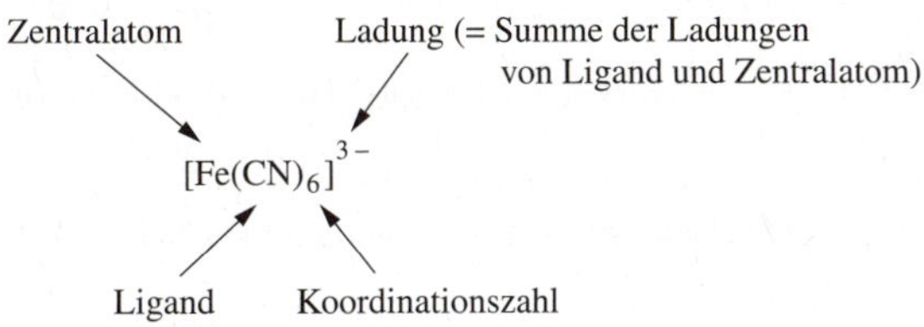

Als **Zentralatom** treten vor allem *Metallatome ab einschließlich der dritten Periode* auf, da für die Komplexbindung die d- bzw. f-Orbitale (↑ S. 82) des Zentralatoms mit verwendet werden. Besonders von den Nebengruppenmetallen des d-Blocks sind sehr viele Komplexverbindungen bekannt. Aber auch Alkali- und Erdalkalimetalle können komplexiert werden.

Liganden sind Moleküle, Kationen oder Anionen mit *mindestens* einem freien Elektronenpaar, das sie zur Bindung zur Verfügung stellen. Die Anzahl der Liganden, die einem Zentralatom zugeordnet sind, wird **Koordinationszahl** (↑ S. 176) genannt.

Als einfache Liganden kommen vor allem die folgenden Teilchen mit freien Elektronenpaaren vor.

Hydroxid-Ion $[\,|\overline{\underline{O}}-H\,]^-$

Wassermolekül

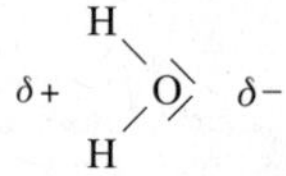

Cyanid-Ion $[\,|C\equiv N|\,]^-$

Chlorid-Ion $[\,|\overline{\underline{Cl}}|\,]^-$

Ammoniakmolekül

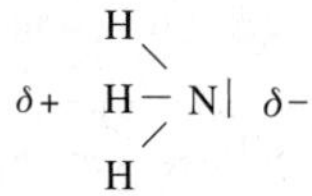

Je nach Ladung des Zentralatoms und der Liganden können Komplexverbindungen

- Kationen
- Anionen oder
- neutrale Verbindungen sein.

In den **Formeln** von Komplexen schreibt man zuerst das *Zentral-Atom*, es folgen die *Liganden* unter Angabe ihrer *Anzahl (= der Koordinationszahl)* als Index.

▲ $[Cu(NH_3)_4]^{2+}$ Zentral-Ion: Cu^{2+} Liganden: NH_3

▲ $[Fe(CN)_6]^{4-}$ Zentral-Ion: Fe^{2+} Liganden: CN^-

▲ $[Fe(CO)_5]$ Zentralatom: Fe Liganden: CO

Die *Oxidationszahl* (↑ S. 172) wird auch zur Darstellung der Wertigkeitsverhältnisse in Komplexen herangezogen.

Die Summe der Oxidationszahlen ist gleich der **Ladung** des Komplexes:

▲ $[\overset{+2}{Fe}(\overset{-1}{CN})_6]$ $+2+6(-1)=-4$ $\overbrace{[Fe(CN)_6]}^{-4}$

In *Komplexsalzen* steht wie bei den einfachen Salzen (↑ S. 150)

links das Kation rechts das Anion

▲ Tetraammin-kupfer(II)-sulfat
$[Cu(NH_3)_4]SO_4 \rightleftharpoons [Cu(NH_3)_4]^{2+} + SO_4{}^{2-}$
Kationkomplex aus Cu^{2+} und vier neutralen Ammoniakmolekülen (NH_3), d. h. mit der Gesamtladung 2+

▲ Kalium-hexacyanido-ferrat(II)
$K_4[Fe(CN)_6] \rightleftharpoons 4\,K^+ + [Fe(CN)_6]^{4-}$
Anionkomplex aus Fe^{2+} und sechs Cyanidionen (CN^-), also mit der Gesamtladung 4−. Der gleiche Komplex mit dreiwertigem Eisen zeigt die Gesamtladung 3−!

▲ Pentacarbonyleisen (↑ S. 590, 601)
$[Fe(CO)_5] \rightleftharpoons Fe + 5\,CO$
Neutralkomplex aus neutralem Eisenmetall und Kohlenstoffmonoxid (CO), also ungeladen

Bei der *elektrolytischen Dissoziation* von Komplexsalzen in wässriger Lösung bleiben die komplexen Anionen bzw. komplexen Kationen im Allgemeinen erhalten (siehe vorstehende Dissoziationsgleichungen), da Wasser nur ein sehr *schwacher* Ligand ist. Man spricht daher auch von einer *Maskierung* des Metalls, weil sich das Zentral-Ion in Reaktionen nicht wie das freie Metall-Ion verhält. Die Beständigkeit der verschiedenen Komplex-Ionen ist jedoch sehr unterschiedlich, sodass sie unter bestimmten Bedingungen (Temperatur, pH-Wert, Reaktionspartner) auch in ihre Bestandteile zerfallen können (siehe *Komplexbildungskonstante* (↑ S. 262)).

Von den Komplexsalzen zu unterscheiden sind die Doppelsalze, die bei der elektrolytischen Dissoziation in wässriger Lösung stets in die Einzel-Ionen zerfallen, aus denen sie aufgebaut sind:

Alaun $KAl(SO_4)_2 \cdot 12\,H_2O \rightarrow K^+ + Al^{3+} + 2\,SO_4^{2-} + 12\,H_2O$
Carnallit $KCl \cdot MgCl_2 \cdot 6\,H_2O \rightarrow K^+ + Mg^{2+} + 3\,Cl^- + 6\,H_2O$

Die *chemische Bindung* innerhalb der **Metallkomplex-Ionen** ist dadurch gekennzeichnet, dass die Zentral-Ionen *positive Ladungen* mitbringen. Zwischen dem positiv geladenen Zentral-Ion und den als Liganden auftretenden negativ geladenen *Ionen* herrschen **elektrostatische Anziehungskräfte**. Gleiches gilt für die als Liganden auftretenden *Dipolmoleküle,* die sich mit dem negativen Pol an das Zentral-Ion *anlagern*.

▲ Kupfersulfat-pentahydrat (Kupfersulfat-5-Wasser)
$CuSO_4 \cdot 5\,H_20 = [Cu(H_2O)_4(SO_4)] \cdot H_2O$
Im Kristall bilden vier Wassermoleküle und ein Sulfation (sowie das Sulfation eines Nachbarteilchens) mit dem Kupfer-Ion einen *schwachen* (↑ S. 263) verzerrt oktaedrischen Komplex; das fünfte Wassermolekül ist durch Wasserstoffbrückenbindung (↑ S. 137) an das Sulfat-Ion gebunden.
In wässriger Lösung findet man nicht das freie Ion Cu^{2+}, sondern das Komplexion $[Cu(H_2O)_4]^{2+}$.

Bei vielen Metallkomplexen kommt es darüber hinaus zur Ausbildung **gemeinsamer Elektronenpaare** zwischen dem Zentralatom und den Liganden. Dabei stellt jeweils der *Ligand beide Elektronen* zur Verfügung. Es handelt sich also um eine Atombindung mit *freien* Elektronenpaaren der Liganden.

Besonders häufig sind Komplexe mit 8 oder 12 bindenden Elektronen, was den Koordinationszahlen 4 bzw. 6 entspricht. Das heißt, es bilden sich bevorzugt Tetraeder bzw. Oktaeder (↑ S. 177).

5.4.2 Bindungsverhältnisse

Die Bindungsverhältnisse werden im Folgenden am Beispiel des **Hexacyanido-ferrat(II)-Ions**, $[Fe(CN)_6]^{4-}$, genauer dargestellt:

Eisen besitzt im ungeladenen Zustand insgesamt 26 Elektronen, das Eisen(II)-Ion 24 Elektronen; die Koordinationszahl des Komplex-Ions ist 6; die sechs Cyanid-Ionen steuern für die Bindung am Zentral-Ion je ein freies Elektronenpaar bei, also insgesamt 12 Elektronen. Mit (24 + 12 =)36 Elektronen erhält Eisen damit die Elektronenkonfiguration des Edelgases Krypton. Dieses Komplex-Ion ist daher besonders stabil.

Betrachtet man beim Zentral-Ion Eisen nur die *Valenzelektronen* der 4. Periode (also die über der abgeschlossenen Periode von Argon (↑ S. 92, 106)), so tragen das Eisen(II)-Ion 6 Elektronen und die sechs Cyanid-Ionen 12 Elektronen bei, insgesamt also 18.

Treibende Kraft für die Ausbildung der Bindung in Komplexen ist das Füllen leerer Orbitale des Zentralatoms bis zum darauf folgenden Edelgas. Sind alle s-, p- und d-Orbitale der höchsten Periode gefüllt, erreicht das Zentralatom eine hoch symmetrische, nahezu kugelförmige negative Ladungswolke der Elektronen und damit hohe Stabilität.

Das bezeichnet man analog zur 8-Elektronenregel der Elemente der 2. Periode als **18-Elektronen-Regel** (↑ S. 85). Sie wird für viele Elemente der 4. und 5. Periode erfüllt, gilt aber nicht streng für alle Verbindungen.

Mit der **Valenzbindungstheorie** (Pauling 1930) lassen sich die Bindungsverhältnisse am Beispiel des Hexacyanido-ferrat(II)-Ions, $[Fe(CN)_6]^{4-}$ wie folgt erläutern:

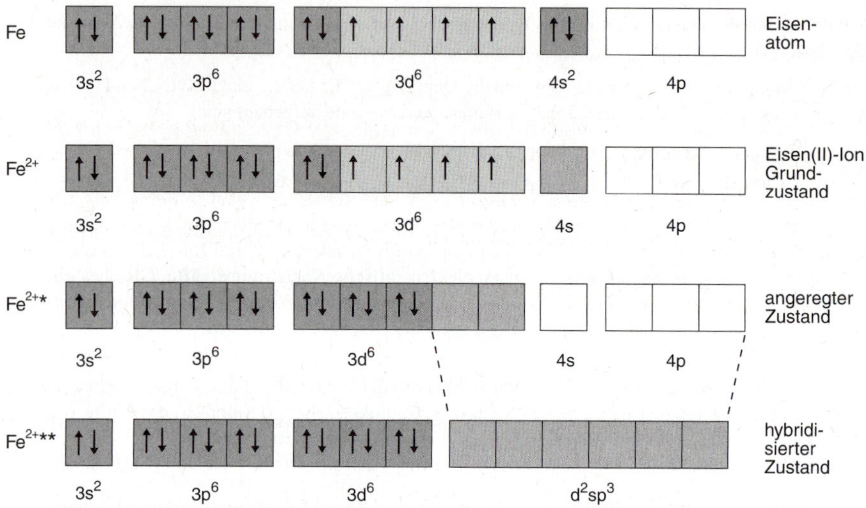

Das Eisenatom geht durch Abgabe der beiden 4s-Elektronen in das Eisen(II)-Ion, Fe^{2+}, über. Im Eisen(II)-Ion kommt es durch Spinkopplung in den 3d-Orbitalen zur Orbitalleerung.

Die dann bis zum 4p-Energieniveau insgesamt zur Verfügung stehenden sechs leeren Orbitale hybridisieren zu d^2sp^3-Hybridorbitalen.

Durch Überlappung dieser unbesetzten Hybridorbitale des Eisens mit je einem voll besetzten sp-Hybridorbital (d. h. einem freien Elektronenpaar) des Kohlenstoffs im Cyanid-Ion $[|C \equiv N|^-]$ kommt es zur Bindung von sechs Liganden an das Zentral-Ion Eisen. Damit wird die Elektronenbesetzung des Edelgases Krypton erreicht. Das Komplex-Ion ist daher besonders stabil.

Die in diesem Beispiel gezeigte Einbeziehung von *d-Elektronen* in die chemische Bindung ist charakteristisch für Komplexe, in denen ein *Nebengruppenelement* als Zentralatom auftritt.

5.4.3 Typen von Liganden, Chelateffekt

Liganden sind, wie oben gesagt, Moleküle, Kationen oder Anionen mit *mindestens* einem freien Elektronenpaar. Viele Teilchen besitzen aber mehr freie Elektronenpaare, die sie dem Zentralatom zur Verfügung stellen können. Diese Eigenschaft bezeichnet man mit dem Begriff der **Zähnigkeit**:

- Ein **einzähniger** Ligand stellt dem Zentralatom *ein Elektronenpaar* zur Verfügung,

  $\leftarrow|OH^-$, $\leftarrow|Cl^-$, $\leftarrow|NH_3$, etc.

- ein **zweizähniger** Ligand *zwei Elektronenpaare*,

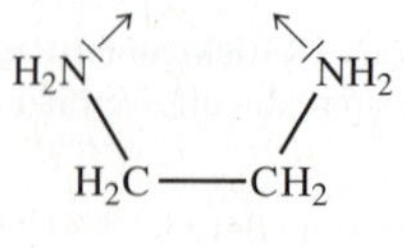

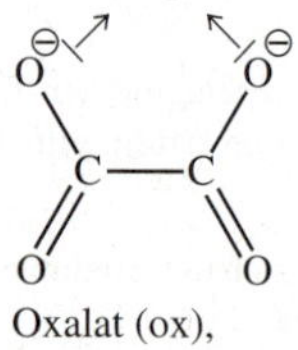

Ethylendiamin (en), Oxalat (ox), etc.

- ein **dreizähniger** Ligand *drei Elektronenpaare*,
- ein **vierzähniger** Ligand *vier Elektronenpaare* usw.

Die mit *mehrzähnigen Liganden* gebildeten Komplexe nennt man ihrer Gestalt wegen **Chelate**[1)], mehrzähnige Liganden entsprechend **Chelatliganden**. Diese bilden meist thermodynamisch *stabilere Komplexe* als einzähnige Liganden, was man als *Chelateffekt* bezeichnet. Wesentlich verursacht ihn die bei der Komplexbildung zunehmende Entropie (↑ S. 314). Zusätzliche Voraussetzung ist, dass sich bei der Bindung mit dem Zentralatom keine hohen Ringspannungen ergeben; begünstigt sind daher vor allem Fünf- und Sechsringe.

Ein wichtiger **sechszähniger** Ligand ist das **E**thylen**d**iamin**t**etra**a**cetat-Ion (Kurzbezeichnung EDTA):

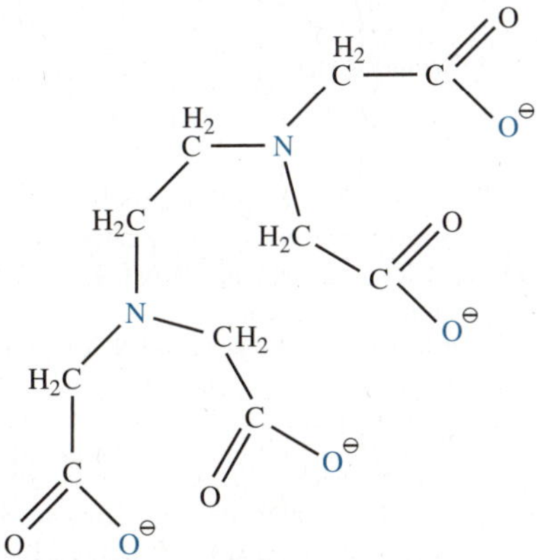

Die sechs freien Elektronenpaare für die Bindung im Komplex stammen von den beiden Stickstoffatomen sowie den negativ geladenen Sauerstoffatomen der vier Carboxyl-Gruppen.

▲ $[Cu(NH_3)_4(H_2O)_2]^{2+} + (EDTA)^{4-} \rightarrow [Cu(EDTA)]^{2-} + 4NH_3 + 2H_2O$
Bei der Reaktion des Cu-Komplexes mit EDTA entstehen aus 2 Teilchen 7 Teilchen mit der entsprechenden Entropiezunahme.
Cu-EDTA-Chelate benutzt man in der Galvanik für eine langsame kontrollierte Metall-Abscheidung aus dem Komplex.

▲ EDTA kann auch Erdalkali-Ionen wie Ca^{2+} komplexieren. Das nutzt man zur Bestimmung der Wasserhärte.
$Ca^{2+} + (EDTA)^{4-} \rightarrow [Ca(EDTA)]^{2-}$

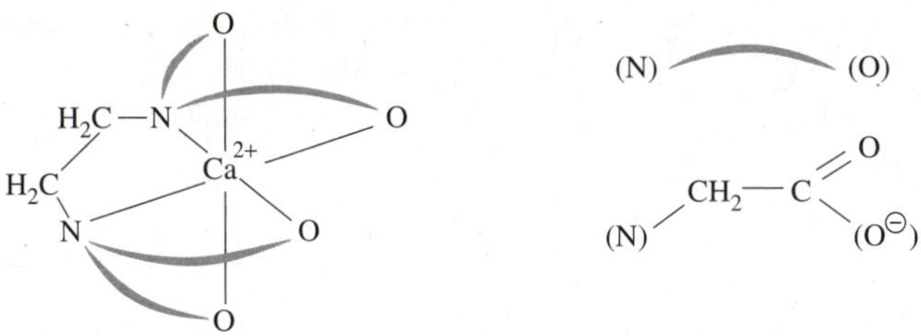

---
1) gr. chele = Krebsschere

▲ Mit so genannten *Kronenethern* als Liganden bilden sogar Alkali-Ionen Komplexe. Nach Komplexbildung mit dem sechszähnigen Kronenether 1,4,7,10,13,16-Hexaoxacyclooctadecan (Kurzbezeichnung „18-Krone-6“)[1] lassen sich z. B. Natriumsalze in unpolaren organischen Lösemitteln lösen.

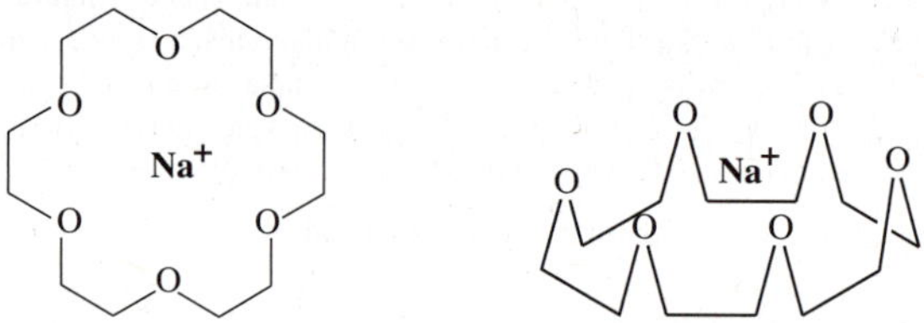

Seitenansicht

Liganden können ihre nichtbindenden Elektronenpaare auch verschiedenen Zentralatomen zur Verfügung stellen; sie wirken dann *verbrückend*:

- Cyanid-Liganden sind meist über das nichtbindende Elektronenpaar am Kohlenstoff gebunden. Zusätzlich kann aber das nichtbindende Elektronenpaar am Stickstoff an ein zweites Zentralatom binden. Das ist z. B. im Berliner Blau (↑ S. 602) der Fall; ein Cyanid-Ion verbrückt hier je zwei Eisen-Ionen, was zu einem in Wasser unlöslichen dreidimensionalen Netzwerk führt.
- Wenn an einem einzelnen Ligandatom – wie z. B. am Sauerstoff im Wassermolekül oder im Chloridion – mehrere freie Elektronenpaare vorhanden sind, kann aus sterischen Gründen jeweils *nur eines* an ein Zentralatom binden. Die anderen Elektronenpaare sind in andere Raumrichtungen ausgerichtet. Sie können aber an andere Zentralatome binden; der Ligand wirkt damit ebenfalls verbrückend.

Als „freies Elektronenpaar“ sind auch die *π-Elektronen* einer Mehrfachbindung möglich. Die Mehrfachbindung steht dazu *seitlich* („side on“) zum Zentralatom. Der Ligand ist also nicht über das freie Elektronenpaar eines seiner Atome, sondern über die Bindung zwischen zwei Ligandatomen an das Zentralatom gebunden.

▲ Polymerisation von Ethen an Ziegler-Natta-Katalysatoren, z. B. $TiCl_4$ / AlR_3 (↑ S. 797) (side-on Ethen)

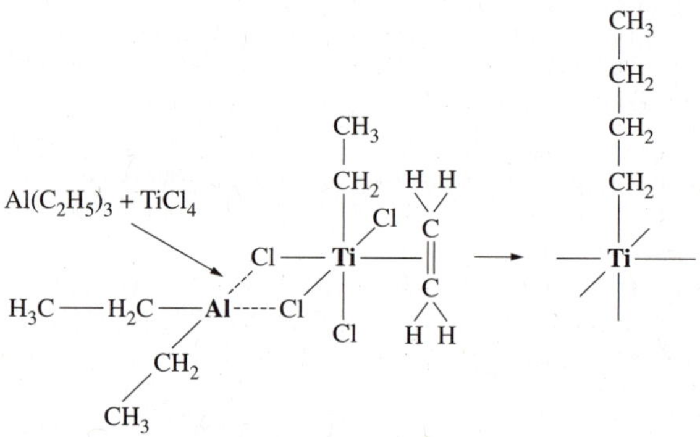

[1] Die 18 gibt die Gesamtzahl der Atome im Ring an, die 6 die Anzahl der Sauerstoffatome; die vorangestellten Zahlen der ausführlichen IUPAC-Bezeichnung (siehe Kap. 43) bezeichnen die Stellung der Sauerstoffatome im Ring beginnend mit dem Heteroatom, also das 1., 4., 7., 10. usw. Atom ist jeweils Sauerstoff.

▲ Dibenzenchrom und Ferrocen
Benzen bzw. die Cyclopentadienyl-Anionen wirken hier als je dreizähnige Liganden. Derivate des Ferrocens werden z. B. als Anti-Malaria-Wirkstoff eingesetzt.

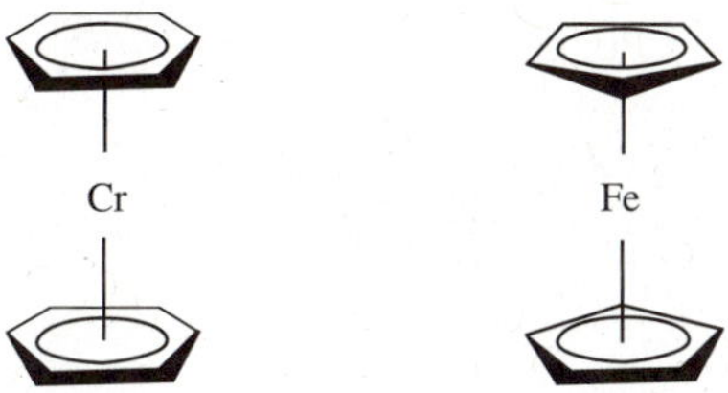

Schließlich kann statt Elektronenpaaren – z. B. bei Radikalen als Liganden – auch eine *ungeradzahlige Anzahl an Elektronen* übertragen werden.

5.4.4 Farbigkeit und Magnetismus von Komplexen

Viele Komplexe zeigen intensive Farben, z. B.

▲ das rubinrote Cobalamin (Vitamin B_{12}), ein oktaedrischer Co-Komplex (↑ S. 765)

▲ der grüne Pflanzenfarbstoff Chlorophyll, ein Mg-Komplex (↑ S. 782)

▲ der rote Blutfarbstoff Hämoglobin (↑ S. 782), ein Eisen-Komplex, der ohne den komplexgebundenen Luftsauerstoff eine etwas blauere Farbe zeigt. CO ist ein stärkerer Komplexligand als O_2 und verdrängt diesen vom Fe^{2+}-Zentralion.

▲ Kupferphthalocyanin, ein grünes Pigment (↑ S. 782)).

Das sei mithilfe der **Kristall-** bzw. **Ligandenfeldtheorie**[1] am Beispiel eines *oktaedrischen* Komplexes mit einem d-Element als Zentralatom erklärt:

Die d-Orbitale des Zentralatoms sind räumlich ausgerichtet (↑ 3.5.5). Für eine oktaedrische Umgebung nähern sich die Liganden mit ihren nichtbindenden Elektronen aus den Richtungen eines rechtwinkligen Achsenkreuzes, also aus x-, y-, z-, $-x$-, $-y$- und $-z$-Richtung. Das führt dazu, dass die fünf im freien Zentralatom noch energiegleichen (= „*entarteten*“[2]) d-Orbitale bei der Komplexbildung unterschiedliche Energie annehmen; sie „*spalten auf*“:

- Die Besetzung von Orbitalen, die genau in Richtung der Achsen liegen, auf denen sich Liganden nähern, wird wegen den sich abstoßenden negativen Ladungen ungünstiger. Das sind das d_{z^2}- und das $d_{x^2-y^2}$-Orbital. Deren Energie steigt bei der Komplexbildung.
- Die Besetzung von Orbitalen, die zwischen den Achsen liegen, wird dafür günstiger. Das sind das d_{xy}-, d_{xz}- und das d_{yz}-Orbital. Deren Energie fällt im Vergleich zum freien Atom.

[1] Die ältere Kristallfeldtheorie berücksichtigt nur elektrostatische Wechselwirkungen zwischen Liganden und Zentralatomen. Die rechnerisch etwas aufwändigere Ligandenfeldtheorie bezieht dagegen empirisch auch die kovalenten Anteile der Wechselwirkungen ein.

[2] „entartet“ bedeutet hier nicht anomal sondern ist die Fachbezeichnung für „energiegleich“!

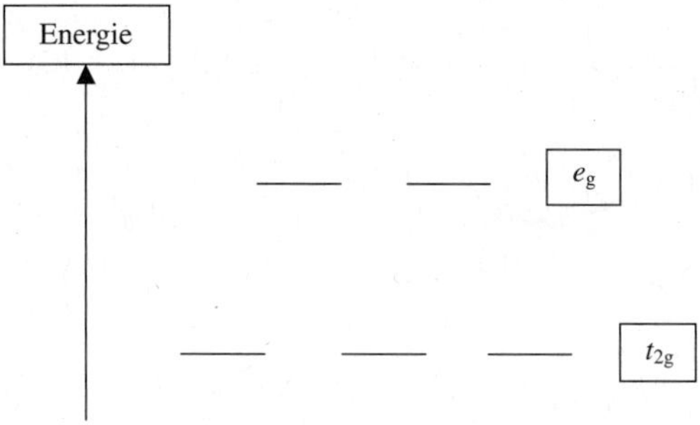

Der Energiebetrag der Aufspaltung hängt ab von der Art des Zentralatoms, dessen Oxidationszahl, von den Liganden sowie deren Koordinationszahl. In vielen Fällen liegt er jedoch so, dass Elektronen durch sichtbares weißes Licht aus den drei unteren Orbitalen (t_{2g})[1)] in die beiden höheren (e_g) angehoben werden können. Die dazu nötige Energie wird aus den Wellenlängen des weißen Lichts absorbiert; der Komplex erscheint in der Komplementärfarbe.

Energiegleiche Orbitale werden zunächst einfach besetzt (HUNDsche Regel (↑ S. 80)). Die ersten drei d-Elektronen des Zentralmetalls besetzen also nacheinander je einfach die t_{2g}-Orbitale d_{xy}, d_{xz} und d_{yz}. Bei Zentralatomen, die 4 bis 7 d-Elektronen zur Komplexbildung beisteuern, gibt es zwei Möglichkeiten der Aufteilung der Elektronen, die man als

- *high spin* (magnetisch normal) bzw.
- *low spin* (magnetisch anormal)

bezeichnet.

In der low spin-Anordnung wird der Energiebetrag der Aufspaltung größer als die Spinpaarungsenergie. Bevor also die e_g-Orbitale besetzt werden, paaren sich Elektronen in den t_{2g}-Orbitalen.

In der high spin-Anordnung ist der Energiebetrag der Aufspaltung kleiner als die Spinpaarungsenergie, es liegt daher die jeweils maximal mögliche Anzahl ungepaarter Elektronen vor. High spin-Komplexe mit fünf d-Elektronen zeigen das größte magnetische Moment (siehe Bild 5-41).

Liganden bedingen in der folgenden experimentell gefundenen Reihe (*spektrochemische Reihe*) am Zentralmetall eine zunehmende Aufspaltung:

$$Cl^- < F^- < OH^- < H_2O < NH_3 < CN^- < CO$$

Liganden, die eine große Aufspaltung ergeben, bezeichnet man als *starke* Liganden; sie begünstigen low spin-Komplexe. Liganden, die eine geringe Aufspaltung ergeben, nennt man *schwache* Liganden; sie begünstigen die high spin-Anordnung.

▲ $[Fe(CN)_6]^{4-}$ low spin

▲ $[FeCl_6]^{4-}$ high spin

Auch die Koordinationszahl spielt eine Rolle: In oktaedrischer Umgebung (Koordinationszahl 6) ist die Aufspaltung größer als in tetraedrischer. Die Tetraeder-Komplexe der 3d-Elemente besitzen daher alle die high spin-Anordnung.

1) t_{2g} und e_g sind Bezeichnungen aus der Gruppentheorie. Sie geben die Orbitalsymmetrie bezüglich eines Symmetrieelements im Molekül an. t steht für drei Orbitale gleicher Symmetrie (Triplett), e für zwei Orbitale (Duplett), der Index g für „gerade", d. h. die Bahnfunktion ist symmetrisch bezüglich eines Symmetriezentrums.

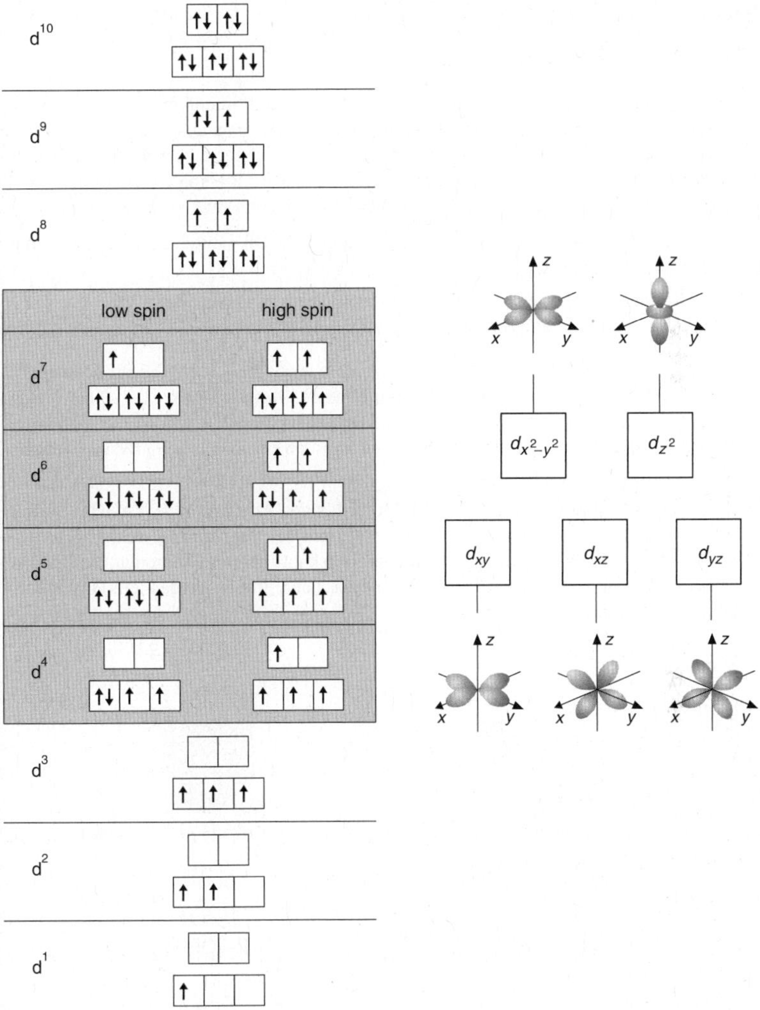

Bild 5-41: *Die d-Orbitale in regelmäßig oktaedrischen Komplexen und deren Elektronenbesetzung von eins bis zehn (vgl. Bild 3-15 (↑ S. 82))*

Bei den *Zentralatomen* steigt die Aufspaltung mit zunehmender Oxidationszahl und zunehmender Periode.

So kommen high spin-Komplexe fast nur bei 3d-Elementen vor. Die 4d- und 5d-Elemente zeigen eine so große Aufspaltungsenergie, dass sie auch mit schwachen Liganden überwiegend low spin-Komplexe bilden.

Für eine genaue quantitative Beschreibung der Effekte ist es unerlässlich, die Überlappung der Orbitale von Zentralatom und Liganden zu berücksichtigen. Dies geschieht mithilfe der **MO-Theorie** [1].

[1] siehe hierzu: [Rie2012]

5.4.5 Exkurs: Metallorganische Netzwerke (metal organic frameworks, MOF's) als Adsorptionsmittel

Ein Beispiel für Komplexverbindungen der Metalle sind die sog. MOF's (engl. **m**etal **o**rganic **f**rameworks). Sie werden als Adsorbentien mit großen inneren Oberflächen und damit einer hohen Aufnahmekapazität für einzulagernde Stoffe eingesetzt. An solchen Substanzen besteht auf vielen Gebieten ein äußerst großes Interesse. MOF's stehen dabei in Konkurrenz zu klassischeren Materialien wie Aktivkohle (↑ S. 465), Zeolithe (↑ S. 479), Silicagele (↑ S. 476), Aluminiumoxid oder auch Kohlenstoff-Nanoröhren (↑ S. 466).

Die Porosität, d. h. die Größe und Funktionalität der Poren, lässt sich bei MOF's durch gezieltes dreidimensionales Verbinden molekularer Bausteine,

- den Knotenpunkten („Konnektoren": Metall-Ionen oder Metallsauerstoffcluster) sowie
- den Brückenmolekülen („Linker": organische Liganden),

in viel größerem Maß als bei anderen Materialien nahezu beliebig maßschneidern. Die erreichbare Porengröße bis in den mesoporigen Bereich (2 . . . 50 nm) und die innere Oberfläche bis ca. $7000\,m^2/g$ sind dadurch deutlich höher als bei anderen porösen Stoffklassen. Dabei können sich auch flexible Materialien bilden, die als freies Adsorbens flach sind und mit eingelagerten Substanzen ein deutlich größeres Volumen einnehmen.

Als Beispiel für die **Porengröße** sind die drei folgenden IRMOF's der Arbeitsgruppe YAGHI[1] gezeigt (**IR**MOF = **i**so**r**eticular MOF, d. h. mit gleichartigem Netzwerk; auch der Begriff MOF selbst wurde von YAGHI geprägt). Die Knotenpunkte bestehen aus jeweils tetraedrisch koordinierten Zinkionen, die Brückenmoleküle sind aber um je einen Benzenring verlängert mit entsprechend größer werdendem Porenraum[2] (hier symbolisiert durch die Kugelgröße):

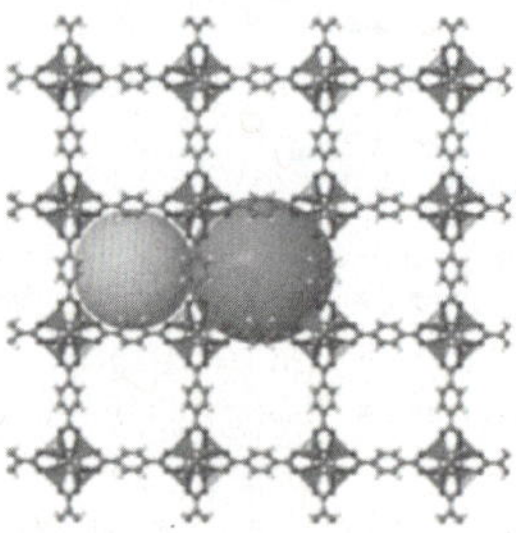

IRMOF-1 IRMOF-10 IRMOF-16

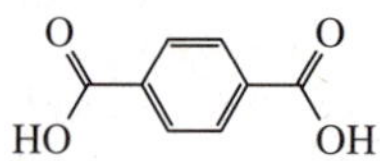

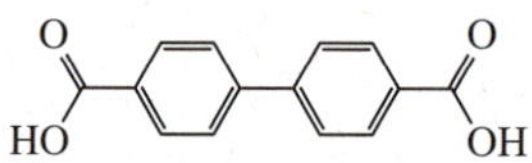

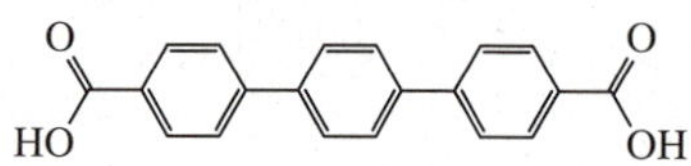

Die Brückenmoleküle (Liganden, Linker) ändern sich im Beispiel von 4,4′-Benzendicarboxylat in IRMOF-1 über 4,4′-Biphenyldicarboxylat in IRMOF-10 zu p-Terphenyl-4,4′-dicarboxylat in IRMOF-16.

[1] Literatur: [Row2004]

[2] Modelle aus ChemTube3D; University of Liverpool.

Die **Porenfunktionalität**, d. h. die Art, wie die zu absorbierenden Substanzen an die Brückenmoleküle gebunden und damit in die Poren eingelagert werden, ändert sich von Van-der-Waals-Kräften bei den drei oben genannten über Wasserstoffbrücken im linken Ligand bis hin zu Komplexbindungen im rechten Ligand[1]:

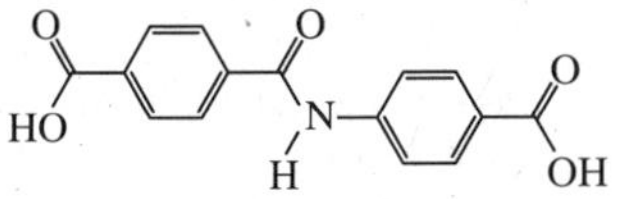

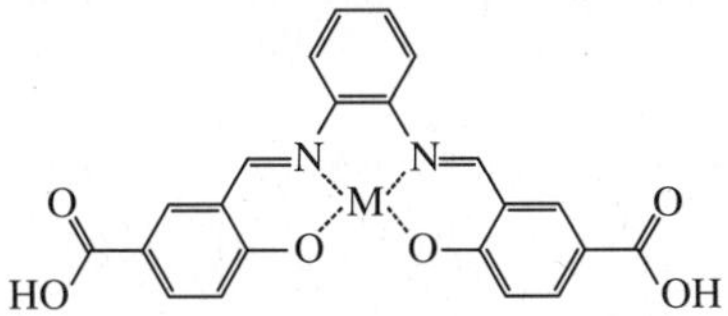

Carboxylate (↑ S. 675) als Linkermoleküle ergeben allerdings oft nicht hydrolysestabile MOF's. Wenige Prozent Wasser im Gasstrom führen bereits zur Zersetzung. Daher verwendet man Chelatliganden (↑ S. 161) oder Stickstoffiganden wie Imidazolate, 4,4′-Bipyridin, Triazolate oder Pyrazolate (Salze des Pyrazols (↑ S. 744), folgender Ligand), die stabilere Komplexe bilden:

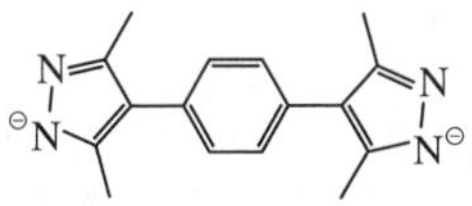

Die **Klassifizierung poröser Materialien** nach IUPAC[2] (**I**nternational **U**nion of **P**ure and **A**pplied **C**hemistry) unterscheidet seit 1985 nur grob nach der Porengröße in mikroporös (< 2 nm), mesoporös (2 . . . 50 nm) und makroporös (> 50 nm).

2013 definierte die IUPAC[3]: „*A Metal-Organic Framework, abbreviated to MOF, is a Coordination Network with organic ligands containing potenzial voids.*"

Zur genaueren Benennung der MOF's sind etwas unübersichtliche Institutskürzel üblich; z. B. steht MIL-53 für „**M**atériaux de l'**I**nstitut **L**avoisier", HKUST-1 für „**H**ong **K**ong **U**niversity of **S**cience and **T**echnology", UiO-66 für „**U**niversitetet **i** **O**slo" oder MFU-1 für **M**etal-Organic **F**ramework **U**lm University.

Poröse Materialien sind gegenüber ihren unporösen Entsprechungen thermodynamisch instabil. Dies bedingt trotz der selbstassemblierenden (d. h. die Netzwerke bilden sich von selbst) Reaktionsweise komplizierte Herstellungsverfahren, die meist zu Pulvern statt zu kristallinem Material führen. Auch die Reinigungsprozesse dieser unlöslichen Materialien sind aufwändig und benötigen große Lösemittelmengen. Dementsprechend problematisch ist die genaue Charakterisierung.

Die Zugänglichkeit der Adsorbentien für die zu adsorbierenden Stoffe sowie die Zu-/Abfuhr der Adsorptionswärme ist gerade bei den inneren Poren oft schwierig; daraus folgen lange Diffusionszeiten in die Poren. Das lässt sich durch hierarchisch aufgebaute Porensysteme mit unterschiedlich großen Poren umgehen (oberflächennah große, im Inneren kleinere Poren).

Generell ist bisher die thermische (meist < 300 °C) und die Hydrolysestabilität von MOF's begrenzt.

Einsatzgebiete

- Gasspeicherung (NH_3, CH_4 [Erdgasfahrzeuge], CO_2, CO, H_2 [bis 8 % H_2], . . .)
- Separation von Molekülen (Isotopentrennung, allg. Gastrennung, Trennung chiraler Substanzen; Atemfilter für polare Substanzen; Dioxineinlagerung [in perfluorierte MOF's]; Chromatographie, Wasserentsalzung, Ionentauscher, . . .)

[1] Literatur: [Kit2006]
[2] Literatur: [Sin1985]
[3] Literatur: [Bat2013]

- Sensorik (molekulare Erkennung; kleine leichte Sensoren für die Erfassung mehrerer Gase gleichzeitig z. B. in der Umweltforschung; Erkennung von Schwellenwerten)
- Katalyse
- Wärmepumpen, Adsorptionskühler, Latentwärmespeicher
- Verzögertes Freisetzen von Wirkstoffen („drug release")

5.5 Wertigkeitsbegriffe

Der Begriff *Wertigkeit* wurde um die Mitte des 19. Jahrhunderts in die Chemie eingeführt. Mit der Lehre von der chemischen Bindung, d. h. mit der Elektronentheorie der Valenz (Wertigkeit) (↑ S. 107), wurde der ursprüngliche Wertigkeitsbegriff, die *stöchiometrische Wertigkeit,* durch mehrere neue Begriffe ergänzt, die es erlauben, die verschiedenen Erscheinungsformen der chemischen Bindung hinreichend genau widerzuspiegeln. Diese valenztheoretischen Begriffe (Wertigkeitsbegriffe) werden nachstehend erläutert.

5.5.1 Stöchiometrische Wertigkeit

Für stöchiometrische Berechnungen und auch schon für das Aufstellen von chemischen Formeln und chemischen Gleichungen muss bekannt sein, in welchen Verhältnissen sich die Atome der verschiedenen Elemente miteinander verbinden. Hierüber gibt die *stöchiometrische Wertigkeit* (oft kurz *Wertigkeit* genannt) Auskunft.

Die stöchiometrische Wertigkeit eines Elements gibt an, mit wie viel einwertigen Atomen sich ein Atom dieses Elements verbindet.

Als *einwertig* gelten alle die Elemente, deren Atome – in binären Verbindungen – nie mit mehr als *einem* Atom eines anderen Elements verbunden sind. Das ist z. B. beim *Wasserstoff* der Fall. Die stöchiometrische Wertigkeit wird daher vielfach auch darauf bezogen, *mit wie viel Wasserstoffatomen* sich ein Atom des betreffenden Elements verbindet.

▲ Im Chlorwasserstoff, HCl, ist Chlor einwertig.
Im Wasser, H_2O, ist Sauerstoff zweiwertig.
Im Ammoniak, NH_3, ist Stickstoff dreiwertig.

Während solche Wasserstoffverbindungen nicht von allen Elementen bekannt sind, bilden fast alle Elemente mit dem Sauerstoff Oxide. Da *Sauerstoff* stets *zweiwertig* ist, kann aus der Zusammensetzung der Oxide, d. h. aus deren Summenformeln, auf die Wertigkeit der betreffenden Elemente geschlossen werden. Formal leiten sich die Oxide aus dem Wasser, H_2O, ab, indem dessen Wasserstoffatome durch Atome anderer Elemente ersetzt werden.

▲ Im Natriumoxid, Na_2O, ersetzt jedes Natriumatom *ein* Wasserstoffatom. Natrium ist daher einwertig.
Im Calciumoxid, CaO, ersetzt das Calciumatom *zwei* Wasserstoffatome. Calcium ist daher zweiwertig.

Die stöchiometrische Wertigkeit wird daher auch wie folgt definiert:

Die stöchiometrische Wertigkeit eines Elements gibt an, wie viel Wasserstoffatome ein Atom dieses Elements zu binden oder zu ersetzen vermag.

Die stöchiometrische Wertigkeit wurde in der Chemie eingeführt, bevor der Aufbau der Atome bekannt war. Da sie aber letztlich mit der Anzahl der Außenelektronen zusammenhängt, kann sie für viele Elemente aus dem Periodensystem (↑ S. 94) abgeleitet werden, das die Elektronenbesetzung der Elemente widerspiegelt.

Viele Elemente treten mit *mehreren stöchiometrischen Wertigkeiten* auf. Das geht aus der Übersicht der Oxidationszahlen (Bild 5-41) (↑ S. 174), die heute meist anstelle der stöchiometrischen Wertigkeit verwendet werden, hervor. Diese Elemente können mit *einem* Element mehrere Verbindungen mit unterschiedlicher stöchiometrischer Zusammensetzung bilden.

Es gibt zwei Möglichkeiten, solche Verbindungen eindeutig zu bezeichnen:

- durch Angabe der **Wertigkeit**

  ▲ Kupfer(I)-oxid, Cu_2O, enthält einwertiges Kupfer.
  Kupfer(II)-oxid, CuO, enthält zweiwertiges Kupfer.
  (Lies: Kupfer-eins-oxid bzw. Kupfer-zwei-oxid.)

- durch Angabe der **stöchiometrischen Zusammensetzung.**

  ▲ Schwefeldioxid, SO_2, enthält zwei (grch. *di*) Sauerstoffatome im Molekül.
  Schwefeltrioxid, SO_3, enthält drei (grch. *tri*) Sauerstoffatome im Molekül.

Berechnen einer Wertigkeit

Ausgehend von dem Grundsatz:

In einer chemischen Verbindung sättigen sich die Wertigkeiten der beteiligten Atome gegenseitig ab,

lässt sich für *binäre* Verbindungen die *Wertigkeit* des einen Elements berechnen, wenn

- die *stöchiometrische Zusammensetzung,* d. h. die Summenformel, der Verbindung und
- die *Wertigkeit* des anderen Elements

bekannt sind.

1. Die Summenformel wird niedergeschrieben.

   △ Distickstofftetraoxid, N_2O_4

2. Es wird festgestellt, welche Wertigkeit bekannt ist.

   △ Sauerstoff ist immer zweiwertig (↑ S. 94)

3. Die bekannte Wertigkeit wird mit der in der Summenformel für dieses Element angegebenen (Teilchen-) Stöchiometriezahl (Index, Atommultiplikator), das heißt, mit der Anzahl der Atome je Formeleinheit, multipliziert.

   △ $2 \cdot 4 = 8$

4. Das Ergebnis aus 3. wird durch die für das *andere* Element angegebene Stöchiometriezahl, das heißt, durch die Anzahl der Atome je Formeleinheit, dividiert.

   △ $8 : 2 = 4$ Der Stickstoff ist im Distickstofftetraoxid, N_2O_4, vierwertig.

Sind die Wertigkeiten *beider* Elemente bekannt, lässt sich nach obigem Grundsatz die **Summenformel** der Verbindung aufstellen (↑ S. 15). (Zu beachten ist, dass die mithilfe der stöchiometrischen Wertigkeit ermittelte Summenformel einer Verbindung nichts über die Art der chemischen Bindung oder über den Bau von Molekülen aussagt.)

5.5.2 Ionenwertigkeit

Die positive oder negative Ladung eines Ions wird als Ionenwertigkeit bezeichnet.

Die Ionenwertigkeit ist auch als *Ladungszahl* bekannt. Sie unterscheidet sich von der stöchiometrischen Wertigkeit des Ions nur durch die positive oder negative Ladung.

▲	Ionenwertigkeit	stöchiometrische Wertigkeit
Calcium-Ion, Ca^{2+}	2 +	2
Aluminium-Ion, Al^{3+}	3 +	3
Oxid-Ion, O^{2-}	2 −	2
Sulfid-Ion, S^{2-}	2 −	2

Bei der Angabe der Ionenwertigkeit in den Formeln steht nach IUPAC die Ziffer *vor* dem Plus- bzw. Minuszeichen; zu lesen als drei-plus, zwei-minus etc.

Zwischen der Ionenwertigkeit und der Anzahl der Valenzelektronen (Außenelektronen) besteht ein unmittelbarer Zusammenhang:

- **Die positive Ionenwertigkeit ist gleich der Anzahl der abgegebenen Valenzelektronen.**
- **Die negative Ionenwertigkeit ist gleich der Anzahl der aufgenommenen Valenzelektronen.**

5.5.3 Oxidationszahl

Für die Beschreibung der Wertigkeitsverhältnisse in *Molekülen* (z. B. SO_2, NH_3, NO_2) und *Komplex-Ionen* (z. B. SO_4^{2-}, MnO_4^-, $Fe(CN)_6]^{4-}$) ist es üblich, diese so zu behandeln, als bestünden sie aus einzelnen Ionen. Dazu wurde die *Oxidationszahl* eingeführt, die auch als *Oxidationsstufe* bezeichnet wird.

Die Oxidationszahl gibt an, welche Ladung ein Element in einer bestimmten Verbindung tragen würde, wenn alle am Aufbau dieser Verbindung beteiligten Elemente in Form von Ionen vorlägen.

Daraus ergibt sich:

Für alle Ionen ist die Oxidationszahl gleich der Ionenwertigkeit.

▲ Natriumchlorid, NaCl; Natrium +1, Chlor −1.
Aluminiumoxid, Al_2O_3; Aluminium +3, Sauerstoff −2.

Die Oxidationszahlen werden nach IUPAC im *Namen* mit römischen Ziffern angegeben. In den *Formeln* werden auch arabische Ziffern verwendet. Vor allem wenn mit den Oxidationszahlen – wie im Folgenden – gerechnet werden soll.

▲ Eisen(III)-chlorid $\overset{+3}{Fe}\overset{-1}{Cl_3}$ oder $Fe^{III}Cl_3^{-I}$
Eisen(II)-sulfat $\overset{+2}{Fe}\overset{-2}{SO_4}$ oder $Fe^{II}SO_4^{-II}$

Bei den römischen Ziffern wird auf das Pluszeichen verzichtet, nur das Minuszeichen wird angegeben. Für die Oxidationszahl Null steht in beiden Schreibweisen nur die arabische Ziffer 0 zur Verfügung.

Wie in den Namen werden meist auch in den Formeln nur jene Oxidationszahlen angegeben, die im jeweiligen Falle von Interesse sind. Das ist hier die Unterscheidung zwischen zweiwertigem und dreiwertigem Eisen.

▲ Eisen(III)-chlorid $\overset{+3}{Fe}Cl_3$ oder $Fe^{III}Cl_3$
Eisen(II)-sulfat $\overset{+2}{Fe}SO_4$ oder $Fe^{II}SO_4$

Die Oxidationszahl wird von der Ionenwertigkeit in der Symbolik wie folgt unterschieden:

- Die **Ionenwertigkeit** gibt die *Anzahl* der positiven oder negativen elektrischen *Ladungen* an. Das Plus- bzw. Minuszeichen steht **hinter** der Ziffer.

  ▲ Ionenwertigkeit des Sulfat-Ions: SO_4^{2-}

- Die *Oxidationszahl* gibt die Oxidations*stufe* an (siehe Bild 5-41 (↑ S. 174)). Das Plus- bzw. Minuszeichen steht **vor** der Ziffer.

▲ Oxidationszahl des Sulfat-Ions: $\overset{-2}{SO_4}$

Die Zunahme der Oxidationszahl ist eine Oxidation.
Die Abnahme der Oxidationszahl ist eine Reduktion.

▲ Bei der Reaktion von Natrium mit Chlor, wird Natrium oxidiert:

$$2\,\overset{0}{Na} \rightarrow 2\,\overset{+1}{Na}{}^{+} + 2\,e^-$$

Chlor reduziert:

$$\overset{0}{Cl_2} + 2\,e^- \rightarrow 2\,\overset{-1}{Cl}{}^{-}$$

Die Oxidationszahlen nutzen vor allem bei Reduktions-Oxidations-Reaktionen (Redoxreaktionen) (↑ S. 207). Darauf geht auch ihre Bezeichnung zurück.

Aufstellen einer Reaktionsgleichung mittels Oxidationszahlen

1. Schreiben Sie die *Formeln* der Ausgangsstoffe und der Reaktionsprodukte (Gleichungsansatz):

   △ $SnCl_2 + FeCl_3 \qquad SnCl_4 + FeCl_2$

2. Tragen Sie über den *Symbolen* der Elemente die Oxidationszahlen ein.

   △ $\overset{+2}{Sn}\overset{-1}{Cl_2} + \overset{+3}{Fe}\overset{-1}{Cl_3} \qquad \overset{+4}{Sn}\overset{-1}{Cl_4} + \overset{+2}{Fe}\overset{-1}{Cl_2}$

   Da die Oxidationszahl des Chlorid-Ions unverändert −1 beträgt, kann sie auch weggelassen werden.

3. Die *Abnahme* der Oxidationszahl des reduzierten Elements muss gleich der *Zunahme* der Oxidationszahl des oxidierten Elements sein. Das wird durch Einsetzen von Koeffizienten (Reaktionsstöchiometriezahlen) erreicht.

   △ Eisen Abnahme um 1, Zinn Zunahme um 2. Vor den Formeln der Eisenverbindungen ist der Koeffizient 2 einzusetzen.

   $$\overset{+2}{Sn}Cl_2 + 2\,\overset{+3}{Fe}Cl_3 \rightarrow \overset{+4}{Sn}Cl_4 + 2\,\overset{+2}{Fe}Cl_2$$

4. Die Reaktionsgleichung ist zu überprüfen:

   - Ist die Summe der Oxidationszahlen auf beiden Seiten gleich?

     △ links +2 + 2(+3) = +8; rechts +4 + 2(+2) = +8

   - Ist die Anzahl der Atome jedes Elements auf beiden Seiten gleich?

     △ Eisen je 2, Zinn je 1, Chlor je 8 Atome.

5.5.3.1 Oxidationszahlen in Molekülen

Zur Ermittlung der Oxidationszahlen für die am Aufbau eines *Moleküls* beteiligten Elemente müssen wir uns das Molekül *in Ionen aufgespalten* vorstellen. Ausgehend von der Tatsache, dass alle Atombindungen zwischen verschiedenartigen Atomen mehr oder weniger polarisiert sind (↑ S. 130), werden innerhalb eines Moleküls alle gemeinsamen Elektronenpaare jenen Atomen zugeordnet, von denen sie *stärker angezogen* werden. So ergeben sich für alle Atome bestimmte positive oder negative Oxidationszahlen.

▲ Im *Wassermolekül*, H_2O, werden die gemeinsamen Elektronen vom Sauerstoff stärker angezogen als vom Wasserstoff (a). Würden die gemeinsamen Elektronenpaare ganz dem Sauerstoffatom angehören, so besäße dieses 10 Elektronen (gegenüber 8 Protonen); es wäre daher zweifach negativ geladen (b). Die Wasserstoffatome besäßen dann gar kein Elektron mehr und wären einfach positiv geladen.

(a) 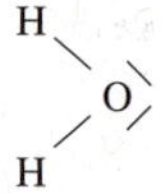

(b) 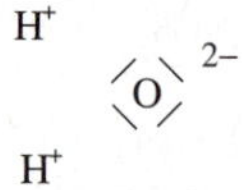

Im Wassermolekül kommt also den Wasserstoffatomen die Oxidationszahl +1 und dem Sauerstoffatom die Oxidationszahl −2 zu.

Im Molekül jeder chemischen Verbindung ist die Summe der Oxidationszahlen, mit denen die Atome der beteiligten Elemente auftreten, gleich null.

▲ Im *Wassermolekül*, H_2O, beträgt die Summe der Oxidationszahlen:

$$2(+1) + 1(-2) = 0$$

Diese Summe lässt sich – indem von der *Summenformel* ausgegangen wird – auch für Verbindungen ermitteln, in denen *Ionen* vorliegen.

▲ Im *Aluminiumoxid*, Al_2O_3, beträgt die Summe der Oxidationszahlen:

$$2(+3) + 3(-2) = 0$$

5.5.3.2 Oxidationszahlen in Ionen

Mittels der Oxidationszahlen lassen sich auch die Wertigkeitsverhältnisse innerhalb der *Ionen* überblicken. Dazu müssen wir uns die Ionen *in Einzel-Ionen aufgespalten* vorstellen, wobei die gemeinsamen Elektronenpaare – wie in den Molekülen – den Atomen zugeordnet werden, von denen sie *stärker angezogen* werden .

Die Summe aller Oxidationszahlen in einem Ion ist gleich der Ladung, die das Ion nach außen trägt.

▲ Im *Sulfat-Ion*, SO_4^{2-}, werden die gemeinsamen Elektronenpaare von den Sauerstoffatomen stärker angezogen als vom Schwefelatom. Dem Sauerstoffatom kommt daher – wie im Wasser – die Oxidationszahl −2 zu. Die Summe der Oxidationszahlen der vier Sauerstoffatome beträgt demnach −8. Da das Sulfat-Ion nach außen zwei negative Ladungen trägt, muss das Schwefelatom die Oxidationszahl +6 haben:

$$[\overset{+6}{\mathrm{S}}\,\overset{-2}{\mathrm{O}}_4]^{-2} \qquad (+6) + 4(-2) = (-2)$$

Im *Sulfit-Ion*, $SO_3{}^{2-}$, hat das Schwefelatom dagegen die Oxidationszahl +4:

$$[\overset{+4}{\mathrm{S}}\,\overset{-2}{\mathrm{O}}_3]^{-2} \qquad (+4) + 3(-2) = (-2)$$

5.5.3.3 Ermittlung der Oxidationszahlen

Die Oxidationszahlen sind, ausgehend von der unterschiedlichen Elektronegativität (↑ S. 131) der Elemente, durch Zuordnung der gemeinsamen Elektronenpaare zum Atom des jeweils elektronegativeren der beiden beteiligten Elemente zu ermitteln. Durch einige **Regeln,** die stets *in der angegebenen Reihenfolge* angewandt werden müssen, wird das erleichtert. Meist erübrigt es sich dabei, die Elektronegativitätswerte selbst heranzuziehen:

1. Freie Elemente haben die Oxidationszahl 0.
2. Alle Metalle erhalten positive Oxidationszahlen.
3. Bor und Silicium erhalten positive Oxidationszahlen.
4. Fluor erhält die Oxidationszahl −1.
5. Wasserstoff erhält die Oxidationszahl +1.
6. Sauerstoff erhält die Oxidationszahl −2.

▲ Im *Ammoniak*, NH_3, hat der Wasserstoff (Regel 5) die Oxidationszahl +1, der Stickstoff demnach die Oxidationszahl −3.

Im *Natriumhydrid*, NaH, muss das Natrium eine positive Oxidationszahl erhalten (Regel 2); da Natrium (I. Hauptgruppe) stets einwertig ist, beträgt sie +1. Dem Wasserstoff kommt hier die Oxidationszahl −1 zu. (Die Regel 5 wird hier nicht wirksam.)

Im *Natriumhydrogencarbonat*, $NaHCO_3$, hat das Natrium die Oxidationszahl +1 (Regel 2), der Wasserstoff die Oxidationszahl +1 (Regel 5), der Sauerstoff die Oxidationszahl −2 (Regel 6). Da die Summe der Oxidationszahlen gleich null sein muss, lässt sich die Oxidationszahl des Kohlenstoffs berechnen:

$$(+1) + (+1) + x + 3\,(-2) = 0; \quad x = +4$$

▲ Im *Wasserstoffperoxid*, H_2O_2, erhält Wasserstoff die Oxidationszahl +1 (Regel 5). Da die Verbindung insgesamt neutral ist, erhält Sauerstoff jeweils die Oxidationszahl −1 (Regel 6 ist hier nicht mehr wirksam).

Bei **organischen Verbindungen** werden die Oxidationszahlen *für jedes Kohlenstoffatom* mit den daran gebundenen anderen Atomen *getrennt* ermittelt.

▲ Methan	$\overset{-4}{C}H_4$	Ethanol	$\overset{-3}{C}H_3{-}\overset{-1}{C}H_2OH$
Ethan	$\overset{-3}{C}H_3{-}\overset{-3}{C}H_3$	Ethanal	$\overset{-3}{C}H_3{-}\overset{+1}{C}HO$
Propan	$\overset{-3}{C}H_3{-}\overset{-2}{C}H_2{-}\overset{-3}{C}H_3$	Ethansäure	$\overset{-3}{C}H_3{-}\overset{+3}{C}OOH$

Auch hier gilt die Regel, dass die Summe der Oxidationszahlen innerhalb eines Moleküls 0 ist.

Im elementaren Zustand haben alle Elemente die Oxidationszahl Null, auch wenn sie als Moleküle auftreten.

▲ Wasserstoff, H_2, Sauerstoff, O_2, Chlor, Cl_2, Phosphor, P_4, Schwefel, S_8, haben die Oxidationszahl 0; ebenso alle Metalle. Die Reaktion von Natrium und Chlor ist wie folgt zu formulieren:

$$2\,\overset{0}{Na} + \overset{0}{Cl}_2 \rightarrow 2\,\overset{+1}{Na}{}^+ + 2\overset{-1}{Cl}{}^-$$

Die Summe der Oxidationszahlen ist auf beiden Seiten der vorstehenden Gleichung 0:

$$2 \cdot 0 + 2 \cdot 0 = 2\,(+1) + 2\,(-1);$$
$$0 = 0$$

Viele Elemente treten in ihren Verbindungen mit verschiedenen Oxidationszahlen auf (siehe Bild 5-41).

5.5.4 Bindigkeit

Bei den *Molekülsubstanzen*, den auf Atombindung beruhenden Verbindungen, ist die *Bindigkeit* (auch *Bindungswertigkeit*) der wichtigste valenztheoretische Begriff.

Die Bindigkeit eines Atoms gibt an, an wie viel Atombindungen (gemeinsamen Elektronenpaaren) dieses Atom beteiligt ist.

Die Bindigkeit eines Atoms lässt sich also aus den *Elektronenformeln* ablesen, in denen die Elektronenpaare durch Doppelpunkte oder durch Striche (↑ S. 109) angegeben werden (siehe auch die zahlreichen Beispiele im Teil Organische Chemie).

Da die Bindigkeit eines Atoms von der Anzahl der Außenelektronen abhängt, stimmt sie meist – nicht immer – mit der stöchiometrischen Wertigkeit überein.

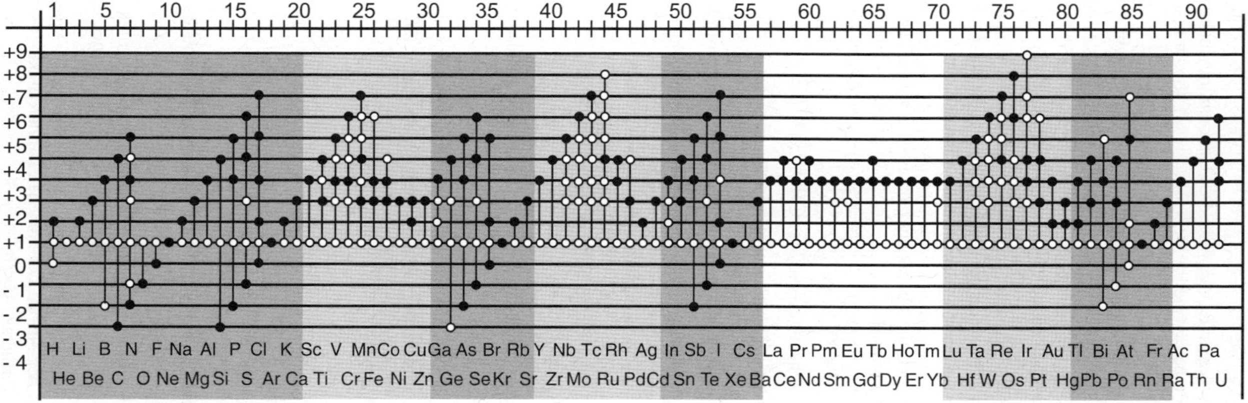

Bild 5-42: *Oxidationszahlen (Oxidationsstufen) der Elemente*

Erläuterung: Schwarze Punkte geben die wichtigsten Oxidationszahlen an, helle Punkte die weniger häufig auftretenden Oxidationszahlen.

(Die Hauptgruppenelemente wurden stark grau unterlegt. Die Nebengruppenelemente wurden schwach grau unterlegt. Die Lanthanoide und Actinoide sind nicht unterlegt.)

▲ Das Kohlenstoffatom ist im *Methan*, CH_4, und in fast allen anderen Verbindungen stöchiometrisch vierwertig und – da es an vier Atombindungen (gemeinsamen Elektronenpaaren) beteiligt ist – *vierbindig.* Im *Kohlenstoffmonoxid,* CO, dagegen ist der Kohlenstoff stöchiometrisch *zweiwertig,* da er zwei Wasserstoffatome ersetzt. Nach der Elektronenformel

: C ::: O : |C≡O|

besitzt das Molekül drei gemeinsame Elektronenpaare (drei bindende Molekülorbitale). Kohlenstoff und Sauerstoff sind hier gleichermaßen *dreibindig.* Das Kohlenstoffatom (4 Außenelektronen) und das Sauerstoffatom (6 Außenelektronen) haben zu zwei Elektronenpaaren (Molekülorbitalen) je ein Elektron beigesteuert. Das dritte Elektronenpaar (die Elektronen im dritten bindenden Molekülorbital) stammt allein vom Sauerstoffatom.

Vom Orbitalmodell her betrachtet, gilt:

Die Bindigkeit eines Atoms gibt die Anzahl der bindenden Molekülorbitale an, an denen das Atom beteiligt ist.

Genauer gesagt: Die Bindigkeit gibt die Anzahl der besetzten *bindenden* Molekülorbitale an, die *nicht* durch besetzte *lockernde* Molekülorbitale (↑ S. 119) *kompensiert werden.*

▲ Im *Stickstoffmolekül*, N_2, ist der Stickstoff dreibindig;
im *Fluormolekül*, F_2, ist das Fluor einbindig:

:N ⋮⋮ N: $:\ddot{\underset{..}{F}}:\ddot{\underset{..}{F}}:$

|N≡N| $|\overline{\underline{F}}-\overline{\underline{F}}|$

Im Bild 5-14 (↑ S. 122) wird das verdeutlicht.

5.5.5 Formale Ladung

Um die Bindungsverhältnisse in komplizierten Molekülen und in Komplex-Ionen eindeutig beschreiben zu können, wurde ein weiterer valenztheoretischer Begriff eingeführt, die *formale Ladung.* Sie ist mit der Oxidationszahl vergleichbar. Der Unterschied besteht darin, dass zur Ermittlung der formalen Ladung von allen gemeinsamen Elektronenpaaren den beiden beteiligten Atomen *je ein Elektron* zugeordnet wird – ohne Rücksicht auf dessen Herkunft. (Bei der Oxidationszahl (↑ S. 171) werden *beide* Elektronen dem Atom des elektronegativeren Elements zugeordnet.)

Die formale Ladung eines Atoms ist die *Differenz* zwischen

- der Anzahl der Elektronen, die diesem Atom im *Grundzustand* zugehören (Valenzelektronen), und
- der Anzahl der Elektronen, die diesem Atom im *Bindungszustand* zugehören, wenn von den gemeinsamen Elektronenpaaren jedem beteiligten Atom ein Elektron zugeordnet wird.

Die an der Bindung unbeteiligten Elektronen in Orbitalen niedrigerer Energie bleiben dabei außer Betracht.

Die Summe der formalen Ladungen ist innerhalb eines Moleküls gleich null, innerhalb eines Ions gleich der Ladung, die das Ion nach außen trägt.

Die mit ⊕ und ⊖ symbolisierten Ladungen geben nicht eine wirkliche Ladungsverteilung im Molekül oder Ion an, sondern sind nur ein Hilfsmittel zur *Beschreibung des Bindungszustandes.* Verwechseln Sie diese nicht mit den Partialladungen (↑ S. 130), die in Dipolmolekülen auftreten und mit δ^+ und δ^- symbolisiert werden.

▲ *Kohlenstoffmonoxidmolekül,*

Nach Aufteilung der drei gemeinsamen Elektronenpaare gehören dem Kohlenstoffatom und dem Sauerstoffatom je 5 Elektronen an. Das Kohlenstoffatom (im Grundzustand 4 Außenelektronen) hat daher die formale Ladung (4 – 5) = –1, das Sauerstoffatom (im Grundzustand 6 Außenelektronen) die formale Ladung (6 – 5) = +1.

▲ *Ammonium-Ion,*

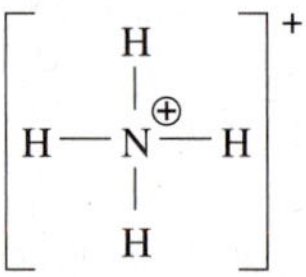

Nach Aufteilung der gemeinsamen Elektronenpaare gehören dem Stickstoffatom 4, den Wasserstoffatomen je 1 Elektron an. Die Wasserstoffatome (im Grundzustand 1 Außenelektron) haben daher *keine* formale Ladung. Das Stickstoffatom (im Grundzustand 5 Außenelektronen) hat die formale Ladung (5 – 4) = +1.

5.5.6 Koordinationszahl

Um die *räumliche Anordnung* von Atomen, Ionen und Molekülen richtig charakterisieren zu können, bedarf es eines weiteren Begriffs, der *Koordinationszahl.*

Die Koordinationszahl gibt an, wie viel Atome (bzw. Ionen) einem Atom (bzw. Ion) unmittelbar benachbart sind.

Jedes **Kristallgitter** besitzt eine bestimmte Koordinationszahl.

▲ Koordinationszahl 4: Diamantgitter (siehe Bild 5-2 (↑ S. 110))
Koordinationszahl 6: Natriumchloridgitter (siehe Bild 5-30 (↑ S. 146))
Koordinationszahl 8: kubisch-raumzentriertes Gitter (siehe Bild 5-35b (↑ S. 151))
Koordinationszahl 12: kubisch-flächenzentriertes Gitter (siehe Bild 5-35a (↑ S. 151))

Auch zur Beschreibung von Komplex-Ionen (↑ S. 157) wird die Koordinationszahl herangezogen.

Jedes **Komplex-Ion**, wie $SO_4{}^{2-}$, $CO_3{}^{2-}$, $NH_4{}^+$, hat eine bestimmte Koordinationszahl.

Bei Komplex-Ionen gibt die Koordinationszahl an, wie viele Liganden das Zentralatom umgeben.

▲ Der *Schwefel* besitzt im Sulfat-Ion, SO_4^{2-}, die Koordinationszahl 4, im Sulfit-Ion, SO_3^{2-}, die Koordinationszahl 3.

Der *Stickstoff* besitzt im Ammonium-Ion, NH_4^+, die Koordinationszahl 4, im Nitrat-Ion, NO_3^-, die Koordinationszahl 3, im Nitrit-Ion, NO_2^-, die Koordinationszahl 2.

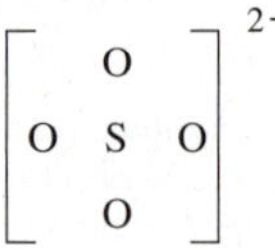

Sulfat-Ion

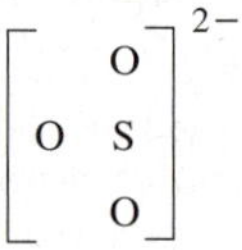

Sulfit-Ion

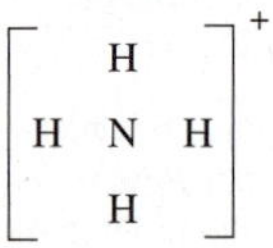

Ammonium-Ion

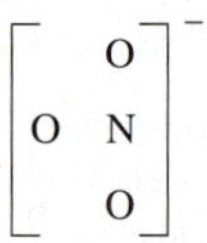

Nitrat-Ion

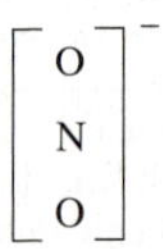

Nitrit-Ion

Die Koordinationszahl hängt von der Größe des Zentralatoms und von der Größe der Liganden ab. *Je größer* das *Zentralatom* und *je kleiner* die *Liganden* sind, *um so größer* ist die *höchstmögliche Koordinationszahl.* So beträgt die maximale Koordinationszahl des Stickstoffs gegenüber den kleinen Wasserstoffatomen 4, gegenüber den größeren Sauerstoffatomen nur 3.

Die Koordinationszahl lässt Rückschlüsse auf den *räumlichen Bau* eines Komplex-Ions zu, da die Liganden meist in den Ecken eines geometrischen Körpers stehen, in dessen Mittelpunkt sich das Zentralatom befindet (Bild 5-42). Am häufigsten treten auf:

Koordinationszahl 4: **Tetraeder** (seltener: **Quadrat**)
Koordinationszahl 6: **Oktaeder**
Koordinationszahl 8: **Würfel**

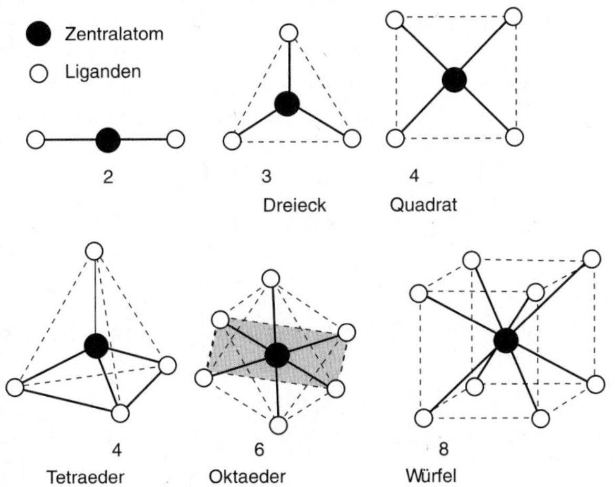

Bild 5-43: *Koordinationszahl und räumliche Anordnung der Liganden*

6 Chemisches Gleichgewicht und Massenwirkungsgesetz

6.1 Gleichgewichtsreaktionen

Bei chemischen Reaktionen wird im Allgemeinen zwischen Ausgangsstoffen (Edukten) und Reaktionsprodukten unterschieden. Damit verbindet sich die Vorstellung, dass die chemische Reaktion in einer bestimmten Richtung, nämlich von den Ausgangsstoffen zu den Reaktionsprodukten, abläuft. In Wirklichkeit können aber chemische Reaktionen in beiden Richtungen ablaufen.

Chemische Reaktionen sind im Prinzip umkehrbar.

▲ $2\ Hg + O_2 \rightarrow 2\ HgO$
$2\ HgO \rightarrow 2\ Hg + O_2$

Zu einer Gleichung zusammengefasst:
$2\ Hg + O_2 \rightleftharpoons 2\ HgO$

Die Umkehrbarkeit einer chemischen Reaktion wird mit einem *Doppelpfeil* $\rightleftharpoons$ gekennzeichnet.

Die beiden einander entgegengesetzten Reaktionen werden *Hinreaktion* und *Rückreaktion* genannt:

$$\textbf{Ausgangsstoffe} \underset{\text{Rückreaktion}}{\overset{\text{Hinreaktion}}{\rightleftharpoons}} \textbf{Reaktionsprodukte}$$

Edukte — *Produkte*

Die Bezeichnungen Hinreaktion und Rückreaktion beziehen sich stets auf eine bestimmte Reaktionsgleichung. Dabei verläuft die Hinreaktion immer von links nach rechts, die Rückreaktion immer von rechts nach links.

▲ Magnesiumcarbonat, $MgCO_3$, zerfällt beim Erhitzen in Magnesiumoxid und Kohlenstoffdioxid. Umgekehrt vereinigt sich Magnesiumoxid, MgO, mit Kohlenstoffdioxid leicht zu Magnesiumcarbonat. Je nachdem, von welchem Stoff man ausgeht, ergeben sich dafür die Gleichungen:

$$MgCO_3 \underset{\text{Rückreaktion}}{\overset{\text{Hinreaktion}}{\rightleftharpoons}} MgO + CO_2$$

$$MgO + CO_2 \underset{\text{Rückreaktion}}{\overset{\text{Hinreaktion}}{\rightleftharpoons}} MgCO_3$$

Da es sich um eine umkehrbare Reaktion handelt, drücken beide Gleichungen das gleiche aus.

Die *Richtung*, in der eine chemische Reaktion abläuft, hängt von den *Reaktionsbedingungen*

- *Temperatur*,
- *Druck* und
- *Zusammensetzung des Reaktionsgemischs*

ab.

Viele Reaktionen laufen unter normalen Bedingungen nur in einer Richtung ab. Bei diesen Reaktionen kommt es zu einer vollständigen Umsetzung der Ausgangsstoffe zu den Endprodukten. Für den Ablauf in der entgegengesetzten Richtung wären extreme Reaktionsbedingungen nötig.

▲ Wasserstoff, H_2, und Sauerstoff, O_2, setzen sich (bei der Knallgasreaktion) vollständig zu Wasser, H_2O, um:

$$2\,H_2 + O_2 \rightarrow 2\,H_2O$$

Ein freiwilliger Zerfall des Wassers – im Sinne einer Rückreaktion – findet nicht statt, er kann bei normalen Temperaturen nur auf elektrochemischem Wege erzwungen werden[1].

Bei chemischen Reaktionen, die in *beiden* Richtungen ablaufen können, kommt es dagegen in der Regel nicht zu einer restlosen Umsetzung. Das trifft vor allem für homogene Systeme (Gasreaktionen, Lösungen) zu.

▲ Ein Gasgemisch aus Stickstoff und Wasserstoff setzt sich unter geeigneten Bedingungen teilweise unter Bildung von Ammoniak um (Hinreaktion):

$$N_2 + 3\,H_2 \underset{\text{Rückreaktion}}{\overset{\text{Hinreaktion}}{\rightleftharpoons}} 2\,NH_3$$

Bei 20 MPa (200 bar) und 400 °C können maximal 36 % Ammoniak im Gasgemisch vorliegen. Bei höherer Temperatur zerfällt Ammoniak wieder in Stickstoff und Wasserstoff (Rückreaktion).

Hinreaktion und *Rückreaktion* laufen *gleichzeitig* ab, sie *wirken einander entgegen*. Um diese Abhängigkeit zwischen Hinreaktion und Rückreaktion zu erläutern, muss die *Reaktionsgeschwindigkeit* herangezogen werden.

Die **Reaktionsgeschwindigkeit** v ist der Quotient aus der Konzentrationsänderung und der Zeitänderung (Zeitdauer):

$$\textbf{Reaktionsgeschwindigkeit} = \frac{\textbf{Konzentrationsänderung}}{\textbf{Zeitänderung}}$$

Mathematisch auszudrücken ist das durch den Differenzialquotienten:

$$v = -\frac{\mathrm{d}c_\mathrm{A}}{\mathrm{d}t} \qquad \text{bzw.} \qquad v = \frac{\mathrm{d}c_\mathrm{B}}{\mathrm{d}t}$$

in dem c_A die Konzentration eines Ausgangsstoffes, c_B die Konzentration eines Reaktionsproduktes und t die Zeit darstellen.

Die Geschwindigkeit einer chemischen Reaktion ist unter anderem abhängig von der Anzahl der zur Verfügung stehenden reagierenden Teilchen. Zu Beginn einer umkehrbaren Reaktion sind nur Teilchen der *Ausgangsstoffe* vorhanden (im vorigen Beispiel: N_2 und H_2). Daher setzt zunächst nur die *Hinreaktion* ein, und zwar mit *relativ hoher Geschwindigkeit.* Sobald sich aber die ersten Teilchen der *Reaktionsprodukte* gebildet haben (im vorigen Beispiel: NH_3), beginnt auch schon die *Rückreaktion,* allerdings zunächst mit *sehr geringer Geschwindigkeit.*

Mit fortschreitender Hinreaktion entstehen immer mehr Teilchen der Reaktionsprodukte (NH_3), die für die Rückreaktion zur Verfügung stehen. Damit wird die *Geschwindigkeit der Rückreaktion* immer *größer*. Gleichzeitig nimmt aber die Anzahl der für die Hinreaktion zur Verfügung stehenden Teilchen der Ausgangsstoffe (N_2 und H_2) ständig ab. Damit wird die *Geschwindigkeit der Hinreaktion* immer *geringer.*

Schließlich wird ein Zustand erreicht, in dem die *Geschwindigkeit der Rückreaktion gleich der Geschwindigkeit der Hinreaktion* ist (siehe Bild 6-1). Damit ist die Reaktion, von außen betrachtet, zum Stillstand gekommen. Dieser Zustand heißt **Gleichgewichtszustand**.

[1] Bei sehr hohen Temperaturen kommt es allerdings zu einer spontanen Zersetzung des Wassers.

Da Hinreaktion und Rückreaktion weiterhin ablaufen, handelt es sich um ein *dynamisches Gleichgewicht.* Alle Reaktionen, bei denen sich ein solcher Gleichgewichtszustand einstellt, werden als **Gleichgewichtsreaktionen** bezeichnet.

Bei allen Gleichgewichtsreaktionen nimmt

- **die Geschwindigkeit der Hinreaktion ab,**
- **die Geschwindigkeit der Rückreaktion zu,**

bis beide Geschwindigkeiten gleich sind und damit ein Gleichgewichtszustand erreicht ist.

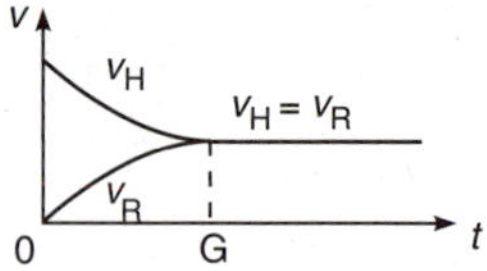

Bild 6-1: *Veränderung der Geschwindigkeit der Hinreaktion und der Geschwindigkeit der Rückreaktion bis zum Erreichen des Gleichgewichtszustandes*

Die Zusammensetzung, in der die *Reaktionsteilnehmer* (Ausgangsstoffe und Reaktionsprodukte) im Gleichgewichtszustand vorliegen, wird **Lage des Gleichgewichts** genannt.

▲ Im Dissoziationsgleichgewicht des Wassers

$$H_2O \rightleftarrows H^+ + OH^-$$

ist der Anteil der Moleküle, die dissoziiert sind, außerordentlich gering. Man sagt daher: Das Gleichgewicht liegt weit auf der Seite der undissoziierten Moleküle. Das kann durch einen längeren Pfeil ausgedrückt werden.

Wird der gleiche Vorgang als Autoprotolyse des Wassers (↑ S. 221) betrachtet, gilt das sinngemäß:

$$H_2O + H_2O \rightleftarrows H_3O^+ + OH^-$$

Jede chemische Reaktion hat eine andere Lage des Gleichgewichts. Für eine bestimmte Reaktion ist die Lage des Gleichgewichts von den Reaktionsbedingungen (Temperatur, Druck, Zusammensetzung des Reaktionsgemischs) abhängig.

▲ Bei 400 °C und 20 MPa (200 bar) stehen 36 Vol.-% Ammoniak mit stöchiometrischen Mengen, das heißt 16 % Stickstoff und 48 % Wasserstoff im Gleichgewicht.

Die den jeweiligen Reaktionsbedingungen entsprechende Lage des Gleichgewichts stellt sich unabhängig davon ein, von welchen Reaktionspartnern ausgegangen wurde (siehe Bild 6-2).

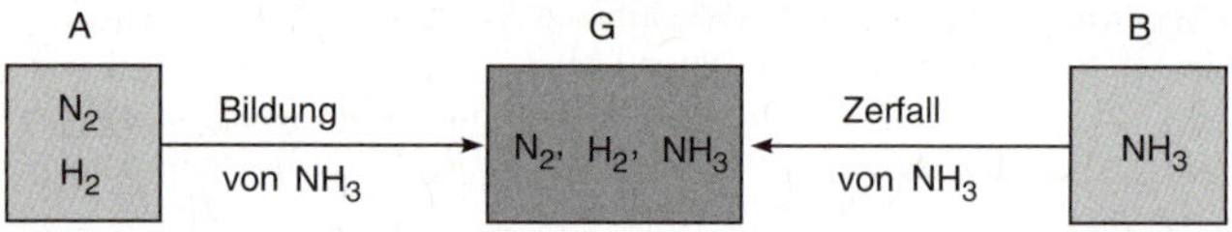

Bild 6-2: *Der Gleichgewichtszustand G des Ammoniakgleichgewichtes $N_2 + 3\,H_2 \rightleftharpoons 2\,NH_3$ stellt sich sowohl vom Ausgangszustand A (Stickstoff-Wasserstoff-Gemisch) als auch vom Ausgangszustand B (Ammoniak) her ein.*

Für die ökonomische Nutzung der den Gleichgewichtsreaktionen zugrunde liegenden Naturgesetze interessiert vor allem, wie durch Änderung der Reaktionsbedingungen die *Lage* eines chemischen Gleichgewichts in der gewünschten *Richtung* verschoben werden kann.

Die weitere Behandlung des chemischen Gleichgewichts erfolgt:

- *qualitativ* (mittels des Prinzips des kleinsten Zwanges (↑ 6.2)) oder
- *quantitativ* (mittels des Massenwirkungsgesetzes (↑ 6.4)).

6.2 Prinzip des kleinsten Zwanges – Einflüsse auf die Lage des Gleichgewichts

Die Lage eines chemischen Gleichgewichts hängt ab von

- **Temperatur**
- **Druck** und
- **Ausgangszusammensetzung des Reaktionsgemischs**

Der Einfluss, den diese Faktoren auf die Lage eines chemischen Gleichgewichts ausüben, unterliegt einer allgemeinen Gesetzmäßigkeit, die um 1885 von dem französischen Chemiker HENRY LE CHATELIER und dem deutschen Physiker KARL FERDINAND BRAUN erkannt wurde und daher als **Prinzip von LE CHATELIER und BRAUN,** aber auch als **Prinzip des kleinsten Zwanges** bekannt ist:

Wird auf ein im Gleichgewichtszustand befindliches System durch Änderung der äußeren Bedingungen ein Zwang ausgeübt, so verschiebt sich die Lage des Gleichgewichts derart, dass der äußere Zwang vermindert wird.

Kurz gesagt:

Ein im Gleichgewicht befindliches System versucht einem äußeren Zwange auszuweichen.

6.2.1 Einfluss der Temperatur auf die Lage eines chemischen Gleichgewichts

Alle chemischen Reaktionen sind mit Energieumsetzungen verbunden. Hier interessieren zunächst die mit *Wärmeumsetzungen* einhergehenden Reaktionen (↑ S. 275):

- **Exotherme** [1] Reaktionen *geben Wärme an die Umgebung ab.*
- **Endotherme** [2] Reaktionen *nehmen Wärme aus der Umgebung auf.*

Bei jeder Gleichgewichtsreaktion verläuft eine der Teilreaktionen (Hinreaktion, Rückreaktion) *exotherm*, die andere *endotherm* (↑ S. 276).

▲ Ammoniak-Gleichgewicht

$$N_2 + 3\,H_2 \underset{\text{endotherm}}{\overset{\text{exotherm}}{\rightleftharpoons}} 2\,NH_3 \qquad \Delta_R H^\ominus = -91{,}8\ \text{kJ} \cdot \text{mol}^{-1}$$

Für den Einfluss, den eine Temperaturänderung auf die Lage eines chemischen Gleichgewichts ausübt, gelten folgende Beziehungen:

- **Eine Temperaturerhöhung begünstigt die endotherme Reaktion und hemmt die exotherme.**
  Der äußere Zwang der *Temperaturerhöhung* wird bei einer *endothermen Reaktion* dadurch vermindert, dass das reagierende System *Wärme q* in *innere Energie u* umwandelt.
- **Eine Temperaturerniedrigung begünstigt die exotherme Reaktion und hemmt die endotherme.**
  Der äußere Zwang der *Temperaturerniedrigung* wird bei einer *exothermen Reaktion* dadurch vermindert, dass das reagierende System *innere Energie u* in *Wärme q* umwandelt.

Mit der *neuen Temperatur* stellt sich in beiden Fällen ein *neuer Gleichgewichtszustand* ein.

---

[1] *exo* (griech.) hinaus
[2] *endo* (griech.) hinein

▲ Im Ammoniak-Gleichgewicht begünstigt eine niedrige Temperatur die Bildung von Ammoniak, eine hohe Temperatur den Zerfall des Ammoniaks. Bei 20 MPa (200 bar) hängt der Ammoniakgehalt im Gleichgewicht mit Stickstoff und Wasserstoff wie folgt von der Temperatur ab:

300 °C	63 Vol.-% NH_3
400 °C	36 Vol.-% NH_3
500 °C	18 Vol.-% NH_3
600 °C	8 Vol.-% NH_3
700 °C	4 Vol.-% NH_3

Das Gleichgewicht liegt also bei niedrigen Temperaturen auf der Seite des Ammoniaks, bei hohen Temperaturen auf der Seite des Stickstoff-Wasserstoff-Gemischs.

▲ Haltbarkeit einer Halogenlampe:

$$W + I_2 \underset{\text{endotherm}}{\overset{\text{exotherm}}{\rightleftharpoons}} WI_2$$

Bei den Betriebstemperaturen der Wolfram-Glühwendel verdampft Wolfram trotz seines hohen Siedepunkts langsam und würde sich als bräunlicher Belag an der Innenseite des Glaskolbens der Lampe ablagern. Die Glühwendel wird dadurch immer dünner und bricht schließlich, die Lampe ist defekt. In der Halogenlampe wird zum Erhöhen der Haltbarkeit das Halogen Iod zugesetzt, das bei den Betriebstemperaturen gasförmig ist und zu dem ebenfalls gasförmigen Wolframiodid WI_2 reagiert.

An der Innenseite des Glases (kühlste Stelle der Lampe; exotherme Reaktion begünstigt) reagiert I_2 mit dem abgelagerten Wolfram zu WI_2. Da dieses gasförmig und daher flüchtig ist, diffundiert es in das gesamte Lampenvolumen. An der Glühwendel (heißeste Stelle, endotherme Reaktion begünstigt) zerfällt es in W und I_2. Wolfram wird also an der Glühwendel wieder eingelagert und „heilt" die Schäden damit aus, was die Lebensdauer der Lampe deutlich erhöht. Insgesamt gesehen findet durch die gegenläufigen Reaktionen ein Wolframtransport von der Innenseite des Glaskolbens zurück zur Glühwendel statt.

Gegenüber einer Glühbirne hält die Halogenleuchte nur länger, der Energieverbrauch ist genauso hoch. Die bessere Variante sind daher sicher LEDs!

Die *quantitative* Behandlung des Einflusses der Temperatur auf die Lage des chemischen Gleichgewichts erfolgt mittels des Massenwirkungsgesetzes (↑ S. 191).

6.2.2 Einfluss des Drucks auf die Lage eines chemischen Gleichgewichts

Bei allen Gasreaktionen, bei denen sich das *Volumen ändert,* weil die *Summe der Stoffmengen* (in mol) der Reaktionsprodukte von der Summe der Stoffmengen der Ausgangsstoffe *verschieden* ist, hat auch der *Druck* einen Einfluss auf die Lage des chemischen Gleichgewichts.

- **Durch Druckerhöhung wird das Gleichgewicht nach der Seite der Stoffe mit dem geringeren Volumen verschoben.**
  Durch die *Volumenverminderung* wird der äußere Zwang der *Druckerhöhung* verringert.
- **Durch Druckminderung wird das Gleichgewicht nach der Seite der Stoffe mit dem größeren Volumen verschoben.**
  Durch die *Volumenvergrößerung* wird der äußere Zwang der *Druckminderung* verringert

In beiden Fällen stellt sich mit dem neuen Druck ein neuer Gleichgewichtszustand ein.

▲ Bei der Ammoniaksynthese entstehen aus 1 mol Stickstoff und 3 mol Wasserstoff 2 mol Ammoniak:

$$N_2 + 3\,H_2 \rightleftharpoons 2\,NH_3$$

Bei einer vollständigen Umsetzung entstünden – unter konstantem Druck – aus **vier** Volumenteilen der Ausgangsstoffe **zwei** Volumenteile des Reaktionsproduktes. Das Gesamtvolumen würde sich auf die Hälfte vermindern:

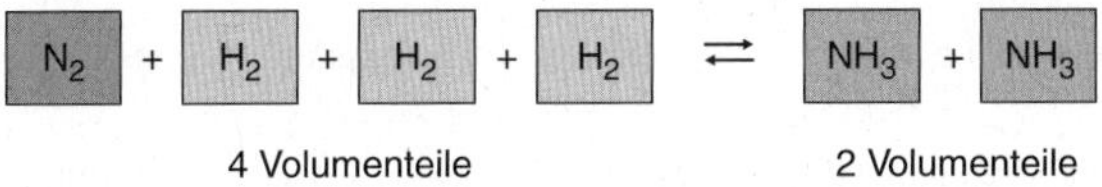

Je höher der Druck ist, um so mehr wird das Ammoniak-Gleichgewicht in Richtung dieser Volumenverminderung, also in Richtung der Ammoniakbildung, verschoben. Bei 400 °C hängt der Ammoniakgehalt im Gleichgewicht mit Stickstoff und Wasserstoff wie folgt vom Druck ab:

0,1 MPa	(1 bar)	≈ 0,4 Vol.-% NH_3
10 MPa	(100 bar)	≈ 26 Vol.-% NH_3
20 MPa	(200 bar)	≈ 36 Vol.-% NH_3
30 MPa	(300 bar)	≈ 46 Vol.-% NH_3
60 MPa	(600 bar)	≈ 66 Vol.-% NH_3
100 MPa	(1000 bar)	≈ 80 Vol.-% NH_3

Das Gleichgewicht liegt also bei hohen Drücken auf der Seite des Ammoniaks, bei niedrigen Drücken auf der Seite des Stickstoff-Wasserstoff-Gemischs.

Auch bei Gleichgewichten zwischen Feststoffen unterschiedlicher Dichte spielt der Druck eine Rolle. Ein Feststoff niedrigerer Dichte lässt sich zu einem Feststoff höherer Dichte und damit geringeren Volumens „zusammendrücken“. Da Feststoffe im Vergleich zu Gasen wenig kompressibel sind, braucht man hier sehr hohe Drücke:

▲ Herstellung von künstlichen Diamanten ($\varrho = 3{,}51\ g \cdot cm^{-3}$) aus Graphit ($\varrho = 2{,}22\ g \cdot cm^{-3}$):

$$C_{Graphit} \underset{1500\ °C,\ 10^5\ Pa}{\overset{2400\ °C,\ 10^{10}\ Pa}{\rightleftharpoons}} C_{Diamant} \qquad \Delta_R H^{\ominus} = +1{,}9\ kJ$$

Diamant ist thermodynamisch nur geringfügig instabiler und lässt sich bei hohem Druck aus Graphit gewinnen. Die hohe Temperatur ist zur Überwindung der Aktivierungsenergie (↑ S. 186) und für eine genügend hohe Geschwindigkeit der Reaktion nötig.

Reagieren Gase und Feststoffe miteinander, betrachtet man für das Massenwirkungsgesetz wegen der viel höheren Kompressibilität nur die beteiligten Gase.

▲ Die Herstellung von Eisenoxidschwarz-Pigment (**f**est) aus Schrott und Wasserdampf (**g**asförmig) ist praktisch *nicht* druckabhängig:

$$3\,Fe\,(f) + 4\,H_2O\,(g) \rightleftharpoons Fe_3O_4\,(f) + 4\,H_2\,(g)$$

Links stehen zwar 7 mol, rechts insgesamt nur 5 mol; die Stoffmenge an Gasen ist jedoch auf beiden Seiten des Gleichgewichts mit jeweils 4 mol identisch. Das Reaktionsgemisch nimmt daher auf beiden Seiten etwa das gleiche Volumen ein.

Die *quantitative* Behandlung des Einflusses des Drucks auf die Lage des chemischen Gleichgewichts erfolgt mittels des Massenwirkungsgesetzes (↑ S. 200).

6.2.3 Einfluss der Zusammensetzung des Reaktionsgemischs auf die Lage eines chemischen Gleichgewichts

Auch durch Veränderung der Stoffmengenanteile der Reaktionsteilnehmer kann die Lage eines chemischen Gleichgewichts verschoben werden.

- **Wird der Stoffmengenanteil eines Ausgangsstoffes erhöht, so wird das Gleichgewicht in Richtung zu den Reaktionsprodukten verschoben.**
  Das hat zur Folge, dass der *andere* Ausgangsstoff (bzw. die anderen Ausgangsstoffe) *weitgehend verbraucht* wird (werden).

  ▲ Beim Schwefelsäure-Kontaktverfahren kommt es auf eine möglichst weitgehende Umsetzung des Schwefeldioxids zu Schwefeltrioxid an:

  $$2\,SO_2 + O_2 \rightleftharpoons 2\,SO_3$$

  Einerseits erhöht dies die Ausbeute an Schwefelsäure, andererseits vermindert es den Anteil an nicht umgesetztem Schwefeldioxid im Abgas. Es wird daher mit einem Überschuss von sauerstoffangereicherter Luft gearbeitet, was für die vorstehende Gleichgewichtsreaktion auf eine Erhöhung des Stoffmengenanteils des Sauerstoffs hinausläuft. In der chemischen Produktion werden solche Einflüsse der Zusammensetzung des Reaktionsgemischs vielfältig genutzt.

- **Wird der Stoffmengenanteil eines Reaktionsproduktes erhöht, so wird das Gleichgewicht in Richtung zu den Ausgangsstoffen verschoben.**

  ▲ In einer gesättigten Bariumsulfatlösung liegen infolge der elektrolytischen Dissoziation

  $$BaSO_4 \rightleftharpoons Ba^{2+} + SO_4{}^{2-}$$

  geringe Anteile an Barium-Ionen und Sulfat-Ionen vor. Wird dieser Lösung Schwefelsäure zugesetzt, so erhöht sich der Stoffmengenanteil der Sulfat-Ionen und das Gleichgewicht wird in Richtung zum undissoziierten Bariumsulfat verschoben. Es entsteht ein Niederschlag von Bariumsulfat.

Die *quantitative* Behandlung des Einflusses der Zusammensetzung des Reaktionsgemischs auf die Lage des chemischen Gleichgewichts erfolgt mittels des Massenwirkungsgesetzes (↑ S. 199), siehe dazu auch:

- Dissoziationskonstante (↑ S. 217)
- Löslichkeitskonstante (↑ S. 253)

6.3 Einflüsse auf die Geschwindigkeit von Gleichgewichtsreaktionen

Bei den Gleichgewichtsreaktionen vergeht eine unterschiedlich lange Zeit, bis sich der Gleichgewichtszustand eingestellt hat. Bei Ionenreaktionen geschieht das praktisch momentan. Bei Gasreaktionen und allgemein bei Reaktionen der organischen Chemie können beträchtliche Zeiten vergehen, bis der Gleichgewichtszustand erreicht ist. Es gibt aber auch Reaktionen, bei denen sich der Gleichgewichtszustand bei 20 °C nie einstellt.

▲ Auch die Umsetzung von Wasserstoff und Sauerstoff zu Wasser:
$$2\,H_2 + O_2 \rightleftharpoons 2\,H_2O$$
kann als Gleichgewichtsreaktion aufgefasst werden. Dabei liegt das Gleichgewicht bei Zimmertemperatur ganz auf der Seite des Wassers, sodass es nicht zu einem Zerfall in Wasserstoff und Sauerstoff kommt. Andererseits setzt sich aber ein Gemisch aus Wasserstoff und Sauerstoff bei Zimmertemperatur selbst im Verlauf von Jahren nicht zu Wasser um, da die Reaktionsgeschwindigkeit hierfür extrem gering ist. Zu

einer Explosion kommt es erst, wenn – zum Beispiel durch örtliches Erhitzen – freie Wasserstoffatome entstehen, die eine Kettenreaktion auslösen.

Ein chemisches Gleichgewicht kann sich beschleunigt einstellen durch:

- Erhöhung der Temperatur,
- Katalysatoren,
- Vergrößerung der Oberfläche,
- mehr reagierende Teilchen.

Die größere Teilchenzahl bei einer höheren Konzentration in Lösungen oder bei höherem Druck von Gasen führt zu mehr Zusammenstößen der Reaktionspartner und damit zu einer *schnelleren* Reaktion; die *Lage* des Gleichgewichts kann aber ungünstig beeinflusst werden.

Je kleiner die reagierenden Teilchen werden, desto größer wird bei gleicher Gesamtmasse deren Anzahl. Auch das ermöglicht mehr Zusammenstöße und damit eine schnellere Reaktion.

▲ Spontane Selbstentzündung von feinsten Eisenpartikeln aus der thermischen Zersetzung von Eisen(II)oxalat, $Fe(C_2O_4)$, an Luft im Vergleich zu einem Eisenblock, der nur langsam oxidiert (rostet).

▲ Feiner gemahlener Zement für das Bauen im Winter: Beton mit feiner gemahlenem Zement härtet schneller und ist damit schneller frostbeständig.

Ausführlicher betrachten wir im Folgenden den Einfluss der Temperatur und von Katalysatoren.

6.3.1 Einfluss der Temperatur

Für den Einfluss der Temperatur auf chemische Reaktionen gilt allgemein:

Chemische Reaktionen verlaufen bei höheren Temperaturen schneller als bei niedrigen Temperaturen.

Für den Zusammenhang zwischen *Temperatur* und *Reaktionsgeschwindigkeit* gilt als grobe Regel:

Eine Temperaturerhöhung um 10 Kelvin (z. B. von 20 °C auf 30 °C) beschleunigt die Geschwindigkeit einer Reaktion auf etwa das Doppelte.

Das lässt sich verallgemeinern. Die Reaktionsgeschwindigkeit (RG) bei einer Erhöhung um 20 °C vervierfacht sich; bei einer Erhöhung um $n \cdot 10$ °C beträgt sie ca. das 2^n-Fache der ursprünglichen Temperatur θ. Bei Erniedrigung der Temperatur verlangsamt sich die Reaktion entsprechend:

$$\mathrm{RG}_{(\theta+n\cdot 10\,°\mathrm{C})} = 2^n \cdot \mathrm{RG}_{(\theta)} \quad \text{bzw.} \quad t_{(\theta+n\cdot 10\,°\mathrm{C})} = \frac{t_\theta}{2^n}$$

mit der Ausgangstemperatur θ in °C und der Reaktionszeit t; bei Temperaturerniedrigung ist n negativ! Diese Regel heißt RGT-Regel oder VAN'T HOFFsche Regel.

▲ Die Verarbeitungszeit eines Zweikomponenten-Acrylatklebers beträgt nach Herstellerangaben bei 25 °C und Normklima 5 min, die Aushärtezeit bis zur vollen Belastbarkeit 20 min. Der Kleber soll in einer 10 °C kalten Werkshalle verarbeitet werden.

Erniedrigung der Temperatur von 25 °C auf 10 °C:

$$\boldsymbol{n = -1{,}5}\ (\cdot 10\,°\mathrm{C})$$

Verarbeitungszeit bei $t_{10\,°\mathrm{C}} = \dfrac{5\,\mathrm{min}}{2^{-1{,}5}} = 14\,\mathrm{min}$; Aushärtezeit bei $t_{10\,°\mathrm{C}} = \dfrac{20\,\mathrm{min}}{2^{-1{,}5}} = 57\,\mathrm{min}$

Es ist also mit erheblich längeren Reaktionszeiten zu rechnen!

Die *Temperatur* ist ein Maß für die *kinetische Energie* (Bewegungsenergie) der kleinsten Teilchen (Atome, Moleküle, Ionen) der Stoffe. Je rascher sich die Teilchen bewegen, um so häufiger und um so heftiger stoßen sie mit anderen Teilchen zusammen, mit denen sie reagieren können. Zu einer Reaktion kommt es nur, wenn zwei Moleküle mit hinreichend hoher Energie zusammenstoßen. Diese Energie wird **Aktivierungsenergie** genannt (Bild 6-3).

Die Bewegungsenergie der Teilchen nimmt mit abnehmender Temperatur ab. Beim *absoluten Nullpunkt* (0 K $\widehat{=}$ −273,15 °C) würde die Bewegung der Teilchen ganz aufhören, sodass dann auch keinerlei chemische Reaktionen mehr abliefen. Der absolute Nullpunkt ist aber nicht erreichbar. Da sich eine absolute Wärmeisolierung nicht verwirklichen lässt, ist nur eine asymptotische (unendliche) Annäherung an den absoluten Nullpunkt möglich (*Dritter Hauptsatz der Thermodynamik* (↑ S. 320); WALTER NERNST 1906).

Für *Gleichgewichtsreaktionen* gilt:

Je höher die Temperatur, um so schneller wird der Gleichgewichtszustand erreicht.

Zu beachten ist, dass die Temperatur gleichzeitig auf die *Lage des Gleichgewichts* (↑ S. 181) einwirkt: Eine *Temperaturerhöhung* bewirkt nicht nur, dass sich das Gleichgewicht schneller einstellt, sie *verschiebt* gleichzeitig die *Lage des Gleichgewichts in Richtung der endothermen Reaktion.*

▲ Bei vielen technisch genutzten Gleichgewichtsreaktionen ist die Hinreaktion *exotherm:*

$$N_2 + 3\,H_2 \rightleftharpoons 2\,NH_3 \qquad \Delta_R H^\ominus = -91{,}8\ \text{kJ} \cdot \text{mol}^{-1}$$
$$2\,SO_2 + O_2 \rightleftharpoons 2\,SO_3 \qquad \Delta_R H^\ominus = -184\ \text{kJ} \cdot \text{mol}^{-1}$$

Der *erwünschte Einfluss* der Temperaturerhöhung (Erhöhung der Reaktionsgeschwindigkeit) ist hier untrennbar mit einem *unerwünschten Einfluss* (Verschlechterung der Gleichgewichtslage; Verschiebung in Richtung der Ausgangsstoffe) verbunden. In solchen Fällen wird eine mittlere Temperatur gewählt, bei der die Reaktionsgeschwindigkeit hinreichend, die Gleichgewichtslage aber noch nicht allzu ungünstig ist. Vielfach gelingt es aber nur mittels *Katalysatoren*, solche Verfahren wirtschaftlich zu gestalten.

6.3.2 Einfluss von Katalysatoren

Viele technisch-chemische Reaktionen lassen sich nur durch Einsatz von *Katalysatoren* wirtschaftlich durchführen.

Katalysatoren sind Stoffe, die die Geschwindigkeit einer chemischen Reaktion erhöhen und dadurch bewirken, dass sich das chemische Gleichgewicht schneller einstellt.

Die Katalysatoren werden dabei nicht verbraucht.

Der von den Katalysatoren ausgelöste Vorgang wird **Katalyse** genannt.

Durch die Katalysatoren wird erreicht, dass die Reaktion auf einem *anderen Wege* – über *andere Zwischenzustände* – verläuft, wofür *geringere Aktivierungsenergien* der Teilchen ausreichen (Bild 6-3).

Die Katalysatoren beeinflussen – im Gegensatz zur Temperatur – die *Lage* des chemischen Gleichgewichts *nicht.* Auf ein bereits im Gleichgewichtszustand befindliches System übt ein Katalysator *keinen* Einfluss aus, da er Hinreaktion und Rückreaktion gleichermaßen beschleunigt.

Durch einen geeigneten Katalysator wird die *Temperatur herabgesetzt*, bei der eine chemische Reaktion mit *hinreichender Geschwindigkeit abläuft*. Dadurch können auch exotherme Reaktionen bei einer verhältnismäßig günstigen Gleichgewichtslage durchgeführt werden. Der Einsatz von Katalysatoren kann auch dadurch notwendig werden, dass Reaktionsteilnehmer gegenüber höheren Temperaturen empfindlich sind.

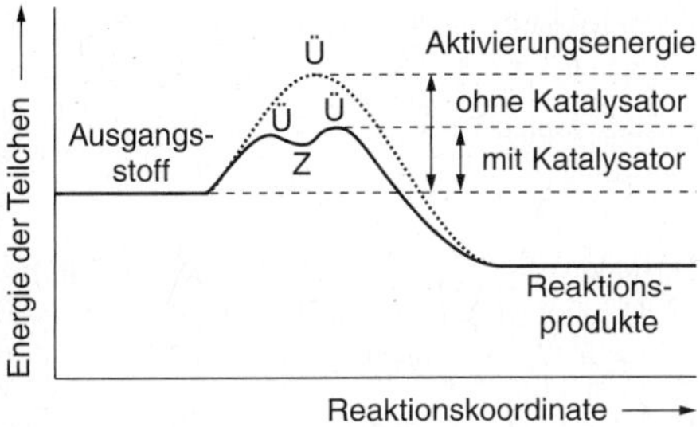

Bild 6-3: *Aktivierungsenergie*

Ü Die Maxima der Kurven entsprechen einem ***labilen Übergangszustand***

Z Das Minimum der starken Kurve gibt einen ***metastabilen Zwischenzustand*** *an, aus dem heraus im Prinzip ein* ***Zwischenprodukt*** *isoliert werden kann.*

Beispiele für großtechnische Verfahren, die mittels Katalysatoren durchgeführt werden:

- Ammoniaksynthese (↑ S. 491)
- Ammoniakoxidation (↑ S. 495)
- Schwefelsäure-Kontaktverfahren (↑ S. 521)
- Hochdruckhydrierung von Erdöl und Teer (↑ S. 646)
- Polyethensynthese (↑ S. 797)
- Butadien-Gewinnung für Synthesekautschuk (↑ S. 648)
- Fetthärtung (↑ S. 758)

Hinzukommt die katalytische Reinigung von Kraftfahrzeug-Abgasen (↑ S. 611).

Bei den **Katalysatoren** handelt es sich um Stoffe von sehr unterschiedlichem Charakter: Metalle, Metalloxide, Nichtmetalloxide, Basen, Säuren, aber auch organische Stoffe. Besonders gute katalytische Wirkungen zeigen bestimmte Stoffgemische (so genannte *Mischkatalysatoren*). Viele Katalysatoren besitzen eine *spezifische* Wirkung, d. h., sie beschleunigen nur eine ganz bestimmte chemische Reaktion. Dadurch wird verhütet, dass unerwünschte Nebenreaktionen gleichfalls beschleunigt werden.

Andererseits ist es möglich, mittels unterschiedlicher Katalysatoren aus den gleichen Ausgangsstoffen verschiedene Reaktionsprodukte zu gewinnen, indem von mehreren möglichen Reaktionen jeweils eine andere beschleunigt wird. So entstehen aus Wassergas mit *Kobaltoxid* Kohlenwasserstoffe, mit *Zinkoxid* und *Chromoxid* entsteht Methanol.

Nach den *Aggregatzuständen,* in denen die reagierenden Stoffe und der Katalysator vorliegen, werden unterschieden:

- **Homogene Katalyse**
  Der Katalysator bildet mit den reagierenden Stoffen ein homogenes Gemisch (Gasgemische, Lösung).
- **Heterogene Katalyse**
  Reaktionsgemisch und Katalysator bilden verschiedene Phasen. Die Katalyse findet an einer *Phasengrenzfläche* statt.

Die wichtigste Art der heterogenen Katalyse ist die *Kontaktkatalyse,* bei der das (gasförmige oder flüssige) Reaktionsgemisch über einen fest angeordneten Katalysator strömt. Die Reaktionsbeschleunigung erfolgt hier bei der Berührung des Reaktionsgemischs mit der Oberfläche des Katalysators, der daher in diesem Falle auch als *Kontakt* bezeichnet wird.

Die **Wirkungsweise der Katalysatoren** ist sehr unterschiedlich. Es gibt Katalysatoren, die mit den Stoffen, deren Reaktion sie beschleunigen, *Zwischenprodukte* bilden. Nach der Reaktion liegen diese Katalysatoren wieder in ihrer ursprünglichen Form vor. Mitunter übertragen die Katalysatoren einen anderen Stoff auf das reagierende System (z. B. Sauerstoff beim Schwefelsäure-Kontaktverfahren). Vielfach beruht aber die katalytische Wirkung eines Stoffes weniger auf dessen chemischen Eigenschaften als vielmehr auf dessen

Oberflächenbeschaffenheit. Dabei können sowohl besondere Kristallstrukturen als auch an der Oberfläche auftretende freie Valenzen (Wertigkeiten) wirksam sein.

Auch in den Stoffwechselvorgängen der lebenden Organismen spielen Katalysatoren, die *Biokatalysatoren*, eine wichtige Rolle. Sie werden *Enzyme* genannt. Der früher dafür auch übliche Begriff *Fermente* ist veraltet[1].

Neben der positiven Katalyse, durch die Reaktionen beschleunigt werden, gibt es auch die **negative Katalyse** oder *Antikatalyse*, durch die der Ablauf einer Reaktion gehemmt wird. Stoffe, die bestimmte Reaktionen hemmen, werden *Inhibitoren*[2], *Antikatalysatoren*, *Passivatoren* oder *Stabilisatoren* genannt. Die Inhibitoren sind in ihrer Wirkungsweise ähnlich vielfältig wie die Katalysatoren.

▲ *Korrosionsinhibitoren* bilden auf der behandelten Metalloberfläche teils durch Adsorption, teils durch chemische Reaktion äußerst dünne Schutzschichten.
Oxidationsinhibitoren hemmen die Oxidation von Fetten und Schmierölen.
Stabilisatoren verhindern den vorzeitigen Zerfall wenig beständiger (metastabiler) Substanzen und gewährleisten für zahlreiche technisch-chemische Produkte (z. B. Anstrichstoffe) überhaupt erst die notwendige Lagerfähigkeit.

6.4 Massenwirkungsgesetz

Die *quantitative* Behandlung von *Gleichgewichtsreaktionen* wird durch eine Gesetzmäßigkeit ermöglicht, die 1867 von dem norwegischen Chemiker PETER WAAGE und dem norwegischen Mathematiker CATO MAXIMILIAN GULDBERG erkannt und als Massenwirkungsgesetz bezeichnet wurde.

Die chemische Wirkung eines Stoffes ist seiner aktiven Masse proportional.

Unter *aktiver Masse* verstanden GULDBERG und WAAGE die Massenkonzentration, also den Quotienten aus Masse und Volumen; man sagt auch, die Masse je Volumeneinheit. Sie haben das vorweggenommen, was wir heute unter *Aktivität* (↑ S. 249), d. h. *wirksamer Konzentration,* verstehen. Bei sehr geringen Konzentrationen ist die wirksame Konzentration praktisch gleich der tatsächlichen. Bei der Ableitung des Massenwirkungsgesetzes wird daher meist von den Konzentrationen ausgegangen, während für genaue Berechnungen die Aktivitäten eingesetzt werden müssen.

In einer modernen Formulierung lautet das **Massenwirkungsgesetz** (oft kurz als **MWG** bezeichnet):

Eine chemische Reaktion befindet sich im Gleichgewichtszustand, wenn der Quotient aus

- **dem Produkt der Konzentrationen der Reaktionsprodukte und**
- **dem Produkt der Konzentrationen der Ausgangsstoffe**

einen für diese Reaktion charakteristischen – bei gegebener Temperatur konstanten – Wert erreicht hat.

In dieser einfachen Fassung gilt das Massenwirkungsgesetz aber nur für Reaktionen vom Typ

$$A + B \rightleftharpoons C + D \tag{6-1}$$

[1] *zyme* (grch.) Sauerteig, *en* (grch.) in; *fermentum* (lat.) Sauerteig. Die Wirkung von Sauerteig und Hefe beruht auf dem Vorhandensein solcher Biokatalysatoren.
[2] *inhibere* (lat.) anhalten, hemmen

das heißt, für Reaktionen, bei denen sich je ein Mol zweier Ausgangsstoffe A und B zu je einem Mol der Reaktionsprodukte C und D umsetzen, also alle Reaktionsteilnehmer in der Reaktionsgleichung mit der Stöchiometriezahl 1 auftreten.

▲ Das ist bei der Wassergaskonvertierung (↑ S. 415) der Fall:

$$CO + H_2O \rightleftharpoons CO_2 + H_2$$

Der Anschaulichkeit wegen gehen wir von diesem einfachsten Reaktionstyp aus. Die verallgemeinerte Fassung des Massenwirkungsgesetzes für beliebige Stöchiometriezahlen folgt auf Seite S. 195.

Das Massenwirkungsgesetz kann sowohl aus

- der *chemischen Kinetik* (↑ S. 192) als auch aus
- der *chemischen Thermodynamik* (↑ S. 300)

abgeleitet werden. In diesem Kapitel gehen wir von der kinetischen Ableitung aus, da sie anschaulicher ist. Die thermodynamische Ableitung erfolgt im Kapitel 8 Thermochemie – Thermodynamik (↑ S. 266).

6.4.1 Gleichgewichtskonstante

Das Massenwirkungsgesetz ergibt sich für die Reaktionen vom Typ $A + B \rightleftharpoons C + D$ als folgende mathematische Formulierung:

$$\frac{[C] \cdot [D]}{[A] \cdot [B]} = K \qquad (6\text{-}2)$$

K heißt **Gleichgewichtskonstante**. Für die in eckige Klammern gesetzten Symbole der an der Reaktion beteiligten Stoffe können Sie folgende Zusammensetzungsgrößen einsetzen:

- die *Stoffmengenkonzentration* c ($mol \cdot L^{-1}$) (↑ S. 52);
- den *Stoffmengenanteil* x (↑ S. 47);
- den *Partialdruck* (↑ S. 200)

Je nachdem, welche Zusammensetzungsgrößen in die Massenwirkungsgleichung eingesetzt werden, erhält die Gleichgewichtskonstante einen **Index**.

Wird die **Stoffmengenkonzentration** c verwendet, so gilt:

$$\frac{c(C) \cdot c(D)}{c(A) \cdot c(B)} = K_c \qquad (6\text{-}2a)$$

Werden die **Stoffmengenanteile** x verwendet, so gilt:

$$\frac{x(C) \cdot x(D)}{x(A) \cdot x(B)} = K_x \qquad (6\text{-}2b)$$

Die auf die Zusammensetzungsgrößen bezogenen Gleichgewichtskonstanten werden auch *konventionelle Gleichgewichtskonstanten* genannt und von den *thermodynamischen Gleichgewichtskonstanten* (↑ S. 311) unterschieden.

▲ Für das Gleichgewicht

$$CO + H_2O \rightleftharpoons CO_2 + H_2 \qquad \Delta_R H^\ominus = -41\ kJ \cdot mol^{-1}$$

das sich bei der *Konvertierung von Wassergas* (↑ S. 415) einstellt, gilt die Massenwirkungsgleichung:

$$\frac{x(CO_2) \cdot x(H_2)}{x(CO) \cdot x(H_2O)} = K_x$$

Wenn sich das Gleichgewicht, ausgehend von einem Kohlenstoffdioxid-Wasserdampf-Gemisch mit dem Stoffmengenverhältnis (und Volumenverhältnis) 1:1, eingestellt hat, so liegen bei 800 K neben je 1 mol der Ausgangsstoffe je 2 mol der Reaktionsprodukte vor (siehe Bild 6-4):

Ausgangszustand		Gleichgewichtszustand
$3\ CO + 3\ H_2O$	→	$CO + H_2O + 2\ CO_2 + 2\ H_2$

Der Stoffmengenanteil des Wasserstoffs $x(H_2)$ beträgt im Gleichgewichtszustand:

$$x(H_2) = \frac{n(H_2)}{\sum n}; \qquad x(H_2) = \frac{2\ mol}{6\ mol}; \qquad x(H_2) = \frac{1}{3}$$

$\sum n$ steht hier für die Summe der Stoffmengen aller Komponenten, wofür exakter zu schreiben ist $\sum_{i=1}^{k} n_i$

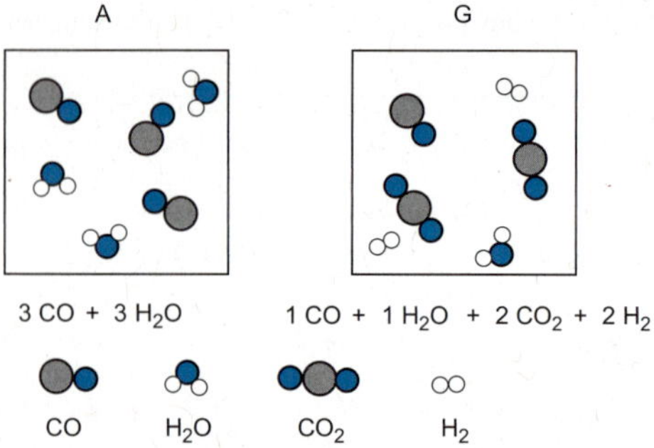

Bild 6-4:
Gleichgewicht der Wassergaskonvertierung; Ausgangszustand A und Gleichgewichtszustand G bei 800 K (Gleichgewichtskonstante K = 4)

Werden die Stoffmengenanteile aller Komponenten des Wassergasgemischs im Gleichgewichtszustand in die Massenwirkungsgleichung eingesetzt, so ergibt sich (für 800 K) die Gleichgewichtskonstante K_x:

$$K_x = \frac{\frac{1}{3} \cdot \frac{1}{3}}{\frac{1}{6} \cdot \frac{1}{6}}; \qquad K_x = 4$$

Die vorstehenden Ausführungen gelten für Reaktionen vom Typ $A + B \rightleftharpoons C + D$.

Für beliebige Reaktionen

$$\nu_A A + \nu_B B \ldots \rightleftharpoons \nu_M M + \nu_N N \ldots$$

gilt bei Verwendung der *Beträge* der Stöchiometriezahlen $|\nu|$

$$K = \frac{x_M^{|\nu_M|} \cdot x_N^{|\nu_N|} \cdot \ \ldots}{x_A^{|\nu_A|} \cdot x_B^{|\nu_B|} \cdot \ \ldots} \qquad (6\text{-}3)$$

In weiterführender Literatur kann dafür stehen:

$$K = \frac{\prod x_{i,\mathrm{E}}^{|\nu|_i}}{\prod x_{i,\mathrm{A}}^{|\nu|_i}} \tag{6-3a}$$

Bei Verwendung *vorzeichenbehafteter* Stöchiometriezahlen ν vereinfacht sich die Gleichung (6-3a) weiter zu:

$$K = \prod x_i^{\nu_i} \tag{6-3b}$$

Die **Gleichgewichtskonstante** K hat für jede chemische Reaktion und bei jeder Temperatur einen anderen Wert[1]. Die Werte der Gleichgewichtskonstanten lassen sich aufgrund experimentell gewonnener Daten berechnen. Das geschieht vor allem über die *molaren freien Standardreaktionsenthalpien* $\Delta_R G^\ominus$ (↑ S. 311) und über die *Standardzellspannungen* $U^\ominus$ (↑ S. 361). Da die *Zusammensetzungsgrößen* (hier Stoffmengenanteile x) der *Reaktionsprodukte* in den Massenwirkungsgleichungen *im Zähler* stehen und die *Zusammensetzungsgrößen der Ausgangsstoffe im Nenner*, gilt:

- **Je größer die Gleichgewichtskonstante K, um so mehr überwiegen im Gleichgewichtszustand die Reaktionsprodukte.**
- **Je kleiner die Gleichgewichtskonstante K, um so mehr überwiegen im Gleichgewichtszustand die Ausgangsstoffe.**

Werden bei Reaktionen vom Typ

$$A + B \rightleftharpoons C + D$$

die Ausgangsstoffe im Verhältnis 1 : 1 eingesetzt, so gilt für den Gleichgewichtszustand bei

$K > 1$ Reaktionsprodukte überwiegen
$K = 1$ gleiche Anteile von Reaktionsprodukten und Ausgangsstoffen
$K < 1$ Ausgangsstoffe überwiegen

Das gilt für alle Reaktionen, bei denen

- die *Summe* der *Stoffmengen* der *Reaktionsprodukte* gleich der *Summe* der *Stoffmengen* der *Ausgangsstoffe* ist,

sich also die *Summe* der *Stöchiometriezahlen* nicht ändert.

▲ Wassergaskonvertierung (↑ S. 190)

Die Gleichgewichtskonstante K einer chemischen Reaktion hat bei jeder *Temperatur* einen anderen Zahlenwert. Darin kommt zum Ausdruck, dass bei jeder Temperatur eine andere Gleichgewichtslage besteht.

Die Gleichgewichtskonstante K wird mit zunehmender Temperatur

- **bei exothermen Reaktionen kleiner** (Beispiel 1),
- **bei endothermen Reaktionen größer** (Beispiel 2).

Das entspricht der Aussage des Prinzips des kleinsten Zwanges (↑ S. 181), wonach *mit steigender Temperatur*

- bei exothermen Reaktionen der *Anteil der Ausgangsstoffe*,
- bei endothermen Reaktionen der *Anteil der Reaktionsprodukte*

größer wird.

[1] Literatur: [DAn2008]; Tabellen mit zahlreichen Gleichgewichtskonstanten finden sich auch in *Harrison, R. D.*: Datenbuch Chemie Physik. – Braunschweig: Vieweg, 1982

▲ *Beispiel 1:* Bei der Konvertierung von Wassergas

$CO + H_2O \rightleftharpoons CO_2 + H_2 \qquad \Delta_R H^\ominus = -41\ \text{kJ} \cdot \text{mol}^{-1}$

verläuft die Hinreaktion *exotherm*. Die Gleichgewichtskonstante K_x

$$\frac{x(CO_2) \cdot x(H_2)}{x(CO) \cdot x(H_2O)} = K_x$$

wird mit zunehmender Temperatur *kleiner*:

T	300 K	400 K	600 K	800 K	1000 K	2000 K
t	27 °C	127 °C	327 °C	527 °C	727 °C	1727 °C
K_x	8700	1670	24,2	4,05	1,39	0,20

▲ *Beispiel 2:* Die Synthese von Stickstoffmonoxid aus den Elementsubstanzen

$N_2 + O_2 \rightleftharpoons 2\ NO \qquad \Delta_R H^\ominus = 180\ \text{kJ} \cdot \text{mol}^{-1}$

verläuft *endotherm*. Die Gleichgewichtskonstante K_x

$$\frac{x^2(NO)}{x(N_2) \cdot x(O_2)} = K_x$$

wird in diesem Falle mit zunehmender Temperatur *größer*:

T	1000 K	2000 K	3000 K	4000 K
t	727 °C	1727 °C	2727 °C	3727 °C
K_x	$6{,}8 \cdot 10^{-9}$	$4{,}6 \cdot 10^{-4}$	$1{,}7 \cdot 10^{-2}$	$8{,}3 \cdot 10^{-2}$

Infolge der sehr ungünstigen Gleichgewichtslage wäre eine technische Gewinnung von Stickstoffmonoxid aus der Luft (*Luftverbrennung* nach BIRKELAND-EYDE) erst bei sehr hohen Temperaturen und mit sehr hohem Energieaufwand möglich, was sich als unwirtschaftlich erwiesen hat.

6.4.2 Kinetische Ableitung des Massenwirkungsgesetzes

Von der *kinetischen*[1] *Gastheorie* ausgehend, lässt sich für das Massenwirkungsgesetz eine vereinfachte, anschauliche Ableitung geben. Die kinetische Gastheorie führt den Ablauf chemischer Reaktionen auf die Bewegungsenergie (kinetische Energie) der Moleküle zurück. Zwischen den in ständiger Bewegung befindlichen Gasmolekülen kommt es ständig zu Zusammenstößen. Zusammenstöße von hinreichender Heftigkeit – die *Aktivierungsenergie* (↑ S. 186) muss überschritten werden – führen zu einer Umsetzung zwischen den beteiligten Molekülen. Da gleichzeitige Zusammenstöße von drei oder mehr Molekülen sehr selten sind, gelten diese Überlegungen nur für Reaktionen vom Typ:

$$A + B \underset{\text{Rückreaktion}}{\overset{\text{Hinreaktion}}{\rightleftharpoons}} C + D \tag{6-4}$$

und unter der Voraussetzung, dass sowohl die *Hinreaktion* als auch die *Rückreaktion* in *einem* Schritt erfolgen.

Eine allgemein gültige, exakte Ableitung des Massenwirkungsgesetzes ist nur von der *chemischen Thermodynamik* her möglich ↑ S. 300 und 311.

Für Reaktionen vom Typ $A + B \rightleftharpoons C + D$ gilt: Die *Wahrscheinlichkeit eines Zusammenstoßes* zwischen einem Molekül des Stoffes A und einem Molekül des Stoffes B steigt sowohl mit der Konzentration des

[1] *kinein* (grch.) bewegen

Stoffes A als auch mit der Konzentration des Stoffes B. Befinden sich in einem bestimmten Volumen nur ein Molekül A und ein Molekül B, so ist die Wahrscheinlichkeit eines Zusammenstoßes äußerst gering. Sie steigt auf das Zehnfache, wenn die Zahl der Moleküle des Stoffes A auf das Zehnfache erhöht wird. Sie steigt auf das Hundertfache, wenn auch die Zahl der Moleküle des Stoffes B auf das Zehnfache erhöht wird (Bild 6-5).

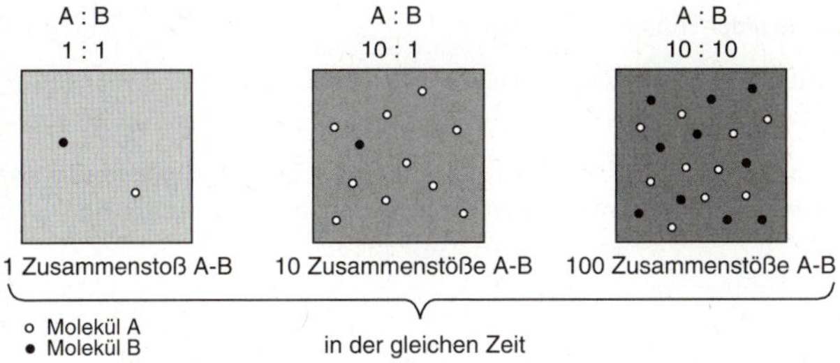

Bild 6-5: *Die Wahrscheinlichkeit des Zusammenstoßes zweier Teilchen in einer Zeiteinheit hängt von der Konzentration beider Teilchen ab.*

Mit der Zahl der Zusammenstöße A + B erhöht sich die Reaktionsgeschwindigkeit.

Die Reaktionsgeschwindigkeit v steigt mit zunehmender Konzentration[1] der Reaktionspartner.

Für die Geschwindigkeit der Hinreaktion v_H gilt demnach:

$$v_H = k_H \cdot [A] \cdot [B] \qquad (6\text{-}5)$$

für die Geschwindigkeit der Rückreaktion:

$$v_R = k_R \cdot [C] \cdot [D] \qquad (6\text{-}6)$$

Die Reaktionsgeschwindigkeit ist also dem Produkt aus den Konzentrationen der Reaktionspartner proportional. Die Proportionalitätsfaktoren k_H und k_R werden als **Geschwindigkeitskonstanten** bezeichnet. Sie besitzen für jede Reaktion einen anderen Wert.

Für eine bestimmte Reaktion steigt der Wert der Geschwindigkeitskonstante k mit zunehmender Temperatur.

In der steigenden Temperatur kommt die zunehmende Bewegungsenergie der Moleküle zum Ausdruck, die zu einer größeren Anzahl und zu größerer Heftigkeit der Zusammenstöße und damit zu einer Erhöhung der Reaktionsgeschwindigkeit führt.

Die Gleichungen (6-5) und (6-6) geben die Abhängigkeit der *Reaktionsgeschwindigkeit* v von den *Konzentrationen* der Reaktionspartner an. Genauer ausgedrückt: Sie geben die Reaktionsgeschwindigkeit als Funktion der Konzentrationen wieder. Solche Ausdrücke werden als *Geschwindigkeitsgesetze* (oder auch *Zeitgesetze*) bezeichnet.

Zu beachten ist: Die Konzentration *welcher* Reaktionsteilnehmer in das Geschwindigkeitsgesetz einzusetzen ist, kann *nicht* aus den stöchiometrischen Gleichungen abgeleitet, sondern muss experimentell ermittelt werden.

[1] Der Begriff *Konzentration* wird hier in einem allgemeineren Sinne verwendet als im Abschnitt Zusammensetzungsgrößen (↑ S. 45 f.). Den Berechnungen nach dem MWG können außer den Konzentrationsgrößen auch andere Zusammensetzungsgrößen zugrunde gelegt werden, wie in den vorangegangenen Beispielen die Stoffmengenanteile. Nach DIN 1310 (↑ S. 45) wäre daher von *Gehalt* zu sprechen, was aber im Zusammenhang mit dem Massenwirkungsgesetz kaum gebräuchlich ist.

Unmittelbar nach Beginn einer chemischen Reaktion ist die Geschwindigkeit der Hinreaktion v_H sehr viel größer (von anderer Größenordnung) als die Geschwindigkeit der Rückreaktion v_R:

$$v_H \gg v_R$$

Da durch die Hinreaktion die Konzentration der Stoffe A und B ständig abnimmt, verringert sich nach Gleichung (6-5) auch die Geschwindigkeit der Hinreaktion ständig.

Gleichzeitig nimmt aber die Konzentration der Stoffe C und D ständig zu, sodass sich nach Gleichung (6-6) die Geschwindigkeit der Rückreaktion ständig erhöht.

Die Geschwindigkeit der Gesamtreaktion v_G, das heißt, die nach außen in Erscheinung tretende Reaktionsgeschwindigkeit, ergibt sich als *Differenz* aus der Geschwindigkeit der Hinreaktion und der Geschwindigkeit der Rückreaktion:

$$v_G = v_H - v_R \tag{6-7}$$

Sobald durch ständige Verringerung der Geschwindigkeit der Hinreaktion v_H und ständige Erhöhung der Geschwindigkeit der Rückreaktion v_R beide gleich geworden sind:

$$v_H = v_R \tag{6-8}$$

nimmt die Geschwindigkeit der Gesamtreaktion nach Gleichung (6-7) den Wert null an:

$$v_G = 0 \tag{6-9}$$

Die Umsetzung ist damit nach außen zum Stillstand gekommen, da Hinreaktion und Rückreaktion einander kompensieren. Damit ist der *Gleichgewichtszustand* erreicht. Die Konzentrationen der beteiligten Stoffe ändern sich nicht mehr. Hin- und Rückreaktion laufen aber jeweils mit voller Geschwindigkeit ab; diesen *Gleichgewichtszustand* nennt man daher auch **dynamisches Gleichgewicht**.

Durch Einsetzen der Gleichungen

$$v_H = k_H \cdot [A] \cdot [B] \qquad \text{und} \tag{6-5}$$

$$v_R = k_R \cdot [C] \cdot [D] \tag{6-6}$$

in die Gleichung

$$v_H = v_R \tag{6-8}$$

ergibt sich eine Beziehung zwischen den Konzentrationen der Ausgangsstoffe und den Konzentrationen der Reaktionsprodukte:

$$k_H \cdot [A] \cdot [B] = k_R \cdot [C] \cdot [D] \tag{6-10}$$

$$\frac{[C] \cdot [D]}{[A] \cdot [B]} = \frac{k_H}{k_R} \tag{6-10a}$$

Der Quotient aus den Konstanten k_H und k_R ergibt die bereits aus Gleichung (6-2) (↑ S. 189) bekannte *Gleichgewichtskonstante K*:

$$\frac{[C] \cdot [D]}{[A] \cdot [B]} = K$$

Durch diese kinetische Ableitung gelangt man zur Massenwirkungsgleichung der Reaktionen vom Typ

$$A + B \rightleftharpoons C + D.$$

Auf Reaktionen anderen Typs lässt sich die kinetische Ableitung des Massenwirkungsgesetzes *nur formal* übertragen. Das *Ammoniakgleichgewicht* $N_2 + 3\,H_2 \rightleftharpoons 2\,NH_3$ gehört zum Typ

$$A + 3\,B \rightleftharpoons 2\,C.$$

Es wäre falsch, daraus zu schließen, für die Hinreaktion sei ein gleichzeitiger Zusammenstoß von vier Molekülen erforderlich. Derartige Reaktionen setzen sich aus Teilreaktionen zusammen.

Um das Zustandekommen der Massenwirkungsgleichungen auch für solche Reaktionen verständlich zu machen, bei denen – wie im Ammoniakgleichgewicht – manche Reaktionsteilnehmer mit mehr als einem Molekül an dem Formelumsatz laut Reaktionsgleichung beteiligt sind, kann formal von folgender Vorstellung ausgegangen werden. Für eine Reaktion vom Typ

$$A + B + C \rightleftharpoons M + N + O$$

würde die Massenwirkungsgleichung lauten

$$\frac{[M] \cdot [N] \cdot [O]}{[A] \cdot [B] \cdot [C]} = K.$$

Dabei soll angenommen werden, dass die Buchstaben A, B, C, M, N, O jeweils ein Molekül verschiedener Stoffe symbolisieren. Tritt nun an die Stelle des Moleküls des Stoffes C ein weiteres Molekül des Stoffes B und an die Stelle der Moleküle der Stoffe N und O je ein weiteres Molekül des Stoffes M, so ergibt sich eine Reaktion vom Typ

$$A + B + B \rightleftharpoons M + M + M \qquad \text{bzw.} \qquad A + 2\,B \rightleftharpoons 3\,M$$

Die Massenwirkungsgleichung für eine Reaktion von diesem Typ würde lauten:

$$\frac{[M] \cdot [M] \cdot [M]}{[A] \cdot [B] \cdot [B]} = K \qquad \text{bzw.} \qquad \frac{[M]^3}{[A] \cdot [B]^2} = K.$$

Damit wird anschaulich erklärt, weshalb die *Koeffizienten* (Reaktionsstöchiometriezahlen) der Reaktionsgleichung in den Massenwirkungsgleichungen als *Exponenten* der Zusammensetzungsgrößen auftreten. Damit sind nun die Voraussetzungen gegeben, die vereinfachte Fassung des Massenwirkungsgesetzes (↑ S. 188) in eine allgemeingültige Fassung zu überführen:

Eine chemische Reaktion befindet sich im Gleichgewichtszustand, wenn der Quotient aus

- **dem Produkt der mit ihren stöchiometrischen Koeffizienten potenzierten Konzentrationen der Reaktionsprodukte und**
- **dem Produkt der mit ihren stöchiometrischen Koeffizienten potenzierten Konzentrationen der Ausgangsstoffe**

einen für diese Reaktion charakteristischen – bei gegebener Temperatur konstanten – Wert erreicht hat.

Aus den obenstehenden Überlegungen darf nicht gefolgert werden, für die Hinreaktion und für die Rückreaktion sei jeweils der Zusammenstoß von *drei* Teilchen notwendig. Um das zu erklären, müssen zwei Grundbegriffe der chemischen Kinetik herangezogen werden,

- die *Molekularität* und
- die *Reaktionsordnung*.

6.4.3 Grundbegriffe der chemischen Kinetik

Reaktionsgleichungen geben nur die *Ausgangsstoffe* und die *Reaktionsprodukte* einer chemischen Reaktion an. In der Regel verlaufen chemische Reaktionen über zahlreiche *Zwischenstufen*, die experimentell nur schwer zu erfassen sind. Die einzelnen Schritte werden **Elementarreaktionen** genannt, ihre Gesamtheit **Reaktionsmechanismus**. An der Erforschung von Reaktionsmechanismen wird ständig gearbeitet; für die meisten Reaktionen sind sie keineswegs völlig aufgeklärt. Die zu einem Reaktionsmechanismus gehörenden Elementarreaktionen verlaufen mit unterschiedlicher Reaktionsgeschwindigkeit. Dabei bestimmen die langsam verlaufenden Elementarreaktionen die Reaktionsgeschwindigkeit der Gesamtreaktion.

Das alles ist Gegenstand der **chemischen Kinetik** [1]. Während die *chemische Thermodynamik* Aussagen darüber trifft, ob eine chemische Reaktion überhaupt freiwillig verlaufen kann, führt die chemische Kinetik zu Aussagen über die Reaktionsgeschwindigkeit dieser Reaktion, das heißt, letztlich darüber, ob die Reaktionsgeschwindigkeit für die praktische Durchführung der Reaktion hinreichend hoch ist (↑ S. 184).

Die **Molekularität** gibt an, wie viele Teilchen miteinander reagieren, sie bezieht sich auf die Elementarreaktionen. Die weitaus meisten Elementarreaktionen sind *bimolekular*, das heißt, sie resultieren aus dem Zusammenstoß *zweier* Moleküle. *Trimolekulare* Reaktionen setzen den Zusammenstoß *dreier* Moleküle voraus. Sie sind selten und lassen sich zum Teil auf die rasche Aufeinanderfolge zweier bimolekularer Reaktionen zurückführen.

Unimolekulare (monomolekulare) Reaktionen gibt es dagegen in beträchtlicher Anzahl. Es handelt sich dabei um *Zerfallsreaktionen*, für die kein Zusammenstoß von Molekülen nötig ist. Das schließt nicht aus, dass Zusammenstöße von Molekülen auf solche Reaktionen aktivierend einwirken.

▲ *Unimolekular* ist der Zerfall von Ozonmolekülen:

$$O_3 \rightarrow O_2 + O$$

Bimolekular ist die Bildung von Ozonmolekülen:

$$O_2 + O \rightarrow 2\,O_2$$

Es gibt aber auch eine bimolekulare Reaktion, die zum *Zerfall* von Ozonmolekülen führt:

$$O_3 + O \rightarrow 2\,O_2$$

Als *trimolekular* gilt die Vereinigung von Sauerstoffatomen zu Sauerstoffmolekülen, an der ein drittes Teilchen (z. B. ein Sauerstoffmolekül) beteiligt sein muss:

$$O + O + O_2 \rightarrow 2\,O_2$$

Die **Reaktionsordnung** gibt an, mit welcher *Potenz* Konzentrationen von Reaktionspartnern nach dem Geschwindigkeitsgesetz auf die Reaktionsgeschwindigkeit Einfluss haben.

[1] Weiterführende Literatur zur chemischen Kinetik:
[Atk2008] sowie [Mor2015]

Für jede Reaktionsordnung gilt ein anderes *Geschwindigkeitsgesetz*:

- *Reaktion erster Ordnung*

$$v = k \cdot [A]$$

- *Reaktionen zweiter Ordnung*

$$v = k \cdot [A] \cdot [B] \quad \text{oder}$$

$$v = k \cdot [A]^2$$

- *Reaktionen dritter Ordnung*

$$v = k \cdot [A] \cdot [B] \cdot [C] \quad \text{oder}$$

$$v = k \cdot [A]^2 \cdot [B] \quad \text{oder}$$

$$v = k \cdot [A]^3$$

Für die **Elementarreaktionen** ergibt sich eine einfache Zuordnung:

- Unimolekulare Reaktionen sind Reaktionen erster Ordnung.
- Bimolekulare Reaktionen sind Reaktionen zweiter Ordnung.
- Trimolekulare Reaktionen sind Reaktionen dritter Ordnung.

Die Reaktionsordnung einer **Gesamtreaktion**, der ein Mechanismus von Elementarreaktionen zugrunde liegt, lässt sich nur experimentell ermitteln.

- *Reaktionen 1. Ordnung*:

▲ Zerfall von Distickstoffpentaoxid

$$2\,N_2O_5 \rightarrow 4\,NO_2 + O_2$$

$$v = k \cdot [N_2O_5]$$

Zerfall von Ethanal (Acetaldehyd)

$$CH_3CHO \rightarrow CH_4 + CO$$

$$v = k \cdot [CH_3CHO]$$

- *Reaktionen 2. Ordnung*:

▲ Zerfall von Iodwasserstoff

$$2\,HI \rightarrow H_2 + I_2$$

$$v = k \cdot [HI]^2$$

Reaktion von Monoiodmethan mit Iodwasserstoff

$$CH_3I + HI \rightarrow CH_4 + I_2$$

$$v = k \cdot [CH_3I] \cdot [HI]$$

- *Reaktionen 3. Ordnung*:

▲ Oxidation von Stickstoffmonoxid

$$2\,NO + O_2 \rightarrow 2\,NO_2$$

$$v = k \cdot [NO]^2 \cdot [O_2]$$

(Aus diesem Beispiel darf nicht gefolgert werden, es müssten jeweils drei Moleküle zusammenstoßen. Die Geschwindigkeitsgleichung drückt lediglich die experimentell ermittelte Abhängigkeit der Reaktionsgeschwindigkeit von den Konzentrationen aus.)

Schließlich gibt es auch *Reaktionen nullter Ordnung*. Bei ihnen hat die Konzentration keinen Einfluss auf die Reaktionsgeschwindigkeit.

▲ Der katalytische Zerfall von Ammoniak an einem heißen Platinblech verläuft mit gleichbleibender Geschwindigkeit, solange Ammoniak vorhanden ist.

Bei den vorstehenden Beispielen wurde von der vereinfachenden Annahme ausgegangen, die Reaktionen verliefen vollständig. Ist das nicht der Fall, können in den Geschwindigkeitsgleichungen auch gebrochene Exponenten auftreten.

6.5 Anwendung des Massenwirkungsgesetzes

Das Massenwirkungsgesetz wird hier zunächst auf *Molekülreaktionen* angewandt. Die Anwendung auf *Ionenreaktionen* folgt im Kapitel 7 (↑ S. 224, 253, 261).

Wie das Prinzip vom kleinsten Zwang (↑ S. 181) *qualitative* Aussagen zur Lage eines chemischen Gleichgewichts gestattet, so ermöglicht das **Massenwirkungsgesetz** *quantitative* Aussagen zur Lage eines chemischen Gleichgewichts. Dem liegen folgende Sachverhalte zugrunde:

Die Gleichgewichtskonstanten K_c und K_p bleiben konstant[1], wenn sich

- die *Zusammensetzung* des Reaktionsgemischs und
- bei Gasreaktionen der *Druck* (↑ S. 200)

ändern. Dabei wird jeweils konstante Temperatur vorausgesetzt.

Mittels der Gleichgewichtskonstanten kann darauf geschlossen werden, ob und unter welchen Bedingungen bestimmte chemische Reaktionen wirtschaftlich durchführbar sind.

6.5.1 Änderung der Zusammensetzung des Reaktionsgemischs

Wird in einem Reaktionsgemisch, das sich im Gleichgewichtszustand befindet, der *Anteil eines Reaktionsteilnehmers verändert*, so wird der Gleichgewichtszustand *gestört*. Der Quotient aus den Konzentrationen der Reaktionsprodukte und den Konzentrationen der Ausgangsstoffe (Gleichung (6-2) (↑ S. 189)) hat dann nicht mehr den Wert der Gleichgewichtskonstante:

$$\frac{[\mathrm{C}] \cdot [\mathrm{D}]}{[\mathrm{A}] \cdot [\mathrm{B}]} \neq K.$$

Die Geschwindigkeiten der Hinreaktion und der Rückreaktion sind dann nicht mehr gleich. Die Gesamtreaktion kommt also wieder in Gang und läuft so lange, bis die Geschwindigkeiten der Hinreaktion und der Rückreaktion wieder gleich sind:

$$v_\mathrm{H} = v_\mathrm{R}.$$

Es hat sich dann ein *neuer Gleichgewichtszustand* eingestellt, der sich in seiner Lage von dem ursprünglichen Gleichgewichtszustand unterscheidet.

[1] Für die auf die Stoffmengenanteile bezogenen Gleichgewichtskonstanten K_x gilt das bei Gasreaktionen nur unter der Einschränkung, dass sich die Teilchenzahl nicht ändert.

Vom Standpunkt des Massenwirkungsgesetzes betrachtet, gilt dafür folgende Aussage:

Wird der Stoffmengenanteil eines Reaktionsteilnehmers verändert, so wird das Gleichgewicht derart verschoben, dass der Quotient aus

- **dem Produkt der Stoffmengenanteile der Endprodukte und**
- **dem Produkt der Stoffmengenanteile der Ausgangsstoffe**

wieder den Wert der Gleichgewichtskonstante *K* annimmt.

▲ Wird bei der Konvertierung von Wassergas der Anteil des Wasserdampfs erhöht, so wird der Gleichgewichtszustand gestört. In der Massenwirkungsgleichung

$$\frac{x(CO_2) \cdot x(H_2)}{x(CO) \cdot x(H_2O)} = K_x$$

erhält der Nenner durch die Erhöhung des Anteils des Wasserdampfs vorübergehend einen höheren Wert. Dadurch wird der Wert des Quotienten *kleiner* als K_x.
Der Wert der Gleichgewichtskonstante K_x kann nur dadurch wieder erreicht werden, dass sich Ausgangsstoffe (im Beispiel: CO und H_2O) weiter zu Reaktionsprodukten (im Beispiel: CO_2 und H_2) umsetzen (siehe Bild 6-4 (↑ S. 190)). Dadurch wird der Nenner kleiner und der Zähler größer, sodass der Wert des Quotienten *steigt*. Sobald er den Wert der Gleichgewichtskonstante K_x erreicht hat, kommt die Gesamtreaktion wieder zum Stillstand. Es ist ein neuer Gleichgewichtszustand erreicht, der weiter in Richtung der Reaktionsprodukte liegt als der ursprüngliche.
Da es bei dem als Beispiel gewählten technischen Verfahren um eine hohe Ausbeute an Wasserstoff geht, wird mit einem *Überschuss* an *Wasserdampf* gearbeitet.

Es ist aber zu beachten:

Der prozentuale Anteil der Reaktionsprodukte an dem im Gleichgewichtszustand vorliegenden Reaktionsgemisch ist stets dann am größten, wenn die Ausgangsstoffe im stöchiometrischen Verhältnis eingesetzt werden. Wird ein Ausgangsstoff – gegenüber dem stöchiometrischen Verhältnis – im Überschuss eingesetzt, so wird das Gesamtvolumen des Reaktionsgemischs größer. Das stöchiometrische Gemisch (im Beispiel: 1 mol H_2O pro 1 mol CO) wird also durch den Überschuss des einen Ausgangsstoffes gewissermaßen *verdünnt.*

▲ Im Gleichgewicht der Wassergaskonvertierung liegen die Reaktionspartner im Gleichgewichtszustand (bei 800 K) in Abhängigkeit von der Zusammensetzung des Ausgangsgemischs in folgenden unterschiedlichen Stoffmengenanteilen x vor:

Ausgangsstoffe CO und H_2O im Stoffmengenverhältnis 1:1 (stöchiometrisches Verhältnis)	Ausgangsstoffe CO und H_2O im Stoffmengenverhältnis 1:2 (Wasserdampf im Überschuss)
$x(CO) = 0{,}167$	$x(CO) = 0{,}1053$
$x(H_2O) = 0{,}167$	$x(H_2O) = 0{,}2481$
$x(CO_2) = 0{,}333$	$x(CO_2) = 0{,}3233$
$x(H_2) = 0{,}333$	$x(H_2) = 0{,}3233$
$\sum x = 1{,}000$	$\sum x = 1{,}000$

Der Überschuss an Wasserdampf hat also zur Folge, dass im Gleichgewichtszustand der Anteil des nicht umgesetzten *Kohlenstoffmonoxids* wesentlich *geringer* ist als beim stöchiometrischen Verhältnis der Ausgangsstoffe, und auf dessen weitgehende Umsetzung unter Bildung von *Wasserstoff* kommt es hier an.

Vergleichen wir nicht die Stoffmengenanteile, sondern die *Volumina*, so ergibt sich folgendes:
Bei Einsatz der *gleichen Menge* von 100 m³ des wertvollen Zwischenprodukts *Kohlenstoffmonoxid* liegen im Gleichgewichtszustand, der allerdings technisch nicht erreicht wird, vor:

beim stöchiometrischen Verhältnis (1:1)	beim Überschuss von Wasserdampf (1:2)
in 200 m³ Reaktionsgemisch	in 300 m³ Reaktionsgemisch
66,67 m³ Wasserstoff	97,0 m³ Wasserstoff

Die *Ausbeute an Wasserstoff* wird also *erhöht,* wobei allerdings zugleich größere Gasmengen technisch zu bewältigen sind.

6.5.2 Änderung der Partialdrücke

Zwischen Druck und Stoffmengenanteil besteht ein Zusammenhang, der sich für Gasreaktionen sehr leicht erfassen lässt. Dabei ist vom DALTONschen Gesetz (1801) (↑ S. 62) auszugehen:

Der Gesamtdruck eines Gasgemischs ist die Summe der Partialdrücke (Teildrücke) der einzelnen Gase.

Der *Partialdruck* eines Gases ist der Druck, der herrschen würde, wenn sich dieses Gas *allein* in dem betrachteten Gefäß befände.

In einem Gasgemisch sind die *Partialdrücke* der einzelnen Gase der *Anzahl der Moleküle proportional,* mit der diese Gase in einem bestimmten Volumen enthalten sind.

Damit entspricht der Partialdruck eines Gases dem *Teilchenzahlanteil X* (↑ S. 48) und ist zugleich ein Maß für dessen *Stoffmengenanteil x* (↑ S. 47). Die Partialdrücke können daher anstelle der Stoffmengenanteile in die Massenwirkungsgleichung (6-2b) (↑ S. 189) eingesetzt werden.

Der *Quotient* aus dem *Produkt der Partialdrücke der Reaktionsprodukte* und dem *Produkt der Partialdrücke der Ausgangsstoffe* ergibt die *Gleichgewichtskonstante*, die in diesem Falle mit K_p bezeichnet wird:

$$\frac{p(\mathrm{C}) \cdot p(\mathrm{D})}{p(\mathrm{A}) \cdot p(\mathrm{B})} = K_\mathrm{p} \qquad (6\text{-}2c)$$

▲ Für die *Konvertierung des Wassergases* gilt dann:

$$\frac{p(\mathrm{CO_2}) \cdot p(\mathrm{H_2})}{p(\mathrm{CO}) \cdot p(\mathrm{H_2O})} = K_\mathrm{p}$$

Wird der Druck auf das Doppelte erhöht, so steigen auch die Partialdrücke auf das Doppelte:

$$\frac{2p(\mathrm{CO_2}) \cdot 2p(\mathrm{H_2})}{2p(\mathrm{CO}) \cdot 2p(\mathrm{H_2O})} = K_\mathrm{p}$$

Der Wert des Quotienten ändert sich dabei *nicht*. Die Druckerhöhung hat also in diesem Falle keinen Einfluss auf die Lage des Gleichgewichts.

Was an diesem Beispiel gezeigt wurde, gilt allgemein:

Bei Gleichgewichtsreaktionen, die ohne Änderung des Gesamtvolumens ablaufen, hat der Druck keinen Einfluss auf die Lage des Gleichgewichts.

Das ist bei allen Gasreaktionen der Fall, bei denen die Summe der Stöchiometriezahlen der Reaktionsgleichung gleich null ist:

$$\sum \nu_i = 0.$$

Bei dieser Summenbildung haben die Stöchiometriezahlen der Reaktionsprodukte *positives,* die der Ausgangsstoffe *negatives* Vorzeichen.

▲ Für die Konvertierung von Wassergas
$CO + H_2O \rightleftharpoons CO_2 + H_2$
ist die Summe der Stöchiometriezahlen

$$\sum \nu = \nu(CO) + \nu(H_2O) + \nu(CO_2) + \nu(H_2)$$
$$\sum \nu = (-1) + (-1) + (+1) + (+1)$$
$$\sum \nu = 0$$

Bei so einfachen Gleichgewichtsreaktionen ist schon anhand der Reaktionsgleichung überschaubar, dass keine Volumenänderung eintritt.

Andere Gleichgewichtsreaktionen verlaufen unter Änderung des Gesamtvolumens:

Bei Gleichgewichtsreaktionen, die mit einer *Änderung des Gesamtvolumens* einher gehen, wird mit jeder *Änderung des Drucks* die *Lage des Gleichgewichts verschoben.*

▲ Bei der *Ammoniaksynthese* entstehen aus 4 mol Ausgangsstoffen jeweils 2 mol Reaktionsprodukte:

$$N_2 + 3\ H_2 \rightleftharpoons 2\ NH_3$$

Da 1 mol jedes Gases unter gleichen Bedingungen (näherungsweise) das gleiche Volumen einnimmt, würde sich also das Volumen bei vollständiger Umsetzung zu Ammoniak auf die Hälfte verringern. Die Summe der Stöchiometriezahlen ist:

$$\sum \nu = \nu(N_2) + \nu(H_2) + \nu(NH_3)$$
$$\sum \nu = (-1) + (-3) + (+2)$$
$$\sum \nu = -2$$

Ist die Summe der Stöchiometriezahlen einer Gasreaktion *positiv*, kommt es zu einer *Volumenzunahme.* Ist diese Summe *negativ*, kommt es zu einer *Volumenabnahme.*

Qualitativ lässt sich die Richtung, in der ein solches Gleichgewicht bei Druckveränderung verschoben wird, aus dem Prinzip des kleinsten Zwanges (↑ S. 182) ableiten. *Quantitativ* geschieht das über die Massenwirkungsgleichung.

▲ Für das *Ammoniakgleichgewicht* gilt:

$$\frac{p^2(NH_3)}{p(N_2) \cdot p^3(H_2)} = K_p$$

Wird der Gesamtdruck auf das Doppelte erhöht, erhöhen sich auch alle Partialdrücke auf das Doppelte:

$$\frac{[2\,p(NH_3)]^2}{[2\,p(N_2) \cdot [2\,p(H_2)]^3} = \frac{1}{4}\,K_p$$

Der Quotient hat damit nur noch ein Viertel des Wertes der Gleichgewichtskonstante.

Was hier an einem Beispiel gezeigt wurde, gilt allgemein:

Bei Gleichgewichtsreaktionen, die unter *Änderung des Gesamtvolumens* verlaufen, ändert sich mit jeder *Druckänderung* der Wert des Quotienten aus dem Produkt der Partialdrücke der Reaktionsprodukte und dem Produkt der Partialdrücke der Ausgangsstoffe. Das System befindet sich dadurch *nicht mehr im Gleichgewicht.* Es stellt sich dann ein neuer Gleichgewichtszustand ein, wobei sich die *Partialdrücke* der Reaktionsteilnehmer so *verändern,* dass der *Quotient* wieder den *Wert der Gleichgewichtskonstante* K_p annimmt.

Diese Veränderung der *Partialdrücke* spiegelt eine Veränderung der *Stoffmengenanteile* der Reaktionsteilnehmer am Reaktionsgemisch wider, das heißt eine Verschiebung der Lage des Gleichgewichts:

Wird der Wert des Quotienten durch die *Druckänderung*

- **kleiner als** K_p, so wird das **Gleichgewicht in Richtung der Reaktionsprodukte** verschoben, deren *Partialdrücke im Zähler* stehen,
- **größer als** K_p, so wird das **Gleichgewicht in Richtung der Ausgangsstoffe** verschoben, deren *Partialdrücke im Nenner* stehen.

▲ Im Ammoniakgleichgewicht wird nach einer Druckerhöhung (voriges Beispiel) der Wert für K_p wieder erreicht, indem sich der (im Zähler stehende) Partialdruck des Ammoniaks erhöht. Druckerhöhung verschiebt also die Lage des Gleichgewichts in Richtung des Reaktionsproduktes Ammoniak.

Umgekehrt würde bei *Gleichgewichtsreaktionen,* die unter *Zunahme des* Gesamtvolumens verlaufen, die *Druckerhöhung* den Quotienten *größer* als K_p werden lassen. Es würde sich ein neuer Gleichgewichtszustand einstellen, indem sich die (im Nenner stehenden) *Partialdrücke der Ausgangsstoffe* erhöhen. Deshalb kommt bei der technischen Durchführung solcher Gleichgewichtsreaktionen eine Druckerhöhung nicht in Betracht.

Die auf die Partialdrücke bezogene *Gleichgewichtskonstante* K_p hat für Gasreaktionen *mit Volumenänderung* einen anderen Zahlenwert als die auf die Stoffmengenanteile bezogene *Gleichgewichtskonstante* K_x. Zwischen den beiden Konstanten bestehen folgende Beziehungen:

$$K_p = K_x \cdot \left(\frac{p}{p_t}\right)^{\sum \nu} \quad \text{und} \tag{6-12}$$

$$K_x = K_p \cdot \left(\frac{p}{p_t}\right)^{-\sum \nu} \tag{6-12a}$$

Der Quotient p/p_t ist als *Druckfaktor* (↑ S. 308) bekannt, p_t ist der Druck, für den K_x tabelliert ist.

▲ Beim Ammoniakgleichgewicht (↑ S. 201) ist $\sum \nu = -2$. In Gleichung (6-12a) eingesetzt, ergibt das:

$$K_x = K_p \cdot \left(\frac{p}{p_t}\right)^2$$

Danach erhöht sich K_x auf das Vierfache, wenn der Druck p verdoppelt wird. Das bestätigt die Aussage, dass Druckerhöhungen zu einer Verschiebung des Gleichgewichts in Richtung der Ammoniakbildung (↑ S. 182) führen.

Die Anwendung des Massenwirkungsgesetzes auf Ionenreaktionen erfolgt im Kapitel 7 für

- die Säure-Base-Reaktionen (↑ S. 224),
- die Lösungs- und Fällungsreaktionen (↑ S. 253) und
- die Komplexreaktionen (↑ S. 261).

7 Reaktionen der anorganischen Chemie

7.1 Ordnungsprinzipien für chemische Reaktionen

Um über die Vielzahl chemischer Reaktionen und ihren Ablauf einen Überblick zu gewinnen, fasst man diese nach verschiedenen Prinzipien zu Reaktionstypen zusammen. Die *anorganischen Reaktionen* werden meist nach der Art der bei der Reaktion *übertragenen Teilchen* geordnet:

- **Redoxreaktionen** (Übertragung von *Elektronen*) (↑ S. 204);
- **Säure-Base-Reaktionen** (Übertragung von *Protonen*) (↑ S. 219);
- **Abbau und Aufbau von Ionengittern** (Übertragung von *Ionen*) (↑ S. 250);
- **Komplexreaktionen** (Übertragung von *Molekülen* oder *Ionen*) (↑ S. 257).

Organische Reaktionen ordnet man meist nach der Art des *Austauschs von Atomen* (↑ Kap. 29):

- **Substitutionsreaktionen** (Ersatz von Atomen eines Elements durch Atome eines anderen Elements)
- **Additionsreaktionen** (Anlagerung von Atomen unter Aufspaltung von Mehrfachbindungen)
- **Eliminierungsreaktionen** (Abspaltung von Atomen unter Bildung von Mehrfachbindungen).

Weitere Ordnungsprinzipien, nach denen Reaktionstypen festgelegt werden können, sind:

- die Aggregatzustände,
- die Art der reagierenden Teilchen,
- die Art der Energieumsetzung (↑ S. 204).

Nach dem **Aggregatzustand** der reagierenden Stoffe unterscheidet man:

- Gasreaktionen
- Reaktionen in Lösungen
- Feststoffreaktionen

sowie *heterogene* Reaktionen zwischen Stoffen unterschiedlichen Aggregatzustandes.

Gasreaktionen erfolgen in der Regel zwischen Molekülen. (Siehe Volumenverhältnisse (↑ S. 34) bei chemischen Reaktionen, molares Volumen (↑ S. 35) der Gase, allgemeine Zustandsgleichung (↑ S. 38) der Gase, idealer Gaszustand (↑ S. 37).)

Reaktionen in Lösungen sind so verbreitet, dass geradezu ein Teilgebiet der Chemie, die *Chemie der wässrigen Lösungen*, von ihnen geprägt wird. Dabei handelt es sich um Reaktionen zwischen Ionen und auch Komplex-Ionen. (Siehe Löslichkeit (↑ S. 43), Lösungs- und Fällungsreaktionen (↑ S. 250), Löslichkeitskonstante (↑ S. 253).)

Feststoffreaktionen sind verstärkt Gegenstand der chemischen Forschung. Ein industriell wichtiges Beispiel ist das Tempern (↑ S. 597) von Roheisen.

Nach der **Art der reagierenden Teilchen** unterscheidet man:

- Ionenreaktionen,
- Molekülreaktionen,
- Radikalreaktionen.

In der anorganischen Chemie überwiegen Ionenreaktionen, in der organischen Chemie Molekülreaktionen (↑ 29.3). Aber auch in der anorganischen Chemie treten wichtige Molekülreaktionen auf (z. B. Ammoniaksynthese (↑ 15.2.3)).

Die Ionenreaktionen in Lösungen verlaufen sehr schnell, praktisch momentan, da die Ionen mehr oder weniger frei beweglich vorliegen. Demgegenüber verlaufen Molekülreaktionen wesentlich langsamer, da zunächst Atombindungen gelöst werden müssen, ehe sich neue Atombindungen bilden können. Das geschieht zum Teil über unbeständige freie Radikale, die ihrerseits sehr schnell reagieren (↑ S. 636).

Nach der Art und Weise der **Energieumsetzungen** unterscheidet man:

- thermochemische Reaktionen
- photochemische Reaktionen
- elektrochemische Reaktionen
- tribochemische Reaktionen

Bei *allen* chemischen Reaktionen kommt es zu einer Abgabe oder Aufnahme von *Wärme*. Als *thermochemische Reaktionen* (↑ Kap. 8) bezeichnet man die, bei denen diese Energieform vorherrscht, und das ist die Mehrzahl aller Reaktionen.

Photochemische Reaktionen verlaufen unter Aufnahme oder Abgabe von *Licht*. Beispiele für Reaktionen, die unter Aufnahme von Licht stattfinden, sind die Photosynthese (↑ S. 470) der grünen Pflanzen, die Addition von Chlor an Benzen zu Hexachlorcyclohexan (↑ S. 710) und die Sulfochlorierung von Alkanen bei der Herstellung von Alkansulfonaten (↑ S. 700). Viele Verbrennungsvorgänge und Oxidationen verlaufen unter Abgabe von Licht (besonders ausgeprägt die Verbrennung von Magnesium oder die *Luminiszenz* des Luciferins in Leuchtkäfern, den „Glühwürmchen"). Im letzten Beispiel versetzt die aus enzymatischen Redoxreaktionen stammende Energie das Molekül Luciferin in einen energiereicheren Zustand; beim Zurückkehren in den energetischen Grundzustand sendet Luciferin diese Energiedifferenz als sichtbares Licht aus.

Elektrochemische Reaktionen (↑ Kap. 9) verlaufen bei Zufuhr oder unter Abgabe von *elektrischer Arbeit*. Diese Reaktionen haben – neben den thermochemischen Reaktionen – große technische Bedeutung.

Die *Tribochemie*[1)] ist eine Forschungsrichtung der Feststoffchemie, die zunehmend technische Bedeutung erlangt. Sie beschäftigt sich damit, wie durch *mechanische Arbeit* chemische Reaktionen ausgelöst und beschleunigt werden können. So gelingt es, auf tribochemischem Wege chemische Reaktionen bei wesentlich niedrigeren Temperaturen ablaufen zu lassen, als sie bei thermochemischer Durchführung notwendig wären (z. B. die Umsetzung von Nickelpulver und Kohlenstoffmonoxid zu Nickeltetracarbonyl, $Ni(CO)_4$).

7.2 Oxidations-Reduktions-Reaktionen

7.2.1 Oxidation und Reduktion in historischer Sicht

Nachdem um 1770 das Element Sauerstoff (↑ 16.2.2) entdeckt worden war, konnte der Franzose ANTOINE LAURENT LAVOISIER in den folgenden Jahren die Verbrennung als Reaktion mit Sauerstoff erklären. Dem französischen Namen *oxygène* für Sauerstoff entsprechend wurde dieser Vorgang *Oxidation* genannt.

Oxidation ist die Reaktion eines Elements mit Sauerstoff.

[1)] *tribulo* (lat.) pressen

Bei der Oxidation von Elementen entstehen deren *Oxide*.

Oxide sind binäre Verbindungen des Sauerstoffs mit anderen Elementen

▲ $Mg + 1/2\ O_2 \rightarrow MgO$ Magnesiumoxid

Außer dem Sauerstoff selbst können auch Verbindungen, die leicht Sauerstoff abgeben, eine Oxidation bewirken. Solche Verbindungen werden **Oxidationsmittel** genannt.

▲ Wasserstoffperoxid, H_2O_2; Kaliumchlorat, $KClO_3$; Kaliumpermanganat, $KMnO_4$; Kupfer(II)-oxid, CuO.

Entzieht man einem Oxid den Sauerstoff, heißt das *Reduktion*. Das Element, um dessen Oxid es sich handelt, wird dabei in den elementaren Zustand zurückgeführt (reduziert).

Reduktion ist der Entzug von Sauerstoff aus einem Oxid.

Daraus ergibt sich:

Die Reduktion ist die Umkehrung der Oxidation.

Zur Reduktion ist meist ein **Reduktionsmittel** notwendig; das ist ein Stoff, der den Sauerstoff aufnimmt, also selbst *oxidiert* wird.

▲ Reduktionsmittel sind: Kohlenstoff; Kohlenstoffmonoxid, CO; Wasserstoff; Natrium; Magnesium; Aluminium.

$$\left.\begin{array}{l} Fe_2O_3 + 3\ C \rightarrow 2\ Fe + 3\ CO \\ Fe_2O_3 + 3\ CO \rightarrow 2\ Fe + 3\ CO_2 \end{array}\right\} \text{Vorgänge im Hochofen}$$

$Fe_2O_3 + 2\ Al \rightarrow Al_2O_3 + 2\ Fe$ aluminothermisches Schweißen

Diese Reaktionen laufen nur bei hohen Temperaturen ab.

Oxide edler Metalle benötigen kein Reduktionsmittel; sie zerfallen beim bloßen Erhitzen:

▲ $2\ Ag_2O \rightarrow 4\ Ag + O_2$
$2\ HgO \rightarrow 2\ Hg + O_2$

Bei den miteinander verbundenen Oxidations- und Reduktionsreaktionen handelt es sich stets um die beiden Seiten eines einheitlichen Vorgangs, der als *Redoxreaktion* bezeichnet wird:

Oxidationsmittel wird reduziert

$$CuO + H_2 \rightarrow Cu + H_2O$$

Reduktionsmittel wird oxidiert

7.2.2 Redoxreaktionen als Abgabe und Aufnahme von Elektronen

Mit der Aufklärung des Atombaus wurde erkannt, dass der *Oxidation* eine *Abgabe* von *Elektronen,* der *Reduktion* eine *Aufnahme* von *Elektronen* zugrunde liegt. Dabei müssen die von einem Atom abgegebenen Elektronen stets von einem anderen Atom aufgenommen werden. Oxidation und Reduktion sind also zwei Seiten eines Vorganges, der **Redoxreaktion**.

▲ Bei der Oxidation von Magnesium gibt jedes Magnesiumatom seine beiden Außenelektronen an ein Sauerstoffatom ab (→ Ionenbindung (↑ S. 141)):

$$Mg{:} + \cdot\underset{\cdot\cdot}{\overset{\cdot\cdot}{O}}\cdot \rightarrow Mg^{2+} + {:}\underset{\cdot\cdot}{\overset{\cdot\cdot}{O}}{:}^{2-}$$

Dabei laufen folgende Teilvorgänge ab:

$Mg \rightarrow Mg^{2+} + 2\,e^-$ (Elektronenabgabe; Oxidation)
$O + 2\,e^- \rightarrow O^{2-}$ (Elektronenaufnahme; Reduktion)

Die *abgegebenen* Elektronen können auch auf der *linken* Seite der Gleichung *subtrahiert* werden:

$$Mg - 2\,e^- \rightarrow Mg^{2+}$$

Hier liegt zwar eine Oxidation im Sinn einer Vereinigung mit Sauerstoff vor, aber keine Reduktion im Sinne eines Entzugs von Sauerstoff (↑ S. 205). Das *Magnesium* wird *oxidiert*; *reduziert* wird der *Sauerstoff* selbst.

Um alle Reaktionen, die unter Abgabe und Aufnahme von Elektronen ablaufen, einheitlich behandeln zu können, wurden die Begriffe neu definiert:

Oxidation ist die Abgabe von Elektronen.
Reduktion ist die Aufnahme von Elektronen.

▲ $Fe_2O_3 + 2\,Al \rightarrow Al_2O_3 + 2\,Fe$
$2\,Al \rightarrow 2\,Al^{3+} + 6\,e^-$ (Oxidation)
$2\,Fe^{3+} + 6\,e^- \rightarrow 2\,Fe$ (Reduktion)

Das Eisen(III)-oxid, Fe_2O_3, wird zu elementarem Eisen *reduziert.* Als Reduktionsmittel wirkt Aluminium, das dabei zu Aluminiumoxid, Al_2O_3, *oxidiert* wird. Aluminium gibt Elektronen ab, Eisen nimmt Elektronen auf. Die Vorgänge in den Elektronenhüllen erstrecken sich nicht auf den Sauerstoff, der vor und nach der Reaktion als zweifach negativ geladenes Oxid-Ion, O^{2-}, vorliegt.

Daraus ergibt sich auch eine neue Definition der Begriffe Oxidationsmittel und Reduktionsmittel:

Oxidationsmittel sind Stoffe, die Elektronen aufnehmen und dabei reduziert werden.
Reduktionsmittel sind Stoffe, die Elektronen abgeben und dabei oxidiert werden.

Zur *Aufnahme* von Elektronen neigen außer Sauerstoff auch die anderen Elemente, deren Atomen nur *wenige Elektronen* zu einer stabilen Elektronenbesetzung (häufig zu einem Elektronenoktett (↑ S. 141)) *fehlen*. Die Elemente der VII. Hauptgruppe (Halogene) sind daher *starke Oxidationsmittel*, insbesondere Fluor, bei dem das eine aufzunehmende Elektron in ein kernnahes 2 p-Orbital eingebaut und daher besonders stark vom Atomkern angezogen wird.

Zur *Abgabe* von Elektronen neigen die Elemente, deren Atome *wenige Außenelektronen* besitzen, durch deren Abgabe das darunter liegende voll (oder bis zu einem stabilen Zwischenzustand) besetzte Energieniveau zur Außenschale wird. Die Elemente der I. Hauptgruppe (Alkalimetalle) sind daher *starke Reduktionsmittel.*

Reduktionsmittel und Oxidationsmittel sind Begriffe der stofflichen Betrachtungsebene. Auf der atomaren Betrachtungsebene treten an diese Stelle die Begriffe Elektronendonator und Elektronenakzeptor:

- **Elektronendonatoren[1] sind Teilchen, die Elektronen abgeben.**
- **Elektroneakzeptoren[2] sind Teilchen, die Elektronen aufnehmen.**

---

[1] *donator* (lat.) Geber
[2] *acceptor* (lat.) Empfänger

Zwischen beiden besteht folgende Beziehung:

Elektronendonator (Red-Form)	$\underset{\text{Reduktion}}{\overset{\text{Oxidation}}{\rightleftharpoons}}$	**Elektronenakzeptor** (Ox-Form)	+	**Elektronen**

- Jeder *Elektronendonator* geht durch *Elektronenabgabe* in einen *Elektronenakzeptor* über.
- Jeder *Elektronenakzeptor* geht durch *Elektronenaufnahme* in einen *Elektronendonator* über.

Der Elektronendonator besitzt demnach stets mindestens *ein Elektron mehr* als der ihm entsprechende Elektronenakzeptor.

Die beiden Teilchen, die in dieser Weise miteinander in Beziehung stehen, werden **korrespondierendes**[1] **Redoxpaar** genannt.

▲ $Cu \rightleftharpoons Cu^{2+} + 2\,e^-$
$2\,Br^- \rightleftharpoons Br_2 + 2\,e^-$

Als **Elektronendonator** und **Elektronenakzeptor** stehen sich im einfachsten Fall – wie in diesem Beispiel – gegenüber

- bei den **elektropositiven Elementen**
  Atom und **Kation,**
- bei den **elektronegativen Elementen**
  Anion und **Molekül**

Elektronendonator und Elektronenakzeptor eines Redoxpaares werden auch als **Red-Form** und **Ox-Form** dieses Redoxpaares gegenübergestellt (Tabelle 7-1 (↑ S. 208)).

$$\begin{array}{ccccc} Cu & \rightleftharpoons & Cu^{2+} & + & 2\,e^- \\ \text{Red-Form} & \rightleftharpoons & \text{Ox-Form} & + & \text{Elektronen} \\ 2\,Br^- & \rightleftharpoons & Br_2 & + & 2\,e^- \\ \text{Red-Form} & \rightleftharpoons & \text{Ox-Form} & + & \text{Elektronen} \end{array}$$

Diese Bezeichnungen sagen zweierlei aus:

- Die *Ox-Form* ist durch *Oxidation* aus der Red-Form hervorgegangen (Verlauf von links nach rechts).
  Die *Red-Form* ist durch *Reduktion* aus der Ox-Form hervorgegangen (Verlauf von rechts nach links).
- Die *Ox-Form* wirkt – gegenüber einem geeigneten Reaktionspartner – *oxidierend.*
  Die *Red-Form* wirkt – gegenüber einem geeigneten Reaktionspartner – *reduzierend.*

▲ Im Redoxpaar

$$Sn^{2+} \rightleftharpoons Sn^{4+} + 2\,e^-$$

ist Sn^{2+} die *Red-Form*, es wirkt *reduzierend* und Sn^{4+} die *Ox-Form*, es wirkt *oxidierend.*

Alle Teilchen, die in einer *mittleren* von mindestens drei *Oxidationsstufen* (Oxidationszahlen; siehe auch Bild 5-41 (↑ S. 174)) vorliegen, können sowohl als Ox-Form als auch als Red-Form wirken:

▲ Zinn(II)-Ionen

$$\begin{array}{lcl} Sn^{2+} + 2\,e^- & \rightarrow & Sn \\ \text{Ox-Form} & & \text{Red-Form} \\ Sn^{2+} & \rightarrow & Sn^{4+} + 2\,e^- \\ \text{Red-Form} & & \text{Ox-Form} \end{array}$$

[1] einander entsprechende

Tabelle 7-1: *Standardelektrodenpotenziale $\varepsilon^{\ominus}$ wichtiger Redoxpaare (bei 25°C)*

Red-Form	Oxidation $\longrightarrow$	Ox-Form	+ Elektronen	$\varepsilon^{\ominus}$ (in Volt)
Li	$\rightleftharpoons$	Li^+	+ e^-	−3,03
K	$\rightleftharpoons$	K^+	+ e^-	−2,92
Ca	$\rightleftharpoons$	Ca^{2+}	+ $2e^-$	−2,84
Na	$\rightleftharpoons$	Na^+	+ e^-	−2,71
Mg	$\rightleftharpoons$	Mg^{2+}	+ $2e^-$	−2,38
Al	$\rightleftharpoons$	Al^{3+}	+ $3e^-$	−1,66
Cr	$\rightleftharpoons$	Cr^{2+}	+ $2e^-$	−0,91
Zn	$\rightleftharpoons$	Zn^{2+}	+ $2e^-$	−0,76
Cr	$\rightleftharpoons$	Cr^{3+}	+ $3e^-$	−0,74
S^{2-}	$\rightleftharpoons$	S	+ $2e^-$	−0,51
Fe	$\rightleftharpoons$	Fe^{2+}	+ $2e^-$	−0,44
Cr^{2+}	$\rightleftharpoons$	Cr^{3+}	+ e^-	−0,41
Co	$\rightleftharpoons$	Co^{2+}	+ $2e^-$	−0,27
Ni	$\rightleftharpoons$	Ni^{2+}	+ $2e^-$	−0,25
Sn	$\rightleftharpoons$	Sn^{2+}	+ $2e^-$	−0,14
Pb	$\rightleftharpoons$	Pb^{2+}	+ $2e^-$	−0,13
H_2	$\rightleftharpoons$	$2H^+$	+ $2e^-$	0,00
Sn^{2+}	$\rightleftharpoons$	Sn^{4+}	+ $2e^-$	+0,15
Cu^+	$\rightleftharpoons$	Cu^{2+}	+ e^-	+0,15
Cu	$\rightleftharpoons$	Cu^{2+}	+ $2e^-$	+0,34
4 OH^-	$\rightleftharpoons$	$O_2 + 2\,H_2O$	+ $4e^-$	+0,40
Cu	$\rightleftharpoons$	Cu^+	+ e^-	+0,52
2 I^-	$\rightleftharpoons$	I_2	+ $2e^-$	+0,54
$MnO_2 + 4\,OH^-$	$\rightleftharpoons$	$MnO^{4-} + 2\,H_2O$	+ $3e^-$	+0,59
Fe^{2+}	$\rightleftharpoons$	Fe^{3+}	+ e^-	+0,77
2 Hg	$\rightleftharpoons$	Hg_2^{2+}	+ $2e^-$	+0,80
Ag	$\rightleftharpoons$	Ag^+	+ e^-	+0,80
Hg_2^{2+}	$\rightleftharpoons$	2 Hg^{2+}	+ $2e^-$	+0,92
2 Br^-	$\rightleftharpoons$	Br_2	+ $2e^-$	+1,07
$Mn^{2+} + 2\,H_2O$	$\rightleftharpoons$	$MnO_2 + 4\,H^+$	+ $2e^-$	+1,24
$Cr^{3+} + 4\,H_2O$	$\rightleftharpoons$	$CrO_4^{2-} + 8\,H^+$	+ $3e^-$	+1,34
2 Cl^-	$\rightleftharpoons$	Cl_2	+ $2e^-$	+1,36
Au	$\rightleftharpoons$	Au^{3+}	+ $3e^-$	+ 1,42
Pb^{2+}	$\rightleftharpoons$	Pb^{4+}	+ $2e^-$	+1,80
2 F^-	$\rightleftharpoons$	F_2	+ $2e^-$	+2,85
Red-Form	Reduktion $\longleftarrow$	Ox-Form	+ Elektronen	$\varepsilon^{\ominus}$ (in Volt)

Ob ein Stoff (Teilchen) oxidierend oder reduzierend wirkt, hängt davon ab, in welcher Oxidationsstufe er vorliegt und ob ein geeigneter Reaktionspartner vorhanden ist.

▲ *Elementares Brom* (0) wirkt gegenüber Iodid-Ionen (−1) oxidierend; *Bromid-Ionen* (−1) wirken gegenüber elementarem Chlor (0) reduzierend (in Klammer die Oxidationszahlen):

$$2\,I^- \rightarrow I_2 + 2\,e^- \quad \text{(Oxidation)}$$
$$Br_2 + 2\,e^- \rightarrow 2\,Br^- \quad \text{(Reduktion)}$$
$$\overline{Br_2 + 2\,I^- \rightarrow 2\,Br^- + I_2}$$

$$2\,Br^- \rightarrow Br_2 + 2\,e^- \quad \text{(Oxidation)}$$
$$Cl_2 + 2\,e^- \rightarrow 2\,Cl^- \quad \text{(Reduktion)}$$
$$\overline{Cl_2 + 2\,Br^- \rightarrow 2\,Cl^- + Br_2}$$

Elementares Brom reagiert dagegen nicht mit Chlorid-Ionen und Bromid-Ionen reagieren nicht mit elementarem Iod. Um zu entscheiden, ob eine Redoxreaktion möglich ist, bedient man sich der *Standardredoxpotenziale* $\varepsilon^{\ominus}$.

Die wichtigsten **korrespondierenden Redoxpaare** sind in Tabelle 7-1 – nach ihren *Standardredoxpotenzialen* geordnet – zusammengestellt. Da die Oxidation von Metallatomen der gebräuchliche Ausgangspunkt für die Behandlung von Redoxreaktionen ist, wurden die Redoxpaare in der Tabelle in *Richtung der Oxidation* dargestellt. Die tabellierten *Standardredoxpotenziale* $\varepsilon^{\ominus}$ werden allerdings – vereinbarungsgemäß – auf den *Reduktionsvorgang* bezogen (siehe Tabelle 9-1 (↑ S. 346)). Sie wären daher exakter als *Standardreduktionspotenziale* zu bezeichnen. In der Elektrochemie tritt diese Größe als *Standardelektrodenpotenzial* auf[1)]

Das Zeichen $^{\ominus}$ gibt allgemein an, dass sich die Größe auf einen Standardzustand (↑ S. 282) bezieht, in diesem Falle auf: 25 °C; 101,325 kPa; Lösungen der Aktivität eins (↑ S. 249).

Das *Standardredoxpotenzial* $\varepsilon^{\ominus}$ ist ein Maß für die Tendenz von korrespondierenden Redoxpaaren, in Richtung einer *Oxidation* oder einer *Reduktion* zu reagieren.

- Redoxpaare mit *niedrigem* Standardredoxpotenzial reagieren vorrangig in Richtung der *Elektronenabgabe*, der *Oxidation* (also von *links* nach *rechts*).
  Die *Red-Form* wirkt gegenüber geeigneten Reaktionspartnern *reduzierend*.
- Redoxpaare mit *hohem* Standardredoxpotenzial reagieren vorrangig in Richtung der *Elektronenaufnahme*, der *Reduktion* (also von *rechts* nach *links*).
  Die *Ox-Form* wirkt gegenüber geeigneten Reaktionspartnern *oxidierend*.

So betrachtet stehen in Tabelle 7-1

- *oben links* die starken *Reduktionsmittel* (Li, K, Ca, Na, Mg, Al),
- *unten rechts* die starken *Oxidationsmittel* (F_2, Cl_2, Au^{3+} u. a.)

Zu einer *Redoxreaktion* kommt es dann, wenn das in der *Red-Form* vorliegende Redoxpaar ein *niedrigeres* Standardredoxpotenzial hat als das in der *Ox-Form* vorliegende Redoxpaar.

Kurz gesagt: Die *Red-Form* muss in Tabelle 7-1 *über* der *Ox-Form* stehen.

[1)] Abschnitt 9.4 behandelt, wie das Standardelektrodenpotenzial ermittelt wird (↑ S. 344).

▲ Zwischen Brom und Chlor, also zwischen den Redoxpaaren

$$2\,Br^- \rightleftharpoons Br_2 + 2\,e^- \quad \text{und}$$
$$2\,Cl^- \rightleftharpoons Cl_2 + 2\,e^-,$$

kommt es zu einer Redoxreaktion, wenn das Brom als Bromid-Ion, Br^-, also z. B. im Kaliumbromid, KBr, und das Chlor elementar, also als Chlormolekül, Cl_2, vorliegt:

$$2\,Br^- \rightarrow Br_2 + 2\,e^-$$
$$Cl_2 + 2\,e^- \rightarrow 2\,Cl^-$$
$$\overline{2\,Br^- + Cl_2 \rightarrow Br_2 + 2\,Cl^-}$$

Es entsteht elementares Brom.

Das in Tabelle 7-1 *oben* stehende Redoxpaar reagiert also von *links* nach *rechts*, das *unten* stehende Redoxpaar von *rechts* nach *links*:

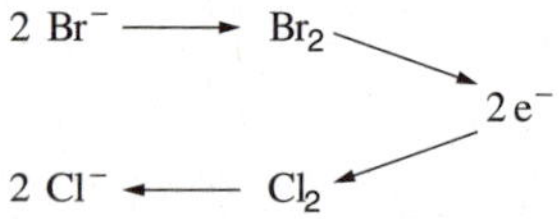

Liegt das Chlor dagegen als Chlorid-Ion, Cl^-, das Brom als Brommolekül, Br_2, vor (das wäre der Fall, wenn elementares Brom in eine Natriumchloridlösung gegeben wird), kommt es zu *keiner* Redoxreaktion.

Die an einer Redoxreaktion beteiligten Teilchen (Atome, Moleküle, Ionen, Elektronen) werden unter der Bezeichnung **Redoxsysteme** zusammengefasst. Dementsprechend heißen die beiden an einer Redoxreaktion beteiligten *Redoxpaare* auch **Redoxhalbsystem**.

In einem Redoxsystem reagiert stets das eine Halbsystem in Richtung der *Oxidation*,
das andere Halbsystem in Richtung der *Reduktion*.

Dafür gilt folgende *Symbolik*:

$$\mathbf{Red_1 \rightarrow Ox_1 + e^-} \quad \textbf{(Oxidation; 1. Halbsystem)}$$
$$\mathbf{Ox_2 + e^- \rightarrow Red_2} \quad \textbf{(Reduktion; 2.Halbsystem)}$$
$$\overline{\mathbf{Red_1 + Ox_2 \rightarrow Ox_1 + Red_2}} \quad \textbf{(Redoxsystem)} \qquad (7\text{-}1)$$

Das gesamte Redoxsystem formulieren Sie nach Gleichung (7-1), indem Sie die beiden Redoxpaare (Halbsysteme) *addieren*. Das Redoxpaar mit dem *höheren* Standardelektrodenpotenzial (also das in Tabelle 7-1 (↑ S. 209) *unten* stehende) *drehen* Sie dabei *um*, da es nicht in Richtung der Oxidation, sondern in Richtung der *Reduktion* reagiert.

▲ Das Redoxhalbsystem $Cu \rightleftharpoons Cu^{2+} + 2e^-$ hat ein niedrigeres Standardredoxpotenzial ($\varepsilon^\ominus = +0{,}35$ V) als das Redoxhalbsystem $Fe^{2+} \rightleftharpoons Fe^{3+} + e^-$ ($\varepsilon^\ominus = +0{,}77$ V). Eisen(III)-Ionen, Fe^{3+}, können daher Kupferatome oxidieren, wobei sie selbst reduziert werden:

$$\underset{Red_1}{Cu} \rightarrow \underset{Ox_1}{Cu^{2+}} + 2e^- \qquad \varepsilon^\ominus = +0{,}34\ \text{V} \quad \text{(Oxidation; 1. Halbsystem)}$$
$$\underset{Ox_2}{2\,Fe^{3+}} + 2\,e^- \rightarrow \underset{Red_2}{2\,Fe^{2+}} \qquad \varepsilon^\ominus = -0{,}77\ \text{V} \quad \text{(Reduktion; 2.Halbsystem)}$$
$$\overline{Cu + 2\,Fe^{3+} \rightarrow Cu^{2+} + 2\,Fe^{2+} \qquad E^\ominus = -0{,}43\ \text{V} \quad \text{(Redoxsystem)}}$$

Das metallische Kupfer geht in Form von Kupfer(II)-Ionen in Lösung. Praktisch angewandt wird diese Reaktion beim Ätzen kupferbeschichteter Kunststoffleiterplatten mit Eisen(III)-chloridlösung, $FeCl_3$.

Mit der Umkehrung des 2. Halbsystems kehrt sich auch das *Vorzeichen* des Standardredoxpotenzials um. Meist wird aber so vorgegangen, dass die Größe $E^{\ominus}$ (grch. Groß-Epsilon), die für das Redoxsystem gilt, als Differenz gewonnen wird:

$$E^{\ominus} = \varepsilon_1^{\ominus} - \varepsilon_2^{\ominus} \qquad (7\text{-}2)$$

▲ $E^{\ominus} = (+0{,}34\ \text{V}) - (+0{,}77\ \text{V})$; $E^{\ominus} = -0{,}43\ \text{V}$

Zu einer Redoxreaktion kommt es nur, wenn $E^{\ominus}$ ein *negatives* Vorzeichen hat. In der entgegengesetzten Richtung kann die Redoxreaktion nicht ablaufen, da dann $E^{\ominus}$ positives Vorzeichen erhielte ($E^{\ominus} = 0{,}43$ V).

Bei den *galvanischen Elementen*, in denen Oxidation und Reduktion räumlich getrennt ablaufen, tritt die Größe $E^{\ominus}$ als **Standardzellspannung** $U^{\ominus}$ (↑ S. 347) auf.

7.3 Säure-Base-Reaktionen

7.3.1 Säure-Base-Reaktionen in historischer Sicht[1)]

Nach der Entdeckung des *Sauerstoffs* (1772/74) hatte dieser jahrzehntelang als das charakteristische Element der *Säuren* gegolten und war auf diese Weise zu seinem Namen *Oxygenium*[2)] gekommen.

Erst 1839 gab der deutsche Chemiker JUSTUS VON LIEBIG eine Definition der Säure, die auch heute noch richtig ist:

Säuren sind Wasserstoffverbindungen, deren Wasserstoff durch Metalle ersetzt werden kann, wobei sich Salze bilden.

▲ $Zn + H_2SO_4 \rightarrow ZnSO_4 + H_2\uparrow$

Nach der von dem schwedischen Chemiker SVANTE ARRHENIUS (1884) aufgestellten **Theorie der elektrolytischen Dissoziation** (*Ionentheorie* (↑ S. 334)) gilt für **Säuren** folgende Definition:

Säuren sind Verbindungen, die in wässriger Lösung in positiv geladene *Wasserstoff-Ionen*, H^+, und negativ geladene *Säurerest-Ionen* dissoziieren.

Säuremolekül ⇌ Wasserstoff-Ion + Säurerest-Ion

▲ $H_2SO_4 \rightleftharpoons 2\,H^+ + SO_4^{2-}$
$HCl \rightleftharpoons H^+ + Cl^-$

Charakteristischer Bestandteil aller Säuren ist danach der dissoziationsfähige Wasserstoff.

1) Moderner und umfassender ist die Behandlung als *Protonenübertragungsreaktionen* (↑ S. 219)
2) *oxys* (grch.) sauer; *genesis* (grch.) Entstehung

Es ist zu unterscheiden zwischen

- **sauerstofffreien Säuren** und
  ▲ Chlorwasserstoffsäure, HCl; Schwefelwasserstoffsäure, H_2S;
- **sauerstoffhaltigen Säuren**
  ▲ Schwefelsäure, H_2SO_4; Salpetersäure, HNO_3

Sauerstoffhaltige Säuren entstehen vorwiegend durch Umsetzung von *Nichtmetalloxiden* mit *Wasser*. Solche Nichtmetalloxide werden auch *Säureanhydride* [1] genannt.

Nichtmetalloxid + Wasser → Säure
(Säureanhydrid)

▲ $SO_2 + H_2O \rightleftharpoons H_2SO_3$
Schwefeldioxid — Schweflige Säure

$SO_3 + H_2O \rightleftharpoons H_2SO_4$
Schwefeltrioxid — Schwefelsäure

Wie der Schwefel können auch andere Nichtmetalle mehrere Säuren bilden, soweit sie mit mehreren Wertigkeiten (Oxidationszahlen) auftreten.

Alle Säuren sind *potenzielle Elektrolyte* (↑ S. 150) , das heißt, aus den Molekülen werden in wässriger Lösung unter dem Einfluss der Dipolmoleküle des Wassers Wasserstoff-Ionen abgespalten, die sofort hydratisiert werden:

$$H^+ + H_2O \rightarrow H_3O^+$$

Die so entstandenen Ionen H_3O^+ sind relativ stabil, aber von weiteren Wasser-Dipolen umgeben. Die IUPAC-Nomenklatur bezeichnet sie als **Oxonium-Ionen** (veraltet:*Hydronium-Ionen*). Obwohl unhydratisierte Wasserstoff-Ionen, H^+, das heißt einzelne Protonen in wässriger Lösung nicht existieren, spricht und schreibt man der Einfachheit halber häufig von Wasserstoff-Ionen.

▲ *Beispiele für potenzielle Elektrolyte:*

Chlorwasserstoff ist bei Zimmertemperatur gasförmig, beim Lösen in Wasser entsteht Salzsäure. Chlorwasserstoff und Salzsäure haben die gleiche chemische Formel HCl. Soweit eine Unterscheidung in den Formeln notwendig ist, geschieht das durch Indizes:

- Chlorwasserstoff HCl_g
- Salzsäure HCl_{aq}

Wasserfreie (100%ige) *Schwefelsäure* ist eine Flüssigkeit, die keine Ionen enthält und daher auch nicht elektrisch leitfähig ist. Erst beim Lösen in Wasser tritt die Dissoziation ein:

$$H_2SO_4 \rightleftharpoons 2\,H^+ + SO_4^{2-}$$

$$H_2SO_4 + 2\,H_2O \rightleftharpoons 2\,H_3O^+ + SO_4^{2-}$$

[1] *hydor* (grch.) Wasser; *anhydros* (grch.) wasserlos

Für die **Basen** gilt nach ARRHENIUS folgende Definition:

Basen sind Verbindungen, die in der Schmelze und in wässrigen Lösungen in positive *Metall-Ionen* und negative *Hydroxid-Ionen* dissoziieren:

$$MeOH \rightleftharpoons Me^+ + OH^-$$

Bei den Basen (im Sinne ARRHENIUS') handelt es sich demnach um *Metallhydroxide*.

▲ $NaOH \rightarrow Na^+ + OH^-$
$Ca(OH)_2 \rightarrow Ca^{2+} + 2\,OH^-$

Auch *Alkohole* besitzen OH-Gruppen (z. B. Methanol, CH_3OH); diese sind jedoch nicht dissoziationsfähig und werden zur Unterscheidung von den *Hydroxid-Ionen* als *Hydroxygruppen* bezeichnet.

Die wässrigen Lösungen von Metallhydroxiden werden zum Teil *Laugen*[1] genannt.

▲ Natriumhydroxid (Ätznatron), NaOH; wässrige Lösung: Natronlauge;
Kaliumhydroxid (Ätzkali), KOH; wässrige Lösung: Kalilauge;
Calciumhydroxid (Ätzkalk), $Ca(OH)_2$; wässrige Lösung: Kalkwasser; wässrige Suspension: Kalkmilch.

Metallhydroxide entstehen aus

- **unedlen Metallen** und **Wasser**

  unedles Metall + Wasser → Metallhydroxid (Base) + Wasserstoff

  ▲ $2\,Na + 2\,H_2O \rightarrow 2\,NaOH + H_2$

- **Metalloxid** und **Wasser**:

  Metalloxid (Basenanhydrid) + Wasser → Metallhydroxid (Base)

  ▲ $CaO + H_2O \rightarrow Ca(OH)_2$

Metalloxide, die auf diese Weise mit Wasser Basen bilden, werden mitunter *Basenanhydride*[2] genannt.

Basen sind (nach ARRHENIUS) chemische Verbindungen, die mit *Säuren Salze* bilden können.

Von dieser Eigenschaft – sie sind für Säuren die Grundlage[3] der Salzbildung – wurde ihre Bezeichnung abgeleitet.

Für **Salze** gilt nach ARRHENIUS folgende Definition:

Salze sind Verbindungen, die in der Schmelze und in wässrigen Lösungen in positiv geladene *Metall-Ionen* und negativ geladene *Säurerest-Ionen* dissoziieren.

▲ $K_2CO_3 \rightleftharpoons 2\,K^+ + CO_3^{2-}$
$Al_2(SO_4)_3 \rightleftharpoons 2\,Al^{3+} + 3\,SO_4^{2-}$

An die Stelle der Metall-Ionen kann auch das *Ammonium-Ion*, NH_4^+, treten.
$NH_4Cl \rightleftharpoons NH_4^+ + Cl^-$

[1] Unter Lauge im weiteren Sinne wird oft eine beliebige wässrige Lösung verstanden, z. B. Sulfitlauge.
[2] *hydor* (grch.) Wasser; *anhydros* (grch.) wasserlos
[3] *basis* (grch.) Grundlage

Salze – und auch *Metallhydroxide* – sind *echte Elektrolyte* (↑ S. 150). Sie liegen schon im Kristallgitter in Form von *Ionen* vor. Diese Ionen sind

- in einer *Schmelze* mehr oder weniger frei beweglich und
- in einer *wässrigen Lösung* darüber hinaus *hydratisiert.*

Es gibt eine Vielzahl chemischer Reaktionen, die zur Bildung von Salzen führen. Diese lassen sich wie folgt systematisieren:

Arten der Salzbildung[1]

- **Neutralisation**
  Base (Metallhydroxid) + Säure → Salz + Wasser

  ▲ $2\,KOH + H_2SO_4 \rightarrow K_2SO_4 + 2\,H_2O$
- **Neutralisation unter Beteiligung von Anhydriden**
  Metalloxid (Basenanhydrid) + Säure → Salz + Wasser

  ▲ $CuO + H_2SO_4 \rightarrow CuSO_4 + H_2O$

  Base + Nichtmetalloxid (Säureanhydrid) → Salz + Wasser

  ▲ $Ca(OH)_2 + CO_2 \rightarrow CaCO_3 + H_2O$

  Metalloxid (Basenanhydrid) + Nichtmetalloxid (Säureanhydrid) → Salz

  ▲ $CaO + SiO_2 \rightarrow CaSiO_3$
- **Salzbildung aus Elementsubstanzen**
  Metall + Nichtmetall → Salz

  ▲ $2\,Na + Cl_2 \rightarrow 2\,NaCl$

  Metall + Säure → Salz + Wasserstoff

  ▲ $Zn + 2\,HCl \rightarrow ZnCl_2 + H_2\uparrow$

Bei der **Neutralisation**

Base + Säure → Salz + Wasser

bleiben die *Metall-Ionen* und die *Säurerest-Ionen unverändert.*

▲ *Natronlauge* wird durch *Salpetersäure* neutralisiert:

$$NaOH + HNO_3 \rightarrow NaNO_3 + H_2O$$

in Ionenschreibweise:

$$Na^+ + OH^- + H^+ + NO_3^- \rightarrow Na^+ + NO_3^- + H_2O$$

Berücksichtigt man, dass die Wasserstoff-Ionen, H^+, in wässriger Lösung zu Oxonium-Ionen, H_3O^+, hydratisiert werden, formulieren Sie besser:

$$Na^+ + OH^- + H_3O^+ + NO_3^- \rightarrow Na^+ + NO_3^- + 2\,H_2O$$

Die Metall-Ionen und die Säurerest-Ionen bleiben bei der Neutralisation unverändert. Lässt man sie daher auf beiden Seiten der Gleichung weg, erhält man die

allgemeine Ionengleichung der Neutralisation:

$$H^+ + OH^- \rightarrow H_2O \quad \text{bzw.} \tag{7-3}$$

$$H_3O^+ + OH^- \rightarrow 2\,H_2O \tag{7-3a}$$

[1] Der Überschaubarkeit wegen wurde hier darauf verzichtet, die dissoziiert vorliegenden Reaktionsteilnehmer in Ionenschreibweise wiederzugeben.

Die *Neutralisation* beruht auf der *Vereinigung* von *Wasserstoff-Ionen*, H^+, bzw. Oxonium-Ionen, H_3O^+, und *Hydroxid-Ionen*, OH^-, zu *Wassermolekülen*, H_2O.

Aus den Gleichungen (7-3) und (7-3a) wird verständlich, weshalb sich beim Mischen einer Säure mit einer Lauge die ätzenden Eigenschaften beider Lösungen nicht addieren, sondern gegenseitig aufheben. Sowohl die für Säuren typischen Wasserstoff-Ionen (Oxonium-Ionen) als auch die für Basen (bzw. Laugen) typischen Hydroxid-Ionen werden bei der Neutralisation verbraucht.

Aus der bei der Neutralisation verbleibenden Lösung kann das *Salz* durch *Eindampfen* gewonnen werden. Handelt es sich um ein *schwer lösliches Salz*, so fällt es als *Niederschlag* bereits aus der Lösung aus (→ Fällungsreaktionen (↑ S. 252)).

▲ Kalkwasser wird mit Schwefelsäure neutralisiert. Es entsteht das schwer lösliche Calciumsulfat[1]:

$$Ca^{2+} + 2\,OH^- + 2\,H^+ + SO_4{}^{2-} \rightarrow CaSO_4\downarrow + 2\,H_2O$$

Trotz des Namens *Neutralisation* für diesen Vorgang reagieren viele wässrige Salzlösungen nicht *neutral* (pH = 7) (↑ S. 223), sondern *sauer* oder *basisch*[2].

Eine solche nicht neutrale Reaktion eines Salzes ergibt sich dann, wenn sich Säure und Base, aus denen das Salz gebildet wurde, in ihrer *Stärke* wesentlich unterscheiden. (Beispiele folgen auf Seite 217 und eine Übersicht hierzu (Tabelle 7-4) auf Seite 218.)

Als Maß für die **Stärke von Säuren und Basen** dient (nach ARRHENIUS) der **Dissoziationsgrad** α.

Der Dissoziationsgrad α eines potenziellen Elektrolyten ist der Quotient aus der Anzahl der dissoziierten Moleküle und der Anzahl der insgesamt vorhandenen Moleküle.

$$\alpha = \frac{\text{Anzahl der dissoziierten Moleküle}}{\text{Gesamtzahl der Moleküle}}$$

Kurz gesagt: Der *Dissoziationsgrad* α gibt den *Anteil der dissoziierten Moleküle* wieder[3].

Der Dissoziationsgrad hat einen Wert kleiner als 1. Er kann aber auch in Prozent angegeben werden.

Der *Dissoziationsgrad* lässt sich durch *Leitfähigkeitsmessungen* ermitteln, da die elektrische Leitfähigkeit von Lösungen der Konzentration der frei beweglichen Ionen proportional ist. Dabei erhält man allerdings nicht den wirklichen Dissoziationsgrad α_w, sondern den *scheinbaren* (d. h. den *wirksamen*) *Dissoziationsgrad* α_s. Dieser ist geringer als der wirkliche Dissoziationsgrad.

▲ Eine *Salzsäure* mit $c = 1\ \text{mol} \cdot \text{L}^{-1}$ zeigt bei 18 °C eine elektrische Leitfähigkeit, die einem Dissoziationsgrad von 0,78 bzw. von 78 % entspricht.
Eine *Natronlauge* mit $c = 1\ \text{mol} \cdot \text{L}^{-1}$ zeigt bei 18 °C eine elektrische Leitfähigkeit, die einem Dissoziationsgrad von 0,73 bzw. 73 % entspricht.

Auch bei den – hier durch das Natriumhydroxid, NaOH, vertretenen – *echten Elektrolyten*, die im festen Zustand ein *Ionengitter* bilden, ist der Dissoziationsgrad $\alpha < 1$. Es wird das Vorhandensein undissoziierter „Moleküle" vorgetäuscht. Das beruht auf interionischen Wechselwirkungen. So wird die Beweglichkeit der Ionen vor allem durch die elektrostatische Anziehung zwischen entgegengesetzten Ladungen erheblich eingeschränkt. Selbst für *Salze* ergeben sich in wässrigen Lösungen scheinbare Dissoziationsgrade, die erheblich kleiner sind als 1.

---

[1] Das *kann* durch einen nach unten gerichteten Pfeil hinter der Formel der schwer löslichen Verbindung ausgedrückt werden.
[2] *Quantitativ* behandelt die *Protolyse* die saure bzw. basische Reaktion wässriger Salzlösungen.
[3] Für die *quantitative* Behandlung dieses Sachverhalts wird auf den analogen Protolysegrad (↑ S. 232) verwiesen.

▲ Für Lösungen mit einer Äquivalentkonzentration $c_{eq} = 0{,}1\ \mathrm{mol \cdot L^{-1}}$ (veraltet $\frac{1}{10}$-normal) gelten:

Natriumchlorid, $NaCl$	$\alpha = 0{,}83$
Kaliumsulfat, K_2SO_4	$\alpha = 0{,}75$
Magnesiumsulfat, $MgSO_4$	$\alpha = 0{,}40$

Bei der elektrolytischen Dissoziation handelt es sich um einen *Gleichgewichtsvorgang* (↑ S. 178). Die Lage des Gleichgewichts ist von der *Konzentration* und von der *Temperatur* abhängig.

Der Dissoziationsgrad steigt mit zunehmender Verdünnung an[1].

▲ Wasserfreie (100%ige) *Schwefelsäure* enthält praktisch keine Ionen. Je mehr die Schwefelsäure mit Wasser verdünnt ist, um so größer wird der Anteil der dissoziierten Moleküle. Dabei nehmen zunächst die elektrische Leitfähigkeit und die Reaktionsfähigkeit gegenüber unedlen Metallen zu. Schließlich wird aber die zunehmende Dissoziation durch die Abnahme der Konzentration überkompensiert.

Der Dissoziationsgrad steigt mit zunehmender Temperatur an.

Infolge der bei Temperaturanstieg zunehmenden Bewegungsenergie der Teilchen wird der Zerfall der Moleküle in Ionen begünstigt. Daher nimmt auch die elektrische Leitfähigkeit von Elektrolytlösungen und -schmelzen mit steigender Temperatur zu. Sollen die Dissoziationsgrade verschiedener Elektrolyte verglichen werden, so müssen Lösungen gleicher Konzentration und gleicher Temperatur vorliegen (siehe Tabelle 7-2).

Tabelle 7-2: *Dissoziationsgrade einiger wichtiger Säuren und Basen (Temperatur 18 °C; Äquivalentkonzentration (↑ S. 55) der Lösungen $c_{eq} = 1\ mol \cdot L^{-1}$)*

Name	Formel	Dissoziationsgrad (Anteil der dissoziierten Moleküle in %)
Salpetersäure	HNO_3	82
Salzsäure	HCl	78
Schwefelsäure	H_2SO_4	51
Phosphorsäure	H_3PO_4	17
Essigsäure	CH_3COOH	0,4
Kaliumhydroxid	KOH	77
Natriumhydroxid	$NaOH$	73
Ammoniumhydroxid	$NH_3 \cdot H_2O$	0,4

Je nachdem, in welchem Maße die Säuren und Basen der elektrolytischen Dissoziation unterliegen, wird zwischen *starken* und *schwachen Säuren* sowie *starken* und *schwachen Basen* unterschieden.

Elektrolyte, die in wässriger Lösung mit einem *großen Anteil dissoziieren* (also einen hohen Dissoziationsgrad haben), werden als *starke* bzw. sehr starke *Elektrolyte* bezeichnet.

▲ Salpetersäure, Salzsäure, Schwefelsäure;
Kaliumhydroxid, Natriumhydroxid, Calciumhydroxid.

Elektrolyte, die in wässriger Lösung mit einem *geringen Anteil dissoziieren* (also einen niedrigen Dissoziationsgrad haben), werden als *schwache* bzw. sehr schwache *Elektrolyte* bezeichnet.

▲ Essigsäure, Kohlensäure, Kieselsäuren;
Aluminiumhydroxid, Ammoniak.

[1] Siehe dazu OSTWALDsches Verdünnungsgesetz (↑ S. 235).

Stärke eines Elektrolyten und Konzentration einer Elektrolytlösung dürfen nicht verwechselt werden:

- Die **Konzentration** bezieht sich stets auf eine *bestimmte Lösung* des Elektrolyten.
- Die **Stärke,** d. h. die Tendenz, in wässriger Lösung zu dissoziieren, gehört dagegen zum *Wesen* eines Elektrolyten.

Tabelle 7-3: *Einteilung der Säuren und Basen nach ihrer Stärke*

Säuren (Beispiele)	**Dissoziationsgrad** in %	**Basen** (Beispiele)
sehr stark Salpetersäure Salzsäure	70...100	**sehr stark** Kaliumhydroxid Natriumhydroxid
stark Schwefelsäure	20...70	**stark** Calciumhydroxid
mittelstark Phosphorsäure	1...20	**mittelstark** Silberhydroxid
schwach Essigsäure	0,1...1	**schwach** Ammoniak
sehr schwach Kohlensäure Schwefelwasserstoffsäure Cyanwasserstoffsäure (Blausäure)	unter 0,1	**sehr schwach** Aluminiumhydroxid

Die Grenzen sind in Tabelle 7-3 auf Lösungen mit der Äquivalentkonzentration $c_{eq} = 1\ \mathrm{mol \cdot L^{-1}}$ bezogen (↑ S. 60).

Der Vergleich des Dissoziationsgrades zweier Lösungen setzt *gleiche* Konzentrationen voraus. Ein allgemeingültiges Maß für die Stärke von Säuren und Basen ist die **Dissoziationskonstante** K_D. Sie ist eine für jeden Elektrolyt charakteristische Größe.

Für ein *Dissoziationsgleichgewicht* $AB \rightleftharpoons A^+ + B^-$ gilt die Massenwirkungsgleichung (↑ S. 189).

$$\frac{c(A^+) \cdot c(B^-)}{c(AB)} = K_D \tag{7-4}$$

Nach BRÖNSTED treten an die Stelle der Dissoziationskonstante K_D die *Säurekonstante* K_S und die *Basekonstante* K_B (↑ S. 224).

Zu einer – der Neutralisation entgegengesetzten – Reaktion mit Wasser und damit zu einer sauren oder basischen Reaktion der Lösung kommt es nur in den wässrigen Lösungen von Salzen, an deren Aufbau eine *schwache Säure* oder eine *schwache Base* beteiligt ist.

- Salze, die aus einer *starken Säure* und einer *starken Base* aufgebaut sind, unterliegen nicht einer solchen Reaktion. Ihre wässrigen Lösungen reagieren daher *neutral.*

  ▲ Natriumchlorid, NaCl; Kaliumsulfat, K_2SO_4.

- Die wässrigen Lösungen von Salzen, die aus einer **schwachen Säure** und einer **starken Base** aufgebaut sind, reagieren **basisch**.

  ▲ *Natriumcarbonat*, Na_2CO_3

  $$Na_2CO_3 + 2\ H_2O \rightarrow 2\ NaOH + H_2CO_3$$

  Das entstehende *Natriumhydroxid* ist als *sehr starker* Elektrolyt weitgehend in Ionen dissoziiert (der lange Pfeil deutet das an):

  $$NaOH \rightleftharpoons Na^+ + OH^-$$

Die entstehende *Kohlensäure ist als sehr schwacher* Elektrolyt nur in sehr geringem Maße in Ionen dissoziiert (der kurze Pfeil deutet das an):

$$H_2CO_3 \rightleftarrows 2\,H^+ + CO_3^{2-}$$

Werden in die Ionengleichung für die Reaktion des Natriumcarbonats mit Wasser die wenig dissoziierten (H_2CO_3) und die praktisch undissoziierten (H_2O) Verbindungen mit ihren Summenformeln, d. h. als *Moleküle,* eingesetzt, so ergibt sich:

$$2\,Na^+ + CO_3^{2-} + 2\,H_2O \rightleftharpoons 2\,Na^+ + 2\,OH^- + H_2CO_3$$

Aus dieser Ionengleichung geht hervor, dass eine Natriumcarbonatlösung viele *Hydroxid-Ionen,* aber kaum Wasserstoff-Ionen enthält und daher *basisch* reagiert.

- Die wässrigen Lösungen von Salzen, die aus einer **starken Säure** und einer **schwachen Base** aufgebaut sind, reagieren sauer.

▲ *Aluminiumchlorid,* $AlCl_3$

$$AlCl_3 + 3\,H_2O \rightleftharpoons Al(OH)_3 + 3\,HCl$$

Als Ionengleichung:

$$Al^{3+} + 3\,Cl^- + 3\,H_2O \rightleftharpoons Al(OH)_3 + 3\,H^+ + 3\,Cl^-$$

(Der sehr schwache Elektrolyt Aluminiumhydroxid wurde mit der Summenformel eingesetzt.) Die Aluminiumchloridlösung enthält *viele Wasserstoff-Ionen,* aber kaum Hydroxid-Ionen. Sie reagiert daher *sauer.*

- Die Salze, die aus einer **schwachen** Säure und einer **schwachen Base** aufgebaut sind, reagieren gleichfalls mit Wasser. Den Charakter der wässrigen Lösung bestimmt in diesem Falle **der relativ stärkere** der beiden Elektrolyte.

▲ *Aluminiumacetat,* $(CH_3COO)_3Al$, („essigsaure Tonerde")

$$(CH_3COO)_3Al + 3\,H_2O \rightleftharpoons 3\,CH_3COOH + Al(OH)_3$$

Aluminiumacetat Essigsäure

Essigsäure ist eine *schwache Säure,* Aluminiumhydroxid ist aber eine *sehr schwache Base* (siehe Tabelle 7-3 (↑ S. 217)). Die Essigsäure ist also der *relativ stärkere* Elektrolyt, sodass eine Aluminiumacetatlösung *sauer* reagiert:

$$3\,CH_3COO^- + Al_3^+ + 3\,H_2O \rightleftharpoons 3\,CH_3COO^- + 3\,H^+ + Al(OH)_3$$

Es gilt also allgemein:

Ist die Säure stärker, so reagiert die Lösung sauer.
Ist die Base stärker, so reagiert die Lösung basisch.

▲ Im Natriumacetat ist die Essigsäure der *schwächere* Elektrolyt, die Lösung reagiert daher *basisch.* Im Aluminiumacetat ist die Essigsäure der *stärkere* Elektrolyt, die Lösung reagiert daher *sauer.*

Tabelle 7-4: *Reaktion wässriger Lösungen von Salzen*

Base	Säure	Reaktion der Lösung
stark	stark	neutral
stark	schwach	basisch
schwach	stark	sauer
schwach	schwach	
Base relativ stärker		basisch
Säure relativ stärker		sauer
Base und Säure gleich schwach		neutral

7.3.2 Säure-Base-Reaktionen als Abgabe und Aufnahme von Protonen

7.3.2.1 Protolyte – protolytische Systeme

Der dänische Chemiker JOHANNES NICOLAUS BRÖNSTED[1] bezog die Begriffe *Säure* und *Base* auf den *Übergang von Protonen* und definierte (1923) – abweichend von ARRHENIUS (↑ 7.3.1):

- **Säuren als Protonendonatoren**[2] und
- **Basen als Protonenakzeptoren**[3].

Für die atomare Betrachtungsebene heißt das:

- **Säuren sind Moleküle und Ionen, die Protonen abgeben.**
- **Basen sind Moleküle und Ionen, die Protonen aufnehmen.**

Wenn im allgemeinen Sprachgebrauch der Chemie mitunter auch noch gesagt wird:

- Säuren seien *Stoffe*, die Protonen abgeben und
- Basen seien *Stoffe*, die Protonen aufnehmen,

ist dabei stets an die reagierenden *Teilchen* zu denken.

Die *Protonenübertragung* ist analog zu den Redoxreaktionen (↑ 7.2.2), bei denen es sich um eine *Elektronenübertragung* handelt. Wie bei den Redoxreaktionen jedem Reduktionsmittel ein Oxidationsmittel entspricht, so entspricht nach der Definition BRÖNSTEDs jedem Protonendonator ein Potonenakzeptor, jeder Säure eine Base:

Protonendonator	$\rightleftharpoons$	**Protonenakzeptor**	**+ Proton**
Säure	$\rightleftharpoons$	*Base*	+ *Proton*

Jeder *Protonendonator* geht bei *Abgabe* eines *Protons* (Wasserstoff-Ions) in einen *Protonenakzeptor* über.
Jeder *Protonenakzeptor* geht bei *Aufname* eines *Protons* in einen *Protonendonator* über.

Jede *Säure*[4] geht bei Abgabe eines Protons in eine *Base* über.
Jede *Base* geht bei Aufnahme eines Protons in eine *Säure* über.

Zu jeder Säure gibt es demnach eine Base, die ein Proton *weniger* besitzt, und zu jeder Base gibt es eine Säure, die ein Proton *mehr* besitzt. Säuren und Basen, die in dieser Weise miteinander in Beziehung stehen, werden als **korrespondierende**[5] **Säure-Base-Paare** zusammengefasst.

▲ $HCl \rightleftharpoons Cl^- + H^+$
$H_2SO_4 \rightleftharpoons HSO_4^- + H^+$
$HSO_4^- \rightleftharpoons SO_4^{2-} + H^+$
$NH_4^+ \rightleftharpoons NH_3 + H^+$

Da mit jedem Proton auch eine *positive elektrische Ladung* abgegeben bzw. aufgenommen wird, ist an jedem korrespondierenden Säure-Base-Paar mindestens ein *Ion* beteiligt. Säure und Base eines korrespondierenden Paares stehen in ihrer Stärke in einer bestimmten Beziehung zueinander (↑ S. 224).

In den vorstehenden Beispielen tritt das Ammonium-Ion, NH_4^+, als Säure und das Chlorid-Ion, Cl^-, als Base auf. Indem die Begriffe *Säure* und *Base* auf die *reagierenden Teilchen* angewandt werden, weicht die

---

[1] Im Dänischen BRØNSTED, im Deutschen meist mit BRÖNSTED umschrieben.
[2] *donator* (lat.) Geber
[3] *acceptor* (lat.) Empfänger
[4] Zur Unterscheidung von ARRHENIUS auch *Proton-Säure* und *Proton-Base* genannt.
[5] einander entsprechend, von lat. *re-spondere*, erwidern; auch konjugiertes Säure-Base-Paar genannt, von lat. *con-iugio*, vereinigen

Säure-Base-Definition BRÖNSTEDs völlig von der ARRHENIS' ab. Bei den Teilchen kann es sich sowohl um (ungeladene) *Moleküle* als auch um *Kationen* oder *Anionen* handeln. Man unterscheidet:

Kationsäuren (z. B. NH_4^+),
Neutralsäuren (Molekülsäuren; z. B. HCl, H_2SO_4),
Anionsäuren (z. B. HSO_4^-),
Kationbasen (z. B. $N_2H_5^+$),
Neutralbasen (Molekülbasen; z. B. NH_3),
Anionbasen (z. B. HSO_4^-, SO_4^{2-}).

Am Beispiel des Hydrogensulfat-Ions, HSO_4^-, das sowohl als Säure als auch als Base auftreten kann, zeigt sich – wie bei den Oxidationsmitteln und Reduktionsmitteln –, dass das Reaktionsverhalten eines Stoffes nur im *Zusammenhang* mit dem Charakter des jeweiligen Reaktionspartners beurteilt werden kann. Es gibt keine absoluten Säuren und keine absoluten Basen.

Protonendonatoren (Säuren) und *Protonenakzeptoren* (Basen) können unter dem Oberbegriff **Protolyte**[1] zusammengefasst werden. *Amphotere Protolyte*, das sind solche, die (wie in den Beispielen das Hydrogensulfat-Ion, HSO_4^-) sowohl als *Säure* als auch als *Base* reagieren können, werden **Ampholyte**[2] genannt.

Zu einer Säure-Base-Reaktion kommt es, wenn bei zwei korrespondierenden Säure-Base-Paaren das von dem einen Säure-Base-Paar abgegebene *Proton* von dem anderen Säure-Base-Paar aufgenommen wird.

Säure 1	⇌ **Base 1 + Proton**	(1. Halbsystem)
Proton + Base 2	⇌ **Säure 2**	(2. Halbsystem)
Säure 1 + Base 2	⇌ **Base 1 + Säure 2**	(protolytisches System)

Zwei Säure-Base-Paare bilden auf diese Weise *ein* **protolytisches System** (*Säure-Base-System*).

Die *Protonenübertragungsreaktionen* bezeichnet man auch als *protolytische Reaktionen* oder kurz **Protolysen**. Diese Reaktionen verlaufen dann von links nach rechts, wenn dabei eine *starke* Säure 1 in eine *schwache* Base 1 und eine *starke* Base 2 in eine *schwache* Säure 2 übergeht (↑ S. 230).

▲ Protolyse einer starken Säure
$HNO_3 + H_2O \rightleftharpoons NO_3^- + H_3O^+$
$S_1 + B_2 \rightleftharpoons B_1 + S_2$

Protolyse einer starken Base
$H_2O + NH_3 \rightleftharpoons OH^- + NH_4$
$S_1 + B_2 \rightleftharpoons B_1 + S_2^+$
Die starke Salpetersäure, HNO_3, setzt sich mit Wasser zu der schwachen Base Nitrat-Ion, NO_3^-, um.
Die starke Base Ammoniak, NH_3, setzt sich mit Wasser zur schwachen Säure Ammonium-Ion, NH_4^+, um.

Bei allen Säuren, die mehrere Wasserstoffatome im Molekül besitzen, den *mehrwertigen* oder *mehrbasigen Säuren,* erfolgt die Protolyse in mehreren Stufen.

▲ Phosphorsäure:
$H_3PO_4 + H_2O \rightleftharpoons H_2PO_4^- + H_3O^+$
$H_2PO_4^- + H_2O \rightleftharpoons HPO_4^{2-} + H_3O^+$
$HPO_4^{2-} + H_2O \rightleftharpoons PO_4^{3-} + H_3O^+$

[1] Die Bezeichnung *Protolyt* wurde in Analogie zur Bezeichnung *Elektrolyt* gebildet.
[2] *amphoteroi* (griech.) beide

7.3.2.2 Autoprotolyse des Wassers – pH-Wert

Das *Wasser* kann nach BRÖNSTED – wie die vorstehenden Beispiele zeigen – sowohl als *Säure* als auch als *Base* auftreten, es hat also *amphoteren* Charakter (↑ S. 97). Das Wasser ist nach BRÖNSTED ein **Ampholyt.**

$$H_3O^+ \rightleftharpoons H_2O + H^+ \qquad H_2O \rightleftharpoons OH^- + H^+$$
$$S \rightleftharpoons B + H^+ \qquad S \rightleftharpoons B + H^+$$

Diese beiden korrespondierenden Säure-Base-Paare (Säure-Base-Halbsysteme) bilden im Wasser und in allen wässrigen Lösungen ein protolytisches System (Säure-Base-System):

$$H_2O \rightleftharpoons OH^- + H^+ \quad \text{(1.Halbsystem)}$$
$$H^+ + H_2O \rightleftharpoons H_3O^+ \quad \text{(2.Halbsystem)}$$

$$H_2O + H_2O \rightleftharpoons OH^- + H_3O^+$$
$$S_1 + B_2 \rightleftharpoons B_1 + S_2$$

Nach BRÖNSTED wird das als *Autoprotolyse des Wassers* bezeichnet[1].

Nach ARRHENIUS wird es als *elektrolytische Dissoziation* des Wassers betrachtet:

$$H_2O \rightarrow H^+ + OH^-$$

Wasserstoff-Ionen, H^+, d. h. einzelne Protonen p, sind in wässriger Lösung nicht existenzfähig. Sie werden sofort zu *Oxonium-Ionen*, H_3O^+ (↑ S. 212), hydratisiert:

$$H^+ + H_2O \rightarrow H_3O^+$$

Die Betrachtungsstandpunkte von ARRHENIUS und BRÖNSTED sind also in dieser Hinsicht gleichbedeutend. Der Einfachheit halber wird in diesem Zusammenhang statt von Oxonium-Ionen häufig von Wasserstoff-Ionen gesprochen.

Die Wassermoleküle sind nur zu einem äußerst geringen Anteil *protolysiert* bzw. *dissoziiert.*

In einem Liter Wasser sind (bei 22 °C)

$1 \cdot 10^{-7}$ mol Wasserstoff-Ionen, H^+, und
$1 \cdot 10^{-7}$ mol Hydroxid-Ionen, OH^-,

enthalten.

Zwischen

- der Konzentration der Wasserstoff-Ionen und
- der Konzentration der Hydroxid-Ionen

besteht für alle wässrigen Lösungen ein gesetzmäßiger Zusammenhang:

Das Produkt aus der Konzentration der Wasserstoff-Ionen und der Konzentration der Hydroxid-Ionen ist bei konstanter Temperatur für alle wässrigen Lösungen konstant.

$$c(H^+) \cdot c(OH^-) = \text{konstant}$$

Für genaue Berechnungen dürfen allerdings nicht die tatsächlichen Konzentrationen, sondern nur die wirksamen Konzentrationen, das heißt die Aktivitäten (↑ S. 249), eingesetzt werden:

$$a(H^+) \cdot a(OH^-) = \text{konstant}$$

[1] Die Autoprotolyse ist nicht auf das Wasser beschränkt, so protolysieren beispielsweise in flüssigem Ammoniak Ammoniakmoleküle nach der Gleichung $NH_3 + NH_3 \rightleftharpoons NH_4{}^+ + NH_2{}^-$ zu Ammonium-Ionen und Amid-Ionen.

Dieser (bei gegebener Temperatur) konstante Wert wird als **Ionenprodukt des Wassers** K_W bezeichnet:

$$c(H^+) \cdot c(OH^-) = K_W \tag{7-5}$$

Für Wasser von 22 °C ergibt sich:

$$1 \cdot 10^{-7}\ mol \cdot L^{-1} \cdot 1 \cdot 10^{-7}\ mol \cdot L^{-1} = 1 \cdot 10^{-14}\ mol^2 \cdot L^{-2}$$

Der Zahlenwert des Ionenprodukts des Wassers ist temperaturabhängig:

0 °C: $0{,}13 \cdot 10^{-14}$;
50 °C: $5{,}95 \cdot 10^{-14}$;
100 °C: $74 \cdot 10^{-14}$.

Das *Ionenprodukt des Wassers* gilt nicht nur für reines Wasser, sondern für alle wässrigen Lösungen, also auch für Lösungen von Säuren, Basen und Salzen. Dabei ist nach Gleichung (7-5) mit der Konzentration der Wasserstoff-Ionen stets auch die Konzentration der Hydroxid-Ionen gegeben. Deshalb wird die Wasserstoff-Ionenkonzentration nicht nur als Maß für den sauren Charakter einer Lösung, sondern auch als Maß für den basischen Charakter einer Lösung verwendet:

- In **sauren Lösungen** ist die *Wasserstoff-Ionenkonzentration größer* als $1 \cdot 10^{-7}\ mol \cdot L^{-1}$ und dementsprechend die Hydroxid-Ionenkonzentration kleiner als $1 \cdot 10^{-7}\ mol \cdot L^{-1}$.
- In **basischen Lösungen** ist die *Hydroxid-Ionenkonzentration größer* als $1 \cdot 10^{-7}\ mol \cdot L^{-1}$ und dementsprechend die Wasserstoff-Ionenkonzentration kleiner als $1 \cdot 10^{-7}\ mol \cdot L^{-1}$.

Um zu leichter handhabbaren Zahlenwerten zu kommen, wird – nach einem Vorschlag des dänischen Chemikers SÖRENSEN[1] aus dem Jahre 1909 – anstelle der Wasserstoff-Ionenkonzentration meist der pH-*Wert*[2] verwendet:

Der pH-Wert ist der negative dekadische Logarithmus der Wasserstoff-Ionenaktivität $a(H^+)$.

$$pH = -\lg a(H^+) \tag{7-6}$$

Die *Aktivität a* ist eine dimensionslose Größe (↑ S. 249).

Mit zunehmender Verdünnung der Lösungen nähert sich die Wasserstoff-Ionen*aktivität* $a(H^+)$ der Wasserstoff-Ionen*konzentration* $c(H^+)$ (↑ S. 250). Soweit es nicht um genaue Berechnungen geht, kann daher der pH-Wert auch aus der Wasserstoff-Ionenkonzentration $c(H^+)$ ermittelt werden. Um auch die Konzentration logarithmieren zu können, muss sie durch ihre Maßeinheit $mol \cdot L^{-1}$ dividiert werden:

$$pH = -\lg \frac{c(H^+)}{mol \cdot L^{-1}} \tag{7-6a}$$

Der pH-Wert ist ein Maß für den *schwach sauren* oder *schwach basischen* Charakter wässriger Lösungen. (Für Säuren und Basen höherer Konzentration – $c(H^+) > 1\ mol \cdot L^{-1}$ – ist der pH-Wert als Konzentrationsmaß ungeeignet.)

Die **Berechnung des pH-Wertes** aus der Wasserstoff-Ionenaktivität $a(H^+)$ bzw. Wasserstoff-Ionenkonzentration $c(H^+)$ erfolgt nach Gleichung (7-6a).

---

[1] SØREN PETER LAURITS SØRENSEN; im Deutschen in der Regel mit SÖRENSEN umschrieben.

[2] Die Bezeichnung pH-Wert wird aus dem lateinischen „*pondus hydrogenii*" (Gewicht des Wasserstoffs), aber auch aus dem lateinischen „*potentia hydrogenii*" (Wirksamkeit des Wasserstoffs) hergeleitet.

▲ $c(H^+) = 10^{-5}$ | $c(H^+) = 5 \cdot 10^{-8}$ | $c(H^+) = 1{,}5 \cdot 10^{-6}$

$pH = -\lg 10^{-5}$ | $pH = -\lg 5 \cdot 10^{-8}$ | $pH = -\lg 1{,}5 \cdot 10^{-6}$

$pH = 5$ | $pH = 7{,}3$ | $pH = 5{,}8$

Die **Berechnung der Wasserstoff-Ionenkonzentration** $c(\mathbf{H^+})$ aus dem pH-Wert erfolgt nach:

$$c(H^+) = 10^{-pH}$$

▲ $pH = 8$ | $pH = 8{,}4$ | $pH = 6{,}25$

$c(H^+) = 10^{-8}$ | $c(H^+) = 10^{-8{,}4}$ | $c(H^+) = 10^{-6{,}25}$

$c(H^+) = 4 \cdot 10^{-9}$ | $c(H^+) = 5{,}6 \cdot 10^{-7}$

Siehe auch Berechnung des pH-Wertes von Protolytlösungen (↑ S. 236).

Lösungen mit einem pH-Wert kleiner als 7 reagieren sauer.
Lösungen mit dem pH-Wert 7 reagieren neutral.
Lösungen mit einem pH-Wert größer als 7 reagieren basisch.

Der pH-Wert von Lösungen kann auf elektrochemischem Wege oder durch *Indikatoren* bestimmt werden.

Indikatoren sind Farbstoffe, die in einem bestimmten pH-Bereich ihre Farbe verändern. In Tabelle 7-5 und Bild 7-1 sind die *Umschlagbereiche* einiger bekannter Indikatoren zusammengestellt.

Die wichtigste Verwendung von Indikatoren ist die Bestimmung des *Neutralisationspunktes* bei Säure-Base-Analysen (↑ S. 239).

Tabelle 7-5: *Wichtige Indikatoren*

Bezeichnung	Farbe bei niedrigerem pH-Wert	pH-Bereich des Farbumschlags	Farbe bei höherem pH-Wert
Alizaringelb	gelb	10,1 ... 12,0	rotbraun
Phenolphthalein	farblos	8,2 ... 10,0	rot
Cresolrot	gelb	7,2 ... 8,8	rot
Bromthymolblau	gelb	6,0 ... 7,6	blau
Lackmus	rot	5,0 ... 8,0	blau
Methylrot	rot	4,4 ... 6,2	gelb
Methylorange	rot	3,1 ... 4,4	gelb
Thymolblau	rot gelb	1,2 ... 2,8 8,0 ... 9,6	gelb blau

Für den bekanntesten Indikator, *Lackmus*, sind seit langem die Merksätze gebräuchlich:

Säu**r**en färben Lackmus **r**ot.
Laugen färben Lackmus b**lau**.

Eine schärfere Bestimmung des Neutralisationspunktes ermöglicht der Indikator *Bromthymolblau*.

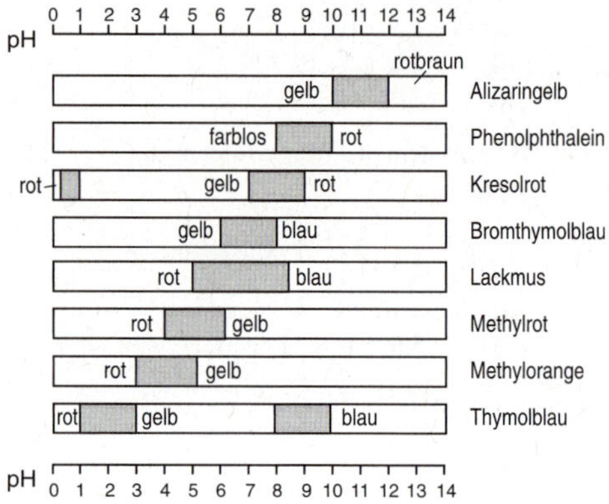

Bild 7-1: *Umschlagbereiche und Farbänderungen einiger wichtiger Säure-Base-Indikatoren*

7.3.2.3 Stärke der Protolyte

Wird die *Stärke der Säuren und Basen* vom Standpunkt der *Protolyse* behandelt, ergibt sich eine *Analogie* zur Stärke der Oxidationsmittel und Reduktionsmittel (↑ S. 206).

Die einzelnen Säuren und Basen unterliegen in unterschiedlichem Maße der Protolyse, das heißt, sie setzen sich in wässriger Lösung in unterschiedlichem Maße mit den Wassermolekülen um. Danach werden *starke* und *schwache* Protolyte unterschieden.

Starke Protolyte (Säuren, Basen) unterliegen in starkem Maße der Protolyse.
Schwache Protolyte (Säuren, Basen) unterliegen in schwachem Maße der Protolyse.

▲ $S_1 + B_2 \rightleftharpoons B_1 + S_2$

sehr starke Säure $HCl + H_2O \rightleftharpoons Cl^- + H_3O^+$ (Salzsäure)

schwache Säure $HCN + H_2O \rightleftharpoons CN^- + H_3O^+$ (Blausäure)

mittelstarke Base $H_2O + NH_3 \rightleftharpoons OH^- + NH_4^+$ (Ammoniak)

(Die langen Pfeile deuten an, in welcher Richtung das Gleichgewicht verschoben ist.)

In den korrespondierenden Säure-Base-Paaren (Tabelle 7-6 (↑ S. 229)) gehört stets

- zu einer *starken Säure* eine *schwache Base,*
- zu einer *mittelstarken Säure* eine *mittelstarke Base*,
- zu einer *schwachen Säure* eine *starke Base*.

▲ Das *Chlorwasserstoffmolekül*, HCl, ist eine sehr starke Säure, das Chlorid-Ion, Cl^-, ist eine sehr schwache Base.
Das *Schwefelwasserstoffmolekül*, H_2S, ist eine mittelstarke Säure; das Hydrogensulfid-Ion, HS^-, ist eine mittelstarke Base.
Das *Cyanwasserstoffmolekül*, HCN, ist eine schwache Säure; das Cyanid-Ion, CN^-, ist eine starke Base.

Die Säure-Base-Definition BRÖNSTEDs bezieht sich auf die *Teilchen* (Moleküle, Ionen). Wenn davon gesprochen wird, die Schwefelsäure sei eine sehr starke Säure, so muss man sich bewusst sein, dass sich das – nach BRÖNSTED – auf das Schwefelsäure*molekül* bezieht.

Da BRÖNSTED gegenüber ARRHENIUS die Reihen der Säuren und Basen weit in den schwachen Bereich hinein ausdehnt, ergeben sich in Tabelle 7-3 (↑ S. 217) und Tabelle 7-6 (↑ S. 229) unterschiedliche Zuordnungen.

Als **Maß für die Stärke der Protolyte** dienen

- die **Gleichgewichtskonstanten** K_S (Säurekonstante) und K_B (Basekonstante)

sowie deren negative dekadische Logarithmen,

- die **pK_S-Werte** und die **pK_B-Werte** (↑ S. 227).

Die Gleichgewichtskonstanten K ergeben sich aus dem *Massenwirkungsgesetz* (↑ S. 188). Danach ist im *Gleichgewichtszustand* der *Quotient* aus dem *Produkt* der *Konzentrationen* der *Reaktionsprodukte* und dem *Produkt* der *Konzentrationen* der *Ausgangsstoffe* konstant.

Für die **Protolyse einer Säure**

$$\begin{array}{llll} \text{Säure} & + H_2O & \rightleftharpoons \text{Base} & + H_3O^+ \\ S_1 & + B_2 & \rightleftharpoons B_1 & + S_2^+ \end{array}$$

gilt die Massenwirkungsgleichung:

$$\frac{c(\text{Base}) \cdot c(H_3O^+)}{c(\text{Saure}) \cdot c(H_2O)} = \text{konstant}$$

Die Konzentration der Wassermoleküle $c(H_2O)$ bleibt bei einer solchen Protolyse in verdünnten wässrigen Lösungen nahezu konstant. Sie wird daher in die Gleichgewichtskonstante K_S, die *Säurekonstante,* einbezogen:

$$\frac{c(\text{Base}) \cdot c(H_3O^+)}{c(\text{Saure})} = K_S \qquad (7\text{-}7)$$

Starke Säuren haben eine *höhere* Säurekonstante als *schwache* Säuren.

▲ Das *Salpetersäuremolekül* ist eine sehr starke Säure.

$$HNO_3 + H_2O \rightleftharpoons NO_3^- + H_3O^+$$

$$\frac{c(NO_3^-) \cdot c(H_3O^+)}{c(HNO_3)} = K_S(HNO_3); \qquad \frac{c(NO_3^-) \cdot c(H_3O^+)}{c(HNO_3)} = 20{,}9 \text{ mol} \cdot L^{-1}$$

Das *Cyanwasserstoffsäuremolekül* ist eine schwache Säure.

$$HCN + H_2O \rightleftharpoons CN^- + H_3O^+$$

$$\frac{c(CN^-) \cdot c(H_3O^+)}{c(HCN)} = K_S(HCN); \qquad \frac{c(CN^-) \cdot c(H_3O^+)}{c(HCN)} = 4 \cdot 10^{-10} \text{ mol} \cdot L^{-1}$$

Für die **Protolyse einer Base**

$$\begin{array}{llll} H_2O & + \text{Base} & \rightleftharpoons OH^- & + \text{Säure} \\ S_1 & + B_2 & \rightleftharpoons B_1 & + S_2 \end{array}$$

gilt:

$$\frac{c(OH^-) \cdot c(\text{Säure})}{c(H_2O) \cdot c(\text{Base})} = \text{konstant}$$

$$\frac{c(\text{OH}^-) \cdot c(\text{Säure})}{c(\text{Base})} = K_B \qquad (7\text{-}7a)$$

Starke Basen haben eine *höhere* Basekonstante als *schwache* Basen.

▲ Das *Cyanid-Ion*, CN^-, ist eine starke Base[1)]

$$H_2O + CN^- \rightleftarrows OH^- + HCN$$

$$\frac{c(\text{OH}^-) \cdot c(\text{HCN})}{c(\text{CN}^-)} = K_B(\text{CN}^-); \qquad \frac{c(\text{OH}^-) \cdot c(\text{HCN})}{c(\text{CN}^-)} = 2{,}5 \cdot 10^{-5}\ \text{mol} \cdot \text{L}^{-1}$$

Das *Nitrat-Ion*, NO_3^-, ist eine sehr schwache Base:

$$H_2O + NO_3^- \rightleftarrows OH^- + HNO_3$$

$$\frac{c(\text{OH}^-) \cdot c(\text{HNO}_3)}{c(\text{NO}_3^-)} = K_B(\text{NO}_3^-); \qquad \frac{c(\text{OH}^-) \cdot c(\text{HNO}_3)}{c(\text{NO}_3^-)} = 4{,}8 \cdot 10^{-16}\ \text{mol} \cdot \text{L}^{-1}$$

Da in den Gleichungen (7-7) und (7-7a)

- die Konzentrationen der *Protolyseprodukte* im *Zähler*,
- die Konzentrationen der *Ausgangsstoffe* im *Nenner*

stehen, werden die Zahlenwerte der *Säurekonstanten* K_S und der *Basekonstanten* K_B um so *größer*, je weiter das chemische Gleichgewicht auf der Seite der Protolyseprodukte liegt, das heißt, je weiter (im Gleichgewichtszustand) die Protolyse fortgeschritten ist.

Wenn von der Säurekonstante und der Basekonstante eines korrespondierenden Säure-Base-Paares die Rede ist, ist zu beachten, dass sich diese Größen nicht auf das einzelne Halbsystem beziehen, sondern – wie die Beispiele zeigen – jeweils auf ein *protolytisches System*, in welchem dieses Säure-Base-Paar das eine Halbsystem und das *Wassermolekül* (mit dem Oxonium-Ion bzw. dem Hydroxid-Ion) das andere Halbsystem bildet.

Zwischen der **Säurekonstante** K_S und der **Basekonstante** K_B eines korrespondierenden Säure-Base-Paares besteht eine einfache mathematische Beziehung. Werden die Gleichungen

$$\frac{c(\text{Base}) \cdot c(\text{H}_3\text{O}^+)}{c(\text{Säure})} = K_S \qquad (7\text{-}7)$$

$$\frac{c(\text{OH}^-) \cdot c(\text{Säure})}{c(\text{Base})} = K_B \qquad (7\text{-}7a)$$

miteinander multipliziert, so ergibt sich:

$$\frac{c(\text{Base}) \cdot c(\text{H}_3\text{O}^+) \cdot c(\text{OH}^-) \cdot c(\text{Säure})}{c(\text{Säure}) \cdot c(\text{Base})} = K_S \cdot K_B$$

und daraus durch Kürzen:

$$c(\text{H}_3\text{O}^+) \cdot c(\text{OH}^-) = K_S \cdot K_B$$

1) Wieso $K_B(CN^-) = 2{,}5 \cdot 10^{-5}$ mol · L^{-1} schon eine relativ hohe Basekonstante ist, wird aus Gleichung (7-7b) und dem anschließenden Beispiel verständlich.

Das Produkt der linken Seite ist als *Ionenprodukt des Wassers* (↑ S. 221) bekannt:

$$c(H_3O^+) \cdot c(OH^-) = K_W$$

Das Produkt aus Säurekonstante und Basekonstante eines korrespondierenden Säure-Base-Paares ist demnach gleich dem Ionenprodukt des Wassers:

$$K_S \cdot K_B = K_W \qquad (7\text{-}7b)$$

▲ $K_S(HCN) \cdot K_B(CN^-) = K_W$
$4 \cdot 10^{-10}\ mol \cdot L^{-1} \cdot 2{,}5 \cdot 10^{-5}\ mol \cdot L^{-1} = 1 \cdot 10^{-14}\ mol^2 \cdot L^{-2}$

$K_S(HNO_3) \cdot K_B\ (NO_3^-) = K_W$
$20{,}9\ mol \cdot L^{-1} \cdot 4{,}8 \cdot 10^{-16}\ mol \cdot L^{-1} = 1 \cdot 10^{-14}\ mol^2 \cdot L^{-2}$

Mit der *Säurekonstante* K_S eines Säure-Base-Paares ist nach Gleichung (7-7b) zugleich dessen *Basekonstante* K_B gegeben – und umgekehrt.

▲ Die Säurekonstante der Essigsäure $K_S\ (CH_3COOH) = 1{,}78 \cdot 10^{-5}\ mol \cdot L^{-1}$.
Die Basekonstante des Acetat-Ions $K_B(CH_3COO^-)$ ist zu ermitteln:

$$K_B(CH_3COO^-) = \frac{K_W}{K_S(CH_3COOH)}$$

$$K_B(CH_3COO^-) = \frac{10^{-14}\ mol^2 \cdot L^{-2}}{1{,}78 \cdot 10^{-5}\ mol \cdot L^{-1}}; \qquad K_B(CH_3COO^-) = 5{,}62 \cdot 10^{-10}\ mol \cdot L^{-1}$$

7.3.2.4 pK_S-Werte

Ist die *Säurekonstante* K_S eines Säure-Base-Paares

- *größer* als $10^{-7}\ mol \cdot L^{-1}$, so ist die *Säure stärker* als die Base,
- *kleiner* als $10^{-7}\ mol \cdot L^{-1}$, so ist die *Base stärker* als die Säure.

Um zu leichter handhabbaren Zahlenwerten zu kommen, werden anstelle der Säurekonstanten und der Basekonstanten meist die *negativen dekadischen Logarithmen* der Zahlenwerte dieser Konstanten verwendet. Diese sind als **pK_S-Werte** und **pK_B-Werte** bekannt. Allgemein lässt sich p als Operator (mathematische Rechenvorschrift) sehen, der bedeutet p ≡ – lg, also logarithmieren zur Basis 10 und das Vorzeichen umdrehen. Man verwendet dies oft bei Zahlenwerten mit negativen Exponenten wie dem pH, pK_S, pK_B, pK_L (↑ S. 253).

$$pK_S = -\lg \frac{K_S}{mol \cdot L^{-1}} \qquad (7\text{-}8)$$

$$pK_B = -\lg \frac{K_B}{mol \cdot L^{-1}} \qquad (7\text{-}9)$$

▲ $pK_S(CH_3COOH) = -\lg \frac{K_S(CH_3COOH)}{mol \cdot L^{-1}}$
$pK_S(CH_3COOH) = -\lg 1{,}78 \cdot 10^{-5}$; $pK_S(CH_3COOH) = 4{,}75$

$pK_B(CH_3COO^-) = -\lg \frac{K_B(CH_3COO^-)}{mol \cdot L^{-1}}$
$pK_B(CH_3COO^-) = -\lg 5{,}62 \cdot 10^{-10}$; $pK_B(CH_3COO^-) = 9{,}25$

Die pK_S-Werte und pK_B-Werte für die wichtigsten Säure-Base-Paare sind in Tabelle 7-6 enthalten.

Nach den Logarithmengesetzen tritt an die Stelle der Multiplikation der Gleichgewichtskonstanten K_S und K_B (nach Gleichung 7-7b) die *Addition* der pK-Werte:

$$pK_S + pK_B = -\lg \frac{K_W}{mol^2 \cdot L^{-2}}$$

$$pK_S + pK_B = -\lg 10^{-14}$$

$$pK_S + pK_B = 14 \qquad (7\text{-}10)$$

▲ $pK_S(CH_3COOH) + pK_B(CH_3COO^-) = 14$
$pK_B(CH_3COO^-) = 14 - pK_S(CH_3COOH)$
$pK_B(CH_3COO^-) = 14 - 4{,}75$
$pK_B(CH_3COO^-) = 9{,}25$

Die hier angegebenen pK-Werte (↑ S. 229) beziehen sich – wie die Redoxpotenziale (↑ S. 208) – auf *Standardbedingungen*. Auf das Standardzeichen $^\ominus$ wird jedoch bei den pK-Werten im Allgemeinen verzichtet.

In Tabelle 7-6 sind wichtige *Säure-Base-Paare* nach steigendem pK_S-Wert angeordnet. Dem entsprechen sinkende pK_B-Werte.

Nach Gleichung (7-10)

$$pK_S + pK_B = 14$$

ist mit dem pK_S-Wert eines Säure-Base-Paares zugleich dessen pK_B-Wert gegeben. Aufgrund dieser Beziehung kann auch die Stärke von *Basen* mittels des pK_S-Wertes angegeben werden.

Die Stärke der Säuren nimmt mit steigendem pK_S-Wert ab.
Die Stärke der Basen nimmt mit steigendem pK_S-Wert zu.

Ist der pK_S-Wert eines Säure-Base-Paares

- *kleiner* als 7, so ist die *Säure stärker* als die Base.
- *größer* als 7, so ist die *Base stärker* als die Säure.

Somit stehen in Tabelle 7-6

- *oben* die Säure-Base-Paare, deren *Säure stärker* ist,
- *unten* die Säure-Base-Paare, deren *Base stärker* ist.

Der **pK_S-Wert** kann als **Maß für eine** – der Elektronenaffinität (↑ S. 101) analoge – **Protonenaffinität** aufgefasst werden. Je höher der pK_S-Wert eines Säure-Base-Paares, um so stärker ist dessen Tendenz, in Richtung der *Protonenaufnahme* zu reagieren.

[1] Zu den pK-Werten dieser Säure-Base-Paare siehe die Anmerkungen auf Seite 231.

Tabelle 7-6: *pK_S-Werte wichtiger Säure-Base-Paare (bei 25 °C)*

pK_S		Säure	$\xrightarrow{\text{Protonenabgabe}}$	Base	+ Proton		pK_B
≈ − 9		$HClO_4$	⇌	ClO_4^-	+ H^+		≈ 23
≈ − 8	sehr	HI	⇌	I^-	+ H^+	sehr	≈ 22
≈ − 6		HBr	⇌	Br^-	+ H^+		≈ 20
≈ − 6	starke	HCl	⇌	Cl^-	+ H^+	schwache	≈ 20
≈ − 3		H_2SO_4	⇌	HSO_4^-	+ H^+		≈ 17
−1,32	Säuren	HNO_3	⇌	NO_3^-	+ H^+	Basen	15,32
0		H_3O^+	⇌	H_2O	+ H^+		14 [1)]
1,92		HSO_4^-	⇌	SO_4^{2-}	+ H^+		12,08
1,96		H_2SO_3	⇌	HSO_3^-	+ H^+		12,04
1,96	starke	H_3PO_4	⇌	$H_2PO_4^-$	+ H^+	schwache	12,04
2,22		$[Fe(H_2O)_6]^{3+}$	⇌	$[Fe(OH)(H_2O)_5]^{2+}$	+ H^+		11,78
3,14	Säuren	HF	⇌	F^-	+ H^+	Basen	10,86
3,35		HNO_2	⇌	NO_2^-	+ H^+		10,65
3,74		HCOOH	⇌	$HCOO^-$	+ H^+		10,26
4,76		CH_3COOH	⇌	CH_3COO^-	+ H^+		9,24
4,85	mittel-	$[Al(H_2O)_6]^{3+}$	⇌	$[Al(OH)(H_2O)_5]^{2+}$	+ H^+	mittel-	9,15
6,52	starke	H_2CO_3	⇌	HCO_3^-	+ H^+	starke	7,48
6,92		H_2S	⇌	HS^-	+ H^+		7,08
7,12	Säuren	$H_2PO_4^-$	⇌	HPO_4^{2-}	+ H^+	Basen	6,88
7,25		HClO	⇌	ClO^-	+ H^+		6,75
9,25		NH_4^+	⇌	NH_3	+ H^+		4,75
9,40		HCN	⇌	CN^-	+ H^+		4,60
9,66	schwache	H_4SiO_4	⇌	$H_3SiO_4^-$	+ H^+	starke	4,34
9,66		$[Zn(H_2O)_4]^{2+}$	⇌	$[Zn(OH)(H_2O)_3]^+$	+ H^+		4,34
10,40	Säuren	HCO_3^-	⇌	CO_3^{2-}	+ H^+	Basen	3,60
11,62		H_2O_2	⇌	HO_2^-	+ H^+		2,38
11,66		$H_3SiO_4^-$	⇌	$H_2SiO_4^{2-}$	+ H^+		2,34
12,32		HPO_4^{2-}	⇌	PO_4^{3-}	+ H^+		1,68
12,9		HS^-	⇌	S^{2-}	+ H^+		1,1
14		H_2O	⇌	OH^-	+ H^+		0 [1)]
≈ 23	sehr	NH_3	⇌	NH_2^-	+ H^+	sehr	≈ − 9
≈ 24	schwache	OH^-	⇌	O_2^-	+ H^+	starke	≈ − 10
≈ 40	Säuren	H_2	⇌	H^-	+ H^+	Basen	≈ − 26
pK_S		Säure	$\xleftarrow{\text{Protonenaufnahme}}$	Base	+ Proton		pK_B

Da die Säure-Base-Reaktionen auf der Tendenz der *starken* Protolyte beruhen, in den *schwächeren* Partner überzugehen, liegt das chemische Gleichgewicht in Tabelle 7-6 *oben* auf der *rechten Seite* der Säure-Base-Paare, *unten* auf der *linken Seite* der Säure-Base-Paare. Zwischen zwei Säure-Base-Paaren kommt es demnach zu einer Reaktion, wenn das in Tabelle 7-6 *oben* stehende in Form der *Säure* und das *unten* stehende in Form der *Base* vorliegt.

Das oben stehende Paar (1. Halbsystem (↑ S. 220)) reagiert dann von *links* nach *rechts,* also unter *Protonenabgabe*. Das unten stehende Paar (2. Halbsystem) reagiert von *rechts* nach *links,* also unter *Protonenaufnahme.*

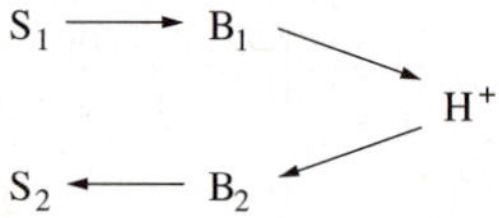

Durch Addition der beiden Halbsysteme ergibt sich ein **protolytisches System.**

▲ Welche Reaktionen laufen in einer wässrigen Lösung ab, die Schwefelwasserstoff, H_2S, und Ammoniak, NH_3, enthält?

In Betracht kommen folgende Säure-Base-Paare:

H_2S	$\rightleftharpoons$	$HS^- + H^+$	$pK_S = 6{,}92$
NH_4^+	$\rightleftharpoons$	$NH_3 + H^+$	$pK_S = 9{,}25$
HS^-	$\rightleftharpoons$	$S^{2-} + H^+$	$pK_S = 12{,}9$

Es kommt zu der Säure-Base-Reaktion

H_2S	$\rightleftharpoons$	$HS^- + H^+$	1. Halbsystem	$pK_{S1} = 6{,}92$
$NH_3 + H^+$	$\rightleftharpoons$	NH_4^+	2. Halbsystem	$pK_{S2} = 9{,}25$
$H_2S + NH_3$	$\rightleftharpoons$	$HS^- + NH_4^+$		

Das 1. Halbsystem steht in Tabelle 7-6 *über* dem 2. Halbsystem. Es kommt daher zu folgendem Protonenübergang:

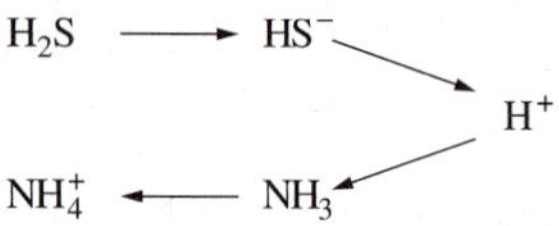

In der Lösung bildet sich also Ammoniumhydrogensulfid, NH_4HS. Dagegen entsteht kein Ammoniumsulfid, $(NH_4)_2S$, da das Säure-Base-Paar

$$HS^- \rightleftharpoons S^{2-} + H^+$$

unter dem Säure-Base-Paar

$$NH_4^+ \rightleftharpoons NH_3 + H^+$$

steht.

Der *Protonenübergang* zwischen zwei Halbsystemen lässt sich mittels der pK_S-Werte *näherungsweise quantitativ* behandeln:

Wird vom pK_S-Wert des 1. Halbsystems der pK_S-Wert des 2. Halbsystems subtrahiert, so erhalten wir einen pK_S-Wert für das protolytische (Gesamt-)System, der es erlaubt, auf die Gleichgewichtslage zu schließen:

$$pK_{S1} - pK_{S2} = pK_S \qquad (7\text{-}11)$$

Das chemische Gleichgewicht liegt nur dann auf der *rechten* Seite der Reaktionsgleichung, also auf der Seite der *Protolyseprodukte,* wenn der pK_S-Wert für das protolytische System *negativ* ist.

Ergibt sich ein *positiver* pK_S-Wert, so liegt das Gleichgewicht auf der *linken* Seite der Reaktionsgleichung, auf der Seite der *Ausgangsstoffe*.

▲ $H_2S + NH_3 \rightleftharpoons HS^- + NH_4^+$
$pK_S(H_2S) - pK_S(NH_3) = pK_S$
$6{,}92 - 9{,}25 = -2{,}33$ (Gleichgewicht liegt rechts)

$HS^- + NH_3 \rightleftharpoons S^{2-} + NH_4^+$
$pK_S(HS^-) - pK_S(NH_3) = pK_S$
$12{,}9 - 9{,}25 = 3{,}65$ (Gleichgewicht liegt links)

Achten Sie darauf, bei den Berechnungen nach Gleichung (7-11) auch für die beteiligte *Base* den pK_S-Wert des Säure-Base-Paares einzusetzen.

Anmerkungen zu Tabelle 7-6

Die angegebenen pK_S- und pK_B-Werte beziehen sich auf *wässrige Lösungen* mit der Konzentration $c = 1\ \text{mol} \cdot \text{L}^{-1}$. Die Einordnung des *Wassers* selbst in diese Tabelle ist daher problematisch. Sie besagt lediglich, dass

- in wässrigen Lösungen aller Säuren, die über dem Oxonium-Ion H_3O^+ stehen, das Oxonium-Ion als Säure und
- in wässrigen Lösungen aller Basen, die unter dem Hydroxid-Ion OH^- stehen, das Hydroxid-Ion als Base wirkt.

Man sagt daher auch:
Die Ionen des Wassers wirken gegenüber sehr starken Säuren und sehr starken Basen *nivellierend*.

Die Zahlenwerte für $pK_S(H_3O^+)$ und $pK_B(OH^-)$ lassen sich nicht experimentell bestimmen. Für eine *Berechnung* dieser Zahlenwerte gibt es zwei Ansätze:

- Für die Protolyse der Säure Oxonium-Ion H_3O^+

  $\text{Säure} + H_2O \rightleftharpoons \text{Base} + H_3O^+$
  $H_3O^+ + H_2O \rightleftharpoons H_2O + H_3O^+$

  ergibt sich nach dem *Massenwirkungsgesetz* (↑ S. 189) die Gleichgewichtskonstante K wie folgt:

  $$\frac{c(H_2O) \cdot c(H_3O^+)}{c(H_3O^+) \cdot c(H_2O)} = K; \qquad K = 1$$

  Der dekadische Logarithmus davon ist 0. Damit erweist sich das Säure-Base-Paar

  $H_3O^+ \rightleftharpoons H_2O + H^+$

  als natürlicher Nullpunkt der protolytischen Skala.
- Allerdings ist es üblich, bei der Ermittlung der Säurekonstanten die – während der Reaktion praktisch konstant bleibende – Konzentration der Wassermoleküle $c(H_2O)$ in die Konstante einzubeziehen; (siehe Gl. (7-7)) (↑ S. 224):

  $$\frac{c(H_2O) \cdot c(H_3O^+)}{c(H_3O^+)} = K_S; \qquad c(H_2O) = K_S$$

  Die Konzentration des Wassers ergibt sich als Quotient aus Dichte ϱ (bei 25 °C) und molarer Masse M:

  $$c(H_2O) = \frac{\varrho(H_2O)}{M(H_2O)}$$

  $$c(H_2O) = \frac{997{,}044\ \text{g} \cdot \text{L}^{-1}}{18{,}01528\ \text{g} \cdot \text{mol}^{-1}}; \qquad c(H_2O) = 55{,}3444\ \text{mol} \cdot \text{L}^{-1}$$

Dadurch erhält die Säurekonstante $K(H_3O^+)$ wie die anderen Säurekonstanten die Maßeinheit mol · L^{-1}. Als negativer dekadischer Logarithmus des Zahlenwertes 55,3 ergibt sich −1,74.
Daraus folgt nach

$$pK_S + pK_B = 14$$

der pK_B-Wert 15,74.
Bei dieser Berechnung bleibt allerdings unberücksichtigt, dass auch $c(H_2O)$ auf der Seite der Reaktionsprodukte diesen praktisch konstanten Wert 55,3 mol · L^{-1} hat. Bezieht man diesen im Zähler stehenden Wert gleichfalls in die Konstante ein, so erhält diese wiederum den Wert 1.

$$\frac{c(H_3O^+)}{c(H_3O^+)} = 1; \qquad pK_S = 0$$

7.3.2.5 Protolysegrad

Was nach der Theorie der elektrolytischen Dissoziation der Dissoziationsgrad ist (↑ S. 215), ist vom Betrachtungsstandpunkt BRÖNSTEDs der Protolysegrad:

$$\text{Protolysegrad} = \frac{\text{Konzentration der protolysierten Teilchen im Gleichgewichtszustand}}{\text{Gesamtkonzentration des Protolyten im Ausgangszustand}}$$

Als Formelzeichen für die Konzentrationen im Gleichgewichtszustand wird meist c verwendet, mitunter auch c_{gl} oder c_{eq}, als Formelzeichen für die Gesamtkonzentration im Ausgangszustand C, mitunter auch c_o. Formelzeichen des Protolysegrades ist α.

Bei der *Protolyse einer Säure*

$$\text{Säure} + H_2O \rightleftharpoons \text{Base} + H_3O^+$$

entstehen je protolysiertes Säuremolekül *ein* Baseteilchen und *ein* Oxonium-Ion, H_3O^+. Im Gleichgewichtszustand ist also die Konzentration der Base gleich der Konzentration der Oxonium-Ionen (wobei von den aus der Autoprotolyse des Wassers stammenden Oxonium-Ionen abgesehen wird).

$$c(\text{Base}) = c(H_3O^+)$$

Für den Protolysegrad α einer Säure gilt demnach:

$$\alpha = \frac{c(\text{Base})}{C(\text{Saure})} \quad \text{und} \quad \alpha = \frac{c(H_3O^+)}{C(\text{Saure})} \qquad (7\text{-}12)$$

Für die *Protolyse einer Base*

$$H_2O + \text{Base} \rightleftharpoons OH^- + \text{Säure}$$

gilt analog:

$$\alpha = \frac{c(\text{Saure})}{C(\text{Base})} \quad \text{und} \quad \alpha = \frac{c(OH^-)}{C(\text{Base})} \qquad (7\text{-}13)$$

Der Protolysegrad kann durch Messungen der elektrischen Leitfähigkeit der Protolytlösung experimentell ermittelt werden. Im Prinzip handelt es sich um den Quotienten zwischen der gemessenen Leitfähigkeit und der (hypothetischen) Leitfähigkeit, die bei vollständiger Protolyse vorläge. Der Protolysegrad ist stets < 1. Er kann auch in Prozent angegeben werden.

▲ Der Protolysegrad für die 1. Protolysestufe der Phosphorsäure

$$H_3PO_4 + H_2O \rightleftharpoons H_2PO_4^- + H_3O^+$$

beträgt (bei einer Ausgangskonzentration $C = 0{,}1\ \mathrm{mol \cdot L^{-1}}$ und 25 °C) 0,283 bzw. 28,3 %. Dieser Anteil der Phosphorsäure liegt im Gleichgewichtszustand in Form von Dihydrogenphosphat-Ionen vor.

Zwischen dem *Protolysegrad* und den *Gleichgewichtskonstanten* K_S und K_B bestehen mathematische Beziehungen, die teilweise zu Gleichungen höherer Ordnung führen. An deren Stelle werden meist *Näherungsgleichungen* verwendet, von denen die wichtigsten nachstehend behandelt werden.

Die **Säurekonstante** K_S ergibt sich aus Gleichung (7-7) (↑ S. 224):

$$K_S = \frac{c(\text{Base}) \cdot c(\text{H}_3\text{O}^+)}{c(\text{Saure})} \tag{7-7}$$

Die in diese Gleichung einzusetzenden Größen $c(\text{Base})$ und $c(\text{H}_3\text{O}^+)$ erhält man mittels des Protolysegrades, indem die unter (7-12) angegebenen Gleichungen

$$\alpha = \frac{c(\text{Base})}{C(\text{Saure})} \quad \text{und} \quad \alpha = \frac{c(\text{H}_3\text{O}^+)}{C(\text{Saure})}$$

nach diesen Größen aufgelöst werden:

$$c(\text{Base}) = \alpha \cdot C(\text{Säure}) \quad \text{und} \quad c(\text{H}_3\text{O}^+) = \alpha \cdot C(\text{Säure}) \tag{7-12a}$$

Der Protolysegrad α tritt hier als Proportionalitätsfaktor zwischen der Ausgangskonzentration $C(\text{Säure})$ und den Gleichgewichtskonzentrationen $c(\text{Base})$ und $c(\text{H}_3\text{O}^+)$ auf.

Die gleichfalls in Gleichung (7-7) einzusetzende Gleichgewichtskonzentration $c(\text{Säure})$ erhalten wir (da nach der Gleichung Säure + $H_2O \rightleftharpoons$ Base + H_3O^+ für jedes entstehende Baseteilchen ein Säureteilchen verbraucht wird), indem von der Ausgangskonzentration $C(\text{Säure})$ die Gleichgewichtskonzentration $c(\text{Base})$ *subtrahiert* wird:

$$c(\text{Säure}) = C(\text{Säure}) - c(\text{Base})$$

Für $c(\text{Base})$ ist dabei Gleichung (7-12a) einzusetzen:

$$c(\text{Säure}) = C(\text{Säure}) - \alpha \cdot C(\text{Säure}) \tag{7-12b}$$

Die Gleichungen (7-12a) und (7-12b) werden schließlich in Gleichung (7-7) eingesetzt:

$$K_S = \frac{\alpha \cdot C(\text{Säure}) \cdot \alpha \cdot C(\text{Säure})}{C(\text{Säure}) - \alpha \cdot C(\text{Säure})}$$

$$K_S = \frac{C^2(\text{Säure}) \cdot \alpha^2}{C(\text{Säure})(1 - \alpha)}$$

$$K_S = C(\text{Säure})\,\frac{\alpha^2}{(1 - \alpha)} \tag{7-14}$$

▲ *Kohlenstoffdioxid* setzt sich in der 1. Protolysestufe zu Hydrogencarbonat-Ionen um:

$$CO_2 + 2\,H_2O \rightleftharpoons HCO_3^- + H_3O^+$$

Bei der Ausgangskonzentration $C(CO_2) = 0{,}1\ \text{mol} \cdot \text{L}^{-1}$ und 25 °C ist der Protolysegrad $\alpha_S = 0{,}00173$.

$$K_S(CO_2) = 0{,}1\ \text{mol} \cdot \text{L}^{-1}\ \frac{0{,}00173^2}{1 - 0{,}00173}$$

$$K_S(CO_2) = 0{,}1\ \text{mol} \cdot \text{L}^{-1}\ \frac{3 \cdot 10^{-6}}{0{,}998}$$

$$K_S(CO_2) = 3 \cdot 10^{-6}$$

$$pK_S(CO_2) = 5{,}52$$

Wie das Beispiel zeigt, ist der Protolysegrad schon bei mittelstarken Protolyten so klein, dass er im Nenner der Gleichung (7-14) gegenüber 1 vernachlässigt werden kann.

Der **Protolysegrad** α ist in der Regel für die *Ausgangskonzentration* $C = 0{,}1\ \text{mol} \cdot \text{L}^{-1}$ tabelliert. Für mittelstarke und schwache Protolyte lässt er sich für *beliebige Konzentrationen* mit einer *Näherungsgleichung* aus dem pK_S-Wert bzw. der Säurekonstante berechnen. Der Nenner in der Gleichung (7-14) wird in diesem Falle näherungsweise gleich 1, wie im vorigen Beispiel gezeigt wurde. Dadurch vereinfacht sich die Gleichung (7-14) zu:

$$K_S = C(\text{Saure}) \cdot \alpha^2 \qquad \text{(7-14a)}$$

Nach α aufgelöst, erhält man daraus den Protolysegrad für Lösungen unterschiedlicher Konzentration:

$$\alpha^2 = \frac{K_S}{C(\text{Säure})}; \qquad \alpha = \sqrt{\frac{K_S}{C(\text{Säure})}} \qquad \text{(7-15)}$$

Für *Basen* gilt analog:

$$\alpha = \sqrt{\frac{K_B}{C(\text{Base})}} \qquad \text{(7-15a)}$$

Solche Näherungsgleichungen ergeben nur in begrenzten Bereichen hinreichende Genauigkeit[1].

▲ Der Protolysegrad von *Cyanwasserstoffsäurelösungen* soll berechnet werden für die Ausgangskonzentrationen
a) $C(HCN) = 0{,}1\ \text{mol} \cdot \text{L}^{-1}$,
b) $C(HCN) = 0{,}05\ \text{mol} \cdot \text{L}^{-1}$ und
c) $C(HCN) = 0{,}01\ \text{mol} \cdot \text{L}^{-1}$

[1] Wird ein Fehler bis zu 1 % in Kauf genommen, ist die Gleichung (7-15) etwa in folgenden Bereichen anwendbar:

bei $C = 1\ \text{mol} \cdot \text{L}^{-1}$	für $pK_S = 4$ bis 12,
bei $C = 0{,}1\ \text{mol} \cdot \text{L}^{-1}$	für $pK_S = 5$ bis 11,
bei $C = 0{,}01\ \text{mol} \cdot \text{L}^{-1}$	für $pK_S = 6$ bis 10,
bei $C = 0{,}001\ \text{mol} \cdot \text{L}^{-1}$	für $pK_S = 7$ bis 9,
bei $C = 0{,}0001\ \text{mol} \cdot \text{L}^{-1}$	für $pK_S = 8$.

Literatur: *Bliefert, C.*: pH-Wert-Berechnungen. VCH, Weinheim, 1978

$pK_S(HCN) = 9{,}40$
$K_S(HCN) = 10^{-9{,}4}\ mol \cdot L^{-1}$; $K_S(HCN) = 4 \cdot 10^{-10}\ mol \cdot L^{-1}$

$$\alpha(\mathrm{HCN}) = \sqrt{\frac{K_S(HCN)}{C(\mathrm{HCN})}}$$

$$\text{a) } \alpha(\mathrm{HCN}) = \sqrt{\frac{4 \cdot 10^{-10}\ \mathrm{mol \cdot L^{-1}}}{0{,}1\ \mathrm{mol \cdot L^{-1}}}}$$

$$\alpha(\mathrm{HCN}) = \sqrt{4 \cdot 10^{-9}}$$

$$\alpha(\mathrm{HCN}) = 6{,}3 \cdot 10^{-5}$$

$$\text{b) } \alpha(\mathrm{HCN}) = \sqrt{\frac{4 \cdot 10^{-10}\ \mathrm{mol \cdot L^{-1}}}{0{,}05\ \mathrm{mol \cdot L^{-1}}}}$$

$$\alpha(\mathrm{HCN}) = \sqrt{8 \cdot 10^{-9}}$$

$$\alpha(\mathrm{HCN}) = 8{,}9 \cdot 10^{-5}$$

$$\text{c) } \alpha(\mathrm{HCN}) = \sqrt{\frac{4 \cdot 10^{-10}\ \mathrm{mol \cdot L^{-1}}}{0{,}01\ \mathrm{mol \cdot L^{-1}}}}$$

$$\alpha(\mathrm{HCN}) = \sqrt{4 \cdot 10^{-8}}$$

$$\alpha(\mathrm{HCN}) = 2 \cdot 10^{-4}$$

Mit abnehmender Konzentration nimmt demnach der Protolysegrad zu.

Da in Gleichung (7-15)

$$\alpha = \sqrt{\frac{K_S}{C(\mathrm{Saure})}}$$

die Ausgangskonzentration C im Nenner steht, gilt allgemein:

Der Protolysegrad α nimmt mit abnehmender Konzentration, also mit zunehmender Verdünnung, zu.

Siehe dazu das vorige Beispiel (↑ S. 234).

Diese Gesetzmäßigkeit erkannte der deutsche Chemiker WILHELM OSTWALD (1885) – damals auf den Dissoziationsgrad (↑ S. 215) bezogen – bei Leitfähigkeitsmessungen. Sie ist als **OSTWALDsches Verdünnungsgesetz** bekannt:

$$K_S = C(\mathrm{Säure})\frac{\alpha^2}{(1-\alpha)} \qquad (7\text{-}14)$$

Wird C(Säure) kleiner, so wird der Quotient $\frac{\alpha^2}{(1-\alpha)}$ größer – und damit auch der Protolysegrad α.

7.3.2.6 Berechnung des pH-Wertes von Protolytlösungen

Auch der pH-Wert von Protolytlösungen ist von der Ausgangskonzentration C(Säure) oder C(Base) abhängig. Zu seiner Ermittlung gibt es wiederum *Näherungsgleichungen.*
Dabei unterscheidet man zwischen

- Lösungen sehr starker Säuren und Basen und
- Lösungen mittelstarker bis schwacher Säuren und Basen (↑ S. 237).

Sehr starke Säuren und Basen protolysieren nahezu vollständig. In *verdünnten wässrigen Lösungen einer sehr starken Säure* liegt das Gleichgewicht weit auf der Seite der Oxonium-Ionen und der Base:

$$\text{Säure} + H_2O \rightleftarrows \text{Base} + H_3O^+$$

Säuremoleküle, die nicht protolysiert sind, sind kaum noch vorhanden. Das zeigt sich in sehr hohen Zahlenwerten der Säurekonstante:

$$\frac{c(\text{Base}) \cdot c(H_3O^+)}{c(\text{Säure})} = K_S$$

▲ *Bromwasserstoff*, HBr

$$HBr + H_2O \rightleftarrows Br^- + H_3O^+$$

$$\frac{c(Br^-) \cdot c(H_3O^+)}{c(HBr)} = 10^6 \text{ mol} \cdot L^{-1}$$

Die Gleichgewichtskonzentration $c(H_3O^+)$ ist damit nahezu gleich der Ausgangskonzentration C(Säure):

$$c(H_3O^+) \approx C(\text{Säure})$$

In die Gleichung (7-6a) (↑ S. 222) zur Berechnung des pH-Wertes

$$\text{pH} = -\lg \frac{c(H_3O^+)}{\text{mol} \cdot L^{-1}}$$

kann daher anstelle der Oxonium-Ionenkonzentration (Wasserstoff-Ionenkonzentration) *in guter Näherung* die Ausgangskonzentration C (Säure) eingesetzt werden:

$$\text{pH} = -\lg \frac{C(\text{Saure})}{\text{mol} \cdot L^{-1}} \qquad (7\text{-}16)$$

▲ Für eine Bromwasserstoffsäurelösung mit $C(HBr) = 0{,}05 \text{ mol} \cdot L^{-1}$ ist der pH-Wert zu ermitteln.

$$\text{pH} = -\lg \frac{5 \cdot 10^{-2} \text{ mol} \cdot L^{-1}}{\text{mol} \cdot L^{-1}}; \qquad \text{pH} = 1{,}3$$

Die Gleichung (7-16) führt in den folgenden Bereichen zu einer Abweichung von nicht mehr als 0,05 pH-Einheiten:

$pK_S = 0$; $C(\text{Säure}) = 10^{-1}$ bis $10^{-6} \text{ mol} \cdot L^{-1}$
$pK_S = 2$; $C(\text{Säure}) = 10^{-3}$ bis $10^{-6} \text{ mol} \cdot L^{-1}$

Für geringere Konzentrationen fällt die Autoprotolyse des Wassers ins Gewicht. Bei höheren pK_S-Werten kann auch für sehr verdünnte Lösungen nicht mehr eine nahezu vollständige Protolyse vorausgesetzt werden.

▲ Berechnen Sie den pH-Wert einer Bromwasserstoffsäure-Lösung mit C(HBr) $= 1 \cdot 10^{-8}\,\text{mol} \cdot \text{L}^{-1}$ bei 22 °C. Würde nur die Protolyse von HBr berücksichtigt, erhielte man

$$\text{pH} = -\lg \frac{1 \cdot 10^{-8}\,\text{mol} \cdot \text{L}^{-1}}{\text{mol} \cdot \text{L}^{-1}} = 8$$

Eine Säure lässt sich aber nie durch starkes Verdünnen in eine Base umwandeln! Bei Konzentrationen von C(Säure) $< 10^{-6}\,\text{mol} \cdot \text{L}^{-1}$ muss man die Autoprotolyse des Wassers (↑ 7.3.2.2) berücksichtigen. Das bedeutet, dass zu den Oxoniumionen der Säure $1 \cdot 10^{-7}\,\text{mol} \cdot \text{L}^{-1}$ Oxoniumionen des Wassers dazukommen:

$$\text{pH} = -\lg \frac{1 \cdot 10^{-8}\,\text{mol} \cdot \text{L}^{-1} + 1 \cdot 10^{-7}\,\text{mol} \cdot \text{L}^{-1}}{\text{mol} \cdot \text{L}^{-1}} = 6{,}96$$

Starkes Verdünnen neutralisiert also eine Säure aus dem sauren Bereich immer weiter bis nahezu pH 7. Ebenso wird nie aus einer Base durch starkes Verdünnen eine Säure. Bei C(Base) $< 10^{-6}\,\text{mol} \cdot \text{L}^{-1}$ addiert man analog $1 \cdot 10^{-7}\,\text{mol} \cdot \text{L}^{-1}$ Hydroxidionen des Wassers. Der pH-Wert einer Base nähert sich bei starkem Verdünnen dem Neutralwert 7 aus dem alkalischen Bereich her.

Für *sehr starke Basen in verdünnten Lösungen* gilt analog zu Gleichung (7-16):

$$\begin{aligned} \text{pOH} &= -\lg \frac{C(\text{Base})}{\text{mol} \cdot \text{L}^{-1}} \\ \text{pH} &= 14 - \text{pOH} \end{aligned} \qquad (7\text{-}16\text{a})$$

Als sehr starke Basen gelten allgemein Natronlauge und Kalilauge. Im Sinne BRÖNSTEDs ist aber das Hydroxid-Ion dieser Alkalihydroxide die Base (der Protonenakzeptor).

$$\text{pOH} = -\lg \frac{c(\text{OH}^-)}{\text{mol} \cdot \text{L}^{-1}}$$

Da die Dissoziation dieser Alkalihydroxide, die nach BRÖNSTED als *Salze* aufzufassen sind, nahezu vollständig ist, ist die Gleichgewichtskonzentration $c(\text{OH}^-)$ näherungsweise gleich der Ausgangskonzentration $C(\text{NaOH})$:

$$c(\text{OH}^-) \approx C(\text{NaOH})$$

Daher kann in obige Gleichung *in guter Näherung* die Ausgangskonzentration $C(\text{NaOH})$ eingesetzt werden:

$$\text{pOH} = -\lg \frac{C(\text{NaOH})}{\text{mol} \cdot \text{L}^{-1}}$$

▲ Für eine *Natronlauge* mit der Konzentration $C(\text{NaOH}) = 0{,}03\,\text{mol} \cdot \text{L}^{-1}$ ist der pH-Wert zu ermitteln.

$$\text{pOH} = -\lg \frac{3 \cdot 10^{-2}\,\text{mol} \cdot \text{L}^{-1}}{\text{mol} \cdot \text{L}^{-1}}$$

pOH = 1,5; pH = 14 – 1,5; pH = 12,5.

Nach Gleichung (7-16), in der C(Säure) an die Stelle von $c(\text{H}_3\text{O}^+)$ gesetzt wurde:

$$\text{pH} = -\lg \frac{C(\text{Saure})}{\text{mol} \cdot \text{L}^{-1}}$$

spielt die *Art* der betrachteten Säure keine Rolle, da *alle* sehr starken Säuren einer fast vollständigen Protolyse unterliegen. Anders ist das bei Säuren mit $\text{p}K_\text{S} > 3$. Für sie ist diese Näherungsgleichung nicht mehr anwendbar, da sie in weitaus geringerem Maße der Protolyse unterliegen.

Mittelstarke und schwache Protolyte unterliegen in so geringem Maße der Protolyse, dass in die Gleichung (7-7)

$$K_S = \frac{c(\text{Base}) \cdot c(H_3O^+)}{c(\text{Saure})}$$

anstelle der Gleichgewichtskonzentration c(Säure) *näherungsweise* die Ausgangskonzentration C(Säure) eingesetzt werden kann:

$$K_S = \frac{c(\text{Base}) \cdot c(H_3O^+)}{C(\text{Saure})}$$

Außerdem sind die Gleichgewichtskonzentrationen c(Base) und $c(H_3O^+)$ annähernd gleich (↑ S. 232), sodass es gerechtfertigt ist, für c(Base) auch $c(H_3O^+)$ einzusetzen:

$$K_S = \frac{c^2(H_3O^+)}{C(\text{Saure})}$$

Löst man diese Gleichung nach $c(H_3O^+)$ auf, ergibt sich eine *Näherungsgleichung* [1] für die Ermittlung des pH-Wertes von Lösungen mittelstarker und schwacher Protolyte:

$$c^2(H_3O^+) = K_S \cdot C(\text{Säure})$$

$$c(H_3O^+) = \sqrt{K_S \cdot C(\text{Saure})} \qquad (7\text{-}17)$$

▲ Für eine *Cyanwasserstoffsäurelösung* mit der Ausgangskonzentration $C(HCN) = 0{,}05\ \text{mol} \cdot \text{L}^{-1}$ sind die Oxonium-Ionenkonzentration im Gleichgewichtszustand $c(H_3O^+)$ und der pH-Wert zu ermitteln.

$$K_S(HCN) = 4 \cdot 10^{-10}\ \text{mol} \cdot \text{L}^{-1}$$

$$c(H_3O^+) = \sqrt{4 \cdot 10^{-10}\ \text{mol} \cdot \text{L}^{-1} \cdot 0{,}05\ \text{mol} \cdot \text{L}^{-1}}$$

$$c(H_3O^+) = 4{,}47 \cdot 10^{-6}\ \text{mol} \cdot \text{L}^{-1}$$

$$\text{pH} = -\lg \frac{4{,}47 \cdot 10^{-6}\ \text{mol} \cdot \text{L}^{-1}}{\text{mol} \cdot \text{L}^{-1}}; \qquad \text{pH} = 5{,}35$$

Der pH-Wert von Lösungen mittelstarker und schwacher Protolyte kann aber auch unmittelbar aus den pK_S-*Werten* ermittelt werden, indem in die Gleichung (7-17) die negativen dekadischen *Logarithmen* eingesetzt werden:

$$\text{pH} = \frac{pK_S - \lg C(\text{Saure})}{2} \qquad (7\text{-}17\text{a})$$

---

[1] Die Näherungsgleichungen (7-17) und (7-17a) sind anwendbar bei

$C(\text{Säure}) = 1\ \text{mol} \cdot \text{L}^{-1}$	für $pK_S \approx 3$ bis 12
$C(\text{Säure}) = 0{,}1\ \text{mol} \cdot \text{L}^{-1}$	für $pK_S \approx 4$ bis 11
$C(\text{Säure}) = 0{,}01\ \text{mol} \cdot \text{L}^{-1}$	für $pK_S \approx 5$ bis 10
$C(\text{Säure}) = 0{,}001\ \text{mol} \cdot \text{L}^{-1}$	für $pK_S \approx 6$ bis 9
$C(\text{Säure}) = 0{,}0001\ \text{mol} \cdot \text{L}^{-1}$	für $pK_S \approx 7$ bis 8

Literatur: *Bliefert, C.*: pH-Wert-Berechnungen. VCH, Weinheim 1978

▲ $pK_S = -\lg 4 \cdot 10^{-10}$; $pK_S = 9{,}40$
$C(HCN) = 0{,}05 \text{ mol} \cdot L^{-1}$; $-\lg C(HCN) = 1{,}3$

$$pH = \frac{9{,}40 + 1{,}3}{2}; \qquad pH = 5{,}35$$

7.3.2.7 Neutralisationsanalyse

Die **Neutralisation** ist nach BRÖNSTED als Umkehrung der Autoprotolyse des Wassers (↑ S. 221) aufzufassen.

▲ Natronlauge soll mit Salpetersäure neutralisiert werden.

Sehr starke Säuren unterliegen in wässrigen Lösungen einer vollständigen Protolyse. Das gilt für alle Säuren, die einen *niedrigeren* pK_S-Wert aufweisen als das Säure-Base-Paar H_3O^+/H_2O (und daher in Tabelle 7-5 *über* diesem Säure-Base-Paar stehen).

▲ Salpetersäure

$$\begin{array}{lll} HNO_3 & \rightleftharpoons NO_3^- + H^+ & \text{(1. Halbsystem)} \\ H_2O + H^+ & \rightleftharpoons H_3O^+ & \text{(2. Halbsystem)} \\ \hline HNO_3 + H_2O & \rightleftharpoons NO_3^- + H_3O^+ & \text{(protolytisches System)} \end{array}$$

Metallhydroxide sind nach BRÖNSTEDT – in Unterschied zu ARRHENIUS – nicht als Base aufzufassen, sondern als *Salz*. Wie andere Salze liegen sie in wässrigen Lösungen in Kationen und Anionen dissoziiert vor:

▲ Natriumhydroxid (Natronlauge)
$NaOH \rightleftharpoons Na^+ + OH^-$

Das *Hydroxid-Ion*, OH^-, ist eine *sehr starke Base* ($pK_B = 0$).

▲ Wird Salpetersäure mit Natronlauge neutralisiert, so ergeben

- die aus der Protolyse der Salpetersäure stammenden Oxonium-Ionen, H_3O^+, mit
- den aus der Dissoziation des Natriumhydroxids stammenden Hydroxid-Ionen

ein protolytisches System:

$$\begin{array}{lll} H_3O^+ & \rightleftharpoons H_2O + H^+ & \text{(1. Halbsystem)} \\ H^+ + OH^- & \rightleftharpoons H_2O & \text{(2. Halbsystem)} \\ \hline H_3O^+ + OH^- & \rightleftharpoons 2\,H_2O & \text{(protolytisches System)} \end{array}$$

Das ist die Umkehrung des von der Autoprotolyse des Wassers (↑ S. 221) bekannten Systems.

Die sehr starke Säure H_3O^+ geht in die sehr schwache Base H_2O über, die sehr starke Base OH^- in die sehr schwache Säure H_2O. Das *Wasser* tritt demnach im 1. Halbsystem als *Base*, im 2. Halbsystem als *Säure* auf.

▲ Äquivalente Mengen an Salpetersäure und Natronlauge vorausgesetzt, reagiert die entstehende Lösung *neutral*. Sie enthält Natrium-Ionen, Na^+, und Nitrat-Ionen, NO_3^-, aber keine überschüssigen Oxonium-Ionen und Hydroxid-Ionen. Es handelt sich um eine Natriumnitratlösung.

Die *Neutralisation* hat große praktische Bedeutung. So müssen saure oder basische Abwässer schon am Entstehungsort neutralisiert werden.

Die **Neutralisationsanalyse** (*Säure-Base-Titration*) ist der bekannteste Bereich der *Maßanalyse* (↑ S. 57). Bei diesem Analyseverfahren wird einer *Untersuchungslösung* unbekannten Gehalts allmählich eine *Maßlösung* bekannten Gehalts – auch *Titriermittel* genannt – zugegeben (siehe Bild 2-4 (↑ S. 57)). Der in der Untersuchungslösung gelöste Stoff wird *Titrand* genannt, der in der Maßlösung gelöste Stoff *Titrator*. Das Prinzip der Titration besteht darin, den *Äquivalenzpunkt* zu bestimmen. Das ist der Punkt, an dem Titrator und Titrand einander *äquivalent* sind, an dem beide mit der *gleichen Äquivalentmenge* n_{eq} vorliegen.

Bei der Säure-Base-Titration wird die Beziehung zwischen der zugegebenen Maßlösung und dem pH-Wert in Titrationskurven wiedergegeben (siehe Bilder 7-2, 7-3a und 7-3b). Die Protolyte verhalten sich je nach ihrer Stärke bei der Titration unterschiedlich, was in den Titrationskurven zum Ausdruck kommt.

Bei der Titration einer **sehr starken Säure** mit einer **sehr starken Base** ergibt sich eine *Titrationskurve,* wie sie im Bild 7-2 dargestellt ist. Der pH-Wert der Lösung ändert sich mit der Zugabe der Baselösung zunächst nur wenig. Oberhalb des pH-Wertes 3 tritt dann aber mit der weiteren Zugabe einer sehr geringen Menge der Baselösung ein sprunghafter Übergang in den basischen Bereich ein. Beim pH-Wert 7 liegt eine Lösung des Salzes vor, das die Säure und die Base miteinander bilden. Während unterhalb dieses Punktes die Konzentration der Oxonium-Ionen $c(H_3O^+)$ überwiegt, liegt oberhalb dieses Punktes ein Überschuss an Hydroxid-Ionen, OH^-, vor.

In den Bildern 7-2, 7-3a und 7-3b ist auf der Abszisse das *Volumen der Maßlösung* aufgetragen, welches 40 mL der Untersuchungslösung *zugegeben* wurde.

Um für eine **Titrationskurve** die *pH-Werte* zu ermitteln, ist zunächst aus den Ausgangskonzentrationen $C(H_3O^+)$ bzw. $C(OH^-)$ und den Volumina v(Säure) bzw. v(Base) der vorgelegten Untersuchungslösung und der zugegebenen Maßlösung zu berechnen, welche Oxonium-Ionenkonzentration $c(H_3O^+)$ oder Hydroxid-Ionenkonzentration $c(OH^-)$ die dabei entstandene Gesamtlösung hat[1)]. Das geschieht in folgenden Schritten:

- *Stoffmenge* $n(H_3O^+)$ der *vorgelegten Säure*:

  $$n(H_3O^+) = v(\text{Säure}) \cdot C(H_3O^+)$$

- *Stoffmenge* $n(OH^-)$ der *zugegebenen Base*:

  $$n(OH^-) = v(\text{Base}) \cdot C(OH^-)$$

- Ermittlung der *überschüssigen* Stoffmenge eines dieser Ionen und daraus der Konzentration dieses Ions:

  $$c(H_3O^+) = \frac{n(H_3O^+)}{v(\text{Gesamt})} \quad \text{oder} \quad c(OH^-) = \frac{n(OH^-)}{v(\text{Gesamt})} \qquad (7\text{-}18)$$

  und des pH-Wertes.

▲ 40 mL einer Salzsäure mit $C(H_3O^+) = 0{,}1\ \text{mol} \cdot \text{L}^{-1}$ werden mit Natronlauge mit $C(OH^-) = 0{,}1\ \text{mol} \cdot \text{L}^{-1}$ titriert:

$$n(H_3O^+) = 0{,}040\ \text{L} \cdot 0{,}1\ \text{mol} \cdot \text{L}^{-1}; \qquad n(H_3O^+) = 4 \cdot 10^{-3}\ \text{mol}$$

– Nach Zugabe von 20 mL Natronlauge ergibt sich:

$$n(OH^-) = 0{,}020\ \text{L} \cdot 0{,}1\ \text{mol} \cdot \text{L}^{-1}; \qquad n(OH^-) = 2 \cdot 10^{-3}\ \text{mol}$$

Es liegt ein Überschuss von $2 \cdot 10^{-3}$ mol Oxonium-Ionen vor.

$$c(H_3O^+) = \frac{2 \cdot 10^{-3}\ \text{mol}}{0{,}060\ \text{L}}$$

$$c(H_3O^+) = 3{,}3 \cdot 10^{-2}\ \text{mol} \cdot \text{L}^{-1}; \qquad \text{pH} = 1{,}48$$

– Nach Zugabe von 39 mL Natronlauge:

$$n(OH^-) = 3{,}9 \cdot 10^{-3}\ \text{mol}$$

$$c(H_3O^+) = \frac{0{,}1 \cdot 10^{-3}\ \text{mol}}{0{,}079\ \text{L}}$$

$$c(H_3O^+) = 1{,}3 \cdot 10^{-3}\ \text{mol} \cdot \text{L}^{-1}; \qquad \text{pH} = 2{,}90$$

[1)] Für genaue Berechnungen ist wiederum von den Ionenaktivitäten (↑ S. 249) auszugehen.

- Nach Zugabe von 39,9 mL Natronlauge:

$$n(OH^-) = 3{,}99 \cdot 10^{-3}\ \text{mol}$$

$$c(H_3O^+) = \frac{0{,}01 \cdot 10^{-3}\ \text{mol}}{0{,}0799\ \text{L}}$$

$$c(H_3O^+) = 1{,}25 \cdot 10^{-4}\ \text{mol} \cdot \text{L}^{-1}; \qquad pH = 3{,}90$$

- Nach Zugabe von 40,1 mL Natronlauge:

$$n(OH^-) = 4{,}01 \cdot 10^{-3}\ \text{mol}$$

$$c(OH^-) = \frac{0{,}01 \cdot 10^{-3}\ \text{mol}}{0{,}0801\ \text{L}}$$

$$c(OH^-) = 1{,}25 \cdot 10^{-4}\ \text{mol} \cdot \text{L}^{-1} \qquad pOH = 3{,}90; \qquad pH = 10{,}1$$

Durch den Zusatz von nur 0,2 mL Natronlauge ändert sich der pH-Wert an dieser Stelle also sprunghaft (siehe Bild 7-2).

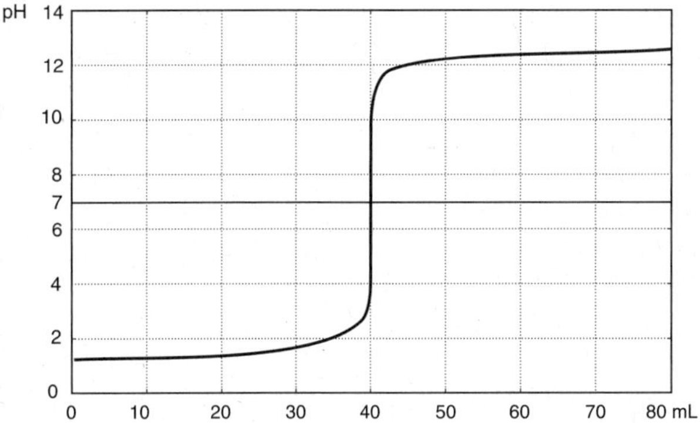

Bild 7-2: *Titration einer sehr starken Säure mit einer sehr starken Base*

Die Titration einer Natronlauge mit Salzsäure verläuft analog. Im Bild 7-2 treten dabei die pH-Werte an der Ordinate in der umgekehrten Reihenfolge auf.

Für die Titration **mittelstarker Säuren** und **mittelstarker Basen** ergeben sich andere Titrationskurven (Bilder 7-3a und 7-3b). Zur Titration einer mittelstarken Säure (z. B. Essigsäure) wird eine *sehr starke Base* (z. B. Natronlauge), zur Titration einer Ammoniaklösung (die schon als starke Base gilt; siehe Tabelle 7-6 (↑ S. 229)), wird eine *sehr starke Säure* (z. B. Salzsäure) als Titrationsmittel eingesetzt. Nur auf diese Weise ergeben sich Titrationskurven mit *sprunghaftem Übergang* [1)] zwischen saurem und basischem Bereich, und das muss vorausgesetzt werden, um den *Äquivalenzpunkt* am Farbumschlag eines Indikators erkennen zu können.

Am *Äquivalenzpunkt* liegt eine Lösung des *Salzes* vor, das aus der Säure und der Base resultiert (bei der Titration von Essigsäure mit Natronlauge Natriumacetat). Während der Titration gehen die zu Beginn vorliegenden Säuremoleküle allmählich in die korrespondierende Base bzw. in das aus ihr resultierende Salz über:

Essigsäuremolekül $\rightleftharpoons$ Acetat-Ion + Proton

[1)] Umsetzungen zwischen mittelstarken Protolyten und zwischen schwachen Protolyten sind für Titrationen nicht geeignet, da der sprunghafte Übergang fehlt.

Die Ermittlung der pH-Werte für die fortschreitende Zugabe des Titrationsmittels erfolgt in diesem Falle nach der HENDERSON-HASSELBALCH-Gleichung:

$$pH = pK_S + \lg \frac{c(\text{Base})}{c(\text{Säure})} \tag{7-19}$$

c(Säure) ist die Konzentration der vorgelegten Säure,
c(Base) die Konzentration der mit ihr korrespondierenden Base, die gleich der Konzentration des daraus resultierenden Salzes ist: c(Base) = c(Salz).

Der Nordamerikaner LAURENCE JOSEPH HENDERSON erkannte (1908) diese Gesetzmäßigkeit; der Däne KARL ALBERT HASSELBALCH führte (1916) die heute gebräuchliche logarithmische Gleichung ein.

Die Gleichung (7-19) leitet sich wie folgt aus Gleichung (7-7) (↑ S. 224) her:

$$K_S = \frac{c(\text{Base}) \cdot c(H_3O^+)}{c(\text{Saure})}$$

$$c(H_3O^+) = K_S \cdot \frac{c(\text{Saure})}{c(\text{Base})}$$

und nach Übergang zu den negativen dekadischen Logarithmen:

$$pH = pK_S - \lg \frac{c(\text{Saure})}{c(\text{Base})}; \qquad pH = pK_S + \lg \frac{c(\text{Base})}{c(\text{Saure})}$$

Die in die Gleichung (7-19) einzusetzenden Größen sind wie folgt zu ermitteln:

- *Stoffmenge* der *vorgelegten* Säure:

  $n(\text{Säure}) = v(\text{Säure}) \cdot C(\text{Säure})$

- *Stoffmenge* der *zugegebenen* Base:

  $n(\text{Base}) = v(\text{Base}) \cdot C(\text{Base})$

- *Konzentration* der *Säure* im Gleichgewichtszustand:

  $$c(\text{Säure}) = \frac{n(\text{Säure})}{v(\text{Gesamt})}$$

- *Konzentration* der korrespondierenden *Base* im Gleichgewichtszustand:

  $$c(\text{Base}) = \frac{n(\text{Base})}{v(\text{Gesamt})}$$

Dabei wird vorausgesetzt, dass durch jedes zugegebene Hydroxid-Ion ein Säuremolekül zu einem Ion der korrespondierenden Base umgesetzt wird:

$$\text{Säure} + OH^- \rightarrow \text{Base} + H_2O$$

▲ 40 mL einer Essigsäure mit $C(CH_3COOH) = 0{,}1\ \text{mol} \cdot L^{-1}$ werden mit Natronlauge mit $C(\text{NaOH}) = 0{,}1\ \text{mol} \cdot L^{-1}$ titriert (Bild 7-3).
$n(CH_3COOH) = v(CH_3COOH) \cdot C(CH_3COOH)$
$n(CH_3COOH) = 0{,}040\ l \cdot 0{,}1\ \text{mol} \cdot L^{-1}$; $\qquad n(CH_3COOH) = 4 \cdot 10^{-3}\ \text{mol}$
$n(\text{NaOH}) = v(\text{NaOH}) \cdot C(\text{NaOH})$

- Nach Zugabe von 10 mL Natronlauge ergibt sich:
  $n(NaOH) = 0{,}010\,l \cdot 0{,}1\ mol \cdot L^{-1}$
  $n(NaOH) = 1 \cdot 10^{-3}\ mol$
  $n(NaOH) = n(CH_3COO^-)$

  Für jedes entstehende Acetat-Ion wird ein Essigsäuremolekül verbraucht, daher verbleibt die Stoffmenge

  $n(CH_3COOH) = 4 \cdot 10^{-3}\ mol - 1 \cdot 10^{-3}\ mol$
  $n(CH_3COOH) = 3 \cdot 10^{-3}\ mol$

  Es liegen dann folgende Konzentrationen vor:

  $$c(CH_3COOH) = \frac{3 \cdot 10^{-3}\ mol}{0{,}050\ L}; \qquad c(CH_3COOH) = 6 \cdot 10^{-2}\ mol \cdot L^{-1}$$

  $$c(CH_3COO^-) = \frac{1 \cdot 10^{-3}\ mol}{0{,}050\ L}; \qquad c(CH_3COO^-) = 2 \cdot 10^{-2}\ mol \cdot L^{-1}$$

  Die so ermittelten Konzentrationen sind in Gleichung (7-19) einzusetzen.

  $$pH = pK_S(CH_3COOH) + \lg \frac{c(CH_3COO^-)}{c(CH_3COOH)}$$

  $$pH = 4{,}75 + \lg \frac{2 \cdot 10^{-2}}{6 \cdot 10^{-2}}$$

  $$pH = 4{,}75 + \lg 0{,}333$$

  $$pH = 4{,}75 - 0{,}48$$

  $$pH = 4{,}27$$

- Nach Zugabe von 20 mL Natronlauge ist die *Hälfte* der Essigsäuremoleküle zu Acetat-Ionen umgesetzt. Deren Konzentrationen sind dann einander gleich:

  $$c(CH_3COOH) = \frac{2 \cdot 10^{-3}\ mol}{0{,}060\ L}; \qquad c(CH_3COOH) = 3{,}33 \cdot 10^{-2}\ mol \cdot L^{-1}$$

  $$c(CH_3COO^-) = \frac{2 \cdot 10^{-3}\ mol}{0{,}060\ L}; \qquad c(CH_3COO^-) = 3{,}33 \cdot 10^{-2}\ mol \cdot L^{-1}$$

  Damit wird der pH-Wert der Lösung nach Gleichung (7-19) gleich dem pK_S-Wert der Essigsäure (siehe Bild 7-3a)

  $pH = 4{,}75 + \lg 1; \qquad pH = 4{,}75.$

- Nach Zugabe von 39 mL Natronlauge stehen der Stoffmenge $n(CH_3COO^-) = 3{,}9 \cdot 10^{-3}$ mol nur noch $n(CH_3COOH) = 0{,}1 \cdot 10^{-3}$ mol gegenüber. Die Konzentrationen sind dann

  $$c(CH_3COOH) = \frac{0{,}1 \cdot 10^{-3}\ mol}{0{,}079\ L}; \qquad c(CH_3COOH) = 1{,}3 \cdot 10^{-3}\ mol \cdot L^{-1}$$

  $$c(CH_3COO^-) = \frac{3{,}9 \cdot 10^{-3}\ mol}{0{,}079\ L}; \qquad c(CH_3COO^-) = 4{,}9 \cdot 10^{-2}\ mol \cdot L^{-1}$$

  $$pH = 4{,}75 + \lg \frac{4{,}9 \cdot 10^{-2}}{1{,}3 \cdot 10^{-3}}$$

  $$pH = 4{,}75 + 1{,}58; \qquad pH = 6{,}33$$

- Nach Zugabe von 40 mL Natronlauge sind die Essigsäuremoleküle vollständig zu Natriumacetat umgesetzt. Es liegt dann eine wässrige Lösung von Natriumacetat vor. Bei weiterer Zugabe von Natronlauge ergeben die überschüssigen Hydroxid-Ionen eine rasche Erhöhung des pH-Wertes. Dieser Teil der Titrationskurve (Bild 7-3a) stimmt mit der in Bild 7-2 wiedergegebenen überein.

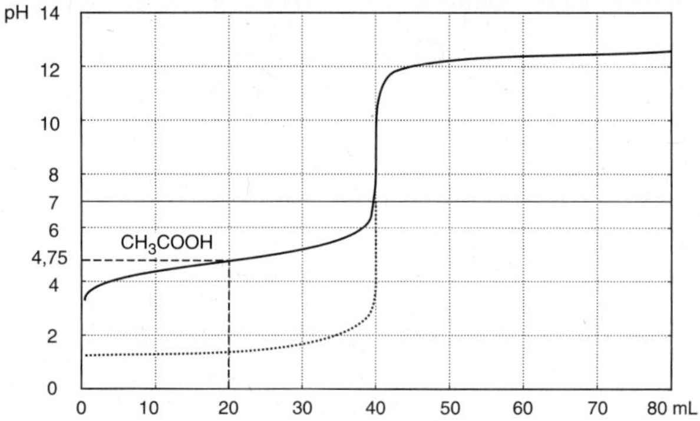

Bild 7-3a: *Titration von Essigsäure mit Natronlauge*
Zum Vergleich ist der Verlauf für die Titration einer sehr starken Säure angedeutet.

Die Titration einer *Ammoniaklösung* mit *Salzsäure* verläuft analog. Dabei ergibt sich die im Bild 7-3b dargestellte Titrationskurve.

Während der Titration gehen die vorliegenden Basemoleküle NH_3 in die korrespondierende Säure NH_4^+ über:

Ammoniakmolekül + Proton $\rightleftharpoons$ Ammonium-Ion

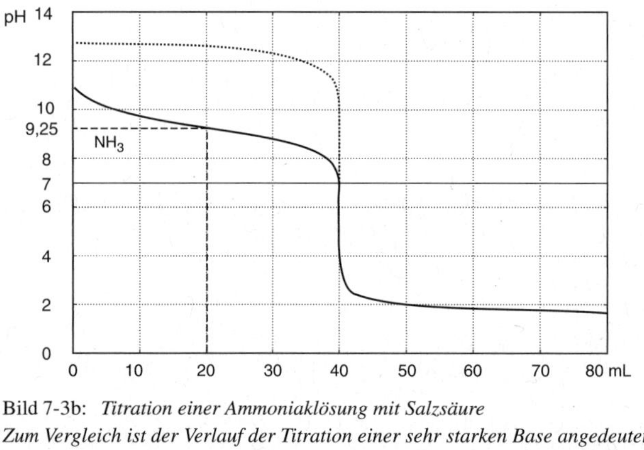

Bild 7-3b: *Titration einer Ammoniaklösung mit Salzsäure*
Zum Vergleich ist der Verlauf der Titration einer sehr starken Base angedeutet.

Auch in dieser Titrationskurve ist der pH-Wert gleich dem pK_S-Wert des korrespondierenden Säure-Base-Paares, wenn die *Hälfte* der Base zur korrespondierenden Säure umgesetzt ist (Bild 7-3b).

▲ 40 mL einer Ammoniaklösung mit $C(NH_3) = 0{,}1\ mol \cdot L^{-1}$ werden 20 mL Salzsäure mit $C(HCl) = 0{,}1\ mol \cdot L^{-1}$ zugesetzt. Die Konzentrationen der Base $c(NH_3)$ und der korrespondierenden Säure $c(NH_4^+)$ sind dann einander gleich:

$$c(NH_3) = \frac{2 \cdot 10^{-3}\ mol}{0{,}060\ L}; \qquad c(NH_3) = 3{,}33 \cdot 10^{-2}\ mol \cdot L^{-1}$$

Der pH-Wert ist an dieser Stelle der Titrationskurve gleich dem pK_S-Wert des Ammonium-Ions $pK_S(NH_4^+)$:

$$pH = 9{,}25 + \lg\frac{3{,}33 \cdot 10^{-2}}{3{,}33 \cdot 10^{-2}}; \qquad pH = 9{,}25$$

Zur Bestimmung des *Äquivalenzpunktes* muss ein **Indikator** gewählt werden, dessen Umschlagbereich in den senkrecht verlaufenden Bereich der Titrationskurve fällt. Für die Titration einer schwachen Säure mit einer starken Base ist das z. B. Phenolphthalein (Bild 7-1 und Tabelle 7-5 (↑ S. 223)).

7.3.2.8 Pufferlösungen

In den *Titrationskurven* schwacher und mittelstarker Protolyte gibt es beiderseits des Punktes, an dem

- das korrespondierende Säure-Base-Paar je zur *Hälfte* als *Base* und als *Säure* vorliegt:

  $$c(\text{Base}) = c(\text{Säure})$$

  und damit
- der pH-Wert nach der HENDERSON-HASSELBALCHschen Gleichung

  $$pH = pK_S + \lg\frac{c(\text{Saure})}{c(\text{Base})}$$

  gleich dem pK_S-Wert ist:

  $$pH = pK_S + \lg 1$$

  $$pH = pK_S$$

einen *Bereich mit geringerem Anstieg*.

▲ Essigsäure (Bild 7-3a)
Ammoniaklösung (Bild 7-3b)

In diesem Bereich ändern diese Lösungen bei Zugabe (relativ geringer Mengen) von Säuren bzw. Basen ihren pH-Wert nur geringfügig. Solche Lösungen werden **Pufferlösungen** genannt, da sie die Wirkung von Säuren bzw. Basen (innerhalb bestimmter Grenzen) *auffangen*.

Pufferlösungen werden im einfachsten Falle so hergestellt, dass äquivalente Mengen

- einer schwachen Säure und eines ihrer Salze oder
- einer schwachen Base und eines ihrer Salze

in Wasser gelöst werden.

▲ Essigsäure, CH_3COOH, und Natriumacetat, CH_3COONa;
Ammoniak, NH_3, und Ammoniumchlorid, NH_4Cl.

Pufferlösungen spielen in den *lebenden Organismen* eine wichtige Rolle. Das menschliche Blut hat einen pH-Wert von 7,4. Es wirken mehrere Puffersysteme, die den pH-Wert des Blutes konstant halten. Das wichtigste ist das Kohlenstoffdioxid-Carbonat-Puffersystem. Schon eine Abweichung um ± 0,4 pH-Einheiten ist lebensbedrohlich.

Viele *technische Verfahren* erfordern es, bestimmte pH-Werte einzuhalten (z. B. in Galvanotechnik, Textilveredlung und Lederbearbeitung). Pufferlösungen lassen sich mit ganz bestimmten pH-Werten herstellen [1)].

▲ In einer *Essigsäure-Natriumacetat-Pufferlösung* tritt das Wassermolekül gegenüber dem Essigsäuremolekül, CH_3COOH, als *Base*, gegenüber dem Acetat-Ion, CH_3COOH^-, als *Säure* auf:

$$\begin{array}{llll} CH_3COOH & + H_2O & \rightleftharpoons CH_3COO^- & + H_3O^+ \\ S_1 & + B_2 & \rightleftharpoons B_1 & + S_2 \end{array}$$

$$\begin{array}{llll} CH_3COOH & + OH^- & \rightleftharpoons CH_3COO^- & + H_2O \\ S_1 & + B_2 & \rightleftharpoons B_1 & + S_2 \end{array}$$

Bei Zugabe einer relativ geringen Menge einer starken Säure (z. B. Salzsäure) wirken gegenüber deren Oxonium-Ionen, H_3O^+, die Acetat-Ionen als *Protonenakzeptoren*. Das Gleichgewicht wird nach *links* verschoben, bis der Wert der Säurekonstante $K_S(CH_3COOH)$ wieder erreicht ist:

$$\frac{c(CH_3COO^-) \cdot c(H_3O^+)}{c(CH_3COOH)} = 1{,}78 \cdot 10^{-5}\ \text{mol} \cdot \text{L}^{-1}$$

und damit auch der pK_S-Wert der Essigsäure:

$$pK_S = -\lg \frac{1{,}78 \cdot 10^{-5}\ \text{mol} \cdot \text{L}^{-1}}{\text{mol} \cdot \text{L}^{-1}}$$

$$pK_S = 4{,}75$$

Selbst bei einer Änderung des Quotienten $\frac{c(\text{Base})}{c(\text{Säure})}$ der HENDERSON-HASSELBALCHschen Gleichung zwischen $\frac{1}{10}$ und $\frac{10}{1}$ verbleibt der pH-Wert innerhalb des Intervalls

$$pH = pK_S \pm 1.$$

Das ist im Bild 7-4 dargestellt.

▲ Wird in Wasser soviel Chlorwasserstoff gelöst, dass sich eine Salzsäure mit der Konzentration $c(HCl) = 0{,}02\ \text{mol} \cdot \text{L}^{-1}$ bildet, so beträgt der pH-Wert infolge der nahezu vollständigen Protolyse:

$$HCl + H_2O \rightarrow Cl^- + H_3O^+$$

$$pH = -\lg a(H_3O^+)$$

$$pH = -\lg 2 \cdot 10^{-2}$$

$$pH = 1{,}7$$

---

1) Literatur zu Pufferlösungen:
Rauscher, R. u. a.: Chemische Tabellen und Rechentafeln für die analytische Praxis. – Frankfurt a. M.: Verlag Harri Deutsch, 1996 und [Kal1998], [DAn2008]

Wird die gleiche Menge Chlorwasserstoff in eine Essigsäure-Natriumacetat-Pufferlösung eingeleitet, in der die Konzentration der beiden Komponenten gleichermaßen $c = 0{,}2\,\text{mol} \cdot \text{L}^{-1}$ beträgt, so ändert sich der Quotient $\frac{c(\text{Base})}{c(\text{Säure})}$ der Gleichung

$$H_3O^+ + CH_3COO^- \rightarrow H_2O + CH_3COOH$$

entsprechend wie folgt:
Die Konzentration der Acetat-Ionen nimmt ab, die Konzentration der Essigsäuremoleküle nimmt zu:

$$\text{pH} = 4{,}75 + \lg \frac{0{,}2 - 0{,}02}{0{,}2 + 0{,}02}$$

$$\text{pH} = 4{,}75 + \lg \frac{0{,}18}{0{,}22}$$

$$\text{pH} = 4{,}75 - 0{,}087$$

$$\text{pH} = 4{,}663$$

Die gleiche Stoffmenge an Chlorwasserstoff, die im Wasser eine Änderung des pH-Wertes um mehr als fünf pH-Einheiten bewirkt, hat in dieser Pufferlösung nur eine Änderung um weniger als 0,09 pH-Einheiten zur Folge.

Solange in der Pufferlösung Acetat-Ionen vorhanden sind, erhöht sich die Konzentration der Oxonium-Ionen $c(H_3O^+)$ bei Zugabe einer *Säure* nur geringfügig, und dementsprechend nimmt der pH-Wert nur wenig ab.

Umgekehrt wirken nach der Gleichung

$$CH_3COOH + OH^- \rightarrow CH_3COO^- + H_2O$$

bei der Zugabe einer geringen Menge einer *Base* die Essigsäuremoleküle gegenüber den Hydroxid-Ionen als *Protonendonatoren*. Das Gleichgewicht wird nach rechts verschoben. Solange in der Pufferlösung Essigsäuremoleküle vorhanden sind, erhöht sich daher die Hydroxid-Ionenkonzentration $c(OH^-)$ nur geringfügig, und der pH-Wert steigt nur wenig an.

Die *Pufferkapazität* einer Pufferlösung hängt demnach von der *Konzentration* ab.

Es ist zu unterscheiden (siehe Bild 7-4) zwischen

- **sauren Puffern**, die im sauren Bereich ($\text{pH} < 7$) wirken und
- **basischen Puffern**, die im basischen Bereich ($\text{pH} > 7$) wirken.

Der als Beispiel behandelte Puffer Essigsäure/Natriumacetat ist ein saurer Puffer. Ein bekannter basischer Puffer setzt sich aus *Ammoniak*, NH_3, und *Ammoniumchlorid*, NH_4Cl, zusammen.

▲ In einer *Ammoniak-Ammoniumchlorid-Pufferlösung* tritt das Wasser gegenüber den Ammoniakmolekülen als *Säure*, gegenüber den Ammonium-Ionen als *Base* auf:

$$\underset{S_1}{H_2O} + \underset{B_2}{NH_3} \rightleftharpoons \underset{B_1}{OH^-} + \underset{S_2}{NH_4^+}$$

$$\underset{S_1}{H_3O^+} + \underset{B_2}{NH_3} \rightleftharpoons \underset{B_1}{H_2O} + \underset{S_2}{NH_4^+}$$

Bei der Zugabe einer relativ geringen Menge einer *Base* wirken die Ammonium-Ionen, NH_4^+, gegenüber den Hydroxid-Ionen als *Protonendonatoren* (Verschiebung des Gleichgewichts nach links). Bei der Zugabe einer relativ geringen Menge einer *Säure* wirken die Ammoniakmoleküle, NH_3, gegenüber den Oxonium-Ionen, H_3O^+, als *Protonenakzeptoren* (Verschiebung des Gleichgewichts nach rechts).

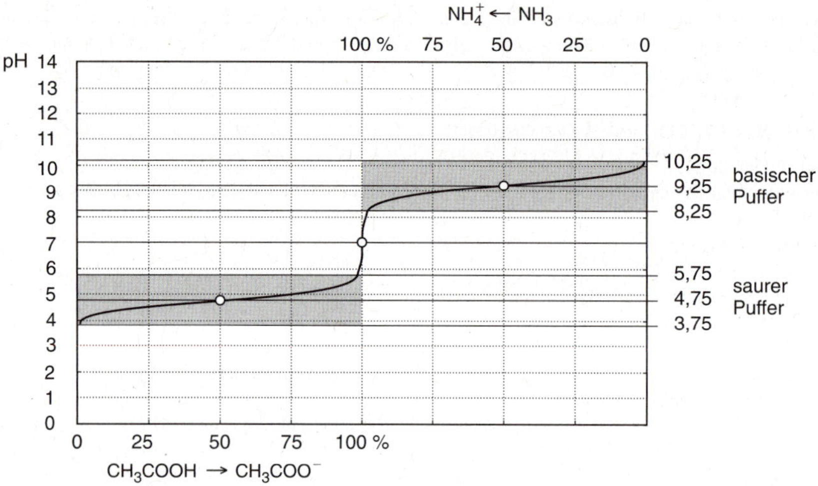

Bild 7-4: *Pufferlösungen*
Die an der Abszisse angegebenen Stoffmengenanteile beziehen sich
- *beim basischen Puffer auf die korrespondierende Säure (NH_4^+),*
- *beim sauren Puffer auf die korrespondierende Base (CH_3COO^-).*

Von den Ausgangspunkten 50 % verschiebt sich das Puffersystem
- *bei Zugabe von Säure nach links,*
- *bei Zugabe von Base nach rechts.*

7.3.2.9 Protolyse wässriger Salzlösungen

Ob die wässrige Lösung eines Salzes neutral, sauer oder basisch reagiert[1)], hängt in der Betrachtungsweise BRÖNSTEDs davon ab, ob die Kationen und Anionen der *Protolyse* unterliegen, das heißt, ob

- die Kationen als *Kationsäuren* und
- die Anionen als *Anionbasen*

wirken.

Dabei sind vier Möglichkeiten zu unterscheiden:

- Weder das *Kation* noch das *Anion* unterliegt der Protolyse. Die Lösung reagiert *neutral.*

  ▲ Kaliumchlorid, Natriumsulfat
- Das Kation wirkt als *Kationsäure*, das Anion unterliegt nicht der Protolyse. Die Lösung reagiert *sauer.*

  ▲ Ammoniumchlorid, NH_4Cl; das Ammonium-Ion, NH_4^+, ist mit $pK_S = 9{,}25$ eine schwache Säure.
- Das Anion wirkt als *Anionbase,* das Kation unterliegt nicht der Protolyse. Die Lösung reagiert *basisch.*

  ▲ Natriumcyanid; das Cyanid-Ion, CN^-, ist mit $pK_B = 4{,}60$ eine starke Base.
- Sowohl das Kation als auch das Anion unterliegen der Protolyse, sie wirken als *Kationsäure* und *Anionbase.* Die Reaktion der Lösung wird dann von dem *relativ stärkeren* der beiden Protolyte bestimmt.

[1)] In der Betrachtungsweise ARRHENIUS' wurde die saure oder basische Reaktion einer wässrigrn Salzlösung auf eine Umkehrung der Neutralisation zurückgeführt und als *Hydrolyse* bezeichnet (↑ S. 215).

- Ist der pK_S-Wert der Kationsäure *niedriger* als der pK_B-Wert der Anionbase, so reagiert die Lösung *sauer.*

  ▲ Ammoniumnitrit
  $NH_4NO_2 \rightleftharpoons NH_4^+ + NO_2^-$
  $pK_S(NH_4^+) = 9{,}25$; $pK_B(NO_2^-) = 10{,}65$
  $pK_S(NH_4^+) < pK_B(NO_2^-)$. Die Lösung reagiert *sauer.*

- Ist der pK_B-Wert der Anionbase *niedriger* als der pK_S-Wert der Kationsäure, so reagiert die Lösung *basisch.*

  ▲ Ammoniumcyanid
  $NH_4CN \rightleftharpoons NH_4^+ + CN^-$
  $pK_S(NH_4^+) = 9{,}25$; $pK_B(CN^-) = 4{,}60$
  $pK_S(NH_4^+) > pK_B\,(CN^-)$. Die Lösung reagiert *basisch.*

Der pH-Wert einer Salzlösung lässt sich mit den pK_S-Werten der beteiligten Säure-Base-Paare durch die folgende Näherungsgleichung abschätzen:

$$pH = \frac{pK_{S1} + pK_{S2}}{2}$$

▲ Ammoniumacetat
$NH_4OOCCH_3 \rightleftharpoons NH_4^+ + CH_3COO^-$
$pK_S(NH_4^+) = 9{,}25$; $pK_S(CH_3COO^-) = 4{,}75$
$pH = \frac{9{,}25 + 4{,}75}{2}$; $pH = 7$.
Die Lösung reagiert *neutral.*

Achten Sie darauf, hier auch für die *Anionbase* den pK_S-Wert (nicht den pK_B-Wert) einzusetzen.

Tabelle 7-6 (↑ S. 229) enthält neben der bekanntesten Kationsäure, dem Ammonium-Ion, NH_4^+, noch weitere Kationsäuren in Form von *hydratisierten Metall-Ionen,* z. B. das Hexaaquaaluminium-Ion $[Al(H_2O)_6]^{3+}$. Die positiven Ladungen des Metall-Ions wirken hier abstoßend gegenüber den positiven Ladungen der Wasserstoffatome, sodass es zu einer Protonenabgabe kommt:

$$[Al(H_2O)_6]^{3+} \rightleftharpoons [Al(OH)(H_2O)_5]^{2+} + H^+$$

Mit $pK_S = 4{,}85$ ist das hydratisierte Aluminium-Ion eine mittelstarke Säure.

Für die *Alkalimetalle* ist die abstoßende Wirkung infolge des großen Radius und der geringen Ladung ihrer Ionen zu gering, sodass sie nicht als Kationsäuren wirken.

7.3.2.10 Ionenaktivität

In den vorangegangenen Abschnitten wurde wiederholt darauf hingewiesen, dass für genaue Berechnungen anstelle der *Konzentrationen c* die *Aktivitäten a* zugrunde gelegt werden müssen. Durch die Wechselwirkung zwischen den gelösten Teilchen, insbesondere zwischen entgegengesetzt geladenen Ionen, wird nach außen eine *geringere* Anzahl Teilchen vorgetäuscht, als tatsächlich in der Lösung enthalten sind. Selbst in den Lösungen echter Elektrolyte, d. h. von Stoffen, die schon im festen Zustand als Ionen vorliegen, entspricht die elektrische Leitfähigkeit niemals einer 100%igen Dissoziation.

Zwischen der *tatsächlichen* Ionenkonzentration c und der *nach außen wirksamen* Ionenkonzentration, die wir als **aktive Ionenkonzentration** c_{akt} (oder kurz *Ionenaktivität*) bezeichnen können, besteht die Beziehung:

$$c \cdot f = c_{\text{akt}} \tag{7-20}$$

Der Proportionalitätsfaktor f heißt **Aktivitätskoeffizient**. Das ist eine dimensionslose Zahl, die in der Regel kleiner als 1 ist. (Es gibt aber auch Situationen, z. B. konzentrierte Lösungen, in denen der Aktivitätskoeffizient größer als 1 werden kann.)

$$f = \frac{c_{\text{akt}}}{c} \tag{7-20a}$$

In der thermodynamischen Literatur ist es üblich, statt der dimensionsbehafteten Größe c_{akt} eine dimensionslose Größe, die **Aktivität** a zu verwenden. Für gelöste Stoffe lautet die Definition der Aktivität:

$$a = \frac{c_{\text{akt}}}{c^{\ominus}} = f \cdot \frac{c}{c^{\ominus}} \tag{7-20b}$$

Die Konzentration wird dabei auf die Konzentration im Standardzustand normiert (↑ S. 282), d. h. sie wird (dimensionslos) als Vielfaches der Standardkonzentration angegeben.

Der Zahlenwert des *Aktivitätskoeffizienten* f wird mit *zunehmender Verdünnung größer.*

▲	NaCl	KOH	HNO_3
$c = 1\ \text{mol} \cdot \text{L}^{-1}$	0,65	0,76	0,73
$c = 0{,}1\ \text{mol} \cdot \text{L}^{-1}$	0,76	0,80	0,79
$c = 0{,}01\ \text{mol} \cdot \text{L}^{-1}$	0,92	0,90	0,91

In sehr verdünnten Lösungen kommt daher nach Gleichung (7-20) der Zahlenwert der *Aktivität* a dem der (in Vielfachen von $c^{\ominus}$ gemessenen) Konzentration c nahe. Soweit es nicht um genaue Berechnungen geht, kann daher statt der *Aktivität* a die (in Vielfachen von $c^{\ominus}$ gemessene) Konzentration c verwendet werden.

7.4 Lösungs- und Fällungsreaktionen

7.4.1 Abbau und Aufbau von Ionengittern

Die allgemeinen Aussagen zu *Lösungen* (↑ S. 19) und *Löslichkeit* (↑ S. 43) werden in diesem Abschnitt für *Ionensubstanzen* spezifiziert.

Beim *Lösen von Ionensubstanzen* werden die *Ionengitter* unter dem Einfluss eines *Lösemittels* abgebaut. Dafür kommen außer dem – am weitaus besten geeigneten – *Wasser* auch andere Flüssigkeiten mit *Dipolmolekülen* in Betracht, z. B. flüssiges *Ammoniak*.

Die *elektrostatischen Anziehungskräfte* zwischen den positiven und negativen Ionen sind im *Innern* des Ionenkristalls abgesättigt. An der *Oberfläche* eines Ionenkristalls wirken diese Kräfte teilweise nach außen. Daher lagern sich Dipolmoleküle des Wassers mit ihrer negativen Seite an Kationen, mit ihrer positiven Seite an Anionen der Kristalloberfläche an. Indem Wassermoleküle zwischen die Kationen und Anionen des Kristalls eindringen (Bild 7-5), werden die Anziehungskräfte zwischen diesen Ionen auf einen Bruchteil vermindert. Auf diese Weise löst sich schließlich der ganze Kristall auf.

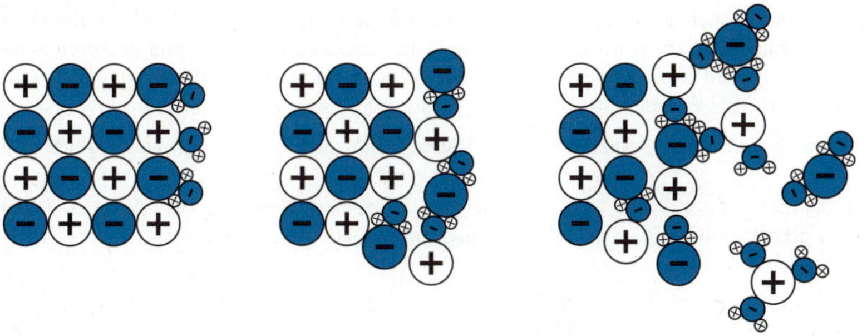

Bild 7-5: *Abbau eines Ionengitters unter der Wirkung der Dipolmoleküle des Wassers*

Diese Anziehungskräfte kommen in der **COULOMBschen Gleichung** zum Ausdruck. Der französische Physiker CHARLES DE COULOMB erkannte 1785:

Die Kräfte, die zwischen zwei elektrischen Ladungen wirken, sind dem Produkt dieser Ladungen q_+ und q_- proportional und dem Quadrat des Abstandes dieser Ladungen r^2 umgekehrt proportional.

Für die *Anziehungskräfte F* zwischen zwei Ionen gilt danach:

$$F = \frac{1}{4\pi\varepsilon} \cdot \frac{q_+ \cdot q_-}{r^2} \qquad (7\text{-}21)$$

q_+ und q_- sind die *Ladungen* des *Kations* und des *Anions*.
r ist der Abstand zwischen den Mittelpunkten der Ionen.
ε ist die *Dielektrizitätskonstante* (*Permittivität*[1])

Die **Dielektrizitätskonstante** ε ist das Produkt

$$\varepsilon = \varepsilon_0 \cdot \varepsilon_r$$

- aus der *Dielektrizitätskonstante des Vakuums* ε_0, einer Naturkonstante mit dem Wert $8{,}854 \cdot 10^{-12}\,C \cdot V^{-1} \cdot m^{-1}$, und
- der *relativen Dielektrizitätskonstante* (Permittivitätszahl[1]) ε_r, einer dimensionslosen Zahl. Diese ist *stoffspezifisch* und damit ein Maß für die unterschiedliche – die Anziehungskräfte zwischen Ionen vermindernde – Wirkung von *Lösemitteln.*

▲ *Beispiele für relative Dielektrizitätskonstanten* ε_r

Flüssiger Fluorwasserstoff	$\varepsilon_r = 84$
Wasser	$\varepsilon_r = 81$
Ethanol (Ethylalkohol)	$\varepsilon_r = 26$
Propanon (Aceton)	$\varepsilon_r = 21$
flüssiges Ammoniak	$\varepsilon_r = 15$
flüssiges Schwefeldioxid	$\varepsilon_r = 14$
Benzen (Benzol)	$\varepsilon_r = 2$

Die hohen ε_r-Werte des Wassers (und des flüssigen Fluorwasserstoffs) führen nach Gleichung (7-21) in diesen Lösemitteln zu einer besonders starken Minderung der Anziehungskräfte zwischen den Ionen des gelösten Stoffes. Diese hohen Werte beruhen auf den hohen permanenten Dipolmomenten der Moleküle des Wassers (wie des Fluorwasserstoffs) sowie ihrer Fähigkeit, sich mit Wasserstoffbrücken zu größeren Molekülaggregaten zu verbinden.

[1] von der IUPAC empfohlene neue Bezeichnung; Literatur: [GES1996]

Die in Lösung gegangenen Ionen umgeben sich im Wasser sofort mit einer *Hydrathülle.* An die Kationen lagern sich Dipolmoleküle des Wassers mit ihrer negativen Seite, an die Anionen mit ihrer positiven Seite an (Bild 7-6). Der Vorgang wird *Hydratation* genannt. Bei dem zugehörigen Oberbegriff *Solvatation*[2)] wird von der *Art* des Lösemittels abgesehen.

Den *Lösungsreaktionen* von Ionensubstanzen stehen als Rückreaktion die *Fällungsreaktionen* gegenüber:

$$\underset{\textbf{(Ionengitter)}}{\mathbf{K^+A^-}} \underset{\textbf{Fällungsreaktion}}{\overset{\textbf{Lösungsreaktion}}{\rightleftharpoons}} \underset{\textbf{(hydratisierte Ionen)}}{\mathbf{K^+_{aq} + A^-_{aq}}}$$

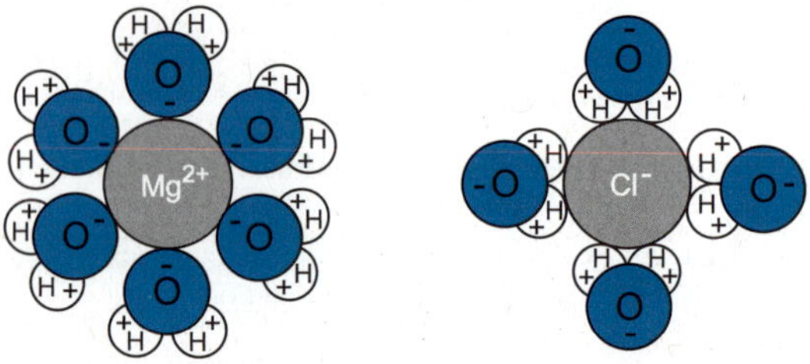

Bild 7-6: *Schematische Darstellung hydratisierter Ionen*
(In Wirklichkeit sind die Dipolmoleküle räumlich um das Ion angeordnet.)

Fällungsreaktionen treten ein, wenn zur gesättigten Lösung (↑ S. 43) einer Ionensubstanz weitere Ionen zugegeben werden, die mit einem der in der Lösung enthaltenen Ionen eine *schwer lösliche* Ionensubstanz bilden. Diese Substanz *fällt* dann aus der Lösung *aus;* sie bildet einen *Niederschlag,* der sich – je nach seiner Art schnell oder langsam – als *Bodenkörper* absetzt.

▲ Einer *Silbernitratlösung*, $AgNO_3$, werden *Chlorid-Ionen*, Cl^-, (in Form von Salzsäure oder eines leicht löslichen Chlorids, z. B. Natriumchlorid, NaCl,) zugegeben. Es entsteht ein Niederschlag des schwer löslichen *Silberchlorids*, AgCl:

$$Ag^+ + Cl^- \rightarrow AgCl\downarrow$$

Diese Reaktion dient einerseits zum *Nachweis* von *Silber-Ionen,* andererseits zum Nachweis von *Chlorid-Ionen.*
Weitere bekannte Fällungsreaktionen beruhen auf der Schwerlöslichkeit von *Bariumsulfat,* $BaSO_4$, und von *Schwermetallhydroxiden.*

$$Ba^{2+} + SO_4^{2-} \rightarrow BaSO_4\downarrow$$
$$Fe^{3+} + 3\,OH^- \rightarrow Fe(OH)_3\downarrow$$

Die Fällung von Bariumsulfat kann sowohl zum *Nachweis* von *Sulfat-Ionen* (mittels Bariumchloridlösung) als auch zum Nachweis von *Barium-Ionen* (mittels Schwefelsäure) dienen.
Die zur Fällung von Schwermetallhydroxiden erforderlichen *Hydroxid-Ionen* können in Form von Natronlauge, NaOH, oder Kalilauge, KOH, aber auch in Form einer wässrigen Ammoniaklösung zugefügt werden, die infolge der Protolyse

$$NH_3 + H_2O \rightleftharpoons NH_4^+ + OH^-$$

gleichfalls Hydroxid-Ionen enthält.

Die quantitative Behandlung von Lösungs- und Fällungsreaktionen erfolgt mittels der Löslichkeitskonstante K_L.

[2)] *solvere* (lat.) lösen

7.4.2 Löslichkeitskonstante

Wird das Massenwirkungsgesetz auf Lösungs- und Fällungsreaktionen angewandt, so handelt es sich um einen auf *gesättigte Lösungen* bezogenen Sonderfall des *Dissoziationsgleichgewichts* (↑ S. 217).

Als gesättigt wird eine Lösung bezeichnet, die bei der gegebenen Temperatur von dem gelösten Stoff nichts mehr zu lösen vermag.

Eine Lösung, die mit dem einen Stoff gesättigt ist, kann in der Regel noch *andere* Stoffe lösen.

Die *Stoffmengenkonzentration der gesättigten Lösung* eines Stoffes wird als **Löslichkeit** (↑ S. 43) dieses Stoffes bezeichnet. Wird die Löslichkeit eines Stoffes überschritten, so bleibt ein Teil dieses Stoffes ungelöst und setzt sich als *Bodenkörper* im Lösegefäß ab. Zwischen dem *Bodenkörper* und dem *gelösten Stoff* stellt sich ein *Gleichgewichtszustand* ein:

$$\mathrm{AB} \rightleftharpoons \mathrm{A}^+ + \mathrm{B}^-.$$

Dafür gilt die Massenwirkungsgleichung (Gleichung (7-4) (↑ S. 217)):

$$\frac{c(\mathrm{A}^+) \cdot c(\mathrm{B}^-)}{c(\mathrm{AB})} = K_\mathrm{D}.$$

Für genaue Berechnungen – insbesondere bei *starken* Elektrolyten – müssen statt der Konzentrationen c die *Aktivitäten* a eingesetzt werden (↑ S. 249):

$$\frac{a(\mathrm{A}^+) \cdot a(\mathrm{B}^-)}{a(\mathrm{AB})} = K_\mathrm{D}.$$

Solange ungelöste Ionensubstanz als Bodenkörper vorhanden ist, bleibt die Aktivität $a(\mathrm{AB})$ konstant. Sie kann daher mit der Dissoziationskonstante K_D zu einer neuen Konstante vereinigt werden, die als **Löslichkeitskonstante** (Formelzeichen K_L) oder kurz als **Löslichkeitsprodukt** (Formelzeichen L) bezeichnet wird:

$$a(\mathrm{A}^+) \cdot a(\mathrm{B}^-) = K_\mathrm{D} \cdot a(\mathrm{AB})$$

$$a(\mathrm{A}^+) \cdot a(\mathrm{B}^-) = K_\mathrm{L}(\mathrm{AB}) \qquad (7\text{-}22)$$

Auch hier können Sie statt der Aktivitäten näherungsweise die Konzentrationen einsetzen:

Die Löslichkeitskonstante K_L ist das Produkt der Konzentrationen der Kationen und der Anionen eines Elektrolyten in einer gesättigten wässrigen Lösung.

Wird in einer Lösung die Löslichkeitskonstante eines Elektrolyten überschritten, fällt die überschüssige Menge dieses Elektrolyten als *Niederschlag* aus.

Wie die Dissoziationskonstante ist auch die Löslichkeitskonstante *temperaturabhängig*.

Die Löslichkeitskonstante wird mit zunehmender Temperatur größer.

Das stimmt mit der Erfahrung überein, dass die Löslichkeit fester Stoffe in Wasser beim Erwärmen im Allgemeinen zunimmt. (Ausnahmen sind z. B. Calciumsulfat und Lithiumcarbonat.)

Praktische Bedeutung besitzen vor allem die Löslichkeitskonstanten schwer löslicher Salze und schwer löslicher Hydroxide (siehe Tabelle 7-7). Oft verwendet man auch hier statt des K_L-Wertes den negativen dekadischen Logarithmus pK_L (↑ S. 227).

Tabelle 7-7: *Löslichkeitskonstanten einiger schwer löslicher Salze und Hydroxide*

Formel	Bezeichnung	K_L (bei 25 °C)	pK_L (bei 25 °C)
$AgBr$	Silberbromid	$7{,}7 \cdot 10^{-13}$ mol$^2 \cdot$ L^{-2}	12,11
$AgCN$	Silbercyanid	$2 \cdot 10^{-12}$ mol$^2 \cdot$ L^{-2}	11,70
Ag_2CO_3	Silbercarbonat	$6{,}2 \cdot 10^{-12}$ mol$^3 \cdot$ L^{-3}	11,20
$AgCl$	Silberchlorid	$1{,}6 \cdot 10^{-10}$ mol$^2 \cdot$ L^{-2}	9,80
AgI	Silberiodid	$1{,}5 \cdot 10^{-16}$ mol$^2 \cdot$ L^{-2}	15,82
Ag_2S	Silbersulfid	$1 \cdot 10^{-51}$ mol$^3 \cdot$ L^{-3}	51,00
Ag_2SO_4	Silbersulfat	$7{,}7 \cdot 10^{-5}$ mol$^3 \cdot$ L^{-3}	4,11
$BaCO_3$	Bariumcarbonat	$8 \cdot 10^{-9}$ mol$^2 \cdot$ L^{-2}	8,10
$BaSO_4$	Bariumsulfat	$1{,}1 \cdot 10^{-10}$ mol$^2 \cdot$ L^{-2}	9,96
$CaCO_3$	Calciumcarbonat	$4{,}8 \cdot 10^{-9}$ mol$^2 \cdot$ L^{-2}	8,32
$CaSO_4$	Calciumsulfat	$6{,}1 \cdot 10^{-5}$ mol$^2 \cdot$ L^{-2}	4,22
$Ca(OH)_2$	Calciumhydroxid	$3{,}1 \cdot 10^{-5}$ mol$^3 \cdot$ L^{-3}	4,51
CdS	Cadmiumsulfid	$1 \cdot 10^{-29}$ mol$^2 \cdot$ L^{-2}	29,00
$CuCO_3$	Kupfercarbonat	$1{,}4 \cdot 10^{-10}$ mol$^2 \cdot$ L^{-2}	9,85
CuS	Kupfersulfid	$4 \cdot 10^{-28}$ mol$^2 \cdot$ L^{-2}	27,40
$Fe(OH)_2$	Eisen(II)-hydroxid	$4{,}8 \cdot 10^{-16}$ mol$^3 \cdot$ L^{-3}	15,32
$Fe(OH)_3$	Eisen(III)-hydroxid	$4 \cdot 10^{-38}$ mol$^4 \cdot$ L^{-4}	37,40
FeS	Eisen(II)-sulfid	$4 \cdot 10^{-19}$ mol$^2 \cdot$ L^{-2}	18,40
$MgCO_3$	Magnesiumcarbonat	$1 \cdot 10^{-5}$ mol$^2 \cdot$ L^{-2}	5,00
$Mg(OH)_2$	Magnesiumhydroxid	$5 \cdot 10^{-12}$ mol$^3 \cdot$ L^{-3}	11,30
$PbCl_2$	Blei(II)-chlorid	$1{,}7 \cdot 10^{-5}$ mol$^3 \cdot$ L^{-3}	4,77
PbS	Blei(II)-sulfid	$1 \cdot 10^{-29}$ mol$^2 \cdot$ L^{-2}	29,00
$PbSO_4$	Blei(II)-sulfat	$2 \cdot 10^{-8}$ mol$^2 \cdot$ L^{-2}	7,70
SnS	Zinn(II)-sulfid	$1 \cdot 10^{-28}$ mol$^2 \cdot$ L^{-2}	28,00
$SrCO_3$	Strontiumcarbonat	$1 \cdot 10^{-9}$ mol$^2 \cdot$ L^{-2}	9,00
$SrSO_4$	Strontiumsulfat	$2{,}8 \cdot 10^{-7}$ mol$^2 \cdot$ L^{-2}	6,55
ZnS	Zinksulfid	$1{,}1 \cdot 10^{-24}$ mol$^2 \cdot$ L^{-2}	23,96
$Zn(OH)_2$	Zinkhydroxid	$1{,}3 \cdot 10^{-17}$ mol$^3 \cdot$ L^{-3}	16,89

Die Zahlenwerte zweier Löslichkeitskonstanten K_L sind nur dann unmittelbar vergleichbar, wenn sie die gleiche Einheit haben.

Zwischen der **Löslichkeitskonstante** K_L und der **Löslichkeit** C_S eines starken Elektrolyten besteht ein Zusammenhang, der sich mathematisch erfassen lässt. In der gesättigten Lösung eines Elektrolyten AB ist die Konzentration der Kationen gleich der Konzentration der Anionen:

$$c(A^+) = c(B^-) \qquad (7\text{-}23)$$

Ist dieser Elektrolyt praktisch vollständig dissoziiert, so ist die Konzentration jedes der beiden Ionen gleich der Löslichkeit C_s, das heißt, der Konzentration der gesättigten Lösung dieses Elektrolyten:

$$\begin{aligned} c(A^+) &= C_S(AB) \\ c(B^-) &= C_S(AB) \end{aligned} \qquad (7\text{-}24)$$

Aus Gleichung (7-22) folgt dann $C_S^2(AB) = K_L(AB)$ und

$$C_S(AB) = \sqrt{K_L(AB)} \qquad (7\text{-}25)$$

▲ Die Löslichkeitskonstante K_L des *Silberchlorids* beträgt $1{,}6 \cdot 10^{-10}\ mol^2 \cdot L^{-2}$, seine Löslichkeit C_S

$$C_S(AgCl) = \sqrt{K_L(AgCl)}$$

$$C_S(AgCl) = \sqrt{1{,}6 \cdot 10^{-10}\ mol^2 \cdot L^{-2}}$$

$$C_S(AgCl) = 1{,}26 \cdot 10^{-5}\ mol \cdot L^{-1}$$

Die Löslichkeit des Silberchlorids ist also sehr gering.

Gleichung (7-25) gilt nur für Elektrolyte vom Typ AB, also für Elektrolyte, die in *zwei* Ionen dissoziieren. Für Elektrolyte vom Typ A_2B bzw. AB_2 [z. B. Ag_2CO_3 und $Ca(OH)_2$] gilt:

$$C_S = \sqrt[3]{\frac{K_L}{4}} \qquad (7\text{-}26)$$

Für Elektrolyte vom Typ A_mB_n gilt allgemein:

$$C_S = \sqrt[m+n]{\frac{K_L}{m^m \cdot n^n}} \qquad (7\text{-}27)$$

▲ *Eisen(III)-hydroxid* (siehe Tabelle 7-7)

$$C_S = \sqrt[1+3]{\frac{4 \cdot 10^{-38}\ mol^4 \cdot L^{-4}}{1^1 \cdot 3^3}}$$

$$C_S = \sqrt[4]{\frac{4 \cdot 10^{-38}\ mol^4 \cdot L^{-4}}{27}}$$

$$C_S = \sqrt[4]{1{,}48 \cdot 10^{-39}\ mol^4 \cdot L^{-4}}$$

$$C_S = 1{,}96 \cdot 10^{-10} mol \cdot L^{-1}$$

7.4.3 Gleichionige Zusätze

Konzentrationsänderungen haben *Einfluss auf die Löslichkeit* von Elektrolyten. Wird in einer gesättigten Lösung die *Konzentration eines Ions erhöht,* so muss sich nach Gleichung (7-22) die *Konzentration des anderen Ions verringern.* Das kann nur in der Weise geschehen, dass ein Anteil des gelösten Stoffes als *Niederschlag* aus der Lösung ausfällt.

▲ *Kaliumchlorat*, $KClO_3$, dissoziiert nach der Gleichung

$$KClO_3 \rightleftharpoons K^+ + ClO_3^- \,.$$

Für die Löslichkeitskonstante gilt demnach:

$$c(K^+) \cdot c(KClO_3^-) = K_L(KClO_3)$$

Wird zu einer gesättigten Kaliumchloratlösung *Natriumchlorat,* $NaClO_3$, zugegeben, so erhöht sich die Konzentration der *Chlorat-Ionen.* Dadurch wird die Löslichkeitskonstante des Kaliumchlorats überschritten, und es fällt Kaliumchlorat aus der Lösung aus.
Wird zu einer gesättigten Kaliumchloratlösung *Kaliumchlorid,* KCl, zugegeben, so erhöht sich die Konzentration der *Kalium-Ionen.* Dadurch wird die Löslichkeitskonstante des Kaliumchlorats gleichfalls überschritten, sodass ebenfalls Kaliumchlorat ausfällt.
Wird dagegen ein anderes Salz zugesetzt, das kein Ion mit dem Kaliumchlorat gemeinsam hat (z. B. Natriumchlorid, NaCl), so tritt kein Niederschlag auf, da sich weder die Konzentration der Kalium-Ionen noch die der Chlorat-Ionen erhöht.

Was an diesem Beispiel gezeigt wurde, gilt allgemein:

Gleichionige Zusätze setzen die Löslichkeit von Elektrolyten herab.

Am größten ist die Löslichkeit eines Elektrolyten, wenn die Ionen *im stöchiometrischen Verhältnis* vorliegen. Wird demgegenüber die Konzentration eines der Ionen erhöht, so nimmt die Löslichkeit des Elektrolyten ab.

Die Herabsetzung der Löslichkeit durch einen gleichionigen Zusatz wird in der *analytischen Chemie* vielfältig genutzt. Soll *ein Ion* möglichst *quantitativ,* das heißt vollständig, aus einer Lösung *ausgefällt* werden, so setzt man ein Ion, das mit dem auszufällenden Ion eine *schwer lösliche Verbindung* bildet, im Überschuss zu.

▲ *Fällung von Silber-Ionen*
Aus einer Lösung sollen die Silber-Ionen möglichst vollständig ausgefällt werden, um deren Menge recht genau bestimmen zu können. Der Lösung wird Salzsäure im Überschuss zugesetzt. Wird dabei die Konzentration der Chlorid-Ionen auf 0,5 mol · L^{-1} erhöht, so geht die Konzentration der Silber-Ionen auf einen äußerst geringen Wert zurück.

$$c(Ag^+) \cdot c(Cl^-) = K_L(AgCl)$$

$$c(Ag^+) \cdot 0{,}5 \text{ mol} \cdot L^{-1} = 1{,}6 \cdot 10^{-10} \text{ mol}^2 \cdot L^{-2}$$

$$c(Ag^+) = \frac{1{,}6 \cdot 10^{-10} \text{ mol}^2 \cdot L^{-2}}{5 \cdot 10^{-1} \text{ mol} \cdot L^{-1}}$$

$$c(Ag^+) = 3{,}2 \cdot 10^{-10} \text{ mol} \cdot L^{-1}$$

Durch den Überschuss an Salzsäure ist also die Konzentration der Silber-Ionen von $1{,}26 \cdot 10^{-5}$ mol · L^{-1} (Beispiel (↑ S. 255)) auf $3{,}2 \cdot 10^{-10}$ mol · L^{-1}, also weniger als den zehntausendsten Teil, herabgesetzt worden. Diese außerordentlich geringe Menge kann bei den meisten analytischen Untersuchungen vernachlässigt werden.

Allerdings kann ein gleichioniger Zusatz auch zur Bildung *leichtlöslicher Komplexsalze* führen, wodurch eine *Erhöhung der Löslichkeit vorgetäuscht* wird.

▲ Wird eine Blei(II)-nitratlösung, $Pb(NO_3)_2$, mit Natronlauge versetzt, so bildet sich ein weißer Niederschlag von *Blei(II)-hydroxid*, $Pb(OH)_2$:

$$Pb(NO_3)_2 + 2\ NaOH \rightleftharpoons Pb(OH)_2\downarrow + 2\ NaNO_3$$

Bei Zugabe weiterer Natronlauge, also bei einem gleichionigen Zusatz, löst sich dieser Niederschlag von Blei(II)-hydroxid wieder auf, da sich die *leichtlösliche Komplexverbindung* Natrium-tetrahydroxidoplumbat(II) bildet:

$$Pb(OH)_2 + 2\ NaOH \rightleftharpoons Na_2[Pb(OH)_4]$$

Hier wird also nicht die Löslichkeit des Blei(II)-hydroxids erhöht, wie es den Anschein hat, sondern es findet – infolge des amphoteren Charakters des Bleihydroxids – eine chemische Umsetzung zu einer viel leichter löslichen Verbindung statt.

Zwischen den *Lösungs- und Fällungsreaktionen* und den *Komplexreaktionen* (↑ 7.5) bestehen enge Beziehungen. So kommt es vielfach im Anschluss an eine *Fällungsreaktion* zu einer *Komplexreaktion*.

▲ *Kupfer(II)-sulfat* löst sich im Wasser unter *Abbau* des Ionengitters zu einer hellblauen Lösung:

$$CuSO_4 \rightleftharpoons Cu^{2+} + SO_4^{2-}$$

Nach Zugabe weniger Tropfen wässriger Ammoniaklösung fällt ein hellblauer Niederschlag von Kupfer(II)-hydroxid, $Cu(OH)_2$, aus. Hier handelt es sich um den *Aufbau* eines neuen *Ionengitters*:
Wird nun wässrige Ammoniaklösung im Überschuss zugesetzt, so löst sich dieser Niederschlag unter Komplexbildung wieder auf:

$$Cu(OH)_2 + 4\ NH_3 \rightleftharpoons [Cu(NH_3)_4]^{2+} + 2\ OH^-$$

Der Tetraamminkupfer(II)-komplex ist löslich; er färbt die Lösung tiefblau.

Da zwischen *hydratisierten Ionen* und *Aquakomplexen* (↑ S. 258) keine strenge Grenze gezogen werden kann und auch zwischen den *Löslichkeitskonstanten* (↑ S. 253) und den *Komplexbildungskonstanten* (↑ S. 262) enge Beziehungen bestehen (↑ S. 264), wird mitunter der Abbau und Aufbau von Ionengittern überhaupt den Komplexreaktionen zugeordnet, sodass dann nur drei anorganische Reaktionstypen unterschieden werden.

7.5 Komplexreaktionen

7.5.1 Bildung und Zerfall von Komplexverbindungen

Komplexverbindungen (↑ S. 157) liegen – je nach ihrer Zusammensetzung – in wässrigen Lösungen mit komplexen Kationen oder komplexen Anionen vor. Charakteristisch für diese *Komplex-Ionen* ist ihre mehr oder weniger hohe *Stabilität*. Die Komplex-Ionen zerfallen in wässriger Lösung nur in sehr geringem Maße in ihre Bestandteile:

$$\textbf{Komplex-Ion} \underset{\textbf{Komplexassoziation}}{\overset{\textbf{Komplexdissoziation}}{\rightleftharpoons}} \textbf{Metall-Ion + Liganden}$$

Komplexdissoziation und *Komplexassoziation* stehen sich als Hin- und Rückreaktion gegenüber. Das Gleichgewicht liegt weit auf der *linken* Seite dieser Gleichung.

Werden Komplexreaktionen analog den Redoxreaktionen und Säure-Base-Reaktionen als *Teilchenübergangsreaktionen* betrachtet, so handelt es sich hier bei den übertragenen Teilchen um die *Liganden.*

- **Die Komplexdissoziation ist eine Abgabe von Liganden.**
- **Die Komplexassoziation ist eine Aufnahme von Liganden.**

In Analogie zu den Redoxpaaren und Säure-Base-Paaren treten uns hier korrespondierende Paare „*Komplex-Ion – Metall-Ion*" gegenüber.

▲ $[Ag(CN)_2]^- \rightleftharpoons Ag^+ + 2\,CN^-$

In der Stabilität der Komplexe gibt es erhebliche Unterschiede, sodass zwischen starken und schwachen Komplexen unterschieden wird.

Starke Komplexe unterliegen in geringerem Maße der Dissoziation als *schwache Komplexe.*

Die Komplexreaktionen sind dementsprechend von der Tendenz geprägt, aus den in der Lösung vorhandenen Metall-Ionen und Liganden den jeweils *stärksten* Komplex zu bilden.

Die Verwendung der Begriffe *stark* und *schwach* ist hier der bei den Protolyten (↑ S. 224) gerade entgegengesetzt: Starke Protolyte unterliegen in stärkerem Maße der Protolyse als schwache Protolyte.

Bei den **Ligandenübergangsreaktionen** gehen die Liganden aus dem *schwächeren* Komplex in den *stärkeren* Komplex über. Mit anderen Worten: Zu einer Ligandenübergangsreaktion kommt es, wenn

- der schwächere Komplex in Richtung der Komplexdissoziation (des Komplexzerfalls) und
- der stärkere Komplex in Richtung der Komplexassoziation (der Komplexbildung)

tendiert.

▲ Das *Tetracyanidocuprat-Ion*, $[Cu(CN)_4]^{2-}$, ist ein stärkerer Komplex als das Tetracyanidonickelat-Ion, $[Ni(CN)_4]^{2-}$.
Wird einer Nickel(II)-salzlösung wenig Kaliumcyanidlösung zugegeben, so bildet sich ein Nickelkomplex:

$$Ni^{2+} + 4\,CN^- \rightleftharpoons [Ni(CN)_4]^{2-}$$

Wird der so entstandenen Lösung eine Kupfer(II)-salzlösung zugesetzt, so zerfällt der Nickelkomplex, während sich der Kupferkomplex bildet:

$$\begin{array}{lll} [Ni(CN)_4]^{2-} & \rightleftharpoons Ni^{2+} + 4\,CN^- & \text{1. Halbsystem} \\ Cu^{2+} + 4\,CN^- & \rightleftharpoons [Cu(CN)_4]^{2-} & \text{2. Halbsystem} \\ \hline \end{array}$$

$$[Ni(CN)_4]^{2-} + Cu^{2+} \rightleftharpoons 2\,Ni^{2+} + [Cu(CN)_4]^{2-}$$

Für solche **Ligandenübergangsreaktionen** kann folgende Symbolik [1)] verwendet werden:

$$\begin{array}{lll} [Me1\,Lig_n] & \rightleftharpoons Me1 + n\,Lig & \text{1. Halbsystem} \\ Me2 + n\,Lig & \rightleftharpoons [Me2\,Lig_n] & \text{2. Halbsystem} \\ \hline \end{array}$$

$$[Me1\,Lig_n] + Me2 \rightleftharpoons Me1 + [Me2\,Lig_n] \qquad (7\text{-}28)$$

Dabei steht **Me** für die *beiden* beteiligten Metall-Ionen, **Lig** für den in beiden Halbsystemen *gleichen* Liganden. **Me1** ist das Metall, das den *schwachen* Komplex bildet, **Me2** das Metall, das den *starken* Komplex bildet. Die vorstehende allgemeine Gleichung (7-28) drückt demnach aus:

Die Liganden gehen aus dem *schwachen* Komplex in den *starken* Komplex über.

Liegen in einer Lösung Teilchen vor, aus denen sich *verschiedene* Komplexe bilden können, so entsteht der *stärkste* dieser Komplexe.

---

1) Die Wertigkeitsverhältnisse werden der Überschaubarkeit wegen bei dieser Symbolik außer Betracht gelassen.

Die Darstellung der Komplexreaktionen als Ligandenübergang lässt allerdings unberücksichtigt, dass die beteiligten Metall-Ionen in wässriger Lösung nicht nur *hydratisiert* sind, sondern als *Aquakomplexe* vorliegen können (Beispiel: Tetraaquakupfer(II)-Ion; siehe Bild 7-7). Während die Wassermoleküle der Hydrathülle einem ständigen Austausch mit benachbarten Wassermolekülen unterliegen, sind die Wassermoleküle in den *Aquakomplexen* relativ fest gebunden. So betrachtet, handelt es sich bei den Komplexreaktionen um **Ligandenaustauschreaktionen.**

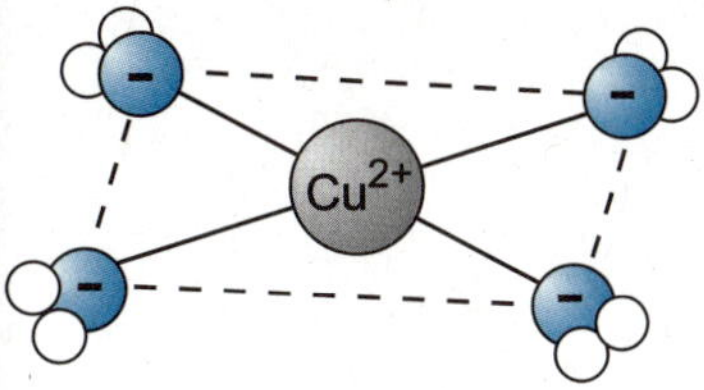

Bild 7-7: *Tetraaquakupfer(II)-Ion*

▲ Die Umsetzung des *Nickelkomplexes* zum *Kupferkomplex* (voriges Beispiel) ist dann wie folgt zu formulieren:

$$[Ni(CN)_4]^{2-} + [Cu(H_2O)_4]^{2+} \rightleftharpoons Ni(H_2O)_4]^{2+} + [Cu(CN)_4]^{2-} \qquad (7\text{-}29)$$

Diese Komplexreaktion ergibt sich – durch Addition – aus den beiden Teilreaktionen:

$$[Ni(CN)_4]^{2-} + 4\,H_2O \rightleftharpoons [Ni(H_2O)_4]^{2+} + 4\,CN^- \qquad (7\text{-}29a)$$

$$[Cu(H_2O)_4]^{2+} + 4\,CN^- \rightleftharpoons [Cu(CN)_4]^{2-} + 4\,H_2O \qquad (7\text{-}29b)$$

An beiden als Zentral-Ionen auftretenden Metall-Ionen werden die Liganden gegen andere Liganden ausgetauscht. Dabei treten jeweils *zwei korrespondierende Paare „Komplex-Ion – Metall-Ion“* miteinander in Beziehung.

▲ Die Gleichung (7-29a) resultiert aus den Paaren:
$[Ni(CN)_4]^{2-} \rightleftharpoons Ni^{2+} + 4\,CN^-$ und
$Ni^{2+} + 4\,H_2O \rightleftharpoons [Ni(H_2O)_4]^{2+}$;

die Gleichung (7-29b) aus den Paaren:
$[Cu(H_2O)_4]^{2+} \rightleftharpoons Cu^{2+} + 4\,H_2O$ und
$Cu^{2+} + 4\,CN^- \rightleftharpoons [Cu(CN)_4]^{2-}$

In einem korrespondierenden Paar können sich auch *zwei Komplexe* gegenüberstehen, von denen der eine *einen Liganden mehr* enthält als der andere.

▲ *Dicyanidoargentatkomplex*
$[Ag(CN)_2]^- \rightleftharpoons [Ag(CN)] + CN^-$
$[Ag(CN)] \rightleftharpoons Ag^+ + CN^-$

Wie das Beispiel zeigt, können auch *ungeladene Komplexe* auftreten. Sie werden im Unterschied zu den Anionkomplexen und Kationkomplexen *Molekülkomplexe* genannt. Wenn statt von Komplex-Ionen allgemeiner von *Komplexen* die Rede ist, wird dem Rechnung getragen.

Die bisherige Darstellung ist insofern stark vereinfacht, als sämtliche Komplexreaktionen *schrittweise* ablaufen.

Im Bild 7-8 ist der schrittweise Ligandenaustausch vom Tetraaquakupfer-Ion $[Cu(H_2O)_4]^{2+}$ zum Tetraamminkupfer-Ion $[Cu(NH_3)_4]^{2+}$ dargestellt. In Abhängigkeit von der Konzentration des Ammoniaks in der Lösung treten die verschiedenen Komplex-Ionen in unterschiedlichen Stoffmengenanteilen auf.

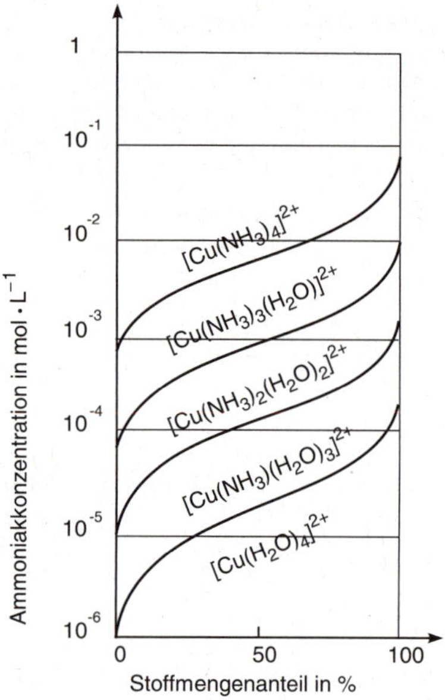

Bild 7-8: *Schrittweiser Ligandenaustausch vom Tetraaquakupferkomplex zum Tetraamminkupferkomplex*

▲ Bei $c(NH_3) = 0{,}001\ mol \cdot L^{-1}$ liegen etwa gleiche Anteile $[Cu(NH_3)_3(H_2O)]^{2+}$ und $[Cu(NH_3)_2(H_2O)_2]^{2+}$ vor (und daneben sehr geringe Anteile $[Cu(NH_3)_4]^{2+}$ und $[Cu(NH_3)(H_2O)_3]^{2+}$.)

Die einzelnen Schritte einer Ligandenaustauschreaktion verlaufen mit unterschiedlicher *Reaktionsgeschwindigkeit.* Der langsamste Schritt bestimmt die Reaktionsgeschwindigkeit der Gesamtreaktion. Komplexreaktionen verlaufen im Allgemeinen wesentlich langsamer als Ionenreaktionen.

In wässrigen Lösungen spielen die Wassermoleküle stets eine Rolle als Liganden. Im Blickfeld steht aber mehr der Austausch zwischen *anderen* Liganden.

▲ In einer wässrigen Lösung, die Silber-Ionen und Ammoniakmoleküle enthält, bilden sich *Diamminsilber-Ionen*:

$Ag^+ + 2\,NH_3 \rightleftharpoons [Ag(NH_3)_2]^+$

Wird dieser Lösung etwas Kaliumcyanidlösung zugegeben, so werden die Ammoniakmoleküle durch Cyanid-Ionen ausgetauscht:

$[Ag(NH_3)_2]^+$	$\rightleftharpoons Ag^+ + 2\,NH_3$	1. Halbsystem
$Ag^+ + 2\,CN^-$	$\rightleftharpoons [Ag(CN)_2]^-$	2. Halbsystem

$$[Ag(NH_3)_2]^+ + 2\,CN^- \rightleftharpoons 2\,NH_3 + [Ag(CN)_2]^-$$

Hierin zeigt sich, dass der Cyankomplex *stärker* ist als der Amminkomplex.

Allgemein lässt sich für die *Ligandenaustauschreaktionen* folgende Symbolik verwenden:

[Me Lig1$_n$]	$\rightleftharpoons$ Me + n Lig1	1. Halbsystem
Me + n Lig2	$\rightleftharpoons$ [Me Lig2$_n$]	2. Halbsystem
[Me Lig1$_n$] + n Lig2	$\rightleftharpoons$ n Lig1 + [Me Lig2$_n$]	(7-30)

Die Gleichungen (7-28) und (7-30) geben zwei Betrachtungsstandpunkte für Komplexreaktionen wieder:

- Bei den **Ligandenübergangsreaktionen** geht eine Ligandenart von einem Metall-Ion zu einem anderen Metall-Ion über. (Das ermöglicht den Vergleich mit Redoxreaktionen und Säure-Base-Reaktionen.)

[Me1 Lig$_n$]	$\rightleftharpoons$ **Me1 + n Lig**	1. Halbsystem
Me2 + n Lig	$\rightleftharpoons$ **[Me2 Lig$_n$]**	2. Halbsystem
[Me1 Lig$_n$] + Me2	$\rightleftharpoons$ **Me1 + [Me2 Lig$_n$]**	(7-28)

- Bei den **Ligandenaustauschreaktionen** wird an einem Metall-Ion die Ligandenart durch eine andere Ligandenart ausgetauscht (ersetzt, substituiert).

[Me Lig1$_n$]	$\rightleftharpoons$ **Me + n Lig1**	1. Halbsystem
Me + n Lig2	$\rightleftharpoons$ **[Me Lig2$_n$]**	2. Halbsystem
[Me Lig1$_n$] + n Lig2	$\rightleftharpoons$ **n Lig1 + [Me Lig2$_n$]**	(7-30)

7.5.2 Komplexdissoziationskonstante

Zur quantitativen Behandlung von Komplexreaktionen (↑ 7.5.1) wird eine Konstante herangezogen, die der *Löslichkeitskonstante* K_L analog ist. Dazu wird der *elektrolytischen Dissoziation* (↑ S. 217)

$$AB \rightleftharpoons A^+ + B^-$$

die *Komplexdissoziation* nebengeordnet:

$$[Me(Lig)_n] \rightleftharpoons Me + n\ Lig \qquad (7\text{-}31)$$

Während in dieser allgemeinen Gleichung auf die Darstellung der Wertigkeitsverhältnisse verzichtet wird, sind diese aus den nachfolgenden Beispielen ersichtlich.

▲ *Tetraamminkupfer(II)-Ion*

$$[Cu(NH_3)_4]^{2+} \rightleftharpoons Cu^{2+} + 4\ NH_3$$

Im Gleichgewichtszustand gilt dafür nach dem Massenwirkungsgesetz:

$$\frac{c(Cu^{2+}) \cdot c^4(NH_3)}{c([Cu(NH_3)_4]^{2+})} = K_D$$

Diese Konstante wird **Komplexdissoziationskonstante** (oder *Komplexzerfallskonstante*) genannt.

Die Zahlenwerte der Komplexdissoziationskonstante K_D sind – wie die der Löslichkeitskonstanten K_L schwer löslicher Salze – *sehr klein.*

▲ Tetraamminkupfer(II)-Ion $K_D([Cu(NH_3)_4]^{2+}) = 5 \cdot 10^{-14}\ mol^4 \cdot L^{-4}$

Darin drückt sich aus, dass die Komplexe *sehr stabil* sind, also nur in sehr geringem Maße nach der Gleichung (7-31) dissoziieren. Da solche Zahlenwerte schwer handhabbar sind, wird anstelle der Komplexdissoziationskonstante K_D meist deren negativer dekadischer Logarithmus, der **pK_D-Wert** verwendet (vgl. pK_S-Wert (↑ S. 227)).

$$pK_D = -\lg \frac{K_D}{mol^2 \cdot L^{-2}} \qquad (7\text{-}32)$$

(Im Nenner ist stets jene Einheit einzusetzen, die die Konstante trägt, um zu einem Zahlenwert zu kommen, der logarithmiert werden kann.)

▲ $K_D([Cu(NH_3)_4]^{2+}) = -\lg 5 \cdot 10^{-14}$
$pK_D([Cu(NH_3)_4]^{2+}) = 13{,}3$

Tabellenbücher bedienen sich statt der Komplexdissoziationskonstante K_D zum Teil der Komplexbildungskonstante K_B.

Die **Komplexbildungskonstante** K_B ist die *reziproke* Größe zur Komplexdissoziationskonstante K_D:

$$K_B = \frac{1}{K_D} \qquad (7\text{-}33)$$

Dabei kehrt sich auch die *Einheit* um.

▲ *Tetraamminkupfer(II)-Ion*

$$K_B([Cu(NH_3)_4]^{2+}) = \frac{1}{K_D([Cu(NH_3)_4]^{2+})}$$

$$K_B([Cu(NH_3)_4]^{2+}) = \frac{1}{5 \cdot 10^{-14}\ mol^4 \cdot L^{-4}}$$

$$K_B([Cu(NH_3)_4]^{2+}) = 2 \cdot 10^{13}\ L^4 \cdot mol^{-4}$$

Der Komplexbildungskonstante K_B liegt die Umkehrung der allgemeinen Gleichung (7-31) zugrunde.

$$Me + n\ Lig \rightleftharpoons [Me(Lig)_n] \qquad (7\text{-}34)$$

▲ *Tetraamminkupfer(II)-Ion*

$$Cu^{2+} + 4\ NH_3 \rightleftharpoons [Cu(NH_3)_4]^{2+}$$

Nach dem Massenwirkungsgesetz ergibt das:

$$\frac{c([Cu(NH_3)_4]^{2+})}{c(Cu^{2+}) \cdot c^4(NH_3)} = K_B$$

Hohe Zahlenwerte der Komplexbildungskonstante K_B lassen erkennen, dass das Gleichgewicht weit auf der rechten Seite der Gleichung (7-34)

$$Me + n\ Lig \rightleftharpoons [Me(Lig)_n]$$

liegt, der Komplex also sehr *stabil* ist. Dementsprechend wird die Komplexbildungskonstante K_B auch **Komplexstabilitätskonstante** oder **Komplexbeständigkeitskonstante** genannt.

Aus Gleichung (7-33)

$$K_B = \frac{1}{K_D}$$

ergibt sich, dass die Komplexbildungskonstante wie folgt mit dem pK_D-Wert in Beziehung steht:

$$pK_D = \lg \frac{K_B}{L^2 \cdot mol^{-2}}$$

Der pK_D-Wert ist der (positive) dekadische Logarithmus des Zahlenwertes der Komplexbildungskonstante K_B.

▲ $K_D([Cu(NH_3)_4]^{2+}) = \lg 2 \cdot 10^{13}$
$pK_D([Cu(NH_3)_4]^{2+}) = 13{,}3$

Je nach ihrer **Stabilität** wird zwischen starken und schwachen Komplexen unterschieden:

- **Starke Komplexe sind besonders stabil.**
- **Schwache Komplexe sind weniger stabil.**

Das drückt sich wie folgt in den vorstehend behandelten Größen aus:

Komplexe sind um so stärker (stabiler)

- je größer der pK_D-Wert ist,
- je kleiner die Komplexdissoziationskonstante K_D ist und
- je größer die Komplexbildungskonstante K_B ist.

Ein unmittelbarer Vergleich von Zahlenwerten ist allerdings nur möglich, wenn ihnen die gleiche Einheit zugrunde liegt.

▲ Die Stabilität nachstehender Komplexe nimmt in der angegebenen Rangfolge zu:

$[Cd(NH_3)_4]^{2+}$	$K_B = 1 \cdot 10^7\ L^4 \cdot mol^{-4}$	$pK_D = 7$
$[Ni(NH_3)_4]^{2+}$	$K_B = 1 \cdot 10^8\ L^4 \cdot mol^{-4}$	$pK_D = 8$
$[Zn(NH_3)_4]^{2+}$	$K_B = 4 \cdot 10^9\ L^4 \cdot mol^{-4}$	$pK_D = 9{,}6$
$[Cu(NH_3)_4]^{2+}$	$K_B = 2 \cdot 10^{13}\ L^4 \cdot mol^{-4}$	$pK_D = 13{,}3$
$[Ag(NH_3)_2]^{+}$	$K_B = 1{,}3 \cdot 10^7\ L^2 \cdot mol^{-2}$	$pK_D = 7{,}1$
$[Ag(CN)_2]^{-}$	$K_B = 1 \cdot 10^{21}\ L^2 \cdot mol^{-2}$	$pK_D = 21$

Diese Stabilität ist genauer als *thermodynamische Stabilität* zu bezeichnen. Von ihr ist die *kinetische Stabilität* zu unterscheiden, die sich in einer geringen Reaktionsgeschwindigkeit zeigt.

Für **Ligandenaustauschreaktionen** (↑ S. 261) kann mittels der Komplexbildungskonstanten K_B die *Gleichgewichtskonstante K* berechnet werden. Eine Reaktionsgleichung, bei der das Gleichgewicht auf der *rechten* Seite liegt, ergibt sich, wenn der Komplex mit der *kleineren* Komplexbildungskonstante als *1. Halbsystem* und der Komplex mit der *größeren* Komplexbildungskonstante als *2. Halbsystem* eingesetzt werden.

▲ $[Ag(NH_3)_2]^+ \rightleftharpoons Ag^+ + 2\,NH_3$ $\quad K_{B1} = 1{,}3 \cdot 10^7\ L^2 \cdot mol^{-2}$
$Ag^+ + 2\,CN^- \rightleftharpoons [Ag(CN)_2]^-$ $\quad K_{B2} = 1 \cdot 10^{21}\ L^2 \cdot mol^{-2}$

$[Ag(NH_3)_2]^+ + 2\,CN^- \rightleftharpoons [Ag(CN)_2]^- + 2\,NH_3$

Die **Gleichgewichtskonstante** *K* ergibt sich durch **Multiplikation**

- **der Komplexbildungskonstante K_B des 2. Halbsystems,**
  das in Richtung der Komplexbildung reagiert,
  mit
- **der Komplexdissoziationskonstante K_D des 1. Halbsystems,**
  das in Richtung der Komplexdissoziation reagiert.

$$K_{B2} \cdot K_{D1} = K \qquad (7\text{-}35)$$

▲ $K_B([Ag(CN)_2]^-) \cdot K_D([Ag(NH_3)_2]^+) = K$
Aus Gleichung (7-33) folgt:

$$K_D([Ag(NH_3)_2]^+) = \frac{1}{K_B([Ag(NH_3)_2]^+)}$$

und damit ergibt sich:

$$\frac{K_B([Ag(CN)_2]^-)}{K_B([Ag(NH_3)_2]^+)} = K; \qquad \frac{1 \cdot 10^{21}\ L^2 \cdot mol^{-2}}{1{,}3 \cdot 10^7\ L^2 \cdot mol^{-2}} = 7{,}7 \cdot 10^{13}$$

Bei dieser hohen Gleichgewichtskonstante liegt das Gleichgewicht sehr weit auf der Seite der Dicyanidoargentat-Ionen. Diamminsilber-Ionen sind daneben kaum noch vorhanden.

Was in diesem Beispiel dargestellt wurde, gilt allgemein:

Die *Gleichgewichtskonstante K* einer *Ligandenaustauschreaktion* ist der *Quotient*

- aus der *Komplexbildungskonstante* K_B des sich *bildenden* Komplexes und
- der *Komplexbildungskonstante* K_B des *zerfallenden* Komplexes.

$$\frac{K_{B2}}{K_{B1}} = K \qquad (7\text{-}36)$$

Erhält man eine Gleichgewichtskonstante $K < 1$, so liegt das Gleichgewicht auf der *linken* Seite der Reaktionsgleichung, das heißt, die beiden Halbsysteme wurden bei der Berechnung verkehrt (↑ S. 263) angeordnet.

Die Ligandenaustauschreaktionen erfolgen schrittweise (↑ S. 259). Die vorstehend verwendeten Komplexbildungskonstanten sind *Bruttobildungskonstanten* für die *Gesamtreaktion.* Diese ergeben sich aus den Bildungskonstanten der einzelnen Schritte.

Zwischen den **Komplexreaktionen** und den **Lösungs- und Fällungsreaktionen** besteht ein enger Zusammenhang. Liegt in einer wässrigen Lösung neben einem schwer löslichen Salz zugleich ein Ligandenbildner vor, kann es

- zur **Ausfällung des schwer löslichen Salzes,** aber auch
- zur **Bildung eines leichtlöslichen Komplexes**

kommen.

Ist neben der Komplexbildungskonstante K_B des Komplexes die Löslichkeitskonstante K_L des Salzes bekannt, kann ermittelt – oder zumindest abgeschätzt – werden,

- ob sich ein Niederschlag eines schwer löslichen Salzes unter Komplexbildung auflöst oder
- ob ein Niederschlag entsteht, indem ein löslicher Komplex zerstört wird.

Das läuft auf die Fragestellung hinaus, ob in einer Reaktion, in der Lösungs-Fällungs-Reaktion und Komplexreaktion miteinander gekoppelt sind, das Gleichgewicht auf der Seite des schwer löslichen Salzes oder des leichtlöslichen Komplexes liegt. Dazu muss die *Gleichgewichtskonstante K* ermittelt werden. Sie ergibt sich als *Produkt aus* der *Löslichkeitskonstante* und der *Komplexbildungskonstante*:

$$K_L \cdot K_B = K \tag{7-37}$$

▲ In eine wässrige Lösung, die einen Niederschlag von Silberbromid enthält, wird Ammoniak eingeleitet:

$AgBr \rightleftharpoons Ag^+ + Br^-$ $\qquad K_L = 5 \cdot 10^{-13}\ mol^2 \cdot L^{-2}$

$Ag^+ + 2\ NH_3 \rightleftharpoons [Ag(NH_3)_2]^+$ $\qquad K_B = 1{,}3 \cdot 10^7\ L^2 \cdot mol^{-2}$

$AgBr + 2\ NH_3 \rightleftharpoons [Ag(NH_3)_2]^+ + Br^-$

$K_L(AgBr) \cdot K_B([Ag(NH_3)_2]^+) = K$

$5 \cdot 10^{-13}\ mol^2 \cdot L^{-2} \cdot 1{,}3 \cdot 10^7\ L^2 \cdot mol^{-2} = 6{,}5 \cdot 10^{-6}$

Die Gleichgewichtskonstante ist *viel kleiner* als 1. Das Gleichgewicht liegt demnach weit auf der *linken* Seite der Reaktionsgleichung. Silberbromid lässt sich durch Zugabe von Ammoniak *nicht* auflösen. Dazu muss ein Ligandenbildner eingesetzt werden, der zu einem Komplex mit wesentlich höherer Komplexbildungskonstante führt. Als solcher erweist sich Natriumthiosulfat, $Na_2S_2O_3$, bzw. das Thiosulfat-Ion, $S_2O_3^{2-}$:

$K_L(AgBr) \cdot K_B([Ag(S_2O_3)_2]^{3-}) = K$

$5 \cdot 10^{-13}\ mol^2 \cdot L^{-2} \cdot 3 \cdot 10^{13}\ L^2 \cdot mol^{-2} = 15$

Da die Gleichgewichtskonstante $K > 1$, liegt das Gleichgewicht auf der *rechten* Seite der Reaktionsgleichung:

$AgBr + 2\ Na_2S_2O_3 \rightleftharpoons Na_3[Ag(S_2O_3)_2] + NaBr$

Das Silberbromid wird aufgelöst. Darauf beruht es, dass Natriumthiosulfat in der analogen Schwarz-Weiß-Fotografie als Fixiersalz verwendet wird.

Diese Berechnungen gelten unter der Voraussetzung, dass die Ausgangsstoffe in *stöchiometrischen Proportionen* vorliegen, das heißt, in einem Stoffmengenverhältnis, das den Stöchiometriezahlen der Reaktionsgleichung entspricht. Wird der *Ligandenbildner* im Überschuss eingesetzt, so wird nach dem Massenwirkungsgesetz das Gleichgewicht weiter nach rechts verschoben.

▲ Obwohl die Gleichgewichtskonstante für die Reaktion

$AgCl + 2\ NH_3 \rightleftharpoons [Ag(NH_3)_2]^+ + Cl^-$

mit $K = 2{,}1 \cdot 10^{-3}$ *kleiner* als 1 ist, gelingt es durch einen *Überschuss* an Ammoniak, einen Niederschlag von Silberchlorid aufzulösen. Beim Silberbromid mit $K = 6{,}5 \cdot 10^{-6}$ (siehe voriges Beispiel) ist das nicht mehr möglich.

8 Thermochemie – Thermodynamik

Bei chemischen Reaktionen ändert sich die *innere Energie* der beteiligten Stoffe. Dies kann geschehen durch

- *Abgabe oder Aufnahme von Wärme* und durch
- *Abgabe oder Aufnahme von Arbeit.*

Im Folgenden wird vorrangig die Umsetzung von *Wärme* bei chemischen Reaktionen behandelt. Dieses Teilgebiet der chemischen Wissenschaft wird *Thermochemie* genannt.

Soweit es sich um Gasreaktionen handelt, spielt die Arbeit in Form von *Volumenarbeit* eine wichtige Rolle. Bei Reaktionen, die in elektrochemischen Zellen ablaufen, tritt *elektrische Arbeit* auf. All das ordnet sich in die umfassendere *chemische Thermodynamik* ein, die hier nur ausschnittsweise behandelt werden kann.

Eine exakte mathematische Behandlung der mit chemischen Reaktionen einher gehenden energetischen Vorgänge ist nur mit Differenzial- und Integralrechnung möglich. Das ist Gegenstand der physikalischen Chemie innerhalb der Hochschulausbildung von Chemikern[1]. In den meisten Studienrichtungen mit Chemie als Grundlagenfach geht es mehr um eine *beschreibende* Behandlung der Thermochemie. Soweit dabei Berechnungen zur Veranschaulichung der energetischen Vorgänge herangezogen werden, ist das meist nur eine quasi-quantitative Behandlung.

8.1 Grundbegriffe der Thermodynamik

Die klassische Thermodynamik untersucht beobachtbare und messbare Vorgänge im *makroskopischen* Bereich. Wie diese Vorgänge mit Vorgängen im atomaren und molekularen Bereich zusammenhängen, ist Untersuchungsgegenstand der *statistischen Thermodynamik,* der gegenüber die Thermodynamik, mit der wir uns hier befassen, auch als *phänomenologische Thermodynamik* bezeichnet wird. Die *chemische Thermodynamik* ist deren Anwendung auf chemische Reaktionen. Sie liefert Aussagen darüber, ob eine bestimmte chemische Reaktion überhaupt *möglich* ist und unter welchen Bedingungen (Druck, Temperatur, Zusammensetzung des reagierenden Systems). Die *Zeit* geht in thermodynamische Berechnungen nicht ein. Ob eine an sich mögliche Reaktion mit einer für die praktische Durchführung hinreichenden Reaktionsgeschwindigkeit (↑ S. 179) abläuft, ist Gegenstand der *chemischen Kinetik* (↑ S. 196)[2]. Die chemische Thermodynamik kann darüber nichts aussagen.

Der Untersuchungsgegenstand wird in der Thermodynamik allgemein **System** genannt. Dabei kann es sich z. B. um eine Portion eines reinen Stoffes oder um eine Portion eines Reaktionsgemischs handeln. Ein solches System wird stets in den Beziehungen zu seiner **Umgebung** betrachtet. Untersucht werden die Energieänderungen, die durch Austausch von Wärme und Arbeit zwischen dem System und seiner Umgebung auftreten.

Es werden folgende Systeme unterschieden:

- Offene Systeme
- Geschlossene Systeme
- Isolierte (abgeschlossene) Systeme

---

[1] Literatur: [Atk2013], [Atk2008]

[2] Lehre von den Bewegungen der Atome und Moleküle, von *kinein* (griech.) bewegen

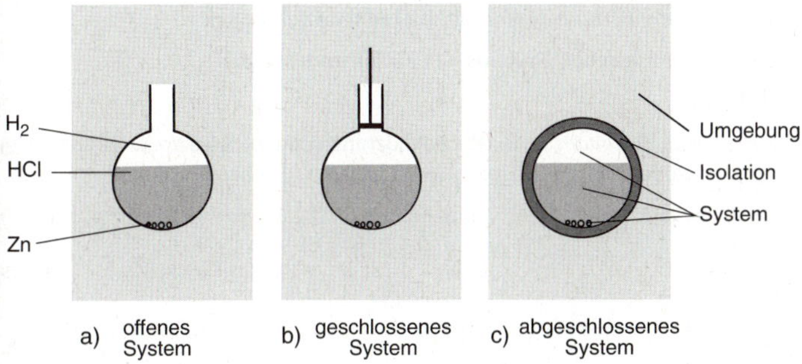

Bild 8-1: *Unterscheidung von offenen, geschlossenen und abgeschlossenen (isolierten) Systemen*

- **Offene Systeme**
  Es ist sowohl ein Austausch von *Wärme* und *Arbeit* als auch ein *Stoffaustausch* mit der Umgebung möglich (Bild 8-1a).

  ▲ In einem offenen Gefäß reagiert Zink mit Salzsäure:

  $$Zn + 2\,HCl \rightarrow ZnCl_2 + H_2\uparrow$$

  Der entstehende Wasserstoff entweicht aus dem Gefäß. Bei der Reaktion steigt die Temperatur etwas an. Es wird dann Wärme an die Umgebung abgegeben, bis System und Umgebung wieder die gleiche Temperatur haben.

- **Geschlossene Systeme**
  Es ist nur ein Austausch von *Wärme* und *Arbeit*, aber kein Stoffaustausch mit der Umgebung möglich (Bild 8-1b).

  ▲ In einem Gefäß, das mit einem beweglichen Kolben verschlossen ist, drückt der entstehende Wasserstoff den Kolben nach außen. Auch hier wird Wärme an die Umgebung abgegeben, bis der Temperaturausgleich zwischen System und Umgebung erreicht ist. Ein Stoff kann aber nicht entweichen.

- **Isolierte (abgeschlossene) Systeme**
  Es ist weder ein Stoffaustausch noch ein Austausch von Wärme oder Arbeit zwischen System und Umgebung möglich (Bild 8-1c).

  ▲ In einem Druckbehälter mit Wärmeisolierung erhöht sich durch den entstehenden Wasserstoff der Druck. Die während der Reaktion angestiegene Temperatur kann nicht durch Abgabe von Wärme ausgeglichen werden.

In einem isolierten (abgeschlossenen) System ist die innere Energie *u* konstant.

Diese Aussage ist als *Energieerhaltungssatz* [1] bekannt. Anschaulicher ausgedrückt, heißt das:

Energie kann weder erzeugt noch vernichtet, sondern nur von einer Erscheinungsform (z. B. Wärme) in eine andere Erscheinungsform (z. B. Arbeit) umgewandelt werden [2].

Der Energieerhaltungssatz besagt auch: Ein *Perpetuum mobile* – eine Maschine, die ohne ständige Energiezufuhr Arbeit verrichtet – ist nicht möglich.

---

[1] Der Energieerhaltungssatz geht auf Arbeiten des deutschen Arztes ROBERT VON MAYER (1842), des englischen Physikers JAMES PRESCOTT JOULE (1843) und des deutschen Physikers HERMANN VON HELMHOLTZ (1847) zurück. Der Begriff „Energie“ wurde erst 1851 von WILLIAM THOMSON (dem späteren LORD KELVIN) eingeführt.

[2] *Ist im allgemeinen Sprachgebrauch von „Energiegewinnung“ oder „Energieverbrauch“ die Rede, so ist darunter stets eine solche Energieumwandlung zu verstehen.*

In der Thermodynamik tritt uns der *Energieerhaltungssatz* als **1. Hauptsatz** entgegen:

Die innere Energie *u* eines thermodynamischen Systems ist eine Zustandsgröße.

Anschaulicher ausgedrückt heißt das:

Kehrt ein System nach Änderung seines *Zustandes* (z. B. durch Änderung von Druck und/oder Temperatur) zum ursprünglichen Zustand zurück, so hat die innere Energie *u* wieder den gleichen Wert.

Die *innere Energie u* eines Systems ändert sich durch Aufnahme und Abgabe von *Wärme q* und durch Aufnahme und Abgabe von *Arbeit w*.

Nach dem 1. Hauptsatz gilt dafür:

In einem geschlossenen System ist die Änderung der inneren Energie Δu gleich der Summe der ausgetauschten Wärme *q* und Arbeit *w*.

$$\Delta u = q + w \qquad (8\text{-}1)$$

In der Thermodynamik wird zwischen *Zustandsgrößen* und *Prozessgrößen* unterschieden.

- Die *innere Energie u* ist eine *Zustandsgröße*.
- Die *Wärme q* und die *Arbeit w* sind *Prozessgrößen*.

Zwischen diesen Größen besteht folgende Beziehung:

Energie ist die *Fähigkeit* eines (thermodynamischen) Systems, *Arbeit zu verrichten* und/oder *Wärme abzugeben*.

Die SI-Einheit der Zustandsgröße *Energie*, das **Joule** [1] (siehe Tafel 8 (↑ S. 868)) gilt auch für die Prozessgrößen *Arbeit* und *Wärme* (Gleichung (8-1)), die daher unter der Bezeichnung *Energiegrößen* zusammengefasst werden.

Zustandsgrößen kennzeichnen den Zustand eines Systems. Zu den Zustandsgrößen gehören die *extensiven Größen* (Quantitätsgrößen)

- Masse *m*,
- Stoffmenge (Objektmenge) *n*,
- Volumen *v* und
- innere Energie *u*.

(Bei extensiven Größen (↑ S. 31) halbieren sich die Zahlenwerte, wenn das betrachtete System halbiert wird.)

Zu den Zustandsgrößen gehören weiterhin die *intensiven Größen* (Qualitätsgrößen)

- Temperatur *T*,
- Druck *p* und
- Dichte ϱ

(Bei intensiven Größen (↑ S. 31) bleibt der Zahlenwert unverändert, wenn das betrachtete System geteilt wird.)

Die *Zustandsgrößen* sind *unabhängig* von dem *Weg*, auf dem der Zustand erreicht wurde.

▲ Kohlenstoffdioxid hat – gleiche Temperatur und gleichen Druck vorausgesetzt – die gleiche Dichte, unabhängig davon, ob es durch Verbrennen von Kohlenstoff oder von Kohlenstoffmonoxid gewonnen wurde.

---

[1] nach dem englischen Physiker JAMES PRESCOTT JOULE (1818-1889);
1 Joule = 1 Newtonmeter = 1 Wattsekunde

Zustandsgrößen sind immer auf ein System bezogen.

So ist die Entropie eines Systems s_{Sys} eine Zustandsgröße, nicht aber die Entropie der Umgebung s_{Umg} (↑ S. 325).

Um den Zustand eines Systems thermodynamisch eindeutig festzulegen, ist eine bestimmte Zahl von *Zustandsgrößen* notwendig. Die notwendige Zahl dieser Zustandsgrößen hängt von der Zahl der Stoffe und der Phasen ab, die das System umfasst.

Für einen einzelnen Stoff in einer einzigen Phase, z. B. ein reines Gas, sind dies genau 3 Zustandsgrößen. Zum Beispiel kann man seinen Zustand durch die Angabe von *Stoffmenge n*, *Temperatur T* und *Druck p* festlegen. Alle anderen Zustandsgrößen wie *Volumen v*, *innere Energie u*, *Entropie s* liegen damit fest. Mathematisch ausgedrückt, sind sie Funktionen von n, T und v. Im Falle eines idealen Gases ist z. B. die Funktion des *Volumens* gegeben durch (vgl. Gl. (2-19) (↑ S. 40))

$$v = n \cdot \frac{RT}{p}$$

Die zur Zustandsbeschreibung gewählten Zustandsgrößen, hier also n, T und p, nennt man in dieser Situation **Zustandsvariable**, die Zustandsgröße v eine **Zustandsfunktion**.

Allgemein gilt:

- **Zustandsvariable** sind die frei gewählten Zustandsgrößen,
- **Zustandsfunktionen** sind die von den Zustandsvariablen abhängigen Zustandsgrößen.

Eine mathematische Umformung vorstehender Gleichung zeigt, dass die Rolle einer Zustandsgröße als Zustandsvariable oder Zustandsfunktion vom Anwendungsfall abhängt. Der Zustand des hier betrachteten idealen Gases lässt sich auch durch die Wahl von n, T und v festlegen bzw. definieren. Dann wäre auch der *Druck p* festgelegt und zwar durch die Funktion

$$p = n \cdot \frac{RT}{v}$$

Allgemein ist man bei der Wahl der Zustandsvariablen ziemlich frei. Sie richtet sich in der Regel nach der Anwendung, für die man sich interessiert. Wesentlich ist nur, dass die erforderliche Zahl von Zustandsvariablen angegeben oder festgelegt wird.

Mit der *Änderung des Zustandes* eines Systems geht in der Regel ein Austausch von *Arbeit w* und/oder *Wärme q* einher. Diese Größen sind selbst keine Zustandsgrößen, sie werden als **Prozessgrößen**, auch *Austauschgrößen* oder *Weggrößen*[1] bezeichnet.

Für die Prozessgrößen **Arbeit** w und **Wärme** q gilt die Vereinbarung, dass sie

- *negatives* Vorzeichen tragen, wenn die *innere Energie* des Systems *abnimmt*,
- *positives* Vorzeichen tragen, wenn die *innere Energie* des Systems *zunimmt*.

Mit anderen Worten:

Die *Wärme q* hat *negatives* Vorzeichen, wenn das System *Wärme abgibt, positives* Vorzeichen, wenn dem System *Wärme zugeführt* wird.

Die *Arbeit w* hat *negatives* Vorzeichen, wenn das *System Arbeit verrichtet, positives* Vorzeichen, wenn *am System Arbeit verrichtet* wird.

---

[1] Das bringt zum Ausdruck, dass der Übergang von einem Zustand A zu einem Zustand B auf ganz unterschiedlichen *Wegen* erfolgen kann, das heißt, mit einem ganz unterschiedlichen Austausch von Wärme und Arbeit.

Die **innere Energie** u eines Systems ist nicht absolut messbar, sondern nur die *Änderung* der inneren Energie, also die Differenz, die zwischen den inneren Energien zweier Zustände des Systems besteht. Entsprechend der oben genannten Vorzeichenvereinbarung bilden Sie diese Differenz wie folgt:

$$\Delta u = u_2 - u_1 \tag{8-2}$$

u_1 ist die innere Energie des Systems im *Ausgangszustand* vor der Veränderung, u_2 dessen innere Energie im *Endzustand* nach der Veränderung.

Zur *inneren Energie* eines Systems gehören im Wesentlichen

- die *thermische Energie*,
- die *zwischenmolekulare Wechselwirkungsenergie*,
- die *chemische Energie* und
- die *Kernenergie*.

Die *thermische Energie* ist die *Bewegungsenergie* [1)] der Teilchen. Die *chemische Energie* beruht darauf, dass chemische Bindungen unter Abgabe oder Aufnahme von Wärme und Arbeit in andere chemische Bindungen übergehen können, *Kernenergie* darauf, dass Atomkerne unter Abgabe von Wärme und Arbeit in andere Atomkerne [2)] übergehen können.

Nicht zur inneren Energie gehören (es könnte hier auch von *äußerer* Energie gesprochen werden)

- die *potenzielle Energie* des gesamten Systems (Energie der Lage im Gravitationsfeld) und
- die *kinetische Energie* (Bewegungsenergie) des gesamten Systems.

Bei chemischen Reaktionen, aber auch bei Phasenumwandlungen (Änderungen des Aggregatzustandes) erstrecken sich die Energieänderungen sowohl auf die chemische Energie als auch auf die thermische Energie. Eine Trennung nach den Energiearten ist dabei nicht möglich.

Die **Zustandsänderungen** können unter unterschiedlichen Bedingungen ablaufen. Danach werden folgende Standardfälle unterschieden

- *isobare* Zustandsänderungen (unter konstantem Druck),
- *isochore* Zustandsänderungen (unter konstantem Volumen),
- *isotherme* Zustandsänderungen (unter konstanter Temperatur) und
- *adiabatische* Zustandsänderungen (ohne Wärmeaustausch).

Die weitaus meisten chemischen Reaktionen laufen unter *konstantem Druck* ab. Sollen Gasreaktionen unter *konstantem Volumen* ablaufen, müssen sie in Druckbehältern durchgeführt werden. Bei Reaktionen, an denen nur Flüssigkeiten und Feststoffe beteiligt sind, spielen Volumenänderungen eine untergeordnete Rolle.

Isotherme Zustandsänderungen und *adiabatische* Zustandsänderungen sind Grenzfälle. Wenn nicht besondere technische Vorkehrungen getroffen werden, verlaufen chemische Reaktionen weder isotherm noch adiabatisch, sondern es findet zwischen System und Umgebung ein allmählicher Wärmeübergang (jeweils vom wärmeren zum kälteren Bereich) statt. In diesem Falle wird von *polytropen* Zustandsänderungen gesprochen. Im Allgemeinen verlaufen chemische Reaktionen polytrop.

---

1) Translations-, Schwingungs- und Rotationsenergie

2) radioaktiver Zerfall, Kernspaltung, Kernfusion

8.2 Reaktionsenergie und Reaktionsenthalpie

Wenn in einem System eine chemische Reaktion abläuft, ändert sich bei nicht abgeschlossenen Systemen im Allgemeinen – durch Aufnahme oder Abgabe von Wärme bzw. Arbeit – die *innere Energie* u dieses Systems. Die Energieänderung wird in diesem Falle **Reaktionsenergie** genannt (Formelzeichen $\Delta_\mathrm{R} u$, auch $\Delta_\mathrm{r} u$, Δu_R oder Δu_r):

$$\Delta_\mathrm{R} u = u_2 - u_1 \qquad (8\text{-}2a)$$

Für abgeschlossene (isolierte) Systeme gilt stets $\Delta u_\mathrm{R} = 0$.

In der Regel verlaufen chemische Reaktionen nicht vollständig. Nur in den – seltenen – Fällen, in denen bei chemischen Reaktionen die Ausgangsstoffe praktisch vollständig zu den Endprodukten umgesetzt werden (z. B. Wasserstoff und Sauerstoff zu Wasser in der Knallgasreaktion), kann Gleichung (8-2a) die Form annehmen:

$$\Delta_\mathrm{R} u = u_\mathrm{E} - u_\mathrm{A} \qquad (8\text{-}2b)$$

wobei u_A die innere Energie der Ausgangsstoffe und u_E die innere Energie der Endprodukte ist.

Für die *Reaktionsenergie* $\Delta_\mathrm{R} u$ können sich unterschiedliche Zahlenwerte ergeben, je nachdem, ob die Reaktion *isochor* (unter konstantem Volumen) oder *isobar* (unter konstantem Druck) abläuft. Es wird danach unterschieden zwischen $\Delta_\mathrm{R} u_\mathrm{v}$ und $\Delta_\mathrm{R} u_\mathrm{p}$. Ein Unterschied zwischen diesen beiden Reaktionsgrößen besteht bei allen Gasreaktionen, die unter *Volumenänderung* verlaufen. Formal ist das daran erkennbar, dass die Summe der Stöchiometriezahlen ν (griech. ny) (↑ S. 16) in der Reaktionsgleichung von null verschieden ist:

$$\sum \nu_i \neq 0\,; \qquad i = 1, 2, 3, \ldots, k$$

Der Index i (genannt *Laufindex*) steht für die einzelnen Reaktionsteilnehmer. Die Stöchiometriezahlen der Reaktionsprodukte sind mit positivem, die der Ausgangsstoffe mit negativem Vorzeichen einzusetzen.

▲ Bei der *Ammoniak-Synthese*

$$N_2 + 3\,N_2 \rightarrow 2\,NH_3 \qquad \sum \nu_i = -2$$

unterscheiden sich $\Delta_\mathrm{R} u_\mathrm{v}$ und $\Delta_\mathrm{R} u_\mathrm{p}$,
bei der *Wassergaskonvertierung*

$$CO + H_2O \rightarrow CO_2 + H_2 \qquad \sum \nu_i = 0$$

unterscheiden sie sich nicht (↑ S. 201).

Bei Reaktionen zwischen *Feststoffen* und zwischen *Flüssigkeiten* sind die Volumenänderungen so gering, dass $\Delta_\mathrm{R} u_\mathrm{v}$ und $\Delta_\mathrm{R} u_\mathrm{p}$ näherungsweise gleich sind.

Wenden wir die Gleichung (8-1)

$$\Delta u = q + w$$

auf Reaktionen mit konstantem Volumen oder mit konstantem Druck an, so ergibt sich folgender Unterschied:

Für *konstantes Volumen* und bei Ausschluss elektrischer Arbeit und sonstiger Nichtvolumenarbeit [1]:

$$\Delta_R u_v = q_v \tag{8-1a}$$

Die Änderung der inneren Energie Δu_v ist gleich der *Reaktionswärme* q_v. In diesem Falle ist $w = 0$, da das System keine Arbeit zu verrichten hat.

Für *konstanten Druck*:

$$\Delta_R u_p = q_p + w_p \tag{8-1b}$$

Die Änderung der inneren Energie $\Delta_R u_p$ ist gleich der *Summe* von *Reaktionswärme* q_p und *Reaktionsarbeit* w_p. Die Arbeit tritt hier als **Volumenarbeit** $w_{vol,p}$ auf. Das ist die Arbeit, die bei der *Expansion* vom System gegen den äußeren Druck bzw. bei der *Kompression* vom äußeren Druck am System verrichtet wird. Die Volumenarbeit ist das Produkt aus *Druck p* und *Volumenänderung* Δv:

$$w_{vol,p} = -p \cdot \Delta v \tag{8-3}$$

In dem *negativen* Vorzeichen drückt sich aus, dass

- bei *Volumenvergrößerung* (Expansion; $\Delta v > 0$) das *System Arbeit verrichtet,* also *Arbeit abgibt,*
- bei *Volumenverminderung* (Kompression; $\Delta v < 0$) *am System Arbeit verrichtet,* dem System also *Arbeit zugeführt* wird.

In Gleichung (8-1b) eingesetzt, ergibt sich für *konstanten Druck*:

$$\Delta_R u_p = q_p - p \cdot \Delta_R v \tag{8-1c}$$

$\Delta_R v$ ist das *Reaktionsvolumen*. Darunter wird die während einer chemischen Reaktion bei konstantem Druck auftretende *Volumenänderung* verstanden:

$$\Delta_R v = v_2 - v_1$$

Die meisten chemischen Reaktionen in Labor und Technik, aber auch in lebenden Organismen laufen unter *konstantem Druck* ab ($\approx$ 1 bar; $\approx$ 100 kPa).

Um chemische Reaktionen unter *konstantem Volumen* ablaufen zu lassen, müssen sie in Druckgefäßen durchgeführt werden. (Wenn auf einen Index p oder v an den Reaktionsgrößen verzichtet wird, sind in der Regel die Reaktionsgrößen unter konstantem Druck gemeint.)

Das *Vorzeichen* der *Reaktionswärme bei konstantem Druck* q_p liefert Aussagen darüber, ob bei einer Reaktion

- *Wärme abgegeben* ($q_p < 0$; exotherm) oder
- *Wärme aufgenommen* ($q_p > 0$; endotherm)

wird.

[1] Elektrochemische Zellen bleiben hier außer Betracht (↑ S. 350).

Für die quantitative Behandlung des Energieumsatzes bei *isobaren* Reaktionen wurde von dem US-amerikanischen Physiker JOSIAH WILLARD GIBBS (1872) eine neue Zustandsgröße eingeführt, die unter dem vom niederländischen Physiker HEIKE KAMERLINGH-ONNES vorgeschlagenen Namen **Enthalpie**[1] (Formelzeichen h) bekannt ist.

Die **Enthalpie** h wird folgendermaßen definiert:

$$h = u + p \cdot v \tag{8-4}$$

Das Glied $p \cdot v$ darf nicht mit der Volumenarbeit $p \cdot \Delta v$ verwechselt werden, die ja mit einer *Änderung* des Volumens einhergeht[2].

Der absolute Betrag der *Enthalpie h* ist ebenso wenig messbar wie der absolute Betrag der inneren Energie u. Messbar ist dagegen die *Differenz* zwischen der Enthalpie in einem Ausgangszustand h_1 und einem Endzustand h_2:

$$\Delta h = h_2 - h_1$$

Auf chemische Reaktionen bezogen, wird diese Enthalpiedifferenz **Reaktionsenthalpie** genannt. Formelzeichen $\Delta_R h$, auch $\Delta_r h$, Δh_R oder Δh_r. In der Literatur findet man dieses Formelzeichen auch mit dem Index p versehen: $\Delta_R h_p$, was auf den konstanten Druck hinweist.

Da sich die Reaktionsenthalpie $\Delta_R h$ hier und im Folgenden stets auf Reaktionen bezieht, die unter konstantem Druck ablaufen, verzichten wir in diesem Zusammenhang auf diesen Index p. Mitunter wird auch der Index R bzw. r weggelassen, solange neben der Reaktionsenthalpie andere Enthalpiearten nicht auftreten.

Die *Reaktionsenthalpie* $\Delta_R h$ ist gleich der *Reaktionswärme* q_p bei konstantem Druck

$$\Delta_R h = q_p$$

und kann für diese in die Gleichung (8-1c) eingesetzt werden:

$$\Delta_R u = \Delta_R h - p \cdot \Delta_R v \tag{8-1d}$$

Für die **Reaktionsenthalpie** $\Delta_R h$ ergibt sich daraus

$$\Delta_R h = \Delta_R u + p \cdot \Delta_R v \tag{8-1e}$$

Bei *Zunahme* des Volumens ($\Delta v > 0$) ist demnach $\Delta h > \Delta u$,
bei *Abnahme* des Volumens ($\Delta v < 0$) ist $\Delta h < \Delta u$.

Nach Gleichung (8-1d) ist die Reaktionsenthalpie $\Delta_R h$ jener Anteil der Reaktionsenergie $\Delta_R u$, der als *Wärme*, nicht als *Volumenarbeit*[3], abgegeben oder aufgenommen wird.

Zusammenzufassen ist:

Die *Reaktionswärme q* entspricht – bei Reaktionen, die ohne andere als Volumenarbeit ablaufen –

- **bei *konstantem Volumen* der *Reaktionsenergie* $\Delta_R u$,**
- **bei *konstantem Druck* der *Reaktionsenthalpie* $\Delta_R h$.**

Wenn keine besonderen Vorkehrungen getroffen werden (Druckbehälter), verlaufen chemische Reaktionen unter konstantem Druck. Thermodynamische Daten werden in der Regel unter konstantem Druck ermittelt und daher als *Enthalpien* tabelliert (siehe z. B. Tabelle 8-2). Obwohl die Volumenarbeit nur bei Reaktionen, an denen Gase beteiligt sind, eine wesentliche Rolle spielt, werden thermodynamischen Berechnungen allgemein die Enthalpien zugrunde gelegt. Begrifflich wird allerdings nicht immer streng zwischen *Energie* und *Enthalpie* unterschieden.

---

[1] *thalpos* (griech.) Wärme; *h* von *heat* (engl.) Wärme

[2] Mitunter wird der Term *pv Volumenenergie* genannt. Es ist eine Energiegröße und lässt sich interpretieren als die Volumenarbeit, die erforderlich ist, um mit dem Druck *p* den für die Einbettung des Systems in die Umgebung erforderlichen Platz zu schaffen. Es ist also eine Energie, die bilanzmäßig in der Umgebung liegt.

[3] Nicht-Volumenarbeit, z. B. elektrische Arbeit, ist dagegen in der Reaktionsenthalpie enthalten.

8.3 Molare Reaktionsgrößen

8.3.1 Molare Reaktionsenthalpie

Anstelle der (extensiven) Reaktionsgrößen $\Delta_R u$ und $\Delta_R h$ werden für allgemeine Aussagen und Berechnungen über energetische Vorgänge bei chemischen Reaktionen die ihnen entsprechenden (intensiven) *molaren Reaktionsgrößen* herangezogen.

Die **molare Reaktionsenthalpie** $\Delta_R H$ ist gleich dem *Quotienten* aus der *Reaktionsenthalpie* $\Delta_R h$ und der *Änderung der Objektmenge der Formelumsätze* $\Delta\xi$ (griech. xi):

$$\Delta_R H = \frac{\Delta_R h}{\Delta \xi} \qquad (8\text{-}5)$$

Zur Veranschaulichung wird mitunter gesagt: Die molare Reaktionsenthalpie ist die Reaktionsenthalpie je Mol. Das darf aber nicht zu der Vorstellung führen, es handle sich um die Größenart Energie. Vielmehr handelt es sich um den Quotienten aus den Größenarten Energie und Stoffmenge (Objektmenge): $\frac{[\text{Energie}]}{[\text{Stoffmenge}]}$.
Die SI-Einheit der molaren Reaktionsenthalpie $\Delta_R H$ ist $J \cdot mol^{-1}$.

Bei der **Objektmenge der Formelumsätze** bezieht sich die Einheit Mol nicht auf die Teilchen (Moleküle, Ionen, Atome) *eines Stoffes,* sondern auf die von einer *Reaktionsgleichung* mit ihren Formeln und Stöchiometriezahlen wiedergegebenen Teilchen *aller* Reaktionsteilnehmer. Als *Zähleinheit* nach der Mol-Definition (↑ S. 27) dient also hier der **Formelumsatz** laut Reaktionsgleichung. *Ein Mol Formelumsätze*[1] bedeutet demnach, dass $6 \cdot 10^{23}$-mal soviele Teilchen umgesetzt werden, wie in der Reaktionsgleichung durch Formeln und Stöchiometriezahlen angegeben sind.

▲ Ammoniaksynthese; Objektmenge der Formelumsätze $\xi = 1$ mol
$N_2 + 3\,H_2 \rightleftharpoons 2\,NH_3$
$6 \cdot 10^{23}$ N_2-Moleküle reagieren mit $18 \cdot 10^{23}$ H_2-Molekülen unter Bildung von $12 \cdot 10^{23}$ NH_3-Molekülen.

Das Synonym **Objektmenge** (↑ S. 28) ist in diesem Falle treffender als *Stoffmenge.* Zur Unterscheidung von der Stoffmenge n der Teilchen wird für die Objektmenge der Formelumsätze das Formelzeichen ξ (griech. *xi*) verwendet.

Für die Bezeichnung *Objektmenge der Formelumsätze* ist vielfach die Bezeichnung **Reaktionslaufzahl** im Gebrauch. (Es handelt sich allerdings nicht um eine Zahl, sondern um eine Größe, die eine Einheit hat.) Auch von *Reaktionsfortschritt* wird gesprochen. In DIN 32 642 wird die Größe ξ *Umsatzvariable* genannt.

Die *Objektmenge der Formelumsätze* ξ stellt die Beziehung her zwischen den *Stoffmengen n* der Teilchen und den *Stöchiometriezahlen* ν der Reaktionsgleichung.

Für einen beliebigen *Reaktionsteilnehmer* b ist das *Produkt* aus der *Stöchiometriezahl* ν_b (mit der dieser Reaktionsteilnehmer in der Reaktionsgleichung auftritt) und der *Objektmenge der Formelumsätze* ξ gleich der *Stoffmenge* n_b, mit der dieser Reaktionsteilnehmer umgesetzt wird,

$$n_b = \nu_b \cdot \xi$$

▲ Beträgt bei der Ammoniaksynthese
$N_2 + 3\,H_2 \rightleftharpoons 2\,NH_3$
die Objektmenge der Formelumsätze $\xi = 10$ mol, so werden 30 mol Wasserstoff umgesetzt.

[1] Mitunter wird dafür in der Literatur auch von „einem Mol Formelumsatz" oder „einem molaren Formelumsatz" (Singular) gesprochen. Das drückt den gleichen Sachverhalt aus. „Formelumsatz" tritt hier aber nicht als *Zähleinheit* im Sinne der Moldefinition auf; als solche muss dann die Summe aller in der Reaktionsgleichungen angegebenen Teilchen samt ihren Stöchiometriezahlen aufgefasst werden.

Für eine *Reaktion* gilt dementsprechend:

$$\Delta n = \sum \nu_i \cdot \xi$$

$\sum \nu_i$ ist die Summe der Stöchiometriezahlen der Reaktionsgleichung, wobei die der Ausgangsstoffe *negatives*, die der Reaktionsprodukte *positives* Vorzeichen hat.

▲ Bei der Ammoniaksynthese ist die Summe der Stöchiometriezahlen

$$\sum \nu_i = \nu(N_2) + \nu(H_2) + \nu(NH_3)$$

$$\sum \nu_i = (-1) + (-3) + (+2)$$

$$\sum \nu_i = -2$$

Beträgt die Objektmenge der Formelumsätze $\xi = 10$ mol, so ist die *Änderung* der Stoffmengen:

$$\Delta n = (-2) \cdot 10 \text{ mol}$$

$$\Delta n = -20 \text{ mol}$$

Die **molare Reaktionsenthalpie** $\Delta_R H$ ist die Reaktionsgröße, mit der *Wärmeumsetzungen* bei chemischen Reaktionen unter *konstantem Druck* quantitativ behandelt werden. Wenn in diesem Zusammenhang von *exothermen*[1] und *endothermen*[2] *Reaktionen* gesprochen wird, ist zu beachten, dass alle umkehrbaren chemischen Reaktionen in der einen Richtung exotherm und in der anderen Richtung endotherm verlaufen. Eine *Einteilung* in exotherme und endotherme Reaktionen ist daher nicht möglich. Ob eine chemische Reaktion exotherm oder endotherm verläuft, hängt von den Bedingungen (Temperatur, (↑ S. 181) Druck, (↑ S. 182) Zusammensetzung (↑ S. 184) des Reaktionsgemischs) ab.

- **Der exotherme Verlauf einer Reaktion ist durch das negative Vorzeichen der molaren Reaktionsenthalpie $\Delta_R H$ gekennzeichnet.**
  Darin kommt zum Ausdruck, dass die *innere Energie u* des Systems *abnimmt*. Chemische Bindungsenergie wird in thermische Bewegung der Moleküle umgewandelt. Dadurch würde sich die Temperatur des Systems erhöhen. Die Zahlenangabe der Reaktionsenthalpie bezieht sich jedoch auf konstante Temperatur. Deshalb muss soviel der frei gewordenen Energie als *Wärme* nach außen fließen, bis System und Umgebung wieder die gleiche Temperatur haben. Diese Wärme entspricht genau der *molaren Reaktionsenthalpie*.
- **Der endotherme Verlauf einer Reaktion ist durch das positive Vorzeichen der molaren Reaktionsenthalpie $\Delta_R H$ gekennzeichnet.**
  Darin kommt zum Ausdruck, dass die *innere Energie u* des Systems *zunimmt*. Im Inneren des Systems wird Bewegungsenergie (d. h. thermische Energie) der Moleküle in chemischen Bindungen fixiert. Dadurch würde sich die Temperatur erniedrigen. Deshalb muss soviel Energie als *Wärme* von außen zufließen, bis System und Umgebung wieder die gleiche Temperatur haben. Diese Wärme entspricht genau der *molaren Reaktionsenthalpie*.

So ist es zu verstehen, wenn im Zusammenhang mit chemischen Reaktionen von der *Abgabe* oder *Aufnahme* von *Wärme* gesprochen wird.

Früher wurden Verbindungen mit *negativer* molarer Bildungsenthalpie auch *exotherme Verbindungen* (Beispiel: Ammoniak) und Verbindungen mit *positiver* molarer Bildungsenthalpie auch *endotherme Verbindungen* (Beispiel: Stickstoffdioxid) genannt. Das ist kaum noch gebräuchlich.

---

1) *exo* (griech.) heraus
2) *endo* (griech.) hinein

Für **adiabatische Zustandsänderungen** (↑ S. 270), das heißt, wenn der *Wärmeaustausch zwischen System und Umgebung durch nichtwärmeleitende Wände*[1] *verhindert* wird, gelten folgende Zusammenhänge:

- Durch Umwandlung von gebundener *chemischer* Energie in *thermische* Bewegung der Moleküle *erhöht* sich die *Temperatur*, was jedoch *nicht* durch *Abgabe* von *Wärme* an die Umgebung ausgeglichen werden kann.
- Durch Fixierung *thermischer* Energie der Moleküle als gebundene *chemische* Energie *erniedrigt* sich die *Temperatur*, was jedoch ebenso *nicht* durch *Aufnahme* von *Wärme* aus der Umgebung ausgeglichen werden kann.

Hier wird der *Unterschied* und zugleich der *Zusammenhang* zwischen der *Zustandsgröße Temperatur* und der *Prozessgröße Wärme* deutlich.

Für die mit einer chemischen Reaktion einher gehende Wärmeumsetzung wird auch noch der historische Begriff *Wärmetönung*[2] verwendet.

Reaktionsgleichungen, in denen neben dem Formelumsatz auch die molare Reaktionsenthalpie angegeben ist, werden **thermochemische Reaktionsgleichungen** genannt.

▲ Die Umsetzung von glühendem Koks mit Wasserdampf zur Erzeugung von Wassergas verläuft endotherm:

$$C(s) + H_2O(g) \rightleftharpoons CO(g) + H_2(g) \qquad \Delta_R H^\ominus = +131\ \text{kJ} \cdot \text{mol}^{-1}$$

Sie würde durch Abkühlung des Kokses zum Stillstand kommen, wenn nicht durch Zufuhr von Luft (gleichzeitig oder abwechselnd) die exotherm verlaufende Reaktion

$$2\ C(s) + O_2(g) \rightleftharpoons 2\ CO(g) \qquad \Delta_R H^\ominus = -221\ \text{kJ} \cdot \text{mol}^{-1}$$

durchgeführt würde.

Das Zeichen $^\ominus$ gibt an, dass es sich um die molare *Standard*reaktionsenthalpie (↑ S. 281) handelt, die aus den *molaren Standardbildungsenthalpien* $\Delta_R H^\ominus$ berechnet wird. Diese sind jeweils für einen bestimmten Aggregatzustand tabelliert (Tabelle 8-2) (↑ S. 283). Daher ist es nötig, in der Reaktionsgleichung den Aggregatzustand der Reaktionsteilnehmer anzugeben (s = fest; l = flüssig; g = gasförmig).

Jede **Gleichgewichtsreaktion** verläuft in der einen Richtung *endotherm*, in der anderen Richtung *exotherm*.

▲ Beim BOUDOUARD-Gleichgewicht verläuft die Bildung von Kohlenstoffmonoxid, CO, endotherm, dessen Zerfall in Kohlenstoffdioxid, CO_2, und Kohlenstoff exotherm:

$$CO_2(g) + C(s) \rightarrow 2\ CO(g) \qquad \Delta_R H^\ominus = +171{,}5\ \text{kJ} \cdot \text{mol}^{-1}$$

$$2\ CO(g) \rightarrow CO_2(g) + C(s) \qquad \Delta_R H^\ominus = -171{,}5\ \text{kJ} \cdot \text{mol}^{-1}$$

Mit der Umkehrung der Reaktionsgleichung zwischen *Hinreaktion* und *Rückreaktion* kehrt sich auch das *Vorzeichen* der molaren Reaktionsenthalpie $\Delta_R H$ um.

Im Prinzip sind alle chemischen Reaktionen *umkehrbar*. Wenn von exothermen bzw. endothermen Reaktionen gesprochen wird, sind Reaktionen gemeint, die – unter bestimmten Bedingungen – exotherm bzw. endotherm verlaufen.

---

[1] *Die doppelwandigen Thermosgefäße gelten als näherungsweise adiabatisch.*

[2] Der Begriff *Wärmetönung* wurde nach 1850 von dem dänischen Chemiker JULIUS THOMSEN eingeführt.
– *Positive Wärmetönung* haben die *exothermen* Reaktionen.
– *Negative Wärmetönung* haben die *endothermen* Reaktionen.
Der Wärmeaustausch wird in diesem Falle nicht vom Standpunkt des reagierenden *Systems* betrachtet, sondern vom Standpunkt der *Umgebung*.

8.3.2 Molare Reaktionsenergie und molare Reaktionsvolumenarbeit

Mit der molaren Reaktionsenthalpie $\Delta_R H$ stehen andere molare Reaktionsgrößen in engem Zusammenhang. Da sich *alle* folgenden Überlegungen auf Reaktionen beziehen, die unter *konstantem Druck* verlaufen, wird hier auf den Index p verzichtet.

Die **molare Reaktionsenergie** $\Delta_R U$ ist der Quotient aus der Reaktionsenergie $\Delta_R u$ und der Änderung der Objektmenge der Formelumsätze (der Reaktionslaufzahl) $\Delta\xi$:

$$\Delta_R U = \frac{\Delta_R u}{\Delta\xi} \qquad (8\text{-}5a)$$

Das **molare Reaktionsvolumen** $\Delta_R V$ ist der Quotient aus dem Reaktionsvolumen $\Delta_R v$ (↑ S. 273) und der Änderung der Objektmenge der Formelumsätze (der Reaktionslaufzahl) $\Delta\xi$:

$$\Delta_R V = \frac{\Delta_R v}{\Delta\xi} \qquad (8\text{-}5b)$$

Die **molare Reaktionsvolumenarbeit** W_{vol} ist, der Gleichung (8-3) (↑ S. 272) entsprechend, das Produkt aus molarem Reaktionsvolumen $\Delta_R V$ und Druck p:

$$W_{vol} = -p \cdot \Delta_R V \qquad (8\text{-}3a)$$

Die molare Reaktionsvolumenarbeit $p \cdot \Delta_R V$ hat mit $J \cdot mol^{-1}$ die gleiche SI-Einheit wie die molare Reaktionsenergie $\Delta_R U$ und die molare Reaktionsenthalpie $\Delta_R H$. Das wird verständlich durch eine Analyse der Größenarten:

$$\Delta_R V = \frac{[\text{Volumen}]}{[\text{Stoffmenge}]}; \qquad p = \frac{[\text{Kraft}]}{[\text{Flache}]};$$

$$p \cdot \Delta_R V = \frac{[\text{Kraft}] \cdot [\text{Weg}]}{[\text{Stoffmenge}]} = \frac{[\text{Energie}]}{[\text{Stoffmenge}]}$$

Werden in die Gleichung (8-1d) (↑ S. 273)

$$\Delta_R u = \Delta_R h - p \cdot \Delta_R v$$

statt der extensiven Größen die vorstehend genannten molaren Größen eingesetzt, so ergibt sich (wieder auf *konstanten Druck* bezogen):

$$\Delta_R U = \Delta_R H - p \cdot \Delta_R V \qquad (8\text{-}6)$$

Das entspricht nach Gleichung (8-3a)

$$\Delta_R U = \Delta_R H + W_{vol} \qquad (8\text{-}6a)$$

Für die *molare Reaktionsenthalpie* $\Delta_R H$ gilt dann:

$$\Delta_R H = \Delta_R U + p \cdot \Delta_R V \qquad (8\text{-}6b)$$

Das entspricht:

$$\Delta_R H = \Delta_R U - W_{vol} \qquad (8\text{-}6c)$$

Die *molare Reaktionsenthalpie* $\Delta_R H$ wird (mittels Kalorimeter) experimentell ermittelt bzw. aus experimentell gewonnenen Tabellenwerten berechnet (↑ S. 288).

Das *molare Reaktionsvolumen* $\Delta_R V$ ergibt sich für Gasreaktionen als Produkt aus der Summe der Stöchiometriezahlen $\sum \nu_i$ und dem molaren Volumen V:

$$\Delta_R V = \left(\sum \nu_i\right) \cdot V \qquad (8\text{-}7)$$

Für Näherungsrechnungen wird meist das molare Volumen eines idealen Gases zugrunde gelegt: $V_0 = 22{,}414\ \mathrm{L \cdot mol^{-1}}$.

Beispiel (1) für eine **Reaktion mit Volumenabnahme**[1]:

▲ Bei der Ammoniaksynthese

$$N_2(g) + 3\ H_2(g) \rightleftharpoons 2\ NH_3(g) \qquad \Delta_R H^\ominus = -91{,}8\ \mathrm{kJ \cdot mol^{-1}}$$

nimmt das Volumen ab, was aus der Summe der Stöchiometriezahlen $\sum \nu_i = -2$ ersichtlich ist (Beispiel S. 274).

Das molare Volumen $V_0 = 22{,}414\ \mathrm{L \cdot mol^{-1}}$ gilt für 273,15 K und 101,325 kPa. Es muss mittels der allgemeinen Zustandsgleichung der Gase (↑ S. 38) auf Bedingungen umgerechnet werden, unter denen die Ammoniaksynthese technisch durchgeführt wird (z. B. 30 MPa und 500 °C).

$$\Delta_R V = \sum \nu_i \cdot \frac{V_0 \cdot T \cdot p_0}{T_0 \cdot p}$$

$$\Delta_R V = (-2) \cdot \frac{22{,}414\ \mathrm{L \cdot mol^{-1}} \cdot 773{,}15\ \mathrm{K} \cdot 0{,}101\ \mathrm{MPa}}{273{,}15\ \mathrm{K} \cdot 30\ \mathrm{MPa}}$$

$$\Delta_R V = (-2) \cdot 0{,}214\ \mathrm{L \cdot mol^{-1}}$$

$$\Delta_R V = -0{,}428\ \mathrm{L \cdot mol^{-1}}$$

Die molare Reaktionsvolumenarbeit $W_{vol} = -\ p \cdot \Delta_R V$ beträgt demnach:

$$W_{vol} = -[30 \cdot 10^6\ \mathrm{Pa} \cdot (-0{,}428 \cdot 10^{-3}\ \mathrm{m^3 \cdot mol^{-1}})]$$

$$W_{vol} = -[30 \cdot 10^6\ \mathrm{N \cdot m^{-2}} \cdot (-0{,}428 \cdot 10^{-3}\ \mathrm{m^3 \cdot mol^{-1}})]$$

$$W_{vol} = 12\,840\ \mathrm{N \cdot m \cdot mol^{-1}}$$

$$W_{vol} = 12\,840\ \mathrm{J \cdot mol^{-1}}$$

Nach Gleichung (8-6) ist die molare Reaktionsenergie $\Delta_R U$ um etwa 12,8 kJ · mol⁻¹ *höher* als die molare Reaktionsenthalpie $\Delta_R H$.

$$\Delta_R U = (-91{,}8\ \mathrm{kJ \cdot mol^{-1}}) + 12{,}8\ \mathrm{kJ \cdot mol^{-1}}$$

$$\Delta_R U = -\ 79{,}0\ \mathrm{kJ \cdot mol^{-1}}$$

Der *Abnahme* der inneren Energie durch die *Abgabe von Wärme* steht bei dieser (exothermen) Reaktion eine *Zunahme* der inneren Energie durch die vom äußeren Druck am System *verrichtete Volumenarbeit* gegenüber (Bild 8-2).

[1] Solche Näherungsrechnungen lassen unberücksichtigt, dass auch die molare Reaktionsenthalpie selbst etwas temperaturabhängig ist.

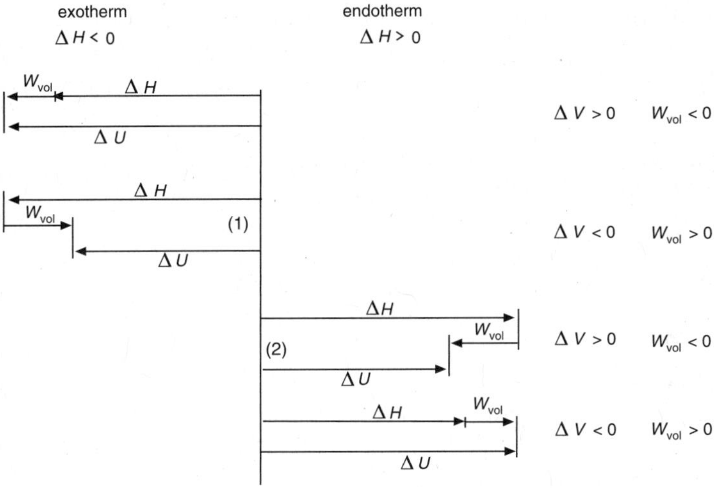

Bild 8-2: *Beziehungen zwischen molarer Reaktionsenergie ΔU, molarer Reaktionsenthalpie ΔH und molarer Volumenarbeit W_{vol}; ((1) und (2) verweisen auf die Beispiele)*

Beispiel (2) für eine **Reaktion mit Volumenzunahme**[1]:

▲ Beim BOUDOUARD-Gleichgewicht

$$C(s) + CO_2(g) \rightleftharpoons 2\,CO(g) \qquad \Delta_R H^\ominus = 171{,}5 \text{ kJ} \cdot \text{mol}^{-1}$$

das im Hochofenprozess eine entscheidende Rolle spielt, nimmt das Volumen zu. Die Summe der Stöchiometriezahlen $\sum \nu_i = 1$. Nehmen wir für den Hochofenprozess eine Temperatur von 1366,75 K an (das Fünffache der Normtemperatur), so erhalten wir das *molare Reaktionsvolumen* $\Delta_R V$ wie folgt:

$$\Delta_R V = \sum \nu_i \cdot \frac{V_0 \cdot T}{T_0}$$

$$\Delta_R V = 1 \cdot \frac{22{,}414 \text{ L} \cdot \text{mol}^{-1} \cdot 1366{,}75 \text{ K}}{273{,}15 \text{ K}}; \qquad \Delta_R V = 112{,}15 \text{ L} \cdot \text{mol}^{-1}$$

Bei normalem Luftdruck ($p_0 = 101{,}325$ kPa) ergibt sich daraus eine molare Reaktionsvolumenarbeit $W_{vol} = -\,p \cdot \Delta_R V$ von

$$W_{vol} = -\,101{,}325 \cdot 10^3 \text{ Pa} \cdot 112{,}15 \cdot 10^{-3}\text{m}^3 \cdot \text{mol}^{-1}$$

$$W_{vol} = -\,11364 \text{ J} \cdot \text{mol}^{-1}$$

Die molare Reaktionsenergie $\Delta_R U$ ist also nach Gleichung (8-6a) um etwa 11 kJ · mol^{-1} *niedriger* als die molare Reaktionsenthalpie $\Delta_R H$, die das System aufnimmt.

$$\Delta_R U = 172 \text{ kJ} \cdot \text{mol}^{-1} - 11{,}4 \text{ kJ} \cdot \text{mol}^{-1}$$

$$\Delta_R U = 160{,}6 \text{ kJ} \cdot \text{mol}^{-1}$$

Der *Zunahme* der inneren Energie durch die *Aufnahme von Wärme* steht bei dieser (endothermen) Reaktion eine *Abnahme* der inneren Energie durch die gegen den äußeren Druck *zu verrichtende Volumenarbeit* gegenüber (Bild 8-2).

[1] Auch hier ist unberücksichtigt geblieben, dass die molare Reaktionsenthalpie selbst temperaturabhängig ist.

Die *molare Reaktionsenergie* $\Delta_R U$ und die *molare Reaktionsenthalpie* $\Delta_R H$ werden (nach der Gleichung (8-6a): $\Delta_R U = \Delta_R H + W_{vol}$) einander *gleich,* wenn bei einer Reaktion *keine Volumenarbeit* auftritt ($\Delta v = 0$):

$$\Delta_R H = \Delta_R U$$

Bei *Volumenabnahme* $v < 0$ ist $\Delta_R H < \Delta_R U$ (Beispiel 1),

bei *Volumenzunahme* $v > 0$ ist $\Delta_R H > \Delta_R U$ (Beispiel 2).

Die **molare Reaktionsvolumenarbeit** (↑ S. 277)

$$W_{vol} = -p \cdot \Delta_R V \tag{8-3a}$$

ist – wenn man von den geringfügigen Unterschieden in den molaren Volumina (Tabelle 8-1 (↑ S. 281)) absieht – unabhängig von der *Art* des Gases.

Setzt man für das *molare Reaktionsvolumen* $\Delta_R V$ nach Gleichung (8-7) (↑ S. 278)

$$\Delta_R V = \left(\sum \nu_i\right) \cdot V \tag{8-7}$$

das Produkt aus der Summe der Stöchiometriezahlen $\sum \nu_i$ und dem molaren Volumen V ein, so erhält man:

$$W_{vol} = -p \cdot \left(\sum \nu_i\right) \cdot V$$

Wird schließlich nach der allgemeinen Zustandsgleichung der Gase (↑ S. 38)

$$\begin{aligned} p \cdot v &= n \cdot R \cdot T \\ p \cdot V &= R \cdot T \end{aligned} \tag{2-19}$$

das molare Volumen V durch

$$V = \frac{R \cdot T}{p}$$

ersetzt, erhalten wir eine gut handhabbare Gleichung zur Berechnung der *molaren Reaktionsvolumenarbeit* W_{vol}:

$$W_{vol} = -\left(\sum \nu_i\right) \cdot R \cdot T \tag{8-3b}$$

R ist die allgemeine Gaskonstante ($R = 8{,}31451\ \mathrm{J \cdot mol^{-1} \cdot K^{-1}}$), T die absolute Temperatur, $\sum \nu_i$ die Summe der Stöchiometriezahlen der *gasförmigen* Reaktionsteilnehmer nach der Reaktionsgleichung.

Gleiche Temperatur T vorausgesetzt, ist nach Gleichung (8-3b) die molare Reaktionsvolumenarbeit $W_{vol,p} = -\sum \nu_i \cdot R \cdot T$ nur von der Summe der Stöchiometriezahlen $\sum \nu_i$ abhängig.

Ist $\sum \nu_i < 0$, so ist $W_{vol} = -\sum \nu_i \cdot R \cdot T > 0$,

ist $\sum \nu_i > 0$, so ist $W_{vol} = -\sum \nu_i \cdot R \cdot T < 0$.

▲ Für die Standardtemperatur $T = 298{,}15$ K ergibt sich:

$$C + CO_2 \rightleftharpoons 2\,CO; \qquad \sum \nu_i = 1$$
$$W_{vol} = -1 \cdot 8{,}31451\ \mathrm{J \cdot mol^{-1} \cdot K^{-1}} \cdot 298{,}15\ \mathrm{K}$$
$$W_{vol} = -2479\ \mathrm{J \cdot mol^{-1}}$$

$$N_2 + 3\,H_2 \rightleftharpoons 2\,NH_3; \qquad \sum \nu_i = -2$$
$$W_{vol} = -(-2) \cdot 8{,}31451\ \mathrm{J \cdot mol^{-1} \cdot K^{-1}} \cdot 298{,}15\ \mathrm{K}$$
$$W_{vol} = 4958\ \mathrm{J \cdot mol^{-1}}$$

Bei der Standardtemperatur läuft allerdings die Reaktion C + $CO_2 \rightleftharpoons$ 2 CO gar nicht in dieser Richtung ab, sondern in der Gegenrichtung. Die Gleichung (8-3b) bietet aber gerade den Vorteil, dass mit ihr die molare Reaktionsvolumenarbeit für beliebige Temperaturen berechnet werden kann. Mit der Temperatur 1366,75 K erhalten wir für die Reaktion C + $CO_2 \rightleftharpoons$ 2 CO nach Gleichung (8-3b) die gleiche molare Reaktionsvolumenarbeit wie in dem früheren Beispiel (↑ S. 279):

$$W_{\text{vol}} = -1 \cdot 8{,}31451 \text{ J} \cdot \text{mol}^{-1} \cdot 1^{-1} \cdot \text{K}^{-1} \cdot 1366{,}75 \text{ K}$$

$$W_{\text{vol}} = -11364 \text{ J} \cdot \text{mol}^{-1}$$

Tabelle 8-1: *Dichte und molares Volumen von Gasen (bei 273,15 K und 101,325 kPa)*

Name	Formel	Dichte $g \cdot L^{-1}$	Molares Volumen $L \cdot mol^{-1}$
Wasserstoff	H_2	0,08987	22,43
Sauerstoff	O_2	1,42895	22,393
Stickstoff	N_2	1,25046	22,402
Luft (trocken)		1,2928	22,40
Helium	He	0,1785	22,42
Neon	Ne	0,8999	22,42
Argon	Ar	1,7839	22,394
Fluor	F_2	1,696	22,40
Chlor	Cl_2	3,214	22,06
Chlorwasserstoff	HCl	1,6392	22,243
Bromwasserstoff	HBr	3,6443	22,202
Iodwasserstoff	HI	5,789	22,10
Schwefeldioxid	SO_2	2,9262	21,894
Schwefelwasserstoff	H_2S	1,5385	22,153
Stickstoffmonoxid	NO	1,3402	22,389
Distickstoffmonoxid	N_2O	1,9780	22,25
Ammoniak	NH_3	0,7714	22,08
Kohlenstoffmonoxid	CO	1,2500	22,408
Kohlenstoffdioxid	CO_2	1,9769	22,262
Methan	CH_4	0,7168	22,38
Ethan	C_2H_6	1,356	22,16
Propan	C_3H_8	2,0037	22,00
Ethen	C_2H_4	1,2605	22,24
Ethin (Acetylen)	C_2H_2	1,1709	22,22

Für das ideale Gas (↑ S. 37) ergibt sich bei den Tabellierungsbedingungen (273,15 K und 101,325 kPa) ein Volumen von 22,414 L · mol^{-1}. Die Abweichungen der in Tabelle 8-1 aufgeführten realen Gase vom idealen Verhalten sind bei diesen Bedingungen sehr klein.

- Reale Abweichungen hin zu größeren molaren Volumina resultieren aus der Abstoßung der Moleküle infolge ihres Eigenvolumens.
- Reale Abweichungen hin zu kleineren molaren Volumina resultieren aus der VAN-DER-WAALS-Anziehung der Moleküle.

8.4 Molare Standardreaktionsgrößen

8.4.1 Molare Standardbildungsenthalpie

Die molare Reaktionsenthalpie jener Reaktion, die zur *Bildung einer Verbindung aus den Elementsubstanzen* (in ihrem stabilen Zustand) führt, wird **molare Bildungsenthalpie** dieser Verbindung genannt (Formelzeichen: $\Delta_B H$; auch $\Delta_b H$; ΔH_B; ΔH_b; $\Delta_f H$; ΔH_f). Die molare Bildungsenthalpie bezieht sich stets auf eine Reaktionsgleichung, in der die betrachtete Verbindung mit der Stöchiometriezahl $\nu = 1$ auftritt, die also die Bildung von *einem* Molekül (einer Formeleinheit) der Verbindung wiedergibt.

▲ – Aus der molaren Reaktionsenthalpie für die Ammoniaksynthese

$$N_2(g) + 3\,H_2(g) \rightleftharpoons 2\,NH_3(g) \qquad \Delta_R H^\ominus = -92{,}4\ \text{kJ}\cdot\text{mol}^{-1}$$

ergibt sich über die Bildungsgleichung für *ein* Ammoniakmolekül

$$\tfrac{1}{2}\,N_2(g) + \tfrac{3}{2}\,H_2(g) \rightleftharpoons NH_3(g) \qquad \Delta_B H^\ominus = -46{,}2\ \text{kJ}\cdot\text{mol}^{-1}$$

die molare Bildungsenthalpie des Ammoniaks $\Delta_B H^\ominus = -46{,}2\ \text{kJ}\cdot\text{mol}^{-1}$. Das heißt, während der Bildung von 1 mol Ammoniak gibt das reagierende System 46,2 kJ Wärme ab.

– Aus der molaren Reaktionsenthalpie für die Bildung von Stickstoffdioxid

$$N_2(g) + 2\,O_2(g) \rightleftharpoons 2\,NO_2(g) \qquad \Delta_R H^\ominus = +66{,}2\ \text{kJ}\cdot\text{mol}^{-1}$$

ergibt sich über die Bildungsgleichung von 1 mol Stickstoffdioxid

$$\tfrac{1}{2}\,N_2(g) + O_2(g) \rightleftharpoons NO_2(g) \qquad \Delta_B H^\ominus = +33{,}1\ \text{kJ}\cdot\text{mol}^{-1}$$

die molare Bildungsenthalpie des Stickstoffdioxids $\Delta_B H^\ominus = +33{,}1\ \text{kJ}\cdot\text{mol}^{-1}$. Das heißt, während der Bildung von 1 mol Stickstoffdioxid nimmt das reagierende System 33,1 kJ Wärme auf.

Die errechneten Zahlenwerte der molaren Reaktionsenthalpie $\Delta_R H^\ominus$ beziehen sich auf *isotherm/isobare Reaktionen*, das heißt, es wird vorausgesetzt, dass sich dabei *Temperatur* und *Druck nicht verändern*. Mit dieser Konvention muss gearbeitet werden, um zu vergleichbaren Werten zu kommen, was im Folgenden weiter erläutert wird.

Die molaren Bildungsenthalpien $\Delta_B H$ (die Bildungswärmen bei konstantem Druck Q_p) werden aus experimentell gewonnenen Daten errechnet. Um zu vergleichbaren Zahlenwerten zu kommen, werden dabei Standardzustände zugrunde gelegt. Die so gewonnenen Reaktionsgrößen sind als **molare Standardbildungsenthalpien** $\Delta_B H^\ominus$ bekannt. Sie tragen als oberen Index das Standardzeichen $^\ominus$ (mitunter auch ^{0}).

Am häufigsten werden folgende **Standardzustände** herangezogen:

- Für *Gase* gilt der *Zustand des idealen Gases*, bei dem von Wechselwirkungen zwischen Gasmolekülen abgesehen wird, als *Standardzustand*. (Die Standardgrößen von Gasen beziehen sich auf den *Standarddruck* $p = 100{,}000$ kPa; siehe aber Fußnote auf S.38.)
- Für *feste* und *flüssige Stoffe* – auch als Komponente von Mischungen und als Lösemittel – gilt der *Zustand des reinen Stoffes* in seiner stabilen Form als *Standardzustand*.
- Bei *Lösungen* bezieht sich der Standardzustand auf eine fiktive ideale Lösung, in der es keine Wechselwirkung zwischen den Teilchen des gelösten Stoffes gibt, so wie es in einer unendlich verdünnten Lösung der Fall wäre.
  Dafür sind drei verschiedene Standardgrößen im Gebrauch:

– die *Stoffmengenkonzentration* $c^\ominus = 1\ \text{mol}\cdot\text{L}^{-1}$ (↑ S. 52),
– die *Molalität* $b^\ominus = 1\text{mol}\cdot\text{kg}^{-1}$ (↑ S. 54) oder
– der *Stoffmengenanteil* $\chi^\ominus = 1$ (↑ S. 47).

Definitionsgemäß haben dann die **Aktivitäten** (↑ S. 250) den Zahlenwert 1,

- die *Konzentrationsaktivität* $a_c = \dfrac{c}{c^\ominus}$
- die *Molalitätsaktivität* $a_m = \dfrac{m}{m^\ominus}$ und
- die *Stoffmengenanteilaktivität* $a_x = \chi$

Die **molaren Standardbildungsenthalpien** $\Delta_B H^\ominus$ sind für viele Verbindungen in Tabellen [1] zusammengestellt (Tabelle 8-2). Soweit nichts anderes angegeben ist, beziehen sie sich auf die *Tabellierungsbedingungen* $T = 298{,}15$ K und $p = 101{,}325$ kPa.

Elementsubstanzen haben die molare Standardbildungsenthalpie null. Bei Elementen, die mehrere Elementsubstanzen bzw. mehrere Modifikationen bilden, gilt das für die in der Natur stabilste Form.

▲ – Kohlenstoff

Graphit $\Delta_B H^\ominus = 0\ \text{kJ} \cdot \text{mol}^{-1}$
Diamant $\Delta_B H^\ominus = 1{,}9\ \text{kJ} \cdot \text{mol}^{-1}$

Die Umwandlung von Graphit in Diamant verläuft unter Standardbedingungen also endotherm, die Umwandlung von Diamant in Graphit exotherm.

– Schwefel

Schwefel, rhombisch $\Delta_B H^\ominus = 0\ \text{kJ} \cdot \text{mol}^{-1}$
Schwefel, monoklin $\Delta_B H^\ominus = 0{,}3\ \text{kJ} \cdot \text{mol}^{-1}$

Bei der Umwandlung von rhombischem in monoklinen Schwefel unter Standardbedingungen nimmt das System bei einem Reaktionsfortschritt $\Delta\xi = 1$ mol 0,3 kJ Wärme auf.

Tabelle 8-2: *Molare Standardbildungsenthalpie $\Delta_B H^\ominus$, molare freie Standardbildungsenthalpie $\Delta_B G^\ominus$ und molare Standardentropie $S^\ominus$ bei 101,325 kPa*[2] *und 298,15 K; Werte gerundet.*
Aggregatzustände: (s) = fest (lat. solidus); (l) = flüssig (lat. liquidus); (g) = gas- oder dampfförmig (lat. gasiformis)

Formel	Name	$\Delta_B H^\ominus$ in $\text{kJ} \cdot \text{mol}^{-1}$	$\Delta_B G^\ominus$ in $\text{kJ} \cdot \text{mol}^{-1}$	$S^\ominus$ in $\text{J} \cdot \text{K}^{-1} \cdot \text{mol}^{-1}$
$AgCl$ (s)	Silberchlorid	−127,1	−109,8	96,2
$AgNO_3$ (s)	Silbernitrat	−124,4	−33,4	140,9
Ag_2O (s)	Silberoxid	−31,1	−11,2	121,3
$AlCl_3$ (s)	Aluminiumchlorid	−704,2	−628,8	110,7
Al_2O_3 (s)	Aluminiumoxid	−1675,7	−1582,3	50,92
$Al_2(SO_4)_3$ (s)	Aluminiumsulfat	−3440,8	−3099,6	239,3
$BaCO_3$ (s)	Bariumcarbonat	−1216,3	−1137,7	112,1
$Ba(NO_3)_2$ (s)	Bariumnitrat	−992,0	−796,6	213,8
BaO (s)	Bariumoxid	−553,5	−525,1	70,43
$BaSO_4$ (s)	Bariumsulfat	−1473,2	−1362,1	132,2
Br_2 (l)	Brom	0	0	152,2
Br_2 (g)	Brom	+30,91	+3,110	245,5
C (s)	Graphit	0	0	5,740
C (s)	Diamant	+1,895	+2,900	2,377

[1] Literatur: [Ayl2014], [Atk2008], [DAn2008], [Roe2018]
[2] Als Standarddruck wurde 100 000 Pa definiert. Da in vielen Werken die Werte jedoch für 101 325 Pa tabelliert sind, wurde dies hier beibehalten.

Tabelle 8-2: *(Fortsetzung)*

Formel	Name	$\Delta_B H^\ominus$ in $kJ \cdot mol^{-1}$	$\Delta_B G^\ominus$ in $kJ \cdot mol^{-1}$	$S^\ominus$ in $J \cdot K^{-1} \cdot mol^{-1}$
CCl_4 (l)	Tetrachlormethan	−135,4	−65,21	216,4
CH_4 (g)	Methan	−74,81	−50,72	186,3
CO (g)	Kohlenstoffmonoxid	−110,5	−137,2	197,7
CO_2 (g)	Kohlenstoffdioxid	−393,5	−394,4	213,7
CS_2 (l)	Kohlenstoffdisulfid	+89,70	+65,27	151,3
C_2H_2 (g)	Ethen (Acetylen)	+226,7	+209,2	200,9
C_2H_4 (g)	Ethen	+52,26	+68,15	219,6
C_2H_6 (g)	Ethan	−84,68	−32,82	229,6
C_6H_6 (l)	Benzen (Benzol)	+49,0	+124,3	173,3
CH_3OH (l)	Methanol	−238,7	−166,3	126,8
C_2H_5OH (l)	Ethanol	−277,7	−174,8	160,7
HCHO (g)	Methanal	−108,6	−102,5	218,8
CH_3CHO (g)	Ethanal	−166,2	−128,9	250,3
HCOOH (l)	Methansäure	−424,7	−361,4	129,0
CH_3COOH (l)	Ethansäure	−484,5	−389,9	159,8
$CH_3COOC_2H_5$ (l)	Ethansäureethylester	−479,0	−332,7	259,4
$CaCl_2$ (s)	Calciumchlorid	−795,8	−748,1	104,6
$CaCO_3$ (s)	Calciumcarhonat (Calcit)	−1206,9	−1128,8	92,9
CaO (s)	Calciumoxid	−635,1	−604,0	39,75
$Ca(OH)_2$ (s)	Calciumhydroxid	−986,1	−898,5	83,4
$CaSO_4$ (s)	Calciumsulfat	−1434,1	−1321,7	106,7
Cl_2 (g)	Chlor	0	0	223,1
CuCl (s)	Kupfer(I)-chlorid	−155,6	−138,7	87,7
$CuCl_2$ (s)	Kupfer(II)-chlorid	−218,0	−173,8	108,1
$CuSO_4$ (s)	Kupfersulfat	−771,4	−661,8	109,0
$FeCl_2$ (s)	Eisen(II)-chlorid	−341,8	−302,3	117,9
$FeCl_3$ (s)	Eisen(III)-chlorid	−399,4	−333,9	142,3
FeO (s)	Eisen(II)-oxid	−272,0	−251,4	60,75
Fe_2O_3 (s)	Eisen(III)-oxid	−824,2	−742,2	87,40
Fe_3O_4 (s)	Eisen(II,III)-oxid	−1118,4	−1015,4	146,1
$FeSO_4$ (s)	Eisen(II)-sulfat	−928,8	−24,9	121
FeS (s)	Eisen(II)-sulfid	−101,7	−102,0	60,3
H_2 (g)	Wasserstoff	0	0	130,7
HCN (l)	Cyanwasserstoff	+108,9	+125,0	112,8

Tabelle 8-2: *(Fortsetzung)*

Formel	Name	$\Delta_B H^\ominus$ in kJ · mol^{-1}	$\Delta_B G^\ominus$ in kJ · mol^{-1}	$S^\ominus$ in J · K^{-1} · mol^{-1}
HCl (g)	Chlorwasserstoff	−92,31	−95,30	186,9
HI (g)	Iodwasserstoff	+26,48	+1,70	206,6
HNO_3 (l)	Salpetersäure	−174,1	−80,71	155,6
H_2O (l)	Wasser	−285,8	−237,1	69,91
H_2O (g)	Wasserdampf	−241,8	−228,6	188,8
H_2O_2 (l)	Wasserstoffperoxid	−187,8	−120,4	109,6
H_3PO_4 (s)	Phosphorsäure (Ortho-)	−1279,0	−1119,1	110,5
H_2S (g)	Schwefelwasserstoff	−20,63	−33,56	205,8
H_2SO_4 (l)	Schwefelsäure	−814,0	−690,0	156,9
Hg (l)	Quecksilber	0	0	76,02
Hg (g)	Quecksilber	+61,32	+31,82	175,0
$HgCl_2$ (s)	Quecksilber(II)-chlorid	−224,3	−178,6	146,0
Hg_2Cl_2 (s)	Quecksilber(I)-chlorid	−265,2	−210,8	192,5
HgO (s)	Quecksilberoxid	−90,83	−58,54	70,29
I_2 (s)	Iod	0	0	116,1
I_2 (g)	Iod	+62,44	+19,33	260,7
KCl (s)	Kaliumchlorid	−436,8	−409,1	82,9
$KClO_3$ (s)	Kaliumchlorat	−391	−290	143
$KClO_4$ (s)	Kaliumperchlorat	−430,2	−300,3	151,0
KCN (s)	Kaliumcyanid	−113,5	−102,0	127,8
K_2CO_3 (s)	Kaliumcarbonat	−1150,2	1064,6	155,5
K_2O (s)	Kaliumoxid	−361,5	−322,8	102,0
KOH (s)	Kcliumhydroxid	−424,8	−379,1	78,91
$KMnO_4$ (s)	Kaliumpermanganat	−813,4	−713,4	171,7
KNO_3 (s)	Kaliumnitrat	−494,6	−394,7	133,1
K_2SO_4 (s)	Kaliumsulfat	−1284,9	−1170,6	91,96
$MgCl_2$ (s)	Magnesiumchlorid	−641,3	−591,8	89,62
$MgCO_3$ (s)	Magnesiumcarbonat	−1095,8	−1012,1	65,70
MgO (s)	Magnesiumoxid	−601,7	−569,4	26,94
$MgSO_4$ (s)	Magnesiumsulfat	−1284,9	−1170,6	91,96
NH_3 (g)	Ammoniak	−46,11	−16,45	192,5
NH_4Cl (s)	Ammoniumchlorid	−314,4	−202,9	94,6
NO (g)	Stickstoffmonoxid	+90,25	+86,55	210,8
NO_2 (g)	Stickstoffdioxid	+33,18	+51,31	240,1

Tabelle 8-2: *(Fortsetzung)*

Formel	Name	$\Delta_B H^\ominus$ in $kJ \cdot mol^{-1}$	$\Delta_B G^\ominus$ in $kJ \cdot mol^{-1}$	$S^\ominus$ in $J \cdot K^{-1} \cdot mol^{-1}$
N_2O (g)	Distickstoffmonoxid	+82,05	+104,2	219,9
N_2O_4 (g)	Distickstofftetraoxid	+9,16	+97,89	304,3
NaCl (s)	Natriumchlorid	−411,2	−384,1	72,13
$NaClO_3$ (s)	Natriumchlorat	−358,6	−262	123
$NaClO_4$ (s)	Natriumperchlorat	−382,8	−254,2	142,3
Na_2CO_3 (s)	Natriumcarbonat	−1130,8	−1048,0	130,8
$NaHCO_3$ (s)	Natriumhydrogencarbonat	−950,8	−852,9	101,7
$NaNO_3$ (s)	Natriumnitrat	−468,0	−362,1	116,3
Na_2O (s)	Natriumoxid	−418,0	−397,1	75,0
Na_2O_2 (s)	Natriumperoxid	−513,2	−449,7	94,8
NaOH (s)	Natriumhydroxid	−425,6	−379,5	64,46
Na_2SO_4 (s)	Natriumsulfat	−1387,8	−1269,8	149,6
O_2 (g)	Sauerstoff	0	0	205,1
O_3 (g)	Ozon	+142,7	+163,2	238,9
PCl_3 (g)	Phosphor(III)-chlorid	−287,0	−267,8	311,8
P_4O_{10} (s)	Phosphor(V)-oxid	−2984,0	−2697,0	228,9
$PbCl_2$ (s)	Blei(II)-chlorid	−359,4	−314,1	136,0
PbO (s)	Blei(II)-oxid (gelb)	−217,3	−187,9	68,70
PbO_2 (s)	Blei(IV)-oxid	−277,4	−217,3	68,6
Pb_3O_4 (s)	Blei(II,IV)-oxid	−718,7	−601,6	212,0
$PbSO_4$ (s)	Bleisulfat	−928,1	−816,2	148,5
S (s)	Schwefel (rhombisch)	0	0	31,80
S (g)	Schwefeldampf	+278,8	+238,3	167,8
SO_2 (g)	Schwefeldioxid	−296,8	−300,2	248,2
SO_3 (g)	8chwefeltrioxid	−395,7	−371,1	256,8
$SiCl_4$ (l)	Siliciumtetrachlorid	−577,4	−510	239,7
SiO_2 (s)	Siliciumdioxid (α-Quarz)	−910,9	−856,4	41,84
$SnCl_2$ (s)	Zinn(II)-chlorid	−328,0	−286,2	134,1
$SnCl_4$ (l)	Zinn(IV)-chlorid	−511,3	−440,1	258,7
SnO (s)	Zinn(II)-oxid	−285,8	−256,8	56,5
SnO_2 (s)	Zinn(IV)-oxid	−580,7	−519,6	52,3
$ZnCl_2$ (s)	Z1hkchlorid	−415,0	−369,4	111,5
ZnO (s)	Zinkoxid	−348,3	−318,3	43,64
$ZnSO_4$	Zinksulfat	−982,8	−871,4	110,5

8.4.2 Molare Standardreaktionsenthalpie

Von den molaren Standardbildungsenthalpien $\Delta_B H^\ominus$ der beteiligten Verbindungen ausgehend, lässt sich für jede chemische Reaktion anhand der Reaktionsgleichung die molare Standardreaktionsenthalpie $\Delta_R H^\ominus$ berechnen:

Die **molare Standardreaktionsenthalpie** $\Delta_R H^\ominus$ einer chemischen Reaktion ergibt sich als Differenz aus der stöchiometrischen Summe der molaren Standardbildungsenthalpien der Endprodukte und der stöchiometrischen Summe der molaren Standardbildungsenthalpien der Ausgangsstoffe.

Die vielfach verwendete Gleichung

$$\Delta_R H^\ominus = \sum \Delta_B H^\ominus_{E_i} - \sum \Delta_B H^\ominus_{A_i} \qquad (8\text{-}8)$$

gilt nur für Reaktionen, bei denen alle Reaktionsteilnehmer in der Reaktionsgleichung mit der Stöchiometriezahl $\nu = 1$ auftreten.

▲ Wassergaskonvertierung

$$CO(g) + H_2O(g) \rightleftharpoons CO_2(g) + H_2(g)$$

Nach der Aussage, dass *stöchiometrische Summen* zugrunde zu legen sind, müssen die *Stöchiometriezahlen* berücksichtigt werden. Dadurch erhält die Gleichung (8-8) die Form

$$\Delta_R H^\ominus = \sum |\nu_i| \Delta_B H^\ominus_{E_i} - \sum |\nu_i| \Delta_B H^\ominus_{A_i} \qquad (8\text{-}8a)$$

$|\nu_i|$ sind die *Beträge* der Stöchiometriezahlen, das heißt, die Stöchiometriezahlen werden hier ohne Vorzeichen eingesetzt.

Den Gleichungen (8-8) bzw. (8-8a) liegt die Erkenntnis zugrunde:

Die bei der Zerlegung einer Verbindung in die Elementsubstanzen umgesetzte Wärme ist der bei der Bildung dieser Verbindung aus den Elementsubstanzen umgesetzten Wärme umgekehrt (mit entgegengesetztem Vorzeichen) gleich.

(LAVOISIER und LAPLACE 1780; mitunter als **erstes thermochemisches Gesetz** bezeichnet; später eingegangen in den 1. Hauptsatz der Thermodynamik.)

Die Gleichung (8-8a) geht zunächst von der Vorstellung aus, dass die als Ausgangsstoffe vorliegenden Verbindungen in die Elementsubstanzen aufgespalten werden, aus denen sich dann die als Endprodukte angestrebten Verbindungen bilden.

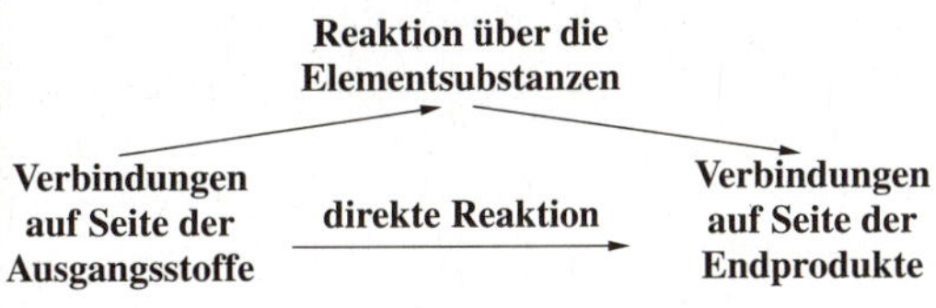

Tatsächlich verläuft kaum eine chemische Reaktion auf diesem Wege über die Elementsubstanzen. Diese Vorstellung ergibt aber die Grundlage für die korrekte Berechnung

- der *molaren Standardreaktionsenthalpie*
- aus den *molaren Standardbildungsenthalpien.*

Berechnung der molaren Standardreaktionsenthalpie

1. Die Reaktionsgleichung wird aufgestellt.

   △ Katalytische Oxidation von Ammoniak
   $4\,NH_3(g) + 5\,O_2(g) \rightleftharpoons 4\,NO(g) + 6\,H_2O(g)$

2. Die stöchiometrische Summe der molaren Standardbildungsenthalpien der *Endprodukte* ist zu ermitteln (Werte aus Tabelle 8-2).

   △ $4\,\Delta_B H^\ominus(NO) \quad 4\,(+\,90{,}3\ kJ \cdot mol^{-1}) = +\,361{,}2\ kJ \cdot mol^{-1}$
   $6\,\Delta_B H^\ominus(H_2O_g) \quad 6\,(-\,242\ kJ \cdot mol^{-1}) = -\,1452\ kJ \cdot mol^{-1}$

   $\sum |\nu_i| \Delta_B H^\ominus_{E_i} = -\,1090{,}8\ kJ \cdot mol^{-1}$

3. Die stöchiometrische Summe der molaren Standardbildungsenthalpien der *Ausgangsstoffe* ist zu ermitteln.

   △ $4\,\Delta_B H^\ominus(NH_3) \quad 4\,(-\,46{,}1\ kJ \cdot mol^{-1}) = -\,184{,}4\ kJ \cdot mol^{-1}$
   $5\,\Delta_B H^\ominus(O_2) \quad = 0\ kJ \cdot mol^{-1}$

   $\sum |\nu_i| \Delta_B H^\ominus_{A_i} = -\,184{,}4\ kJ \cdot mol^{-1}$

4. Als Differenz ergibt sich daraus die molare Standardreaktionsenthalpie.

   △ $\Delta_R H^\ominus = -\,1090{,}8\ kJ \cdot mol^{-1} - (-\,184{,}4\ kJ \cdot mol^{-1})$
   $\Delta_R H^\ominus = -\,906{,}4\ kJ \cdot mol^{-1}$

Mittels *vorzeichenbehafteter Stöchiometriezahlen* (Ausgangsstoffe negatives Vorzeichen; Endprodukte positives Vorzeichen) erhält die Gleichung (8-8a) eine kompaktere Form:

$$\Delta_R H^\ominus = \sum \nu_i \cdot \Delta_B H_i^\ominus \qquad (8\text{-}8b)$$

▲ $4\,NH_3(g) + 5\,O_2(g) \rightleftharpoons 4\,NO(g) + 6\,H_2O(g)$
$\Delta_R H^\ominus = \nu\,(NH_3) \cdot \Delta_B H^\ominus\,(NH_3) + \nu\,(NO) \cdot \Delta_B H^\ominus\,(NO) + \nu\,(H_2O) \cdot \Delta_B H^\ominus\,(H_2O_g)$
$\Delta_R H^\ominus = (-4) \cdot (-46{,}1\ kJ \cdot mol^{-1}) + 4 \cdot 90{,}3\ kJ \cdot mol^{-1} + 6 \cdot (-242\ kJ \cdot mol^{-1})$
$\Delta_R H^\ominus = 184{,}4\ kJ \cdot mol^{-1} + 361{,}2\ kJ \cdot mol^{-1} + (-1452\ kJ \cdot mol^{-1})$
$\Delta_R H^\ominus = -906{,}4\ kJ \cdot mol^{-1}$

Hier ist auch auf das **zweite thermochemisches Gesetz**[1] einzugehen, das 1840 von GERMAN HENRI HESS als *Satz der konstanten Wärmesummen* (auch bekannt als HESS*scher Satz*) erkannt wurde. Eine moderne Formulierung lautet:

Die Summe der molaren Standardreaktionsenthalpien von zwei oder mehr Teilreaktionen, die von einem Ausgangszustand A zu einem Endzustand E führen, ist gleich der molaren Standardreaktionsenthalpie der Reaktion, die direkt vom Ausgangszustand A zum Endzustand E führt.

Mittels des HESSschen Satzes lassen sich molare Reaktionsenthalpien berechnen, die experimentell nicht ermittelt werden können.

[1] später eingegangen in den 1. Hauptsatz der Thermodynamik

▲ Bei der Verbrennung von Kohlenstoff mit Sauerstoff entsteht neben *Kohlenstoffmonoxid* stets auch *Kohlenstoffdioxid*. Daher ist die Reaktionsenthalpie der Reaktion

$$2\,C(s) + O_2(g) \rightarrow 2\,CO(g)$$

nur schwer direkt zu messen. Man erhält sie jedoch über folgenden Zusammenhang:

Zustand A **Zustand E**

$$\mathbf{2\,C(s) + 2\,O_2(g)} \xrightarrow{\Delta_R H^\ominus = -788\ \mathrm{kJ \cdot mol^{-1}}} \mathbf{2\,CO_2(g)}$$

$$\mathbf{2\,C(s) + O_2(g)} \xrightarrow{\Delta_R H^\ominus = x} \mathbf{2\,CO(g) + O_2(g)} \xrightarrow{\Delta_R H^\ominus = -556\ \mathrm{kJ \cdot mol^{-1}}} \mathbf{2\,CO_2(g)}$$

$$x + (-\,556\ \mathrm{kJ \cdot mol^{-1}}) = -\,788\ \mathrm{kJ \cdot mol^{-1}}$$
$$x = -\,788\ \mathrm{kJ \cdot mol^{-1}} - (-\,566\ \mathrm{kJ \cdot mol^{-1}})$$
$$x = -\,222\ \mathrm{kJ \cdot mol^{-1}}$$

Somit ergibt sich die *molare Standardreaktionsenthalpie* $\Delta_R H^\ominus$ für die Reaktion

$$2\,C(s) + O_2(g) \rightarrow 2\,CO(g) \qquad \Delta_R H^\ominus = -\,222\ \mathrm{kJ \cdot mol^{-1}}$$

Die molare Standard*bildungs*enthalpie $\Delta_B H^\ominus$ bezieht sich stets auf die Reaktionsgleichung, in der die betrachtete Verbindung mit der Stöchiometriezahl $\nu = 1$ auftritt:

$$C(s) + \tfrac{1}{2}\,O_2(g) \rightarrow CO(g) \qquad \Delta_B H^\ominus = -\,111\ \mathrm{kJ \cdot mol^{-1}}$$

Aus den molaren Standard*reaktions*enthalpien $\Delta_R H^\ominus$, die bei der *Verbrennung* von Kohlenstoff, C, und von Kohlenstoffmonoxid, CO, auftreten, kann demnach die molare Standard*bildungs*enthalpie $\Delta_B H^\ominus$ des Kohlenstoffmonoxids berechnet werden.

8.4.3 Molare Standardverbrennungsenthalpie

Die *molare Standardverbrennungsenthalpie* (Formelzeichen $\Delta_C H^\ominus$) einer Verbindung (oder einer Elementsubstanz) ist die bei deren vollständiger Verbrennung in reinem Sauerstoff auftretende molare Standardreaktionsenthalpie $\Delta_R H^\ominus$. Dabei ist eine Reaktionsgleichung zugrunde zu legen, in der die zu verbrennende Verbindung (oder Elementsubstanz) mit der Stöchiometriezahl $\nu = -1$ auftritt.

▲ Aus der molaren Standardreaktionsenthalpie $\Delta_R H^\ominus$ für die Reaktion

$$2\,CO(g) + O_2(g) \rightarrow 2\,CO_2(g) \qquad \Delta_R H^\ominus = -566\ \mathrm{kJ \cdot mol^{-1}}$$

ergibt sich demnach die molare Standardverbrennungsenthalpie des Kohlenstoffmonoxids $\Delta_R H^\ominus$ (CO) nach der Gleichung

$$CO(g) + \tfrac{1}{2}\,O_2(g) \rightarrow CO_2(g) \qquad \Delta_C H^\ominus = -283\ \mathrm{kJ \cdot mol^{-1}}$$

Die molare Standard*verbrennungs*enthalpie $\Delta_C H^\ominus$ einer *Elementsubstanz* lässt sich aus der molaren Standard*bildungs*enthalpie $\Delta_B H^\ominus$ des bei der Verbrennung entstehenden *Oxids* berechnen, und zwar als *Quotient* aus der molaren Standardbildungsenthalpie $\Delta_B H^\ominus$ des Oxids und der *Teilchenstöchiometriezahl* (dem Index), mit der (dem) das Element in der Summenformel des Oxids auftritt.

▲ Molare Standardverbrennungsenthalpie des Phosphors

$$\Delta_C H^\ominus(P) = \frac{\Delta_B H^\ominus(P_4O_{10})}{4}$$

$$\Delta_C H^\ominus(P) = \frac{-2984 \text{ kJ} \cdot \text{mol}^{-1}}{4}; \qquad \Delta_C H^\ominus(P) = -746 \text{ kJ} \cdot \text{mol}^{-1}$$

Molare Standardverbrennungsenthalpie des Kohlenstoffs

$$\Delta_C H^\ominus(C) = \frac{\Delta_B H^\ominus(CO_2)}{1}; \qquad \Delta_C H^\ominus(C) = -394 \text{ kJ} \cdot \text{mol}^{-1}$$

Tritt das Element in der Summenformel des Oxids (wie im letzten Beispiel) mit der Teilchenstöchiometriezahl 1 (also *ohne* Index am Elementsymbol) auf, so ist die molare Standardverbrennungsenthalpie $\Delta_C H^\ominus$ der Elementsubstanz *gleich* der molaren Standardbildungsenthalpie $\Delta_B H^\ominus$ des bei der Verbrennung entstehenden Oxids.

Es ist zu beachten:

Die molare Standard*bildungs*enthalpie $\Delta_B H^\ominus$ und die molare Standard*verbrennungs*enthalpie $\Delta_C H^\ominus$ der *gleichen* Verbindung beziehen sich auf zwei *verschiedene* Reaktionen.

▲ Die molare Standard*bildungs*enthalpie des Kohlenstoffmonoxids $\Delta_B H^\ominus$ (CO) gilt für die Reaktionsgleichung:

$$C(s) + \tfrac{1}{2}\, O_2(g) \rightarrow CO(g) \qquad \Delta_B H^\ominus = -111 \text{ kJ} \cdot \text{mol}^{-1}$$

Die molare Standard*verbrennungs*enthalpie des Kohlenstoffmonoxids $\Delta_C H^\ominus$ (CO) gilt für die Reaktionsgleichung:

$$CO(g) + \tfrac{1}{2}\, O_2(g) \rightarrow CO_2(g) \qquad \Delta_C H^\ominus = -283 \text{ kJ} \cdot \text{mol}^{-1}$$

Beim Umgang mit dem Enthalpiebegriff ist zu beachten, dass er in den Bezeichnungen von verschiedenen Größenarten auftritt (Tabelle 8-3 (↑ S. 291)).

Die *freie Enthalpie* wird im Abschnitt 8.6 (↑ S. 301) behandelt.

Tabelle 8-3: *Zum Enthalpiebegriff*

Formelzeichen [1]	Bezeichnungen	Erläuterungen
h	Enthalpie (↑ S. 272)	extensive Größe (↑ S. 31) (wie die innere Energie u nicht absolut messbar)
Δh	Enthalpieänderung, z. B. Reaktionsenthalpie $\Delta_R h$ (↑ S. 273)	extensive Größe Einheit: Joule
H	molare Enthalpie	intensive Größe (↑ S. 31) (nicht absolut messbar) kaum verwendet
ΔH	molare Enthalpieänderung, z. B. molare Reaktionsenthalpie $\Delta_R H$ (↑ S. 274) molare Bildungsenthalpie $\Delta_B H$ (↑ S. 282)	intensive Größe molare Größe Einheit: $J \cdot mol^{-1}$
$\Delta H^\ominus$	molare Standardenthalpieänderung, z. B. molare Standardreaktionsenthalpie $\Delta_R H^\ominus$ (↑ S. 287) molare Standardbildungsenthalpie $\Delta_B H^\ominus$ (↑ S. 282)	intensive Größe molare Größe Einheit: $J \cdot mol^{-1}$ Stoffe im Standardzustand
g	freie Enthalpie (↑ S. 301)	extensive Größe (nicht absolut messbar)
Δg	Änderung der freien Enthalpie, z. B. freie Reaktionsenthalpie $\Delta_R g$ (↑ S. 301)	extensive Größe Einheit: Joule
G	molare freie Enthalpie	intensive Größe auch als chemisches Potenzial (Formelzeichen μ) bekannt (↑ S. 317) (nicht absolut messbar)
ΔG	Änderung der molaren freien Enthalpie, z. B. molare freie Reaktionsenthalpie $\Delta_R G$ (↑ S. 301) molare freie Bildungsenthalpie $\Delta_B G$	intensive Größe molare Größe Einheit: $J \cdot mol^{-1}$ auch als maximale molare elektrische Arbeit $W_{el,\,max}$ bekannt (↑ S. 363)
$\Delta G^\ominus$	Änderung der molaren freien Standardenthalpie, z. B. molare freie Standardreaktionsenthalpie $\Delta_R G^\ominus$ (↑ S. 305) molare freie Standardbildungsenthalpie $\Delta_B G^\ominus$ (↑ S. 304)	intensive Größe molare Größe Einheit: $J \cdot mol^{-1}$ Stoffe im Standardzustand

[1] Die molaren thermodynamischen Größen werden hier mit Großbuchstaben, die ihnen entsprechenden extensiven Größen mit Kleinbuchstaben bezeichnet. Mitunter werden in der Literatur auch für die extensiven Größen Großbuchstaben verwendet.

8.5 Weitere thermodynamische Größen

Für die Chemie sind nicht nur die energetischen Vorgänge bedeutsam, die mit chemischen Reaktionen verbunden sind, sondern auch solche, die mit physikalischen Vorgängen, wie den Phasenumwandlungen, einhergehen.

8.5.1 Molare Phasenumwandlungsenthalpien

Beim Übergang zwischen den Aggregatzuständen, also beim Schmelzen und Verdampfen, ändert sich die innere Energie u eines Systems. Bei *konstantem Druck* betrachtet, handelt es sich dabei wiederum um *Enthalpieänderungen* Δh. In der Chemie wird mit

- der **molaren Schmelzenthalpie** $\Delta_S H$ (auch als *molare Schmelzwärme* Q_S bekannt) und
- der **molaren Verdampfungsenthalpie** $\Delta_V H$ (auch als *molare Verdampfungswärme* Q_V bekannt)

gerechnet, die für viele reine Stoffe tabelliert sind.

Beim *Schmelzen* und *Verdampfen nimmt* das System *Wärme* aus der Umgebung *auf*. Die molare Schmelzenthalpie und die molare Verdampfungsenthalpie haben daher *positive* Vorzeichen.

▲ Wasser: $\Delta_S H^\ominus\ (H_2O) = 6\ kJ \cdot mol^{-1}$; $\Delta_V H^\ominus\ (H_2O) = 48\ kJ \cdot mol^{-1}$
Ammoniak: $\Delta_S H^\ominus\ (NH_3) = 5{,}7\ kJ \cdot mol^{-1}$; $\Delta_V H^\ominus\ (NH_3) = 23\ kJ \cdot mol^{-1}$
Brom: $\Delta_S H^\ominus\ (Br_2) = 10{,}8\ kJ \cdot mol^{-1}$; $\Delta_V H^\ominus\ (Br_2) = 31{,}9\ kJ \cdot mol^{-1}$

Bei den entgegengesetzten Vorgängen *Kondensieren* und *Kristallisieren* (Erstarren) wird *Wärme* an die Umgebung *abgegeben*. Die Größen erhalten dann *negative* Vorzeichen.

Es wird dann von *molarer Kondensationsenthalpie* (-wärme) und *molarer Kristallisationsenthalpie* (-wärme) oder *molarer Erstarrungsenthalpie* (-wärme) gesprochen.

Die **molare Sublimationsenthalpie** $\Delta_{Sub} H$ gilt für die Phasenumwandlung unmittelbar von *fest* nach *gasförmig*. Sie hat *positives* Vorzeichen, da bei der Sublimation das System Wärme aufnimmt.

▲ Schwefel: $\Delta_{Sub} H^\ominus\ (S) = 102\ kJ \cdot mol^{-1}$
Iod: $\Delta_{Sub} H^\ominus\ (I_2) = 62\ kJ \cdot mol^{-1}$

Die molare Standardsublimationsenthalpie $\Delta_{Sub} H^\ominus$ ist die Summe von molarer Standardschmelzenthalpie $\Delta_S H^\ominus$ und molarer Standardverdampfungsenthalpie $\Delta_V H^\ominus$:

$$\Delta_{Sub} H^\ominus = \Delta_S H^\ominus + \Delta_V H^\ominus \tag{8-9}$$

▲ Die molare Standardsublimationsenthalpie $\Delta_{Sub} H^\ominus$ des *Wassers* ergibt sich wie folgt:

$$\Delta_{Sub} H^\ominus\ (H_2O) = \Delta_S H^\ominus\ (H_2O) + \Delta_V H^\ominus\ (H_2O)$$
$$\Delta_{Sub} H^\ominus\ (H_2O) = 6\ kJ \cdot mol^{-1} + 48\ kJ \cdot mol^{-1}$$
$$\Delta_{Sub} H^\ominus\ (H_2O) = 54\ kJ \cdot mol^{-1}$$

Die **molare Gitterenthalpie** $\Delta_G H$, die für Ionenverbindungen eine wichtige Rolle spielt, steht insofern mit der Sublimationsenthalpie in Beziehung, als auch hier der Übergang vom *festen* in den *gasförmigen* Zustand zugrunde gelegt wird, und zwar den gasförmigen Zustand der *freien Ionen*. Bei der realen Sublimation von Ionenverbindungen entstehen jedoch zunächst *Moleküle* (z. B. NaCl oder MgO, nicht Na^+ und Cl^- oder Mg^{2+} und O^{2-}).

In der Literatur finden sich für die molare Gitterenthalpie zwei gegensätzliche Definitionen:

Die *molare Gitterenthalpie* $\Delta_G H$ kann sich beziehen

- auf den isobaren Übergang eines Mols einer kristallinen Ionensubstanz in Ionen im Gaszustand:

$$NaCl_s \rightarrow Na_g^+ + Cl_g^- \qquad \Delta_G H' = 788 \text{ kJ} \cdot \text{mol}^{-1}.$$

- auf den isobaren Übergang eines Mols gasförmiger Ionen in ein Ionengitter:

$$Na_g^+ + Cl_g^- \rightarrow NaCl_s \qquad \Delta_G H'' = -788 \text{ kJ} \cdot \text{mol}^{-1}.$$

Es gelten also:

$$\Delta_G H' = -\Delta_G H'' \qquad \text{und} \qquad \Delta_G H'' = -\Delta_G H'.$$

Die Kennzeichnung mit ′ und ″ wurde hier nur zur Veranschaulichung der Beziehung zwischen den beiden Definitionen herangezogen. Beim Studium der Fachliteratur wird aus dem Vorzeichen der molaren Gitterenthalpie ersichtlich, welche Definition zugrunde liegt. Zur Ermittlung der molaren Gitterenthalpien wird der BORN-HABERsche-Kreisprozess (↑ S. 297) herangezogen.

8.5.2 Molare Wärmekapazität

Im Zusammenhang mit den Phasenumwandlungsenthalpien spielt eine weitere physikalische Größe eine wichtige Rolle, die **Wärmekapazität** c. Während des Schmelzvorganges wie auch während des Siedevorganges bleibt die *Temperatur* des betrachteten Systems trotz ständiger Wärmezufuhr *konstant.* Die zugeführte Wärme schlägt sich nicht in einer Erhöhung der Temperatur, aber in einer Erhöhung der *inneren Energie* des Systems nieder. (Sie wird daher auch als *latente Wärme* bezeichnet.)

Ist der Schmelzvorgang (oder der Siedevorgang) abgeschlossen, liegt also das betrachtete System vollständig im flüssigen (bzw. gasförmigen) Zustand vor, so führt die weitere Wärmezufuhr zur Erhöhung der Temperatur des Systems. Dabei ist die zugeführte *Wärme* q der *Temperaturerhöhung* ΔT proportional:

$$q \sim \Delta T$$

$$q = c \cdot \Delta T \qquad c = \frac{q}{\Delta T} \tag{8-10}$$

Der Proportionalitätsfaktor c wird *Wärmekapazität* genannt. Er hat nach den Größenarten $\frac{[\text{Energie}]}{[\text{Temperatur}]}$ die SI-Einheit $\text{J} \cdot \text{K}^{-1}$.

In der *Physik* wird in der Regel mit der *spezifischen Wärmekapazität* c_{sp} gerechnet. Das ist der Quotient aus der Wärmekapazität c und der *Masse* m des betrachteten Systems.

$$c_{sp} = \frac{c}{m}$$

Für die spezifische Wärmekapazität gilt nach den Größenarten $\frac{[\text{Energie}]}{[\text{Temperatur}] \cdot [\text{Masse}]}$ die SI-Einheit $\text{J} \cdot \text{K}^{-1} \cdot \text{kg}^{-1}$. Als *spezifische Größen* werden allgemein die *massenbezogenen Größen* bezeichnet.

In der *Chemie* werden *stoffmengenbezogene Größen* bevorzugt, in diesem Falle die **molare Wärmekapazität** C (früher auch *Molwärme* genannt). Das ist der Quotient aus Wärmekapazität c und Stoffmenge n des betrachteten Systems (der Stoffportion (↑ S. 28)).

$$C = \frac{c}{n} \tag{8-11}$$

Für die molare Wärmekapazität C gilt nach den Größenarten $\frac{[\text{Energie}]}{[\text{Temperatur}] \cdot [\text{Stoffmenge}]}$ die SI-Einheit $\text{J} \cdot \text{K}^{-1} \cdot \text{mol}^{-1}$.

Es ist zwischen der molaren Wärmekapazität bei *konstantem Volumen* C_v und der molaren Wärmekapazität bei *konstantem Druck* C_p zu unterscheiden. Bei Flüssigkeiten und Feststoffen ist der Unterschied im Allgemeinen gering (er hängt vom Ausdehnungskoeffizienten und von der Kompressibilität jedes Stoffes ab). Bei Gasen ist er beträchtlich, da sich Gase beim Erwärmen stark ausdehnen, wobei Volumenarbeit w_{vol} zu verrichten ist.

Beim *idealen Gas* ist die molare Wärmekapazität C_p die Summe aus der molaren Wärmekapazität C_v und dem Quotienten $\frac{v_0 \cdot p_0}{n \cdot T_0}$, der als molare Gaskonstante $R = 8{,}3145\ \text{J} \cdot \text{mol}^{-1} \cdot \text{K}^{-1}$ bekannt ist. ($\frac{v_0}{n} = V$; der Quotient steht also für das *molare Volumen V* (↑ S. 35).)

$$C_p = C_v + \frac{v_0 \cdot p_0}{n \cdot T_0} \qquad C_p = C_v + R \tag{8-12}$$

Jeder reine Stoff hat eine andere molare Wärmekapazität. Tabelliert[1] sind in der Regel die *molaren Standardwärmekapazitäten* $C_p^\ominus$ für den Druck $p = 101{,}325$ kPa und die Temperatur $T = 298{,}15$ K (25 °C).

▲ Wasser $C_p^\ominus = 75\ \text{J} \cdot \text{K}^{-1} \cdot \text{mol}^{-1}$
Das besagt: Um 18 g (1 mol) Wasser um 1 K zu erwärmen, müssen ihm 75 J zugeführt werden. Die Wärmekapazität ist selbst etwas temperaturabhängig. Näherungsweise kann man das aber vernachlässigen und das Erwärmen eines Mols Wasser von 0 °C auf 100 °C benötigt entsprechend 7500 J. Um *Eis* von 0 °C in *Wasserdampf* von 100 °C zu überführen, müssen dem System (unter Standarddruck) demnach zugeführt werden:

- die molare Schmelzenthalpie $\Delta_S H^\ominus$ (H_2O) 6 kJ · mol^{-1}
- entsprechend der molaren Wärmekapazität
  $C_p^\ominus$ (H_2O) = 75 J · K^{-1} · mol^{-1}
  100 K · 75 J · K^{-1} · mol^{-1} = 7,5 kJ · mol^{-1}
- die molare Verdampfungsenthalpie $\Delta_V H^\ominus$ (H_2O) 40 kJ · mol^{-1}

53,5 kJ · mol^{-1}

Beim entgegengesetzten Vorgang, der Phasenumwandlung von Wasserdampf über Wasser zu Eis, *gibt* das System *Wärme* ab. Die Zahlenwerte erhalten also *negative* Vorzeichen.

8.5.3 Molare Mischungsenthalpien

Auch *Mischungsvorgänge* sind mit Wärmeumsetzungen verbunden. Dabei spielen die *Lösungsvorgänge*, bei denen *Ionensubstanzen* (Salze) in *Wasser* gelöst werden, eine besondere Rolle. Aus Sicht der Chemie können sie als *Reaktionstyp* (↑ S. 250) aufgefasst werden. Diese Lösungsvorgänge können – je nach Art der Ionensubstanz – unter *Erwärmung* oder *Abkühlung* verlaufen. Als Maß dient die **Lösungsenthalpie** $\Delta_L h$, das ist die Lösungswärme unter konstantem Druck. Tabelliert sind die **molaren Standardlösungsenthalpien** $\Delta_L H^\ominus$:

▲ Natriumchlorid	$\Delta_L H^\ominus$ (NaCl)	=	5,4 kJ · mol^{-1}
Kaliumchlorid	$\Delta_L H^\ominus$ (KCl)	=	20 kJ · mol^{-1}
Ammoniumnitrat	$\Delta_L H^\ominus$ (NH_4NO_3)	=	26 kJ · mol^{-1}
Calciumhydroxid	$\Delta_L H^\ominus$ ($Ca(OH)_2$)	=	−13 kJ · mol^{-1}
Natriumcarbonat	$\Delta_L H^\ominus$ (Na_2CO_3)	=	−23 kJ · mol^{-1}
Magnesiumchlorid	$\Delta_L H^\ominus$ ($MgCl_2$)	=	−154 kJ · mol^{-1}

[1] Literatur: [Ayl2014], [DAn2008], [Roe2018]

Es gibt demnach Lösungsvorgänge, die endotherm verlaufen, und solche, die exotherm verlaufen (↑ S. 275).

- Bei einem *endothermen Lösungsvorgang* ($\Delta_L H^\ominus > 0$) ist die innere Energie der Mischung *größer* als die innere Energie der Komponenten. Das System *nimmt Wärme* auf, die dem Reaktionsgemisch (und der Umgebung) entzogen wird. Ist das System thermisch isoliert, tritt eine Abkühlung ein.
- Bei einem *exothermen Lösungsvorgang* ($\Delta_L H^\ominus < 0$) ist die innere Energie der Mischung *kleiner* als die innere Energie der Komponenten. Das System *gibt Wärme ab*. Ist das System thermisch isoliert, kommt es zu einer Erwärmung des Reaktionsgemischs, andernfalls erwärmt sich auch die Umgebung.

Die molaren Standardlösungsenthalpien $\Delta_L H^\ominus$ beziehen sich auf eine unendliche Verdünnung, also auf einen Idealzustand, der nur in unseren Vorstellungen existiert. Die molare Lösungsenthalpie $\Delta_L H$ ist konzentrationsabhängig. Die *Differenz* zwischen den molaren Lösungsenthalpien bei *unterschiedlicher Konzentration* der entstehenden Lösungen ist als **molare Verdünnungsenthalpie** $\Delta_{\mathrm{Verd}} H$ bekannt:

$$\Delta_{\mathrm{Verd}} H = \Delta_L H_2 + \Delta_L H_1$$

Eine solche Enthalpieänderung tritt unter anderem auf, wenn einer *Lösung* weitere Anteile des *Lösungsmittels* zugesetzt werden.

Die **Lösungsenthalpie** $\Delta_L h$ setzt sich aus zwei Komponenten zusammen,

- der **Gitterenthalpie** $\Delta_G h$ und
- der **Solvatationsenthalpie** $\Delta_{\mathrm{Solv}} h$;

für diese steht – wenn Wasser als Lösemittel dient – die **Hydratationsenthalpie** $\Delta_H h$.

Die Chemie bedient sich wiederum der *molaren Enthalpien* ($\Delta_G H$; $\Delta_{\mathrm{Solv}} H$; $\Delta_H H$) und tabelliert sind die molaren Standardenthalpien[1)].

Die **molare Gitterenthalpie** $\Delta_G H$ hat beim Lösungsvorgang *positives* Vorzeichen. Darin drückt sich aus, dass der *Gitterabbau* unter *Zunahme* der *inneren Energie* durch *Aufnahme* von *Wärme* verläuft.

Die **molare Hydratationsenthalpie** $\Delta_H H$ hat *negatives* Vorzeichen. Bei der *Hydratation*, das heißt, bei der Anlagerung von Dipolmolekülen des Wassers an Ionen, die (in der Vorstellung) aus der Gasphase in das Wasser übergehen, wird *thermische Energie frei*. Ein Mol Ionen im Gaszustand hat demnach eine höhere *Enthalpie* sowohl gegenüber einem Mol Ionen im Kristallgitter als auch gegenüber einem Mol hydratisierter Ionen. Die Differenz zwischen beiden Enthalpien entspricht der *Lösungsenthalpie des festen Stoffes*. Diese kann *negativ* (exothermer Lösungsvorgang) oder *positiv* (endothermer Lösungsvorgang) sein.

▲ Beim *Natriumchlorid* NaCl beträgt

- die *molare Gitterenthalpie* $\Delta_G H = -787\,\mathrm{kJ \cdot mol^{-1}}$,
- die *molare Hydratationsenthalpie* $\Delta_H H = -783\,\mathrm{kJ \cdot mol^{-1}}$ und demnach
- die *molare Lösungsenthalpie* $\Delta_L H = +4\,\mathrm{kJ \cdot mol^{-1}}$.

Der Lösungsvorgang ist somit leicht *endotherm*.

▲ Beim *Natriumhydroxid* NaOH hingegen beträgt

- die *molare Gitterenthalpie* $\Delta_G H = -900\,\mathrm{kJ \cdot mol^{-1}}$,
- die *molare Hydratationsenthalpie* $\Delta_H H = -944\,\mathrm{kJ \cdot mol^{-1}}$ und somit
- die *molare Lösungsenthalpie* $\Delta_L H = -44\,\mathrm{kJ \cdot mol^{-1}}$.

In diesem Falle ist der Lösungsvorgang deutlich *exotherm*.

Die **Solvatationsenthalpie** $\Delta_{\mathrm{Solv}} h$, die bei unpolaren Lösemitteln (z. B. Aceton, Benzen) auftritt, ist im Vergleich zu der in wässrigen Lösungen auftretenden Hydratationsenthalpie $\Delta_H h$ sehr gering. Sie reicht nicht aus, die für den Abbau des Kristallgitters von Ionensubstanzen erforderliche Gitterenthalpie $\Delta_G h$ aufzubringen. Daher sind Salze in solchen Lösemitteln nahezu unlöslich.

---

1) Literatur: [Ayl2014], [DAn2008], [Roe2018]

Die **molare Standardlösungsenthalpie** $\Delta_L H^\ominus$ ist die *stöchiometrische Summe* aus der *molaren Standardgitterenthalpie* $\Delta_G H^\ominus$ und der *molaren Standardhydratationsenthalpie* $\Delta_H H^\ominus$:

$$\Delta_L H^\ominus = \Delta_G H^\ominus + \Delta_H H^\ominus \tag{8-13}$$

▲ *Calciumchlorid*, $CaCl_2$, in Wasser

$\Delta_G H^\ominus (CaCl_2) = +2231 \text{ kJ} \cdot \text{mol}^{-1}$
$\Delta_H H^\ominus (Ca^{+2}) = -1615 \text{ kJ} \cdot \text{mol}^{-1}$
$\Delta_H H^\ominus (Cl^-) = -351 \text{ kJ} \cdot \text{mol}^{-1}$

$\Delta_L H^\ominus (CaCl_2) = \Delta_G H^\ominus (CaCl_2) + \Delta_H H^\ominus (Ca^{+2}) + 2\,\Delta_H H^\ominus (Cl^-)$
$\Delta_L H^\ominus (CaCl_2) = 2231 \text{ kJ} \cdot \text{mol}^{-1} + (-1615 \text{ kJ} \cdot \text{mol}^{-1}) + 2(-351 \text{ kJ} \cdot \text{mol}^{-1})$
$\Delta_L H^\ominus (CaCl_2) = -86 \text{ kJ} \cdot \text{mol}^{-1}$

Das Auflösen von (kristallwasserfreiem) Calciumchlorid verläuft unter Bildung des Hexahydrats $CaCl_2 \cdot 6\,HgO$ *exotherm*. Das Gemisch *erwärmt* sich.

▲ *Ammoniumnitrat*, NH_4NO_3, in Wasser

$\Delta_G H^\ominus (NH_4NO_3) = +662 \text{ kJ} \cdot \text{mol}^{-1}$
$\Delta_H H^\ominus (NH^+) = -326 \text{ kJ} \cdot \text{mol}^{-1}$
$\Delta_H H^\ominus (NO_3{}^-) = -310 \text{ kJ} \cdot \text{mol}^{-1}$

$\Delta_L H^\ominus (NH_4NO_3) = \Delta_G H^\ominus (NH_4NO_3) + \Delta_H H^\ominus (NH^+) + \Delta_H H^\ominus (NO_3{}^-)$
$\Delta_L H^\ominus (NH_4NO_3) = +662 \text{ kJ} \cdot \text{mol}^{-1} + (-326 \text{ kJ} \cdot \text{mol}^{-1}) + (-310 \text{ kJ} \cdot \text{mol}^{-1})$
$\Delta_L H^\ominus (NH_4NO_3) = 26 \text{ kJ} \cdot \text{mol}^{-1}$

Der Lösungsvorgang verläuft *endotherm*. Das Gemisch *kühlt* sich ab.

Zu beachten ist: *Kristallwasserfreie* und *hydratisierte* Salze haben unterschiedliche molare Standardlösungsenthalpien.

▲ *Calciumsulfat*

$\Delta_L H^\ominus (CaSO_4) = -21{,}5 \text{ kJ} \cdot \text{mol}^{-1}$
$\Delta_L H^\ominus (CaSO_4 \cdot 2\,H_2O) = +1{,}3 \text{ kJ} \cdot \text{mol}^{-1}$

Wie die *Lösungen* ein spezieller Fall von *Mischungen* sind, so gibt es für die Lösungsenthalpie $\Delta_L h$ die übergeordnete **Mischungsenthalpie** $\Delta_M h$. Sie wird vor allem für Gasmischungen angewandt.

Die **molare Mischungsenthalpie** der Komponente A, $\Delta_M H_A$, ist die *Differenz* zwischen der molaren Enthalpie dieser Komponente in der Mischung H_A und der molaren Enthalpie des reinen Stoffes A, die hier mit H_A^0 gekennzeichnet wird:

$$\Delta_M H_A = H_A - H_A^0 \tag{8-14}$$

Auch hier ist wieder nur die Differenz messbar, nicht die Enthalpie H.

Die molare Mischungsenthalpie $\Delta_M H$ einer Komponente ist eine partielle molare Größe (↑ S. 313).

Für eine Gesamtmischung lässt sich aus den Enthalpien der einzelnen Komponenten eine **mittlere molare Mischungsenthalpie** $\Delta_M \overline{H}$ ermitteln:

$$\Delta_M \overline{H} = \sum x_i (H_i - H_i^0) \tag{8-15}$$

x_i steht für die Stoffmengenanteile (Molenbrüche) aller Komponenten.

Beim Mischen idealer Gase (↑ S. 37) ist die mittlere molare Mischungsenthalpie $\Delta_M \overline{H} = 0$. Der Mischungsvorgang verläuft also weder exotherm, noch endotherm, sondern ohne Wärmeaustausch.

Siehe auch molare freie Mischungsenthalpie (↑ S. 333)

8.5.4 BORN-HABERscher Kreisprozess

Zwischen den verschiedenartigen Enthalpieänderungen bestehen mathematisch formulierbare Beziehungen. Diese werden beim BORN-HABERschen Kreisprozess[1] genutzt, um experimentell nicht zugängliche molare Gitterenthalpien $\Delta_G H$ (↑ S. 292) für Ionenkristalle zu ermitteln.

Da die *Enthalpie* eine *Zustandsgröße* ist (↑ S. 268), ist die Summe der Enthalpieänderungen aller Teilschritte, die auf unterschiedlichen Wegen zum *gleichen Zustand* zurückführen, nach dem Energieerhaltungssatz gleich null.

Um die *molare Gitterenthalpie* $\Delta_G H$ zu ermitteln, die sich auf die Überführung einer kristallinen Ionensubstanz in Ionen im Gaszustand bezieht (Definition 1 nach S. 293), muss ein Weg gefunden werden, wie der Ionenkristall über Zwischenschritte, für die die Enthalpieänderungen bekannt sind, gleichfalls in Ionen im Gaszustand übergeführt werden kann. Das kann nach folgendem Schema erfolgen, für das das Natriumchlorid, NaCl, als Beispiel gewählt wurde:

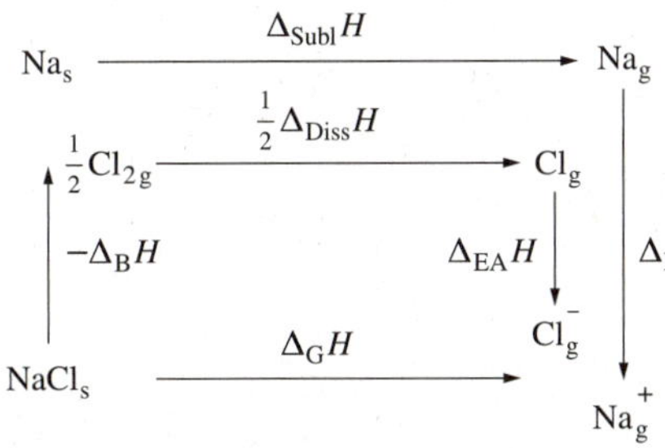

▲ **Ermittlung der molaren Gitterenthalpie $\Delta_G H$ des Natriumchlorids** (siehe Bild 8-3)

a) Umkehrung der *Bildungsreaktion* des Natriumchlorids:

$$NaCl_s \rightarrow Na_s + \tfrac{1}{2}Cl_{2g} \qquad -\Delta_B H = 411 \text{ kJ} \cdot \text{mol}^{-1}$$

Die molare Bildungsenthalpie $\Delta_B H = -411 \text{ kJ} \cdot \text{mol}^{-1}$ ist bekannt. Sie ist hier mit entgegengesetztem Vorzeichen einzusetzen.

b) *Sublimation* des Natriums vom festen zum gasförmigen Zustand:

$$Na_s \rightarrow Na_g \qquad \Delta_{Subl} H = 109 \text{ kJ} \cdot \text{mol}^{-1}$$

c) *Dissoziation* des molekularen Chlors zu atomarem Chlor:

$$\tfrac{1}{2}Cl_{2g} \rightarrow Cl_g \qquad \tfrac{1}{2}\Delta_{Diss} H = 121 \text{ kJ} \cdot \text{mol}^{-1}$$

d) *Ionisierung* des Natriums:

$$Na_g \rightarrow Na_g^+ + e^- \qquad \Delta_I H = 502 \text{ kJ} \cdot \text{mol}^{-1}$$

Die *Ionisierungsenthalpie* $\Delta_I H$ ist bis auf den Betrag $R \cdot T$ mit der *Ionisierungsenergie* $E_I = I$ (↑ S. 101) identisch:

$$\Delta_I H = E_I + R \cdot T$$

[1] In der Literatur auch als HABER-BORNscher Kreisprozess bekannt; von dem deutschen Chemiker FRITZ HABER und dem deutschen Physiker MAX BORN (1919) eingeführt.

e) *Elektronenaufnahme* des Chlors:

$$Cl_g + e^- \rightarrow Cl_g^- \qquad \Delta_{EA}H = -355\,kJ \cdot mol^{-1}$$

Die *Elektronenaufnahmeenthalpie* $\Delta_{EA}H$ ist bis auf den Betrag $R \cdot T$ mit der *Elektronenaffinität EA* (↑ S. 101) identisch:

$$\Delta_{EA}H = -E_{EA} - R \cdot T$$

Hierin ist *EA* die *Elektronenaffinität* in Volt.

Als Summe dieser fünf Enthalpieänderungen ergibt sich die *Gitterenthalpie* des Natriumchloridkristalls: $\Delta_G H(NaCl) = 788\,kJ \cdot mol^{-1}$.

Wird (nach obigem Schema) der Kreislauf zum kristallinen Natriumchlorid $NaCl_s$ geschlossen, so ist die Gitterenthalpie mit entgegengesetztem Vorzeichen einzusetzen[1]. Es ergibt sich dann:

$$\sum \Delta H = -\Delta_B H + \Delta_{Subl} H + \Delta_{Diss} H + \Delta_I H + \Delta_{EA} H - \Delta_G H,$$

$$\sum \Delta H = (411 + 109 + 121 + 502 - 355 - 788)\,kJ \cdot mol^{-1},$$

$$\sum \Delta H = 0,$$

was dem Energieerhaltungssatz entspricht.

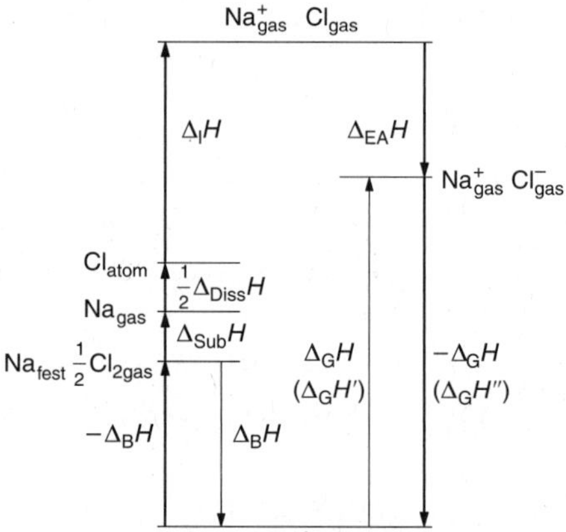

Bild 8-3: *Ermittlung der molaren Gitterenthalpie $\Delta_G H$ des Natriumchlorids*

Der BORN-HABERsche Kreisprozess eignet sich für die Ermittlung der molaren Gitterenthalpien der Alkalihalogenide. Mit zunehmender Größe der Ionen werden die gewonnenen Werte unzuverlässiger.

[1] Das entspricht dann der Definition 2 ($\Delta_G H''$), die sich auf die *Bildung* eines Ionenkristalls aus den Ionen im Gaszustand bezieht (↑ S. 293).

Im vorstehenden Beispiel wurde konsequent mit den *Enthalpien* gerechnet. Aus dem Text wird jedoch deutlich, dass begrifflich nicht immer streng zwischen *Enthalpie* und *Energie* unterschieden wird. Es bietet sich daher an, im Anschluss an dieses Beispiel zu zeigen, wie sich *Gitterenergie* und *Gitterenthalpie quantitativ* unterscheiden:

▲ Bei der Überführung einer festen Ionensubstanz in Ionen im Gaszustand ist gegenüber dem äußeren Druck *Volumenarbeit* $p \cdot \Delta V$ zu verrichten (↑ S. 277).

Beim Beispiel Natriumchlorid entstehen aus 1 mol NaCl 1 mol Na^+-Ionen und 1 mol Cl^--Ionen.

Für eine Näherungsrechnung legen wir zugrunde:

$$p = 1\,\text{bar} = 10^5\,\text{N} \cdot \text{m}^{-2} = 10^5\,\text{Pa}$$

$V = 24{,}5\,\text{L} \cdot \text{mol}^{-1}$; das ist das auf 298,15 K umgerechnete molare Volumen (↑ S. 35) :

$$V = \frac{22{,}414\,\text{L} \cdot \text{mol}^{-1} \cdot 298{,}15\,\text{K}}{273{,}15\,\text{K}} = 24{,}465\,\text{L} \cdot \text{mol}^{-1}$$

Bei 1 mol Formelumsätzen

$$\text{NaCl} \rightarrow \text{Na}_\text{g}^+ + \text{Cl}_\text{g}^-$$

entstehen 2 mol Ionen im Gaszustand

$$\Delta V = 2 \cdot 24{,}5\,\text{L} \cdot \text{mol}^{-1} = 49\,\text{L} \cdot \text{mol}^{-1}$$

Für die molare Volumenarbeit $p \cdot \Delta V$ ergibt das:

$$p \cdot \Delta V = 10^5\,\text{N} \cdot \text{m}^{-2} \cdot 49 \cdot 10^{-3}\,\text{m}^3 \cdot \text{mol}^{-1}$$

$$p \cdot \Delta V = 4900\,\text{N} \cdot \text{m} \cdot \text{mol}^{-1}$$

$$p \cdot \Delta V = 4{,}9\,\text{kJ} \cdot \text{mol}^{-1}$$

Die molare Gitterenergie $\Delta_\text{G}U$ ergibt sich aus Gleichung (8-6a) (↑ S. 277):

$$\Delta_\text{G}U = \Delta_\text{G}H - p \cdot \Delta V$$

$$\Delta_\text{G}U(\text{NaCl}) = 788\,\text{kJ} \cdot \text{mol}^{-1} - 4{,}9\,\text{kJ} \cdot \text{mol}^{-1}$$

$$\Delta_\text{G}U(\text{NaCl}) = 783{,}1\,\text{kJ} \cdot \text{mol}^{-1}$$

Die *molare Gitterenergie* $\Delta_\text{G}U(\text{NaCl})$ ist also um etwa $5\,\text{kJ} \cdot \text{mol}^{-1}$ geringer als die *molare Gitterenthalpie* $\Delta_\text{G}H(\text{NaCl})$.

8.6 Thermodynamische Reaktionstriebkraft und chemisches Gleichgewicht

Im Kapitel 6 wurde das *Massenwirkungsgesetz* zunächst auf der Grundlage der *chemischen Kinetik* (↑ S. 192) dargestellt. Hier folgt nun die exaktere Darstellung auf Grundlage der *chemischen Thermodynamik*. Dazu müssen zwei weitere thermodynamische Größen eingeführt werden:

- die *Entropie s* und
- die *freie Enthalpie g*.

Erst mit diesen Größen wurde es – in der 2. Hälfte des 19. Jahrhunderts – möglich zu berechnen, *in welcher Richtung* eine chemische Reaktion *aus eigenem Antrieb*, also ohne Aufwand von Arbeit, verlaufen kann. Letztlich wird gezeigt, wie die – auf Seite 189 eingeführte – *Gleichgewichtskonstante K* mittels dieser Größen zu berechnen ist (↑ S. 311).

Die **molare Reaktionsenthalpie** $\Delta_R H$ (↑ S. 274) sagt mit ihrem *Vorzeichen* aus, ob die chemische Reaktion (bei konstantem Druck und konstanter Temperatur)

- unter *Wärmeabgabe*, also *exotherm* (*negatives* Vorzeichen) oder
- unter *Wärmeaufnahme*, also *endotherm* (*positives* Vorzeichen)

verläuft. (Das gilt unter der Voraussetzung, dass das System nicht gleichzeitig elektrische Arbeit austauscht.)

Der dänische Chemiker JULIUS THOMSEN und der französische Chemiker MARCELIN BERTHELOT vertraten Mitte des 19. Jahrhunderts die Auffassung, nur *exotherme* Reaktionen verliefen *freiwillig*. Bald wurde jedoch erkannt, dass auch schwach *endotherme* Reaktionen freiwillig verlaufen können.

Die *Richtung*, in der Gleichgewichtsreaktionen freiwillig verlaufen, muss demnach außer von der *Abnahme der Energie* des Systems noch von einem anderen Faktor bestimmt werden. Es handelt sich um die *Zunahme der Entropie* des Systems.

Die **Entropie** (Formelzeichen *s*) ist – wie die innere Energie *u* und die daraus abgeleitete Enthalpie *h* – eine *Zustandsgröße* jedes Systems. Die Bezeichnung Entropie wurde von dem deutschen Physiker RUDOLF CLAUSIUS (1865) eingeführt. Sie ist von *tropae* (griech. Verwandlung) abgeleitet, was sich auf die *Änderung des Zustandes* bezieht. Die Entropie ist eine begrifflich vergleichsweise schwer zugängliche Zustandsgröße. Auf sie wird für Leser, die hier tiefer eindringen wollen, in einem besonderen Abschnitt (↑ S. 319) eingegangen.

Es ist das Verdienst des US-amerikanischen Physikers JOSIAH WILLARD GIBBS (1839–1903) als weitere *Zustandsgröße* die **freie Enthalpie**[1)] (Formelzeichen *g*) eingeführt zu haben, welche die Wirkung

- der *Abnahme der Energie* und
- der *Zunahme der Entropie*

zusammenfasst.

Die *freie Enthalpie g* ist die Zustandsgröße, bei deren *Änderung* das *Vorzeichen* (+ oder −) angibt, in welcher *Richtung* ein chemisches System – unter konstanter Temperatur und konstantem Druck[2)] – *freiwillig reagiert*. Die exakte Herleitung der Zustandsgröße *freie Enthalpie g* ist erst im Anschluss an die Darstellung der Zustandsgröße *Entropie s* möglich (↑ S. 329). Wir begnügen uns hier zunächst damit, die Zustandsgrößen *Enthalpie h* und *freie Enthalpie g* einander gegenüberzustellen, wie es für das Grundlagenfach Chemie zahlreicher Studiengänge ausreicht.

---

1) Die *freie Enthalpie g* wird auch als GIBBS-Energie oder GIBBS-Funktion bezeichnet.

2) Eine analoge Größe, die für Reaktionen *unter konstantem Volumen* gilt, ist die *freie Energie f*, die von dem deutschen Physiker HERMANN VON HELMHOLTZ eingeführt wurde. (Literatur: [Sto2018])

8.6.1 Freie Enthalpie

Zwischen der *freien Enthalpie* g und der *Enthalpie* h besteht die Beziehung:

$$g = h - T \cdot s \qquad (8\text{-}16)$$

T ist die absolute Temperatur (in Kelvin); s ist die Entropie (↑ S. 319). Nach Gleichung (8-16) ergibt sich für die Entropie die SI-Einheit Joule/Kelvin ($J \cdot K^{-1}$) (↑ S. 319).

Für die *Änderung* der Zustandsgrößen Enthalpie h, freie Enthalpie g und Entropie s gilt bei isotherm-isobaren Zustandsänderungen:

$$\Delta g = \Delta h - T \cdot \Delta s \qquad (T, p = \text{konstant}) \qquad (8\text{-}17)$$

Dem entspricht:

$$\Delta h = \Delta g + T \cdot \Delta s \qquad (T, p = \text{konstant}) \qquad (8\text{-}17a)$$

Das sind die einfachsten Formen der **GIBBS-HELMHOLTZschen Gleichungen**.

Jede Enthalpieänderung Δh ergibt sich nach Gleichung (8-17a) aus *zwei* Anteilen:

- der Änderung der *freien Enthalpie* Δg und
- einem mit der Änderung der *Entropie* Δs verknüpften Energieterm $T \cdot \Delta s$.

Die Änderung der freien Enthalpie Δg ist der Anteil, der vom reagierenden System sowohl als *Wärme* als auch als *Arbeit* aufgenommen oder abgegeben werden kann.

Das Produkt $T \cdot \Delta s$ ist der Anteil, der nur als *Wärme* aufgenommen oder abgegeben werden kann.

Die freie Enthalpie Δg ist also in diesem Sinne *frei verfügbar,* das Produkt $T \cdot \Delta s$ ist das nicht.

Bei der hier betrachteten Arbeit geht es *nicht* um die Volumenarbeit (↑ S. 271) $w_{vol} = - p \cdot \Delta v$, weshalb in diesem Zusammenhang von *Nicht-Volumenarbeit* oder auch von *Nutzarbeit* gesprochen wird. Die für die Chemie wichtigste Nicht-Volumenarbeit ist die *elektrische Arbeit* w_{el}, deren Austausch zwischen System und Umgebung in elektrochemischen Zellen vonstatten geht (↑ S. 350). Auch wenn bei einer chemischen Reaktion *Licht* abgegeben oder aufgenommen wird, handelt es sich um Nicht-Volumenarbeit.

Analog zur *Reaktionsenthalpie* $\Delta_R h$ wird die bei einer chemischen Reaktion auftretende *Änderung* der *freien Enthalpie* Δg als **freie Reaktionsenthalpie** $\Delta_R g$ (↑ S. 273) bezeichnet.

8.6.2 Molare freie Reaktionsenthalpie

Werden in die GIBBS-HELMHOLTZschen Gleichungen (8-17), (8-17a) statt der extensiven Größen die molaren Größen eingesetzt, so ergeben sich[1]:

$$\Delta_R G = \Delta_R H - T \cdot \Delta_R S \qquad (8\text{-}18)$$
$$\Delta_R H = \Delta_R G + T \cdot \Delta_R S \qquad (8\text{-}18a)$$

[1] Ein durchgerechnetes Beispiel, das sich der Gleichung (8-18) bedient, befindet sich auf Seite 305.

Darin stehen nebeneinander

- die **molare Reaktionsenthalpie** $\Delta_R H$, welche die mit der Reaktion einhergehende **Wärmeumsetzung** angibt, und
- die **molare freie Reaktionsenthalpie** $\Delta_R G$. Diese gibt die **Richtung** an, in der die Reaktion *freiwillig* verlaufen kann.

Die Definitionsgleichungen der *molaren Reaktionsgrößen* $\Delta_R H$, $\Delta_R S$ und $\Delta_R G$ lauten[1]:

$$\Delta_R H = \frac{\Delta h}{\Delta \xi} \qquad (T, p = \text{konstant}) \tag{8-18b}$$

$$\Delta_R S = \frac{\Delta s}{\Delta \xi} \qquad (T, p = \text{konstant}) \tag{8-18c}$$

$$\Delta_R G = \frac{\Delta g}{\Delta \xi} \qquad (T, p = \text{konstant}) \tag{8-18d}$$

Darin bezeichnet $\Delta\xi$ die *Änderung der Reaktionslaufzahl* (*der Objektmenge der Formelumsätze* (↑ S. 271)). Formal geben $\Delta_R H$, $\Delta_R S$ und $\Delta_R G$ also die Änderung der Enthalpie, Entropie und freien Enthalpie *pro Mol Formelumsätze* an.

Während sich die Zustandsgröße *molare Enthalpie* $\Delta_R H$ mit dem Ablauf der Reaktionen im Allgemeinen nur wenig ändert, ändern sich die Zustandsgrößen *molare Entropie* $\Delta_R S$ und *molare freie Enthalpie* $\Delta_R G$ im Verlauf einer Reaktion ständig. Deshalb hängt bei ihnen der Wert, der sich ergibt, davon ab, wie groß man das Intervall $\Delta\xi$ für die Berechnung von $\Delta_R S$ und $\Delta_R G$ wählt. Um eindeutige Größen zu erhalten, lässt man $\Delta\xi$ gegen null gehen[2].

Die **molare freie Reaktionsenthalpie** $\Delta_R G$ bezieht sich – wie die molare Reaktionsenthalpie $\Delta_R H$ – stets auf eine bestimmte *Reaktionsgleichung*. Sie ist gleich der *molaren Nicht-Volumenarbeit*, die das reagierende System *maximal* verrichten kann. Stellvertretend für alle Formen der Nicht-Volumenarbeit verwenden wir hier und im Folgenden den wichtigsten Vertreter, die *elektrischen Arbeit* (↑ S. 363).

$$\boxed{\Delta_R G = W_{\text{el, max}} \qquad (T, p = \text{konstant})} \tag{8-19}$$

Ein chemisches System reagiert *freiwillig* in der Richtung, in der *Arbeit verrichtet* werden kann. Vereinbarungsgemäß (↑ S. 269) hat die *Arbeit* dabei *negatives Vorzeichen*, da die *innere Energie u* des Systems *abnimmt*. Nach Gleichung (8-19) hat dann auch die *molare freie Reaktionsenthalpie negatives Vorzeichen*.

Lässt man die Reaktion ablaufen, ohne die durch $\Delta_R G$ gegebene Arbeit zu gewinnen, so verläuft sie *maximal irreversibel*. Gewinnt man diese Arbeit jedoch, was beim Ablauf der Reaktion in einer elektrochemischen Zelle (↑ S. 382) der Fall ist, so kann man diese Arbeit im Prinzip wieder verwenden, um die *Reaktion umzukehren*.

Jede chemische Reaktion – die nicht kinetisch gehemmt ist – verläuft *in einer Richtung freiwillig*. In der *Gegenrichtung* verläuft sie nur *unter Zwang*, das heißt, unter *Zufuhr von Nicht-Volumenarbeit*. Ein Beispiel soll diese Zusammenhänge illustrieren:

[1] Die Konstanz von T und p wird generell in die Definition aller Reaktionsgrößen $\Delta_R \ldots$ eingeschlossen.

[2] Mathematisch entspricht das dem Übergang von einem *Differenzenquotienten* zu einem *Differenzialquotienten*. Man schreibt dann z. B. $\Delta_R G = \left(\frac{\partial G}{\partial \xi}\right)_{T,p}$. Siehe Abschnitt 8.7.1 (↑ S. 313).

▲ Wasserstoff und Sauerstoff reagieren in einer *Brennstoffzelle* (↑ S. 402) *freiwillig* unter Bildung von Wasser:

$H_2 + \frac{1}{2}\,O_2 \rightarrow H_2O \qquad \Delta_R G < 0$

wobei *elektrische Arbeit abgegeben* wird.
Die Reaktion in der *Gegenrichtung*, die Zerlegung von Wasser in Wasserstoff und Sauerstoff, kann in einer *Elektrolysezelle* durch *elektrische Arbeit erzwungen* werden:

$H_2O \rightarrow H_2 + \frac{1}{2}\,O_2 \qquad \Delta_R G > 0$

Bei Hinreaktion und Rückreaktion hat demnach die molare freie Reaktionsenthalpie $\Delta_R G$ – ebenso wie die molare Reaktionsenthalpie $\Delta_R H$ – *entgegengesetztes Vorzeichen.* Aus dem *Vorzeichen* der molaren freien Reaktionsenthalpie kann auf die Richtung geschlossen werden, in der die Reaktion *freiwillig* verlaufen kann.

$\Delta_R G < 0$; **freiwillig** von links nach rechts
$\Delta_R G = 0$; **Gleichgewichtszustand**
$\Delta_R G > 0$; **mit Zwang** von links nach rechts

Reaktionen

- mit *negativem* $\Delta_R G$ werden **exergonische Reaktionen** und solche
- mit *positivem* $\Delta_R G$ **endergonische Reaktionen**

genannt.

Wie schon im Abschnitt „Grundbegriffe der Thermodynamik" (↑ S. 266) gesagt wurde, liefert die chemische Thermodynamik nur Aussagen darüber, ob und unter welchen Bedingungen eine chemische Reaktion *möglich* ist. Sie sagt nichts darüber aus, ob die Reaktion mit einer für ihre praktische Durchführung hinreichenden *Reaktionsgeschwindigkeit* (↑ S. 179) abläuft und ob sie beim Zusammengeben der Ausgangsstoffe von selbst in Gang kommt. Reaktionen, die aus thermodynamischer Sicht *freiwillig* (es wird auch gesagt: *spontan*) verlaufen, können *kinetisch gehemmt* sein.

▲ In einer *Wasserstoff-Sauerstoff-Brennstoffzelle* wird die kinetische Hemmung durch einen Katalysator (z. B. Platin) aufgehoben, mit dem die Elektroden beschichtet sind.

Spontan ist also nicht so zu verstehen, dass die Reaktion in jedem Falle von selbst in Gang kommt.

Die *molare freie Reaktionsenthalpie* $\Delta_R G$ als Ausdruck der *„Triebkraft"* chemischer Reaktionen bedarf einer näheren Betrachtung (Bild (8-4)). Es ist zu beachten, dass die „Triebkraft" *abnimmt*, wenn die molare freie Reaktionsenthalpie $\Delta_R G$ (von *negativen* Werten ausgehend) *zunimmt.* Mit der **Affinität** A ist noch eine zweite Größe für die „Triebkraft" chemischer Reaktionen im Gebrauch. Die Affinität A ist bei entgegengesetztem Vorzeichen gleich der molaren freien Reaktionsenthalpie $\Delta_R G$;

$$A = -\Delta_R G \qquad (8\text{-}20)$$

Aus der **Affinität** kann daher wie folgt auf die Richtung geschlossen werden, in der die Reaktion freiwillig verlaufen kann:

$A > 0$ **freiwillig** von *links* nach *rechts*
$A = 0$ **Gleichgewichtszustand**
$A < 0$ **mit Zwang** von *links* nach *rechts*

Im Bild (8-4) nimmt die Affinität A von links nach rechts ab, bis sie beim Minimum der freien Enthalpie g den Wert 0 erreicht. Die Reaktion verläuft sowohl von links (Ausgangsstoffe) als auch von rechts (Reaktionsprodukte) freiwillig bis zu diesem Punkt, darüber hinaus nur unter Zwang (elektrische Arbeit).

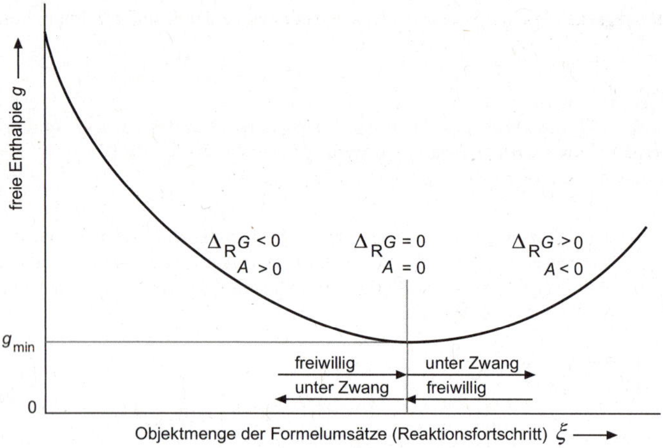

Bild 8-4: *Verlauf einer Gleichgewichtsreaktion*

8.6.3 Molare freie Standardbildungsenthalpie

Die thermodynamischen Größen, die in der GIBBS-HELMHOLTZschen Gleichung (8-18a)

$$\Delta_R H = \Delta_R G + T \cdot \Delta_R S$$

auftreten, sind tabelliert (Tabelle 8-2 (↑ S. 283)), und zwar als

- **molare Standardbildungsenthalpien** $\Delta_B H^\ominus$
- **molare freie Standardbildungsenthalpien** $\Delta_B G^\ominus$ und
- **molare Standardentropien** $S^\ominus$

$\Delta_B H^\ominus$ und $\Delta_B G^\ominus$ beziehen sich auf die *Bildungsreaktion* des betrachteten Stoffes (im Standardzustand), das heißt, auf die Reaktion, die zur Bildung der Verbindung aus den Elementsubstanzen (im Standardzustand) führt und in der diese Verbindung mit der Stöchiometriezahl $\nu = 1$ (↑ S. 282) auftritt.

▲ $H_2 + \frac{1}{2}O_2 \rightarrow H_2O_g$ $\quad \Delta_B H^\ominus = 241{,}8\ \text{kJ} \cdot \text{mol}^{-1}$
$\quad \Delta_B G^\ominus = 228{,}6\ \text{kJ} \cdot \text{mol}^{-1}$

Die Elementsubstanzen haben im stabilen Zustand in beiden Größen den Wert null.

▲ Graphit $\Delta_B H^\ominus = 0$ $\quad \Delta_B G^\ominus = 0$
Diamant $\Delta_B H^\ominus = 1{,}9\ \text{kJ} \cdot \text{mol}^{-1}$ $\quad \Delta_B G^\ominus = 2{,}9\ \text{kJ} \cdot \text{mol}^{-1}$

Die *molare Standardentropie* $S^\ominus$ bezieht sich auf den betrachteten *Stoff* (im Standardzustand) selbst, nicht auf dessen Bildungsreaktion. Auch den Elementsubstanzen kommt eine endliche Standardentropie zu (↑ S. 321).

Die **molare freie Standardbildungsenthalpie** $\Delta_B G^\ominus$ ergibt sich nach der GIBBS-HELMHOLTZschen Gleichung (8-18):

$$\Delta_B G^\ominus = \Delta_B H^\ominus - T \cdot \Delta S^\ominus$$

▲ Für den *Chlorwasserstoff* HCl soll die *molare freie Standardbildungsenthalpie* $\Delta_B G^\ominus$ errechnet werden. Die *Standardentropien* der beteiligten Stoffe haben folgende Werte:

$$S^\ominus(H_2) = 131\,J \cdot K^{-1} \cdot mol^{-1}$$
$$S^\ominus(Cl_2) = 223\,J \cdot K^{-1} \cdot mol^{-1}$$
$$S^\ominus(HCl) = 187\,J \cdot K^{-1} \cdot mol^{-1}$$

$$\tfrac{1}{2}H_2(g) + \tfrac{1}{2}Cl_2(g) \rightarrow HCl(g)$$

Als molare Standardbildungs*entropie* $\Delta_B S^\ominus$ ergibt sich:

$$\Delta_B S^\ominus = \left(187 - \frac{131}{2} - \frac{223}{2}\right) J \cdot K^{-1} \cdot mol^{-1}$$
$$\Delta_B S^\ominus = (187 - 65{,}5 - 111{,}5)\ J \cdot K^{-1} \cdot mol^{-1}$$
$$\Delta_B S^\ominus = 10\,J \cdot K^{-1} \cdot mol^{-1}$$

Die molare Standardbildungs*enthalpie* des Chlorwasserstoffs ist tabelliert:

$$\Delta_B H^\ominus = -92{,}3\,kJ \cdot mol^{-1}$$

In Gleichung (8-18)

$$\Delta_R G = \Delta_R H - T \cdot \Delta_R S$$

eingesetzt ergibt sich:

$$\Delta_B G^\ominus = -92{,}3\,kJ \cdot mol^{-1} - 298\,K \cdot 10\,J \cdot K^{-1} \cdot mol^{-1}$$
$$\Delta_B G^\ominus = -92{,}3\,kJ \cdot mol^{-1} - 2{,}98\,kJ \cdot mol^{-1}$$
$$\Delta_B G^\ominus = -95{,}28\,kJ \cdot mol^{-1}$$

Die **molare freie Standardreaktionsenthalpie** $\Delta_R G^\ominus$ ergibt sich als **Differenz** der (stöchiometrischen) Summen der molaren freien Standardbildungsenthalpien der Endprodukte $\Delta_B G^\ominus_{E_i}$ und der Ausgangsstoffe $\Delta_B G^\ominus_{A_i}$;

mit den Beträgen der Stöchiometriezahlen $|\nu_i|$

$$\Delta_R G^\ominus = \sum |\nu_i| \Delta_B G^\ominus_{E_i} - \sum |\nu_i| \Delta_B G^\ominus_{A_i} \qquad (8\text{-}21)$$

oder mit vorzeichenbehafteten Stöchiometriezahlen ν_i

$$\Delta_R G^\ominus = \sum \nu_i \Delta_B G_i^\ominus \qquad (8\text{-}22)$$

Wie alle molaren Reaktionsgrößen beziehen sich $\Delta_R G$ und $\Delta_R G^\ominus$ stets auf ein Mol *Formelumsätze* nach einer bestimmten Reaktionsgleichung.

▲ *Ammoniakoxidation*

$$4\,NH_3 + 5\,O_2 \rightarrow 4\,NO + 6\,H_2O_g$$

Nach Gleichung (8-22) (↑ S. 305)

$$4\Delta_B G^\ominus(NO) = 4 \cdot 87\ \text{kJ} \cdot \text{mol}^{-1} = 348\ \text{kJ} \cdot \text{mol}^{-1}$$
$$6\Delta_B G^\ominus(H_2O_g) = 6\,(-229\ \text{kJ} \cdot \text{mol}^{-1}) = -1374\ \text{kJ} \cdot \text{mol}^{-1}$$
$$\sum \Delta_B G_E^\ominus = -1026\ \text{kJ} \cdot \text{mol}^{-1}$$
$$4\Delta_B G^\ominus(NH_3) = 4\,(-16\ \text{kJ} \cdot \text{mol}^{-1}) = -64\ \text{kJ} \cdot \text{mol}^{-1}$$
$$5\Delta_B G^\ominus(O_2) = \quad = 0\ \text{kJ} \cdot \text{mol}^{-1}$$
$$\sum \Delta_B G_A^\ominus = -64\ \text{kJ} \cdot \text{mol}^{-1}$$
$$\Delta_R G^\ominus = (-1026\ \text{kJ} \cdot \text{mol}^{-1}) - (-64\ \text{kJ} \cdot \text{mol}^{-1})$$
$$\Delta_R G^\ominus = -962\ \text{kJ} \cdot \text{mol}^{-1}$$

Das ist die molare freie Standardreaktionsenthalpie $\Delta_R G^\ominus$ der Ammoniakoxidation.

Die *molare freie Standardreaktionsenthalpie* $\Delta_R G^\ominus$ gilt unter der *Annahme,* dass alle Reaktionsteilnehmer in ihrem *Standardzustand* (↑ S. 282) vorliegen. Da das praktisch nie der Fall ist, kann aus dem Vorzeichen der molaren freien *Standard*reaktionsenthalpie $\Delta_R G^\ominus$ nicht *unmittelbar* darauf geschlossen werden, ob eine Reaktion freiwillig verlaufen kann oder nicht. Dazu muss die *molare freie Reaktionsenthalpie* $\Delta_R G$ herangezogen werden, die sich während der Reaktion *ändert. Zwischen den Reaktionsgrößen* $\Delta_R G$ und $\Delta_R G^\ominus$ *ist streng zu unterscheiden.*

Dagegen sind die Unterschiede zwischen der molaren Reaktionsenthalpie $\Delta_R H$ und der molaren Standardreaktionsenthalpie $\Delta_R H^\ominus$ relativ geringfügig, sodass aus dem Vorzeichen der molaren Standardreaktionsenthalpie $\Delta_R H^\ominus$ auch unmittelbar darauf geschlossen werden kann, ob die Reaktion unter Abgabe oder Aufnahme von Wärme abläuft.

8.6.4 Konzentrationsabhängigkeit der molaren freien Reaktionsenthalpie

Die molare freie Reaktionsenthalpie $\Delta_R G$ ändert sich im Verlauf der Reaktion ständig mit der sich verändernden *Zusammensetzung* des Reaktionsgemischs. Für die Reaktion

$$A + B \rightarrow C + D$$

wird das mathematisch erfasst durch die Gleichung:

$$\Delta_R G = \Delta_R G^\ominus + R \cdot T \cdot \ln \frac{a_C \cdot a_D}{a_A \cdot a_B} \qquad (8\text{-}23)$$

Diese Gleichung ist als **VAN'T HOFFsche Reaktionsisotherme** bekannt.

In dieser Gleichung ist zwischen dem *Standardglied* $\Delta_R G^\ominus$ und dem Term $R \cdot T \cdot \ln \frac{a_C \cdot a_D}{a_A \cdot a_B}$ zu unterscheiden, der hier als *Überführungsglied*[1)] bezeichnet wird.

---

1) Diese Terme dienen der *Überführung* thermodynamischer Größen aus den Standardbedingungen, für die sie tabelliert sind, in die aktuellen Bedingungen des Systems.

Weiter zu Gleichung (8-23): R ist die *allgemeine Gaskonstante* $0{,}008\,314\,5\,\mathrm{kJ \cdot mol^{-1}}$ (↑ S. 39), T ist die *absolute Temperatur*, im Standardzustand von 25 °C also 298,15 K. Der Term $R \cdot T$ hat dann den Wert:

$$R \cdot T = 0{,}008\,314\,5\,\mathrm{kJ \cdot mol^{-1}} \cdot 298{,}15\,\mathrm{K}$$
$$R \cdot T = 2{,}479\,\mathrm{kJ \cdot mol^{-1}}$$

a sind die Aktivitäten der Reaktionsteilnehmer.

Bei den **Aktivitäten** (↑ S. 249) wird nach den zugrunde liegenden *Zusammensetzungsgrößen* (↑ S. 45 f.) unterschieden:

- Die *Stoffmengenanteilaktivität* (*Molenbruchaktivität*) a_x entspricht dem Stoffmengenanteil (Molenbruch) x (↑ S. 47):
  $$a_x = f_x \cdot x$$
- Die *Konzentrationsaktivität* a_c entspricht der *Stoffmengenkonzentration* c (↑ S. 52):
  $$a_c = f_c \cdot \frac{c}{c^{\ominus}}$$
- Die *Molalitätsaktivität* a_m (auch a_b) entspricht der *Molalität* m (auch b) (↑ S. 54):
  $$a_m = f_m \cdot \frac{m}{m^{\ominus}}.$$

Die *Stoffmengenanteilaktivität* a_x ist *dimensionslos*. Die beiden anderen Aktivitäten a_c und a_m werden dimensionslos, indem man die zugrunde liegenden Zusammensetzungsgrößen c und m durch die Standardgrößen $c^{\ominus}$ und $m^{\ominus}$ dividiert.

Der Quotient der Gleichung (8-23) wird **Reaktionsquotient** – mitunter auch **Aktivitätenquotient** – genannt. Er wird häufig durch das Formelzeichen Q wiedergegeben[1)]. Damit nimmt die VAN'T HOFFsche *Reaktionsisotherme* diese Form an:

$$\Delta_R G = \Delta_R G^{\ominus} + R \cdot T \cdot \ln Q \qquad (8\text{-}23a)$$

Die Gleichung (8-23) gilt nur für Reaktionen vom Typ A + B ⇌ C + D, bei dem alle Reaktionsteilnehmer mit der Stöchiometriezahl $|\nu| = 1$ auftreten. Die allgemeinere Form für beliebige Reaktionen

$$|\nu_A|\mathrm{A} + |\nu_B|\mathrm{B} + \ \ldots \ \rightleftharpoons \ |\nu_C|\mathrm{C} + |\nu_D|\mathrm{D} + \ \ldots$$

lautet:

$$\Delta_R G = \Delta_R G^{\ominus} + R \cdot T \cdot \ln \frac{a_C^{|\nu_C|} \cdot a_D^{|\nu_D|} \cdot \ldots}{a_A^{|\nu_A|} \cdot a_B^{|\nu_B|} \cdot \ldots} \qquad (8\text{-}23b)$$

Die *Beträge* der Stöchiometriezahlen $|\nu|$ der Reaktionsgleichung treten in dem Quotienten als Exponenten (↑ S. 195) der Aktivitäten auf.

Wird die Gleichung mit *vorzeichenbehafteten* Stöchiometriezahlen ν formuliert, so tritt an die Stelle des *Quotienten* der Aktivitäten das *Produkt* der Aktivitäten:

$$\Delta_R G = \Delta_R G^{\ominus} + R \cdot T \cdot \ln \prod a_i^{\nu_i} \qquad (8\text{-}23c)$$

Auch im *Reaktionsquotienten* Q zeigt sich, dass sich molare freie Reaktionsenthalpie $\Delta_R G$ und die molare freie Standardreaktionsenthalpie $\Delta_R G^{\ominus}$ jeweils auf eine bestimmte *Reaktionsgleichung* beziehen.

---

1) Die Unterscheidung gegenüber dem Formelzeichen Q für molare Reaktionswärme (↑ S. 276) ist aus dem Zusammenhang möglich.

▲ *Ammoniaksynthese*

a) $N_2 + 3\,H_2 \rightarrow 2\,NH_3$

$$Q = \frac{a^2(NH_3)}{a(N_2) \cdot a^3(H_2)}$$

$$\Delta_R G^\ominus = 2(-16\ \text{kJ} \cdot \text{mol}^{-1})$$

$$\Delta_R G^\ominus = -32\ \text{kJ} \cdot \text{mol}^{-1}$$

b) $\frac{1}{2}\,N_2 + \frac{3}{2}\,H_2 \rightarrow NH_3$

$$Q = \frac{a(NH_3)}{a^{\frac{1}{2}}(N_2) \cdot a^{\frac{3}{2}}(H_2)}$$

$$\Delta_R G^\ominus = \Delta_B G(NH_3) = -16\ \text{kJ} \cdot \text{mol}^{-1}$$

Bei b) ist die Reaktionsgleichung gegenüber a) durch 2 dividiert. Dadurch wird der Reaktionsquotient bei b) die Quadratwurzel von a).

$$Q = \sqrt{\frac{a^2(NH_3)}{a(N_2) \cdot a^3(H_2)}} = \frac{a(NH_3)}{a^{\frac{1}{2}}(N_2) \cdot a^{\frac{3}{2}}(H_2)}$$

Die Darstellung b), bei der das Reaktionsprodukt mit der Stöchiometriezahl $\nu = 1$ auftritt, wird vor allem für die Bildung von Verbindungen aus den Elementsubstanzen angewandt.

Für **Gasreaktionen** wird der Reaktionsquotient meist mit den *Partialdrücken* p formuliert:

$$\Delta_R G = \Delta_R G^\ominus + R \cdot T \cdot \ln \frac{p_C \cdot p_D}{p_A \cdot p_B} \qquad (8\text{-}23d)$$

Für genaue Berechnungen sind allerdings anstelle der Partialdrücke – analog den Aktivitäten (↑ S. 249) – die **Fugazitäten**[1)] (Formelzeichen ψ; griech. psi) einzusetzen, die wie folgt mit den Partialdrücken zusammenhängen.

$$\psi = f_\psi \cdot p$$

Mittels des *Fugazitätskoeffizienten* f_ψ wird die – drucksenkende – Wechselwirkung zwischen den Gasmolekülen berücksichtigt. Für das ideale Gas ist $f_\psi = 1$, bei realen Gasen $f_\psi < 1$. Der Fugazitätskoeffizient f_ψ wird mit abnehmendem Druck größer, da dann die Wechselwirkungen zwischen den Molekülen abnehmen.

Der **Partialdruck** (↑ S. 62) hat die SI-Einheit Pascal. Um zu Zahlenwerten zu kommen, die logarithmiert werden können, wird der Partialdruck jedes bestimmten Reaktionsteilnehmers p_b durch den *Tabellierungsdruck* $p_t = 101{,}325$ kPa dividiert. Der Quotient

$$\frac{p_b}{p_t} = \dot{p}_b$$

stellt eine Verhältnisgröße dar, die ebenso einfach handhabbar ist wie der Molenbruch. Diese Verhältnisgröße kann als **normierter Partialdruck** bezeichnet und mit $\dot{p}$ (sprich: p Punkt) gekennzeichnet werden; mitunter wird sie auch **Druckfaktor** genannt.

▲ Wassergaskonvertierung

$$\Delta_R G = \Delta_R G^\ominus + R \cdot T \cdot \ln \frac{\dot{p}(CO_2) \cdot \dot{p}(H_2)}{\dot{p}(CO) \cdot \dot{p}(H_2O_g)}$$

1) von *fugiens*, lat. flüchtig

Die **Berechnung der molaren freien Reaktionsenthalpie** $\Delta_R G$ sei an einer bekannten Gleichgewichtsreaktion aus der organischen Chemie dargestellt.

Eine exakte quantitative thermodynamische Behandlung einer chemischen Reaktion kann im Rahmen eines solchen Taschenbuches nicht vorgenommen werden. Es geht hier nur darum, an einem stark vereinfachten Beispiel zu zeigen, wie sich die *molare freie Reaktionsenthalpie* $\Delta_R G$ während des Fortschreitens einer chemischen Reaktion *verändert*.

▲ Bildung von *Essigsäureethylester* aus *Essigsäure* und *Ethanol*:

$$\begin{array}{lcccc} & CH_3COOH + & C_2H_5OH \rightleftharpoons & CH_3COOC_2H_5 + & H_2O \\ \Delta_B G^\omines: & -389{,}9 & -174{,}8 & -332{,}7 & -237{,}13\ \mathrm{kJ\cdot mol^{-1}} \end{array}$$

Wir gehen von einem Reaktionsgemisch aus, in dem die Ausgangsstoffe Essigsäure und Ethanol im Stoffmengenverhältnis 1:1 vorliegen, ihre *Stoffmengenanteilaktivität* a_x (↑ S. 307) also je 0,5 beträgt. Aus den *molaren freien Standardbildungsenthalpien* $\Delta_B G^\ominus$ errechnet sich die *molare freie Standardreaktionsenthalpie* $\Delta_R G^\ominus$ wie folgt:

$$\Delta_R G^\ominus = [-332{,}7 + (-237{,}13)] - [-389{,}9 + (-174{,}8)]\ \mathrm{kJ\cdot mol^{-1}}$$

$$\Delta_R G^\ominus = -5{,}13\ \mathrm{kJ\cdot mol^{-1}}$$

Ist 1 % des Gemischs nach der Reaktionsgleichung zu Essigsäureethylester und Wasser umgesetzt, ergibt sich die molare freie Reaktionsenthalpie $\Delta_R G$ nach der VAN'T HOFFschen *Reaktionsisotherme* (Gleichung 8-23) (↑ S. 306) wie folgt:

$$\Delta_R G = \Delta_R G^\ominus + R\cdot T\cdot \ln\frac{a_x(CH_3COOC_2H_5)\cdot a_x(H_2O)}{a_x(CH_3COOH)\cdot a_x(C_2H_5OH)}$$

$$\Delta_R G = 5{,}13\ \mathrm{kJ\cdot mol^{-1}} + 0{,}0083145\ \mathrm{kJ\cdot mol^{-1}\cdot K^{-1}}\cdot 298{,}15\ \mathrm{K}\cdot \ln\frac{0{,}005\cdot 0{,}005}{0{,}495\cdot 0{,}495}$$

$$\Delta_R G = 5{,}13\ \mathrm{kJ\cdot mol^{-1}} + 2{,}479\ \mathrm{kJ\cdot mol^{-1}}\cdot \ln 0{,}000102$$

$$\Delta_R G = 5{,}13\ \mathrm{kJ\cdot mol^{-1}} + 2{,}479\ \mathrm{kJ\cdot mol^{-1}}\cdot (-9{,}19)$$

$$\Delta_R G = 5{,}13\ \mathrm{kJ\cdot mol^{-1}} + (-22{,}78\ \mathrm{kJ\cdot mol^{-1}})$$

$$\Delta_R G = -27{,}91\ \mathrm{kJ\cdot mol^{-1}}$$

Für den weiteren Verlauf der Reaktion (Bild 8-5) werden im Folgenden nur einige Eckdaten wiedergegeben.

$$10\,\%:\ \ln\frac{0{,}05\cdot 0{,}05}{0{,}45\cdot 0{,}45} = \ln 0{,}01235 = -4{,}394$$

$$\Delta_R G = -5{,}13\ \mathrm{kJ\cdot mol^{-1}} + 2{,}479\ \mathrm{kJ\cdot mol^{-1}}\cdot (-\,4{,}394)$$

$$\Delta_R G = -5{,}13\ \mathrm{kJ\cdot mol^{-1}} + (-10{,}89\ \mathrm{kJ\cdot mol^{-1}})$$

$$\Delta_R G = -16{,}02\ \mathrm{kJ\cdot mol^{-1}}$$

$$20\,\%:\ \ln\frac{0{,}10\cdot 0{,}10}{0{,}40\cdot 0{,}40} = \ln 0{,}0625 = -2{,}77$$

$$\Delta_R G = -5{,}13\ \mathrm{kJ\cdot mol^{-1}} + 2{,}479\ \mathrm{kJ\cdot mol^{-1}}\cdot (-2{,}77)$$

$$\Delta_R G = -5{,}13\ \mathrm{kJ\cdot mol^{-1}} + (-6{,}87)\ \mathrm{kJ\cdot mol^{-1}}$$

$$\Delta_R G = -12{,}00\ \mathrm{kJ\cdot mol^{-1}}$$

Sind 50 % des Reaktionsgemischs umgesetzt, ist der Aktivitätenquotient $Q = 1$.

$$\ln\frac{0{,}25\cdot 0{,}25}{0{,}25\cdot 0{,}25} = \ln 1 = 0$$

Damit wird nach der Gleichung (8-23) die molare freie Reaktionsenthalpie $\Delta_R G$ gleich der molaren freien Standardreaktionsenthalpie $\Delta_R G^\ominus$:

$$\Delta_R G = -5{,}13 \text{ kJ} \cdot \text{mol}^{-1} + 0; \qquad \Delta_R G = -5{,}13 \text{ kJ} \cdot \text{mol}^{-1}$$

Im weiteren Verlauf geht die molare freie Reaktionsenthalpie $\Delta_R G$ gegen null. Der Wert $\Delta_R G = 0$ wird erreicht, wenn 73,8 % des Reaktionsgemischs umgesetzt und demnach 26,2% verblieben sind. Die Aktivitäten a_x der beiden Ausgangsstoffe liegen dann bei 13,1, die der beiden Reaktionsprodukte bei 36,9. Das ergibt:

$$\ln \frac{36{,}9 \cdot 36{,}9}{13{,}1 \cdot 13{,}1} = \ln 7{,}934 = 2{,}071$$

$$\Delta_R G = -5{,}13 \text{ kJ} \cdot \text{mol}^{-1} + 2{,}479 \text{ kJ} \cdot \text{mol}^{-1} \cdot 2{,}071$$

$$\Delta_R G = -5{,}13 \text{ kJ} \cdot \text{mol}^{-1} + 5{,}13 \text{ kJ} \cdot \text{mol}^{-1}$$

$$\Delta_R G = 0$$

Damit ist der Gleichgewichtszustand erreicht. Es ist ein *dynamisches* Gleichgewicht. Hin- und Rückreaktion verlaufen weiter, jedoch mit der gleichen Reaktionsgeschwindigkeit.

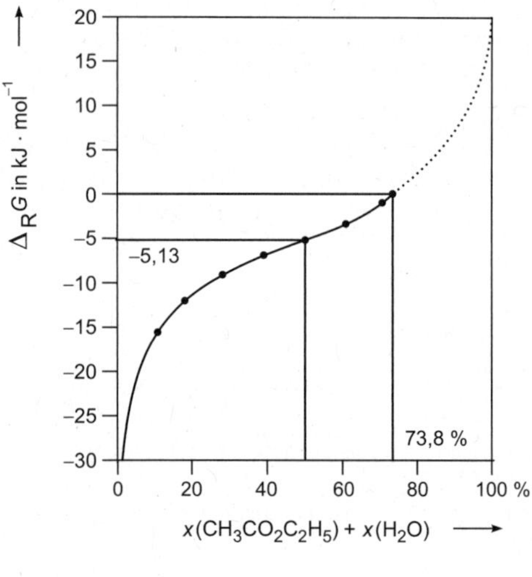

Bild 8-5: *Molare freie Reaktionsenthalpie der Gleichgewichtsreaktion zur Bildung von Essigsäureethylester*

Was an diesem Beispiel (Bild 8-5) gezeigt wurde, gilt allgemein:

- Voraussetzung für den *freiwilligen* Verlauf einer chemischen Reaktion ist, dass die *molare freie Reaktionsenthalpie* $\Delta_R G$ *negatives* Vorzeichen hat.

  Von diesem *negativen* Wert ausgehend, *nimmt* die molare freie Reaktionsenthalpie $\Delta_R G$ ständig *zu*, da der *Reaktionsquotient* in den Gleichungen (8-23) (↑ S. 306) und (8-23a) (↑ S. 307):

$$\Delta_R G = \Delta_R G^\ominus + R \cdot T \cdot \ln \frac{a_C \cdot a_D}{a_A \cdot a_B}$$

$$\Delta_R G = \Delta_R G^\ominus + R \cdot T \cdot \ln Q$$

– infolge der *Zunahme* der Aktivitäten (wirksamen Konzentrationen) der Reaktionsprodukte (C + D) und der *Abnahme* der Aktivitäten der Ausgangsstoffe (A + B) – ständig größer wird.

- Schließlich wird die *molare freie Reaktionsenthalpie* $\Delta_R G = 0$ und nach der Gleichung (8-20):

  $$A = -\Delta_R G$$

  gleichfalls die *Affinität* $A = 0$.

  Damit ist die „Triebkraft“ der Reaktion erloschen. Das ist der Fall, sobald das *Überführungsglied* $R \cdot T \cdot \ln Q$ bei entgegengesetztem Vorzeichen den gleichen Zahlenwert hat wie die molare freie *Standard*reaktionsenthalpie $\Delta_R G^{\ominus}$.

  $$\Delta_R G^{\ominus} = -R \cdot T \cdot \ln Q_{gl} \qquad (8\text{-}23e)$$

  Im Beispiel trifft das zu, wenn sich 73,8 % der Ausgangsstoffe in die Reaktionsprodukte umgesetzt haben (siehe Bild 8-5).

Es ist dann der **Gleichgewichtszustand** erreicht:

- **Kinetisch** betrachtet, haben Hinreaktion und Rückreaktion die gleiche Geschwindigkeit angenommen (Gleichung (6-9) (↑ S. 194)).
- **Thermodynamisch** betrachtet, ist die Reaktion zum Stillstand gekommen.

Der *Reaktionsquotient im Gleichgewichtszustand* Q_{gl} spielt bei der thermodynamischen Ableitung des Massenwirkungsgesetzes eine zentrale Rolle .

8.6.5 Berechnung der Gleichgewichtskonstante

Mit der Berechnung der *Gleichgewichtskonstante K* aus thermodynamischen Daten wird die *thermodynamische Ableitung des Massenwirkungsgesetzes* realisiert. Dabei ist von der VAN'T HOFFschen Reaktionsisotherme auszugehen (Gleichung (8-23a) (↑ S. 307)):

$$\Delta_R G = \Delta_R G^{\ominus} + R \cdot T \cdot \ln Q$$

einer der wichtigsten Gleichungen der chemischen Thermodynamik.

Die danach errechneten Gleichgewichtskonstanten werden **thermodynamische Gleichgewichtskonstanten** genannt und mit $K^{\dagger}$ oder K^{*} besonders gekennzeichnet. Im Falle des idealen Verhaltens aller Reaktionsteilnehmer sind die *konventionellen Gleichgewichtskonstanten* (↑ S. 189) gleich den thermodynamischen Gleichgewichtskonstanten.

Im Gleichgewichtszustand ist der *Reaktionsquotient* (Aktivitätenquotient, Partialdruckquotient) Q_{gl} (auch Q_{eq}) gleich der *Gleichgewichtskonstante* $K^{\dagger}$:

$$Q_{gl} = K^{\dagger}$$

$K^{\dagger}$ kann daher in die Gleichung (8-23e) eingesetzt werden:

$$\Delta_R G_{gl} = \Delta_R G^{\ominus} + R \cdot T \cdot \ln K^{\dagger} \qquad (8\text{-}24)$$

Da im Gleichgewichtszustand die molare freie Reaktionsenthalpie $\Delta_R G = 0$ ist, lässt sich aus der molaren freien Standardenthalpie $\Delta_R G^{\ominus}$ die Gleichgewichtskonstante K berechnen:

$$0 = \Delta_R G^{\ominus} + R \cdot T \cdot \ln K^{\dagger} \qquad (8\text{-}24a)$$

$$-\Delta_R G^{\ominus} = R \cdot T \cdot \ln K^{\dagger} \qquad (8\text{-}25)$$

Die *Gleichgewichtskonstante* $K^\dagger$ ergibt sich daraus wie folgt:

$$\ln K^\dagger = \frac{-\Delta_R G^\ominus}{R \cdot T} \quad (8\text{-}25a)$$

$$K^\dagger = e^{\frac{-\Delta_R G^\ominus}{R \cdot T}} \quad (8\text{-}25b)$$

Werden die vorstehenden Gleichungen auf das Beispiel des Estergleichgewichts (↑ S. 309) angewandt, ergibt sich:

$$\ln K^\dagger = \frac{5{,}13\ \text{kJ} \cdot \text{mol}^{-1}}{0{,}0083145\ \text{kJ} \cdot \text{mol}^{-1} \cdot \text{K}^{-1} \cdot 298{,}15\ \text{K}}$$

$$\ln K^\dagger = 2{,}069; \qquad \text{K}^\dagger = 0{,}727$$

Eine im Zusammenhang mit der Erforschung des Massenwirkungsgesetzes besonders gründlich untersuchte Gleichgewichtsreaktion ist das *Iodwasserstoffgleichgewicht:*

$$H_2 + I_2 \rightleftharpoons 2\ HI$$

▲ Die molare freie Standardreaktionsenthalpie $\Delta_R G^\ominus$ für die Bildung von Iodwasserstoff, HI, aus Wasserstoff, H_2, und *gasförmigem* Iod, I_2, ergibt sich wie folgt aus den molaren freien Standardbildungsenthalpien $\Delta_B G^\ominus$:

$$\Delta_B G^\ominus(I_{2,g}) = 19{,}33\ \text{kJ} \cdot \text{mol}^{-1}; \qquad \Delta_B G^\ominus(\text{HI}) = 1{,}7\ \text{kJ} \cdot \text{mol}^{-1}$$

$$\Delta_R G^\ominus = 2\ \Delta_B G^\ominus(\text{HI}) - \Delta_B G^\ominus(I_{2,g})$$

$$\Delta_R G^\ominus = 2 \cdot 1{,}7\ \text{kJ} \cdot \text{mol}^{-1} - 19{,}33\ \text{kJ} \cdot \text{mol}^{-1}$$

$$\Delta_R G^\ominus = -15{,}93\ \text{kJ} \cdot \text{mol}^{-1}$$

Die Gleichgewichtskonstante $K^\dagger$ ergibt sich (nach Gleichung (8-25a)) für 298,15 K (25 °C) wie folgt:

$$\ln K^\dagger = \frac{15{,}93\ \text{kJ} \cdot \text{mol}^{-1}}{0{,}0083145\ \text{kJ} \cdot \text{K}^{-1} \cdot \text{mol}^{-1} \cdot 298{,}15\ \text{K}}$$

$$\ln K^\dagger = 6{,}426; \qquad K^\dagger = 617{,}7$$

Das Gleichgewicht liegt demnach weit auf der Seite des Iodwasserstoffs.
Um sagen zu können, ob Iodwasserstoff auch bei wesentlich höheren Temperaturen beständig ist, muss die VAN'T HOFFsche Reaktionsisobare herangezogen werden.

Mit der **VAN'T HOFFschen Reaktionsisobare**[1)]

$$\ln K^\dagger(T) = \ln K^\dagger(T_0) - \frac{\Delta_R H^\ominus}{R}\left(\frac{1}{T} - \frac{1}{T_0}\right)$$

wird in der Thermodynamik die *Temperaturabhängigkeit* der *Gleichgewichtskonstante* ermittelt. Ihre qualitative Aussage lautet:

- Bei exothermen Reaktionen nimmt die Gleichgewichtskonstante mit der Temperatur ab.
- Bei endothermen Reaktionen nimmt die Gleichgewichtskonstante mit der Temperatur zu.

---

1) Dies ist die integrierte Form der exakten VAN'T HOFFschen Gleichung $\left(\frac{\partial \ln K}{\partial T}\right)_p = \frac{\Delta_R H^\ominus}{RT^2}$. Bei der Integration wurde die Näherung gemacht, dass $\Delta_R H^\ominus$ temperaturunabhängig ist. Die Temperaturabhängigkeit von $\Delta_R H^\ominus$ ist wesentlich weniger ausgeprägt als die Temperaturabhängigkeit von $\Delta_R G^\ominus$.

Dies lässt sich mit dem LE CHATELIER-BRAUN*schen Prinzip des kleinsten Zwanges* (↑ 6.2) verstehen, welches besagt, dass sich ein Gleichgewicht bei einem äußeren Zwang so verschiebt, dass es diesem Zwang bestmöglich ausweicht. Wenn eine Reaktion exotherm ist, so ist ihre Umkehrung endotherm. Der Versuch, die Temperatur zu erhöhen, wird das System also veranlassen, in Richtung zu den Ausgangsstoffen zu reagieren, damit die zugeführte Wärme zu einer möglichst kleinen Temperaturerhöhung führt. Ist die Reaktion endotherm, so gibt es eine entsprechende Gleichgewichtsverschiebung hin zu den Produkten.

▲ Auf das Iodwasserstoffgleichgewicht angewandt, ergibt sich für 500 °C:

$$\ln K^{\dagger} = 4{,}077; \qquad K^{\dagger} = 58{,}95$$

Wie das Beispiel zeigt, wird die Gleichgewichtskonstante $K^{\dagger}$ mit steigender Temperatur *kleiner*. Demnach wird die *Rückreaktion*, der Zerfall von Iodwasserstoffmolekülen, mit steigender Temperatur *beschleunigt*. Die *Beständigkeit* des Iodwasserstoffs *nimmt* also mit steigender Temperatur *ab*. Da sich für 500 °C $K > 1$ ergibt, kann aber abgeschätzt werden, dass das Gleichgewicht bei dieser Temperatur noch auf der Seite des Iodwasserstoffs liegt.

Was an diesem Beispiel gezeigt wurde, gilt allgemein:

Die Gleichgewichtskonstante $K^{\dagger}$ einer chemischen Reaktion hat bei jeder Temperatur einen anderen Zahlenwert.

Darin kommt zum Ausdruck, dass bei *jeder Temperatur eine andere Gleichgewichtslage* besteht.

8.7 Ergänzungen zur Thermodynamik

8.7.1 Partielle molare Größen

Partielle molare Größen werden in der physikalischen Chemie benötigt, um die Eigenschaften der *Komponenten* (Teilchenarten) *von Mischungen* anzugeben. Mitunter wird in diesem Zusammenhang statt von Mischungen von *Mischphasen* gesprochen, wodurch ausgedrückt wird, dass es sich um *homogene* Bereiche eines Systems handelt. Für *heterogene* Gemische (↑ S. 4) gelten die hier getroffenen Aussagen nicht.

Eine der anschaulichen Vorstellung zugängliche partielle molare Größe ist das **partielle molare Volumen** [1)] der Komponente *i* einer Flüssigkeitsmischung. Die partiellen molaren Volumina der Komponenten einer Flüssigkeitsmischung sind infolge der Wechselwirkungen zwischen den unterschiedlichen Molekülen voneinander abhängig. Werden zwei Flüssigkeiten miteinander gemischt, so ergibt sich das Gesamtvolumen der Mischung durchaus nicht als Summe jener Volumina, die die beiden Komponenten vor dem Mischen einnahmen.

▲ Werden 50 cm^3 Ethanol (Ethylalkohol) mit 50 cm^3 Wasser gemischt, so entsteht eine Lösung, die nur ein Volumen von etwa 97 cm^3 hat.
Werden einer großen Menge Ethanol 18 ml (1 mol) Wasser zugesetzt, so erhöht sich das Gesamtvolumen nur um 14 ml.

Diese *Volumenänderung* der Mischung pro Mol zugegebenem Wasser kann als *partielles molares Volumen des Wassers in reinem Ethanol* aufgefasst werden. Dass es um 4 ml kleiner ist als das molare Volumen des reinen Wassers, zeigt an, dass der Platzbedarf der Wassermoleküle in der Mischung geringer ist als im reinen Wasser. Analog hat man sich das partielle molare Volumen des Ethanols in Wasser als die Volumenänderung vorzustellen, die sich ergibt, wenn man einer großen Menge Wasser 1 mol reines Ethanol zusetzt.

Das partielle molare Volumen einer Mischungskomponente ist nicht konstant, sondern von der jeweiligen Zusammensetzung der Mischung abhängig. Wie in dem zuvor genannten Beispiel entspricht allgemein das

---

1) auch kurz *partielles Molvolumen* genannt

partielle molare Volumen einer Mischungskomponente dem Volumenzuwachs, den man bei Zufügung von 1 mol der Mischungskomponente zu einem großen Überschuss der Mischung beobachtet.

Formal wird das partielle molare Volumen einer Komponente i einer Mischung durch den partiellen Differenzialquotienten

$$V_i = \left(\frac{\partial v}{\partial n_i}\right)_{T,p,n_{j\neq\infty}} \tag{8-26}$$

zum Ausdruck gebracht. Mit den partiellen molaren Volumina lässt sich das Gesamtvolumen einer Mischphase wie folgt berechnen:

$$v = \sum_i n_i V_i \tag{8-27}$$

Dabei ist zu beachten, dass die einzelnen partiellen molaren Volumina V_i sich im Allgemeinen mit der Zusammensetzung der Mischphase ändern.

Analog zum partiellen molaren Volumen lassen sich partielle molare Größen für alle extensiven Zustandsfunktionen definieren. In der chemischen Thermodynamik wichtig sind vor allem

- die *partielle molare Enthalpie* H_i,
- die *partielle molare Entropie* S_i und
- die *partielle molare freie Enthalpie* G_i

eines *Stoffes i* in einer *Mischphase*:

$$H_i = \left(\frac{\partial h}{\partial n_i}\right)_{T,p,n_{j\neq i}} \tag{8-28}$$

$$S_i = \left(\frac{\partial s}{\partial n_i}\right)_{T,p,n_{j\neq i}} \tag{8-28a}$$

$$G_i = \left(\frac{\partial g}{\partial n_i}\right)_{T,p,n_{j\neq i}} \tag{8-28b}$$

Mit den *partiellen molaren Enthalpien* H_i lässt sich z. B. die *Mischungsenthalpie* $\Delta_M h$ aus den Beiträgen der einzelnen Mischungskomponenten wie folgt ausdrücken:

$$\Delta_M h = \sum_i n_i (H_i - H_i^{\ominus}) \tag{8-29}$$

Die $H_i^{\ominus}$ bezeichnen die molaren Standardenthalpien der reinen Stoffe i. Für die *molare Mischungsenthalpie* folgt daraus:

$$\Delta_M H = \frac{\sum_i n_i (H_i - H_i^{\ominus})}{\sum_i n_i} = \sum_i x_i (H_i - H_i^{\ominus}) \tag{8-30}$$

womit wir zu den *Stoffmengenanteilen* x_i übergegangen sind.

Eine andere wichtige Anwendung der partiellen molaren Größen besteht darin, dass man mit ihnen die Abhängigkeit der molaren Reaktionsgrößen $\Delta_R H$, $\Delta_R S$ und $\Delta_R G$ von der *Zusammensetzung der Reaktionsmischung* ausdrücken kann.

Betrachten wir z. B. die *freie Reaktionsenthalpie*. Analog zu Gleichung

$$v = \sum_i n_i V_i \tag{8-27}$$

können wir die freie Enthalpie g einer Mischung aus den molaren freien Enthalpien G_i der Mischungskomponenten wie folgt darstellen:

$$g = \sum_i n_i G_i \tag{8-31}$$

Für eine Änderung Δg der freien Enthalpie g infolge (bei konstantem T und p) gedachter *Änderung der Stoffmengen* Δn_i gilt:

$$\Delta g = \sum_i G_i \Delta n_i \tag{8-31a}$$

Bei einer chemischen Reaktion ändern sich die *Stoffmengen* der Reaktionsteilnehmer n_i gemäß der *Änderung der Objektmenge der Formelumsätze* $\Delta\xi$ (meist als *Reaktionslaufzahl* bezeichnet (↑ S. 274)):

$$\Delta n_i = \nu_i \Delta\xi \tag{8-31b}$$

Setzen wir diesen Ausdruck in Gleichung (8-31a) ein, erhalten wir:

$$\Delta g = \sum_i \nu_i G_i \Delta\xi \tag{8-31c}$$

Die *Definition der molaren freien Reaktionsenthalpie* (↑ S. 302) lautet:

$$\Delta_R G = \frac{\Delta g}{\Delta\xi} \tag{8-18d}$$

wofür man in der exakteren Darstellung den partiellen Differenzialquotienten schreibt:

$$\Delta_R G = \left(\frac{\partial g}{\partial\xi}\right)_{T,p} \tag{8-31d}$$

Aus der Kombination der Gleichungen (8-31c) und (8-18d) folgt nun:

$$\Delta_R G = \sum_i \nu_i G_i \tag{8-31e}$$

So wie die *partiellen molaren freien Enthalpien* G_i von der sich verändernden Zusammensetzung der Reaktionsmischung und damit von der *Reaktionslaufzahl* ξ abhängen, hängt über Gleichung (8-31c) auch die *freie Reaktionsenthalpie* $\Delta_R g$ von der Reaktionslaufzahl ξ ab.

Im Bild 8-6 ist die *Abhängigkeit der freien Enthalpie g von der Objektmenge der Formelumsätze (Reaktionslaufzahl)* ξ (↑ S. 274) dargestellt. Der Differenzialquotient $\left(\frac{\partial g}{\partial \xi}\right)_{p,T}$ gibt die Steigung g der Kurve wieder. Er hat für jeden Punkt der Kurve einen anderen Wert. Dabei handelt es sich um die Steigung der *Tangente* an diesem Punkt der Kurve. Für jeden Punkt der Kurve wird eine differenzielle[1)] Änderung der freien Enthalpie g sowie der Objektmenge der Formelumsätze ξ angenommen, die jederzeit umkehrbar ist. Die Zusammensetzung des Systems bleibt bei einem solchen differenziellen Vorgang konstant.

Die *freie Enthalpie g* hat ein *Minimum* (siehe Bild 8-6). *Links* davon hat die molare freie Reaktionsenthalpie $\Delta_R G = \left(\frac{\partial g}{\partial \xi}\right)_{p,T}$ *negatives* Vorzeichen, was notwendige Voraussetzung für einen *freiwilligen* Verlauf der Reaktion ist. *Rechts* vom Minimum der freien Enthalpie g hat die molare freie Reaktionsenthalpie $\Delta_R G = \left(\frac{\partial g}{\partial \xi}\right)_{p,T}$ *positives* Vorzeichen. Das heißt, über das Minimum der freien Enthalpie g hinaus kann die Reaktion nur mit *Zwang* (Zufuhr elektrischer Arbeit) fortgeführt werden.

Die **molare freie Reaktionsenthalpie** $\Delta_R G = \left(\frac{\partial g}{\partial \xi}\right)_{p,T}$ *nimmt* von links nach rechts *zu*. Von den negativen Werten ausgehend, erreicht sie beim Minimum der freien Enthalpie g den Wert 0 und nimmt dann (bei äußerem Zwang) positive Werte an, die (im Bild 8-6 nach rechts) ständig steigen. Sobald nach Gleichung (8-31d)

$$\Delta_R G = \left(\frac{\partial g}{\partial \xi}\right)_{p,T} = 0 \qquad (8\text{-}31f)$$

ist das *chemische Gleichgewicht* erreicht (↑ S. 311).

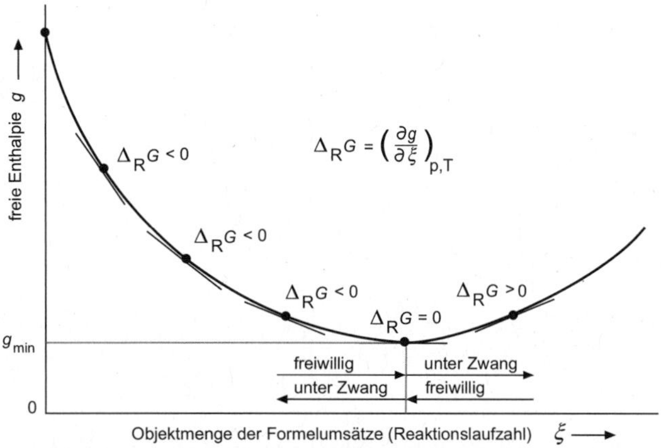

Bild 8-6: *Verlauf einer Gleichgewichtsreaktion*
Die molare freie Reaktionsenthalpie $\Delta_R G$ *nimmt – von negativen Werten ausgehend – zu, bis* $\Delta_R G = 0$. *An diesem Punkt hat die freie Reaktionsenthalpie g ein Minimum. Die Reaktion verläuft sowohl von links (Ausgangsstoffe) als auch von rechts (Reaktionsprodukte) freiwillig bis zu diesem Punkt, darüber hinaus nur unter Zwang (elektrische Arbeit).*

1) Leser, die mit der Differenzialrechnung nicht vertraut sind, können sich das als unendlich kleine Änderung vorstellen.

8.7.2 Chemisches Potenzial

Chemisches Potenzial und *thermodynamisches Potenzial* sind zwei weitere Begriffe, die, vom Bild 8-6 ausgehend, veranschaulicht werden können. In Analogie zur Mechanik kann die Kurve als Mulde aufgefasst werden. Rollt eine Kugel vom Rand der Mulde in die Mulde hinab, so verliert sie potenzielle Energie. Am Boden der Mulde erreicht ihre potenzielle Energie ein Minimum. Aus dieser Sicht wird die *freie Enthalpie* g (↑ S. 301) auch als **thermodynamisches Potenzial** betrachtet. Dieses erreicht im tiefsten Punkt der Kurve sein Minimum.

Das *chemische Potenzial* (Formelzeichen μ) leitet sich daraus durch folgende Überlegungen ab:

Wenn die *freie Enthalpie g* als *thermodynamisches Potenzial* betrachtet wird, kann die *partielle molare freie Enthalpie* G_i der Komponente i einer Mischphase auch als deren *partielles molares thermodynamisches Potenzial* aufgefasst werden, und dafür wurde der Begriff **chemisches Potenzial** μ eingeführt:

$$G_i \equiv \mu_i \tag{8-32}$$

Eine chemische Reaktion

$$\mathrm{A} \rightleftharpoons \mathrm{B}$$

verläuft von links nach rechts, solange

$$\mu_\mathrm{A} > \mu_\mathrm{B}$$

Sie verläuft von rechts nach links, wenn

$$\mu_\mathrm{A} < \mu_\mathrm{B}$$

Sie kommt zum Stillstand, sobald

$$\mu_\mathrm{A} = \mu_\mathrm{B}$$

Dann ist der *Gleichgewichtszustand* erreicht.

Führt man das Symbol μ_i für das chemische Potenzial in Gleichung (8-31e) (↑ S. 315) ein, so ergibt sich die *molare freie Reaktionsenthalpie* $\Delta_R G$ als *stöchiometrischeSumme* der chemischen Potenziale aller Komponenten der Mischphase, in der die Reaktion abläuft:

$$\Delta_\mathrm{R} G = \sum \nu_i \mu_i \tag{8-32a}$$

ν sind die Stöchiometriezahlen der Reaktionsgleichung, die der *Endprodukte* haben *positives*, die der *Ausgangsstoffe negatives* Vorzeichen.

Mit den *Beträgen* der Stöchiometriezahlen $|\nu|$ ergibt sich die molare freie Reaktionsenthalpie als *Differenz* aus den stöchiometrischen Summen der chemischen Potenziale der Endprodukte und der chemischen Potenziale der Ausgangsstoffe:

$$\Delta_\mathrm{R} G = \sum |\nu_i| \mu_{i_E} - \sum |\nu_i| \mu_{i_A} \tag{8-32b}$$

Im *Gleichgewichtszustand* ist nach Gleichung (8-31f) (↑ S. 316) die *molare freie Reaktionsenthalpie*:

$$\Delta_\mathrm{R} G = 0$$

Demnach gilt nach Gleichung (8-32a) auch:

$$\sum \nu_i \mu_i = 0 \tag{8-32c}$$

Die *chemischen Potenziale* μ hängen wie folgt von den *Aktivitäten* a_i (↑ S. 306) ab:

$$\mu_i = \mu_i^\ominus + R \cdot T \cdot \ln a_i \tag{8-33}$$

$\mu^\ominus$ ist das chemische Potenzial im *Standardzustand* für den definitionsgemäß die Aktivität

$$a_i = 1$$

ist.

Wird Gleichung (8-33) in Gleichung (8-32c) eingesetzt, so erhalten wir zunächst:

$$\sum \nu_i(\mu_i^\ominus + R \cdot T \cdot \ln a_i) = 0$$

und dann durch Ausmultiplizieren:

$$\sum \nu_i \mu_i^\ominus + \sum \nu_i \cdot R \cdot T \cdot \ln a_i = 0 \tag{8-33a}$$

Der rechte Term lässt sich umformen:

$$\sum \nu_i \cdot R \cdot T \cdot \ln a_i = R \cdot T \cdot \ln \prod a_i^{\nu_i}$$

und ist so aus Gleichung (8-23c) bekannt (↑ S. 307). Mit dem in Gleichung (8-23a) eingeführten *Reaktionsquotienten Q* formuliert, ergibt das:

$$R \cdot T \cdot \ln \prod a_i^{\nu_i} = R \cdot T \cdot \ln Q$$

sodass die Gleichung (8-33a) übergeht in:

$$\sum \nu_i \cdot \mu_i^\ominus + R \cdot T \cdot \ln Q = 0 \tag{8-33b}$$

Durch Einsetzen der Gleichung (8-32a) erhalten wir schließlich:

$$\Delta_R G^\ominus + R \cdot T \cdot \ln Q = 0$$

und daraus

$$-\Delta_R G^\ominus = R \cdot T \cdot \ln Q \tag{8-33c}$$

Definitionsgemäß ist der *Reaktionsquotient Q* im Gleichgewichtszustand gleich der *thermodynamischen Gleichgewichtskonstante* $K^\dagger$ (↑ S. 311):

$$Q_{\mathrm{gl}} = K^\dagger$$

Damit geht die Gleichung (8-33c) in die Gleichung (8-25) (↑ S. 311) über:

$$-\Delta_R G^\ominus = R \cdot T \cdot \ln K^\dagger$$

Die Berechnung der Gleichgewichtskonstante $K^\dagger$ erfolgt dann nach den Gleichungen (8-25a) und (8-25b):

$$\ln K^\dagger = \frac{-\Delta_R G^\ominus}{R \cdot T}$$

$$K^\dagger = \mathrm{e}^{\frac{-\Delta_R G^\ominus}{R \cdot T}}$$

So kommen wir, vom *chemischen Potenzial* μ ausgehend, zum *Massenwirkungsgesetz*.

8.7.3 Entropie – Einführung

Zur Herleitung der Zustandsgröße *freie Enthalpie g*, die Aussagen darüber erschließt, in welcher Richtung eine Gleichgewichtsreaktion *freiwillig* verläuft, war die Zustandsgröße *Entropie s* heranzuziehen (↑ S. 301).

Die *Entropie* (Formelzeichen *s*) ist – wie die innere Energie *u* und die Enthalpie *h* – eine *Zustandsgröße* (↑ S. 268). Der Begriff *Entropie* wurde von dem deutschen Physiker RUDOLF CLAUSIUS (1865) eingeführt. Die Bezeichnung ist von *tropae* (griech. Verwandlung) abgeleitet. Das bezieht sich hier auf die *Änderung des Zustandes*. Jeder Körper hat neben seiner *Masse m* und seiner *inneren Energie u* auch eine *Entropie s*. Bei einer *Zustandsänderung* ändert sich – wie die anderen Zustandsgrößen – in der Regel auch die Entropie *s*.

In der Chemie interessieren zunächst die **Reaktionsentropien**. Das sind die *Entropieänderungen*, die bei chemischen Reaktionen auftreten.

Daneben stehen die **Phasenumwandlungsentropien**, die Entropieänderungen, die bei Übergängen zwischen den *Aggregatzuständen* auftreten.

Die *Änderung* der *Zustandsgröße Entropie s* stellt eine Beziehung her zwischen der *Prozessgröße Wärme q* und der *Zustandsgröße Temperatur T*:

$$\Delta s = \frac{q_{\text{rev}}}{T} \qquad (8\text{-}34)$$

Gibt ein System Wärme *q* ab oder nimmt es Wärme auf, so ändert sich nicht nur die *innere Energie u* des Systems, sondern auch dessen *Entropie s*.

Aus den Quotienten der Größenarten

$$\text{Entropie} = \frac{\text{Wärme}}{\text{Temperatur}}$$

ergibt sich für die Entropie *s* die SI-Einheit $\frac{\text{Joule}}{\text{Kelvin}}$; Einheitenzeichen $\text{J} \cdot \text{K}^{-1}$.

Wie bei den anderen Zustandsgrößen bedient sich der Chemiker vorrangig der *molaren Größe*, der **molaren Entropie** (Formelzeichen *S*). Diese hat nach dem Quotienten der Größenarten

$$\frac{[\text{Energie}]}{[\text{Temperatur}] \cdot [\text{Stoffmenge}]}$$

die SI-Einheit $\text{J} \cdot \text{K}^{-1} \cdot \text{mol}^{-1}$.

Für die Anwendung der Gleichung

$$\Delta s = \frac{q_{\text{rev}}}{T} \qquad (8\text{-}34)$$

gelten einige *Voraussetzungen*, auf die hier kurz eingegangen wird: Während die Wärme ausgetauscht wird, dürfen im System nur *reversible* Veränderungen (Prozesse) vor sich gehen. Dies ist der Fall, wenn sich z. B. nur Zustandsgrößen wie Temperatur, Druck oder Volumen langsam ändern. Sind anderweitige Systemänderungen, wie z. B. Phasenumwandlungen oder chemische Reaktionen beteiligt, so sind diese nur dann reversibel, wenn während des Vorgangs das Phasengleichgewicht bzw. das chemische Gleichgewicht stets eingestellt ist.

Phasenübergänge im Gleichgewicht erfordern bei vorgegebenem Druck stets eine stoffspezifische *bestimmte Temperatur* (Gefrierpunkt, Siedepunkt). So ist z. B. der Übergang von Wasser aus der flüssigen Phase in die

Gasphase bei einem Gesamtdruck von 1 bar nur bei 100 °C reversibel. Flüssiges Wasser kann aber bei 1 bar auch manchmal über 100 °C erhitzt werden und verdampft dann irgendwann stoßartig (sog. Siedeverzug). Ein solcher Prozess ist nicht reversibel.

Für Prozesse, bei welchen sich die *Temperatur* in nennenswertem Umfang ändert, ist Gl. (8-34) wiederholt stückweise für näherungsweise konstantes T anzuwenden und sind die Teilergebnisse zu summieren. Mathematisch entspricht der Grenzwert dieser Summe für Teilstücke mit beliebig kleiner Temperaturänderung und beliebig kleinen Portionen q_{rev} der Ausführung einer Integration.

Da in diesem Taschenbuch keine Integralrechnung vorausgesetzt werden soll, werden wir den Aspekt nicht weiter vertiefen. Es sei lediglich festgestellt, dass grundsätzlich auf der Basis von Gl. (8-34) ohne Problem auch Entropieänderungen mit beliebiger Temperaturänderung experimentell bestimmt werden können. Damit lässt sich, ausgehend von einer Bezugstemperatur T_0, die Entropie eines Stoffes für beliebige Temperatur T ermitteln:

$$s(T) = s(T_0) + \Delta s(T_0 \rightarrow T) \qquad (8\text{-}35)$$

▲ Als Zahlenbeispiel betrachten wir die Änderung der molaren Entropie von Wasser bei Erwärmung von 25 °C auf 26 °C[1]. Die *molare Entropie* von flüssigem Wasser bei 25 °C beträgt

$$S(25\,^\circ\text{C}) = S^\ominus = 69{,}91\,\text{J}\cdot\text{mol}^{-1}\cdot\text{K}^{-1}$$

Die Wärme, welche zur Temperaturerhöhung um ΔT zugeführt werden muss, beträgt

$$q = C_\text{p}\,\Delta T$$

C_p ist die *Molwärme* (↑ S. 293). Für Wasser beträgt sie $75{,}29\,\text{J}\cdot\text{mol}^{-1}\cdot\text{K}^{-1}$. Für $\Delta T = 1\,^\circ\text{C} = 1\,\text{K}$ ergibt sich also

$$q = 75{,}29\,\text{J}\cdot\text{mol}^{-1}\cdot\text{K}^{-1}$$

und somit

$$\Delta S = \frac{q_\text{rev}}{T} = \frac{C_\text{p}\,\Delta T}{T}$$

$$\Delta S = \frac{75{,}29\,\text{J}\cdot\text{mol}^{-1}\cdot\text{K}^{-1}\cdot 1\,\text{K}}{(273+26)\,\text{K}}$$

$$\Delta S = 0{,}25\,\text{J}\cdot\text{mol}^{-1}\cdot\text{K}^{-1}$$

und

$$S(26\,^\circ\text{C}) = S^\ominus + \Delta S$$

$$S(26\,^\circ\text{C}) = 69{,}91\,\text{J}\cdot\text{mol}^{-1}\cdot\text{K}^{-1} + 0{,}25\,\text{J}\cdot\text{mol}^{-1}\cdot\text{K}^{-1}$$

$$S(26\,^\circ\text{C}) = 70{,}16\,\text{J}\cdot\text{mol}^{-1}\cdot\text{K}^{-1}$$

Wie der deutsche Physikochemiker WALTER NERNST (1906) feststellte, gehen die **Phasenumwandlungsentropien** ideal kristallisierter Phasen reiner Stoffe bei Annäherung an den absoluten Nullpunkte ($T = -273{,}15\,^\circ\text{C}$) gegen null. Entsprechendes gilt für *Reaktionsentropien* chemischer Reaktionen mit ideal kristallisierten Ausgangsstoffen und Produkten. Daraus lässt sich allgemein schließen:

Bei Annäherung an den absoluten Nullpunkt geht die absolute Entropie jedes ideal kristallisierten Stoffes gegen null.

Mit anderen Worten: *Ein idealer Kristall würde am absoluten Nullpunkt die Entropie null haben.*

---

[1] Wenn ΔT nicht klein ist gegen T, muss ΔS durch ein Integral berechnet werden.

Die hier formulierten Aussagen werden als **3. Hauptsatz der Thermodynamik** bzw. als NERNST*scher Wärmesatz* bezeichnet. Sie erlauben es, jedem Stoff einen absoluten Entropiewert – und damit auch einen absoluten molaren Entropiewert – zuzuordnen. Im Anschluss an die Gleichung (8-35) lässt sich das in der Gleichung

$$S(T) = \Delta S(0 \rightarrow T) \tag{8-35a}$$

ausdrücken.

Die **molaren Standardentropien** $S^\ominus$ (Tabelle 8-2 (↑ S. 283)) sind für zahlreiche reine Stoffe tabelliert[1]. Sie gelten für die *Standardzustände* (↑ S. 282) und für die *Tabellierungsbedingungen* p = 101,325 kPa und T = 298,15 K. Wie andere Standardgrößen werden die molaren Standardentropien unter experimentell gut handhabbaren Bedingungen ermittelt und dann auf die Tabellierungsbedingungen umgerechnet.

Die *molaren Standardentropien* $S^\ominus$ beziehen sich auf den betrachteten *Stoff an sich*, nicht auf dessen *Bildungsreaktion*, wie es bei den

- molaren Standardbildungsenthalpien $\Delta_B H^\ominus$ und
- molaren freien Standardbildungsenthalpien $\Delta_B G^\ominus$

der Fall ist. Dementsprechend kommt auch den *Elementsubstanzen* in ihrer stabilen Form eine molare Standardentropie zu, während $\Delta_B H^\ominus$ und $\Delta_B G^\ominus$ für diese Elementsubstanzen definitionsgemäß null sind.

Aus den molaren Standardentropien der Ausgangsstoffe und denen der Endprodukte einer chemischen Reaktion lässt sich deren molare Standardreaktionsentropie $\Delta_R S^\ominus$ berechnen.

Die **molare Standardreaktionsentropie** $\Delta_R S^\ominus$ ist die *Differenz* zwischen der stöchiometrischen Summe der molaren Standardentropien der Reaktionsprodukte $S_E^\ominus$ und der stöchiometrischen Summe der molaren Standardentropien der Ausgangsstoffe $S_A^\ominus$:

$$\Delta_R S^\ominus = \sum |\nu_i| \cdot S_{i_E}^\ominus - \sum |\nu_i| \cdot S_{i_A}^\ominus \tag{8-36}$$

$|\nu_i|$ sind die *Beträge* der Stöchiometriezahlen der Reaktionsgleichung.

Mit *vorzeichenbehafteten Stöchiometriezahlen* ergibt sich die molare Standardreaktionsentropie als *stöchiometrische Summe* der molaren Standardentropien aller Reaktionsteilnehmer:

$$\Delta_R S^\ominus = \sum \nu_i \cdot S_i^\ominus \tag{8-36a}$$

Wie alle Reaktionsgrößen bezieht sich die molare Standardreaktionsentropie immer auf eine bestimmte *Reaktionsgleichung*.

▲ Bildung von Chlorwasserstoff aus Wasserstoff und Chlor. Für die Reaktionsgleichung

$$H_2 + Cl_2 \rightarrow 2\ HCl$$

ergibt sich die molare Standardreaktionsentropie $\Delta_R S^\ominus$ wie folgt:

$S^\ominus\ (H_2) = 131\ J \cdot K^{-1} \cdot mol^{-1}$

$S^\ominus\ (Cl_2) = 223\ J \cdot K^{-1} \cdot mol^{-1}$

$S^\ominus\ (HCl) = 187\ J \cdot K^{-1} \cdot mol^{-1}$

$\Delta_R S^\ominus = 2 \cdot 187\ J \cdot K^{-1} \cdot mol^{-1} - 131\ J \cdot K^{-1} \cdot mol^{-1} - 223\ J \cdot K^{-1} \cdot mol^{-1}$

$\Delta_R S^\ominus = 20\ J \cdot K^{-1} \cdot mol^{-1}$

[1] Literatur: [Ayl2014], [DAn2008], [Roe2018]

8.7.4 Entropie und Wahrscheinlichkeit

Der Begriff **Entropie** gilt als schwer fasslich. Es gibt jedoch Möglichkeiten, dafür anschauliche Vorstellungen zu gewinnen.

Die *Erhöhung* der *Entropie* führt in molekularer Sicht stets zu einer *Erhöhung* der „*Unordnung*" in einem System. Damit ist gemeint, dass es für die Moleküle eine mehr oder weniger große Freiheit gibt, sich im Raum anzuordnen oder auch ihre Bewegungsenergien untereinander zu verteilen.

- Am absoluten Nullpunkt würde ein idealer Kristall die größtmögliche *Ordnung* aufweisen. Es gäbe keine Möglichkeit für eine thermische Bewegung der Teilchen.
- Mit zunehmender Temperatur nehmen die Bewegungsmöglichkeiten der Teilchen zu. So können diese im *festen* Zustand Schwingungen um die Ruhelage im Kristall ausführen.
- Ein sprunghafter Zuwachs an Möglichkeiten der thermischen Bewegungen erfolgt beim Übergang vom festen in den *flüssigen* Zustand und vom flüssigen in den *gasförmige* Zustand.

Dementsprechend hat ein reiner Stoff in jedem Aggregatzustand eine andere molare Standardentropie.

▲ Wasser $S^\ominus = 70\ \text{J} \cdot \text{K}^{-1} \cdot \text{mol}^{-1}$
Wasserdampf $S^\ominus = 189\ \text{J} \cdot \text{K}^{-1} \cdot \text{mol}^{-1}$

Die molare Standardentropie des Wasserdampfs ist wesentlich höher als die des flüssigen Wassers. Beim Verdampfen von Wasser tritt eine *Entropieänderung* auf:

$$\Delta S^\ominus = 189\ \text{J} \cdot \text{K}^{-1} \cdot \text{mol}^{-1} - 70\ \text{J} \cdot \text{K}^{-1} \cdot \text{mol}^{-1}$$
$$\Delta S^\ominus = 119\ \text{J} \cdot \text{K}^{-1} \cdot \text{mol}^{-1}$$

Weitere Beispiele für die Abhängigkeit der Entropie vom Aggregatzustand:

▲ Schwefel(rhombisch) $S^\ominus = 32\ \text{J} \cdot \text{K}^{-1} \cdot \text{mol}^{-1}$
Schwefeldampf $S^\ominus = 168\ \text{J} \cdot \text{K}^{-1} \cdot \text{mol}^{-1}$

Quecksilber (flüssig) $S^\ominus = 76\ \text{J} \cdot \text{K}^{-1} \cdot \text{mol}^{-1}$
Quecksilberdampf $S^\ominus = 175\ \text{J} \cdot \text{K}^{-1} \cdot \text{mol}^{-1}$

Allgemein weist ein reiner Stoff

- im *gasförmigen* Zustand eine *höhere* Entropie auf als im *flüssigen* Zustand und
- im *flüssigen* Zustand eine *höhere* Entropie als im *festen* Zustand.

Darin spiegelt sich wider, dass die *Möglichkeit zur thermischen Bewegung* der Teilchen (Atome, Moleküle, Ionen)

- im *flüssigen Zustand größer* sind als im *festen Zustand* und
- im *gasförmigen Zustand* größer als im *flüssigen Zustand.*

Bei allen *Phasenübergängen fest–flüssig–gasförmig* nimmt die *Ordnung* des betrachteten Systems ab. Es wird auch gesagt: *Die Unordnung des Systems nimmt zu.* Nach diesen Vorstellungen erweist sich die *Entropie* als ein *Maß der Unordnung*.

Ein erheblicher Unterschied in den Möglichkeiten der thermischen Bewegung besteht auch zwischen den Molekülen eines Stoffes im *Gaszustand* und diesen Molekülen in *wässriger Lösung.* In der wässrigen Lösung sind diese Möglichkeiten – infolge der Wechselwirkung mit den Wassermolekülen – erheblich eingeschränkt, sodass sich eine niedrigere molare Standardentropie $S^\ominus$ ergibt. Im Gaszustand ist die *Unordnung* wesentlich größer als in der wässrigen Lösung.

▲ Chlorgas bei Konzentration 1 mol · L^{-1} $S^\ominus = 196\ \text{J} \cdot \text{K}^{-1} \cdot \text{mol}^{-1}$
Chlor in wässriger Lösung bei 1 mol · L^{-1} $S^\ominus = 121\ \text{J} \cdot \text{K}^{-1} \cdot \text{mol}^{-1}$

Chlorwasserstoffgas bei Konzentration 1 mol · L^{-1} $S^\ominus = 160\ \text{J} \cdot \text{K}^{-1} \cdot \text{mol}^{-1}$
Chlorwasserstoff in wässriger Lösung bei 1 mol · L^{-1} $S^\ominus = 56\ \text{J} \cdot \text{K}^{-1} \cdot \text{mol}^{-1}$

Der österreichische Physiker LUDWIG BOLTZMANN hat (1877) mit der nach ihm benannten Gleichung

$$s = \mathrm{k} \cdot \ln W \tag{8-37}$$

hinsichtlich der *Unordnung* in einem abgeschlossenen System eine quantitative Beziehung zwischen der *atomaren* und der *stofflichen* Betrachtungsebene physikalischer und chemischer Vorgänge hergestellt. Danach ist die *Entropie s dem natürlichen Logarithmus der thermodynamischen Wahrscheinlichkeit W proportional*. Der *Proportionalitätsfaktor k* ist als **BOLTZMANN-Konstante** bekannt. Es handelt sich dabei um den Quotienten aus molarer Gaskonstante R und AVOGADRO-Konstante N_A:

$$k = \frac{R}{N_\mathrm{A}} \tag{8-38}$$

$$k = \frac{8{,}31451\ \mathrm{J \cdot K^{-1} \cdot mol^{-1}}}{6{,}02137 \cdot 10^{23}\ \mathrm{mol^{-1}}}; \qquad k = 1{,}38006 \cdot 10^{-23}\ \mathrm{J \cdot K^{-1}}$$

Die **thermodynamische Wahrscheinlichkeit** W gibt die Anzahl der *Mikrozustände* (im atomaren bzw. molekularen Bereich) an, die einem *Makrozustand* (im stofflichen Bereich) zugrunde liegen können. Das ist sehr abstrakt, lässt sich aber mit einem sehr vereinfachenden Beispiel veranschaulichen:

▲ Betrachtet seien *drei Moleküle* in einem bestimmten Volumen von *drei Volumeneinheiten*. Dies entspricht einem bestimmten *Makrozustand*, der durch eine Moleküldichte von 1 Molekül/Volumeneinheit charakterisiert ist.
Nehmen wir an, wir könnten, im *Mikrozustand* betrachtet, drei Zellen von je einer Volumeneinheit unterscheiden, dann können sich die drei Moleküle (die voneinander nicht unterscheidbar sind) auf insgesamt *zehn* verschiedene Weisen auf die drei Zellen verteilen.

1 1 1		
2 1 0	1 2 0	1 0 2
2 0 1	0 2 1	0 1 2
3 0 0	0 3 0	0 0 3

Jede dieser zehn Verteilungen entspricht einem unterschiedlichen *Mikrozustand*. Die *mathematische Wahrscheinlichkeit P*, einen der Mikrozustände vorzufinden, beträgt in diesem Falle:

$$P = \frac{1}{10} \qquad \text{und allgemein:} \qquad P = \frac{1}{W}$$

Dem entspricht in diesem Falle eine *thermodynamische Wahrscheinlichkeit* $W = 10$ für den *Makrozustand*.
Die thermodynamische Wahrscheinlichkeit W eines Systems kann nach Gleichung (8-37) aus der experimentell ermittelten Entropie s berechnet werden.

Aufgrund des sehr niedrigen Zahlenwertes der BOLTZMANN-Konstante ist abzuschätzen, dass die thermodynamischen Wahrscheinlichkeiten sehr hohe Zahlenwerte erreichen. Darin spiegelt sich die unerschöpfliche Vielfalt der Mikrozustände (nach *Art* der Teilchen, deren *Ort*, *Orientierung* und *Ladung*) wider.

Uns interessiert hier nur der Grenzfall des *idealen Kristalls eines Reinelements* (↑ S. 69) am absoluten Nullpunkt. In diesem Falle ist die thermodynamische Wahrscheinlichkeit $W = 1$.

Da dann ln $W = 0$, ist nach Gleichung (8-37) auch die Entropie $s = 0$. Schon bei einem Mischelement (↑ S. 69) ist das nicht mehr der Fall, da die isotopen Atome im Kristall unterschiedlich angeordnet sein können, wodurch sich eine größere Anzahl von möglichen Mikrozuständen ergibt.

Mit der thermodynamische Wahrscheinlichkeit W hat BOLTZMANN eine exakt definierte Größe an die Stelle von Ordnung bzw. Unordnung gesetzt, die nur qualitativ handhabbar sind.

8.7.5 Entropieerzeugung bei irreversiblen Prozessen

Die vorangegangenen Abschnitte dieses Kapitels haben sich mit der *Entropie* als thermodynamischer Zustandsfunktion und ihrer mikroskopisch/statistischen Deutung befasst. Wir kommen jetzt zur zentralen Eigenschaft der Entropie als Größe, welche die *Richtung freiwilliger Prozesse* bzw. die *Irreversibilität* von Prozessen bestimmt.

Die Richtung freiwilliger Prozesse ist notwendig durch Irreversibilität bestimmt..

Zunächst betrachten wir Prozesse in *abgeschlossenen Systemen*. Ein leicht durchschaubares Beispiel eines irreversiblen Prozesses ist der *Temperaturausgleich* zwischen *zwei Teilen eines Systems*, z. B. zwischen zwei Kupferwürfeln, die zunächst *unterschiedliche Temperatur* haben.

Berühren sich diese beiden Körper, so geht von dem Körper mit der höheren Temperatur Wärme in den Körper mit der niedrigeren Temperatur über, und zwar solange, bis die beiden Körper die gleiche Temperatur haben. Sind die beiden Körper von der Umgebung isoliert, so ist die vom kälteren Körper aufgenommene Wärme q_k dem Betrag nach gleich der vom wärmeren Körper abgegebenen Wärme q_w:

$$|q_k| = |q_w|$$

Die *Temperatur* des kälteren Körpers nimmt also im gleichen Maße zu wie die Temperatur des wärmeren Körpers abnimmt.

Anders verhält es sich mit der *Entropie*:

Die von der gleichen Wärmemenge verursachte

- *Entropiezunahme* des *kälteren* Körpers ist *größer* als die
- *Entropieabnahme* des *wärmeren* Körpers.

Die *Entropieänderung* Δs ist nach Gleichung (8-34) (↑ S. 319) gegenüber der übertragenen *Wärmemenge q umgekehrt proportional der Temperatur*:

$$\Delta s = \frac{q}{T} \qquad (8\text{-}39)$$

Infolge der Temperaturdifferenz

$$T_w > T_k$$

ist nach $\Delta s_w = \frac{-q_w}{T_w}$ und $\Delta s_k = \frac{q_k}{T_k}$ die *Entropieabnahme* Δs_w *kleiner* als die *Entropiezunahme* Δs_k:

$$\Delta s_w < \Delta s_k$$

Die Entropieänderung Δs für den Gesamtvorgang des Wärmeübergangs vom wärmeren zum kälteren Körper, die – weil gegenüber der Umgebung isoliert – ein abgeschlossenes System bilden, ergibt sich als Summe:

$$\Delta s = \Delta s_k + \Delta s_w; \qquad \Delta s = \frac{q_k}{T_k} + \frac{-q_w}{T_w}; \qquad \Delta s = \frac{q_k}{T_k} - \frac{q_w}{T_w}; \qquad \Delta s > 0$$

Der Wärmeübergang von einem wärmeren Körper in einen kälteren Körper verläuft also unter *Entropiezunahme* (in abgeschlossenen Systemen gleichbedeutend mit *Entropieerzeugung*). Dies ist ein *Kriterium* aller *irreversiblen Prozesse*. Es widerspräche unseren Erfahrungen, wenn Wärme *freiwillig* von einem Körper (allgemein einem System) mit *niedrigerer* Temperatur auf einen Körper (ein System) mit *höherer* Temperatur überginge.

Solche entgegengesetzte Vorgänge sind bekannt, z. B. von Kühlanlagen und Wärmepumpen. Sie verlaufen aber niemals freiwillig, sondern immer nur *unter Zwang*, das heißt unter Aufwand von *Arbeit*. Die dieser Arbeit entsprechende *Energie* findet sich nach dem Übergang der Wärme vom System niedrigerer Temperatur zum System höherer Temperatur ebenfalls im System höherer Temperatur.

Das Prinzip der Entropieerzeugung bei irreversiblen Prozessen wird anschaulicher, wenn wir hier wieder die Begriffe *Ordnung* und *Unordnung* heranziehen. Die Entropiezunahme stellt sich dann als eine *Zunahme der Unordnung* dar. Es entspricht unserer Erfahrung, dass Ordnung nie „von selbst" entsteht, wohl aber Unordnung. Um Ordnung zu schaffen, ist immer ein „Energieaufwand" erforderlich. (Man denke da an den eigenen Schreibtisch.)

In dem vorstehend behandelten Wärmeübergang tritt der **2. Hauptsatz der Thermodynamik** in Erscheinung, für den eine der zahlreichen Formulierungen lautet:

Die Entropie kann in einem abgeschlossenen (isolierten) System nur zunehmen oder gleich bleiben, aber niemals abnehmen:

$$\Delta s \geqq 0$$

$\Delta s = 0$ gilt für *reversible Prozesse*, $\Delta s > 0$ gilt für *irreversible Prozesse*.

Reversible Prozesse sind idealisierte Grenzfälle, bei denen eine ständige Umkehrbarkeit kleinster (infinitesimaler) Veränderungen angenommen wird. Alle realen Prozesse in Natur und Technik sind mehr oder weniger irreversibel.

Mit dem 2. Hauptsatz ist die *Richtung* des freiwilligen Verlaufs thermodynamischer Vorgänge festgelegt.

Der obige Satz von der *einseitigen Zunahme der Entropie* gilt auch für *chemische Reaktionen*, wenn sie in einem *abgeschlossenen System* verlaufen. In der Regel werden aber chemische Reaktionen in *geschlossenen Systemen* betrachtet, für welche der *Austausch von Arbeit und Wärme* zwischen *System* und *Umgebung* möglich ist.

Um für *nicht abgeschlossene Systeme* zu Aussagen über die Entropieänderung bei irreversiblen Prozessen zu kommen, müssen wir daher die *Umgebung* mit einbeziehen. Wir können dann *System + Umgebung* als übergeordnetes *abgeschlossenes System* betrachten.

Bei freiwillig verlaufenden (d. h. irreversiblen) Prozessen ist die *Summe der Entropieänderungen von System und Umgebung größer null*:

$$\Delta s_{\mathrm{Ges}} = \Delta s_{\mathrm{Sys}} + \Delta s_{\mathrm{Umg}} > 0 \qquad (8\text{-}40)$$

Als übergeordnetes System kann die *„gesamte Welt“* betrachtet werden. In der Literatur wird es vielfach als *„Weltall“* oder *„Universum“* bezeichnet. Die *Umgebung des Systems* wird dabei als *„Rest des Weltalls“* aufgefasst. Für die Umgebung gibt es also keine äußere Begrenzung.

Es gilt dann: **System + Umgebung = Weltall.**

Der 2. Hauptsatz der Thermodynamik bezieht sich in diesem Falle auf die gesamte Entropieänderung

$$\Delta s_{\text{Ges}} > 0$$

Ein Gesamtprozess kann auch bei *negativer* Entropieänderung des *Systems*

$$\Delta s_{\text{Sys}} < 0$$

freiwillig verlaufen, wenn diese mit einer *positiven* Entropieänderung der *Umgebung* einhergeht

$$\Delta s_{\text{Umg}} > 0$$

und diese dem Betrag nach *größer* ist als die des Systems:

$$|\Delta s_{\text{Umg}}| > |\Delta s_{\text{Sys}}|$$

woraus sich insgesamt eine Entropiezunahme ergibt:

$$\Delta s_{\text{Ges}} = \Delta s_{\text{Sys}} + \Delta s_{\text{Umg}}$$

$$\Delta s_{\text{Ges}} > 0$$

8.7.6 Spontane Prozesse in isoterm/isobaren Systemen

Nach Gleichung (8-40) ist das Kriterium für spontane Prozesse in einem System die *Entropiezunahme der „Welt“*, das heißt praktisch: des von uns betrachteten Systems und seiner direkten Umgebung. Unterschiede ergeben sich nach der Art der Ankoppelung des Systems an seine Umgebung.

Der in der Praxis wichtigste Fall liegt vor,

- wenn System und Umgebung gleiche Temperatur und gleichen Druck besitzen und
- bei Prozessen im System jederzeit ein rascher Temperatur- und Druckausgleich mit der Umgebung möglich ist.

Die Prozesse im System verlaufen dann isotherm und isobar. Für diese Situation soll nun die Änderung der Gesamtentropie Δs_{Ges} von System und Umgebung für einen im System verlaufenden Prozess berechnet werden. (Dabei wird vorausgesetzt, dass in der Umgebung keine irreversiblen Prozesse stattfinden.)

Die *Entropieänderung im System* hat einen bestimmten Wert Δs_{Sys}, der verursacht wird durch die mit dem Prozess (bei konstanter Temperatur und konstantem Druck) verbundenen *Änderung der Unordnung*. Dabei muss es sich nicht notwendig um eine *Zunahme der Unordnung* handeln, denn Δs_{Sys} kann *positiv* oder *negativ* sein, wie im Folgenden gezeigt wird.

Die *Entropieänderung der Umgebung* Δs_{Umg} resultiert allein aus der zwischen System und Umgebung isotherm übertragenen Wärme q. Wenn wir voraussetzen, dass in der Umgebung keine irreversiblen Prozesse stattfinden, können wir für deren Entropieänderung gemäß Gleichung (8-34) (↑ S. 319) schreiben:

$$\Delta s_{\text{Umg}} = \frac{q_{\text{rev,Umg}}}{T}$$

Die von der Umgebung aufgenommene (bzw. abgegebene) Wärme $q_{\text{rev,Umg}}$ ist aber gerade gleich der vom System abgegebenen (bzw. aufgenommenen) Wärme, das heißt, die beiden Wärmen sind gleich, besitzen jedoch entgegengesetzte Vorzeichen:

$$q_{\text{rev,Umg}} = -q_{\text{Sys}}$$

Damit erhalten wir nach Gleichung (8-34) (↑ S. 319) für die *Entropieänderung der Umgebung*:

$$\Delta s_{\text{Umg}} = \frac{-q_{\text{Sys}}}{T} \quad \text{(8-34a)}$$

Auf den Index Sys wird im Folgenden verzichtet, wenn das Vorzeichen für q aus Sicht des Systems gewählt wird.

Zur *Berechnung von Entropieänderungen* Δs ist von den tabellierten *molaren Standardbildungsenthalpien* $\Delta_R H^\ominus$ (Tabelle 8-2) (↑ S. 283) auszugehen. Dazu sind folgende Überlegungen nötig:

Die zwischen System und Umgebung übertragene *Wärme* q tritt in der *Reaktionsenthalpie* $\Delta_R h$ als jener Anteil auf, der *nicht* als *elektrische Arbeit*[1)] umgesetzt werden kann:

$$\Delta_R h = q + w_{\text{el}}$$

$$q = \Delta_R h - w_{\text{el}} \quad \text{(8-41)}$$

In Gleichung (8-34a) eingesetzt, ergibt das:

$$\Delta s_{\text{Umg}} = \frac{-(\Delta_R h - w_{\text{el}})}{T} \quad \text{(8-34b)}$$

Werden zunächst nur Prozesse in Betracht gezogen, bei denen keine elektrische Arbeit verrichtet wird ($w_{\text{el}} = 0$), vereinfacht sich Gleichung (8-34b) in:

$$\Delta s_{\text{Umg}} = \frac{-\Delta_R h}{T} \quad \text{(8-34c)}$$

Der *Übergang* der Wärmemenge zwischen System und Umgebung drückt sich darin aus, dass hier die Reaktionsenthalpie $\Delta_R h$ entgegengesetztes Vorzeichen hat.

- Bei *exothermen* Reaktionen ($\Delta_R h$ *negativ*) geht *Wärme* vom System *in die Umgebung* über und bewirkt dort eine *Entropiezunahme*: $\Delta s_{\text{Umg}} > 0$.
- Bei *endothermen* Reaktionen ($\Delta_R h$ *positiv*) geht *Wärme aus der Umgebung* in das System über, wodurch in der Umgebung eine *Entropieabnahme* eintritt: $\Delta s_{\text{Umg}} < 0$.

Im folgenden *Beispiel* wird gezeigt, dass eine *exotherme* Reaktion *freiwillig* verlaufen kann, auch wenn im *System* eine *Entropieabnahme* erfolgt, solange die gesamte Entropieänderung *positiv* ist (Gl. (8-40) (↑ S. 325)): Um zu einer überschaubareren Darstellung zu kommen, gehen wir von einem Mol Formelumsätzen aus (↑ S. 274). Die dafür geltenden *extensiven* Größen (↑ S. 268) erhalten wir aus den *molaren* Größen wie folgt:

$$\Delta s = \Delta S \cdot \xi$$

Wir legen die tabellierten Standardgrößen zugrunde und nehmen damit in Kauf, dass die Temperaturabhängigkeit von Entropie und Enthalpie unberücksichtigt bleiben. Dadurch erhalten wir nicht die exakten Werte der Entropieänderungen, können aber Aussagen über die *Richtung* gewinnen, in der eine chemische Reaktion *freiwillig* verläuft.

▲ *Quecksilber* wird durch Sauerstoff bei etwa 350 °C (623 K) zu Quecksilber(II)-oxid, HgO, oxidiert.

$$2\,\text{Hg} + \text{O}_2 \rightarrow 2\,\text{HgO}$$

Aus einer Flüssigkeit und einem Gas entsteht ein fester Stoff. Es ist daher zu erwarten, dass die *Entropie abnimmt*.

---

1) Auf die elektrische Arbeit wird auf Seite 331 sowie im Kapitel Elektrochemie (↑ S. 351) eingegangen.

Aus den tabellierten molaren Standardentropien $S^{\ominus}$

$$S^{\ominus}(\mathrm{Hg}) = 76{,}02\ \mathrm{J \cdot K^{-1} \cdot mol^{-1}}$$
$$S^{\ominus}(\mathrm{O_2}) = 205{,}14\ \mathrm{J \cdot K^{-1} \cdot mol^{-1}}$$
$$S^{\ominus}(\mathrm{HgO}) = 70{,}29\ \mathrm{J \cdot K^{-1} \cdot mol^{-1}}$$

ergibt sich für 1 mol Formelumsätze ($\Delta\xi = 1$)

$$\Delta s_{\mathrm{Sys}} = 2 \cdot S^{\ominus}(\mathrm{HgO}) - (2 \cdot S^{\ominus}(\mathrm{Hg}) + S^{\ominus}(\mathrm{O_2}))$$
$$\Delta s_{\mathrm{Sys}} = 2 \cdot 70{,}29\ \mathrm{J \cdot K^{-1}} - (2 \cdot 76{,}02\ \mathrm{J \cdot K^{-1}} + 205{,}14\ \mathrm{J \cdot K^{-1}})$$
$$\Delta s_{\mathrm{Sys}} = -216{,}6\ \mathrm{J \cdot K^{-1}}$$

Die Entropieänderung des *Systems* ist also – wie erwartet – *negativ*.

Die *Entropieänderung der Umgebung* ist nach der Gleichung (8-34c) (↑ S. 327)

$$\Delta s_{\mathrm{Umg}} = \frac{-\Delta_{\mathrm{R}} h}{T}$$

zu berechnen. Aus der tabellierten molaren Bildungsenthalpie $\Delta_{\mathrm{B}}H(\mathrm{HgO}) = -90{,}63\ \mathrm{kJ \cdot mol^{-1}}$ ergibt sich für 1 mol Formelumsätze nach der Reaktionsgleichung eine Enthalpieänderung $\Delta h = -181{,}26\ \mathrm{kJ}$. Für die Temperatur $T = 623\ \mathrm{K}$ gilt dann:

$$\Delta s_{\mathrm{Umg}} = \frac{-(-181{,}26 \cdot 10^3\ \mathrm{J})}{623\ \mathrm{K}}$$
$$\Delta s_{\mathrm{Umg}} = 290{,}9\ \mathrm{J \cdot K^{-1}}$$

Als Summe aus den Entropieänderungen von System und Umgebung ergibt sich eine gesamte Entropieänderung mit *positivem* Vorzeichen

$$\Delta s_{\mathrm{Ges}} = \Delta s_{\mathrm{Sys}} + \Delta s_{\mathrm{Umg}}$$
$$\Delta s_{\mathrm{Ges}} = -216{,}6\ \mathrm{J \cdot K^{-1}} + 290{,}9\ \mathrm{J \cdot K^{-1}}$$
$$\Delta s_{\mathrm{Ges}} = +74{,}3\ \mathrm{J \cdot K^{-1}}$$

Die Reaktion verläuft also nach obiger Reaktionsgleichung freiwillig von links nach rechts, da die negative Entropieänderung im System durch die positive Entropieänderung in der Umgebung überkompensiert wird.

Aus der Entropieänderung des *Systems* Δs_{Sys} allein sind – wie das Beispiel zeigt – keine Aussagen zum freiwilligen Ablauf chemischer Reaktionen zu gewinnen. Es ist auch die *Entropieänderung der Umgebung* Δs_{Umg} zu berücksichtigen. Da diese der *Enthalpieänderung* Δh – nach Gleichung (8-34c) – proportional ist, kommen wir bei Berechnungen zum freiwilligen Verlauf chemischer Reaktionen mit Größen aus, die sich auf das *System* beziehen.

8.7.7 Freie Enthalpie – Herleitung und Anwendungen

Die von GIBBS ergänzend eingeführte Zustandsgröße *freie Enthalpie* g ermöglicht es, die Größen Entropie s und Enthalpie h zusammenzufassen. Die logische Brücke von der Entropie zur freien Enthalpie (siehe auch S. 301) lässt sich folgendermaßen schlagen.

Indem man in die Gleichung für die *Gesamtentropieänderung der Welt* (↑ S. 325)

$$\Delta s_{\mathrm{Ges}} = \Delta s_{\mathrm{Sys}} + \Delta s_{\mathrm{Umg}} > 0 \tag{8-34c}$$

die Gleichung

$$\Delta s_{\mathrm{Umg}} = \frac{-\Delta h}{T} \tag{8-40}$$

eingesetzt, ergibt sich für isobare Prozesse ohne Nichtvolumenarbeit (insbesondere ohne elektrische Arbeit):

$$\Delta s_{\mathrm{Ges}} = \Delta s_{\mathrm{Sys}} - \frac{\Delta h_{\mathrm{Sys}}}{T} > 0 \tag{8-40a}$$

Diese Gleichung lässt sich in eine einfache Beziehung überführen, die aussagt, in welcher *Richtung* eine Gleichgewichtsreaktion *freiwillig* verlaufen kann. Dazu ist die Zustandsgröße *freie Enthalpie* g heranzuziehen, die wie folgt definiert ist:

$$g = h - T\,s \tag{8-16}$$

Hier und im Folgenden stehen die *Formelzeichen ohne Index* stets für *Zustandsgrößen des Systems*.

Unter isothermen Bedingungen gilt für die *Änderung* der freien Enthalpie bei einer chemischen Reaktion

$$\Delta g = \Delta h - T\,\Delta s \tag{8-17}$$

Löst man diese Gleichung nach der Entropieänderung Δs auf, erhält man

$$\Delta s = \frac{\Delta h}{T} - \frac{\Delta g}{T} \tag{8-40b}$$

Die in Gleichung (8-40a) für isobare Systeme formulierte Bedingung der Entropiezunahme der Welt[1] lässt sich nun schreiben als:

$$\Delta s_{\mathrm{Ges}} = -\frac{\Delta g}{T} > 0 \tag{8-40c}$$

Da $T > 0$, kann man die Bedingung für spontane Prozesse isotherm/isobarer Systeme auch kurz als

$$\Delta g < 0 \tag{8-42}$$

zusammenfassen. Damit ist eine kompakte Beziehung gewonnen, um die Richtung freiwilliger chemischer Prozesse für isotherm/isobare Bedingungen vorherzusagen.

Da sich die molare freie Enthalpie ΔG nach der GIBBS-HELMHOLTZschen Gleichung (↑ S. 301):

$$\Delta_{\mathrm{R}}G = \Delta_{\mathrm{R}}H - T \cdot \Delta_{\mathrm{R}}S \tag{8-18}$$

aus *zwei* Termen zusammensetzt, der Enthalpie und einem entropiebezogenen Term, ergeben sich *sechs* Kombinationsmöglichkeiten, die im Bild 8-7 anschaulich dargestellt werden.

---

[1] Es ist zu beachten, dass diese Beziehung nach unseren Voraussetzungen nur für isotherm/isobare Prozesse gilt.

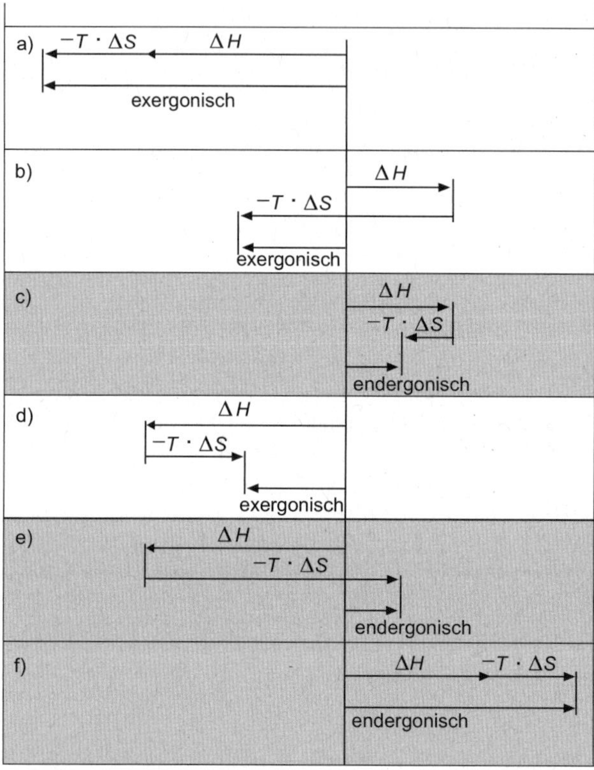

	ΔH	ΔS	T	ΔG	Reaktion
a)	< 0	> 0	variabel	< 0	exotherm freiwillig
b)	> 0	> 0	hoch	< 0	endotherm freiwillig
c)	> 0	> 0	niedrig	> 0	endotherm unter Zwang
d)	< 0	< 0	niedrig	< 0	exotherm freiwillig
e)	< 0	< 0	hoch	> 0	exotherm unter Zwang
f)	> 0	< 0	variabel	> 0	endotherm unter Zwang

Bild 8-7: *Einfluss der Entropie auf den Ablauf chemischer Reaktionen*

Für den *freiwilligen Verlauf* gibt es im Zusammenspiel von molarer Reaktionsenthalpie $\Delta_R H$ und molarer Reaktionsentropie $\Delta_R S$ *drei* Möglichkeiten, die sich im Bild unter a), b) und d) finden.

Der Fall a) liegt bei den weitaus meisten chemischen Reaktionen vor:
Exothermer Verlauf ($\Delta_R H < 0$) und *Entropiezunahme* ($\Delta_R S > 0$).

Im Fall b) handelt es sich um die – entgegen der Annahme von BERTHELOT und THOMSEN (↑ S. 301) – freiwillig verlaufenden *endothermen* Reaktionen. Hier muss eine hinreichend hohe Temperatur vorliegen, andernfalls kommt es zu keinem freiwilligen Verlauf der Reaktion (siehe Fall c).

Der Fall d) zeigt, dass auch bei einer *Entropieabnahme* ($\Delta_R S < 0$) des Systems der freiwillige Verlauf einer chemischen Reaktion möglich ist. Dabei muss allerdings die Temperatur relativ niedrig sein, sonst tritt der Fall e) ein.

Bei *exergonischen Reaktionen* hat die Zustandsgröße *molare freie Enthalpie* ΔG *negatives* Vorzeichen, bei *endergonischen* Reaktionen *positives* Vorzeichen (↑ S. 303).

Beispiel für den freiwilligen Verlauf einer endothermen Reaktion

▲ Das in großem Umfang durchgeführte Brennen von Kalkstein beruht auf der thermischen Spaltung von Calciumcarbonat:

$$CaCO_3 \rightarrow CaO + CO_2$$

Diese Reaktion verläuft *endotherm:*

$$\Delta_R H^\ominus = \Delta_B H^\ominus\,(CaO) + \Delta_B H^\ominus\,(CO_2) - \Delta_B H^\ominus\,(CaCO_3)$$
$$\Delta_R H^\ominus = -\,635\ \text{kJ}\cdot\text{mol}^{-1} + (-\,393{,}5\ \text{kJ}\cdot\text{mol}^{-1}) - (-\,1207\ \text{kJ}\cdot\text{mol}^{-1})$$
$$\Delta_R H^\ominus = 178{,}5\ \text{kJ}\cdot\text{mol}^{-1}$$

Die molare Standardreaktionsentropie $\Delta_R S^\ominus$ ergibt sich wie folgt:

$$\Delta_R S^\ominus = \Delta S^\ominus\,(CaO) + \Delta S^\ominus\,(CO_2) - \Delta S^\ominus\,(CaCO_3)$$
$$\Delta_R S^\ominus = 40\ \text{J}\cdot\text{K}^{-1}\cdot\text{mol}^{-1} + 214\ \text{J}\cdot\text{K}^{-1}\cdot\text{mol}^{-1} - 93\ \text{J}\cdot\text{K}^{-1}\cdot\text{mol}^{-1}$$
$$\Delta_R S^\ominus = 161\ \text{J}\cdot\text{K}^{-1}\cdot\text{mol}^{-1}$$

Für die Tabellierungstemperatur (T = 298,15 K) erhält man mit den vorstehend ermittelten Standardgrößen nach Gleichung (8-18) (↑ S. 301) eine *positive* molare freie Standardreaktionsenthalpie:

$$\Delta_R G^\ominus = \Delta_R H^\ominus - T\cdot\Delta_R S^\ominus$$
$$\Delta_R G^\ominus = 178{,}5\ \text{kJ}\cdot\text{mol}^{-1} - 298{,}15\ \text{K}\cdot 0{,}161\ \text{kJ}\cdot\text{K}^{-1}\cdot\text{mol}^{-1}$$
$$\Delta_R G^\ominus = 178{,}5\ \text{kJ}\cdot\text{mol}^{-1} - 48\ \text{kJ}\cdot\text{mol}^{-1}$$
$$\Delta_R G^\ominus = 130{,}5\ \text{kJ}\cdot\text{mol}^{-1}$$

Da $\Delta_R G^\ominus > 0$ kommt es – den Erwartungen entsprechend – bei Zimmertemperatur nicht zu einer thermischen Spaltung des Calciumcarbonats. Da die beteiligten Zustandsgrößen selbst temperaturabhängig sind, kann mittels der verwendeten *Standardwerte* lediglich *abgeschätzt* werden, welche Temperatur für die thermische Spaltung von Calciumcarbonat mindestens nötig ist.
Für $\Delta_R G^\ominus = 0$ gilt:

$$\Delta_R H^\ominus = T\cdot\Delta_R S^\ominus$$
$$178{,}5\ \text{kJ}\cdot\text{mol}^{-1} = T\cdot 0{,}161\ \text{kJ}\cdot\text{K}^{-1}\cdot\text{mol}^{-1}$$

$$T = \frac{178{,}5\ \text{kJ}\cdot\text{mol}^{-1}}{0{,}161\ \text{kJ}\cdot\text{K}^{-1}\cdot\text{mol}^{-1}};\qquad T = 1109\ \text{K};\qquad T = 836\ °\text{C}$$

Zu einer thermischen Spaltung von Calciumcarbonat kann es also erst oberhalb von 836 °C kommen, sobald $\Delta_R G^\ominus < 0$ wird. Bei der technischen Durchführung wird mit Temperaturen zwischen 900 und 1000 °C gearbeitet.

Ist der **Austausch elektrischer Arbeit** bei der Ermittlung der Entropieänderung zu berücksichtigen, so ist (im Unterschied zu der Darstellung auf Seite 327) in die Gleichung (8-40) (↑ S. 325)

$$\Delta s_{\text{Ges}} = \Delta s_{\text{Sys}} + \Delta s_{\text{Umg}} > 0$$

für die Entropieänderung der Umgebung Δs_{Umg} (8-34a) einzusetzen:

$$\Delta s_{\text{Umg}} = \frac{-(\Delta_R h - w_{\text{el}})}{T}$$

Das ergibt:

$$\Delta s_{\text{Ges}} = \Delta s_{\text{Sys}} + \frac{-(\Delta_R h - w_{\text{el}})}{T} \qquad (8\text{-}40d)$$

Durch Multiplikation mit T

$$T\cdot\Delta s_{\text{Ges}} = T\cdot\Delta s_{\text{Sys}} - \Delta_R h + w_{\text{el}}$$

sowie Subtraktion von w_{el}

$$-w_{el} + T \cdot \Delta s_{Ges} = T \cdot \Delta s_{Sys} - \Delta_R h$$

und Multiplikation mit -1 erhalten wir schließlich:

$$w_{el} - T \cdot \Delta s_{Ges} = \Delta_R h - T \cdot \Delta s_{Sys} \tag{8-43}$$

Der rechts stehende Term ist nach der GIBBS-HELMHOLTZschen Gleichung (8-17) gleich der Änderung der freien Reaktionsenthalpie $\Delta_R g$

$$\Delta_R g = \Delta_R h - T \cdot \Delta s_{Sys}$$

Durch Gleichsetzen ergibt sich:

$$\boxed{\Delta_R g = w_{el} - T \cdot \Delta s_{Ges}} \tag{8-44}$$

Diese Gleichung ist geeignet für eine Gegenüberstellung von *Reversibilität* und *Irreversibilität.*

Die Durchführung einer chemischen Reaktion wird als *reversibel* bezeichnet, wenn sich diese in jedem *infinitesimalen* (d. h. verschwindend kleinem) Teilschritt *umkehren* lässt, ohne dass dabei mehr Arbeit aufzuwenden ist als bei der Hinreaktion gewonnen wurde.

Die **Reversibilität** ist ein idealisierter Grenzfall. Alle natürlichen Prozesse sind mehr oder weniger irreversibel, d. h., sie sind nur in begrenztem Maße – in dem eben beschriebenen Sinne – umkehrbar. Bei einer reversiblen Reaktion durchläuft das System eine kontinuierliche Reihe von Gleichgewichtszuständen. Der Vorgang wird daher auch als *quasistatisch* bezeichnet. Die Thermodynamik bedient sich dieser *Abstraktion*, da bei reversiblen Vorgängen die Entropieänderung $\Delta s_{Ges} = 0$ ist.

Eine anschauliche Vorstellung von einem reversiblen Vorgang lässt sich anhand einer galvanischen Zelle gewinnen. Wird an eine galvanische Zelle (Primärzelle (↑ S. 383)) eine der Zellspannung gleiche Gegenspannung eines Akkumulators (Sekundärzelle (↑ S. 388)) angelegt, so besteht ein Gleichgewichtszustand (↑ S. 349). Ist die Spannung des Akkumulators ein wenig geringer, so gibt die galvanische Zelle elektrische Arbeit an den Akkumulator ab, die dann zur Verfügung steht, um die galvanische Zelle wieder in den ursprünglichen Zustand zu versetzen. Ein annähernd reversibler Vorgang ist das aber nur dann, wenn er äußerst langsam, das heißt, mit verschwindend geringer Stromstärke, stattfindet. Andernfalls treten Verluste durch erzeugte Entropie auf, die durch Wärme an die Umgebung abgegeben wird.

Aus Gleichung (8-43) ergibt sich demnach:

- Bei *reversiblen Reaktionen* ist die Entropieänderung $\Delta_R s_{Ges} = 0$ und damit

$$\Delta_R g = w_{el} \tag{8-44a}$$

  Die Änderung der freien Enthalpie $\Delta_R g$ ist gleich der reversiblen elektrischen Arbeit $w_{el\,rev}$ (siehe auch S. 347).
- Bei *völlig irreversiblen Reaktionen* ist $w_{el} = 0$ und damit

$$\Delta_R g = -T \cdot \Delta_R s_{Ges} \tag{8-44b}$$

  Dies ist der Fall, wenn eine galvanische Zelle kurzgeschlossen ist und daher keine elektrische Arbeit verrichtet, sondern die Änderung der inneren Energie des Systems ausschließlich zur Vermehrung der Entropie führt, d. h. ganz als Wärme abgegeben wird. Mittels der Gleichung (8-43b) kann aus der Änderung der freien Enthalpie die maximal erzeugbare Entropie Δs_{Ges} berechnet werden.

$$\Delta_R s_{Ges} = -\frac{\Delta_R g}{T} \tag{8-44c}$$

Zu beachten ist: Die Unterscheidung von *Reversibilität* und *Irreversibilität* spielt nur für die *Prozessgrößen* Wärme q und Arbeit w eine Rolle, nicht für die *Zustandsgrößen* Entropie s, Enthalpie h und freie Enthalpie g.

Auch für **Mischungsvorgänge** gilt die GIBBS-HELMHOLTZsche Gleichung (8-18) (↑ S. 301).

Das Mischen idealer Gase verläuft ohne Wärmeaustausch, dieser Vorgang ist also weder exotherm, noch endotherm. Daher ist in diesem Falle die **molare Mischungsenthalpie** $\Delta_M H = 0$.

Da sich Gase, die z. B. aus zwei getrennten Gefäßen in ein gemeinsames Gefäß geleitet werden, spontan mischen, muss die **molare freie Mischungsenthalpie** $\Delta_M G$ – als „Triebkraft" – *negatives* Vorzeichen haben. Nach der Gleichung

$$\Delta_M G = \Delta_M H - T \cdot \Delta_M S \qquad (8\text{-}45)$$

kommt demnach der **molaren Mischungsentropie** $\Delta_M S$ *positives* Vorzeichen zu. Das heißt: die Entropie nimmt zu. Das entspricht der Vorstellung, dass beim Mischen zweier Gase die *Unordnung* zunimmt.

Es widerspräche unseren Erfahrungen, wenn sich die in einem Gasgemisch enthaltenen Gase spontan entmischen [1]. Auch darin drückt sich der 2. Hauptsatz der Thermodynamik aus.

[1] Die Möglichkeit, dass sich Gase aufgrund der unterschiedlichen Kondensationspunkte in deren Nähe teilweise entmischen können, bleibt dabei außer Betracht.

9 Elektrochemie

Die *Elektrochemie* befasst sich

- mit der *ionischen Dissoziation* von Stoffen in *Lösungen* und *Schmelzen*, die als *Elektrolyte* bezeichnet werden,
- mit der *interionischen Wechselwirkung* in Elektrolyten,
- mit der *elektrischen Leitfähigkeit* von Elektrolyten und
- mit den *chemischen Prozessen* an den *Elektroden*.

Dabei wird auf die zahlreichen elektrochemische Reaktionen eingegangen, die an den Elektroden der *elektrochemischen Zellen* verschiedenster Bauart auftreten.

Wurde der Begriff **Elektrolyte** im Abschnitt 5.2.2 auf die *Stoffe* bezogen (↑ S. 150), so beziehen wir ihn hier und im Folgenden direkt auf die *Lösungen* und *Schmelzen* dieser Stoffe.

Bei den elektrochemischen Reaktionen findet eine wechselseitige Umwandlung von – in den Stoffen vorhandener – chemischer Energie und elektrischer Energie statt.

9.1 Historisches

Der italienische Physiker ALESSANDRO VOLTA hatte 1793 die elektrochemische *Spannungsreihe* der Metalle aufgestellt. Er war dazu angeregt worden durch die zufällige Beobachtung des italienischen Arztes LUIGI GALVANI, dass frische Froschschenkel, die er mit Kupferhaken an ein Eisengitter gehängt hatte, Zuckungen ausführten, sobald sie das Eisengitter berührten.

Mittels der 1800 von VOLTA entwickelten ersten brauchbaren *Spannungsquelle* (siehe VOLTAsche Säule (↑ S. 343)) gelang es dem schwedischen Chemiker JÖNS JACOB BERZELIUS 1802, wässrige Salzlösungen, dem englischen Chemiker HUMPHRY DAVY 1807, Salzschmelzen elektrolytisch zu zerlegen. Diese elektrochemischen Reaktionen setzten voraus, dass in den Lösungen und Schmelzen elektrisch geladene Teilchen vorhanden waren. Der Engländer MICHAEL FARADAY, ein Schüler DAVYs, erkannte 1834 die Zusammenhänge zwischen der bei einer elektrochemischen Reaktion abgeschiedenen *Stoffmenge* und der dafür aufgewandten *Elektrizitätsmenge* (siehe FARADAYsche Gesetze (↑ S. 378)).

Erkenntnisse über die elektrisch geladenen Teilchen konnte aber erst 1884 der schwedische Chemiker SVANTE ARRHENIUS gewinnen. Bei Untersuchungen war festgestellt worden, dass Salzlösungen stets bedeutend mehr kleinste Teilchen enthielten, als ihrer Konzentration entsprach. Das zeigte sich in erhöhter elektrischer Leitfähigkeit, in Gefrierpunkterniedrigung und Siedepunkterhöhung[1)] von Salzlösungen. ARRHENIUS deutete das so, dass die Salze in ihren Lösungen nicht in Form von Molekülen, sondern in Form kleinerer positiv oder negativ elektrisch geladener Teilchen, der *Ionen*, vorliegen (siehe elektrolytische Dissoziation (↑ S. 149)). Die *Ionentheorie* stieß zunächst auf Widerspruch, da man sich nicht vorstellen konnte, dass z. B. in einer Kochsalzlösung freie Natriumteilchen und freie Chlorteilchen enthalten seien. Wieso Ionen ganz andere Eigenschaften haben als die ungeladenen Atome, konnte erst begründet werden, nachdem der *Bau der Atome* aufgeklärt und der Zusammenhang zwischen der Besetzung der Elektronenhüllen und den chemischen Eigenschaften erkannt worden war. Die Ionentheorie fand also mit der Erforschung des Atombaus ihre Bestätigung.

---

1) Literatur: [Sto2018]

9.2 Elektrochemische Spannungsreihe der Metalle

Der Charakter eines Metalls wird weitgehend davon bestimmt, wie leicht es sich *oxidieren,* d. h. in positiv geladene Ionen überführen, lässt.

- **Metalle, die sich leicht oxidieren lassen, werden als unedle Metalle bezeichnet.**

  ▲ Natrium, Aluminium, Eisen

- **Metalle, die sich schwer oxidieren lassen, werden als edle Metalle bezeichnet.**

  ▲ Kupfer, Silber, Gold

Werden die Metalle nach ihrer *Oxidierbarkeit,* d. h. nach ihrer Tendenz, positiv geladene Ionen zu bilden, geordnet, so ergibt sich die **Spannungsreihe der Metalle** (siehe auch Reihe der Entladbarkeit (↑ S. 366)).

Cs K Ca Na Mg Al Mn Cr Zn Fe Co Ni Sn Pb [H] Cu Ag Pt Au

unedle Metalle	edle Metalle
chemisch aktiv	chemisch passiv

Tendenz, in den Ionenzustand überzugehen, nimmt ab →

Jedes Metall verdrängt die in der Spannungsreihe rechts von ihm stehenden Metalle aus den Lösungen ihrer Salze.

▲ Auf einem Zinkblech, das in eine Kupfersulfatlösung taucht, scheidet sich elementares Kupfer ab, während gleichzeitig Zink in Lösung geht:

$$CuSO_4 + Zn \rightarrow ZnSO_4 + Cu$$

Es handelt sich um eine Redoxreaktion (↑ S. 205):

$$Zn \rightarrow Zn^{2+} + 2\,e^- \quad \text{Oxidation}$$
$$Cu^{2+} + 2\,e^- \rightarrow Cu \quad \text{Reduktion}$$
$$Zn + Cu^{2+} \rightarrow Zn^{2+} + Cu$$

Das unedle Metall Zink ist in Ionenform in Lösung gegangen, das edle Metall Kupfer, das in Ionenform vorlag, wurde elementar (atomar) abgeschieden.

Solche *Redoxreaktionen* laufen immer dann ab, wenn ein unedleres Metall in die Lösung eines Salzes eines edleren Metalls taucht, das heißt, wenn

- das *unedlere Metall elementar,*
- das *edlere Metall in Ionenform*

vorliegt. Das unedlere Metall wird dann oxidiert, das edlere Metall reduziert.

unedleres Metall		**edleres Metall**
(links stehend)		(rechts stehend)
Atom Zn	Elektronenübergang	**Ion** Cu^{2+}
(ungeladen)	⟶	(positiv geladen)
wird oxidiert	$2\,e^-$	**wird reduziert**
zum Ion Zn^{2+}		**zum Atom** Cu
(positiv geladen)		(ungeladen)

Das unedlere Metall wirkt dabei als *Reduktionsmittel,* die Ionen des edleren Metalls wirken als *Oxidationsmittel.* Ob ein bestimmtes Metall (bzw. seine positiv geladenen Ionen) als Reduktionsmittel oder als Oxidationsmittel auftritt, hängt vom *Reaktionspartner* ab.

▲ Kupfer wirkt gegenüber Silber-Ionen als Reduktionsmittel:

$$Cu + 2\,Ag^+ \rightarrow Cu^{2+} + 2\,Ag$$

Kupfer(II)-Ionen wirken gegenüber Zink als Oxidationsmittel:

$$Zn + Cu^{2+} \rightarrow Zn^{2+} + Cu$$

Allgemein gilt:

Jedes Metall wirkt gegenüber den Ionen aller Metalle, die in der Spannungsreihe *rechts* von ihm stehen, als Reduktionsmittel.
Die Ionen eines Metalls wirken gegenüber allen Metallen, die in der Spannungsreihe *links* von ihm stehen, als Oxidationsmittel.

Von einem *Metallpaar* strebt jeweils das in der Spannungsreihe *links* stehende den *Ionenzustand* an, das in der Spannungsreihe *rechts* stehende den *elementaren Zustand.* Liegt das edlere Metall bereits im elementaren Zustand, das unedlere bereits im Ionenzustand vor, so tritt keine Redoxreaktion ein.

▲ Ein Kupferblech reagiert nicht mit einer Zinksulfatlösung.

Für die in der Spannungsreihe widergespiegelte Tendenz der Metalle, sich oxidieren zu lassen und dabei in positiv elektrisch geladene Ionen überzugehen, gibt es ein Maß, das als *Standardelektrodenpotenzial* (↑ S. 346) bekannt ist.

Der **Wasserstoff** wurde in die Spannungsreihe der Metalle aufgenommen, da er – wie die Metalle – *Kationen* bildet. Was für die Metalle gesagt wurde, kann sinngemäß auch auf den Wasserstoff angewendet werden:

Alle Metalle, die in der Spannungsreihe links vom Wasserstoff stehen, verdrängen den Wasserstoff aus verdünnten Säuren.

▲ $Zn + 2\,H^+ \rightarrow Zn^{2+} + H_2\uparrow$
$Fe + 2\,H^+ \rightarrow Fe^{2+} + H_2\uparrow$
Dagegen reagiert Kupfer, das rechts vom Wasserstoff steht, nicht mit verdünnten Säuren.

Auch hier handelt es sich um Redoxreaktionen:

Alle Metalle, die in der Spannungsreihe links vom Wasserstoff stehen, wirken gegenüber den Wasserstoff-Ionen als Reduktionsmittel.

Obwohl die Wasserstoff-Ionen, H^+, in wässrigen Lösungen stets als Oxonium-Ionen, H_3O^+, hydratisiert vorliegen, werden solche Reaktionen häufig vereinfacht mit Wasserstoff-Ionen, H^+, formuliert.

Die elektrochemischen Vorgänge spielen sich an der *Phasengrenzfläche* zwischen Metall und Elektrolytlösung ab. Dafür gibt es mehrere Betrachtungsstandpunkte (siehe Bild 9-1).

Taucht ein Metall in die wässrige Lösung eines seiner Salze (z. B. Kupfer in eine Kupfer(II)-sulfatlösung oder Zink in eine Zinksulfatlösung), so sind zwei einander entgegengesetzte elektrochemische Vorgänge möglich (siehe Bild 9-1a).

- Durch **Oxidation** können Metallatome als *Kationen* in Lösung gehen:

$$Me \rightarrow Me^{z+} + z\,e^{-} \quad (9\text{-}1)$$

Die freiwerdenden Elektronen bleiben auf dem Metall zurück und verursachen hier einen *Elektronenüberschuss.*

- Durch **Reduktion** können *Kationen* aus der Salzlösung auf dem Metall abgeschieden werden:

$$Me^{z+} + z\,e^{-} \rightarrow Me \quad (9\text{-}1a)$$

Da zur Entladung dieser Ionen Elektronen erforderlich sind, tritt dabei auf dem Metall ein *Elektronenmangel* ein.

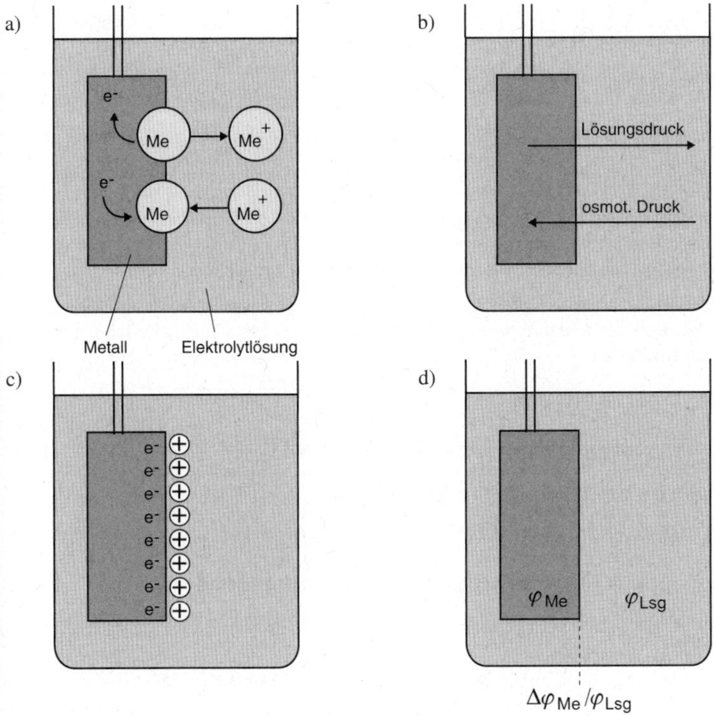

Bild 9-1: *Vorgänge an einer Phasengrenzfläche Metall/Elektrolytlösung*

a) Oxidation und Reduktion
b) Lösungsdruck und osmotischer Druck
c) elektrochemische Doppelschicht
d) Galvanispannung, d. h. Differenz der elektrischen Potenziale in beiden Phasen

Die Tendenz, nach Gleichung (9-1) zu reagieren, hängt von der *Art des Metalls* ab. Sie ist beim Zink wesentlich größer als beim Kupfer. Man sagt auch: Zink hat einen höheren **Lösungsdruck** als Kupfer.

Die Tendenz, nach Gleichung (9-1a) zu reagieren, hängt von der *Konzentration der Salzlösung* ab. Sie wächst mit zunehmender Konzentration. Man sagt auch: Mit *zunehmender* Konzentration einer Lösung steigt deren **osmotischer Druck**. Gleiche Konzentration der Lösungen vorausgesetzt, gibt ein Zinkblech mehr Kationen an die Lösung ab als ein Kupferblech.

Lösungsdruck und osmotischer Druck wirken einander entgegen.

Diese in Bild 9-1b dargebotenen Vorstellungen über die Vorgänge an der Phasengrenzfläche zwischen Metall und Elektrolytlösung entwickelte um 1889 der deutsche Physikochemiker WALTER NERNST.

Der *osmotische Druck* ist ein Maß für die Tendenz von Lösungen, sich zu verdünnen.
Osmotische Vorgänge sind vor allem von den lebenden Organismen her bekannt.

An der *Phasengrenzfläche* zwischen Metall und Elektrolytlösung bildet sich eine **elektrochemische Doppelschicht,** indem die in Lösung gehenden Kationen durch die im Metall zurückbleibenden Elektronen durch elektrostatische Anziehung zurückgehalten werden (siehe Bild 9-1c). An dieser Doppelschicht tritt eine *Potenzialdifferenz* auf. Zu solchen Potenzialdifferenzen kommt es prinzipiell an allen Phasengrenzflächen. Jede Phase hat ein elektrisches Potenzial.

Das **elektrische Potenzial** φ ergibt sich als *Quotient* aus der *elektrischen Arbeit* w_{el} (↑ S. 350) und der *elektrischen Ladung* q:

$$\varphi = \frac{w_{el}}{q}$$

Dabei handelt es sich um jene elektrische Arbeit w_{el}, die umgesetzt wird, wenn die elektrische Ladung q von einem unendlich entfernten Punkt zu einem betrachteten Punkt bewegt wird (und zwar in sehr langsamer nicht beschleunigter Bewegung und ohne Einwirkung anderer Ladungen und anderer Stoffe).

Für die Elektrochemie bedeutsam ist die *Differenz*, die zwischen dem elektrischen Potenzial des *Metalls* und dem elektrischen Potenzial der *Elektrolytlösung*, die Kationen dieses Metalls enthält, an der Phasengrenzfläche auftritt (siehe Bild 9-1d)

$$\varphi_{\mathrm{Me}} - \varphi_{\mathrm{Me}^{z+}} = \Delta\varphi_{\mathrm{Me/Lsg}}$$

Diese Potenzialdifferenz ist als **Galvanispannung** bekannt. Sie ist nicht absolut messbar. Ihre quantitative Behandlung wird dadurch möglich, dass die Galvanispannungen der verschiedenen Elektroden mit der Galvanispannung einer *Bezugselektrode* (↑ S. 344) verglichen werden.

Die hier betrachteten Anordnungen, bei denen ein *Metall* in eine *Elektrolytlösung* (oder -schmelze) taucht, sind Voraussetzung für die gesamte Elektrochemie. Bei elektrochemischen Reaktionen gehen an der Phasengrenzfläche zwischen Leitern 1. Klasse und Leitern 2. Klasse elektrische Ladungen über.

Leiter 1. Klasse sind alle Metalle und Legierungen, Graphit und metallisch leitende Oxide. Die Ladungsträger sind hier *Elektronen*.

Leiter 2. Klasse sind Schmelzen und Lösungen von Elektrolyten. Die Ladungsträger sind hier *Ionen*.

Bei der Gegenüberstellung von

Leitern 1. Klasse und **Leitern 2. Klasse**

handelt es sich also um eine Gegenüberstellung von

Elektronenleitern und **Ionenleitern**.

Wie im *Gleichgewichtszustand* bei *ungeladenen Teilchen* deren *chemischen Potenziale* μ einander *gleich* sein müssen (↑ S. 317), so gilt das bei *elektrisch geladenen Teilchen* für die *elektrochemischen Potenziale* (Formelzeichen $\tilde{\mu}$; sprich: my tilde) der sich berührenden Phasen:

$$\tilde{\mu}_{\mathrm{I}} = \tilde{\mu}_{\mathrm{II}}$$

Das **elektrochemische Potenzial** $\tilde{\mu}$ steht mit dem **chemischen Potenzial** μ in folgender Beziehung:

$$\tilde{\mu}_i = \mu_{i,\mathrm{I}} + z_i \cdot F \cdot \varphi_{\mathrm{I}} \qquad (9\text{-}2)$$

Darin ist

φ das elektrische Potenzial (↑ S. 338),
F die FARADAY-Konstante 96 485 A · s · mol^{-1} (↑ S. 381),
z_i die Ladungszahl des Ions (die Ionenwertigkeit) (↑ S. 353).

Der Index *i* gibt die Art des Teilchens (Ions) an, der Index I bezieht sich auf die Phase, in der sich das Teilchen *i* befindet. φ_{I} bezeichnet das elektrische Potenzial der Phase I.

Das chemische Potenzial μ der reagierenden Teilchen ist auch bekannt als deren (partielle) molare freie Enthalpie *G* (↑ S. 317). Es hat die SI-Einheit J · mol^{-1} = W · s · mol^{-1}, die auch für das elektrochemische Potenzial $\tilde{\mu}$ gilt. Die gleiche SI-Einheit ergibt sich für den Term $z \cdot F \cdot \varphi_{\mathrm{I}}$ aus:

$$\mathrm{A \cdot s \cdot mol^{-1} \cdot V = W \cdot s \cdot mol^{-1}}.$$

Für ein **elektrochemisches Gleichgewicht**, an dem Ionen in verschiedenen Phasen (Elektrode, Lösung) beteiligt sind, gilt:

$$\sum \nu_i \tilde{\mu}_i = 0 \qquad (9\text{-}3)$$

Gegenüber der Gleichung (8-32c) (↑ S. 317)

$$\sum \nu_i \mu_i = 0$$

ist hier das *elektrochemische Potenzial* $\tilde{\mu}$ an die Stelle des *chemischen Potenzials* μ getreten.

Wenden wir die Gleichung (9-3) auf das elektrochemische Gleichgewicht an einer *Metallelektrode* an:

$$\mathrm{Me^{z+}_{Metall} \rightleftharpoons Me^{z+}_{Lösung}}$$

so nimmt die Gleichung (9-3) – da die Stöchiometriezahlen ν_i von Ausgangsstoff und Endprodukt entgegengesetztes Vorzeichen (↑ S. 275) haben – folgende Form an:

$$\tilde{\mu}(\mathrm{Me^{z+}})_{\mathrm{Lösung}} - \tilde{\mu}(\mathrm{Me^{z+}})_{\mathrm{Metall}} = 0$$

9.3 Galvanische Elemente – galvanische Zellen

Tauchen *zwei verschiedene Metalle* in eine Elektrolytlösung, so stellt sich zwischen diesen Metallen eine *elektrische Spannung* (eine Potenzialdifferenz) ein. Eine solche Anordnung aus zwei Metallen und (mindestens) einer Elektrolytlösung wird aus historischer Sicht **galvanisches Element** genannt. Heute wird von *galvanischen Ketten* gesprochen, wenn die *Anordnung der Phasen* gemeint ist, im einfachsten Falle:

Metall I | Elektrolytlösung | Metall II

Unter *galvanischen Zellen* wird die gesamte Anordnung einschließlich Gefäß verstanden.

An die Stelle der Metalle können auch andere Stoffe mit Elektronenleitfähigkeit treten (z. B. Graphit).

Die zwischen den beiden Metallen einer galvanischen Kette auftretende *Potenzialdifferenz* ist auf die unterschiedliche Tendenz der Metalle zurückzuführen, Kationen an die Elektrolytlösung abzugeben (also auf den unterschiedlichen *Lösungsdruck*). An jedem der Metalle bildet sich eine elektrochemische Doppelschicht aus (siehe Bild 9-1c), die zunächst ein Abwandern der Kationen in die Lösung verhindert. Werden die beiden Metalle jedoch durch einen metallischen Leiter (*Elektronenleitung*) verbunden, so entsteht, da ja auch die Elektrolytlösung leitfähig ist (*Ionenleitung*), ein elektrischer Stromkreis (Bild 9-2). Die Richtung des Stromes wird dadurch bestimmt, dass das unedlere Metall (das Metall mit dem größten Lösungsdruck) nun ständig Kationen in die Lösung abgibt, während die freiwerdenden Elektronen durch den metallischen Leiter zum edleren Metall wandern. Das edlere Metall wird somit gegenüber der Lösung negativ aufgeladen. Dadurch werden Kationen aus der Lösung elektrostatisch angezogen und durch die Elektronen entladen. An den beiden Metallen laufen also entgegengesetzte elektrochemische Reaktionen ab:

unedleres Metall hoher Lösungsdruck	**edleres Metall** niedriger Lösungsdruck
Oxidation Elektronenabgabe Entstehung von Kationen	**Reduktion** Elektronenaufnahme Entladung von Kationen

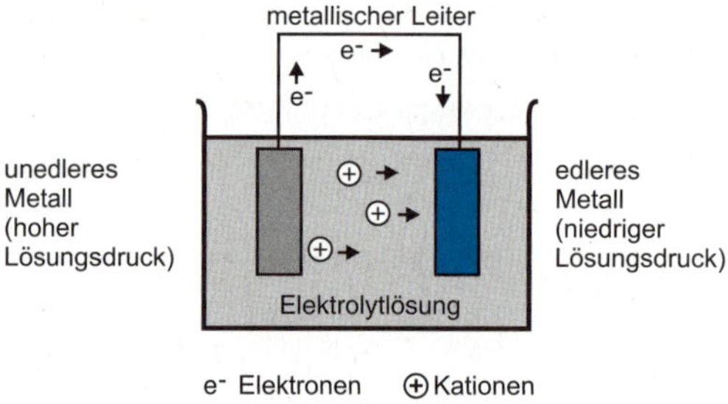

Bild 9-2: *Elektronenleitung und Ionenleitung in einem galvanischen Element*

Jedes galvanische Element setzt sich aus *zwei Halbelementen* zusammen, von denen das eine Elektronen abgibt, das andere Elektronen aufnimmt. Dabei entsteht an dem einen Metall *Elektronenüberschuss* (im Bild 9-3: Zink), am anderen *Elektronenmangel* (im Bild 9-3: Kupfer). Dementsprechend wird zwischen *Minuspol* und *Pluspol* eines galvanischen Elements unterschieden.

Minuspol ist das unedlere Metall, an dem Elektronenüberschuss herrscht.
Pluspol ist das edlere Metall, an dem Elektronenmangel herrscht.

Die Elektronen fließen im äußeren Stromkreis vom Minuspol zum Pluspol[1)] (Bild 9-3).

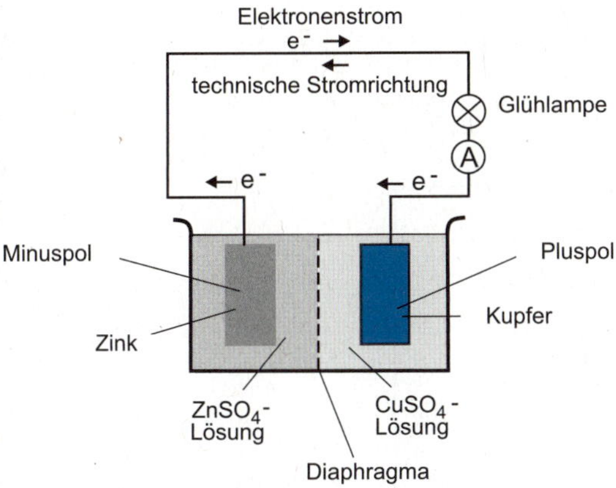

Bild 9-3: *Schematische Darstellung zum* DANIELL-*Element*

Im DANIELL-Element taucht Zink in eine Zinksulfatlösung und Kupfer in eine Kupfersulfatlösung (Bild 9-3):

$$Zn \mid ZnSO_4 \mid CuSO_4 \mid Cu.$$

Es handelt sich also um eine galvanische Kette.

Metall I | Elektrolytlösung I | Elektrolytlösung II | Metall II.

Sobald der Stromkreis geschlossen ist, laufen folgende Elektrodenvorgänge ab:

$$\begin{array}{ll} Zn \rightarrow Zn^{2+} + 2\,e^- & \text{Oxidation} \\ Cu^{2+} + 2\,e^- \rightarrow Cu & \text{Reduktion} \\ \hline Zn + Cu^{2+} \rightarrow Zn^{2+} + Cu & \text{Redoxreaktion} \end{array}$$

In den *galvanischen Zellen* laufen *freiwillig Redoxreaktionen* ab, wobei *elektrische Arbeit* verrichtet wird. Im Gegensatz dazu werden in den *Elektrolysezellen* (↑ S. 364) mittels *elektrischer Arbeit* Redoxreaktionen *erzwungen.*

Oberbegriff für galvanische Zelle und Elektrolysezelle ist **elektrochemische Zelle.** Die in elektrochemischen Zellen ablaufenden Redoxreaktionen weisen – gegenüber anderen Redoxreaktionen – die Besonderheit auf, dass Oxidation und Reduktion *räumlich* voneinander *getrennt* stattfinden.

Die *elektronenleitenden* Körper (im Beispiel Zink und Kupfer), an deren Oberfläche der Übergang von elektrischen Ladungen gegenüber dem *ionenleitenden* Elektrolyten erfolgt, werden allgemein als **Elektoden** (↑ S. 344) bezeichnet.

Die Elektrode, an der die **Oxidation** erfolgt, wird **Anode** genannt,
die Elektrode, an der die **Reduktion** erfolgt, **Katode** (↑ S. 150).

[1)] Die heute noch gebräuchliche *technische Stromrichtung* ist dem Elektronenstrom entgegengesetzt. Das ist historisch dadurch bedingt, dass vom Fließen einer „positiven Elektrizität“ ausgegangen wurde, solange die Elektronen als Träger negativer Ladungen noch nicht bekannt waren.

Zwischen dem Begriffspaar *Anode* und *Katode* und dem Begriffspaar *Minuspol* und *Pluspol* ergibt sich zwischen

- den *freiwillig* verlaufenden Vorgängen in der *galvanischen Zelle* und
- den *erzwungenen* Vorgängen in der *Elektrolysezelle*

eine *entgegengesetzte Zuordnung* (Bild 9-4).

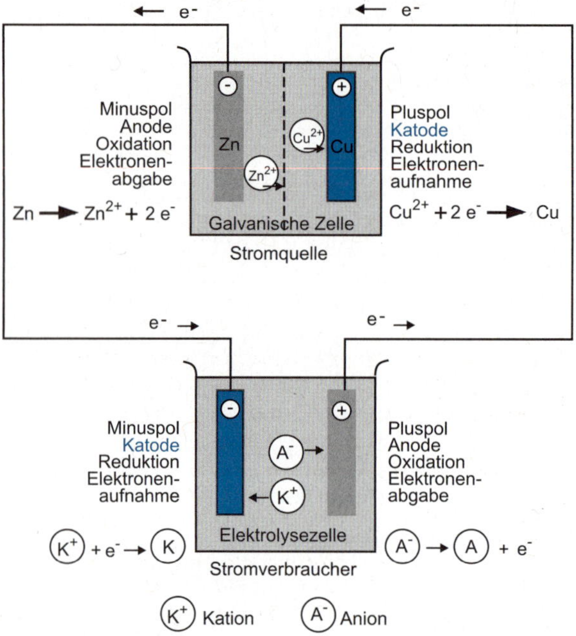

Bild 9-4: *Gegenüberstellung von galvanischer Zelle und Elektrolysezelle*

Die galvanischen Zellen werden durch **Zellsymbole** gekennzeichnet, die sich aus den beiden Elektroden (Halbzellen) zusammensetzen.

Steht im Zellsymbol[1)]

links die **Anode** und *rechts* die **Katode**

$Me_A \mid Me_A^{z+}$ ¦ $Me_K^{z+} \mid Me_K$

so verläuft die *Stoffumwandlung* von *links* nach *rechts*

$Me_A \rightarrow Me_A^{z+}$ $Me_K^{z+} \rightarrow Me_K$

und ebenso der *Elektronenstrom im äußeren Stromkreis* (Bild 9-5).

▲ DANIELL-Element

$Zn \mid Zn^{2+}$ ¦ $Cu^{2+} \mid Cu$

Der gestrichelte Trennstrich symbolisiert das Diaphragma.

1) In der Literatur wird mitunter auch die entgegengesetzte Anordnung des Zellsymbols verwendet.

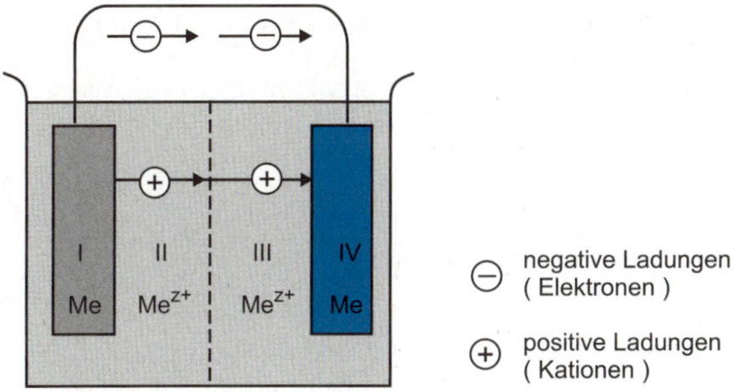

Bild 9-5: *Anordnung der Phasen für das Zellsymbol*

Von den beiden Metallen einer galvanischen Zelle geht, sobald der Stromkreis geschlossen ist (Bild 9-2), das *unedlere* in Form von Ionen in Lösung und wird dabei allmählich zerstört (siehe auch elektrochemische Korrosion (↑ S. 410)). Die aus dem unedleren Metall bestehende Elektrode wird daher auch *Lösungselektrode* (↑ S. 368) genannt. Da die Lösungselektrode verbraucht wird, haben galvanische Zellen eine sehr begrenzte Lebensdauer.

Galvanische Zellen wirken allein aufgrund ihres *Aufbaus* aus Elektroden mit unterschiedlichem Elektrodenpotenzial als Stromquelle. Sie werden daher als *Primärzellen* (Primärelemente) den *Sekundärzellen* (Sekundärelementen; Akkumulatoren) (↑ S. 388) gegenübergestellt, die erst durch *Laden* (Zufuhr elektrischer Arbeit) zu Stromquellen werden, aber aufgrund ihrer Ladbarkeit eine sehr viel längere Lebensdauer haben.

Von den bekannten *galvanischen Zellen* haben das VOLTA-Element und das DANIELL-Element nur noch historische Bedeutung:

Beim **VOLTA-Element,** tauchen eine Kupferplatte und eine Zinkplatte in verdünnte Schwefelsäure (Bild 9-6a). Infolge der dabei an der Kupferplatte eintretenden Wasserstoffabscheidung (siehe Polarisation (↑ S. 371)) hat das VOLTA-Element keine konstante Spannung. Der Italiener VOLTA hatte aber um 1800 als erster beträchtliche Spannungen erzielt, indem er Kupferplatten, Zinkplatten und mit Schwefelsäure getränkte Filzplatten im Wechsel übereinander schichtete (VOLTAsche Säule; Bild 9-6b).

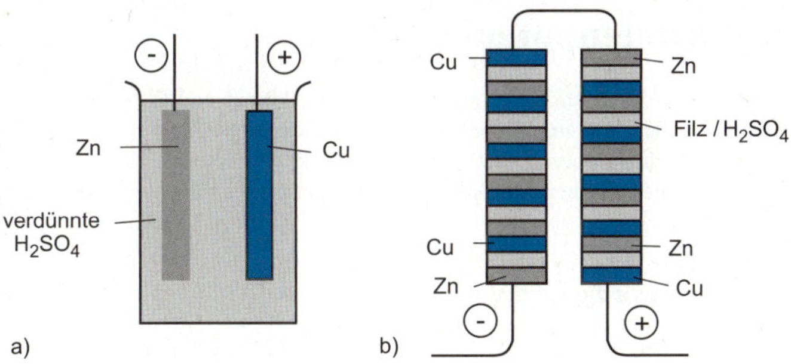

Bild 9-6: VOLTA-*Element (a) und* VOLTA*sche Säule (b) (Prinzipskizzen)*

Das **DANIELL-Element,** das 1836 von dem Engländer JOHN FREDERIC DANIELL erfunden wurde, ist eine Weiterentwicklung des VOLTA-Elements. Da die Kupferplatte in eine Kupfersulfatlösung taucht, kommt es hier zur Abscheidung von Kupfer, nicht von Wasserstoff. Die Kupfersulfatlösung befindet sich in einem porösen Tonzylinder, der in ein größeres Gefäß mit Zinksulfatlösung eintaucht (siehe Bild 9-7). In dieser befindet sich ein Zinkzylinder. Durch die poröse Scheidewand, ein so genanntes *Diaphragma*, wird eine leitende Verbindung zwischen beiden Lösungen gewährleistet. Das DANIELL-Element hat eine Spannung von etwa 1,1 Volt.

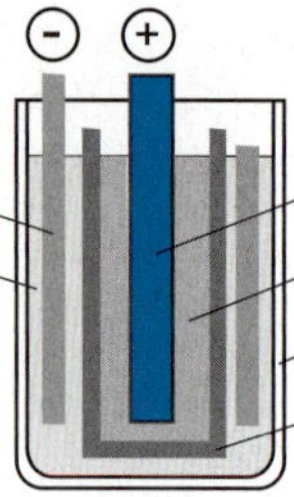

Bild 9-7: DANIELL-*Element (im Schnitt)*

Eine Primärzelle, die sich allgemein durchgesetzt hat, erfand der Franzose GEORGE LECLANCHÉ 1868. In Form der so genannten *Trockenelemente* wird sie noch heute in großem Umfang verwendet (Taschenlampen, elektrische und elektronische Geräte). Erst in den letzten Jahrzehnten haben daneben auch andere Primärzellen Bedeutung erlangt. Auf eine Auswahl von ihnen wird im Abschnitt 9.11 eingegangen (↑ S. 382).

Der Begriff **Elektrode** wird in der Elektrochemie in zweierlei Bedeutung verwendet:

- im engeren Sinne:
  Eine Elektrode ist ein elektronenleitender Festkörper (Leiter 1. Klasse), an dessen Oberfläche elektrische Ladungen mit einer Elektrolytlösung (oder -schmelze; Leiter 2. Klasse) ausgetauscht werden[1].

  ▲ Das DANIELL-Element hat demnach eine Kupferelektrode und eine Zinkelektrode.
- im weiteren Sinne:
  Eine Elektrode ist die Kombination von elektronenleitendem Festkörper und Elektrolytlösung (oder -schmelze), an deren Phasengrenzfläche elektrische Ladungen ausgetauscht werden.

  ▲ Das DANIELL-Element besteht aus einer Cu/Cu^{2+}-Elektrode und einer Zn/Zn^{2+}-Elektrode.

  Da *zwei* dieser Elektroden (im weiteren Sinne) ein galvanisches Element (eine galvanische Zelle) ergeben, werden sie auch *Halbelemente* (*Halbzellen*) genannt.

9.4 Standardelektrodenpotenziale

Die an der *Phasengrenzfläche* (↑ S. 337) zwischen elektronenleitendem Festkörper und Elektrolytlösung (oder -schmelze), also *in* einer Elektrode (im weiteren Sinne) bzw. einem Halbelement, auftretende elektrische Spannung (hier auch als *Galvanispannung* bezeichnet) kann nicht direkt gemessen werden. Dagegen ist es möglich, die Differenz zu messen, die zwischen den Galvanispannungen zweier solcher Halbelemente besteht.

Als *Bezugssystem* dient dabei nach einem Vorschlag des deutschen Physikochemikers WALTER NERNST das Halbelement Wasserstoff/Salzsäure, das aufgrund des Elektrodenvorganges

$$H_2 \rightleftharpoons 2\,H^+ + 2\,e^-$$

als **Wasserstoffelektrode** bezeichnet wird. Die Wasserstoffelektrode besteht aus einem Platinblech, das in Salzsäure taucht und ständig von gasförmigem Wasserstoff umspült wird.

[1] Als Elektroden werden auch elektronenleitende Festkörper bezeichnet, an deren Oberfläche der Übergang elektrischer Ladungen zwischen diesem Festkörper und einem *Gas* erfolgt; z. B. in Quecksilberdampflampen.

Die *Wasserstoffelektrode* kann mittels eines *Stromschlüssels* leitend mit jedem anderen Halbelement verbunden werden (Bild 9-8). (Als Stromschlüssel dient ein Glasrohr, das mit der Lösung eines Elektrolyten gefüllt ist, dessen Kationen und Anionen annähernd die gleiche Beweglichkeit besitzen, z. B. Kaliumchlorid.) Die Spannung des auf diese Weise entstehenden galvanischen Elements kann – mittels einer sog. *Kompensationsschaltung* (↑ S. 349) – in *stromlosem Zustand* gemessen werden.

Um zu vergleichbaren Werten für die verschiedenen Metalle zu kommen, muss unter *Standardbedingungen* gearbeitet werden. Als solche wurden festgelegt: Temperatur 25 °C, Druck 100,000 kPa, Ionenaktivität (wirksame Konzentration (↑ S. 249)) der Kationen $a = 1$. Bei der als Bezugsbasis dienenden **Standard-Wasserstoffelektrode** beträgt die Wasserstoff-Ionenaktivität der Salzsäure $a\,(H^+) = 1$ und der Druck des Wasserstoffgases 100,000 kPa.

Die **Spannung** (Potenzialdifferenz) zwischen der **Standard-Wasserstoffelektrode** und einem **Halbelement Metall/Salzlösung** – also einer *Elektrode im weiteren Sinne* (↑ S. 344) – wird als **Elektrodenpotenzial** $\boldsymbol{\varepsilon}$ dieses Metalls bezeichnet.

Das *Potenzial* der *Standard-Wasserstoffelektrode* ist damit willkürlich auf *null* festgesetzt worden: $\varepsilon^\ominus = 0$.

Für die **Metalle** werden **Standardelektrodenpotenziale** $\boldsymbol{\varepsilon}^\ominus$ ermittelt, indem ein gleichfalls im Standardzustand befindliches *Halbelement* dieses *Metalls* mit einer Standard-Wasserstoffelektrode verbunden wird (Bild 9-8). Die Standardelektrodenpotenziale der Metalle sind tabelliert (Tabelle 9-1)[1].

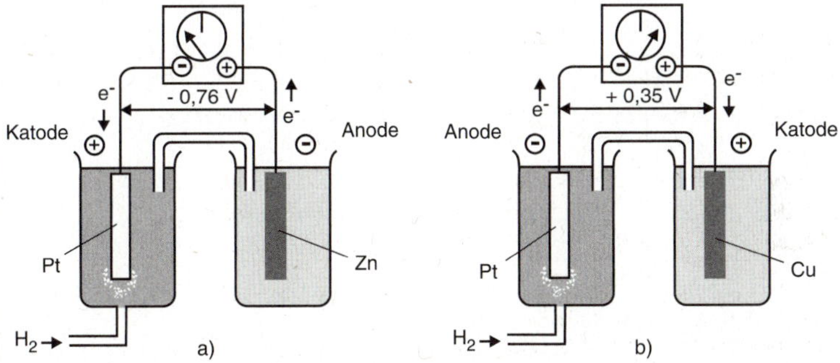

Bild 9-8: *Standardelektrodenpotenzial; a) des Zinks, b) des Kupfers*

Da es sich um Potenzial*differenzen*, also um Spannungen handelt, sind die Bezeichnungen *Standardspannung* bzw. *Standardgalvanispannung* konsequenter, sie sind aber weniger gebräuchlich.

Anstelle von ε wird in der Literatur auch das Formelzeichen E (grch. Groß-Epsilon) verwendet und anstelle des Standardzeichens $^\ominus$ auch eine hoch- oder tief gestellte Null ε^0, ε_0.

Die ältere Bezeichnung *Normalpotenzial* bezog sich statt auf die Ionenaktivität auf die Ionenkonzentration 1 mol · l^{-1}. Standardpotenzial und Normalpotenzial werden heute aber zum Teil auch als Synonyme verwendet, zumal der Unterschied nur für genaue Berechnungen bedeutsam ist.

Da Wasserstoffelektroden schwer handhabbar sind, werden die Messungen heute meist mit anderen Bezugselektroden durchgeführt (z. B. der Kalomelelektrode $Hg/Hg_2Cl_2/Cl^-$) und dann auf die Standard-Wasserstoffelektrode umgerechnet.

[1] Literatur: [Ayl2014], [Atk2013], [Atk2008], [Ham2005], [Wed2012]

Die **Standardelektrodenpotenziale** (kurz auch *Standardpotenziale* genannt) der wichtigsten Metalle sind in Tabelle 9-1 angegeben. Sie beziehen sich jeweils auf einen bestimmten Elektrodenvorgang:

▲ $Cu^{2+} + 2\,e^- \rightleftharpoons Cu$

Es handelt sich dabei um *Redoxhalbsysteme*, wie sie auch in Tabelle 7-1 (↑ S. 208) zusammengestellt sind.

Tabelle 9-1: *Spannungsreihe der Metalle mit Standardelektrodenpotenzialen* [1)]

Metall	Redoxpaar	$\varepsilon^{\ominus}$ (in Volt)
Lithium	Li^+/Li	−3,05
Rubidium	Rb^+/Rb	−2,93
Kalium	K^+/K	−2,93
Caesium	Cs^+/Cs	−2,92
Barium	Ba^{2+}/Ba	−2,91
Strontium	Sr^{2+}/Sr	−2,89
Calcium	Ca^{2+}/Ca	−2,87
Natrium	Na^+/Na	−2,71
Magnesium	Mg^{2+}/Mg	−2,36
Beryllium	Be^{2+}/Be	−1,85
Aluminium	Al^{3+}/Al	−1,66
Titan	Ti^{2+}/Ti	−1,63
Mangan	Mn^{2+}/Mn	−1,18
Chrom	Cr^{2+}/Cr	−0,91
Zink	Zn^{2+}/Zn	−0,76
Eisen	Fe^{2+}/Fe	−0,44
Cadmium	Cd^{2+}/Cd	−0,40
Indium	In^{3+}/In	−0,34
Thallium	Tl^+/Tl	−0,34
Cobalt	Co^{2+}/Co	−0,28
Nickel	Ni^{2+}/Ni	−0,23
Zinn	Sn^{2+}/Sn	−0,14
Blei	Pb^{2+}/Pb	−0,13
Kupfer	Cu^{2+}/Cu	+0,34
Silber	Ag^+/Ag	+0,80
Quecksilber	Hg^{2+}/Hg	+0,81
Gold	Au^{3+}/Au	+1,40

1) Literatur [Ayl2014], [Atk2008], [DAn2008]

Wenn – wie in diesem Beispiel – die Halbsysteme in Richtung einer Reduktion (Elektronenaufnahme) formuliert sind, werden die Elektrodenpotenziale auch *Reduktionspotenziale* genannt.

- Tritt das Metall gegenüber der Standard-Wasserstoffelektrode als *Minuspol* auf, so ist dessen Standardelektrodenpotenzial *negativ*.
- Tritt das Metall gegenüber der Standard-Wasserstoffelektrode als *Pluspol* auf, so ist dessen Standardelektrodenpotenzial *positiv*.

Das ergibt sich beim Anlegen eines Voltmeters mit negativem und positivem Messbereich (Bild 9-8).

▲ Zwischen dem Halbelement Zink/Zinksulfatlösung (unter Standardbedingungen) und der Standard-Wasserstoffelektrode besteht eine Spannung (Potenzialdifferenz) von 0,76 V. Dabei ist das Zink der Minuspol, die Wasserstoffelektrode der Pluspol (Bild 9-8a). Das Standardelektrodenpotenzial des Zinks beträgt also −0,76 V.
Zwischen dem Halbelement Kupfer/Kupfersulfatlösung (unter Standardbedingungen) und der Standard-Wasserstoffelektrode besteht eine Spannung (Potenzialdifferenz) von 0,35 V. Dabei ist das Kupfer Pluspol, die Wasserstoffelektrode Minuspol (Bild 9-8b). Das Standardelektrodenpotenzial des Kupfers beträgt also +0,35 V.

Von den beiden Metallen eines galvanischen Elements ist – annähernd gleiche Konzentration der Elektrolytlösungen vorausgesetzt – das mit dem *negativeren* Standardelektrodenpotenzial der *Minuspol,* das mit dem *positiveren* Standardelektrodenpotenzial der *Pluspol.*

▲ In einem galvanischen Element aus Zink und Blei ist *Zink* mit dem Standardelektrodenpotenzial −0,76 V der *Minuspol, Blei* mit dem Standardelektrodenpotenzial −0,12 V der *Pluspol.* Das Standardelektrodenpotenzial des Bleis ist *positiver* als das des Zinks.

9.5 Zellspannung

Die *Zellspannung U* einer *galvanischen Zelle* ergibt sich als *Differenz* zwischen

- dem *Elektrodenpotenzial* des *Pluspols* (der *Katode*) und
- dem *Elektrodenpotenzial* des *Minuspols* (der *Anode*).

Zum Berechnen der **Standardzellspannung**[1] $U^\ominus$ ist demnach

- vom *Standardelektrodenpotenzial* $\varepsilon^\ominus$ des *edleren* Metalls (dessen Ionen *reduziert* werden),
- vom *Standardelektrodenpotenzial* $\varepsilon^\ominus$ des *unedleren* Metalls (dessen Atome *oxidiert* werden)

zu subtrahieren:

$$\begin{aligned} U^\ominus &= \varepsilon^\ominus{}_{\text{Pluspol}} - \varepsilon^\ominus{}_{\text{Minuspol}} \\ U^\ominus &= \varepsilon^\ominus{}_{\text{K}} - \varepsilon^\ominus{}_{\text{A}} \\ U^\ominus &= \varepsilon^\ominus{}_{\text{Red}} - \varepsilon^\ominus{}_{\text{Ox}} \end{aligned} \qquad (9\text{-}4)$$

Nach diesen Gleichungen erhält die Zellspannung *positives Vorzeichen*. Experimentell ergibt sich das, wenn

- die *Kathode*, also jene Elektrode, an der die *Reduktion* stattfindet, mit dem *Pluspol* und
- die *Anode*, also jene Elektrode, an der die *Oxidation* stattfindet, mit dem *Minuspol*

eines *Voltmeters* verbunden wird (Bild 9-9).

[1] Die Standardzellspannung $U^\ominus$ gilt für die Standardbedingungen: 25 °C, 101,325 kPa und Aktivität $a = 1$ aller beteiligten Ionen.

▲ Zwischen *Zink* und *Kupfer*, die in Lösungen ihrer Salze mit der Ionenaktivität $a = 1$ tauchen (Bild 9-9), besteht eine Standardzellspannung von

$$U^{\ominus}(\mathrm{Zn/Cu}) = \varepsilon^{\ominus}(\mathrm{Cu}) - \varepsilon^{\ominus}(\mathrm{Zn})$$

$$U^{\ominus}(\mathrm{Zn/Cu}) = 0{,}35\ \mathrm{V} - (-0{,}76\ \mathrm{V})$$

$$U^{\ominus}(\mathrm{Zn/Cu}) = 1{,}11\ \mathrm{V}$$

Eine viel höhere Standardzellspannung ergäbe sich zwischen *Lithium* und *Kupfer*:

$$U^{\ominus}(\mathrm{Li/Cu}) = \varepsilon^{\ominus}(\mathrm{Cu}) - \varepsilon^{\ominus}(\mathrm{Li})$$

$$U^{\ominus}(\mathrm{Li/Cu}) = 0{,}35\ \mathrm{V} - (-3{,}05\ \mathrm{V})$$

$$U^{\ominus}(\mathrm{Li/Cu}) = 3{,}40\ \mathrm{V}$$

Die Spannung einer galvanischen Zelle ist um so größer, je mehr sich die beiden Metalle in ihren Elektrodenpotenzialen (Galvanispannungen) unterscheiden.

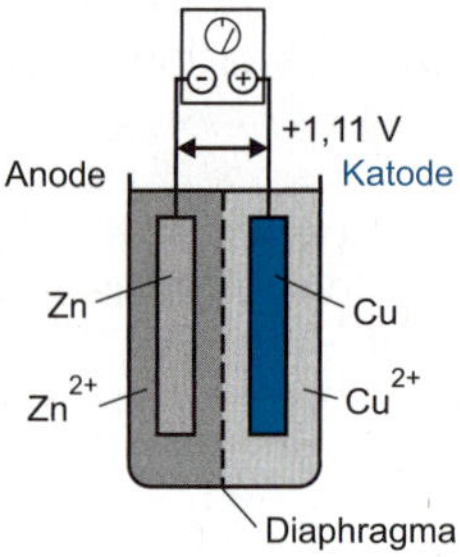

Bild 9-9: *Zellspannung*

Zur *Zellspannung*[1] bedarf es einer differenzierten Betrachtung. Im engeren Sinne wird unter **Zellspannung** (Formelzeichen U_z) jene Spannung verstanden, die eine galvanische Zelle *im stromlosen Zustand* aufweist. Sie wird auch als *Ruhespannung* bezeichnet. Mit einer so genannten *Kompensationsschaltung* (↑ S. 349) wird die Zellspannung in stromlosem Zustand gemessen, aber in guter Näherung auch mit einem besonders hochohmigen Voltmeter in nahezu stromlosem Zustand ermittelt.

Wird ein normales Voltmeter an die beiden Pole (Klemmen) einer galvanischen Zelle angeschlossen, so zeigt es nicht die Zellspannung an, sondern die **Klemmenspannung** (Formelzeichen U_k). Diese ist infolge des inneren Widerstandes R_i der galvanischen Zelle kleiner als die Zellspannung (Bild 9-10). Je nach der Stromstärke I führt der innere Widerstand zu einem mehr oder weniger großen Spannungsabfall $R_i \cdot I$, der auch als OHMscher Spannungsabfall ΔU_R bezeichnet wird. In den inneren Widerstand R_i gehen zahlreiche Komponenten ein, so die Widerstände des Elektrodenmaterials wie auch der Elektrolytlösungen. Hinzu kommen die an den Elektrodenoberflächen auftretenden *Überspannungen* (↑ S. 375). Für die Klemmenspannung U_k gilt demnach:

$$U_k = U_z - R_i \cdot I - \Delta U_A - \Delta U_K$$

[1] Anstelle von Zellspannung wird – historisch bedingt – auch noch von *elektromotorischer Kraft* (Abkürzung: EMK, Formelzeichen: E) gesprochen.

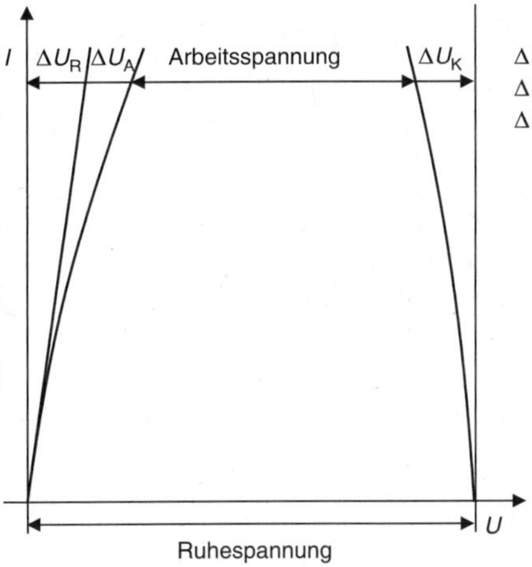

Bild 9-10: *Ruhespannung und Arbeitsspannung*

Die bei der Entnahme elektrischer Arbeit verfügbare Klemmenspannung wird *Arbeitsspannung* genannt. Sie ist eine wichtige Kenngröße von Primär- und Sekundärzellen. In der Praxis handelt es sich dabei um von-bis-Werte; in diesem Taschenbuch werden jeweils mittlere Werte genannt.

Wie die Arbeitsspannung stets *geringer* ist als die Ruhespannung, so muss zum *Laden* von Sekundärzellen (↑ S. 388) stets eine *höhere* Spannung als die Ruhespannung aufgewandt werden.

Bei den aus thermodynamischen Daten berechneten Zellspannungen handelt es sich um *Gleichgewichtszellspannungen* (Formelzeichen U_{gl} oder U_{eq}). Eine Ruhezellspannung U_z stimmt nur dann mit der Gleichgewichtszellspannung U_{gl} überein, wenn angenommen wird, alle Elektrodenvorgänge seien reversibel.

Bei einer **Kompensationsschaltung** (Bild 9-11) wird der zu messenden Zellspannung einer galvanischen Zelle eine höhere *bekannte Spannung*[1)] eines Akkumulators entgegengeschaltet, die sich über einen *Spannungsteiler* – einen Widerstandsdraht mit Schleifkontakt – reduzieren lässt. Sobald ein in den Stromkreis geschaltetes *Galvanometer* keinen Ausschlag mehr zeigt, kann an der Messlatte des Spannungsteilers die Zellspannung – in stromlosem Zustand – abgelesen werden. Die so gemessene Zellspannung wird auch *reversible Zellspannung* genannt, da sich die Zellreaktion durch minimale Änderungen der angelegten Spannung (geringfügiges Verschieben des Schleifkontaktes am Widerstandsdraht) jederzeit umkehren lässt.

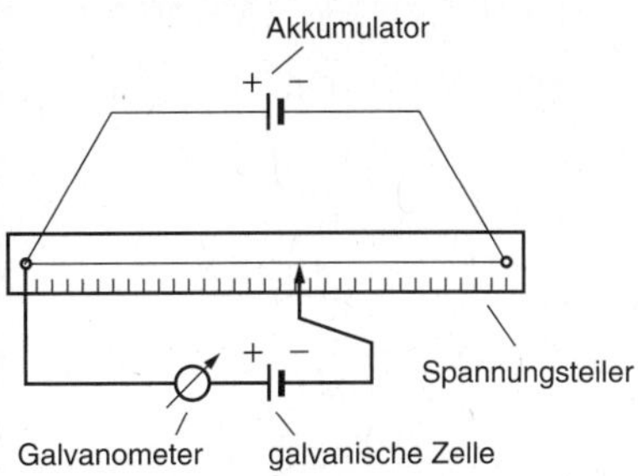

Bild 9-11: *Kompensationsschaltung zum Messen der Zellspannung*

[1)] Der Akkumulator ist zunächst mittels eines *Normalelements* zu eichen. Literatur: [Ham2005].

9.6 Elektrische Arbeit

Die *elektrische Arbeit* w_{el} tritt uns bei den galvanischen Zellen als *Produkt* aus *elektrischer Ladung* e und *Zellspannung* U entgegen[1]):

$$-w_{el} = e \cdot U$$

e ist die *Elementarladung* $1{,}602 \cdot 10^{-19}$ A · s (↑ S. 66).

Aus den SI-Einheiten von Ladung und Spannung ergibt sich die SI-Einheit für die elektrische Arbeit:

Amperesekunden × Volt = Wattsekunden

Gleichbedeutend damit ist ↑ Tafel 8, S. 868:

Coulomb × Volt = Joule

Gehen wir zu den *molaren Größen* über, so ist an die Stelle der Elementarladung e die elektrische Ladung von 1 mol Elektronen einzusetzen, die als FARADAY-Konstante $F = 96\,485$ A · s · mol^{-1} bekannt ist (↑ S. 381):

$$-W_{el} = F \cdot U$$

Soll die *molare elektrische Arbeit* w_{el} für beliebige Zellreaktionen berechnet werden, ist noch die *Reaktionsladungszahl* z einzufügen, das ist die Anzahl der bei einem *Formelumsatz* zwischen den Elektroden übergehenden Elektronen:

$$-W_{el} = z \cdot F \cdot U$$

Gebräuchlicher ist die Formulierung:

$$W_{el} = -z \cdot F \cdot U \qquad (9\text{-}5)$$

▲ Beim DANIELL-Element (↑ S. 341)

$$Zn + Cu^{+2} \rightleftharpoons Zn^{+2} + Cu$$

ist die Reaktionsladungszahl $z = 2$ und die Zellspannung $U = 1{,}1$ V. Als molare elektrische Arbeit w_{el} ergibt das:

$$W_{el} = -2 \cdot 96\,486 \text{ A} \cdot \text{s} \cdot \text{mol}^{-1} \cdot 1{,}1 \text{ V}$$
$$W_{el} = -212\,267 \text{ W} \cdot \text{s} \cdot \text{mol}^{-1}$$
$$W_{el} = -212{,}267 \text{ kJ} \cdot \text{mol}^{-1}$$

[1]) Die verrichtete elektrische Arbeit w_{el} hat – vom System her betrachtet – negatives Vorzeichen (↑ S. 269), während die Zellspannung vereinbarungsgemäß mit positivem Vorzeichen angegeben wird. (↑ S. 347)

Die *molare elektrische Arbeit* W_{el} wird im Folgenden mit der *molaren freien Reaktionsenthalpie* $\Delta_R G$ in Beziehung gesetzt.

Die Änderung der inneren Energie u eines Systems kann nach der Gleichung (8-1) (↑ S. 268):

$$\Delta_R u = q + w$$

durch Austausch von *Wärme* q und/oder *Arbeit* w erfolgen. Neben der *elektrischen Arbeit* w_{el}, um die es hier geht, tritt bei den isobaren Reaktionen (bei Reaktionen unter konstantem Druck) *Volumenarbeit* w_{vol} auf (↑ S. 271):

$$\Delta_R u = q + w_{el} + w_{vol}$$

Für die Volumenarbeit w_{vol} kann (bei konstantem Druck) nach Gleichung (8-3) (↑ S. 272) $-p \cdot \Delta_R v_p$ eingesetzt werden:

$$\Delta_R u = q + w_{el} - p \cdot \Delta_R v_p$$

und weiterhin für die Änderung der inneren Energie $\Delta_R u$ nach Gleichung (8-1d) (↑ S. 273) $\Delta_R h - p \cdot \Delta_R v_p$

$$\Delta_R h - p \cdot \Delta_R v_p = q + w_{el} - p \cdot \Delta_R v_p$$

Durch Addition von $p \cdot \Delta_R v_p$ erhalten wir:

$$\Delta_R h = q + w_{el} \tag{9-6}$$

Reversiblen Verlauf [1] der Reaktion vorausgesetzt, ist die *Wärme* q nach Gleichung (8-34) (↑ S. 319) gleich dem Produkt aus der *Entropieänderung* $\Delta_R s$ und der *Temperatur* T:

$$q_{rev} = T \cdot \Delta_R s \tag{8-34a}$$

In Gleichung (9-6) eingesetzt, ergibt das:

$$\Delta_R h = T \cdot \Delta_R s + w_{el,\,rev}$$

Durch Gleichsetzen mit Gleichung (8-17a) (↑ S. 301) – was konstante Temperatur voraussetzt –

$$\Delta_R h = \Delta_R g + T \cdot \Delta_R s$$

erhalten wir

$$T \cdot \Delta_R s + w_{el,\,rev} = \Delta_R g + T \cdot \Delta_R s$$

und durch Subtraktion von $T \cdot \Delta_R s$ schließlich:

$$w_{el,\,rev} = \Delta_R g$$

Mit den molaren Größen formuliert

$$W_{el,\,rev} = \Delta_R G \tag{9-7}$$

heißt das:

Die reversible molare elektrische Arbeit $W_{el,\,rev}$ ist – bei konstantem Druck und konstanter Temperatur – gleich der molaren freien Reaktionsenthalpie $\Delta_R G$ des Systems.

[1] Reversibel ist ein Vorgang, wenn sich jeder infinitesimale (verschwindend kleine) Teilschritt durch Änderung der äußeren Bedingungen umkehren lässt (↑ S. 332).

Die reversible molare elektrische Arbeit $W_{el,rev}$ ist eine theoretische Größe[1], die unter der Annahme gilt, die Zellspannung sei voll als Klemmenspannung wirksam. Das ist jedoch des inneren Widerstandes der Zelle wegen nur näherungsweise realisierbar. Daher ist die reversible elektrische Arbeit praktisch nicht vollständig nutzbar.

Zwischen der *molaren freien Reaktionsenthalpie* $\Delta_R G$ und der *Zellspannung* U einer galvanischen Zelle ergibt sich durch Gleichsetzen der Gleichungen (9-5) (↑ S. 350) und (9-7) folgende Beziehung:

$$\Delta_R G = -z \cdot F \cdot U \tag{9-7a}$$

Die molare freie Reaktionsenthalpie $\Delta_R G$ und die Zellspannung U sind – bei *entgegengesetztem Vorzeichen* – einander proportional.

In einer elektrochemischen Zelle verläuft die Zellreaktion

- *freiwillig,* wenn $\Delta_R G < 0$ und $U > 0$,
- nur *unter Zwang,* wenn $\Delta_R G > 0$ und $U < 0$,
- während bei $\Delta_R G = 0$ und $U = 0$ *Gleichgewicht* herrscht.

Danach können **elektrochemische Zellen**

- als **galvanische Zellen** – Zellreaktion verläuft *freiwillig* – oder
- als **Elektrolysezellen** – Zellreaktion verläuft *unter Zwang* – auftreten.

Im Anschluss an die Gleichung (9-4) (↑ S. 347) wurde die *Zellspannung* mit *positivem* Vorzeichen definiert. Nach Gleichung (9-7a) kann die Zellspannung jedoch auch *negatives* Vorzeichen haben. Das ist der Fall, wenn die *Zellreaktionsgleichung* in der Richtung formuliert wurde, in der die Reaktion *nicht freiwillig*, sondern nur *unter Zwang* abläuft, die molare freie Reaktionsenthalpie $\Delta_R G$ also *positives* Vorzeichen hat.

▲ An der Gegenüberstellung von Wasserstoff-Sauerstoff-Brennstoffzelle und Wasserelektrolysezelle wird das deutlich:

a) *Brennstoffzelle* (↑ S. 402)

$$2\,H_2 + O_2 \rightarrow 2\,H_2O \qquad \Delta_R G = -472\,\text{kJ} \cdot \text{mol}^{-1}$$

b) *Wasserelektrolysezelle* (↑ S. 366)

$$2\,H_2O \rightarrow 2\,H_2 + O_2 \qquad \Delta_R G = +472\,\text{kJ} \cdot \text{mol}^{-1}$$

Eine *galvanische Zelle gibt* bei geschlossenem Stromkreis *elektrische Arbeit* w_{el} *ab*, wobei die freie Enthalpie g des reagierenden Redoxsystems abnimmt.

Einer *Elektrolysezelle* wird *elektrische Arbeit* w_{el} *zugeführt*, wobei die freie Enthalpie g des reagierenden Redoxsystems zunimmt.

Bei der *elektrischen Arbeit* ist besonders auf die *Vorzeichensetzung* zu achten. Die Prozessgröße *Wärme* q hat *negatives* Vorzeichen, wenn das System *Wärme* abgibt, und *positives* Vorzeichen, wenn das System *Wärme* aufnimmt. In Analogie dazu erhält die *elektrische Arbeit negatives* Vorzeichen, wenn *das System Arbeit verrichtet*, und *positives* Vorzeichen, wenn am System *Arbeit verrichtet wird*[2].

---

[1] auch als *maximale molare elektrische Arbeit* bezeichnet

[2] Mitunter wird in der Literatur neben der vom System her betrachteten elektrischen Arbeit w_{el} auch eine von der *Umgebung* her betrachtete elektrische Arbeit w'_{el} mit entgegengesetztem Vorzeichen verwendet: $-w_{el} = w'_{el}$.

9.7 NERNSTsche Gleichung

9.7.1 NERNSTsche Gleichung für Elektrodenpotenziale

Die *Standardelektrodenpotenziale* $\varepsilon^\ominus$ beziehen sich auf 25 °C , 100,000 kPa und die Aktivität $a = 1$ der am Elektrodenprozess beteiligten Ionen. In Lösungen von anderer Ionenaktivität (↑ S. 249) ergeben sich an den Elektroden andere Potenziale. Diese Elektrodenpotenziale ε (auch Einzelpotenziale oder *Realpotenziale* genannt) lassen sich berechnen, wenn wir in die VAN'T HOFFsche Reaktionsisotherme (Gleichung (8-23a) (↑ S. 307)

$$\Delta_R G = \Delta_R G^\ominus + R \cdot T \cdot \ln Q$$

statt der molaren freien Enthalpie $\Delta_R G$ den Ausdruck [1)]

$$\Delta_R G = -z \cdot F \cdot \varepsilon \qquad (9\text{-}7b)$$

einsetzen. Wir erhalten dann über

$$-z \cdot F \cdot \varepsilon = -z \cdot F \cdot \varepsilon^\ominus + R \cdot T \cdot \ln a(\mathrm{Me}^{z+}) \qquad | : -z \cdot F$$

die NERNSTsche Gleichung für *Elektrodenpotenziale*:

$$\varepsilon = \varepsilon^\ominus + \frac{R \cdot T}{z \cdot F} \ln a(\mathrm{Me}^{z+}) \qquad (9\text{-}8)$$

R ist die molare Gaskonstante 8,3145 J · mol^{-1} · K^{-1}
T die absolute Temperatur in K
z ist die Reaktionsladungszahl[2)]; bei Elektrodenvorgängen vom Typ Me/Me^{z+} ist es die Ionenwertigkeit.
F ist die FARADAY-Konstante 96485 A · s · mol^{-1}
a ist die Ionenaktivität (↑ S. 249).

Auf der rechten Seite der Gleichung (9-8) wird zwischen dem *Standardglied* $\varepsilon^\ominus$ und dem Term $\frac{R \cdot T}{z \cdot F} \ln a(\mathrm{Me}^{z+})$ unterschieden, der hier als *Überführungsglied*[3)] bezeichnet wird.
Da R und F allgemeine Naturkonstanten sind, können sie zusammengefasst werden:

$$\frac{8{,}3145\ \mathrm{W \cdot s \cdot mol^{-1} \cdot K^{-1}}}{96485\ \mathrm{A \cdot s \cdot mol^{-1}}} = 8{,}6174 \cdot 10^{-5}\ \mathrm{V \cdot K^{-1}}$$

$$\varepsilon = \varepsilon^\ominus + 8{,}6174 \cdot 10^{-5}\ \mathrm{V \cdot K^{-1}} \cdot \frac{T}{z} \ln a(\mathrm{Me}^{z+}) \qquad (9\text{-}9)$$

Wird zu den geläufigeren dekadischen Logarithmen übergegangen, so gilt:

$$\varepsilon = \varepsilon^\ominus + 8{,}6174 \cdot 10^{-5}\ \mathrm{V \cdot K^{-1}} \cdot \frac{T}{z} \cdot 2{,}3026 \lg a(\mathrm{Me}^{z+})$$

$$\varepsilon = \varepsilon^\ominus + 1{,}9842 \cdot 10^{-4}\ \mathrm{V \cdot K^{-1}} \cdot \frac{T}{z} \lg a(\mathrm{Me}^{z+})$$

---

1) Die Gleichung (9-7b) $\Delta_R G = -z \cdot F \cdot \varepsilon$ ergibt sich aus der Gleichung (9-7a) $\Delta_R G = -z \cdot F \cdot U$, wenn die als Elektrodenpotenzial ε definierte Zellspannung der betrachteten Elektrode gegenüber der Standard-Wasserstoffelektrode eingesetzt wird (↑ S. 345).

2) Die *Reaktionsladungszahl* ist die Anzahl der *Elementarladungen,* die bei dem Elektrodenvorgang je Mol *Formelumsätze* ausgetauscht werden, das heißt, die Anzahl der übergehenden Elektronen.

3) siehe Fußnote S. 306

Eine sehr praktikable Form der NERNSTschen Gleichung ergibt sich, wenn noch die *Temperatur* in den Zahlenwert des Überführungsgliedes einbezogen wird. Für die Standardtemperatur 25 °C = 298,15 K gilt:

$$\varepsilon = \varepsilon^\ominus + \frac{1{,}9842 \cdot 10^{-4}\ \mathrm{V \cdot K^{-1}} \cdot 298{,}15\ \mathrm{K}}{z} \lg a(\mathrm{Me}^{z+})$$

$$\varepsilon = \varepsilon^\ominus + \frac{0{,}05916\ \mathrm{V}}{z} \lg a(\mathrm{Me}^{z+}) \qquad (9\text{-}10)$$

Der für die Standardtemperatur 25 °C geltende Zahlenwert 0,05916 wird mitunter NERNST-Faktor genannt.

Für einfache Berechnungen genügt es, folgende Zahlenwerte zu verwenden:

bei	0 °C	5 °C	10 °C	15 °C	20 °C	25 °C	30 °C
	0,054	0,055	0,056	0,057	0,058	0,059	0,060

▲ Welches Elektrodenpotenzial ε hat eine Kupferelektrode, die in eine Kupfersulfatlösung mit der Ionenaktivität a = 1,5 und der Temperatur 25 °C taucht?

$$\varepsilon = 0{,}35\ \mathrm{V} + \frac{0{,}059\ \mathrm{V}}{2} \lg 1{,}5$$

$$\varepsilon = 0{,}35\ \mathrm{V} + 0{,}0295\ \mathrm{V} \cdot 0{,}176; \qquad \varepsilon = 0{,}35\ \mathrm{V} + 0{,}005\ \mathrm{V}; \qquad \varepsilon = 0{,}355\ \mathrm{V}$$

▲ Welches Elektrodenpotenzial ε hat eine Zinkelektrode, die in eine Zinksulfatlösung mit der Ionenaktivität
a = 0,0015 und der Temperatur 25 °C taucht?

$$\varepsilon = -0{,}76\ \mathrm{V} + \frac{0{,}059\ \mathrm{V}}{2} \lg 0{,}0015$$

$$\varepsilon = -0{,}76\ \mathrm{V} + 0{,}0295\ \mathrm{V} \cdot (-2{,}824); \qquad \varepsilon = -0{,}76\ \mathrm{V} - 0{,}083; \qquad \varepsilon = -0{,}843\ \mathrm{V}$$

Wie sich aus der Gleichung (9-4) (↑ S. 347) die *Standardzellspannung* $U^\ominus$ ergibt, so ergibt sich die *Zellspannung U* für beliebige Ionenaktivitäten der beiden Elektrolyte nach der Gleichung

$$U = \varepsilon_{\mathrm{Pluspol}} - \varepsilon_{\mathrm{Minuspol}}$$
$$U = \varepsilon_{\mathrm{Red}} - \varepsilon_{\mathrm{Ox}} \qquad (9\text{-}4a)$$
$$U = \varepsilon_{\mathrm{K}} - \varepsilon_{\mathrm{A}}$$

▲ Ein DANIELL-Element, in dem die beiden Elektrolytlösungen die in den vorstehenden Beispielen errechneten Elektrodenpotenziale ε aufweisen, hat die Zellspannung

U = 0,355 V – (–0,843 V); U = 1,198 V

Diese Zellspannung U ist also höher als die Standardzellspannung des DANIELL-Elements $U^\ominus$ = 1,11 V.

Es gilt allgemein:

Die Zellspannung einer galvanischen Zelle ist um so höher,
je größer die Ionenaktivität am Pluspol und
je geringer die Ionenaktivität am Minuspol ist.

Die *Zellspannung U* für beliebige Ionenaktivitäten der Elektrolyte kann mittels der NERNSTschen Gleichung auch direkt aus den Standardzellenspannung $U^\ominus$ berechnet werden (↑ S. 355).

Die *Elektrodenpotenziale* ε sind *temperaturabhängig*. Die NERNSTsche Gleichung gibt aber nur die Konzentrationsabhängigkeit wieder, nicht die Temperaturabhängigkeit. Daher können die temperaturabhängigen Elektrodenpotenziale nicht durch Einsetzen der Temperatur T in die NERNSTsche Gleichung berechnet werden.

Die Änderung der Elektrodenpotenziale ε verläuft für kleine Temperaturintervalle näherungsweise linear zur Änderung der absoluten Temperatur T.

$$\varepsilon_T^\ominus = \varepsilon_{298}^\ominus + k_T \cdot (T - 298\ \text{K})$$

Die zwischen den beiden Größen auftretenden Koeffizienten k_T sind spezifisch für jede Elektrode und müssen experimentell ermittelt werden.

$$\varepsilon_T^\ominus = \varepsilon_{298}^\ominus + k_T \cdot (T - 298\ \text{K})$$

Die Größe $\varepsilon_T^\ominus$ bezieht sich auf eine bestimmte Temperatur; hinsichtlich Druck (100,000 kPa) und Ionenaktivität ($a = 1$) ist sie *Standardgröße* (↑ S. 345).

▲ Für die Elektrode Li^+/Li ist das Standardelektrodenpotenzial $\varepsilon_{298}^\ominus = -3{,}03$ V und der Temperaturkoeffizient $k_T = -0{,}534\ \text{mV} \cdot \text{K}^{-1}$.
Für 50 °C (323,15 K) ergibt sich daher:

$$\varepsilon_{323}^\ominus = -3030\ \text{mV} - 0{,}534\ \text{mV} \cdot \text{K}^{-1} \cdot 25\ \text{K}$$

$$\varepsilon_{323}^\ominus = -3030\ \text{mV} - 13{,}35\ \text{mV}; \qquad \varepsilon_{323}^\ominus = -3043{,}35\ \text{mV}$$

Das Elektrodenpotenzial $\varepsilon_T^\ominus$ für Li^+/Li weicht bei 50 °C mit −13,35 mV nur geringfügig vom Standardelektrodenpotenzial $\varepsilon_{298}^\ominus$ ab.

Die Temperaturabhängigkeit der Elektrodenpotenziale muss bei genauen Berechnungen berücksichtigt werden [1)].

9.7.2 NERNSTsche Gleichung für die Zellspannung

Für eine *Zellreaktion*

$$\begin{array}{lll} Me_K^{z+} + z\,e^- & \rightarrow Me_K & \text{Reduktion} \\ Me_A & \rightarrow Me_A^{z+} + z\,e^- & \text{Oxidation} \\ \hline Me_K^{z+} + Me_A & \rightarrow Me_K + Me_A^{z+} & \text{Zellreaktion} \end{array} \qquad (9\text{-}11)$$

nimmt die VAN'T HOFFsche Reaktionsisotherme (8-23a) (↑ S. 307):

$$\Delta_R G = \Delta_R G^\ominus + R \cdot T \cdot \ln Q$$

folgende Form an:

$$\Delta_R G = \Delta_R G^\ominus + R \cdot T \cdot \ln \frac{a(Me_A^{z+})}{a(Me_K^{z+})}$$

Durch Einsetzen von (9-7a)

$$\Delta_R G = -z \cdot F \cdot U$$

erhalten wir

$$-z \cdot F \cdot U = -z \cdot F \cdot U^\ominus + R \cdot T \cdot \ln \frac{a(Me_A^{z+})}{a(Me_K^{z+})}$$

und nach Division durch $-z \cdot F$ die NERNSTsche Gleichung für die *Zellspannung*:

$$U = U^\ominus - \frac{R \cdot T}{z \cdot F} \cdot \ln \frac{a(Me_A^{z+})}{a(Me_K^{z+})} \qquad (9\text{-}12)$$

---

1) Literatur: [Ham2005] Temperaturabhängigkeit, EMK

Wie üblich, stehen – nach Gleichung (9-11) – die durch Oxidation *entstehenden* Ionen Me_A^{z+} im *Zähler*, die durch Reduktion *verbrauchten* Ionen Me_K^{z+} im *Nenner* des Quotienten.

Durch Einsetzen der Naturkonstanten R und F, Festlegung der Temperatur auf T = 298 K und Übergang zum dekadischen Logarithmus (↑ S. 353 f.) erhält die NERNSTsche Gleichung die gut handhabbare Form:

$$U = U^{\ominus} - \frac{0{,}059\ \mathrm{V}}{z} \cdot \lg \frac{a(\mathrm{Me}_A^{z+})}{a(\mathrm{Me}_K^{z+})} \tag{9-12a}$$

▲ DANIELL-Element

$$\begin{array}{ll} Cu^{2+} + 2\,e^- & \rightarrow Cu \\ Zn & \rightarrow Zn^{2+} + 2\,e^- \\ \hline Cu^{2+} + Zn & \rightarrow Cu + Zn^{2+} \end{array}$$

$$U = U^{\ominus} - \frac{0{,}059\ \mathrm{V}}{2} \cdot \lg \frac{a(\mathrm{Zn}^{2+})}{a(\mathrm{Cu}^{2+})}$$

Wie groß ist die Zellspannung bei T = 298 K; $a(Zn^{2+})$ = 0,0015 und $a(Cu^{2+})$ = 1,5?

$$U = 1{,}11\ \mathrm{V} - \frac{0{,}059\ \mathrm{V}}{2} \cdot \lg \frac{0{,}0015}{1{,}5}$$

$$U = 1{,}11\ \mathrm{V} - 0{,}0295\ \mathrm{V} \cdot -3$$

$$U = 1{,}11\ \mathrm{V} + 0{,}0885\ \mathrm{V}$$

$$U = 1{,}1985\ \mathrm{V}$$

Die gleiche Zellspannung wurde als Differenz aus den Elektrodenpotenzialen (↑ S. 353) ermittelt.

Chemische Reaktionen können in elektrochemischen Zellen *unter Zwang* über den Gleichgewichtszustand hinaus weitergeführt werden (↑ S. 303). Ausgehend von den Gleichungen (9-12a) und (9-7a) (↑ S. 352)

$$U = U^{\ominus} - \frac{0{,}059\ \mathrm{V}}{z} \cdot \lg \frac{a(\mathrm{Me}_A^{z+})}{a(\mathrm{Me}_K^{z+})}$$

$$\Delta_R G = -U \cdot z \cdot F$$

lässt sich das grafisch darstellen (siehe Bild 9-13). Als Beispiel wählen wir die galvanische Kette

$Co/Co^{2+}//Ni^{2+}/Ni$,

die zwar keine praktische Bedeutung, aber eine für diese Darstellung günstige Gleichgewichtslage hat.

Die Zellreaktion lautet:

$$\begin{array}{llll} \text{Katode:} & Ni^{2+} + 2\,e^- & \rightarrow Ni & \text{Reduktion} \\ \text{Anode:} & Co & \rightarrow Co^{2+} + 2\,e^- & \text{Oxidation} \\ \hline & Co + Ni^{2+} & \rightarrow Ni + Co^{2+} & \end{array}$$

Nickel ist die *Katode*, *Cobalt* die *Anode* dieser galvanischen Zelle. Um die Reaktion über den Gleichgewichtszustand hinaus weiterzuführen, muss der Minuspol einer äußeren Spannungsquelle an die Nickelelektrode und deren Pluspol an die Cobaltelektrode angeschlossen werden (siehe Bild 9-12). (Die Polung ist also gegenüber der beim Laden einer Sekundärzelle gerade entgegengesetzt. Die Zellreaktion wird also nicht umgekehrt, sondern weitergeführt.)

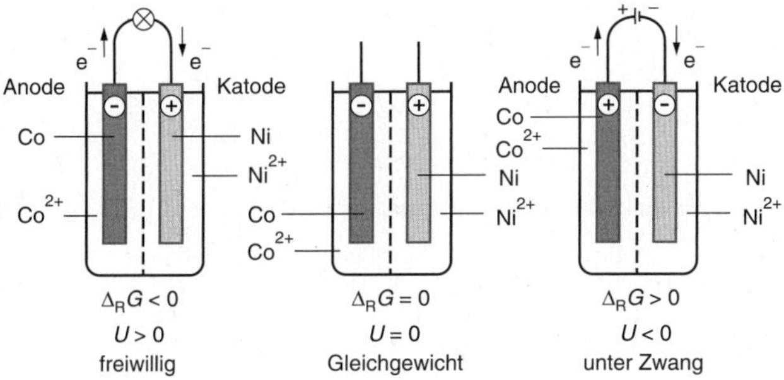

Bild 9-12: *Cobalt-Nickel-Zelle, Prinzipskizzen*

▲ Aus den Standardelektrodenpotenzialen (siehe Tabelle 9-1 (↑ S. 346))

$$Co^{2+}/Co \qquad \varepsilon^\ominus = -0{,}27\,V$$

$$Ni^{2+}/Ni \qquad \varepsilon^\ominus = -0{,}25\,V$$

ergibt sich die Standardzellspannung (siehe Gleichung (9-4) (↑ S. 347))

$$U^\ominus = \varepsilon^\ominus(Ni) - \varepsilon^\ominus(Co)$$

$$U^\ominus = -0{,}25\,V - (-0{,}27\,V)$$

$$U^\ominus = 0{,}020\,V$$

Die Standardzellspannung gilt für den Fall, dass der Aktivitäten-Quotient den Wert 1 hat:

$$\frac{a(Co^{2+})}{a(Ni^{2+})} = 1$$

Cobalt-Ionen und Nickel-Ionen liegen dann mit der gleichen Aktivität vor.

Bei der Zellreaktion werden Nickel-Ionen verbraucht und es entstehen Cobalt-Ionen. Man wird also am Pluspol eine Nickelchloridlösung mit relativ hoher Konzentration einsetzen und am Minuspol eine Cobaltchloridlösung mit relativ geringer Konzentration, die lediglich die elektrische Leitfähigkeit gewährleisten muss. Bei den folgenden Berechnungen gehen wir von einer Aktivität der Nickel-Ionen $a(Ni^{2+}) = 0{,}99$ aus. Um zu einer leicht verständlichen Darstellung zu kommen, sind im Bild 9-13 auf der Abszisse statt der Aktivitäten $a(Co^{2+})$ die ihnen entsprechenden *Stoffmengenanteile* $x(Co^{2+})$ aufgetragen. Das ist der Anteil der Cobalt-Ionen an der Gesamtstoffmenge der beteiligten Ionen (↑ S. 47):

$$x(Co^{2+}) = \frac{n(Co^{2+})}{n(Co^{2+}) + n(Ni^{2+})}$$

Bei 1 % Cobalt-Ionen:

$$U = U^\ominus - \frac{0{,}059}{2}\,V \cdot \lg \frac{a(Co^{2+})}{a(Ni^{2+})}$$

$$U = 0{,}02\,V - 0{,}0295\,V \cdot \lg \frac{0{,}01}{0{,}99}$$

$$U = 0{,}02\,V - 0{,}0295\,V \cdot (-1{,}996)$$

$$U = 0{,}02\,V + 0{,}059\,V$$

$$U = 0{,}079\,V$$

$$\Delta_R G = -U \cdot z \cdot F$$

$$\Delta_R G = -0{,}079\,\text{V} \cdot 2 \cdot 96485\,\text{A} \cdot \text{s} \cdot \text{mol}^{-1}$$

$$\Delta_R G = -15245\,\text{W} \cdot \text{s} \cdot \text{mol}^{-1}$$

$$\Delta_R G = -15{,}245\,\text{kJ} \cdot \text{mol}^{-1}$$

Im Bild 9-13 ist dargestellt, wie mit zunehmendem Stoffmengenanteil an Cobalt-Ionen

- die *Zellspannung U abnimmt* und
- die *molare freie Reaktionsenthalpie* $\Delta_R G$ *zunimmt*.

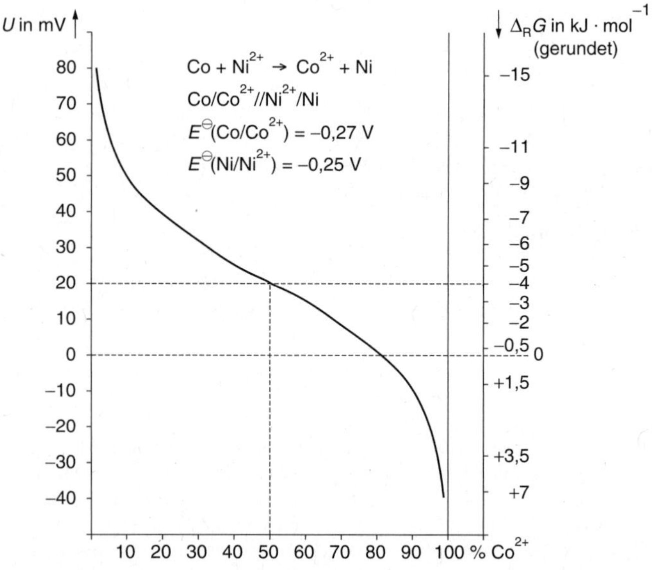

Bild 9-13: *Zellspannung U und molare freie Reaktionsenthalpie* $\Delta_R G$ *in Abhängigkeit vom Stoffmengenanteil an Cobalt-Ionen*

Für einige Punkte der Kurve seien hier die Berechnungen angegeben.
Bei 10 % Cobalt-Ionen:

$$U = 0{,}02\,\text{V} - 0{,}0295\,\text{V} \cdot \lg \frac{0{,}1}{0{,}9}$$

$$U = 0{,}02\,\text{V} - 0{,}0295\,\text{V} \cdot (-0{,}954)$$

$$U = 0{,}02\,\text{V} + 0{,}028\,\text{V}$$

$$U = 0{,}048\,\text{V}$$

$$\Delta_R G = -0{,}048\,\text{V} \cdot 2 \cdot 96485\,\text{A} \cdot \text{s} \cdot \text{mol}^{-1}$$

$$\Delta_R G = -9{,}263\,\text{kJ} \cdot \text{mol}^{-1}$$

Bei 30 % Cobalt-Ionen:

$$U = 0{,}02\,\text{V} - 0{,}0295\,\text{V} \cdot \lg \frac{0{,}3}{0{,}7}$$

$$U = 0{,}02\,\text{V} - 0{,}0295\,\text{V} \cdot (-0{,}368)$$

$$U = 0{,}02\,\text{V} + 0{,}011\,\text{V}$$

$$U = 0{,}031\,\text{V}$$

$$\Delta_R G = -0{,}031\,\text{V} \cdot 2 \cdot 96485\,\text{A} \cdot \text{s} \cdot \text{mol}^{-1}$$

$$\Delta_R G = -5{,}982\,\text{kJ} \cdot \text{mol}^{-1}$$

Bei 50 % Cobalt-Ionen: $\lg \frac{0{,}5}{0{,}5} = 0$, daher $U = U^{\ominus}$

$$U = 0{,}02\,\text{V}$$

$$\Delta_R G = -0{,}02\,\text{V} \cdot 2 \cdot 96485\,\text{A} \cdot \text{s} \cdot \text{mol}^{-1}$$

$$\Delta_R G = -3{,}859\,\text{kJ} \cdot \text{mol}^{-1}$$

Bei 82,7 % Cobalt-Ionen:

$$U = 0{,}02\,\text{V} - 0{,}0295\,\text{V} \cdot \lg \frac{0{,}827}{0{,}173}$$

$$U = 0{,}02\,\text{V} - 0{,}0295\,\text{V} \cdot 0{,}679$$

$$U = 0\,\text{V}$$

$$\Delta_R G = 0$$

Der Gleichgewichtszustand ist damit erreicht. Die Zellreaktion ist zum Stillstand gekommen. Nur *unter Zwang*, d. h. durch *Zufuhr elektrischer Arbeit*, kann die Zellreaktion in Richtung der Oxidation von Cobalt-Atomen und der Reduktion von Nickel-Ionen weitergeführt werden.

Die *molare freie Reaktionsenthalpie* $\Delta_R G$ erhält dann *positive* Werte und die *Zellspannung negative* Werte (siehe Bild 9-13). Die *galvanische Zelle* ist zur *Elektrolysezelle* geworden (siehe Bild 9-12).

9.7.3 NERNSTsche Gleichung für Redoxreaktionen

Die NERNSTsche Gleichung wird auch in einer allgemeineren Form verwendet. Sie gilt dann allgemein für **Redoxreaktionen**. Jedes Redoxpaar (↑ S. 209) tritt in einer reduzierten Form (oft kurz Red-Form genannt) und in einer oxidierten Form (oft kurz Ox-Form genannt) auf.

Red → Ox + e⁻

Die **Red-Form** entsteht durch *Reduktion* und kann als *Reduktionsmittel* wirken.

Die **Ox-Form** entsteht durch *Oxidation* und kann als *Oxidationsmittel* wirken.

In den bisherigen Beispielen trat als Red-Form jeweils ein *Metall* Me, als Ox-Form ein Metall-Ion Me^{z+} auf. Bei den *Nichtmetallen* ist das – hier negativ geladene – Ion NM^{z-} die Red-Form, das Nichtmetall NM die Ox-Form.

Red-Form	Ox-Form
Me	$\rightarrow Me^{z+} + z\,e^-$
NM^{z-}	$\rightarrow NM + z\,e^-$
▲ $2\,Cl^-$	$\rightarrow Cl_2 + 2\,e^-$

Die *Zellreaktion* lässt sich mittels Red-Form und Ox-Form so allgemein formulieren, dass sie sowohl für Metalle als auch für Nichtmetalle gilt, wobei auf die Angabe von Ionenladungen zu verzichten ist.

$$\begin{array}{lll} \mathrm{Ox_K} + z\,\mathrm{e^-} & \rightarrow \mathrm{Red_K} & \text{Reduktion} \\ \mathrm{Red_A} & \rightarrow \mathrm{Ox_A} + z\,\mathrm{e^-} & \text{Oxidation} \\ \hline \mathrm{Ox_K} + \mathrm{Red_A} & \rightarrow \mathrm{Red_K} + \mathrm{Ox_A} & \text{Zellreaktion} \end{array} \tag{9-13}$$

Dieser Zellreaktion entspricht die NERNSTsche Gleichung in der Form:

$$U = U^{\ominus} - \frac{R \cdot T}{z \cdot F} \cdot \ln \frac{a(\mathrm{Red_K}) \cdot a(\mathrm{Ox_A})}{a(\mathrm{Ox_K}) \cdot a(\mathrm{Red_A})} \tag{9-14}$$

sowie

$$U = U^{\ominus} - \frac{0{,}0592\ \mathrm{V}}{z} \cdot \lg \frac{a(\mathrm{Red_K}) \cdot a(\mathrm{Ox_A})}{a(\mathrm{Ox_K}) \cdot a(\mathrm{Red_A})} \tag{9-14a}$$

Die Gleichungen (9-14) und (9-14a) sind gegenüber den Gleichungen (9-12) und (9-12a) (↑ S. 355 f.) die *allgemeinere* Fassung der NERNSTschen Gleichung. Ein Vergleich der zugehörigen Zellreaktionen (9-11) (↑ S. 355) und (9-13) verdeutlicht:

- Die Aktivitäten der *Ox-Form* $a(\mathrm{Ox})$ treten in Gleichung (9-12) als Aktivitäten der *Metall-Ionen* $a(\mathrm{Me}^{z+})$ auf.
- Bei den Aktivitäten der *Red-Form* $a(\mathrm{Red})$ handelt es sich bei der Zellreaktion (9-11) um die Aktivitäten der *reinen Metalle* $a(\mathrm{Me})$. Diese erscheinen nicht im Aktivitätenquotienten der Gleichung (9-12), da sie gleich 1 gesetzt werden.

Die allgemeine Fassung der NERNSTschen Gleichung (9-14) bzw. (9-14a) ist für die chemische Thermodynamik – in diesem Zusammenhang wird auch von *elektrochemischer Thermodynamik* gesprochen – von zentraler Bedeutung, da mit ihrer Hilfe aus elektrochemischen Messungen sowie aus tabellierten Zahlenwerten wichtige thermodynamische Größen erschlossen werden können, wie im Folgenden dargestellt wird.

Die **Gleichgewichtskonstante** K einer Zellreaktion lässt sich aus der *Standardzellspannung* $U^{\ominus}$ berechnen.

Der *Aktivitätenquotient* Q

$$\frac{a(\mathrm{Red_K}) \cdot a(\mathrm{Ox_A})}{a(\mathrm{Ox_K}) \cdot a(\mathrm{Red_A})} = Q$$

ist im *Gleichgewichtszustand* gleich der Gleichgewichtskonstante K:

$$Q_{\mathrm{gl}} = K$$

Daher kann die Gleichgewichtskonstante K in die Gleichung (9-14a) eingesetzt werden:

$$U = U^{\ominus} - \frac{0{,}0592\ \mathrm{V}}{z} \lg K \tag{9-15}$$

Bei Entnahme elektrischer Arbeit nimmt die Zellspannung U einer galvanischen Zelle ständig ab. Schließlich wird $U = 0$; dann ist der *Gleichgewichtszustand* erreicht. (Es wird dann gesagt, die Zelle sei „leer“.)

$$U^{\ominus} - \frac{0{,}0592\ \text{V}}{z} \lg K = 0 \tag{9-15a}$$

Das *Überführungsglied*[1)] ist dann gleich der Standardzellspannung $U^{\ominus}$:

$$U^{\ominus} = \frac{0{,}0592\ \text{V}}{z} \lg K \tag{9-15b}$$

Durch Auflösen dieser Gleichung nach lg K erhalten wir die *Gleichgewichtskonstante* K:

$$\lg K = \frac{z \cdot U^{\ominus}}{0{,}0592\ \text{V}} \tag{9-15c}$$

$$K = 10^{\frac{z \cdot U^{\ominus}}{0{,}0592}} \tag{9-15d}$$

Da die Standardzellspannung $U^{\ominus}$ nach Gleichung (9-4) (↑ S. 347)

$$U^{\ominus} = \varepsilon^{\ominus}_{\text{Red}} - \varepsilon^{\ominus}_{\text{Ox}}$$

aus tabellierten Standardelektrodenpotenzialen $\varepsilon^{\ominus}$ berechnet werden kann, ist die Gleichgewichtskonstante K auf diesem Wege auch dann zugänglich, wenn die zugrunde liegende Redoxreaktion nicht in einer galvanischen Zelle realisiert werden kann.

▲ (zu den Gleichungen 9-15c und 9-15d)
Die Gleichgewichtskonstante K ist zu berechnen für die Redoxreaktion:

$Pb^{2+} + 2\,e^{-} \rightleftharpoons Pb$		Reduktion
$Sn \rightleftharpoons Sn^{2+} + 2\,e^{-}$		Oxidation
$Pb^{2+} + Sn \rightleftharpoons Pb + Sn^{2+}$		

$$U^{\ominus} = \varepsilon^{\ominus}(Pb^{2+}) - \varepsilon^{\ominus}(Sn^{2+})$$

$$U^{\ominus} = -1{,}3\ \text{V} - (-1{,}4\ \text{V}); \qquad U^{\ominus} = 0{,}1\ \text{V}$$

$$\lg K = \frac{2 \cdot 0{,}1\ \text{V}}{0{,}0592\ \text{V}}; \qquad \lg K = 3{,}378$$

$$K = 10^{3{,}378}; \qquad K = 2{,}39 \cdot 10^{3}$$

Da die Gleichgewichtskonstante $K > 1$, läuft die Redoxreaktion von links nach rechts ab.

Die **molare freie Standardreaktionsenthalpie** $\Delta_R G^{\ominus}$ kann aus der *Standardzellspannung* $U^{\ominus}$ berechnet werden, und zwar mittels der Beziehung zwischen NERNSTscher Gleichung und VAN'T HOFFscher Reaktionsisotherme.

Für *Redoxreaktionen* nimmt die VAN'T HOFF*sche Reaktionsisotherme* (8-23) (↑ S. 306) folgende Form an:

$$\Delta_R G = \Delta_R G^{\ominus} + R \cdot T \cdot \ln \frac{a(\text{Red}_K) \cdot a(\text{Ox}_A)}{a(\text{Ox}_K) \cdot a(\text{Red}_A)} \tag{9-16}$$

[1)] siehe Fußnote S. 306

Im Gleichgewichtszustand ist

- die molare freie Reaktionsenthalpie $\Delta_R G = 0$ und
- der Aktivitätenquotient gleich der Gleichgewichtskonstante: $Q_{gl} = K$.

Die Gleichung (9-16) geht daher über in:

$$\Delta_R G^\ominus + R \cdot T \cdot \ln K = 0 \quad \text{und}$$

$$\Delta_R G^\ominus = -R \cdot T \cdot \ln K \tag{9-16a}$$

Für die *Zellspannung U* gilt die NERNSTsche Gleichung (9-14) (↑ S. 360)

$$U = U^\ominus - \frac{R \cdot T}{z \cdot F} \ln \frac{a(\text{Red}_K) \cdot a(\text{Ox}_A)}{a(\text{Ox}_K) \cdot a(\text{Red}_A)}$$

Im *Gleichgewichtszustand* ist $U = 0$ und $Q_{gl} = K$. Gleichung (9-14) geht daher über in:

$$U^\ominus - \frac{R \cdot T}{z \cdot F} \ln K = 0 \quad \text{und}$$

$$U^\ominus = \frac{R \cdot T}{z \cdot F} \ln K \tag{9-17}$$

Durch Umstellung erhalten wir

$$U^\ominus \cdot z \cdot F = R \cdot T \cdot \ln K \tag{9-17a}$$

Die rechte Seite dieser Gleichung ist bei umgekehrtem Vorzeichen gleich der rechten Seite der Gleichung (9-16a). Durch Gleichsetzen ergibt sich:

$$\Delta_R G^\ominus = -U^\ominus \cdot z \cdot F \tag{9-18}$$

Mittels der Gleichung (9-18) kann die *molare freie Standardreaktionsenthalpie* $\Delta_R G^\ominus$ einer Zellreaktion aus der *Standardzellspannung* $U^\ominus$ (↑ S. 347) berechnet werden.

▲ Wie groß ist die molare freie Standardreaktionsenthalpie $\Delta_R G^\ominus$ für die Zellreaktion der DANIELL-Zelle? Standardzellspannung $U^\ominus$ (Zn/Cu) = 1,11 V

$$\Delta_R G^\ominus = -1{,}11 \text{ V} \cdot 2 \cdot 96485 \text{ A} \cdot \text{s} \cdot \text{mol}^{-1}$$

$$\Delta_R G^\ominus = -214197 \text{ W} \cdot \text{s} \cdot \text{mol}^{-1}; \qquad \Delta_R G^\ominus = -214{,}2 \text{ kJ} \cdot \text{mol}^{-1}$$

Die Beziehung zwischen der *Zellspannung U* und der *molaren freien Reaktionsenthalpie* $\Delta_R G$ bei *beliebiger Zusammensetzung* des reagierenden Systems

$$\Delta_R G = -U \cdot z \cdot F$$

gestattet es, eine etwas anschaulichere Vorstellung von der molaren freien Reaktionsenthalpie $\Delta_R G$ zu gewinnen:

Aus unseren Erfahrungen wissen wir, dass die *Zellspannung U* einer galvanischen Zelle bei der *Entnahme elektrischer Arbeit* ständig *abnimmt*. Hier ist nicht an den Unterschied zwischen Ruhespannung und Arbeitsspannung (↑ S. 349) gedacht, sondern an die *kontinuierliche Abnahme* der Zellspannung infolge der *Zunahme* des Reaktionsquotienten in der Gleichung (9-14):

$$U = U^{\ominus} - \frac{R \cdot T}{z \cdot F} \ln \frac{a(\mathrm{Red_K}) \cdot a(\mathrm{Ox_A})}{a(\mathrm{Ox_K}) \cdot a(\mathrm{Red_A})}$$

Der Reaktionsquotient (Aktivitätenquotient) wird mit fortschreitender Redoxreaktion größer, weil die Aktivitäten der Reaktionsprodukte ständig zunehmen und die Aktivitäten der Ausgangsstoffe ständig abnehmen. Das gilt auch für den Reaktionsquotienten in der Gleichung (9-16):

$$\Delta_R G = \Delta_R G^{\ominus} + R \cdot T \cdot \ln \frac{a(\mathrm{Red_K}) \cdot a(\mathrm{Ox_A})}{a(\mathrm{Ox_K}) \cdot a(\mathrm{Red_A})}$$

Die *molare freie Reaktionsenthalpie* $\Delta_R G$ *nimmt* (von negativen Werten ausgehend) bei der Entnahme elektrischer Arbeit ständig *zu*.

Aufgrund der entgegengesetzten Vorzeichen der *Überführungsglieder*[1)], der den Reaktionsquotienten enthaltenden Terme, in den Gleichungen (9-14) und (9-16) wirkt sich die Entnahme elektrischer Arbeit auf die Zellspannung *U* und auf die molare freie Reaktionsenthalpie $\Delta_R G$ *entgegengesetzt* aus.

Die *molare freie Reaktionsenthalpie* $\Delta_R G$ ist – unter isothermen Bedingungen – gleichbedeutend mit der *molare reversiblen elektrischen Arbeit* $W_{\mathrm{el,rev}}$ (↑ S. 351). Das ist die *Nutzarbeit*, die das betrachtete System theoretisch höchstens verrichten könnte. Aus dieser Sicht wird die molare reversible elektrische Arbeit auch als **maximale molare elektrische Arbeit** $W_{\mathrm{el,max}}$ bezeichnet.

$$\Delta_R G = W_{\mathrm{el,max}} \qquad (9\text{-}19)$$

bzw. nach $w_{\mathrm{el}} = -w'_{\mathrm{el}}$ (↑ S. 352, Fußnote [2)])

$$\Delta_R G = -W'_{\mathrm{el,max}} \qquad (9\text{-}19a)$$

Da die molare freie Reaktionsenthalpie $\Delta_R G$ bei freiwillig verlaufenden Reaktionen, also auch für galvanische Zellen, immer *negatives* Vorzeichen hat, gibt die Gleichung (9-19a) –mit den entgegengesetzten Vorzeichen – den Sachverhalt adäquat wieder, da in diesem Falle die *maximale* molare elektrische Arbeit W'_{el} *positives* Vorzeichen erhält.

[1)] siehe Fußnote S. 306

9.8 Elektrolyse

9.8.1 Elektrodenvorgänge

Während die *Metalle* (Leiter 1. Klasse) beim Stromdurchgang unverändert bleiben, ist der *Durchgang von Gleichstrom* durch eine Schmelze oder eine Lösung eines *Elektrolyten* (Leiter 2. Klasse) stets mit *stofflichen Veränderungen* verbunden.

Wird an die Schmelze eines Elektrolyten eine Gleichspannung angelegt, so wandern

- die *Kationen* zur *Katode*,
- die *Anionen* zur *Anode*

und werden dort entladen.

Dadurch wird der *Elektrolyt zersetzt.* (Zu möglichen Veränderungen an der Anode siehe S. 368.)

▲ Aus einer Natriumchloridschmelze werden an der (mit dem Minuspol der Spannungsquelle verbundenen) *Katode* die *Natrium-Ionen,* an der (mit dem Pluspol der Spannungsquelle verbundenen) *Anode* die *Chlorid-Ionen* entladen:

Katode:		$2\,Na^+ + 2\,e^-$	$\rightleftharpoons 2\,Na$	Reduktion
Anode:	primär:	$2\,Cl^-$	$\rightleftharpoons 2\,Cl + 2\,e^-$	Oxidation
	sekundär	$2\,Cl$	$\rightleftharpoons Cl_2$	

An der Anode folgt auf den *primären* elektrochemischen Vorgang ein *sekundärer* Vorgang, der nicht elektrochemischer Natur ist. Das Natriumchlorid wird also durch den elektrischen Strom in elementares Natrium und elementares Chlor zerlegt.

Eine solche Zerlegung wird *Elektrolyse* genannt:

Eine *Elektrolyse* ist eine unter Ionenentladung ablaufende *Zerlegung* einer chemischen Verbindung mittels des *elektrischen Stromes.*

Bei jeder Elektrolyse sind zwei Teilvorgänge zu unterscheiden, der *Katodenvorgang* und der *Anodenvorgang.*

- **An der *Anode* werden von den Ionen *Elektronen abgegeben*, es handelt sich um eine *Oxidation*.**
- **An der *Katode* werden von den Ionen *Elektronen aufgenommen*, es handelt sich um eine *Reduktion*.**

Die *Elektrolyse* ist ein Redoxvorgang, bei dem *Oxidation* und *Reduktion* räumlich voneinander *getrennt* ablaufen.

Die Vorgänge in einer Elektrolysezelle sind denen in einer galvanischen Zelle *entgegengesetzt*; siehe Bild 9-4 (↑ S. 342).

Die galvanische Zelle gibt elektrische Arbeit ab; man sagt auch: *sie liefert elektrischen Strom.*

Die Elektrolysezelle nimmt elektrische Arbeit auf; man sagt auch: *sie verbraucht elektrischen Strom.*

In einer *galvanischen Zelle* wird *chemische Energie in elektrische Energie* übergeführt. Die *chemische Energie* der entstehenden Stoffe ist *geringer* als die der Ausgangsstoffe.

In einer *Elektrolysezelle* wird *elektrische Energie in chemische Energie* übergeführt. Die *chemische Energie* der entstehenden Stoffe ist *höher* als die der Ausgangsstoffe.

In einer *galvanischen Zelle* laufen die elektrochemischen Vorgänge – sobald der Stromkreis geschlossen ist – von *selbst* ab.

Eine *Elektrolyse* läuft dagegen nur dann ab, wenn eine äußere Spannung angelegt wird, das heißt, wenn ein *äußerer Zwang* besteht.

In der galvanischen Zelle
ist Minuspol = Anode Pluspol = Katode
In der Elektrolysezelle
ist Minuspol = Katode Pluspol = Anode

Die Bezeichnungen **Pluspol** und **Minuspol** beziehen sich stets auf die beiden *Pole einer Spannungsquelle.* Wird bei einer Elektrolysezelle von einem Pluspol und einem Minuspol gesprochen, so bezieht sich das auf die Pole der Spannungsquelle, an die die Elektrolysezelle angeschlossen ist.

Sowohl für galvanische Zellen als auch für Elektrolysezellen gilt:

- **Am Minuspol herrscht stets Elektronenüberschuss.**
- **Am Pluspol herrscht stets Elektronenmangel.**

Die Bezeichnungen **Katode** und **Anode** beziehen sich stets auf die *Richtung des Elektronenstroms in den Elektroden* (↑ S. 150).

- Die **Katode** ist stets der Pol, zu dem der **Elektronenstrom** im Metall **hinfließt.** Die reagierenden Teilchen werden hier (durch Elektronenaufnahme) *reduziert.*
- Die **Anode** ist stets der Pol, von dem der **Elektronenstrom** im Metall **wegfließt.** Die reagierenden Teilchen werden hier (durch Elektronenabgabe) *oxidiert.*

In der *Elektrolysezelle* (siehe Bild 9-4) (↑ S. 342) findet am *Minuspol* (*Katode*) eine *Reduktion* statt,

$$Na^+ + e^- \rightarrow Na$$

am *Pluspol* (*Anode*) eine *Oxidation.*

$$2\,Cl^- \rightarrow Cl_2 + 2\,e^-$$

In der *galvanischen Zelle* (siehe Bild 9-4) findet am *Pluspol* (*Katode*) eine *Reduktion* statt,

$$Cu^{2+} + 2\,e^- \rightarrow Cu$$

am *Minuspol* (*Anode*) eine *Oxidation.*

$$Zn \rightarrow Zn^{2+} + 2\,e^-$$

9.8.2 Elektrolyse wässriger Lösungen

Bei der Elektrolyse wässriger Lösungen kann außer dem gelösten Elektrolyten auch das *Wasser* an den Elektrodenvorgängen beteiligt sein. Dann entsteht

- an der **Katode Wasserstoff,**
- an der **Anode Sauerstoff.**

Das lässt sich am einfachsten so erklären, dass die im Wasser enthaltenen Wasserstoff-Ionen, H^+ (bzw. Oxonium-Ionen, H_3O^+), zur Katode wandern und dort entladen werden:

$$2\,H^+ + 2\,e^- \rightarrow 2\,H_2\uparrow \qquad \text{bzw.} \qquad 2\,H_3O^+ + 2\,e^- \rightarrow H_2\uparrow + 2\,H_2O,$$

während die gleichfalls vorhandenen Hydroxid-Ionen, OH^-, zur Anode wandern und dort entladen werden:

$$2\,OH^- \rightarrow O_2\uparrow + 2\,H^+ + 4\,e^-$$

Da bei jeder elektrochemischen Reaktion die Anzahl der abgegebenen und aufgenommenen Elektronen gleich sein muss, ergibt sich folgende Gesamtreaktion:

Katode:	$4\,H^+ + 4\,e^-$	$\rightarrow 2\,H_2\uparrow$	Reduktion
Anode:	$4\,OH^-$	$\rightarrow O_2\uparrow + 2\,H_2O + 4\,e^-$	Oxidation
	$4\,H^+ + 4\,OH^-$	$\rightarrow 2\,H_2\uparrow + O_2\uparrow + 2\,H_2O$	

Bei der elektrolytischen Zerlegung von Wasser in Wasserstoff und Sauerstoff sind aber auch *Wassermoleküle* unmittelbar an Elektrodenvorgängen beteiligt. Es kommt bei hinreichender Spannung zur *katodischen Reduktion* und *anodischen Oxidation* von *Wassermolekülen:*

Katode:	$4\,H_2O + 4\,e^-$	$\rightarrow 2\,H_2\uparrow + 4\,OH^-$	Reduktion
Anode:	$2\,H_2O$	$\rightarrow O_2\uparrow + 4\,H^+ + 4\,e^-$	Oxidation
(bzw:	$6\,H_2O$	$\rightarrow 2\,O_2\uparrow + 4\,H_3O^+ + 4\,e^-$	Oxidation)
	$6\,H_2O$	$\rightarrow 2\,H_2\uparrow + O_2\uparrow + 4\,H^+ + 4\,OH^-$	
(bzw.	$10\,H_2O$	$\rightarrow 2\,H_2\uparrow + O_2\uparrow + 4\,H_3O^+ + 4\,OH^-$)	

An den Gleichungen ist abzulesen, dass es in der Nähe der *Katode* zu einer Anreicherung von *Hydroxid-Ionen* und in der Nähe der *Anode* zu einer Anreicherung von *Wasserstoff-Ionen* kommt, was mithilfe von Lackmusfarbstoff oder anderen Indikatoren nachgewiesen werden kann.

Da sich die Wasserstoff-Ionen und die Hydroxid-Ionen wieder zu Wassermolekülen vereinigen:

$$H^+ + OH^- \rightarrow H_2O,$$

läuft die Elektrolyse des Wassers auch nach diesem Reaktionsmechanismus auf die Reaktion

$$2\,H_2O \rightarrow 2\,H_2 + O_2$$

hinaus. In neutralen wässrigen Lösungen ($pH \approx 7$) herrscht dieser Reaktionsmechanismus vor.

Stehen bei einer Elektrolyse für die katodische Reduktion bzw. für die anodische Oxidation *zwei oder mehr Kationen bzw. Anionen* zur Verfügung, so werden jeweils *jene Teilchen abgeschieden,* für deren Entladung die *niedrigste Spannung* ausreicht. (Das gilt auch für die Wassermoleküle, die sowohl der katodischen Reduktion [zu Wasserstoff] als auch der anodischen Oxidation [zu Sauerstoff] unterliegen können.)

Für die wichtigsten **Kationen** ergibt sich folgende **Reihe der Entladbarkeit:**

sehr unedle Metalle	**mäßig unedle Metalle**	**edle Metalle**
K^+ Na^+ Mg^{2+} Al^{3+} H^+	Zn^{2+} Fe^{2+} Ni^{2+} Sn^{2+} Pb^{2+} Cu^{2+}	Ag^+ Au^{3+}
schwer entladbar	$\longleftrightarrow$	leicht entladbar
Aus wässriger Lösung werden abgeschieden:		
nur Wasserstoff	**Metall und Wasserstoff**	**nur Metall**

Weshalb der *Wasserstoff* in der Entladbarkeitsreihe der Kationen weiter links steht als in der Spannungsreihe (↑ S. 335) der Metalle, lässt sich mittels der NERNSTschen Gleichung (↑ S. 353) erklären:

Das Standardelektrodenpotenzial des Wasserstoffs, aus dem sich seine Stellung in der Spannungsreihe der Metalle ergibt, ist auf eine Salzsäure mit der Ionenaktivität (wirksamen Ionenkonzentration) $a = 1$ bezogen; das entspricht dem pH-Wert 0. Eine wässrige Salzlösung hat in der Regel, d. h. wenn keine Hydrolyse auftritt, den pH-Wert 7. Die Ionenaktivität der Wasserstoff-Ionen ist hier sehr viel geringer; sie beträgt $a = 10^{-7}$. Nach der NERNSTschen Gleichung ist das Elektrodenpotenzial des Wasserstoffs (bei 25 °C) für eine wässrige Salzlösung mit dem pH-Wert 7 wie folgt zu berechnen:

$$\varepsilon = 0 + \frac{0{,}0592}{1} \lg 10^{-7}; \qquad \varepsilon = 0 + 0{,}0592\ \text{V} \cdot (-7); \qquad \varepsilon = -0{,}414\ \text{V}$$

Taucht ein Metall in die neutrale wässrige Lösung eines seiner Salze mit der Ionenaktivität $a = 1$ und der Temperatur 25 °C, so ist das Elektrodenpotenzial ε dieses Metalls gleich dessen Standardelektrodenpotenzial $\varepsilon^{\ominus}$ und das Elektrodenpotenzial des Wasserstoffs $\varepsilon\ (H_2) = -\ 0{,}41$ V. Demnach müssen sich aus solchen wässrigen Lösungen alle Metalle elektrolytisch abscheiden lassen, deren Standardelektrodenpotenzial positiver ist als $-0{,}41$ V. Das trifft außer für die Metalle, die in der Spannungsreihe rechts vom Wasserstoff stehen (*Kupfer, Silber* usw.), auch für die Metalle *Blei, Zinn* und *Nickel* zu, die in der Spannungsreihe links vom Wasserstoff stehen.

In der Praxis lassen sich allerdings die in der Spannungsreihe noch weiter links stehenden Metalle *Eisen, Chrom* und *Zink* ebenfalls elektrolytisch aus wässrigen Lösungen abscheiden. Das beruht darauf, dass die in diesem Falle an sich zu erwartende Wasserstoffabscheidung an der Katode durch Überspannungserscheinungen (↑ S. 375) gehemmt wird. Besonders hoch ist die Überspannung an Quecksilber, sodass sich an Quecksilberelektroden sogar die sehr unedlen Metalle, wie Natrium, abscheiden lassen, wobei sie mit dem Quecksilber sofort ein Amalgam bilden (siehe Quecksilberverfahren (↑ S. 426)).

Für die wichtigsten **Anionen** ergibt sich folgende **Reihe der Entladbarkeit:**

Komplexe Anionen (SO_4^{2-}, NO_3^- u. a.) OH^- Cl^- Br^- I^-
schwer entladbar ⟵⟶ leicht entladbar

Aus den beiden Reihen der Entladbarkeit lässt sich ablesen, was aus den wässrigen Lösungen verschiedener Elektrolyte abgeschieden wird.

▲ Es werden abgeschieden:

	an der Katode	an der Anode
aus Salzsäure, HCl	H_2	Cl_2
aus Schwefelsäure, H_2SO_4	H_2	O_2
aus Salpetersäure, HNO_3	H_2	O_2
aus Natronlauge, NaOH	H_2	O_2
aus Kupferchloridlösung, $CuCl_2$	Cu	Cl_2
aus Kupfersulfatlösung, $CuSO_4$	Cu	O_2
aus Nickelsulfatlösung, $NiSO_4$	Ni + H_2	O_2
aus Natriumchloridlösung, NaCl	H_2	Cl_2
aus Natriumsulfatlösung, Na_2SO_4	H_2	O_2

Siehe dazu die Bilder 9-14 bis 9-17.

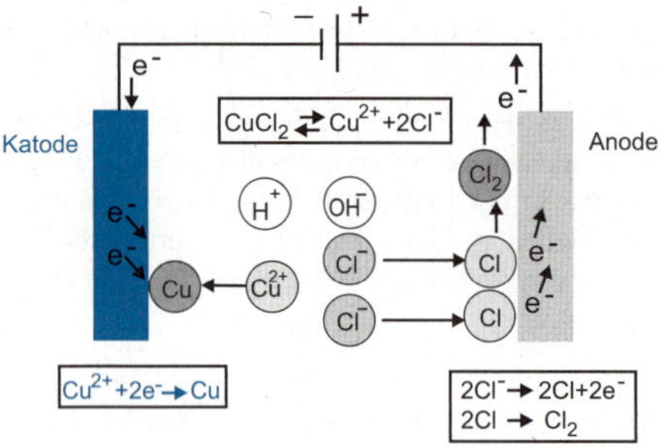

Bild 9-14: *Elektrolyse einer wässrigen Kupfer(II)-chloridlösung*

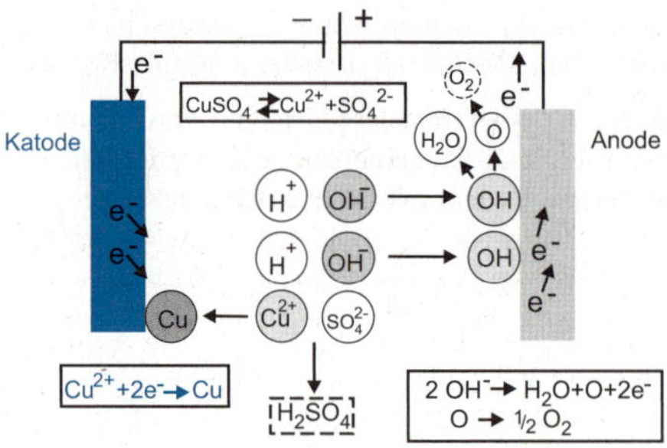

Bild 9-15: *Elektrolyse einer wässrigen Kupfer(II)-sulfatlösung*

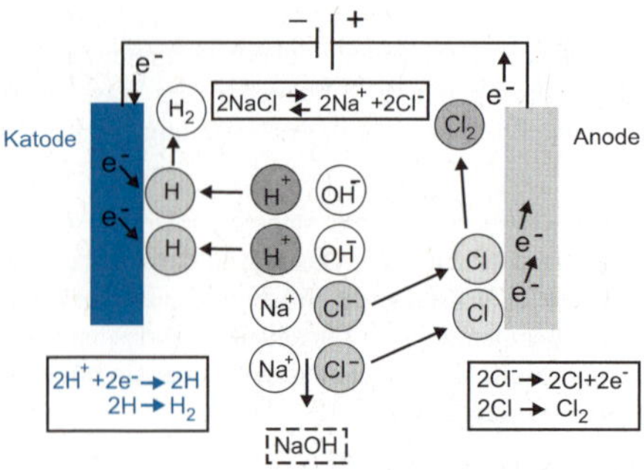

Bild 9-16: *Elektrolyse einer wässrigen Natriumchloridlösung*

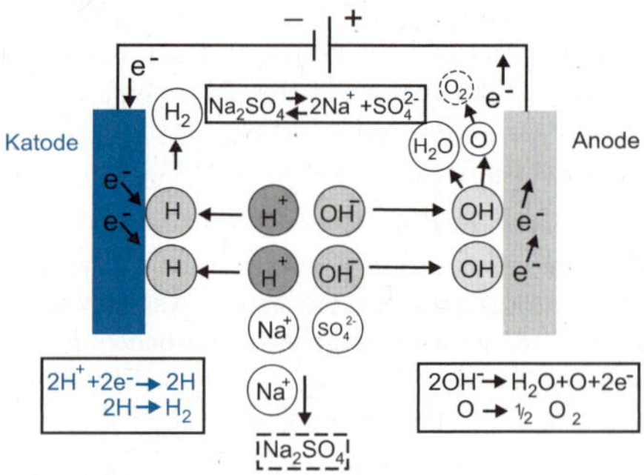

Bild 9-17: *Elektrolyse einer wässrigen Natriumsulfatlösung*

9.8.3 Elektrolyse mit angreifbarer Anode

Bei einer Elektrolyse können sich an der *Anode* unterschiedliche Vorgänge abspielen. Es gibt zahlreiche technisch-chemische Verfahren, die direkt darauf beruhen, dass das *Anodenmaterial* an den elektrochemischen Vorgängen beteiligt ist. In diesem Falle wird von *Elektrolysen mit angreifbaren Anoden* gesprochen. Es werden dann gegenübergestellt:

- die **Katode** als **Abscheidungs-** oder **Niederschlagselektrode**
- die **Anode** als **Lösungselektrode**

In den vorangegangenen Texten wurde stets vorausgesetzt, dass die Anode unangreifbar ist. Als *unangreifbare Anoden* dienen im Labor vorwiegend *Platinelektroden*, daneben werden auch Iridium, Gold und Tantal verwendet. Weitgehend unangreifbar sind auch Kohlenstoffelektroden (Graphitelektroden), die in der chemischen Technik eine wichtige Rolle spielen. (Kohlenstoffelektroden werden nur durch atomaren Sauerstoff und durch Fluor angegriffen.)

▲ Bei der Schmelzflusselektrolyse von Natriumchlorid bestehen die Anoden aus Graphit. Sie sind am Anodenvorgang

$$2\,Cl^- \rightarrow 2\,Cl + 2\,e^-; \qquad 2\,Cl \rightarrow Cl_2$$

nicht beteiligt.

Wichtige technische Verfahren mit angreifbaren Anoden sind die *Elektroraffination* von Metallen, die *Galvanotechnik*, das *Eloxieren* und das *Elysieren*.

Bei der **Elektroraffination des Kupfers** werden Raffinadekupferplatten (99 % Cu) als Anoden und Feinkupferbleche als Katoden in eine Elektrolytlösung eingehängt, die neben Kupfer(II)-sulfat Schwefelsäure enthält (Bild 9-18). Bei Stromdurchgang laufen folgende Elektrodenvorgänge ab:

Anode: $Cu_{roh} \rightarrow Cu^{2+} + 2\,e^-$ Oxidation
Katode: $Cu^{2+} + 2\,e^- \rightarrow Cu_{rein}$ Reduktion

An der Anode geht Kupfer in Form von Kupfer(II)-Ionen in Lösung (Oxidation), während die gleiche Anzahl Kupfer(II)-Ionen aus der Lösung an der Katode elementar abgeschieden wird (Reduktion). (Der Unterschied gegenüber einer Elektrolyse mit unangreifbarer Anode wird deutlich, wenn man bedenkt, dass an dieser Wassermoleküle zu Sauerstoff entladen würden.)

Die *edleren Metalle* (Silber, Gold u. a.) werden bei der Elektroraffination des Kupfers an der Anode *nicht oxidiert* und bleiben daher ungelöst. Sie werden aus dem *Bodenschlamm* der Elektrolysezellen gewonnen.

Die *unedleren Metalle* (Blei, Eisen, Zink u. a.) werden zwar an der Anode oxidiert, aber an der Katode *nicht reduziert,* da zur Entladung ihrer Ionen eine höhere Spannung erforderlich wäre als zur Entladung der Kupfer-Ionen. Die unedlen Metalle bleiben also in der Lösung zurück, sodass es gelingt, *Elektrolytkupfer* mit einer Reinheit von 99,97 % zu gewinnen.

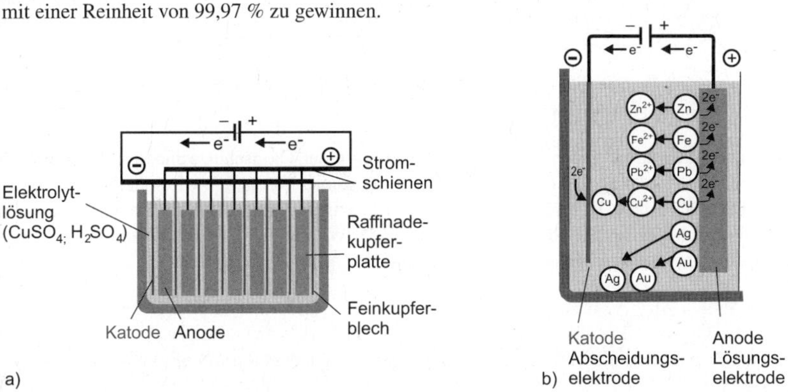

Bild 9-18: *Elektroraffination des Kupfers (Prinzipskizzen); a) Elektrolysezelle, b) Elektrodenvorgänge*

Bei der **Galvanotechnik**[1)] werden auf elektrolytischem Wege metallische Überzüge erzeugt. Dabei wird unterschieden zwischen

- **Galvanostegie**[2)], bei der die Überzüge dem Korrosionsschutz und dekorativen Zwecken dienen, und
- **Galvanoplastik**, bei der es um die Nachbildung plastischer Gegenstände geht.

Nicht alle, aber die meisten Verfahren der Galvanotechnik arbeiten mit angreifbaren Anoden. Die elektrolytische Erzeugung der Metallüberzüge beruht auf katodischer Reduktion. Das zu überziehende Werkstück wird als Katode (Abscheidungselektrode) in die Elektrolysezelle eingebracht. Die Anode besteht – von Ausnahmen, z. B. der Verchromung, abgesehen – aus dem Metall, das als Überzug dienen soll (Bild 9-19). Das hat den Vorteil, dass die Konzentration der Elektrolytlösung annähernd konstant bleibt, da die Anzahl an Metall-Ionen, die an der Katode entladen wird, gleichzeitig an der Anode in Lösung geht.

[1)] Bei der Galvanotechnik handelt es sich in der Regel *nicht* um galvanische Vorgänge, sondern um elektrolytische Vorgänge, da sie nicht freiwillig, sondern nur mit äußerem Zwang verlaufen.

[2)] *stego* (griech.) bedecken

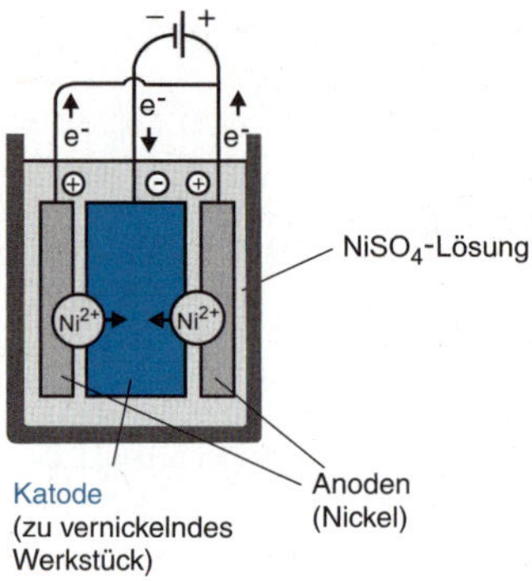

Bild 9-19: *Galvanisches Vernickeln (Prinzipskizze)*

▲ Beim *galvanischen Versilbern* besteht die Anode (Lösungselektrode) aus Silber. Das zu versilbernde Werkstück wird als Katode (Abscheidungselektrode) in die Lösung eines Silbersalzes eingehängt. Es laufen folgende Elektrodenvorgänge ab:

Anode:	$Ag \rightarrow Ag^+ + e^-$	Oxidation
Katode:	$Ag^+ + e^- \rightarrow Ag$	Reduktion

Auch auf nichtmetallischen Werkstücken kann ein metallischer Überzug erzeugt werden. Dazu werden die Werkstücke vorher durch Graphitpulver elektrisch leitfähig gemacht.

Das **Eloxieren** (auch *Aloxidieren* genannt), das zur Erzeugung einer Oxidschutzschicht auf Aluminium angewandt wird, beruht auf *anodischer Oxidation.* Das zu schützende Werkstück wird dazu als Anode in eine geeignete Elektrolytlösung (z. B. verdünnte Schwefelsäure) eingebracht (Bild 9-20). An den Elektroden erfolgt eine elektrolytische Zersetzung des Wassers (↑ S. 365). Während der an der Katode entstehende Wasserstoff gasförmig entweicht, reagiert der Sauerstoff mit dem Aluminium der Anode:

$$2\,Al + 3\,O \rightarrow Al_2O_3$$

Auf diese Weise wird die das Metall schützende natürliche Oxidschicht des Aluminiums künstlich verstärkt.

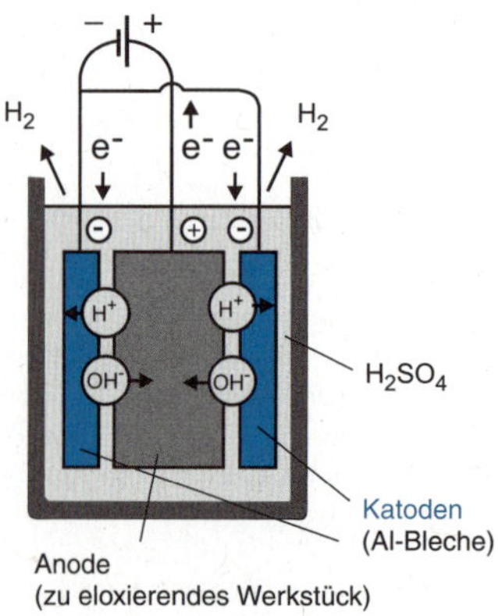

Bild 9-20: *Eloxieren (Prinzipskizze)*

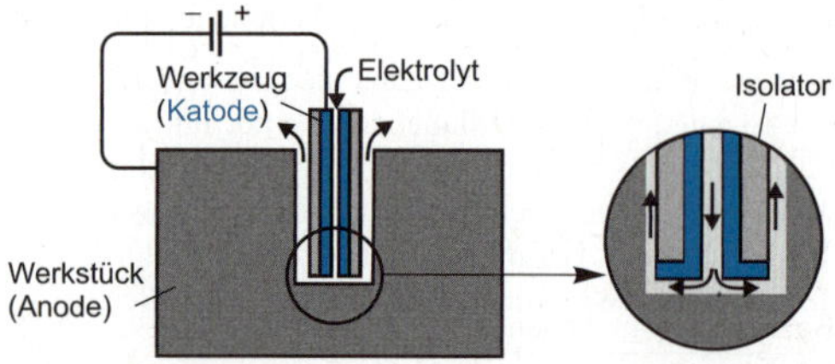

Bild 9-21: *Elysierbohren (Der Isolator verhindert an den Flanken des Werkzeugs eine anodische Oxidation.)*

Das **Elysieren** ist ein modernes Verfahren der Metallbearbeitung, insbesondere für schwer spanbare Werkstoffe, wie hoch legierte Stähle und Hartmetalle. Das Elysieren kann die Aufgaben des Bohrens, Schneidens, Drehens, Senkens und Schleifens übernehmen. Beim Elysieren wird das zu bearbeitende Werkstück an den Pluspol einer Gleichspannungsquelle angeschlossen, das Werkzeug an den Minuspol. Eine Elektrolytlösung (z. B. Salzsäure) stellt in dem schmalen Spalt (< 0,5 mm) zwischen Werkstück und Werkzeug eine ionenleitende Verbindung her (Bild 9-21). Am Werkstück kommt es dann zu einer *anodischen Oxidation,* das Werkstück ist bei diesem elektrolytischen Vorgang *Lösungselektrode.* Am Werkzeug (Katode) wird Wasserstoff abgeschieden. Die in Lösung gegangenen Metall-Ionen werden durch die rasch strömende Elektrolytlösung weggeführt.

Beim Elysieren werden sehr gute Oberflächenqualitäten und hohe Fertigungsgeschwindigkeiten erreicht. Aber die Anlagen sind kostspielig und die Aufarbeitung der mit Schwermetall-Ionen belasteten Abwässer ist schwierig.

9.9 Polarisation – Zersetzungsspannung – Überspannung

Die Elektrodenvorgänge in einer *Elektrolysezelle* sind denen in einer *galvanischen Zelle* entgegengesetzt.

Wird an eine galvanische Zelle eine entgegengesetzte äußere Spannung angelegt, so *kehren sich* die *Elektrodenvorgänge um,* sobald die äußere Spannung höher ist als die Zellspannung der galvanischen Zelle. Damit wird die *galvanische Zelle* zur *Elektrolysezelle.*

▲ In einer DANIELL-Zelle kann durch eine Spannung $U > 1{,}11$ V erzwungen werden, dass sich Zink abscheidet und Kupfer in Lösung geht (Bild 9-22):

Katode:	$Zn^{2+} + 2\,e^- \rightarrow Zn$	Reduktion
Anode:	$Cu \rightarrow Cu^{2+} + 2\,e^-$	Oxidation

Auch beim Entladen und Laden eines *Blei-Akkumulators* und jeder anderen Sekundärzelle (↑ S. 388) findet eine solche Umkehrung der Elektrodenvorgänge statt.

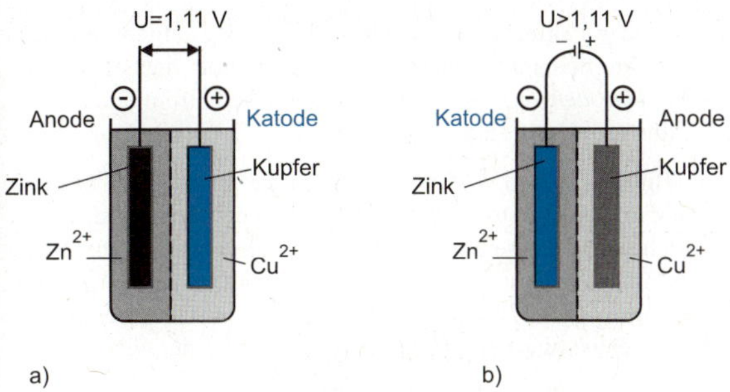

Bild 9-22: *Umkehrbarkeit von Elektrodenvorgängen; a) galvanische Zelle, b) Elektrolysezelle*

Die Beziehungen zwischen galvanischer Zelle und Elektrolysezelle werden noch deutlicher, wenn von einer *elektrochemischen Zelle* ausgegangen wird, zwischen deren beiden Elektroden *keine* Potenzialdifferenz besteht. Das ist z. B. der Fall, wenn zwei Platinelektroden in verdünnte Salzsäure tauchen (Bild 9-23a). Wird an die beiden Elektroden eine äußere Spannung angelegt, so wird die elektrochemische Zelle zur *Elektro-*

lysezelle (Bild 9-23b). Die mit dem *Minuspol* der äußeren Spannungsquelle verbundene Platinelektrode ist hier *Katode,* die mit dem *Pluspol* verbundene *Anode.* An der Katode werden Wasserstoff-Ionen reduziert, an der Anode werden Chlorid-Ionen oxidiert:

Katode:	$2\,H^+ + 2\,e^- \rightarrow H_2$	Reduktion
Anode:	$2\,Cl^- \rightarrow Cl_2 + 2\,e^-$	Oxidation

Der entstehende Wasserstoff und das entstehende Chlor werden zunächst an den Platinelektroden adsorbiert. Dadurch wird die eine Elektrode zur *Wasserstoffelektrode,* die andere zur *Chlorelektrode* (Bild 9-23c). Beide Elektroden haben nun unterschiedliche Elektrodenpotenziale ε. Die eine der beiden Platinelektroden ist zum *Minuspol* geworden, die andere zum *Pluspol.* Dieser Vorgang wird Polarisation genannt, in diesem Falle genauer **chemische Polarisation**, da sie auf chemischen Vorgängen an den Elektroden beruht.

Unter **Polarisation** [1)] wird im Zusammenhang mit der Elektrolyse allgemein die *Änderung von Elektrodenpotenzialen durch Stromfluss* verstanden.

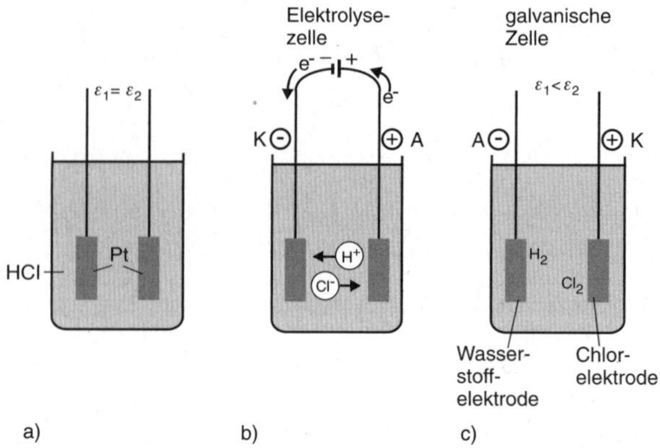

Bild 9-23: *Chemische Polarisation*

Durch die Polarisation hat sich zwischen den beiden Platinelektroden eine Zellspannung aufgebaut, die der äußeren Spannung entgegenwirkt. Wird die äußere Spannung *abgeschaltet,* so liegt nun eine *galvanische Zelle* vor (Bild 9-23c), die in *Umkehrung der Elektrodenvorgänge* so lange elektrischen Strom liefern kann, bis die adsorbierten Gase Wasserstoff und Chlor verbraucht sind.

Wird dagegen die äußere Spannung erhöht (Bild 9-23b), so wächst damit auch die ihr entgegenwirkende Zellspannung, bis schließlich der Partialdruck des Wasserstoffs bzw. des Chlors den herrschenden Luftdruck übersteigt. Es bilden sich dann Gasbläschen von Wasserstoff und Chlor, die aus der Elektrolytlösung entweichen. Bei weiterer Erhöhung der äußeren Spannung steigt dann die entgegenwirkende Zellspannung nicht weiter an. Der Elektrolyt Salzsäure (Chlorwasserstoff) wird nun in Wasserstoff und Chlor zerlegt. Die äußere Spannung, die dazu mindestens erforderlich ist, wird *Zersetzungsspannung* genannt.

Die **Zersetzungsspannung** (Formelzeichen U_z) eines Elektrolyten ist die Mindestspannung, die zu dessen Elektrolyse erforderlich ist. Die Zersetzungsspannung ist stets *höher* als die Zellspannung (die Spannung im stromlosen Zustand). Dabei spielen außer dem *inneren Widerstand* der Elektrolysezelle noch *Überspannungserscheinungen* eine Rolle.

[1)] Quantitativ ist die *Polarisation* die *Differenz* zwischen dem Elektrodenpotenzial unter Stromfluss ε_I und dem Elektrodenpotenzial im stromlosen Zustand ε_0 (auch Ruhepotenzial ε_R genannt): $\Delta\varepsilon = \varepsilon_I - \varepsilon_0$

Infolge des *inneren Widerstandes* R_i jeder elektrochemischen Zelle besteht ein Unterschied zwischen

- der *Spannung im stromlosen Zustand* U_0 und
- der *Spannung unter Stromfluss* U_I.

In der galvanischen Zelle ist $U_I < U_0$;
in der Elektrolysezelle ist $U_I > U_0$.

Die *Spannungsdifferenz* zwischen dem stromdurchflossenen Zustand und dem stromlosen Zustand

$$\Delta U = U_I - U_0$$

hat daher

- in einer galvanischen Zelle

  $\Delta U = U_k - U_0$ *negatives* Vorzeichen,
- in einer Elektrolysezelle

  $\Delta U = U_z - U_0$ *positives* Vorzeichen.

Bei der *galvanischen Zelle* ist U_0 als Zellspannung (auch Ruhespannung) bekannt und U_I als Klemmenspannung (auch Arbeitsspannung) U_k (↑ S. 348).

Bei der *Elektrolysezelle* kann bei U_I unterschieden werden zwischen Elektrolysespannung U_e und Zersetzungsspannung U_z.

- Die *Zersetzungsspannung* U_z ist das Minimum, bei dem eine chemische Verbindung gerade noch elektrolytisch zerlegt würde.
- Die *Elektrolysespannung* U_e ist die aktuelle Spannung, bei der die Elektrolyse betrieben wird.

Es gibt auch Elektrolysen, bei denen es nicht um die „Zersetzung" einer chemischen Verbindung geht.

▲ Für die Elektrolyse einer Kupfer(II)-sulfatlösung zwischen unangreifbaren Elektroden (z. B. Graphit), bei der an der Anode Sauerstoff abgeschieden wird, wird die Zersetzungsspannung U_z = 1,49 V angegeben.
Bei der Kupferraffination, die auf angreifbaren Anoden beruht, steht dem *katodischen* Abscheidungspotenzial ε = 0,35 V das *anodische Auflösungspotenzial* ε = −0,35 V gegenüber. Die (theoretische) Elektrolysespannung ergibt sich als Summe aus dem Abscheidungspotenzial und dem Auflösungspotenzial:

$$U_e = \varepsilon_{Absch} + \varepsilon_{Aufl}; \qquad 0{,}35\ \text{V} + (-0{,}35\ \text{V}) = 0$$

Praktisch sind (des inneren Widerstandes wegen) mindestens 0,1 V erforderlich, technisch wird mit 0,3 V gearbeitet.

Wie die Zellspannung einer galvanischen Zelle die Differenz aus den beiden Elektrodenpotenzialen ist (Gleichung (9-4a) (↑ S. 354)), so ergibt sich auch die **Zersetzungsspannung** als *Differenz* aus zwei Elektrodenpotenzialen, die in diesem Falle *Abscheidungspotenziale* genannt werden:

Wie bei der *galvanischen Zelle* ist auch bei der *Elektrolysezelle*

- vom Elektrodenpotenzial des *Pluspols*
- das Elektrodenpotenzial des *Minuspols*

zu subtrahieren:

$$U_z = \varepsilon_{Pluspol} - \varepsilon_{Minuspols}$$

Da aber in der Elektrolysezelle die elektrochemische Reaktion unter Zwang in der entgegengesetzten Richtung verläuft (Bild 9-4 (↑ S. 342)), ergibt sich für *Oxidation* und *Reduktion* und damit für *Anode* und *Katode* gegenüber der Gleichung (9-4a) (↑ S. 347) die entgegengesetzte Zuordnung:

$$U_z = \varepsilon_{Ox} - \varepsilon_{Red}$$
$$U_z = \varepsilon_A - \varepsilon_K \qquad (9\text{-}4b)$$

Unter den Bedingungen, für die die Standardelektrodenpotenziale tabelliert sind (25 °C; 101,325 kPa, Ionenaktivität $a = 1$), sind die Abscheidungspotenziale gleich den Standardelektrodenpotenzialen (Tabelle 9-1 (↑ S. 346)).

▲ Elektrolyse von Kupfer(II)-chlorid in wässriger Lösung (Bild 9-14 (↑ S. 368))

$$\varepsilon^{\ominus}(Cl_2/Cl^-) = 1{,}36\ V; \qquad \varepsilon^{\ominus}(Cu^{2+}/Cu) = 0{,}35\ V$$
$$U_z^{\ominus} = \varepsilon^{\ominus}(Cl_2/Cl^-) - \varepsilon^{\ominus}(Cu^{2+}/Cu)$$
$$U_z^{\ominus} = 1{,}36\ V - 0{,}35\ V$$
$$U_z^{\ominus} = 1{,}01\ V$$

Es ist eine Zersetzungsspannung von mindestens 1,01 V erforderlich.

Liegen in einer wässrigen Lösung mehrere Kationen bzw. mehrere Anionen vor, so werden zunächst jene Ionen entladen, für die sich die *niedrigste* Zersetzungsspannung ergibt.

▲ In einer wässrigen Lösung sind enthalten Kupfer(II)-chlorid, $CuCl_2$, und Eisen(II)-bromid, $FeBr_2$.

$$\varepsilon^{\ominus}(Fe^{2+}/Fe) = -0{,}44\ V \qquad \varepsilon^{\ominus}(Br_2/Br^-) = 1{,}07\ V$$
$$\varepsilon^{\ominus}(Cu^{2+}/Cu) = 0{,}35\ V \qquad \varepsilon^{\ominus}(Cl_2/Cl^-) = 1{,}36\ V$$

Es werden zunächst Kupfer und Brom abgeschieden, da sich für deren Ionen die niedrigste Zersetzungsspannung ergibt:

$$U_z = \varepsilon^{\ominus}(Br_2/Br^-) - \varepsilon^{\ominus}(Cu^{2+}/Cu)$$
$$U_z = 1{,}07\ V - 0{,}35\ V; \qquad U_z = 0{,}72\ V$$

Sobald eines dieser Ionen verbraucht ist, kann mit einer *höheren* Zersetzungsspannung das andere Kation bzw. Anion abgeschieden werden (siehe Entladbarkeitsreihen (↑ S. 366 f.)).

Die von den Standardelektrodenpotenzialen $\varepsilon^{\ominus}$ ausgehenden Beispiele gelten für die Ionenaktivität $a = 1$. Für beliebige Ionenaktivitäten müssen zunächst die dafür geltenden Elektrodenpotenziale ε – nach der NERNSTschen Gleichung (↑ S. 353) – errechnet werden.

Der Begriff **Abscheidungspotenzial** wird

- sowohl für das *Elektrodenpotenzial* verwendet, das sich nach der NERNSTschen Gleichung (9-10) (↑ S. 354) aus der vorliegenden Ionenaktivität ergibt (im Bild 9-24 Formelzeichen ε')
- als auch für die Summe aus diesem Elektrodenpotenzial, dem *Spannungsabfall* $I \cdot R_i$ und der *Überspannung* η (im Bild 9-24 Formelzeichen ε'').

$$\varepsilon'' = \varepsilon' + I \cdot R_i + \eta \qquad (9\text{-}20)$$

Das Produkt aus Stromstärke I und dem inneren Widerstand R_i wird allgemein *Spannungsabfall* genannt, in diesem Falle aber auch *Widerstandspolarisation.*

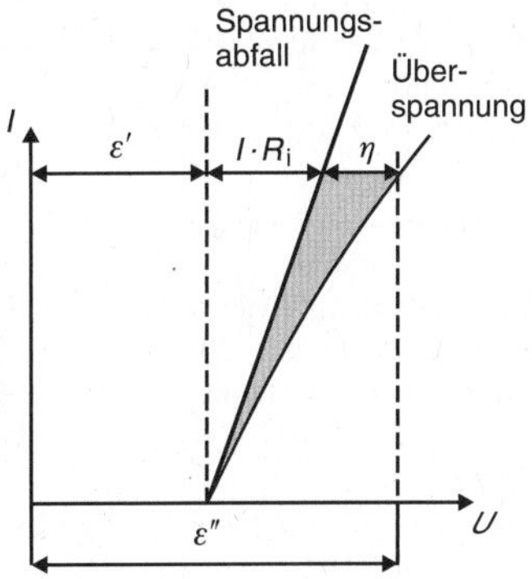

Bild 9-24: *Abscheidungspotenzial und Überspannung*

Unter dem Begriff **Überspannung** wird ein ganzer Komplex von – vielfach gleichzeitig wirkenden – Einflussfaktoren zusammengefasst, zu deren Überwindung eine *erhöhte* Spannung erforderlich ist.

Quantitativ wird unter *Überspannung* (Formelzeichen η, griech. *eta*) die *Differenz* zwischen dem *Elektrodenpotenzial unter Stromfluss* ε_I und dem *Elektrodenpotenzial im Gleichgewichtszustand* ε_{gl} verstanden:

$$\eta = \varepsilon_I - \varepsilon_{gl}$$

Folgende Arten von Überspannungen werden unterschieden:

- Konzentrationsüberspannung
- Durchtrittsüberspannung
- Diffusionsüberspannung
- Reaktionsüberspannung
- Kristallisationsüberspannung

Diese Überspannungserscheinungen sind einerseits unerwünscht, da ein Teil der elektrischen Arbeit als Wärme verloren geht. Andererseits können durch Nutzung der zugrunde liegenden Naturgesetze erwünschte Elektrodenvorgänge hervorgerufen werden, die ohne die Überspannungserscheinungen gar nicht möglich wären. Technisch bedeutsam sind vor allem die Überspannungen, die sich an verschiedenen Elektrodenmaterialien für *Wasserstoff* und für *Sauerstoff* ergeben (Tabelle 9-2).

▲ Die Standardelektrodenpotenziale für Eisen $\varepsilon^{\ominus}$ (Fe^{2+}/Fe) = –0,44 V und Zink $\varepsilon^{\ominus}$ (Zn^{2+}/Zn) = –0,76 V sind negativer als das Elektrodenpotenzial des Wasserstoffs in neutralen Lösungen ε (H^+/H_2) = –0,414 V. Werden Überspannungserscheinungen und Konzentrationsverhältnisse zielgerichtet genutzt, lassen sich Eisen und Zink dennoch elektrolytisch abscheiden. In der Entladbarkeitsreihe der Kationen (↑ S. 366) wurde das berücksichtigt. Anderenfalls stünde der Wasserstoff rechts vom Eisen.

Die verschiedenen Arten von Überspannungserscheinungen überlagern sich zum Teil, sodass deren quantitative Behandlung schwierig ist.

- **Konzentrationsüberspannung**: Während einer Elektrolyse kommt es in der Nähe der Elektroden zu *Konzentrationsänderungen* des Elektrolyten; z. B. nimmt bei der Kupferraffination die Konzentration der Kupfer(II)-Ionen an der Katode ab (da solche hier entladen werden), an der Anode zu (da solche hier in Lösung gehen). Es kommt zu einer der Elektrolysespannung entgegengesetzten *Polarisation*, der *Konzentrationspolarisation*. Diese muss durch eine Überspannung überwunden werden, die auch als *Polarisationsüberspannung* bezeichnet wird.
  Diese *Konzentrationspolarisation* ist zumindest teilweise *reversibel*; nach Abschalten der äußeren Spannung wirkt die Elektrolysezelle als galvanische Zelle (hier *Konzentrationszelle* genannt), bis die Konzentrationsunterschiede durch Umkehrung der Elektrodenvorgänge ausgeglichen sind.

Andere Überspannungserscheinungen beruhen darauf, dass den Elektrodenvorgängen andere Vorgänge vor- oder nachgelagert sind. Wenn diese langsamer verlaufen als die Elektrodenvorgänge selbst, kommt es zu *Hemmungen,* die durch eine Überspannung überwunden werden müssen. Diese Vorgänge sind *nicht reversibel.*

- **Durchtrittsüberspannung:** Sie beruht auf Hemmungen, die beim Durchtritt der Ladungsträger (Ionen, Elektronen) durch die elektrochemische Doppelschicht an den Elektroden auftreten.
- **Diffusionsüberspannung:** Sie beruht auf Hemmungen, die beim Transport der Ionen zwischen dem Inneren der Elektrolytlösungen und der Phasengrenzfläche der Elektroden auftreten.
- **Reaktionsüberspannung:** Sie beruht darauf, dass den Elektrodenvorgängen Reaktionen – nicht elektrochemischer Natur – vorangehen oder folgen (z. B. Hydratisierung oder Dehydratisierung von Ionen, Bildung von Gasmolekülen, Zerfall oder Bildung von Komplex-Ionen).
- **Kristallisationsüberspannung:** Sie beruht darauf, dass beim Einbau abgeschiedener Atome in das Kristallgitter der metallischen Phase der Elektrode Hemmungen auftreten.

Tabelle 9-2: *Überspannungen des Wasserstoffs und des Sauerstoffs an verschiedenen Elektroden (Mindestüberspannungen, die sich bei der Mindeststromdichte ergeben, bei der noch die Entwicklung von Gasblasen erkennbar ist.)*

Wasserstoff		Sauerstoff	
Platin (platiniert)	0 V	Nickel	+0,12 V
Palladium	0 V	Cobalt	+0,13 V
Gold	−0,02 V	Platin (platiniert)	+0,24 V
Platin	−0,08 V	Eisen	+0.24 V
Silber	−0,10 V	Kupfer	+0,25 V
Nickel	−0,14 V	Blei	+0,30 V
Graphit	−0,14 V	Silber	+0,40 V
Eisen	−0,17 V	Cadmium	+0,42 V
Kupfer	−0,19 V	Palladium	+0,42 V
Cadmium	−0,39 V	Platin	+0,44 V
Blei	−0,40 V	Gold	+0,52 V
Zink	−0,48 V		
Quecksilber	−0,57 V		

Treten *Überspannungen* auf, so wird

- das *Elektrodenpotenzial der Katode* nach der Seite der *negativeren* Werte,
- das *Elektrodenpotenzial der Anode* nach der Seite der *positiveren* Werte

verschoben.

Die *Zersetzungsspannung* wird daher beim Vorliegen von Überspannungen *größer.* Wie der Begriff Abscheidungspotenzial, so wird auch der Begriff **Zersetzungsspannung** (↑ S. 372) mit zweierlei Bedeutung angewandt. Ausgehend von Gleichung (9-20) (↑ S. 375) kann das so formuliert werden:

- Ohne Berücksichtigung von Spannungsabfall und Überspannung ergibt sich eine (theoretische) Zersetzungsspannung

$$U_z' = \varepsilon_A' - \varepsilon_K'$$

- Mit Berücksichtigung von Spannungsabfall und Überspannung ergibt sich die (praktische) Zersetzungsspannung:

$$U_z'' = \varepsilon_A'' - \varepsilon_K''$$

Manche technische Verfahren, z. B. die *Verchromung,* werden überhaupt nur durch Nutzung von Überspannungserscheinungen möglich. Mittels Quecksilberelektroden, an denen der Wasserstoff eine besonders hohe Überspannung aufweist, gelingt es sogar, das sehr unedle Metall Natrium katodisch abzuscheiden (Quecksilberverfahren (↑ 11.3.4)).

▲ Zwischen zwei Platinelektroden wird eine wässrige Natriumchloridlösung [mit a(NaCl) = 1] einer Elektrolyse unterzogen. Die Standardelektrodenpotenziale der Ionen des Salzes sind:

$$\varepsilon^{\ominus}(Na^+) = -2{,}71\ V; \qquad \varepsilon^{\ominus}(Cl^-) = +1{,}36\ V$$

Für die Ionen des Wassers gelten in neutraler Lösung:

$$\varepsilon(H^+) = -0{,}41\ V; \qquad \varepsilon(OH^-) = +0{,}81\ V$$

Ohne Überspannungserscheinungen ergäbe sich die niedrigste Zersetzungsspannung für die Abscheidung von *Wasserstoff* und *Sauerstoff*:

$$U_z = 0{,}81\ V - (-0{,}41\ V); \qquad U_z = 1{,}22\ V$$

Für die anodische Abscheidung von *Chlor* wäre eine höhere Zersetzungsspannung notwendig:

$$U_z = 1{,}36\ V - (-0{,}41\ V); \qquad U_z = 1{,}77\ V$$

Werden die Mindestüberspannungen am Platin (siehe Tabelle 9-2) berücksichtigt, ergibt sich für die Abscheidung von Wasserstoff und Sauerstoff die Zersetzungsspannung:

$$U_z = [0{,}81\ V + 0{,}44\ V] - [-0{,}41\ V + (-0{,}08\ V)]; \qquad U_z = 1{,}74\ V$$

Diese Zersetzungsspannung wäre immer noch niedriger als die für die Abscheidung von Chlor. Das gilt aber (nach Tabelle 9-2) für die Mindeststromdichte (hier $\approx 0{,}1\ mA \cdot cm^{-2}$), bei der die Elektrolyse gerade noch in Gang gehalten wird (sichtbar an der Bildung von Gasblasen). Wird mit einer Stromdichte von $100\ mA \cdot cm^{-2}$ gearbeitet, so entsteht an der Anode nur *Chlor*, da die *Überspannung des Sauerstoffs mit steigender Stromdichte zunimmt.*

9.10 FARADAYsche Gesetze

9.10.1 Erstes FARADAYsches Gesetz

Zwischen der bei einer Elektrolyse aufgewandten *Elektrizitätsmenge* und der *Masse* der an den Elektroden abgeschiedenen Stoffe besteht ein Zusammenhang, der zuerst (1833/34) von dem Engländer MICHAEL FARADAY erkannt wurde und heute als *erstes* FARADAY*sches Gesetz* bekannt ist:

Die Masse m des bei einer Elektrolyse an einer Elektrode abgeschiedenen Stoffes ist der Elektrizitätsmenge Q proportional, die durch den Elektrolyten geflossen ist.

$$m \sim Q$$

$$m = k \cdot Q \tag{9-21}$$

Da die Elektrizitätsmenge das Produkt aus Stromstärke I und Zeit t ist:

$$Q = I \cdot t,$$

kann das erste FARADAYsche Gesetz auch so formuliert werden:

$$m = k \cdot I \cdot t \tag{9-21a}$$

Der Proportionalitätsfaktor k ist wie die molare Masse M eine *stoffspezifische Konstante*, die wie folgt mit der molaren Masse M (↑ S. 30) zusammenhängt:

$$k = \frac{M}{z \cdot F} \tag{9-22}$$

F ist die FARADAY-*Konstante* 96 485 $A \cdot s \cdot mol^{-1}$.
z ist die *Reaktionsladungszahl,* das heißt, die Anzahl an Elektronen, die je Formelumsatz aufgenommen oder abgegeben werden. Im einfachsten Falle handelt es sich um die *Ionenwertigkeit* des zu entladenden Ions, weshalb im Folgenden auch kurz von *Wertigkeit* gesprochen wird.

Der Proportionalitätsfaktor k ist auch als *elektrochemisches Äquivalent* (Formelzeichen $\ddot{A}_e$) bekannt.

Aus den Größenarten für die molare Masse $\frac{[\text{Masse}]}{[\text{Stoffmenge}]}$ und für die FARADAY-Konstante $\frac{[\text{Stromstarke}] \cdot [\text{Zeit}]}{[\text{Stoffmenge}]}$ ergibt sich für den Proportionalitätsfaktor k

$$\frac{[\text{Masse}] \cdot [\text{Stoffmenge}]}{[\text{Stoffmenge}] \cdot [\text{Stromstarke}] \cdot [\text{Zeit}]} = \frac{[\text{Masse}]}{[\text{Stromstarke}] \cdot [\text{Zeit}]}$$

und damit die SI-Einheit $\frac{g}{A \cdot s} = g \cdot A^{-1} \cdot s^{-1}$.

▲ Das Kupfer(II)-Ion, Cu^{2+}, hat den Proportionalitätsfaktor:

$$k(Cu^{2+}) = \frac{63{,}55\ g \cdot mol^{-1}}{2 \cdot 96485\ A \cdot s \cdot mol^{-1}}; \qquad k(Cu^{2+}) = 3{,}293 \cdot 10^{-4}\ g \cdot A^{-1} \cdot s^{-1}$$

Wird die Gleichung (9-22) in die Gleichung (9-21a) eingesetzt, ergibt sich die Gleichung (9-23), mit der alle Berechnungen zum ersten FARADAYschen Gesetz ausgeführt werden können:

$$m = \frac{M \cdot I \cdot t}{z \cdot F} \qquad (9\text{-}23)$$

▲ Welche Masse Kupfer wird von 100 A in einer Stunde abgeschieden?

$$m(\mathrm{Cu}) = \frac{M(\mathrm{Cu}) \cdot I \cdot t}{z(\mathrm{Cu}) \cdot F}$$

$$m(\mathrm{Cu}) = \frac{63{,}55\ \mathrm{g \cdot mol^{-1}} \cdot 100\ \mathrm{A} \cdot 3600\ \mathrm{s}}{2 \cdot 96485\ \mathrm{A \cdot s \cdot mol^{-1}}}; \qquad \mathrm{m(Cu)} = 118{,}56\ \mathrm{g}$$

Sind mehrere Berechnungen zur gleichen Elektrolyse auszuführen, so ist mittels des einmal berechneten Proportionalitätsfaktors k von der Gleichung (9-21a) auszugehen.

▲ Welche Masse Kupfer wird

a) von 200 A in einer Stunde,
b) von 100 A in zwei Stunden

abgeschieden?

$$m(\mathrm{Cu}) = k(\mathrm{Cu}^{2+}) \cdot I \cdot t$$

a) $m(\mathrm{Cu}) = 3{,}293 \cdot 10^{-4}\mathrm{g \cdot A^{-1} \cdot s^{-1}} \cdot 200\ \mathrm{A} \cdot 3600\ \mathrm{s}$; $\qquad m(\mathrm{Cu}) = 237{,}1\ \mathrm{g}$
b) $m(\mathrm{Cu}) = 3{,}293 \cdot 10^{-4}\mathrm{g \cdot A^{-1} \cdot s^{-1}} \cdot 100\ \mathrm{A} \cdot 7200\ \mathrm{s}$; $\qquad m(\mathrm{Cu}) = 237{,}1\ \mathrm{g}$

Die Masse m des abgeschiedenen Stoffes erhöht sich proportional der Stromstärke I und proportional der Zeit t.

9.10.2 Zweites FARADAYsches Gesetz

FARADAY erkannte weiterhin, dass zwischen den Massen *verschiedener Stoffe,* die von der *gleichen Elektrizitätsmenge* abgeschieden werden, eine bestimmte Beziehung besteht. Diese Erkenntnis ist als *zweites* FARADAY*sches Gesetz* bekannt. Zu einer einfachen Formulierung dieses Gesetzes kommt man, wenn statt von der Masse m von der Stoffmenge n ausgegangen wird:

Die von der gleichen Elektrizitätsmenge Q abgeschiedenen Stoffmengen n verschiedener Stoffe sind den Wertigkeiten z dieser Stoffe umgekehrt proportional.

$$n_\mathrm{A} : n_\mathrm{B} = z_\mathrm{B} : z_\mathrm{A} \qquad (9\text{-}24)$$

Die in Gleichung (9-24) wiedergegebene Proportion drückt aus, dass von 1 mol ($6 \cdot 10^{23}$) Elektronen

- 1 mol einwertige Ionen,
- 1/2 mol zweiwertige Ionen,
- $1/z$ mol z-wertige Ionen

entladen werden.

▲ Zwei Elektrolysezellen mit wässrigen Lösungen von Kupfer(II)-sulfat und Silbernitrat sind in Reihe geschaltet (Bild 9-25). An den Katoden werden Cu^{2+}-Ionen ($z = 2$) und Ag^+-Ionen ($z = 1$) entladen. Welche Stoffmenge Kupfer werden von der Elektrizitätsmenge Q abgeschieden, die 1 mol Silber abscheidet?

$$n\,(Ag^+) : n\,(Cu^{2+}) = z\,(Cu^{2+}) : z\,(Ag^+)$$

$$n\,(Cu^{2+}) = \frac{n\,(Ag^+) \cdot z\,(Ag^+)}{z\,(Cu^{2+})}; \qquad n\,(Cu^{2+}) = \frac{1\text{ mol} \cdot 1}{2}; \qquad n\,(Cu^{2+}) = \frac{1}{2}\text{ mol}$$

Es wird $\frac{1}{2}$ mol Kupfer(II)-Ionen abgeschieden.

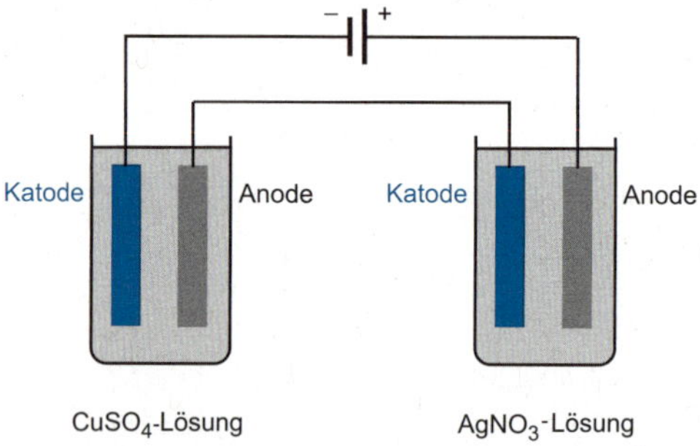

Bild 9-25: *Elektrolyse einer Kupfer(II)-sulfatlösung und einer Silbernitratlösung in Reihenschaltung*

Einfacher ist das zweite FARADAYsche Gesetz zu fassen, wenn statt

- der *Stoffmenge n*, die sich hier auf die *Ionen* bezieht,
- die *Stoffmenge der Äquivalente* n_{eq} (auch kurz *Äquivalentmenge* genannt)

zugrunde gelegt wird (↑ S. 56).

Die gleiche Elektrizitätsmenge Q scheidet von verschiedenen Stoffen die gleiche Stoffmenge der Äquivalente n_{eq} ab.

Das *Äquivalent* (↑ S. 32) tritt hier als der *Bruchteil eines Ions* auf, der *eine Ionenladung* trägt. Das Äquivalent kann als *Teilchen* im Sinne der Moldefinition (↑ S. 27) aufgefasst werden, weshalb auch von *Äquivalentteilchen* gesprochen wird.

▲ Ein Äquivalent(teilchen) des zweiwertigen Kupfers ist ein halbes Kupfer(II)-Ion, $\frac{1}{2}\,Cu^{2+}$.
Ein Äquivalent(teilchen) des Aluminiums ist ein Drittel des Aluminium-Ions, $\frac{1}{3}\,Al^{3+}$.
Ein Äquivalent(teilchen) des Silbers ist ein Silber-Ion, Ag^+.

Jedes Äquivalentteilchen trägt eine elektrische Elementarladung.

Bei den einwertigen Ionen sind Äquivalentteilchen und Ion identisch.

Die *Stoffmenge der Äquivalente* n_{eq} (auch n_{ev}) ist das *Produkt* aus der *Stoffmenge n* und der *Wertigkeit z*.

$$n_{eq} = z \cdot n \tag{9-25}$$

▲ Der Stoffmenge $n(Cu^{2+}) = 1$ mol entspricht die Stoffmenge der Äquivalente $n_{eq}(Cu^{2+}) = 2$ mol.
Der Stoffmenge $n(Al^{3+}) = 2$ mol entspricht die Stoffmenge der Äquivalente $n_{eq}(Al^{3+}) = 6$ mol.
Beim einwertigen Silber-Ion ist $n_{eq}(Ag^+) = n\,(Ag^+)$

Mit der *Stoffmenge der Äquivalente* formuliert, ist das zweite FARADAYsche Gesetz besonders leicht handhabbar.

In Elektrolysezellen, die in Reihe geschaltet sind (Bild 9-25), wird von jedem Ion – unabhängig von dessen Wertigkeit – die *gleiche Stoffmenge der Äquivalente* abgeschieden.

▲ Von der Elektrizitätsmenge, die die Stoffmenge der Äquivalente $n_{eq}(Ag^+) = 5$ mol abscheidet, wird zugleich die Stoffmenge der Äquivalente $n_{eq}(Cu^{2+}) = 5$ mol abgeschieden. Das entspricht der Stoffmenge $n(Cu^{2+}) = 2{,}5$ mol.

Nach einer anderen Schreibweise wird nicht der Index eq (bzw. ev) verwendet, sondern es wird der *Äquivalenzfaktor*

$$f_{eq} = \frac{1}{z}$$

(also der reziproke Wert der Wertigkeit) vor das Symbol des Ions in die Klammer gesetzt.

▲ $n_{eq}(Cu^{2+}) = n(\frac{1}{2}\,Cu^{2+})$
$n_{eq}(Al^{3+}) = n(\frac{1}{3}\,Al^{3+})$

Auf die **Masse** der abgeschiedenen Stoffe bezogen, lautet das zweite FARADAYsche Gesetz:

Die von der gleichen Elektrizitätsmenge Q abgeschiedenen Massen m verschiedener Stoffe verhalten sich zueinander wie die Quotienten aus molarer Masse M und Wertigkeit z.

$$m_A : m_B = \frac{M_A}{z_A} : \frac{M_B}{z_B} \qquad (9\text{-}26)$$

Diese Gleichung leitet sich aus Gleichung (9-24)

$$n_A : n_B = z_B : z_A$$

ab, indem zunächst für die *Stoffmenge n* der *Quotient* aus *Masse m* und *molarer Masse M* (Gleichung (2-5) (↑ S. 31)):

$$n = \frac{m}{M}$$

eingesetzt und dann umgestellt wird.

▲ In welchem *Massenverhältnis* werden Silber und Kupfer abgeschieden?

$M(Ag^+) = 107{,}9\ g \cdot mol^{-1}$; $M(Cu^{2+}) = 63{,}55\ g \cdot mol^{-1}$; $z(Ag^+) = 1$; $z(Cu^{2+}) = 2$

$$m(Ag) : m(Cu) = \frac{107{,}9\ g \cdot mol^{-1}}{1} : \frac{63{,}55\ g \cdot mol^{-1}}{2}$$

$$m(Ag) : m(Cu) = 107{,}9\ g \cdot mol^{-1} : 31{,}775\ g \cdot mol^{-1}$$

Die abgeschiedenen Massen von Silber und Kupfer stehen im Verhältnis 107,9 : 31,775 ≈ 3,4 : 1.

9.10.3 FARADAY-Konstante

Die Elektrizitätsmenge *Q*, die genau *1 mol einwertiger Ionen* oder *1 mol Äquivalente* (Äquivalentteilchen) entlädt, wurde mit 96 485 Coulomb (Amperesekunden) ermittelt. Das sind 26,8 Amperestunden. Das ist die Elektrizitätsmenge, die einem Mol ($\approx 6 \cdot 10^{23}$) elektrischer Ladungen (Elementarladungen) entspricht.

Der Quotient aus Elektrizitätsmenge Q und Stoffmenge n (hier besser Objektmenge (↑ S. 28)) der elektrischen Ladungen ist eine universelle Konstante (d. h. eine von der Art des Stoffes unabhängige Konstante). Sie wird **FARADAY-Konstante** genannt.

$$\frac{\text{Elektrizitätsmenge}}{\text{Stoffmenge}} = \text{FARADAY-Konstante} \qquad \frac{Q}{n} = F \qquad (9\text{-}27)$$

Aus den Größenarten $\frac{[\text{Stromstarke}] \cdot [\text{Zeit}]}{[\text{Stoffmenge}]}$ ergibt sich die SI-Einheit $A \cdot s \cdot mol^{-1}$; daneben wird auch $A \cdot h \cdot mol^{-1}$ verwendet.

Als gesicherter Wert der FARADAY-Konstante gilt heute

$$F = 96\,485{,}34\ A \cdot s \cdot mol^{-1},$$

Wird die FARADAY-Konstante F durch die Anzahl der in einem Mol enthaltenen Ionen, also durch die AVOGADRO-Konstante N_A, dividiert, so erhalten wir die Ladung eines einwertigen Ions, also die elektrische Elementarladung e (↑ S. 66).

$$\frac{\text{FARADAY-Konstante}}{\text{AVOGADRO-Konstante}} = \text{Elementarladung} \qquad \frac{F}{N_A} = e \qquad (9\text{-}28)$$

$$\frac{96485\ A \cdot s \cdot mol^{-1}}{6{,}02214 \cdot 10^{23}\ mol^{-1}} = 1{,}60217 \cdot 10^{-19}\ A \cdot s$$

Andererseits ergibt sich die FARADAY-Konstante als Produkt aus AVOGADRO-Konstante und Elementarladung:

$$\textbf{AVOGADRO-Konstante} \cdot \textbf{Elementarladung} = \textbf{FARADAY-Konstante} \quad N_A \cdot e = F \qquad (9\text{-}29)$$

$$6{,}02214 \cdot 10^{23}\ mol^{-1} \cdot 1{,}60217 \cdot 10^{-19}\ A \cdot s = 96485\ A \cdot s \cdot mol^{-1}$$

9.11 Elektrochemische Stromquellen

Bei den elektrochemischen Stromquellen wird zunächst zwischen Primärzellen und Sekundärzellen unterschieden.

Primärzellen (Primärelemente) vermögen aufgrund der zwischen ihren Elektroden bestehenden Potenzialdifferenz elektrische Arbeit zu verrichten. Dabei wird das aktive Material der Elektroden verbraucht. Sobald dieses erschöpft ist, müssen die Primärzellen entsorgt werden.

Sekundärzellen (Sekundärelemente) lassen sich wieder aufladen und haben daher eine relativ lange Lebensdauer. Die Bezeichnung *Sekundärzellen* drückt aus, dass sie erst durch das Laden, das heißt durch Zufuhr elektrischer Arbeit zu galvanischen Zellen werden.

Im allgemeinen Sprachgebrauch werden Primärzellen oft als *Batterien* bezeichnet, obwohl diese Bezeichnung im ursprünglichen Sinne nur zutrifft, wenn mehrere Zellen in einem Gehäuse in Reihe geschaltet sind, wie es in den 9-Volt-Blockbatterien sowie auch in den als Starterbatterien verwendeten Akkumulatoren der Fall ist.

Verbrauchte Primärzellen und Sekundärzellen sind ordnungsgemäß zu entsorgen [1)].

[1)] Gesetz über das Inverkehrbringen, die Rücknahme und die umweltverträgliche Entsorgung von Batterien und Akkumulatoren (Batteriegesetz BattG) in Kraft seit 1.12.2009

9.11.1 Primärzellen

9.11.1.1 Zink-Braunstein-Zellen

Die ältesten praxistauglichen Primärzellen sind die *Zink-Braunstein-Zellen*, bei denen es sich um Weiterentwicklungen des **LECLANCHÉ-Elements**[1)] (der LECLANCHÉ-Zelle) mit der galvanischen Kette

$$Zn/NH_4Cl/MnO_2/Graphit$$

handelt. Es gibt davon zwei Entwicklungsstufen:

- die ältere *sauere Zink-Braunstein-Zelle*, die auch heute noch produziert wird, aber in den Hintergrund getreten ist gegenüber
- der *alkalischen Zink-Braunstein-Zelle*, die heute meis verwendete Primärzelle.

Bei der **saueren Zink-Braunstein-Zelle**[2)] dient das *Zink*, das als *Minuspol* auftritt, zugleich als *Gefäß* (Bild 9-26). Als *Pluspol* dient ein *Graphitstab*. Dieser ist von *Mangan(IV)-oxid*, MnO_2, (als Mineral *Braunstein* genannt) umhüllt, das sich in einem Gazebeutel befindet. Die als *Elektrolyt* dienende *Ammoniumchloridlösung*, NaH_4Cl, ist *gelatiniert* – als erster Schritt der Weiterentwicklung der LECLANCHÉ-Zelle. Infolge *Hydrolyse* reagiert diese Lösung *sauer*, was sich in der Bezeichnung dieser Zelle niederschlägt. Ihre Zellspannung (Ruhespannung) liegt nahe bei 1,6 Volt, ihre Arbeitsspannung (Klemmenspannung) (↑ S. 348) bei 1,2 Volt.

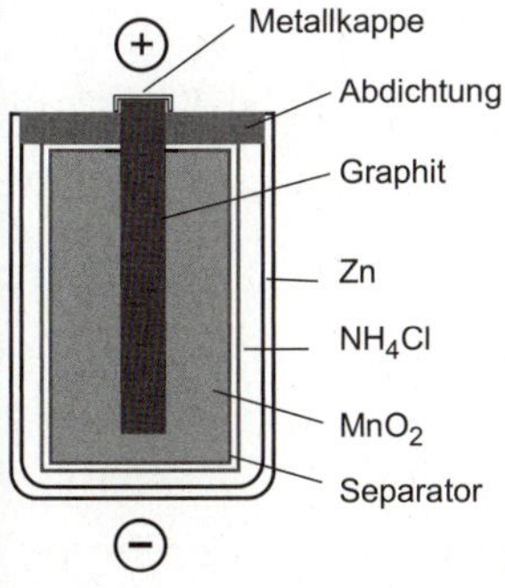

Bild 9-26: *Zink-Braunstein-Zelle mit saurem Elektrolyt*

Die Elektrodenvorgänge sind vielfältig und verändern sich während der Entladung. Als wesentlich gilt heute, dass der *anodischen Oxidation* des Zinks

$$Zn \rightarrow Zn^{2+} + 2\,e^-$$

eine *katodische Reduktion* der Mangan(IV)-Ionen

$$2\,Mn^{4+} + 2\,e^- \rightarrow 2\,Mn^{3+}$$

gegenübersteht. An der Anode entsteht das schwer lösliche Komplexsalz Diamminzinkchlorid $[Zn(NH_3)_2]Cl_2$, an der Katode Mangan(III)-oxid-hydroxid MnO(OH). Die wichtigste *Zellreaktion* ist demnach:

$$Zn + 2\,MnO_2 + 2\,NH_4Cl \rightarrow 2\,MnO(OH) + [Zn(NH_3)_2]Cl_2$$

1) entwickelt von dem französischen Chemiker GEORGE LECLANCHÉ 1868
2) im Handel heute auch unter der Bezeichnung Zink-Kohle-Batterie

Die **alkalische Zink-Braunstein-Zelle**[1] (Bild 9-27) ist eine weitere Entwicklungsstufe der LECLANCHÉ-Zelle. Sie enthält als *Elektrolyt Kalilauge*, KOH. Der höheren Leitfähigkeit der Kalilauge wegen tritt hier ein geringerer Spannungsabfall ein. Die Aggressivität der Kalilauge erfordert aber einen höheren Aufwand für die Abdichtung der Zelle. Die Anordnung der Elektroden ist der in der sauren Zink-Braunstein-Zelle entgegengesetzt.

Das *Mangan(IV)-oxid* steht im Kontakt mit dem Zellgehäuse. Es ist zur Erhöhung der Leitfähigkeit mit Graphitpulver gemischt.

Das *Zink* befindet sich in der Mitte des Gefäßes und ist durch einen Stromableiter (z. B. aus Messing) mit dem Bodenblech verbunden. Das Zink liegt pulver- oder flitterförmig vor. Um Wasserstoffkorrosion (↑ S. 410) zu vermeiden, wurde das Zink amalgamiert, wodurch die Überspannung für Wasserstoff erhöht wird. Um die durch das Quecksilber verursachten Entsorgungsprobleme zu vermeiden, wird heute dieser Korrosion durch Verwendung von sehr reinem Zink und durch organische Inhibitoren (↑ S. 187) entgegenwirkt. Der *Separator* (in Form eines Beutels, der das Zink umschließt) besteht aus Cellulose- oder Kunststofffasern. Er ist wie die beiden Elektroden von Kalilauge durchtränkt.

Die Elektrodenvorgänge sind auch bei dieser Zelle kompliziert. An der *negativen Elektrode* wird *Zink oxidiert*:

$$Zn + 2\,OH^- \rightarrow Zn^{II}(OH)_2 + 2\,e^-$$

An der *positiven Elektrode* wird *Mangan reduziert*; wobei zwei Schritte unterschieden werden:

$$Mn^{IV}O_2 + H_2O + e_- \rightarrow Mn^{III}O(OH) + OH^-$$
$$Mn^{III}O(OH) + H_2O + e^- \rightarrow Mn^{II}(OH)_2 + OH^-$$

Als Gesamtreaktion lässt sich – stark vereinfacht – angeben:

$$Zn + Mn^{IV}O_2 + 2\,H_2O \rightarrow Zn^{II}(OH)_2 + Mn^{II}(OH)_2$$

Die Zellspannung der alkalischen Zink-Braunstein-Zelle beträgt etwa 1,6 V, die Arbeitsspannung etwa 1,3 V.

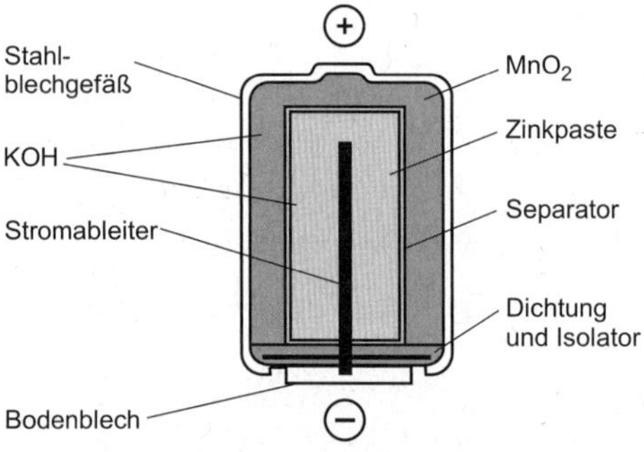

Bild 9-27: *Zink-Braunstein-Zelle mit alkalischem Elektrolyt*

Die **Zink-Luftsauerstoff-Zelle** sei hier kurz ergänzend dargestellt- Ihr bekanntestes Einsatzgebiet sind die *Knopfzellen* für Hörgeräte. Zum anderen wird sie in großen Ausführungen z. B. für Baustellenbeleuchtungen genutzt.

Der *Zinkelektrode* steht eine *Gasdiffusionselektrode* gegenüber, die über kleine Öffnungen mit der Außenluft in Verbindung steht. Zwischen den beiden Elektroden ist *Kalilauge* als Elektrolyt in einem porösen Material fixiert (vergleiche Bild 9-28).

[1] Auch als *Alkali-Mangan-Zelle* (Alkali-Mangan-Batterie) oder einfach *Alkaline* bezeichnet.

Die Zellreaktion ergibt sich aus den Elektrodenreaktionen an der *Anode*

$$Zn + 2\,OH^- \rightarrow Zn(OH)_2 + 2\,e^-$$

und der *Katode*

$$\frac{1}{2}O_2 + H_2O + 2\,e^- \rightarrow 2\,OH^-$$

$$Zn + \frac{1}{2}O_2 + H_2O \rightarrow Zn(OH)_2$$

Die Ruhespannung von Zink-Luftsauerstoff-Zellen erreicht bis zu 1,5 V.

9.11.1.2 Zink-Silberoxid-Zelle

In der *Zink-Silberoxid-Zelle* steht der negativen Zinkelektrode eine positive Elektrode gegenüber, die als aktives Material neben Silber(I)-oxid, Ag_2O, auch Silber(II)-oxid, Ag_2O_2, enthält. Als Elektrolyt dient eine mit Zinkoxid, ZnO, gesättigte Kalilauge, die von Cellulose aufgesaugt ist.

Die wichtigsten Elektrodenreaktionen sind

- am *Minuspol*:

$$Zn + 2\,OH^- \rightarrow Zn(OH)_2 + 2\,e^-$$

- am *Pluspol*:

$$Ag_2O + H_2O + 2\,e^- \rightarrow 2\,Ag + OH^-$$

Das ergibt die Gesamtreaktion:

$$Zn + Ag_2O + H_2O \rightarrow Zn(OH)_2 + 2\,Ag$$

Die Zellspannung liegt bei 1,7 V, die Arbeitsspannung bei 1,4 V. Die Zink-Silberoxid-Zelle wird vornehmlich als Knopfzelle für Armbanduhren und Taschenrechner eingesetzt (siehe Bild 9-28).

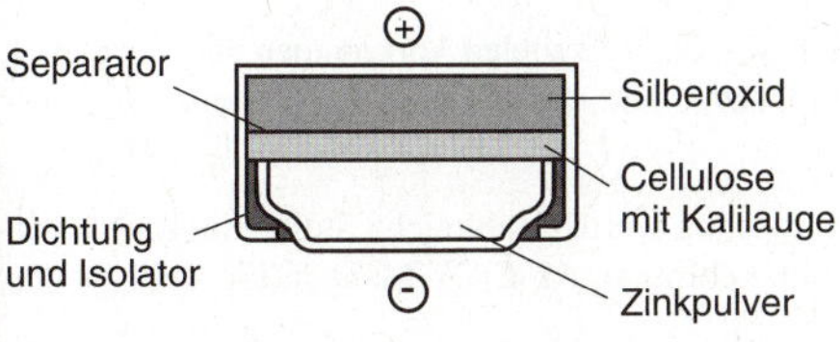

Bild 9-28: *Zink-Silberoxid-Knopfzelle*

Auch *Zink-Silberoxid-Sekundärzellen* werden hergestellt. Beim Laden kehren sich die vorstehenden elektrochemischen Reaktionen um. Diese Sekundärzellen haben mit bis zu 120 $Wh \cdot kg^{-1}$ eine viel höhere Energiedichte als die Nickel-Cadmium-Zellen (bis 35 $Wh \cdot kg^{-1}$) und werden daher auch als *Leichtakkumulatoren* bezeichnet. Infolge der beim Laden nicht ganz zu vermeidenden Bildung von Zink-Dendriten (↑ S. 396) ist jedoch ihre Lebensdauer (mit etwa 100 Ladezyklen) sehr begrenzt.

9.11.1.3 Lithiumzellen

Zink hat das Standardelektrodenpotenzial $\varepsilon^{\ominus} = -0{,}76$ V. Galvanische Elemente mit wesentlich höherer Zellspannung können entwickelt werden, wenn als aktives Material für die negative Elektrode eines der Metalle verwendet wird, die ein stärker negatives Standardelektrodenpotenzial aufweisen, also in der Spannungsreihe (siehe Tabelle 9-1 (↑ S. 346)) über dem Zink stehen.

Als am besten geeignet erwies sich das **Lithium**. Lithium hat das extrem niedrige Standardelektrodenpotenzial $\varepsilon^{\ominus} = -3{,}03$ V. Außerdem hat Lithium die außerordentlich geringe Dichte $\varrho = 0{,}54\ g \cdot cm^{-3}$. Der *Ladungsinhalt* einer Lithiumanode ist daher mit $3{,}86\ Ah \cdot g^{-1}$ nahezu fünfmal so groß wie der einer Zinkelektrode ($0{,}82\ Ah \cdot g^{-1}$).

Lithium nimmt in der chemischen Reaktivität unter den unedlen Metallen eine Mittelstellung ein. *Magnesium* und *Aluminium* bilden stabile Oxidschichten aus, die ihren technischen Einsatz überhaupt erst ermöglichen. Diese Oxidschichten sind aber für Magnesium- bzw. Aluminium-Ionen undurchlässig und stehen daher einer Verwendung dieser Metalle als Elektrodenmaterial entgegen. Auch Lithium bildet eine Schutzschicht aus. Diese ist jedoch für Lithium-Ionen durchlässig.

Natrium und *Kalium* sind wesentlich stärkere Reduktionsmittel als Lithium. Aber auch Lithium reduziert Wasserstoff-Ionen zu elementarem Wasserstoff. Daher können in Lithiumzellen keine wässrigen Elektrolytlösungen verwendet werden, sondern nur aprotische Elektrolytlösungen. Aprotisch sind Verbindungen, die in ihren Molekülen keine als Ionen abspaltbare Protonen enthalten. Das sind vorwiegend organische Verbindungen. Um eine hinreichende elektrische Leitfähigkeit zu erreichen, müssen *Leitsalze* zugesetzt werden (z. B. Lithiumperchlorat, $LiClO_4$). Deren Löslichkeit wird durch eine relativ hohe *Dielektrizitätskonstante* (↑ S. 251) des aprotischen Lösemittels gefördert, d. h., dessen Moleküle müssen *Dipolcharakter* haben. Das dafür in Lithiumzellen vielfach verwendete *Propylencarbonat*

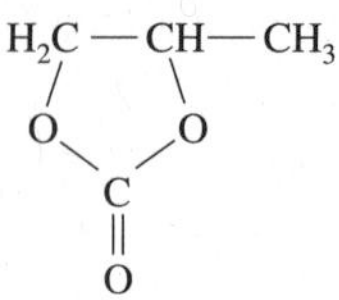

zeichnet sich durch eine außerordentlich große Spanne zwischen Schmelzpunkt (−49 °C) und Siedepunkt (241 °C) aus. Aufgrund dessen ist es gelungen, Lithiumzellen zu entwickeln, die in einem Temperaturbereich von −40 bis +70 °C einsetzbar sind.

Lithium steht – vor allem in dem Mineral *Spodumen*, $LiAl[Si_2O_6]$ – in vielen Vorkommen zur Verfügung. Es lässt sich mechanisch gut verarbeiten, z. B. zu Folien walzen. Die Herstellung von Lithiumzellen muss allerdings in Trockenräumen ($H_2O < 2\ \%$) erfolgen.

Als aktives Material für die *positive Elektrode* von Lithiumzellen wurden zahlreiche Stoffe von ganz unterschiedlichem Charakter erprobt. Im Folgenden werden Silberchromat, Ag_2CrO_4, Mangan(IV)-oxid, MnO_2, und Thionylchlorid, $SOCl_2$, als Beispiele behandelt.

Die in den Lithiumzellen ablaufenden Elektrodenreaktionen sind kompliziert und bei weitem noch nicht völlig aufgeklärt.

Die **Lithium-Silberchromat-Zelle** enthält als aktives Material der negativen Elektrode metallisches Lithium. Als Material für die positive Elektrode dient Silberchromat, Ag_2CrO_4. Als Elektrolytlösung wird Propylencarbonat verwendet, in dem als Leitsalz Lithiumperchlorat, $LiClO_4$, gelöst ist. Mit etwa 3,3 V weist diese Zelle eine besonders hohe Zellspannung auf, die Arbeitsspannung beträgt bis zu 3,2 V.

Bei der Entnahme elektrischer Arbeit wird an der *negativen Elektrode Lithium oxidiert*:

$$Li \rightarrow Li^+ + e^-$$

an der *positiven Elektrode* werden *Silber-Ionen reduziert*:

$$Ag^+ + e^- \rightarrow Ag$$

Als Zellreaktion ergibt sich daraus:

$$2\,Li + Ag_2CrO_4 \rightarrow Li_2CrO_4 + 2\,Ag$$

Diese Reaktion ist nicht umkehrbar, sodass Lithium-Silberchromat-Zellen nicht wieder aufgeladen werden können. Infolge der geringen Leitfähigkeit des Elektrolyten eignen sich diese Zellen nur für sehr geringe Belastungen, wie sie z. B. in Herzschrittmachern auftreten.

Die **Lithium-Braunstein-Zelle** ist heute eine der am meisten verwendeten Lithium-Primärzellen. Das als *positive Elektrode* eingesetzte **Mangan(IV)-oxid** (Mangandioxid, Braunstein), MnO_2, wirkt als *Interkalationskatode* [1)]. Das Kristallgitter des Braunsteins weist Tunnelstruktur auf, d. h., es lassen sich leicht kleine Fremdatome einlagern, in diesem Falle Lithium-Ionen, Li^+. Dabei bleibt die Kristallstruktur des Braunsteins zunächst erhalten. Erst wenn das Verhältnis Lithium-Ionen zu Mangan(IV)-Ionen größer wird als 1 Li : 4 Mn, tritt eine deutliche Aufweitung des Braunsteingitters ein.

Formal wird die Elektrodenreaktion so erklärt, dass Mangan(IV)-Ionen in dem Maße, in dem Lithium-Ionen eingelagert werden, zu Mangan(III)-Ionen reduziert werden:

$$Mn^{IV}O_2 + e^- \rightarrow Mn^{III}O_2 \quad \text{bzw.}$$
$$Mn^{4+} + e^- \rightarrow Mn^{3+}$$

An der Braunsteinelektrode tritt damit *Elektronenmangel* auf. Eine weitergehende Aufklärung dieses Elektrodenvorganges steht noch aus. So konnte Mangan(III)-oxid, Mn_2O_3, bisher nicht nachgewiesen werden.

An der *negativen Elektrode* steht dem die Oxidation von *Lithium* gegenüber:

$$Li \rightarrow Li^+ + e^-$$

Als Gesamtreaktion wird angegeben:

$$Li + Mn^{IV}O_2 \rightarrow (Li^+)Mn^{III}O_2$$

Der Braunstein bedarf einer besonderen Vorbehandlung, insbesondere muss er wasserfrei sein. Als Bindemittel wird ihm Polytetrafluorethen zugesetzt, zur Erhöhung der Leitfähigkeit Ruß.

Als Lösemittel wird meist ein Gemisch aus Propylencarbonat und 1,2-Dimethoxyethan, $CH_3–O–CH_2–CH_2–O–CH_3$, eingesetzt, als Leitsalz Lithiumperchlorat, $LiClO_4$.

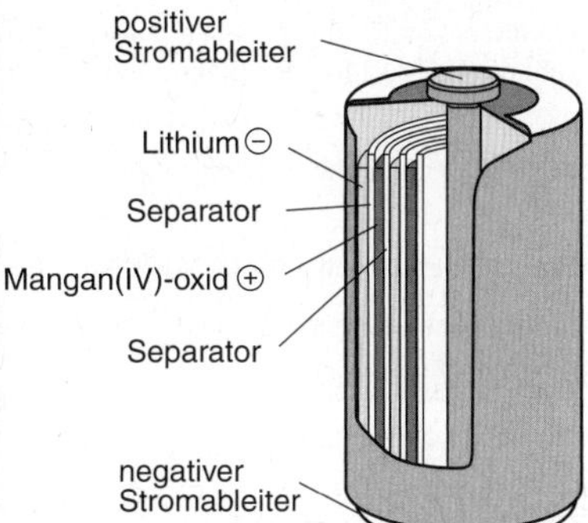

Bild 9-29: *Lithium-Braunstein-Wickelzelle (Prinzipskizze)*

[1)] *intercalare* (lat.) einschieben

Die Zellspannung von Lithium-Braunstein-Zellen erreicht bis 3,5 V, die Arbeitsspannung bis 2,9 V. Hergestellt werden Lithium-Braunstein-Zellen als Knopfzellen und als Rundzellen, darunter

- Hochkapazität-Masserundzellen (bis 2 Ah) und
- Hochstrom-Wickelrundzellen (2 Ah und mehr) (siehe Bild 9-29).

Die **Lithium-Thionylchlorid-Zelle** weicht von den herkömmlichen Vorstellungen über galvanische Zellen ab, da das als Lösemittel verwendete *Thionylchlorid*, $SOCl_2$, zugleich als aktives Material der *positiven Elektrode* wirkt, also einer katodischen Reduktion unterliegt. Die dafür angegebene Elektrodenreaktion, in der *Schwefel* reduziert wird,

$$2\,\overset{+4}{S}OCl_2 + 4\,e^- \rightarrow 2\,Cl^- + \overset{0}{S} + \overset{+4}{S}O_2$$

verläuft über mehrere Schritte [1].

An der *negativen Elektrode* steht dem die Oxidation von *Lithium* gegenüber:

$$4\,Li \rightarrow 4\,Li^+ + 4\,e^-$$

Als Summe ergibt das:

$$4\,Li + 2\,SOCl_2 \rightarrow 4\,LiCl + S + SO_2$$

Das Thionylchlorid ist zwischen −160 °C und +79 °C flüssig, woraus sich ein großes Temperaturintervall für die Einsatzfähigkeit dieser Zellen ergibt. Als Leitsalz dient Lithium-tetrachlorido-aluminat, $LiAlCl_4$. Vorteilhaft ist es, dass Thionylchlorid auf der Lithiumelektrode eine Deckschicht ausbildet, die diese vor Korrosion schützt, aber die Leitfähigkeit für Lithium-Ionen, Li^+, gewährleistet. Die Zellspannung der Lithium-Thionylchlorid-Zelle beträgt 3,7 V, die Arbeitsspannung liegt bei 3,4 V.

9.11.2 Sekundärzellen – Akkumulatoren

In den Sekundärzellen kann mittels *umkehrbarer* Elektrodenreaktionen *Energie gespeichert* werden, indem elektrische Arbeit *zugeführt* und wieder *abgegeben* wird. Daraus resultiert die Bezeichnung *Akkumulator* [2] (Sammler).

Die in eine Elektrolytlösung tauchenden Elektroden eines Akkumulators werden durch *Laden polarisiert* [3]. Bei der Entnahme elektrischer Arbeit aus einem Akkumulator geht die Polarisation der Elektroden zurück. Dieser Vorgang wird *Entladen* genannt.

Beim *Laden* eines Akkumulators erhöht sich die *chemische Energie* des elektrochemischen Systems, beim *Entladen* nimmt sie ab.

Laden und *Entladen* eines Akkumulators sind einander entgegengesetzte elektrochemische Vorgänge.

Beim Laden eines Akkumulators ist dessen *Minuspol* mit dem *Minuspol* des Ladegerätes und dessen *Pluspol* mit dem *Pluspol* des Ladegerätes zu verbinden. (Andernfalls tritt ein Kurzschluss ein!)

---

[1] Literatur: *Eichingern, G.; Semrau, G.*: Lithiumbatterien. In: Chemie in unserer Zeit 24(1990)32 und 90

[2] *accumulare* (lat.) anhäufen

[3] Unter Polarisation (↑ S. 372) wird jede durch Stromfluss bewirkte Änderung eines Elektrodenpotenzials verstanden.

Beim *Entladen* wirkt der Akkumulator als *galvanische Zelle*, beim *Laden* wirkt er als *Elektrolysezelle* (Bild 9-4 (↑ S. 342)). Daraus ergeben sich folgende entgegengesetzte begriffliche Zuordnungen:

Beim **Entladen** eines Akkumulators, also bei der Entnahme elektrischer Arbeit, findet

- an der *negativen* Elektrode eine *Oxidation* statt, sie ist also *Anode*,

  ▲ $Pb \rightarrow Pb^{2+} + 2\,e^-$

- an der *positiven* Elektrode dagegen eine *Reduktion*, sie ist also *Katode*.

  ▲ $Pb^{4+} + 2\,e^- \rightarrow Pb^{2+}$

Beim **Laden** eines Akkumulators, also bei der Zufuhr elektrischer Arbeit, findet

- an der *negativen* Elektrode eine *Reduktion* statt, sie ist also *Katode*,

  ▲ $Pb^{2+} + 2\,e^- \rightarrow Pb$

- an der *positiven* Elektrode dagegen eine *Oxidation*, sie ist also *Anode*.

  ▲ $Pb^{2+} \rightarrow Pb^{4+} + 2\,e^-$

Wird in der Literatur im Zusammenhang mit Akkumulatoren von Anode und Katode gesprochen, so bezieht sich das in der Regel auf den Entladevorgang.

Die am weitesten verbreiteten Akkumulatoren sind (siehe Tabelle 9-3) (↑ S. 399):

- der *Bleiakkumulator* (seit 1859, französischer Physiker GASTON PLANTÉ) und
- der *Nickel-Cadmium-Akkumulator* (seit 1899, schwedischer Erfinder WALDEMAR JUNGNER (↑ S. 391)).

In den letzten Jahrzehnten des 20. Jahrhunderts wurden zahlreiche andere Akkumulatoren entwickelt und erprobt. In beträchtlichem Umfang eingesetzt werden davon

- der *Nickel-Metallhydrid-Akkumulator* (↑ S. 394) und
- der *Lithium-Ionen-Akkumulator* (↑ S. 396).

Hinzu kommen als – in Aufbau und Wirkungsweise ganz andersartige – Hochtemperaturakkumulatoren

- der *Natrium-Schwefel-Akkumulator* (↑ S. 399) und
- der *Natrium-Nickelchlorid-Akkumulator* (↑ S. 400).

Neben dem traditionellen Einsatz als *Starterbatterie* für Kraftfahrzeuge ist in den letzten Jahrzehnten ein ständig steigender Bedarf an wieder aufladbaren Batterien für elektronische Geräte entstanden. Es wird geradezu von *3-C-Batterien* gesprochen (Camcorder, Cellular Phone, Computer). Um die Umweltbelastung zu reduzieren, die durch die Abgase und den Lärm von Verbrennungsmotoren entsteht, wird auch intensiv daran gearbeitet, Batterien für elektrische Straßenfahrzeuge (*ESF-Batterien*) zu entwickeln.

Mit einer angestrebten Fahrstrecke von 200 km je Batterieladung und einer mittleren Ladedauer von 4 Stunden kommt der Einsatz solcher Batterien zunächst für den innerstädtischen Verkehr in Betracht. In Ballungsgebieten ist damit eine Reduzierung von Verkehrslärm und Schadstoffemission zu erreichen. Allerdings tritt für den Schadstoffausstoß nur eine territoriale Verlagerung ein, soweit der zum Laden der ESF-Batterien verwendete elektrische Strom aus Kraftwerken stammt, die auf Basis fossiler Brennstoffe arbeiten. Immerhin sind die Emissionen von Kraftwerken geringer und besser zu überwachen als die Emissionen von Kraftfahrzeugen.

Die Entwicklung von ESF-Batterien verlief in den letzten Jahrzehnten widersprüchlich, da große technische und Sicherheitsprobleme zu bewältigen sind. Neben den Brennstoffzellen (↑ S. 402) und der ZEBRA-Zelle (↑ S. 401) wird jetzt die Lithium-Ionen-Zelle als recht aussichtsreich eingeschätzt.

9.11.2.1 Bleiakkumulator

Beim Bleiakkumulator dienen als aktive Materialien

- an der *negativen* Elektrode (Minuspol) *Blei*,
- an der *positiven* Elektrode (Pluspol) *Blei(IV)-oxid*

und als Elektrolyt *Schwefelsäure*.

Das Zellsymbol lautet:

$$(-)\ Pb/H_2SO_4/PbO_2\ (+)$$

Die *Zellspannung* (Ruhespannung) beträgt 2,06 V, die *Arbeitsspannung* liegt zwischen 1,8 und 2,0 V.

Die Elektrodenplatten bestehen aus einem Bleigitter, das am Minuspol mit einer porösen Masse aus Blei, am Pluspol mit einer porösen Masse aus Blei(IV)-oxid ausgefüllt ist. Zwischen den Platten verhindern *Separatoren* (*Scheider*) aus perforiertem Plastmaterial elektronenleitende Kontakte, während die Ionenleitfähigkeit gewährleistet wird (Bild 9-30).

Bei Entnahme elektrischer Arbeit gehen sowohl das Blei als auch das Blei(IV)-oxid in Blei(II)-sulfat über. Dieses ist schwer löslich, es bleibt daher im Blei bzw. im Blei(IV)-oxid verteilt, was Voraussetzung für die Umkehrung der Elektrodenvorgänge ist.

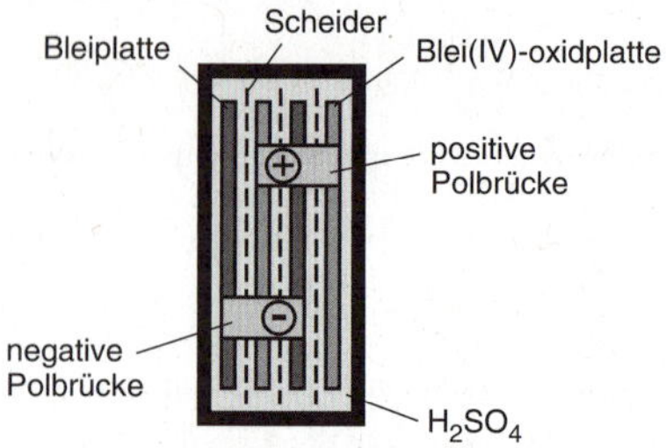

Bild 9-30: *Zelle eines Bleiakkumulators (Prinzipskizze)*

Der Gesamtvorgang des Entladens und des Ladens lässt sich unter Verwendung von Oxidationszahlen (↑ S. 170) wie folgt darstellen:

$$\overset{0}{Pb} + \overset{+4}{Pb}O_2 + 2\,H_2SO_4 \underset{\text{Laden}}{\overset{\text{Entladen}}{\rightleftharpoons}} 2\,\overset{+2}{Pb}SO_4 + 2\,H_2O$$

Die Elektrodenvorgänge im Bleiakkumulator sind kompliziert, und es gibt dazu noch unterschiedliche Auffassungen. Als sicher gilt, dass beim *Entladen* an der *negativen* Elektrode durch anodische Oxidation Blei(II)-Ionen entstehen:

$$Pb \underset{\text{Laden}}{\overset{\text{Entladen}}{\rightleftharpoons}} Pb^{2+} + 2\,e^-$$

Da freie Blei(IV)-Ionen nicht nachgewiesen werden können, wird angenommen, dass an der *positiven* Elektrode die katodische Reduktion unter Beteiligung von Wasserstoff-Ionen H^+ (bzw. Oxonium-Ionen H_3O^+) der Schwefelsäure abläuft:

$$PbO_2 + 4\,H^+ + 2\,e^- \underset{\text{Laden}}{\overset{\text{Entladen}}{\rightleftharpoons}} Pb^{2+} + 2\,H_2O$$

Die bei der Dissoziation bzw. Protolyse der Schwefelsäuremoleküle in der Elektrolytlösung zurückbleibenden Hydrogensulfat-Ionen, HSO_4-

$$H_2SO_4 \rightleftharpoons HSO_4^- + H^+$$

bzw.

$$H_2SO_4 + H_2O \rightleftharpoons HSO_4^- + H_3O^+$$

bilden dann in einer – nicht elektrochemischen – Folgereaktion mit den Blei(II)-Ionen schwer lösliches Bleisulfat:

$$Pb^{2+} + HSO_4^- \rightleftharpoons PbSO_4 + H^+$$

Diese Folgereaktion wird beim Laden des Akkumulators ebenfalls umgekehrt.

Da beim Entladen die Konzentration der Schwefelsäure abnimmt, kann aus deren Dichte, die mit einem Aräometer ermittelt wird, auf den Ladungszustand des Akkumulators geschlossen werden. (Dabei ist auf die Temperaturabhängigkeit der Dichte zu achten.)

Beim *Überladen* eines Bleiakkumulators entsteht an der *negativen* Elektrode *Wasserstoff*:

$$4\,H^+ + 4\,e^- \rightarrow 2\,H_2\uparrow$$

und an der *positiven* Elektrode *Sauerstoff*

$$4\,OH^- \rightarrow O_2\uparrow + 2\,H_2O + 4\,e^-$$

Es kommt also zu einer Elektrolyse von Wasser. Man sagt dann, der Akkumulator „gast“. Diese Reaktion kann schon einsetzen, bevor der Akkumulator vollständig geladen ist, und zwar dann, wenn in einer der Zellen für den Ladungsvorgang keine Blei(II)-Ionen mehr zur Verfügung stehen. (Das tritt infolge geringfügiger Unterschiede in der Kapazität der einzelnen Zellen ein und nimmt mit fortschreitender Betriebsdauer zu.) Früher musste daher in Bleiakkumulatoren regelmäßig destilliertes Wasser nachgefüllt werden. Heute sind die Bleiakkumulatoren weitgehend wartungsfrei.

Das wird auf unterschiedliche Weise erreicht:

- Durch Bleilegierungen, die eine besonders hohe Überspannung für Wasserstoff aufweisen, wird die Entladung von Wasserstoff weitgehend verhindert.
- Durch einen Katalysator im Gasraum des Akkumulators kann entstandener Wasserstoff und Sauerstoff sofort wieder zu Wasser umgesetzt werden.
- Vollständig wartungsfrei sind gasdicht gekapselte Bleiakkumulatoren, in denen sich ein *Kreislauf* ausbildet, in dem der an der *positiven* Elektrode entstehende *Sauerstoff* zur *negativen* Elektrode diffundiert und dort wieder zu Wasser umgesetzt wird:

$$2\,H_2O \rightarrow O_2 + 4\,H^+ + 4\,e^-$$
$$O_2 + 4\,H^+ + 4\,e^- \rightarrow 2\,H_2O$$

9.11.2.2 Nickel-Cadmium-Akkumulator

Beim *Nickel-Cadmium-Akkumulator* liegen im geladenen Zustand als aktive Materialien

- an der *negativen* Elektrode *Cadmiumpulver* und
- an der *positiven* Elektrode *Nickel(III)-oxidhydroxid*, NiO(OH), vor.

Beim *Entladen* bilden sich Cadmium(II)-hydroxid und Nickel(II)-hydroxid, die beide unlöslich sind.

$$\overset{0}{\text{Cd}} + 2\,\text{OH}^- \rightarrow \overset{+2}{\text{Cd}}\,(\text{OH})_2 + 2\,\text{e}^- \qquad \text{negative Elektrode}$$

Oxidation

$$2\ \overset{+3}{\text{Ni}}\,\text{O(OH)} + 2\text{H}_2\text{O} + 2\,\text{e}^- \rightarrow 2\ \overset{+2}{\text{Ni}}\,(\text{OH})_2 + 2\,\text{OH}^- \qquad \text{positive Elektrode}$$

Reduktion

Durch Addition ergibt sich für den Gesamtvorgang des Entladens und des Ladens:

$$2\,\text{NiO(OH)} + \text{Cd} + 2\,\text{H}_2\text{O} \underset{\text{Laden}}{\overset{\text{Entladen}}{\rightleftharpoons}} 2\,\text{Ni(OH)}_2 + \text{Cd(OH)}_2$$

Als Elektrolyt dient Kalilauge. Das Kaliumhydroxid nimmt aber an den Elektrodenvorgängen nicht teil, es bewirkt nur die elektrische Leitfähigkeit. (Dementsprechend lässt sich der Ladungszustand eines Nickel-Cadmium-Akkumulators nicht über die Dichte der Kalilauge ermitteln.)

Das Zellsymbol lautet:

(−)Cd/KOH/NiO(OH)(+)

Die Zellspannung (Ruhespannung) beträgt 1,35 V, die Arbeitsspannung liegt bei 1,2 V.

Die Elektrodenmaterialien befinden sich in flachen Taschen aus perforiertem veredeltem Stahlblech. Zwischen den Elektroden befinden sich auch bei diesem Akkumulator Scheider aus Plastmaterial (Bild 9-31).

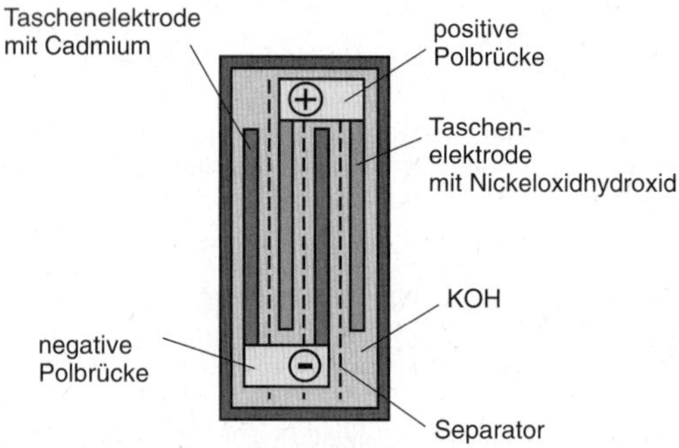

Bild 9-31: *Zelle eines Nickel-Cadmium-Akkumulators (Prinzipskizze)*

Beim *Nickel-Eisen-Akkumulator* wird für die *negative* Elektrode statt des Cadmiumpulvers *Eisenpulver* verwendet. Der Elektrodenvorgang ist:

$$\overset{0}{\text{Fe}} + 2\text{OH}^- \rightarrow \overset{+2}{\text{Fe}}\,(\text{OH})_2 + 2\text{e}^- \qquad \text{Oxidation}$$

Da für beide Akkumulatoren vorwiegend Gefäße aus Stahlblech verwendet werden, sind sie auch unter der Bezeichnung *Stahlsammler* bekannt.

Neben den seit langem bekannten kastenförmigen Nickelakkumulatoren gibt es heute auch *Rundzellen*, die in *Wickeltechnik* hergestellt werden. Sie entsprechen äußerlich den Zink-Braunstein-Monozellen und können an deren Stelle eingesetzt werden. In diesen Zellen sind die positive Elektrode (Ni) und die negative Elektrode (Cd) in Form flexibler, poröser Platten spiralförmig aufgewickelt (Bild 9-32). Sie werden durch ein Kunstfaservlies (als Separator) von einander getrennt. Der Elektrolyt (Kalilauge) durchdringt nicht nur das Vlies, sondern auch die Elektrodenplatten, sodass für die Elektrodenreaktionen eine große Oberfläche zur Verfügung steht. Die negative Elektrodenplatte ist mit dem Zellbecher, die positive Elektrodenplatte mit dem Zelldeckel leitend verbunden.

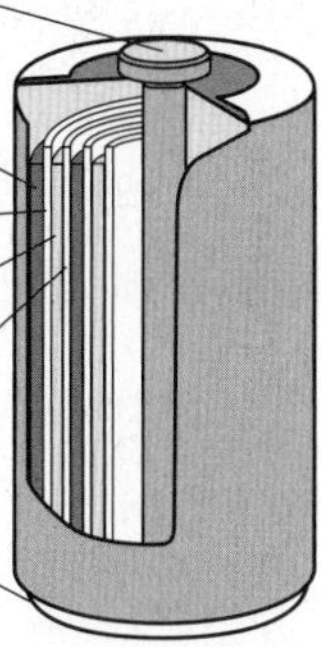

Bild 9-32: *Nickel-Cadmium-Rundzelle in Wickeltechnik (Prinzipskizze)*

Beim Nickel-Cadmium-Akkumulator sind umfassendere Vorkehrungen notwendig als beim Bleiakkumulator, um eine Elektrolyse des Wassers zu verhindern. Nach der Gleichung

$$2\,H_2O + 2\,e^- \rightarrow H_2\uparrow + OH^- \qquad (9\text{-}30)$$

entstünde *Wasserstoff* nicht nur beim *Überladen* – an der *negativen* Elektrode – sondern auch beim *Überentladen* – an der *positiven* Elektrode. Durch Überdimensionierung der negativen Elektrode $Cd/Cd(OH)_2$ wird dem entgegengewirkt.

Beim **Überladen** wird an der *negativen* Elektrode überschüssiges *Cadmiumhydroxid* (als Ladereserve bezeichnet) zu *Cadmium* reduziert:

$$2\,Cd(OH)_2 + 4\,e^- \rightarrow 2\,Cd + 4\,OH^-$$

während an der *positiven* Elektrode *Sauerstoff* entsteht:

$$4\,OH^- \rightarrow O_2 + 2\,H_2O + 4\,e^-.$$

Dieser Sauerstoff diffundiert zur *negativen* Elektrode und oxidiert dort das – soeben entstandene – überschüssige Cadmium wieder zu Cadmiumhydroxid:

$$2\,Cd + O_2 + 2\,H_2O \rightarrow 2\,Cd(OH)_2$$

Beim **Überentladen** wird zunächst überschüssiges Cadmium (als Entladereserve bezeichnet) an der *negativen* Elektrode zu Cadmiumhydroxid oxidiert:

$$Cd + 2\,OH^- \rightarrow Cd(OH)_2 + 2\,e^-$$

Um zu verhindern, dass gleichzeitig an der *positiven* Elektrode nach Gleichung (9-30) Wasserstoff entsteht, wird an dieser, also am Nickelhydroxid, $Ni(OH)_2$, etwas Cadmiumhydroxid (als antipolare Masse bezeichnet) angebracht, das beim Überentladen zu Cadmium reduziert wird:

$$Cd(OH)_2 + 2\,e^- \rightarrow Cd + 2\,OH^-$$

Ist an der *negativen* Elektrode beim Überentladen das überschüssige Cadmium (Entladereserve) verbraucht, setzt Sauerstoffentwicklung ein – wie beim Überladen an der positiven Elektrode:

$$4\,OH^- \rightarrow O_2 + 2\,H_2O + 4\,e^-$$

Dieser Sauerstoff diffundiert zur positiven Elektrode und oxidiert dort das in der antipolaren Masse entstandene Cadmium wieder zu Cadmiumhydroxid:

$$2\,Cd + O_2 + 2\,H_2O \rightarrow 2\,Cd(OH)_2$$

Dieser Vorgang wird als Regeneration der antipolaren Masse bezeichnet.

Ein Nachteil der Nickel-Cadmium-Akkumulatoren ist der so genannte *Memory-Effekt*. Werden diese Akkumulatoren häufig nach einer Teilentladung schon wieder aufgeladen, nimmt die verfügbare *Kapazität* [1)] immer mehr ab. Das könnte vermieden werden, wenn alle Ladegeräte mit einer Schaltung für eine kontrollierte Tiefentladung versehen wären.

Bei gleicher Kapazität sind die *Nickelakkumulatoren* viel leichter als Bleiakkumulatoren und weniger anfällig gegen ein Aufbewahren im ungeladenen Zustand, aber des Nickels wegen auch wesentlich kostspieliger. Sie werden daher vor allem dort verwendet, wo es besonders auf geringe Masse ankommt (Flugwesen, Raumfahrt, Motorräder, Grubenlampen) oder wo die Materialkosten wenig ins Gewicht fallen (aufladbare Knopfzellen, z. B. für elektronische Hörgeräte; Bild 9-33).

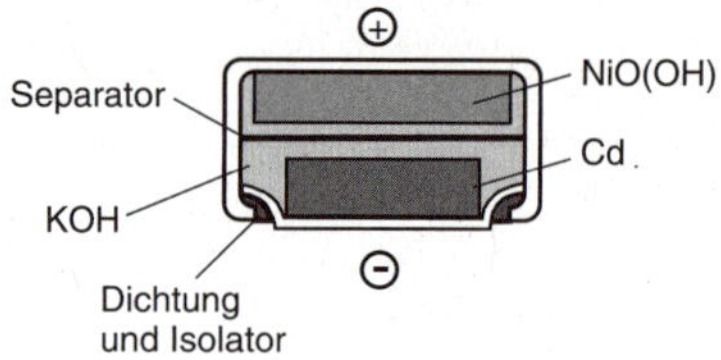

Bild 9-33: *Nickel-Cadmium-Knopfzelle*

9.11.2.3 Nickel-Metallhydrid-Akkumulator

Die **Nickel-Metallhydrid-Akkumulatoren** sind eine Weiterentwicklung der Nickel-Cadmium-Akkumulatoren. Dabei geht es nicht nur darum, das giftige Cadmium zu ersetzen, das die Entsorgung der Akkumulatoren problematisch macht. Sondern es wird zugleich eine längere Lebensdauer und eine höhere Kapazität erreicht, dem allerdings eine geringere Hochstrombelastbarkeit gegenübersteht. Es gibt Metalle und Legierungen, die in der Lage sind, erhebliche Mengen an Wasserstoff zu speichern. Anstelle des Cadmiums kann für die negative Elektrode ein solches Speichermetall (im Folgenden mit M symbolisiert) eingesetzt werden.

Beim **Laden** eines solchen Akkumulators werden der (positiven) Nickelelektrode Elektronen entzogen, wodurch Nickel(II) zu Nickel(III) oxidiert wird. Zugleich werden Wasserstoff-Ionen H^+ in die Elektrolytlösung abgegeben:

$$Ni^{II}(OH)_2 \rightarrow Ni^{III}O(OH) + H^+ + e^-$$

Die Elektronen werden über den äußeren Stromkreis der negativen Elektrode zugeführt (Bild 9-34). Dadurch entsteht im Kristallgitter des Speichermetalls ein Überschuss an Elektronen, also an negativen Ladungen. Zu deren Ausgleich werden Wasserstoff-Ionen aus der Elektrolytlösung in das Kristallgitter des Speichermetalls aufgenommen:

$$M + H^+ + e^- \rightarrow MH$$

1) die in Amperestunden gemessen wird

Formal steht demnach der elektronischen Leitung im äußeren Stromkreis eine ionische Leitung im Elektrolyten gegenüber. Da die als Elektrolytlösung verwendete Kalilauge einen hohen Überschuss an Hydroxid-Ionen aufweist, erfolgt die ionische Leitung allerdings nicht durch eine direkte Wanderung von Wasserstoff-Ionen von der positiven zur negativen Elektrode. Vielmehr vereinigen sich die Wasserstoff-Ionen an der positiven Elektrode mit Hydroxid-Ionen zu Wassermolekülen:

$$H^+ + OH^- \rightarrow H_2O$$

während an der negativen Elektrode in der gleichen Anzahl Wasserstoff-Ionen aus Wassermolekülen abgespalten werden:

$$H_2O \rightarrow H^+ + OH^-$$

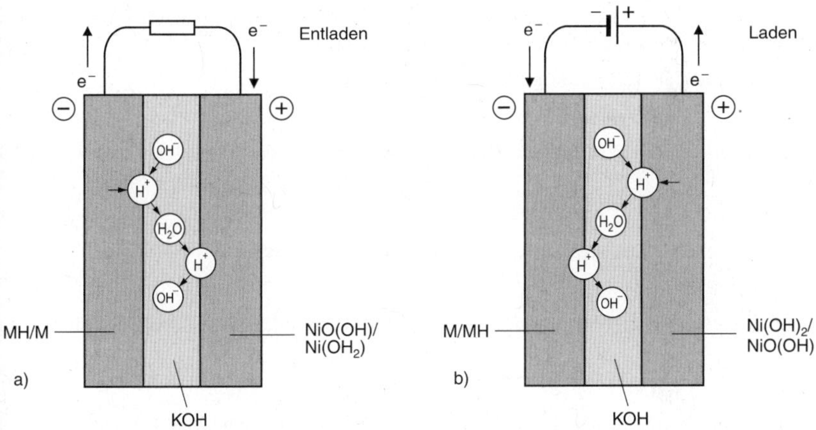

Bild 9-34: *Nickel-Metallhydrid-Zelle (Prinzipskizze)*

Das *Speichermetall* mit eingelagerten Protonen wird als *Metallhydrid* (MH) bezeichnet. (Das darf nicht zu der Vorstellung führen, der Wasserstoff läge in Form von Hydrid-Ionen H^- vor. Diese würden einen sehr viel größeren Raum beanspruchen als die Protonen H^+.)

Beim **Entladen**, also bei der Entnahme elektrischer Arbeit, kehren sich die vorstehenden Gleichungen um. An der *negativen* Elektrode (MH) gehen gespeicherte Wasserstoff-Ionen in die Elektrolytlösung über, während gleichzeitig Elektronen in den äußeren Stromkreis fließen:

$$MH \rightarrow M + H^+ + e^-$$

An der *positiven* Elektrode (Ni) wird unter Zufuhr von Elektronen Nickel(III) zu Nickel(II) reduziert, wobei Wasserstoff-Ionen aus der Elektrolytlösung aufgenommen werden:

$$NiO(OH) + H^+ + e^- \rightarrow Ni(OH)_2$$

Durch Addition ergibt sich damit die Zellreaktion:

$$MH + NiO(OH) \underset{\text{Laden}}{\overset{\text{Entladen}}{\rightleftharpoons}} M + Ni(OH)_2$$

Das Speichermetall (M) wirkt als *Wirtsmetall* für die als *Gäste* auftretenden Wasserstoff-Ionen H^+. Wegen der reversiblen Aufnahme und Abgabe von Elektronen wird das Speichermetall als *redoxaktiv* bezeichnet.

Es wurde eine Vielzahl von Legierungen als Speichermetall erprobt. Dabei geht es vor allem darum, bei vertretbaren Kosten eine hinreichende Anzahl von Ladezyklen (1000 und mehr) zu erreichen. Als bekanntester Vertreter gilt eine Lanthan-Nickel-Legierung mit der Zusammensetzung $LaNi_5$. Diese vermag pro Formeleinheit bis zu 6 Protonen zu speichern. Das ergibt für die negative Elektrode die Elektrodenreaktion:

$$LaNi_5 + 6\,H^+ + 6\,e^- \rightarrow LaNi_5H_6$$

Der hohen Kosten des Lanthans wegen werden an dessen Stelle heute meist Mischmetalle eingesetzt, wie sie vor allem aus dem Mineral Monazit gewonnen werden können. Sie enthalten neben Lanthan vor allem Cer, Praseodym und Neodym. Ebenso wird ein Teil des Nickels durch Cobalt ersetzt. Die Volumenveränderung dieser Speichermetalle zwischen geladenem und ungeladenem Zustand liegt bei 10 % (bis höchstens 20 %), was bei der Konstruktion der Akkumulatoren berücksichtigt werden muss.

Auch die Nickel-Metallhydrid-Akkumulatoren werden durch Überdimensionierung der negativen Elektrode, der Metallhydridelektrode, gegen Überladen und Überentladen geschützt.

Beim **Überladen** entsteht an der (positiven) Nickelelektrode Sauerstoff:

$$4\,OH^- \rightarrow O_2 + 2\,H_2O + 4\,e^-$$

Dieser diffundiert zur (negativen) Metallhydridelektrode und wird dort unter Bildung von Hydroxid-Ionen reduziert:

$$O_2 + 2\,H_2O + 4\,e^- \rightarrow 4\,OH^-$$

Beim **Überentladen** entsteht an der (positiven) Nickelelektrode Wasserstoff:

$$2\,H_2O + 2\,e^- \rightarrow H_2 + 2\,OH^-$$

Dieser diffundiert zur (negativen) Metallhydridelektrode und wird dort unter Bildung von Wassermolekülen oxidiert:

$$H_2 + OH^- \rightarrow 2\,H_2O + 2\,e^-$$

Die Nickel-Metallhydrid-Akkumulatoren sind gasdicht gekapselt und mit einem Überdruckventil versehen.

Die Zellspannung (Ruhespannung) beträgt 1,35 V, die Arbeitsspannung erreicht bis zu 1,2 V.

9.11.2.4 Lithium-Ionen-Akkumulator

Aufgrund der günstigen Eigenschaften, die das Lithium als negative Elektrode von Primärzellen (↑ S. 385) zeigt:

- niedrigstes Redoxpotenzial aller Metalle (−3,03 V),
- geringste Dichte aller Metalle ($0{,}53\ g \cdot cm^{-3}$) und
- Bildung einer Lithium-Ionen leitenden Schutzschicht

wird Lithium auch für wiederaufladbare Zellen eingesetzt. Dazu muss die Elektrodenreaktion

$$Li \underset{\text{Laden}}{\overset{\text{Entladen}}{\rightleftharpoons}} Li^+ + e^-$$

reversibel gestaltet werden. Beim Laden kommt es zur katodischen Reduktion von Lithium-Ionen. Es erweist sich aber als schwierig, dabei eine gleichmäßige Abscheidung des metallischen Lithiums auf der Lithiumelektrode zu erreichen. Es kann zur Bildung von *Dendriten* kommen. Das sind nadelförmige Kristallbildungen, die den Separator durchdringen und so zu einem Kurzschluss führen können. Um diese Schwierigkeiten zu umgehen, enthalten die Zellen kein metallisches Lithium, sondern Materialien, in die Lithium-

Ionen, Li^+, ein- und ausgelagert werden können. Die *Lithium-Ionen-Zelle* wurde zuerst (1991) von Japan in den Handel gebracht.

Die *negative Elektrode* dieser Zelle enthält als aktives Material *Graphit* oder *Silicium*. Die sehr kleinen Lithium-Ionen, Li^+, können in das Kristallgitter reversibel eingelagert werden. Solche Elektroden werden *Interkalationselektroden*[1]) genannt. Graphit hat aufgrund seiner Schichtstruktur eine größere Aufnahmefähigkeit für Lithium-Ionen (bis zu LiC_6) als Ruß (bis zu LiC_{12}). Die Aufnahmefähigkeit von Silicium ist noch höher (bis $LiSi_{4,4}$).

In der *positiven Elektrode* werden als aktives Material Interkalationsverbindungen von Nebegruppenelementen eingesetzt; so z. B. mit der Zusammensetzung $Li_xMn_2O_4$, Li_xCoO_2 und Li_xNiO_2 sowie auch Li_xFePO_4. x ist dabei wesentlich kleiner als 1.

Beim **Entladen** der Lithium-Ionen-Zelle, also bei der Entnahme elektrischer Arbeit (siehe Bild 9-35a),

- werden an der *negativen* Elektrode (Graphit) Lithium-Ionen aus dem Kristallgitter ausgebaut und gehen in den Elektrolyten über;
- gleichzeitig wird je ein Elektron in den äußeren Stromkreis abgegeben.
- Die Lithium-Ionen wandern zur *positiven* Elektrode (z. B. $Li_xMn_2O_4$) und werden dort in das Kristallgitter eingebaut:
- gleichzeitig wird je ein Elektron aus dem äußeren Stromkreis aufgenommen.

Beim **Laden** der Lithium-Ionen-Zelle (siehe Bild 9-35b)

- werden der *negativen* Elektrode (Graphit) Elektronen aus dem äußeren Stromkreis zugeführt;
- gleichzeitig wird je ein Lithium-Ion aus dem Elektrolyten aufgenommen und in das Kristallgitter eingebaut.
- Der *positiven* Elektrode (z. B. $Li_xMn_2O_4$) werden dagegen Elektronen entnommen;
- gleichzeitig wird je ein Lithium-Ion aus dem Kristallgitter ausgebaut und geht in den Elektrolyten über, in dem es zur negativen Elektrode wandert.

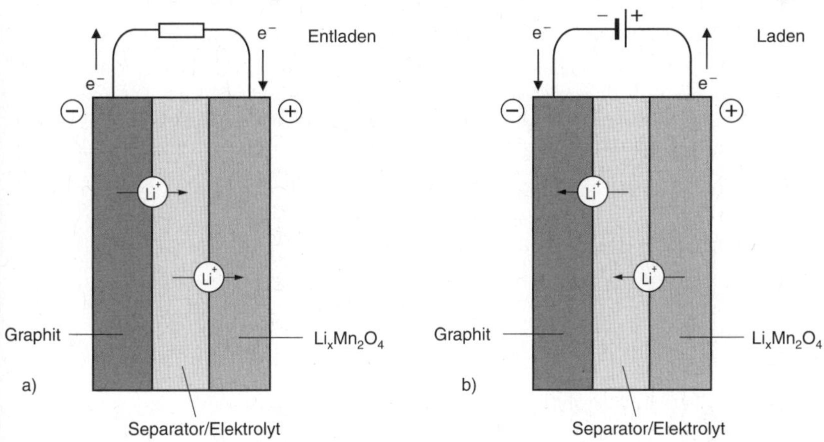

Bild 9-35: *Lithium-Ionen-Zelle (Prinzipskizze)*

---

[1]) *intercalare* (lat.) einschieben

Betrachten wir die Elektrodenvorgänge von der Interkalation der Lithium-Ionen her, so ist zu sagen, dass

- an der negativen Elektrode mit jedem eingelagerten Lithium-Ion ein Kohlenstoffatom eine negative Ladung erhält und
- an der positiven Elektrode mit jedem eingelagerten Lithium-Ion ein Mangan(IV)-Ion in ein Mangan(III)-Ion übergeht.

Um die Elektrodenvorgänge überschaubar darstellen zu können, legen wir hier – anstelle der oben genannten komplizierteren Verbindungen – eine positive Elektrode aus lithiumdotiertem Mangan(IV)-oxid zugrunde:

negative Elektrode: $$Li^{I}C^{-I} \underset{\text{Laden}}{\overset{\text{Entladen}}{\rightleftharpoons}} Li^{+} + C + e^{-}$$

positive Elektrode: $$Li^{+} + Mn^{IV}O_2 + e^{-} \underset{\text{Laden}}{\overset{\text{Entladen}}{\rightleftharpoons}} Li^{I}Mn^{III}O_2$$

Gesamtvorgang: $$Li^{I}C^{-I} + Mn^{IV}O_2 \underset{\text{Laden}}{\overset{\text{Entladen}}{\rightleftharpoons}} Li^{I}Mn^{III}O_2 + C$$

Als *Elektrolyt* dient unter anderem eine Mischung aus

Ethylencarbonat und Dimethylcarbonat

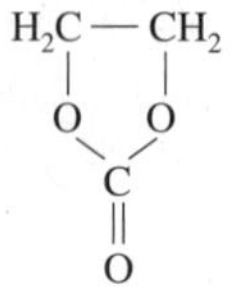

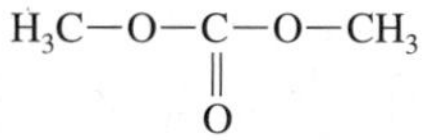

Dieser Mischung ist ein Leitsalz zugesetzt (z. B. Lithium-hexafluoro-phosphat, $LiPF_6$). Der Elektrolyt ist durch einen mikroporösen Separator (z. B. aus Polyethen) festgelegt. Auch *polymere Festelektrolyte* (z. B. Polyethylenoxid) mit hinreichender Leitfähigkeit für Lithium-Ionen werden verwendet. In diesem Falle wird auch von *Lithium-Polymer-Zellen* („LiPo") gesprochen.

Bei den Elektrodenvorgängen wird Lithium weder oxidiert noch reduziert. Im Unterschied zu den Lithium-Primärzellen geht also das Redoxpotenzial des Lithiums nicht in die Zellspannung ein. Die Zellspannung (Ruhespannung) der Lithium-Ionen-Zelle kann – je nach Zusammensetzung der Elektroden – bis über 4 V erreichen. Den entscheidenden Anteil dazu liefert mit +3,5 V das Redoxpotenzial der positiven Elektrode. Die Arbeitsspannung liegt im Mittel bei 3,6 V.

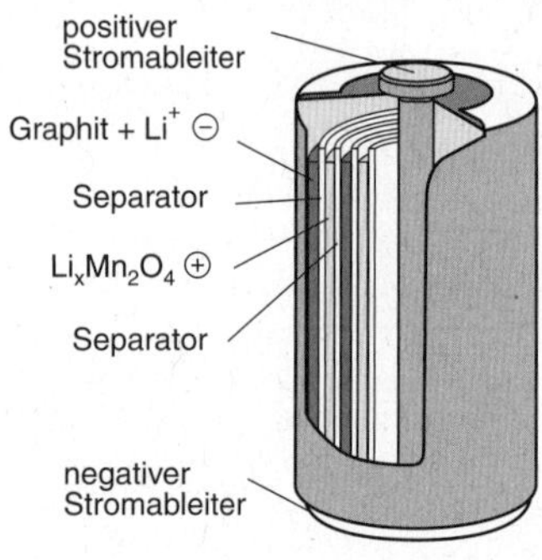

Bild 9-36: *Lithium-Ionen-Wickelzelle (Prinzipskizze)*

Die Lithium-Ionen-Zellen werden als Knopfzellen und als zylindrische und prismatische Wickelzellen eingesetzt, vor allem in Mobiltelefonen und Laptops.

In den *Wickelzellen* (Bild 9-36) bestehen die Elektroden aus Streckmetallbändern (meist Aluminium), die

- an der positiven Elektrode mit einer Paste aus einer Interkalationsverbindung mit Zusatz von Graphit (ca. 5 %) und Bindemittel (ca. 5 %) aufgefüllt sind,
- an der negativen Elektrode mit einer Graphitpaste.

Zwischen den Elektrodenbändern liegen die mit Elektrolyt getränkten Separatorenbänder. Ein solches Paket ist nur etwa 0,5 mm dick.

Inzwischen wurden auch große Lithium-Ionen-Akkumulatoren entwickelt, die aus einer großen Anzahl derartiger Wickelzellen bestehen und Betriebsspannungen bis zu 400 Volt und mehr erreichen. Sie sind zum Einsatz in Straßen-, Luft- und Wasserfahrzeugen bestimmt.

Tabelle 9-3: *Vergleich wichtiger Sekundärzellen*

	Zellspannung in V	Arbeitsspannung in V	spezifische Energie in $Wh \cdot kg^{-1}$	Energiedichte in $Wh \cdot dm^{-3}$
Pb	2,06	$< 2,0$	≈ 35	≈ 50
NiCd	1,35	$< 1,2$	≈ 50	≈ 140
NiMH	1,35	$< 1,2$	≈ 75	≈ 200
Li-Ion	4,1	$< 4,0$	≈ 120	≈ 280
NaS	2,08	$< 2,0$	≈ 100	≈ 145
ZEBRA	2,58	$< 2,5$	≈ 90	≈ 140

Der Energiegehalt kann je nach Bauart der Akkumulatoren erheblich über oder unter den hier für Vergleichszwecke angegebenen mittleren Werten liegen.

9.11.2.5 Hochtemperaturbatterien

Mit den Hochtemperaturbatterien wird der Rahmen der bisherigen Vorstellungen über Akkumulatoren völlig gesprengt. Sie enthalten keine Elektrolytlösungen und arbeiten bei einer Betriebstemperatur von 300 °C und mehr, was technisch schwer zu beherrschen ist. Die Entwicklungen führten zunächst zu einer *Natrium-Schwefel-Zelle*, die vorwiegend für stationären Betrieb in Betracht kommt. Als Energiequelle für umweltfreundliche Straßenfahrzeuge ist eine *Natrium-Nickelchlorid-Zelle* vorgesehen, die als ZEBRA-Zelle bekannt ist. Die Spannung derartiger Zellen liegt, durch die Elektrodenpotenziale (↑ S. 346) bedingt, in der Größenordnung von 2 Volt. Durch Serien- und Parallelschaltung zahlreicher Zellen werden die für den Betrieb erforderlichen Spannungen und Kapazitäten erreicht.

In der **Natrium-Schwefel-Zelle** (Bild 9-37) bildet *Natrium* das aktive Material der *negativen* Elektrode, *Schwefel* das der *positiven* Elektrode. Beide Stoffe sind bei der Betriebstemperatur von etwa 350 °C in schmelzflüssigem Zustand. Natrium ist selbst elektronenleitend, der Schwefel wird durch Zugabe von Graphit elektronenleitend. Der Schwefel befindet sich im Zellbecher, das Natrium in einem Keramikbehälter (Aluminiumoxid), der für Natrium-Ionen leitfähig ist. Aufgrund dieser Ionenleitfähigkeit wird der Keramikbehälter – in Analogie zu den herkömmlichen Akkumulatoren – als *Keramikelektrolyt* oder *Festelektrolyt* bezeichnet.

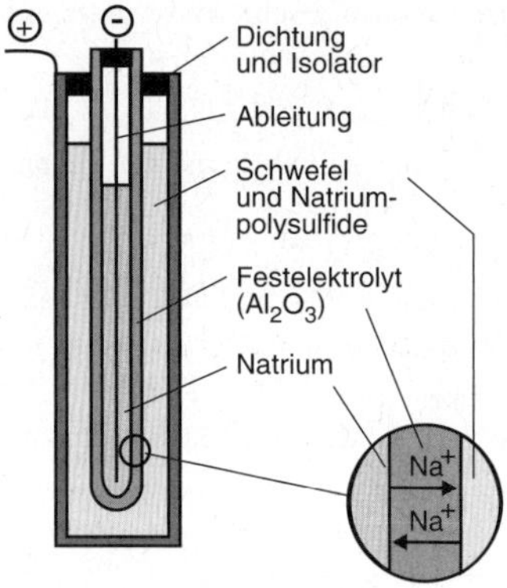

Bild 9-37: *Natrium-Schwefel-Zelle mit Festelektrolyt*

Beim *Entladen* kommt es an der Natriumelektrode zur *Oxidation*:

$$Na \rightarrow Na^+ + e^-$$

an der Schwefelelektrode zur *Reduktion*:

$$S + 2\,e^- \rightarrow S^{2-}$$

Daraus ergibt sich die Zellreaktion:

$$2\,Na + S \underset{\text{Laden}}{\overset{\text{Entladen}}{\rightleftharpoons}} 2\,Na^+ + S^{2-}$$

Die entstehenden *Natriumpolysulfide*, Na_2S_x ($x = 2, 3, 4, 5$), nehmen an den Elektrodenvorgängen teil, z. B.

$$2\,Na_2S_3 + 2\,Na^+ + 2\,e^- \rightleftharpoons 3\,Na_2S_2.$$

Als Zellsymbol kann angegeben werden:

$$(-)\ Na/Na^+(Al_2O_3)/Na_2S_x/S(\text{Graphit})\ (+).$$

Wegen der verschiedenartigen Elektrodenvorgänge lässt sich eine genaue Zellspannung nicht ermitteln. Als nutzbare Zellspannung gelten 2 Volt. Die Betriebstemperatur muss so gehalten werden, dass der Siedepunkt des Schwefels nicht überschritten und der Schmelzpunkt der Natriumpolysulfide nicht unterschritten wird. Des elementaren Schwefels und elementaren Natriums wegen kommt der Einsatz für Straßenfahrzeuge kaum in Betracht. Daher richteten sich die Entwicklungsarbeiten auf eine andere Hochtemperaturzelle.

In der **Natrium-Nickelchlorid-Zelle** [1] (ZEBRA-Zelle [2]) ist *Natrium* das aktive Material der *negativen* Elektrode, *Nickelchlorid*, $NiCl_2$, das der *positiven* Elektrode, (Bild 9-38). Die beiden Elektroden sind durch einen Keramikbehälter (Aluminiumoxid) voneinander getrennt, der gegenüber Elektronen als Isolator wirkt, aber für Natrium-Ionen leitfähig ist (*Festelektrolyt*).

[1] Literatur: *Dustmann, C.-H.*: Batterien für Elektroautos. Spektr. d. Wiss., Oktober 1996

[2] von engl.: *zero emission battery research activity*

Zur *Herstellung* der Zelle wird ein granuliertes Gemisch aus Natriumchlorid und Nickelpulver in den Keramikbehälter gefüllt. Beim Anlegen einer äußeren Spannung – also beim *Laden* – wandern Natrium-Ionen durch den Keramikelektrolyten und werden durch Aufnahme von Elektronen zu Natriumatomen entladen.

$$Na^+ + e^- \rightarrow Na$$

Das geschieht an dem den Keramikbehälter umgebenden Stahlblech, das über den Zellbecher mit dem *Minuspol* der äußeren Spannungsquelle – des Ladegerätes – verbunden ist.

Gleichzeitig geben die Nickelatome Elektronen an die mit dem *Pluspol* der Spannungsquelle verbundene Ableitung ab und gehen in Nickel-Ionen über:

$$Ni \rightarrow Ni^{2+} + 2\,e^-$$

Bei der *Entnahme elektrischer Arbeit* – beim *Entladen* – kommt es an der *Natriumelektrode* zur *Oxidation*:

$$Na \rightarrow Na^+ + e^-$$

an der *Nickelchloridelektrode* zur *Reduktion*:

$$Ni^{2+} + 2\,e^- \rightarrow Ni$$

Daraus ergibt sich die Zellreaktion:

$$2\,Na + NiCl_2 \underset{\text{Laden}}{\overset{\text{Entladen}}{\rightleftharpoons}} 2\,NaCl + Ni$$

Als Zellsymbol kann angegeben werden:

$$(-)\ Na/Na^+/(Al_2O_3)/Ni^{2+}/Ni\ (+)$$

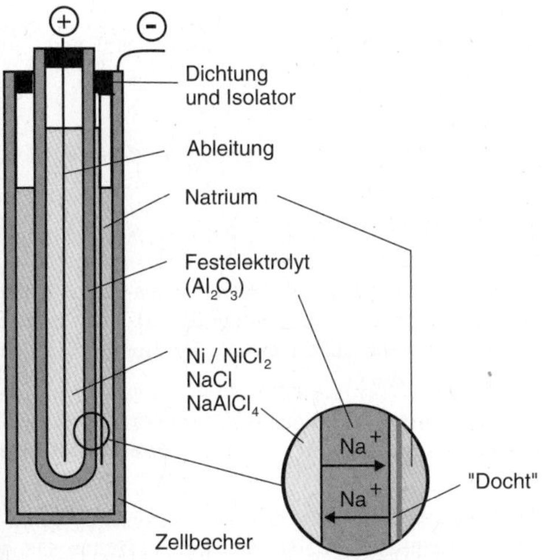

Bild 9-38: *Natrium-Nickelchlorid-Zelle (ZEBRA-Zelle)*

Der *Keramikbehälter* besteht aus β-Aluminiumoxid. Das ist eine Modifikation, die sich bei Temperaturen von mehr als 1500 °C bildet und bei sehr langsamer Abkühlung erhalten bleibt. Der Keramikbehälter ist außen von einem Federstahlblech umgeben. In dem so gebildeten schmalen Spalt wirken Kapillarkräfte, die das geschmolzene Natrium nach oben ziehen, sodass der Keramikbehälter außen von Natrium benetzt wird. Es wird daher von einem „Docht" (engl. *wick*) gesprochen.

Die *Nickelchloridelektrode* ist ein poröser *Festkörper*, mit einem Grundgerüst aus *Nickel*, in das *Nickelchlorid* eingelagert ist. Dieser ist mit einer Schmelze von *Natrium-aluminium-chlorid*, $NaAlCl_4$ (Fp = 185 °C) getränkt, wodurch er für Natrium-Ionen leitfähig wird.

Das *Natrium* liegt bei der Betriebstemperatur der ZEBRA-Zelle von 270 °C bis 350 °C als Schmelze vor und ist elektronenleitend.

Die Zellspannung der ZEBRA-Zelle beträgt 2,58 Volt. Für Elektrofahrzeuge wurden ZEBRA-Batterien mit einer Betriebsspannung von 300 V und mehr entwickelt, die aus 200 bis 450 Zellen bestehen. Zur Aufrechterhaltung der Betriebstemperatur der ZEBRA-Batterie ist neben einer sehr guten Isolation (Vakuum) sowohl eine Heizung als auch eine Kühlung erforderlich, sodass die Batterie bei jeder Außentemperatur zwischen – 40 °C und + 70 °C betrieben werden kann.

Da das metallische Natrium erst beim Laden aus Natriumchlorid entsteht, wird bei der Herstellung der ZEBRA-Zelle der Umgang mit metallischem Natrium vermieden. Die *Entsorgung* der ZEBRA-Batterien ist im Vergleich zu anderen Akkumulatoren unproblematisch, da im entladenen Zustand Natriumchlorid und Nickel vorliegen, die aufgearbeitet werden können.

Untersuchungen mit niedriger schmelzenden Natriumsalzen sind im Gange. In Betracht kommt Natriumborat, $NaBO_2 \cdot 2\,H_2O$ (Fp = 57 °C).

9.11.3 Brennstoffzellen

Die Brennstoffzellen unterscheiden sich von den anderen elektrochemischen Zellen dadurch, dass die *Elektrodenmaterialien* ständig ergänzt werden. Dadurch ist

- im Unterschied zu den *Primärzellen* (↑ S. 383), bei denen das aktive Material verbraucht wird, und
- im Unterschied zu den *Sekundärzellen* (↑ S. 388), die zwischenzeitlich geladen werden müssen,

ein *kontinuierlicher* Langzeitbetrieb möglich.

Die Bezeichnung *Brennstoffzelle* geht darauf zurück, dass es sich um einen Verbrennungsvorgang handelt, bei dem unter räumlicher Trennung

- *Brennstoffe* (*Reduktionsmittel*) *oxidiert* und
- *Oxidationsmittel reduziert* werden.

Das Prinzip der Brennstoffzelle wurde von dem Engländer WILIAM ROBERT GROVE schon 1839 erkannt und mit Wasserstoff-Sauerstoff-Zellen experimentell erprobt. Aber erst nach Mitte des 20. Jahrhunderts wurden intensive Forschungs- und Entwicklungsarbeiten zur praktischen Nutzung von Brennstoffzellen aufgenommen, vor allem im Zusammenhang mit der Weltraumfahrt.

Als *Brennstoffe* werden neben *Wasserstoff* unter anderem *Methan* und *Methanol* verwendet. Als *Oxidationsmittel* kann neben *reinem Sauerstoff* auch *Luftsauerstoff* dienen. Es wird dann von luftatmenden Brennstoffzellen gesprochen.

Die Vorstellung, die Brennstoffzellen könnten unmittelbar zu einer „Lösung des Energieproblems" beitragen, ist irrig. Gegenwärtig dürften noch nahezu 90 % des technisch verwendeten Wasserstoffs ausgehend von fossilen Brennstoffen (Erdöl, Erdgas, Kohle) erzeugt werden. Die Gewinnung von Wasserstoff durch Elektrolyse von Wasser ist bisher nur im Anschluss an Wasserkraftwerke wirtschaftlich durchführbar.

In einer **Wasserstoff-Sauerstoff-Zelle** wird die stark exotherme *Verbrennung* von *Wasserstoff*

$$2\,H_2 + O_2 \rightarrow 2\,H_2O \qquad \Delta_R H = -474\ \text{kJ} \cdot \text{mol}^{-1}$$

so durchgeführt, dass anstelle von Wärme zum Teil *elektrische Arbeit* abgegeben wird.

Im Prinzip besteht eine Wasserstoff-Sauerstoff-Zelle aus einer *Wasserstoff-Elektrode* und einer *Sauerstoff-Elektrode* (siehe Bild 9-39a). Zwischen diesen Elektroden stellt eine Elektrolytlösung (z. B. Kalilauge) eine ionenleitende Verbindung her. Bei den Elektroden handelt es sich um poröse Folien (von etwa 1 mm Stärke), die aus einer grobporigen *hydrophoben* und einer feinporigen *hydrophilen*[1] Schicht bestehen.

Dadurch wird verhindert, dass Elektrolytlösung in den Gasraum und dass Gas in den Elektrolytraum eindringen. Auf diese Weise bildet sich im Inneren der Elektroden eine *Drei-Phasen-Grenzschicht* aus. Eine solche Elektrode wird *Gasdiffusionselektrode* genannt. Bei der gasseitigen (hydrophoben) Schicht der Elektroden kann es sich um Polytetrafluorethen (PTFE, Teflon) handeln. Die elektrolytseitige (hydrophile) Schicht besteht meist aus Aktivkohle. Zur Stabilisierung und zur Stromableitung kann ein Silbernetz eingepresst sein. Die Elektrodenvorgänge laufen an der inneren Oberfläche der porösen Elektroden ab.

Die Oxidation des Wasserstoffs und die Reduktion des Sauerstoffs verlaufen nach der Art des Elektrolyts unterschiedlich:

- mit *alkalischem* Elektrolyt (z. B. Kalilauge)

$$\begin{array}{lll} \text{Anode} & 2\,H_2 + 4\,OH^- & \rightarrow 4\,H_2O + 4\,e^- \\ \text{Katode} & O_2 + 2\,H_2O + 4\,e^- & \rightarrow 4\,OH^- \\ \hline & 2\,H_2 + O_2 & \rightarrow 2\,H_2O \end{array}$$

- mit *saurem* Elektrolyt (z. B. Phosphorsäure)

$$\begin{array}{lll} \text{Anode} & 2\,H_2 & \rightarrow 4\,H^+ + 4\,e^- \\ \text{Katode} & O_2 + 4\,H^+ + 4\,e^- & \rightarrow 2\,H_2O \\ \hline & 2\,H_2 + O_2 & \rightarrow 2\,H_2O \end{array}$$

Diese Elektrodenreaktionen verlaufen über Zwischenstufen. Die Elektronen fließen im äußeren Stromkreis von der Wasserstoff-Elektrode zur Sauerstoff-Elektrode.

Bei alkalischem Elektrolyt entsteht das Wasser an der Wasserstoff-Elektrode, bei saurem Elektrolyt entsteht das Wasser an der Sauerstoff-Elektrode. Zur Abtrennung dieses Wassers bedarf es für die einzelnen Zelltypen unterschiedlicher apparativer Einrichtungen.

In einer *Brennstoffzelle* erfolgt

- an der *Wasserstoff-Elektrode* eine *Oxidation*,
  sie ist *Anode* und *Minuspol*,
- an der *Sauerstoff-Elektrode* eine *Reduktion*,
  sie ist *Katode* und *Pluspol*.

(Vergleiche hierzu Bild 9-4 (↑ S. 342).)

In der zweiten Hälfte des 20. Jahrhunderts haben sich fünf Entwicklungsrichtungen von Brennstoffzellen herausgebildet, die durch die zum Einsatz kommenden *Elektrolyte* gekennzeichnet sind:

- *alkalische Brennstoffzelle* **AFC** (Alkaline Fuel Cell) (↑ S. 404)
- *Phosphorsäure-Brennstoffzelle* **PAFC** (Phosphoric Acid Fuel Cell) (↑ S. 405)
- *Membran-Brennstoffzelle* **PEMFC** (Polymer Elektrolyte Membrane Fuel Cell) (↑ S. 405)
- *Carbonatschmelzen-Brennstoffzelle* **MCFC** (Molten Carbonate Fuel Cell) (↑ S. 407)
- *oxidkeramische Brennstoffzelle* **SOFC** (Solid Oxid Fuel Cell) (↑ S. 408)

---

[1] hydrophil, wasseranziehend; hydrophob, wasserabweisend

Diese fünf Typen von Brennstoffzellen können im Rahmen dieses Taschenbuches nur in ihren Prinzipien behandelt werden. Neben den als Beispiele gewählten Bauformen wurden auch andersartige entwickelt[1]. Vorherrschend ist der planare Aufbau, wie er in den Bildern 9-40, 9-42 und 9-43 gezeigt wird.

Da die Zellspannung einer Einzelzelle nur in der Größenordnung von 1 Volt liegt, werden zahlreiche *in Reihe geschaltete* Zellen in Stapeln (engl. *stacks*) übereinander angeordnet. Dabei addieren sich die *Zellspannungen.*

In den *Brennstoffzellensystemen* ist eine Anzahl Stacks *parallel geschaltet.* Dadurch addieren sich die erreichbaren *Stromstärken.*

Zu jedem Brennstoffzellensystem gehören – je nach Zellentyp und Einsatzgebiet – verschiedene Zusatzgeräte.

Die **alkalische Brennstoffzelle** (Bild 9-39), bekannt unter der Kurzbezeichnung **AFC** (Alkaline Fuel Cell), enthält als Elektrolyt 30%ige *Kalilauge*. Die Elektrodenvorgänge wurden bereits auf Seite 403 dargestellt. Die AFC arbeitet bei 80 ... 120 °C und stellt sehr hohe Anforderungen an die Reinheit von Wasserstoff und Sauerstoff. Sie wurde für die Raumfahrt entwickelt, in der auch das entstehende Wasser genutzt werden kann. Es sind (mit 10 ... 20 mg · cm^{-2}) relativ hohe Anteile an Edelmetall-Katalysatoren erforderlich. Für elektrische Straßenfahrzeuge kommt die alkalische Brennstoffzelle der hohen Kosten wegen nicht in Betracht.

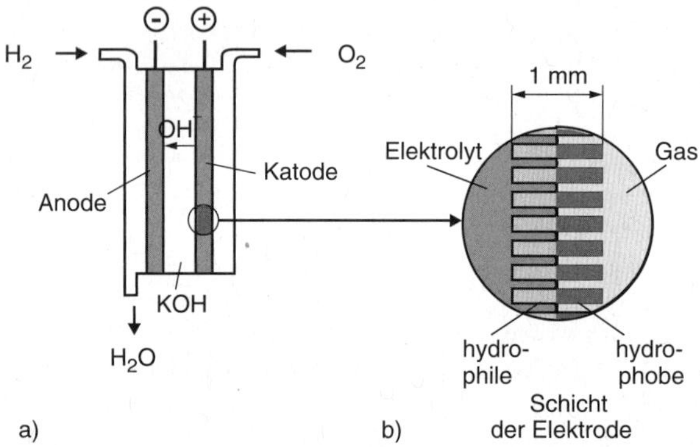

Bild 9-39: *Wasserstoff-Sauerstoff-Brennstoffzelle (AFC) mit Gasdiffusionselektroden*
a) Prinzipskizze, b) Drei-Phasen-Grenzfläche in einer Gasdiffusionselektrode

Zunächst ging die Entwicklung dahin, den durch Wasserelektrolyse gewonnenen hochreinen Wasserstoff durch Wasserstoff zu ersetzen, der aus Erdgas oder aus Wassergas (↑ S. 415) gewonnen wird. Dazu sind Brennstoffzellen nötig, die weniger anfällig gegen Verunreinigungen (insbesondere Kohlenstoffmonoxid) sind. Außerdem wurden Brennstoffzellen-Aggregate entwickelt, die die Reformierung von Erdgas, Methanol und anderen Brennstoffen zu Wasserstoff einschließen. Auch eine Direktverstromung von Erdgas und

[1] Weiterführende Literatur:
[Ham2005]; [Win2002]; [Kur2002]
Reiche, A.; Haufe, St.: Brennstoffzellen – Entwicklungsstand und Anwendungen. In: Chemie in unserer Zeit, 38 (2004) Heft 6, S. 400–411, Wiley-VCH, Weinheim
Winter, M.; Brodd, R. J.: What are Batteries, Fuel Cells and Supercapacitors? In: Chemical Reviews, 104 (2004), Nr. 10, pp. 4245–4269
Kordesch, K.; Simader, G.: Fuel Cells and their Applications. VCH, Weinheim, 1996

Methanol, also ohne eine vorherige Reformierung zu Wasserstoff, ist möglich. Das Betanken mit Methanol kann in der gleichen Weise erfolgen wie mit Benzin. Inzwischen ist auch das Betanken mit flüssigem Wasserstoff technisch gelöst.

Die **Phosphorsäure-Brennstoffzelle** (**PAFC** – Phosphoric Acid Fuel Cell) (Bild 9-40) hat gegenüber der alkalischen Brennstoffzelle den Vorteil, dass das Brenngas Kohlenstoffdioxid enthalten darf und auch ein geringer Gehalt an Kohlenstoffmonoxid (< 1 %) nicht stört. Dieses wird nach

$$CO + H_2O \rightarrow CO_2 + H_2$$

unter Bildung von weiterem Wasserstoff konvertiert (↑ S. 415). Der *Elektrolyt* (100%ige) Phosphorsäure ist protonenleitend. Er ist in einer *Matrix*[1)] aus Siliciumcarbid, SiC, enthalten, die als Folie vorliegt.

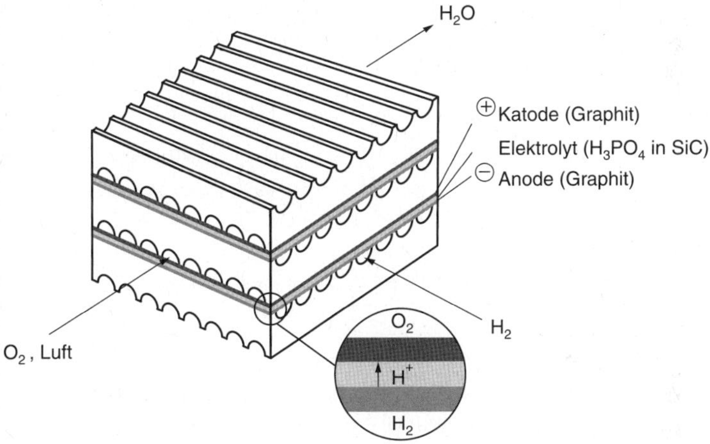

Bild 9-40: *Phosphorsäure-Brennstoffzelle PAFC (zwei Zelleinheiten, Prinzipskizze)*

Die beiden *Elektroden* bestehen aus feinfasrigem Graphit (es wird auch von Graphitfilz gesprochen), der beiderseitig auf die phosphorsäurehaltige Folie aufgepresst ist. Als Katalysator (Pt) reichen $< 1\,\text{mg} \cdot \text{cm}^{-2}$ aus. Die Gase werden über Graphitplatten zugeführt, die auf beiden Seiten mit Rillen versehen sind (bipolare Platten). Die Rillen sind um 90° gegeneinander verdreht, sodass sich die Gasströme kreuzen. Die Elektrodenreaktionen sind auf Seite 403 dargestellt. Die PAFC arbeitet bei 180 . . . 220 °C.

Die **Membran-Brennstoffzelle** tritt in der Literatur mit mehreren synonymen Kurzbezeichnungen auf:

- **PEMFC** – ursprünglich für Polymer Electrolyte Membrane Fuel Cell; heute auch bezogen auf Proton Exchange Membrane Fuel Cell,
- **PEFC** – Polymer Elektrolyte Fuel Cell,
- **SPEFC** – Solid Polymer Elektrolyte Fuel Cell,
- **SPFC** – Solid Polymer Fuel Cell

Die Membran-Brennstoffzelle gilt als aussichtsreiche Entwicklung von **ESF-Batterien** (Batterien für Elektro-Straßenfahrzeuge). An die Stelle der flüssigen Elektrolyte tritt hier eine *Kunststoffmembran* (von etwa 0,2 mm Stärke), die bei Anwesenheit von Wasser *Protonen* leitet. Diese *Protonenaustauscher-Membranen* sind auf beiden Seiten mit *Graphit* beschichtet, der mit geringen Mengen Platin ($< 0{,}5\,\text{mg} \cdot \text{cm}^{-2}$)

[1)] Matrix, von lat. *mater*, Mutter: hier eine Stoffstruktur, die einen anderen Stoff umschließt

als Katalysator versetzt ist. Die Graphitschichten (man spricht auch von Graphitpapier) wirken als *Elektroden* und als *Stromableiter*. Diese im Bild 9-41b dargestellte dreischichtige *Membran-Elektroden-Einheit* trägt die Kurzbezeichnung **MEA**.

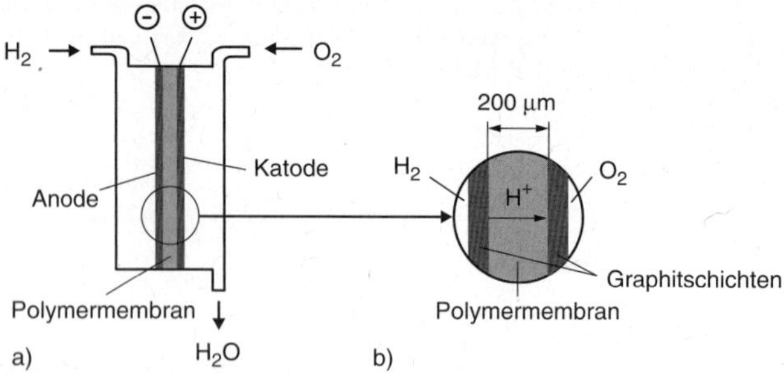

Bild 9-41: *Membran-Brennstoffzelle (Prinzipskizze)*

An der *Anode* wird *Wasserstoff oxidiert*, der weitgehend (< 10 ppm) frei von Kohlenstoffmonoxid sein muss:

$$2\ H_2 \rightarrow 4\ H^+ + 4\ e^-$$

Die *Elektronen* gehen in den äußeren Stromkreis über.

Die *Protonen* wandern durch die Membran zur *Katode*, an der *Sauerstoff reduziert* wird:

$$O_2 + 4\ H^+ + 4\ e^- \rightarrow 2\ H_2O$$

Dabei werden *Elektronen* aus dem äußeren Stromkreis aufgenommen.

Eine Protonenaustausch-Membran ist unter dem Markennamen *Nafion* bekannt. Es handelt sich um ein fluoriertes Polyethen, das als Seitenketten *Sulfo-Gruppen* enthält:

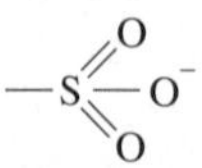

Es wird angenommen, dass die Protonen (Wasserstoff-Ionen H^+) in ihrem Durchlauf zwischenzeitlich an solche Gruppen gebunden werden.

Eine Weiterentwicklung der Membran-Brennstoffzelle ist die **Direkt-Methanol-Brennstoffzelle (DMFC)**, in der wasserhaltiges Methanol als Brennstoff eingesetzt wird. Die Elektrodenreaktionen lassen sich wie folgt angeben:

Anode	$CH_3OH + H_2O$	$\rightarrow 6\ H^+ + CO_2 + 6\ e^-$
Katode	$1\frac{1}{2}\ O_2 + 6\ H^+ + 6\ e^-$	$\rightarrow 3\ H_2O$
	$CH_3OH + 1\frac{1}{2}\ O_2$	$\rightarrow CO_2 + 2\ H_2O$

Diese Reaktionen verlaufen in mehreren Teilschritten. Die Direkt-Methanol-Brennstoffzellen eignen sich unter anderem für elektrische und elektronische Geräte in Wohnmobilen. Der Brennstoff wird in Tankpatronen bereitgestellt. Bedenken gibt es noch wegen der Giftigkeit des Methanols.

Dem sollen **Direkt-Ethanol-Brennstoffzellen (DEFC)** Rechnung tragen, die in der Entwicklung sind. Sie bieten zugleich den Vorteil, dass Ethanol aus nachwachsenden Rohstoffen zugänglich ist. Es sind jedoch andere Membranen erforderlich[1)].

[1)] Literatur: Nachr. a. d. Chem., Heft 1/2010, S. 32

Die Elektrodenreaktionen der Brennstoffzellen werden durch *Temperaturerhöhung* beschleunigt. Die Membranbrennstoffzellen arbeiten bei Temperaturen zwischen 20 und 120 °C, die Phosphorsäure-Brennstoffzelle bei bis zu 200 °C. Daneben wurden auch *Hochtemperatur-Brennstoffzellen* entwickelt, die Temperaturen von 700 °C und mehr erfordern und daher nur für die stationäre Kraft-Wärme-Kopplung in Betracht kommen. Durch die hohen Temperaturen werden die Elektrodenreaktionen so stark beschleunigt, dass auf Edelmatallkatalysatoren verzichtet werden kann.

Die **Carbonatschmelzen-Brennstoffzelle** (**MCFC** – Molten Carbonate Fuel Cell) arbeitet mit einer Schmelze von *Alkalicarbonaten* (Li_2CO_3, Na_2CO_3, K_2CO_3) als *Elektrolyt*. Dieser ist leitfähig für Carbonat-Ionen, CO_3^{2-}. Die Schmelze ist festgelegt in einer *Matrix* aus Lithiumaluminat, $LiAlO_2$. Die Anode besteht aus Nickel, die Katode aus Nickeloxid, NiO. Das Nickel der *Anode* liegt in Form einer Matrix vor, in die die darüber liegende Schmelze (Bild 9-42) teilweise eindringt. Auf der Schmelze liegt die aus Nickeloxid (mit etwas Lithium versetzt) bestehende poröse *Katode*, die die Schmelze etwas ansaugt. So entsteht in den Elektroden eine ähnliche Dreiphasen-Grenzschicht wie in der alkalischen Brennstoffzelle (↑ S. 404).

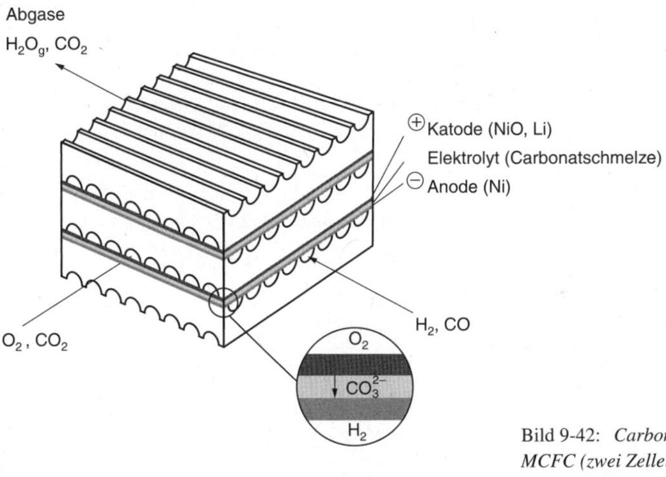

Bild 9-42: *Carbonatschmelzen-Brennstoffzelle MCFC (zwei Zelleinheiten, Prinzipskizze)*

In der *Anode* wird der *Wasserstoff* oxidiert:

$$H_2 + CO_3^{2-} \rightarrow CO_2 + H_2O + 2\,e^-$$

Die Anteile an *Kohlenstoffmonoxid* CO, die in aus fossilen Brennstoffen gewonnenem Wasserstoff enthalten sind, stören bei den Carbonatschmelzen-Brennstoffzellen nicht, da das Kohlenstoffmonoxid bei den hohen Temperaturen (> 600 °C) gleichfalls oxidiert wird:

$$CO + CO_3^{2-} \rightarrow 2\,CO_2 + 2\,e^-$$

Bei beiden Reaktionen werden Carbonat-Ionen aus der Schmelze verbraucht. Um das auszugleichen, wird dem Sauerstoff an der *Katode* ein Anteil an *Kohlenstoffdioxid*, CO_2, zugefügt (Bild 9-42)

$$O_2 + 2\,CO_2 + 4\,e^- \rightarrow 2\,CO_3^{2-}$$

Das Kohlenstoffdioxid wird also im Kreislauf geführt.

Schließlich kann auch das im Brenngas enthaltene *Methan*, CH_4, direkt in der Brennstoffzelle zu Wasserstoff umgesetzt werden:

$$CH_4 + H_2O \rightarrow 3\,H_2 + CO$$

Es handelt sich hier um ein integriertes *Dampfreforming* (↑ S. 491). Solche Zellen werden dann mit **IRMCFC** (Internal Reforming) bezeichnet. Somit ist es möglich, Brennstoffzellen herzustellen, die direkt mit *Erdgas* betrieben werden können. Auch *Biogas*, wie es in Abwässeraufbereitungsanlagen erzeugt werden kann, eignet sich für die MCFC.

Die **oxidkeramische Brennstoffzelle** (**SOFC** – Solid Oxid Fuel Cell), auch *Festelektrolytbrennstoffzelle* genannt, hat einen festen *Elektrolyt* aus gesintertem *Zirkonium(IV)-oxid*, das stabilisiert ist durch einen Anteil von (etwa 8 %) *Yttrium(III)-oxid*, Y_2O_3; Kurzbezeichnung **YSZ** [1)]. Dieser Elektrolyt ist gasdicht und sauerstoffionenleitend. Die Leitfähigkeit beruht auf Leerstellen in den Kristallgittern dieser Mischoxide. Des elektrischen Widerstandes wegen und um mit nicht allzu hohen Tempraturen (< 1000 °C) auszukommen, wird mit sehr dünnen Elektrolytfolien (< 0,5 mm) gearbeitet.

Die *Anode* besteht aus *Nickel*, das als Cermet vorliegt. *Cermets* sind Werkstoffe aus Keramik und Metall (deutsch Keramikmetalle), die Eigenschaften ihrer Komponenten in zweckentsprechender Weise vereinen. In diesem Falle ist Nickel in ein YSZ-Gitter eingesintert, wodurch der Ausdehnungskoeffizient dem Festelektrolyt angepasst wird.

Die *Katode* besteht meist aus *Lanthanmanganat*, $LaMnO_3$, das mit (10 . . . 15 %) *Strontium* dotiert ist (Kurzbezeichnung **LSM**). Beide Elektroden sind porös. Sie liegen als sehr dünne Schichten der Elektrolytfolie auf beiden Seiten auf. Die drei Schichten haben eine Dicke von weniger als 1 mm. Die dafür gebräuchliche Abkürzung **PEN** drückt die Abfolge (positive Elektrode – Elektrolyt – negative Elektrode) aus.

Zwischen zwei Zelleinheiten liegt jeweils eine gasdichte, elektronenleitende *bipolare Platte*, in deren Rillen, die um 90° gegeneinander versetzt sind, der Wasserstoff und der Sauerstoff zugeführt werden. Die bipolaren Platten bestehen aus hochhitzebeständigen Mischoxiden [2)]. Als Beispiel sei ein *Lanthanchromat*, $LaCrO_3$, genannt, das mit (2 . . . 10 %) Magnesium dotiert ist.

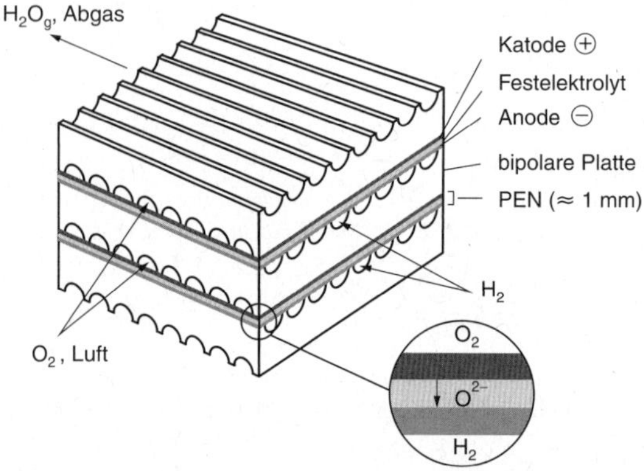

Bild 9-43: *Oxidkeramische Brennstoffzelle SOFC (zwei Zelleinheiten, Prinzipskizze)*

Eine andere Bauart der SOFC hat *Röhrenform* (Bild 9-44). Auf ein poröses Rohr aus *Aluminiumoxid*, Al_2O_3, als Stützgerüst [3)] werden in komplizierten Verfahren nacheinander das Katodenmaterial (LSM), das Elektrolytmaterial (YSZ) und das Anodenmaterial (Ni-Cermet) aufgetragen. Als Abmessungen für ein solches Zellrohr werden angegeben: 150 cm Länge und 2,2 cm Durchmesser. Die Luft durchströmt das Rohrinnere. Außen wird das Rohr von dem Brenngas (außer Wasserstoff z. B. Methan) umspült.

[1)] yttriumstabilisiertes Zirkoniumoxid

[2)] Für diese elektronenleitenden Mischoxide ist die Kurzbezeichnung **ICM** gebräuchlich (engl. *inter connection material*).

[3)] Auch calciumstabilisiertes Zirkoniumoxid wird dafür verwendet.

Um – analog zu den bipolaren Platten – eine ionenleitende Verbindung zwischen der Anode eines Zellrohrs und der Katode eines benachbarten Zellrohrs herzustellen, liegt entlang dem Rohr ein schmaler Verbindungsleiter aus Mischoxiden (IMC), wie dem oben genannten Lanthanchromat. Die Katodenschicht und die Elektrolyschicht sind in diesem Streifen unterbrochen (Bild 9-44 unten).

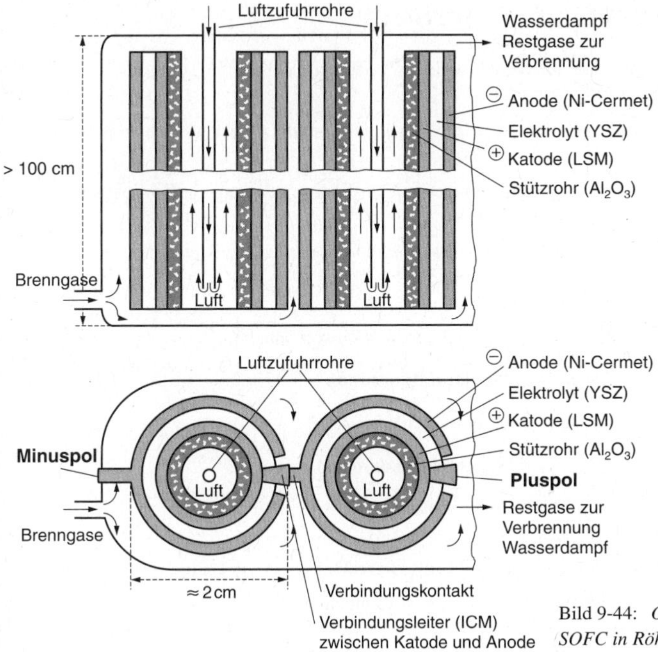

Bild 9-44: *Oxidkeramische Brennstoffzelle SOFC in Röhrenform (im Längs- und Querschnitt, Prinzipskizze)*

An der *Katode* wird Sauerstoff reduziert:

$$O_2 + 4\,e^- \rightarrow 2\,O^{2-}$$

An der *Anode* wird Wasserstoff oxidiert:

$$2\,H_2 + 2\,O^{2-} \rightarrow 2\,H_2O_g + 4\,e^-$$

Als Summe ergibt sich daraus die Zellreaktion:

$$2\,H_2 + O_2 \rightarrow 2\,H_2O_g$$

Ein Anteil an *Kohlenstoffmonoxid* stört bei diesem Verfahren nicht, da dieses an der Anode gleichfalls oxidiert wird:

$$CO + O^{2-} \rightarrow CO_2 + 2\,e^-$$

Auch *Methan*, CH_4, wird an der Anode oxidiert:

$$CH_4 + 4\,O^{2-} \rightarrow 2\,H_2O + CO_2 + 8\,e^-$$

Daher kann auch *Erdgas* direkt als Brennstoff eingesetzt werden.

Der sehr hohen Betriebstemperatur wegen eignen sich die oxidkeramischen Brennstoffzellen nur für Kraftwerke, in denen zugleich die Abwärme gut genutzt werden kann.

9.12 Elektrochemische Korrosion

Wird ein Metall von der Oberfläche her durch elektrochemische Reaktionen zerstört, so bezeichnet man das als *elektrochemische Korrosion.*

Elektrochemische Korrosion tritt ein, wenn an die Berührungsstelle zweier verschiedener Metalle eine Elektrolytlösung gelangt.

Die beiden sich berührenden Metalle ergeben zusammen mit der Elektrolytlösung ein **Korrosionselement,** das ist ein *kurzgeschlossenes galvanisches Element.*

Beim *anodischen Vorgang* handelt es sich stets um eine *Oxidation* des *unedleren Metalls*:

$$\mathrm{Me} \rightarrow \mathrm{Me}^{z+} + z\,\mathrm{e}^-$$

Als *katodischer Vorgang* kann dem gegenüberstehen die *Reduktion* von *Sauerstoff*:

$$\tfrac{1}{2}\,\mathrm{O_2} + \mathrm{H_2O} + 2\,\mathrm{e}^- \rightarrow 2\,\mathrm{OH}^- \qquad \textbf{Sauerstoffkorrosion}$$

oder die *Reduktion* von *Wasserstoff-Ionen* (Oxonium-Ionen)

$$2\,\mathrm{H}^+ + 2\,\mathrm{e}^- \rightarrow \mathrm{H_2} \qquad \textbf{Wasserstoffkorrosion}$$

Sauerstoffkorrosion tritt in neutraler oder alkalischer Lösung auf,
Wasserstoffkorrosion in saurer Lösung (pH $\leqq$ 4).

Bei der elektrochemischen Korrosion wird stets das unedlere Metall zerstört, indem es oxidiert wird.

Elektrochemische Korrosion droht überall dort, wo sich zwei metallische Leiter berühren. Dazu genügen schon *Fremdeinschlüsse* an der Metalloberfläche. Die kurzgeschlossenen galvanischen Elemente, die sich hier bilden, werden *Lokalelemente* genannt. Als Elektrolyt reicht bereits der Wasserfilm aus, der sich in der Atmosphäre an jeder Metalloberfläche ausbildet.

Die Geschwindigkeit der elektrochemischen Korrosion hängt unter anderem von der Leitfähigkeit des Elektrolyten ab. Hierzu trägt schon das aus der Luft aufgenommene Kohlenstoffdioxid bei, das sich im Wasser teilweise zu Kohlensäure umsetzt. Da die Abgase von Industrieanlagen stets etwas Schwefeldioxid enthalten (vor allem aus dem Schwefelgehalt der Kohle), ist infolge der Bildung von Schwefliger Säure

$$\mathrm{H_2O} + \mathrm{SO_2} \rightleftharpoons 2\,\mathrm{H}^+ + \mathrm{SO_3^{2-}}$$

die Korrosionsgefahr in Industriegebieten besonders hoch.

▲ An der Berührungsstelle von Eisen und Kupfer befindet sich ein Wassertropfen, der Luftsauerstoff enthält (Bild 9-8). Das Eisen wird zu Eisen(II)-Ionen, Fe^{2+}, oxidiert, die in Lösung gehen. Die am Eisen zurückbleibenden Elektronen wandern zum Kupfer und reduzieren hier Sauerstoff zu Hydroxid-Ionen, OH^-:

$$\begin{array}{ll} \mathrm{Fe} & \rightarrow \mathrm{Fe}^{2+} + 2\,\mathrm{e}^- \\ 1/2\,\mathrm{O_2} + \mathrm{H_2O} + 2\,\mathrm{e}^- & \rightarrow 2\,\mathrm{OH}^- \\ \hline \mathrm{Fe} + 1/2\,\mathrm{O_2} + \mathrm{H_2O} & \rightarrow \mathrm{Fe}^{2+} + 2\,\mathrm{OH}^- \end{array}$$

Es entsteht also Eisen(II)-hydroxid, $Fe(OH)_2$, das unter dem Einfluss von Luft und Wasser Rost bildet, der unter anderem Eisen(III)-oxidhydroxid, FeO(OH), enthält.

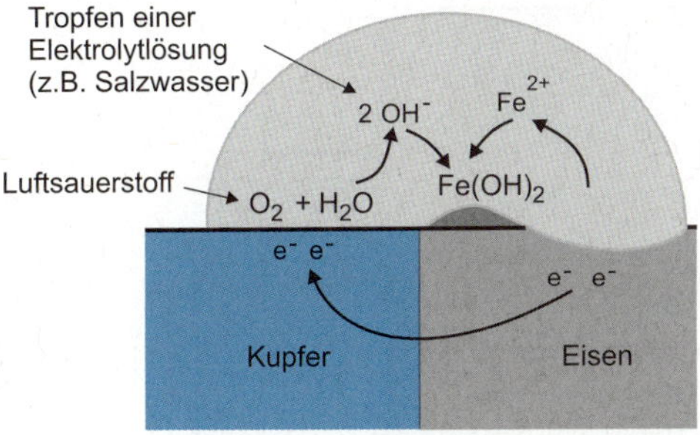

Bild 9-45: *Elektrochemische Korrosion an einer Berührungsstelle von Eisen und Kupfer*

Für das Auftreten einer galvanischen Kette sind nicht in jedem Falle *zwei verschiedene* Metalle erforderlich. Eine galvanische Kette kann sich auch ausbilden, wenn *ein* Metall in eine Elektrolytlösung taucht, in der ein *Konzentrationsgefälle* vorliegt. Da die Elektrodenpotenziale von der Konzentration (Ionenaktivität (↑ S. 249)) der Elektrolytlösung abhängig sind, treten dann zwischen verschiedenen Bereichen des metallischen Leiters Potenzialdifferenzen auf. Es liegt eine galvanische Kette vor, die **Konzentrationskette** (oder *Konzentrationselement*) genannt wird:

$$(-) \quad \text{Metall/Elektrolyt/Elektrolyt/Metall} \quad (+)$$
$$(a1) \qquad (a2)$$
$$a1 < a2$$

Auch in diesem Falle kommt es zu einer elektrochemischen Korrosion. Sie kann schon eintreten, wenn das gleiche Metallteil an verschiedenen Stellen von Lösungen unterschiedlicher Konzentration berührt wird. Es wird dann von **Konzentrationskorrosion** gesprochen.

▲ Eiserne Wasserleitungsrohre verrosten, wo sie die Erde verlassen, *unterhalb* der Erdoberfläche. Der Sauerstoff weist in dem Wasserfilm, der das Rohr benetzt, außerhalb des Erdreichs eine höhere Konzentration auf. Das fördert die katodische Reduktion des Sauerstoffs gemäß

$$O_2 + 2\,H_2O + 4\,e^- \rightarrow 4\,OH^-,$$

während es im Erdreich zur anodischen Oxidation von Eisen gemäß

$$2\,Fe \rightarrow 2\,Fe^{2+} + 4\,e^-$$

kommt.

Beim **Korrosionsschutz,** dem außerordentlich große wirtschaftliche Bedeutung zukommt, sind grundsätzlich drei Möglichkeiten zu unterscheiden:

- **Eine elektrochemische Korrosion wird verhindert, wenn nur gleiche oder elektrochemisch ähnliche Metalle bzw. Legierungen miteinander verbunden werden.**
  Das ist aber in der Praxis nicht immer möglich.
- **Eine elektrochemische Korrosion wird verhindert, wenn von der Berührungsstelle zweier verschiedener Metalle Elektrolytlösungen ferngehalten werden.**
  Dazu dienen Schutzüberzüge verschiedener Art, vor allem Lacke und metallische Überzüge.
- **Eine elektrochemische Korrosion wird verhindert, indem man ihr auf elektrochemischem Wege entgegenwirkt.**

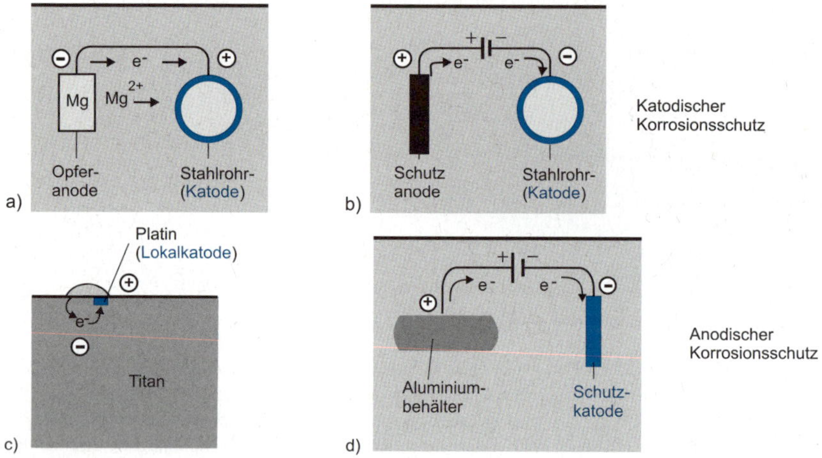

Bild 9-46: *Elektrochemischer Korrosionsschutz*
Katodischer Korrosionsschutz:
a) mit Opferanode, ein galvanischer Vorgang, b) mit Fremdstrom, ein elektrolytischer Vorgang
Anodischer Korrosionsschutz:
c) mit Lokalkatoden, ein galvanischer Vorgang, d) mit Fremdstrom, ein elektrolytischer Vorgang

Beim **katodischen Korrosionsschutz mit Opferanode** wird das zu schützende Werkstück mit einem unedleren Metall (vor allem Magnesium) leitend verbunden (Bild 9-46a). Das unedle Metall wirkt als *Anode* und wird zerstört, das zu schützende Werkstück (z. B. aus Stahl) wirkt als *Katode*. An seiner Oberfläche werden Oxidationsmittel sofort reduziert und können diese daher nicht angreifen. Dieser Vorgang verläuft *freiwillig*, es handelt sich um einen *galvanischen Vorgang*.

Beim **katodischen Korrosionsschutz mit Fremdstrom** wird das zu schützende Werkstück mit dem Minuspol einer Gleichspannungsquelle verbunden (Bild 9-46b). Dadurch wird es zur *Katode*, sodass hier Oxidationsmittel gleichfalls nicht angreifen können. An der *Anode*, die z. B. aus Graphit bestehen kann, werden Wassermoleküle oder Hydroxid-Ionen zu Sauerstoff oxidiert. Da dieser Vorgang mit Fremdstrom, also *unter Zwang* verläuft, handelt es sich um einen *elektrolytischen Vorgang*.

Auch ein **anodischer Korrosionsschutz mit Fremdstrom** wird angewandt, und zwar für Metalle, die eine schützende Oxidschicht ausbilden können (z. B. Aluminium, Nickel und Chrom). In diesem Falle wird das zu schützende Werkstück als Anode geschaltet, also mit dem Pluspol der Gleichspannungsquelle verbunden (Bild 9-46d). Auch das ist ein *elektrolytischer Vorgang*.

Ein **anodischer Korrosionsschutz ohne Fremdstrom,** also ein *galvanischer Vorgang*, wird erreicht, wenn geringe Mengen eines Edelmetalls (z. B. Platin) einem weniger edlen Metall (z. B. Titan) zulegiert werden (Bild 9-46c). Das Edelmetall bildet dann *Lokalkatoden,* die bewirken, dass es an der Oberfläche des zu schützenden Metalls zu der erwünschten *anodischen Oxidation*, also zur Verstärkung der Oxidschicht, kommt.

Anorganische Chemie

Die Elemente und ihre Verbindungen

10 Wasserstoff

10.1 Allgemeines

Symbol: H [*hydrogenium* (grch.-lat.) Wasserbildner]; **Oxidationszahlen: +1**, selten −1.

relative Atommasse: 1,008

Isotope:

- ^{1}H Protium (leichter Wasserstoff; 99,985 Atom-%)
- ^{2}H Deuterium (↑ 10.6) (schwerer Wasserstoff; 0,015 Atom-%); Symbol D
- ^{3}H Tritium (↑ 10.6) (überschwerer Wasserstoff; Spuren); Symbol T

Vorkommen: häufigstes Element des Weltalls (Fixsterne, interstellare Materie; auch die großen Planeten, z. B. Jupiter und Saturn, bestehen überwiegend aus Wasserstoff). Die Zusammensetzung des uns zugänglichen Teiles des Weltalls wird auf 63 % H, 36 % He und 1 % übrige Elemente geschätzt. Auf der Erde kommt Wasserstoff fast nur chemisch gebunden vor (Wasser, Erdöl, Erdgas, Kohle, Organismen, einige Minerale), frei in den höchsten Stratosphärenschichten, hier z. T. ionisiert. In der Erdkruste bis 17 km Tiefe ist H mit 1,4 Massen-% bzw. etwa 17 Atom-% massenmäßig das zehnt-, atomzahlmäßig das dritthäufigste Element.

10.2 Elementarer Wasserstoff

Formel: H_2; **Struktur:** H : H.

Entdeckung: 1766 durch HENRY CAVENDISH (England); als Element erkannt 1783 von ANTOINE-LAURENT LAVOISIER.

Darstellung:

- aus verdünnten Säuren und Metallen (außer Kupfer und Edelmetallen): Prinzip des „KIPPschen Apparats" für das Labor,

  ▲ $Zn + 2\,HCl \rightarrow ZnCl_2 + H_2$.

  Ionengleichung: $Zn + 2\,H^+ \rightarrow Zn^{2+} + H_2$
  d. h., die Zn-Atome geben an je 2 H^+-Ionen 2 Elektronen ab; sie reduzieren die H^+-Ionen und werden selbst oxidiert.
- aus verdünnten Laugen und amphoteren Metallen,

  ▲ Aluminium (↑ 13.3.2), auch Silicium
  $Al + NaOH + 3\,H_2O \rightarrow Na[Al(OH)_4] + 1\frac{1}{2}\,H_2$
- durch Reduktion von Wasser mit sehr unedlen Metallen: *Flüssiges Wasser* reagiert mit Alkali- und einigen Erdalkalimetallen,

  ▲ $2\,Na + 2\,H_2O \rightarrow 2\,NaOH + H_2$, oder
  $Ca + 2\,H_2O \rightarrow Ca(OH)_2 + H_2$.

  Natrium und Kalium reagieren sehr heftig, wobei sich der freiwerdende Wasserstoff bei Kalium stets, bei Natrium meist entzündet; oft kommt es zu Knallgasreaktionen. Mit Calcium erfolgt eine nur mäßig heftige Umsetzung.
  Heißer Wasserdampf wird u. a. auch von Magnesium, Zink und Eisen reduziert.
- durch Elektrolyse wässriger Lösungen von Säuren, Basen oder Salzen unedler Metalle an der Katode (katodische Reduktion):

$$H^+ + e^- \rightarrow H; \qquad 2H \rightarrow H_2.$$

Technische Herstellung: durch (z. T. katalytische) Reduktion von Wasserdampf mit verschiedenen „Kohlenstoffträgern“ (Koks, Kohle, Erdöldestillationsrückstände, Heizöle, Benzine, Raffinerierestgase, Erdgas, Methan) bei höheren Temperaturen. Gasförmige und leicht verdampfbare Stoffe werden im *Dampfreformierverfahren* umgesetzt, hoch siedende Flüssigkeiten durch *Öldruckvergasung*, Koks und Kohle durch Vergasung bei erhöhtem *(Druckvergasung)* oder normalem Druck (*Wassergasprozess*). Reineren Wasserstoff gewinnt man durch elektrolytische Verfahren, z. B. bei der Alkalichloridelektrolyse.

- **Dampfreformierverfahren (steam reforming):** Umsetzung von Erdgas oder Erdöl bei ca. 800 °C/ 40 bar an Nickelkatalysatoren:

  $$CH_4 + H_2O \rightarrow 3\,H_2 + CO;\ \Delta_R H^{\ominus} = +205\ \text{kJ} \cdot \text{mol}^{-1}$$

- **Wassergasprozess:** Aus sauerstoffangereichertem[1)] Wasserdampf und Kohle- oder Kokspulver bildet sich, z. B. im kontinuierlich arbeitenden Wirbelbettreaktor, bei etwa 1000 °C **Wassergas** (Wasserstoff + Kohlenstoffmonoxid). Hauptreaktion:

  $$H_2O + C \rightarrow H_2 + CO;\ \Delta_R H^{\ominus} = +131{,}1\ \text{kJ} \cdot \text{mol}^{-1}$$

Wassergas dient als Heizgas, als Ausgangsstoff für chemische Synthesen (Ammoniak, Methanol, höhere Alkanole u. a.) sowie zur Gewinnung von Wasserstoff.

Gewinnung von Wasserstoff aus Wassergas:

1. Stufe: *Konvertierung*, z. B. als Tieftemperaturkonvertierung bei 200 bis 300 °C durchgeführt. Hierbei setzt sich das im Wassergas enthaltene Kohlenstoffmonoxid katalytisch mit Wasserdampf um:

   $$CO + H_2O \rightarrow CO_2 + H_2;\ \Delta_R H^{\ominus} = -41{,}2\ \text{kJ} \cdot \text{mol}^{-1}$$

2. Stufe: Auswaschen des Kohlenstoffdioxids mit heißer Kaliumcarbonatlösung unter Druck.
3. Stufe: Feinreinigung von restlichem CO u. a. Gasen.

Physikalische Eigenschaften: farb-, geruch- und geschmackfreies Gas; F -259,2 °C; Kp -252,8 °C (nächst Helium am zweitschwersten zu verflüssigen); Dichte 0,0899 g · L^{-1} bei 0 °C und 1,013 bar (rund 14-mal leichter als Luft und damit leichtestes Gas überhaupt); in Wasser sehr wenig löslich, reichlich dagegen in manchen Metallen (Palladium, Platin); im Stahl bewirkt er die beim Beizen mit Säuren oft auftretende „Wasserstoffsprödigkeit“.

Chemische Eigenschaften: bei normaler Temperatur sehr beständig; an der Luft und in Chlorgas brennbar:

$$2\,H_2 + O_2 \rightarrow 2\,H_2O;\ \Delta_R H^{\ominus} = -484\ \text{kJ} \cdot \text{mol}^{-1}$$

(schwach blaue, fast unsichtbare Flamme)

$$\text{bzw. } H_2 + Cl_2 \rightarrow 2\,HCl;\ \Delta_R H^{\ominus} = -183{,}3\ \text{kJ}\cdot\text{mol}^{-1}.$$

Gemische mit Luft, Sauerstoff oder Chlor sind explosiv (*Knallgas* bzw. *Chlorknallgas*) . Ohne Katalysator erfolgt die Reaktion von Wasserstoff mit Sauerstoff bei einer Zündtemperatur von ca. 600 °C, mit Katalysator, z. B. Platin, schon bei Raumtemperatur. Auch mit anderen Nichtmetallen vereinigt er sich beim Erhitzen, z. B.

$$H_2 + S \rightarrow H_2S;\ \Delta_R H^{\ominus} = -20{,}1\ \text{kJ} \cdot \text{mol}^{-1}.$$

Mit Alkali- und Erdalkalimetallen entstehen in der Hitze Hydride (s. u.).

Heißer Wasserstoff reduziert viele Metalloxide, z. B.

$$WO_3 + 3\,H_2 \rightarrow W + 3\,H_2O$$

(techn. Wolframherstellung).

Hydrierung ist die Anlagerung, *Dehydrierung* die Abspaltung von Wasserstoff.

---

1) Der Sauerstoff verbrennt einen Teil des Kohlenstoffmonoxids; durch diese exotherme Reaktion wird der Wassergasprozess autotherm, d. h. unabhängig von äußerer Wärmezufuhr.

Verwendung: für technische Hydrierungen und Synthesen (Ammoniak, Methanol, Chlorwasserstoff, Benzin durch Hydrospaltung von Erdöl und Teer, Sorbit aus Glucose, Fettalkohole aus Fettsäuren, Fetthärtung u. a.); für Brennstoffzellen; zur Erzeugung hoher Temperaturen im Knallgasgebläse (z. B. für synthetische Edelsteine). Wasserstoff ist Bestandteil von *Stadt-*, *Fern-*, *Kokerei-* und *Wassergas*. Er kommt in Stahlflaschen (rote Kennzeichnung; Linksgewinde) mit 200 bar Druck in den Handel.

Monowasserstoff: Im Zustande des Entstehens („in statu nascendi") ist Wasserstoff atomar und deshalb besonders reaktionsfähig. Leitet man z. B. Wasserstoff durch Nitrobenzen , so findet keine Reaktion statt; bringt man dagegen Nitrobenzen mit Eisen und Salzsäure zusammen, so wird es durch den „naszierenden" Wasserstoff zu Anilin reduziert.

Auch in Metallen löst sich Wasserstoff atomar; daher wirken Palladium, Platin und Nickel als Hydrierungskatalysatoren (Fetthärtung); an Platinschwamm entzündet sich Wasserstoff an der Luft von selbst (DOEBEREINERs Feuerzeug) .

Wasserstoff-Ionen: „H^+-Ionen" in wässriger Lösung sind in Wirklichkeit H_3O^+-Ionen („*Hydronium-Ionen*" primäre Hydratation), die ihrerseits durch Wasserstoffbrücken weitere Wassermoleküle locker binden (sekundäre Hydratation), sodass der Komplex $H_9O_4^+$ entsteht. Nichthydratisierte Wasserstoff-Ionen (Atomkerne des Wasserstoffs) heißen *Protonen*; sie bilden (neben knapp 20 % α-Teilchen) etwa 80 % der primären kosmischen Strahlung .

10.3 Hydride

Hydride sind binäre Verbindungen des Wasserstoffs. Man unterscheidet:

Salzartige (ionische) Hydride: Sie enthalten das Wasserstoff-Anion (Hydrid-Ion), H^-. Hierzu gehören Alkali- und Erdalkalihydride, z. B. Calciumhydrid, CaH_2, so genannter „fester Wasserstoff"; 1 kg ergibt mit Wasser etwa 1000 l Wasserstoff:

$$CaH_2 + 2\,H_2O \rightarrow Ca(OH)_2 + 2\,H_2.$$

Komplexe Hydride: Sie enthalten das Hydrid-Ion als Ligand, z. B. **Natriumtetrahydridoaluminat** (*Natriumalanat*) , $Na[AlH_4]$, oder **Natriumtetrahydridoborat** (*Natriumboranat*), $Na[BH_4]$: feste, weiße Salze, die als starke Reduktionsmittel dienen.

Flüchtige (molekulare) Hydride: Sie enthalten Wasserstoff in homöopolarer Bindung. Hierzu gehören die *Nichtmetallhydride*, z. B. Halogenwasserstoffe, Kohlenwasserstoffe, Schwefelwasserstoff, Ammoniak, Wasser, Silane.

Metallische Hydride: Das Elektron des H-Atoms nimmt am Elektronengas des Metalls teil. Die metallischen Hydride verhalten sich somit wie Metalllegierungen und haben keine einfachen chemischen Formeln, z. B. *Palladium-* und *Platinwasserstoff*.

10.4 Wasser

Formel: H_2O; die Moleküle sind über Wasserstoffbrücken assoziiert: $(H_2O)_x$; hierauf beruht der höhere Schmelz- und Siedepunkt im Vergleich zu den nicht assoziierten Verbindungen H_2S, H_2Se und H_2Te.

Reines Wasser: geruch- und geschmackfrei, in über 5 m dicken Schichten deutlich blau; unter normalem Luftdruck bei 100 °C siedend; bei 0 °C unter Ausdehnung um 1/11 seines Volumens zu *Eis* erstarrend; größte Dichte (1 g · cm^{-3}) bei +4 °C; sehr geringe elektrische Leitfähigkeit.

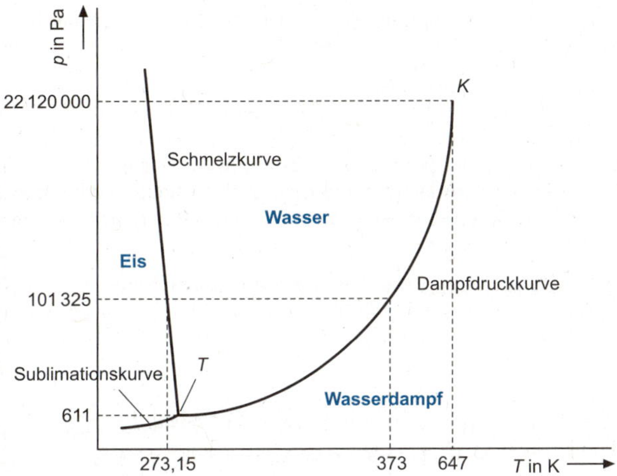

Bild 10-1: *Zustandsdiagramm (Phasendiagramm) des Wassers (nicht maßstabsgerecht dargestellt; siehe auch molare Phasenumwandlungsenthalpien (↑ S. 292))*

Je nach Druck und Temperatur liegt Wasser im festen, flüssigen oder gasförmigen Zustand vor. Die **Schmelzkurve** trennt die Zustände (Phasen) Eis und flüssiges Wasser; nur bei den Druck- und Temperaturwertepaaren der Schmelzkurve kommen die feste und die flüssige Phase gleichzeitig vor (schmelzendes Eis; gefrierendes Wasser). Analog existieren bei den Werten der **Dampfdruckkurve** flüssiges Wasser und Wasserdampf gleichzeitig (siedendes Wasser; kondensierender Wasserdampf). Die **Sublimationskurve** trennt schließlich die Zustände Eis und Wasserdampf; bei Ihren Druck- und Temperaturwerten kann Wasser gleichzeitig fest und gasförmig vorkommen (technischer Prozess des Gefriertrocknens; Bildung von Raureif in feuchter Luft). Sie lässt sich als *Dampfdruckkurve von Eis* auffassen. Nur am **Tripelpunkt** *T* (611 Pa, 273,16 K) existieren alle drei Phasen im Gleichgewicht miteinander.

Der Schnittpunkt einer Isobaren (Linie gleichen Drucks) bei Normaldruck (101 325 Pa) mit der Schmelzkurve ergibt den Normalschmelzpunkt, mit der Dampfdruckkurve den **Normalsiedepunkt**.

Die *Schmelzkurve* verästelt sich bei extrem hohen Drucken, da es verschiedene Eismodifikationen mit unterschiedlicher Struktur gibt; sie ist als Besonderheit bei Wasser *nach links* geneigt, d. h., bei höherem Druck sinkt der Schmelzpunkt.

Die *Dampfdruckkurve* endet am **kritischen Punkt** *K*; kurz vorher geht die Verdampfungsenthalpie $\Delta_V H$ (↑ S. 292) gegen 0, was zu ständigen Phasenwechseln fl ↔ g und damit zu einer Schlierenbildung und Trübung führt; die Dichte des Dampfes wird dort so hoch, dass er von einer Flüssigkeit nicht mehr zu unterscheiden ist. Oberhalb des kritischen Punkts gibt es daher nur noch eine flüssig/gasförmige Phase, das **überkritische Fluid**. Dieses hat vollkommen andere Löseeigenschaften als normales flüssiges Wasser; so löst es z. B. auch SiO_2 (Züchtung von Quarzkristallen) oder unpolare Stoffe wie Fett. Die Dichte eines überkritischen Fluids lässt sich durch Änderung des Drucks beliebig einstellen.

Bei den Wertepaaren auf den drei Kurvenästen befindet sich das System jeweils im **dynamischen Gleichgewicht**; das sei anhand der Dampfdruckkurve erklärt: Im Gleichgewichtszustand verdampft in einem geschlossenen Gefäß genauso viel Flüssigkeit, wie an Dampf wieder kondensiert. Die Teilchenzahlen in der Gas- und Flüssigphase ändern sich also nicht, nach außen sehen Sie keine Veränderung z. B. des Wasserstands. Tatsächlich laufen aber zwei entgegengesetzte Vorgänge mit gleicher Geschwindigkeit ab, daher der Begriff *dynamisch*. Sobald man das Gefäß öffnet, gewinnt die Verdampfung die Oberhand: Die Flüssigkeit verdunstet, Kondensation findet auch außerhalb des Gefäßes statt, das System ist nicht mehr im Gleichgewicht!

Beim Verdampfen einer Flüssigkeit gehen Teilchen in die Gasphase über. In einem geschlossenen Gefäß üben diese einen Druck im Gasraum aus, den **Dampfdruck**. Je höher die Temperatur ist, desto mehr Teilchen einer Substanz haben die Energie, aus der Flüssigkeit in die Gasphase zu kommen; der Dampfdruck steigt und zwar exponentiell, wie Sie am Verlauf der Dampfdruckkurve sehen. Den Dampfdruck im Gleichgewicht (also bei Werten auf der Kurve) nennt man **Sättigungsdampfdruck**. Hier befindet sich die in einem stabilen System maximal mögliche Anzahl an Teilchen in der Gasphase; der Gasraum ist gesättigt an Teilchen.

Der Dampfdruck einer Substanz hängt ganz entscheidend von den zwischenmolekularen Kräften (↑ S. 135) ab. Sind diese groß, gelangen Teilchen wegen der gegenseitigen Anziehung schwerer in die Gasphase, der Dampfdruck ist niedrig. Dadurch benötigt man viel Energie, um die Flüssigkeit zu verdampfen; der Normalsiedepunkt liegt bei hohen Temperaturen.

▲ Zwischen den Wassermolekülen herrschen starke Wasserstoffbrückenbindungen (↑ S. 137); der Sättigungsdampfdruck ist daher im Vergleich zu H_2S niedrig und der Normalsiedepunkt mit 100 °C hoch.

▲ Die stärkeren VAN-DER-WAALS-Kräfte bei leicht polarisierbaren Molekülen (Iod) oder längeren Ketten (Hexadecan) bewirken einen vergleichsweise niedrigen Dampfdruck und damit höhere Siedepunkte (↑ Tabelle auf S. 135).

Natürliches Wasser ist stets verunreinigt. *Regenwasser* und *Schnee* enthalten Staub, Sauerstoff, Stickstoff, Kohlenstoffdioxid und Spuren von Ammoniumnitrat; *Quell-*, *Fluss-* und *Grundwasser* enthalten 0,01 bis 0,2 % gelöste Stoffe, z. B. Calcium- und Magnesiumsalze („Härtebildner“ (↑ 12.4.10)). Im Meerwasser sind etwa 3,5 % Salze gelöst (Ostsee $<$ 1 %, Totes Meer 25 %). Die Reinhaltung der Gewässer durch spezielle Behandlung von Abwässern ist eine der vordringlichsten Aufgaben der Industriegesellschaft. Große Wasserflächen wirken klimatisch ausgleichend, da zur Erwärmung von Wasser um 1 °C mehr Wärme erforderlich ist und umgekehrt beim Abkühlen mehr Wärme abgegeben wird (siehe Beispiel zum Wasser (↑ S. 294)) als bei anderen Stoffen. 71 % der Erdoberfläche sind mit Wasser und Eis bedeckt. 97,2 % des Wassers sind im Weltozean, 2,15 % bilden Gletscher und Eisfelder, und nur 0,63 % befinden sich auf dem Festland. Der menschliche Organismus besteht zu 60 bis 70 % aus Wasser.

Trinkwasser soll klar, farb- und geruchlos, sauerstoffreich sowie frei von schädlichen Substanzen (z. B. Nitraten) und krankheitserregenden Bakterien sein. Colibakterien und Enterokokken dürfen nicht enthalten sein (Escherichia coli ist an sich harmlos, zeigt jedoch fäkale Verunreinigungen an). Nicht in der Trinkwasserverordnung genannte Zusätze – wie ein Iod-Zusatz in Iodmangelgebieten oder ein Fluor-Zusatz zur Kariesprophylaxe – sind nicht zulässig, da jeder frei über die Einnahme solcher Zusatzstoffe entscheiden können soll.

Entkeimung: mit UV-C-Licht ($\lambda = 253{,}7$ nm; Mindestbestrahlungsdosis $400\,J/m^2$) aus Hg-Hochdruckstrahlern; durch Einblasen von Chlorgas (Chlorung) oder ozonreichem Sauerstoff (Ozonierung); durch Filtration über Kies, der mit einem Bakterienrasen bedeckt ist.

Enteisenung: durch Versprühen unter Zuführung von viel Luft, evtl. nach Zugabe von Kalkmilch:

$$4\,Fe(HCO_3)_2 + O_2 + 2\,H_2O \rightarrow 4\,Fe(OH)_3\downarrow + 8\,CO_2.$$

Das in Flocken ausfallende braune Eisen(III)-hydroxid wird durch Kiesfiltration entfernt.

Entmanganung: erfolgt gleichzeitig mit der Enteisenung; es fällt Mangan(IV)-oxidhydrat, $MnO_2 \cdot xH_2O$, aus.

Entsäuerung (von überschüssiger Kohlensäure, die Rohrleitungen angreift): durch Filtration über Marmorkalk oder ein Gemisch aus $MgO + CaCO_3$.

Desodorierung (Entfernung unangenehmer Geruchs- und Geschmacksstoffe): durch Filtration über Aktivkohle.

Kristallwasser ist komplex gebundenes Wasser (Aquakomplexe); beim Erhitzen entweicht es; man berücksichtigt es in chemischen Gleichungen nur nach Bedarf.

▲ Kupfersulfatpentahydrat (Kupfersulfat-5-Wasser), $CuSO_4 \cdot 5\ H_2O$;
Tricadmiumsulfat-octahydrat (3-Cadmiumsulfat-8-Wasser), $3\ CdSO_4 \cdot 8\ H_2O$. (Der Punkt wird nicht „mal", sondern „mit" gelesen.)

Als **Hydrolyse** bezeichnet man die Spaltung der Atombindungen von Molekülen durch Wasser.

▲ Chlorgas wird durch Wasser gespalten

$$Cl_2 + H_2O \rightarrow HOCl + HCl$$

Nachweis: durch Blaufärbung entwässerten Kupfersulfats.

10.5 Wasserstoffperoxid

(Hydrogenperoxid)

Formel: H_2O_2; **Struktur** H-O-O-H.

Herstellung:

- früher aus Bariumperoxid und Schwefelsäure:

$$BaO_2 + H_2SO_4 \rightarrow BaSO_4\downarrow + H_2O_2;$$

- technisch überwiegend nach dem *Anthrachinonverfahren*:
  Anthrachinon (meist in Form von Alkylderivaten) wird katalytisch zu Anthrahydrochinon hydriert (I; An = alkyliertes Anthrachinon); letzteres reagiert mit Luftsauerstoff zu Anthrachinon und Wasserstoffperoxid (II):

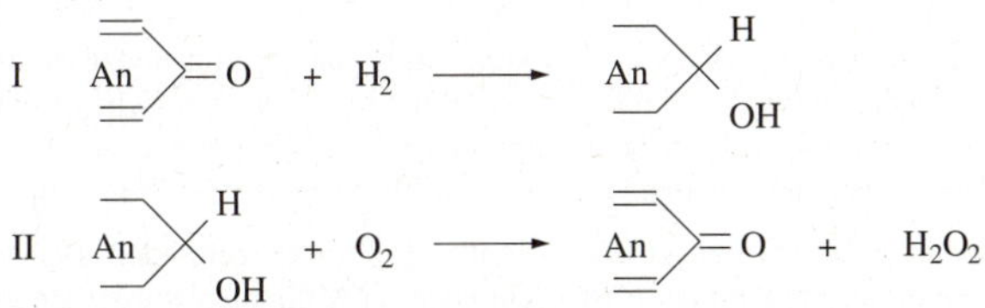

- Nach älterem Verfahren wird Schwefelsäure mit hohen anodischen Stromdichten elektrolysiert, wobei sich das Peroxodisulfat-Ion bildet:

$$2\ SO_4^{2-} - 2\ e^- \rightarrow S_2O_8^{2-}.$$

  Beim Erhitzen der entstandenen Peroxodischwefelsäurelösung im Vakuum destilliert Wasserstoffperoxid ab:

$$H_2S_2O_8 + 2\ H_2O \rightarrow H_2O_2\uparrow + 2\ H_2SO_4.$$

Eigenschaften: in wasserfreiem Zustand blassblau, ölig, sehr explosibel; die im Handel befindlichen 30%igen („Perhydrol") und 3%igen Lösungen werden durch Licht und durch Katalysatoren (Staub, Blut, Braunstein, Platin, Katalase) leicht zersetzt:

$$2\ H_2O_2 \rightarrow 2\ H_2O + O_2;$$

die Zersetzung wird durch Phosphorsäure oder Carbamid verzögert (Stabilisatoren). Starkes Oxidationsmittel; 30%iges H_2O_2 erzeugt auf der Haut weiße Flecke von starker Reizwirkung, die nach einiger Zeit wieder verschwinden.

Verwendung: Oxidationsmittel in Industrieprozessen (Herstellung von Papier, Abwasseraufbereitung); als Bleich- (Haare, Baumwolle) und Desinfektionsmittel; zur Herstellung von Natriumperborat und -percarbonat für Waschmittel. Binden von H_2 nach der Gleichung

$$H_2O_2 + H_2 \rightarrow 2\,H_2O$$

bei säurehaltigen Beizmitteln im Rostschutz, um einer H_2-Versprödung entgegen zu wirken.

Percarbamid (*Carbamid-peroxidhydrat*), $OC(NH_2)_2 \cdot H_2O_2$, setzt beim Auflösen in Wasser Wasserstoffperoxid frei („Wasserstoffperoxidtabletten").

10.6 Deuterium, schweres Wasser, Tritium

Deuterium, *schwerer Wasserstoff*, Symbol D [*to deuteron* (grch.) das Zweite] oder ^2H, hat die Massenzahl 2 (Atommasse 2,0147). Freies Deuterium, D_2, ist doppelt so schwer wie $^1H_2$; der Volumenanteil in gewöhnlichem Wasserstoff beträgt 0,02 %. Es geht die gleichen Reaktionen ein, jedoch meist mit geringerer Geschwindigkeit.

Schweres Wasser, *Deuteriumoxid,* D_2O, das in natürlichem Wasser im Massenverhältnis 1 : 5500 [1)] enthalten ist, reichert sich bei wasserstoffentwickelnden Elektrolysevorgängen im Rückstand an, ist aufgrund verminderter Lösefähigkeit giftig und wird als Moderator in Kernreaktoren verwendet; *F* +3,8 °C, *Kp* 101,4 °C, Dichte 1,105 g · cm^3
Halbschweres Wasser ist HDO; *F* 2,23 °C, *Kp* 101,76 °C.

Tritium, *überschwerer Wasserstoff,* Symbol T oder ^3H , ist im Gegensatz zu Deuterium radioaktiv, wird in Kernreaktoren (↑ 11.2) aus ^6Li hergestellt, entsteht in der Hochatmosphäre durch die Höhenstrahlung und zerfällt unter β-Strahlung (Halbwertszeit etwa 12 Jahre) zu ^3He.

Tritiumoxid, *überschweres Wasser,* hat den berechneten Schmelzpunkt 4,5 °C.

Kernfusion: Bei etwa 100 Millionen °C reagieren die Atomkerne von Tritium und Deuterium gemäß $D + T \rightarrow {}^4He + n$ zu Helium, wobei etwa der millionenfache Betrag der bei chemischen Reaktionen frei werdenden Energie abgegeben wird. Die technische Beherrschung dieser oder ähnlicher Reaktionen wird die Energieversorgung der Menschheit entscheidend beeinflussen; s. a. Kernsynthesebombe (↑ 11.2).

In der Sonne werden pro Sekunde 300 Millionen t Wasserstoff in Helium umgewandelt. Bisher sind 20 % des Wasserstoffvorrates der Sonne verbraucht; der Rest reicht noch für Milliarden von Jahren aus.

---

1) Bei dieser Angabe wird vereinfacht angenommen, dass alles Deuterium als D_2O vorliegt; in Wirklichkeit verteilt es sich auf D_2O und HDO.

11 Elemente der I. Hauptgruppe (Alkalimetalle, Gruppe 1)

11.1 Allgemeines

Elemente: Lithium (Li), Natrium (Na), Kalium (K), Rubidium (Rb), Caesium (Cs) und Francium (Fr).

Eigenschaften der Alkalimetalle (außer Francium; siehe unten): sehr leicht, sehr weich (mit dem Messer schneidbar); von allen Metallen am reaktionsfähigsten. Ihr sehr starker Silberglanz verschwindet an der Luft sofort; Rb und Cs entzünden sich an der Luft von selbst. Wasser wird in stark exothermer Reaktion sofort zersetzt, z. B.

$$2\,K + 2\,H_2O \rightarrow 2\,KOH + H_2;$$

der frei werdende Wasserstoff entzündet sich bei Na oft, bei K, Rb und Cs stets. Aufbewahrung unter luftabschirmenden, halogenfreien Schutzflüssigkeiten (Petroleum, Paraffinöl); mit Halogenkohlenwasserstoffen (Tetrachlormethan u. a.) können bereits beim Fall aus 1 m Höhe heftigste Reaktionen erfolgen, z. B. gemäß

$$CCl_4 + 4\,Na \rightarrow 4\,NaCl + C.$$

Tabelle 11-1: *Alkalimetalle*

	Lithium	**Natrium**	**Kalium**	**Rubidium**	**Caesium**	**Francium**
Symbol	Li	Na	K	Rb	Cs	Fr
Kernladung	3	11	19	37	55	87
Relative Atommasse	6,94	22,990	39,098	83,468	132,91	223,02 [1)]
Schmelzpunkt (in °C)	181,0	97,8	63,6	39,0	28,5	≈ 27
Siedepunkt (in °C)	1342	883	774	689	705	≈ 670
Dichte (in $g \cdot cm^{-3}$ bei 20 °C)	0,534	0,971	0,862	1,522	1,90	≈ 1,87
Häufigkeit (Erdkruste; %)	$6{,}0 \cdot 10^{-3}$	2,63	2,41	$2{,}9 \cdot 10^{-2}$	$6{,}5 \cdot 10^{-4}$	$1{,}0 \cdot 10^{-21}$
Härte	weich	abnehmend →				
Oxidationszahl	+ 1	+ 1	+ 1	+ 1	+ 1	+ 1
Reaktionsfähigkeit	zunehmend →					
Basenstärke	zunehmend →					
Flammenfärbung	karminrot	gelb	rotviolett	rot	blau	?
Schwerlösliche Salze	LiF Li_2CO_3 Li_3PO_4	$Na[Sb(OH)_6]$ Na-Uranylacetat	$KClO_4$ $K_2[PtCl_6]$ $K[B(C_6H_5)_4]$	$RbClO_4$ $Rb_2[PtCl_6]$	$CsClO_4$ $Cs_2[PtCl_6]$	$FrClO_4$ $Fr_2[PtCl_6]$

1) des stabilsten Isotops (223)

Alle Alkalimetalle (auch Erdalkalimetalle) lösen sich in flüssigem Ammoniak, wobei die Lösungen mit zunehmender Konzentration erst hellblau, dann tiefblau, schwarz, goldbraun-bronzefarben und schließlich kupfern-metallglänzend aussehen; die konzentrierten Lösungen leiten den elektrischen Strom etwa so gut wie Eisen.

Alkalimetall-Ionen: Diese, z. B. Na^+ oder K^+, sind farblos, demzufolge auch die Alkaliverbindungen, sofern kein farbiges Anion (wie MnO_4^-, CrO_4^{2-}, $Cr_2O_7^{2-}$) vorhanden ist. Sie können durch Elektrolyse wässriger Lösungen nur an Hg-Kathoden entladen werden; anderenfalls sind nichtwässrige Lösemittel oder Schmelzflusselektrolyse anzuwenden.

Die **Alkalihydroxide** sind starke Basen und sehr leicht in Wasser löslich. Die Basenstärke nimmt von LiOH bis CsOH zu.

Nachweis: Flammenfärbungen, Spektralanalyse.

Francium, 1939 von der französischen Forscherin MARGUERITE PEREY entdeckt, ist radioaktiv; Halbwertszeit Fr 223: 22 min. *F* 20 °C, *Kp* 660 °C, Dichte 2,2 g · cm^{-3}. Es kommt nur spurenweise vor und wird im Folgenden nicht berücksichtigt.

11.2 Lithium und Lithiumverbindungen

Symbol: Li [*lithos* (grch.) Stein]; **Oxidationszahl: +1**.

Isotope:

- $^{3}_{6}Li$ (7,5 Atom-%)
- $^{3}_{7}Li$ (92,5 Atom-%)

Vorkommen: in Gesteinen (nicht in Salzlagern) verbreitet, doch nur in geringen Mengen; in einigen Mineralwässern (*Lithiumwässer*, z. B. in Bad Dürkheim); in Pflanzenasche (Tabakasche bis 0,5 %).

Entdeckung: 1817 durch JOHAN AUGUST ARVEDSON (Schweden).

Erstherstellung: 1855 durch ROBERT BUNSEN und AUGUSTUS MATTHIESSEN .

Minerale:	Amblygonit	$LiAl(PO_4)F$
	Spodumen	$Li[AlSi_2O_6]$
	Lepidolith (Lithionglimmer)	K-, OH-, F-haltiges Li-Al-Silicat
	Zinnwaldit	$KLiFeAl(F,OH)_2[AlSi_3O_{10}]$

Herstellung: Aufschluss der Minerale mit Schwefelsäure; aus der entstandenen Li_2SO_4-Lösung wird mit Natriumcarbonat Li_2CO_3 gefällt; hieraus werden mit Säuren andere Salze hergestellt. Li-Metall gewinnt man durch Elektrolyse einer LiCl/KCl-Schmelze; auch aus einer LiCl-Lösung in Pyridin lässt sich Lithium elektrolytisch abscheiden.

Eigenschaften (siehe auch Tabelle 11-1): leichtestes Metall; unter Petroläther aufzubewahren (schwimmt auf Benzin!), da es an der Luft oxidiert wird; verbrennt bei 129 °C mit karminroter Flamme zu weißem *Lithiumoxid*:

$$4\,Li + O_2 \rightarrow 2\,Li_2O;$$

verbindet sich als einziges Element bereits bei Raumtemperatur allmählich mit Stickstoff zu *Lithiumnitrid*:

$$6\,Li + N_2 \rightarrow 2\,Li_3N;$$

reagiert mit Wasser ohne Entzündung des entwickelten Wasserstoffs:

$$2\,Li + 2\,H_2O \rightarrow 2\,LiOH + H_2$$

Verwendung: als Legierungszusatz für Achslagermetalle; zur Herstellung metallorganischer Katalysatoren. Galvanische „Lithiumzellen" (3 V Spannung) enthalten z. B. als Elektroden Li (Anode) und MnO_2 (Katode) mit *Lithiumperchlorat*, $LiClO_4$, als Elektrolyt in speziellen wasserfreien Lösemitteln, z. B. Dimethoxyethan, CH_3-O-CH_2-CH_2-O-CH_3.

Kernchemie: Lithium 6 dient zur Herstellung von Tritium im Kernreaktor, da es durch langsame Neutronen gemäß

$$^{6}_{3}Li + ^{1}_{0}n \longrightarrow ^{4}_{2}He + ^{3}_{1}T$$

zerlegt wird.

Die Kernsynthesebombe („Wasserstoffbombe") enthält als thermonuklearen Sprengstoff **Lithiumdeuterid-(^{6}Li)** der Formel ^{6}LiD. Die für die Spaltung des Lithiums nach vorstehender Gleichung erforderlichen Neutronen werden durch eine – in der Wasserstoffbombe enthaltene – „gewöhnliche" Atombombe erzeugt. Bei den dabei auftretenden hohen Temperaturen reagiert das Tritium mit dem Deuterium gemäß

$$^{6}_{3}Li + ^{1}_{0}n \longrightarrow ^{4}_{2}He + ^{3}_{1}T$$
$$^{3}_{1}T + ^{2}_{1}D \longrightarrow ^{4}_{2}He + ^{1}_{0}n$$

wodurch wieder Neutronen für die Zerlegung des Lithiums geliefert werden. Hierbei wird erneut Tritium frei, sodass eine Kettenreaktion vor sich gehen kann und der gesamte thermonukleare Sprengstoff Lithiumdeuterid-(^{6}Li) unter Abgabe gewaltiger Energiemengen in Helium übergeht. – Eine besonders intensive Neutronenstrahlung und damit eine Erhöhung des Wirkungsgrads erzielt man durch Zusatz von **Lithiumtritid-(^{6}Li)**, ^{6}LiT („Neutronenbombe").

(In den angegebenen *kernchemischen Gleichungen* bedeutet die obere Zahl die *Massenzahl*, die untere die *Kernladungszahl;* die Summe der Massenzahlen einerseits und die Summe der Kernladungszahlen andererseits müssen auf der linken und rechten Seite der Gleichung übereinstimmen.)

Lithiumverbindungen: meist farblos und wasserlöslich (schwer löslich LiF, Li_2CO_3, Li_3PO_4); intensiv karminrote Flammenfärbung (*Nachweis*!).

Lithiumcarbonat, Li_2CO_3, verwendet für Emails und Glasuren, in großen Mengen bei der Herstellung von Aluminium.

Lithiumfluorid, LiF, *F* 848 °C, für ultraviolettdurchlässiges Glas und zur Vergütung optischer Linsen.

Lithiumhydrid, LiH, als leicht transportabler „fester Wasserstoff", da es sich mit Wasser gemäß
$2\,LiH + 2\,H_2O \rightarrow 2\,LiOH + 2\,H_2$ zersetzt.

Lithiumchlorid, LiCl, F 614 °C, ist hygroskopisch und löst sich im Gegensatz zu den anderen Alkalichloriden auch in Ethanol und Aceton, wird als Ausgangsprodukt zur Lithiumherstellung verwendet.

Lithiumstearat, $C_{17}H_{35}COOLi$, und **-hydroxystearat** dienen als verdickender Zusatz zu Schmierölen; die so erzeugten „Lithiumfette" erlauben eine Anwendung zwischen −50 °C und +180 °C.

Lithiumhydroxid, LiOH, *F* 450 °C, ist in Wasser weniger löslich als die übrigen Alkalihydroxide; die Lösung reagiert jedoch stark alkalisch.

11.3 Natrium und Natriumverbindungen

11.3.1 Allgemeines

Symbol: Na [*neter* (ägypt.) Soda]; **Oxidationszahl: +1**.

Vorkommen: sechsthäufigstes Element der Erdkruste; kommt nur gebunden vor; in Mineralien (z. B. in Salzlagern), Gewässern und in Organismen. 1 l Meerwasser enthält 10,6 g Na^+-Ionen.

Minerale:	Steinsalz (Halit)	$NaCl$
	Natronsalpeter (Chilesalpeter)	$NaNO_3$
	Kryolith (Eisstein)	$Na_3[AlF_6]$
	Natronfeldspat (Albit)	$Na[AlSi_3O_8]$
	Glaubersalz (Mirabilit)	$Na_2SO_4 \cdot 10\,H_2O$
	Soda (Natrit)	$Na_2CO_3 \cdot 10\,H_2O$

Nachweis: intensiv gelbe Flammenfärbung, die durch ein Cobaltglas verschluckt (absorbiert) wird.

Physiologie: Na^+-Ionen sind für Tiere und einen Teil der Pflanzen lebensnotwendig. Im Gegensatz zu den K^+-Ionen befinden sie sich fast durchweg außerhalb der Zellen und regeln dort osmotisch deren Wassergehalt.

Entstehung der Salzlager: Die an der Erdoberfläche befindlichen unlöslichen alkalihaltigen Silicatgesteine, z. B. Feldspäte, verwittern allmählich unter Wasseraufnahme zu Tonen und löslichen Alkaliverbindungen. Letztere werden durch Bäche und Flüsse ins Meer getragen. Bei der Verdunstung abflussloser oder abgeschnittener Meeresteile reichern sich die Salze an (Totes Meer!) und kristallisieren schließlich in Reihenfolge zunehmender Löslichkeit aus. Bei den entstehenden Salzschichten liegen also die schwerstlöslichen Stoffe zuunterst. Bei Überlagerung mit Tonen, Sandstein usw., erneutem Meereseinbruch und erneutem Auskristallisieren entstehen mehrere Schichtenfolgen übereinander. Die mitteldeutschen Salzlager sind vor 200 bis 300 Millionen Jahren aus dem Zechsteinmeer entstanden.

Zusammensetzung der Salzlager: Die unterste Schicht besteht jeweils aus Anhydrit ($CaSO_4$); dann folgen starke Steinsalzschichten (NaCl); darüber befinden sich, falls nicht ausgewaschen, die am leichtesten löslichen Kalium- und Magnesiumsalze („Abraumsalze“, „Edelsalze“).

Gewinnung der Salze:

- durch Sprengung,
- durch Aussolen (Lösen unter Tage, Hochpumpen der Salzsole und Eindampfen).

11.3.2 Metallisches Natrium

Erstherstellung: 1807 von HUMPHRY DAVY (England) durch Elektrolyse geschmolzenen Natriumhydroxids mit VOLTAschen Säulen.

Herstellung: durch Schmelzelektrolyse von Natriumhydroxid oder von Natriumchlorid + Calciumchlorid.

Die Katode besteht aus Eisen oder flüssigem Blei; aus der Pb-Schmelze wird das Na herausdestilliert.

Eigenschaften (siehe auch Tabelle 11-1): stark silberglänzendes, weiches, mit dem Messer schneidbares Metall (Dampf purpurfarben), das an der Luft unter Bildung von Natriumhydroxid und -carbonat rasch anläuft. Mit Wasser reagiert es heftig zu Natronlauge und Wasserstoff:

$$2\,Na + 2\,H_2O \rightarrow 2\,NaOH + H_2.$$

Das Metall schwimmt dabei auf dem Wasser, schmilzt zu einer Kugel und bewegt sich wegen der Gasentwicklung zischend umher. Oft entzündet sich der Wasserstoff (gelbe Natriumflamme) und löst örtliche

Knallgasexplosionen aus, besonders wenn sich das Metall an einer Stelle festsetzt (Wärmestau!). *Vorsicht* vor verspritzender Natronlauge! Schutzbrille!

Mit Alkoholen erfolgt weniger heftige Reaktion (z. B. Verwendung zur Beseitigung von Natriumresten) unter Bildung von Natriumalkoholat, z. B.

$$2\ Na + 2\ C_2H_5OH \rightarrow 2\ C_2H_5ONa + H_2.$$

An der Luft erhitzt, verbrennt Na mit gelber Flamme zu Natriumperoxid, in Chlorgas zu Natriumchlorid:

$$2\ Na + O_2 \rightarrow Na_2O_2 \text{ bzw. } 2\ Na + Cl_2 \rightarrow 2\ NaCl.$$

Mit Quecksilber entsteht unter Feuererscheinung Natriumamalgam. Natrium ist löslich in flüssigem Ammoniak.

Verwendung: für Natriumdampflampen; als Wärmetransportflüssigkeit in Kernreaktoren; zur Herstellung von Natriumcyanid, -peroxid und Indigo; als Trockenmittel für Ether und andere halogenfreie organische Flüssigkeiten; als Reduktionsmittel.

11.3.3 Natriumchlorid, NaCl

Vorkommen: als Steinsalz (*Halit*) in Salzlagern; in Salzsolen; im Meerwasser zu rund 2,7 %; in Salzkohle; in Organismen.

Gewinnung:

- aus Salzlagern durch Sprengung oder Aussolen (Lösen unter Tage, Hochpumpen der Sole und Eindampfen)
- aus Salzsolen durch Eindampfen in Siedepfannen oder durch Gradieren
  Beim **Gradieren** tropft die Salzsole in Gradierhäusern über Dornenreisig, wobei so viel Wasser verdunstet, dass sich die schwerer löslichen Salze, z. B. Gips, als „Dornstein" abscheiden. Durch wiederholtes Überpumpen wird die Lösung bis auf 20 % konzentriert und dann in flachen Eisenpfannen oder in Vakuumverdampfern eingedampft („Siedesalz").
- aus Meerwasser durch Verdunsten, Ausfrieren („Seesalz") oder reverse Osmose
  Zur Gewinnung von **„Seesalz"** grenzt man Meeresteile ab und lässt das Wasser in den so entstehenden „Salzgärten" verdunsten; in kalten Ländern lässt man es gefrieren, wobei unter reinem Eis eine konzentrierte Salzlösung verbleibt.

Reinigung: ist für chemische Zwecke meist erforderlich. Natriumcarbonatlösung fällt Ca^{2+} und Mg^{2+}, Calciumhydroxid SO_4^{2-} aus.

Eigenschaften: farblose Kristallwürfel (*F* 801 °C, *Kp* 1413 °C), die in heißem wie in kaltem Wasser nahezu gleich gut löslich sind (daher keine Reinigung durch Umkristallisation möglich). 100 g Wasser lösen bei 20 °C 35,8 g NaCl; die Lösung ist dann 26,4 %ig. Die gesättigte Lösung siedet bei 109 °C. Bei mäßigem Erhitzen knistern die Kristalle, wobei sich ausdehnende Mutterlauge (kein Kristallwasser!) oder eingeschlossene Gase die Kristalle zersprengen. – NaCl ist nicht hygroskopisch, während Speisesalz infolge eines geringen Gehalts an Magnesiumchlorid leicht feucht wird (Vermeidung durch Zusatz von Natriumphosphat, das unlösliches Magnesiumphosphat bildet). – Schwerer flüchtige Säuren, z. B. Schwefelsäure, reagieren mit NaCl unter Bildung von Chlorwasserstoff:

$$2\ NaCl + H_2SO_4 \rightarrow Na_2SO_4 + 2\ HCl.$$

Physiologie: Der Mensch enthält in Blut und Gewebesäften 150 bis 300 g NaCl; täglich sind 10 bis 15 g zu ergänzen. Übermäßiger Salzgenuss ist gesundheitsschädlich (kochsalzfreie Diätkost); akut toxische Dosis: etwa 5 g/kg. Blut enthält 0,9 % NaCl; gleich konzentriert ist die „physiologische Kochsalzlösung", die als zeitweiliger Ersatz für Blutplasma verwendet wird.

Verwendung: Natriumchlorid ist Rohstoff für die Herstellung fast aller Natrium- und Chlorverbindungen.

Natriumchlorid, NaCl

- Alkalichloridelektrolyse
  - Natriumhydroxid, NaOH
  - Wasserstoff, H_2 ⎤ Chlorwasserstoff, HCl
  - Chlor, Cl_2 ⎦
- Alkalichloridelektrolyse
  - Natriumhypochlorit, NaClO, oder
  - Natriumchlorat, $NaClO_3$
- Schmelzflusselektrolyse
  - Natrium, Na
  - Chlor, Cl_2
- Ammoniak-Soda-Verfahren
  - Natriumhydrogencarbonat, $NaHCO_3$
  - Natriumcarbonat, Na_2CO_3
  - Calciumchlorid, $CaCl_2$
- Schwefelsäure
  - Natriumsulfat, Na_2SO_4
  - Chlorwasserstoff, HCl

Weitere Verwendung: als Konservierungs- (Pökelsalz) und Würzmittel; als Tausalz und Kühlsolensalz; zum Aussalzen von Seife und organischen Farbstoffen; zum Glasieren von Keramik; als Zusatz zu Aluminiumbeizen und Nickelelektrolyten; als sprengkraftmindernder Bestandteil von Wettersprengstoffen.

„Viehsalz" ist durch Beimengungen von rotem Eisen(III)-oxid denaturiertes, unversteuertes NaCl.

Mischungen mit Eis im Verhältnis 3,5 : 1 ergeben Kältemischungen bis −21 °C.

11.3.4 Natriumhydroxid, NaOH

Trivialnamen: NaOH = Ätznatron; wässrige Lösung = Natronlauge.

Technische Herstellung:

- aus Natriumchloridlösung durch Elektrolyse („Alkalichloridelektrolyse").
  Das **Quecksilberverfahren** (Amalgamverfahren) liefert reine, chloridfreie Lauge:
  Über den schwach geneigten Boden eines geschlossenen Elektrolysiergefäßes (z. B. 12 m lang, 1,20 m breit) fließt mit etwa 15 cm · s^{-1} katodisch geschaltetes Quecksilber als zusammenhängende Schicht; rutheniumdioxidbeschichtete[1)] Titananoden ragen von oben in die 60 bis 80 °C warme Natriumchloridlösung hinein. Spezielle „Entquickungs"-Anlagen verhindern eine Umweltschädigung durch Quecksilber.
  - Katode: wegen der großen Überspannung, die zur Entladung von H^+-Ionen an Hg erforderlich ist, werden leichter Na^+-Ionen reduziert: $Na^+ + e^- \rightarrow Na$.
    Natrium löst sich im Quecksilber zu Natriumamalgam, $NaHg_x$ (bis zu 2,4 % Na in $Na_{11}Hg_{52}$); dies fließt ständig in einen mit Graphitblöcken gefüllten *Zersetzer*, in dem durch katalytische Reaktion mit Wasser konzentrierte Natronlauge entsteht:
    $$2\,NaHg_x + 2\,H_2O \xrightarrow{\text{Graphit}} 2\,NaOH + H_2\uparrow + 2x\,Hg$$
    Das Quecksilber wird kontinuierlich wieder in das Elektrolysiergefäß zurückgepumpt; die Sole fließt ebenfalls im Kreislauf und wird außerhalb der Elektrolysezelle wieder mit NaCl angereichert.
  - Anode:

[1)] Die Beschichtung setzt die Überspannung der Chlorabscheidung herab, ist also energiesparend und verhindert die gleichzeitige Abscheidung von Sauerstoff.

$$2\,Cl^- - 2\,e^- \rightarrow Cl_2\uparrow\,.$$

Das Chlorgas (↑ 17.3.2) wird abgeleitet und verwertet.

Das **Diaphragmaverfahren** liefert preiswertere, jedoch chloridhaltige Lauge:
Katoden- und Anodenraum werden durch eine poröse Wand (Diaphragma) getrennt; so wird eine Vermischung der gelösten Reaktionsprodukte, die zur Bildung von Natriumhypochlorit führen würde ($2\,NaOH + Cl_2 \rightarrow NaClO + NaCl + H_2O$), weitgehend verhindert. An der Eisen-Katode werden H^+-Ionen (aus dem Wasser stammend) reduziert: $2\,H^+ + 2\,e^- \rightarrow H_2$.
Dadurch bleiben OH^- zusammen mit Na^+ zurück, d. h., es liegt Natronlauge vor. Die aus der Diaphragmazelle abfließende Lauge ist etwa 12%ig; durch Einengen kann der größte Teil des noch vorhandenen NaCl ausgeschieden und die Lauge konzentriert werden.
Membranverfahren: Anstelle des Diaphragmas werden zunehmend saure Ionenaustauschermembranen auf Polyfluorcarbonbasis verwendet, welche die Ionenwanderung von Na^+ ermöglichen, jedoch die von Cl^- und OH^- blockieren.

- aus Natriumcarbonat durch „Kaustifizierung". Ältestes, auch heute noch angewandtes Verfahren. Nach der Gleichung

$$Na_2CO_3 + Ca(OH)_2 \rightarrow 2\,NaOH + CaCO_3$$

entsteht mit Ätzkalk ein Niederschlag von Calciumcarbonat, welcher abfiltriert wird. Das Filtrat ist Natronlauge (früher als „kaustifizierte Soda" bezeichnet).

Eigenschaften: weiße, kristalline, hygroskopische, stark ätzende Masse (Brocken, Stangen, Schuppen, Plätzchen; *F* 323 °C, *Kp* 1388 °C), die aus der Luft CO_2 bindet und daher verschlossen aufbewahrt werden muss. In Wasser unter starker Erwärmung sehr leicht löslich (Vorsicht! Verspritzende Lauge gefährdet das Augenlicht!); die entstehende Natronlauge reagiert sehr stark alkalisch. Sie muss in Flaschen mit Gummistopfen aufbewahrt werden, da Glas festbäckt. Auch in Methanol und Ethanol löst sich NaOH leicht. NaOH setzt schwächere und flüchtige Basen aus ihren Salzen frei, z. B.

$$NaOH + NH_4Cl \rightarrow NH_3 + H_2O + NaCl.$$

Aluminium und Zink werden leicht, Blei und Zinn schwerer, die meisten übrigen Metalle nicht angegriffen.

Verwendung: zur Herstellung vieler Natriumsalze (Nitrat, Nitrit, Sulfit, Phosphate, Hypochlorit bzw. Natronbleichlauge, Silicat bzw. Wasserglas, Fluorid, Chromat, Stannat, organische Salze); zur Gewinnung von Zellstoff aus Holz (Sulfatverfahren); zur Herstellung von Viskoseseide und Zellwolle, Seife, waschaktiven Substanzen, Netz- und Emulgiermitteln, Farbstoffen, von Aluminiumoxid aus Bauxit, von Phenolen aus Mineralölen; zur Bereitung von Brünierbädern, Metallentfettungsmitteln und einigen galvanischen Elektrolyten (Zinn, Zink); als Beizmittel für Aluminium (z. B. vor dem Eloxieren).

11.3.5 Natriumcarbonat, Na_2CO_3

Trivialnamen: Na_2CO_3 = wasserfreie (kalzinierte) Soda[1)]
$Na_2CO_3 \cdot 10\,H_2O$ = Kristallsoda (Natriumcarbonat-decahydrat; 63 % Kristallwasser).

Vorkommen: in Sodaseen (Ägypten, Ostafrika, Kalifornien, Mexiko); das Salz liegt teilweise auskristallisiert vor.

Technische Herstellung:

- aus Natriumchlorid und Calciumcarbonat nach dem **Ammoniak-Soda-Verfahren** (SOLVAY-Verfahren); seit 1863.

[1)] In Getränken bedeutet „Soda" jedoch *Kohlensäure*.

Durch Einleiten von Ammoniak und Kohlenstoffdioxid (durch Brennen von Kalkstein erzeugt) in gesättigte Natriumchloridlösung fällt Natriumhydrogencarbonat aus:

$$\underbrace{NH_3 + H_2O + CO_2}_{NH_4HCO_3} + NaCl \rightarrow NaHCO_3 \downarrow + NH_4Cl$$

Durch Erhitzen in Drehrohröfen entsteht daraus Natriumcarbonat:

$$2\,NaHCO_3 \rightarrow Na_2CO_3 + H_2O + CO_2$$

Da Kohlenstoffdioxid in den Prozess zurückgeführt und auch Ammoniak gemäß

$$2\,NH_4Cl + Ca(OH)_2 \rightarrow CaCl_2 + 2\,NH_3 + 2\,H_2O$$

zurückgewonnen wird, ist der Prozess sehr wirtschaftlich.

- Das ältere **LEBLANC-Verfahren** (seit 1791), das als Rohstoffe Natriumchlorid, Schwefelsäure und Kohle benötigt und neben Soda Chlorwasserstoff und Calciumsulfid liefert, wird nicht mehr durchgeführt, ist aber von historischer Bedeutung, da mit diesem Prozess die Entwicklung der chemischen Großindustrie begann.
- Ferner wird Soda noch gewonnen: aus der Asche von Meerespflanzen; aus Natronlauge und Kohlenstoffdioxid.

Eigenschaften: wasserfrei weißes Pulver (*F* 854 °C); wasserhaltig farblose Kristalle, die an der Luft „verwittern" (Kristallwasser abgeben) und sich bei 32 °C durch Abspalten von Kristallwasser „verflüssigen". Beide Formen lösen sich in Wasser zu einer infolge Hydrolyse alkalischen Flüssigkeit.

Bei Einwirkung fast aller Säuren geht Soda in deren Natriumsalze über, wobei unter Aufbrausen CO_2 entweicht.

▲ $Na_2CO_3 + 2\,HNO_3 \rightarrow 2\,NaNO_3 + CO_2\uparrow + H_2O$
$Na_2CO_3 + 2\,CH_3COOH \rightarrow 2\,CH_3COONa + CO_2\uparrow + H_2O$

Schema des Ammoniak-Soda-Verfahrens:

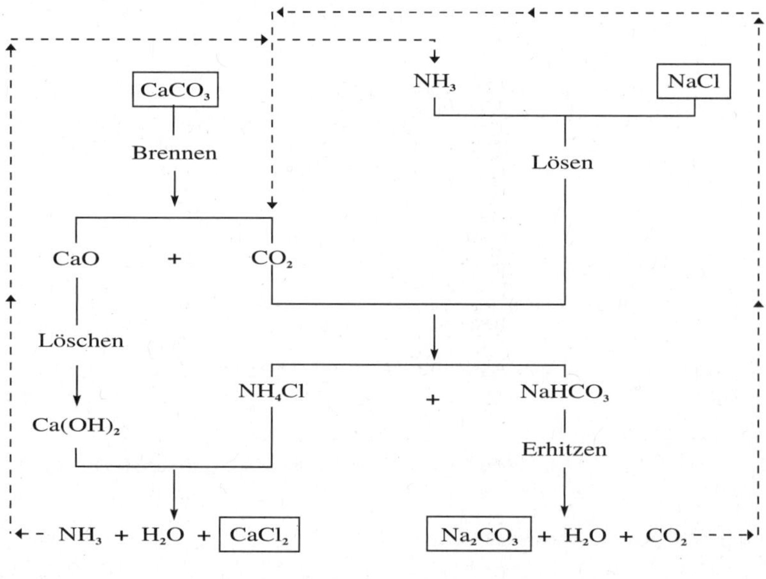

11.3.6 Natriumsulfat, Na_2SO_4

Trivialnamen: Na_2SO_4 = wasserfreies (kalziniertes) „Sulfat";
$Na_2SO_4 \cdot 10\ H_2O$ Glaubersalz.

Vorkommen: in Lagerstätten am Kaspischen Meer und in Kanada.

Eigenschaften: Aus wässriger Lösung kristallisiert Na_2SO_4 oberhalb 32,4 °C wasserfrei (*F* 884 °C), darunter als $Na_2SO_4 \cdot 10\ H_2O$. Entsprechend „schmilzt" $Na_2SO_4 \cdot 10\ H_2O$ „in seinem Kristallwasser" d. h., es setzt das Wasser frei und löst sich darin auf.

Technische Herstellung:

- aus Rückständen der Kaliindustrie bei −5 °C gemäß

$$MgSO_4 + 2\ NaCl \rightarrow Na_2SO_4 + MgCl_2;$$

- aus Natriumchlorid und Schwefelsäure:

$$2\ NaCl + H_2SO_4 \rightarrow Na_2SO_4 + 2\ HCl.$$

Verwendung: zur Herstellung von Glas, Natriumsulfid, Ultramarin, Zellstoff (Sulfatverfahren) und pharmazeutischen Präparaten; in Färbereien zum Auftreiben des Farbstoffes auf den Faserstoff; in Wasch- und Spülmitteln; wasserfreies Natriumsulfat im Labor zum Trocknen von organischen Lösemitteln.

11.3.7 Weitere Natriumverbindungen

Natriumoxid, Na_2O: weißes, hygroskopisches Pulver; (sublimiert bei 1275 °C); entsteht aus Natriumperoxid oder Natriumhydroxid und metallischem Natrium, z. B. gemäß

$$2\ NaOH + 2\ Na \rightarrow 2\ Na_2O + H_2\uparrow\ .$$

Natriumperoxid, Na_2O_2: blassgelbes Pulver (*F* 660 °C); technisch hergestellt durch Verbrennung von Natrium in Drehrohröfen; entflammt Watte, Papier und Aluminiumpulver in Gegenwart geringer Mengen Wasser.
Verwendung für Bleichlösungen und für Atmungspatronen (Aufnahme von Kohlenstoffdioxid, dafür Abgabe von Sauerstoff:

$$2\ Na_2O_2 + 2\ CO_2 \rightarrow 2\ Na_2CO_3 + O_2).$$

Natriumsulfid, $Na_2S \cdot 9H_2O$: farblose, wasserlösliche, hygroskopische Kristalle, die infolge Reaktion mit dem Kohlenstoffdioxid der Luft nach Schwefelwasserstoff riechen; hergestellt durch Glühen von Natriumsulfat mit Kohle:

$$Na_2SO_4 + 4\ C \rightarrow Na_2S + 4\ CO.$$

Verwendung in der Gerberei; zur Herstellung von und zur Färbung mit Schwefelfarbstoffen; als Enthaarungsmittel; als Flotationsmittel.

Natriumsulfit, Na_2SO_3; **Natriumhydrogensulfit,** $NaHSO_3$; **Natriumdisulfit,** $Na_2S_2O_5$: farblose Salze, die aus Natriumhydroxid- oder -carbonatlösung durch Einleiten von Schwefeldioxid entstehen; mit Säuren ergeben sie wieder SO_2, z. B.

$$NaHSO_3 + HCl \rightarrow NaCl + H_2O + SO_2\uparrow\ .$$

Natriumsulfit kristallisiert unterhalb 37 °C als $Na_2SO_3 \cdot 7\ H_2O$.
Verwendung als Bleich-, Desinfektions- und Konservierungsmittel; als Zusatz zu fotografischen Entwicklern und Fixierbädern; als Reduktionsmittel chromsaurer Abwässer.

Natriumthiosulfat, *Fixiernatron,* $Na_2S_2O_3 \cdot 5\,H_2O$: farblose Kristalle, deren Lösungen beim Abkühlen zur Übersättigung neigen.
Herstellung:

- durch Kochen von Natriumsulfitlösung mit Schwefel:

$$Na_2SO_3 + S \rightarrow Na_2S_2O_3;$$

- durch Einleiten von Röstgasen in die mit Natriumcarbonat versetzten Mutterlaugen der Natriumsulfidproduktion:

$$Na_2CO_3 + 2\,Na_2S + 4\,SO_2 \rightarrow 3\,Na_2S_2O_3 + CO_2.$$

Beim Ansäuern der Lösung entsteht kolloidaler Schwefel:

$$Na_2S_2O_3 + 2\,HCl \rightarrow 2\,NaCl + (H_2S_2O_3);$$
$$(H_2S_2O_3) \rightarrow H_2O + SO_2 + S.$$

Silberchlorid und andere schwer lösliche Silbersalze werden durch Thiosulfat komplex gelöst; daher als wirksamer Bestandteil der Fixierbäder in der Analogfotografie.
Weitere Verwendung: als „Antichlor" nach der Chlorbleiche (Papierindustrie); in der Maßanalyse zur Titration von Iod:

$$2\,Na_2S_2O_3 + I_2 \rightarrow Na_2S_4O_6 \text{ (Natriumtetrathionat)} + 2\,NaI.$$

Natriumnitrat, *Natronsalpeter*, $NaNO_3$: weiße, hygroskopische, in Wasser leicht lösliche Kristalle (*F* 307 °C), die sich bei 380 °C zu Nitrit und Sauerstoff zersetzen:

$$2\,NaNO_3 \rightarrow 2\,NaNO_2 + O_2.$$

Beim Erhitzen mit konzentrierter Schwefelsäure destilliert Salpetersäure:

$$2\,NaNO_3 + H_2SO_4 \rightarrow Na_2SO_4 + 2\,HNO_3\uparrow .$$

Natriumnitrat kommt in großen Mengen im Chilesalpeter („Caliche") vor, wird in Europa jedoch aus Salpetersäure und Natriumhydroxid oder -carbonat erzeugt.
Verwendung: als Düngesalz; als Bestandteil von Explosivstoffen; als Oxidationsmittel in Glas- und Emailschmelzen.

Natriumnitrit, $NaNO_2$: farblose, giftige, sehr leicht wasserlösliche Kristalle (*F* 284 °C);
technisch neben Natriumnitrat durch Absorption nitroser Gase mittels Natronlauge gewonnen
($N_2O_4 + 2\,NaOH \rightarrow NaNO_2 + NaNO_3 + H_2O$). Säuren setzen nitrose Gase frei.
Verwendung: für Azofarbstoffe und Brünierbäder ($NaOH + NaNO_3 + NaNO_2$); in Nitritpökelsalz zum Erhalt der roten Farbe von Fleisch.

Natriumamid, $NaNH_2$: aus $Na + NH_3$ herstellbare, farblose Kristalle (*F* 210 °C), die mit Wasser heftig explodieren und auch mit Luft allmählich gelbe, explosible Produkte bilden;
Verwendung: für organisch-chemische Synthesen (z. B. Indigo) sowie zur Herstellung von **Natriumazid** (↑ 15.2.8), NaN_3.

Natriumhydrogencarbonat, $NaHCO_3$ (früher „doppeltkohlensaures Natron"): weißes, nicht hygroskopisches, mäßig wasserlösliches Kristallpulver, das oberhalb 65 °C zu zerfallen beginnt; bei 300 °C ist der Zerfall in Carbonat und Kohlenstoffdioxid vollständig:

$$2\,NaHCO_3 \rightarrow Na_2CO_3 + H_2O + CO_2.$$

Kohlenstoffdioxid entsteht auch durch Einwirkung von Säuren auf Carbonate (↑ 11.3.5).
Verwendung: für Waschmittel, Feuerlöscher, Back- und Limonadenpulver (z. B. im Gemisch mit Wein- oder Zitronensäure); Mittel gegen Magenübersäuerung.

11.4 Kalium und Kaliumverbindungen

11.4.1 Allgemeines

Symbol: K [al kalja (arab.) Pflanzenasche]; **Oxidationszahl: +1**.

Isotope:

- $^{39}_{19}K$ (93,23 Atom-%)
- $^{40}_{19}K$ (0,012 Atom-%)
- $^{41}_{19}K$ (6,76 Atom-%)

Vorkommen: siebenthäufigstes Element der Erdkruste; gebunden in Mineralien, im Meerwasser und in Organismen.

1 l Meerwasser enthält 0,38 g K^+-Ionen; dieser im Vergleich zu Na^+ wesentlich geringere Gehalt (etwa 1/40) beruht darauf, dass die K^+-Ionen, die durch Gesteinsverwitterung entstehen, vom Erdboden stärker adsorbiert werden als Na^+-Ionen.

Minerale:	Sylvin	KCl
	Carnallit	$KCl \cdot MgCl_2 \cdot 6\,H_2O$
	Kainit	$KCl \cdot MgSO_4 \cdot 3\,H_2O$
	Schönit	$K_2SO_4 \cdot MgSO_4 \cdot 6\,H_2O$
	Polyhalit	$K_2SO_4 \cdot MgSO_4 \cdot 2\,CaSO_4 \cdot 2\,H_2O$
	Orthoklas (Kalifeldspat)	$K[AlSi_3O_8]$
	Muskovit (Kaliglimmer)	$KAl_2(OH,F)_2[AlSi_3O_{10}]$

Radioaktivität: Das im Kalium zu 0,01 % vorhandene Isotop $^{40}_{19}K$ ist schwach radioaktiv; es geht unter β^--Strahlung in $^{40}_{20}Ca$ über, ist (neben ^{238}U und ^{232}Th) für die Erdwärme von Bedeutung und eignet sich gut zur Altersbestimmung von Mineralien: Unter β^+-Zerfall bildet sich $^{40}_{18}Ar$. Diese Reaktion ist der Grund, dass Ar nach N_2 und O_2 dritthäufigstes Gas der Erdatmosphäre ist.

Nachweis: rotviolette Flammenfärbung (auch in der gelben Natriumflamme durch Cobaltglas sichtbar). *Fällungsreagenzien:* Natriumtetraphenylboranat („Kalignost"), $Na[B(C_6H_5)_4]$ (→ weiße Fällung des Kaliumsalzes); Perchlorsäure (→ weißes Kaliumperchlorat).

Physiologie: Kalium ist für Pflanzen und Tiere lebensnotwendig (Kalidünger!). K^+-Ionen befinden sich im Gegensatz zu den Na^+-Ionen *innerhalb* der Zellen; der menschliche Körper enthält etwa 175 g; täglich sind etwa 4 g zu ergänzen.

11.4.2 Metallisches Kalium

Erstherstellung: 1807 durch H. Davy (England).

Herstellung:

- durch Schmelzelektrolyse von Kaliumhydroxid;
- durch Erhitzen von Kaliumfluorid mit Calciumcarbid:

$$2\,KF + CaC_2 \rightarrow 2\,K\uparrow + 2\,C + CaF_2$$

Eigenschaften (siehe auch Tabelle 11-1): reaktionsfähiger als Natrium. Wird Kalium auf Wasser gebracht, entzündet sich der entwickelte Wasserstoff sofort und verbrennt mit hellvioletter Flamme; meist kommt es zu Knallgasexplosionen. An der Luft erhitzt, verbrennt Kalium zu orangefarbenem *Kaliumhyperoxid*, KO_2. Kaliumdampf sieht blaugrün aus. Kaliumreste beseitigt man am besten mit Pentanol (Amylalkohol):

$$2\,C_5H_{11}OH + 2\,K \rightarrow 2\,C_5H_{11}OK + H_2.$$

In flüssigem Ammoniak (↑ 11.1) ist Kalium löslich.

Legierung: Eine Natrium-Kalium-Legierung mit einem Stoffmengenanteil von 67 % Kalium schmilzt bereits bei −12,5 °C.

11.4.3 Kaliumhydroxid, KOH

Trivialnamen: KOH = KOH-Lösung = Kalilauge. Ätzkali;

Herstellung: analog NaOH durch Elektrolyse von KCl-Lösung nach dem Quecksilber- oder Diaphragmaverfahren.

Eigenschaften: weiße, kristalline, hygroskopische, stark ätzende Masse (*F* 360 °C, *Kp* 1324 °C), die aus der Luft CO_2 bindet. KOH löst sich sehr leicht unter Erwärmung in Wasser (Vorsicht vor Verspritzen!). Die entstehende Kalilauge reagiert sehr stark alkalisch; sie setzt schwächere und flüchtige Basen, z. B. NH_3, aus ihren Salzen frei.
„Alkoholische Kalilauge" ist eine Lösung von KOH in Ethanol.

Verwendung: zur Herstellung anderer Kaliumsalze sowie von weicher Seife und von Farbstoffen; als Ätzmittel in der Chirurgie; als Elektrolyt in Nickel-Cadmium-Akkumulatoren; alkoholische Kalilauge zur Erzeugung von Flotationshilfsmitteln (Xanthogenate). Im Allgemeinen bevorzugt man die preiswertere Natronlauge.

11.4.4 Kaliumnitrat, KNO_3

Trivialname: Salpeter (Kalisalpeter).

Vorkommen: vereinzelt in kleinen Lagern und in Salpeterwüsten.

Herstellung:

- aus Kaliumhydroxid oder -carbonat und Salpetersäure;
- durch „Konversion" gemäß

  $$NaNO_3 + KCl \rightarrow NaCl + KNO_3$$

  Aus heißgesättigter Natriumnitratlösung fällt bei Zugabe von Kaliumchlorid das schwerer lösliche Natriumchlorid aus; beim Abkühlen des Filtrats scheidet sich der „Konversionssalpeter" ab.

Eigenschaften: farblose, kühlend-bitter schmeckende, nicht hygroskopische Kristalle (*F* 334 °C), die sich in der Hitze reichlich, in der Kälte wesentlich weniger in Wasser lösen. Oberhalb des Schmelzpunktes zersetzt sich das Salz zu Nitrit und Sauerstoff:

$$2\,KNO_3 \rightarrow 2\,KNO_2 + O_2.$$

Schwefel und Holz verbrennen in geschmolzenem KNO_3 sehr lebhaft.

Verwendung: seit dem Mittelalter für *Schwarzpulver* (75 % Kaliumnitrat + 15 % Holzkohle + 10 % Schwefel), das heute nur noch zur Sprengung weicher Minerale (Salze, Schiefer) benutzt wird; weiter in der Feuerwerkerei, bei der Glasherstellung und in Düngesalzen.

11.4.5 Kaliumcarbonat, K_2CO_3

Trivialname: Pottasche (das Salz wurde früher durch Auslaugen von Holzasche und Eindampfen in eisernen „Pötten" gewonnen.)

Herstellung:

- Vorwiegend durch Einleiten von Kohlenstoffdioxid in 50%ige Kalilauge und anschließendes Eindampfen (I). Das anfallende Kaliumcarbonat-Sesquihydrat wird auf 300 °C erhitzt (II):

$$\text{I}\ 4\ KOH + 2\ CO_2 + H_2O \rightarrow 2\ K_2CO_3 \cdot 1\tfrac{1}{2}\ H_2O$$
$$\text{II}\ 2\ K_2CO_3 \cdot 1\tfrac{1}{2}\ H_2O \rightarrow 2\ K_2CO_3 + 3\ H_2O$$

- nach dem *Formiat-Pottasche-Verfahren:* Kaliumsulfat wird in Gegenwart von Calciumhydroxid bei 230 °C und 15 bar mit dem Kohlenstoffmonoxid von Generatorgas zu Kaliumformiat umgesetzt (I), das isoliert und unter Luftzufuhr geglüht wird (II):

$$\text{I}\ K_2SO_4 + Ca(OH)_2 + 2\ CO \rightarrow 2\ HCOOK + CaSO_4$$
$$\text{II}\ 2\ HCOOK + O_2 \rightarrow K_2CO_3 + CO_2 + H_2O$$

Eigenschaften: weißes, hygroskopisches, sehr leicht in Wasser lösliches Pulver (*F* 891 °C); die Lösung reagiert infolge Hydrolyse alkalisch. Mit Säuren entstehen unter Kohlenstoffdioxidentwicklung die entsprechenden Kaliumsalze.

Verwendung: zur Herstellung von Kaligläsern, Seifen, Bindemitteln von Silikatfarben, Kaliumpolysulfid, fotografischen Entwicklern; als Lockerungsmittel für Backwaren (Lebkuchen). Die heiße Lösung dient zur Entfernung von CO_2 aus technischen Gasen:

$$K_2CO_3 + CO_2 + H_2O \rightleftharpoons 2\ KHCO_3 \qquad (\textit{Kaliumhydrogencarbonat}).$$

11.4.6 Weitere Kaliumverbindungen

Kaliumchlorid, KCl: farblose, scharf salzig schmeckende, wasserlösliche Kristalle (*F* 776 °C), hergestellt aus Kalirohsalz durch Flotation oder durch Löse- und Kristallisationsprozesse; Rohstoff für fast alle anderen Kaliumverbindungen; wesentlicher Bestandteil vieler Kalidüngesalze.

Kaliumbromid, KBr: farblose, würfelförmige Kristalle (*F* 732 °C); leichter löslich als KCl.
Herstellung aus Kaliumcarbonat und Eisenbromid

$$4\ K_2CO_3 + Fe_3Br_8 \rightarrow 8\ KBr + Fe_3O_4 + 4\ CO_2$$

oder aus Kalilauge, Brom und Ammoniak

$$6\ KOH + 3\ Br_2 + 2\ NH_3 \rightarrow 6\ KBr + 6\ H_2O + N_2.$$

Verwendung: als verzögerndes und schleierverhinderndes Mittel in fotografischen Entwicklern; als Beruhigungsmittel; zur Herstellung von Silberbromid.

Kaliumiodid, KI: farblose, sehr leicht lösliche Kristallwürfel (*F* 682 °C); die Lösung löst Iod mit brauner Farbe zu $KI \cdot I_2$ („Iodiodkaliumlösung").
Herstellung aus Kaliumcarbonat und Eiseniodid,

$$4\ K_2CO_3 + Fe_3I_8 \rightarrow 8\ KI + Fe_3O_4 + 4\ CO_2;$$

aus Kalilauge und Iod,

$$6\ KOH + 3\ I_2 \rightarrow 5\ KI + KIO_3 + 3\ H_2O$$

und nachfolgendes Glühen des entstehenden Iodid-Iodat-Gemisches mit Kohle

$$2\ KIO_3 + 3\ C \rightarrow 2\ KI + 3\ CO_2.$$

Verwendung: zur Herstellung von Silberiodid; zum Iodieren von Speisesalz; für Pharmaka.

Kaliumsulfat, K_2SO_4: farblose, leicht lösliche Kristalle (*F* 1069 °C);
Herstellung: aus Kaliumchlorid und Magnesiumsulfat;
Verwendung: für Düngesalze, Kaliwasserglas und Alaune.

Kaliumpolysulfid, K_2S_2 bis K_2S_6, ist in der so genannten „Schwefelleber" enthalten, die aus einem Kaliumcarbonat-Schwefel-Gemisch bei 250 °C entsteht. Schwefelleber dient zum dekorativen Braun- und Schwarzfärben von Kupfer, Messing und Silber, wobei die Metalloberflächen in Sulfide umgewandelt werden.

Sonstige Kaliumverbindungen: aufgeführt bei den entsprechenden Säuren.

11.4.7 Kalidüngemittel

In Deutschland wird der weitaus überwiegende Teil der Kalirohsalze zu Kalidünger verarbeitet. Deren Nährstoffgehalt wird in % K_2O angegeben, indem die K^+-Ionen auf K_2O umgerechnet werden. 100 g (bzw. %) KCl $\widehat{=}$ 63,1 g (bzw. %) K_2O

Kalirohsalze sind z. B.:

Sylvinit	15 bis 35 % KCl und 2 bis 18 % Ton; Rest NaCl
Hartsalz	10 bis 25 % KCl und 6 bis 30 % Kieserit ($MgSO_4 \cdot H_2O$) oder Anhydrit ($CaSO_4$); Rest NaCl
Carnallit	40 bis 70 % Carnallit, bis 16 % Kieserit, Rest NaCl und Anhydrit.

Kalidüngesalze enthalten Kalium insbesondere als Kaliumchlorid, KCl; bei chlorempfindlichen Pflanzen wendet man Kaliumsulfat, K_2SO_4, (beide auch als Doppelsalze) in der Form mehr oder weniger aufgearbeiteter Kalirohsalze an.

Viele Kalidüngesalze führen den Pflanzen gleichzeitig geringe Mengen **Magnesium** zu. „Schwefelsaures Kali" z. B. enthält neben 89 bis 96 % K_2SO_4 4 % $MgSO_4$. Größere Mengen Magnesium sind in den Mineralien

- Kainit (mit $KCl \cdot MgSO_4 \cdot 3\,H_2O$) und
- Carnallit (mit $KCl \cdot MgCl_2 \cdot 6\,H_2O$) enthalten, die in mehr oder weniger entwässerter Form angewendet werden.
- „Kalimagnesia" besteht aus Kaliumsulfat (K_2SO_4) + Kieserit ($MgSO_4 \cdot H_2O$) oder aus einem Gemisch teilweise entwässerter Rohsalze.

Mehrnährstoffdünger (↑ 15.2.9) sind als Stickstoff-Kali-Dünger (NK), Phosphor-Kali-Dünger (PK) und Stickstoff-Phosphor-Kali-Dünger (NPK) im Handel

11.5 Rubidium, Caesium und ihre Verbindungen

Symbole: Rb [*rubidus* (lat.) dunkelrot]; Cs [*caesius* (lat.) himmelblau]; benannt nach Spektrallinien;

Oxidationszahl: +1.

Entdeckung: 1860/61 durch ROBERT BUNSEN und GUSTAV ROBERT KIRCHHOFF mittels Spektralanalyse im Dürkheimer Mineralwasser.

Vorkommen: Begleiter des Kaliums in Mineralquellen, Salzlagern und Gesteinen, jedoch nur in geringer Menge. Carnallit enthält 0,015 bis 0,040% Rubidium; der Caesiumgehalt ist noch geringer. Das wichtigste Caesiummineral ist der seltene *Pollucit*, $(Cs,Na)[AlSi_2O_6] \cdot H_2O$ (Schweden, Namibia, USA).

Herstellung: aus den Chloriden oder Dichromaten durch Erhitzen mit Calcium oder Zirconium im Vakuum (die Metalle destillieren ab) sowie durch Schmelzelektrolyse.

Eigenschaften: reaktionsfähigste Metalle! An der Luft entsteht sofort eine graue Oxidhaut; selbst bei großen Stücken tritt nach wenigen Sekunden Selbstentzündung ein. Mit Wasser erfolgt explosionsartige Reaktion unter Aufglühen. Caesium hat von allen beständigen Elementen das größte Atomvolumen. Rubidium und Caesium strahlen bei Lichteinwirkung Elektronen aus („photoelektrischer Effekt").

Verwendung: Rubidium für wissenschaftliche Zwecke; Caesium für Photozellen (z. B. in den Kombinationen $Ag/Ag_2O/Cs$ oder Cs_2O/Sb-Cs-Legierung), spezielle Infrarotstrahler und $^{133}_{55}Cs$ für Atomuhren; die SI-Einheit Sekunde ist hierüber definiert. Das Nuklid Caesium 137 dient ähnlich dem Cobalt 60 als medizinische Strahlenquelle und wird bei Atombomben- oder Reaktorexplosionen freigesetzt (Fukushima).

Verbindungen: starke Ähnlichkeit mit Kaliumverbindungen; geringe Anwendung.

12 Elemente der II. Hauptgruppe (Berylliumgruppe, Gruppe 2)

12.1 Allgemeines

Elemente: Beryllium (Be), Magnesium (Mg), Calcium (Ca), Strontium (Sr), Barium (Ba) und Radium (Ra); letzteres ist radioaktiv.
Unter „Erdalkalimetallen“ versteht man nur Calcium, Strontium, Barium und Radium.

Allgemeine Eigenschaften: etwas schwerer, härter, höher schmelzend und weniger reaktionsfähig als die Alkalimetalle. Gegenüber kaltem Wasser sind Beryllium und Magnesium beständig, während die übrigen vom Calcium bis zum Radium mit zunehmender Heftigkeit reagieren; das gleiche Verhalten zeigt sich gegenüber Sauerstoff. Beryllium steht in seinem Verhalten dem Aluminium näher als den übrigen Elementen seiner eigenen Gruppe.

Tabelle 12-1: *Berylliumgruppe*

	Beryllium	**Magnesium**	**Calcium**	**Strontium**	**Barium**	**Radium**
Symbol	Be	Mg	Ca	Sr	Ba	Ra
Kernladungszahl	4	12	20	38	56	88
Relative Atommasse	9,0122	24,305	40,078	87,62	137,33	226,08[1]
Schmelzpunkt (in °C)	1285	650	851	769	735	700
Siedepunkt (in °C)	2970	1107	1482	1384	1640	1140
Dichte (in $g \cdot cm^{-3}$ bei 20 °C)	1,85	1,77	1,53	2,67	3,51	5,50
Häufigkeit (Erdkruste, %)	$5{,}3 \cdot 10^{-4}$	1,95	3,38	$1{,}4 \cdot 10^{-2}$	$2{,}6 \cdot 10^{-2}$	$9{,}5 \cdot 10^{-11}$
Härte	abnehmend →					
Oxidationszahl	+2	+2	+2	+2	+2	+2
Reaktionsfähigkeit	zunehmend →					
Basenstärke	zunehmend →					
Löslichkeit der Hydroxide	zunehmend →					
Löslichkeit der Sulfate	abnehmend →		sehr schwer löslich			
Zerfallstemperatur der Carbonate	zunehmend →					
Flammenfärbung	–	–	orange	zinnoberrot	hellgrün	karminrot

[1] des langlebigsten Isotops (226)

Hydroxide: schwächere Basen als die entsprechenden Hydroxide der I., jedoch stärkere Basen als die der III. Hauptgruppe. Dementsprechend werden sie ebenso wie die Salze mit flüchtigen Säureanhydriden (Carbonate, Sulfite, Sulfate) beim Erhitzen leichter zersetzt als die analogen Alkaliverbindungen.

Ionen: farblos. Aus wässrigen Lösungen sind sie durch Elektrolyse nur an Quecksilberkatoden abscheidbar; anderweitige Entladung der Ionen ist nur aus nichtwässrigen Lösemitteln oder aus Schmelzen möglich.

Löslichkeiten von Salzen:
leicht löslich: Chloride, Bromide, Iodide, Sulfide, Nitrate,Nitrite, Cyanide, Acetate;
schwer löslich: Fluoride (außer Be), Sulfate (außer Be und Mg),Phosphate, Carbonate, Silicate, Borate.

12.2 Beryllium und Berylliumverbindungen

Symbol: Be [nach dem Edelstein *Beryll*]; **Oxidationszahl: +2**.

Entdeckung: 1798 entdeckte LOUIS NICOLAS VAUQUELIN (Paris) das Oxid; das Metall wurde erstmals 1828 durch FRIEDRICH WÖHLER dargestellt.

Vorkommen: sehr selten; nur gebunden.
Wichtigstes Mineral: **Beryll** = $Be_3Al_2[Si_6O_{18}]$, farblos. **Smaragd** ist ein durch 0,3 % Cr_2O_3 grün, **Aquamarin** ein durch Eisenverbindungen hellblaugrün gefärbter Beryll.

Herstellung: z. B. durch Schmelzelektrolyse von Berylliumhalogeniden oder durch Erhitzen von Berylliumfluorid, BeF_2, mit Calcium im Vakuum.

Eigenschaften (siehe auch Tabelle 12-1): silberweißes, hartes, in nicht extrem reinem Zustand sprödes Metall; löslich in verdünnten Säuren und konzentrierten Alkalien; Salpetersäure löst Beryllium beim Erwärmen.

Physiologie: Beryllium und seine Verbindungen sind sehr giftig und cancerogen!

Verwendung: in Legierungen mit Aluminium in der Flugzeug- und Raumfahrtindustrie; als Reflektormaterial für Neutronen in Atomreaktoren; als Legierungsmetall, z. B. mit Kupfer legiert für funkenfreie Werkzeuge (*Berylliumbronze*); für Röntgenfenster (Beryllium lässt Röntgenstrahlen besser durch als Aluminium).

Berylliumverbindungen: meist farblos, z. T. von süßem Geschmack.

Berylliumoxid, BeO, herstellbar durch Erhitzen des Hydroxids, Carbonats oder Nitrats, ist unlöslich in Wasser, in geglühtem Zustand auch in Säuren; man verwendet es als hochfeuerfesten Werkstoff (*F* 2530 °C), z. B. für Verbrennungskammern in Raketen.

Berylliumhydroxid, $Be(OH)_2$, fällt aus Berylliumsalzlösungen durch Alkalilaugen als weißer, gallertartiger Niederschlag von amphoterem Charakter; frisch gefällt löst es sich in Säuren zu Berylliumsalzen, in Alkalilaugen zu **Beryllaten,** z. B. **Natriumberyllat,** $Na_2[Be(OH)_4]$. Säuren fällen aus Beryllatlösungen wieder das Hydroxid aus.

Berylliumchlorid, $BeCl_2$, bildet farblose, hygroskopische, leicht sublimierbare Kristallnadeln (*F* 405 °C, *Kp* 482 °C). Es hat polymere Struktur und löst sich auch in Ethanol und Diethylether.

Berylliumfluorid, BeF_2, **Berylliumsulfat,** $BeSO_4 \cdot 4\,H_2O$, und **Berylliumnitrat,** $Be(NO_3)_2 \cdot 3\,H_2O$, sind leicht wasserlöslich.

Berylliumcarbonat, $BeCO_3$, fällt aus Berylliumsalzlösungen durch Alkalihydrogencarbonat (normale Carbonate ergeben Hydroxidcarbonatfällungen) als weißer, sich in Alkalicarbonat zu Doppelsalzen lösender Niederschlag aus.

12.3 Magnesium und Magnesiumverbindungen

12.3.1 Allgemeines

Symbol: Mg [von *Magnesia*, Stadt in Kleinasien]; **Oxidationszahl: +2**.

Vorkommen: achthäufigstes Element der Erdkruste, auch im Erdinnern reichlich vorhanden („Sima"-Schicht[1]), chemisch gebunden in Mineralien, Meerwasser und Organismen. Im Wasser wirken Mg^{2+}-Ionen als Härtebildner. 1 l Meerwasser enthält 1,27 g Mg^{2+}. Auch das Chlorophyll der grünen Pflanzen ist eine Magnesiumverbindung.

Nachweis: keine Flammenfärbung! Nach Abtrennung der Schwermetalle, des Aluminiums und der Erdalkalimetalle entsteht durch Zugabe von $NH_3 + NH_4Cl + Na_2HPO_4$ eine weiße, kristalline Fällung von *Magnesiumammoniumphosphat*, $Mg(NH_4)PO_4 \cdot 6\,H_2O$. Organische Reagenzien: *Titangelb* (→ feuerroter Niederschlag in alkalischer Lösung), *8-Hydroxy-chinolin* („Oxin"; → grünlich-gelber Niederschlag in schwach alkalischer Lösung.

Physiologie: für höhere Pflanzen und Tiere lebensnotwendig; zentrale Rolle des Chlorophylls bei der CO_2-Assimilation der grünen Pflanzen; Magnesiumdüngung von Kulturböden; für den Menschen sind täglich 0,2 bis 0,5 g notwendig (für Knochenbildungsprozesse, den Muskelstoffwechsel und die Aktivierung von Enzymen).

Magnesiumminerale

Carbonate:	Dolomit	$CaCO_3 \cdot MgCO_3$ (gebirgsbildend)	
	Magnesit	$MgCO_3$	
Silicate:	Talk, Meerschaum, Asbest, Olivin, Serpentin u. a.		
Sulfate:	Kieserit	$MgSO_4 \cdot H_2O$	in Abraumsalzen
	Kainit	$KCl \cdot MgSO_4 \cdot 3\,H_2O$	
	Epsomit (Bittersalz)	$MgSO_4 \cdot 7\,H_2O$	in Mineralwässern
Chloride:	Carnallit	$KCl \cdot MgCl_2 \cdot 6\,H_2O$	in Abraumsalzen

12.3.2 Metallisches Magnesium

Ersterstellung: 1808 elektrolytisch als Amalgam durch HUMPHRY DAVY (England).

Herstellung:

- *elektrolytisch:* aus einer Magnesiumchlorid-Schmelze (mit Zusatz anderer Chloride) bei 740 °C mit Stahlkatoden und Graphitanoden; das entstandene Magnesium schwimmt auf der Schmelze. Katodische Reduktion:

$$Mg^{2+} + 2\,e^- \rightarrow Mg.$$

---

[1] Sial-Schicht: 10 bis 25 km tief reichender, hauptsächlich chemisch gebundenes Si und Al enthaltender Teil der Erdkruste; Sima-Schicht: sich an das Sial nach innen anschließende, bis 50 km tief reichende, hauptsächlich aus chemisch gebundenem Si und Mg bestehende Schicht.

- *elektrothermisch:* aus einem MgO-C-Gemisch bei ca. 2000 °C gemäß

  $$MgO + C \rightarrow Mg\uparrow + CO\uparrow;$$

  der entstandene Dampf wird abgeschreckt. Auch Ferrosilicium und Calciumcarbid dienen als Reduktionsmittel.

Eigenschaften: (siehe auch Tabelle 12-1): silberweiß, sehr leicht, weich und dehnbar; schlecht gieß- und schweißbar, nicht lötbar; durch Legierung mechanisch beständiger. An der Luft Oxidschutzschicht; beim Erhitzen Verbrennung mit sehr hellem, weißem, ultraviolettreichem Licht zum Oxid MgO.

Die Verbrennung kann bereits durch unsachgemäße spanende Bearbeitung ausgelöst werden. Magnesiumbrände nicht mit Wasser oder feinem Sand, sondern am besten mit Graugussspänen oder Abdecksalzen löschen, da Wasserdampf und Sand gemäß

$$Mg + H_2O \rightarrow MgO + H_2 \text{ bzw.}$$
$$2\,Mg + SiO_2 \rightarrow 2\,MgO + Si$$

reduziert werden.

Entzündetes Magnesium brennt unter Wasser weiter, wobei sich Wasserstoff entwickelt; Magnesium reagiert auch mit siedendem Wasser:

$$Mg + 2\,H_2O \rightarrow Mg(OH)_2 + H_2.$$

Beim Glühen in sauerstoffarmer Luft oder Stickstoff entsteht grünlichgelbes *Magnesiumnitrid*, Mg_3N_2. In Säuren, auch schwachen, löst sich Magnesium leicht, dagegen nicht in Alkalilaugen (Gegensatz zu Aluminium). Organische Halogenverbindungen reagieren mit Magnesium in wasserfreiem Ether zu GRIGNARD-Verbindungen (↑ 34.1), z. B.

$$Mg + C_2H_5Br \rightarrow C_2H_5MgBr, \qquad \text{Ethylmagnesiumbromid.}$$

Magnesium ist sehr unedel und kann aus wässriger Lösung elektrolytisch nur an Quecksilberkatoden abgeschieden werden.

Legierungen: Knet- und Gusslegierungen vom Typ MgAlZn (bis 10% Al und 3% Zn); für sehr leichte Bauteile.

Verwendung: legiert als Konstruktionsmaterial im Flug- und Fahrzeugbau (leichtestes Gebrauchsmetall!); für Aluminiumlegierungen; als Reduktionsmittel bei der Herstellung von Stahl; für Opfer-Anoden beim elektrochemischen Korrosionsschutz; rein für Leuchtkugeln u. a. pyrotechnische Zwecke sowie für organisch-chemische Synthesen.

12.3.3 Magnesiumverbindungen

Magnesiumoxid, MgO, „Magnesia". Weißes Pulver oder gesinterte weiße Masse; F ≈ 2800 °C; hergestellt durch Glühen von Magnesiumcarbonat oder aus Magnesiumchlorid und heißem Wasserdampf.
Verwendung: für feuerfeste Steine und Geräte (z. B. Magnesiastäbchen im Labor); als mildes Neutralisationsmittel (z. B. für Magensäure); für Magnesiabinder.

Magnesiabinder entsteht durch Verrühren von MgO mit konzentrierter $MgCl_2$-Lösung; der Brei erstarrt nach wenigen Stunden unter Wasserbindung zu einer festen, marmorharten, weißen Masse aus *Magnesiumhydroxidchlorid.* Füllstoffhaltiger Magnesiabinder (mit Holzmehl, -spänen u. dgl.) wird für Leichtbauplatten und Steinholzfußböden verwendet.

Magnesiumsulfat, $MgSO_4$, kristallisiert aus warmem Wasser als **Kieserit,** $MgSO_4 \cdot H_2O$, aus kaltem Wasser als **Bittersalz,** $MgSO_4 \cdot 7\ H_2O$; beide schmecken bitter und sind im Gegensatz zu den eigentlichen Erdalkalisulfaten leicht wasserlöslich.
Kieserit ist Rohstoff für Magnesiumdüngesalze; Bittersalz findet medizinische Anwendung, z. B. als Abführmittel.

Magnesiumhydroxid, $Mg(OH)_2$: weißes, in Wasser kaum lösliches Pulver; fällt als flockiger Niederschlag aus Magnesiumsalzlösungen durch Natronlauge aus ($MgSO_4 + 2\ NaOH \rightarrow Mg(OH)_2 + Na_2SO_4$); Ammoniumsalze verhindern die Fällung.

Magnesiumcarbonat, $MgCO_3$, kommt als *Magnesit* vor; ergibt bei etwa 540 °C Magnesiumoxid. **Magnesiumhydroxidcarbonat,** Formel etwa $4\ MgCO_3 \cdot Mg(OH)_2 \cdot 4\ H_2O$, ein weißes, lockeres, sehr leichtes Pulver, wird durch Fällung von $MgSO_4$-Lösung mit Na_2CO_3 hergestellt und für Puder und Wundstreupulver, Metallputzmittel u. Ä. sowie als Füllstoff für Papier und Kautschuk verwendet.

Magnesiumchlorid kristallisiert aus wässriger Lösung als $MgCl_2 \cdot 6\ H_2O$. Weißes, sehr hygroskopisches Kristallpulver. Wasserfreies $MgCl_2$ entsteht aus Magnesit durch Brennen und nachfolgendes Erhitzen des Oxids mit Kohlenstoff im Chlorstrom:

$$MgO + C + Cl_2 \rightarrow MgCl_2 + CO.$$

Verwendung: zur Herstellung von Magnesium, Magnesiabinder, Kältemischungen.
Carnallit, $KCl \cdot MgCl_2 \cdot 6\ H_2O$, wird auch künstlich hergestellt und als Staubbinde-, Auftau- und Badesalz verwendet.

Magnesiumsilicate (↑ 14.3.5) z. B. Talk, Asbest.

Magnesiumdünger: Der Magnesiumbedarf der Kulturpflanzen wird durch Anwendung von magnesiumhaltigem Kali-, Phosphor- und Kalkdünger gedeckt, z. B. *Magnesiumphosphat,* $Mg_3(PO_4)_2 + CaSO_4$, *dolomitischer Kalk,* $CaCO_3 + MgCO_3$; siehe auch Kalidüngemittel. (↑ 11.4.7)

12.4 Calcium und Calciumverbindungen

12.4.1 Allgemeines

Symbol: Ca [*calx* (lat.) Kalkstein; Stein]; **Oxidationszahl: +2**.

Vorkommen: fünfthäufiges Element (dritthäufigstes Metall) der Erdkruste; in Gesteinen, Böden, Organismen und Gewässern weit verbreitet. 1 l Meerwasser enthält 0,4 g Ca^{2+}; Ca^{2+}-Ionen wirken im Wasser als Härtebildner (↑ 12.4.10).

Nachweis: Flammenfärbung orangerot, falls die Verbindungen bei Flammentemperatur flüchtig sind. Ammoniumoxalat fällt aus ammoniakalischer oder schwach essigsaurer Lösung weißes Calciumoxalat, $(COO)_2Ca$.

Physiologie: für Tiere und Pflanzen lebensnotwendig. Der erwachsene Mensch enthält etwa 2 % Ca, davon 99 % in Form verschiedener Apatite in Knochen und Zähnen; auch für die Blutgerinnung und Nerventätigkeit sind Ca^{2+}-Ionen nötig. Tägliche Ergänzung: 1 g Ca^{2+}; Calciummangel führt zu Knochenerweichung und -brüchigkeit sowie zu Übererregbarkeit des Nervensystems. Vitamin-D-Mangel bewirkt infolge gestörten Kalk- und Phosphorstoffwechsels Rachitis.
Calciumcarbonat, $CaCO_3$, bildet das Gerüstmaterial von Korallen, Muscheln, Foraminiferen u. a.

Calciumminerale

Carbonate:	Calcit (*Kalkspat, Kalkstein, Marmor, Kreide*)		$CaCO_3$
	Dolomit		$CaCO_3 \cdot MgCO_3$
Sulfate:	Anhydrit		$CaSO_4$
	Selenit (*Gips*)		$CaSO_4 \cdot 2H_2O$
Fluoride:	Fluorit (*Flussspat*)		CaF_2
Silicate:	Anorthit (*Kalkfeldspat*)		$CaAl_2Si_2O_8$ und viele andere
Phosphate:	Apatite:	Hydroxylapatit (*Phosphorit*)	$3\,Ca_3(PO_4)_2 \cdot Ca(OH)_2 \mathrel{\hat{=}} Ca_5\,(PO_4)_3(OH)$
		Apatit	$3\,Ca_3(PO_4)_2 \cdot Ca(F,Cl)_2$ [1] $\mathrel{\hat{=}} Ca_5(PO_4)_3(F,Cl)$

12.4.2 Metallisches Calcium

Erstherstellung: 1808 elektrolytisch durch HUMPHRY DAVY (England).

Herstellung: früher durch Schmelzelektrolyse von Calciumchlorid mit KCl bei 850 °C an Eisenkatoden.

Bei der großtechnisch meist angewandten *aluminothermischen Gewinnung* wird ein gepresstes Gemisch aus Calciumoxid und Aluminiumpulver im Vakuum auf 1100 bis 1200 °C erhitzt. Der sich gemäß

$$3\,CaO + 2\,Al \rightarrow 3\,Ca\uparrow + Al_2O_3$$

bildende Calciumdampf wird kondensiert.

Eigenschaften (siehe auch Tabelle 12-1): silberweiß, zäh, nicht mit dem Messer schneidbar; läuft an der Luft infolge Bildung von Hydroxid und Carbonat rasch an; verbrennt beim Erhitzen mit hellroter Flamme zu Oxid und Nitrid (Ca_3N_2). Mit Wasser gemäßigt-lebhafte Reaktion:

$$Ca + 2\,H_2O \rightarrow Ca(OH)_2 + H_2;$$

das entstehende Kalkwasser trübt sich, sobald es gesättigt ist. Da Calcium schwerer flüchtig ist als Kalium, Rubidium und Caesium, verdrängt es diese Metalle beim Erhitzen mit entsprechenden Verbindungen, z. B.

$$2\,CsCl + Ca \rightarrow CaCl_2 + 2\,Cs\uparrow\,.$$

Verwendung: als Legierungsbeimengung, z. B. für Bahnlagermetall (Pb mit 0,73 % Ca, 0,55 % Na und 0,04 % Li); zur Herstellung seltener Metalle; als Absorptionsmittel für Sauerstoff und Stickstoff bei der Vakuumherstellung und Edelgasgewinnung.

12.4.3 Calciumcarbonat, $CaCO_3$

Vorkommen: Sehr rein als **Kalkspat** (z. B. durchsichtiger *isländischer Doppelspat,* „Islandspat", spaltet Licht in 2 polarisierte Strahlen auf); weniger rein, meist mit Ton vermengt, als Kalkstein (gebirgsbildend;

[1] Diese Schreibweise bedeutet, dass sich Cl und F beliebig ersetzen können.

Kalk im Boden); als Marmor und Kreide. Kalkstein und Kreide sind aus Meeresorganismen entstanden, Marmor aus Kalkstein durch Umbildung unter Kristallvergrößerung („Kontaktmetamorphose"). Kalktuff (Travertin) entsteht mithilfe von Pflanzenwuchs aus kalkhaltigem Wasser.
Mergel = Kalkstein + Ton.

Verwitterung: durch Wasser und Kohlenstoffdioxid (Regen-, Sickerwasser) entsteht allmählich lösliches Calciumhydrogencarbonat:

$$CaCO_3 + H_2O + CO_2 \rightleftharpoons Ca(HCO_3)_2;$$

daher sind Kalkgebirge zerklüftet und höhlenreich, auch wasserarm, da das Regenwasser ins Innere abfließt. Wenn das kalkhaltige („harte") Wasser verdunstet, scheidet sich infolge Störung des chemischen Gleichgewichts wieder Kalkstein ab, z. B. als Tropfstein („Stalaktiten" von oben, „Stalagmiten" von unten). Die ins Meer gelangenden Ca^{2+}-Ionen werden dort von Organismen aufgenommen und in Form von Muschelschalen, Korallenriffs usw. wieder ausgeschieden.

Eigenschaften: rein farblos oder weiß, sehr schwer löslich; zerfällt bei etwa 900 °C in Calciumoxid und Kohlenstoffdioxid:

$$CaCO_3 \rightarrow CaO + CO_2, \Delta_R H^\ominus = +178 \text{ kJ} \cdot \text{mol}^{-1};$$

reagiert mit Säuren unter CO_2-Entwicklung und Bildung der betreffenden Calciumsalze.

Calciumcarbonat, Verwendung

Calciumcarbonat (Kalkstein) $CaCO_3$

Brennen	→ Calciumoxid (Branntkalk), CaO → Kohlenstoffdioxid, CO_2
Glühen mit Ton	→ Zement (Calciumsilikate, Calciumaluminate)
Schmelzen mit Sand, Soda u. a.	→ Glas (Alkalicalciumsilicat)
Metallurgische Zuschläge und Auskleidungen	→ Hochofen-, Kupfer-, THOMAS-, SIEMENS-MARTIN-Schlacke
Mischen mit Ammoniumnitrat	→ Kalkammonsalpeter
Schweflige Säure	→ Calciumhydrogensulfit ("Sulfitlauge")
Salpetersäure	→ Calciumnitrat (Kalksalpeter)
Verschiedene Säuren	→ Verschiedene Calciumsalze

Weitere Verwendung:

Doppelspat zur Erzeugung polarisierten Lichts in NICOLschen Prismen;

Kalkstein und **-tuff** (*Travertin*) als Baustein, Schotter, Betonzuschlag, zur Rauchgasentschwefelung, **Solnhofener Schiefer** für Drucksteinplatten;

Marmor für Säulen, Standbilder usw. sowie zur Kohlenstoffdioxiderzeugung im Labor;

Schlämmkreide in der Anstrichtechnik sowie für Glaserkitt (85 % $CaCO_3$ + 15 % Firnis). Schreibkreide ist meist Gips!

Gefälltes $CaCO_3$ ist in Putzmitteln, Zahnpasten, auch als Füllstoff in Papieren enthalten. Ferner: Dünge- und Futterkalk.

12.4.4 Calciumoxid, CaO

Trivialnamen: Branntkalk, Ätzkalk (letzterer Name auch für $Ca(OH)_2$ gebräuchlich!).

Herstellung: durch Glühen von Calciumcarbonat (technisch: Kalkbrennen):

$$CaCO_3 \rightarrow CaO + CO_2,\ \Delta_R H^\ominus = +178\ \text{kJ} \cdot \text{mol}^{-1}.$$

Stückiger Kalkstein wird mit Koks oder durch Heizgas unter Luftzufuhr in Schacht-, Ring- oder Drehrohröfen auf etwa 1100 °C erhitzt.

Eigenschaften: weißes, bei etwa 2600 °C schmelzendes Pulver; sendet beim Glühen sehr helles, weißes Licht aus.
Branntkalk: graue bis braune, poröse Stücke. Mit Wasser entsteht unter starker Wärmeentwicklung („Kalklöschen") Calciumhydroxid:

$$CaO + H_2O \rightarrow Ca(OH)_2; \qquad \Delta_R H^\ominus = -63{,}6\ \text{kJ} \cdot \text{mol}^{-1};$$

hierbei verdampft ein Teil des Wassers.

Verwendung:

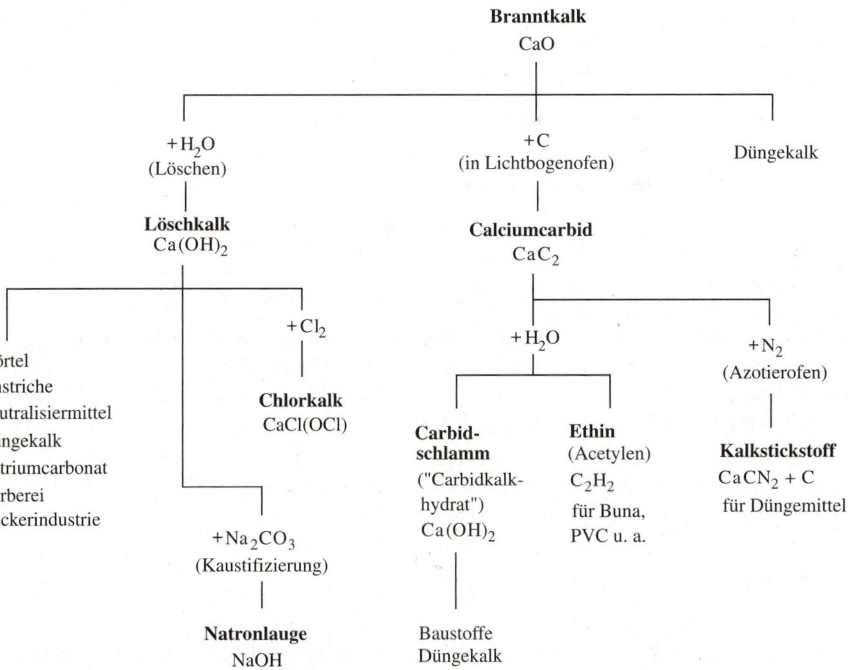

Wiener Kalk: gebrannter, reiner Dolomit; CaO + MgO; Verwendung zum Glänzen und Entfetten von Metalloberflächen, z. B. in der Galvanotechnik.

12.4.5 Calciumhydroxid, $Ca(OH)_2$

Trivialnamen: Löschkalk, Ätzkalk, Kalkhydrat. *Kalkbrei* ist eine dicke, *Kalkmilch* eine dünne Aufschlämmung mit Wasser; *Kalkwasser* ist die klare wässrige Lösung.

Herstellung: durch Löschen von Branntkalk (↑ 12.4.4):

$$CaO + H_2O \rightarrow Ca(OH)_2$$

Eigenschaften: weißes Pulver; in Wasser nur wenig löslich (0,16 g in 100 g Wasser). Kalkwasser reagiert alkalisch und trübt sich an der Luft infolge Ausfällung von Calciumcarbonat:

$$Ca(OH)_2 + CO_2 \rightarrow CaCO_3 + H_2O.$$

Beim Einleiten von CO_2 in Kalkwasser löst sich der anfangs ausfallende Niederschlag unter Bildung von Hydrogencarbonat wieder auf:

$$CaCO_3 + CO_2 + H_2O \rightleftharpoons Ca(HCO_3)_2;$$

beim Erwärmen dieser Lösung scheidet sich $CaCO_3$ wieder ab (Umkehrung der Reaktion).

Verwendung: für Kalkmörtel, Chlorkalk, verschiedene Calciumverbindungen, Pflanzenschutzmittel, Schwefel- und Kupferkalkbrühe); zur Kaustifizierung von Soda und Pottasche zu Alkalihydroxiden; zur Wasserenthärtung; in der Gerberei; zur Neutralisation saurer Abwässer; zur Rauchgasentschwefelung; als Anstrichmittel; zur Isolierung organischer Säuren aus Pflanzensäften, wobei die ausfallenden unlöslichen Calciumsalze durch verdünnte Schwefelsäure wieder zerlegt werden.

Mörtel

Mörtel ist ein streichbarer, weicher Brei zum Verbinden und Verputzen von Ziegelsteinen und anderen Baumaterialien. Zusammensetzung:

Sand + Bindemittel + Wasser.

Luftmörtel erhärten an der Luft,
Wassermörtel (hydraulische Mörtel) auch unter Wasser.
Erhärten = Abbinden.

- **Luftmörtel.** Als Bindemittel kommen infrage:
  Löschkalk: Kalkmörtel wird aus 10 % CaO, 15 % H_2O und 75 % Sand bereitet, indem man den Kalkbrei mit 3 Teilen Sand vermengt. Das Abbinden erfolgt chemisch durch Aufnahme von Kohlenstoffdioxid aus der Luft;

  $$Ca(OH)_2 + CO_2 \rightarrow CaCO_3 + H_2O.$$

  Da Wasser frei wird, sind Neubauten zunächst feucht.
  Gips: Gipsmörtel wurde bereits vor drei- bis viertausend Jahren beim Bau von Pyramiden verwendet. Das Abbinden erfolgt chemisch durch Bindung von Wasser:

  $$CaSO_4 \cdot 1/2\ H_2O + 1\ 1/2\ H_2O \rightarrow CaSO_4 \cdot 2\ H_2O.$$

  Ton: Lehm ist ein natürlicher Luftmörtel. Das Abbinden erfolgt physikalisch; Wasser verdunstet, Sandkörnchen werden durch den Ton verklebt.
- **Wassermörtel.** Bindemittel sind
  Zement: Zementmörtel (↑ 14.3.6) binden chemisch ab; Bindung von Wasser zu Calciumsilikathydraten (CSH-Phasen).
  Hydraulischer Kalk: entsteht beim Brennen tonhaltigen Kalksteins unterhalb der Sintergrenze; bindet chemisch vorwiegend durch Wasseraufnahme ab.

Mischbinder: entstehen durch Vermischen oder Vermahlen hydraulischer Stoffe mit Anregern, z. B. Zement, Gips oder Anhydrit; binden durch Aufnahme von Wasser ab; stehen bezüglich der Festigkeit zwischen hydraulischem Kalk und Zement.

12.4.6 Calciumsulfat, $CaSO_4$

Vorkommen: wasserfrei als **Anhydrit,** z. B. unterhalb von Salzlagerstätten; wasserhaltig ($CaSO_4 \cdot 2\,H_2O$) als **Gipsstein**, **Alabaster** (schneeweiß, körnig), **Marienglas** (durchsichtig), **Fasergips** (Platten mit Faserung senkrecht zur Plattenebene). Gips ist eines der verbreitetsten Minerale.

Eigenschaften: weißes, in Wasser schwer lösliches Kristallpulver (0,2 g in 100g Wasser; die Löslichkeit nimmt beim Erhitzen ab!). Aus $CaSO_4 \cdot 2\,H_2O$ entsteht beim Erhitzen das „Halbhydrat" (Semihydrat) $CaSO_4 \cdot 1/2\,H_2O$ (auch $2\,CaSO_4 \cdot H_2O$ geschrieben), bei weiterem Erhitzen Anhydrit. Bei Temperaturen über 1000 °C erfolgt Zersetzung in CaO und SO_3.

Gebrannter Gips (*Stuckgips*) wird technisch bei 120 bis 180 °C hergestellt. Mit Wasser bindet er nach kurzer Zeit in exothermer Reaktion ab:

$$CaSO_4 \cdot 1/2\,H_2O + 1\,1/2\,H_2O \rightarrow CaSO_4 \cdot 2\,H_2O;\ \Delta_R H^\ominus = -19{,}3\ \text{kJ} \cdot \text{mol}^{-1}.$$

Hochgebrannter Gips (Estrichgips, Anhydrit AII), technisch bei über 250 bis 900 °C hergestellt, enthält neben $CaSO_4$ bereits CaO; er bindet langsamer ab als Stuckgips, jedoch schneller als Kalkmörtel.

Verwendung: zur Herstellung von Schwefelsäure und Ammoniumsulfat; als Mörtelbindemittel; gebrannter Gips für Gipsabdrücke, -wände, -verbände usw. Estrichgips und Anhydrit dienen (oft gefärbt) zur Herstellung fugenloser Fußböden (Estriche).

12.4.7 Calciumcarbid, CaC_2

Struktur: Calciumcarbid ist als Calciumverbindung des Ethins, H–C≡C–H, aufzufassen.

Herstellung: technisch aus Branntkalk und Koks bei 1800 bis 2200 °C im Lichtbogenofen (100 bis 200 V; etwa 100 kA):

$$CaO + 3\,C \rightarrow CaC_2 + CO;\ \Delta_R H^\ominus = +462\ \text{kJ} \cdot \text{mol}^{-1}.$$

Der Prozess ist keine Elektrolyse, sondern eine *elektrothermische Reaktion;* er ist sehr energieaufwendig. Das entstehende *Carbidabgas* (82 % CO, 8 bis 10 % H_2, Rest N_2) wird als Synthese- oder Brenngas genutzt.

Eigenschaften: in reinem Zustand farblos, technisch graue bis braune Stücke mit 80 bis 85 % CaC_2 (Rest: CaO, Ca_3P_2, CaS, Ca_3N_2, SiC u. a.). Mit Wasser entsteht Ethin (Acetylen):

$$CaC_2 + 2\,H_2O \rightarrow C_2H_2 + Ca(OH)_2;$$

dieses riecht infolge Verunreinigung durch PH_3, NH_3 und H_2S unangenehm. Verschlossen aufbewahren, da auch mit dem Wasserdampf der Luft Reaktion erfolgt.

Verwendung: Zur Herstellung von Ethin, Kalkstickstoff und deren Folgeprodukten.

12.4.8 Weitere Calciumverbindungen

Calciumfluorid, CaF_2: weißes, unlösliches Pulver (*F* 1403 °C; bildet mit Schwefelsäure Fluorwasserstoff:

$$CaF_2 + H_2SO_4 \rightarrow CaSO_4 + 2\ HF.$$

Kommt in der Natur als **Flussspat** (*Fluorit*) vor: große, farblose Kristalle, durch Beimengungen oft gelb, grün, violett. Ausgangssubstanz für die „Fluorchemie"; weitere Verwendung: als Flussmittel[1)] in Stahlgießereien und Metallschmelzereien.

Calciumchlorid, $CaCl_2$: sehr hygroskopisch, sehr leicht (auch in niederen Alkoholen) löslich; kristallisiert aus wässriger Lösung bei Zimmertemperatur als $CaCl_2 \cdot 6\ H_2O$ (*F* 30 °C). $CaCl_2 \cdot 6\ H_2O$ löst sich unter Abkühlung, $CaCl_2$ unter Erwärmung in Wasser (beim Auflösen von wasserfreiem $CaCl_2$ wird die Gitterenergie durch die Hydratationsenergie überkompensiert). $CaCl_2$ ist Nebenprodukt der Sodafabrikation und dient im Labormaßstab als Trockenmittel für Flüssigkeiten und Gase.

Calciumsulfid, CaS: durch Glühen von Calciumsulfat mit Kohle; Enthaarungsmittel in der Gerberei.
Calciumpolysulfid, CaS_2 bis CaS_5, ist in der „Schwefelkalkbrühe" enthalten (gegen Mehltau, Milben u. a.), die bei längerem Kochen von Kalkmilch mit Schwefel entsteht.

Calciumnitrat, $Ca(NO_3)_2 \cdot 4\ H_2O$; *Kalksalpeter*, *Mauersalpeter*: weiß, hygroskopisch; bildet sich z. B. an Kalkwänden in Viehställen, indem das aus Eiweißstoffen und Carbamid (Harnstoff) frei werdende Ammoniak durch Nitratbakterien zu Salpetersäure oxidiert wird, die mit dem Kalk Mauersalpeter ergibt.

Weitere Calciumsalze siehe die betreffenden Säuren

12.4.9 Calciumdüngemittel

Reine Kalkdünger sind:	Kalksteinmehl, Kalkmergel	$CaCO_3$
	Löschkalk, Kalkhydrat	$Ca(OH)_2$
	Branntkalk	CaO
	Mischkalk	$CaO + CaCO_3$

Diese Kalke führen der Pflanze nicht nur Ca^{2+}-Ionen zu („Erhaltungskalkung"), sondern binden Bodensäure (setzen den pH-Wert herauf; „Gesundungskalkung"), wodurch die Bodenstruktur verbessert und die Bakterientätigkeit angeregt wird. Durch Kalkung von Wäldern dämmt man die Schäden durch „sauren Regen" (↑ 16.3.4) ein.

Weitere Calciumdüngemittel sind z. B. Kalkstickstoff (ebenfalls basisch), Kalkammonsalpeter und Superphosphat.

12.4.10 Wasserhärte

Ursachen: „Härtebildner" sind Ca^{2+}- und Mg^{2+}-Ionen. Je mehr davon natürliches Wasser aus Erdboden und Gesteinen aufgenommen hat, desto härter ist es. Wasser, das aus Urgestein oder anderen wenig verwitterten Silicatgesteinen entspringt, ist „weich", ebenso Regenwasser und das Kondenswasser industrieller Anlagen.

Im strengen Sinne gehören auch Sr^{2+}- und Ba^{2+}- Ionen zu den Härtebildnern; jedoch spielen diese bei Süßwasser keine Rolle.

---

1) Flussmittel erniedrigen den Schmelzpunkt (z. B. von Schlacken).

Härtegrade: Früher wurde zur Angabe von Härtegraden der Ca^{2+}- und Mg^{2+}-Gehalt auf CaO umgerechnet. 1 °dH (1 °dH = 1 Grad deutscher Härte) bedeutet einen Gehalt von 10 mg CaO in 1 l Wasser. International wird die „Härte" als Stoffmengenkonzentration $c(Ca^{2+} + Mg^{2+})$ in mmol / l (= mol / m^3) angegeben. Der Zusammenhang mit den traditionellen deutschen Härtegraden ist durch die Beziehung

1 mmol / l = 5,6 °d bzw. 1 °d = 0,1786 mmol / l

gegeben. Das Wasch- und Reinigungsmittelgesetz unterscheidet drei Härtebereiche für die härteabhängige Dosierung von Reinigungsmitteln:

Bereich	Bezeichnung	$c\,(Ca^{2+} + Mg^{2+})$ in mmol/L
1	weich	$< 1{,}5$
2	mittel	$> 1{,}5$ bis 2,5
3	hart	$> 2{,}5$

Einteilung der Wasserhärte

Gesamthärte
- = temporäre + permanente Härte
- = vorübergehende + bleibende Härte
- = Carbonat- + Nichtcarbonathärte

- *Temporäre Härte:* verschwindet beim Erhitzen (↑ S. 448); sie beruht auf dem Gehalt an Calcium- und Magnesiumhydrogencarbonat, $Ca(HCO_3)_2$ und $Mg(HCO_3)_2$, also auf dem Anteil Ca^{2+} und Mg^{2+}, der dem Gehalt des Wassers an Hydrogencarbonat-Ionen, HCO_3^-, entspricht.
- *Permanente Härte:* bleibt beim Erhitzen bestehen; sie beruht auf dem restlichen Gehalt an Ca^{2+} und Mg^{2+}. Als zugehörige Anionen betrachtet man willkürlich die im Wasser vorhandenen Sulfat-Ionen, SO_4^{2-}, sodass dieser Teil der Härte auf den Gehalt an Calciumsulfat, $CaSO_4$, und Magnesiumsulfat, $MgSO_4$, beruht und auch „Sulfathärte" genannt wird.

Wasserhärte – Auswirkungen

Wassersteinbildung: In Dampfkesseln und Rohrleitungen setzt sich fester, harter Wasserstein („Kesselstein") ab, vornehmlich Calciumcarbonat und -sulfat. Da dieser die Wärme schlecht leitet, tritt Überhitzung (Glühen) der Wände ein, welche dadurch rascher korrodieren. Wenn sich der Stein von den überhitzten Stellen löst, kommt Wasser mit der glühenden Wand in Berührung und verdampft explosionsartig rasch, wodurch der Kessel zerstört werden kann.

Kalkseifebildung: Hartes Wasser erfordert einen erheblichen Mehrverbrauch an Seife und anionischen Reinigungsmitteln (für 100 l Wasser von 10 °dH etwa 150 g), da diese von den Härtebildnern als unlösliche Kalk- bzw. Magnesiumseife ausgefällt und daher waschunwirksam werden:

$$2\,C_{17}H_{35}COONa + Ca(HCO_3)_2 \rightarrow (C_{17}H_{35}COO)_2Ca\downarrow + 2\,NaHCO_3$$

Die Kalkseife setzt sich auf dem Textilgut ab, adsorbiert den Schmutz, vergilbt und verschmiert die Wäsche und verleiht ihr einen muffigen Geruch. Erst wenn alle Härtebildner ausgefällt worden sind, schäumt das Wasser mit Seife und entfaltet Waschwirkung. Synthetische waschaktive Substanzen bilden keine unlöslichen Calcium- und Magnesiumsalze und waschen deshalb auch in hartem Wasser.

Sonstige Wirkungen: Hülsenfrüchte können in hartem Wasser nicht weich gekocht werden, da die Pektine in den Zellwänden der Früchte mit den Härtebildnern unlösliche Verbindungen eingehen.

Enthärtung (Entfernung von Ca^{2+} und Mg^{2+}):

- durch *Erhitzen*. Hierbei wird nur die Carbonathärte beseitigt:

$$Ca(HCO_3)_2 \rightarrow CaCO_3\downarrow + H_2O + CO_2$$

- durch Zusatz niederschlagbildender *Fällungsmittel* (Soda, Kalk + Soda, Trinatriumphosphat, Borax), z. B.

$$Ca(HCO_3)_2 + Ca(OH)_2 \rightarrow 2\,CaCO_3\downarrow + 2\,H_2O$$

$$CaSO_4 + Na_2CO_3 \rightarrow CaCO_3\downarrow + Na_2SO_4$$

$$3\,CaSO_4 + 2\,Na_3PO_4 \rightarrow Ca_3(PO_4)_2\downarrow + 3\,Na_2SO_4$$

  Da Calciumphosphat schwerer löslich ist als Calciumcarbonat, erzielt man durch Trinatriumphosphat eine weitgehendere Enthärtung als durch Soda.
  Die Niederschläge werden filtriert, oder man lässt sie in Klärbecken absetzen.

- durch *Kationenaustauscher*. Das Wasser durchläuft ein Rohr mit wasserunlöslichen Ionenaustauscher-Kunstharzen oder eine Ionenaustauscher-Membran. In einem Kationenaustauscher sind
  - Sulfonsäuregruppen (↑ 37.2) (stark saurer Kationenaustauscher) oder
  - Carboxylgruppen (schwach saurer Kationenaustauscher)

  und an diese in der aktiven Form H^+- oder Na^+-Ionen gebunden. Die im Wasser gelösten Ca^{2+}- und Mg^{2+}-Ionen als Härtebildner binden in einem Gleichgewicht an den Austauscher und setzen H^+ bzw. Na^+ frei, z. B.:

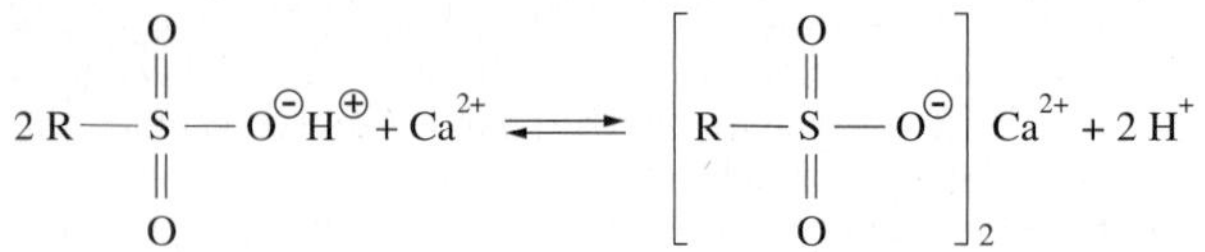

  Mit Säure (z. B. HCl) oder konzentrierter NaCl-Lösung kann aus dem mit Ca^{2+} beladenen Austauscher in einer Umkehr des Gleichgewichts (Massenwirkungsgesetz!) wieder die aktive H^+- bzw. Na^+-Form gewonnen werden. Das bezeichnet man als *Regenerieren* des Ionenaustauschers.
  Schwach saure Kationenaustauscher enthärten das Wasser nicht vollständig und werden daher für Trinkwasser verwendet. Auch *Zeolithe* (Natrium-Aluminium-Silikate mit inneren Hohlräumen) tauschen Calcium und Magnesium gegen Natrium aus; sie dienen z. B. in Waschmitteln zur Enthärtung.

Vollentsalzung: für Kesselspeisewasser; für Trinkwasser aus Meerwasser; zur Wiedergewinnung von Chemikalien aus Spülwässern.

2 Möglichkeiten:

- durch Destillation;
- durch hintereinander geschaltete H^+- und OH^--Ionenaustauscher. H^+-Austauscher ersetzen Metall-Ionen durch H^+, OH^--Austauscher ersetzen Säurerest-Ionen durch OH^-, sodass schließlich reines H_2O verbleibt. Die Austauscher werden durch verdünnte Schwefelsäure bzw. Natronlauge regeneriert.

12.5 Stron… …bindungen

Symbole: Sr [vo… …r]; **Oxidationszahl: +2.**

Minerale: S… C…

Nachweis:
Flammenfärbungen (Sr …
Fällungsreaktionen: Sulfate … …nwart von Salzsäure weiße, sehr feinpulvrige Niederschläge von SrS…

Physiologie: Strontiumverbindungen … …che Bariumverbindungen dagegen sehr (Erbrechen, Darmkoliken, Arterienkrämpfe, Läh… …500 bis 800 mg können tödlich wirken).

Strontium- und Bariummetall (siehe auch Tabelle 12-1): Ersthersteilung 1808 durch HUMPHRY DAVY (England). Darstellung durch Erhitzen der Oxide mit Calcium oder Aluminium im Vakuum oder durch Verdampfen des Quecksilbers aus den Amalgamen, die bei der Elektrolyse von Strontium- und Bariumsalzlösungen mit Quecksilberkatoden entstehen. Die Metalle ähneln dem Calcium, sind aber reaktionsfähiger. Barium dient als Gettermetall in der Vakuumtechnik, d. h. es bindet die zurückgebliebenen Spuren von Luft zu Oxid und Nitrid, wodurch das notwendige Hochvakuum erreicht wird.

Radiostrontium: Das durch Kernexplosion entstehende radioaktive Isotop ^{90}Sr (Halbwertszeit 27 Jahre, β-Strahler) ist dadurch besonders gefährlich, dass es wie Calcium von den Organismen aufgenommen, in Knochen und anderen Organen gespeichert wird, auch in die Milch übergeht und dort seine schädliche Strahlung aussendet.

Strontiumverbindungen:

Strontiumnitrat, $Sr(NO_3)_2$, und **-chlorat,** $Sr(ClO_3)_2$, für Rotfeuer;

Strontiumhydroxid, $Sr(OH)_2$, und **-carbonat**, $SrCO_3$, zur Entzuckerung von Melasse;

Strontiumsulfid, SrS, für Nachleuchtfarben (blaugrünes Licht);

Strontiumsulfat, $SrSO_4$, für selbstregulierende (konstanter SO_4^{2-}-Gehalt) Chrom-Elektrolyte.

Bariumverbindungen:

Bariumhydroxid, „*Ätzbaryt*" $Ba(OH)_2 \cdot 8\ H_2O$: farblose Kristalle, in Wasser mäßig löslich zu relativ stark alkalischem Barytwasser (Reagens auf Kohlenstoffdioxid (↑ 14.2.4)).

Bariumperoxid, BaO_2: weißes, schwer lösliches Pulver; bildet sich aus Bariumoxid bei 500 °C an der Luft und zerfällt bei stärkerem Erhitzen wieder ($2\ BaO + O_2 \rightleftharpoons 2\ BaO_2$). Mit verdünnter Schwefelsäure entsteht Wasserstoffperoxid ($BaO_2 + H_2SO_4 \rightarrow BaSO_4\downarrow + H_2O_2$).

Bariumsulfat, $BaSO_4$: weißes, äußerst schwer lösliches Pulver. Als natürlicher *Schwerspat* Rohstoff für andere Bariumverbindungen. Aufschluss durch Glühen mit Kohle zu *Bariumsulfid*, BaS. Gefälltes $BaSO_4$ ist Weißstandard in der Farbmetrik und dient als „blanc fixe" (Permanentweiß) für Malerfarben, ist auch im Lithoponeweiß ($BaSO_4$ + ZnS) enthalten. Weitere Verwendung: Füllstoff für Papier und Kautschuk; Substrat für organische Farbpigmente; Röntgenkontrastmittel (ungiftig, da in den Körperflüssigkeiten unlöslich).

Bariumoxid, BaO, wird zur Herstellung von Ferriten verwendet.

Bariumnitrat, $Ba(NO_3)_2$, und **-chlorat,** $Ba(ClO_3)_2$, für Grünfeuer.

Bariumchlorid, $BaCl_2 \cdot 2\ H_2O$, dient als Nachweismittel für Sulfate; es fällt auch in salzsaurer Lösung einen weißen, feinpulvrigen Niederschlag von Bariumsulfat:
$MgSO_4 + BaCl_2 \rightarrow BaSO_4\downarrow + MgCl_2$.

Bariumchromat, $BaCrO_4$, ist das Farbpigment *Barytgelb*.

12.6 Radium und [redacted]dungen

Radium [*radius* (lat.) Strahl], Symb[redacted]ARIE und PIERRE CURIE in der Joachimsthaler Pechblende entdeckt. Es bildet sic[redacted]enprodukte durch radioaktiven Zerfall von Uran 238 und ist deshalb in geringen Meng[redacted]ranerzen enthalten. Es zerfällt unter β -Strahlung zunächst in Radon und schließlich in [redacted]

Radiumverbindungen leuchten stän[redacted]as wärmer als ihre Umgebung. Radium (siehe auch Tabelle 12-1) ähnelt chemisch sehr de[redacted] gleiche gilt auch für die Verbindungen. Die frühere Verwendung in der Medizin ist seit Einf[redacted]tlicher Radionuklide stark zurückgegangen.

13 Elemente der III. Hauptgruppe (Borgruppe, Triele, Gruppe 13)

13.1 Allgemeines

Elemente: Bor (B), Aluminium (Al), Gallium (Ga), Indium (In) und Thallium (Tl).

Oxidationszahl: hauptsächlich **+3**; die Oxidationszahl +1 wird vom Aluminium bis zum Thallium beständiger; Thallium(I)-verbindungen sind stabiler als Thallium(III)-verbindungen.

Tabelle 13-1: *Borgruppe*

	Bor	**Aluminium**	**Gallium**	**Indium**	**Thallium**
Symbol	B	Al	Ga	In	Tl
Kernladungszahl	5	13	31	49	81
Relative Atommasse	10,81	26,982	69,723	114,82	204,38
Schmelzpunkt (in °C)	≈ 2300	660	29,8	156,6	303,5
Dichte (in g · cm³)	2,35	2,70	5,91	7,31	11,85
Oxidationszahl					
beständig	+3	+3	+3	+3	
unbeständig	–	+1	+1,+2	+1,+2	+1,(+3)
Reaktionsfähigkeit	mäßig	stark abnehmend →			
Häufigkeit (Erdkruste, %)	$1{,}6 \cdot 10^{-3}$	7,57	$1{,}4 \cdot 10^{-3}$	$1 \cdot 10^{-5}$	$3 \cdot 10^{-5}$
Element(III)-hydroxide	H_3BO_3	$Al(OH)_3$	$Ga(OH)_3$	$In(OH)_3$	$Tl(OH)_3$
	schwach sauer	amphoter	amphoter	amphoter	schwach basisch
Salzname der Anionen	Borat	Aluminat	Gallat	Indat	–
Element(I)-hydroxide	–	–	–	–	TlOH
Charakter	–	–	–	–	stark basisch
Löslichkeit	–	–	–	–	leicht löslich

Metallischer Charakter: nimmt von Bor zum Thallium zu.

- *Elementverbindungen:* kristallisiertes Bor ist nichtmetallisch mit schwachen Halbleitereigenschaften; Aluminium und die übrigen Elemente sind typische Metalle.
- *Hydroxide:* $B(OH)_3 = H_3BO_3$ ist eine schwache Säure (Borsäure); die Element(III)-hydroxide von Aluminium, Gallium und Indium sind amphoter; Thallium(III)-hydroxid, $Tl(OH)_3$, ist eine schwache, Thallium(I)-hydroxid, Tl(OH), dagegen eine starke Base. Verglichen mit den entsprechenden Verbin-

dungen der II. Hauptgruppe haben alle Element(III)-hydroxide schwächer basischen bzw. stärker sauren Charakter.

Löslichkeiten:

leicht löslich:	Chloride, Sulfate, Nitrate der Metalle; Alkaliborate;
schwer löslich:	Fluoride, Phosphate, Hydroxide, Oxide der Metalle; alle Borate außer Alkaliboraten.

Die Tl(I)-Verbindungen (↑ 13.4) nehmen bezüglich der Löslichkeit eine Sonderstellung ein;

Beständigkeit: *unbeständig* sind die Carbonate [außer von Thallium(I)]; sie existieren nur bei niedrigen Temperaturen und zerfallen bereits bei gewöhnlicher Temperatur in Metalloxid und Kohlenstoffdioxid, z. B. gemäß $Al_2(CO_3)_3 \rightarrow Al_2O_3 + 3\ CO_2$.

Ionen: farblos; aus wässrigen Lösungen sind durch Elektrolyse nur Gallium, Indium und Thallium abscheidbar.

13.2 Bor und Borverbindungen

13.2.1 Allgemeines

Symbol: B [*boron* (lat.), von *buraq* (arab.) und *burah* (pers.) Borax]; **Oxidationszahl: +3.**

Vorkommen: nur chemisch gebunden; relativ selten. Borsäure findet sich gelöst in heißen vulkanischen Quellen, z. B. den Fumarolen Toskanas.

Minerale:	Boracit (Staßfurtit)	$MgCl_2 \cdot 5\ MgO \cdot 7\ B_2O_3$	(bildet im Staßfurter Carnallit weiße Knollen)
	Borax	$Na_2B_4O_7 \cdot 10\ H_2O$	in Lagerstätten und Boraxseen
	Kernit	$Na_2B_4O_7 \cdot 4\ H_2O$	in Lagerstätten und Boraxseen

Nachweis: grüne Flammenfärbung nach Überführen in Borsäure und deren Methylester. (↑ 13.2.3)

Physiologie: Bor ist ein Mikronährstoff für höhere Pflanzen; Mangel verursacht z. B. die Herz- und Trockenfäule bei Rüben. Einige Borverbindungen, z. B. Borane und Borsäure, sind giftig.

13.2.2 Elementares Bor

Erstherstellung: 1808 durch JOSEPH-LOUIS GAY-LUSSAC und LOUIS-JACQUES THÉNARD (Paris) als stark verunreinigtes Produkt.

Herstellung: „amorphes Bor" durch Reduktion von Bor(III)-oxid, B_2O_3, mit Magnesiumpulver (mit Aluminium entsteht so genanntes „quadratisches Bor", AlB_{12});
kristallisiertes Bor durch Schmelzelektrolyse von $KBF_4 + H_3BO_3 + KCl$.

Eigenschaften: (siehe auch Tabelle 13-1) **„Amorphes Bor"** ist ein braunes, geruchloses, unlösliches Pulver: verbrennt an der Luft oberhalb 700 °C zu Bor(III)-oxid, B_2O_3; ergibt mit konzentrierter Salpetersäure Borsäure.

Kristallisiertes Bor bildet sehr harte, grau-schwarze, glänzende Kristalle, die chemisch widerstandsfähiger sind als amorphes Bor; die sehr geringe elektrische Leitfähigkeit nimmt beim Erhitzen stark zu.

Rotes Bor wandelt sich bei 120 °C in stabiles, dunkel glänzendes *β-rhomboedrisches Bor* (*F* 2300 °C) um.

Verwendung: als **Ferrobor** (Eisen mit 10 bis 20% Bor) in der Stahlindustrie.

13.2.3 Borsäure, H_3BO_3

Herstellung: aus Borax und Schwefelsäure:

$$Na_2B_4O_7 + H_2SO_4 + 5\ H_2O \rightarrow 4\ H_3BO_3 + Na_2SO_4$$

Eigenschaften: weiße, geruchlose Schuppen; mit sehr schwach saurer Reaktion in kaltem Wasser schwer, in heißem leicht löslich. Bereits 5 g können tödlich wirken; kleinere Mengen führen bei ständiger Zuführung zu Abmagerung.

Verwendung: Zur Herstellung von Email und temperaturwechselbeständigen Gläsern (Jenaer Glas); als Puffersäure (z. B. in galvanischen Nickelelektrolyten); zur Bordüngung.

Salze: Die *Borate* leiten sich meist von wasserärmeren Säuren ab, *Tetraborate* z. B. von *Tetraborsäure,* $H_2B_4O_7$, *Metaborate* von *Metaborsäure,* HBO_2.

Nachweis: Durch Übergießen von Borsäure oder Boraten mit Methanol und Schwefelsäure entsteht **Trimethylborat,** $B(OCH_3)_3$, das nach Anzünden mit charakteristisch grüner Flamme brennt. *Trimethylborat* (*Borsäuretrimethylester*) ist eine farblose Flüssigkeit; *Kp* 68,8 °C.

13.2.4 Weitere Borverbindungen

Natriumtetraborat, *Borax,* $Na_2B_4O_7 \cdot 10\ H_2O$: weißes Kristallpulver, in kaltem Wasser mäßig, in heißem sehr leicht löslich (alkalische Reaktion). Beim Erhitzen entsteht *wassserfreier Borax* (*F* 878 °C), dessen Schmelze unter Bildung von Boraten Metalloxide auflöst (Boraxperle in der analytischen Chemie; Löten). *Verwendung:* zur Herstellung von Spezialglas, Glasuren und Email; zum Löten; in speziellen Düngesalzen.

Perborate: Die so genannten „Perborate" enthalten Kristallwasserstoffperoxid. Wichtig sind *Perborax,* $Na_2B_4O_7 \cdot H_2O_2 \cdot 9\ H_2O$, und „Natriumperborat" $NaBO_2 \cdot H_2O_2 \cdot 3\ H_2O$, als sauerstoffabgebende Bleichmittel, z. B. in Waschmitteln.

Borane sind gasförmige, flüssige oder feste, übel riechende und giftige *Borwasserstoffe* der allgemeinen Formeln B_nH_{n+4} und B_nH_{n+6}, z. B. B_2H_6 (*Diboran*), B_5H_9, B_6H_{10}; B_4H_{10}, B_5H_{11}. Sie zersetzen sich an der Luft sofort (z. T. Selbstentzündung) und reagieren mit Wasser unter Wasserstoffentwicklung, z. B.

$$B_2H_6 + 6\ H_2O \rightarrow 2\ H_3BO_3 + 6\ H_2.$$

Borfluorid, BF_3: farbloses, stechend riechendes Gas; *Kp* -101 °C.

Borchlorid, BCl_3: farblose, an der Luft stark rauchende Flüssigkeit; *Kp* 12 °C.

Tetrafluoroborsäure, *Borflusssäure,* $H[BF_4]$ starke, nur in wässriger Lösung beständige Säure; entsteht aus Borsäure + Flusssäure:

$$H_3BO_3 + 4\ HF \rightarrow H[BF_4] + 3\ H_2O.$$

Die Salze heißen *Tetrafluoroborate*; sie sind meist extrem leicht löslich und werden in der Galvanotechnik verwendet.

Boroxid, B_2O_3, durch Verbrennen von Bor oder Entwässern von Borsäure erhalten, ist ein weißes, hygroskopisches Pulver; *F* 450 °C.

Borazin, *Borazen,* „anorganisches Benzen“ $B_3N_3H_6$, hat die Elektronenanordnung des Benzens (↑ 39.3) und ähnelt diesem in physikalischen und chemischen Eigenschaften; *Kp* 53 °C;

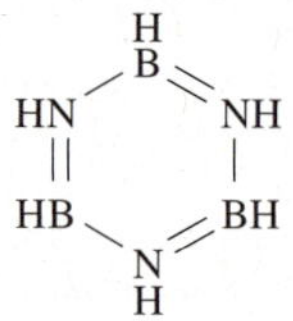

Borcarbid, B_4C: schwarze, glänzende, diamantharte Kristalle; *F* 2350 °C

Bornitrid, $(BN)_x$, entsteht beim Erhitzen von Bor in Stickstoff; es existiert in einer amorphen, einer weißen, graphitartig-weichen und zwei grauschwarzen, diamantartig-harten Modifikationen. Alle Arten haben einen sehr hohen Schmelzpunkt (etwa 3000 °C) und werden daher als Hochtemperaturwerkstoffe, z. B. in Raketen, verwendet. Bornitrid ist in allen Formen chemisch sehr beständig.

13.3 Aluminium und Aluminiumverbindungen

13.3.1 Allgemeines

Symbol: Al [*alumen* (lat.) Alaun; *lumen* (lat.) Licht; Alaun wurde zum Färben verwendet];

Oxidationszahl: +3.

Vorkommen: dritthäufigstes Element (häufigstes Metall) der Erdkruste; ist auch im Erdinnern reichlich vorhanden (Sial-Schicht[1]); kommt nur gebunden vor, meist in Form von Alumosilicaten.

Minerale:	Silicate:	*Feldspäte* (in Granit, Porphyr, Basalt, Gneis, Schiefer); z. B. *Orthoklas* $K[AlSi_3O_8]$; *Glimmer*. Verwitterungsprodukte dieser Gesteine und Minerale sind die *Tone*. Weißer Ton = *Kaolin*; unreine Tone: *Mergel, Letten, Lehm*
	Hydroxid:	*Bauxit,* $Al(OH)_3$ bis $AlO(OH)$ (verunreinigt); *Hydrargillit* ist reines $Al(OH)_3$
	Oxid:	*Tonerde, Korund*, Al_2O_3. Unreiner Korund ist *Schmirgel.* Reines Oxid mit färbenden Beimengungen sind die Edelsteine: *Rubin* (mit 0,3 % Cr_2O_3); *Saphir* (mit 0,2 % Ti_2O_3 und wenig Fe_2O_3). Der Halbedelstein *Spinell* ist $MgAl_2O_4$ (auch $MgO \cdot Al_2O_3$ geschrieben; statt Mg auch Zn oder Fe, statt Al auch Cr oder Fe)
	Fluorid:	*Kryolith* (Eisstein), $Na_3[AlF_6]$

Nachweis:

- Gefälltes $Al(OH)_3$ gibt mit Alizarin-S-Lösung einen roten Farblack-Niederschlag.
- Glühen des Hydroxids mit verdünnter Cobaltnitratlösung ergibt blaues Cobaltaluminat (THÉNARDS Blau, $CoO \cdot Al_2O_3$).

---

[1] *Sial-Schicht*: 10 bis 25 km tief reichender, hauptsächlich chemisch gebundenes Si und Al enthaltender Teil der Erdkruste; *Sima-Schicht:* sich an das Sial nach innen anschließende, bis 50 km tief reichende, hauptsächlich aus chemisch gebundenem Si und Mg bestehende Schicht.

13.3.2 Metallisches Aluminium

Erstherstellung: 1825 durch JOHANN CHRISTIAN OERSTED (Kopenhagen; aus Aluminiumchlorid und Kaliumamalgam); da die Herstellung nicht sicher erwiesen ist, wird oft FRIEDRICH WÖHLER, der das Metall aus Aluminiumchlorid und metallischem Kalium erhielt (1827), als Entdecker angesehen. Kompaktes Aluminium wurde erstmals 1845 hergestellt.

Herstellung: technisch seit 1886 nach dem Kryolith-Tonerde-Verfahren (Schmelzelektrolyse).

- Eine 10%ige Lösung von Aluminiumoxid, Al_2O_3, (hergestellt z. B. nach dem BAYER-Verfahren (↑ 13.3.3)) in geschmolzenem Kryolith (Na_3AlF_6) wird elektrolysiert. Die Temperatur von 950 °C wird durch die Stromwärme aufrechterhalten.
- **Katode:** Kohle-Auskleidung des Behälters;
  Vorgang:

  $$2\ Al^{3+} + 6\ e^- \rightarrow 2\ Al$$

  Aluminium sammelt sich flüssig am Boden an und wird z. B. alle 2 Tage in Chargen von etwa 1 t mittels eines Saugrohrs entnommen.
- **Anoden:** Kohle (z. B. SÖDERBERG-Elektroden).
  Vorgang (vereinfacht):

  $$3\ O^{2-} - 6\ e^- \rightarrow 1\ 1/2\ O_2$$

  der Sauerstoff vergast die Anoden langsam zu CO und CO_2.
- *Spannung:* etwa 4 bis 5 V; *Stromstärke:* 80 bis 150 kA.
- Das entstehende 99,75%ige Hüttenaluminium kann in einer Dreischichten-Schmelzelektrolyse zu „Vierneuner-Aluminium" (99,99 % Aluminium) raffiniert werden.
- Der benötigte Kryolith (Vorkommen nur in Grönland) wird künstlich aus Natriumaluminat und Flusssäure hergestellt.

Physikalische Eigenschaften (siehe auch Tabelle 13-1): silberweißes, stark glänzendes Leichtmetall. Der Glanz lässt an der Luft rasch nach, da sich eine dünne Oxidhaut bildet; durch Glanzeloxierung bleibt er erhalten. Aluminium ist sehr weich und dehnbar, lässt sich zu dünnsten Folien auswalzen (Blattaluminium), leitet den elektrischen Strom sehr gut (62 % der Leitfähigkeit des Kupfers); bei Rotglut schmilzt es.

Chemische Eigenschaften: sehr unedel; lässt sich aus wässriger Lösung elektrolytisch nicht abscheiden; auch die Reduktion des Oxids mit Kohle gelingt nicht, daher die Herstellung durch Schmelzelektrolyse.

Aluminium ist an der Luft nur wegen der Existenz einer dünnen Oxidhaut beständig. Wird deren Ausbildung z. B. durch Amalgamierung (Einbringen in Quecksilber(II)-chloridlösung, $HgCl_2$) verhindert, so wachsen beobachtbar rasch weiße Al_2O_3-Fasern aus der Masse.

Aluminiumamalgam reagiert auch mit Wasser:

$$Al(Hg) + 3\ H_2O \rightarrow Al(OH)_3 + Hg + 1\ 1/2\ H_2.$$

Aluminium reagiert heftig mit Salzsäure und Natronlauge, weniger heftig mit Schwefelsäure, während es sich in der Kälte gegenüber Salpetersäure passiv verhält. Die Reaktion mit Natronlauge (amphoterer Charakter!) führt gemäß der Gleichung

$$Al + NaOH + 3\ H_2O \rightarrow Na[Al(OH)_4] + 1\ 1/2\ H_2$$

zu Natriumaluminat.

Legierungen: Durch Legierung wird die Festigkeit meist erhöht, die Korrosionsbeständigkeit dagegen erniedrigt. Die Legierungen enthalten meist 90% Aluminium. Wichtigste Legierungsmetalle: Kupfer, Magnesium, Silicium, Mangan, auch Nickel, Zink.

Man unterscheidet Aluminium-Knet- und -Gusslegierungen; letztere enthalten bis 10% Si. Aluminium-Magnesium-Legierungen (bis 5% Mg) sind seewasserbeständig. Manche Legierungen, z. B. das frühere *Dural* (Duraluminium; dur = hart; bis 5 % Kupfer und 2 % Magnesium), erfahren durch Glühen, Abschrecken und Aushärten (Lagern während mehrerer Tage) eine wesentliche Erhöhung der Festigkeitseigenschaften.

Al-Knetlegierungen werden mit einer weltweit harmonisierten **vier**stelligen Legierungsnummer gekennzeichnet (TEAL-Sheets bzw. DIN EN 573-1).

▲ EN AW-5052:
EN für Europäische Norm; nach einem Leerzeichen **A** für Aluminium; **W** für *w*rought alloy = Knetlegierung, d. h. Walz-, Strangpress- oder Schmiedematerial; mit Bindestrich angeschlossen die **vierstellige** internationale **Legierungsnummer** (Serie **5**xxx für Al-Mg-Legierungen; Serie 1xxx wird für unlegiertes Aluminium > 99,00 % Al vergeben)
Nach DIN EN 573-2 kann diese Legierung auch mit chemischen Symbolen als EN AW-AlMg2,5 bezeichnet werden (d. h. 2,5 % Mg), wobei dies nicht international eindeutig ist und daher die erstere Bezeichnung vorgezogen werden sollte.

Al-Gusslegierungen werden mit einer europaweit gültigen **fünf**stelligen Legierungsnummer gekennzeichnet (DIN EN 1780-1).

▲ EN AC-45000:
wie oben aber mit dem Buchstaben **C** für Gusslegierungen und der **fünf**stelligen Legierungsnummer mit **4**xxxx für Si als Hauptlegierungselement; **45**xxx gibt die Legierungsgruppe AlSi5Cu an. Nach DIN EN 1780-2 ist auch hier eine Bezeichnung mit chemischen Symbolen möglich.

Aluminiumbronze, goldfarben, ist Kupfer mit 5 bis 10 % Aluminium; dient als Münzmetall und für Anstrichfarben. (Unter „Aluminiumbronze" versteht man auch das aus reinem Aluminium bestehende silberfarbene Pigment für Anstrichstoffe.)

Verwendung: Legiertes Aluminium als Konstruktionsmaterial, besonders im Fahrzeug- und Flugzeugbau;
Reinaluminium für Apparateteile und Gebrauchsgegenstände;
Reinstaluminium als Leiter in der Elektrotechnik;
Aluminiumgrieß zum Thermitschweißen und zur aluminothermischen Metallgewinnung, auch zur Herstellung aluminiumorganischer Katalysatoren für die Erzeugung von Kunststoffen (Niederdruck-Polyethen);
Aluminiumpulver zur Herstellung von Porenbeton (Wasserstoffentwicklung mit der alkalischen Betonmischung) sowie für pyrotechnische Zwecke;
Aluminiumschuppen für Anstrichmittel;
Aluminiumfolie als Verpackungsmaterial

Aluminothermisches Verfahren (Thermitverfahren, Goldschmidt-Verfahren) 1894 von Hans Goldschmidt eingeführt

Aluminothermie: Aluminiumgrieß reduziert nach Zündung (Zündgemisch z. B. aus Magnesiumpulver + Bariumperoxid, BaO_2) viele Metalloxide, z. B.

$$Cr_2O_3 + 2\,Al \rightarrow 2\,Cr + Al_2O_3 \qquad \text{oder} \qquad 3\,V_2O_5 + 10\,Al \rightarrow 6\,V + 5\,Al_2O_3\,.$$

Hierdurch entstehen sehr reine, insbesondere kohlenstofffreie Metalle (Fe, Cr, Ni, Co, V, Ti, Mn u. a.). Infolge der stark exothermen Reaktion schmelzen die Metalle und sammeln sich unter der Al_2O_3-Schlacke am Boden des Gefäßes als „Regulus".

Thermit (Thermogen-Schweißgemisch aus Eisen(II,III)-oxid und Aluminiumgrieß)

$$3\ Fe_3O_4 + 8\ Al \rightarrow 4\ Al_2O_3 + 9\ Fe;\ \Delta_R H^{\ominus} = -3396\ kJ \cdot mol^{-1}$$

das bei der Zündung entstehende flüssige Eisen verschweißt Schienen u. dgl.

Eloxal-Verfahren = **el**ektrolytische **Ox**idation des **Al**uminiums: Verfahren zur Erhöhung der Oberflächenhärte sowie der Korrosions- und Verschleißfestigkeit von Aluminium durch anodisches Einbringen der Gegenstände in 25%ige Schwefelsäure oder Oxalsäure (5 %) bei etwa 13 V Spannung und Temperaturen unter 25 °C. Hierdurch wird die natürliche Oxidschicht des Aluminiums von 0,2 auf 20 µm verstärkt.
Glanzeloxierung erreicht man durch vorheriges elektrolytisches Polieren (anodisch in 75%iger Phosphorsäure + Chrom(VI)-oxid). Die Schichten können unmittelbar nach der Erzeugung durch Tauchen eingefärbt werden; Goldton entsteht durch Ammonium-trioxalato-ferrat(III), $(NH_4)_3[Fe(C_2O_4)_3] \cdot 3\ H_2O$, die übrigen Farbtöne durch organische Beizenfarbstoffe.

Aluminierung von Stahl erfolgt durch Glühen in Aluminiumpulver („Alitieren“) oder nach Verzinnung durch Tauchen in eine Aluminiumschmelze.
Eine elektrolytische Aluminierung ist bei 100 °C unter Luftabschluss mit Aluminium-Anode und einer Schmelze von z. B. $Na[Al(C_2H_5)_3F] \cdot Al(C_2H_5)_3$ (Natrium-triethylofluoro-aluminat-Triethylaluminium) möglich.

13.3.3 Aluminiumoxid, Al_2O_3

Trivialnamen: Tonerde (pulvrig); Korund (grobkristallin).

Herstellung: Da die Gewinnung aus Ton noch nicht wirtschaftlich ist, stellt man Al_2O_3 aus Bauxit her.

- **Nasser Aufschluss** (BAYER-Verfahren):
  - Aufschluss von Bauxit mit Natronlauge (40%ig); etwa 5 bar; 160 °C; 6 bis 8 h.
    Produkte: *Aluminatlauge:* $Al(OH)_3 + NaOH \rightarrow Na[Al(OH)_4]$;
    Rotschlamm [unlöslicher Rückstand, hauptsächlich $Fe(OH)_3$], Verarbeitung auf Titandioxid, TiO_2.
  - Ausfällung von Aluminiumhydroxid („Tonerdehydrat"): Impfen der verdünnten Aluminatlauge mit kristallinem $Al(OH)_3$ (Hydrargillit), dann ständiges Rühren. Da kristallines $Al(OH)_3$ schwerer löslich ist als amorphes, erfolgt Umkehrung des Lösevorgangs;

    $$Na[Al(OH)_4] \rightarrow Al(OH)_3\downarrow + NaOH.$$

    Produkte: *Aluminiumhydroxid,* $Al(OH)_3$;
    Restlauge. Diese, noch schwach aluminathaltig, wird nach Eindampfen erneut zum Bauxitaufschluss benutzt. Aus der Restlauge können Vanadium(V)-oxid und Gallium gewonnen werden.
  - Glühen des Aluminiumhydroxids zu „Tonerde". Drehrohröfen; 1300 °C;

    $$2\ Al(OH)_3 \rightarrow Al_2O_3 + 3\ H_2O.$$

- **Trockener Aufschluss** (für kieselsäurereiche Bauxite): Glühen mit Natriumcarbonat, Na_2CO_3, und Calciumcarbonat, $CaCO_3$, in Drehrohröfen; Auslaugen des erzeugten Aluminats mit Wasser; daraus Fällen des Hydroxids mit Kohlenstoffdioxid.

Eigenschaften: weißes Pulver oder sehr harte, farblose Kristalle; *F* 2050 °C; nach Glühen in Säuren und Basen unlöslich.

Verwendung: zur Herstellung von Aluminium; als Poliermittel für Metalle („Poliertonerde"); als Katalysator und Katalysatorträger; als Adsorptionsmittel für die chromatografische Analyse; als Schleifmittel (Elektrokorund, seltener natürlicher Korund; unrein als Schmirgel).

Künstliche Aluminiumoxid-Edelsteine: Reinstes Al_2O_3-Pulver, vermischt mit farbgebenden Metalloxiden, wird im Knallgasgebläse geschmolzen; die Schmelze tropft auf einen Schamottestift, wo sie kristallin erstarrt (künstliche Rubine, Saphire und andere). Verwendung z. B. für Achslager in Uhren; für Laser; als Schmucksteine.

13.3.4 Aluminiumhydroxid, $Al(OH)_3$

Trivialname: Tonerdehydrat.

Herstellung und **Eigenschaften:** fällt aus Aluminiumsalzlösungen durch Ammoniak oder wenig Natronlauge als weißes, wasserhaltiges Gel aus:

$$AlCl_3 + 3\ NaOH \rightarrow Al(OH)_3\downarrow + 3\ NaCl$$

Im Überschuss von Natronlauge (nicht Ammoniak) tritt Lösung zu Natriumaluminat ein:

$$Al(OH)_3 + NaOH \rightarrow Na[Al(OH)_4]$$

Aus Aluminatlösung fällt durch Säure wieder das Hydroxid aus und löst sich im Säureüberschuss zu Aluminiumsalz.

$$\text{Aluminiumsalz} \underset{\text{Säure}}{\overset{\text{Base}}{\rightleftharpoons}} Al(OH)_3 \underset{\text{Säure}}{\overset{\text{Base}}{\rightleftharpoons}} \text{Aluminat}$$

Das ausgefällte Aluminiumhydroxid-Gel geht beim Erwärmen oder bei längerem Stehen („Altern") unter Wasserabgabe in reines, kristallines $Al(OH)_3$ (Hydrargillit) über.

Verwendung: Zwischenprodukt bei der Aluminiumherstellung; zur Erzeugung organischer Farblacke; (↑ 42.1.1) medizinisch gegen Magenübersäuerung (Sodbrennen).

13.3.5 Aluminiumsulfat und Alaun

Aluminiumsulfat, $Al_2(SO_4)_3 \cdot 18\,H_2O$: farblos, wasserlöslich (infolge Hydrolyse saure Reaktion); wichtigstes Aluminiumsalz. Herstellung aus Aluminiumhydroxid (oder Bauxit) durch Umsetzung mit Schwefelsäure in der Hitze.
Verwendung als Flockungsmittel zur Wasserreinigung: hierbei reagiert das im Wasser vorhandene Calciumhydrogencarbonat gemäß

$$Al_2(SO_4)_3 + 3\,Ca(HCO_3)_2 \rightarrow 3\,CaSO_4\downarrow + 2\,Al(OH)_3\downarrow + 6\,CO_2\uparrow$$

unter Ausfällung von Aluminiumhydroxid, das die Schwebeteilchen einhüllt;
weiterhin zum Leimen von Papier (zusammen mit Harzseife); zur Beizenfärberei.

Kaliumaluminiumsulfat, „Alaun", $KAl(SO_4)_2 \cdot 12\,H_2O$, auch verdoppelt als $K_2SO_4 \cdot Al_2(SO_4)_3 \cdot 24\,H_2O$ geschrieben; farbloses, gut kristallisierendes Doppelsalz.
Verwendung wie Aluminiumsulfat, auch zum Blutstillen. Siehe auch Alaune (↑ 16.3.8).

13.3.6 Sonstige Aluminiumverbindungen

Aluminiumacetat, $(CH_3\text{-}COO)_3Al$, sowie -hydroxidacetate werden in wässriger Lösung als „essigsaure Tonerde" zu entzündungswidrigen Umschlägen sowie zum Wasserdichtmachen von Geweben verwendet.

Aluminiumchlorid, $AlCl_3$, ist weiß, kristallisiert, stark hautätzend; es raucht an der Luft durch Reaktion mit Wasserdampf, reagiert sehr heftig mit Wasser und sublimiert bei 183 °C;
Anwendung als Katalysator z. B. für die FRIEDEL-CRAFTS-Synthese (↑ 39.3.2). Aus salzsaurer wässriger Lösung kristallisiert Aluminiumchlorid-hexahydrat, $AlCl_3 \cdot 6\,H_2O$.

Alanate sind Aluminiumhydridkomplexe, z. B. **Lithiumalanat,** $Li[AlH_4]$, ein sehr starkes Reduktionsmittel.

Aluminiumnitrid, AlN, eine sehr harte, in reinem Zustand farblose, kristalline Substanz (*F* etwa 2200°C) bildet sich bei Ausschluss von Wasserdampf gemäß

$$2\,Al + N_2 \rightarrow 2\,AlN$$

bei höherer Temperatur aus den Elementen. Mit Wasser zersetzt es sich gemäß

$$AlN + 3\,H_2O \rightarrow Al(OH)_3 + NH_3.$$

Aluminiumtriethyl, $Al(C_2H_5)_3$, flüssig, *Kp* 185 °C, an der Luft selbstentzündlich, aus Aluminium, Wasserstoff und Ethen hergestellt, reagiert explosionsartig heftig mit Wasser. Als Komplex mit z. B. Titan(IV)-chlorid, $TiCl_4$, dient es als „ZIEGLER-Katalysator" für die Herstellung von Niederdruck-Polyethen.

Alumosilicate (↑ 14.3.4)

13.4 Gallium, Indium, Thallium und ihre Verbindungen

Gallium, Ga [von „Gallien“ = Frankreich];
entdeckt 1875 durch PAUL-EMILE LECOQ DE BOISBAUDRAN (Frankreich); vorausgesagt 1871 durch DIMITRIJ MENDELEJEW.
Sehr selten; wesentlich teurer als Gold.

Herstellung aus Bauxiten durch Elektrolyse alkalischer Lösungen an Quecksilberkatoden. Silberglänzend; neigt stark zur Unterkühlung;
Verwendung zur Herstellung von Halbleitersubstanzen (Galliumarsenid u. a.) und zum Dotieren (↑ 5.3.2) von Halbleitern;
wegen seines niedrigen Schmelzpunktes (30 °C; schmilzt in der Hand) und hohen Siedepunktes (2403 °C) es eignet sich auch als Thermometerflüssigkeit (Quarzinstrumente);
Gallium-Aluminium-Legierungen mit wenig Aluminium sind flüssig und reagieren mit Wasser ähnlich heftig wie Natrium. Siehe auch Tabelle 13-1 (↑ 13.1).

Galliumverbindungen: meist farblos.

Gallium(III)-chlorid, $GaCl_3$ (*F* 78 °C, *Kp* 201 °C), hydrolysiert stark mit Wasser und bildet an feuchter Luft Chlorwasserstoffnebel.

Gallium(III)-oxid, Ga_2O_3, weiß (*F* 1725 °C), wird wie Aluminiumoxid, Al_2O_3, beim Glühen säureunlöslich.

Gallium(III)-hydroxid, $Ga(OH)_3$, fällt als weißes, amphoteres Oxidhydrat aus Galliumsalzlösungen durch Alkalien; in deren Überschuss löst es sich zu **Gallaten**, z. B. **Natriumgallat**, $Na[Ga(OH)_4]$. Beim Erhitzen geht Gallium(III)-hydroxid in Galliumoxid über.

Gallium(III)-sulfid, Ga_2S_3, synthetisch hergestellt, ist gelb und reagiert wie Al_2S_3 mit Wasser unter Abspaltung von Schwefelwasserstoff.

Galliumarsenid, GaAs, ist der Prototyp einer **III-V-Verbindung**, d. h. einer Verbindung zwischen Elementen der III. und der V. Hauptgruppe mit Halbleitereigenschaften. Ein Galliumatom und ein Arsenatom liefern ebenso viele Valenzelektronen (3 + 5 = 8) wie zwei Atome des dazwischen in der IV. Hauptgruppe stehenden Germaniums (4 + 4 = 8), und da die Kristallgitter übereinstimmen, resultieren analoge Eigenschaften hinsichtlich der elektrischen Leitfähigkeit.
Weitere III-V-Verbindungen sind z. B. *Aluminiumantimonid* (AlSb), *Galliumphosphid* (GaP), *Galliumantimonid* (GaSb), *Indiumphosphid* (InP), *Indiumantimonid* (InSb) u. a.
Die III-V-Verbindungen werden aus extrem vorgereinigten Elementen erschmolzen, durch Zonenschmelzen gereinigt und gezielt mit Spuren anderer Elemente (z. B. Magnesium, Tellur) dotiert.

Indium, In [von *Indigo*; benannt nach indigoblauer Spektrallinie]: entdeckt 1863 von FERDINAND REICH und THEODOR HIERONYMUS RICHTER in der Freiberger Zinkblende. Sehr selten; Herstellung aus Zink- und Bleierzen. Silberweiß, stark glänzend, sehr weich (mit dem Messer schneidbar), niedrig schmelzend. Verwendung zur Herstellung von halbleitenden III-V-Verbindungen und zum Dotieren von Halbleitern, eingeschmolzene galvanische Indiumüberzüge auf Blei für Gleitlager, z. B. in Flugzeugmotoren. Siehe auch Tabelle 13-1.

Indiumverbindungen: meist farblos.

Indium(III)-chlorid, $InCl_3$, sublimiert beim Erhitzen und kristallisiert aus wässrig-salzsaurer Lösung als $InCl_3 \cdot 4\,H_2O$.

Indium(III)-hydroxid, $In(OH)_3$, weiß, amphoter, wird von Alkalihydroxiden aus Indiumsalzlösungen gefällt; von überschüssigem Alkalihydroxid wird es zu **Indaten**, z. B. $Na_3[In(OH)_6]$, gelöst.

Indium(III)-oxid, In_2O_3, hellgelb; entsteht durch Erhitzen von Indium(III)-hydroxid, $In(OH)_3$.

Indium(III)-sulfid, In_2S_3, fällt im Gegensatz zu Ga_2S_3 aus schwach sauren Indium(III)-salzlösungen durch H_2S als gelber Niederschlag aus, der beim Glühen bleibend rot wird. Indiumphosphid und Indiumantimonid sind III-V-Verbindungen.

Thallium, Tl [von *thallos* (grch.) grüner Zweig; benannt nach grüner Spektrallinie]: entdeckt 1861 durch den Engländer WILLIAM CROOKES im Bleikammerschlamm einer Harzer Schwefelsäurefabrik. Herstellung aus Pyrit oder Kupferschiefer. Bleiähnliches, schweres, weiches Metall, das im Gegensatz zu Gallium und Indium an der Luft rasch anläuft; in Salpetersäure, HNO_3, leicht, in Schwefelsäure, H_2SO_4, etwas schwerer löslich; technisch praktisch noch ohne Bedeutung. Aus seinen Lösungen lässt sich Thallium (Standardpotenzial $\varepsilon^{\ominus} = -0{,}34$ Volt) durch Zink ($\varepsilon^{\ominus} = -0{,}76$ Volt) in schönen Kristallen abscheiden, z. B. gemäß

$$Tl_2SO_4 + Zn \rightarrow ZnSO_4 + 2Tl.$$

Siehe auch Tabelle 13-1.

Thallium(I)-verbindungen: stark giftig; beständiger als Thallium(III)-verbindungen; sie vereinigen in sich die Eigenschaften von Alkali-, Silber- und Bleiverbindungen.

Thallium(I)-oxid, Tl_2O, schwarz (*F* 300 °C; gelbe Schmelze), hygroskopisch, löst sich in Wasser farblos zur starken Base **Thallium(I)-hydroxid,** TlOH, einer im festen Zustand gelben Substanz, die bei 100 °C das Oxid rückbildet.

Auch das farblose **Thallium(I)-carbonat,** Tl_2CO_3, *F* 272 bis 273 °C, ist mit alkalischer Reaktion wasserlöslich.

Thallium(I)-fluorid, TlF (farblos, *F* 327 °C), löst sich sehr leicht in Wasser, während **Thallium(I)-chlorid,** TlCl (farblos, *F* 427 °C), **Thallium(I)-bromid,** TlBr (schwach gelb, *F* 460 °C), und **Thallium(I)-iodid,** TlI (gelbe und rote Modifikation, *F* 442 °C) wie die entsprechenden Silbersalze nur sehr schwer löslich sind.

Thallium(I)-sulfat, Tl_2SO_4 (farblos, *F* 632 °C), löst sich nur mäßig, während die Löslichkeit von **Thallium(I)-nitrat,** $TlNO_3$ (farblos, *F* 206 °C) beim Erwärmen außerordentlich stark zunimmt.

Thallium(III)-verbindungen: ebenfalls stark giftig. **Thallium(III)-oxid,** Tl_2O_3, dunkelbraun bis schwarz, gibt beim Erhitzen Sauerstoff ab. Es ist wie das rotbraune Thallium(III)-oxidhydrat, $Tl_2O_3 \cdot x\ H_2O$, nur schwach basisch, sodass Thallium(III)-lösungen schwach sauer reagieren.

Nachweis der Thalliumverbindungen: intensiv grüne Flammenfärbung.

14 Elemente der IV. Hauptgruppe (Kohlenstoffgruppe, Tetrele, Gruppe 14)

14.1 Allgemeines

Elemente: Kohlenstoff (C), Silicium (Si), Germanium (Ge), Zinn (Sn), Blei (Pb), Flerovium (Fl).

Oxidationszahlen: +4 und **+2**, seltener -4. Die Beständigkeit der Oxidationsstufe +4 nimmt von Kohlenstoff zum Blei ab, die der Oxidationsstufe +2 zu. Blei(II)-verbindungen sind beständiger als Blei(IV)-verbindungen.

Elementverbindungen: Der metallische Charakter nimmt von Kohlenstoff zu Blei zu. Kohlenstoff kommt elementar in einer nichtmetallischen (Diamant (↑ 14.2.2.1)) und in mehreren halbmetallischen Formen (Fullerene (↑ 14.2.2.1), ein- und mehrwandigen Kohlenstoff-Nanoröhren, Graphit (↑ 14.2.2.1), Graphenschichten) vor. Silicium und Germanium sind in physikalischer Hinsicht Metalle, verhalten sich dagegen in ihren Verbindungen überwiegend nichtmetallisch.

Tabelle 14-1: *Kohlenstoffgruppe*

	Kohlenstoff	**Silicium**	**Germanium**	**Zinn**	**Blei**
Symbol	C	Si	Ge	Sn	Pb
Kernladungszahl	6	14	32	50	82
Relative Atommasse	12,011	28,085	72,63	118,71	207,2
Schmelzpunkt (in °C)	sublimiert bei 3850	1414	937	231,9	327
Dichte (in $g \cdot cm^{-3}$)	Diamant 3,51 Graphit 2,22	2,33	5,35	7,29	11,34
Oxidationszahl	+4	Beständigkeit abnehmend →			
	-4	+2	Beständigkeit zunehmend →		
Häufigkeit (Erdkruste, %)	$8{,}7 \cdot 10^{-2}$	25,8	$5{,}6 \cdot 10^{-4}$	$3{,}5 \cdot 10^{-3}$	$1{,}8 \cdot 10^{-3}$
Element(IV)-hydroxide	H_2CO_3 schwache[1] Säure	$SiO_2 \cdot xH_2O$ sehr schwache Säure	$Ge(OH)_4$	$Sn(OH)_4$ amphoter saurer als $Me(OH)_2$	$Pb(OH)_4$
Element(II)-hydroxide	–	–	$Ge(OH)_2$	$Sn(OH)_2$ amphoter basischer als $Me(OH)_4$	$Pb(OH)_2$
Salzname der Anionen	Carbonat	Silicat	**IV:** Germanat(IV) **II:** Germanat(II)	Stannat(IV) Stannat(II)	Plumbat(IV) Plumbat(II)

[1] Kohlensäure erscheint nur deshalb schwach, weil im Gleichgewicht mit CO_2 und H_2O nur sehr wenige H_2CO_3-Moleküle vorhanden sind; die H_2CO_3-Moleküle ihrerseits sind, einer mittelstarken Säure entsprechend, mittelstark dissoziiert.

Element(IV)-hydroxide: sind bei Kohlenstoff und Silicium zunehmend schwache Säuren [das Hydroxid $C(OH)_4$ geht spontan unter H_2O-Abspaltung in H_2CO_3 über], bei Germanium, Zinn und Blei sind es amphotere Stoffe mit überwiegend saurem Charakter; die Hydroxide sind saurer als die entsprechenden Verbindungen der III. Hauptgruppe.
Die *Metall(II)-hydroxide,* nur von Germanium, Zinn und Blei bekannt, sind stärker basisch als die der 4wertigen Metalle, jedoch durchweg noch amphoter.

Wasserstoffverbindungen: Die Beständigkeit nimmt von Kohlenstoff zum Blei ab. Da sich Kohlenstoffatome praktisch unbegrenzt miteinander verbinden können, existiert eine ebenso unbegrenzte Anzahl von Kohlenwasserstoffen; Siliciumwasserstoffe (Silane) gibt es nur wenige. Die Zahl nimmt zum Blei hin weiter ab. Die Kohlenwasserstoffe sind neutral; vom Silicium zum Blei nimmt der saure Charakter der Wasserstoffverbindungen zu, ist jedoch nur schwach ausgeprägt.

14.2 Kohlenstoff und Kohlenstoffverbindungen

14.2.1 Allgemeines

Symbol: C [*carboneum*; *carbo* (lat.) Kohle];

Oxidationszahlen: **+4**, seltener −4; vereinzelt auch Oxidationsstufe 2.

Geschichte: Kohlenstoff wurde um 1775 von ANTOINE LAURENT LAVOISIER (Paris) als Element erkannt.

Verbindungsfähigkeit: Kohlenstoffatome können sich im Gegensatz zu anderen Atomen in praktisch unbegrenztem Maße zu Ketten und Ringen verbinden. Daher sind weit mehr Kohlenstoffverbindungen (etwa 100 Millionen) bekannt als kohlenstofffreie Verbindungen (etwa 5 Millionen). Die jährliche Zuwachsrate an Kohlenstoffverbindungen beträgt gegenwärtig etwa 5 Millionen. Die Vielzahl der Kohlenstoffverbindungen wird in der organischen Chemie behandelt. Lediglich Kohlenstoff selbst sowie einige seiner einfachsten Verbindungen (Oxide, Sulfide, Kohlensäure, Carbonate, Carbide und einfache Cyanverbindungen) rechnet man willkürlich zur anorganischen Chemie.

Vorkommen: Kohlenstoff ist Bestandteil aller Organismen; dennoch ist es in der Erdkruste (einschließlich Atmo- und Hydrosphäre) nur das dreizehnthäufigste Element. Außerhalb der Organismen kommt Kohlenstoff teils frei (Diamant, Graphit), teils gebunden vor (Kohlenstoffdioxid, Carbonate, Kohle, Erdöl, Erdgas, Schieferöl, Bitumen). Die in der Luft in Form von Kohlenstoffdioxid, CO_2, vorhandene Kohlenstoffmenge (schätzungsweise $6{,}0 \cdot 10^{11}$ t) ist nur etwa doppelt so groß wie die in den Organismen gebundene; Meerwasser enthält etwa die hundertfache Menge.

Carbonat-Minerale:	$CaCO_3$	Calcit; Kalkstein, Kalkspat, Kreide, Marmor
	$CaCO_3 \cdot MgCO_3$	Dolomit
	$MgCO_3$	Magnesit
	$SrCO_3$	Strontianit
	$BaCO_3$	Witherit
	$ZnCO_3$	Smithsonit, Zinkspat
	$FeCO_3$	Siderit, Eisenspat, Spateisenstein
	$PbCO_3$	Cerussit, Weißbleierz
	$CuCO_3 \cdot Cu(OH)_2$	Malachit
	$MnCO_3$	Rhodochrosit, Manganspat, Himbeerspat

14.2.2 Elementarer Kohlenstoff

14.2.2.1 Modifikationen

Übersicht: Diamant, Graphit, Fullerene, Kohlenstoff-Nanoröhren und Graphen-Schichten.
Die früher als „amorpher Kohlenstoff" bezeichneten Formen *Ruß, Aktivkohle, Retortengraphit* sowie die Kohlenstoffwerkstoffe (↑ 14.2.2.2) sind (z. T. feinkristalline) Abarten des Graphits, deren Eigenschaften oft stark von denen des gewöhnlichen Graphits abweichen.

Eigenschaften: (siehe auch Tabelle 14-1): Kohlenstoff ist in allen Formen geruch- und geschmackfrei. Bei gewöhnlicher Temperatur sind Diamant und Graphit sehr reaktionsträge; feinverteilter „schwarzer Kohlenstoff" wird lediglich von Fluor (Bildung von Tetrafluormethan, CF_4) und einem Gemisch aus Kaliumpermanganat, $KMnO_4$, und konzentrierter Schwefelsäure, H_2SO_4, (enthält Mangan(VII)-oxid, Mn_2O_7) unter Aufglühen angegriffen.
Mit genügend Sauerstoff verbrennt Kohlenstoff (auch als Diamant) bei Temperaturen größer 700 °C zu Kohlenstoffdioxid, CO_2, andernfalls zu Kohlenstoffmonoxid, CO; in Luft aufgewirbelter Kohlenstoff kann explosionsartig verbrennen.
Mit vielen Metallen entstehen beim Erhitzen Carbide; Schwefeldampf ergibt Kohlenstoffdisulfid. Viele Metalloxide werden bei höherer Temperatur durch Kohlenstoff zu den Metallen reduziert.

Tabelle 14-2: *Eigenschaften von Diamant und Graphit*

Eigenschaften	Diamant	Graphit
Farbe	farblos	grauschwarz
Härte	härtester Stoff	sehr weich
Kristallgitter	regulär	hexagonal
Dichte (in $g \cdot cm^{-3}$)	3,51	2,22
Elektr. Leitfähigkeit	Nichtleiter	Leiter
Verhalten beim Erhitzen	geht bei 1500 °C in Graphit über	sublimiert oberhalb 3800 °C

Diamant: Edelstein; härtester natürlicher Stoff, nur in seinem eigenem Pulver schleifbar. In reinem Zustand farblos, klar durchsichtig, stark farbstreuend; durch geeigneten Schliff (*Brillanten*) besonders gutes Farbenspiel. 1 k (Karat; Masse eines Johannisbrotkerns) = 200 mg. Weniger reine Diamanten sind farbig und trüb, z. B. Bord (bleigrau), Carbonados (tiefschwarz).
Vorkommen: Russland, Kanada, China, USA, Afrika, Brasilien.
Technische Verwendung: für Bohrerspitzen, Glasschneider, Drahtziehösen, Achsenlager für Präzisionsinstrumente, Besatz bei Sägen und Schleifwerkzeugen für Natursteine und Beton. Dünne aus der Gasphase abgeschiedene Schichten dienen zur Wärmeableitung bei elektronischen Bauteilen. Seit 1955 künstliche Herstellung aus Graphit bei 2400 °C und 10^{10} Pa Druck in Größen von wenigen Karat. Bei geringerem Druck ($8 \cdot 10^7$ Pa) und niedrigerer Temperatur (ca. 1000 °C) lassen sich Diamanten heute energiesparender durch Reduktion von $MgCO_3$ bzw. überkritischem CO_2 gewinnen (ca. 70 t/a).

Graphit: besteht aus ebenen Kohlenstoffschichten, die miteinander nur lose verbunden und daher gegeneinander verschiebbar sind (*Schichtengitter*; Bild 14-1); ist daher sehr weich, in Blättchen spaltbar, abfärbend; kann aus Kohle auch künstlich gewonnen werden.

Einzelne Kohlenstoffschichten stellen im Idealfall jeweils ein einziges System kondensierter aromatischer Benzen-Sechsringsysteme (↑ 39.3.1) dar. Sie werden als Graphen bezeichnet. Die C-C-Bindungslänge im Graphit (141,5 pm) ist kürzer als im Diamant (154 pm) und zeigt den Mehrfachbindungsanteil an.

Verwendung: für Schreibstiftminen (mit Ton gepresst), Graphittiegel (mit Ton gebrannt), Schmiermittel, Rostschutzanstrich; als Moderator in Kernreaktoren; für Kohlebürsten in Elektromotoren.

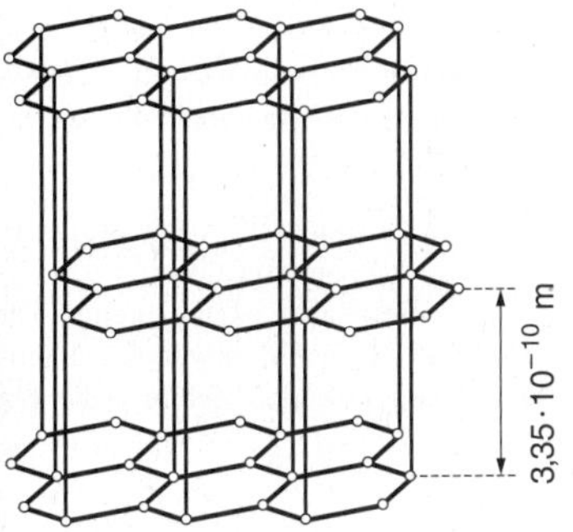

Bild 14-1: *Kristallgitter des α-Graphits*

Ruß: feinste Graphitkriställchen; entsteht bei der unvollständigen Verbrennung von Kohlenstoffverbindungen (technisch aus Ethin oder Naphthalen).

Verwendung: wertverbessernder Füllstoff für Gummi (erhöht die Abriebfestigkeit in Autoreifen; etwa 1/4 der Reifenmasse besteht aus Ruß), für Trockenbatterien, Druckerschwärze, Schuhkrem, Tusche u. a.

Aktivkohle: aus organischem Material (Holz, Knochen, Zucker, Blut, Nussschalen) durch Tränken mit Zinkchlorid- oder Kaliumcarbonatlösung und nachfolgendes Erhitzen unter Luftabschluss hergestellte, äußerst poren- und deshalb grenzflächenreiche Kohle (bis 1200 m^2/g innere Oberfläche!). Infolge der großen inneren Oberfläche adsorbiert sie viele Gase und gelöste Stoffe.
Verwendung: zur Wasseraufbereitung, Reinigung, Isolierung und Wiedergewinnung von Gasen und Dämpfen, z. B. von Xylen aus Druckfarben, von Kohlenstoffdisulfid in der Viskosefaserstoffindustrie, von Lösemitteln in der Lackindustrie, ferner für Atemschutzmasken; zur Entfärbung von Zuckerdicksaft; zur Reinigung des Ethanols von Fuselalkoholen; als medizinische Kohle gegen Magen- und Darmstörungen.

Die **Fullerene** sind eine Gruppe von Substanzen (seit 1985 bekannt), die in ihrer Gesamtheit die **3. Kohlenstoffmodifikation** darstellen. Sie wurden benannt nach dem amerikanischen Architekten BUCKMINSTER FULLER, an dessen Kuppelbauten ihre Struktur erinnert. Am beständigsten ist *Fullerit* (so genanntes *Buckminster-Fulleren*), C_{60}; ferner existieren C_{70}, C_{76} und höhere. Die Kohlenstoffatome des C_{60} bilden eine „fußballartige" Kugeloberfläche aus 6- und 5-gliedrigen Ringsystemen, wobei die 5-gliedrigen Ringe die räumliche Krümmung hervorrufen. Bild 14-2 enthält ein schematisiertes Symbol, das der Sicht auf eine Kugelhalbfläche nahe kommt. Die Oberfläche von C_{70} bildet ein „rugbyballartiges" Ellipsoid.

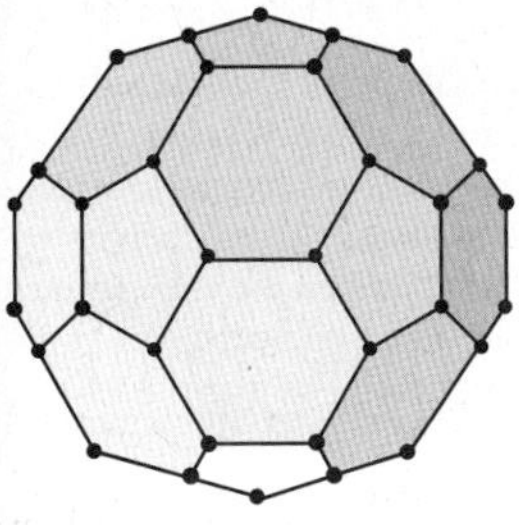

Bild 14-2: *Fulleren C_{60}*

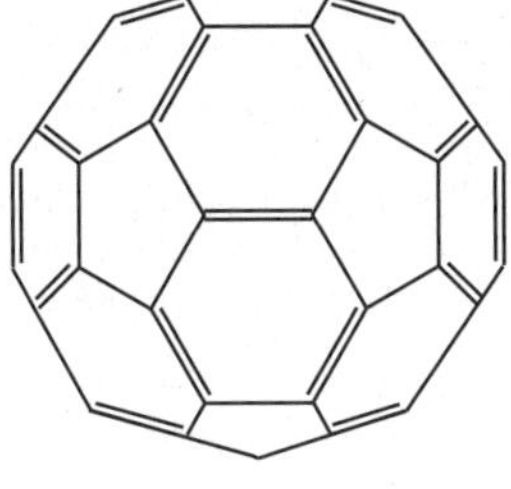

Fulleren C_{60} (Struktursymbol)

Fulleren C_{60} („Fußballmolekül")

Die Fullerene werden (z. B. durch Toluen) aus Ruß extrahiert, der sich bei der Lichtbogenverdampfung von Graphit in einer Helium-Atmosphäre (Kühlmittel) abscheidet. Es entstehen etwa 80 % C_{60} und 15 % C_{70} (Rest höhere Fullerene), die Trennung erfolgt chromatografisch. Auch in Ruß, der sich z. B. bei der einfa-

chen Verbrennung von Naphthalen oder Benzen bildet, wurden Fullerene nachgewiesen.
C_{60} bildet senffarbene bis dunkelbraune, mit violettroter Farbe in Toluen lösliche Kristalle, Dichte 1,68 g · cm^{-3}. Man unterscheidet *exohedrale* (außerhalb des Käfigs) und *endohedrale* (innerhalb des Käfigs) Derivate.

Bei **Kohlenstoff-Nanoröhren** handelt es sich um eine Form (Allotrop) von molekularem Kohlenstoff, die Anfang der 90er-Jahre entdeckt wurde. Eine Nanoröhre besteht aus einem oder mehreren nahtlosen konzentrischen Graphit-Zylindern. Einwandige Röhren (SWNTs single wall nanotubes) haben einen Durchmesser von 1 . . . 2 nm und lagern sich typischerweise zu Bündeln zusammen (Bild 14-3a). Mehrwandige Nanoröhren (MWNTs) werden von 2 bis 50 konzentrisch umeinander angeordneten Zylindern gebildet, die den Abstand des Graphitgitters von 340 pm aufweisen (Bild 14-3b).

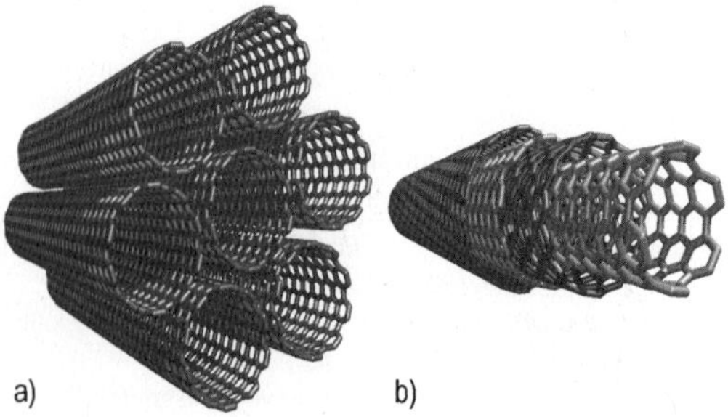

Bild 14-3: *Kohlenstoff-Nanoröhren a) einwandig, b) mehrwandig*

Bild 14-4: *Unterschiedlich verdrillte Kohlenstoff-Nanoröhren*

Erstmalig wurden Kohlenstoff-Nanoröhren, ähnlich wie die Fullerene, im Lichtbogen zwischen Graphit-Elektroden erhalten. In Gegenwart von Metallkatalysatoren (Fe, Co, Ni) entstehen einwandige Röhren, ansonsten mehrwandige. Andere Verfahren, wie die chemische Dampfphasenabscheidung, gehen von gasförmigen organischen Verbindungen (z. B. Acetylen) oder Kohlenstoffmonoxid als Kohlenstoffquelle aus.

Nebenprodukte wie Fullerene werden aus dem Rohprodukt herausgelöst, amorpher Kohlenstoff und Katalysatorpartikel durch Behandlung mit oxidierenden Säuren, Mikrofiltration oder durch chromatografische Verfahren abgetrennt.

Die erhalteten Nanoröhren weisen durch Einbau von Fünf- oder Siebenringen räumliche Defekte auf, was zu Knicken oder spiraligen Strukturen führt. Die Enden der Röhren sind offen oder geschlossen. Anders als idealisierte Kohlenstoffröhren enthalten die tatsächlichen Syntheseprodukte außerdem organische End- oder Seitengruppen, an denen chemische Reaktionen möglich sind. Gezielte Einführung organischer Seitengruppen, Umhüllung mit Polymeren oder Tensiden und Füllung der Röhren kombinieren die einzigartigen Materialeigenschaften mit denen anderer Stoffklassen der organischen Chemie.

Die mechanische Festigkeit von Nanoröhren ist stärker als die von Kohlenstoff-Fasern oder Siliciumcarbid und die Oxidationsbeständigkeit größer als die der Fullerene oder von Graphit.

Die elektrischen Eigenschaften der Kohlenstoff-Nanoröhren unterscheiden sich, je nachdem wie die Graphitschichten aufgerollt sind (Bild 14-4). Es können metallisch leitfähige oder halbleitende Röhren erhalten werden. Mit magnetischen Metallen gefüllte MWNTs sind ebenfalls bekannt, die sich als Minimagnete oder magnetische Datenspeicher eignen. Die oxidationsempfindlichen Metalle sind im Inneren der Röhren geschützt.

Kohlenstoff-Nanoröhren werden für vielfältige Anwendungen untersucht: Für extrem kleine Transistoren und Datenträger, als Biosensoren oder chemische Detektoren, als Elektronenemitter, Nanodrähte oder Spitzen für Kraftfeldmikroskope, als Verbundwerkstoffe, für molekulare Filter und Membranen, zur Wasserstoff-Speicherung in Fahrzeugen.

14.2.2.2 Kohlenstoff-Werkstoffe

Struktur: Werkstoffe (Fasern, Schäume, Folien, Kompaktmaterial) aus elementarem Kohlenstoff enthalten mehr oder weniger ausgeprägte Bereiche mit Graphitstruktur. Sie entstehen durch gesteuerte Hitzezersetzung (Pyrolyse) von (z. T. vorgeformtem) organischem Ausgangsmaterial, wobei deren Kohlenstoff-Skelette unter Aromatisierung in Graphitschichten, -flächen und -bänder übergehen.

Kohlenstoff-Fasern, *Carbonfiber*, Kurzzeichen CF, bestehen aus bandförmigen Graphitstrukturen.

- **Herstellung:** durch stufenweise erfolgende Pyrolyse von Celluloseacetat-(CA) oder insbesondere Polyacrylnitrilfasern (PAN):
  1. *Stabilisierung:* Überführung des PAN (Fasern, Garn, Band, Gewebe u. dgl.) in eine nicht mehr schmelzbare Form durch schwache, unter Strecken vorgenommene Oxidation an der Luft (200 bis 300 °C; 2 bis 4 h).
  2. *Carbonisation:* Abspalten und Austreiben flüchtiger Produkte bei 1200 bis 1500 °C unter Stickstoff während knapp 1 min; liefert *hochfeste C-Fasern.*
  3. evtl. noch *Graphitierung:* bei 2000 bis 3000 °C unter Stickstoff oder Argon während 15 bis 20 s; liefert besonders *wertvolle Hochmodul-C-Fasern* (CF-HM-Fasern).
- **Eigenschaften:** unlösliche, meist graue, bis 2500 °C hochfeste, leichte (4-mal leichter als Stahl), korrosionsbeständige, gut wärme- und elektrizitätsleitende Fasersubstanz; HF-Fasern sind stahlähnlich zugfest, HM-Fasern besonders elastisch.
- **Anwendung:** z. B. zur Verstärkung von Kunststoffen (hierfür zur Verbesserung der Adhäsion vorherige oxidative Oberflächenbehandlung erforderlich), für Hochtemperaturwerkstoffe, Bremsbeläge, Glühfäden, medizinische Implantate und z. B. Kabelmaterial von Herzschrittmachern.

Schaumkohlenstoff, gewonnen durch Pyrolyse organischer Schaumstoffe, z. B. geschäumter Phenoplast-Kunstharze, ist äußerst leicht, von extrem großer Wärmeisolierung und bei Sauerstoffausschluss bis über 3000 °C einsetzbar; Verwendung z. B. in Raumfahrt und Raketentechnik.

Glaskohlenstoff, durch Graphitierung räumlich vernetzter Makromoleküle (z. B. Phenoplaste; Sauerstoffausschluss, 1000 °C) hergestellt, ist äußerst leicht und glasartig hart (nur mit Diamant bearbeitbar), bricht wie Glas, Verwendung z. B. für metallurgische Schmelztiegel; kann durch Kohlenstoff-Fasern verstärkt werden (CFC-Material).

Graphitfolien, aus so genanntem Graphitoxid hergestellt, sind biegsam, dicht und als Flächenheizleiter sowie für Dichtungen und Strahlungsschirme auch bei höchsten Temperaturen anwendbar.
Im so genannten **Graphitoxid**, einer gelbgrünen Substanz, die sich bei Einwirkung eines Chlorat-Salpetersäure-Schwefelsäure-Gemisches auf Graphit bildet, sind unter starker Aufweitung des Schichtenabstands O-Brücken und OH-Gruppen an C-Atome gebunden.

Pyrographit, gewonnen durch thermische Zersetzung gas- oder dampfförmiger Kohlenstoffverbindungen bei etwa 2000 °C und Nachbehandlung bei 3000 °C, kommt in seiner Struktur Graphit-Einkristallen nahe und zeichnet sich durch extreme Richtungsabhängigkeit der Wärmeleitung aus;
Anwendung z. B. für Raketendüsen und Wiedereintauchspitzen von Weltraumfahrzeugen.

14.2.3 Kohlenstoffmonoxid, CO

Name: Kohlenstoffmonoxid ist der in der deutschen Fassung der IUPAC-Nomenklatur von 1990 festgelegte Name, bisher wurde meist von Kohlenmonoxid oder kurz von Kohlenoxid gesprochen.

Struktur: vereinfacht :C⁝⁝O:, wobei ein bindendes Elektronenpaar ausschließlich vom Sauerstoff geliefert wird.

Herstellung:

- durch Verbrennung von Kohlenstoff und -verbindungen (z. B. Koks, Kohle, Benzin) oberhalb 1000 °C oder bei Sauerstoffmangel:

  $$2\,C + O_2 \rightarrow 2\,CO;\ \Delta_R H^\ominus = -222\ kJ \cdot mol^{-1}$$

  Kohlenstoffmonoxid kommt deshalb in Auspuffgasen von Kraftfahrzeugen und im „Kohlendunst“ schlecht ziehender Öfen vor (Vergiftungsgefahr!); auch im Tabakrauch ist es zu 4 % enthalten.
- durch Reduktion von Kohlenstoffdioxid mit glühendem Koks (BOUDOUARD-Gleichgewicht, z. B. im Hochofen):

  $$CO_2 + C \rightleftharpoons 2\,CO;\ \Delta_R H^\ominus = +172\ kJ \cdot mol^{-1}$$

- durch Reduktion von Wasserdampf mit glühendem Koks oder anderen „Kohlenstoffträgern“ (Erdöldestillate, Erdgas u. a.):

  $$C + H_2O \rightarrow CO + H_2;\ \Delta_R H^\ominus = +131\ kJ \cdot mol^{-1}$$

- im Labormaßstab durch Wasserentzug aus Methansäure beim Erhitzen mit konz. Schwefelsäure:

  $$H\text{–}COOH - H_2O \xrightarrow{H_2SO_4} CO$$

Eigenschaften: Kohlenstoffmonoxid ist ein farb- und geruchloses, sehr giftiges Gas; in Wasser nur wenig löslich; mit blauer Flamme brennbar; fast ebenso schwer wie Luft; nur bei sehr niedrigen Temperaturen verflüssigbar (*F* −205 °C, *Kp* −192 °C); durch Aktivkohle nicht adsorbierbar, wohl aber durch Filtermassen, die Iod(V)-oxid, I_2O_5,enthalten. Kohlenstoffmonoxid ist sehr reaktionsträge, vereinigt sich jedoch katalytisch mit Wasserstoff zu Kohlenwasserstoffen (FISCHER-TROPSCH -Synthese (↑ 30.2.4)) oder Alkoholen (u. a. Methanolsynthese (↑ 33.1.3)). Mit feinverteilten Metallen entstehen flüssige oder feste, flüchtige, giftige, brennbare **Carbonyle**, z.B $Ni(CO)_4$, $Co_2(CO)_9$, $Fe(CO)_5$, $Cr(CO)_6$.

Physiologie: Kohlenstoffmonoxid wird vom Hämoglobin des Blutes fester gebunden als Sauerstoff und blockiert daher den Sauerstofftransport; Kopfschmerz, Bewusstlosigkeit, Atemlähmung, Tod; kirsch- bis scharlachrotes Blut („Kohlenoxidhämoglobin“); bereits 0,2 % in der Luft sind tödlich.

Technische kohlenstoffmonoxidhaltige Gase:

- **Luftgas, Generatorgas:** $CO + 2\,N_2$;
  entsteht in exothermer Reaktion durch Vergasung von Kohle oder Koks mit Luft in Generatoren:

  $$2\,C + O_2 + 4\,N_2 \rightarrow 2\,CO + 4\,N_2$$

  Verwendung als Heizgas und zur Ammoniaksynthese.
- **Wassergas:** (↑ 10.2) $CO + H_2$.
- **Mischgas:** CO, H_2, N_2; entsteht durch Vergasung von Kohlepulver mit einem Gemisch aus Wasserdampf und sauerstoffangereicherter Luft, z. B. in WINKLER-Generatoren (s. u.). Ähnliche Gase werden auch durch Dampfreforming (↑ 15.2.3) von Kohlenwasserstoffen und durch Öldruckvergasung (↑ 15.2.3) flüssiger Kohlenwasserstoffe gewonnen. Verwendung für die Ammoniaksynthese.

  WINKLER-Generatoren bestehen aus einem hohen Schacht (bis 15 m), in den von unten das Vergasungsmittel (Sauerstoff-Wasserdampf-Gemische u. dgl.) eingeblasen wird. Seitlich über den Winddüsen wird durch eine Förderschnecke laufend der feste, pulverförmige Brennstoff (Trockenbraunkohle) eingeführt. Das Vergasungsmittel vergast den in Schwebe wirbelnden, glühenden Brennstoff (*Wirbelschicht-verfahren*). Das erzeugte Gas wird anschließend entstaubt.

- **Kokereigas:** H_2, CH_4, CO u. a.: entsteht bei der Verkokung von Kohle. Ähnliche Zusammensetzung hat durch Entgasung von Kohle bereitetes **Stadtgas**.
- **Sonstige Gase:** Gichtgas (Hochofen); Kraftfahrzeugabgase. (↑ 27.6.3)

14.2.4 Kohlenstoffdioxid, CO_2

Name: Kohlenstoffdioxid ist der in der deutschen Fassung der IUPAC-Nomenklatur von 1990 festgelegte Name, bisher wurde allgemein von Kohlendioxid gesprochen.

Vorkommen: Luft (0,038 Vol.-%); natürliches Wasser, reichlich in bestimmten Mineralwässern (Sprudel, Säuerlinge); Vulkangase; technische Verbrennungsgase.

Die Venusatmosphäre besteht zu etwa 95 % aus Kohlenstoffdioxid.

Herstellung:

- durch vollständige Verbrennung von Koks:

$$C + O_2 \rightarrow CO_2;\ \Delta_R H^\ominus = -395{,}5\ \text{kJ} \cdot \text{mol}^{-1}$$

  Reinigung durch Kaliumcarbonatlösung, die Kohlenstoffdioxid in der Kälte aufnimmt (unter Bildung von Kaliumhydrogencarbonat,$KHCO_3$) und in der Hitze wieder abgibt;
- als Nebenprodukt beim Kalkbrennen:

$$CaCO_3 \rightarrow CaO + CO_2;\ \Delta_R H^\ominus = +178\ \text{kJ} \cdot \text{mol}^{-1}$$

  Kohlenstoffdioxid entsteht allgemein durch Hitzezersetzung von Carbonaten. (↑ 14.2.6)
- aus Carbonaten und Säuren, z. B. aus Marmor:

$$CaCO_3 + 2\ HCl \rightarrow CaCl_2 + H_2O + CO_2$$

- als Nebenprodukt bei der alkoholischen Gärung.

$$C_6H_{12}O_6 \rightarrow 2\ C_2H_5OH + 2\ CO_2$$

Physikalische Eigenschaften: Kohlenstoffdioxid ist ein farbloses Gas von schwach säuerlichem Geruch und Geschmack; 1,5-mal so schwer wie Luft (lässt sich aus Gefäßen umgießen); sammelt sich am Boden von Gärkellern und Brunnen, auch in Höhlen (Hundsgrotte Neapel); nicht brennbar (erstickt eine eingeführte Flamme); in kaltem Wasser reichlich löslich, besonders unter Druck.

Flüssiges und festes Kohlenstoffdioxid: bei 20 °C lässt sich Kohlenstoffdioxid durch einen Druck von 50 bar verflüssigen; in dieser Form kommt es in grauen Stahlflaschen in den Handel. Bei Entnahme von CO_2-Gas verdampft eine entsprechende Menge Flüssigkeit, und der Druck bleibt so lange konstant, wie noch flüssiges Kohlenstoffdioxid vorhanden ist. Daher kann der Verbrauch nicht am Manometer abgelesen, sondern muss durch Wägung ermittelt werden.

Lässt man *flüssiges* Kohlenstoffdioxid ausströmen, z. B. aus einer geneigten Stahlflasche, so tritt infolge der sofortigen Verdampfung so starke Abkühlung ein, dass ein Teil zu einer schneeartigen Masse erstarrt. Dieser „Kohlenstoffdioxidschnee" kommt gepresst als „Trockeneis" in den Handel; es schmilzt nicht, sondern sublimiert bei −78 °C. Durch Mischen mit Aceton erreicht man Kältegrade von −90 °C.

Chemische Eigenschaften: Beim Lösen von Kohlenstoffdioxid in Wasser entsteht Kohlensäure; mit Basen bilden sich Carbonate und Hydrogencarbonate (Abbinden von Kalkmörtel!).
Reduktion zu schwarzem, flockigem Kohlenstoff gelingt durch Einführen brennenden Magnesiums:

$$CO_2 + 2\ Mg \rightarrow C + 2\ MgO.$$

Nachweis: durch Trübung von Baryt- oder Kalkwasser (Tropfen am Glasstab oder Hindurchleiten des Gases):

$$Ba(OH)_2 + CO_2 \rightarrow BaCO_3 + H_2O.$$

Verwendung: zur technischen Herstellung von Carbamid, Melamin, Salicylsäure u. a.;
in Feuerlöschern; als Schutzgas zur Lagerung feuergefährlicher Stoffe sowie zum „CO_2-Schweißen";
in Gießereien zum Härten wasserglashaltigen Formsandes;
für Getränke; zum Bierausschank; Trockeneis zum Kühlhalten von Lebensmitteln. Überkritisches Kohlenstoffdioxid wird zur Extraktion von Naturstoffen und zum Färben von Textilien eingesetzt.

Physiologie: Kohlenstoffdioxid wird in Anwesenheit von Chlorophyll (Blattgrün) unter Aufnahme von Lichtenergie von den grünen Pflanzen zu organischer Substanz (über verschiedene Zwischenstufen zunächst zu Glucose) gebunden („assimiliert" = angeglichen). Bei diesem als **Photosynthese** bekannten Vorgang wird Sauerstoff frei:

$$6\,CO_2 + 6\,H_2O \underset{\text{Abbau; Abgabe von Wärme- und mechanischer Energie}}{\overset{\text{Aufbau; „Photosynthese" Aufnahme von Lichtenergie}}{\rightleftharpoons}} C_6H_{12}O_6 + 6\,O_2\uparrow \qquad \Delta_R H^\ominus = +2717\ kJ \cdot mol^{-1}$$

Die aufgenommene Energie dient den Lebensprozessen und wird bei der Atmung („Dissimilation") der Tiere und Pflanzen wieder frei. Der bei der Atmung aufgenommene Sauerstoff oxidiert die organische Substanz in Gegenwart von Atmungsenzymen zu Kohlenstoffdioxid und Wasser. Von der auf die Erde einfallenden Sonnenenergie werden 0,12 % von den Pflanzen photochemisch aufgenommen, davon 65 % durch Meeresplankton. Je m^2 grüner Blattfläche wird von der Sonne je Stunde etwa 1 g Zucker aus Kohlenstoffdioxid gebildet. Pro Tag setzen die grünen Pflanzen etwa $13{,}75 \cdot 10^{10}$ t Kohlenstoffdioxid zu Glucose um, wobei 10^{11} t Sauerstoff frei werden.
Vom Menschen ausgeatmete Luft enthält 4 % Kohlenstoffdioxid.
Reines Kohlenstoffdioxid wirkt auf den Menschen infolge Sauerstoffmangels rasch tödlich; auch Luft mit über 15 % Kohlenstoffdioxid erzeugt Schwindel, Bewusstlosigkeit und schließlich Tod.

Klimabeeinflussung

Unter anderem Wasserdampf und Kohlenstoffdioxid in der Troposphäre (Atmosphäre bis 12 km Höhe) rufen einen so genannten „Treibhauseffekt" hervor. Die Einstrahlung von Sonnenenergie wird durch diese „Treibhausgase" nur wenig, die von der Erdoberfläche erfolgende Rückstrahlung langwelliger (infraroter) Wärmestrahlung hingegen stark behindert. Ein Teil der Rückstrahlung wird absorbiert, wodurch sich die Atmosphäre erwärmt. Der natürliche Treibhauseffekt bewirkt, dass die mittlere Temperatur der Erdoberfläche statt −18 °C tatsächlich +15 °C beträgt. Während der Wasseranteil der Troposphäre praktisch konstant geblieben ist, hat sich der CO_2-Gehalt insbesondere durch die Energieerzeugung aus fossilen Brennstoffen von etwa 0,028 auf 0,038 Vol-%, also um rund 40 %, erhöht. (Die früheren Werte sind durch Analyse von Luftbläschen in Eisbohrkernen zugänglich.)

In geringem Maße sind an der Zunahme des Treibhauseffektes auch Schwefelhexafluorid (SF_6; Isolatorgas in Hochspannungsanlagen), Distickstoffmonoxid (N_2O; durch mikrobielle Zersetzung von mineralischem Dünger) und Methan (CH_4; aus Viehhaltung, Mülldeponie und Reissümpfen) beteiligt. Einen starken Einfluss haben die Fluorchlorkohlenwasserstoffe (FCKW).

Ausmaß und Folgen der Zunahme des Treibhauseffektes sind noch umstritten: Abschmelzen polarer Eismassen, Anstieg des Meeresspiegels, Veränderung warmer und kalter Meeresströmungen, klimatische Wandlungen mit Auswirkungen auf die Vegetation, Unwetterkatastrophen.

14.2.5 Kohlensäure, H_2CO_3

Kohlensäure ist nur in wässriger Lösung beständig; hier steht sie sowohl im Gleichgewicht mit ihrem Anhydrid CO_2 als auch mit ihren elektrischen Dissoziationsprodukten:

$$CO_2 + H_2O \rightleftharpoons H_2CO_3 \rightleftharpoons H^+ + HCO_3^- \rightleftharpoons 2\,H^+ + CO_3^{2-}$$

Da das Gleichgewicht fast völlig auf seiten von CO_2 und H_2O liegt (nur etwa 1 % CO_2 ist an H_2O gebunden), sind nur wenige H^+-Ionen vorhanden, und Kohlensäure wirkt als sehr schwache Säure. Da sie in Form ihres Anhydrids zudem leicht flüchtig ist, wird sie durch fast alle anderen Säuren aus ihren Salzen in Freiheit gesetzt. Sie selbst vermag lediglich Kieselsäure, Blausäure, Phenole und ähnlich schwach saure Stoffe aus den Salzen zu verdrängen.

14.2.6 Carbonate

Allgemeines: Carbonate sind Salze (und Ester) der Kohlensäure; bei den Hydrogencarbonaten (früher „Bicarbonate" genannt) sind die Wasserstoffatome der Säure nur zum Teil durch Metall ersetzt.

Trivialnamen (siehe auch Minerale (↑ 14.2.1)):

Na_2CO_3	Soda
$NaHCO_3$	„Natron" (doppeltkohlensaures)
K_2CO_3	Pottasche
NH_4HCO_3	Hirschhornsalz
$2\,PbCO_3 \cdot Pb(OH)_2$	Bleiweiß

Verhalten beim Erhitzen: Zerfall in Metalloxid + Kohlenstoffdioxid, z. B.

$$CuCO_3 \rightarrow CuO + CO_2.$$

Je stärker die Base, desto höher ist die Zersetzungstemperatur. Aluminiumcarbonat, $Al_2(CO_3)_3$, zerfällt bereits bei gewöhnlicher Temperatur.

Verhalten gegenüber Säuren: Da Kohlensäure in Form ihres Anhydrids leicht flüchtig ist, werden Carbonate durch nahezu alle Säuren unter Kohlenstoffdioxidentwicklung zersetzt, z. B.

$$Na_2CO_3 + 2\,HCl \rightarrow 2\,NaCl + H_2O + CO_2.$$

Nachweis: Das durch Säuren unter Aufbrausen entstehende CO_2 wird mit Barytwasser (↑ 14.2.4) nachgewiesen.

14.2.7 Carbide

Carbide sind Verbindungen zwischen Kohlenstoff und einem elektropositiveren (stärker metallischen) Element.

- Manche Carbide ergeben mit Wasser oder Säuren *Kohlenwasserstoffe;*
  Calciumcarbid, CaC_2, ergibt Ethin (Acetylen);
  Aluminiumcarbid, Al_4C_3, ergibt Methan.
- Andere Carbide *explodieren* beim Erhitzen, z. B. **Silber-** und **Kupfer(I)-carbid,** Ag_2C_2 bzw. Cu_2C_2; hierbei zerfallen sie in die Elemente.
- Durch besondere *Härte* zeichnen sich aus: **Borcarbid,** B_4C, **Siliciumcarbid,** SiC, und **Wolframcarbid,** W_2C.
- Im Stahl tritt auf: **Eisencarbid,** *Zementit,* Fe_3C.

14.2.8 Derivate der Kohlensäure

Kohlenstoffdisulfid, „Schwefelkohlenstoff", CS_2

Herstellung:

- aus Methan (auch Erdgas) und Schwefeldampf katalytisch bei 600 °C:

$$CH_4 + 4\,S \rightarrow CS_2 + 2\,H_2S;$$

- aus Koks (auch Braunkohlenschwelkoks) und Schwefeldampf bei 900 °C:

$$C + 2\,S \rightarrow CS_2;\ \Delta_R H^{\ominus} = +21{,}5\ kJ \cdot mol^{-1}.$$

Physikalische Eigenschaften: farblose, giftige, wasserunlösliche, stark farbstreuende, in der Praxis nach Rettich riechende Flüssigkeit; F −111,6 °C, Kp +46,3 °C; verdunstet bereits bei gewöhnlicher Temperatur sehr rasch; löst Fette, Harze, Kautschuk, Phosphor, Schwefel, Iod.

Chemische Eigenschaften: äußerst feuergefährlich (entzündet sich bereits bei 102 °C); bei der Verbrennung (blaue Flamme) entstehen Schwefel- und Kohlenstoffdioxid:

$$CS_2 + 3\,O_2 \rightarrow CO_2 + 2\,SO_2.$$

Bei ungenügender Luftzufuhr bildet sich Elementarschwefel, der z. B. beim Einbringen einer Porzellanfläche in die Flamme als gelber Belag sichtbar wird. Mit alkoholischer Kalilauge entsteht gelbes *Kaliumxanthogenat*:

$$C_2H_5OH + KOH + CS_2 \rightarrow SC(OC_2H_5)(SK) + H_2O.$$

Verwendung: zur Herstellung von Viskosefaserstoffen, Flotationshilfsmitteln (Xanthogenate), Tetrachlormethan; zur Bodendesinfektion.

Phosgen, *Kohlenstoffoxidchlorid,* $COCl_2$, das Chlorid der Kohlensäure, ist ein farbloses, sehr giftiges Gas (F −127,8 °C, Kp 7,48 °C) von schwach heuähnlichem Geruch. Lungenschädigender Kampfstoff im 1. Weltkrieg!
Herstellung katalytisch aus Kohlenstoffmonoxid und Chlor;
Verwendung zur Gewinnung der Isocyanatkomponenten für Polyurethane und zur Herstellung von Polycarbonat.

Kohlenstoffoxidsulfid, COS, ein farb- und geruchloses, brennbares Gas (Kp −50,2 °C), entsteht z. B. bei der Herstellung von Synthesegas durch Öldruckvergasung als Nebenprodukt.

Carbamid, *Harnstoff,* $CO(NH_2)_2$, ist das Diamid der Kohlensäure.
Das Monoamid $CO(OH)(NH_2)$ ist die im freien Zustand nicht bekannte *Carbaminsäure;* von dieser leiten sich als Ester *Urethane* der Formel $CO(OR)(NH_2)$, auch NH_2-CO-OR geschrieben, ab.

Geschichtliches: 1773 Entdeckung im Harn; 1828 Herstellung (FRIEDRICH WÖHLER) durch Umlagerung von Ammoniumcyanat beim Erhitzen:

$$NH_4CNO \rightarrow CO(NH_2)_2.$$

Diese Reaktion gilt als erste Synthese einer organischen Verbindung aus anorganischem Material und damit als Widerlegung der „Lebenskrafttheorie", nach der hierfür eine besondere „Lebenskraft" erforderlich sein sollte.

Herstellung: aus Ammoniak und Kohlenstoffdioxid in flüssiger Phase entsteht zunächst Ammoniumcarbaminat, das bei 135 bis 150 °C und 35 bis 40 bar in Gegenwart eines Überschusses von Ammoniak unter Bildung von Carbamid zerfällt:

$$OC(NH_2)(ONH_4) \rightarrow OC(NH_2)_2 + H_2O$$

Nach Entspannung wird das Carbamid-Wasser-Gemisch eingedampft; die entstehende Carbamidschmelze wird versprüht. Nicht umgesetztes Ausgangsmaterial wird dem Reaktor erneut zugeführt.

Eigenschaften: farb- und geruchlos; kristallisiert (F 133 °C); bitter schmeckend; leicht wasser- und ethanollöslich; bildet trotz neutraler Reaktion der wässrigen Lösung mit starken Säuren Salze, z. B. das schwer lösliche Carbamidnitrat, $[H_2N–CO–NH_3]^+ + NO_3^-$. Carbamid geht beim Erhitzen zunächst in *Biuret*, $H_2N–CO–NH–CO–NH_2$, bei 350 bis 400 °C in Melamin (↑ 40.1) über. Mit unverzweigten Alkanen (ab C_{10}) bildet Carbamid kristallisierte Einschlussverbindungen [1].

Verwendung: als Stickstoffdünger und Viehfutterzusatz; zur Herstellung von Melamin- und Carbamidharzen (Harnstoffharze); zur Isolierung unverzweigter Alkangemische mit mehr als 10 Kohlenstoffatomen aus Erdölprodukten (insbesondere für die Waschmittelindustrie).

Physiologie: Carbamid ist das Endprodukt des Stickstoff-Stoffwechsels von Mensch und Säugetier; der Mensch scheidet täglich 25 bis 30 g aus. Bakterien im Pansen von Wiederkäuern vermögen das Carbamid mit Cellulose zu Eiweiß umzusetzen, das über die Verdauung schließlich in Fleisch, Milch- u. a. Eiweiß umgewandelt wird.

14.2.9 Cyan und Cyanverbindungen

Cyan, *Dicyan,* $(CN)_2$, Struktur: N≡C–C≡N.
Farbloses, giftiges Gas; Kp −21,4 °C;
Es entsteht durch Erhitzen von Quecksilber(II)-cyanid, $Hg(CN)_2$.
Es verbrennt mit rotvioletter, sehr heißer Flamme [2] (mit Sauerstoff bei Normaldruck bis 4500 °C):

$$(CN)_2 + 2\,O_2 \rightarrow 2\,CO_2 + N_2.$$

Cyan ist ein „Pseudohalogen", d. h., es verhält sich ähnlich den Halogenen.

Cyanwasserstoff, *Blausäure*, HCN: farblose, bereits bei 25,6 °C siedende, leicht wasserlösliche, äußerst giftige Flüssigkeit von charakteristischem, fischig-mandelartigem Geruch. 50 mg wirken in wenigen Sekunden tödlich, da HCN die Atmungsenzyme blockiert. Blausäure ist eine sehr schwache Säure. Sie entsteht aus Cyaniden durch Säuren; die technische Herstellung erfolgt durch Umsetzung von Methan, Ammoniak und Luft an Platin-Rhodium-Netzen bei 800 bis 1000 °C (ANDRUSSOW-Verfahren):

$$CH_4 + NH_3 \rightarrow HCN + 3\,H_2 \text{ (endotherm)}.$$

Wasserstoff verbrennt und liefert die nötige Wärmeenergie. Blausäure ist Zwischenprodukt bei der Herstellung von „organischem Glas" und Polyacrylnitrilfaserstoffen, dient auch als Schädlingsbekämpfungsmittel. Sie addiert sich an ungesättigte organische Verbindungen sowie an Aldehyde und Ketone zu Nitrilen, die zu Carbonsäuren verseift werden können.

Cyanide: Salze der Blausäure, z. B. **Natriumcyanid,** NaCN, oder **Kaliumcyanid** (früher „Cyankali"), KCN, beide leicht lösliche, sehr giftige Salze (tödliche Dosis: 150 mg), die bereits durch Luftkohlensäure zersetzt werden und deshalb nach Blausäure riechen:

$$2\,KCN + H_2O + CO_2 \rightarrow K_2CO_3 + 2\,HCN.$$

Verwendung: für galvanische Elektrolyte; zur Cyanidlaugerei (Gold- und Silbergewinnung); zur Erzeugung von Blausäure, Blutlaugensalzen, Berliner Blau und anderen Cyaniden.

Thiocyan- (Rhodan-)verbindungen: Freies **Thiocyan** (Rhodan), $(SCN)_2$, farblose Kristalle bildend, ist ein sehr unbeständiges Pseudohalogen.

---

[1] In **Einschlussverbindungen** lagern sich Moleküle bestimmter Abmessungen (z. B. n-Alkane) regelmäßig in Hohlräume des Kristallgitters anderer Verbindungen (z. B. Carbamid) ein, ohne echt chemisch gebunden zu werden.

[2] Die heißeste chemische Flamme (etwa 6000 K) wurde durch Verbrennung von **Kohlenstoffsubnitrid** (*Dicyanidoethin*), C_4N_2, NC–C≡C–CN in Ozon bei 40 bar erhalten.

Thiocyanate(Rhodanide) sind die Salze der **Thiocyanwasserstoffsäure** (*Rhodanwasserstoffsäure*), HSCN; sie entstehen durch Kochen von Cyanidlösungen mit Schwefel:

$$KCN + S \rightarrow KSCN.$$

Kaliumthiocyanat, *Kaliumrhodanid*, KSCN, farblos, leicht wasserlöslich, ist ein Reagens auf Fe^{3+}-Ionen [ergibt blutrote Färbung von **Eisen(III)-thiocyanat,** *Eisen(III)-rhodanid*, $Fe(SCN)_3$].

Komplexe Cyanide:

$K_4[Fe(CN)_6]$	Kaliumhexacyanidoferrat(II), Gelbes Blutlaugensalz
$K_3[Fe(CN)_6]$	Kaliumhexacyanidoferrat(III), Rotes Blutlaugensalz
$Fe_4[Fe(CN)_6]_3$	Eisen(III)-hexacyanidoferrat(II), Berliner Blau (↑ 27.2.4) (TURNBULLs Blau)
$Na_2[Fe(CN)_5(NO)] \cdot 2\,H_2O$	Natriumpentacyanidonitrosylferrat(III), Nitroprussidnatrium

In der Galvanotechnik werden verwendet:

$Na_3[Cu(CN)_4]$	Natriumtetracyanidocuprat(I)
$Na_2[Zn(CN)_4]$	Natriumtetracyanidozinkat
$K[Ag(CN)_2]$	Kaliumdicyanidoargentat
$K[Au(CN)_2]$	Kaliumdicyanidoaurat(I)

Cyansäure, HOCN, vereinfachte Struktur[1] H–O–C≡N; Salze: *Cyanate*.

Isocyansäure, HNCO, vereinfachte Struktur[1] O=C=NH; Salze und Ester: *Isocyanate*.

Fulminsäure, *Knallsäure* [fulmen = Blitz , HCNO):] Fulminsäure ist ein farbloses, sehr giftiges Gas von blausäureartigem, äußerst starkem Geruch.
Salze: *Fulminate*, z. B. der Initialzündstoff **Knallquecksilber,** *Quecksilber(II)-fulminat*, $Hg(CNO)_2$, ein feinkristallines weißes Pulver.

Cyanamid, $N{\equiv}C{-}NH_2$, farblos, kristallisiert (*Kp* 43 °C), hygroskopisch, entsteht aus **Kalkstickstoff,** $CaCN_2$ (↑ 15.2.7), durch Kohlenstoffdioxid und Wasser:

$$CaCN_2 + CO_2 + H_2O \rightarrow NC\text{-}NH_2 + CaCO_3$$

Mit Alkali bildet Cyanamid **Dicyandiamid** („Didi“), $HN{=}C(NH_2){-}NH{-}CN$.
Ammoniak führt Cyanamid in **Guanidin**, $HN{=}C(NH_2)_2$, über.

14.3 Silicium und Siliciumverbindungen

14.3.1 Allgemeines

Symbol: Si [*silex* (lat.) Kieselstein]; **Oxidationszahlen: +4**, selten +2 und −4.

Vorkommen: zweithäufigstes Element der Erdkruste (16,3 Atom-%); kommt chemisch gebunden in den meisten Gesteinen und deren Verwitterungsprodukten vor, und zwar als Oxid und in Form von Silicaten (↑ 14.3.5); beide machen zusammen fast 90 % der Erdkruste aus.

[1] In Wirklichkeit liegen mesomere (↑ 29.4) Strukturen vor.

14.3.2 Elementares Silicium

Entdeckung: 1822 durch JÖNS JACOB BERZELIUS (Schweden).

Herstellung: im Labormaßstab aluminothermisch:

$$3\ SiO_2 + 4\ Al \rightarrow 3\ Si + 2\ Al_2O_3.$$

technisch gewinnt man *Roh-Silicium* (98 % Si, Rest Fe u. a.) aus Quarzsand und Koks in Gegenwart von Eisen (verhindert Siliciumcarbidbildung) im Elektroofen:

$$SiO_2 + 2\ C \rightarrow Si + 2\ CO.$$

Zur Herstellung von *Reinst-Silicium* wird Roh-Silicium in der Hitze hydrochloriert; aus dem (z. B. gemäß $Si + 3\ HCl \rightarrow SiHCl_3 + H_2$) entstehenden Gemisch chlorierter Silane wird *Trichlorsilan*, $SiHCl_3$, isoliert, insbesondere zur Entfernung von Bor- und Phosphor-Spuren fraktioniert destilliert und schließlich bei ≈ 1000 °C in Gegenwart von Wasserstoff an Silicium-Stäben unter Abscheidung von polykristallinem Reinstsilicium zersetzt (Umkehrung der Bildungsreaktion), womit ein weiterer Reinigungseffekt verbunden ist. Das Produkt wird durch Zonenschmelzen weiter gereinigt und auch zu Einkristallen mit $< 10^{-9}$ % Verunreinigungen verarbeitet.

Eigenschaften (siehe auch Tabelle 14-1): dunkelgraue, schwach metallisch glänzende, harte, spröde, an der Luft beständige Kristalle; Halbleiter; in Säuren unlöslich (nur feinverteiltes, so genanntes „amorphes" Silicium löst sich in Flusssäure); mit warmen Alkalilaugen entstehen unter Wasserstoffentwicklung Silicate:

$$Si + 2NaOH + H_2O \rightarrow Na_2SiO_3 + 2H_2$$

In Gegenwart von Kupferpulver reagiert Silicium mit Monochlormethan, CH_3Cl, bzw. -ethan, C_2H_5Cl, zu *Dialkyldichlorsilanen*, z. B. gemäß

$$Si + 2\ CH_3Cl \rightarrow (CH_3)_2SiCl_2$$

zu *Dimethyldichlorsilan*, das z. T. in *Monomethyltrichlorsilan*, $(CH_3)SiCl_3$, und *Trimethylmonochlorsilan*, $(CH_3)_3SiCl$, disproportioniert. Diese Verbindungen sind Zwischenprodukte für Silicone. (↑ 43.6)

Verwendung: zur Herstellung von Siliconen;
extrem rein in der Halbleitertechnik (z. B. Mikroelektronik) und für Solarzellen;
mit Eisen legiert als „Ferrosilicium" für Siliciumstähle.

14.3.3 Siliciumdioxid, SiO_2

Vorkommen:

- kristallin als Quarz, der den Hauptbestandteil des Granits, der Gneise, des Seesands und des Sandsteins bildet;
- gut ausgebildete Quarzkristalle, häufig mit färbenden Beimengungen, sind: Bergkristall (farblos), Rauchquarz = Rauchtopas (grau bis braun), Rosenquarz (rosa), Amethyst (violett), Citrin (gelb);
- erdig als Kieselgur[1] (Infusorien-, Diatomeenerde aus den Panzern von Kieselalgen);
- schwach wasserhaltig als Opal, Chalcedon (Achat, Karneol, Jaspis) und Feuerstein;
- in manchen Organismen in Form feinster Kriställchen als Stützsubstanz (Gräser, Getreide, Rohr, Bambus, Kieselschwämme und Kieselalgen).

[1] Genus: die Kieselgur

Herstellung: Große Quarzkristalle werden künstlich durch „Hydrothermalzüchtung" gewonnen: Umkristallisation aus überkritischem Wasser mit speziellen Salzzusätzen bei 300 bis 400 °C und 1000 bis 2000 bar Druck.

Eigenschaften: weißes Pulver oder farblose Kristalle; schmilzt je nach Modifikation *(Quarz, Tridymit, Cristobalit)* zwischen 1500 und 1705 °C; die Schmelze erstarrt zu einem amorphen Glas (**Quarzglas**). Als einzige Säure greift Flusssäure SiO_2 an (Bildung von Siliciumtetrafluorid, SiF_4, und Hexafluorokieselsäure, $H_2[SiF_6]$); in geschmolzenen Alkalihydroxiden und -carbonaten löst es sich leicht zu Silicaten.

Physiologie: Einatmen von kristallinem, staubförmigem Siliciumdioxid kann zu Silicose führen.

Verwendung: Quarzsand für Quarzglas (durchsichtig) und Quarzgut (durchscheinend), Glas, Wasserglas, Porzellan, Mörtel; als Formsand in Gießereien; zur Herstellung von Silicium.
Bergkristall als Schmuckstein und für optische Instrumente;
Kieselgur infolge ihres Saugvermögens als Verpackungsmaterial.
Quarzkristalle auch für Quarzuhren sowie zur Erzeugung von Ultraschall.

Quarzglas: temperatur-, temperaturwechsel- und chemikalienbeständiger als gewöhnliches Glas; ist im Gegensatz zu diesem auch durchlässig für Ultraviolettstrahlung; Verwendung für chemische Geräte und UV-Lampen (Höhensonnen, Elektronenblitzgeräte).

14.3.4 Kieselsäuren und Silicate

Herstellung nicht aus SiO_2 und H_2O möglich, sondern:

- aus Alkalisilicatlösungen (z. B. Wasserglaslösung) durch Säuren;
- aus Siliciumtetrachlorid durch Wasser: $SiCl_4 + 4\,H_2O \rightarrow H_4SiO_4 + 4\,HCl$.

Formeln und Eigenschaften: Orthokieselsäure, $H_4SiO_4 = Si(OH)_4 = SiO_2 \cdot 2\,H_2O$, ist nicht beständig; ihre Moleküle treten spontan unter Wasserabspaltung und Bildung von -Si-O-Si-O- -Ketten zu höhermolekularen, schließlich kolloiden Aggregaten zusammen; es entstehen Molekülnetzwerke, die viel Wasser absorbieren und einschließen. Ein Gemisch aus verdünnter Wasserglaslösung und Salzsäure, in dem zunächst gemäß

$$Na_2SiO_3 + 2\,HCl + H_2O \rightarrow Si(OH)_4 + 2\,NaCl$$

Orthokieselsäure gebildet wird, wird dabei immer viskoser (dickflüssiger) und erstarrt schließlich zu einer farblosen Gallerte („Kieselgel") der allgemeinen Formel $SiO_2 \cdot n\,H_2O$. Beim Stehen an der Luft bilden sich unter weiterer Wasserabgabe (n wird stetig kleiner) trübe, weiße, äußerst poröse Massen („Silicagel"), die wie Aktivkohle als Adsorptionsmittel Verwendung finden. Bei starkem Glühen hinterbleibt schließlich nach Auswaschen des Natriumchlorids feinstes, weißes Siliciumdioxid, SiO_2.

Salze: Die Salze leiten sich formal von Kieselsäuren der allgemeinen Formel $m\,SiO_2 \cdot n\,H_2O$ (m und n ganzzahlig) ab, z. B. von

$SiO_2 \cdot 2\,H_2O$	$= H_4SiO_4$	= **Orthokieselsäure:**	Orthosilicate
$SiO_2 \cdot H_2O$	$= H_2SiO_3$	= **Metakieselsäure:**	Metasilicate
$2\,SiO_2 \cdot 3\,H_2O$	$= H_6Si_2O_7$	= **Ortho-dikieselsäure:**	Orthodisilicate

Metakieselsäure usw. sind polymere Entwässerungsstufen der Orthokieselsäure.

Struktur der Silicate:

Orthosilicate enthalten als Anion ein SiO_4^{4-}-Tetraeder, z. B. Olivin, $Mg_2[SiO_4]$.
In den Orthodisilicaten sind zwei derartige Tetraeder über eine neutrale Sauerstoffbrücke (gemeinsame Spitze der Tetraeder) zu einem Doppeltetraeder der Formel $Si_2O_7^{6-}$ verbunden, z. B. im Thortveitit, $Sc_2[Si_2O_7]$.

Die Zahl der miteinander verbundenen Tetraeder kann noch größer sein, und es gibt auch Ringstrukturen, wofür der Beryll, $Be_3Al_2[Si_6O_{18}]$, mit dem ringförmigen $Si_6O_{18}^{12-}$-Anion ein Beispiel ist; siehe Bild 14-5.

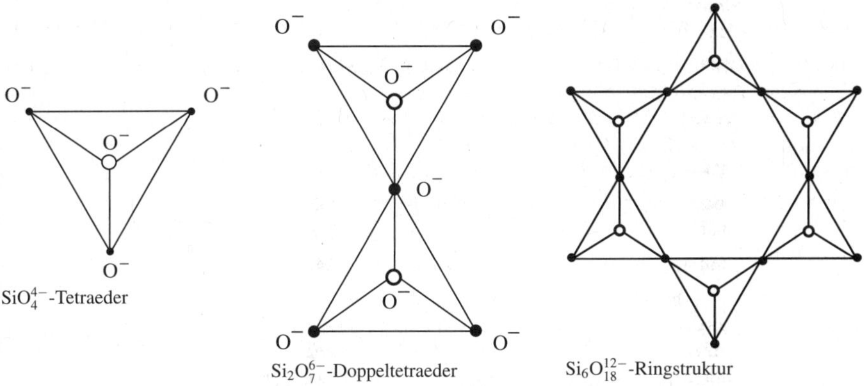

Bild 14-5: *Silicatstrukturen mit begrenzter Anionengröße (Die SiO_4-Tetraeder sind von oben gesehen; das Sauerstoffatom an der Spitze des Tetraeders ist durch O-, das genau darunter befindliche Siliciumatom durch einen Hohlkreis wiedergegeben).*

Neben den bisher angeführten Silicaten mit begrenzter Anionengröße existiert eine weitaus größere Anzahl mit unbegrenzter Anionengröße. In diesen sind die Tetraeder zu negativ geladenen Ketten, Bändern, Blättern und Raumnetzstrukturen prinzipiell unbegrenzter Ausdehnung verbunden, die durch die positiven Metall-Ionen zusammengehalten werden; siehe Bild 14-6.

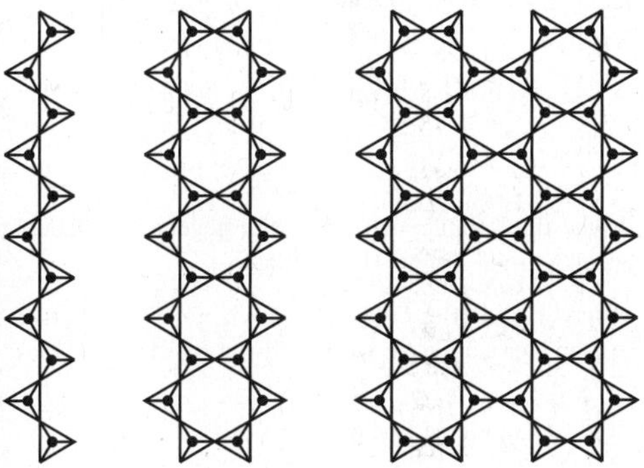

Bild 14-6: *Silicatstrukturen mit unbegrenzter Anionengröße*

Silicate mit Ketten- und Bandstruktur bilden leicht Fasern (Asbest), solche mit Blattstruktur sind oft gut in Blättchen spaltbar (Glimmer); teilweise können sich unter Aufquellung Wassermoleküle zwischen die Schichten lagern (Tone); Raumnetzstrukturen haben das Siliciumdioxid und viele Aluminatsilicate (Alumosilicate). In letzteren ist ein Teil der Siliciumatome durch Aluminiumatome ersetzt, wodurch, da Aluminium nur dreiwertig ist, die negative Ladung der betreffenden Stelle um eine Einheit erhöht wird und eine entsprechend größere Zahl von Kationen vorhanden sein muss. Als chemische Formel wird die jeweils kleinste vollständige Gruppierung angegeben, z. B. für Orthoklas (Kalifeldspat) $K[AlSi_3O_8]$, ohne dass ein solches für sich abgeschlossenes Molekül existiert. Derartige Aluminat-Silicat-Raumnetze enthalten die Metall-Ionen gewöhnlich käfigartig eingeschlossen.

14.3.5 Natürliche Silicate

Vorkommen: Silicate, hauptsächlich von Kalium, Natrium, Calcium, Magnesium, Aluminium und Eisen, bilden die Hauptmasse der Gesteine und ihrer festen Verwitterungsprodukte.

Gesteine und Minerale: Gesteine bestehen stets aus mehreren, meist bereits mit bloßem Auge unterscheidbaren Mineralien. Ein **Mineral** ist jeder chemisch einheitliche, feste, auf der Erde natürlich entstandene Stoff.

- **Petrographie** = Gesteinskunde
- **Mineralogie** = Mineralkunde
- **Geologie** = Lehre von Aufbau und Geschichte der Erdkruste
- **Geochemie** = Lehre von der chemischen Zusammensetzung und Veränderung des Erdkörpers

Beispiele für Silicatgesteine:

- **Granit** = Feldspat + Quarz + Glimmer (Hauptbestandteile!)
- **Gneis** = Feldspat + Quarz + Glimmer mit meist streifigem, schiefrigem Gefüge (durch Belastungsdruck umgewandelter Granit)
- **Basalt** = Augit + Plagioklas + Magnetit u. a.
- **Porphyr** = Gesteine von sehr verschiedener Zusammensetzung mit oft purpur-beeinflusstem Farbton, bei denen größere Kristalle in einer einheitlicheren, bisweilen glasigen Grundmasse eingesprengt sind.

Wichtige Silicatminerale
(Die Summenformeln werden oft zu den übersichtlicheren „Oxidformeln" auseinander gezogen.)

Feldspat: Die Feldspäte sind mit 60 Massen-% die häufigsten Minerale der Erdkruste. Die Formeln leiten sich formal aus Quarz, $SiO_2 \mathrel{\hat{=}} Si_4O_8$, ab, wenn man ein vierwertiges Silicium in Si_4O_8 ersetzt

- durch ein dreiwertiges Al^{III} und ein einwertiges Alkalielement (K^I, Na^I):
  - ▲ $KAlSi_3O_8$ ($\mathrel{\hat{=}} K_2Al_2Si_6O_{16}$) $\mathrel{\hat{=}} K_2O \cdot Al_2O_3 \cdot 6\,SiO_2$, Kalifeldspat (Orthoklas, Sanidin, Mikroklin);
  - ▲ $NaAlSi_3O_8$, Natronfeldspat (Albit);
- durch zwei zweiwertige Erdalkalielemente (Ca^{II}):
  - ▲ $Ca_2Si_3O_8$, Kalkfeldspat (Anorthit); Albit und Anorthit können sich wiederum gegenseitig beliebig ersetzen und bilden die Mischkristallreihe der Kalknatronfeldspäte (Plagioklas).

Tone als Silicate mit Blattstruktur entstehen bei der Verwitterung der Feldspäte, die dabei Wasser aufnehmen und lösliche Alkaliverbindungen abgeben. Die Tone werden häufig weggeschwemmt und an anderer Stelle als feinteilige Sedimente abgelagert.

- **Lehm** ist sand- und eisen^{III}oxidhydroxidhaltiger Ton (ockerbraune Farbe!)
- **Mergel** sind kalkhaltige Tone
- **Bentonit** ist äußerst quellfähig und thixotrop, d. h., er lässt sich bei mechanischer Beanspruchung leicht plastisch verformen, versteift aber ohne äußere Krafteinwirkung sofort. Verwendung daher zur Abdichtung im Tiefbau;
- **Kaolin** („Porzellanerde") ist ein sehr reiner, eisenarmer und dadurch weißer Ton, der zur Herstellung von Porzellan (↑ S. 481) und Keramik sowie als Füllstoff in Papier verwendet wird; Hauptbestandteil ist das Schichtsilikat Kaolinit, $Al_4(OH)_8Si_4O_{10} \mathrel{\hat{=}} Al_2O_3 \cdot 2\,SiO_2 \cdot 2\,H_2O$;

Glimmer, farblos durchsichtig bis schwarz, leicht in Blättchen spaltbar, kann als Hauptbestandteil die Aluminat-Silicate Muskovit, $KAl_2(F,OH)_2[AlSi_3O_{10}]$, oder Biotit, $K(Mg,Fe)_3(F,OH)_2[AlSi_3O_{10}]$, enthalten; Verwendung als Elektroisoliermaterial und für hitzefeste Sichtscheiben.

Augit, z. B. $CaMgSi_2O_6 = CaO \cdot MgO \cdot 2\,SiO_2$ (statt Mg auch Fe, Al, Mn u. a.), eines der wichtigsten gesteinsbildenden Minerale, ist auch im Basalt enthalten.

Talk (Talkum, Speckstein), $3\,MgO \cdot 4\,SiO_2 \cdot H_2O$, ist sehr weich und fühlt sich fettig an. Verwendung als Puder in der Gummiindustrie und Körperpflege, als Papierfüllstoff und als Trägerstoff für Schädlingsbekämpfungsmittel.

Asbest: Sammelbezeichnung für faserige Silicatminerale der Serpentin- und Hornblende(=Amphibol)gruppe. Die spröden Fasern spalten längs und quer in immer kleinere Bruchstücke bis zur Lungengängigkeit; eingeatmet werden sie in der Lunge kaum abgebaut und können Lungenkrebs (Silikose) verursachen. Die Herstellung und Verwendung asbesthaltiger Materialien ist daher verboten. Am häufigsten wurde das Serpentinmineral Chrysotil („Weißasbest"), $Mg_3Si_2O_5(OH)_4 \mathrel{\widehat{=}} 3\,MgO \cdot 2\,SiO_2 \cdot 2\,H_2O$, v. a. für faserarmierten Zement und feuerfeste Werkstoffe verwendet.

Granate sind eine große Gruppe natürlicher und synthetischer Orthosilikate der allgemeinen Zusammensetzung $\mathbf{A_3^{II}B_2^{III}(SiO_4)_3}$ bzw. $A_3^{II}B_2^{III}Si_3O_{12}$. Als zweiwertige Ionen A^{II} fungieren Mg^{2+}, Ca^{2+}, Mn^{2+}, Fe^{2+}, ...; dreiwertige Ionen B^{III} sind vor allem Al^{3+}, Cr^{3+} und Fe^{3+}.
Weitere Variationsmöglichkeiten ergeben sich durch Ersatz des Siliciums der Silicatgruppe: Wird statt dem vierwertigen Silicium dreiwertiges Al^{III}, Ga^{III} etc. eingebaut, muss das in der Ladung von A^{II} ausgeglichen werden; statt A^{II} werden dann dreiwertige A^{III}-Ionen wie Y^{3+}, Gd^{3+} etc. eingesetzt.

▲ Für die Lasertechnik sowie Leuchtdioden wichtig ist z. B. der Yttrium-Aluminium-Granat $Y_3Al_5O_{12}$ (YAG). B^{III} ist hier Al^{3+}; ersetzt man nun alle drei Siliciumteilchen des Silicats ebenfalls durch Al^{3+}, fehlen drei positive Ladungen und zum Ausgleich können statt 3 A^{II}-Ionen drei dreiwertige Ionen eingesetzt werden – hier 3 Y^{3+}; es ergibt sich $Y_3Al_2Al_3O_{12}$ bzw. $Y_3Al_5O_{12}$.

Zeolithe sind natürliche und synthetische Aluminatsilicate, z. B. $Na[AlSi_2O_6] \cdot H_2O$, bei denen in röhrenartigen Hohlräumen des Kristallgitters Wassermoleküle und Metall-Ionen relativ frei beweglich eingelagert sind.
Anwendung als Ionenaustauscher (z. B. für Wasserenthärtung anstelle von Phosphaten in Waschmitteln), als Molekülsiebe (z. B. nach Austreiben des Wassers zur Abtrennung von n-Paraffinen, die in die Porenräume eindringen, von verzweigtkettigen Paraffinen, die ausgeschlossen bleiben) und als Adsorptionsmittel.

Weitere Silicate z. B. Hornblende, Olivin, Meerschaum, Topas, Beryll, Smaragd, Zirkon, Serpentin.

14.3.6 Künstliche Silicate

Übersicht:	Wasserglas	Alkalisilicat (meist Natriumsilicat)
	Glas und Email	Alkali-calcium-silicat (oft mit weiteren Bestandteilen)
	Silicatkeramik (↑ S. 481)	Aluminiumsilicat mit Zusätzen
	Zement und Beton (↑ S. 481)	Calcium-aluminat-silicat
	Ultramarin	schwefelhaltiges Natrium-aluminat-silicat
	Synthetische Zeolithe	Alkali-aluminat-silicate

Wasserglas: Gemisch verschiedener Natrium- oder Kaliumsilicate („Natron" bzw. „Kaliwasserglas"). Graue, glasartige Stücke, die beim Erhitzen mit Wasser unter Druck zähflüssige Lösungen ergeben; hergestellt durch Schmelzen von Quarzsand mit Soda bzw. Pottasche.
Verwendung von Wasserglaslösung: Flammschutzmittel für Holz und Gewebe; Klebstoff für Porzellan, Glas und andere Silicate; Kernbindemittel in Metallgießereien; Zusatz zu Anstrichfarben und Waschmitteln.

Glas: aus dem Schmelzfluss amorph erstarrtes Gemisch verschiedener Silicate, hauptsächlich Alkali-calcium-silicate.

Amorphe („gestaltlose“) Stoffe wie Glas weisen im Gegensatz zu kristallinen Stoffen keine oder eine nur auf kleine Bereiche beschränkte innere Ordnung der Moleküle oder Ionen auf („unterkühlte Flüssigkeiten“); sie haben deshalb keinen festen Schmelzpunkt, sondern erweichen allmählich.

„Entglasung“ = Übergang aus dem amorphen in den kristallinen Zustand.

Chemische Eigenschaften: sehr widerstandsfähig; wird nur von Flusssäure und Alkalihydroxidschmelzen rasch angegriffen. Zum Glasätzen dienen Flusssäure, Fluorwasserstoff und Hydrogenfluoride.

Herstellung: durch Zusammenschmelzen der Rohstoffe, im einfachsten Fall Quarzsand, Kalk ($CaCO_3$) und Soda, in Glashäfen oder Wannenöfen. Die Reaktionen sind vom Typus $Na_2CO_3 + SiO_2 \rightarrow Na_2SiO_3 + CO_2$, es findet also Gasentwicklung statt.

Formung: durch Blasen, Gießen, Walzen, Ziehen (z. B. für Glasseide), Pressen, Verdüsen (für Glasfaser). Wichtig ist i. Allg. eine gleichmäßige, langsame Abkühlung zur Vermeidung innerer Spannungen.

Email (das „Email“ oder die „Emaille“): auf Metalle aufgeschmolzenes, meist getrübtes, oft farbiges, leicht schmelzbares Glas; meist auf Eisen als Korrosionsschutz, seltener auf Edelmetallen, Kupfer oder Tombak als Schmuckemail (auch für Plaketten und Abzeichen). Die Haftung auf dem Metall wird durch „Haftoxide“ (Nickel- und Cobaltoxide) in der Schmelze des Grundemails begünstigt.

Wichtige Glasarten:

Natron-Kalk-Glas: aus Quarzsand, Kalk und Soda (oder statt Soda auch Natriumsulfat + Kohle). Preiswertes, leicht schmelzbares „Normalglas“, z. B. für Fenster; Flaschenglas wird aus noch preiswerteren (weniger reinen) Rohstoffen erschmolzen und enthält daher auch Eisen- (Grünfärbung!) und Aluminiumsilicat.

Kali-Kalk-Glas: aus Quarzsand, Kalk und Pottasche. Schwerer schmelzbar; „böhmisches Kristallglas“, „Kronglas“ für optische Zwecke.

Kali-Blei-Glas: aus Quarzsand, Mennige und Pottasche. Schwer schmelzbar, stark farbstreuend. Optisches Glas; als so genanntes „Bleikristall“ (jedoch amorph!) Schmuckglas; als „Strass“ (gefärbt) Edelsteinimitation.

Borat-Aluminat-Glas: ein Teil des Siliciumdioxids, SiO_2, ist durch Boroxid, B_2O_3, und Aluminiumoxid, Al_2O_3, (in die Schmelze eingeführt als Borsäure oder Borax bzw. Kaolin oder Feldspat) ersetzt, z. B. „Jenaer Glas“, für Chemie und Haushalt; sehr temperaturwechselbeständig.

Verschiedene Spezialgläser, z. B. Thermometerglas; ultraviolettdurchlässiges Glas; blaues Cobaltglas (Cobalt(II,III)-oxid, Co_3O_4, in der Schmelze). Milchglas enthält Titan(IV)-oxid, TiO_2, als Trübungsmittel. Glasuren sind leicht schmelzbare Gläser. Es gibt auch völlig silicatfreies Glas (Phosphat, Borat). Organisches Glas besteht aus Methylmethacrylat-Copolymeren oder aus Polycarbonaten (↑ 43.2.11).

Sicherheitsglas gibt beim Zertrümmern keine scharfkantigen Scherben.
Bei Einscheibensicherheitsglas erzeugt man durch Abschrecken (Härten) an der Oberfläche Druck- und im Inneren Zugspannungen.
Mehrscheibensicherheitsglas enthält einen Kern aus Kunststofffolie.

Fototropes Glas: wird um so dunkler, je mehr Licht einstrahlt; es enthält Silberchlorid, AgCl, und geringe Mengen Cu^{2+} bzw. Cu^{+}. Bei Belichtung scheidet sich kolloidales Silber aus. Im Gegensatz zum fotografischen Prozess (↑ 20.2.3) ist der Vorgang völlig reversibel; Anwendung für Sonnenschutzgläser.

Pyrokeram ist Glas, das nach dem Erstarren durch gesteuerte Wärmebehandlung zu einer gezielten Mikrokristallisation gebracht wurde. Es enthält spezielle Keimbildner, z. B. Titan(IV)-oxid, TiO_2, Chrom(III)-oxid, Cr_2O_3, Fluoride u. a. und ist undurchsichtig, sehr abriebfest, sehr temperaturwechselbeständig und von hoher Festigkeit.

Silicatkeramik

Silicatkeramik [*keramos* (grch.) Ton]: durch Brennen (Erhitzen von geformtem feuchtem Ton, evtl. mit Zuschlägen von Quarzsand und Feldspat, bis zum Sintern – nicht Schmelzen) erzeugte Materialien, die in der Hauptsache aus Aluminiumsilicat (Mullit, $3Al_2O_3 \cdot 2\ SiO_2$) bestehen.
„Geschirr“ = dünnwandige, „Baustoffe“ = dickwandige Erzeugnisse. Je nach dem Grade der Sinterung unterscheidet man:

- **Irdengut** (Tongut)
  Brenntemperatur niedrig (900 bis 1200 °C); Scherben porös (klebt an der Zunge), wasserdurchlässig (durch Glasur wasserdicht), nicht durchscheinend, durch Stahl leicht ritzbar.
  - **Ziegelware:** Mauer-, Dachziegel, Drainrohre. Die rote Farbe mancher Ziegel beruht auf Eisen(III)-oxid,Fe_2O_3. Stärker, bis zur Sinterung gebrannter Ziegel = Klinker.
  - **Feuerfeste Baustoffe:** Schamotte.
  - **Gemeines Geschirr:** Blumentöpfe, Töpfergeschirr, Ofenkacheln.
  - **Weißes Geschirr:** Steingut, z. B. Waschbecken, Sanitärkeramik, Wandplatten; aus reineren Rohstoffen; doppelter Brand, dazwischen Glasur und evtl. Färbung.
- **Sintergut (Tonzeug)**
  Brenntemperatur hoch (1200 °C bis 1500 °C); Scherben dicht, wasserundurchlässig, mit Stahl kaum ritzbar.
  - **Steinzeug:** Scherben nicht durchscheinend; aus Ton, Kaolin, Quarz und Feldspat, z. B. Ausgussbecken, Kanalisationsrohre, Fliesen; doppelter Brand; Zwischenglasur.
  - **Porzellan:** Scherben durchscheinend, weiß, hart, klingend. Edelstes keramisches Erzeugnis; auch als Elektroisoliermaterial verwendet. In China bereits im 6. Jahrhundert, in Europa seit 1709 (FRIEDRICH BÖTTGER, Meißen) hergestellt. Ausgangsstoffe: reiner geschlämmter Kaolin, Quarzsand und Feldspat (2:1:1). Nach einer gewissen Lagerung wird die Masse auf der Drehscheibe oder durch Gießen in Gips geformt, langsam getrocknet, in Porzellanöfen bei 900 °C rohgebrannt, in Glasurflüssigkeit (Aufschlämmung von Kalk + Feldspat + Kaolin) getaucht und dann bei 1400 °C gargebrannt (glattgebrannt). Schmelzfarben werden unter oder auf die Glasur gebracht; Unterglasurfarben sind besonders haltbar. Beim Brennen tritt Schwindung ein, d. h., die Ausmaße verkleinern sich.

Zement

Zement: in Anlehnung an EN 197-1/DIN 1164 ein „fein gemahlener Stoff, der, mit Wasser angemacht, *Zementleim* ergibt, welcher durch chemische Bindung von Wasser (Hydratation) erstarrt und erhärtet und nach dem Erhärten auch unter Wasser fest und raumbeständig bleibt.“
Er bildet ein graues, seltener weißes Pulver aus Calcium-silicaten und -aluminaten, das im Gegensatz zu Kalkmörtel zum Abbinden kein Kohlenstoffdioxid (und damit keine Luft) benötigt. Da Zement unter Bindung von Wasser erstarrt, gehört er zu den *hydraulischen Bindemitteln*. Zusätze von Calciumsulfat (Gips, Halbhydrat oder Anhydrit) regeln das Abbinden.

- **Portlandzement:** bezüglich der Festigkeitseigenschaften am hochwertigsten; hergestellt durch Brennen feingemahlener Gemische aus Kalkstein und Ton bei 1450 °C in Drehrohröfen; die zu Zementklinkern gesinterte Masse wird feingemahlen.
- **Portlandhüttenzement**, früher Eisenportlandzement: mind. 70 % Portlandzementklinker + granulierte, abgeschreckte Hochofenschlacke, gemeinsam vermahlen.
  Hochofenzement: desgl. mit weniger als 70 % Portlandzement.
  Portlandzementklinker kann auch mit Flugasche, Lavamehl u. a. Substanzen vermahlen werden (Portland-Flugasche-Zement usw.)
- Zementmörtel = Zement + Sand + Wasser.

- Beton = Zementmörtel mit grobem Kies und Steinsplitt.
  Armierter Beton enthält Stahlstäbe oder -gitter;
  Porenbeton ist sehr porös.
  Beton ist ein wichtiger Baustoff; er ist empfindlich gegenüber sauren, auch stark kohlensauren Wässern. Auch von Sulfat-Ionen wird er angegriffen („Sulfattreiben").

Ultramarin: leuchtend blaues, ungiftiges Farbpigment, schwefelhaltiges Natrium-aluminat-silicat, hergestellt durch Erhitzen von Kaolin, Quarz, Natriumsulfat und Kohle auf ca. 800 °C; in der Natur als *Lapislazuli* (*Lasurit*). Durch Variation der Rohstoffe lassen sich auch andersfarbige Ultramarin erzeugen.

14.3.7 Weitere Siliciumverbindungen

Silane, Siliciumhydride, z. B. **Monosilan,** SiH_4; **Disilan,** Si_2H_6; **Trisilan,** Si_3H_8 usw.: Sie entsprechen im Aufbau den Alkanen, sind aber viel unbeständiger und z. T. an der Luft selbstentzündlich. Die niederen Glieder sind Gase; SiH_4 hat einen schwachen, dumpfen Geruch.

Silicide: Verbindungen zwischen Metallen und Silicium, z. B. Magnesiumsilicid, Mg_2Si, hergestellt durch Erhitzen von Quarzsand mit Magnesiumpulver; ergibt mit Salzsäure Silane, die an der Luft mit lautem Knall verpuffen.

Tetrafluorsilan, Siliciumtetrafluorid, SiF_4: farbloses Gas; bildet sich aus Silicaten durch Flusssäure; entsteht als Nebenprodukt beim Aufschluss von (silicathaltigen) Apatiten mit Schwefelsäure zur Superphosphatherstellung. Mit überschüssiger Flusssäure entsteht die nur in wässriger Lösung bekannte **Hexafluorokieselsäure**, $H_2[SiF_6]$, eine starke, Glas nicht ätzende Säure. Ihre Salze heißen **Hexafluorosilicate;** die des Natriums, Kaliums, Calciums und Bariums sind schwer löslich; Verwendung als Holzschutzmittel und Trübungsmittel für Email. Lösliche Fluorosilicate dienen zur Härtung und Dichtung kalkhaltiger Baustoffe (Fluatieren); das entstehende Calciumfluorosilicat, $CaSiF_6$, verstopft hierbei die Poren.

Tetrachlorsilan, Siliciumtetrachlorid, $SiCl_4$: farblose, an der Luft stark rauchende Flüssigkeit (*Kp* 56,8 °C), die mit Wasser zu Kiesel- und Salzsäure zerfällt.

Trichlorsilan, $SiHCl_3$ (*Kp* 33 °C), ist Zwischenprodukt bei der Herstellung von Reinst-Silicium.

Siliciumcarbid, Carborundum, SiC: sehr harte, farblose, jedoch meist graue, trübe Kristalle (*F* 2700 °C), hergestellt aus Kohle und Sand im elektrischen Ofen. Verwendung als Schleif- und Poliermittel sowie als elektrischer Heizwiderstand (Silitstäbe).

Silicone (↑ 43.6) enthalten …–Si–O–Si–O–…-Ketten und -Netze, wobei die restlichen Valenzen des Siliciums durch organische Reste (Alkylgruppen u. dgl.) abgesättigt sind.

14.4 Germanium und Germaniumverbindungen

Symbol: Ge [von *Germania* = Deutschland]; **Oxidationszahlen: +4**, selten +2 und −4.

Entdeckung: von Dmitri Iwanowitsch Mendelejew 1871 als „Ekasilicium" vorausgesagt; von Clemens Winkler 1885 in Freiberg/Sa. im Silbererz Argyrodit, Ag_8GeS_6, entdeckt.

Vorkommen: weit verbreitet, jedoch in sehr geringer Konzentration; fast immer als Begleiter anderer Minerale (Zinkblende, Kupferschiefer), auch in Steinkohlenflugasche.

Elementares Germanium (siehe auch Tabelle 14-1): sprödes, silberglänzendes Metall; elektrischer Halbleiter; an der Luft sehr beständig; wird von Salpetersäure, heißer konzentrierter Schwefelsäure und alkalischer Wasserstoffperoxidlösung angegriffen. Verwendung als Infrarot-Halbleiter; das hierfür verwendete Germanium muss extrem rein sein (Reinheitsstufe 9 = 99,999 999 9%ig).

Germaniumverbindungen:
Germanium(IV)-oxid, GeO_2; weißes, sandiges Pulver; *F* 1115 °C.
Germanium(IV)-chlorid, $GeCl_4$: farblose, bei 83,4 °C siedende Flüssigkeit; bildet sich mit HCl aus GeO_2 und dient wegen seiner Flüchtigkeit zur Abtrennung des Germaniums von anderen Elementen. In Wäschern (mit H_2O) entsteht aus $GeCl_4$ bei pH-Werterhöhung gereinigtes GeO_2 zurück.
Germaniumhydride heißen **Germane.**
Germanium(II)-verbindungen sind unbeständig.

14.5 Zinn und Zinnverbindungen

14.5.1 Allgemeines

Symbol: Sn [*stannum* (lat.); vgl. Stanniol]; **Oxidationszahlen: +2, +4.**

Vorkommen: relativ selten; nur chemisch gebunden. Einziges wichtiges Mineral ist Zinnstein (Kassiterit), SnO_2.

Nachweis: „Leuchtprobe“. Die Probe wird mit Zink und Salzsäure versetzt, ein teilweise mit Wasser gefülltes Reagenzglas in das flüssige Gemisch getaucht und anschließend in die Bunsenbrennerflamme eingebracht. Ein blaues Leuchten am Glas, herrührend von $SnCl_2$, zeigt die Anwesenheit von Zinn an.

14.5.2 Elementares Zinn

Entdeckung: seit dem Altertum bekannt (Bronzezeit).

Herstellung:

- technisch aus Zinnstein durch Erhitzen mit Kohle im Flammofen bei 1100 °C;

  $$SnO_2 + 2\,C \rightarrow Sn + 2\,CO.$$

  Das Rohzinn wird elektrolytisch oder durch Seigern gereinigt. (Seigern = Ablaufenlassen geschmolzenen Metalls auf einer geneigten Eisenplatte. Reines Metall rinnt ab, während schwerer schmelzbare Legierungen, insbesondere mit Eisen, körnig zurückbleiben.)
- aus Zinnsalzen durch Elektrolyse oder durch Einwirkung unedler Metalle, z. B. Zink, in schönen Kristallen („Zinnbaum“);

  $$SnCl_2 + Zn \rightarrow ZnCl_2 + Sn \qquad \text{bzw.} \qquad Sn^{2+} + Zn \rightarrow Zn^{2+} + Sn.$$
- Wichtigster *Sekundärrohstoff* ist Weißblechabfall.

Modifikationen:

- α-Zinn, graues Zinn (unterhalb 13 °C beständig): graues Pulver; „Zinnpest“ = Umwandlung des metallischen normalen Zinns (β-Zinn) in α-Zinn bei niedrigen Temperaturen; die Gegenstände zerfallen dabei langsam zu grauem Pulver, vermeidbar durch Einlegieren von Bismut.)
- β-Zinn (13 °C bis 161 °C): stark silberglänzend, sehr weich, jedoch härter als Blei. „Zinngeschrei“ beim Biegen.

- „γ-Zinn“: Oberhalb 161 °C wird Zinn sehr spröde und leicht pulverisierbar. Man schrieb dies früher einer Modifikation „γ-Zinn“ zu, jedoch haben neuere Forschungen ergeben, dass die beobachtete Eigenschaftsänderung auf Spuren von Verunreinigungen zurückzuführen ist.

Eigenschaften (siehe auch Tabelle 14-1): gut gieß- und lötbar; an der Luft sehr beständig; in Salz- und Schwefelsäure langsam zu Zinn(II)-salzen löslich; mit Salpetersäure entsteht weiße, unlösliche „Zinnsäure“; mit warmer Natronlauge Natriumstannat(II) und -stannat(IV). Zinn ist umweltneutral.

Verwendung: zur Verzinnung, z. B. für Weißblech (verzinntes Eisen, z. B. für Konservendosen, da Zinn schwer angegriffen wird und Zinnverbindungen nicht speziell giftig sind); für Weichlot und andere Legierungen; früher auch für Zinngeschirr u. dgl.

Legierungen:

Weichlot	= 2 bis 90 % Zinn + 98 bis 10 % Blei (Schmelzbereich 185 bis 310 °C)
Britanniametall	= 70 bis 90 % Zinn, daneben Kupfer und Antimon
Zinnbronze	= 80 bis 90 % Kupfer + 20 bis 10 % Zinn; ferner Rotguss, Schriftmetalle, Lagermetalle

Verzinnen:

- *Feuerverzinnen*: Tauchen in geschmolzenes Zinn.
- *Galvanisches Verzinnen*:
  - in sauren Elektrolyten aus Zinn(II)-sulfat, Phenolsulfonsäure und Gelatine oder aus Zinn(II)-fluoroborat und Fluoroborsäure;
  - in heißen, alkalischen Elektrolyten aus Natriumstannat(IV) und -hydroxid.

14.5.3 Zinnverbindungen

Allgemeines: Zinn(II)-verbindungen gehen leicht in Zinn(IV)-verbindungen über; sie wirken dadurch reduzierend. Die meisten Zinnverbindungen sind farblos.

Zinn(II)-chlorid, $SnCl_2 \cdot 2\,H_2O$: weiße Kristalle, die nur in Gegenwart freier Säure in Wasser klar löslich sind, anderenfalls Niederschläge von Hydroxidsalzen, z. B. Sn(OH)Cl, ergeben; löst sich bei 40,5 °C im frei werdenden Kristallwasser; scheidet Gold und Silber aus ihren Lösungen aus, z. B.

$$2\,H[AuCl_4] + 3\,SnCl_2 \rightarrow 2\,Au + 3\,SnCl_4 + 2\,HCl$$

für chromatarmen Zement (reduziert Cr VI).

Zinn(IV)-chlorid, $SnCl_4$: farblose, an der Luft rauchende Flüssigkeit; *Kp* 113,9 °C, entsteht aus Zinn + Chlor, z. B. bei der Entzinnung von Weißblechabfällen; ergibt mit Salzsäure **Hexachloridozinn(IV)-säure**, $H_2[SnCl_6]$, deren Ammoniumsalz **Ammoniumhexachloridostannat(IV)**, $(NH_4)_2[SnCl_6]$, sehr beständig ist und in der Färberei als Beize („Pinksalz“; pink = rosa bis rotviolett) Anwendung findet.

Zinnoxide: Zinn(II)-oxid, SnO, blauschwarzes Pulver;
Zinn(IV)-oxid, SnO_2, weißes Pulver; sublimiert oberhalb 1800 °

Stannate(II), entstehen aus dem amphoteren Zinn(II)-hydroxid oder aus Zinn durch Auflösen in Natronlauge, z. B. Natriumstannat(II), $Na_2[Sn(OH)_4]$.

Stannate(IV) entstehen ebenso aus Zinn(IV)-hydroxid bzw. Zinnsäure, z. B. Natriumstannat(IV), $Na_2[Sn(OH)_6]$.

Zinnsäure ist $SnO_2 \cdot x\,H_2O$; bisweilen vereinfacht als H_2SnO_3 formuliert. Weiße unlösliche Flocken oder weißes Pulver; entsteht aus Sn + HNO_3; bildet mit Säuren Zinn(IV)-salze, mit Alkalien Stannate(IV).

Zinnsulfide: SnS braun; SnS_2 gelb; beide fallen durch Schwefelwasserstoff aus schwach saurer Lösung aus. SnS_2 löst sich in Ammoniumsulfid zu Ammoniumthiostannat(IV), $(NH_4)_2SnS_3$.

14.6 Blei und Bleiverbindungen

14.6.1 Allgemeines

Symbol: Pb [*plumbum* (lat.); daher auch „Plombe"]; **Oxidationszahlen: +2, +4.**

Geschichte: seit dem Altertum bekannt.

Minerale: Bleiglanz (Galenit) PbS (meist silberhaltig!)
Weißbleierz (Cerussit) $PbCO_3$

Physiologie: Blei und seine Verbindungen sind sehr giftig; bei dauernder Aufnahme kleiner Bleimengen (auch durch die Haut) kommt es zu chronischen Vergiftungen.
Symptome: Abmagerung, Bleikoliken, Nierenschädigungen, Muskelschwäche, schwarzgrauer „Bleisaum" (PbS) am Zahnfleisch.

14.6.2 Metallisches Blei

Herstellung:

- *Röstreduktionsverfahren*:
  Nach Anreicherung durch Flotation wird Bleiglanz an der Luft geröstet:

  $$2PbS + 3\,O_2 \rightarrow 2\,PbO + 2\,SO_2.$$

  Durch Reduktion des Oxids im Schachtofen mit Koks und Kohlenstoffmonoxid

  $$PbO + CO \rightarrow Pb + CO_2$$

  entsteht „Werkblei", das entsilbert sowie von Kupfer, Eisen, Zinn, Arsen und Antimon befreit wird; Bismut belässt man meist im Blei. Besonders reines Blei entsteht durch elektrolytische Raffination mit Fluorosilicatelektrolyten.
- *Röstreaktionsverfahren:*
  Besonders reine Erze röstet man nur teilweise ab; dann erfolgt beim Erhitzen die Reaktion:

  $$PbS + 2\,PbO \rightarrow 3\,Pb + SO_2.$$

- aus Bleisalzen durch Elektrolyse oder durch Einwirkung von Zink („Bleibaum"-Bildung):

  $$Pb(NO_3)_2 + Zn \rightarrow Zn(NO_3)_2 + Pb;$$

  auch durch Erhitzen von Bleioxid im Wasserstoffstrom:

  $$PbO + H_2 \rightarrow Pb + H_2O.$$

- Wichtigster Sekundärrohstoff ist Akkumulatorenschrott.

Eigenschaften (siehe auch Tabelle 14-1): schweres, bläulich-weißes, sehr weiches Metall; gut gieß-, schweiß-, löt- und walzbar; an der Luft, in hartem Wasser und in Schwefelsäure sehr beständig (Ausbildung unlöslicher Oxid-, Carbonat- bzw. Sulfatdeckschichten), nicht dagegen in weichem Wasser mit viel CO_2 [Bildung von löslichem Bleihydrogencarbonat, $Pb(HCO_3)_2$]. Leicht löslich in Salpetersäure:

$$3\,Pb + 8\,HNO_3 \rightarrow 3\,Pb(NO_3)_2 + 2\,NO + 4\,H_2O;$$

auch lufthaltige Essigsäure greift ziemlich rasch an.

Verwendung: für Kabelmäntel, Akkumulatoren, Bleiauskleidungen als Schutz gegen Schwefelsäure; zur Herstellung von Bleiverbindungen; für Lot-, Schrift-, Lagermetalle und andere Legierungen; als Strahlenschutzmaterial, früher auch für Wasserrohre.

Legierungen:

Hartblei:	Pb mit 1 bis 12 % Sb (Akkumulatorenplatten enthalten 9 % Sb)
Weichlot:	Pb mit 2 bis 90 % Sn
Grafische Legierungen (Schriftmetalle):	Pb mit 12 bis 28 % Sb und 3 bis 9 % Sn
Lagermetalle (Weißmetalle):	Pb mit 5 bis 80 % Sn, < 20 % Sb, wenig Cd oder Cu
Bleibronze:	Cu mit bis 40 % Pb, dazu Sn oder andere Metalle.

Verbleien: durch Aufschweißen von Bleiblechen oder galvanisch in Elektrolyten aus Bleiphenolsulfonat und Gelatine; auch Blei(II)-hexafluorosilicat, $Pb[SiF_6]$, wird verwendet.

14.6.3 Bleiverbindungen

Allgemeines: Blei(IV)-verbindungen gehen leicht in die beständigeren Blei(II)-verbindungen über. Pb^{2+}-Ionen sind farblos; manche Verbindungen sind jedoch farbig. Schwer löslich sind: Bleicarbonat, -sulfat, -phosphat (weiß); -chromat, -iodid (gelb); -sulfid (schwarz). Blei(II)-oxid sieht gelb oder rot, Blei(II,IV)-oxid rot, Blei(IV)-oxid dunkelbraun aus.

Bleioxide: Blei(II)-oxid, Bleiglätte, PbO, bildet sich auf geschmolzenem Blei an der Luft; gelbes Pulver, auch in einer roten Form erhältlich; *F* 888 °C; dient zur Herstellung von Mennige.

Blei(II,IV)-oxid, Tribleitetraoxid, Pb_3O_4, Bleimennige, genauer Blei(II)-plumbat(IV), $Pb_2(PbO_4)$: hochrotes Pulver; aus PbO an der Luft bei 500 °C; Verwendung für Rostschutzanstriche, Schmelzfarben und Bleiglas.

Blei(IV)-oxid, PbO_2, dunkelbraun, bildet sich beim Aufladen von Blei-Akkumulatoren auf den positiven Platten.

Blei(II)-hydroxid, $Pb(OH)_2$, fällt aus Bleisalzlösungen durch Alkalilaugen als weißer Niederschlag; im Überschuss der Lauge zu **Plumbat(II)** löslich:

$$Pb(OH)_2 + 2\,NaOH \rightarrow Na_2[Pb(OH)_4].$$

Bleinitrat, $Pb(NO_3)_2$, farblos, leicht löslich, zerfällt beim Erhitzen gemäß

$$2\,Pb(NO_3)_2 \rightarrow 2\,PbO + 4\,NO_2 + O_2.$$

Bleisulfat, $PbSO_4$, ist schwer löslich und fällt z. B. beim Auflösen von Bleisalzen in Leitungswasser als Trübung aus. Analytisch wichtig ist seine Löslichkeit in Ammoniumtartratlösung (Gegensatz zu den Sulfaten von Barium, Strontium und Calcium).

Bleiacetat, „Bleizucker“, $Pb(CH_3COO)_2$, schmeckt süß; mit Bleiacetat getränktes Papier („Bleipapier“ zeigt Schwefelwasserstoff durch Schwärzung (PbS) an.

Blei(II)-chlorid, $PbCl_2$, farblos, ist in der Hitze leicht, in der Kälte schwer löslich; *F* 504 °C.

Blei(IV)-chlorid, $PbCl_4$, ist eine schwere, schwach gelbe Flüssigkeit, Dichte 3,18 $g \cdot cm^{-3}$, die an der Luft raucht und sich bei 105 °C explosionsartig zersetzt.

Blei(II)-iodid, PbI_2, leuchtend gelb, kristallisiert, wenig wasserlöslich; *F* 412 °C; löst sich auf Zusatz von Kaliumiodid, KI, fast farblos in Aceton zu **Kaliumtriiodoplumbat,** $K[PbI_3]$. Damit getränktes und getrocknetes Papier dient als Nachweis für *Wasser* (Gelbfärbung durch Ausscheidung von PbI_2).

Tetraethylblei, „Bleitetraethyl", $Pb(C_2H_5)_4$, farblose, sehr giftige, brennbare Flüssigkeit von süßlichem Geruch; diente als Antiklopfmittel zum „Verbleien" von Benzin (bis 0,04 %). Es wird aus einer Blei-Natrium-Legierung durch Monochlorethen hergestellt:

$$PbNa_4 + 4\ C_2H_5Cl \rightarrow Pb(C_2H_5)_4 + 4\ NaCl.$$

Wegen Umweltschädigung ging die Anwendung verbleiten Benzins stark zurück und wurde schließlich völlig eingestellt.

Bleisilicat, aus Mennige und Quarzsand erschmolzen, dient als Fritte zur Herstellung von Schmelzfarben für Porzellan und andere Silicatkeramik. Die Schmelzfarbe entsteht durch einen erneuten Schmelzprozess aus der Fritte und farbgebenden Metallverbindungen, z. B. Chrom(III)-oxid, Cobaltcarbonat u. a. Die pulverisierte Schmelzfarbe wird auf oder unter die Glasur gemalt, gedruckt oder in Form von Abzieh- bzw. Schiebebildern aufgebracht; ein erneutes Brennen bewirkt die Verbindung mit dem keramischen Grundkörper.

Bleiazid, $Pb(N_3)_2$, und **Bleitrinitroresorcinat** (↑ 39.3.7) sind Initialzündstoffe.

Bleihaltige Pigmente:

- **Bleimennige** = Blei(II,IV)-oxid, Pb_3O_4; rot;
- **Bleiweiß** = Bleihydroxidcarbonat, etwa $2\ PbCO_3 \cdot Pb(OH)_2$;
  deckendes Weißpigment; dunkelt jedoch an der Luft nach (Bildung von PbS);
- **Chromgelb** = Bleichromat, $PbCrO_4$;
  fällt als leuchtend gelber Niederschlag beim Vermischen von Bleisalz- und Chromatlösungen aus;
- **Chromrot** = Bleioxidchromat, etwa $PbO \cdot PbCrO_4$.

15 Elemente der V. Hauptgruppe (Stickstoffgruppe, Pentele, Gruppe 15)

15.1 Allgemeines

Elemente: Stickstoff (N), Phosphor (P), Arsen (As), Antimon (Sb), Bismut (Bi).

Oxidationszahlen: +5, +3, -3. Die Beständigkeit der Oxidationsstufe +5 und −3 nimmt von Stickstoff zu Bismut ab, die der Oxidationsstufe +3 dagegen zu. Bismut(III)-verbindungen sind weitaus beständiger als Bismut(V)-verbindungen.

Tabelle 15-1: *Stickstoffgruppe*

	Stickstoff	**Phosphor**	**Arsen**	**Antimon**	**Bismut** (Wismut)
Symbol	N	P	As	Sb	Bi
Kernladungszahl	7	15	33	51	83
Relative Atommasse	14,007	30,974	74,922	121,76	208,98
Schmelzpunkt (in °C)	−210	weiß: 44,1	817 [1)]	630	271
Siedepunkt (in °C)	−196	weiß: 280	613	subl. 1753	1560
Dichte (in $g \cdot cm^{-3}$ bei 20 °C)	(0,81) [2)]	weiß: 1,82	5,73	6,68	9,79
Häufigkeit (Erdkruste %)	$3 \cdot 10^{-2}$	$9 \cdot 10^{-2}$	$5{,}5 \cdot 10^{-4}$	$6{,}5 \cdot 10^{-5}$	$2 \cdot 10^{-5}$
Oxidationszahlen	+5	Beständigkeit abnehmend →			
	+3	Beständigkeit zunehmend →			
	−3	Beständigkeit abnehmend →			
Charakter	Nichtmetall	Nichtmetall	zunehmend metallisch →		Metall
Element(V)-hydroxide	HNO_3 starke Säure	H_3PO_4 Säurestärke abnehmend →	H_3AsO_4	H_3SbO_4	($HBiO_3$)
Salze	Nitrat	Phosphat	Arsenat	Antimonat(V)	Bismutat
Element(III)-hydroxide	HNO_2 schwache Säure	H_3PO_3 Säurestärke abnehmend →	$As(OH)_3$ amphoter	$Sb(OH)_3$ amphoter	$Bi(OH)_3$ Base
Salze	Nitrit	Phosphit	Arsenit	Antimonat(III)	–
Hydride	NH_3 Ammoniak basisch	PH_3 Phosphan zunehmend sauer →	AsH_3 Arsan	SbH_3 Stibin	BiH_3 Bismutin
Salze	Nitrid	Phosphid	Arsenid	Stibid (Antimonid)	–

[1)] Bei Normaldruck sublimiert As bei 613 °C; unter 40 bar schmilzt As bei 817 °C.
[2)] bezieht sich auf flüssigen Stickstoff

Elementverbindungen: Der metallische Charakter nimmt von Stickstoff zu Bismut zu. Phosphor, Arsen und Antimon existieren in metallischen und nichtmetallischen Modifikationen, während Stickstoff nur als Nichtmetall, Bismut nur als Metall vorkommt.

Hydroxide: Die **Element(V)-hydroxide** sind in wasserärmeren Formen durchweg Säuren, deren Stärke von HNO_3 über H_3PO_4, H_3AsO_4, H_3SbO_4 zu $HBiO_3$ abnimmt.
Die **Element(III)-hydroxide** sind schwächer sauer bzw. stärker basisch als die entsprechenden (V)-Verbindungen; HNO_2 und H_3PO_3 sind schwache Säuren. $As(OH)_3$ und $Sb(OH)_3$ sind amphoter, und $Bi(OH)_3$ ist eine Base. Verglichen mit den entsprechenden Verbindungen der IV. Hauptgruppe haben alle Hydroxide der V. Gruppe stärker sauren, verglichen mit denen der VI. Hauptgruppe schwächer sauren Charakter.

Hydride: Die Beständigkeit der Wasserstoffverbindungen nimmt von Stickstoff zu Bismut ab. Ammoniak, NH_3, ergibt mit Säuren Ammoniumsalze, Phosphan, PH_3, unbeständigere Phosphoniumsalze; andererseits lassen sich die Wasserstoffatome der Hydride unter Bildung von Nitriden, Phosphiden usw. vom Stickstoff zum Bismut zunehmend leichter durch Metall ersetzen; der saure Charakter nimmt also zu.

15.2 Stickstoff und Stickstoffverbindungen

15.2.1 Allgemeines

Symbol: N [*nitrogenium* (grch.-lat.) Salpeterbildner];

Oxidationszahlen: **+5**, +4, **+3**, +2, +1, −1, −2, **−3**.

Vorkommen:

- *frei* als Hauptbestandteil der Luft (78,1 Vol.-%);
- *anorganisch gebunden* im **Natronsalpeter** ($NaNO_3$; Vorkommen als „Chilesalpeter") und **Kalisalpeter** (KNO_3) sowie im **Ammoniak** (Fäulnisprodukt);
- *organisch gebunden* in allen Organismen: in **Eiweißstoffen** (Proteine und Proteide), **Nucleinsäuren** und den Stoffwechselendprodukten **Carbamid** (Harnstoff) und **Harnsäure**.

Biologische Bedeutung: Stickstoff ist als Bestandteil der Eiweißstoffe und Nucleinsäuren für alle Organismen lebensnotwendig. Jedoch vermögen nur bestimmte Bakterien den Luftstickstoff (mithilfe molybdänhaltiger Biokatalysatoren) unmittelbar zu binden; alle anderen Organismen sind auf Zufuhr von Stickstoffverbindungen angewiesen. Die Pflanzen entnehmen dem Boden anorganisch gebundenen Stickstoff (Nitrate; Ammoniumverbindungen); die Tiere verwerten den organisch gebundenen Stickstoff ihrer tierischen oder pflanzlichen Nahrung.

Bei der Verwesung der Organismen entsteht aus den Eiweißstoffen hauptsächlich Ammoniak. Endprodukt des Stickstoff-Stoffwechsels der höheren Organismen ist Carbamid (Harnstoff), seltener (bei Vögeln und Reptilien) Harnsäure.

15.2.2 Elementarer Stickstoff

Formel: N_2;

Struktur: :N⋮⋮N: (N≡N)

Entdeckung: in der 2. Hälfte des 18. Jahrhunderts; die Existenz wurde erstmals 1772 durch CARL WILHELM SCHEELE (Schweden) und DANIEL RUTHERFORD (Schottland) beschrieben.

Herstellung:

- chemisch rein durch Erhitzen von Ammoniumnitrit: $NH_4NO_2 \rightarrow N_2 + 2\,H_2O$;
- Stickstoff entsteht auch bei der Diazospaltung (↑ 39.3.9) als Nebenprodukt.
- als „Luftstickstoff" (edelgashaltig)
  - physikalisch nach dem LINDE-Verfahren (fraktionierte Kondensation und Destillation von Luft bei tiefen Temperaturen);
  - chemisch durch Bindung des Luftsauerstoffs an Koks (siehe Luftgas (↑ 14.2.3)), glühendes Kupfer, Eisenpulver oder alkalische Pyrogallollösung.

Eigenschaften (siehe auch Tabelle 15-1): farb-, geruch- und geschmackloses Gas; im Gegensatz zu Sauerstoff auch in flüssigem und festem Zustand farblos. Stickstoff ist sehr reaktionsträge; er verbindet sich bei gewöhnlicher Temperatur nur mit Lithium, bei höherer auch mit einigen anderen Elementen, wie Calcium und Magnesium, zu **Nitriden**, z. B. gemäß

$$3\,Mg + N_2 \rightarrow Mg_3N_2.$$

Technische Bindung des Luftstickstoffs

Wegen der Seltenheit stickstoffhaltiger Minerale und anderer Stickstoffquellen (Gaswasser der Kohleentgasung; tierische und pflanzliche Produkte; Teere) ist der Luftstickstoff trotz seiner Reaktionsträgheit Ausgangsstoff für die Herstellung fast aller wichtigen Stickstoffverbindungen.

Zwei Verfahren:

- Bindung an *Wasserstoff:* Ammoniaksynthese (↑ 15.2.3) nach HABER-BOSCH (weitaus wichtigstes Verfahren);
- Bindung an *Calciumcarbid:* Kalkstickstoffsynthese (↑ 15.2.7) nach FRANK-CARO;

Durch die Technik werden der Atmosphäre jährlich etwa 10^6 t Stickstoff entnommen; die Gesamtmenge beträgt etwa $3 \cdot 10^{15}$ t.

Verwendung: Stickstoff kommt mit 150 bar in grün gekennzeichneten Stahlflaschen in den Handel. Schutzgas für Lagerung, Transport und chemische Umsetzungen feuergefährlicher oder sauerstoffempfindlicher Stoffe, z. B. beim Schmelzspinnen von Polyamidfaserstoffen.

15.2.3 Ammoniak, NH_3

Vorkommen: Verwesungsprodukt von Organismen.

Herstellung:

- durch „Verdrängen" aus Ammoniumsalzen mit weniger flüchtigen Basen, z. B. Alkalihydroxiden:

  $$NH_4Cl + KOH \rightarrow KCl + NH_3 + H_2O,$$

  oder durch Erhitzen von Ammoniakwasser und Trocknen des Gases durch „Natronkalk" (NaOH + CaO);
- technisch in sehr großen Mengen durch Synthese

  $$N_2 + 3\,H_2 \rightleftharpoons 2\,NH_3; \qquad \Delta_R H^\ominus = -91{,}8\ \mathrm{kJ \cdot mol^{-1}}$$

  nach dem HABER-BOSCH-Verfahren; in kleinen Mengen aus dem Gaswasser der Kokereien.

Die technische Ammoniaksynthese

- **Geschichte:** 1905 bis 1910 von FRITZ HABER theoretisch begründet, wurde das Verfahren von 1913 an durch CARL BOSCH in Oppau bei Ludwigshafen praktisch erprobt und seit 1916 in den eigens dafür erbauten Leunawerken großtechnisch durchgeführt.

- **Theorie:** Die Bildung von Ammoniak gemäß der Gleichung

  $$N_2 + 3\,H_2 \rightleftharpoons 2\,NH_3$$

  ist exotherm und verläuft nach A. AVOGADRO unter Volumenverkleinerung (1 Vol. N_2 + 3 Vol. H_2 ergeben 2 Vol. NH_3). Deshalb wird die Ausbeute an NH_3 nach LE CHATELIER durch erhöhten Druck (↑ 6.2.2) und niedrige Temperatur (↑ 6.2.1) verbessert. Reaktionshemmungen bei niedrigen Temperaturen werden durch Katalysatoren jedoch erst oberhalb 450 °C wirksam beseitigt. Man erzielt bei 500 °C und 250 bar in Anwesenheit von Eisen-Alkalihydroxid-Tonerde-Katalysatoren Ausbeuten von etwa 15 %. Weitgehender Umsatz wird dadurch erreicht, dass man das erzeugte Ammoniak aus dem Gleichgewicht entfernt und das Restgas, ergänzt durch Frischgas, erneut durch den Reaktor leitet. Durch ständige Entfernung des Ammoniak und Kreislaufführung des Restgases erzielt man einen praktisch vollständigen Stoffumsatz.
- **Praxis:**
  Erzeugung von Synthesegas
  1. aus festen Einsatzprodukten (Braun- und Steinkohlenkoks, Trockenbraunkohle) durch **Feststoffvergasung** mit Wasserdampf, Sauerstoff und Luft in Gasgeneratoren; siehe auch Luftgas (↑ 14.2.3), Mischgas (↑ 14.2.3), Wassergas (↑ 10.2).
     Es entstehen Gemische aus N_2, H_2, CO und wenig CO_2, die entschwefelt, konvertiert (↑ 10.2), vom CO_2 befreit und feingereinigt werden.
  2. aus flüssigen Einsatzprodukten (Heizöle, Rückstandsöle der Erdöldestillation) durch **Öldruckvergasung**. Das am Kopf eines Stahlzylinders zerstäubte Öl reagiert in einer Flammzone bei 30 bis 60 bar und 1200 bis 1600 °C mit Sauerstoff und Wasserdampf. Das Produkt (im Wesentlichen CO und H_2) gelangt über einen Rußabscheider und einen COS-Reaktor (katalytische Umsetzung von Kohlenstoffoxidsulfid COS, mit Wasserdampf gemäß $COS + H_2O \rightleftharpoons CO_2 + H_2S$) zur Entschwefelung, Konvertierung und Feinreinigung; schließlich wird noch N_2 beigefügt.
  3. aus gasförmigen oder leicht verdampfbaren Einsatzprodukten (Erdgas, Methan, Flüssiggas, Raffineriegase, Benzin) durch das **Dampfreformierverfahren** (Dampfreforming). Die entschwefelten Gase bzw. verdampften Flüssigkeiten werden in einem gas- oder ölbeheizten Röhrenreaktor bei etwa 30 bar in endothermer Reaktion katalytisch mit Wasserdampf umgesetzt, z. B.
     $CH_4 + H_2O \rightleftharpoons CO + 3\,H_2$; $C_nH_{2n+2} + n\,H_2O \rightleftharpoons n\,CO + (2n{+}1)\,H_2$.
     Während man für die Methanolsynthese und zur Wasserstoffgewinnung bei 900 °C arbeitet, führt man die Reaktion für die Ammoniaksynthese bei 700 °C unvollständig durch und setzt den Rest unter Luftbeigabe (Einführung von Stickstoff!) in einem Sekundärreformer exotherm um.
     Das Produkt (z. B. 32 Vol.-% N_2, 48% H_2, 25% CO, 5% CO_2, edelgashaltig) gelangt über Konvertierung, Kohlenstoffdioxidwäsche und Feinreinigung zur Synthese.

Entschwefelung (beim Dampfreformieren vor der Gaserzeugung, bei Feststoff- und Öldruckvergasung vor der Konvertierung). Nach Überführung organischer Schwefelverbindungen sowie von Kohlenstoffoxidsulfid in Schwefelwasserstoff erfolgen wahlweise oder nacheinander:

1. *Nassentschwefelung* durch Lösungen, die H_2S aufnehmen und beim Erwärmen wieder abgeben, z. B. nach dem *Sulfosolvan-Verfahren* mit Natriumsarcosinat[1)], CH_3-NH-CH_2-COONa, oder anderen Aminoverbindungen, auch mit tiefgekühltem Methanol (*Rectisol-Verfahren*).
2. *Trockenentschwefelung* durch katalytisch wirkende Aktivkohle nach Zusatz von Luft
   ($2\,H_2S + O_2 \rightarrow 2\,H_2O + 2\,S$)
   oder, besonders wirksam, durch Zinkoxid
   ($ZnO + H_2S \rightarrow ZnS + H_2O$).

[1)] *Sarcosin* = Methylamino-ethansäure, CH_3-NH-CH_2-COOH

Konvertierung: durch katalytische Reaktion mit Wasserdampf gemäß

$$CO + H_2O \rightleftharpoons CO_2 + H_2 \quad \Delta_R H^\ominus = -41 \text{ kJ} \cdot \text{mol}^{-1}$$

wird weiterer Wasserstoff gewonnen und zugleich das schwer entfernbare CO in leicht auswaschbares CO_2 übergeführt. Man arbeitet bei 350 bis 400 °C und erzielt durch anschließende *Tieftemperaturkonvertierung* bei 200 bis 250 °C eine besonders weitgehende Umsetzung; letztere erfordert eine zwischengeschaltete Feinentschwefelung.

Auswaschen des Kohlenstoffdioxids: durch Gegenstromberieselung mit Wasser oder heißer Kaliumcarbonatlösung bei etwa 30 bar Druck gemäß

$$K_2CO_3 + CO_2 + H_2O \rightleftharpoons 2\ KHCO_3.$$

Feinreinigung: Durch katalytische Umwandlung des Kontaktgiftes Kohlenstoffmonoxid (etwa 0,2 bis 0,5% des Gasgemisches) in das Inertgas[1)] Methan bei etwa 30 bar und 100 bis 150 °C gemäß

$$CO + 3\ H_2 \rightleftharpoons CH_4 + H_2O$$

(„Methanisierung"); zugleich werden Reste an CO_2 und O_2 umgesetzt; das entstandene Wasser wird durch Tiefkühlung entfernt.

Stickstoffzugabe: Dem Gas wird Stickstoff beigefügt, bis das Volumenverhältnis $N_2 : H_2 = 1 : 3$ beträgt.

Synthese des Ammoniaks: Im Ammoniakreaktor, einem z. B. 60 m hohen, wasserstoffdruckfesten Sonderstahlrohr, durchläuft das Synthesegas bei 250 bis 350 bar und 450 bis 550 °C mehrere Katalysatorschichten (Eisen(II,III)-oxid, Fe_3O_4, mit Kaliumoxid, K_2O, und Aluminiumoxid, Al_2O_3), zwischen denen es jeweils durch Zufuhr von kaltem Synthesegas wieder auf optimale Reaktionstemperatur gekühlt wird.

Isolierung des Ammoniaks aus dem erzeugten Gasgemisch (15 % NH_3; 85% [N_2 und H_2] erfolgt durch Tiefkühlung (−10 °C; bei dem erhöhten Druck ergibt flüssiges Ammoniak) oder Auswaschen mit Wasser (ergibt Ammoniakwasser);
das Restgas wird, ergänzt durch Frischgas, im Kreislauf erneut den Reaktoren zugeführt. Aus dem Kreislaufgas wird *Argon* (für Schweißzwecke) gewonnen.

Bedeutung für die chemische Technik:

Mit der Ammoniaksynthese begann 1913 die chemische Hochdrucktechnik; auf den Erfahrungen mit der Ammoniaksynthese bauten 1923 die Methanolsynthese, 1927 die Kohlehydrierung nach BERGIUS und seitdem noch viele weitere Hochdruckverfahren auf (z. B. Polyethen aus Ethen, Fettalkohole aus Fettsäuren bzw. Fettsäureestern, Sorbit aus Glucose).

Eigenschaften: farbloses, stechend riechendes, außerordentlich leicht wasserlösliches, hygroskopisches Gas; *F* −77,8 °C, *Kp* −33,4 °C; es ist wesentlich leichter als Luft und lässt sich bei 20 °C durch 8,5 bar Druck verflüssigen. Ammoniak brennt nur in reinem Sauerstoff oder beim Einblasen in eine andere Flamme. Gemische mit Luft (15,5 bis 27,5 Vol.-% NH_3) sind explosibel. Ammoniak bildet mit Wasser Ammoniumhydroxid (↑ 15.2.4), mit Säuren Ammoniumsalze z. B.

$$NH_3 + HCl \rightarrow NH_4Cl,$$

mit manchen Metallsalzen Amminkomplexe, z. B.

$$CuSO_4 + 4\ NH_3 \rightarrow [Cu(NH_3)_4]SO_4.$$

Flüssiges Ammoniak ist ein wasserähnliches Lösemittel; in ihm haben Ammoniumsalze den Charakter von Säuren („Ammonosäuren"), Amide den Charakter von Basen („Ammonobasen"). Die „Neutralisation"

[1)] Ein *Inertgas* beteiligt sich nicht an einer chemischen Reaktion.

besteht dann in der Reaktion

$$NH_4^+ + NH_2^- \rightarrow 2\,NH_3 \qquad \text{(analog } OH_3^+ + OH^- \rightarrow 2\,H_2O \text{ im „Aquosystem“).}$$

Auch Alkalimetalle (↑ 11.1) und Erdalkalimetalle lösen sich in flüssigem Ammoniak.

Nachweis: Ammoniak wird nachgewiesen durch Bläuung angefeuchteten Lackmuspapiers; durch Salmiakrauchbildung mit konz. Salzsäure (z. B. am Glasstab); durch Bildung eines braunen, flockigen Niederschlags mit „NESSLERs Reagens“ (↑ 21.3.4) $K_2[HgI_4]$.

Verwendung: für chemische Synthesen, z. B. von Salpetersäure und deren Folgeprodukten (Düngesalze, Explosivstoffe, Farbstoffe usw.), von Ammoniumsalzen, Carbamid, Blausäure, Acrylnitril, Aminen (Methylamin u. a.) und Amiden (Formamid, Dimethylformamid u. a.); siehe auch das Ammoniaksodaverfahren (↑ 11.3.5).
Ammoniak dient weiterhin als Umlaufstoff in Kühlanlagen und als hochwertiges Stickstoffdüngemittel.

Metallderivate des Ammoniaks: In *Amiden* (z. B. Natriumamid, $NaNH_2$) ist ein, in *Imiden* (z. B. Calciumimid, CaNH) sind zwei, in *Nitriden* (z. B. Lithiumnitrid, Li_3N) sind drei H-Atome durch Metall ersetzt. Es gibt jedoch auch Nitride, die sich nicht von Ammoniak ableiten (metallische Nitride, z. B. Eisennitrid, Fe_2N).

15.2.4 Ammoniumverbindungen

Allgemeines: Ammoniumverbindungen enthalten das farblose Ion NH_4^+ (Ammonium-Ion). Die Ammoniumsalze ähneln stark den Kaliumsalzen, zersetzen sich jedoch beim Erhitzen unter Bildung von Ammoniak z. B.

$$(NH_4)_3PO_4 \rightarrow 3\,NH_3\uparrow + H_3PO_4;$$

auch mit Alkalilaugen wird Ammoniak frei z. B.

$$3\,NaOH + (NH_4)_3PO_4 \rightarrow Na_3PO_4 + 3\,NH_3\uparrow + 3\,H_2O.$$

Die weitaus meisten Ammoniumsalze sind wasserlöslich.

Nachweis: Auftreten von Ammoniakgeruch (oder Bläuung von Lackmuspapier in der Gasphase) beim Verreiben mit festem Natriumhydroxid, NaOH, Calciumhydroxid, $Ca(OH)_2$ oder Magnesiumoxid, MgO; in alkalischer Lösung durch NESSLERs Reagens (siehe auch Ammoniaknachweis (↑ 15.2.3)).

Freies Ammonium ist nur in Form einer Quecksilberlegierung (*Ammoniumamalgam*) bekannt, die aus Natriumamalgam und Ammoniumsalzen entsteht und bei normaler Temperatur binnen weniger Minuten in Quecksilber, Ammoniak und Wasserstoff zerfällt.

Ammoniakwasser, Salmiakgeist: Lösung von Ammoniak in Wasser. In der Lösung besteht folgendes Gleichgewicht:

$$NH_3 + H_2O \rightleftharpoons NH_4^+ + OH^-$$

Ammoniakwasser enthält also (in 1-molarer Lösung bei 18 °C entsprechend 0,4%iger Umsetzung) die Ionen des als Molekül nicht existenzfähigen **Ammoniumhydroxids,** NH_4OH, und wirkt als schwache Base, von der sich die *Ammoniumsalze* ableiten.
Verwendung: zum Neutralisieren von Säuren; als kupferoxidlösende Mittel in flüssigen Metallputzmitteln; als Düngemittel.

Ammoniumchlorid, Salmiak, Salmiaksalz, NH_4Cl: entsteht aus Ammoniak und Salzsäure; zerfällt beim Erhitzen („thermische Dissoziation") in Umkehrung der Bildungsreaktion gemäß

$$NH_4Cl \rightarrow NH_3 + HCl;$$

beim Abkühlen erfolgt die rückläufige Reaktion, sodass (z. B. an einer Gefäßwand) eine Sublimation vorgetäuscht wird;
Verwendung als Lötsalz (wandelt das Metalloxid in leichtflüchtiges Chlorid um, sodass das Lot haften kann); für galvanische Trockenelemente (LECLANCHÉ-Element = Zink-Salmiak-Kohle- Element); als Düngemittel; in der Medizin als schleimlösendes Mittel.

Ammoniumnitrat, Ammonsalpeter, NH_4NO_3; hergestellt aus Ammoniak und Salpetersäure; ergibt beim Erhitzen „Lachgas", N_2O. Verwendung in Düngesalzen und Explosivstoffen, z. B. besteht ein Donarit (↑ 39.3.7) aus 55 % NH_4NO_3, 22 % Sprengöl (Glycoldinitrat), 10 % Trinitrotoluen, 10 % $NaNO_3$, 1 % Kollodiumwolle (Cellulosedinitrat), Rest: Holzmehl und Eisen(II)-oxid, Fe_2O_3.

Ammoniumhydrogencarbonat, NH_4HCO_3, ist neben Ammoniumcarbaminat, $NH_2–CO–ONH_4$, im Hirschhornsalz enthalten. Letzteres wurde früher aus Hirschgeweih erzeugt, heute jedoch aus $NH_3 + CO_2 + H_2O$ synthetisiert. Hirschhornsalz zersetzt sich an der Luft allmählich gemäß

$$NH_4HCO_3 \rightarrow NH_3 + H_2O + CO_2$$

und ist deshalb in verschlossenen Gefäßen aufzubewahren. Verwendung als Backtriebmittel.

Weitere Ammoniumsalze sind bei den betreffenden Säuren aufgeführt.

Ammoniumsulfat, $(NH_4)_2SO_4$: in großen Mengen hergestelltes Düngesalz („schwefelsaures Ammoniak"); auch verwendet als Stickstoffquelle bei der Fabrikation von Backhefe und als Flammschutzmittel für Papier.
Herstellung aus Ammoniak und verd. (!) Schwefelsäure, in der Technik traditionell durch Einleiten von Kohlenstoffdioxid in eine ammoniakalische Aufschlämmung von Gips oder Anhydrit:

I $2\,NH_3 + CO_2 + H_2O \rightarrow (NH_4)_2CO_3$

II $(NH_4)_2CO_3 + CaSO_4 \rightarrow (NH_4)_2SO_4 + CaCO_3\downarrow$

Das sich abscheidende Calciumcarbonat wird abfiltriert, die Sulfatlösung eingedampft.
In ausreichenden Mengen fällt Ammoniumsulfat als Nebenprodukt bei der Herstellung des für die Caprolactam-Synthese benötigten Hydroxylamins bzw. Hydroxylammoniumsulfats an. Im Prinzip setzt man hierbei Ammoniumnitritlösung (aus Ammoniak, Wasser und nitrosen Gasen) mit Schwefeldioxid und weiterem Ammoniak um.
Vereinfachte Reaktionsfolge:

I	$NH_4NO_2 + 2\,SO_2 + NH_3 + H_2O$	→	$HO\text{-}N(SO_3NH_4)_2$ Hydroxylamindisulfonat (Ammoniumsalz)		
II	$HO\text{-}N(SO_3NH_4)_2 + 2\,H_2O$	→	$[NH_3\text{-}OH]HSO_4$ Hydroxylammonium- hydrogensulfat	+	$(NH_4)_2SO_4$ Ammoniumsulfat

15.2.5 Oxide des Stickstoffs

Allgemeines: In den Oxiden hat Stickstoff die Oxidationsstufen +1, +2, +3, +4 und +5.
Nur Distickstofftrioxid, N_2O_3, und Distickstoffpentaoxid, N_2O_5, sind Säureanhydride;
Distickstofftetraoxid, N_2O_4, verhält sich wie ein „gemischtes" Säureanhydrid aus N_2O_3 und N_2O_5.
Unter „nitrosen Gasen" versteht man Stickstoffmonoxid, NO, Stickstoffdioxid, NO_2 und Distickstofftetraoxid, N_2O_4; umgangssprachlich zuweilen kurz „Stickoxide" genannt.

Distickstoffmonoxid, „Lachgas", N_2O: farblos, schwach angenehm (leicht süßlich) riechend; *Kp* −88,5 °C; in Wasser mäßig löslich;
entsteht in exothermer Reaktion durch Erhitzen von Ammoniumnitrat:

$$NH_4NO_3 \rightarrow N_2O + 2\ H_2O.$$

Rauschartige Zustände beim Einatmen.
In Distickstoffmonoxid erfolgen Verbrennungen ähnlich lebhaft wie in Sauerstoff; sie sind jedoch wegen der größeren Beständigkeit schwieriger einzuleiten.
Distickstoffmonoxid entsteht auch durch mikrobielle Zersetzung mineralischer Stickstoffdünger und ist, wenn auch schwach, an der Zunahme des atmosphärischen „Treibhauseffektes" (↑ 14.2.4) beteiligt.

Stickstoffmonoxid, NO: farbloses, giftiges, sehr reaktionsfähiges, in Wasser unlösliches Gas (*Kp* −152 °C), das an der Luft in braunes Stickstoffdioxid übergeht:

$$2\ NO + O_2 \rightarrow 2\ NO_2.$$

Es entsteht aus Salpetersäure und Metallen, z. B. Kupfer, sowie auch beim Durchschlag elektrischer Funken durch Luft, z. B. bei Gewittern. Stickstoffmonoxid ist Zwischenprodukt bei der technischen Herstellung von Salpetersäure. Es besitzt ein ungepaartes Elektron und ist daher paramagnetisch.

Distickstofftrioxid, N_2O_3: Anhydrid der Salpetrigen Säure; tiefblaue Flüssigkeit; zerfällt oberhalb 0 °C in $NO + NO_2$; ergibt mit Wasser Salpetrige Säure und mit Basen Nitrite.

Stickstoffdioxid, NO_2: rotbraunes, eigenartig riechendes, sehr giftiges Gas; kondensiert bei 21,2 °C zu einer rotbraunen Flüssigkeit und erstarrt bei −10,2 °C zu farblosen Kristallen. NO_2 ist Hauptbestandteil der „nitrosen Gase", die bei der Einwirkung von Salpetersäure auf Metalle, beim Erhitzen von Schwermetallnitraten, bei der Zersetzung von Nitriten durch Säuren und z. B. auch beim autogenen Schweißen und beim „Glanzbrennen" von Kupfer und Messing entstehen. Die schweren Vergiftungserscheinungen (Lungenödem) treten meist erst nach 5 bis 25 Stunden auf. Stickstoffdioxid ergibt mit Laugen Nitrit und Nitrat:

$$2\ NO_2 + 2\ KOH \rightarrow KNO_2 + KNO_3 + H_2O.$$

Stickstoffdioxid steht stets im Gleichgewicht mit farblosem **Distickstofftetraoxid,** N_2O_4 gemäß:

$$2\ NO_2 \rightleftharpoons N_2O_4;$$

bei 64 °C ist etwa die Hälfte des N_2O_4 zerfallen, bei höheren Temperaturen mehr.

Distickstoffpentaoxid, Stickstoff(V)-oxid, N_2O_5: Anhydrid der Salpetersäure; farblose, explosible Kristalle (*F* 30 °C), die mit Wasser stürmisch Salpetersäure ergeben und aus dieser durch Einwirkung von P_2O_5 gewonnen werden können:

$$2\ HNO_3 + P_2O_5 \rightarrow 2\ HPO_3 + N_2O_5.$$

Stickstoffoxide und Umwelt: In Kraftfahrzeugmotoren und Hochtemperaturverbrennungsanlagen bildet sich Stickstoffmonoxid, das beim Abkühlen an der Luft in NO_2 und N_2O_3 übergeht. Diese meist mit NO_x bezeichneten Stickstoffoxide sind Luftschadstoffe, die z. B. bei starker Sonneneinstrahlung Ozonbildung verursachen und zusammen mit Schwefeldioxid zu „saurem Regen" (↑ 16.3.4) führen.

15.2.6 Salpetersäure und Nitrate

Formel: HNO_3; rationelle Formel: HO-NO_2; in wässriger Lösung liegen vorwiegend H^+- und NO_3^--Ionen vor.

Herstellung:

- durch katalytische Oxidation von Ammoniak nach dem **OSTWALD-Verfahren** (seit 1915 großtechnisch verwirklicht).

Ein Ammoniak-Luft-Gemisch wird rasch (1/5000 s Berührungszeit) durch heiße Platin-Rhodium-Netzkatalysatoren (bis 2000 Maschen je cm²) geleitet. Bei 800 °C entsteht gemäß

$$4\ NH_3 + 5\ O_2 \rightleftharpoons 4\ NO + 6\ H_2O\ ,\ \Delta_R H^\ominus = -913{,}2\ kJ \cdot mol^{-1}$$

Stickstoffmonoxid, das beim Abkühlen mit weiterem Sauerstoff (sekundäre Oxidation) gemäß

$$2\ NO + O_2 \rightleftharpoons 2\ NO_2$$

zu Stickstoffdioxid und dann bei 5 bis 10 bar in Absorptionstürmen mit Wasser (bzw. verdünnter Säure) gemäß der summarischen Gleichung

$$4\ NO_2 + O_2 + 2\ H_2O \rightarrow 4\ HNO_3$$

zu etwa 60%iger Salpetersäure reagiert. Einzelreaktionen:

$$3\ NO_2 + H_2O \rightarrow 2\ HNO_3 + NO; \qquad 2\ NO + O_2 \rightarrow 2\ NO_2 \text{ usw.}$$

- aus Nitraten (z. B. Chilesalpeter) durch Erhitzen mit Schwefelsäure:

$$2\ NaNO_3 + H_2SO_4 \rightarrow Na_2SO_4 + 2\ HNO_3\uparrow$$

Eigenschaften: Wasserfreie Salpetersäure ist eine farblose, infolge geringfügiger Zersetzung meist gelb gefärbte, rauchende Flüssigkeit, die bei 86 °C siedet. „Rote rauchende Salpetersäure“ enthält überschüssige Stickstoffoxide (N_2O_4,NO_2, N_2O_5). Die handelsübliche „konzentrierte Salpetersäure“ ist 68%ig und siedet bei 122 °C (azeotropes Gemisch). Konzentrierte Salpetersäure wirkt (wegen ihres Gehalts an nichtdissoziierten HNO_3-Molekülen) unter Bildung nitroser Gase stark oxidierend, z. B. auf Stroh, Holz, Phosphor und viele Metalle, darunter auch Kupfer, Quecksilber und Silber, z. B.

$$3\ Cu + 8\ HNO_3 \rightarrow 3\ Cu(NO_3)_2 + 2\ NO + 4\ H_2O.$$

Keine Reaktion tritt ein mit Gold und Platin; diese werden jedoch durch **Königswasser** (HCl und HNO_3 im Volumenverhältnis 3:1) angegriffen. Infolge „Passivierung“ verhalten sich auch Aluminium und Eisen gegenüber heißer Salpetersäure resistent. Die Passivierung wird durch Bildung einer oberflächlichen Schutzschicht auf unedlen Metallen bewirkt.

Stark verdünnte Salpetersäure enthält nur wenige Moleküle und greift deshalb Kupfer und edlere Metalle nicht an; wegen ihres Gehalts an H^+-Ionen löst sie unter Wasserstoffentwicklung unedle Metalle zu Nitraten auf,z. B.

$$Zn + 2\ HNO_3 \rightarrow Zn(NO_3)_2 + H_2.$$

Konzentrierte Säure wirkt auf Kohlenwasserstoffe (besonders aromatische) und deren Derivate nitrierend (Bildung von *Nitroverbindungen* mit der *Nitrogruppe* -NO_2), auf Alkohole veresternd (Bildung von *Nitraten* mit der *Nitratgruppe* -O-NO_2) ein; meist wird für diese Zwecke „Nitriersäure“ verwendet (konz. Salpetersäure + konz. Schwefelsäure). Eine Nitrierung ist auch die „Xanthoproteinreaktion“: Eiweißstoffe, z. B. auch die Haut, werden durch Salpetersäure gelb gefärbt.

Verwendung: Salpetersäure ist einer der wichtigsten Grundstoffe der chemischen Industrie. Etwa 75 % werden zur Herstellung von Düngemitteln, (↑ 15.2.9) 15 % für Explosivstoffe und 10 % für andere Zwecke verwendet.

Nitrate

Nitrate sind Salze (und Ester) der Salpetersäure. Alle Metallnitrate sind leicht löslich.

Verhalten der Salze beim Erhitzen:

- *Alkalinitrate* ergeben Nitrit und Sauerstoff:

$$2\ KNO_3 \rightarrow 2\ KNO_2 + O_2.$$

- Ammoniumnitrat (↑ 15.2.4) ergibt Distickstoffmonoxid (↑ 15.2.5) und Wasser:

$$NH_4NO_3 \rightarrow N_2O + 2\ H_2O.$$

- Die *übrigen Nitrate* ergeben Metalloxid, Stickstoffdioxid und Sauerstoff, z. B.

$$2\ Pb(NO_3)_2 \rightarrow 2\ PbO + 4\ NO_2 + O_2.$$

Salpetersäure HNO_3

- Salzbildung
  - Neutralisation mit Basen → Nitrate → Düngesalze; Explosivstoffe
  - Silber → Silbernitrat → Fotografie; Versilbern
  - als Königswasser mit Gold → Goldsalze → Vergolden
  - Beizen und Brennen von Metallen (grafische und galvanische Technik)
- Nitrierung
  - Benzen → Nitrobenzen → Anilin; Benzidin → Farbstoffe, Heilmittel
  - Toluen → Trinitrololuen → Explosivstoffe
  - Phenol → Nitrophenole → Desinfektionsmittel
  - andere Kohlenwasserstoffe und Phenole → Farbstoffe, Heilmittel u. a.
- Veresterung
  - Glycol → Glycoldinitrat; Glycerol → Glyceroltrinitrat → Sprengöl → Explosivstoffe
  - Cellulose → Kollodium (C.-dinitrat) → Celluloid; Nitro-, Zaponlacke; Explosivstoffe
  - Cellulose → Schießbaumwolle (C.-trinitrat) → Explosivstoffe
- Oxidation
  - p-Xylen → Terephthalsäure → Polyesterfaserstoff; Polyesterkunststoffe
  - Cyclohexanon → Adipinsäure → Polyamidfaserstoff; Polyamidkunststoffe

Trivialnamen:			
KNO_3	Kalisalpeter	$AgNO_3$	Höllenstein
$Ca(NO_3)_2$	Kalksalpeter	NH_4NO_3	Ammonsalpeter (↑ 15.2.4)
$NaNO_3$	Natronsalpeter		

Nachweis:

- Fällung mit der organischen Base „Nitron" (weißer Niederschlag);
- „Ringprobe": Beim Unterschichten der mit Eisen(II)-sulfat, $FeSO_4$, versetzten Probelösung mit konz. Schwefelsäure entsteht bei Anwesenheit von Nitrat an der Schichtengrenze ein brauner Ring von Eisen(II)-nitrososulfat $[Fe(NO)SO_4]$.

Nitrate im Trinkwasser:

Durch Überdüngung sowohl mit Handels- als auch mit Wirtschaftsdüngern können Nitrate ins Grund- und damit ins Trinkwasser gelangen. Sie sind an sich meist ungiftig, können aber beim Verdauungsprozess mikrobiell in Nitrite übergehen, die ähnlich den Cyaniden (↑ 14.2.9) Sauerstoff als Komplexligand am Eisenzentralatom des Hämoglobins verdrängen und damit die Atmung beeinträchtigen (evtl. tödliche „Blausucht" bei Säuglingen). Weiterhin wirken sie als Antagonisten („Gegenspieler") zu Iodid in der Schilddrüse und können mit sekundären Aminogruppen von Eiweißstoffen krebserzeugende Nitrosamine (↑ 39.3.8) bilden.

15.2.7 Kalkstickstoff

Zusammensetzung: Calciumcyanamid + Kohlenstoff.
Calciumcyanamid hat die Formel Ca=N–C≡N, $CaCN_2$.

Herstellung: aus Calciumcarbid und Stickstoff bei 900 °C („Azotierung", FRANK-CARO-Verfahren):

$$CaC_2 + N_2 \rightarrow CaCN_2 + C.$$

Eigenschaften: graues, meist schwach nach Ammoniak und Ethin riechendes Pulver; ergibt mit Basen Ammoniak:

$$CaCN_2 + 3\,H_2O \rightarrow CaCO_3 + 2\,NH_3.$$

Verwendung: als Unkrautvertilgungs- und Düngemittel; zur Herstellung von *Dicyandiamid*, H_2N-C(=NH)-NH-CN.

15.2.8 Weitere Stickstoffverbindungen

Salpetrige Säure, HNO_2, ist nur in verdünnter wässriger Lösung beständig; beim Konzentrieren zerfällt sie in Stickstoffmonoxid, NO, Stickstoffdioxid, NO_2, und Wasser. Ihre Salze, die **Nitrite,** sind leicht wasserlöslich, giftig und ergeben mit stärkeren Säuren braune nitrose Gase, z. B.

$$2\,NaNO_2 + H_2SO_4 \rightarrow Na_2SO_4 + H_2O + NO + NO_2.$$

Siehe auch Natriumnitrit (↑ 11.3.7).

Stickstoffwasserstoffsäure, HN_3, H–N=N≡N farblose, giftige, scharf riechende, explosible Flüssigkeit, deren Dämpfe durch Anschwellung der Schleimhaut die Nasenatmung verhindern; löslich in Wasser, Ethanol und Ether; *Kp* 35,7 °C; Salze: **Azide**.

Natriumazid, NaN_3, bildet farblose, explosible Kristalle und entsteht gemäß

$$NaNH_2 + N_2O \rightarrow NaN_3 + H_2O$$

durch Einleiten von Distickstoffmonoxid in eine Natriumamidschmelze. Es dient zur Herstellung des Initialzündstoffs **Bleiazid,** $Pb(N_3)_2$, dessen farblose Kristalle bereits beim Zerbrechen heftigst explodieren können.

Hydrazin, N_2H_4, H_2N-NH_2: farblose Flüssigkeit von schwach aminartigem Geruch; starkes Reduktionsmittel; zerfällt beim Erhitzen explosionsartig zu Stickstoff und Ammoniak; kommt auch als Hydrazinhydrat, $N_2H_4 \cdot H_2O$, in den Handel;
bildet wie Ammoniak mit Säuren Salze, z. B. Hydraziniumchlorid, $[N_2H_5]Cl$, Hydraziniumdichlorid, $[N_2H_6]Cl_2$, Hydraziniumsulfat, $[N_2H_6]SO_4$.
Hydrazin und seine Salze sind giftig.
Hydrazin und seine Methylderivate, insbesondere **N,N-Dimethylhydrazin,** H_2N-$N(CH_3)_2$, werden als Raketentreibstoffe verwendet.

Hydroxylamin [1)], NH_2OH: farblose, hygroskopische Plättchen, die beim Erhitzen explodieren. Beständiger ist das salzsaure Salz **Hydroxylammoniumchlorid,** $[NH_3OH]Cl$.

---

1) Hydroxylamin ist der allgemein verwendete Trivialname, der systematische Name ist Hydroxyamin.
Ebenso entspricht der verbreiteten Bezeichnung Hydroxylammoniumsalze die systematische Bezeichnung Hydroxyammoniumsalze.

Stickstofftrifluorid, NF_3: reaktionsträges, farbloses, wasserunlösliches Gas; Verwendung zum Ätzen in Plasmaprozessen der Halbleiterindustrie (Herstellung von Flachbildschirmen und Solarzellen) sowie in Hochenergie-Lasern; starkes Treibhausgas (GWP 17 200)[1].

Stickstofftrichlorid, NCl_3: dunkelgelbes, sehr explosibles Öl;

Iodstickstoff, $NI_3 \cdot n\ NH_3$, entsteht aus Iodlösung und konzentrierter Ammoniaklösung als grauschwarzer Niederschlag, der in trockenem Zustand bei der leisesten Berührung explodiert.

Nitrosylverbindungen enthalten die *Nitrosylgruppe* –NO, z. B. **Nitrosylchlorid,** NOCl: gelbes Gas (*Kp* −5,8 °C), nicht explosiv, bildet sich aus Stickstoffmonoxid, NO, und Chlor, Cl_2, und zerfällt bei höherer Temperatur in Umkehrung der Reaktion.

15.2.9 Stickstoffdüngemittel

Allgemeine Düngelehre:

Die Pflanzen entziehen dem Boden anorganische Nährstoffe. Sofern diese dem Boden nicht wieder durch Verwesungsprozesse zugeführt werden, z. B. bei Kulturpflanzen, die abgeerntet werden, ist Ersatz dieser Nährstoffe durch Düngung erforderlich. Da *Wirtschaftsdünger* (Jauche, Gülle, Stallmist) hierfür nicht ausreicht, ist zusätzlich Anwendung von *Handelsdünger* nötig.
Überdüngung muss vermieden werden, da sie zu Eutrophierung (↑ 15.3.4) und Hypertrophierung von Gewässern führen kann.

Nach JUSTUS VON LIEBIG (1840) benötigt die Pflanze die zehn Elemente

Kohlenstoff	Schwefel
Sauerstoff	Kalium
Wasserstoff	Calcium
Stickstoff	Magnesium
Phosphor	Eisen

Hiervon werden Kohlenstoff, Sauerstoff und Wasserstoff in Form von Kohlenstoffdioxid und Wasser der Atmosphäre, die übrigen dem Boden entnommen.

Heute kennt man neben Kohlenstoff, Sauerstoff und Wasserstoff 13 *lebensnotwendige* („essentielle") Elemente:

6 Hauptnährstoffe:	7 Spurennährstoffe:
Kalium	Eisen
Calcium	Bor
Magnesium	Kupfer
Phosphor	Mangan
Schwefel	Zink
Stickstoff	Molybdän
	Chlor

Die Hauptnährstoffe werden in Form von **Einnährstoffdüngemitteln** (K-, P-, N-Dünger) oder **Mehrnährstoffdüngemitteln** (NK-, PK-, NP- und NPK-Dünger) zugeführt. NP-, NK- und NPK-Dünger sind unter verschiedenen Handelsnamen (Nitrophos, Nitrophoska, Hakaphos u. a.) bekannt.

[1] GWP – global warming potential; bezeichnet, um wieviel mal stärker der Treibhauseffekt einer Substanz bezogen auf CO_2 mit GWP = 1 ist

Magnesium ist von Natur aus in vielen Kaliumdüngern enthalten. Calcium- und Schwefeldüngung sind nur selten nötig. Kalkungen dienen häufig primär der Bodenverbesserung (Entsäuerung) und begünstigen daher das Pflanzenwachstum indirekt.

Das Fehlen von Spurennährstoffen (Spurenelementen, Mikronährstoffen) ruft Pflanzenkrankheiten hervor, z. B. führt Bormangel bei Zuckerrüben zu Trockenfäule; Zinkmangel schädigte auf Hawaii den Ananas-Anbau.

Bei den **Handelsdüngern** unterscheidet man insbesondere Kali-, Stickstoff- und Phosphordüngemittel. *Mischdünger* werden ohne chemische Reaktion durch Mischen einzelner Düngesalze hergestellt;

Komplexdünger werden durch chemische Reaktionen erzeugt und enthalten die Bestandteile in innigerem Verband. Bei langsam freisetzenden Düngern („Depotdünger") sind die einzelnen Körner mit schwer bodenlöslichen Substanzen (Polymere, Schwefel, u. a.) umhüllt.

Die **Wirtschaftsdünger** versorgen den Boden zusätzlich mit humusbildenden Substanzen, wodurch die physikalische Bodenbeschaffenheit verbessert wird.

Gründüngung: Anbau von Leguminosen und Umpflügen. Die Knöllchenbakterien an den Wurzeln der Leguminosen (Hülsenfrüchtler, z. B. Erbse, Linse, Luzerne) binden mittels spezieller Molybdänverbindungen den atmosphärischen Stickstoff.

Ammoniak, flüssig, NH_3

Ammoniumsulfat, Ammonsulfat, $(NH_4)_2SO_4$

Ammoniumphosphate hauptsächlich Ammoniumhydrogenphosphat, $(NH_4)_2HPO_4$, sind Bestandteile von Mehrnährstoffdüngern.

Harnstoff (Carbamid), $CO(NH_2)_2$; wird auch als „Depotdünger" mit Formaldehyd u. a. Aldehyden kondensiert. Manche Harnstoffdünger enthalten auch *Dicyandiamid*.

Ammoniumnitrat, NH_4NO_3, darf wegen Explosionsgefahr nur im Gemisch mit ausreichenden Mengen anderer Stoffe angewandt werden, z. B.

- mit $(NH_4)_2SO_4$ als Ammonsulfatsalpeter,
- mit $CaCO_3$ als Kalkammonsalpeter,
- mit KCl als NK-Dünger Kaliammonsalpeter.

Calciumnitrat, $Ca(NO_3)_2$ ist hygroskopisch und wird daher zusammen mit Harnstoff, Magnesiumnitrat u. a. in wässriger Lösung angewendet.

Calciumcyanamid, $CaCN_2$, ist Hauptbestandteil des „Kalkstickstoffs" (↑ 15.2.7).

Die Aufnahme der Stickstoffdüngemittel durch die Pflanze erfolgt als Nitrat-Ion, NO_3^-.
Ammoniak, Ammoniumsalze und Carbamid (Harnstoff) werden durch Bodenbakterien über Nitrit- in Nitrat-Ionen umgewandelt („Nitrifikation").

15.3 Phosphor und Phosphorverbindungen

15.3.1 Allgemeines

Symbol: P [*phosphorus* (grch.) Lichtträger]; **Oxidationszahlen: +5, +3, −3.**

Vorkommen: chemisch gebunden in Organismen und Mineralien. Die Organismen enthalten Phosphor in Form von Phosphatiden (z. B. Lecithin in Nerven- und Gehirnsubstanz), Phosphorproteiden (Enzyme), verschiedenen Phosphorsäureestern und Calciumphosphat (in Knochen und Zähnen).

Aus Vogelexkrementen bildet sich der „Guano“.

Minerale:	Phosphorit	$3\,Ca_3(PO_4)_2 \cdot Ca(OH)_2$
	Monazit	$CePO_4$
	Apatit	$3\,Ca_3(PO_4)_2 \cdot Ca(F,Cl,OH)_2$

Phosphate sind auch in manchen Eisenerzen enthalten.

Physiologie: Phosphorverbindungen sind für alle Organismen lebensnotwendig.

15.3.2 Elementarer Phosphor

Entdeckung: *weißer Phosphor wurde* 1669 durch den deutschen Alchemisten HENNIG BRAND bei starkem Glühen eingedampften Harns entdeckt; ANTOINE LAURENT LAVOISIER; wies 1775 den Elementcharakter nach. Die Elementnatur des *roten Phosphors* wurde 1847 von ANTON VON SCHRÖTTER (Österreich) bewiesen; roter Phosphor wurde bis dahin für ein niederes Phosphoroxid gehalten.

Modifikationen: weißer, roter, violetter und schwarzer Phosphor.

Eigenschaften (siehe auch Tabelle 15-1)

Tabelle 15-2: *Phosphor*

Eigenschaft	**Phosphor, weiß**	**Phosphor, rot / P violett**	**Phosphor, schwarz**
Farbe	weiß	rot / violett	grauschwarz
Kristallinität	kristallisiert	rot: amorph violett: kristallisiert	kristallisiert
Charakter	nichtmetallisch	nichtmetallisch	metallisch
Schmelzpunkt	44 °C	alle drei nur unter Druck schmelzbar; oberhalb 280 °C Übergang in gasförmigen weißen Phosphor.	
Härte	wachsweich	hart	ziemlich weich
Dichte (20 °C)	$1{,}82\ g \cdot cm^{-3}$	rot: $2{,}2\ g \cdot cm^{-3}$ violett: $2{,}36\ g \cdot cm^{-3}$	$2{,}70\ g \cdot cm^{-3}$
Reaktionsfähigkeit	stark	gering	mittel
Geruch	knoblauchartig	geruchlos	geruchlos
Giftigkeit	sehr giftig	ungiftig	ungiftig
Lumineszenz Entzündungs-temperatur	vorhanden ≈ 60 °C	– oberhalb 400 °C	– oberhalb 400 °C
Löslichkeit	in Wasser schwer, in Kohlenstoffdisulfid leicht	unlöslich	unlöslich

Weißer Phosphor:

- **Herstellung:** aus Rohphosphat durch Erhitzen mit Sand und Koks:

$$Ca_3(PO_4)_2 + 3\,SiO_2 + 5\,C \rightarrow 3\,CaSiO_3 + 2\,P + 5\,CO.$$

  Der gasförmig entweichende Phosphor wird unter Wasser kondensiert.
- **Eigenschaften:** siehe auch Tabelle 15-2. Phosphor *weiß* besteht aus Molekülen P_4. Das grünliche, im Dunkeln wahrnehmbare Leuchten an der Luft beruht auf langsamer Oxidation zu Phosphor(III)-oxid,

P_2O_3; die dabei entwickelte Wärme bringt den Phosphor zum Schmelzen und an der Luft zur Entzündung (daher unter Wasser aufbewahren!). Beim Verbrennen entsteht ein weißer Rauch von Phosphor(V)-oxid:

$$P_4 + 5\,O_2 \rightarrow 2\,P_2O_5.$$

Brennenden Phosphor nicht mit Wasser löschen, sondern mit Sand abdecken! *Weißer* Phosphor reagiert (disproportioniert) im Gegensatz zu *rotem* Phosphor und *violettem* Phosphor mit heißer Alkalilauge zu Hypophosphit und Phosphan:

$$P_4 + 3\,KOH + 3\,H_2O \rightarrow 3\,KPO_2H_2 + PH_3.$$

- **Verwendung:** zur Herstellung von Phosphor *rot*, Phosphor *violett*, Phosphorsäuren und Phosphaten; früher als militärisches Brandmittel.
- **Giftigkeit:** tödliche Dosis 50 bis 500 mg; kann durch Mund, Wunden und auch intakte Haut in den Körper gelangen. Chronische Vergiftung führt zu Knochenschädigungen und Verfettung.

Roter Phosphor: stabiler als *weißer* Phosphor. An sich ungiftig; jedoch kann ein im Handelsphosphor vorhandener Gehalt an *weißem* Phosphor Giftigkeit bewirken.
Verwendung: für Zündholzreibflächen; als Gettersubstanz für Glühlampen.

Zündhölzer: Die Reibflächen enthalten *roten* Phosphor mit Glaspulver und Dextrin, die Zündköpfe Kaliumchlorat und z. B. Antimon(V)-sulfid. Beim Reiben oxidiert das Chlorat den Phosphor unter Entzündung des Antimonsulfids und des mit Paraffin getränkten Holzes. *Überallzünder* enthalten im Zündkopf Kaliumchlorat und Tetraphosphortrisulfid, P_4S_3.

Violetter Phosphor: weniger reaktionsfähig als *roter* Phosphor.
Verwendung zur Herstellung halbleitender Phosphide (GaP, InP).

Schwarzer Phosphor: hat wie Graphit ein Schichtengitter; leitet den elektrischen Strom.

Umwandlungen der Modifikationen ineinander:

Phosphor *weiß* in Phosphor *rot:* sehr langsam bei Raumtemperatur; rasch beim Erhitzen im geschlossenen Gefäß auf 260 °C.

Phosphor *weiß* / Phosphor *rot* in Phosphor *violett:* längeres Erhitzen im geschlossenen Gefäß auf 450 bis 550 °C.

Phosphor *weiß* in Phosphor *schwarz:* bei 1200 bar und 200 °C im geschlossenen Gefäß; auch bei Normaldruck und 380 °C katalytisch mit feinverteiltem Quecksilber.

Phosphor *rot* / Phosphor *violett* in Phosphor *weiß:* oberhalb 280°C destilliert bei Normaldruck Phosphor *weiß* ab.

15.3.3 Phosphorsäuren und Phosphate

Phosphor(V)-oxid, *Diphosphorpentaoxid,* P_2O_5 (genauer P_4O_{10}); Anhydrid der Phosphorsäure; hygroskopisches, weißes Pulver, das bei 359 °C sublimiert und sich unter Zischen mit Wasser zu verschiedenen Säuren vereinigt.
Verwendung: als Trockenmittel.

Phosphorsäuren: Phosphor-(V)-oxid vereinigt sich mit verschiedenen Mengen Wasser zu

Metaphosphorsäure:	$P_2O_5 + H_2O \rightarrow 2\,HPO_3$[genauer $(HPO_3)_x$]
Diphosphorsäure:	$P_2O_5 + 2\,H_2O \rightarrow H_4P_2O_7$
Orthophosphorsäure:	$P_2O_5 + 3\,H_2O \rightarrow 2\,H_3PO_4$

Diphosphorsäure wurde früher auch als *Pyrophosphorsäure* bezeichnet.
Alle diese Säuren bilden Salze: Meta-, Di- (Pyro-) und Orthophosphate;
„Phosphorsäure" schlechthin ist die Orthosäure.

Orthophosphorsäure, Phosphorsäure, H_3PO_4: farblose Kristalle; bereits mit wenig Wasser entstehen sirupartige, ungiftige Lösungen von rein saurem Geschmack.
Verwendung: zur Herstellung von Phosphaten;
zum Phosphatieren von Eisen und Zink;
für elektrolytische und chemische Polierlösungen für Metalle (mit Schwefel- oder Chromsäure);
als Säuerungsmittel für Getränke;
zur Herstellung von Pharmaka.
Nachweis: Beim Eingießen einer Orthophosphorsäure- oder -phosphatlösung in eine stark salpetersaure Ammoniummolybdatlösung entsteht beim Erwärmen ein gelber, pulvriger Niederschlag von Ammoniummolybdatophosphat (↑ 25.3).

Orthophosphate (meist kurz Phosphate genannt):

Durch stufenweise Neutralisation von Phosphorsäure bilden sich folgende Natriumsalze:

Natriumdihydrogenphosphat	NaH_2PO_4 (primäres Phosphat)
Dinatriumhydrogenphosphat	Na_2HPO_4 (sekundäres Phosphat)
Trinatriumphosphat	Na_3PO_4 (tertiäres Phosphat)

Die Calciumsalze haben die Formeln:

Calciumdihydrogenphosphat	$Ca(H_2PO_4)_2$ (wasserlöslich)
Calciummonohydrogenphosphat	$CaHPO_4$ (zitronensäurelöslich, wasserunlöslich)
Tricalciumphosphat	$Ca_3(PO_4)_2$ (in Wasser und Zitronensäure unlöslich)

Löslichkeit: Leicht in Wasser löslich sind:

- die tertiären Phosphate der Alkalimetalle und des Ammoniums (außer Lithium);
- die sekundären Phosphate der Alkalimetalle und des Ammoniums;
- die primären Phosphate der Alkalimetalle, des Ammoniums und einiger zweiwertiger Schwermetalle.

Alle übrigen Phosphate sind unlöslich.

Verwendung:

- als Düngesalz,
- als Wasserenthärtungsmittel (Na_3PO_4),
- als Flammschutzmittel [$(NH_4)_2HPO_4$],
- für pharmazeutische und kosmetische Präparate,
- für Hefenährsalz und Käseschmelzsalz (verhindert das Absondern von Molke und Fett),
- zum Phosphatieren.

Phosphatieren: Umwandlung von Metalloberflächen (Eisen, Zink, Aluminium) in Phosphate als begrenzter Korrosionsschutz oder als Haftgrund für nachfolgende Anstriche. Die Metalle werden in Lösungen erhitzt, die Zink- oder Mangan(II)-dihydrogenphosphat, $Zn(H_2PO_4)_2$ bzw. $Mn(H_2PO_4)_2$, neben freier Phosphorsäure und evtl. beschleunigend wirkenden Zusätzen (z. B. Nitrite) enthalten.

Diphosphate (Pyrophosphate) entstehen durch Erhitzen von sekundären Phosphaten, z. B.

$$2\ Na_2HPO_4 \rightarrow Na_4P_2O_7 + H_2O.$$

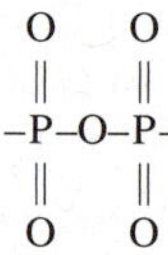

Kondensierte Phosphate enthalten als Anionen ...–P–O–P–O–...-Ketten und -Ringe.

Metaphosphate der genauen Formel $Me^{I}{}_{n}(PO_3)_n$ (n = 3, 4 und weitere) enthalten niedermolekulare Ringe, z. B. Natriumtrimetaphosphat, $Na_3P_3O_9$.

Polyphosphate der angenäherten Formel $Me^{I}{}_{n}(PO_3)_n$ enthalten nieder- oder hochmolekulare Ketten; **Ultraphosphate** sind räumlich vernetzt.

Hochmolekulares **Natriumpolyphosphat** entsteht in Form des wasserlöslichen GRAHAMschen Salzes (neben kleinen Mengen Meta- und Ultraphosphaten) durch Wasserabspaltung aus Natriumdihydrogenphosphat beim Schmelzen. Das Salz, fälschlich auch als „Natriumhexametaphosphat" bezeichnet, vermag in Lösung Calcium-Ionen, Ca^{2+}, und Magnesium-Ionen, Mg^{2+}, nach Art eines Ionenaustauschers zu binden und wurde deshalb (wie auch niedermolekulare Polyphosphate, z. B. Pentanatriumtripolyphosphat, $Na_5P_3O_{10}$) als Enthärtungs- und gut schmutztragendes Waschhilfsmittel verwendet; angenäherte Formel:

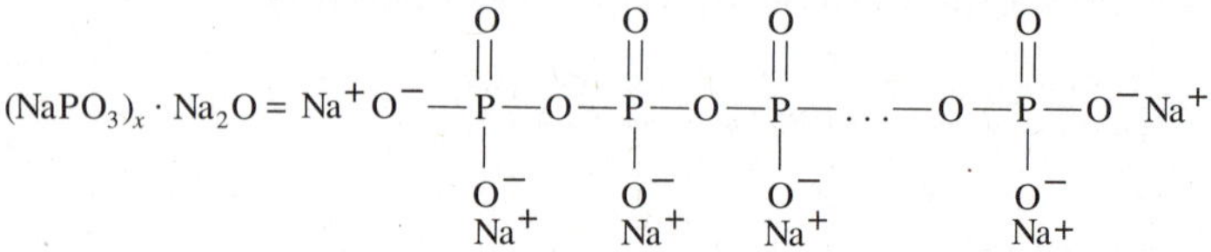

15.3.4 Phosphordüngemittel

Aufschluss der Rohphosphate: Rund 80 % der natürlichen Rohphosphate *Apatit* (insbesondere Fluorapatit) und *Phosphorit* („Rohphosphate") werden auf Phosphordüngemittel (Phosphatdüngemittel) verarbeitet. Hierfür werden sie „aufgeschlossen", d. h. in eine lösliche und damit für die Pflanze verwertbare Form gebracht. Heute wendet man ausschließlich den „nassen Aufschluss" mit Schwefel-, Phosphor- oder Salpetersäure an wobei sich neben Calciumverbindungen Hydrogenphosphate bilden.

Kennzeichnend sind die Wasserlöslichkeit und die dem pH-Wert des Bodens vergleichbare Löslichkeit in 2%iger Ameisensäure.

Bei der Angabe des Nährstoffgehaltes wird der Gehalt an verwertbarem Phosphor auf Phosphor(V)-oxid, P_2O_5, umgerechnet.

Superphosphat (16 bis 20 % P_2O_5): entsteht durch Aufschluss mit 60%iger Schwefelsäure; enthält etwa 35 % $Ca(H_2PO_4)_2$ + 50 % $CaSO_4$ + 8 % H_3PO_4 + 7 % weitere Bestandteile.
Aufschlussgleichung vereinfacht:

$$Ca_3(PO_4)_2 + 2\ H_2SO_4 \rightarrow Ca(H_2PO_4)_2 + 2\ CaSO_4$$

(In der Regel wird Apatit, $3\ Ca_3(PO_4)_2 \cdot CaF_2$, eingesetzt, sodass zusätzlich Fluorwasserstoff, HF, entsteht, der mit SiO_2 gasförmiges Siliciumtetrafluorid, SiF_4, bildet.)

Doppelsuperphosphat (46 bis 49 % P_2O_5): entsteht durch Aufschluss mit 40%iger Phosphorsäure; enthält neben $Ca(H_2PO_4)_2$ nur wenig $CaHPO_4$ und ist frei vom Ballaststoff $CaSO_4$. Aufschlussgleichung vereinfacht:

$$Ca_3(PO_4)_2 + 4\ H_3PO_4 \rightarrow 3\ Ca(H_2PO_4)_2$$

Dreinährstoffdünger (NPK-Dünger, (↑ 15.2.9) so genannter Volldünger) enthalten die Hauptnährstoffe etwa im Massenverhältnis N : P : K = 1 : 0,85 : 1,7.
Zur Herstellung wird beispielsweise Rohphosphat mit Salpetersäure aufgeschlossen, mit Ammoniumsulfat versetzt, nach dem Abfiltrieren des Calciumsulfats mit Ammoniak neutralisiert und schließlich Kaliumchlorid oder -sulfat zugefügt.

Phosphate und Umwelt: In natürlichen Gewässern wird das Wachstum von Phytoplankton, Fadenalgen und höheren Pflanzen in den meisten Fällen durch die vorhandene Phosphatkonzentration begrenzt (Minimumfaktor); die übrigen Nährstoffe sind in der Regel in ausreichender Menge vorhanden. Werden solchen Gewässern z. B. durch Überdüngung oder durch Abwässer mit phosphathaltigen Waschmitteln ständig weitere Phosphate zugeführt, so tritt verstärktes Wachstum ein. Hierbei kann ein Stadium **(Eutrophierung)** erreicht werden, bei dem der Sauerstoffgehalt der Gewässer nicht mehr ausreicht, um abgestorbene Pflanzensubstanz oxidativ zu zersetzen. Abgestorbene Biomasse sinkt auf den Seeboden, wo sie schließlich durch anaerob[1] wirkende Bakterien in Faulschlamm übergeht. Hierbei entstehen Schwefelwasserstoff und Ammoniak; Fische und andere höhere Lebewesen werden vergiftet **(Hypertrophierung)**.

Als Ersatz der Phosphate in Waschmitteln eignen sich insbesondere die Zeolithe (↑ 14.3.5).

15.3.5 Weitere Phosphorverbindungen

Säuren und Salze:

$H_2[HPO_3] = H_3PO_3$	**Phosphonsäure, Phosphor(III)säure**	Salze: **Phosphonate, Phosphate(III)**
$H[H_2PO_2] = H_3PO_2$	**Phosphinsäure, Phosphor(I)säure**	Salze: **Phosphinate, Phosphate(I)**

Phosphor(III)säure ist eine zweiwertige, Phosphor(I)säure eine einwertige Säure.

Natriumphosphat(I), -phosphinat, früher auch -hypophosphit, $Na[H_2PO_2]$, kristallisiert mit einem Molekül Kristallwasser; es entsteht aus heißer Natronlauge und weißem Phosphor und dient zum stromlosen Vernickeln (↑ 27.4) und Vercobalten.

Phosphorhydride:

- **Phosphan,** PH_3;
  farbloses, fischig-knoblauchartig riechendes, sehr giftiges Gas; *Kp* −87 °C; entsteht rein aus Phosphiden und Wasser, z. B.

  $$Ca_3P_2 + 6\ H_2O \rightarrow 3\ Ca(OH)_2 + 2\ PH_3.$$

- **Diphosphan,** P_2H_4,
  flüssig, *Kp* 51,7 °C, ist selbstentzündlich und bewirkt die Entzündung des aus heißer Alkalilauge und weißem Phosphor hergestellten Phosphans.

Phosphide Aluminium- und Zinkphosphid, AlP bzw. Zn_3P_2, dienen als Vorratsschutzmittel gegen Ratten. Galliumphosphid, GaP, und Indiumphosphid, InP, sind Halbleiterwerkstoffe.
Phosphide werden synthetisch hergestellt.

---

[1] anaerob = ohne Sauerstoffverbrauch

Phosphorchloride:

- **Phosphortrichlorid,** PCl_3:
  farblose, an feuchter Luft stark rauchende Flüssigkeit; *Kp* 76,1 °C; ergibt mit Wasser *Phosphorige Säure:*

  $$PCl_3 + 3\ H_2O \rightarrow H_3PO_3 + 3\ HCl.$$

- **Phosphorpentachlorid,** PCl_5:
  weißer Feststoff;
  ergibt mit wenig Wasser *Phosphoroxidchlorid*

  $$PCl_5 + H_2O \rightarrow POCl_3 + 2\ HCl),$$

  mit viel Wasser *Phosphorsäure*

  $$PCl_5 + 4\ H_2O \rightarrow H_3PO_4 + 5\ HCl.$$

15.4 Arsen und Arsenverbindungen

Symbol: As [von *Arsenik; arsen* (grch.) männlich, gewaltig]; **Oxidationszahlen: +5, +3, −3.**

Entdeckung: seit dem Mittelalter bekannt (ALBERTUS MAGNUS, um 1250).

Vorkommen: selten frei („Scherbenkobalt"), meist sulfidisch gebunden. Arsen begleitet viele Metallsulfide; daher sind aus sulfidischen Erzen gewonnene Metalle meist arsenhaltig; z. B. Zink, Blei, Bismut. In höheren Organismen üben Arsenverbindungen lebenswichtige Funktionen aus; der Mensch enthält 0,2 bis 0,3 mg Arsen je kg Körpermasse.

Minerale:	Arsenkies (Arsenopyrit)	FeAsS
	Realgar (rot)	As_4S_4
	Auripigment (gelb)	As_2S_3
	Rotnickelkies	NiAs

Modifikationen:

- **Gelbes Arsen:** sehr unbeständig, nichtmetallisch, phosphorähnlich, löslich in Kohlenstoffdisulfid.
- **Graues Arsen** (siehe auch Tabelle 15-1): beständig; stahlgraue, metallisch glänzende, spröde Kristalle, die beim Erhitzen an der Luft zu einem weißen Rauch von Arsen(III)-oxid verbrennen; hierbei tritt ein charakteristischer Knoblauchgeruch auf. Anwendung zur Herstellung von Halbleitermaterialien, z. B. Galliumarsenid, GaAs.
- **Schwarzes Arsen:** glasige, amorphe Masse, nichtmetallisch, sehr hart und spröde.

Arsenverbindungen

Arsen(III)-oxid, „Arsenik", As_2O_3: weißes Pulver, farblose, glasige oder porzellanartige, weiße Masse; *F* 310 °C; in Wasser mäßig löslich; sehr giftig (0,1 g tödlich).
Verwendung: zur Herstellung anderer Arsenverbindungen (Schädlingsbekämpfungsmittel und Pharmazeutika); in der Galvanotechnik als Glanzzusatz für Messingelektrolyte.

Arsenige Säure, Arsen(III)säure, H_3AsO_3; vorwiegend saurer Charakter; Salze: *Arsenite, Arsenate(III).*

Arsensäure, H_3AsO_4, bildet als Salze *Arsenate,* z. B. **Calciumarsenat,** $Ca_3(AsO_4)_2 \cdot 3\ H_2O$;
wirksamer Bestandteil einiger Pflanzenschutzmittel.

Die **Arsensulfide** As_2S_3 und As_2S_5 fallen aus sauren arsenhaltigen Lösungen durch Schwefelwasserstoff als intensiv gelbe, in Ammoniumsulfidlösung zu *Thioarseniten* bzw. *-arsenaten* lösliche Niederschläge aus.

Arsenhydrid, Arsan, Arsenwasserstoff, AsH_3, ist ein sehr giftiges, farbloses brennbares Gas von unangenehmem, knoblauchartigem Geruch.

Nachweis von Arsen: MARSHsche Probe. Die Substanz wird mit Zink und Salzsäure (beide arsenfrei!) versetzt; der entstehende arsenhydridhaltige Wasserstoff ergibt beim Durchleiten durch ein erhitztes Glasrohr einen braunschwarzen, glänzenden, in Hypochloritlösung löslichen Arsenspiegel.

15.5 Antimon und Antimonverbindungen

Symbol: Sb [*stibium* (lat.) schwarze Schminke aus Grauspießglanz]; **Oxidationszahlen: +5, +3, −3.**

Entdeckung: bereits seit dem Altertum bekannt.

Vorkommen: fast immer chemisch gebunden, häufig als Begleiter von Blei-, Kupfer- und Silbererzen.

Minerale:	Grauspießglanz (Antimonit)	Sb_2S_3
	Weißspießglanz (Antimonblüte; Valentinit)	Sb_2O_3

Herstellung: z. B. durch Erhitzen von Grauspießglanz mit Eisenpulver:

$$Sb_2S_3 + 3\ Fe \rightarrow 2\ Sb + 3\ FeS.$$

Modifikationen:

- **Metallisches Antimon** (*graues Antimon*): beständigste Modifikation.
- **Schwarzes Antimon:** entsteht aus Antimondampf durch Abschrecken an kalten Flächen; amorph; sehr reaktionsfähig; wandelt sich beim Erhitzen in metallisches Antimon um.
- **Explosives Antimon:** entsteht elektrolytisch; geht beim Ritzen unter Aufglühen und Versprühen explosionsartig in metallisches Antimon über.
- Das *gelbe Antimon* ist keine besondere Modifikation, sondern ein hochpolymeres, wasserstoffhaltiges Produkt.

Metallisches Antimon (siehe auch Tabelle 15-1):
glänzend silberweiß, spröde, an der Luft beständig; verbrennt bei starkem Erhitzen zu Antimon(III)-oxid, Sb_2O_3; vereinigt sich unter Feuererscheinung mit Chlor; ist in Salz- und Schwefelsäure unlöslich; mit Salpetersäure entstehen (ähnlich wie bei Zinn) unlösliche Antimon(III)- und Antimon(V)-oxidhydrate.

Verwendung: Antimonelektroden dienen zur pH-Messung; das meiste Antimonmetall wird als Legierungszusatz verwendet; es erhöht die Härte von Blei. Auch dient es zur Herstellung und zur Dotierung von Halbleitern. *Legierungen* sind: Hartblei, Schriftmetall, Britanniametall, Lagermetalle.

Antimonverbindungen

Antimonhydrid, Stibin, Antimonwasserstoff, SbH_3, ähnelt – auch in der Giftigkeit – stark dem Arsenhydrid.

Antimon(III)-verbindungen:

Antimon(III)-oxid, Sb_2O_3, ist ein in der Kälte weißes, in der Hitze gelbes Pulver von amphoterem Verhalten; *F* 656 °C.

Antimon(III)-hydroxid (genauer: -oxidhydrat), Antimonige Säure, $Sb(OH)_3$, ist amphoter;
mit Alkalien entstehen **Antimonate(III)**, z. B. $Na_3[Sb(OH)_6]$,
mit Säuren **Antimon(III)-salze.** Die Antimon(III)-salze bilden mit wenig Wasser oder in Gegenwart freier Säuren klare Lösungen; mit viel Wasser hydrolysieren sie unter Bildung von **Antimonylsalzen** (Antimonyl = SbO), z. B. $SbCl_3 + H_2O \rightarrow SbOCl + 2\ HCl$.

Antimon(III)-chlorid, „Antimonbutter“, $SbCl_3$, ist eine farblose, butterweiche, an der Luft rauchende Masse; *F* 73 °C, *Kp* 223 °C.

Kaliumantimonotartrat, „Brechweinstein“, Formel $K[C_4H_2O_6Sb(OH)_2 \cdot 1/2\ H_2O,]$ ruft bereits in geringen Mengen Erbrechen hervor.

Antimon(III)-sulfid, Sb_2S_3, fällt aus Antimon(III)-lösungen durch Schwefelwasserstoff als orangeroter Niederschlag aus;
eine graue Form bildet den natürlichen *Grauspießglanz.*

Antimon(V)-verbindungen:

Antimonsäure, $Sb_2O_5 \cdot x\ H_2O$, bildet mit Alkalien **Antimonate(V),** z. B. das schwer lösliche **Natriumantimonat(V),** $Na[Sb(OH)_6]$.

Bleiantimonat, „Neapelgelb“, vereinfacht $Pb(SbO_3)_2$, dient in der Kunst- und Keramikmalerei als Farbpigment.

Antimon(V)-sulfid, Sb_2S_5, orangerot, brennbar, ist in manchen Zündholzköpfen enthalten. Es löst sich in Natriumsulfid zu **Natriumthioantimonat(V),** $Na_3SbS_4 \cdot 9\ H_2O$, „SCHLIPPEsches Salz“; Verwendung zum „Schlippen“ (Braunfärben von Messing).

Nachweis von Antimon: MARSHsche Probe (↑ 15.4) wie bei Arsen; im Gegensatz zu Arsen ist der erzeugte Antimonspiegel nicht in Hypochloritlösung löslich.

15.6 Bismut und Bismutverbindungen

Symbol: Bi [*bismutum* (lat.); der deutsche Name *Wismut* rührt wahrscheinlich von „Wiesenmutung“ her (Wiesen = erzgebirgischer Flurname; Mutung = Anspruch auf bergmännische Erzschürfung)]

Oxidationszahlen: +(+5), **+3**, (−3).

Entdeckung: Bismut ist seit etwa 1500 bekannt.

Vorkommen: sehr selten, meist chemisch gebunden. Oft begleitet Bismut Bleierze in geringen Mengen; deshalb ist das handelsübliche Blei meist bismuthaltig.

Minerale:	Bismutglanz (Bismutin)	Bi_2S_3
	Bismutocker (Bismit)	Bi_2O_3

Herstellung: Oxidische Erze werden mit Kohle reduziert, sulfidische mit Eisen verschmolzen; Reinigung durch elektrolytische Raffination (Elektrolyte aus $BiCl_3 + HCl$). Bismut lässt sich durch Zink leicht aus seinen Salzlösungen abscheiden (Spannungsreihe!); auch lässt sich das Oxid im Wasserstoffstrom reduzieren.

Eigenschaften (siehe auch Tabelle 15-1): rötlich-silberglänzendes, bereits bei 271 °C schmelzendes, diamagnetisches Metall. Es ist edler als Wasserstoff und löst sich demnach nicht in verdünnter Salz- und Schwefelsäure, leicht dagegen in Salpetersäure unter Stickoxidentwicklung.

Verwendung: Bismut-Elektroden dienen zur pH-Messung; fast das gesamte übrige Bismut wird zur Herstellung von Verbindungen (besonders für die Pharmazie) und niedrigschmelzenden Legierungen verwendet.

Niedrigschmelzende Bismutlegierungen (die Zahlenangaben bedeuten Massenanteile):

WOODsches Metall (*F* 70 °C)	7 bis 8 Bi + 4 Pb + 2 Sn + 1 bis 2 Cd
LIPOWITZsches Metall (*F* 60 °C)	15 Bi + 8 Pb + 4 Sn + 3 Cd
ROSEsches Metall (*F* 94 °C)	2 Bi + 1 Sn + 1 Pb

Bismutverbindungen

Bismutoxid, Bi_2O_3: gelbes Pulver; in der Hitze rotbraun; *F* 817 °C.

Bismuthydroxid, $Bi(OH)_3$: weiß, nicht amphoter.

Bismutnitrat, $Bi(NO_3)_3 \cdot 5\,H_2O$: farblose, leicht lösliche Kristalle. Beim Verdünnen der Lösung fällt **Bismutoxidnitrat,** Bismutylnitrat, $BiONO_3$, als weißes Pulver aus; Verwendung als ungiftige weiße Schminke.

Bismutoxidgallat („basisch gallussaures Bismut") wird für Wund- und Brandpuder verwendet.

Bismutsulfid, Bi_2S_3, fällt aus mäßig sauren Bismutsalzlösungen durch Schwefelwasserstoff als brauner Niederschlag aus; im Überschuss von Schwefelwasserstoff löst es sich nicht.

16 Elemente der VI. Hauptgruppe (Chalkogene, Gruppe 16)

16.1 Allgemeines

Elemente: Sauerstoff (O), Schwefel(S), Selen (Se), Tellur (Te), Polonium (Po), Livermorium (Lv). („Chalkogene“ = Erzbildner) **Oxidationszahlen:** Sauerstoff tritt in den Oxidationsstufen −2 und −1 auf; die übrigen Elemente hauptsächlich in den Oxidationsstufen +6, +4 und −2. Die Beständigkeit der Oxidationsstufe +6 Stufe nimmt von Schwefel bis Polonium ab, die der Oxidationsstufe +4 zu; vom Polonium existiert außerdem noch die unbeständige Oxidationsstufe +2.

Tabelle 16-1: *Chalkogene*

	Sauerstoff	**Schwefel**	**Selen**	**Tellur**	**Polonium**
Symbol	O	S	Se	Te	Po
Kernladungszahl	8	16	34	52	84
Relative Atommasse	15,999	32,06	78,96	127,60	208,98 [1]
Schmelzpunkt (in °C)	−219	119	220	449	254
Siedepunkt (in °C)	−183	445	685	1390	962
Dichte (in g/cm^3 bei 20 °C)	(1,27) [2]	2,1	4,8 [3]	6,25	9,2
Häufigkeit (Erdkruste %)	49,50	$4{,}8 \cdot 10^{-2}$	$8 \cdot 10^{-5}$	$1 \cdot 10^{-6}$	$2{,}1 \cdot 10^{-14}$
Oxidationszahlen:					
+6	–	Beständigkeit abnehmend →			
+4	–	Beständigkeit zunehmend →			
−2	Beständigkeit abnehmend →				
Element(VI)-hydroxide	–	H_2SO_4	H_2SeO_4	H_6TeO_6	–
Säuren	–	sehr stark	stark	schwach	–
Salze	–	Sulfat	Selenat	Tellurat(VI)	–
Element(IV)-hydroxide	–	H_2SO_3	H_2SeO_3	H_2TeO_3	$Po(OH)_4$
Säuren	–	mittel	schwach	sehr schwach	Base
Salze	–	Sulfit	Selenit	Tellurat(IV)	–
Hydride	H_2O	H_2S	H_2Se	H_2Te	H_2Po
Säurestärke	neutral	schwache Säure	zunehmend →		
Beständigkeit	Beständigkeit zunehmend →				
Siedepunkt (in °C)	+100	−60,8	−41,5	−1,8	+37
Salze	(Oxid)	Sulfid	Selenid	Tellurid	Polonid

[1] des langlebigsten Isotops (209)
[2] fester Sauerstoff beim Schmelzpunkt
[3] metallisches Selen

Metallischer Charakter: nimmt von Sauerstoff bis Polonium zu. Sauerstoff und Schwefel sind Nichtmetalle; Selen existiert metallisch und nichtmetallisch; beim Tellur ist die nichtmetallische Form nur im Gaszustand bekannt; Polonium ist ein Metall.

Hydroxide:
Die **Element(VI)-hydroxide** sind – z. T. in wasserärmeren Formen – durchweg Säuren, deren Stärke von Schwefelsäure, H_2SO_4, über Selensäure, H_2SeO_4, zu Tellursäure, H_6TeO_6 abnimmt; eine entsprechende Poloniumverbindung ist nicht bekannt.

Die **Element(IV)-hydroxide** sind (als wasserärmere Formen) von Schwefliger Säure, H_2SO_3, über Selenige Säure, H_2SeO_3, zu Telluriger Säure, H_2TeO_3 ebenfalls Säuren abnehmender Stärke, jedoch schwächer als die (VI)-Verbindungen. Polonium(IV)-hydroxid, $Po(OH)_4$, ist bereits eine Base; Polonium(II)-hydroxid, $Po(OH)_2$ eine stärkere Base.
Verglichen mit den entsprechenden Verbindungen der V. Hauptgruppe haben alle Hydroxide der VI. Hauptgruppe stärker sauren, verglichen mit denen der VII. Hauptgruppe schwächer sauren Charakter.

Hydride:
Die Beständigkeit der Chalkogenwasserstoffe (H_2O, H_2S usw bis H_2Po) nimmt von Sauerstoff zu Polonium ab, die Säurestärke dagegen zu; H_2O ist neutral; die Stärke von Tellurwasserstoff, H_2Te, entspricht etwa der der Phosphorsäure. Die Chalkogenwasserstoffe sind stärker sauer als die entsprechenden Verbindungen der V., jedoch schwächer sauer als die der VII. Gruppe.

16.2 Sauerstoff und Sauerstoffverbindungen

16.2.1 Allgemeines

Symbol: O [*oxygenium* (grch.-lat.) Säurebildner]; **Oxidationszahlen:** –1, **–2**.

Vorkommen: häufigstes Element der Erdkruste (55,1 Atom-%). Freier Sauerstoff findet sich in Luft (etwa $1{,}2 \cdot 10^{15}$ t) und natürlichem Wasser (die biochemische Selbstreinigung natürlicher Gewässer erfolgt unter Verbrauch von Sauerstoff); der weitaus meiste Sauerstoff ist in Form von Wasser, Silicaten, Quarz und anderen Mineralien sowie in Organismen gebunden.

Modifikationen:

- Disauerstoff (↑ 16.2.2), gewöhnlicher Sauerstoff, O_2
- Trisauerstoff (↑ 16.2.3), Ozon, O_3

Physiologie: Alle organismischen Stoffe sind Sauerstoffverbindungen; freier Sauerstoff ist für nahezu alle Lebewesen (Ausnahme z. B. anaerobe Bakterien) lebensnotwendig.

Beim Menschen geht der eingeatmete Sauerstoff durch die Lungenbläschen ins Blut über, wo er vom Farbstoff *Hämoglobin* in den roten Blutkörperchen als *Oxyhämoglobin* locker gebunden und den Zellen zugeführt wird. Dort oxidiert er mithilfe von Enzymen vornehmlich den ebenfalls vom Blut transportierten Traubenzucker (Glucose) zu Kohlenstoffdioxid und Wasser; die dabei frei werdende Energie dient zur Erhaltung der Lebensvorgänge (Muskelarbeit, Körperwärme usw.).

16.2.2 Disauerstoff (Gewöhnlicher Sauerstoff)

Formel: O_2.

Geschichte: Entdeckung um 1770 unabhängig voneinander durch CARL WILHELM SCHEELE (Schweden) und JOSEPH PRIESTLEY (England) („Salpeterluft“, „Feuerluft“).

Die Rolle des Sauerstoffs bei der Verbrennung klärte ANTOINE LAURENT LAVOISIER 1775; seine Theorie löste die Phlogistonhypothese (GEORG ERNST STAHL, 1697) ab.

Herstellung:

- technisch aus Luft durch fraktionierte Kondensation und Destillation (LINDE-Verfahren);
- durch Erhitzen sauerstoffreicher Salze, z. B.

  von Chloraten ($2\ KClO_3 \rightarrow 2\ KCl + 3\ O_2$, am besten mit Braunstein als Katalysator);

  von Nitraten ($2\ KNO_3 \rightarrow 2\ KNO_2 + O_2$)

  von Permanganaten ($2\ KMnO_4 \rightarrow K_2MnO_4 + MnO_2 + O_2$,
  oder bei höherer Temperatur: $4\ KMnO_4 \rightarrow 2\ K_2O + 4\ MnO_2 + 3\ O_2$)

  von Peroxiden ($2\ BaO_2 \rightarrow 2\ BaO + O_2$);

- durch katalytische Zersetzung von Wasserstoffperoxid z. B. mit Braunstein: $2\ H_2O_2 \rightarrow 2\ H_2O + O_2$;
- durch Elektrolyse (↑ 9.8.2) von Hydroxid- oder Sulfatlösungen an unangreifbaren Anoden (Platin) unter Entladung von OH^--Ionen: $4\ OH^- - 4\ e^- \rightarrow 2\ H_2O + O_2$;
- aus Alkaliperoxiden durch Kohlenstoffdioxid (Atemgeräte): $2\ Na_2O_2 + 2\ CO_2 \rightarrow 2\ Na_2CO_3 + O_2$.

Luft

Die atmosphärische Luft (Gesamtmenge $5{,}5 \cdot 10^{15}$ t) ist bis in Höhen von 100 km ein Gemisch aus

Stickstoff	78,09 Vol.-%	75,510 Massen-%
Sauerstoff	20,95 Vol.-%	23,150 Massen-%
Argon	0,93 Vol.-%	1,280 Massen-%
Kohlenstoffdioxid	0,04 Vol.-%	0,046 Massen-%

ferner: H_2O (bei 25 °C maximal 3 Vol.-%; durchschnittlich 0,27 Vol.-%), Ne, He, CH_4, Kr, Stickstoffoxide, Xe, O_3, Spuren weiterer Stoffe.

Die Dichte der Luft beträgt bei 0 °C und 1,0133 bar : $1{,}293\ g \cdot l^{-1}$.

Die Lufthülle der Erde absorbiert schädliche Strahlungen und verhindert das Auftreten extremer Temperaturen.

Flüssige Luft:
Herstellung nach dem LINDE-Verfahren. Luft wird komprimiert und die dabei frei werdende Wärme abgeführt; bei nachfolgender Expansion tritt Abkühlung ein. Durch mehrfache Wiederholung unter Anwendung von Vorkühlung erfolgt bei etwa −190 °C Verflüssigung.

Eigenschaften: hellblaue Flüssigkeit, die allmählich verdampft (Aufbewahrung in Thermosgefäßen, die nicht fest verschlossen werden dürfen). Die Farbtiefe nimmt beim Stehen zu, da der farblose Stickstoff rascher verdampft. Gemische aus flüssiger Luft mit Aktivkohle, Holzmehl u. dgl. sind explosibel.

Sauerstoff

Physikalische Eigenschaften (siehe auch Tabelle 16-1 (↑ 16.1)): farb-, geruch- und geschmackloses Gas; in Wasser mäßig löslich, jedoch reichlicher als Stickstoff, daher enthält in Wasser gelöste Luft 36 Vol.-% Sauerstoff. Flüssiger und fester Sauerstoff sehen hellblau aus. Sauerstoff ist paramagnetisch; hierauf beruhen technisch-analytische Bestimmungsverfahren.

Chemische Eigenschaften: bei gewöhnlicher Temperatur verhältnismäßig reaktionsträge; bei höherer sehr reaktionsfähig.

Die chemische Vereinigung mit Sauerstoff heißt *Oxidation*; sie kann verschieden schnell erfolgen. Sauerstoff bildet mit fast allen Elementen *Oxide*, teilweise auch *Peroxide*.

Langsame Oxidationen sind z. B. das Rosten des Eisens, der Abbau der Nahrungsmittel im Organismus, die Verwesung organismischer Stoffe, das Altern des Gummis, das Festwerden von Ölfarbe.

Rasche, unter Flammenerscheinung verlaufende Oxidationen werden *Verbrennungen* genannt. In reinem (auch flüssigem) Sauerstoff brennen die Stoffe wesentlich intensiver als in der Luft, z. B. flammt ein glimmender Holzspan auf.
Durch Oxidation entstehen aus Elementsubstanzen und zahlreichen Verbindungen *Oxide*, z. B.

$$S + O_2 \rightarrow SO_2; \qquad 2\,H_2S + 3\,O_2 \rightarrow 2\,H_2O + 2\,SO_2.$$

Es gibt jedoch Verbrennungen auch ohne Sauerstoff, z. B. brennt Wasserstoff in Chlorgas oder Bromdampf weiter, wobei sich Chlor- bzw. Bromwasserstoff bilden. Auch kann, z. B. bei Cellulosenitraten, der nötige Sauerstoff von den brennenden Substanzen selbst geliefert werden.

Nachweis: durch die *Glimmspanprobe,* d. h. das Aufflammen eines glimmenden Holzspans (bei einem Gehalt von über 30 % Sauerstoff); durch Braunfärbung alkalischer Pyrogallollösung.

Verwendung: Sauerstoff kommt unter 200 bar Druck in weiß gekennzeichneten Stahlflaschen in den Handel (metallische Teile wegen Entzündungs- und Explosionsgefahr nicht fetten!). Verwendung zum Schweißen und Schneiden von Metallen, für Atemgeräte, zum Raketenantrieb, für viele chemisch-technische Prozesse. Für zahlreiche metallurgische Verfahren und andere Prozesse wird sauerstoffangereicherte Luft verwendet.

16.2.3 Trisauerstoff (Ozon), O_3

Entstehung: Ozon bildet sich in Sauerstoff oder Luft durch Funkenüberschlag, stille elektrische Entladungen oder Einwirkung ultravioletter Strahlen (künstliche Höhensonne) gemäß

$$3\,O_2 \rightarrow 2\,O_3.$$

Auch der bei der Elektrolyse von verdünnter Schwefelsäure anodisch entwickelte Sauerstoff enthält, wenn mit hohen Stromdichten gearbeitet wird, Ozon.

Eigenschaften: hellblaues, beim Erhitzen explodierendes Gas von intensivem, „elektrischem“ Geruch [*ozo* (grch.) ich rieche]. Stärkstes Oxidationsmittel; ergibt z. B. mit Silber schwarzes Silberperoxid, Ag_2O_2, und entzündet Ether und Ethanol sofort. In höheren Konzentrationen wirkt Ozon lungenschädigend.

Verwendung: zur Desinfektion von Trinkwasser und Krankenhausluft, zur Entgiftung industrieller Abwässer.

Ozon in der Atmosphäre:

- In der *Stratosphäre* (15 bis 50 km Höhe) erzeugt die Sonnenstrahlung geringe Mengen Ozon („Ozonschicht“), die jedoch ausreichen, um den lebensfeindlichen Ultraviolettanteil der Strahlung (vor allem UV-C von 50 . . . 280 nm und einen Teil des UV-B von 280 . . . 320 nm) zu absorbieren. Die Ozonschicht schützt somit das Leben auf der Erde. Die gegenwärtig zu beobachtende Verringerung der O_3-Konzentration über den Polen der Erde (so genanntes „Ozonloch“) wird in erster Linie durch bestimmte Halogenkohlenwasserstoffe, insbesondere Fluorchlorkohlenwasserstoffe, hervorgerufen.
- In der *Troposphäre* (Atmosphäre bis 15 km Höhe) nimmt hingegen, örtlich sehr verschieden, die Ozon-Konzentration zu. Ursache hierfür ist in erster Linie die durch Stickstoffoxide katalysierte photochemische Oxidation von Kraftfahrzeugabgasen (CO, C_mH_n), die bei schlechten Windverhältnissen zu ozonreichem *Sommer-* oder *Los-Angeles-Smog* führen kann.

16.2.4 Oxide und Hydroxide

Herstellung der Oxide:

- durch Reaktion von Elementen mit Sauerstoff („Oxygenierung", „Oxidation") z. B. bei der Verbrennung;
- durch Erhitzen von Hydroxiden (und Oxidhydraten), z. B.

  $Cu(OH)_2 \rightarrow CuO + H_2O$;

- durch Erhitzen von Salzen mit flüchtigem Säureanhydrid (Carbonate, Sulfate, Sulfite, Nitrate u. a.), z. B.

  $CuCO_3 \rightarrow CuO + CO_2$; $2\,Cu(NO_3)_2 \rightarrow 2\,CuO + 4\,NO_2 + O_2$.

Eigenschaften der Oxide: Die meisten *Nichtmetalloxide* (Ausnahmen: CO, NO, N_2O) sind Säureanhydride, d. h. sie ergeben mit Wasser Säuren, z. B.

$$SO_3 + H_2O \rightarrow H_2SO_4.$$

Auch die *Metalloxide mit 5- bis 7-wertigem Metall* sind Säureanhydride, z. B.

$$CrO_3 + H_2O \rightarrow H_2CrO_4 \text{ (Chromsäure).}$$

Metalloxide mit 1- bis 4-wertigem Metall sind Basenanhydride, z. B.

$$CaO + H_2O \rightarrow Ca(OH)_2\,.$$

Die meisten derartigen Oxide reagieren allerdings meist nicht unmittelbar mit Wasser, sondern lassen sich auf dem Umweg über die Salze in die Hydroxide überführen, z. B.

$$CuO + 2\,HCl \rightarrow CuCl_2 + H_2O$$
$$CuCl_2 + 2\,NaOH \rightarrow Cu(OH)_2 + 2\,NaCl$$

Die basenbildenden Oxide ergeben mit Säuren, die säurebildenden mit Basen Salze. Amphotere Oxide (meist von 2- bis 4-wertigen Metallen) ergeben sowohl mit Säuren als auch mit Basen Salze.

Hydroxide

Hydroxide enthalten die Gruppe –O–H. Je nach Bindung an Metall (hier als Ion OH^-) oder Nichtmetall liegt eine Base, eine Säure oder ein amphoterer Stoff vor.

Die meisten **Metallhydroxide** fallen aus, wenn man eine Salzlösung mit einer Alkalilauge versetzt, z. B.

$$CuSO_4 + 2\,NaOH \rightarrow Cu(OH)_2\downarrow + Na_2SO_4\,.$$

Sie bilden dann schleimige oder flockige, oft farbige Niederschläge, die meist mehr Wasser gebunden enthalten, als ihrer Formel entspricht, und dann als **Oxidhydrate** bezeichnet werden.

Farben einiger schwer löslicher Oxidhydrate:

weiß:	$Al(OH)_3$, $Zn(OH)_2$, $Cd(OH)_2$, $Pb(OH)_2$, $Sn(OH)_2$, $Bi(OH)_3$, $Mg(OH)_2$, $Ca(OH)_2$;
hellgrün bis weiß:	$Fe(OH)_2$ [an der Luft *braun* werdend infolge Bildung von $Fe(OH)_3$];
hellbraun bis weiß:	$Mn(OH)_2$ [an der Luft *dunkelbraun* werdend infolge Übergangs in $Mn(OH)_4$];
apfelgrün:	$Ni(OH)_2$;
graugrün:	$Cr(OH)_3$;
blau:	$Cu(OH)_2$;
blau oder rosa:	$Co(OH)_2$;
rostbraun:	$Fe(OH)_3$.

Unbeständig sind Silber- und Quecksilber(II)-hydroxid, die spontan in Oxid und Wasser zerfallen. Die übrigen Hydroxide erleiden den gleichen Zerfall beim Erhitzen.

Hydroxid-Ionen, OH^-, bewirken die alkalische Reaktion (↑ 7.3.2.2) wässriger Lösungen, sofern sie sich gegenüber H^+- bzw. H_3O^+-Ionen im Überschuss befinden.

16.2.5 Peroxide

Peroxide leiten sich vom Wasserstoffperoxid (↑ 10.5) H–O–O–H ab, enthalten also die *Disauerstoffkette* –O–O–. Wichtig sind **Natrium- und Bariumperoxid,** Na_2O_2 bzw. BaO_2.

Liegt keine –O–O– -Kette vor, darf ein Oxid nicht als Peroxid bezeichnet werden; beispielsweise sind für PbO_2 nur die Namen Blei(IV)-oxid und Bleidioxid statthaft. Organische Peroxide sind als Polymerisationskatalysatoren wichtig.

Hyperoxide enthalten das einwertige Ion O_2^-, z. B. das beim Verbrennen von Kalium entstehende **Kaliumhyperoxid,** KO_2.

16.3 Schwefel und Schwefelverbindungen

16.3.1 Allgemeines

Symbol: S [*sulfur* (lat.)]; **Oxidationszahlen: +6, +4**, +2, **−2**.

Vorkommen: teils frei, teils chemisch gebunden in Sulfiden und Sulfaten, in Kohle, Erdöl und den Eiweißstoffen (besonders im Keratin der Haare, Federn und Häute).

Physiologie: Schwefel ist in gebundener Form für alle höheren Organismen lebensnotwendig (Bestandteil vieler Eiweißstoffe); er wird auch in Form verschiedener Sulfatdünger dem Ackerboden zugeführt (Ammonsulfat, Superphosphat).

Schwefel-Minerale

- **Sulfide**
  - *Kiese:* hell, metallisch glänzend;
  - *Glanze:* dunkel, metallisch glänzend;
  - *Blenden:* dunkel, nichtmetallisch glänzend, oft auch hell, durchscheinend

Pyrit (*Schwefelkies, Eisenkies*)	FeS_2
Kupferkies	$CuFeS_2$
Arsenkies	FeAsS
Bleiglanz	PbS
Kupferglanz	Cu_2S
Molybdänglanz	MoS_2
Silberglanz	Ag_2S
Grauspießglanz	Sb_2S_3
Zinkblende	ZnS
Zinnober	HgS
Realgar	As_4S_4

- **Sulfate:**

Gips	$CaSO_4 \cdot 2\,H_2O$
Anhydrit	$CaSO_4$
Kieserit	$MgSO_4 \cdot H_2O$
Kainit	$KCl \cdot MgSO_4 \cdot 3\,H_2O$
Schwerspat (*Baryt*)	$BaSO_4$
Cölestin	$SrSO_4$
Glaubersalz	$Na_2SO_4 \cdot 10\,H_2O$

16.3.2 Elementarer Schwefel

Geschichte: als Ausscheidung heißer Quellen seit dem 2. Jahrtausend v.u.Z. bekannt.

Herstellung:

- nach dem FRASCH-Verfahren durch Ausschmelzen gediegenen Schwefels aus Gestein, z. B. mit Wasserdampf; Reinigung des Rohschwefels durch Destillation; bei rascher Abkühlung der Dämpfe entsteht sublimierter Schwefel als feines Pulver (*Schwefelblume*, *Schwefelblüte*).
- durch Entschwefelung von technischen Kohle-, Erdöl und Erdgas(zwischen)produkten. Ver- und Entgasungsprodukte der Kohle, Hydrierungsprodukte von Erdölfraktionen sowie Erdgas (insbesondere aus Erdöl) enthalten Schwefelwasserstoff. Dieser wird durch unterschiedliche Verfahren zu Schwefel verarbeitet:
  - beim *Aktivkohleverfahren adsorbiert* man den Schwefelwasserstoff an Aktivkohle und oxidiert ihn gleichzeitig mit Luftsauerstoff gemäß

    $$2\,H_2S + O_2 \rightarrow 2\,H_2O + 2\,S$$

    zu Schwefel. Dieser wird mit Ammoniumsulfidlösung unter Bildung von Ammoniumpolysulfid, $(NH_4)_2S_x$, ausgewaschen. Das Polysulfid wird destillativ in Ammoniumsulfid und Elementarschwefel zerlegt.

    $$(NH_4)_2S_x \rightarrow (x\text{-}1)S + (NH_4)_2S;$$

    das Ammoniumsulfid kehrt in den Prozess zurück.
  - Bei den *Absorptivverfahren* wäscht man das Gas zunächst mit Flüssigkeiten, die Schwefelwasserstoff physikalisch lösen (z. B. tiefgekühltes Methanol, Glycolether) oder chemisch binden (verschiedene Amine, z. B. Diethanolamin, $NH(CH_2\text{-}CH_2OH)_2$, Ethanolamin, $CH_2OH\text{-}CH_2NH_2$, Sarcosin, $CH_3\text{-}NH\text{-}CH_2\text{-}COONa$, o. a.) und beim Erhitzen wieder abgeben. Ein Teil des so aufkonzentrierten Gases wird meist zu Schwefeldioxid verbrannt und dann nach dem CLAUS-Verfahren mit unverändertem Schwefelwasserstoff am Aluminiumoxid-Katalysator gemäß

    $$2\,H_2S + SO_2 \rightarrow 3\,S + 2\,H_2O$$

    zu Elementarschwefel umgesetzt.
- Schwefel entsteht auch bei unvollständiger Verbrennung von Schwefelwasserstoff:

  $$2\,H_2S + O_2 \rightarrow 2\,H_2O + 2\,S,$$

  beim Ansäuern von Thiosulfatlösung:

  $$Na_2S_2O_3 + 2\,HCl \rightarrow 2\,NaCl + H_2SO_3 + S$$

  und als Rückstand bei der Destillation von Ammoniumpolysulfidlösung z. B.:

  $$(NH_4)_2S_5 \rightarrow (NH_4)_2S + 4\,S\,.$$

Modifikationen: Da Schwefel in verschiedenen Molekülgrößen existiert (S_∞, S_{12}, S_8, S_6, S_2 u. a.) und die Moleküle unterschiedlich angeordnet sein können, gibt es eine Vielzahl von Modifikationen.

Bei gewöhnlicher Temperatur ist **α-Schwefel** (*rhombisch*) in Form gelber (bei Flüssiglufttemperatur weißer), spröder, geruch- und geschmackfreier Kristalle beständig, die sich nicht in Wasser, dagegen leicht in Kohlenstoffdisulfid lösen.
Oberhalb 96 °C erfolgt langsame Umwandlung in **β-Schwefel** (*monoklin*), der fast farblose Kristallnadeln bildet. α-Schwefel schmilzt bei 113 °C, β-Schwefel bei 119 °C zu gelbem, dünnflüssigem, wie die festen Schwefelarten aus ringförmigen S_8-Molekülen bestehendem **λ-Schwefel.**
Bei weiterem Erhitzen spalten sich die Ringe zu Ketten auf, und es entsteht rotbrauner, zähflüssiger **μ-Schwefel,** der bei höherer Temperatur dunkelbraun und wieder dünnflüssig wird und schließlich bei 444,6 °C siedet.
Beim Abschrecken einer Schwefelschmelze durch Eingießen in Wasser entsteht als unterkühlte Schmelze gelbbrauner, gummiartiger, durchscheinender **plastischer Schwefel** (Gemisch aus λ- und μ-Schwefel), der an der Luft binnen weniger Minuten wieder gelb, trüb und spröde wird.

Chemische Eigenschaften: Schwefel verbrennt beim Erhitzen an der Luft mit blauer Flamme zu Schwefeldioxid, SO_2, und kleinen Mengen Schwefeltrioxid, SO_3. Bei höherer Temperatur reagiert er mit Metallen zu Sulfiden, mit Wasserstoff (und Paraffin) zu Schwefelwasserstoff, H_2S. In Ammoniumsulfidlösung löst er sich zu gelben bis roten Polysulfiden; beim Erhitzen mit Sulfitlösungen entstehen Thiosulfate, mit Cyanidlösungen Thiocyanate (Rhodanide).

Verwendung: zur Herstellung von Kohlenstoffdisulfid, Schwefelsäure, Natriumthiosulfat, Schwefelfarbstoffen, Ultramarinblau; zur Vulkanisation des Kautschuks; gegen Hautkrankheiten; im Pflanzenschutz als „Schwefelkalkbrühe“ gegen Rebenmehltau;

Physiologie: Schwefel ist für den Menschen ungiftig; kleine Mengen wirken abführend. Feinverteilter Schwefel wird auf der Haut chemisch gebunden; auf den Umwandlungsprodukten beruht seine Wirkung bei Hautkrankheiten.

16.3.3 Schwefelwasserstoff, Sulfan, H_2S

Namen: Sulfan ist der von der IUPAC festgelegte internationale Name; im deutschen Sprachbereich wird durchweg noch der Trivialname Schwefelwasserstoff verwendet.

Vorkommen: in Schwefelquellen, Vulkan- und Erdgasen; Fäulnisprodukt von Eiweißstoffen.

Herstellung:

- in der Technik durch Isolierung aus Wasser-, Stadt-, Kokerei- und rohem Synthesegas und Erdöldestillationsprodukten durch Auswaschen mit Flüssigkeiten, die Schwefelwasserstoff
  chemisch binden (verschiedene Amine, z. B. Diethanolamin, beim *Alkazid-Verfahren* Sarkosin als Natriumsalz, CH_3-NH-CH_2-COONa) oder
  physikalisch lösen (z. B. beim *Rectisol-Verfahren* tiefgekühltes Methanol)
  und beim Erhitzen (↑ 16.3.2) wieder abgegeben.
  Aus mittleren Erdöldestillaten erhält man rohen Schwefelwasserstoff durch Hydrierung am Cobalt/Molybdänoxid-Katalysator (Hydrotreating) bei etwa 350 °C und 50 bar, z. B. gemäß

  $$R\text{–}SH + H_2 \rightarrow RH + H_2S;$$

  die Isolierung aus dem Reaktionsgemisch erfolgt durch Auswaschen. (↑ 16.3.2)
- im Labormaßstab
  - aus Eisen(II)-sulfid und Salzsäure: $FeS + 2\,HCl \rightarrow FeCl_2 + H_2S$;
  - aus Paraffin und Schwefel beim Erhitzen;
  - synthetisch aus Wasserstoff und flüssigem Schwefel;

Eigenschaften: Schwefelwasserstoff ist ein farbloses, nach faulen Eiern riechendes Gas (*F* −85,5 °C, *Kp* −60,3 °C), das mit blauer Flamme verbrennt:

$$2\,H_2S + 3\,O_2 \rightarrow 2\,H_2O + 2\,SO_2.$$

Ein in die Flamme gehaltener kalter Gegenstand beschlägt mit gelbem Schwefel, da dann das Gas unvollständig verbrennt:

$$2\,H_2S + O_2 \rightarrow 2\,H_2O + 2\,S;$$

dieser Vorgang entspricht dem Rußen von brennendem Ethin.
Schwefelwasserstoff ist in Wasser nur mäßig löslich; das „Schwefelwasserstoffwasser" trübt sich an der Luft allmählich infolge Ausscheidung von Schwefel durch Oxidation; es ist eine sehr schwache Säure (Salze: Sulfide).

Nachweis: Schwarzbraunfärbung von „Bleipapier" (mit Bleisalzlösung getränktes und getrocknetes Papier; Bleisulfid-Bildung); metallisches Silber läuft schwarz an (Silbersulfid-Bildung).

Verwendung: als Trennmittel in der anorganisch-chemischen Analyse; zur Herstellung von Schwefel.

Physiologie: Sehr giftig! In der Atemluft wirken bereits 0,08 Vol.-% nach 5 bis 10 min tödlich; Schwefelwasserstoff blockiert wie Blausäure lebenswichtige Atmungsenzyme. Mit Schwefelwasserstoff darf in Laboratorien nur in gut ziehenden Abzügen gearbeitet werden.

Sulfide

Sulfide sind Salze des Schwefelwasserstoffes. Schwermetallsulfide (↑ 16.3.1) sind wichtige Erze; sie werden vor ihrer Verhüttung durch „Rösten" (Erhitzen unter Luftzufuhr) in Oxide umgewandelt, z. B. gemäß

$$2\,PbS + 3\,O_2 \rightarrow 2\,PbO + 2\,SO_2$$

Nur die *Alkali- und Erdalkalisulfide* sowie *Ammoniumsulfid* sind in Wasser löslich; die übrigen werden aus den Metallsalzlösungen durch Ammoniumsulfidlösung, einige extrem schwer lösliche sogar durch Schwefelwasserstoff aus saurer Lösung als charakteristisch gefärbte Niederschläge ausgefällt.

▲ $FeSO_4 + (NH_4)_2S \rightarrow FeS\downarrow + (NH_4)_2SO_4$;
$2\,BiCl_3 + 3\,H_2S \rightarrow Bi_2S_3\downarrow + 6\,HCl$.

Fällungen durch Schwefelwasserstoff und Ammoniumsulfid:

durch Schwefelwasserstoff aus saurer Lösung		auch durch Ammoniumsulfid aus ammoniakalischer Lösung	
schwarz:	HgS, Ag_2S, PbS, CuS	schwarz:	FeS, NiS, CoS
braun:	SnS, Bi_2S_3	rosa:	MnS
orange:	Sb_2S_3, Sb_2S_5	weiß:	ZnS
gelb:	As_2S_3, As_2S_5, SnS_2, CdS		

Mit Ammoniumsulfid zu *Thiosalzen* löslich sind:	Als Hydroxide fallen durch Ammoniumsulfid	
SnS_2, Sb_2S_3, Sb_2S_5, As_2S_3, As_2S_5	weiß:	$Al(OH)_3$
ferner MoS_3, WS_3, V_2S_5	braun:	$Fe(OH)_3$
	graugrün:	$Cr(OH)_3$

16.3.4 Schwefeldioxid, SO_2

Vorkommen: in Vulkangasen; in Abgasen von Kohlefeuerungen.

Herstellung:

- durch Verbrennen von Schwefel oder Schwefelwasserstoff;
- aus Sulfiten durch stärkere Säuren: $Na_2SO_3 + 2\,HCl \rightarrow 2\,NaCl + H_2O + SO_2$;
- technisch durch Rösten sulfidischer Erze, z. B. von Pyrit: $4\,FeS_2 + 11\,O_2 \rightarrow 2\,Fe_2O_3 + 8\,SO_2$;
- technisch durch reduktive thermische Zersetzung von Gips (↑ 16.3.7) oder Anhydrit.

Eigenschaften: Schwefeldioxid ist ein farbloses, schweres, stechend riechendes, hustenreizendes, giftiges Gas, das bereits bei -10 °C flüssig wird, nicht brennbar ist und sich sehr leicht in Wasser löst. Schwefeldioxid wirkt bleichend auf viele Farbstoffe; im Gegensatz zur Chlorbleiche wird in manchen Fällen beim Ansäuern der Farbstoff zurückgebildet.

Verwendung: als Zwischenprodukt zur Herstellung von Schwefelsäure, Sulfiten und anderen Schwefelverbindungen; zum Bleichen von Papier, Stroh und Wolle; zum Ausschwefeln von Weinfässern; für die Sulfochlorierung von Paraffinkohlenwasserstoffen; flüssig zum Reinigen von Erdöl.

Schwefeldioxid und Umwelt:

- **„Saurer Regen“:** Vor allem beim Verbrennen schwefelreicher Brennstoffe (Kohle, insbesondere Braunkohle) werden große Mengen Schwefeldioxid, SO_2, an die Luft abgegeben und führen dort zusammen mit Stickstoffoxiden (aus Kraftfahrzeugabgasen und Hochtemperaturverbrennungsanlagen; meist als NO_x angegeben), z. T. in Form des „sauren Regens“, zu erheblichen Schädigungen an Pflanzen (u. a. „Waldsterben“), Tieren, Mikroorganismen, Gewässern und Sachgütern. Da SO_2 und NO_x an feuchter Luft leicht oxidiert werden, enthält der saure Regen Schwefelsäure und Salpetersäure. Der pH-Wert unbelasteten Regenwassers liegt bei 5,6; der Durchschnittswert 1999 in Deutschland betrug 4,0 bis 4,6; saurer Regen erreichte Spitzenwerte bis 2,4. Der saure Regen wirkt sowohl unmittelbar als auch über den Waldboden auf Bäume ein. An der direkten Einwirkung ist auch Ozon, O_3, verantwortlich, das photochemisch aus den Stickstoffoxiden gebildet wird. Im Boden setzt saurer Regen aus Kalkböden und Tonen Ca^{2+}- und Mg^{2+}-Ionen frei und spült sie weg, sodass Nährstoffmangel entsteht; freigesetzte Al^{3+}-Ionen wirken giftig auf die Pflanzen; ebenfalls freigesetzte Schwermetall-Ionen schädigen im Boden Mikroorganismen und können ins Grundwasser gelangen.
  Der Versauerung von Waldböden kann durch Kalkung entgegengewirkt werden; langfristig vorzuziehen sind gemahlene basische, phosphathaltige Schlacken der Eisenverhüttung.
  Schwefeldioxid ist auch die Ursache von *saurem Smog* („Smog vom London-Typ“), der sich bei ungünstigen Windverhältnissen ausbilden kann. Dabei wird Schwefeldioxid an Nebeltröpfchen mit schwermetallhaltigen Ruß- und Staubteilchen katalytisch zu Schwefelsäure oxidiert, die Schädigungen der Atemwege hervorruft.
- **Rauchgasentschwefelung:** Es existieren viele, meist mehrstufige Verfahren, Schwefeldioxid aus den Rauchgasen zu entfernen und möglichst in verwertbare Produkte (Gips, Schwefelsäure) umzuwandeln, z. B. Besprühen mit Kalkmilch, Einblasen von Kalkstaub (auch direkt in Feuerungsanlagen), kalkhaltiger Asche u. a., Vermischen des Brennstoffes mit gemahlenem Kalkstein. Primär bildet sich meist *Calciumsulfit,* $CaSO_3$, das durch Restsauerstoff teilweise oder ganz zu Calciumsulfat, $CaSO_4$, oxidiert wird. Die Rückstände können nach dem Gips-Schwefelsäure-Verfahren (↑ 16.3.7) aufgearbeitet werden.

16.3.5 Schweflige Säure und Sulfite

Schweflige Säure, H_2SO_3, steht stets im Gleichgewicht mit ihren Zerfallsprodukten ($SO_2 + H_2O \rightleftharpoons H_2SO_3$) und ist daher nur in wässriger Lösung existenzfähig. Schwache bis mittelstarke Säure;
Salze: *Sulfite*.
Die Säure geht leicht in Schwefelsäure über, wobei sie andere Stoffe, z. B. Kaliumpermanganat oder elementaren Sauerstoff, reduziert.

Sulfite: In Wasser leicht löslich sind nur die Alkalisulfite; sie gehen beim Kochen mit Schwefel in Thiosulfate über. Alle Sulfite werden durch stärkere oder weniger flüchtige Säuren unter Schwefeldioxidentwicklung zersetzt.
Wichtige Sulfite sind: Natriumsulfit, Na_2SO_3, und Natriumhydrogensulfit, $NaHSO_3$.
Eine Lösung von **Calciumhydrogensulfit**, $Ca(HSO_3)_2$, aus Kalkstein, Schwefeldioxid und Wasser gewonnen, dient als „Sulfitlauge" zum Herauslösen des Lignins aus Holz bei der Zellstoffgewinnung.

Disulfite leiten sich von der in freiem Zustand nicht bekannten *Dischwefligen Säure*, $H_2S_2O_5$, ab; die Salze (früher *Pyrosulfite* und *Metabisulfite* genannt) entstehen durch Erhitzen von Hydrogensulfiten, z. B.

$$2\,KHSO_3 \rightarrow K_2S_2O_5 + H_2O.$$

Kaliumdisulfit (früher „Kaliummetabisulfit") wird in fotografischen Entwicklern und Fixierbädern verwendet.

16.3.6 Schwefeltrioxid, SO_3

Herstellung:

- durch Erhitzen von Disulfaten, z. B. $Na_2S_2O_7 \rightarrow Na_2SO_4 + SO_3\uparrow$;
- durch katalytische Oxidation (↑ 16.3.7) von Schwefeldioxid;
- durch Abdestillieren aus hochprozentigem Oleum.

Eigenschaften: Schwefeltrioxid ist eine farblose, eisartig durchscheinende, an der Luft stark rauchende Masse (*F* 16,85 °C, *Kp* 44,45 °C), die mit Wasser explosionsartig heftig zu Schwefelsäure reagiert:

$$SO_3 + H_2O \rightarrow H_2SO_4;\ \Delta_R H^{\ominus} = -95{,}6\ \text{kJ} \cdot \text{mol}^{-1}.$$

Neben dieser früher als γ-Schwefeltrioxid bezeichneten Substanz haben sich die α- und die β-Form als Polyschwefelsäuren erwiesen.

16.3.7 Schwefelsäure, H_2SO_4

Herstellung

Allgemeines: Die Herstellung aus den Salzen (Sulfaten) durch Verdrängen mittels schwerer flüchtiger oder stärkerer Säuren ist nicht möglich, da Schwefelsäure zu stark ist und sich erst oberhalb 300 °C zersetzt. Nach allen heute üblichen Verfahren stellt man zunächst Schwefeldioxid her, oxidiert es zu Schwefeltrioxid und setzt dieses direkt oder indirekt mit Wasser um.

I. Reaktionsstufe: Herstellung von Schwefeldioxid

3 Hauptmöglichkeiten:

- **Rösten sulfidischer Erze,** z. B. von Pyrit:

$$4\,FeS_2 + 11\,O_2 \rightarrow 2\,Fe_2O_3 + 8\,SO_2.$$

Hierzu dienen Drehrohr-, Etagen- oder Wirbelschichtreaktoren. Buntmetallhütten haben infolge Anfalls von Schwefeldioxid beim Rösten der Erze (Bleiglanz, Zinkblende, Kupferkies) stets Schwefelsäureanlagen.

- **Verbrennen von Schwefel:**

$$S + O_2 \rightarrow SO_2$$

- **Verbrennen von Schwefelwasserstoff:** (z. B. als Produkt der Entschwefelung technischer Erdöl- oder Kohle-Zwischenprodukte):

$$2\ H_2S + 3\ O_2 \rightarrow 2\ SO_2 + 2\ H_2O.$$

Die technische Herstellung aus Gips und Anhydrit durch Glühen mit Koksgruß, Sand und Ton (MÜLLER-KÜHNE-Verfahren, Gips-Schwefelsäure-Verfahren) gemäß den Gleichungen

$$\text{I}\ 2\ CaSO_4 + C \rightarrow 2\ CaO + 2\ SO_2 + CO_2;\ (1400\ °C)$$
$$\text{II}\ CaO + \text{Sand}\ (SiO_2) + \text{Ton (Al-Silicat)} \rightarrow \text{Zement (Ca-Al-Silicat)}$$

liefert als Zweitprodukt **Zement**. In Deutschland wird es nur noch zur Aufarbeitung von Rückständen der Rauchgasentschwefelung angewandt.

II. Reaktionsstufe: Oxidation des Schwefeldioxids

2 Möglichkeiten:

- **Kontaktverfahren:** etwa 90 % der Weltproduktion; seit etwa 1900; liefert konzentrierte Säure.
  Schwefeldioxid, das durch Waschprozesse und Elektrofiltration von Kontaktgiften (z. B. Arsenverbindungen aus sulfidischen Erzen) und Flugstaub befreit wurde, wird bei 450 °C mit sauerstoffangereicherter Luft über Katalysatoren aus Vanadium(V)-oxid, V_2O_5, oder Platinasbest geleitet. Gemäß

$$2\ SO_2 + O_2 \rightleftharpoons 2\ SO_3 \quad \Delta_R H^\ominus = -184\ \text{kJ} \cdot \text{mol}^{-1}$$

  entstehen mit 99%iger Ausbeute weiße Nebel von *Schwefeltrioxid.* Diese werden in Rieseltürmen von konz. Schwefelsäure zu *Dischwefelsäure* gebunden:

$$SO_3 + H_2SO_4 \rightarrow H_2S_2O_7.$$

  Hieraus entsteht durch vorsichtiges Verdünnen reine, wasserfreie *Schwefelsäure:*

$$H_2S_2O_7 + H_2O \rightarrow 2\ H_2SO_4.$$

- Das **Nitroseverfahren** (*Turmverfahren;* Weiterentwicklung des „Bleikammerverfahrens") geht in den Anfängen auf 1750 zurück. Es liefert zwar nur verdünnte Säure (78 %) und wird kaum noch durchgeführt, kann jedoch wegen des geringen Energieaufwands wieder Beachtung finden.
  Es beruht im Prinzip auf der Oxidation von Schwefeldioxid mit Stickstoffdioxid zu Schwefeltrioxid gemäß der vereinfachten Gleichung

$$SO_2 + NO_2 \rightarrow SO_3 + NO,$$

  wobei das gebildete Stickstoffmonoxid spontan mit Luftsauerstoff wieder zu Stickstoffdioxid reagiert; hierbei spielt *Nitrosesäure* [*Nitrosylschwefelsäure,* $SO_2(OH)(O\text{-}NO)$] als Stickstoffoxidüberträger eine Rolle.

Physikalische Eigenschaften: Konzentrierte Schwefelsäure ist eine farblose, ölige, geruchlose Flüssigkeit (Dichte 1,84 g · cm^{-3} bei 20 °C), die bei 338 °C unter Bildung hustenreizender Schwefeltrioxid-Nebel siedet. Sie ist sehr hygroskopisch und eignet sich daher zum Trocknen von Gasen (nicht von Ammoniak!). Beim Verdünnen tritt starke Erwärmung auf (Hydratbildung, z. B. zu $H_2SO_4 \cdot H_2O$), die zum Verspritzen führen kann, deshalb:

Verdünnungsregel für Schwefelsäure: Stets unter Umrühren Säure zu Wasser gießen, nie umgekehrt!

Chemische Eigenschaften: Schwefelsäure ist eine sehr starke, zweiwertige Säure (Salze: *Sulfate*); schon bei mäßiger Verdünnung ist sie in der 1. Stufe praktisch vollständig dissoziiert (vereinfacht $H_2SO_4 \rightleftharpoons H^+ + HSO_4^-$); die Hydrogensulfat-Ionen sind in wesentlich geringerem Ausmaß weiter dissoziiert:

$$HSO_4^- \rightarrow H^+ + SO_4^{2-}.$$

Auch $H_3SO_4^+$- und $HS_2O_7^-$-Ionen treten auf. Da die Säure schwer flüchtig und sehr stark ist, verdrängt sie viele andere Säuren aus ihren Salzen.

▲ $CaF_2 + H_2SO_4 \rightarrow CaSO_4 + 2\,HF$
$2\,CH_3COONa + H_2SO_4 \rightarrow Na_2SO_4 + 2\,CH_3COOH$

Verdünnte Säure entwickelt mit Metallen, die unedler als Wasserstoff sind, Wasserstoff. Im Gegensatz zu verdünnter Säure greift die aus Molekülen bestehende *konzentrierte Säure* Metalle erst beim Erhitzen an; sie wirkt dann wie HNO_3 oxidierend (auch auf Kupfer, Quecksilber und Silber) und wird dabei zu Schwefliger Säure bzw. Schwefeldioxid reduziert:

$$Cu + 2\,H_2SO_4 \rightarrow CuSO_4 + SO_2 + 2\,H_2O$$

Verwendung: Schwefelsäure gehört zu den wichtigsten technischen Grundchemikalien. Sie dient zur Erzeugung von Chemiefaserstoffen (Viskoseseide und -zellwolle, Polyamidfaserstoff), Düngesalzen (Superphosphat), Explosivstoffen, Wasch-, Netz- und Emulgiermitteln, Teerfarbstoffen, Arzneimitteln, Sulfaten, Ethern, Estern, Säuren (Flusssäure, Weinsäure u. a.), zur Raffination von Mineralölen, zum Beizen von Metallen, für galvanische Elektrolyte (Verchromung, Eloxierung u. a.), für Blei-Akkumulatoren und für viele andere Zwecke.

Konzentrierte Säure entzieht vielen organischen Stoffen die Elemente Sauerstoff und Wasserstoff in Form von Wasser; sie wird deshalb bei Veresterungen, Veretherungen, Nitrierungen u. a. als wasserentziehender Hilfsstoff verwendet. Kohlenhydrate wie Zucker, Stärke, auch Papier und einige Textilfaserstoffe werden unter Freisetzung von Kohlenstoff zerstört. Auf Kohlenwasserstoffe (besonders aromatische) und Phenole wirkt konzentrierte Säure *sulfonierend* (Bildung von *Sulfonsäuren* mit der *Sulfonsäuregruppe* $-SO_2OH$), auf Alkohole *veresternd* (Bildung von *Sulfaten* mit der *Sulfatgruppe* $-O-SO_2OH$).

Nachweis: konz. Schwefelsäure wird am einfachsten durch Verkohlung eines eingetauchten Holzstabes von anderen Säuren unterschieden.
Sulfat-Ionen, SO_4^{2-}, geben auch in salzsaurer Lösung mit Bariumchlorid-Lösung einen weißen, feinpulvrigen Niederschlag von Bariumsulfat:

$$H_2SO_4 + BaCl_2 \rightarrow BaSO_4\downarrow + 2\,HCl.$$

Rauchende Schwefelsäure („Oleum")

Rauchende Schwefelsäure enthält überschüssiges Schwefeltrioxid, das z. T. in Form von **Dischwefelsäure** (*Pyroschwefelsäure*), $H_2S_2O_7$, gebunden ist.

Die **Disulfate** (*Pyrosulfate*) entstehen durch Erhitzen von Hydrogensulfaten:

$$2\,NaHSO_4 \rightarrow Na_2S_2O_7 + H_2O.$$

x%iges Oleum ist eine x%ige Lösung von SO_3 (hauptsächlich als $H_2S_2O_7$ gebunden) in H_2SO_4;
die reine, 100%ige Schwefelsäure wird in diesem Zusammenhang oft als „Monohydrat" (genauer: Schwefeltrioxid-monohydrat, $SO_3 \cdot H_2O$) bezeichnet.
Die Dischwefelsäure gehört zu den *Polyschwefelsäuren* der Formel $H_2S_nO_{3n+1}$.

16.3.8 Sulfate

Übersicht:

Wichtige Sulfate sind:

Glaubersalz	$Na_2SO_4 \cdot 10\ H_2O$
Bittersalz	$MgSO_4 \cdot 7\ H_2O$
Ammonsulfat	$(NH_4)_2SO_4$

ferner die Minerale (↑ 16.3.1): Gips, Anhydrit, Kieserit, Schwerspat, Cölestin

- **Vitriole** sind kristallwasserhaltige Sulfate 2-wertiger Metalle:

Eisenvitriol	$FeSO_4 \cdot 7\ H_2O$	(grün)
Kupfervitriol	$CuSO_4 \cdot 5\ H_2O$	(blau)
Nickelvitriol	$NiSO_4 \cdot 7\ H_2O$	(smaragdgrün)
Cobaltvitriol	$CoSO_4 \cdot 7\ H_2O$	(himbeerrot)
Zinkvitriol	$ZnSO_4 \cdot 7\ H_2O$	(farblos)

- **Alaune** sind Doppelsulfate der Formel $Me^{I}{}_2SO_4 \cdot Me^{III}{}_2(SO_4)_3 \cdot 24\ H_2O$
(MeI = 1-wertiges Metall: K, NH_4, Rb, Cs)
[MeIII = 3-wertiges Metall: Cr, Al, Fe, V(III)]

▲ „Alaun“	Kaliumaluminiumsulfat	$K_2SO_4 \cdot Al_2(SO_4)_3 \cdot 24\ H_2O$
„Chromalaun“	Kaliumchromsulfat	$K_2SO_4 \cdot Cr_2(SO_4)_3 \cdot 24\ H_2O$
„Eisenalaun“	Kaliumeisen(III)-sulfat	$K_2SO_4 \cdot Fe_2(SO_4)_3 \cdot 24\ H_2O$

- **„MOHRsches Salz“** ist kein Alaun, sondern: $(NH_4)_2SO_4 \cdot Fe_2SO_4 \cdot 6\ H_2O$.

Löslichkeit: Die Sulfate von Blei, Calcium, Strontium und Barium sind in Wasser schwer löslich bis praktisch unlöslich; die meisten übrigen lösen sich leicht.

Nachweis von Sulfat-Ionen erfolgt mittels Bariumchloridlösung (↑ 12.5) als Bariumsulfatniederschlag.

16.3.9 Weitere Schwefelverbindungen

Thioschwefelsäure, $H_2S_2O_3$: nur bei sehr tiefen Temperaturen beständig. Ihre Salze, die **Thiosulfate,** bilden sich beim Kochen von Sulfitlösungen mit Schwefel:

$$Na_2SO_3 + S \rightarrow Na_2S_2O_3.$$

Peroxodischwefelsäure („Perschwefelsäure“), $H_2S_2O_8$, ist frei sehr unbeständig. Ihre Salze sind sehr starke Oxidationsmittel, z. B. Kaliumperoxodisulfat („Kaliumpersulfat“), $K_2S_2O_8$.
Peroxomonoschwefelsäure, H_2SO_5, heißt auch CAROsche Säure.

Dithionige Säure, $H_2S_2O_4$, ist in freiem Zustand nicht bekannt.

Natriumdithionit, $Na_2S_2O_4$: ist ein sehr starkes Reduktionsmittel, das in der Küpenfärberei, im Ätzdruck und in Entfärbern verwendet wird.
Herstellung: Zinkstaub, Schwefeldioxid und Wasser ergeben Zinkdithionit:

$$Zn + 2\ SO_2 \rightarrow ZnS_2O_4;$$

hieraus entsteht durch Natriumcarbonat das Natriumsalz.

Dithionsäure; $H_2S_2O_6$ (Salze: *Dithionate*), und **Tetrathionsäure,** $H_2S_4O_6$ (Salze: *Tetrathionate*), sind nur in verdünnter wässriger Lösung bekannt. *Mangan(II)-dithionat* bildet sich aus Braunstein und Schwefliger Säure gemäß

$$MnO_2 + 2\ SO_2 \rightarrow MnS_2O_6,$$

Natriumtetrathionat aus Natriumthiosulfat und Iod gemäß

$$2\ Na_2S_2O_3 + I_2 \rightarrow Na_2S_4O_6 + 2\ NaI.$$

Weitere Sauerstoffsäuren des Schwefels sind **Sulfoxylsäure,** H_2SO_2 (Salze: *Sulfoxylate*), **Thioschweflige Säure,** $H_2S_2O_2$ (Salze: *Thiosulfite*), **Tri-**, **Penta-** und **Hexathionsäure,** $H_2S_3O_6$, $H_2S_5O_6$ und $H_2S_6O_6$ (Salze: *Tri-, Penta-* und *Hexathionate*).

Dischwefeldichlorid („Chlorschwefel"), S_2Cl_2, *Kp* 138 °C, entsteht aus den Elementen beim Erhitzen. Orangegelbe, an feuchter Luft rauchende, charakteristisch erstickend riechende Flüssigkeit.
Verwendung: zum Vulkanisieren von Kautschuk.

Schwefelhexafluorid, SF_6, ein farb- und geruchloses, reaktionsträges Gas, beständig gegen Wasserstoff, Alkalien und Natrium; es wird technisch als (gasförmiger!, dreimal so wirksamer wie Luft) elektrischer Isolator, im Schallschutz sowie als Schutzgas bei der Herstellung von Magnesium verwendet; starkes Treibhausgas (GWP (↑ 15.2.8) = 22 800, d. h., es ist 22 800 mal so wirksam wie CO_2).

Sulfurylchlorid, SO_2Cl_2 (*F* −54,14 °C, *Kp* 69,3 °C) ist das Chlorid der Schwefelsäure,
Thionylchlorid, $SOCl_2$ (*F* −104,5 °C, *Kp* 76 °C)
ist das Chlorid der Schwefligen Säure.
Beide Substanzen sind farblose, stark hustenreizende, an der Luft weiße Nebel bildende Flüssigkeiten, die mit Wasser heftig gemäß

$$SO_2Cl_2 + 2\ H_2O \rightarrow H_2SO_4 + 2\ HCl \text{ bzw.}$$
$$SOCl_2 + 2\ H_2O \rightarrow H_2SO_3 + 2\ HCl$$

reagieren. Beide Verbindungen sind wichtige Chlorierungsmittel.

Säurechloride leiten sich von den Säuren durch Ersatz von OH-Gruppen durch Cl ab.

Schwefelsäure,	$SO_2(OH)_2$	Phosphorsäure,	$PO(OH)_3$
Sulfurylchlorid,	SO_2Cl_2	Phosphorylchlorid,	$POCl_3$

Chloridoschwefelsäure (früher *Chlorsulfonsäure*): bei der Schwefelsäure existierende Zwischenstufe $SO_2(OH)Cl = HSO_3Cl$. Sie ist eine farblose, stechend riechende Flüssigkeit (*F* −80 °C, *Kp* 152 °C), die mit Wasser unter Zischen zu Schwefelsäure und Chlorwasserstoff reagiert und z. B. mit Alkoholen Schwefelsäureester ergibt.

Siehe auch Kohlenstoffdisulfid (↑ 14.2.8), Xanthogenate (↑ 14.2.8), Thiocyanate (Rhodanide) (↑ 14.2.9)

16.4 Selen und Selenverbindungen

Symbol: Se [*selene* (grch.) Mond; benannt nach der Vergesellschaftung mit Tellur; *tellus* (lat.) Erde];

Oxidationszahlen: +6, **+4**, +2, **−2**.

Entdeckung: 1817 durch Jöns Jacob Berzelius (Schweden).

Vorkommen: selten; begleitet in geringen Mengen (zusammen mit Tellur) den Schwefel in Sulfiden; eigene Erze sind nur sporadisch vorhanden.

Physiologie: für höhere Organismen als Spurenelement lebensnotwendig; der Mensch enthält 12 bis 15 mg Selen. Selenocystein wirkt als Antioxidans und beugt Krebs vor. Selenverbindungen sind sehr giftig; bei akuter Vergiftung riecht die Atemluft intensiv nach Knoblauch.

Herstellung: aus Röstgasen sulfidischer Erze; aus dem Anodenschlamm der Kupferraffination. Der Schlamm wird alkalisch ausgelaugt; Schwefeldioxid fällt das Selen wieder aus; Reinigung durch Destillation.

Wichtigste Modifikationen (siehe auch Tabelle 16-1):

- **Graues (metallisches) Selen:** graue, schwach glänzende Masse, deren elektrischer Widerstand mit zunehmender Belichtung abnimmt. In Kohlenstoffdisulfid, CS_2, ist es unlöslich.
- **Rotes Selen:** rote, nichtmetallische, in Kohlenstoffdisulfid mit gelber Farbe lösliche Kristalle. Unbeständigere Modifikation.

Beide Formen ergeben eine rotbraune bis schwarze Schmelze und einen dunkelgelben Dampf; sie verbrennen beim Erhitzen an der Luft mit blauer Flamme und rettichartigem Geruch zu einem weißen Rauch von Selendioxid, SeO_2. Rotes Selen entsteht aus grauem durch Auflösen in heißer, konzentrierter Schwefelsäure und Eingießen der grünen Lösung in viel Wasser.

Verwendung: für Photozellen (z. B. photoelektrische Belichtungsmesser) und Gleichrichter.

Selenverbindungen

Selenverbindungen ähneln oft den entsprechenden Schwefelverbindungen:

Selenwasserstoff, Selan, H_2Se: farbloses, unangenehm stechend riechendes Gas; noch giftiger als H_2S; *F* −65,7 °C, *Kp* −41,3 °C; verbrennt mit blauer Flamme zu Selendioxid (bei ungenügender Luftzufuhr, z. B. beim Einbringen einer Porzellanplatte, scheidet sich, dem Rußen kohlenstoffreicher Kohlenwasserstoffe vergleichbar, rotes Selen ab).
Die Salze heißen *Selenide;* Schwermetallselenide sind z. T. intensiv farbig, z. B. **Cadmiumselenid,** CdSe, rot.

Selenige Säure, H_2SeO_3: farblose, nadelförmige Kristalle;
bildet sich aus Selendioxid und Wasser oder durch Oxidation von Selen mit konz. Salpetersäure; spaltet beim Erwärmen Wasser ab.
Die Salze heißen *Selenite*.
Natriumselenit, $Na_2SeO_3 \cdot 5\,H_2O$, farblos, leicht wasserlöslich, dient als Glanzbildner bei der galvanischen Versilberung.
Selendioxid, SeO_2, farblose Kristallnadeln, sublimiert bei 315 °C; wird als selektives Oxidationsmittel zur Synthese organischer Verbindungen verwendet.

Selensäure, H_2SeO_4: farblose, leicht wasserlösliche Kristalle; *F* 62 °C;
bildet mit wenig Wasser ähnlich viskose Lösungen wie konz. Schwefelsäure und wirkt wie diese auf Holz u. ä. organische Substanzen verkohlend. Selensäure ist eine sehr starke Säure, wirkt jedoch stärker oxidierend und ist darum unbeständiger als Schwefelsäure; sie spaltet z. B. beim Erhitzen Sauerstoff ab und löst im Gemisch mit Salzsäure (analog Königswasser) Gold und Platin auf.
Ihre Salze (*Selenate*) ähneln den Sulfaten. So gibt es analoge Vitriole und Doppelsalze;
Bariumselenat ist sehr schwer löslich, jedoch etwas löslicher als Bariumsulfat, sodass aus Bariumselenat und Schwefelsäure gemäß

$$BaSeO_4 + H_2SO_4 \rightarrow H_2SeO_4 + BaSO_4$$

Selensäure rein erhalten werden kann.
Das Anhydrid der Selensäure, **Selentrioxid,** SeO_3, farblos, kristallisiert (*F* 113 °C), reagiert analog Schwefeltrioxid unter Zischen mit Wasser zu Selensäure.

Selenhexafluorid, SeF_6, farbloses Gas.

Selentetrachlorid, $SeCl_4$, farblose Kristalle.

Diselendichlorid, Se_2Cl_2, bräunlichgelbe Flüssigkeit;

Selentetrabromid, $SeBr_4$, gelbes Pulver.

16.5 Tellur und Tellurverbindungen

Tellur (Symbol Te) [von *tellus* (lat.) Erde; vgl. Selen (↑ 16.4)] begleitet Selen und Schwefel in Sulfiden, ist jedoch seltener als Selen.
Entdeckt 1782 durch FRANZ JOSEF MÜLLER VON REICHENSTEIN in siebenbürgischen Golderzen.

Tellur (siehe auch Tabelle 16-1) bildet silberweiß-metallische, weiche, jedoch spröde Kristalle mit Halbleitereigenschaften; goldgelber Dampf; aus Lösungen (z. B. von Tellurwasserstoff, H_2Te) schlägt es sich als braunes Pulver nieder;
Herstellung aus dem Anodenschlamm der elektrolytischen Kupferraffination (bis 4 % Gehalt) und aus den Röstgasen sulfidischer Erze; verbrennt mit blaugrüner Flamme zu Tellurdioxid; wird auch durch konzentrierte Salpetersäure zu Tellurdioxid oxidiert.
Tellur und seine Verbindungen sind sehr giftig; im menschlichen Körper bildet sich **Dimethyltellur,** $(CH_3)_2Te$, das Atemluft und Schweiß einen langanhaltenden, penetranten Knoblauchgeruch verleiht.

Tellurwasserstoff, Tellan, H_2Te: farbloses, sehr giftiges, zersetzliches Gas; verbrennt mit blaugrüner Flamme zu einem Rauch von Tellurdioxid;
ist als Säure stärker, jedoch gegen Luftsauerstoff weit unbeständiger als Selenwasserstoff. Die Salze heißen *Telluride.*

Bismuttellurid, Bi_2Te_3, **Blei(II)-tellurid,** PbTe, und **Antimontellurid,** Sb_2Te_3, sind in der Raumfahrttechnik für die thermoelektrische Stromerzeugung wichtig geworden;

Quecksilber-cadmium-tellurid ist in fotoempfindlichem Material für Wärmebildkameras enthalten.

Tellurige Säure, H_2TeO_3 (Salze: *Tellurite*), ist sehr schwach und spaltet leicht Wasser ab.
Ihr Anhydrid, **Tellurdioxid,** TeO_2, *F* 733 °C, ist weiß, fest und in Wasser nur wenig löslich; es ist amphoter mit überwiegend saurem Charakter und löst sich sowohl in Alkalilaugen zu **Telluriten** als auch in Säuren zu kompliziert gebauten Tellur(IV)-verbindungen.

Tellursäure, H_6TeO_6, eine im Gegensatz zu Selen- und Schwefelsäure nur sehr schwache Säure, bildet farblose, wasserlösliche Kristalle. Da bereits die 1. Dissoziationsstufe sehr klein ist und die letzte (6.) demnach verschwindend gering, existieren die meisten Salze (*Tellurate*) nur als Hydrogentellurate; es existiert jedoch **Silbertellurat**, Ag_6TeO_6.
Das Anhydrid der Tellursäure, **Tellurtrioxid**, TeO_3, ist ein gelbes Kristallpulver.

16.6 Polonium und Poloniumverbindungen

Polonium [Symbol Po; benannt nach *Polen*, dem Heimatland von MARIE CURIE] wurde 1898 von PIERRE und MARIE CURIE (Frankreich) in der Uranpechblende entdeckt.
Es ist radioaktiv, äußerst selten und wird künstlich durch Bestrahlung von Bismut in Kernreaktoren gewonnen; langlebigstes Isotop Po 209 (Halbwertszeit 102 Jahre). Silberweißes, glänzendes Metall (siehe auch Tabelle 16-1), das ständig blaues Licht aussendet. Auch in den Verbindungen verhält sich Polonium wie ein typisches Metall.

17 Elemente der VII. Hauptgruppe (Halogene, Gruppe 17)

17.1 Allgemeines

Elemente: Fluor (F), Chlor (Cl), Brom (Br), Iod (I), Astat (At).
(„Halogene“ = Salzbildner)

Oxidationszahlen: Fluor tritt nur in der Oxidationsstufe −1 auf; die übrigen Elemente mit den Oxidationszahlen −1- und +7. Zunehmend unbeständiger sind vom Chlor zum Iod die Oxidationsstufen +5, +3 und +1.

Tabelle 17-1: *Halogene (ohne Astat)*

	Fluor	**Chlor**	**Brom**	**Iod**
Symbol	F	Cl	Br	I
Kernladungszahl	9	17	35	53
Relative Atommasse	18,998	35,45	79,904	126,90
Schmelzpunkt (in °C)	−219,6	−100,9	−7,2	+ 113,5
Siedepunkt (in °C)	−188,3	−34,1	58	183
Dichte (flüssig) (in $g \cdot cm^{-3}$)	beim Siedepunkt 1,11	1,57	bei 20 °C und Normaldruck 3,12	4,94
Farbe (gasförmig)	schwach gelblich-grün	gelblich-grün	rotbraun	violett
Farbintensität	schwach	(zunehmend) →		
Löslichkeit in Wasser	Reaktion	schwach	(abnehmend) →	
in Kohlenstoffdisulfid	Reaktion	löslich	löslich	löslich
Häufigkeit (Erdkruste, %)	$2{,}8 \cdot 10^{-2}$	$1{,}9 \cdot 10^{-1}$	$6 \cdot 10^{-4}$	$6 \cdot 10^{-6}$
Oxidationszahlen	−1	−1 +7, +5 +3, +1	−1 +5, +3 +1	−1 +7, +5 +3, +1
Reaktionsfähigkeit gegenüber Wasserstoff und Metallen	sehr stark	(abnehmend) →		
Reaktionsfähigkeit gegenüber Sauerstoff	sehr schwach	(zunehmend) →		
Halogenwasserstoffe	HF	HCl	HBr	HI
Säurestärke	mittel	stark	(zunehmend) →	
Beständigkeit	stark	(abnehmend) →		
Siedepunkt (in °C)	+19,5	−85,1	−66,7	−35,4
in Wasser schwerlösliche Salze	CaF_2, SrF_2 BaF_2, MgF_2 LiF, (NaF) AlF_3, PbF_2	AgCl TlCl ($PbCl_2$) Hg_2Cl_2	AgBr TlBr $PbBr_2$ Hg_2Br_2	AgI, TlI PbI_2 Hg_2I_2 HgI_2, BiI_3

Charakter: Die Elemente sind durchweg **Nichtmetalle**, doch machen sich in Richtung zum Astat zunehmend metallische Eigenschaften bemerkbar.

Hydroxide: Die Element(VII)-hydroxide sind (in wasserärmeren Formen) nur von Chlor, Brom und Iod bekannt. Analog zu den Verhältnissen in der VI. Gruppe nimmt die Säurestärke von Chlor zum Iod ab: Während Perchlorsäure, $HClO_4$ [$= Cl(OH)_7 - 3\ H_2O$], die stärkste Sauerstoffsäure ist, ist Periodsäure, H_5IO_6, nur schwach sauer.
Mit abnehmender positiver Oxidationszahl nimmt auch die Säurestärke ab; so sinkt sie z. B. in der Reihenfolge Perchlorsäure, $HClO_4$, Chlorsäure, $HClO_3$, Chlorige Säure, $HClO_2$, Hypochlorige Säure, HClO.
Verglichen mit den entsprechenden Verbindungen der VI. Gruppe haben alle Säuren der VII. Gruppe stärker sauren Charakter.

Hydride: Die wässrigen Lösungen der Halogenwasserstoffe sind Säuren; ihre Stärke nimmt von Fluorwasserstoff, HF, (mittel) bis Iodwasserstoff, HI, (sehr stark) zu (Astatwasserstoff, HAt, ist noch zu wenig untersucht); dagegen nimmt ihre Beständigkeit gegenüber Oxidation von Fluorwasserstoff zu Iodwasserstoff ab. Die Halogenwasserstoffsäuren sind stärker sauer als die Chalkogenwasserstoffsäuren.

Verdrängungsreaktionen: Die Reaktionsfähigkeit der Halogene gegenüber Metallen und Wasserstoff nimmt von Fluor zu Iod ab; gegenüber Sauerstoff nimmt sie zu. Entsprechend verdrängt das jeweils reaktionsfähigere Halogen das weniger reaktionsfähige aus seiner Verbindung, z. B.

$$2\ KI + Cl_2 \rightarrow 2\ KCl + I_2 \qquad \text{(Ionengleichung: } 2\ I^- + Cl_2 \rightarrow I_2 + 2\ Cl^-\text{);}$$

andererseits gegenüber Sauerstoff:

$$2\ KClO_3 + I_2 \rightarrow 2\ KIO_3 + Cl_2.$$

Farbe der Halogenide: Die Halogenid-Ionen (F^-, Cl^-, Br^-, I^-) sind farblos; dennoch sind einige Verbindungen mit an sich ebenfalls farblosen Kationen farbig, und zwar mit sehr kleinen und hochgeladenen Kationen, die in der Lage sind, die Elektronenhülle sehr großer Halogenid-Ionen (bes. I^-) stark zu „deformieren", d. h. zu sich herüberzuziehen; siehe Iodide (↑ 17.5). (Die gleichen Verhältnisse liegen bei Telluriden, Seleniden, Sulfiden und Oxiden vor).

Interhalogenverbindungen: durch Synthese herstellbare, sehr reaktionsfähige Verbindungen zwischen den Halogenen.

Chlormonofluorid, ClF, und **Chlortrifluorid,** ClF_3, sind farblose Gase; Glaswolle fängt in Chlortrifluorid Feuer. Neben PtF_6 ist ClF_3 eine der reaktivsten bekannten Verbindungen.

Bromtrifluorid, BrF_3, ist eine fahlgelbe,
Brompentafluorid, BrF_5, eine farblose Flüssigkeit.

Iodmonochlorid, ICl, kristallisiert in Form rubinroter Kristalle. Als Inhaltsstoff der Wijs-Lösung zur Bestimmung der Iodzahl (ungesättigter Charakter von Fettsäuren (↑ S. 757))
Iodtrichlorid, ICl_3, in Form gelber Nadeln; während
Iodheptafluorid, IF_7, ein farbloses, äußerst reaktionsfähiges Gas darstellt.

17.2 Fluor und Fluorverbindungen

17.2.1 Allgemeines

Symbol: F [*fluere* (lat.) fließen; von Flussspat, der als „Flussmittel" zur Erniedrigung des Schmelzpunktes von Schlacken verwendet wird];

Oxidationszahl: −1.

Vorkommen: überwiegend chemisch gebunden, hauptsächlich in den Mineralien:

Flussspat (Fluorit)	CaF_2, „Stinkspat", uranhaltiges CaF_2 aus Wölsendorf, Opf., enthält durch Radiolyse 0,46 mg/g elementares F_2
Eisstein (Kryolith)	Na_3AlF_6
Fluorapatit	$3\,Ca_3(PO_4)_2 \cdot CaF_2 \mathrel{\widehat{=}} 2\,Ca_5(PO_4)_3F$

Physiologie: Fluorapatit kommt in kleinen Mengen in Knochen und Zähnen vor. Bei fluoridarmem Trinkwasser tritt die Zahnkaries häufiger auf.
Lösliche Fluoride sind giftig; organische Fluorverbindungen sind teils völlig ungiftig (z. B. Fluorkohlenwasserstoffe wie CF_2Cl_2), teils außerordentlich giftig (z. B. Fluorethansäure, $CH_2F\text{-}COOH$).

17.2.2 Elementares Fluor, F_2

Ersthersteliung: 1886 durch HENRI MOISSAN (Frankreich).

Herstellung:

- durch Elektrolyse von Kaliumfluorid, KF, in flüssigem Fluorwasserstoff mit Spezial-Kohle- oder Nickel-Anoden in Geräten aus Magnesium oder Kupfer (bilden Fluoridschutzschicht);
- durch Erhitzen solcher Fluoride, in denen das Metall in höheren als den normalen Oxidationsstufen auftritt, z. B. Cobalt(III)-fluorid: $2\,CoF_3 \rightarrow 2\,CoF_2 + F_2$.

Eigenschaften (siehe auch Tabelle 17-1): schwach gelblich-grünes Gas mit durchdringend chlorähnlichem Geruch.
Reaktionsfähigstes Nichtmetall; verbindet sich mit fast allen anderen Elementen (auch einigen Edelgasen) zu Fluoriden; reagiert mit Wasserstoff selbst unterhalb -200 °C noch explosionsartig; verdrängt die übrigen Halogene und auch Sauerstoff aus ihren Verbindungen mit Wasserstoff und den Metallen, zersetzt Wasser gemäß

$$2\,H_2O + 2\,F_2 \rightarrow 4\,HF + O_2.$$

Flüssiges Fluor wird in Gefäßen aus Kupfer oder Monelmetall (↑ 27.4) transportiert.

Verwendung: zur Herstellung von Schwefelhexafluorid, SF_6, von Uranhexafluorid, UF_6 (für die Isotopentrennung des Urans) und von NF_3 (↑ S. 499) aus Ammoniak; weiter zur Fluorierung von Kunststoffoberflächen (hoch fluoriert sind sie z. B. dichter gegenüber polaren Gasen und Flüssigkeiten) und zur Erzeugung sehr heißer Flammen, z. B. werden im Wasserstoff-Fluor-Gebläse 3700 °C erreicht.

17.2.3 Fluorverbindungen

Fluorwasserstoff, HF: farbloses, an feuchter Luft Nebel bildendes, giftiges Gas von stechend-saurem Geruch, das bei +19,5 °C flüssig wird (siehe auch Tabelle 17-1). Unterhalb 90 °C ist Fluorwasserstoff assoziiert, z. B. H_2F_2.
Herstellung: aus Fluoriden (technisch Flussspat) durch konz. Schwefelsäure:

$$CaF_2 + H_2SO_4 \rightarrow CaSO_4 + 2\,HF;$$

auch als Nebenprodukt bei der Superphosphatherstellung aus Apatit. (↑ 15.3.4)
Fluorwasserstoff ätzt Glas und andere Silicate unter Bildung des gasförmigen Siliciumtetrafluorid, SiF_4:

$$SiO_2 + 4\,HF \rightarrow SiF_4 + 2\,H_2O\,.$$

Verwendung: zum Mattätzen von Glas und zur Herstellung anderer Fluorverbindungen, z. B. von Fluorcarbonen und Polyfluorcarbonen.

Flusssäure ist die wässrige Lösung von Fluorwasserstoff, HF bzw. H_2F_2, (handelsübliche Konzentrationen: 72 %ig, 50 %ig, 40 %ig). Mittelstarke Säure;
Salze: *Fluoride*.
Aufbewahrung in Polyethenflaschen. Flusssäure ist giftig und besonders schädlich für Schleimhäute und verletzte Haut.
Verwendung: zum Blankätzen von Glas, zum Beizen von Gusseisen, zur Herstellung anderer Fluorverbindungen.

Fluoride: Salze der Flusssäure.

Natriumfluorid, NaF, ist giftig (*F* 988 °C), schützt Holz vor Fäulnis.

Calciumfluorid, CaF_2, in der Natur als „Flussspat" vorkommend, ist im Gegensatz zu den übrigen Calciumhalogeniden schwer löslich (*F* 1403 °C) und dient der Metallurgie als Flussmittel.

Natriumhexafluoroaluminat, $Na_3[AlF_6]$, „Kryolith", kommt in der Natur vor, wird auch künstlich hergestellt und dient geschmolzen als Lösemittel für Aluminiumoxid, Al_2O_3, bei der Aluminiumgewinnung.

Von den Alkalimetallen und Ammonium existieren auch komplexe **Hydrogenfluoride,** z. B. $K[HF_2]$. Siehe auch Edelgasfluoride (↑ Kap. 18).
Nachweis der Fluoride z. B. durch die Benetzungsprobe: Beim Erhitzen der trockenen Substanz mit konzentrierter Schwefelsäure in einem trockenen Reagenzglas benetzt beim Schütteln die Säure das Glas nicht mehr und läuft ab wie Wasser an einer fettigen Unterlage.

Komplexe Fluorosäuren: Tetrafluoroborsäure (↑ 13.2.4), $H[BF_4]$, Salze: *Tetrafluoroborate*;

Hexafluorokieselsäure (↑ 14.3.7), $H_2[SiF_6]$, Salze: *Hexafluorosilicate*

17.3 Chlor und Chlorverbindungen

17.3.1 Allgemeines

Symbol: Cl [*chloros* (grch.) gelbgrün]; **Oxidationszahlen: +7, +5,** (+4), **+3, +1, −1.**

Vorkommen: nur gebunden, besonders im Meerwasser (enthält 2% Chlorid-Ionen) und den daraus entstandenen Salzlagern; elfthäufigstes Element der Erdkruste.

Minerale:	Steinsalz (Halit)	NaCl
	Sylvin	KCl
	Carnallit	$KCl \cdot MgCl_2 \cdot 6\,H_2O$
	Kainit	$KCl \cdot MgSO_4 \cdot 3\,H_2O$

Physiologie: Chlorid-Ionen sind für tierische Organismen lebensnotwendig (z. B. für Magensaft und Wasserhaushalt).

17.3.2 Elementares Chlor, Cl_2

Entdeckung: 1774 durch CARL WILHELM SCHEELE (Schweden).

Herstellung:

- im Labor durch Oxidation von Salzsäure mit Kaliumpermanganat, Mangan(IV)-oxid, Chlorkalk u. a.:
$$2\ KMnO_4 + 16\ HCl \rightarrow 2\ KCl + 2\ MnCl_2 + 8\ H_2O + 5\ Cl_2$$
$$MnO_2 + 4\ HCl \rightarrow MnCl_2 + 2\ H_2O + Cl_2$$
$$CaCl(OCl) + 2\ HCl \rightarrow CaCl_2 + H_2O + Cl_2;$$
- technisch durch Alkalichloridelektrolyse (↑ 11.3.4) und durch Elektrolyse von „Abfallsalzsäure“ (z. B. bei der Chlorierung organischer Verbindungen);
- technisch auch durch Oxidation von Chlorwasserstoff mit Luft in Gegenwart von Kupfer- oder Eisen(III)-chlorid (DEACON-Prozess):
$$4\ HCl + O_2 \rightarrow 2\ Cl_2 + 2\ H_2O.$$

Eigenschaften: Chlor ist ein gelbgrünes, nicht brennbares, stechend riechendes Gas; 2,5-mal so schwer wie Luft; in Wasser mäßig löslich zu Chlorwasser (siehe auch Tabelle 17-1).
Chlor ist sehr reaktionsfähig, verdrängt Brom und Iod aus ihren Wasserstoff- und Metallverbindungen und verbindet sich mit vielen anderen Elementen zu Chloriden. So glühen z. B. Antimon-, Arsen- und erhitztes Eisenpulver auf, wenn sie in Chlorgas eingeworfen werden. z. B.

$$2\ Fe + 3\ Cl_2 \rightarrow 2\ FeCl_3.$$

Unechtes Blattgold (*Tombak*) (↑ 20.1.2) entflammt in Chlor, doch wird auch echtes Gold angegriffen (Bildung von Gold(III)-chlorid, $AuCl_3$).

Gemische aus Chlor und Wasserstoff (*Chlorknallgas*) explodieren bei Zufuhr von Wärme oder Licht (Sonnen- oder Magnesiumlicht):

$$H_2 + Cl_2 \rightarrow 2\ HCl.$$

Mit Natronlauge entstehen Hypochlorit und Chlorid:

$$2\ NaOH + Cl_2 \rightarrow NaClO + NaCl + H_2O.$$

Mit Kohlenwasserstoffen bilden sich durch Substitution oder Addition Chlorderivate, z. B.

$$CH_4 + Cl_2 \rightarrow CH_3Cl + HCl;$$

Terpentinöl entzündet sich in Chlor. Feuchtes Chlor bleicht viele Farbstoffe, da sich, besonders im Sonnenlicht, mit Wasser allmählich Monosauerstoff bildet:

$$H_2O + Cl_2 \rightarrow 2\ HCl + (O);$$

daher ist Chlorwasser in braunen Flaschen aufzubewahren.

Toxizität: Chlorgas ätzt stark die Schleimhäute der Atmungsorgane und zerstört die Lungengewebe. Bereits 0,05% wirken nach 1 bis 2 Std. tödlich. Chlor war der erste chemische Kampfstoff (Ypern, 1915).

Verwendung: Chlor gehört zu den wichtigsten Grundchemikalien der chemischen Industrie.
Flüssiges, trockenes Chlor kann in Kesselwagen und Stahlrohrleitungen transportiert werden; es kommt in Stahlflaschen mit 6,8 bar Fülldruck und gelber Schulterfarbe sowie Kennzeichnung als tödlich giftig (Totenkopfsymbol) und umweltgefährdend in den Handel.

Chlor Cl_2

- + Wasserstoff → Chlorwasserstoff → Salzsäure, Vinylchlorid; → PVC, Rhovylfaser
- + Metalle → Chloride, z.B. Aluminiumchlorid
- + Löschkalk → Chlorkalk
- + Natronlauge → Natronbleichlauge (Hypochlorit) (→ Chlorat)
- + Bromide → Brom
- + Methan → Mono-, Di-, Tri, Tetrachlormethan
- + Kohlenstoffmonoxid → Phosgen (→ Polyurethane, Polycarbonat)
- + Kohlenstoffdisulfid → Tetrachlormethan
- + Schwefeldioxid + Paraffine (Sulfochlorierung) → Alkylsulfochlorid
  Alkansulfonate (Emulgier-, Waschmittel)
- + Ethin → Tetrachlorethan (→ Trichlorethen)
- + Benzen → Chlorbenzen (→ Schädlingsbekämpfungsmittel); → Hexachlorcyclohexan (HCH)
- + Kautschuk → Chlorkautschuk, Chlorbuna
- + Essigsäure → Monochloressigsäure (→ Indigo)
- Entzinnung von Weißblechabfällen
- Bleichmittel für Stroh, Zellstoff u.a., z.B. für Papier
- Desinfektionsmittel für Trink- und Badewasser
- Gewinnung von Titan und Germanium
- Produktion von Glasfasern

17.3.3 Chlorwasserstoff und Salzsäure

Herstellung:

- durch Synthese (Verbrennung von Wasserstoff in Chlor):

  $H_2 + Cl_2 \rightarrow 2\,HCl$;

- aus Chloriden (Kochsalz) und konz. Schwefelsäure

  bei niedriger Temperatur: $NaCl + H_2SO_4 \rightarrow NaHSO_4 + HCl$

  bei höherer Temperatur: $NaCl + NaHSO_4 \rightarrow Na_2SO_4 + HCl$

  Gesamtreaktion: $2\,NaCl + H_2SO_4 \rightarrow Na_2SO_4 + 2\,HCl$;

- als Nebenprodukt bei der Chlorierung organischer Verbindungen, z. B. von Benzen:

  $C_6H_6 + Cl_2 \rightarrow C_6H_5Cl + HCl$.

Eigenschaften: Chlorwasserstoff ist ein farbloses, stechend riechendes, hygroskopisches Gas, das an feuchter Luft weiße Nebel bildet (siehe auch Tabelle 17-1). In Wasser löst es sich begierig zu *Salzsäure*, wobei elektrolytische Dissoziation bzw. Protolyse eintritt:

$$HCl \rightarrow H^+ + Cl^- \quad \text{bzw.} \quad HCl + H_2O \rightarrow H_3O^+ + Cl^-.$$

Mit Ammoniak entsteht ein dichter, weißer Rauch von festem Ammoniumchlorid:

$$NH_3 + HCl \rightarrow NH_4Cl.$$

An Ethin wird Chlorwasserstoff in Gegenwart von Katalysatoren zu Monochlorethen (Vinylchlorid) addiert:

$$CH{\equiv}CH + HCl \rightarrow CH_2{=}CHCl.$$

Verwendung: zur Herstellung von Salzsäure, Chloriden und Vinylchlorid (Für PVC und Rhovylfaserstoffe).

Salzsäure: farblose Flüssigkeit, wässrige Lösung von Chlorwasserstoff, HCl, die ständig um so mehr HCl abgibt, je konzentrierter sie ist, und dann an der Luft stark raucht. Die handelsübliche konzentrierte Säure ist etwa 38%ig (Dichte 1,19 g · cm^{-3}). Magensaft enthält 0,4 bis 0,5% HCl.
Salzsäure löst die unedlen Metalle (nicht z. B. Kupfer) unter Wasserstoffentwicklung zu Chloriden, z. B.

$$2\,Al + 6\,HCl \rightarrow 2\,AlCl_3 + 3\,H_2\,.$$

Starke Oxidationsmittel, z. B. Kaliumpermanganat, $KMnO_4$, setzen Chlor in Freiheit.

Salzsäure-Prozent-Dichte-Regel: Die Dichte der Salzsäure in g · cm^{-3} ergibt sich in guter Näherung aus der Prozent-Angabe, indem die halbierte Prozent-Zahl als Nachkommastelle hinter „1," geschrieben wird. Eine 26%ige Salzsäure hat demnach die Dichte 1,13 g · cm^{-3}, eine 18%ige Säure die Dichte 1,09 g · cm^{-3}.

Verwendung:
zum Beizen von Metallen;
für Lötwasser (Zink + HCl);
zum Lösen von Metallen aus Erzen;
zur Herstellung von Chloriden und Chlor.

17.3.4 Chloride

Trivialnamen und mineralogische Namen:

	Halit, Steinsalz, Kochsalz	$NaCl$
	Sylvin	KCl
	Salmiak	NH_4Cl
	Sublimat	$HgCl_2$
	Kalomel	Hg_2Cl_2
	Pinksalz	$(NH_4)_2SnCl_6$

Löslichkeit: meist in Wasser leicht löslich.
Ausnahmen: Silberchlorid, AgCl, Kupfer(I)-chlorid, CuCl, Quecksilber(I)-chlorid, Hg_2Cl_2, Thallium(I)-chlorid, TlCl;
Blei(II)-chlorid,$PbCl_2$, ist in der Kälte schwer löslich.

Nachweis: eine chloridionenhaltige Lösung ergibt auch nach dem Ansäuern mit Salpetersäure mit Silbernitrat-Lösung einen weißen, flockigen, am Licht nachdunkelnden, in Ammoniakwasser löslichen Niederschlag von Silberchlorid.

17.3.5 Sauerstoffsäuren des Chlors und ihre Salze

Übersicht:

Tabelle 17-2: *Chlorsauerstoffsäuren*

Formel	Name	Anhydrid	Name der Salze
$HClO_4$	Perchlorsäure (↑ S. 534)	Cl_2O_7	Perchlorat
$HClO_3$	Chlorsäure (↑ S. 534)	–	Chlorat
$HClO_2$	Chlorige Säure (↑ S. 534)	–	Chlorit
$HClO$	Hypochlorige Säure (↑ S. 534)	Cl_2O	Hypochlorit

Perchlorsäure, $HClO_4$, ist die stärkste Sauerstoffsäure. Wasserfrei leicht beweglich und explosiv, nimmt sie bei mäßiger Verdünnung ölige Konsistenz an und ist wesentlich beständiger; 72%ige Säure siedet azeotrop bei 203 °C. Perchlorsäure fällt aus Kaliumsalzlösungen weißes **Kaliumperchlorat,** $KClO_4$, und dient deshalb als analytisches Reagens.

Chlorsäure, $HClO_3$, ist nur verdünnt (bis 40%) beständig.

Chlorate bilden sich aus Chlor und heißer Alkalilauge:

$$6\ NaOH + 3\ Cl_2 \rightarrow NaClO_3 + 5\ NaCl + 3\ H_2O.$$

Sie sind starke Oxidationsmittel, z. B. explodieren Gemische von Kaliumchlorat und Schwefel beim Verreiben (entsprechende Versuche mit Phosphor sind lebensgefährlich!); ein Stück Holz, in geschmolzenes Chlorat gebracht, verbrennt mit heftig rauschender Flamme. Beim Erhitzen geben die Chlorate (leichter als Perchlorate) ihren Sauerstoff ab; die Zersetzung wird durch Braunstein katalytisch beschleunigt:

$$2\ KClO_3 \rightarrow 2\ KCl + 3\ O_2.$$

Kaliumchlorat, $KClO_3$, *F* 370 °C, wird für Zündhölzer, Explosivstoffe und Feuerwerkskörper verwendet,

Natriumchlorat, $NaClO_3$, *F* 255 °C, zur Unkrautbekämpfung.

Chlorige Säure, $HClO_2$, ist nur verdünnt bekannt und auch dann sehr unbeständig.

Natriumchlorit, $NaClO_2$, ist ein Bleichmittel.

Hypochlorige Säure, HClO, ist ebenfalls nur verdünnt existenzfähig; die Säure besitzt einen chlorähnlichen, jedoch deutlich davon abweichenden Geruch und ist wie ihre Salze, die **Hypochlorite,** ein starkes Oxidationsmittel. Ihre Anwesenheit im Chlorwasser geht auf die Reaktion

$$Cl_2 + H_2O \rightarrow HCl + HClO$$

zurück.

Natrium- und **Kaliumhypochlorit**, NaClO bzw. KClO, sind in den z. B. gemäß

$$2\ KOH + Cl_2 \rightarrow KCl + KClO + H_2O$$

aus Alkalilaugen und Chlor erhältlichen *Bleichlaugen* (Natron- bzw. Kalibleichlauge) enthalten. Die Bleichlaugen riechen infolge Hydrolyse nach Hypochloriger Säure (nicht nach Chlor!); sie geben leicht Sauerstoff ab und dienen als Bleich-, Desinfektions- und Entgiftungsmittel (z. B. zur Entgiftung galvanischer cyanidischer Abwässer).

Chlorkalk, vereinfacht CaCl(ClO), *Calciumchloridhypochlorit,* entsteht aus Chlor und Löschkalk und dient ebenfalls zum Bleichen und Desinfizieren.

Calciumhypochlorit, $Ca(ClO)_2$, ist noch wirksamer als Chlorkalk und wurde zur Entgiftung chemischer Kampfstoffe eingesetzt.

17.3.6 Weitere Chlorverbindungen

Dichlorheptaoxid, Cl_2O_7, Anhydrid der Perchlorsäure, ist eine farblose, flüchtige, ölige, sehr explosible Flüssigkeit, die durch Wasserentzug aus Perchlorsäure mittels Phosphor(V)-oxid, P_2O_5, entsteht:

$$2\ HClO_4 + P_2O_5 \rightarrow Cl_2O_7 + 2\ HPO_3\ .$$

Chlordioxid, ClO_2, ein gelbes, beim Erhitzen explodierendes, giftiges Gas von scharfem, charakteristischem Geruch, entsteht aus Kaliumchlorat und konzentrierter Schwefelsäure:

$$3\ KClO_3 + 3\ H_2SO_4 \rightarrow 3\ KHSO_4 + HClO_4 + H_2O + 2\ ClO_2\ .$$

Verwendung zur Desinfektion von Trinkwasser.

Dichlormonoxid, Cl_2O, ist ein braunes, explosibles Gas, das mit Wasser Hypochlorige Säure bildet:

$$Cl_2O + H_2O \rightarrow 2\ HClO\ .$$

17.4 Brom und Bromverbindungen

Symbol: Br [*bromos* (grch.) Gestank]; **Oxidationszahlen: +5, +3, +1, −1.**

Vorkommen: Brom begleitet Chlor in dessen Vorkommen;
im Meerwasser ist das Verhältnis $Br^- : Cl^- = 1 : 300$.

Entdeckung: 1826 im Meerwasser durch ANTOINE JÉRÔME BALARD (Frankreich).

Herstellung:

- technisch aus Bromiden, z. B. aus Meerwasser oder bromidhaltigen Endlaugen der Kaliindustrie, durch Chlor:

  $$MgBr_2 + Cl_2 \rightarrow MgCl_2 + Br_2;$$

- im Labor aus Bromiden, Mangan(IV)-oxid und Schwefelsäure:

  $$4\ KBr + MnO_2 + 2\ H_2SO_4 \rightarrow 2\ K_2SO_4 + MnBr_2 + 2\ H_2O + Br_2\ .$$

Physikalische Eigenschaften (siehe auch Tabelle 17-1): Brom ist eine intensiv schwarzrote Flüssigkeit, die unter Bildung brauner, stechend riechender, schwerer Dämpfe rasch verdunstet; in Chloroform, Kohlenstoffdisulfid und Benzen leicht, in Wasser nur wenig löslich („Bromwasser").

Chemische Eigenschaften: Brom wirkt stark ätzend auf Haut und Atmungsorgane, zerstört auch Holz, Kork, Gummi rasch; verbindet sich mit vielen Elementen zu Bromiden, verdrängt Iod aus Iodiden und wird seinerseits durch Chlor und Fluor aus Bromiden verdrängt. Mit Kohlenwasserstoffen bilden sich durch Substitution oder Addition Bromderivate.

Verwendung: zur Herstellung von Bromiden sowie organischen Bromverbindungen, z. B. dem roten Farbstoff *Eosin,* bromhaltigen Pharmazeutika und auch *Bromethan,* C_2H_5Br, und *1,2-Dibromethan,* $C_2H_4Br_2$, die verbleitem Benzin zugesetzt wurden, um das Blei in flüchtiges Blei(II)-bromid, $PbBr_2$, überzuführen.

Bromverbindungen

Bromverbindungen ähneln stark den Chlorverbindungen.

Bromwasserstoff, HBr, ist wie Chlorwasserstoff, HCl, ein farbloses, an feuchter Luft rauchendes, stechend riechendes Gas; es ist jedoch unbeständiger, sodass es aus Bromiden und Schwefelsäure nicht rein erhalten werden kann. Bromwasserstoff entsteht analog Iodwasserstoff (↑ 17.5), HI, rein aus Brom und feuchtem rotem Phosphor (siehe auch Tabelle 17-1).

Die wässrige Lösung, **Bromwasserstoffsäure,** ähnelt der Salzsäure; im Handel ist 48%ige Säure (Dichte 1,49 g · cm⁻) als bei 126 °C siedendes azeotropes Gemisch.

Calciumbromid, $CaBr_2$, *F* 742 °C, wird bei der Erdölförderung in „packer fluids" verwendet, welche die Förderrohre außen umgeben und einen Druckausgleich bewirken.

Silberbromid, AgBr, sieht gelblich-weiß aus und löst sich im Gegensatz zum Chlorid nur wenig in Ammoniak. Bromide und organische Bromverbindungen dienen als Beruhigungsmittel.

Hypobromige Säure, HBrO, ähnelt der Hypochlorigen Säure, sie riecht angenehm aromatisch; hierauf ist der Geruch der aus Brom und Natronlauge entstehenden **Natriumhypobromit-** Lösung zurückzuführen.

Bromite, die Salze der **Bromigen Säure,** $HBrO_2$, sind erst seit 1959 bekannt.

Bromsäure, $HBrO_3$, ähnelt sehr stark der Chlorsäure; ihre Salze, die **Bromate,** entsprechen weitgehend den Chloraten.

Kaliumbromat, $KBrO_3$, *F* 434 °C, wird in der Maßanalyse verwendet (*Bromatometrie*).

Die Existenz von **Perbromaten,** den Salzen der **Perbromsäure,** $HBrO_4$, wurde erstmals 1968 nachgewiesen. Die freie *Perbromsäure* ist nur in wässriger Lösung (bis 55 %) beständig.

17.5 Iod und Iodverbindungen

Symbol: [*ioeides* (grch.) violett];
deutscher Name: Jod; daher früher Symbol J; Iod ist die fachsprachliche Schreibweise.

Oxidationszahlen: +7, **+5**, +3, **+1**, **−1**.

Entdeckung: 1811 durch BERNARD COURTOIS (Frankreich) in Seetangasche.

Vorkommen: wesentlich seltener als die übrigen Halogene (außer Astat); findet sich angereichert im Chilesalpeter (als Natriumiodat, $NaIO_3$) und in Meeresalgen, Tangen und Schwämmen (organische Iodverbindungen).

Physiologie: für Menschen, Tiere und Pflanzen lebensnotwendiger Mikronährstoff; bei Iodmangel kann sich in der Schilddrüse das iodhaltige Hormon *Thyroxin* nicht bilden, und es treten Schilddrüsenstörungen (Kropf u. a.) auf. Deshalb wird mitunter das Speisesalz mit Natriumiodat, $NaIO_3$, „iodiert".

Herstellung:

- aus dem Iodat des Chilesalpeters durch Natriumhydrogensulfit:

$$2\,NaIO_3 + 5\,NaHSO_3 \rightarrow 2\,Na_2SO_4 + 3\,NaHSO_4 + H_2O + I_2;$$

- aus der iodidhaltigen Asche von Meerespflanzen durch Chlor;
- aus Iodid + Mangan(IV)-oxid + Schwefelsäure (analog der Bromherstellung (↑ 17.4))

Physikalische Eigenschaften (siehe auch Tabelle 17-1): Iod, I_2, bildet grauschwarze, metallisch glänzende, scharf riechende Kristalle, die an der Luft allmählich verdampfen.
Bei langsamem Erhitzen sublimiert Iod; der Dampf sieht intensiv violett aus.
Bei raschem Erhitzen oder beim Erhitzen im geschlossenen Gefäß lässt sich Iod schmelzen (schwarze Flüssigkeit).
Iod löst sich leicht mit brauner Farbe in Ethanol („Iodtinktur"), mit violetter Farbe in Kohlenstoffdisulfid und Chloroform, mit roter Farbe in Benzen. In Wasser ist Iod nur sehr wenig löslich, leicht dagegen auf Zusatz von Kaliumiodid mit brauner Farbe („Iodiodkaliumlösung", enthält Anlagerungsverbindungen vom Typus $KI \cdot I_2$).
Aus den wässrigen Lösungen lässt sich Iod durch die genannten wasserunlöslichen organischen Lösemittel „ausschütteln".

Chemische Eigenschaften: reaktionsträger als Fluor, Chlor und Brom; wird von diesen Elementen aus Iodiden verdrängt, z. B.

$$2\,NaI + Br_2 \rightarrow 2\,NaBr + I_2$$
$$2\,I^- + Br_2 \rightarrow 2\,Br^- + I_2\,.$$

Dennoch ist es sehr aggressiv, bildet mit vielen Elementen Iodide, zerstört auch Kork, Gummi und dgl. Mit Natriumthiosulfat entstehen Iodid und Natriumtetrathionat:

$$2\,Na_2S_2O_3 + I_2 \rightarrow Na_2S_4O_6 + 2\,NaI$$

Auf dieser Reaktion beruht die „Iodometrie", ein Titrationsverfahren.

Nachweis: Freies Iod ergibt mit Stärke intensiv blaue *Iodstärke;* Iodverbindungen reagieren mit Stärke nicht.

Verwendung: Pharmazie, chemische Analytik, Halogenlampen.

Iodverbindungen

Iodwasserstoff, HI, ist noch zersetzlicher als Bromwasserstoff. Er bildet sich aus Iod und feuchtem rotem Phosphor:

$$2\,P + 3\,I_2 \rightarrow 2\,PI_3;$$
$$PI_3 + 3\,H_2O \rightarrow 3\,HI + H_3PO_3\,.$$

Die wässrige Lösung, **Iodwasserstoffsäure**, ist eine sehr starke Säure.

Iodide: ähneln den Bromiden, sind jedoch häufig intensiver farbig:

Silberiodid, AgI,	hellgelb
Thallium(I)-iodid, TlI,	gelb
Blei(II)-iodid, PbI_2,	intensiv gelb
Quecksilber(II)-iodid, HgI_2,	zinnoberrot
Bismut(III)-iodid, BiI_3,	schwarzbraun

Die genannten Iodide sind zugleich unlöslich in Wasser. Silberiodid ist schwerer, Kaliumiodid, KI, leichter löslich als das jeweilige Bromid.

Iodsauerstoffsäuren: Hypoiodige Säure, HIO (Salze: **Hypoiodite**), nur in wässriger Lösung existent, riecht safranartig.

Iodsäure, HIO_3 (Salze: **Iodate**); **Periodsäure,** H_5IO_6 (Salze: **Periodate**). Iod- und Periodsäure bilden farblose, wasserlösliche Kristalle.

Diiodpent(a)oxid, I_2O_5; farblose Kristalle, Anhydrid der Iodsäure; zerfällt beim Erhitzen in die Elemente und vermag Kohlenstoffmonoxid zu Kohlenstoffdioxid zu oxidieren:

$$I_2O_5 + 5\,CO \rightarrow I_2 + 5\,CO_2\,.$$

17.6 Astat und Astatverbindungen

Astat, *Astatin*, Symbol: At [*astaton* (grch.) das Unbeständige], ist ein kurzlebiges, radioaktives Element (Halbwertszeit von At 210: 9,3 Stunden).

Es wurde zuerst 1940 durch EMILIO SEGRÈ (Italien) in den USA künstlich hergestellt, tritt jedoch auch als Glied natürlicher radioaktiver Zerfallsreihen auf.

In seinem chemischen Verhalten ähnelt es einerseits dem Iod, andererseits dem Polonium;
$F \approx 300\,°C$, $Kp \approx 370\,°C$.

Die Erdkruste enthält insgesamt nur etwa 30 g Astat.

18 Elemente der VIII. Hauptgruppe (Edelgase, Gruppe 18)

Elemente:
Helium (He), [*helios* (grch.) Sonne],
Neon (Ne) [*neos* (grch.) neu],
Argon (Ar) [*argos* (grch.) träge],
Krypton (Kr) [*kryptos* (grch.) verborgen],
Xenon (Xe) [*xenos* (grch.) fremd],
Radon (Rn) [*radius* (lat.) Strahl; von seiner radioaktiven Strahlung].

Die Stellung des Elements **Helium** im *Periodensystem* ist zwiespältig:

- Auf Grund seiner chemischen und physikalischen Eigenschaften gehört das Helium zu den *Edelgasen*, also in die *VIII. Hauptgruppe*.
- Helium gehört jedoch nicht zum *p-Block*, da es nur *zwei* s-Elektronen – und kein p-Elektron – hat. Das weist ihm einen Platz im *s-Block* und in der *II. Hauptgruppe* zu, bei deren weiteren Elementen es sich jedoch um Leichtmetalle handelt.

Entdeckung: Helium wurde 1868 von PIERRE-JULES-CÉSAR JANSSEN spektralanalytisch als Bestandteil der Sonne nachgewiesen, auf der Erde erstmals 1895 durch WILLIAM RAMSAY (England) im Mineral Cleveit.
Die übrigen beständigen Edelgase entdeckte RAMSAY 1894 (Argon) bis 1898 (Krypton, Neon, Xenon) im „Luftstickstoff"; die verschiedenen Radon-Isotope (damals „Emanat-Ionen" genannt) wurden im folgenden Jahrzehnt bekannt.

Vorkommen: in der Luft; 100 l Luft enthalten 933 mL Argon, 1,6 mL Neon, 0,46 mL Helium, 0,11 mL Krypton und 0,008 mL Xenon.
Radon findet sich in radioaktiven Quellwässern (Brambach). Helium kommt auch in manchen Erdgasen und in radioaktiven Mineralien vor; 15 % der Sonnenatome (36 Massen-%) sind Helium-Atome bzw. deren Kerne.

Gewinnung: aus Luft durch fraktionierte Kondensation und Destillation, kombiniert mit Adsorption an Aktivkohle oder Silicagel.
Argon reichert sich im Kreislaufgas der Ammoniaksynthese an und wird daraus isoliert.

Physikalische Eigenschaften: Die Edelgase sind farb-, geruch- und geschmacklose, in Wasser mäßig lösliche Gase (siehe auch Tabelle 18-1).
Die Isotope ^{3}He und ^{4}He sind die einzigen auch bei sehr starker Annäherung an den absoluten Nullpunkt noch flüssigen Stoffe.

Helium ist das am schwersten zu verflüssigende Gas. Flüssiges Helium existiert in 2 *Modifikationen:* Während sich **Helium I** wie eine gewöhnliche Flüssigkeit verhält, ist **Helium II** suprawärmeleitend und suprafluid. Es leitet die Wärme zehnmillionen Mal besser als Helium I (1000-mal besser als Silber!) und besitzt praktisch keine Zähigkeit, fließt also rasch durch engste Kapillaren und überkriecht spontan Gefäßwände als dünner Film. Die Heliumatome im superfluiden Helium verhalten sich weitgehend wie die Elektronen in einem Supraleiter.
Neon hat von allen Gasen die höchste Zähigkeit; flüssiges Neon weist gegenüber Helium und Argon eine besonders hohe Dichte auf.
Das beständigste **Radon**-Nuklid ist ^{222}Rn (Halbwertszeit 3,82 d).

Chemische und physiologische Eigenschaften: Die Edelgase sind äußerst reaktionsträge. Relativ am leichtesten reagieren die schweren Edelgase, und zwar mit Fluor. Krypton ruft, im Gemisch mit Sauerstoff eingeatmet, tiefe Bewusstlosigkeit hervor. In der natürlichen Uranzerfallsreihe gebildetes Radon, das sich aus dem Boden vor allem in schlecht gelüfteten Kellerräumen sammelt, ist nach Rauchen die zweithäufigste Ursache für Lungenkrebs.

Verwendung: Flüssiges Helium ist wichtiges Kühlmittel für supraleitende Magneten (z. B. in der NMR-Spektroskopie). Die leichten Edelgase (Helium, Neon, Argon) sind Füllgase für Leuchtröhren und Glimmlampen, die mittleren (Krypton, Argon) erhöhen in Glühlampen die Lichtausbeute (normale Glühlampen enthalten etwa 90% Argon und 10 % Stickstoff). Helium-Neon-Gemische werden in Gas-Lasern verwendet.

Xenon liefert in Speziallampen ein sonnenähnliches Licht (z. B. für Pkw, künstliche Bewitterung).
Helium wird außerdem für Ballonfüllungen und für „Taucherluft" (80 Vol.-% He + 20 Vol.-% O_2) verwendet, Neon als Kältemittel in der Tieftemperaturphysik, Argon als Schutzgas in der Schweißtechnik. Radon wird in der Strahlentherapie eingesetzt.

Tabelle 18-1: *Edelgase*

	Helium	**Neon**	**Argon**	**Krypton**	**Xenon**	**Radon**
Symbol	He	Ne	Ar	Kr	Xe	Rn
Kernladungszahl	2	10	18	36	54	86
Relative Atommasse	4,0026	20,180	39,948	83,798	131,29	222,02 [1)]
Schmelzpunkt (in °C)	−272 (bei 25 bar)	−248,6	−189,2	−157,0	−111,8	−71,0
Siedepunkt (in °C)	−268,9	−246,0	−185,9	−153,4	−108,0	−62,0
Dichte (in $g \cdot l^{-1}$) bei Normbedingungen	0,18	0,90	1,78	3,74	5,89	9,96
Häufigkeit (Erdkruste, %)	$4{,}2 \cdot 10^{-7}$	$5 \cdot 10^{-7}$	$3{,}6 \cdot 10^{-4}$	$1{,}9 \cdot 10^{-8}$	$2{,}4 \cdot 10^{-9}$	$6{,}2 \cdot 10^{-16}$
Oxidationszahlen	0	0	0	0; 2; 4	0; 2; 4; 6; 8	0; ?

Edelgasverbindungen sind seit 1962 bekannt. Die schweren Edelgase (Krypton, Xenon, Radon) reagieren unter geeigneten Bedingungen mit Fluor und bilden in den Oxidationsstufen 2, 4, 6 und 8 Fluoride. Aus diesen können durch Substitution Sauerstoffverbindungen gewonnen werden.

Xenon(II)-fluorid, XeF_2, entsteht aus den Elementen unter der Einwirkung stiller elektrischer Entladungen. Es bildet farblose Kristalle, schmilzt bei 129 °C und zerfällt beim Erhitzen gemäß

$$2\,XeF_2 \rightarrow Xe + XeF_4$$

unter Bildung von **Xenon(IV)-fluorid** (XeF_4; farblose Kristalle).

Mit ReO_3F in HF bildet sich aus XeF_2 das Xe(II)-Ion **$(Xe_3O_2)^{2+}$**, in dem Xe trigonal bipyramidal gebunden ist (siehe ZA_2E_3 (↑ S. 114)):

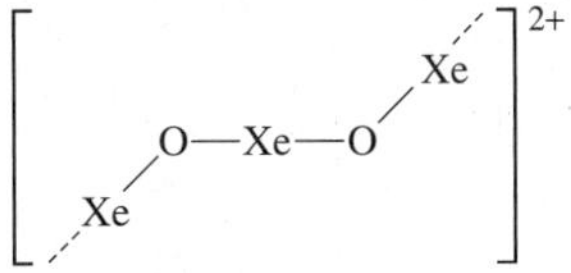

Xenon(VI)-fluorid, XeF_6, bildet sich durch mehrstündiges Erhitzen eines Xenon-Fluor-Gemisches bei 6 MPa auf 300 °C und kann auch aus Xenon(IV)-fluorid, XeF_4, und Disauerstoffdisulfid, O_2F_2 erhalten wer-

[1)] des langlebigsten Isotops (222)

den. Es ist ein weißer, fester Stoff, der bei 49,5 °C zu einer hellgelben Flüssigkeit schmilzt. Aus den Fluoriden lassen sich Oxide herstellen, z. B. entsteht Xenon(VI)-oxid gemäß

$$6\,XeF_4 + 12\,H_2O \rightarrow 4\,Xe + 3\,O_2 + 2\,XeO_3 + 24\,HF\,.$$

Xenon(VI)-oxid, XeO_3, farbloser, leicht zersetzlicher Feststoff; hygroskopisch; Säureanhydrid von H_2XeO_4.

Bariumxenat(VI), Ba_3XeO_6, bildet schwer lösliche Kristalle.

Natriumxenat(VIII), *Natriumperxenat,* $Na_4XeO_6 \cdot 8\,H_2O$, gibt bei 100 °C das Kristallwasser ab und zersetzt sich erst bei 360 °C.

Xenon(VIII)-oxid, XeO_4, farbloses, auch bei tiefen Temperaturen hochexplosives Gas mit tetraedrischer Molekülstruktur; in fester Form schwach gelb.

Xenon(II)-chlorid, $XeCl_2$, bildet farblose, bei Ausschluss von Wasser bis 80 °C beständige Kristalle.
Auch vom Edelgas Krypton sind in der zweiwertigen Stufe einige Verbindungen bekannt, z. B. **Krypton(II)-fluorid**, KrF_2, eine farblose Kristallmasse, die bei 0 °C sublimierbar ist.
In Komplexsalzen, wie $KrF[SbF_6]$, ist das KrF^+-Kation das stärkste bekannte Oxidationsmittel; es oxidiert z. B. Au zu AuF_5 und O_2 zu dem Kation O_2^+.

***α*-Teilchen:** Die von radioaktiven Stoffen ausgesandten α-Teilchen bestehen aus Heliumkernen (He^{2+}); diese bilden auch etwa 20 % der primären kosmischen Strahlung.

19 Die Nebengruppenelemente und ihre Verbindungen

19.1 Allgemeines

Chemisches Verhalten: Die Nebengruppenelemente ähneln um so mehr den jeweiligen Hauptgruppenelementen, je näher sie den Trennlinien zwischen beiden (2./3. Gruppe) stehen.

Am ähnlichsten sind den Hauptgruppenelementen die Elemente der 2. und 3. Nebengruppe; von der 4. bis zur 7. Nebengruppe nimmt die Ähnlichkeit stark ab, um bei der 8. Nebengruppe völlig zu verschwinden und von der 1. zur 2. Nebengruppe wieder zuzunehmen.

Die Nebengruppenelemente sind ohne Ausnahme Metalle. Die Oxide in den höheren Oxidationsstufen (+5 bis +7) bilden jedoch mit Wasser Säuren (z. B. Chrom-, Vanadium-, Molybdän-, Permangansäure). Die Verbindungen der Nebengruppenelemente sind vielfach farbig.

19.2 Oxidationsstufen der Nebengruppenelemente

Die Nebengruppenelemente zeichnen sich durch eine große Mannigfaltigkeit an Oxidationsstufen aus; doch treten mit Ausnahme bestimmter Komplexverbindungen nur positive Oxidationszahlen auf. Wie bei den Hauptgruppen stimmt die maximale positive Oxidationszahl im Allgemeinen mit der Gruppennummer überein;
es gibt jedoch *2 Ausnahmen:*

- *1. Nebengruppe:* Bei allen drei Elementen überschreitet die maximale Oxidationszahl die Gruppennummer, da nicht nur das Elektron des äußersten Energieniveaus an der chemischen Bindung beteiligt ist.
- *8. Nebengruppe:* Hier wird die Oxidationsstufe +8 nur von 2 Elementen erreicht (Ruthenium und Osmium); die übrigen Elemente treten nur in niedrigeren Oxidationsstufen auf.

20 Elemente der 1. Nebengruppe (Kupfergruppe, Gruppe 11)

Tabelle 20-1: *Kupfergruppe*

	Kupfer	**Silber**	**Gold**
Symbol	Cu	Ag	Au
Kernladungszahl	29	47	79
Relative Atommasse	63,546	107,87	196,97
Schmelzpunkt (in °C)	1083	962	1063
Dichte (in $g \cdot cm^{-3}$ bei 20 °C)	8,95	10,54	19,32
Häufigkeit (Erdkruste, %)	$1{,}0 \cdot 10^{-2}$	$1 \cdot 10^{-5}$	$5 \cdot 10^{-7}$
Oxidationszahlen	1; 2	1; (2)	1; 3

In die Kupfergruppe wird auch das künstlich erzeugte **Element 111** (**Röntgenium**, Symbol Rg) eingeordnet.

Atome dieses Elements wurden 1994 in Darmstadt durch den Beschuss von Bismut 209 mit Nickel 64 künstlich hergestellt:

$$^{209}_{83}Bi + ^{64}_{28}Ni \rightarrow ^{272}_{111}Rg + 1\,^{1}_{0}n$$

Halbwertszeit des langlebigsten Isotops $^{280}_{111}Rg$: 3,6 s.

20.1 Kupfer und Kupferverbindungen

20.1.1 Allgemeines

Symbol: Cu [*cuprum* (lat.); benannt nach der Insel Zypern];

Oxidationszahlen: +2, +1. Iodid, Cyanid und Thiocyanat existieren nur in der +1wertigen Stufe; im Allgemeinen ist jedoch die Oxidationsstufe +2 beständiger.

Vorkommen: selten gediegen, meist als Sulfid, z. B. in Kupferschiefer. *Kupferschiefer* ist kein Erz, sondern ein bituminöser Mergel, in dem viele Erze feinverteilt eingelagert sind.

Kupfer ist ein für Warmblüter und Pflanzen wichtiger Mikronährstoff; der Mensch benötigt täglich etwa 2 mg. – In Mollusken[1] kommt der kupferhaltige Blutfarbstoff *Hämocyanin* vor.

Minerale:	Kupferkies (*Chalkopyrit*)	$CuFeS_2$
	Buntkupferkies (*Bornit*)	Cu_5FeS_4
	Kupferglanz (*Chalkosin*)	Cu_2S
	Rotkupfererz (*Cuprit*)	Cu_2O
	Malachit	$CuCO_3 \cdot Cu(OH)_2$
	Azurit	$2\,CuCO_3 \cdot Cu(OH)_2$

[1] Weichtiere, wie Schnecken, Muscheln u. a.

20.1.2 Metallisches Kupfer

Herstellung:

- Oxidische Erze werden mit Koks reduziert.
- Aus kupferkieshaltigem Rohstoff (z. B. Kupferschiefer) wird in Kupferschachtöfen zunächst „Kupferstein“ (Cu_2S, FeS und andere Sulfide wie NiS und Ag_2S) erschmolzen. Im Konverter entsteht aus dessen Schmelze durch seitliches Einblasen von Luft *Schwarzkupfer* ($Cu_2S + O_2 \rightarrow 2\ Cu + SO_2$).
  Dieses wird oxidativ (→ *Garkupfer*) und für die meisten Zwecke noch elektrolytisch raffiniert (→ Elektrolytkupfer (↑ 9.8.3); Nebenprodukte: Silber, Selen, Arsen, auch Gold, Nickelsulfat u. a.)
- Beim *nassen Verfahren* laugt man feingemahlene Erze mit Schwefelsäure aus; aus der entstandenen Kupfersulfatlösung fällt man das Cu mit Eisenschrott als feinverteiltes *Zementkupfer.*
- Viele Kupfererze werden vor der Verhüttung durch Flotation aufbereitet, evtl. auch von anderen Erzen getrennt.
  Flotation (Schwimmaufbereitung): Verfahren zur Trennung feingemahlener Stoffgemische aufgrund verschiedener Benetzbarkeit der Bestandteile. Das feingemahlene Gemisch (z. B. Erz + taubes Gestein) wird in Wasser aufgeschlämmt, in dem Flotationshilfsmittel (*Sammler* und *Schäumer*) aufgelöst sind. Die Sammler werden von der Oberfläche der einen Komponente, meist des Erzes, adsorbiert und machen diese dadurch hydrophob (wasserabweisend). Beim Durchblasen von Luft durch die Aufschlämmung entsteht ein Schaum, in welchem sich der hydrophob gemachte Bestandteil sammelt; der andere Bestandteil setzt sich am Boden ab. Als Sammler dienen oft Xanthogenate, als Schäumer grenzflächenaktive Stoffe. Durch gezielten Zusatz von „drückenden“(hydrophil machenden) und dann „wiederbelebenden“ (wieder hydrophob machenden) Mitteln lässt sich eine Trennung sehr ähnlicher Erze herbeiführen.
- Kupferpulver entsteht aus Kupfersalzlösungen durch unedlere Metalle, z. B. Zink, Eisen oder Aluminium: $CuSO_4 + Zn \rightarrow ZnSO_4 + Cu$;
  Ionengleichung:
  $$Cu^{2+} + Zn \rightarrow Cu + Zn^{2+}.$$

Physikalische Eigenschaften (siehe auch Tabelle 20-1): rotglänzendes, zähes, weiches Metall (wird durch Hämmern hart, durch Abschrecken wieder weich); ist nächst Silber der beste Leiter für Elektrizität und Wärme. Kupfer ist gut lötbar, jedoch wegen Sauerstoffaufnahme schlecht schweiß- und gießbar.

Chemische Eigenschaften: beim Glühen an der Luft entsteht schwarzes, abblätterndes Kupfer(II)-oxid; die grüne „*Patina*“ auf Kupferdächern besteht meist aus Hydroxidsulfat, basischem Carbonat und Chlorid. Kupfer ist elektropositiver (edler) als Wasserstoff und löst sich demnach nur in oxidierenden Säuren: in HNO_3 unter Entwicklung nitroser Gase, in heißer konzentrierter Schwefelsäure unter Bildung von Schwefeldioxid. Auch in Eisen(III)-chloridlösung, $FeCl_3$, und Kupfer(II)-chloridlösung, $CuCl_2$, löst sich Kupfer auf, z. B. gemäß

$$Cu + 2\ FeCl_3 \rightarrow CuCl_2 + 2\ FeCl_2, \qquad Cu + CuCl_2 \rightarrow 2\ CuCl.$$

Durch Polysulfidlösungen wird Kupfer braun bis schwarz gefärbt („*Altkupferfärbung*“).

Verwendung: als Leiter in der Elektrotechnik; für Heiz- und Kühlrohre; als Gefäßmaterial (z. B. in Brauereien); als Legierungsmetall; für Anoden zum Verkupfern.

Legierungen

- **Messing:** Cu (60 bis 90 %, meist 65 %) + Zn. Messing mit über 80 % Cu wurde früher als **Tombak** bezeichnet.
- **Bronzen:** Cu mit 1 oder mehreren (*Mehrstoffbronzen*) Legierungsmetallen. **Zinnbronze** („Bronze“ im engeren Sinne; bis 10 % Sn), **Aluminiumbronze** (bis 11 % Al), **Bleibronze** (8 bis 25 % Pb, 5 bis 10 % Sn), **Berylliumbronze** (bis 5 % Be) sowie auch *Mangan-* und *Silicium-Mehrstoffbronzen.* „Phosphorbronze“ = mit Phosphor desoxidierte Bronze; enthält < 5 % P.

- **Rotguss:** Cu + Sn (bis 11 %) + Zn (bis 5 %)
- **Neusilber, Alpaka:** Cu (45 bis 67 %) + Zn (12 bis 45 %) + Ni (10 bis 26 %)
- **Hartlot** (für Arbeitstemperaturen zwischen 600 und 1000 °C): Cu + Ag (10 bis 70 %)
- **DEVARDAsche Legierung:** Cu(50 %) + Al (45 %) + Zn (5 %); dient als Reduktionsmittel im Labor.
- **Widerstandslegierungen** (elektrischer Widerstand nahezu temperaturunabhängig):
  Manganin: Cu (82 bis 84 %) + Mn (12 bis 15 %) + Ni (2 bis 4 %)
  Konstantan: Cu (57 %) + Ni (41%) + Fe (1 %) + Mn (1 %)
  Nickelin: Cu (56 %) + Ni (31 %) + Zn (13 %)

Verkupfern: galvanisch, meist als Zwischenschicht vor dem Vernickeln, jedoch auch für galvanoplastische, z. B. drucktechnische Zwecke.

Elektrolyte:

- Sulfatelektrolyt: Kupfersulfat + Schwefelsäure
- Cyanidelektrolyt: Natriumcyanidocuprat(I) + Natriumcyanid + Natriumcarbonat + wenig Natriumthiosulfat

Vermessingen: galvanisch, meist zur dekorativen Verschönerung, z. B. in der Beleuchtungskörperindustrie. Die Elektrolyte enthalten Natriumcyanidocuprat, Natriumcyanidozinkat, Natriumcyanid und Natriumcarbonat, dazu wenig Arsen(III)-oxid als Glanzbildner.

Kennzeichnung von unlegiertem Kupfer und Kupferlegierungen

Kupferlegierungen werden nach DIN EN 1412 ähnlich wie bei Aluminium (↑ S. 456) mit einer europaweit gültigen Werkstoffnummer aus insgesamt 6 Zeichen gekennzeichnet, die aus zwei Buchstaben, einer dreistelligen Werkstoffnummer und einem weiteren Buchstaben gebildet wird. Alternativ sind auch hier nach ISO 1190-1 – nicht eindeutige – Kurzzeichen mit chemischen Symbolen möglich.

▲ CW452K: *Kupferknetlegierung* mit **C** für Kupfer, **W** für *w*rought alloy = Knetlegierung, d. h. Walz-, Strangpress- oder Schmiedematerial, anschließend die **dreistellige Werkstoffnummer** (450 bis 499: CuSn; die Nummernfolge 000 bis 099 stünde für unlegiertes Kupfer) sowie **K** für das Legierungssystem CuSn (alternativ nach ISO 1190-1: CuSn6)

▲ CC333G: *Kupfergusslegierung* mit **C** für Kupfer, **C** für Gussmaterial, der **dreistelligen Werkstoffnummer** (300 bis 349: CuAl) sowie **G** für das Legierungssystem CuAl (alternativ nach ISO 1190-1: CuAl10Fe5Ni5-C; hier steht der Suffix **-C** für Gussmaterial)

Da die Legierungsbezeichnungen für jedes Metall einem anderen Schema folgen und meist nicht international vereinheitlicht sind, empfiehlt sich dringend die Information in den einschlägigen Normen selbst.

20.1.3 Kupferverbindungen

Kupfer(I)-verbindungen: Kupfer(I)-verbindungen sind relativ unbeständig; sie gehen an der Luft meist in Kupfer(II)-verbindungen über. Beständig sind **Kupfer(I)-cyanid** (weiß), CuCN; **Kupfer(I)-thiocyanat** (*Kupfer(I)-rhodanid*, weiß), CuSCN; **Kupfer(I)-iodid** (weiß), CuI; **Kupfer(I)-sulfid** (schwarz), Cu_2S, und **Kupfer(I)-oxid** (rot), Cu_2O.

Kupfer(I)-oxid, Cu_2O, *F* 1235 °C, fällt bei der Reduktion alkalischer Kupfer(II)-lösungen (z. B. aus FEHLINGscher Lösung (↑ S. 546)) als zunächst gelber, dann unter Teilchenvergrößerung rot werdender Niederschlag aus; es dient zur Herstellung von Gleichrichtern und zum Färben von Glas und Email.

Kupfer(I)-hydroxid, CuOH, ist unbeständig und zerfällt gemäß

$$2\ CuOH \rightarrow Cu_2O + H_2O$$

unter Bildung von Kupfer(I)-oxid.

Kupfer(I)-chlorid, CuCl, *F* 430 °C, *Kp* ≈ 1490 °C, fällt aus $CuCl_2$-Lösung durch Reduktion mit Kupferpulver oder Schwefliger Säure als weißer, pulvriger Niederschlag aus. Seine Lösung in konzentrierter Salzsäure, u. a. den Komplex $H[CuCl_2]$ enthaltend, absorbiert bei niedriger Temperatur Kohlenstoffmonoxid; die entstehende Verbindung $CuCl \cdot CO$ gibt das Kohlenstoffmonoxid bei höherer Temperatur wieder ab.

Kupfer(I)-cyanid, CuCN, *F* 473 °C, bildet sich als weißes Pulver, wenn Kupfer(II)-lösungen mit Cyanidlösungen versetzt werden; das primär ausfallende, braungelbe **Kupfer(II)-cyanid** zerfällt spontan unter Entwicklung von Cyangas. Reaktionsfolge z. B.

I $CuSO_4 + 2\ KCN \rightarrow Cu(CN)_2\downarrow + K_2SO_4$
II $2\ Cu(CN)_2 \rightarrow 2\ CuCN + (CN)_2\uparrow$

Kupfer(I)-thiocyanat, CuSCN, und **Kupfer(I)-iodid,** CuI entstehen analog.

Kupfer(II)-verbindungen: Die kristallwasserhaltigen Salze (Aquakomplexe) sehen blau, blaugrün oder grün aus, die wasserfreien meist weiß (Oxid, Sulfid, Selenid schwarz). Iodid und Cyanid sind nicht beständig und gehen spontan in Cu(I) über, z. B. gemäß

$$2\ CuI_2 \rightarrow 2\ CuI + I_2;$$

siehe auch Zerfall des Cyanids.
Aus Kupfer(II)-salzlösungen fällen insbesondere Zink und Eisen rotbraunes Kupferpulver aus.

Kupfer(II)-oxid, CuO, *F* 1326 °C, ein schwarzes, amorphes oder kristallines Pulver, entsteht als Zunder beim Glühen von Kupfer an der Luft und verbleibt als Rückstand beim Erhitzen von Kupfer(II)-nitrat oder -carbonat, z. B. gemäß

$$Cu(NO_3)_2 \rightarrow CuO + 2\ NO_2 + 1/2\ O_2\ .$$

Bei der *organischen Elementaranalyse* dient Kupfer(II)-oxid als Oxidationsmittel. Die Dämpfe der zu analysierenden Substanz werden über erhitztes Kupfer(II)-oxid geleitet, wobei die Wasserstoffatome zu Wasser und die Kohlenstoffatome zu Kohlenstoffdioxid oxidiert werden; beide Produkte werden anschließend quantitativ bestimmt.

Kupfer(II)-hydroxid, $Cu(OH)_2$, fällt als hellblaues, voluminöses Oxidhydrat beim Versetzen einer Kupfer(II)-salzlösung mit Alkalihydroxidlösungen aus. Beim Erhitzen des Niederschlags (auch unter Wasser) entsteht unter Wasserabspaltung braunschwarzes Kupfer(II)-oxid, CuO. Abfiltriertes und ausgewaschenes $Cu(OH)_2$ löst sich in Ammoniakwasser zu intensiv blauem **Tetraamminkupfer(II)-hydroxid**, $[Cu(NH_3)_4](OH)_2$, das als „**SCHWEIZERs Reagens**" (auch *Cuoxam* genannt) in der Lage ist, Cellulose reversibel zu lösen; siehe auch Cuoxamfaserstoff (↑ 43.5.6).

Kupfer(II)-sulfat, $CuSO_4$, ist wasserfrei ein weißes Pulver, das mit Wasser in blaues **Kupfer(II)-sulfat-pentahydrat** („Kupfervitriol"), $CuSO_4 \cdot 5\ H_2O$, übergeht. Die Reaktion kann zum Nachweis von Wasser, z. B. in organischen Flüssigkeiten, verwendet werden. Kupfervitriol bildet blaue, wasserlösliche, mäßig giftige Kristalle. Das Kristallwasser ist unterschiedlich gebunden: 4 H_2O als blauer Tetraaquakomplex, $[Cu(OH_2)_4]^{2+}$, 1 H_2O per Wasserstoffbrücken an das Sulfat-Ion, $SO_4^{2-} \cdot H_2O$. Entsprechend wird es beim Erhitzen stufenweise abgegeben; völlige Entwässerung findet oberhalb 200 °C unter Entfärbung statt. Zu starkes Erhitzen führt unter Schwarzfärbung zur Zersetzung gemäß

$$CuSO_4 \rightarrow CuO + SO_3\uparrow\ .$$

Kupfervitriollösung ergibt mit Ammoniakwasser zunächst hellblaues Kupfer(II)-hydroxid, das sich im Überschuss des Fällungsmittels zu intensiv ultramarinblauem **Tetraamminkupfer(II)-sulfat,** $[Cu(NH_3)_4]SO_4$, löst. Zusatz von verdünnter Schwefelsäure fällt wieder Kupfer(II)-hydroxid, $Cu(OH)_2$, weiterer Zusatz löst zu hellblauer $CuSO_4 \cdot 5\,H_2O$-Lösung:

$$CuSO_4 \cdot 5\,H_2O \underset{H_2SO_4}{\overset{NH_3}{\rightleftharpoons}} Cu(OH)_2 \underset{H_2SO_4}{\overset{NH_3}{\rightleftharpoons}} [Cu(NH_3)_4]SO_4$$

hellblaue Lösung; enthält $[Cu(OH_2)_4]^{2+}$-Ionen	hellblauer Niederschlag	tiefblaue Lösung; enthält $[Cu(NH_3)_4]^{2+}$-Ionen

Verwendung: Zur Herstellung anderer Kupferverbindungen, zum Verkupfern, als Schädlingsbekämpfungsmittel (mit Kalkmilch „Kupferkalkbrühe" gegen Reblaus), für FEHLINGsche Lösung.

Kupfer(II)-chlorid, $CuCl_2$, bildet wasserfrei eine braune, hygroskopische Masse (*F* 498 °C); die konzentrierte braune Lösung wird beim Verdünnen erst grün, dann bei weiterer Verdünnung blau. Die grüne Lösung enthält Autokomplexe vom Typ $Cu[CuCl_4]$, die blaue Lösung hydratisierte Cu^{2+}-Ionen (*Tetraaquokupfer(II)-Ionen*), $[Cu(OH_2)_4]^{2+}$.
Aus der blauen Lösung kristallisiert grünlichblaues $CuCl_2 \cdot 2\,H_2O$.

Weitere Kupfer(II)-verbindungen:

Kupfer(II)-nitrat, im Handel meist als $Cu(NO_3)_2 \cdot 3\,H_2O$, bildet tiefblaue, äußerst leicht wasserlösliche Kristalle; *F* 114,5 °C; Verwendung für künstliche Patinierung von Kupfer. Wasserfreies $Cu(NO_3)_2$ ist blaugrün und sublimiert bereits bei 200 °C.

Kupfer(II)-carbonat ist nur in Form von *Hydroxidcarbonaten* existent, in der Natur z. B. als smaragdgrüner *Malachit,* $CuCO_3 \cdot Cu(OH)_2$, und als blauer *Azurit*, $2\,CuCO_3 \cdot Cu(OH)_2$; siehe auch Patina. (↑ 20.1.2)

Kupfer(II)-carbonat, -phosphat und **-arsenit** (SCHEELEs Grün) fallen als Hydroxidsalze aus Kupfer(II)-lösungen durch Zusatz entsprechender Alkalisalze aus.

Kupfer(II)-sulfid, CuS, wird aus mäßig sauren Kupfer(II)-lösungen durch Schwefelwasserstoff als schwarzer Niederschlag gefällt; es zerfällt bei 200 °C gemäß

$$2\,CuS \rightarrow Cu_2S + S.$$

Kupfer(II)-sulfid entsteht bei der Altkupferfärbung; s.o.

„Grünspan" ist *Kupfer(II)-hydroxidacetat* wechselnder Zusammensetzung; er entsteht aus Kupfer und Essig(säure) an der Luft.

FEHLINGsche Lösung dient zum Nachweis reduzierender Substanzen (Aldehyde, reduzierende Zucker, Hydrazine u. a.). „Fehling I" (Kupfervitriollösung) und „Fehling II" (Lösung von Seignettesalz (↑ 33.5.5) und Natriumhydroxid) werden kurz vor der Anwendung gemischt. Nach Zugabe zur Untersuchungslösung entsteht beim Erwärmen bei positiver Reaktion ein zunächst gelber, dann rot werdender Niederschlag von Kupfer(I)-oxid, Cu_2O.

Nachweis: Kupferverbindungen färben, besonders nach Anfeuchten mit Salzsäure, die Flamme intensiv blau oder grün. Die Flammenfärbung wird auch zur Probe auf organische Halogenverbindungen mittels Kupferdraht genutzt („BEILSTEIN-Probe").
Kupfer(II)-salze ergeben mit Ammoniakwasser eine intensiv blaue Färbung (Bildung von $[Cu(NH_3)_4]^{2+}$-Ionen).
Mit Kaliumhexacyanidoferrat(II) fällt braunes **Kupfer(II)-hexacyanidoferrat(II),** $Cu_2[Fe(CN)_6]$ aus, das unlöslich in verdünnten Säuren ist, sich aber in Ammoniakwasser unter Bildung des blauen Tetraamminkomplexes löst.

20.2 Silber und Silberverbindungen

20.2.1 Allgemeines

Symbol: Ag [*argentum* (lat.)]; **Oxidationszahlen:** (+2), **+1**.

Vorkommen: selten gediegen, meist an Schwefel gebunden als Begleiter von Bleiglanz und Kupferkies.

Minerale: Silberglanz (*Argentit*), Ag_2S; ferner die **Rotgültigerze,** Ag_3SbS_3 und Ag_3AsS_3.

Physiologie: Silber wirkt durch Silber-Ionen, die in der Matalloberfläche enthalten sind, stark antiseptisch, bakterizid und fungizid. Silber bindet sich komplex an Proteine. Isolierbare Komplexe (*argentum proteinicum*) werden medizinisch als Antiseptika verwendet.

20.2.2 Metallisches Silber

Herstellung:

- aus Silbererzen durch „Cyanidlaugerei" mittels Natriumcyanidlösung:

  $$Ag_2S + 4\ NaCN \rightarrow 2\ Na[Ag(CN)_2] + Na_2S$$

  Aus der Komplexsalzlösung fällt man das Silber durch Zinkpulver:

  $$2\ Na[Ag(CN)_2] + Zn \rightarrow Na_2[Zn(CN)_4] + 2\ Ag.$$

  Reinigung durch elektrolytische Raffination (in Silbernitratelektrolyten).
- aus silberhaltigem „Werkblei" durch Zinkentsilberung („*Parkesierung*"). Flüssiges Zink extrahiert das Silber aus dem Blei; nach Abdestillation des Zinks aus dem abgeschöpften Zinkschaum wird das restliche Blei in einem Flammofen durch Oxidation entfernt, bis die letzte Haut Bleiglätte reißt und der „Silberblick"sichtbar wird.
- aus den Anodenschlämmen der elektrolytischen Kupfer-, Nickel- und Bleiraffination durch Schmelzen und elektrolytische Raffination in Silbernitratlösung.
- nahezu die Hälfte des Weltbedarfs durch Rückgewinnung aus verbrauchten fotografischen Fixier- und Bleichbädern mittels Zinkpulver.

Eigenschaften (siehe auch Tabelle 20-1): „silber"weißes, weiches, sehr dehnbares Edelmetall; hat von allen Metallen die beste Leitfähigkeit für Elektrizität und Wärme.
Durch Schwefelwasserstoff wird es geschwärzt; hierauf beruht auch das Nachdunkeln an der Luft:

$$4\ Ag + 2\ H_2S + O_2 \rightarrow 2\ Ag_2S + 2\ H_2O.$$

Das Nachdunkeln kann durch eine dünne Rhodinierung (galvanisches Überziehen mit Rhodium) verhindert werden.
Infolge seines edlen Charakters wird Silber nur von oxidierenden Säuren (Salpetersäure; heiße konzentrierte Schwefelsäure) gelöst, z. B.

$$6\ Ag + 8\ HNO_3 \rightarrow 6\ AgNO_3 + 2\ NO + 4\ H_2O.$$

Verwendung: als Schmuck- und Münzmetall (mit bis 10 % Kupfer); für Spiegel, elektrische Kontakte, chemische Gefäße; als Anoden zum Versilbern; zur Herstellung von Silbersalzen (besonders für fotografische Zwecke). STERLING-Silber für Schmuck- und Tafelwaren enthält 7,5 % Kupfer und hat einen Feingehalt von mindestens 925.

Legierungen: Da reines Silber zu weich ist, wird es für viele Zwecke, z. B. Schmuck, mit Kupfer legiert. „Feingehalt 1000" bedeutet: reines Silber; „Feingehalt 900" 90%iges Silber.
Silberlote bestehen aus Kupfer, Zink und Silber.
Silberamalgam, meist noch Palladium enthaltend („Sipal"), wird für Zahnfüllungen verwendet.

Versilbern: Metalle werden galvanisch in Elektrolyten aus Natriumdicyanidoargentat ($Na[Ag(CN)_2]$), Natriumcyanid, Natriumcarbonat und glanzbildenden organischen Schwefelverbindungen (auch Natriumselenit) versilbert.
„Silberauflage 90“ (schwere Versilberung) heißt: 12 genormte Esslöffel und -gabeln erhalten zusammen 90 g Silber aufgebracht; das entspricht einer durchschnittlichen Schichtdicke von 36,7 µm.

Verspiegeln: ist das Überziehen nichtmetallischer Werkstoffe (Glas, Kunststoffe) mit Silber, z. B. für Spiegel oder zur Herstellung einer Silberleitschicht für eine nachfolgende Galvanisierung. Die Verspiegelung der entfetteten Oberflächen erfolgt durch Erwärmen in einem Gemisch aus Glucose- oder Formaldehydlösung und „ammoniakalischer Silbersalzlösung“ (↑ 20.2.3) oder durch gleichzeitiges Aufbringen der erwärmten Lösungen aus einer Spezialspritzpistole.
Reaktion mit Formaldehyd:

$$HCHO + 2\,[Ag(NH_3)_2]NO_3 + H_2O \rightarrow HCOOH + 2\,Ag + 2\,NH_4NO_3 + 2\,NH_3.$$

20.2.3 Silberverbindungen

Allgemeines: meist farblos und lichtempfindlich (Aufbewahrung in braunen Flaschen); Lichteinwirkung bewirkt allmähliche Dunkelfärbung unter Ausscheidung von feinverteiltem, dunkelviolettem bis schwarzem Silber. Unedlere Metalle, auch Quecksilber, fällen das Silber aus den Salzlösungen als schwarzen Schlamm oder in Form schöner, langer Kristalle aus. Auf der Haut bilden Silbersalze schwarze, schwer entfernbare Flecke aus elementarem Silber (Entfernung durch mehrfach nacheinander angewandte Behandlung mit Iodlösung und Thiosulfat).

Silbernitrat, *Höllenstein,* $AgNO_3$: entsteht aus Silber und Salpetersäure gemäß

$$6\,Ag + 8\,HNO_3 \rightarrow 6\,AgNO_3 + 2\,NO + 4\,H_2O.$$

Es bildet farblose, sehr leicht wasserlösliche Kristalle; auch in Ethanol ist es etwas löslich. Silbernitratlösung dient als Reagens auf gelöste Chloride, Bromide und Iodide sowie die entsprechenden Halogenwasserstoffsäuren (Ausfällung von AgCl, AgBr und AgI; s. u.).
Verwendung: zur Herstellung nahezu aller anderen Silberverbindungen, insbes. für die Fotoindustrie, sowie als medizinisches Ätzmittel.

Silberchlorid, -bromid und **-iodid,** AgCl, AgBr und AgI: fallen als „käsige“ Niederschläge aus Silbersalz- und entsprechenden Halogenid- bzw. Halogenwasserstofflösungen aus: AgCl weiß, AgBr gelblich weiß, AgI hellgelb; die Löslichkeit in Wasser ist bereits beim Chlorid sehr gering und sinkt bis zum Iodid noch weiter ab. In Ammoniakwasser löst sich AgCl (unter Bildung von *Diamminsilberchlorid,* $[Ag(NH_3)_2]Cl$) leicht, AgBr nur wenig, AgI praktisch nicht. Alle drei Salze lösen sich jedoch leicht in Natriumthiosulfatlösung, z. B. zu *Natriumdithiosulfatoargentat,* $Na_3[Ag(S_2O_3)_2]$. Schmelzpunkte: AgCl 455 °C (Schmelze gelb), AgBr 430 °C (Schmelze orangefarben), AgI 558 °C (Schmelze rot). – AgCl, AgBr und AgI finden in den lichtempfindlichen Schichten der Fotografie Anwendung.

Silberfluorid, AgF: *F* 435 °C, löst sich sehr leicht in Wasser.

Silberoxid, Ag_2O, wird in galvanischen Knopfzellen verwendet. Es fällt aus Silbersalzlösungen durch Alkalilaugen als dunkelbrauner Niederschlag; das primär entstehende **Silberhydroxid,** AgOH, ist nicht beständig und zerfällt sofort. Die mit Ammoniak erhaltene Fällung löst sich im Überschuss zu Diamminsalzen; aus Silbernitratlösung entsteht z. B. **Diamminsilbernitrat,** $[Ag(NH_3)_2]NO_3$. Diese „ammoniakalische Silbersalzlösung“ wird z. B. zur Verspiegelung (↑ 20.2.2) und für die Silberspiegelreaktion (Nachweis von Aldehyden und reduzierenden Zuckern, z. B. Glucose) verwendet. Sie darf jedoch auf keinen Fall längere Zeit aufbewahrt werden, da sich hochexplosive schwarze Flocken von „*Knallsilber*“[1)] (*Silbernitrid* der un-

[1)] nicht verwechseln mit dem ebenfalls als „Knallsilber“ bezeichneten Silberfulminat, AgCNO

gefähren Formel Ag_3N) abscheiden. Die Unterschätzung dieser Tatsache hat schon zu schweren Unfällen geführt.

Silbersulfid, Ag_2S, fällt aus Silbersalzlösungen durch Schwefelwasserstoff als schwarzer, flockiger Niederschlag aus; es bildet sich auch auf Silberoberflächen an der Luft durch spurenweise vorhandenen Schwefelwasserstoff, H_2S, allmählich aus und wird bei der *„Altsilberfärbung"* mittels Kaliumpolysulfidlösung auf Silber künstlich erzeugt. Man beseitigt Silbersulfid auf Silbergegenständen durch schwefelsaure Thiocarbamidlösung, wobei sich unter Schwefelwasserstoff-Entwicklung ein löslicher Silber-Thiocarbamid-Komplex bildet. Auf elektrochemischem Wege lässt sich Ag_2S entfernen, wenn man den Silbergegenstand in einer Natriumcarbonatlösung mit Aluminium (Folie oder kompaktes Metall) berührt. In der vorliegenden galvanischen Kette ist Silber als edleres Metall Katode; der sich dort abscheidende Wasserstoff reduziert Silbersulfid (unter Schwefelwasserstoff-Entwicklung) zu metallischem Silber.

Silbersulfat, Ag_2SO_4: *F* 652° C, farblos, wenig wasserlöslich, bildet sich beim Erhitzen von Silber mit konzentrierter Schwefelsäure gemäß

$$2\,Ag + 2\,H_2SO_4 \rightarrow Ag_2SO_4 + SO_2\uparrow + 2\,H_2O.$$

Silbercyanid, AgCN: extrem schwer löslich, fällt aus Silbersalzlösungen durch Kaliumcyanid als weißer, flockiger Niederschlag, der sich im Überschuss des Fällungsmittels zu **Kaliumdicyanidoargentat,** $K[Ag(CN)_2]$, löst;
Anwendung zum Versilbern.

Silbercarbonat, Ag_2CO_3: fällt als hellgelber, **Silberphosphat,** Ag_3PO_4, als gelber Niederschlag beim Versetzen von Silbersalzlösungen mit Alkalicarbonat bzw. -phosphat.

Nachweis: Lösliche Silbersalze ergeben auch in salpetersaurer Lösung mit Cl^--Ionen (z. B. Salzsäure, Natriumchlorid) eine weiße Fällung von Silberchlorid.

Schwarzweißfotografie

Bei der **Schwarzweißfotografie** bildet in Gelatine eingebettetes Silberhalogenid (Bromid oder Chlorid) die lichtempfindliche Schicht; gleichzeitig vorhandene organische „Sensibilisatoren" machen die an sich nur blau- und violettempfindliche Schicht auch für grünes, gelbes und rotes Licht empfindlich.

Bei der **Belichtung** entsteht infolge spurenweiser Zersetzung des Silbersalzes ein unsichtbares „latentes" (verborgenes) Bild. Dies wird im Dunkeln **entwickelt**, d. h. sichtbar gemacht. Beim Tauchen in den Entwickler (↑ 39.3.4) (alkalische Lösungen von Hydrochinon, 4-Aminophenol u. dgl.), wird an den vorher vom Licht getroffenen Stellen, d. h. dort, wo bereits Spuren von Silber vorhanden sind (katalytische Wirkung), das Silberhalogenid zu schwarzem Silber reduziert, z. B. gemäß der vereinfachten Gleichung

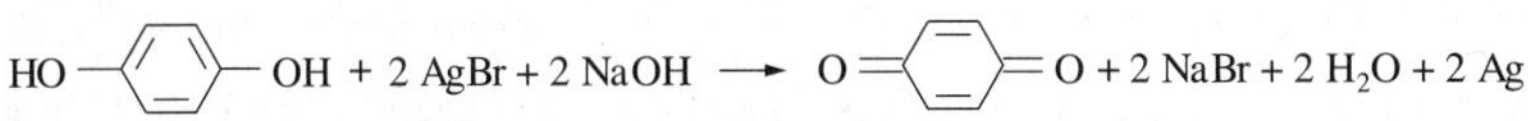

(Aus Aminogruppen $-NH_2$ entstehen analog Iminogruppen =NH.)

Zur Entfernung des noch unbelichteten Silberhalogenids wird das Bild nach einer Zwischenwässerung *fixiert*, d. h. im Dunkeln mit hydrogensulfit- oder disulfithaltigen Natriumthiosulfatlösungen (*Fixierbad*) behandelt. Hierbei löst sich das Silbersalz gemäß

$$AgBr + 2\,Na_2S_2O_3 \rightarrow Na_3[Ag(S_2O_3)_2] + NaBr$$

zu Natriumdithiosulfatoargentat.

Silber wird aus gebrauchten Fixierbädern durch Fällung mit Zinkstaub wiedergewonnen.

Nach dem Fixieren kann das Bild dem Tageslicht ausgesetzt werden; gründliches *Wässern* verhindert ein Nachgilben. Das Bild ist ein Negativ der Vorlage; indem man das Negativ seinerseits als Bildvorlage benutzt, lassen sich beim *Kopieren* negative Negative, d. h. Positive, erzeugen.

Farbfotografie

Die drei lichtempfindlichen Schichten des Aufnahmematerials enthalten neben Silberbromid *Farbbildner* und z. T. *Sensibilisatoren.* Die oberste (sensibilisatorfreie) Schicht spricht nur auf blaues Licht an, während die mittlere und die untere Schicht für grünes bzw. rotes Licht sensibilisiert sind. Eine Gelbfilterschicht (mit kolloidalem Silber als farbgebender Substanz) zwischen der oberen und der mittleren Schicht schirmt die beiden unteren Schichten vor blauem Licht ab.

Beim Entwickeln (z. B. mit p-Diethylamino-anilin (↑ 39.3.4)) entsteht an den vom Licht getroffenen Stellen ein schwarzes Silberbild und zugleich ein Entwickleroxidationsprodukt. Dies „kuppelt" an der betreffenden Stelle mit dem jeweiligen Farbbildner in der oberen Schicht zu einem gelben, in der mittleren zu einem purpurfarbenen und in der unteren Schicht zu einem blaugrünen organischen Farbstoff.

Führt man nun im *Bleichbad*, das als wesentlichen Bestandteil Kaliumhexacyanidoferrat(III), $K_3[Fe(CN)_6]$, enthält, das schwarze Silber sowie das Silber der Gelbfilterschicht in weißes Silberhexacyanidoferrat(II) über ($4\ Ag + 4\ K_3[Fe(CN)_6] \rightarrow 3\ K_4[Fe(CN)_6] + Ag_4[Fe(CN)_6]$)
und entfernt dies im anschließenden *Fixierbad* zusammen mit nichtbelichtetem Silberbromid durch Thiosulfat, erhält man ein Farbnegativ in den Komplementärfarben.
Wurde z. B. mit blaugrünem Licht belichtet, entsteht in der oberen Schicht ein gelbes, in der mittleren ein purpurfarbenes Bild; beide ergeben zusammen in der Durchsicht (subtraktive Farbmischung) ein reines Rot.

Mithilfe des entstandenen Farbnegativs lassen sich analog zur Schwarzweißfotografie Positive erzeugen, bei denen dann jeweils die zur Komplementärfarbe komplementäre Farbe, also der ursprüngliche Farbton, entsteht.

Soll (beim *Umkehrfilm*) sogleich ein Positiv entstehen, entwickelt man zunächst mit einem normalen Schwarzweißentwickler, sodass an den belichteten Stellen ein schwarzes Silberbild ohne Farbstoff entsteht. Dann belichtet man mit genau dosiertem weißem Licht, entwickelt mit einem Farbentwickler, bleicht und fixiert. Die Farben entstehen folglich an den bei der Aufnahme nicht belichteten Stellen und sind darum original. Wurde z. B. mit blaugrünem Licht belichtet, so kann bei der Zwischenbelichtung nur noch die untere Schicht angeregt werden, die bei der Farbentwicklung ein blaugrünes Bild liefert. (Beim Umkehrfilm müssen Farbstoffe mit speziellen spektralen Eigenschaften verwendet werden, sodass sich der Negativfilm nicht für eine farbtreue Umkehrentwicklung eignet.)

20.3 Gold und Goldverbindungen

Symbol: Au [*aurum* (lat.); vgl. *aurora* (lat.) Morgenröte]; **Oxidationszahlen: +3, +1, (−1).**

Vorkommen: meist gediegen. *Berggold* findet sich auf primärer Lagerstätte, *Seifengold* (Waschgold) auf sekundärer Lagerstätte in Flusssanden. Es existieren keine natürlichen Goldsilikate! Meerwasser enthält nur $10\ mg \cdot m^{-3}$ Gold, sodass die Gewinnung nicht lohnt.

Gewinnung:

- durch *Schlämmen* („Goldwäscherei");
- durch das *Amalgamationsverfahren:* Quecksilber löst das Gold zu Goldamalgam; beim Erhitzen desselben verdampft Quecksilber und hinterlässt das Gold;
- durch *Cyanidlaugerei* mit lufthaltiger Natriumcyanidlösung:

$$4\ Au + 8\ NaCN + 2\ H_2O + O_2 \rightarrow 4\ Na[Au(CN)_2] + 4\ NaOH;$$

anschließend wird das Gold mit Zinkstaub gefällt und elektrolytisch (in Elektrolyten aus $H[AuCl_4]$ + HCl) raffiniert.

Eigenschaften (siehe auch Tabelle 20-1): gelbglänzendes, weiches Edelmetall mit sehr guter Leitfähigkeit für Elektrizität und Wärme. Die elektrische Leitfähigkeit beträgt etwa 2/3 von der des Silbers. Es ist das dehnbarste (duktilste) Schwermetall und lässt sich z. B. zu grün durchscheinenden, in der Aufsicht jedoch immer noch golden aussehenden Blättchen von 0,1 µm Dicke (kleiner als die Wellenlänge des sichtbaren Lichts!) auswalzen. An der Luft absolut beständig, wird es von Chlor, Brom, Selensäure und Königswasser leicht angegriffen; letzteres löst Gold zu Tetrachloridogold(III)-säure, $H[AuCl_4]$.

Verwendung: als Schmuckmetall; als Goldbarren zur Deckung von Papiergeld; in Zahntechnik, Porzellan- und Glasmalerei; zur Goldprägung auf Büchern; für elektrische Kontakte, z. B. in fotografischen Kameras und Mikroelektronik; zur Herstellung von Goldverbindungen, z. B. für das Vergolden. Als Schmuckmetall wird es wegen seiner Weichheit mit Silber und Kupfer legiert. Der Goldgehalt („Feingehalt") wird in Bruchteilen von Tausend angegeben. Daneben ist noch die historische Maßeinheit Karat (↑ 14.2.2.1) gebräuchlich. Reines Gold (1000 fein) entspricht 24 Karat; 333er Gold also 8 Karat.

Vergolden: durch Aufwalzen (Golddoublé), Tauchvergolden oder Galvanisieren in cyanidischen Lösungen, enthaltend Kaliumdicyanidoaurat(I), $K[Au(CN)_2]$, und Kaliumcyanid. Siehe auch Porzellanvergoldung.

Kolloide Goldlösungen sind relativ stabil und weisen intensive Färbungen (meist purpurfarben, seltener grün) auf.
CASSIUS*scher Goldpurpur* entsteht als intensiv rotviolettes Sol, wenn sehr verdünnte Lösungen von Goldsalzen mit Zinn(II)-chlorid reduziert werden; das bei der Umsetzung entstehende Zinnsäuregel wirkt zusätzlich stabilisierend.
Bei der Herstellung des tiefroten *Goldrubinglases* findet durch Temperierung der mit einer Goldverbindung versehenen Glasschmelze eine Vergrößerung der ausgeschiedenen Goldteilchen statt; hierbei färbt sich die ursprünglich blassgelbe Schmelze bei Erreichen der erforderlichen Teilchengröße schlagartig intensiv rot. Die Temperierung muss dann abgebrochen werden; anderenfalls entstehen missfarbene Trübungen.

Goldverbindungen

Gold(III)-verbindungen sind meist beständiger als Gold(I)-verbindungen. Einfache Goldsalze existieren kaum; zumindest in wässriger Lösung sind nahezu alle Verbindungen stark komplex. Auf der Haut erzeugen Goldverbindungen eine intensiv purpurrote Färbung, herrührend von kolloidem Gold.

Gold(III)-chlorid, $AuCl_3$, entsteht bei Einwirkung von Chlorgas auf Gold; es bildet dunkelrote, hygroskopische, leicht sublimierende Kristallnadeln, die sich in Wasser unter Bildung der braunen *Trichlorhydroxidogoldsäure*, $H[Au(OH)Cl_3]$, lösen. Alkalien fällen hieraus ockerfarbenes **Gold(III)-hydroxid,** $Au(OH)_3$, auch $AuO(OH)$, das sich im Überschuss von Alkali zu *Auraten(III)*, in Säuren zu komplexen Gold(III)-salzen, z. B. Tetrachloridogold(III)-säure, löst.

Tetrachloridogold(III)-säure, $H[AuCl_4] \cdot 3\,H_2O$, bildet hellgelbe, hygroskopische Nadeln (Salze: *Tetrachloridoaurate*). Das gelbe, kristalline „*Goldsalz*" ist **Natriumtetrachloridoaurat(III),** $Na[AuCl_4] \cdot 2\,H_2O$. Die Säure und die Tetrachloridoaurate sind die technisch wichtigsten Goldverbindungen. Einsatzgebiete sind z. B.: medizinische Ätzmittel, Galvanotechnik (Vergolden), Goldtonbäder in der Fotografie.

Schwefelwasserstoff fällt schwarzes **Gold(III)-sulfid,** Au_2S_3, das rasch in Au_2S und S zerfällt.

Das explosible **Knallgold** entsteht bei längerer Einwirkung von Ammoniak auf Gold(III)-hydroxid in Form dunkelgelber Massen, die hauptsächlich aus $Au_2O_3 \cdot 3\,NH_3$ bestehen.

Goldresinat, das Reaktionsprodukt aus geschwefelten (= mit Schwefel erhitzten) ätherischen Koniferenölen („Schwefelbalsam") und Kaliumchloridoaurat(III), $K[AuCl_4]$, dient zur Porzellanvergoldung, da es beim „Brennen" glänzendes, gut haftendes Gold hinterlässt.

Aurate mit Au (-I): z. B. $[N(CH_3)_3]^+\,Au^-$ oder $[Cs(18\text{-Krone-}6)]^+Au^-$ (↑ S. 162); in Wasser bildet sich unter Zersetzung $Au(OH)$ und H_2.

21 Elemente der 2. Nebengruppe (Zinkgruppe, Gruppe 12)

Tabelle 21-1: *Zinkgruppe*

	Zink	**Cadmium**	**Quecksilber**
Symbol	Zn	Cd	Hg
Kernladungszahl	30	48	80
Relative Atommasse	65,409	112,41	200,59
Schmelzpunkt (in °C)	419,5	320,9	−38,9
Siedepunkt (in °C)	907	767	357,2
Dichte (in $g \cdot cm^{-3}$ bei 20 °C)	7,13	8,65	13,55
Häufigkeit (Erdkruste, %)	$1,2 \cdot 10^{-2}$	$3 \cdot 10^{-5}$	$4 \cdot 10^{-5}$
Oxidationszahlen	2	2	1, 2
Hydroxide	weiß, amphoter	weiß, amphoter	unbeständig
Oxide	weiß	braun	gelb und rot
Sulfide	weiß	gelb	schwarz und rot

In die Zinkgruppe wird auch das künstlich erzeugte **Element 112** (**Copernicium**, Symbol Cn) eingeordnet.

Atome dieses Elements wurden 1996 in Darmstadt durch den Beschuss von Blei 208 mit Zink 70 künstlich hergestellt:

$$^{208}_{82}Pb + ^{70}_{30}Zn \rightarrow ^{278}_{112}Cn + 1\,^{1}_{0}n$$

Halbwertszeit des langlebigsten Isotops $^{286}_{112}Cn$: 11 min

21.1 Zink und Zinkverbindungen

21.1.1 Allgemeines

Symbol: Zn [*zincum* (lat.); benannt nach der „zinkigen" = zackigen äußeren Gestalt einiger Erze];

Oxidationszahl: +2.

Entdeckung: in Europa seit Ende des Mittelalters bekannt, im Orient früher.

	Zinkblende (*Sphalerit*; *Wurtzit*)	ZnS
Minerale:	Zinkspat (*edler Galmei; Smithsonit*)	$ZnCO_3$
	Kieselzinkerz (*gemeiner Galmei; Hemimorphit*)	$Zn_4(OH)_2Si_2O_7 \cdot H_2O$

Physiologie: Mehrere Enzyme sind Zinkverbindungen; Zink ist daher ein für alle höheren Organismen lebensnotwendiger Mikronährstoff. Zinksalze wirken giftig (Verätzungen der Schleimhäute; Erbrechen); Lebensmittel dürfen nicht in verzinkten Gefäßen aufbewahrt werden!

21.1.2 Metallisches Zink

Herstellung:

- *Nasses (elektrolytisches) Verfahren:* Geröstete Zinkblende oder carbonatisches Zinkerz wird mit Schwefelsäure ausgelaugt; nach Reinigung der entstehenden Zinksulfatlösung mittels Zinkpulvers (Ausfällung von Cu, Cd u. a.) erfolgt Elektrolyse (Abscheidung an Aluminiumkatoden).
- *Trockenes (chemisches) Verfahren* (wird immer mehr vom nassen abgelöst): Aus Zinkerzen durch Rösten ($2\,ZnS + 3\,O_2 \rightarrow 2\,ZnO + 2\,SO_2$) oder Brennen ($ZnCO_3 \rightarrow ZnO + CO_2$) hergestelltes Zinkoxid wird in Muffeln (kleinen Retorten, die in einem Muffelofen erhitzt werden) mit Kohle reduziert ($ZnO + C \rightarrow \uparrow Zn + \uparrow CO$); das Zink destilliert in luftgekühlte Vorlagen über, in denen es sich flüssig ansammelt.

Eigenschaften (siehe auch Tabelle 21-1): bläulich-weißes Metall, das sich walzen, schweißen, löten und gießen lässt. Zwischen 100 °C und 150 °C ist Zink weich, dehn- und walzbar; unter- und oberhalb dieser Temperaturen ist es spröde. An der Luft bildet sich allmählich „Weißrost" (Zinkhydroxidcarbonat) aus, welches das darunter befindliche Zink ziemlich gut schützt. Beim Erhitzen an der Luft, auch z. B. beim Gießen von Messing, verbrennt Zink mit grüner Flamme zu einem weißen Rauch von Zinkoxid, ZnO.
Zink löst sich leicht in Säuren, langsam auch in Alkalilaugen unter Wasserstoffentwicklung; mit den Laugen bildet sich Zinkat:

$$Zn + 2\,NaOH + 2\,H_2O \rightarrow Na_2[Zn(OH)_4] + H_2.$$

Infolge seines relativ unedlen Charakters (stark negativen Normalpotenzials) verdrängt Zink viele edlere (elektropositivere) Metalle aus ihren Salzlösungen.

Sehr reines Zink wird bei gewöhnlicher Temperatur wegen der sehr hohen Überspannung, die die Wasserstoffabscheidung an Zink benötigt, von Säuren praktisch nicht angegriffen. Bei Berührung mit Kupfer oder Platin setzt die Auflösung sofort ein, wobei sich der Wasserstoff am Kupfer bzw. Platin entwickelt. Im entstehenden galvanischen Element ist Zink als unedleres Metall Anode und damit Lösungselektrode; Kupfer bzw. Platin bilden die Katode (Niederschlags- bzw. Abscheidungselektrode). Technisches Zink löst sich rasch in Säuren, da es Verunreinigungen enthält, die als Katode wirken. Durch Amalgamierung kann die Ausbildung von Korrosionselementen verhindert werden, sodass z. B. im Zink-Salmiak-Kohle-Element der spontanen Auflösung von Zink entgegengewirkt wird. Aus Gründen des Umweltschutzes wird jedoch auf die Anwendung amalgamierten Zinks verzichtet.

Verwendung: zum Verzinken von Eisen und Stahl; als Legierungsmetall; als Konstruktionsmaterial (mit 1 bis 6 % Aluminium und 1 % Kupfer); für Druckplatten; für Anoden galvanischer Elektrolyte und galvanischer Ketten (Zink-Salmiak-Kohle-Elemente in so genannten Trockenelementen bzw. -batterien); als „Opferanode" im Korrosionsschutz.

Verzinken:

- *Feuerverzinkung:* Der gereinigte und gebeizte Stahlgegenstand wird durch einen oxidlösenden „Fluss" aus einer Zinkchlorid-Ammoniumchlorid-Schmelze in eine Zinkschmelze getaucht.
- *Galvanische Verzinkung* erfolgt in Elektrolyten aus Natriumzinkat, -cyanidozinkat, -hydroxid und -cyanid mit Zink-Anoden; als Glanzbildner eignen sich Heliotropin, Vanillin u. dgl.
- *Diffusionsverzinkung (Sherardisieren)*: Erhitzen in Zinkpulver.
- *Spritzverzinkung:* Aufspritzen geschmolzenen Zinks mit einer Spritzpistole.

Legierungen: Messing und **Neusilber** enthalten Zink in Mengen unter 50%.
Zink-Knet- und *-Spritzgusslegierungen* enthalten neben einem Zinkgehalt über 90% kleine Mengen Kupfer, Aluminium und Magnesium.

21.1.3 Zinkverbindungen

Allgemeines: meist farblos oder weiß, auch Oxid und Sulfid; farbig sind nur Chromat und andere Verbindungen mit farbigem Anion.

Zinkoxid, ZnO: weißes, in der Hitze gelbes Pulver, sublimiert oberhalb 1700 °C; es entsteht durch Verbrennen von Zinkdampf an der Luft, durch Glühen des Hydroxids, Carbonats oder Nitrats oder durch Rösten des Sulfids. *Verwendung:* als Malerfarbe („Zinkweiß"), als Zusatz bei der Vulkanisation von Kautschuk, wegen seiner antiseptischen und austrocknenden Wirkung als Bestandteil pharmazeutischer Zinksalben und -pasten.

Zinkhydroxid, $Zn(OH)_2$: fällt als weißer, schleimiger Niederschlag[1] aus Zinksalzlösungen durch Alkalilaugen ($ZnCl_2 + 2\,NaOH \rightarrow Zn(OH)_2 + 2\,NaCl$) und löst sich in deren Überschuss zu **Zinkat** ($Zn(OH)_2 + 2\,NaOH \rightarrow Na_2[Zn(OH)_4]$). Durch Säuren wird aus Zinkatlösungen das Hydroxid wieder ausgeschieden ($Na_2[Zn(OH)_4] + 2\,HCl \rightarrow Zn(OH)_2 + 2\,H_2O + 2\,NaCl$). Zinkhydroxid hat also *amphoteren* Charakter.

Zinkchlorid, $ZnCl_2$: hergestellt durch Erhitzen von Zink im Chlorwasserstoffstrom, bildet ein weißes, äußerst hygroskopisches, sehr leicht in Wasser, gut z. B. auch in Alkoholen und Aceton lösliches Pulver; *F* 283 °C, *Kp* 732 °C. 100 g Wasser lösen bei 25 °C 432 g Zinkchlorid. Zinkchlorid ist in dem aus Zink und Salzsäure bereiteten *Lötwasser* enthalten. Gemische aus konzentrierter Zinkchloridlösung, Phosphorsäure und Zinkoxid erhärten rasch zu einem festen, harten „Zement" und werden als so genannte „Fletcher" für Zahnfüllungen verwendet.
Weitere *Verwendung:* als oxidlösendes Flussmittel beim Feuerverzinken und -verzinnen; zur Herstellung von Aktivkohle und Vulkanfiber.

Zinksulfid, ZnS fällt aus Zinksalzlösungen durch Alkalisulfid als weißer Niederschlag. Mit Spuren bestimmter Schwermetalle (Kupfer, Mangan) geglüht, sendet es nach Belichtung grünes Licht aus; es strahlt auch beim Auftreffen von Röntgen- und α -Strahlen mit grünem Licht (SIDOT-Blende) und wird z. B. im Gemisch mit radioaktiven Stoffen für selbstleuchtende Zifferblattbeschriftung und, mit Ag^+ dotiert als Blauleuchtstoff, mit Cu^+, Al^{3+} und Au^+ dotiert, als Grünleuchtstoff für Farbbildschirme verwendet.
Zinksulfid ist Bestandteil des *Lithoponeweiß* ($ZnS + BaSO_4$), das aus Zinksulfatlösung durch Bariumsulfid ausfällt.

Weitere Zinkverbindungen:

Zinksulfat kristallisiert aus wässrigen Lösungen als **Zinkvitriol,** $ZnSO_4 \cdot 7\,H_2O$; farblose Kristalle, die zur Herstellung von Lithopone, als Zusatz zu Fällbädern für Viskosefaserstoff und zur galvanischen Drahtverzinkung angewendet werden.

Zinkcarbonat, $ZnCO_3$, fällt als weißer Niederschlag aus Zinklösungen durch Alkalihydrogencarbonat; beim Fällen mit Alkalicarbonat bilden sich Hydroxidcarbonate, wie sie auch im „Weißrost" enthalten sind.

Zinkphosphat, $Zn_3(PO_4)_2$, und **Zinkmonohydrogenphosphat,** $ZnHPO_4$, sind in den beim Phosphatieren (↑ 15.3.3) von Eisen, Zink und Aluminium erhaltenen Schutzschichten enthalten; die hierzu verwendeten Lösungen enthalten u. a. **Zinkdihydrogenphosphat,** $Zn(H_2PO_4)_2$.

Zinkgelb ist *Zinkchromat,* **Zinkgrün** ein Gemisch aus *Zinkgelb* und *Berliner Blau.*

Nachweis: Glühen des Hydroxids mit verdünnter Cobaltnitratlösung ergibt grünes Cobaltzinkat (RINMANNs Grün).

---

[1] Der Niederschlag enthält mehr Wasser gebunden, als der angegebenen Formel entspricht, und ist daher besser als *Zinkoxidhydrat* zu bezeichnen.

21.2 Cadmium und Cadmiumverbindungen

Symbol: Cd (*kadmia* = Galmei: bereits im alten Griechenland bekanntes Zinkmineral; Namensgebung aufgrund seines häufigen Vorkommens in diesem Mineral); **Oxidationszahl: +2**.

Entdeckung: 1817 durch FRIEDRICH STROMEYER und CARL HERMANN.

Vorkommen: Cadmium begleitet Zink in dessen Erzen; reine Cadmiumminerale sind sehr selten.

Physiologie: Cadmiumverbindungen sind giftig (Leber- und Nierenschäden). Schon 50 mg können tödlich sein. Im Körper kann es Calcium (↑ 12.4.1) ersetzen.

Metallisches Cadmium: zinnweißes Metall; weicher, leichter schmelzbar, besser lötbar und an der Luft beständiger als Zink; Cadmiumdampf verbrennt an der Luft mit roter Flamme zu einem braunen Rauch von Cadmiumoxid, CdO (siehe auch Tabelle 21-1).
Herstellung: als Nebenprodukt der Zinkgewinnung durch Fällung aus den Zinksulfatlaugen mit Zinkstaub und elektrolytischer Raffination.
Aus Cadmiumsalzlösungen lässt sich das Metall durch Zink oder Aluminium kristallin abscheiden.
Verwendung: für Anoden zur galvanischen Vercadmung; für Nickel-Cadmium-Akkumulatoren (↑ 9.11.2.2); für niedrig schmelzende Legierungen. Cadmium, besonders das Isotop Cd 113, absorbiert sehr stark Neutronen und eignet sich daher für Steuerstäbe in Kernreaktoren.

Vercadmen: wirksamer Korrosionsschutz für Eisen und Stahl. Vercadmet wird galvanisch in Elektrolyten aus Natrium-tetracyanidocadmat, $Na_2[Cd(CN)_4]$, Natriumcyanid, -carbonat und Dextrin unter Verwendung löslicher Cadmiumanoden. Doch geht wegen der starken Giftigkeit der Verbindungen die Vercadmung allmählich zurück.

Cadmiumverbindungen

Cadmiumoxid, CdO ein braunes Pulver, entsteht aus Cadmiumhydroxid, -carbonat und -nitrat beim Erhitzen und sublimiert oberhalb 700 °C. Es wird in der Galvanotechnik, zur Leuchtstoffherstellung und als Katalysator für Synthesen verwendet.

Cadmiumhydroxid, $Cd(OH)_2$: fällt als weißer Niederschlag aus Cadmiumsalzlösungen durch Alkalilaugen; es ist im Gegensatz zu Zinkhydroxid nicht amphoter, bildet aber mit Ammoniak und Ammoniumsalzen lösliche Komplexe.

Cadmiumcarbonat, $CdCO_3$: ist weiß und unlöslich;

Cadmiumchlorid, $CdCl_2 \cdot H_2O$, **Cadmiumnitrat,** $Cd(NO_3)_2 \cdot 4\,H_2O$, und
Cadmiumsulfat, $3\,CdSO_4 \cdot 8\,H_2O$: sind farblose, wasserlösliche Salze.

Cadmiumsulfid, CdS: wird als gelber Niederschlag durch Schwefelwasserstoff aus Cadmiumsalzlösungen gefällt und technisch durch Erhitzen von Cadmiumcarbonat mit Schwefelpulver hergestellt; unter dem Namen *„Cadmiumgelb"* dient es als Malerfarbe sowie als Pigment für Kunststoffe. *„Cadmiumrot"* enthält das tiefrote **Cadmiumselenid,** CdSe. Aus Gründen der Umweltschonung geht die Anwendung der Cadmiumpigmente zurück.

21.3 Quecksilber und Quecksilberverbindungen

21.3.1 Allgemeines

Symbol: Hg [*hydrargyrum* (grch.-lat.) flüssiges Silber]; **Oxidationszahlen: +2, +1.**

Geschichte: seit dem Altertum bekannt.

Vorkommen: teils gediegen (Tröpfchen im Gestein), teils als rotes Mineral **Zinnober** (*Cinnabarit*), HgS.

Physiologie: Metallisches Quecksilber und seine löslichen Verbindungen sind sehr giftig. Verschüttetes Quecksilber ist restlos aufzulesen (Quecksilberzange; Zink- oder Kupferpulver; Iodkohle), da der Dampf zu chronischen Vergiftungen führt (Unruhe, Kopfschmerz, Nachlassen der Merkfähigkeit, schwarzer Quecksilbersaum (HgS) am Zahnfleisch, Nierenschädigungen, allmählicher Verfall). Lösliche Quecksilberverbindungen bewirken in Dosen von 0,2 bis 1 g schwerste Vergiftungserscheinungen, die binnen einem Tage zum Tode führen. Zahnfüllungen aus Silberamalgam gelten dagegen als unschädlich.

Quecksilber und seine Verbindungen sind extrem umweltschädigend (Fischsterben u. a.); sie sind daher stets einer Weiterverwertung zuzuführen.

21.3.2 Metallisches Quecksilber

Herstellung: durch Abrösten von Zinnober:

$$HgS + O_2 \rightarrow Hg + SO_2$$

Eigenschaften (siehe auch Tabelle 21-1): flüssiges, silberglänzendes, an der Luft beständiges Metall, das bereits bei gewöhnlicher Temperatur langsam verdampft. Es ist recht edel, wird deshalb durch unedlere Metalle, z. B. Kupfer, aus seinen Lösungen verdrängt und löst sich nur in Salpetersäure, Königswasser und heißer, konzentrierter Schwefelsäure.
An Quecksilberkatoden besitzt Wasserstoff eine derart hohe „Überspannung“, dass sich durch Elektrolyse aus wässriger Lösung auch Alkali- und Erdalkalimetalle (als Amalgame) abscheiden lassen.

Verwendung: früher für Thermometer, Barometer, für Normal-Elemente und andere wissenschaftliche Geräte, z. B. Polarographen; für Quecksilberdampflampen zur Erzeugung von ultraviolettem Licht (Desinfektion von Trinkwasser); für Quecksilberdampfpumpen zur Erzeugung hoher Vakua; für Quecksilbersalben; für das Quecksilberverfahren zur Gewinnung von Natronlauge; für das Amalgamverfahren zur Gewinnung von Gold und Silber; zur Herstellung von Knallquecksilber.

Amalgame: Quecksilber löst viele Metalle (nicht z. B. Fe, Co, Ni) zu Legierungen, die Amalgame genannt werden. Sie sind häufig flüssig oder sehr weich, in manchen Fällen jedoch auch hart; manche erhärten nach einer gewissen Zeit.

Silberamalgam wird für Zahnfüllungen verwendet. **Natriumamalgam** (↑ 11.3.4) entsteht aus den Elementen in stark exothermer Reaktion (Feuererscheinung, Verspritzen) oder bei der Elektrolyse von Natriumsalzlösungen an Quecksilberkatoden. Mit Ammoniumchlorid entsteht daraus lockeres, voluminöses **Ammoniumamalgam:**

$$Na(Hg) + NH_4Cl \rightarrow NH_4(Hg) + NaCl$$

Das Ammoniumamalgam zerfällt binnen weniger Minuten in Quecksilber, Ammoniak und Wasserstoff. Siehe auch Aluminiumamalgam (↑ 13.3.2).

Reinigung des Quecksilbers von anderen Metallen erfolgt durch Destillation oder durch mehrfaches Durchtropfen durch salpetersaure Quecksilber(II)-nitratlösung.

21.3.3 Quecksilber(I)-verbindungen

Die Quecksilber(I)- verbindungen enthalten das Ion $^{+}Hg\text{-}Hg^{+}$ (auch Hg_2^{2+} geschrieben). Sie lassen sich in den meisten Fällen durch Reaktion zwischen Quecksilber(II)-verbindungen und elementarem Quecksilber („Komproportionierung") [1] herstellen. Quecksilber(I)-verbindungen sind meist farblos und schwer löslich; leicht löslich sind insbesondere Nitrat und Perchlorat.

Quecksilber(I)-chlorid: *Kalomel*, Hg_2Cl_2, ein weißes, unlösliches, bei etwa 380 °C sublimierendes Pulver, fällt aus Quecksilber(I)-lösungen durch Cl^--Ionen (Chloride, Salzsäure) und wird auch durch Sublimation eines Gemisches aus Hg + $HgCl_2$ grobkristallin erhalten. Im Gegensatz zu analog ausfallendem Silberchlorid färbt es sich mit Ammoniak tiefschwarz [*kalos melan* (grch.) schönes Schwarz], wobei sich gemäß

$$Hg_2Cl_2 + 2\,NH_3 \rightarrow Hg(NH_2)Cl + Hg + NH_4Cl$$

neben weißem Quecksilber(II)-amidchlorid schwarzes, feinverteiltes Quecksilber bildet („Disproportionierung") [1].
Verwendung: insbesondere für Kalomel-Elektroden.

Quecksilber(I)-nitrat, $Hg_2(NO_3)_2 \cdot 2\,H_2O$, hergestellt durch Schütteln einer Quecksilber(II)-nitratlösung mit Quecksilber gemäß

$$Hg(NO_3)_2 + Hg \rightarrow Hg_2(NO_3)_2,$$

ist ein farbloses, sehr leicht wasserlösliches Salz. Beim Verdünnen bildet sich ein gelber Niederschlag von *Quecksilber(I)-hydroxidnitrat*, $Hg_2(OH)NO_3$, der bei Zusatz von Salpetersäure unter Rückbildung von Quecksilber(I)-nitrat wieder verschwindet.
Mit Alkalilaugen entsteht eine schwarze Fällung aus Hg + HgO.

21.3.4 Quecksilber(II)-verbindungen

Quecksilber(II)-verbindungen sind in der Regel farblos; Ausnahmen sind u. a. Oxid, Sulfid, Iodid sowie die Verbindungen mit farbigem Anion (Chromat u. a.). Die löslichen Verbindungen (u. a. Chlorid, Nitrat, Sulfat, Fluorid, Cyanid) sind in Lösung z. T. nur wenig in Ionen aufgespalten, sodass oft nicht alle Reaktionen des Hg^{2+}-Ions eintreten.

Quecksilber(II)-oxid, HgO: je nach Feinkörnigkeit gelbes oder (grobkörniger) rotes Pulver; bildet sich bei 300 °C aus dem Metall an der Luft und zerfällt bei 400 °C wieder in die Elementsubstanzen.

$$2\,HgO \underset{300\,°C}{\overset{400\,°C}{\rightleftharpoons}} 2\,Hg + O_2$$

Aus Quecksilber(II)-salzlösungen fällt es durch Alkalilaugen als gelber Niederschlag, da das primär entstandene Hydroxid nicht beständig ist:

$$Hg(NO_3)_2 + 2\,KOH \rightarrow HgO + H_2O + 2\,KNO_3.$$

Quecksilber(II)-chlorid, *Sublimat*, $HgCl_2$: weißes, in Wasser mäßig lösliches, bei etwa 280 °C sublimierendes, sehr giftiges Salz, das in wässriger Lösung nur wenig dissoziiert.
Verwendung als Desinfektions- und Sterilisationsmittel (nicht für amalgambildende Metalle!).
Mit Ammoniak fällt „weißes Präzipitat" (Quecksilberamidchlorid), $Hg(NH_2)Cl$, das in Salben gegen Hautkrankheiten verwendet wird.

[1] *Komproportionierung (Synproportionierung):* Bildung einer mittleren Oxidationsstufe aus zwei anderen
[1] *Disproportionierung:* Aufspaltung einer Oxidationsstufe in eine höhere und eine niedrigere.

Quecksilber(II)-sulfid, HgS: „Zinnober" kommt in einer schwarzen und einer roten Modifikation vor. Es ist extrem schwer löslich (daher ungiftig) und fällt deshalb auch aus stark sauren Quecksilbersalzlösungen durch Schwefelwasserstoff in schwarzer Form aus. Die rote Form entsteht daraus durch mehrtägige Behandlung mit Natriumpolysulfidlösung.
Wichtigstes Quecksilbererz; früher Verwendung als Pigment („Zinnoberrot").

Quecksilber(II)-cyanid, $Hg(CN)_2$: farblos, leicht wasserlöslich, ist in Lösung praktisch nicht dissoziiert. Die Lösung enthält daher kaum Hg^{2+}-Ionen und spricht daher auf die für diese Ionen typischen Fällungsreagenzien nicht an; lediglich Schwefelwasserstoff fällt HgS wegen dessen extremer Schwerlöslichkeit aus. Beim Erhitzen spaltet Quecksilber(II)-cyanid gemäß

$$Hg(CN)_2 \rightarrow Hg + (CN)_2\uparrow$$

freies Cyangas ab.
Verwendung: für Quickbeizen in der galvanischen Technik; Nickelhaltige Kupferlegierungen müssen vor dem Versilbern „verquickt" werden.

Quecksilber(II)-nitrat, $Hg(NO_3)_2 \cdot H_2O$: farblos, leicht wasserlöslich, wird wie das Cyanid für Quickbeizen verwendet. Beim Verdünnen fallen, wie auch bei **Quecksilber(II)-sulfat,** $HgSO_4$, basische Salze (Hydroxid- und Oxidsalze) aus, die beim Sulfat von intensiv gelber Farbe sind.

Quecksilber(II)-iodid, HgI_2: ein leuchtend rotes (oberhalb 126 °C gelbes), schwer lösliches Pulver (*F* 259 °C, *Kp* 354 °C), fällt aus Quecksilber(II)-lösungen (sofern sie genügend Hg^{2+}-Ionen enthalten) durch Kaliumiodid aus. Es löst sich im Überschuss des Fällungsmittels zu blassgelbem **Kaliumtetraiodomercurat(II),** $K_2[HgI_4]$, dessen alkalische Lösung als „NESSLERs Reagens" zum Nachweis von Ammoniak verwendet wird; bei der Reaktion entsteht die braune Verbindung $[NHg_2]I \cdot H_2O$

Siehe auch Knallquecksilber (↑ 14.2.9).

Nachweis: beim Glühen der mit Natriumcarbonat verriebenen Probe kondensieren silberglänzende Quecksilberkügelchen an der Innenwand des Glühröhrchens.
Ein Kupfer- oder Messingblech (Münze!) überzieht sich in einer Quecksilbersalzlösung mit einem grauen Quecksilberbelag, der beim Verreiben durch Amalgambildung hochglänzend wird.

22 Elemente der 3. Nebengruppe (Scandiumgruppe, Gruppe 3)

22.1 Allgemeines

Elemente: Die 3. Nebengruppe des Periodensystems umfasst die Elemente Scandium (Sc), Yttrium (Y), Lutetium (Lu) und Lawrencium (Lr). Vor dem Lutetium und dem Lawrencium stehen im Langperiodensystem den Ordnungszahlen entsprechend die Elemente, die unter den Bezeichnungen Lanthanoide und Actinoide zusammengefasst werden.

Nachdem bei den vorangegangenen Elementen der I. und II. Hauptgruppe mit zwei s-Elektronen der Aufbau einer neuen Elektronenschale begonnen wurde, wird bei den nun folgenden Nebengruppenelementen die darunter liegende Elektronenschale weiter ausgebaut (siehe dazu Bild 4-1 (↑ 4.2)). Das geschieht mit d-Elektronen. (↑ 3.5.5) Die Nebengruppenelemente werden daher auch **d-Elemente** genannt.

Von der 4. Periode an treten jeweils zehn Nebengruppenelemente auf:

In der 4. Periode sind das:	Scandium bis Zink,
in der 5. Periode:	Yttrium bis Cadmium,
in der 6. Periode:	Lutetium bis Quecksilber,
in der 7. Periode:	Lawrencium (103) bis Copernicium (112).

Nach diesem Aufbauprinzip sind Lutetium und Lawrencium unter die Elemente Scandium und Yttrium in die 3. Nebengruppe einzuordnen. Bislang wurden die Elemente Lanthan und Actinium eingesetzt. Die bei diesen Elementen auftretenden 5d- bzw. 6d-Elektronen stellen jedoch Ausnahmen vom Aufbauprinzip der Elektronenhülle dar. Wie aus Tafel 2 (↑ S. 850) ersichtlich ist, beginnt der kontinuierliche Einbau von 5d- bzw. 6d-Elektronen erst beim Lutetium und Lawrencium.

Für die Lanthanoide und die Actinoide ist der weitere Aufbau der Elektronenhülle mittels f-Elektronen (↑ 3.5.5) kennzeichnend (Bild 4-1 (↑ 4.2)). Sie werden daher auch **f-Elemente** genannt.

In der 6. und 7. Periode stehen jeweils vierzehn weitere Elemente, bei denen Elektronen in die *drittäußere* Elektronenschale eingeordnet werden. Diese Elektronen werden f-Elektronen genannt, und dementsprechend wird auch von f-Elementen gesprochen.

In der 6. Periode sind das:	Lanthan (57) bis Ytterbium (79),
in der 7. Periode:	Actinium (89) bis Nobelium (102).

Da sich die Elektronenhüllen dieser Elemente jeweils nur in der drittäußeren Schale voneinander unterscheiden, sind sie in ihren chemischen Eigenschaften einander sehr ähnlich. Sie werden daher unter den Bezeichnungen

Lanthanoide (früher Lathaniden) und
Actinoide (früher Actiniden)

zu besonderen Elementgruppen zusammengefasst. Diese historisch entstandenen Bezeichnungen wurden beibehalten, obwohl Lanthan und Actinium nach dem heutigen Erkenntnisstand *selbst* in diese Gruppen gehören.

Die Lanthanoide und die Actinoide stehen im Langperiodensystem zwischen der II. Hauptgruppe und der 3. Nebengruppe. Bei verkürzten Darstellungen des Periodensystems werden heute vielfach

die Elemente 57 – 71 (Lanthan bis Lutetium) und
die Elemente 89 – 103 (Actinium bis Lawrencium)

gemeinsam in der 3. Nebengruppe des Periodensystems untergebracht. Das ist fachlich auch dadurch begründet, dass diese Elemente in der Regel +3wertig sind, da außer dem zuletzt eingebauten f-Elektron auch die beiden s-Elektronen der höchsten Elektronenschale als Valenzelektronen wirken.

22.2 Scandium, Yttrium und Lutetium

Tabelle 22-1: *Gruppe 3*

	Scandium	**Yttrium**	**Lutetium**
Symbol	Sc	Y	Lu
Kernladungszahl	21	39	71
Relative Atommasse	44,956	88,906	174,97
Schmelzpunkt (in °C)	1541	1526	1652
Dichte (in $g \cdot cm^{-3}$)	3,0	4,5	9,84
Häufigkeit (Erdkruste %)	$6 \cdot 10^{-4}$	$5 \cdot 10^{-3}$	$1 \cdot 10^{-4}$
Oxidationszahl	3	3	3

Diese Elemente haben bis auf Yttrium geringe praktische Bedeutung. Mit Ausnahme des nur künstlich herstellbaren Lawrenciums treten sie in ihren Erzen gemeinsam mit den Lanthanoiden auf.

Scandium

Symbol: Sc (scandium, zu Ehren Skandinaviens)
Entdeckung: 1879 durch LARS FREDERIK NILSON (Schweden).

Scandium kommt meist als *Thortveitit*, $Sc_2Si_2O_7$, vor.

Yttrium

Symbol: Y (nach dem Fundort Ytterby)
Entdeckung: 1794 durch JOHAN GADOLIN im *Gadolinit* $Y_2Fe^{II}Be_2[SiO_4]_2O_2$.

Lutetium

Symbol: Lu (nach dem lateinischen Namen Lutetia für Paris)
Entdeckung: 1907 durch GEORGES URBAIN in Paris; fast zeitgleich auch durch CARL AUER VON WELSBACH (Österreich) und CHARLES JAMES (USA).

Lawrencium (Element 103)

Symbol: Lr (nach ERNEST ORLANDO LAWRENCE, dem Erfinder des Cyclotrons)
Entdeckung: Atome dieses Elements wurden 1961 von den US-amerikanischen Forschern A. GHIORSO, T. SIKKELAND, A. E. LARSH und R. M. LATIMER durch Beschuss von Californiumisotopen mit schnellen Bor-Kernen künstlich erzeugt.

Dabei finden Reaktionen statt wie:

$$^{252}_{98}Cf + ^{11}_{5}B \rightarrow ^{257}_{103}Lr + 6\,^{1}_{0}n$$

Halbwertszeit des langlebigsten Isotops $^{262}_{103}Lr$: 3,6 h.

Die Elemente lassen sich durch Elektrolyse aus Chloridschmelzen herstellen. Sie bilden silberglänzende, an der Luft anlaufende, ziemlich unedle Metalle; sie zersetzen Wasser unter Wasserstoffentwicklung und Bildung des Hydroxids. Die Hydroxide sind relativ schwache Basen; die Salze sind meist farblos. Chloride,

Sulfate und Nitrate sind leicht, Fluoride, Carbonate, Phosphate und Oxalate schwer löslich. Scandiumverbindungen werden als Keimbeschleuniger für Saatgut eingesetzt. Mit Europium(III)-Ionen dotiertes Yttriumdioxidsulfid, Y_2O_2S, dient als Rotleuchtstoff für Farbbildschirme. $YBa_2Cu_3O_{7-x}$ wird als Hochtemperatursupraleiter eingesetzt. Lutetium verwendet man als Cermischmetall; es hat derzeit aber kaum technische Bedeutung.

22.3 Lanthanoide

Zusammen mit Scandium, Yttrium und Lutetium werden diese Elemente auch als „Seltenerdmetalle" bezeichnet. Die „Seltenerden" („seltenen Erden") sind die Oxide.

Man teilt sie ein in:

		Oxide von
Ceriterden:		Ce, La, Pr, Nd, Sm
Yttererden:	Yttererde:	Y
	Terbinerden:	Eu, Gd, Tb
	Erbinerden:	Dy, Ho, Er, Tm
	Ytterbinerden:	Yb, Lu

Tabelle 22-2: *Lanthanoide (Elemente des 4f-Blocks)*

Kernladungszahl	Symbol	Name	Kernladungszahl	Symbol	Name
57	La	Lanthan	64	Gd	Gadolinium
58	Ce	Cer	65	Tb	Terbium
59	Pr	Praseodym	66	Dy	Dysprosium
60	Nd	Neodym	67	Ho	Holmium
61	Pm	Promethium	68	Er	Erbium
62	Sm	Samarium	69	Tm	Thulium
63	Eu	Europium	70	Yb	Ytterbium

Da beim Ytterbium mit $1s^2 2s^2 2p^6 3s^2 3p^6 3d^{10} 4s^2 4p^6 4d^{10} 4f^{14} 5s^2 5p^6$ die Besetzung des 4f-Niveaus abgeschlossen ist, gehört das *Lutetium*, bei dem mit $5d^1$ das 5d-Niveau beginnt, *nicht mehr zu den Lanthanoiden* (siehe Tafel 2 (↑ S. 851)).

Geschichtliches: Yttererde wurde 1794 von JOHAN GADOLIN (Finnland), Ceriterde 1803 von JÖNS JACOB BERZELIUS (Schweden) entdeckt. Nach 1839 wurden die Erden weiter zerlegt, z. B. gelang es 1885 CARL AUER VON WELSBACH (Österreich), das bis dahin für einheitlich gehaltene *Didym* in Praseodym und Neodym zu trennen.

Häufigkeit (↑ Tabelle 3-1): Die „Seltenerdmetalle" sind entgegen ihrem Namen häufiger als angenommen. Ihre dennoch schlechte Verfügbarkeit liegt an der Verteilung der Lagerstätten und der aufwendigen Trennung in die Reinelemente. Cer, Neodym und Lanthan kommen als häufigste Lanthanoide in der Erdkruste in der Größenordnung vor wie Kupfer! Selbst Thulium als seltenstes Lanthanoid ist etwa siebenmal so häufig wie Silber. Die HARKIN-Regel, nach der Elemente mit gerader Ordnungszahl häufiger vorkommen als solche mit ungerader, gilt auch bei den Lanthanoiden.

Vorkommen: Die Lanthanoide finden sich stets vergesellschaftet, und zwar als Silicate, Phosphate oder Carbonate.

Wichtige Minerale:

Gadolinit (*Ytterbit*)	Yttererdmetall-Eisen-Berylliumsilicat
Cerit	wasserhaltiges Cersilicat mit Lanthan und Dysprosium
Monazit	Cerphosphat, $CePO_4$, mit Ceriterden und etwa 5 % Thoriumoxid, ThO_2
Bastnäsit	Lanthanoidfluorocarbonat

Gewinnung: Trennung schwierig (Ionenaustauscher, fraktionierte Kristallisation); Darstellung der Metalle durch Schmelzelektrolyse der Chloride.

Eigenschaften: silberglänzende, an der Luft anlaufende und z. T. unbeständige Metalle;
Lanthan zersetzt warmes Wasser unter Wasserstoffentwicklung und Bildung des Hydroxids, $La(OH)_3$.
Die Dichten betragen 5 bis 10 g · cm^{-3}.
Die wichtigste Oxidationszahl aller Lanthanoide ist +3; Cer und Terbium kommen auch in der Oxidationsstufe +4, Europium, Samarium und Ytterbium auch in der Oxidationsstufe +2 vor.
Die dreiwertigen Ionen und damit die meisten Salze sind z. T. farbig: Praseodym gelbgrün, Neodym rotviolett, Promethium rot, Samarium tiefgelb, Dysprosium gelbgrün, Holmium gelb, Erbium tiefrosa, Thulium blassgrün. La^{3+}, Ce^{3+}, Eu^{3+}, Gd^{3+}, Tb^{3+}, Yb^{3+} und Lu^{3+} sind dagegen farblos.

Die Hydroxide der dreiwertigen Metalle sind starke Basen; der basische Charakter sinkt vom Lanthan zum Ytterbium etwas ab, da auch der Ionenradius in dieser Reihenfolge abnimmt und die OH^--Ionen dadurch fester gebunden werden.
Chloride, Nitrate und Sulfate sind leicht, Fluoride, Carbonate, Phosphate und Oxalate schwer wasserlöslich.

Cer ist silberglänzend, weich, dehnbar und läuft an der Luft rasch an; *F* 795 °C, Dichte 6,67 g · cm^{-3}; Gewinnung durch Schmelzelektrolyse von Cer(III)-chlorid, $CeCl_3$. Für die meisten praktischen Zwecke kann rohes Cer verwendet werden, wie es bei der Aufarbeitung des Monazitsandes primär anfällt. Dieses **Cer-Mischmetall** besteht aus rund 50 % Cer, 25 % Lanthan, 15 % Neodym, 4 % Praseodym; Rest: übrige Seltenerdmetalle und bis zu 5 % Eisen. Es ist Hilfsstoff bei der Bereitung von Stählen, insbes. Sonderstählen, und wird mit Eisen im Verhältnis 1:1 zu **Zündmetall** (so genanntem „Feuerstein") legiert. Dieses gibt beim Reiben an harten, rauhen Flächen sehr heiße Funken und wird daher für Feuerzeuge und Gasanzünder verwendet. Ce^{3+} und weitere Lanthanoiden-Ionen sind wichtig für die Dotierung (↑ 5.3.2) von Leuchtstoffen für LEDs.

Cer(III)-nitrat, $Ce(NO_3)_3 \cdot 6\,H_2O$, findet zum Tränken von Gasglühkörpern (↑ 22.4.2) Anwendung.

Neodym schmilzt bei 1024 °C; Dichte 7,0 g · cm^{-3};
mit dem hellblauen, rötlich fluoreszierenden **Neodymoxid,** Nd_2O_3, werden Neodymgläser für die Lasertechnik erschmolzen. Wichtigster Einsatz sind starke Dauermagneten aus der Legierung FeNdB (Zusammensetzung ungefähr $Fe_{14}Nd_2B$:Dy,Tb).

Promethium schmilzt bei 1042 °C und hat die Dichte 7,22 g · cm^{-3}. Es ist ein seit 1947 bekanntes, künstliches, radioaktives Element; längste Halbwertszeit (^{145}Pm) 18 Jahre. Promethium 147 entsteht in relativ großen Mengen in Kernreaktoren.

Samarium-Cobalt-Legierungen bilden Dauermagnete extrem hoher Feldstärke.

Europium, bei 826 °C schmelzend, Dichte 5,26 g · cm^{-3}, bewirkt eine prächtig rote Flammenfärbung. Die Phosphate von Eu und anderen Lanthanoiden (Tb, Er) setzt man in Leuchtstoffröhren und Energiesparlampen zum Wandeln der Farbe (z. B. warmweiß, kaltweiß) ein.

Gadolinium Gadolinium schmilzt bei 1312 °C, Dichte 7,89 g · cm^{-3}, ist unterhalb 19,3 °C ferromagnetisch, darüber stark paramagnetisch – worauf seine Anwendungen basieren: Gd-Y-Granate (Granat (↑ 14.3.5)) in der Mikrowellentechnik; Komplexe von Gadolinium(III) mit Chelatliganden, z.B. Gadovist®, werden als Kontrastmittel in der Magnetresonanztomographie (MRT) gespritzt – freie Gd^{3+}-Ionen wirken dagegen stark toxisch und wären hier nicht einsetzbar.

22.4 Actinoide

22.4.1 Allgemeines

Tabelle 22-2: *Die Actinoide*

Kernladungszahl	Symbol	Name
89	Ac	Actinium
90	Th	Thorium
91	Pa	Protactinium
92	U	Uran
93	Np	Neptunium
94	Pu	Plutonium
95	Am	Americium
96	Cm	Curium
97	Bk	Berkelium
98	Cf	Californium
99	Es	Einsteinium
100	Fm	Fermium
101	Md	Mendelevium
102	No	Nobelium

Zum Teil wird auch das Element 103, Lawrencium (↑ 22.1), zu den Actinoiden gerechnet, nach seinem Atombau gehört es jedoch unter Scandium, Yttrium und Lutetium in die 3. Nebengruppe.

Die Elemente ab Kernladungszahl 93 heißen **Transurane**.

Die Elemente ab Kernladungszahl 103 werden mit der 3. Nebengruppe beginnend eingeordnet und als **Transactinoide** bezeichnet.

Die Actinoide bis zu Kernladungszahl 94 finden sich in der Natur. Die Transurane sind seit 1940 durch Atomkernumwandlungen in Teilchenbeschleunigern oder Kernreaktoren hergestellt worden.

Alle Actinoide und Transactinoide sind radioaktiv. Halbwertszeiten relativ langlebiger Isotope:

▲ Thorium	$^{232}_{90}Th$	$1{,}40 \cdot 10^{10}$ Jahre
Uran	$^{238}_{92}U$	$4{,}47 \cdot 10^{9}$ Jahre
Uran	$^{235}_{92}U$	$7{,}1 \cdot 10^{8}$ Jahre
Uran	$^{236}_{92}U$	$2{,}39 \cdot 10^{7}$ Jahre
Plutonium	$^{244}_{94}Pu$	$8{,}3 \cdot 10^{7}$ Jahre
Curium	$^{247}_{96}Cm$	$1{,}6 \cdot 10^{7}$ Jahre
Neptunium	$^{237}_{93}Np$	$2{,}1 \cdot 10^{6}$ Jahre
Americium	$^{243}_{95}Am$	7400 Jahre
Berkelium	$^{247}_{97}Bk$	1380 Jahre
Californium	$^{251}_{98}Cf$	900 Jahre
Actinium	$^{227}_{89}Ac$	21,7 Jahre
Einsteinium	$^{252}_{99}Es$	472 Tage
Fermium	$^{257}_{100}Fm$	100 Tage
Mendelevium	$^{258}_{101}Md$	52 Tage
Nobelium	$^{259}_{102}No$	58 Minuten

Bei den **Transactinoiden** nimmt die Halbwertszeit rasch weiter ab:

Lawrencium	$^{262}_{103}Lr$	4 Stunden
Rutherfordium	$^{267}_{104}Rf$	2,5 Stunden
Dubnium	$^{270}_{105}Db$	90 Stunden
Seaborgium	$^{269}_{106}Sg$	8 Minuten
Bohrium	$^{270}_{107}Bh$	3,8 Minuten
Hassium	$^{270}_{108}Hs$	30 Sekunden
Meitnerium	$^{278}_{109}Mt$	29 Sekunden
Darmstadtium	$^{281}_{110}Ds$	14 Sekunden
Röntgenium	$^{281}_{111}Rg$	37 Sekunden
Copernicium	$^{285}_{112}Cn$	32 Sekunden
Nihonium	$^{284}_{113}Nh$	0,48 Sekunden
Flerovium	$^{289}_{114}Fl$	2,4 Sekunden
Moscovium	$^{289}_{115}Mc$	0,34 Sekunden
Livermorium	$^{293}_{116}Lv$	80 Millisekunden
Tenness	$^{294}_{117}Ts$	7 Millisekunden
Oganesson	$^{294}_{118}Og$	1,5 Millisekunden

22.4.2 Thorium und Thoriumverbindungen

Thorium (Th) [nach dem germanischen Gott *Thor* benannt] wurde 1828 als Oxid von JÖNS JACOB BERZELIUS (Schweden) entdeckt; es findet sich hauptsächlich im Monazit (↑ 22.3);
Häufigkeit in der Erdkruste: 11 ppm.
Das bei 1842 °C schmelzende, weiche Metall hat bei 20 °C die Dichte 11,7 g · cm^{-3}, löst sich nur in rauchender Salzsäure und Königswasser und kommt in seinen Verbindungen nahezu ausschließlich in der Oxidationsstufe +4 vor.
Chlorid, Sulfat und Nitrat lösen sich leicht, Fluorid, Carbonat und Phosphat schwer in Wasser.

In Alkalicarbonatlösungen lösen sich viele schwer lösliche Thoriumverbindungen komplex, z. B. zu **Natriumpentacarbonatothorat,** $Na_6[Th(CO_3)_5]$, auf; diese Reaktion dient zur Abtrennung des Thoriums von den Seltenerdmetallen bei der Aufarbeitung des Monazitsandes.

Thoriumoxid, ThO_2, ist ein weißes, in geglühtem Zustand in Säuren praktisch unlösliches Pulver der Dichte 9,87 g · cm^{-3}, *F* 3390°C. Es entsteht beim Erhitzen des nicht amphoteren **Thoriumoxidhydrats,** $ThO_2 \cdot x\, H_2O$, das als schleimiger Niederschlag durch Ammoniak oder Alkalihydroxide aus Thoriumsalzlösungen gefällt wird.

Thoriumnitrat, $Th(NO_3)_4 \cdot 5\, H_2O$, ist sehr leicht löslich und dient im Gemisch mit etwa 1 % Cernitrat zum Tränken von Gasglühkörpern („Glühstrümpfen"); durch Anzünden vor dem ersten Gebrauch entsteht aus dem Nitrat ein Oxidgemisch aus Thoriumoxid und wenig Cer(III)-oxid, Ce_2O_3, das beim Glühen ein sehr helles, leicht grünlich-gelbes Licht aussendet[1)].

Das **Nuklid $^{232}_{90}Th$** bildet in Brutreaktoren spaltbares $^{233}_{92}U$; auf diese Weise kann auch Thorium zur Gewinnung von Kernenergie beitragen.

[1)] Infolge der Schwerflüchtigkeit speichert Thoriumoxid die Wärme, die zur Anregung des intensiven Leuchtens des Cer(III)-oxid erforderlich ist.

22.4.3 Uran und Uranverbindungen

Symbol: U [benannt nach dem Planeten *Uranus*]; **Oxidationszahlen: +6**, (+5), **+4**, (+3).

Entdeckung: als Oxid 1789 durch MARTIN HEINRICH KLAPROTH (Deutschland); das Metall wurde erstmals 1841 von EUGÈNE MELCHIOR PÉLIGOT (Frankreich) hergestellt.

Vorkommen: oft zusammen mit Seltenerdmetallen, z. B. im Monazitsand.
Häufigkeit (Erdkruste): 2,9 ppm.

Minerale:	Uranpechblende (*Uraninit*)	$m\,UO_2 \cdot n\,UO_3$
	Carnotit	$KUO_2VO_4 \cdot 1\;1/2\;H_2O$

Eigenschaften: silberweißes, an der Luft allmählich anlaufendes, ziemlich weiches Metall;
Dichte 19,16 g · cm^{-3} bei 20 °C;
schmilzt bei 1132 °C und löst sich in verdünnten Säuren leicht zu Uran(IV)-salzen.
$^{235}_{92}U$ ist kernspaltbar.

Herstellung: technisch durch Schmelzelektrolyse von *Kaliumuran(IV)-fluorid,* $K[UF_5]$, oder *Natriumuran(IV)-chlorid,* $Na_2[UCl_6]$; auch durch aluminothermische Reduktion von beiden ist es erhältlich.

Verwendung: fast ausschließlich – meist mit $^{235}_{92}U$ angereichert – als Spaltstoff[1)] in Kernreaktoren.

Kernkettenreaktion: Uran 235 ist durch langsame Neutronen spaltbar, wobei unter Energieabgabe Elemente mittlerer Kernladungszahl entstehen und 2 bis 3 Neutronen frei werden. Da diese wieder auf $^{235}_{92}U$-Atomkerne einwirken, findet eine Kettenreaktion statt. In den Kernreaktoren wird ein lawinenartiges Anschwellen der Reaktion, wie sie in der Atombombe erfolgt, durch neutronenabsorbierende Materialien, z. B. Graphit, der beliebig weit in den Reaktor eingeführt werden kann, vermieden. Die *kritische Masse* von reinem $^{235}_{92}U$ (d. h. die Masse, oberhalb derer es spontan durch Kernkettenreaktion explodiert) wird mit 22,8 kg angegeben; dies entspricht einer Kugel von 13,5 cm Durchmesser. In Kernkraftwerken ist $^{235}_{92}U$ nur auf 3 bis 4 % angereichert, sodass theoretisch selbst beim Schmelzen des Reaktorkerns keine kritische Masse zustandekommt.
Die Sprengkraft der 1945 über Hiroshima abgeworfenen Atombombe beruhte auf der ungeregelten Spaltung von $^{235}_{92}U$.

Uranverbindungen

Am beständigsten sind in der Regel die Uran(VI)-verbindungen, insbesondere die **Uranylverbindungen** mit dem Kation UO_2^{2+} und die **Diuranate** mit dem Anion $U_2O_7^{2-}$. Abnehmende Wertigkeit hat zunehmende Unbeständigkeit zur Folge, was z. B. so weit geht, dass sich eine rote Lösung von *Uran(III)-chlorid*, UCl_3, unter Wasserstoffentwicklung und Bildung einer Uran(IV)-verbindung grün färbt.

Uranhexafluorid, UF_6, wird aus UO_2 mit HF und anschließender Oxidation mit F_2 gewonnen:

$$UO_2 + 4\,HF \rightarrow UF_4 + 2\,H_2O \qquad UF_4 + F_2 \rightarrow UF_6$$

Es ist ein farbloser, stark hygroskopischer Feststoff, der wegen seiner symmetrischen oktaedrischen Struktur (vgl. SF_6 (↑ S. 115)) und der dadurch äußerst geringen Polarität bereits bei 56,5 °C sublimiert; dient unter Ausnutzen der höheren Diffusionsgeschwindigkeit und geringeren Dichte von $^{235}_{92}UCl_6$ in der Gasphase („Uranzentrifugen") zur Abtrennung von $^{238}_{92}UCl_6$ und damit zum Anreichern des spaltbaren Isotops $^{235}_{92}U$.

Uranoxide: Uran(VI)-oxid, UO_3, ein je nach Herstellung gelbes bis ziegelrotes Pulver; entsteht bei nicht zu starkem Erhitzen von Uranylnitrat, -carbonat oder -oxalat; es geht, wie auch das braunschwarze **Uran(IV)-oxid,** UO_2, beim Glühen in das grüne bis schwarze **Triuranoctaoxid,** U_3O_8, über, das sich in der Natur als *Uranpechblende* findet.

---

1) In Kernreaktoren dienen *Spaltstoffe* unmittelbar zur Energiegewinnung, während aus *Brutstoffen* Spaltstoffe entstehen. Aus Brutstoffen, z. B. Th 232, kann demnach indirekt Atomkernenergie gewonnen werden.

Uranylverbindungen sind meist gelb mit grüner Fluoreszenz.
Uranylnitrat, Formel $UO_2(NO_3)_2 \cdot 6\ H_2O$, löst sich leicht, **Uranylacetat,** $(CH_3COO)_2UO_2$, schwerer in Wasser.
Natronlauge fällt aus Uranylsalzlösungen gelbes **Natriumdiuranat,** $Na_2U_2O_7$;
die ebenfalls gelbe Fällung mit Ammoniak („Ammoniumdiuranat“) hat eine kompliziertere Zusammensetzung. Mit Zusatz von Natriumdiuranat bereitetes „Uranglas“ ist gelb mit intensiv grüner Fluoreszenz.
Uranylsulfid, UO_2S, fällt aus Uranylsalzen durch Ammoniumsulfidlösung als brauner, im Überschuss des Fällungsmittels unlöslicher, in Essigsäure löslicher Niederschlag aus.

22.4.4 Neptunium und Plutonium

Neptunium (Np), [benannt nach dem Planeten Neptun].

Das Element wurde 1940 von den US-amerikanischen Forschern E. M. McMillan und P. H. Abelson entdeckt. Durch Bestrahlung von ^{238}U mit langsamen Neutronen entsteht ^{239}U, dieses geht mit einer Halbwertszeit von 23 Minuten in ^{239}Np über.

Das langlebigste Isotop ^{237}Np (α-Strahler) ist wegen seiner großen Halbwertszeit von $2{,}14 \cdot 10^6$ Jahren am bedeutendsten. Es ist eine Folgeprodukt des durch Beschießen von ^{238}U mit schnellen Neutronen erhältlichen Uranisotops ^{237}U.

^{239}Np wandelt sich unter Abgabe von β-Strahlung[1] in das Isotop ^{239}Pu (Halbwertszeit 24 390 Jahre) um gemäß folgender Reaktion:

$$\begin{aligned} ^{238}U + n &\rightarrow {}^{239}U \\ ^{239}U &\rightarrow {}^{239}Np + \beta \\ ^{239}Np &\rightarrow {}^{239}Pu + \beta \end{aligned}$$

Plutonium (Pu), [benannt nach dem Planeten Pluto], ist ein silberglänzendes, extrem giftiges, an der Luft rasch anlaufendes Metall; F 369 °C, Dichte 19,81 g · cm^{-3}. Es wurde 1940/41 von den US-amerikanischen Forschern Glenn Theodore Seaborg, E. M. McMillan, J. W. Kennedy und A. C. Wahl in Form des Isotops ^{238}Pu beim Beschuss von ^{238}U mit Deuteronen (^2H) entdeckt.

Plutonium reichert sich in „Brut-Reaktoren“ in Kernbrennstäben an und ist in technischen Mengen produzierbar. Es ist wie ^{235}U durch langsame Neutronen spaltbar und eignet sich zur Erzeugung von Kernenergie. Die Sprengkraft der 1945 auf Nagasaki abgeworfenen Atombombe beruhte auf der ungeregelten Kernkettenreaktion von ^{239}Pu.

Das langlebigste Plutoniumisotop ist ^{244}Pu; Halbwertszeit $8{,}3 \cdot 10^7$ Jahre.

Verwendung: ^{238}Pu wird in Herzschrittmachern und als Energiequelle in thermoelektischen Radionuclidbatterien (RTG, „radioisotope thermoelectric generators“) zur Erzeugung von elektrischer Energie verwendet. Radionuclidbatterien werden in Weltraumsonden eingebaut, die sich sehr weit von der Sonne entfernen, sodass Solarenergie aus Sonnenlicht nicht in ausreichendem Umfang erzeugt werden kann. Die Jupitersonde „Galileo“ und die Saturnsonde „Cassini“ wurden mit derartigen Batterien ausgestattet.

[1] β-Strahlung entspricht der Emission eines Elektrons aus dem Atom

22.4.5 Höhere Transurane

Die Elemente ab Kernladungszahl 95 kommen nicht natürlich vor. Alle werden durch **Kernreaktionen** hergestellt. Bei einigen Reaktionen geht man von künstlichen Nukliden aus, sodass die Gewinnung in mehreren Stufen verläuft. Die Herstellung der Elemente kann auf verschiedenen Wegen erfolgen und wird hier an Beispielen erläutert. Oft ist eine Vielzahl von Isotopen bekannt.

Americium (Am), [benannt nach Amerika].

Atome dieses Elements wurden 1944 von den US-amerikanischen Forschern GLENN T. SEABORG, R. A. JAMES, L. O. MORGAN und A. GHIORSO durch Beschuss von $^{239}_{94}Pu$ mit Neutronen in einem Reaktor erzeugt:

$$^{239}Pu + n \rightarrow {}^{240}Pu \text{ (Aussendung von } \gamma\text{-Strahlung)}$$
$$^{240}Pu + n \rightarrow {}^{241}Pu \text{ (Aussendung von } \gamma\text{-Strahlung)}$$
$$^{241}Pu \rightarrow {}^{241}Am + \beta$$

Ein Neutron wandelt sich unter Aussendung von β-Strahlung in ein Proton um, sodass die Kernladungszahl von 94 auf 95 ansteigt.

Die Halbwertszeit des stabilsten Isotops $^{243}_{95}Am$ beträgt 7400 Jahre.

Verwendung: ^{241}Am dient vor allem zur Gewinnung von ^{242}Cm als Vorstufe von ^{238}Pu. ^{241}Am wird in Ionisationsrauchmeldern und in Neutronenquellen verwendet.

Ionisationsrauchmelder enthalten zwei Kammern, in denen Luft von Americium ionisiert wird. Der Alpha-Strahler, das schwerlösliche Americiumoxid, befindet sich in einer dünnen eloxierten Aluminiumfolie, die mit einer ca. 2 µm dicken Gold/Palladium-Auflage bedeckt ist. Wenn Rauch in die Messkammer eindringt, lagern sich Ionen an den Rauchpartikeln an, was zu einer Spannungsänderung zwischen beiden Kammern führt und Alarm auslöst. Ionisationsrauchmelder werden wegen der radioaktiven Quellen nur in Sonderfällen eingesetzt. Sie reagieren besonders empfindlich auf kleine Partikel aus flammenden Bränden oder Dieselruß. Optische Rauchmelder, die Schwelbrände besser detektieren, sowie Wärmemelder ersetzen diesen Meldertyp zunehmend.

Curium (Cm), [benannt nach dem Forscherehepaar PIERRE CURIE und MARIE SKLODOWSKA-CURIE].

Atome dieses Elements wurden 1944 von der oben genannten Forschergruppe beim Beschuss von ^{238}Pu mit α-Teilchen (Helium-Ionen) entdeckt:

$$^{239}Pu + {}^{4}He \rightarrow {}^{242}Cm + {}^{1}n$$

Ausgehend von Curium werden höhere **Transurane** hergestellt. Mit Hilfe von ^{248}Cm werden Atome der **Transactinoiden** erzeugt, um deren chemische Eigenschaften zu untersuchen.

^{242}Cm dient als Wärmequelle in thermoelektrischen Batterien und als Ausgangsmaterial zur Gewinnung von ^{238}Pu für Herzschrittmacher. Das auf dem Wege über ^{242}Cm gewonnene ^{238}Pu ist frei von störendem ^{236}Pu.

Die Halbwertszeit des stabilsten Isotops $^{247}_{96}Cm$ beträgt $1{,}6 \cdot 10^7$ Jahre.

Berkelium (Bk), [benannt nach der kalifornischen Universitätsstadt Berkeley].

Atome dieses Elements wurden 1949 von S. G. THOMPSON, A. GHIORSO und GLENN T. SEABORG durch Beschuss von ^{241}Am mit α-Teilchen erzeugt:

$$^{241}Am + {}^{4}He \rightarrow {}^{243}Bk + 2\,{}^{1}n$$

Die Halbwertszeit des stabilsten Isotops $^{247}_{97}Bk$ beträgt 1380 Jahre.

Californium (Cf), [benannt nach dem US-Bundesstaat Kalifornien].

Atome dieses Elements wurden 1950 von S. G. THOMPSON, K. STREET JR., A. GHIORSO und GLENN T. SEABORG durch Beschuss von ^{242}Cm mit α-Teilchen erhalten:

$$^{242}Cm + {}^{4}He \rightarrow {}^{245}Cf + {}^{1}n$$

Californium kann auch durch Beschuss von Uran mit Kohlenstoff- oder Stickstoffkernen erhalten werden. Die Halbwertszeit des stabilsten Isotops $^{251}_{98}Cf$ beträgt 898 Jahre.

Einsteinium (Es), [benannt nach dem Physiker ALBERT EINSTEIN].

Atome dieses Elements wurden 1952 bei der Untersuchung von Rückständen einer thermonuklearen Explosion im Pazifik (Operation "Mike„) von einer US-amerikanischen Forschergruppe entdeckt und 1954 auch durch Beschuss von ^{238}U mit energiereichen Stickstoffkernen erzeugt:

$$^{238}U + {}^{14}N \rightarrow {}^{246}Es + 6\,{}^{1}n$$

Die Herstellung ist ebenfalls möglich durch Langzeitbestrahlung von ^{239}Pu mit Neutronen hoher Energie. ^{253}Es dient als Ausgangsmaterial für die Erzeugung von **Mendelevium**. Die Halbwertszeit des stabilsten Isotops $^{252}_{99}Es$ beträgt 400 Tage.

Fermium (Fm), [benannt nach dem italienischen Physiker ENRICO FERMI].

Atome dieses Elements wurden 1953 wie das Einsteinium in den Trümmern der thermonuklearen Explosion „Mike" entdeckt. Dort entstand es gemäß:

$$^{238}U + {}^{16}O \rightarrow {}^{250}Fm + 4\,{}^{1}n$$

Die Halbwertszeit des stabilsten Isotops $^{257}_{100}Fm$ beträgt 100 Tage.

Mendelevium (Md), [benannt nach dem russischen Chemiker DMITRI IVANOWITSCH MENDELEJEW].

Atome dieses Elements wurden 1955 von A. GHIORSO, B. G. HARVEY, G. R. CHOPPIN, S. G. THOMPSON, und GLENN T. SEABORG durch Beschuss von ^{253}Es mit α-Teilchen erzeugt:

$$^{253}Es + {}^{4}He \rightarrow {}^{256}Md + {}^{1}n$$

Die Halbwertszeit des stabilsten Isotops $^{257}_{101}Md$ beträgt 52 Tage.

Nobelium (No), [benannt nach dem schwedischen Ingenieur ALFRED NOBEL].

Atome dieses Elements wurden von A. GHIORSO, T. SIKKELAND, J. R. WALTON und GLENN T. SEABORG 1958 durch Beschuss von ^{246}Cm mit ^{12}C-Atomen entdeckt:

$$^{253}Cm + {}^{12}C \rightarrow {}^{252}No + 4{}^{1}n$$

Die Halbwertszeit des stabilsten Isotops $^{259}_{102}No$ beträgt 58 Minuten.

23 Elemente der 4. Nebengruppe (Titangruppe, Gruppe 4)

Tabelle 23-1: *Titangruppe*

	Titan	**Zirconium**	**Hafnium**
Symbol	Ti	Zr	Hf
Kernladungszahl	22	40	72
Relative Atommasse	47,867	91,224	178,49
Schmelzpunkt (in °C)	1668	2125	2227
Dichte (in $g \cdot cm^{-3}$ bei 20 °C)	4,49	6,50	13,31
Häufigkeit (Erdkruste, %)	$4{,}1 \cdot 10^{-1}$	$2{,}1 \cdot 10^{-2}$	$4{,}2 \cdot 10^{-4}$
Oxidationszahlen	3; 4	4	4

In die Titangruppe wird auch das künstlich erzeugte Element 104 **Rutherfordium** eingeordnet.

Element 104: Rutherfordium (Symbol Rf): benannt nach dem englischen Physiker ERNEST RUTHERFORD (IUPAC 1997).

Atome dieses Elements wurden seit den Sechzigerjahren des 20. Jahrhunderts auf verschiedenen Wegen künstlich erzeugt, unter anderem durch Beschuss von Curium 248 mit Kernen des Sauerstoffisotops $^{18}_{8}O$:

$$^{248}_{96}Cm + ^{18}_{8}O \rightarrow ^{261}_{104}Rf + 5\,^{1}_{0}n$$

Halbwertszeit des langlebigsten Isotops $^{267}_{104}Rf$: 138 min.

23.1 Titan und Titanverbindungen

Symbol: Ti [*Titanen* = Götter oder Riesen der griechischen Sage]; **Oxidationszahlen: +4, +3**, (+2).

Erstherstellung: 1825 durch JÖNS JACOB BERZELIUS (Schweden).

Vorkommen: neunthäufigstes Element der Erdkruste. Sehr verbreitet, jedoch nur selten in größeren Lagerstätten (Australien, Norwegen, Ukraine, Malaysia, China u. a.). Fast jeder Ackerboden enthält 0,5 % chemisch gebundenes Titan.

Minerale:

Rutil	TiO_2 (andere Formen: Anatas, Brookit)
Ilmenit	$FeO \cdot TiO_2$
Petrowskit	$CaTiO_3$

Herstellung: Aus Ilmenit erzeugt man zunächst (nach Abtrennung des Eisens) durch Chlorierung mit Kohle gemäß

$$TiO_2 + 2\,C + 2\,Cl_2 \rightarrow TiCl_4 + 2\,CO$$

Titan(IV)-chlorid, das durch Destillation gereinigt und mit flüssigem Magnesium unter Argonatmosphäre reduziert wird:

$$TiCl_4 + 2\,Mg \rightarrow Ti + 2\,MgCl_2 \text{ (KROLL-Verfahren).}$$

Der entstehende Titanschwamm wird im elektrischen Lichtbogenofen zum kompakten Metall zusammengeschmolzen.

Hochreines Titan wird nach dem VAN-ARKEL-DE-BOER-Verfahren durch thermische Zersetzung von Titantetraiodid erhalten: Titanpulver und wenig Iod wird im Hochvakuum in einem einer Wolfram-Glühbirne ähnlichen Gefäß auf 500 °C erhitzt. Es bildet sich flüchtiges Titantetraiodid, das sich an einem ca. 1200 °C heißen Glühdraht zersetzt, wobei sich Titan auf dem Wolframdraht in Form eines Stabes abscheidet. Das freiwerdende Iod reagiert erneut mit unreinem Titan. Bei dieser sog. **Transportreaktion** wird die unterschiedliche Lage eines chemischen Gleichgewichts in Abhängigkeit von der Temperatur ausgenutzt.

$$Ti(s) + 2\,I_2(g) \underset{1200\,°C}{\overset{500\,°C}{\rightleftarrows}} TiI_4(g)$$

Eigenschaften (siehe auch Tabelle 23-1): Titan ist ein leichtes, stahlähnlich aussehendes, bei Rotglut schmiedbares Metall, das bei gewöhnlicher Temperatur an der Luft und auch gegen feuchtes Chlor beständig ist, sich jedoch beim Erhitzen (z. B. beim Schmelzen) mit Sauerstoff und Stickstoff verbindet und daher im Hochvakuum ($< 0{,}1$ Pa) geschmolzen werden muss. Leicht löslich in Flusssäure, beim Erhitzen auch in Salzsäure zu violetten Titan(III)-salzen; Salpetersäure ergibt unlösliche, weiße „Titansäure“ $TiO_2 \cdot x\,H_2O$.

Verwendung: Titan ist ein leichter und korrosionsfester Spezialwerkstoff für Chemie- und Energieanlagenbau, Luftfahrt-, Raketen- und Satellitentechnik, Schiffbau, medizinische Instrumente und Geräte, Endoprothesen, Galvanotechnik. Titanstähle (mit weniger als 0,8 % Ti) sind sehr fest und elastisch. *Ferrotitan* enthält 10 bis 25 % Titan.

Titanverbindungen

Die meist violetten Titan(III)-verbindungen sind sehr starke Reduktionsmittel und gehen sehr leicht (auch bereits an der Luft) in farblose Titan(IV)-verbindungen über. Diese neigen stark zur Hydrolyse, wobei u. a. Titan(IV)-oxidverbindungen mit dem Ion TiO^{+2} (so genannte „Titanylverbindungen“) entstehen.

Titan(III)-chlorid, $TiCl_3$, bildet rotviolette, wasserlösliche Kristalle; die Lösungen werden an der Luft allmählich unter Entfärbung und Ausscheidung von weißem Titan(IV)-oxidhydrat oxidiert.

Titan(IV)-chlorid, $TiCl_4$, ist eine farblose Flüssigkeit (F −24,1 °C, Kp 136,5 °C, Dichte 1,76 g · cm^{-3}), die an feuchter Luft infolge Reaktion mit Wasserdampf stark raucht:

$$TiCl_4 + 4\,H_2O \rightarrow Ti(OH)_4 + 4\,HCl.$$

Mit Alkoholen entstehen analog Titansäureester, z. B. *Tetraethylorthotitanat,* $Ti(OC_2H_5)_4$.

Titan(IV)-oxid, *Titandioxid,* TiO_2, ein weißes, unlösliches, ungiftiges Pulver, wird technisch u. a. durch Verbrennen von Titan(IV)-chlorid, $TiCl_4$, in reinem Sauerstoff gemäß

$$TiCl_4 + O_2 \rightarrow TiO_2 + 2\,Cl_2$$

hergestellt und als gut deckendes Weißpigment „Titanweiß“ für Anstriche (meist mit Calciumsulfat, $CaSO_4$, oder Bariumsulfat, $BaSO_4$, gestreckt) verwendet; es dient auch zur Herstellung von Milchglas, als Mattierungsmittel für Polyamidfaserstoffe und ist auch in kosmetischen und pharmazeutischen Mitteln enthalten.

Titan(IV)-oxidsulfat (so genanntes „Titanylsulfat“), $TiOSO_4$, weiß und wasserlöslich, bildet sich beim Abrauchen von Titan(IV)-oxid mit konzentrierter Schwefelsäure. Aus der Lösung fällen Alkalilaugen und Ammoniak gallertartiges Titan(IV)-oxidhydrat (so genannte „Titansäure“), $TiO_2 \cdot x\,H_2O$, während mit Wasserstoffperoxid unter Bildung des Peroxotitanyl-Ions, $[TiO_2]^{2+}$, eine orangerote Färbung entsteht (Nachweisreaktion für Titan bzw. Wasserstoffperoxid).

Bariumtitanat, $BaTiO_3$, ist stark ferroelektrisch[1] und piezoelektrisch[2]; in Tintenstrahldruckern verwendet man es zum Ausspritzen des Tintentropfens aus der Düse; Mischkristalle mit Strontiumtitanat, $SrTiO_3$, und Calciumtitanat, $CaTiO_3$, finden als hochwirksame Dielektrika, als elektroakustische Wandler (z. B. zur Erzeugung von Ultraschall) und als Elektrete[1] Anwendung.

23.2 Zirconium, Hafnium und ihre Verbindungen

Zirconium (*Zirkon;* Zr) [benannt nach dem Edelstein Zirkon] wurde erstmals 1824 von JÖNS JACOB BERZELIUS (Schweden) hergestellt.
Hafnium (Hf) [*Hafnia:* (lat.) Kopenhagen] ist dem Zirconium so ähnlich, dass es erst 1923 durch GYÖRGY VON HEVESY und DIRK COSTER (Holland) aus den bis dahin für einheitlich gehaltenen Zirconium-Verbindungen isoliert wurde, obwohl es häufiger ist als z. B. Zinn oder Brom. Zirconium und Hafnium sind weit verbreitet, finden sich jedoch nur selten in größeren Lagern.

Wichtige Minerale sind: **Zirkonerde** (*Baddeleyit*), ZrO_2, und **Zirkon** (Alvit), $ZrSiO_4$. Hafnium ist in allen Zirconium-Mineralien enthalten.

Herstellung: Zirconiumdioxid wird analog zu Titandioxid aufgearbeitet. Hafnium fällt als Nebenprodukt der Zirconiumherstellung an. Die Salze der beiden Elemente werden durch spezielle Extraktionsverfahren voneinander getrennt.

Zirconium und Hafnium sind stahlglänzende, weiche, an der Luft relativ beständige Metalle (siehe auch Tabelle 23-1), die von kalter Luft, Wasser, Alkalilaugen und verdünnten Säuren nicht angegriffen werden; leicht gelöst werden sie von Königswasser, Flusssäure und geschmolzenen Alkalihydroxiden. Dünner Zirconiumdraht verbrennt (ähnlich Magnesium) mit intensiv weißer Flamme zu Zirconium(IV)-oxid, ZrO_2. Für Uranstabumhüllungen in Kernreaktoren dient eine Legierung mit etwa 5 % Niob. Eine Hafnium-Tantal-Legierung, beständig bis 2200 °C, wird für Raketenantriebsaggregate verwendet.

Zirconiumverbindungen: sind im Allgemeinen farblos, zu Hydrolyse neigend;
schwer löslich sind u. a. Fluorid, Oxid, Phosphat, Oxalat, leicht löslich u. a. Nitrat, Oxidchlorid, -sulfat und -perchlorat.

Zirconiumchlorid, $ZrCl_4$, *F* 437 °C, ist fest, kristallin und bildet an feuchter Luft weiße Chlorwasserstoff-Nebel. Diese Hydrolyse führt auch mit flüssigem Wasser zu **Zirconiumoxidchlorid** („Zirconylchlorid"), $ZrOCl_2 \cdot 8\,H_2O$, als farblosem, wasserlöslichem Salz. Das ähnliche, ebenfalls lösliche Zirconiumoxidsulfat, $ZrOSO_4$, entsteht beim Abrauchen des Oxids mit konzentrierter Schwefelsäure. Aus den Lösungen fällt durch Alkalien und Ammoniak **Zircondioxidhydrat,** $ZrO_2 \cdot x\,H_2O$, als weißer, schleimiger, im Überschuss der Fällungsmittel unlöslicher Niederschlag aus.

Zirconium(IV)-oxid, *Zirconiumdioxid,* ZrO_2, $F \approx 2700$ °C, findet (im Gemisch mit Magnesiumoxid, MgO) als feuerfestes Material für Hochleistungskeramik Anwendung; Sauerstoffionenleiter in der λ-Sonde.

Zirconiumsilicat, $ZrSiO_4$, kommt in der Natur als *Zirkon* vor, goldgelb und glasklar als *Hyazinth*; gut ausgebildete, farblose Zirkonkristalle werden wegen ihres dem Diamanten nahe kommenden Lichtbrechungsvermögens als Schmucksteine verwendet („Zirkonia").

Hafniumverbindungen sind den Zirconiumverbindungen so ähnlich, dass eine Trennung schwierig ist.

---

[1] *Ferroelektrische Stoffe* lassen sich im elektrischen Feld besonders stark polarisieren (extrem hohe Dielektrizitätskonstante); die den Dauermagneten entsprechenden *Elektrete* weisen ein permanentes elektrisches Feld auf.
[2] Piezoelektrische Stoffe: Material, das sich bei Anlegen einer elektrischen Spannung mechanisch verformt.

24 Elemente der 5. Nebengruppe (Vanadiumgruppe, Gruppe 5)

24.1 Allgemeines

Tabelle 24-1: *Vanadiumgruppe*

	Vanadium	Niob	Tantal
Symbol	V	Nb	Ta
Kernladungszahl	23	41	73
Relative Atommasse	50,942	92,906	180,95
Schmelzpunkt (in °C)	1929	2470	3020
Dichte (in $g \cdot cm^{-3}$ bei 20 °C)	6,092	8,66	16,66
Oxidationszahlen	5 (4; 3; 2)	5 (4; 3)	5 (4; 3)
Häufigkeit (Erdkruste, %)	$1{,}4 \cdot 10^{-2}$	$1{,}9 \cdot 10^{-3}$	$8 \cdot 10^{-4}$
Säuren	HVO_3	$HNbO_3$	$HTaO_3$
Salze	Vanadate	Niobate	Tantalate

Die **Element(V)-oxide** sind Säureanhydride; Vanadium-, Niob- und Tantalsäure werden auch als „Erdsäuren" bezeichnet.

In die Vanadiumgruppe wird auch noch das künstlich erzeugte Element 105 **Dubnium** (Symbol Db) eingeordnet; benannt nach dem Kernforschungszentrum Dubna bei Moskau (IUPAC 1997).

Atome dieses Elements wurden seit 1970 unter anderem durch Beschuss von Americium 243 mit Neon 22 künstlich erzeugt:

$$^{243}_{95}Am + ^{22}_{10}Ne \rightarrow ^{261}_{105}Db + 4\,^{1}_{0}n$$

Halbwertszeit des langlebigsten Isotops $^{268}_{105}Db$: 16 h.

24.2 Vanadium[1] und Vanadiumverbindungen

Symbol: V [*Vanadis:* Beiname der nordischen Göttin Freyja]; **Oxidationszahlen: +5**, seltener +4, +3, +2.

Entdeckung: 1830 durch NIELS SEFSTRÖM (Schweden); Ersthestellung des Metalls 1867 durch HENRY ROSCOE (England).

Vorkommen: Vanadium ist in kleinen Mengen sehr verbreitet; es findet sich chemisch gebunden z. B. in den meisten Bauxiten, Brauneisenerzen und in Kupferschiefer. In Tunikaten (Manteltiere; Meeresbewohner) ist Vanadium blutfarbstoffbildendes Metall.

Minerale:

Minerale:	Patronit	VS_4
	Carnotit	$KUO_2VO_4 \cdot 1/2\,H_2O$ (statt K auch Na, Ca, Cu, Pb)
	Vanadinit	$Pb_5Cl(VO_4)_3$

[1] auch Schreibweise *Vanadin* üblich

Herstellung: durch Reduktion von Vanadium(V)-oxid mit Calcium gemäß

$$V_2O_5 + 5\,Ca \xrightarrow{>900\,°C} 2\,V + 5\,CaO$$

Das Vanadium(V)-oxid wird aus Erzen oder vanadiumhaltigen Schlacken durch saure oder alkalische Auslaugung und anschließende Ausfällung gewonnen. Bei Anwesenheit von Eisenoxiden entsteht „Ferrovanadium“ (meist mit 30 % Vanadium).

Reines Vanadium erhält man elektrolytisch oder analog zur Herstellung von reinem Titan.

Eigenschaften: siehe auch Tabelle 24-1; Vanadium ist ein stahlgraues, gewöhnlich hartes und sprödes Metall; reinstes Vanadium ist jedoch dehnbar und geschmeidig. Es ist an der Luft beständig; von den Säuren greifen das Vanadium nur Salpetersäure, Flusssäure und Königswasser an.

Verwendung: zur Herstellung der harten und zähen Vanadiumstähle (bis 1% V).

Vanadiumverbindungen

Die meisten Verbindungen sind, insbesondere in wässriger Lösung, stark komplex. Niedrigere Oxidationsstufen gehen leicht in die Oxidationsstufe +5 über. Vanadium(V)-oxid hat überwiegend sauren Charakter; entsprechende Salze sind die *Vanadate* (s. u.);
Vanadium(IV)-oxid ist amphoter, Vanadium(III)- und -(II)-oxid sind basisch.
Bei der Reduktion gelöster Vanadium(V)-verbindungen mit Zink und Salzsäure entstehen nacheinander blaue Vanadium(IV)-, grüne Vanadium(III)- und blassviolette Vanadium(II)-salzlösungen. Der nur sehr schwach ausgeprägte basische Charakter von Vanadium(V) zeigt sich in der Existenz von *Vanadylverbindungen* mit dem *Dioxovanadium(V)-Ion*, VO_2^+, oder dem *Oxovanadium(V)-Ion,* VO^{3+}, die durch Wasser weitgehend hydrolysiert werden.

Vanadium(V)-oxid, *Vanadiumpent(a)oxid,* V_2O_5: orangegelbes, giftiges, in Wasser nur wenig lösliches Pulver; *F* 658 °C;
Verwendung als sauerstoffübertragender Katalysator bei Oxygenierungen, z. B. bei der Herstellung von Schwefeltrioxid (bzw. Schwefelsäure), Phthalsäureanhydrid, Anthrachinon u. a.
Alkalien und Ammoniak lösen unter Bildung farbloser, je nach pH-Wert unterschiedlich stark kondensierter Vanadat-Komplexe; das bekannteste Salz ist **Ammonium(meta)vanadat,** NH_4VO_3; es ist weiß, wenig wasserlöslich und hinterlässt beim Glühen reines Vanadium(V)-oxid.
Beim Ansäuern färben sich Vanadatlösungen infolge Bildung von **Vanadiumsäuren** verschiedener Zusammensetzung zunehmend gelb bis orange; weiterer Säurezusatz bewirkt Aufhellung infolge Bildung von Vanadylverbindungen.
Aus Vanadium(V)-lösungen fallen weder durch Schwefelwasserstoff, noch durch Ammoniumsulfid Niederschläge aus; letzteres färbt die Lösung braun bis violett, wobei Thiosalze, z. B. das rotviolette **Ammoniumthiovanadat,** $(NH_4)_3VS_4$, entstehen. Beim Ansäuern der Thiovanadatlösungen fällt braunes **Vanadiumpentasulfid,** V_2S_5.

Vanadiumoxidtrichlorid, $VOCl_3$, eine hellgelbe Flüssigkeit (*Kp* 127 °C), und **Vanadiumdioxidchlorid,** VO_2Cl, orangefarben kristallisierend, werden durch Wasser weitgehend zu Vanadiumsäure bzw. -pentoxid zersetzt.
Vanadium(IV)-oxidsulfat, $VOSO_4 \cdot 5\,H_2O$, bildet kräftig blaue, wasserlösliche, beständige Kristalle.

Nachweis: Phosphorsalzperle reduktiv grün, oxidativ schwach gelb bis gelbbraun.
Schweflige Säure und Oxalsäure färben saure Vanadium(V)-lösungen blau, wobei sich durch Reduktion Vanadium(IV)-Ionen, VO^{2+}, bilden.
Fällung von Vanadaten: *Erdalkalivanadate* weiß, *Silbervanadat* orangerot, *Quecksilber(I)-vanadat* weiß, *Bleivanadat* gelb, *Eisen(III)-vanadat* rotbraun.

24.3 Niob und Niobverbindungen

Niob (Nb) [*Niobe*: griechische Sagengestalt, Tochter des Tantalos],
1844 von Heinrich Rose entdeckt,
ist relativ selten und kommt in der Natur (vergesellschaftet mit Tantal) als **Niobit** (*Columbit*), $Fe(NbO_3)_2$, vor;
physikalische Eigenschaften siehe Tabelle 24-1.

Das silberweiße, luftbeständige, gut walz- und schweißbare Metall wird von Flusssäure, heißer konzentrierter Salz- und Schwefelsäure sowie von Alkalihydroxidschmelzen angegriffen.

Herstellung: aus Niobcarbid und -oxid bei ca. 2000 °C im Hochvakuum gemäß

$$Nb_2O_5 + 5\ NbC \rightarrow 7\ Nb + 5\ CO;$$

aluminothermisch entsteht eine Niob-Aluminium-Legierung, aus der das Aluminium entfernt werden muss.

Verwendung: für technische Speziallegierungen, in der Kerntechnik z. B. zur Umhüllung von Brennelementen, für Rohrleitungen zum Transport flüssigen Natriums u. a.

Ferroniob (50 bis 70 % Nb) dient zur Herstellung der sehr festen, korrosionsbeständigen *Niobstähle.*

Niobverbindungen: Niob(V)-verbindungen sind am beständigsten; die Trennung von Tantalverbindungen ist schwierig.

Niob(V)-oxid, *Niobpentaoxid,* Nb_2O_5, weiß, wasserlöslich, *F* 1491 °C, hat überwiegend stark sauren Charakter.
Die Salze *(Niobate)*, z. B. das wasserlösliche **Natrium(meta)niobat,** $NaNbO_3$, werden am besten durch Zusammenschmelzen entsprechender Oxide bzw. Hydroxide mit Niob(V)-oxid hergestellt. Bei Zusatz von Säure fällt aus Niobatlösung weißes, gelatinöses **Niob(V)-oxidhydrat,** $Nb_2O_5 \cdot x\ H_2O$, aus, das sich in Alkalien wieder zu Niobaten, in konzentrierten starken Säuren zu i. Allg. farblosen NbO^{3+}-Verbindungen, z. B. *Nioboxidtrichlorid,* $NbOCl_3$, löst.

Niob(V)-chlorid, *Niobpentachlorid,* $NbCl_5$, synthetisch herstellbar, bildet gelbe, nadelförmige Kristalle; *F* 208,3 °C, *Kp* 248,2 °C (gelber Dampf); es wird durch Wasser unter Bildung von Niobsäure hydrolytisch zersetzt, löst sich jedoch in organischen Lösemitteln.
Vom farblosen **Niob(V)-fluorid,** NbF_5 (*F* 79 °C, *Kp* 234 °C), leitet sich das komplexe **Kaliumheptafluoroniobat,** $K_2[NbF_7]$ ab, in dem Niob die seltene Koordinationszahl 7 betätigt.

Niobcarbid, NbC, graubraun bis schwarz, *F* etwa 3600 °C, entsteht aus den Elementen oder aus Niob(V)-oxid und Kohlenwasserstoffdämpfen bei sehr hoher Temperatur.

24.4 Tantal und Tantalverbindungen

Tantal (Ta) [benannt nach der Sagengestalt *Tantalos,* um „auf die Unfähigkeit des Elements, mitten in einem Überschuss von Säure etwas davon an sich zu reißen und sich damit zu sättigen, eine Anspielung zu machen“].
1802 von Anders Gustaf Ekeberg (Schweden) entdeckt;
ähnlich selten wie Niob, kommt meist mit diesem zusammen als Tantalit, $Fe(TaO_3)_2$, vor;
physikalische Eigenschaften siehe Tabelle 24-1.

Das platinfarbene, sehr hoch schmelzende Metall ist ziemlich hart, doch sehr dehnbar; es widersteht allen Säuren außer Flusssäure und wird auch von Alkalihydroxidlösungen nicht gelöst; selbst Alkalihydroxidschmelzen wirken nur allmählich korrodierend. Das geschmolzene Metall liefert die höchstsiedende, bei

Normaldruck noch existenzfähige farbige Schmelze. Das außerordentlich korrosionsbeständige und gut wärmeleitfähige Metall wird als Material für chemische Apparaturen (z. B. Spinndüsen für Chemiefaserstoffe), medizinische Instrumente, Chirurgie, Heizschlangen, Wärmetauscher und Analysenwägestücke verwendet.

Tantalverbindungen

Tantal(V)-verbindungen sind am weitaus beständigsten; die Reduktion zu niedrigeren Oxidationsstufen verläuft schwieriger als bei Niobverbindungen. Die Trennung von Tantal und Niob gelingt durch Extraktionsverfahren oder durch fraktionierte Kristallisation komplexer Fluoride.

Tantal(V)-oxid, *Tantalpent(a)oxid,* Ta_2O_5, ein weißes, sehr inertes, nur in Flusssäure lösliches Pulver (*F* 1470 °C unter Zersetzung), hat sauren Charakter;
Tantalate, z. B. wasserlösliches Natriumtantalat von sehr komplexer Zusammensetzung (z. B. $Na_7[Ta_5O_{16}]$), lassen sich nur durch Schmelzreaktionen herstellen. Aus Tantalatlösungen fällen Säuren weißes, gelatinöses **Tantal(V)-oxidhydrat** („Tantalsäure"), $Ta_2O_5 \cdot x\ H_2O$, aus.

Tantal(V)-chlorid, $TaCl_5$ (*F* 215,9 °C, *Kp* 232,9 °C), und *Tantal(V)-fluorid*, TaF_5 (*F* 96,8 °C; *Kp* 229 °C) sind farblos; das Fluorid bildet wie die entsprechende Niobverbindung Fluorokomplexe mit der seltenen Koordinationszahl 7, z. B. das schwer lösliche Kaliumheptafluorotantalat, $K_2[TaF_7]$.

25 Elemente der 6. Nebengruppe (Chromgruppe, Gruppe 6)

25.1 Allgemeines

Tabelle 25-1: *Chromgruppe*

	Chrom	**Molybdän**	**Wolfram**
Symbol	Cr	Mo	W
Kernladungszahl	24	42	74
Relative Atommasse	51,996	95,94	183,84
Schmelzpunkt (in °C)	1890	2620	3415
Dichte (in $g \cdot cm^{-3}$ bei 20 °C)	7,2	10,2	19,3
Häufigkeit (Erdkruste, %)	$1{,}9 \cdot 10^{-2}$	$1{,}4 \cdot 10^{-3}$	$6{,}4 \cdot 10^{-3}$
Oxidationszahlen	6; 3 (2)	6 (5; 4; 3)	6 (5; 4; 3; 2)

In die Chromgruppe wird auch das künstlich erzeugte Element 106, **Seaborgium** (Symbol Sg), eingeordnet, benannt nach dem amerikanischen Kernforscher GLENN THEODORE SEABORG (IUPAC 1997). Atome dieses Elements wurden seit 1974 unter anderem durch Beschuss von Blei 207 mit Chrom 54 erzeugt:

$$^{207}_{82}Pb + ^{54}_{24}Cr \rightarrow ^{259}_{106}Sg + 2\,^{1}_{0}n$$

Halbwertszeit des langlebigsten Isotops $^{271}_{106}Sg$: 2,4 min.

Säuren und Polysäuren

Die Element(VI)-oxide der 6. Nebengruppe sind Säureanhydride. **Chromsäure** (H_2CrO_4; Salze: *Chromate*), **Molybdänsäure** (H_2MoO_4: *Molybdate*) und **Wolframsäure** (H_2WO_4: *Wolframate*) kommen auch in Form von *Polysäuren* mit mehreren Metallatomen vor, z. B. **Dichromsäure;** $H_2Cr_2O_7$ (*Dichromate*).

Heteropolysäuren: Die Element(VI)-oxide von Molybdän und Wolfram können sich mit weiteren Säureanhydriden (und Wasser) zu sehr beständigen Komplexen („Heteropolysäuren") vereinigen, z. B. Phosphorwolframsäure, $H_3[P(W_3O_{10})_4]$.

Clusterverbindungen: Während in Poly- und Heteropolysäuren Metallatome stets über Sauerstoffatome verknüpft sind, liegen in Clusterverbindungen Substanzen vor, in denen Atome von Nebengruppenelementen (insbesondere Niob, Tantal, Molybdän, Wolfram, Technetium und Rhenium) unmittelbar miteinander kovalent zu *Clustern*[1)] verbunden sind. So ist *Wolfram(II)-chlorid,* WCl_2, eigentlich als $[W_6Cl_8]Cl_4$ zu formulieren, wobei der Komplex einen sechskernigen Wolfram-Cluster in Form eines Oktaeders enthält, sodass jedes Wolframatom mit vier anderen verbunden ist. Die acht Chloratome sind nur über die Wolframatome miteinander verknüpft; sie stehen an den Ecken eines Würfels, in den das Wolfram-Oktaeder so eingeschlossen ist, dass die Wolframatome auf die Flächenmitten des Würfels treffen (siehe Bild 25-1).

Die miteinander verknüpften Wolframatome bilden einen oktaedrischen Cluster;
die (nicht miteinander verbundenen) Chloratome besetzen die Ecken eines Würfels, der den Wolfram-Cluster einschließt.

---

1) (engl.) Gruppe, Haufen, Bündel, Traube

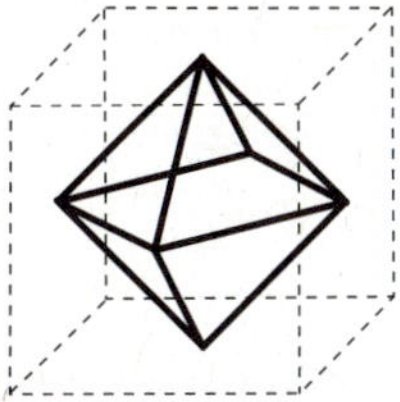

Bild 25-1: *Wolfram-Cluster im* $W_6Cl_8^{4+}$*-Ion*

25.2 Chrom und Chromverbindungen

25.2.1 Allgemeines

Symbol: Cr [*chroma* (grch.) Farbe; benannt nach der Vielfarbigkeit seiner Verbindungen];

Oxidationszahlen: +6, (+4), **+3**, (+2).

Entdeckung: 1797 durch LOUIS NICOLAS VAUQUELIN (Frankreich).

Vorkommen: nur chemisch gebunden, mitunter als Begleiter des Aluminiums, z. B. sind im Rubin und Smaragd Aluminiumatome zu einem kleinen Teil durch Chromatome ersetzt.

Minerale:	Chromeisenstein (*Chromit*)	$FeO \cdot Cr_2O_3$
	Rotbleierz (*Krokoit*)	$PbCrO_4$

Physiologie: Lösliche Chrom(VI)-verbindungen sind giftig und cancerogen; Chromsäurenebel schädigen Nasenscheidewand und Atemwege; Chromate und Dichromate bewirken auf der Haut Geschwüre und Ekzeme; oft tritt Allergie (Überempfindlichkeit) ein. Chrom ist ein essentielles Spurenelement.

25.2.2 Metallisches Chrom

Herstellung:

- *Reines Chrom* wird aluminothermisch erzeugt:

  $$Cr_2O_3 + 2\,Al \rightarrow Al_2O_3 + 2\,Cr;$$

  das erforderliche Chrom(III)-oxid gewinnt man aus Chromeisenstein;
- *„Ferrochrom“* entsteht durch Reduktion von Chromeisenstein mit Koks im Elektroofen:

  $$FeO \cdot Cr_2O_3 + 4\,C \rightarrow Fe + 2\,Cr + 4\,CO\,.$$

Eigenschaften (siehe auch Tabelle 25-1): Chrom ist ein bläulich-weißes, glänzendes, sehr hartes und sprödes Metall, das auch an feuchter Luft seinen Glanz beibehält. Es löst sich leicht in Salzsäure, schwerer in verdünnter Schwefelsäure zu Chrom(II)-salzen, die jedoch meist spontan in Chrom(III)-verbindungen übergehen. Salpetersäure und Königswasser wirken in der Kälte überhaupt nicht, beim Sieden nur sehr langsam ein („Passivität“).

Verwendung: als Überzug auf Metallen; für Edelstähle. Bereits kleine Mengen Chrom erteilen dem Stahl hohe mechanische Beanspruchbarkeit. Stahllegierungen mit über 12 % Cr sind edelmetallähnlich korrosionsbeständig, z. B. Stähle mit 18 % Cr und 8 % Ni, die auch Molybdän, Vanadium und Titan enthalten können.

Verchromen: Bei der so genannten „Hartverchromung“ (als Verschleiß- und zugleich Korrosionsschutz) werden relativ dicke Chromschichten (bis 500 µm) direkt auf Stahl, bei der *Dekorverchromung* (zur

Verschönerung) dünne Schichten (0,3 μm) auf eine korrosionsschützende Nickel- oder Kupfer-Nickel-Zwischenschicht galvanisch aufgetragen. Die Verchromung erfolgt in Elektrolyten aus Chromsäure und 1 % (bezogen auf den Gehalt an Chrom(VI)-oxid, CrO_3) Schwefelsäure unter Verwendung unlöslicher Hartbleianoden.

25.2.3 Chromverbindungen

Allgemeines: Kristallwasserhaltige Chrom(III)-verbindungen sehen in der Regel grün oder violett aus und sind meist stark komplex. Durch Hypochlorit werden sie in die gelben bis roten Chrom(VI)-verbindungen überführt, durch naszierenden Wasserstoff in blaue, sehr unbeständige Chrom(II)-verbindungen.

Chrom(II)-verbindungen sind kristallwasserhaltig meist von himmelblauer Farbe, z. B. **Chrom(II)-chlorid,** $CrCl_2 \cdot 4\,H_2O$. Sie werden durch Reduktion von Chrom(III)-lösungen mittels Zink und Salzsäure hergestellt und gehen an der Luft leicht wieder in Chrom(III)-verbindungen über; insbesondere bei höherer Temperatur erfolgt die Oxidation zu Chrom(III) auch ohne Sauerstoff, z. B. gemäß

$$2\,CrCl_2 + 2\,HCl \rightarrow 2\,CrCl_3 + H_2.$$

Wasserfreies Chrom(II)-chlorid, $CrCl_2$, bildet farblose, sehr hygroskopische Kristallnadeln; *F* 824 °C.

Chrom(III)-oxid, Cr_2O_3, z. B. durch Reduktion von Dichromaten mit Kohlepulver hergestellt, ist in grobkristallinem Zustand schwarz und metallisch glänzend, als durch Zerreiben der Kristalle oder auf chemischem Wege hergestelltes Pulver jedoch grün; *F* 2435 °C. Es ist unlöslich in Wasser und in geglühtem Zustand auch unlöslich in Säuren und Alkalien. Der Aufschluss gelingt durch Erhitzen mit einem Gemisch aus Kaliumnitrat, KNO_3 und Natriumcarbonat, Na_2CO_3, („Soda-Salpeter-Schmelze") gemäß

$$Cr_2O_3 + 3\,KNO_3 + 2\,Na_2CO_3 \rightarrow 2\,Na_2CrO_4 + 3\,KNO_2 + 2\,CO_2$$

unter Bildung von Chromat. Kaliumbromatlösung löst Chrom(III)-oxid beim Erhitzen gemäß

$$5\,Cr_2O_3 + 6\,KBrO_3 + 2\,H_2O \rightarrow 3\,K_2Cr_2O_7 + 2\,H_2Cr_2O_7 + 3\,Br_2$$

zu Dichromat und Dichromsäure.
Verwendung: Chrom(III)-oxid dient als sehr temperatur-, oxidations- und wetterbeständiges Pigment für Anstrichstoffe, als Malerfarbe („Chromoxidgrün"), zum Färben von Glas und Porzellan, als Poliermittel für harte Metalle (z. B. Chrom), zur aluminothermischen Gewinnung von Chrom.

Chrom(III)-oxidhydrat, $Cr_2O_3 \cdot x\,H_2O$, fällt aus Chrom(III)-salzlösungen durch Alkalilaugen als bläulich-graugrünes Gel und wird oft vereinfacht als **Chrom(III)-hydroxid,** $Cr(OH)_3$, angesehen. Es ist amphoter und löst sich in überschüssiger Lauge mit intensiv grüner Farbe zu **Chromiten** [*Hydroxidochromaten(III)*] vom Typ $Na_3[Cr(OH)_6]$. Säuren fällen hieraus wieder das Oxidhydrat und lösen im Überschuss zu Chrom(III)-salzen.

Chrom(III)-chlorid, $CrCl_3$, bildet wasserfrei pfirsichblütenfarbene Kristalle; *F* 1150 °C. An sich unlöslich, löst es sich bei Zusatz auch kleinster Mengen Cr^{2+}-Ionen unter Erwärmung in Wasser auf. Die dunkelgrüne Lösung färbt sich bei längerem Stehen allmählich hellblaugrün und schließlich violett; beim Erwärmen findet der umgekehrte Farbwechsel statt. In der dunkelgrünen Lösung kann nur 1/3 des Chlors mit Silbernitrat-Lösung, $AgNO_3$, nachgewiesen werden, in der hellblaugrünen 2/3; in der violetten liegt sämtliches Chlor in Form frei beweglicher Cl^--Ionen vor. Aus allen drei Lösungen lassen sich Kristalle der Formel $CrCl_3 \cdot 6\,H_2O$ gewinnen. Dabei handelt es sich um folgende Verbindungen:

dunkelgrün	$[Cr(OH_2)_4Cl_2]Cl \cdot 2\,H_2O$	*Dichlorido-tetraaqua-chrom(III)-chlorid*[1)]
hellblaugrün	$[Cr(OH_2)_5Cl]Cl_2 \cdot H_2O$	*Monochlorido-pentaaqua-chrom(III)-chlorid*[1)]
violett	$[Cr(OH_2)_6]Cl_3$	*Hexaaqua-chrom(III)-chlorid*[1)]

[1)] Statt *-tetraaqua-, -pentaaqua-, -hexaaqua-* früher auch *-tetraqua-, -pentaqua-, -hexaqua-*

Allgemein gilt: Die *violetten* Chrom(III)-lösungen enthalten das Hexaaquachrom(III)-Ion, $[Cr(OH_2)_6]^{3+}$; in den *grünen* sind Säurerest-Ionen auch komplex gebunden.

Chrom(III)-sulfat, $Cr_2(SO_4)_3 \cdot 12\ H_2O$, und **Kaliumchrom(III)-sulfat** („Chromalaun"), $KCr(SO_4)_2 \cdot 12\ H_2O$, bilden violette Kristalle, deren Lösungen je nach Temperatur, Konzentration und Schichtdicke dunkelrot, violett oder grün aussehen;
Verwendung zum Gerben („Chromleder").

Chrom(IV)-oxid, *Chromdioxid*, CrO_2, ist ein schwarzes, ferromagnetisches Pulver, das als Bild- und Tonträger auf Magnetbändern verwendet wird. Es entsteht z. B., wenn ein Chromylchlorid-Wasserstoff-Gemisch durch ein glühendes Rohr geleitet wird.

Chrom(VI)-oxid, *Chromtrioxid*, CrO_3, oft fälschlich „Chromsäure" genannt; bildet rote, sehr hygroskopische, giftige Kristalle, die sich aus Dichromatlösungen bei Zusatz von viel konz. Schwefelsäure abscheiden; F 197 °C.
Es wirkt sehr stark oxidierend und ätzt organisches Material (Hautkontakt meiden!); Methanol und viele andere organische Substanzen entzünden sich bei Berührung mit Chrom(VI)-oxid.
Oberhalb des Schmelzpunktes zersetzt es sich unter Sauerstoffabspaltung zu Chrom(III)-oxid gemäß

$$4\ CrO_3 \rightarrow 2\ Cr_2O_3 + 3\ O_2\uparrow\ .$$

Chromsäure, H_2CrO_4, und **Dichromsäure,** $H_2Cr_2O_7$, entstehen aus Chrom(VI)-oxid, CrO_3, durch viel bzw. wenig Wasser. Chromsäure und die meisten **Chromate** sehen gelb aus, Dichromsäure und **Dichromate** orangefarben. Chromate gehen durch Ansäuern in Dichromate, letztere durch Zusatz von Alkali in Chromate über:

$$\text{Chromat (gelb)} \underset{\text{alkalisch}}{\overset{\text{sauer}}{\rightleftharpoons}} \text{Dichromat (orange)}$$

Gleichungen:

$$2\ Na_2CrO_4 + H_2SO_4 \rightarrow Na_2Cr_2O_7 + H_2O + Na_2SO_4 \qquad \text{bzw.}$$
$$Na_2Cr_2O_7 + 2\ NaOH \rightarrow 2\ Na_2CrO_4 + H_2O$$

Kalium- und Natriumdichromat, $K_2Cr_2O_7$ und $Na_2Cr_2O_7 \cdot 2\ H_2O$, bilden orangerote, leicht lösliche Kristalle; das Natriumsalz ist hygroskopisch.
Verwendung: als Oxidationsmittel (z. B. bei der technischen Herstellung von Anthrachinon aus Anthracen); zur Herstellung von Chrompigmenten, Chrom(VI)-oxid und anderen Chrom-Verbindungen.

Ammoniumdichromat, $(NH_4)_2Cr_2O_7$, zersetzt sich bereits bei Berührung mit einem heißen Stab heftig gemäß

$$(NH_4)_2Cr_2O_7 \rightarrow Cr_2O_3 + N_2 + 4\ H_2O$$

unter Versprühung von grünem, voluminösem Chrom(III)-oxid; hierbei oxidiert das Dichromat-Ion den Stickstoff des Ammonium-Ions.

Durch **Chromatieren** (Tauchen in schwefelsaure Natriumdichromatlösung) werden galvanische Zink- und Cadmiumüberzüge zur Verbesserung des Aussehens mit einer goldgelben Chromatschicht versehen.

„Chromschwefelsäure", ein Gemisch aus Dichromat [oder Chrom(VI)-oxid)] und konz. Schwefelsäure, wird zur Entfettung und Reinigung von Glasgegenständen benutzt.

„Dichromatgelatine", eine mit Dichromatlösung im Dunkeln getränkte Gelatine, ist lichtempfindlich; die vom Licht getroffenen Stellen werden gehärtet und dadurch wasserunlöslich; hierauf beruht ihre Verwendung in der Reproduktionstechnik.

Chromylchlorid, CrO_2Cl_2, blutrote, rotbraune Dämpfe abgebende Flüssigkeit; *F* −96,5 °C, *Kp* 117 °C; destilliert beim Erhitzen eines Dichromat-Chlorid-Gemisches mit konz. Schwefelsäure

$$K_2Cr_2O_7 + 4\ KCl + 3\ H_2SO_4 \rightarrow 2\ CrO_2Cl_2 + 3\ K_2SO_4 + 3\ H_2O;$$

Chromylchlorid ist ähnlich aggressiv wie Chrom(VI)-oxid, CrO_3. Mit Wasser entsteht Chromsäure

$$CrO_2Cl_2 + 2\ H_2O \rightarrow H_2CrO_4 + 2\ HCl;$$

Alkalien ergeben Chromate.

Chromperoxid, CrO_5, bildet sich beim Versetzen einer sauren Chromat- oder Dichromatlösung mit Wasserstoffperoxid gemäß

$$K_2Cr_2O_7 + 4\ H_2O_2 + H_2SO_4 \rightarrow 2\ CrO_5 + K_2SO_4 + 5\ H_2O;$$

Das sehr zersetzliche Chromperoxid kann mit Diethylether ausgeschüttelt werden, wobei eine intensiv blaue Lösung entsteht.

Chrompigmente:

Chromgelb	Bleichromat, $PbCrO_4$
Chromrot	Bleioxidchromat, etwa $PbO \cdot PbCrO_4$
Chromgrün	Bleichromat + Berliner Blau
Chromoxidgrün	Chrom(III)-oxid, Cr_2O_3
Chromoxidhydratgrün	Chrom(III)-oxidhydrat, $2\ Cr_2O_3 \cdot 3\ H_2O$
Zinkgelb	Zinkchromat (wechselnde Zusammensetzung)
Zinkgrün	Zinkchromat + Berliner Blau

Nachweis: Chromverbindungen ergeben beim Schmelzen mit einem Soda-Salpeter-Gemisch gelbes Chromat, das, in Wasser gelöst, auf Zusatz von Bleisalzen einen tiefgelben Niederschlag von *Bleichromat* bildet:

$$Na_2CrO_4 + Pb(NO_3)_2 \rightarrow PbCrO_4\downarrow + 2\ NaNO_3\ .$$

Auch die Bildung von Chromylchlorid sowie die Chromperoxidreaktion (s. o.) können zum Nachweis genutzt werden.

25.3 Molybdän und Molybdänverbindungen

Symbol: Mo [*molybdos* (grch.) Blei; die Minerale Molybdänglanz und Bleiglanz vermochte man im Mittelalter noch nicht zu unterscheiden] **Oxidationszahlen: +6**, (+5, +4, +3).

Erstherstellung: 1872 durch Peter Jacob Hjelm (Schweden) auf Anregung von Carl Wilhelm Scheele.

Vorkommen: relativ selten, doch weit verbreitet, z. B. im Kupferschiefer. Für viele Pflanzen ist Molybdän ein lebensnotwendiger Mikronährstoff; es gibt molybdänhaltige Enzyme. Im Azotobacter an den Wurzeln von Leguminosen sind Molybdänverbindungen für die Bindung des Luftstickstoffs von essentieller Bedeutung.

Minerale:	Molybdänglanz (*Molybdänit*)	MoS_2
	Gelbbleierz (*Wulfenit*)	$PbMoO_4$

Herstellung: Durch Rösten von Molybdänglanz erhaltenes Molybdän(VI)-oxid, MoO_3, wird aluminothermisch oder mit Wasserstoff reduziert:

$$MoO_3 + 2\ Al \rightarrow Mo + Al_2O_3; \qquad \text{bzw.}$$
$$2\ MoO_3 + 3\ H_2 \rightarrow 2\ Mo + 3\ H_2O\ .$$

Eigenschaften (siehe auch Tabelle 25-1): Molybdän ist ein silberweißes, glänzendes, luftbeständiges, bei höherer Temperatur schmied- und schweißbares Metall, das von Säuren nur schwer angegriffen wird. Am raschesten lösen mäßig konz. Salpetersäure, Königswasser und siedende konz. Schwefelsäure.

Verwendung: als „Ferromolybdän" (mit 60 bis 80 % Mo) für Molybdänstähle; reines Molybdän wird wegen seiner Hochtemperatur- und Korrosionsfestigkeit für Glühfadenhalterungen, Widerstandsdrähte u. a. verwendet.

Molybdänverbindungen

Molybdän(VI)-oxid, *Molybdäntrioxid*, MoO_3, z. B. durch Rösten von Molybdänsulfiden hergestellt, ist ein weißes, in der Hitze gelbes, in Wasser praktisch unlösliches Kristallpulver; *F* 795 °C, jedoch setzt schon bei niederer Temperatur Sublimation ein. Es hat überwiegend sauren Charakter und löst sich in Alkalilaugen und Ammoniak zu **Molybdaten,** die jedoch nur bei starkem Alkaliüberschuss vom Typ Na_2MoO_4 sind; in der Regel liegen Salze von Polysäuren vor. Bei Zusatz von Säure fällt weißes **Molybdän(VI)-oxidhydrat** („Molybdänsäure"), $MoO_3 \cdot x\ H_2O$, als flockiger Niederschlag aus, der sich in überschüssiger Säure zu Molybdänylverbindungen (mit dem Kation MoO_2^{2+}) löst.

Ammonium(hepta)molybdat, $(NH_4)_6[Mo_7O_{24}] \cdot 4\ H_2O$, farblos, kristallisiert, wasserlöslich, ist ein Reagens auf Phosphate; beim Eingießen der salpetersauren Analysenlösung in die Reagenslösung bildet sich nach wenigen Minuten ein gelber, feinkristalliner Niederschlag von **Ammoniummolybdatophosphat,** $(NH_4)_3[P(Mo_3O_{10})_4] \cdot 6\ H_2O$.

Freie **„Phosphormolybdänsäure"**, $H_3[P(Mo_{12}O_{40})]$, entsteht beim Kochen von Molybdän(VI)-oxid mit Phosphorsäure; die starke Heteropolysäure bildet leuchtend gelbe, sehr leicht wasserlösliche Kristalle.

Molybdän(VI)-fluorid, MoF_6, farblos, ist im Gegensatz zu Chrom(VI)-fluorid, CrF_6, bei gewöhnlicher Temperatur beständig; *F* 17 °C, *Kp* 35 °C.

Aus sauren Lösungen fällt Schwefelwasserstoff (unvollständig, da ein Teil des Molybdän(VI) zu *Molybdänblau* (s. u.) reduziert wird) braunschwarzes **Molybdän(VI)-sulfid,** MoS_3, löslich in Ammoniumsulfid zu **Ammoniumthiomolybdat,** $(NH_4)_2MoS_4$, das in Form dunkelroter Kristalle isoliert werden kann.

Molybdän(IV)-sulfid, *Molybdändisulfid*, MoS_2, bildet graue, graphitartig abfärbende Blättchen und wird als Schmiermittel verwendet; es hat wie Graphit ein Schichtengitter.

Die seltene Koordinationszahl 8 liegt im **Kaliumoctacyanidomolybdat(IV),** $K_4[Mo(CN)_8]$, einer gelben, kristallinen, wasserlöslichen Substanz, vor.

Nachweis: Eine angesäuerte Molybdatlösung ergibt mit Zinn(II)-chlorid, $SnCl_2$ oder Schwefliger Säure, H_2SO_3 eine intensiv blaue Färbung (Fällung oder kolloide Lösung); das entstandene **„Molybdänblau"** ist ein Oxid mit gleichzeitig +5- und +6-wertigem Molybdän. Es ist im Filtrat mit Schwefelwasserstoff-Fällung enthalten und bildet sich auch beim Abrauchen molybdänhaltiger Substanz mit konz. Schwefelsäure.

25.4 Wolfram und Wolframverbindungen

Symbol: W [„Wolf"; Schimpfwort, da das Metall in einer Zinnschmelze Verschlackung des Zinns bewirkt; es „frisst wie der Wolf das Schaf"]; Englischer Name: tungsten.

Oxidationszahlen: +6, (+5, +4, +3, +2).

Erstherstellung: 1783 durch die Gebrüder FAUSTO und JUAN JOSÉ D'ELHUYAR (Spanien); Erze sind bereits seit dem Mittelalter bekannt.

Minerale:	Wolframit	$FeWO_4$ mit $MnWO_4$
	Scheelit (*Tungstein*)	$CaWO_4$
	Stolzit (*Scheelbleierz*)	$PbWO_4$

Physiologie: Wolfram und seine Verbindungen sind ungiftig.

Metallisches Wolfram (siehe auch Tabelle 25-1): Wolfram entsteht als graues Pulver durch Reduktion von Wolfram(VI)-oxid, WO_3, das man aus Wolframaten gewinnt, oder Wolfram(VI)-fluorid, WF_6, mit Wasserstoff. Im kompakten Zustand silberweiß, glänzend, schwer, bis 400 °C luftbeständig und sehr widerstandsfähig gegen Säuren; ein Gemisch Salpetersäure und Flusssäure löst Wolfram langsam. Da es den höchsten Schmelzpunkt aller Metalle hat, wird es für Glühlampenfäden, elektrische Kontakte (z. B. Zündunterbrecher), Röntgenröhrenanoden und Glühkatoden beim Elektronenstrahl- und Plasmaschweißen benutzt; die Verarbeitung erfolgt pulvermetallurgisch.
„Ferrowolfram" mit 80 % Wolfram dient zur Herstellung harter, elastischer und zugfester Wolframstähle. *Wolfram-Schnellarbeitsstahl* (mit 15 bis 18 % W, 3 bis 5 % Cr und 0,6 bis 0,8 % C) erweicht auch bei Rotglut nicht.

Wolframverbindungen: Die Oxidationsstufe +6 ist die bei weitem beständigste.

Wolfram(VI)-oxid, *Wolframtrioxid,* WO_3, durch Entwässern von Oxidhydraten herstellbar, ist ein je nach Zerteilungsgrad zitronen- bis weingelbes Kristallpulver, das beim Erwärmen reversibel orangefarben wird; *F* etwa 1473 °C. Es löst sich praktisch nicht in Wasser, leicht dagegen in Alkalilaugen zu *Wolframaten.*

Natriumwolframat, $Na_2WO_4 \cdot 2\,H_2O$, bildet farblose, leicht wasserlösliche Kristalle. Säuren fällen aus der Lösung bei Normaltemperatur einen weißen, bei höherer Temperatur einen gelben Niederschlag von **Wolfram(VI)-oxidhydrat,** $WO_3 \cdot 2\,H_2O$ bzw. $WO_3 \cdot H_2O$ (so genannte „Wolframsäuren"; die Niederschläge sind im Unterschied zur entsprechenden Molybdänverbindung in nicht zu großem Säureüberschuss unlöslich.
Wie beim Molybdän, existieren viele Heteropolysäuren, z. B. „Phosphorwolframsäure" $H_3[P(W_3O_{10})_4]$, „Kieselwolframsäure" $H_4[Si(W_3O_{10})_4]$;

Wolfram(VI)-fluorid, *Wolframhexafluorid,* WF_6, ist farblos; F 2,5 °C, Kp 17,5 °C; es entsteht z. B. bei elektrisch angeregter Explosion von Wolframdrähten in Schwefelhexafluorid und dient zur Herstellung hochreinen Wolframs für die Mikroelektronik.

Wolfram(VI)-chlorid, *Wolframhexachlorid,* WCl_6, ist – im Gegensatz zur analogen Molybdänverbindung – in Form dunkelvioletter bis schwarzer Kristalle beständig.

Schwefelwasserstoff bewirkt in Wolframatlösungen keine Fällungen; in alkalischem Milieu bilden sich rotbraune, wasserlösliche *Thiowolframate,* z. B. **Natriumthiowolframat,** Na_2WS_4, die bei Säurezusatz braunes **Wolfram(VI)-sulfid,** *Wolframtrisulfid,* WS_3, ausscheiden.

Analog zur Molybdänverbindung betätigt auch Wolfram im **Kaliumoctacyanidowolframat(IV),** $K_4[W(CN)_8]$, einem gelben Kristallpulver, die seltene Koordinationszahl 8.

Reduktionsmittel (Zinn(II)-chlorid, $SnCl_2$, naszierender Wasserstoff) färben Wolframatlösungen intensiv blau (**„Wolframblau"**); wie beim Molybdän liegen Mischoxide mit 5- und 6-wertigem Wolfram vor.

Wolframcarbid, WC und WC_2, *F* 2860 °C, grau, sehr hart, wird, mit Cobaltpulver gesintert, für Hartmetalle („Widia" wie Diamant), rein für Glühfadenziehsteine verwendet.

Wolframbronzen entstehen durch Reduktion geschmolzener Wolframate mit Zinn oder Wasserstoff als gut kristallisierende, sehr schön farbig-metallisch glänzende, reaktionsträge, nichtstöchiometrische Verbindungen der Formel Na_xWO_3 (x = 1 bis 0,3). Mit abnehmendem Alkalimetallgehalt ändert sich die Farbe von gelb über goldgelb, orange, rot, purpur und violett nach blau. In ihrem Kristallgitter bleiben Na^+-Gitterplätze unbesetzt, sodass bewegliche Elektronen vorhanden sind, die die physikalisch-metallischen Eigenschaften hervorrufen. Die Alkalimetall-Ionen können auch durch andere Ionen ersetzt sein.

26 Elemente der 7. Nebengruppe (Mangangruppe, Gruppe 7)

26.1 Allgemeines

Tabelle 26-1: *Mangangruppe*

	Mangan	**Technetium**	**Rhenium**
Symbol	Mn	Tc	Re
Kernladungszahl	25	43	75
Relative Atommasse	54,938	97,907 [1)]	186,207
Schmelzpunkt (in °C)	1244	2172	3186
Dichte (in $g \cdot cm^{-3}$ bei 20 °C)	7,4	11,49	21,0
Häufigkeit (Erdkruste, %)	$8{,}5 \cdot 10^{-2}$	$6 \cdot 10^{-17}$	$1 \cdot 10^{-7}$
Oxidationszahlen	**7**; 6; (5); **4**; 3; **2**; 1	**7** und niedriger	**7** (6; 5; 4; 3)

Element 107: Bohrium, Symbol Bh, ist künstlich hergestellt und wird zusätzlich in die 7. Nebengruppe eingeordnet; es ist benannt nach dem dänischen Kernphysiker NIELS BOHR (IUPAC 1997).

Atome dieses Elements wurden 1981 in Darmstadt durch Beschuss von Bismut 209 mit Chrom 54 erzeugt:

$$^{209}_{83}Bi + ^{54}_{24}Cr \rightarrow ^{262}_{107}Bh + 1\ ^{1}_{0}n$$

Halbwertszeit des stabilsten Isotops $^{267}_{107}Bh$: 17 s.

Säuren: Die Element(VII)-oxide sind Anhydride starker Säuren:

Permangansäure	$HMnO_4$	(Salze: *Permanganate*)
Pertechnetiumsäure	$HTcO_4$	(Salze: *Pertechnetate*)
Perrheniumsäure	$HReO_4$	(Salze: *Perrhenate*)

Vom Mangan kennt man außerdem noch Salze der Mangan(VI)-säure, H_2MnO_4 [Salze: *Manganate(VI)*], und der Mangan(V)-säure, H_3MnO_4 [Salze: *Manganate(V)*].
Die in der V. und VI. Nebengruppe ausgeprägte Tendenz zur Bildung von Poly- und Heteropolysäuren ist in der 7. Nebengruppe nicht vorhanden.

26.2 Mangan und Manganverbindungen

26.2.1 Allgemeines

Symbol: Mn [von *magnesia nigra,* einer schwarzen, bei der kleinasiatischen Stadt Magnesia gefundenen Erde (Braunstein)] **Oxidationszahlen: +7**, **+6**, (+5), **+4**, **+3**, **+2**, (+1).

Vorkommen: Mangan ist das vierzehnthäufigste Element und nach dem Eisen das zweithäufigste Schwermetall der Erdkruste. Es begleitet das Eisen in vielen Erzen, doch kommen auch reine Manganerzlagerstätten vor.

1) des langlebigsten Isotops (98)

Sehr große Manganvorräte bilden die aus Mangan- und Eisenoxiden bestehenden *Manganknollen* auf dem Grunde mancher Gebiete des Weltmeeres.

Minerale:	Braunstein (Pyrolusit)	MnO_2
	Braunmanganerz (Manganit)	$MnO(OH)$
	Braunit	$3\ Mn_2O_3 \cdot MnSiO_3$
	Hausmannit	Mn_3O_4
	Manganspat (Himbeerspat; Rhodochrosit)	$MnCO_3$
	Manganit	$Mn_2O_3 \cdot H_2O$

Physiologie: Mangan ist ein für höhere Pflanzen und Tiere unentbehrliches Spurenelement; wichtig für Fortpflanzungsfähigkeit, Blut- und Antikörperbildung.

26.2.2 Metallisches Mangan

Erstherstellung: 1774 durch JOHAN GOTTLIEB GAHN (Schweden).

Herstellung:

- Reines Mangan wird aluminothermisch aus Trimangantetraoxid, Mn_3O_4, (entsteht durch Glühen von Braunstein auf etwa 600 °C) erzeugt:

  $$3\ Mn_3O_4 + 8\ Al \rightarrow 9\ Mn + 4\ Al_2O_3\ .$$

- In der Technik gewinnt man meist „Ferromangan" (mit 80 % Mangan) durch Reduktion eisenhaltiger Manganoxide mit Koks.

Eigenschaften (siehe auch Tabelle 26-1): Mangan ist ein eisenfarbenes, hartes, sprödes, unedles Metall, das an der Luft unter Bildung einer schützenden Deckschicht grau, manchmal bunt anläuft, bereits durch heißes Wasser merklich angegriffen wird und sich leicht in Säuren zu Mangan(II)-salzen löst.

Verwendung: zur Herstellung von Legierungen; als *Ferromangan* und *Spiegeleisen* in der Eisen- und Stahlmetallurgie.

Legierungen:
Ferromangan: 80 % Mangan + 20 % Eisen
Spiegeleisen: Eisen mit 6 bis 20 % Mangan, 4 bis 6% Kohlenstoff und bis 1 % Silicium
Manganstähle enthalten 1 bis 2 %, *Manganhartstahl* 10 bis 15% Mangan.
Mangan ist in kleinen Mengen auch in manchen Aluminium-Legierungen enthalten.
HEUSLERsche Legierungen: z. B. 59 % Kupfer + 26 % Mangan + 14,4 % Aluminium
(ferromagnetisch ohne ferromagnetische Elemente!)

siehe auch Manganin

26.2.3 Manganverbindungen

Allgemeines: Mangan tritt in den Oxidationsstufen +2 bis +4 als basenbildendes, in den Stufen +4 bis +7 als säurebildendes Element auf.
Beständigste Oxidationsstufen:

in **saurem** Milieu:	+2 und +7
in **alkalischem** Milieu:	+4 und +6

Mangan(II)-verbindungen: kristallwasserhaltig meist rosafarben,
Mangan(II)-chlorid, $MnCl_2 \cdot 4\,H_2O$, leicht lösliche Kristalle.

Mangan(II)-sulfat, $MnSO_4 \cdot H_2O$, wird Pflanzendüngern und Viehfutter als Mikronährstoff beigegeben.

Mangan(II)-hydroxid, $Mn(OH)_2$, fällt aus Mangan(II)-lösungen durch Alkalilaugen als nicht amphoterer, weißer, sich bei Luftzutritt infolge Oxidation zu Mangan(III)- und Mangan(IV)-oxidhydraten rasch bräunender Niederschlag.

Mangan(II)-oxid, MnO, ist ein graugrünes Pulver; *F* 1780 °C. Es wird zur Herstellung oxidkeramischer Werkstoffe und von Mangan(II)-salzen verwendet.

Mangan(II)-sulfid, MnS, fällt als fleischfarbener, seltener grüner, bereits in Essigsäure löslicher Niederschlag aus Mangan(II)-lösungen durch Ammoniumsulfid.

Mangan(II)-nitrat, $Mn(NO_3)_2 \cdot 4\,H_2O$, rosafarben, löst sich sehr leicht in Wasser.

Manganstearat, $(C_{17}H_{35}COO)_2Mn$, ist in Sikkativen für Leinölfirnis enthalten.

Mangan(III)-verbindungen: Mangan(III)-oxid, Mn_2O_3, ist ein braunschwarzes Pulver.

Mangan(III)-oxidhydrat, $Mn_2O_3 \cdot xH_2O$, ist eine schwarzbraune Malerfarbe („Manganbraun").

Umbra ist ein kastanienbraunes Pigment, das durch Brennen natürlicher Gemische von Mangan(III)-, Eisen(III)- und Aluminiumoxidhydraten entsteht.

Mangan(III)-phosphate sind z. T. violett; hierauf beruht die Färbung der Phosphorsalzperle in der Oxidationsflamme.

Mangan(IV)-verbindungen: Mangan(IV)-oxid, *Braunstein,* MnO_2, ist ein grauschwarzes Pulver, das bei 530 °C Sauerstoff abspaltet:

$$3\,MnO_2 \rightarrow Mn_3O_4 + O_2\,.$$

Verwendung: als Depolarisator in galvanischen Trockenelementen und -batterien sowie als Entfärbungsmittel für Glasschmelzen („Glasmacherseife"), als Oxidationsmittel in der organischen Synthese und als Oxidationskatalysator.

Mangan(VI)- und -(V)-verbindungen: Manganate(VI), grün, entstehen durch Schmelzen von Mangan(IV)-oxid mit Natriumnitrat und -carbonat

$$MnO_2 + NaNO_3 + Na_2CO_3 \rightarrow Na_2MnO_4 + NaNO_2 + CO_2$$

oder aus Permanganatlösung durch viel Alkalihydroxid

$$4\,KMnO_4 + 4\,KOH \rightarrow 4\,K_2MnO_4 + 2\,H_2O + O_2\,.$$

In noch stärker alkalischem Milieu, bilden sich die blauen **Manganate(V),** z. B. Kaliummanganat(V), K_3MnO_4.
Beim Ansäuern gehen alle Manganate bei Abwesenheit von Chloriden unter Braunsteinabscheidung in Permanganate über, z. B. gemäß

$$3\,K_2MnO_4 + 2\,H_2SO_4 \rightarrow 2\,KMnO_4 + MnO_2 + 2\,K_2SO_4 + 2\,H_2O\,.$$

Mangan(VII)-verbindungen:

Mangan(VII)-oxid, Mn_2O_7, entsteht als schwarzviolettes, explosibles Öl aus Permanganat und Schwefelsäure; *F* 5,6 °C. Es wirkt extrem stark oxidierend, z. B. verbrennt Ruß, in ein Gemisch aus Permanganat und konzentrierte Schwefelsäure gebracht, unter Funkensprühen. Mit Wasser bildet sich gemäß

$$Mn_2O_7 + H_2O \rightarrow 2\,HMnO_4$$

die tiefviolette **Permangansäure,** $HMnO_4$, eine sehr starke Säure, die indes nicht wasserfrei erhältlich ist, sondern nur bis zu einer etwa 20%igen Lösung konzentriert werden kann.

Kaliumpermanganat, $KMnO_4$, das wichtigste Salz der Permangansäure, bildet braunviolette Kristalle, die sich in Wasser mit intensiv violetter Farbe lösen und beim Erhitzen stufenweise Sauerstoff abgeben:

$$2\,KMnO_4 \rightarrow K_2MnO_4 + MnO_2 + O_2$$
$$2\,K_2MnO_4 \rightarrow 2\,MnO_2 + 2\,K_2O + O_2$$
$$3\,MnO_2 \rightarrow Mn_3O_4 + O_2$$

Permangansäure bzw. Permanganat-Ionen entstehen aus sauren Mangan(II)-lösungen (Sulfat, Nitrat, *nicht Chlorid!*) durch Ammoniumperoxodisulfat, $(NH_4)_2S_2O_8$, Kaliumperiodat, KIO_4, und ähnlich starke Oxidationsmittel; die praktisch farblosen Lösungen färben sich hierbei intensiv violett.

In der Technik stellt man Kaliumpermanganat her, indem man Braunstein, MnO_2, in heißer, hochkonzentrierter Kalilauge durch Luftsauerstoff zu Kaliummanganat(VI) oxidiert, das durch Kristallisation isoliert, in verdünnter Kalilauge gelöst und anodisch oxidiert wird.

Als sehr starkes Oxidationsmittel oxidiert Permanganat, z. B. Salzsäure gemäß

$$2\,KMnO_4 + 16\,HCl \rightarrow 2\,KCl + 2\,MnCl_2 + 8\,H_2O + 5\,Cl_2$$

unter Freisetzung von Chlor.

Verwendung: zur chemischen Analyse, in sehr verdünnter Lösung als Desinfektionsmittel (z. B. des Mund- und Rachenraums), als Entgiftungsmittel für Cyanide und chemische Kampfstoffe, als Oxidationsmittel in der organischen Synthese, zum Bleichen färbender Verunreinigungen und zum Desodorieren.
Die durch $KMnO_4$ auf der Haut hervorgerufenen Braunsteinflecken lassen sich durch Schweflige Säure (bzw. Sulfit + Salzsäure) entfernen (Bildung von Mangan(II)-dithionat).

Nachweis: Manganverbindungen ergeben beim Schmelzen mit einem Soda-Salpeter-Gemisch eine grüne Manganat(VI)-schmelze, deren Lösung sich unter Abscheidung brauner Flocken (Mangan(IV)-oxidhydrat) und Bildung von Permanganat tief violett färbt.

26.3 Technetium und Technetiumverbindungen

Technetium (Tc) [*techne* (grch.) Kunst] ist ein in der Natur nur spurenweise vorkommendes, künstlich hergestelltes, radioaktives Element, entdeckt 1937 von EMILIO SEGRÉ und CARLO PERRIER (beide Italien) als Ergebnis gezielt durchgeführter Experimente.

Das Isotop ${}^{99}_{43}Tc$ (Halbwertszeit $2 \cdot 10^5$ Jahre) bildet sich in Kernreaktoren (mehrere Gramm je Reaktor je Tag) und wird aus verbrauchten Brennelementen gewonnen. Das langlebigste Isotop ist ${}^{98}_{43}Tc$ (Halbwertszeit $4 \cdot 10^6$ Jahre).

Technetium, ein silberweißes, in Salpetersäure lösliches Metall (siehe auch Tabelle 26-1), hat in seinen Verbindungen bevorzugt die Oxidationsstufe +7 und +6.

Das im Gegensatz zu Mangan(VII)-oxid, Mn_2O_7, nicht explosible **Technetium(VII)-oxid,** Tc_2O_7, bildet hellgelbe, hygroskopische Kristalle; *F* 119,5 °C; *Kp* 311 °C; es löst sich in Wasser zu **Pertechnetiumsäure,** $HTcO_4$, deren konzentrierte Lösungen tiefrot aussehen, während die Salze (*Pertechnetate*) in der Regel farblos sind.

Die Technetiumverbindungen ähneln sehr stark denen des Rheniums.

26.4 Rhenium und Rheniumverbindungen

Rhenium (Re) [benannt nach dem Rhein (lat. *rhenus*)] ist eines der seltensten Elemente und wurde nach systematischer Suche erst 1925 in Deutschland durch WALTER und IDA NODDACK (geb. TACKE) entdeckt. Um 1 g reines Rhenium darzustellen, mussten im Jahr 1928 660 kg Molybdänglanz aufgearbeitet werden. Heute gewinnt man Rhenium aus Molybdän- und Platin-Erzen; auch im Kupferschiefer kommt es vor.

Rheniummetall: Rhenium ist ein platinähnliches, silberweißes, luftbeständiges, nächst Wolfram höchstschmelzendes Metall (siehe auch Tabelle 26-1), das von konz. Salpetersäure und Alkalihydroxidschmelzen gelöst wird. Man stellt es durch Reduktion von Rheniumoxiden oder -sulfiden her und verwendet es für Thermoelemente, Katalysatoren und als Überzug auf Glühlampenfäden. Die wichtigste Anwendung findet Rhenium in den *Reforming*-Katalysatoren (Pt/Re-Bimetall auf Aluminiumoxid) zur Herstellung von bleifreiem Kraftstoff.

Rheniumverbindungen: Am beständigsten ist die Oxidationsstufe +7.

Rheniumkomplexe werden in der Radio(immuno)therapie von Tumoren eingesetzt.

Rhenium(VII)-oxid, Re_2O_7, ist im Gegensatz zu Mangan(VII)-oxid, Mn_2O_7, sehr stabil. Es entsteht beim Verbrennen von Rhenium in reinem Sauerstoff; die gelbe, kristallisierte Substanz sublimiert bereits unterhalb des Schmelzpunktes; *F* 297 °C, *Kp* 362 °C. Rhenium(VII)-oxid ist hygroskopisch und löst sich leicht in Wasser unter Bildung der farblosen Perrheniumsäure.

Perrheniumsäure, $HReO_4$, ist eine starke Säure, die auch durch Auflösen von Rhenium in Salpetersäure erhältlich ist. Perrheniumsäure und ihre meist farblosen Salze (*Perrhenate*) sind sehr beständig; **Kaliumperrhenat,** $KReO_4$, löst sich nur wenig in Wasser.

Rhenium(VII)-sulfid, Re_2S_7, fällt aus sauren Perrhenatlösungen durch Schwefelwasserstoff als schwarzer, in Salzsäure und Ammoniumsulfid unlöslicher Niederschlag aus.

Rhenium(VII)-fluorid, ReF_7 gelbe Kristalle; *F* 48,3 °C, *Kp* 73,7 °C.
Ist im Gegensatz zu den analogen Fluoriden von Mangan und Technetium sehr beständig.

27 Elemente der 8. Nebengruppe (Gruppen 8, 9 und 10)

27.1 Allgemeines

Die 8. Nebengruppe umfasst die Gruppen 8, 9 und 10 des Periodensystems:

- Gruppe 8; Eisengruppe: Eisen, Ruthenium, Osmium und Hassium
- Gruppe 9; Cobaltgruppe: Cobalt, Rhodium, Iridium und Meitnerium
- Gruppe 10; Nickelgruppe: Nickel, Palladium, Platin und Darmstadtium

Daneben werden Ruthenium, Rhodium und Palladium auch als **„leichte Platinmetalle"**, Osmium, Iridium und Platin auch als **„schwere Platinmetalle"** zusammengefasst.

Oxidationszahlen: Nur Ruthenium und Osmium erreichen die Oxidationsstufe +8.
Die Element(VIII)-oxide sind im Gegensatz zu den entsprechenden Verbindungen der 5., 6. und 7. Nebengruppe keine Säureanhydride.

Ferromagnetismus: Eisen, Cobalt und Nickel sind (neben Gadolinium) die einzigen ferromagnetischen Elementsubstanzen.

Tabelle 27-1: *Eisengruppe*

	Eisen	**Ruthenium**	**Osmium**
Symbol	Fe	Ru	Os
Kernladungszahl	26	44	76
Relative Atommasse	55,845	101,07	190,23
Schmelzpunkt (in °C)	1539	2310	3045
Dichte (in $g \cdot cm^{-3}$ bei 20 °C)	7,87	12,45	22,59
Häufigkeit (Erdkruste, %)	4,70	$2 \cdot 10^{-6}$	$1 \cdot 10^{-6}$
Oxidationszahlen	2; 3; (6)	8; 4; (2; 3; 6; 7)	8; 6; (2; 3; 4)

Tabelle 27-2: *Cobaltgruppe*

	Cobalt	**Rhodium**	**Iridium**
Symbol	Co	Rh	Ir
Kernladungszahl	27	45	77
Relative Atommasse	58,9332	102,905	192,22
Schmelzpunkt (in °C)	1495	1966	2454
Dichte (in $g \cdot cm^{-3}$ bei 20 °C)	8,90	12,41	22,56
Häufigkeit (Erdkruste, %)	$3{,}7 \cdot 10^{-3}$	$1 \cdot 10^{-7}$	$1 \cdot 10^{-7}$
Oxidationszahlen	2; (3)	3; 4; (1; 2; 6)	3; 4; (1; 2; 6)

Tabelle 27-3: *Nickelgruppe*

	Nickel	Palladium	Platin
Symbol	Ni	Pd	Pt
Kernladungszahl	28	46	78
Relative Atommasse	58,6934	106,42	195,08
Schmelzpunkt (in °C)	1453	1554	1769
Dichte (in $g \cdot cm^{-3}$ bei 20 °C)	8,91	12,02	21,45
Häufigkeit (Erdkruste, %)	$1{,}5 \cdot 10^{-2}$	$1 \cdot 10^{-6}$	$5 \cdot 10^{-7}$
Oxidationszahlen	2; (3; 4)	2; 4; (3)	2; 4; (1; 3; 6)

Element 108: Hassium, Symbol Hs, benannt nach dem Land Hessen (lat. *Hassia*), in dem das GSI Helmholtz-Zentrum für Schwerionenforschung, Darmstadt, seinen Sitz hat; 1997 von der IUPAC beschlossen.

Atome dieses Elements wurden in Darmstadt 1984 durch Beschuss von Blei 208 mit Eisen 58 künstlich erzeugt:

$$^{208}_{82}Pb + ^{58}_{26}Fe \rightarrow ^{265}_{108}Hs + 1\ ^{1}_{0}n$$

Halbwertszeit des stabilsten Isotops $^{278}_{108}Hs$: 11 min.

Hassium wird in die 8. Nebengruppe des Periodensystems unter dem Element Osmium eingeordnet.

Element 109: Meitnerium, Symbol Mt, benannt nach der österreichischen Kernphysikerin LISE MEITNER (IUPAC 1997).

Atome dieses Elements wurden in Darmstadt 1982 durch Beschuss von Bismut 209 mit Eisen 58 künstlich erzeugt:

$$^{209}_{83}Bi + ^{58}_{26}Fe \rightarrow ^{266}_{109}Mt + 1\ ^{1}_{0}n$$

Halbwertszeit des stabilsten Isotops $^{274}_{109}Mt$: 20 s.

Meitnerium wird in die 8. Nebengruppe des Periodensystems unter dem Element Iridium eingeordnet.

Element 110: Darmstadtium, Symbol Ds, benannt nach der Stadt Darmstadt (IUPAC 2003). Atome dieses Elements wurden 1994 in Darmstadt durch Beschuss von Blei 208 mit Nickel 62 künstlich hergestellt:

$$^{208}_{82}Pb + ^{62}_{28}Ni \rightarrow ^{269}_{110}Ds + 1\ ^{1}_{0}n$$

Halbwertszeit des stabilsten Isotops $^{282}_{110}Ds$: 1,1 min.

Darmstadtium wird in die 8. Nebengruppe des Periodensystems unter dem Element Platin eingeordnet.

27.2 Eisen und Eisenverbindungen

27.2.1 Allgemeines

Symbol: Fe [*ferrum* (lat.)]; **Oxidationszahlen:** (+6), **+3**, **+2**.

Geschichte: Eisen gehört zu den am längsten bekannten Metallen („Eisenzeit"; Beginn etwa 1000 v. u. Z.).

Vorkommen: Eisen ist das vierthäufigstes Element (4,70%) und häufigstes Schwermetall der Erdkruste. Ob der Erdkern aus einer teils flüssigen Eisen-Nickel-Legierung besteht, ist noch nicht mit Sicherheit erwiesen. Eisen findet sich, abgesehen von Meteoren, nur chemisch gebunden, auch in Organismen.
Die gelbe, braune oder rote Farbe des Erdbodens rührt meist von Eisenoxiden und -oxidhydraten her. Im Grundwasser ist es als Eisen(II)-sulfat, $FeSO_4$, und Eisen(II)-hydrogencarbonat, $Fe(HCO_3)_2$, gelöst. „Stahlquellen" enthalten 10 mg Fe/l.

Minerale:

Oxide:	Magnetit	Magneteisenstein, -erz	Fe_3O_4
	Hämatit	Roteisenstein, -erz	Fe_2O_3
	Limonit	Brauneisenstein, -erz	$FeO(OH)$
	(Abarten: Raseneisenerz, gelber Ocker)		
Carbonate:	Siderit	Spateisenstein, -erz	$FeCO_3$
Sulfide:	Pyrit, Markasit	Eisenkies, Schwefelkies	FeS_2
	Magnetopyrit	Magnetkies	FeS
Silicate:	Olivin und andere		$(Mg,Fe)_2SiO_4$

27.2.2 Metallisches Eisen

27.2.2.1 Reineisen

Herstellung:

- durch Reduktion von Eisenoxiden mit Aluminium (Thermitverfahren)

  $$Fe_2O_3 + 2\,Al \rightarrow 2\,Fe + Al_2O_3$$

  oder Wasserstoff:

  $$Fe_2O_3 + 3\,H_2 \rightarrow 2\,Fe + 3\,H_2O;$$

- durch thermische Zersetzung von Eisenpentacarbonyl:

  $$Fe(CO)_5 \rightarrow Fe + 5\,CO\,.$$

Physikalische Eigenschaften (siehe auch Tabelle 27-1): Eisen ist ein silberweißes, zähes, ziemlich weiches Metall, das bei Rotglut plastisch wird und in diesem Zustand schmiedbar, walzbar und schweißbar ist. Unterhalb 768 °C ist es ferromagnetisch; es lässt sich im Gegensatz zu kohlenstoffhaltigem Eisen ohne wesentlichen Energieverlust magnetisieren und verliert bei Entfernung der magnetisierenden Erregung den Magnetismus sofort wieder (wichtig für Elektrotechnik).

Chemische Eigenschaften: An feuchter Luft *rostet* Eisen, wobei sich Eisen(III)-oxidhydrat, etwa FeO(OH), bildet. Infolge Porosität schützt Rost das Grundmetall nicht vor weiterem Angriff.
Beim Glühen an der Luft entsteht eine hauptsächlich aus Eisen(II,III)-oxid, Fe_3O_4, bestehende Zunderschicht.

Eisen ist ziemlich unedel und bildet mit verdünnten Säuren Eisen(II)-salze; in konz. Salpetersäure wird Eisen passiv, löst sich jedoch in der Hitze unter Entwicklung von Stickstoffdioxid, NO_2, sehr heftig zu Eisen(III)-nitrat.
Gegen Alkalilaugen ist Eisen in der Kälte beständig; in der Siedehitze wird es von genügend konzentrierten Laugen oberflächlich unter Oxidbildung angegriffen (Brünieren, (↑ 27.2.2.4) *Schwarzoxidieren*).

Verwendung: Reineisen wird für Eisenkerne von Transformatoren und Elektromagneten sowie für Sonderlegierungen verwendet.

27.2.2.2 Kohlenstoffhaltiges Eisen

Allgemeines: Fast alles technisch verwendete Eisen ist kohlenstoffhaltig. Je nach Vor-, insbesondere Wärmebehandlung kann der Kohlenstoff

- im Eisen gelöst,
- mit Eisen zu Eisencarbid (Zementit), Fe_3C, verbunden,
- als Graphit ausgeschieden

vorliegen. Bei maximalem Kohlenstoffgehalt (6,67 %) liegt alles Eisen als Zementit vor.

Eigenschaften:

Mit steigendem Kohlenstoffgehalt

- sinkt die *Zähigkeit;*
- steigen *Härte* und *Sprödigkeit;*
- durchläuft die *Elastizität* ein Maximum;
- durchläuft die *Schmelztemperatur* ein Minimum (1145 °C bei 4,28 % Kohlenstoff);
- sinken *Schmied-, Walz-* und *Schweißbarkeit* (diese beruhen auf Erweichen bereits vor Erreichen des Schmelzpunkts);
- durchläuft die *Gießbarkeit* (beruht auf niedrigem Schmelzpunkt und sofortiger Dünnflüssigkeit nach Überschreiten desselben) ein Maximum;
- wird die *Magnetisierbarkeit* zunehmend remanent (= bleibend).

Die Eigenschaften sind jedoch auch bei gleichem Kohlenstoffgehalt je nach der thermischen Vorbehandlung verschieden.

Einteilung:

- 0,02 bis 2,00 % Kohlenstoff: **Unlegierter Stahl.** Härter, elastischer, zugfester, weniger zäh, niedriger schmelzend als Reineisen; bei $C > 0{,}2\ \%$ durch Abschrecken härtbar; gut schmied-, walz- und schweißbar; nur bei relativ hohen Temperaturen gut gießbar (*Stahlguss;* der hierfür geeignete Werkstoff heißt *Gussstahl*).
- mehr als 2,00 % Kohlenstoff: Derartiges Eisen liegt im **Roh-** und **Gusseisen** vor; zugleich enthalten diese Stoffe weitere Beimengungen. Sehr hart und spröde, bricht bei Biegung, Stoß oder Schlag; sehr druckfest; ist bis etwa 4,5 % Kohlenstoff niedriger schmelzend als unlegierter Stahl; gut gießbar, jedoch nicht schmied- und walzbar.

Einfluss weiterer Bestandteile:

- *Nichtmetallische Beimengungen* (Schwefel, Phosphor, Stickstoff, Wasserstoff, zu viel Kohlenstoff, meist auch Silicium), wie sie herstellungsbedingt als „Eisenbegleiter“ auftreten (Wasserstoff bei der Säurebeize), wirken sich meist nachhaltig aus. Phosphor begünstigt die Gießbarkeit (ergibt besonders dünnflüssige Schmelze).

- *Metallische Beimengungen* (besonders Mangan, Nickel, Chrom, ferner Vanadium, Molybdän, Wolfram, Titan, Cobalt, auch Silicium und andere) verbessern in legierten Stählen (↑ 27.2.2.3) sowie legiertem Gusseisen bestimmte Gebrauchseigenschaften.
- *Einfluss auf die Bindung des Kohlenstoffs:*
  Silicium: begünstigt beim Abkühlen die Ausscheidung des Kohlenstoffs als *Graphit* (graues Roheisen, Grauguss).
  Mangan: begünstigt beim Abkühlen die Ausscheidung des Kohlenstoffs als *Zementit,* Fe_3C, (weißes Roheisen, Hartguss).

27.2.2.3 Stahl

Definition: Mit *Stahl* bezeichnet man alle Werkstoffe, deren Massenanteil an Eisen größer ist als der jedes anderen Elements und die im Allgemeinen weniger als 2,0 % Kohlenstoff aufweisen und noch andere Elemente enthalten (nach DIN EN 10 020, Juli 2000).
Es gibt Ausnahmen; z. B. Chromstähle, mit mehr als 2 % Kohlenstoff.
Roheisen und Gusseisen sind kohlenstoffreicher und gehören folglich nicht zu den Stählen.

Einteilung:

- *Unlegierter Stahl* enthält neben 0,02 bis 2,06 % Kohlenstoff kleine Mengen herstellungsbedingter Begleitstoffe (< 0,6 % Silicium, < 1,65 % Mangan, < 0,09 % Phosphor, < 0,06 % Schwefel). Einsatz vorwiegend als allgemeine Baustähle. Es gibt auch unlegierte Einsatz- und Vergütungsstähle .
- *Niedriglegierter Stahl* enthält zusätzlich bis 5 % Legierungselemente. Einsatz z. B. als Werkzeugstähle (Arbeitsstähle), Federstähle u. a.
- *Hochlegierter Stahl* enthält neben Kohlenstoff über 5 % Legierungselemente. Einsatz für Schnellarbeitsstähle (für Zerspanungswerkzeuge), korrosionsbeständige, hitzebeständige oder warmfeste Stähle.

Herstellung (↑ 27.2.3.4) von Stahl; siehe auch Übersicht (↑ 27.2.3)

Thermische Behandlung von Stahl:

- *Glühen* bezweckt Beseitigung innerer Spannungen und Homogenisierung des Gefüges.
- *Abschreckhärtung:* Erhöhung von Härte und Verschleißfestigkeit durch Abschrecken glühenden Stahls in Wasser oder Öl. Elastizität und Zähigkeit gehen hierbei zurück. Glühtemperatur, Abschreckungsgeschwindigkeit und Kühltemperatur beeinflussen die Eigenschaften.
- *Anlassen:* teilweise Rückgängigmachung der durch Härtung erzielten Eigenschaften, also Verminderung von Härte und Sprödigkeit zugunsten von Elastizität und Zähigkeit durch Erwärmen des gehärteten Stahls auf bestimmte Temperaturen (erkennbar durch „Anlassfarben") zwischen 200 und 300 °C.
- *Vergüten:* Abschrecken und Anlassen auf relativ hohe Temperatur (450 bis 700 °C); hierbei erhöhen sich zugleich Zugfestigkeit und Härte. Besonders geeignet hierfür sind unlegierte oder niedrig legierte *Vergütungsstähle.*
- *Einsetzen* (Einsatzhärten): Oberflächenhärten (bei zäh bleibendem Kern) durch 2- bis 8stündiges Glühen in einem kohlenstoffabgebenden Medium (z. B. Gemisch aus Holzkohlepulver und Bariumcarbonat); hierbei wird die Randzone aufgekohlt. Besonders geeignet hierfür sind (unlegierte oder niedriglegierte) *Einsatzstähle* mit einem Kohlenstoffgehalt < ca. 0,24 %.
- *Nitrieren* (Nitrierhärten): Oberflächenhärten durch Erhitzen in Ammoniak bei 500 °C; hierbei bilden sich in der Randzone sehr harte Nitride.

Einfluss von Legierungsmetallen:

Chrom: erhöht Härte, Zug- und Verschleißfestigkeit, Warmfestigkeit und Korrosionsbeständigkeit; oberhalb 12,5 % Chrom ist Stahl rostbeständig.
Nickel: erhöht Zähigkeit, Zugfestigkeit und Härte.
Mangan: erhöht Durchhärtbarkeit, Verschleißfestigkeit und Schmiedbarkeit.

Kennzeichnung von Stählen (DIN EN 10 027)

Die normgerechte Kurz-Kennzeichnung von Stählen nach DIN EN 10 027-1 bzw. -2 setzt sich zusammen aus einem Buchstabensymbol für den Verwendungszweck und einer daran anschließenden teils codierten Angabe von mechanischen Eigenschaften oder der chemischen Zusammensetzung:

- *Unlegierte Baustähle*:

  Symbol **S**, daran angeschlossen die Mindeststreckgrenze in MPa (N/mm^2) für die kleinste Erzeugnisdicke, dann Zusatzsymbole für den Mindestwert der Kerbschlagarbeit in Joule bei einer bestimmten Temperatur und evtl. weitere Zusatzsymbole.

  ▲ S275JR: Unlegierter Baustahl (Symbol S) mit einer Mindeststreckgrenze von 275 MPa und einer Kerbschlagarbeit von mindestens 27 Joule (Symbol J) bei Raumtemperatur (Symbol R)

- *Unlegierte Einsatz- und Vergütungsstähle mit < 1 % Mn*:

  Symbol **C**, daran angeschlossen der Kohlenstoffgehalt in % multipliziert mit 100:

  ▲ C15: Unlegierter Einsatzstahl mit 0,15 % Kohlenstoff

  C45: Unlegierter Vergütungsstahl mit 0,45 % Kohlenstoff

- *Niedriglegierte Stähle (< 5 % Legierungselemente) und unlegierte Stähle mit > 1 % Mn*:

  Kein Buchstabensymbol, Angabe der chemischen Symbole der Legierungselemente (außer für Kohlenstoff!) und einer Kennzahl = %-Gehalt · Faktor für deren Gehalt:

  Faktor 1000 bei B
  100 bei (C), Ce, N, P, S
  10 bei Al, Cu, Mo, Ti, V, Be, Nb, Pb, Ta, Zr
  4 bei Cr, Mn, Ni, Co, Si, W

  ▲ 10CrMo9-10: Niedriglegierter Stahl mit 10/100 = 0,1 % C, 9/4 = 2,25 % Cr und 10/10 = 1,0 % Mo

  42CrMo4: Niedriglegierter Stahl mit 42/100 = 0,42 % C, 4/4 = 1 % Cr und 4/10 = 0,25 % Mo

- *Hochlegierte Stähle (> 5 % Legierungselemente)*:

  Symbol **X**, Angabe der chemischen Symbole der Legierungselemente und deren Gehalt in %; (für Kohlenstoff steht wie bei den niedriglegierten Stählen kein chemisches Symbol und der %-Gehalt wird mit Faktor 100 angegeben)

  ▲ X5CrNi18-10: Hochlegierter Stahl mit 5/100 = 0,05 % C, 18 % Cr und 10 % Ni

- *Stahlguss*:

  Symbol G, danach Kennzeichnung nach den oben aufgeführten Regeln

  ▲ GS240: Bau-Stahlguss mit einer Mindeststreckgrenze von 240 MPa

G17CrMo5-5: Niedriglegierter Stahlguss mit 17/100 = 0,17 % C, 5/4 = 1,25 % Cr und 5/10 = 0,5 % Mo

GX23CrMoV12-1: Hochlegierter Stahlguss mit 23/100 = 0,23 % C, 12 % Cr, 1 % Mo und V-Gehalt nach Norm

- *Weitere Symbole für den Verwendungszweck* z. B. **B** Betonstahl, **E** Stähle für den Maschinenbau, **L** Stähle für Leitungsrohre, **Y** Spannstahl, etc.

Alternativ erfolgt die Kennzeichnung von Stählen auch nach DIN EN 10 027-2 mit Werkstoffnummern.

27.2.2.4 Rostschutz

- **durch metallische Überzüge:**
  - galvanisch erzeugte Schichten von Nickel, Zink, Cadmium, Zinn, Chrom;
  - Feuerverzinken oder Feuerverzinnen (Tauchen in Zink- oder Zinnschmelze);
- **durch nichtmetallische Überzüge:** Email, Lacke, Öle, Fette;
- **durch Umwandlung der Oberfläche in Schutzschichten** (für nicht zu starke Korrosionsbeanspruchung):
  - *Brünieren* (*Schwarzoxidieren*) mittels siedender, nitrat- oder nitrithaltiger konzentrierter Natronlauge; hierbei entsteht Eisen(II,III)-oxid, Fe_3O_4;
  - Phosphatieren: Erzeugung eisenhaltiger Zink- und Manganphosphatschichten.
- **Elektrochemischer Korrosionsschutz:** metallisch leitende Verbindung von Schiffskörpern, Benzintanks, Erdölleitungen u. a., mit einer *Opferanode* aus Zink oder Magnesium. In der entstehenden galvanischen Kette ist das Eisen Katode (Niederschlagselektrode), wodurch seiner Auflösung entgegengewirkt wird.

27.2.3 Eisenmetallurgie

27.2.3.1 Übersicht (vereinfacht)

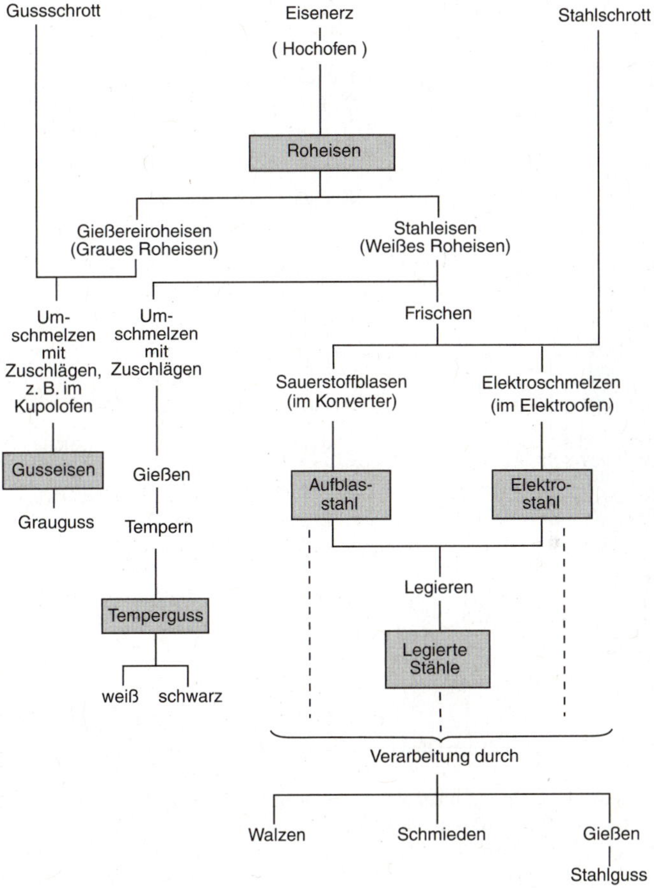

27.2.3.2 Erzeugung von Roheisen

Aufbereitung der Erze:

- weitgehende Entfernung der Erzbegleitstoffe („Gangart") auf trockenem, nassem oder magnetischem Wege;
- Überführung nichtoxidischer Erze in Oxide durch Rösten:
  Pyrit: $4\,FeS_2 + 11\,O_2 \rightarrow 2\,Fe_2O_3 + 8\,SO_2$
  Eisenspat: $6\,FeCO_3 + O_2 \rightarrow 2\,Fe_3O_4 + 6\,CO_2$
- Schaffung der günstigsten Stückgröße (Zerkleinerung oder Brikettierung)

Hochofenprozess

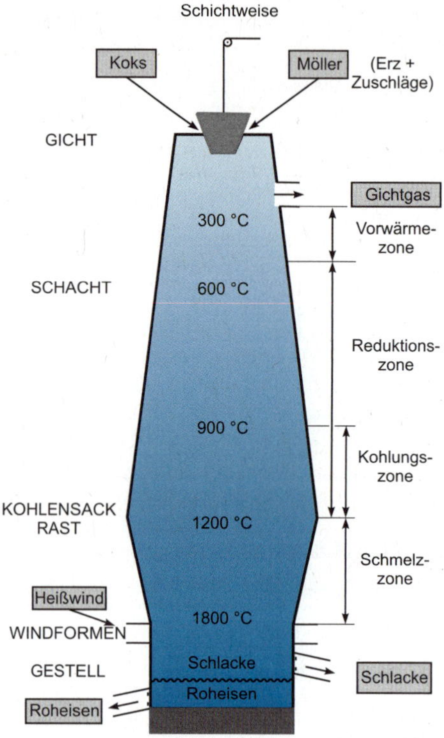

Bild 27-1: *Hochofenprozess*

Indirekte Reduktion:

$$3\,Fe_2O_3 + CO \rightarrow 2\,Fe_3O_4 + CO_2$$
$$Fe_3O_4 + CO \rightarrow 3\,FeO + CO_2$$
$$FeO + CO \rightarrow Fe + CO_2$$

Kohlung:

Kohlenstoff (aus $2\,CO \rightleftharpoons C + CO_2$ entstanden) diffundiert in Eisen ein.

Direkte Reduktion:

$$FeO + C \rightarrow Fe + CO$$

Schlackebildung:

$$CaO + SiO_2 + \text{Ton} \rightarrow \text{Ca-Al-Silicat}$$

Verbrennung:

$$C + O_2 \rightarrow CO_2$$
$$CO_2 + C \rightarrow 2\,CO$$

- *Gegenstrom:* Die feste Beschickung durchläuft den Ofen langsam von oben nach unten; die Gase strömen von unten nach oben.
- *Erzeugung von Kohlenstoffmonoxid:* erfolgt im unteren Teil der Schmelzzone. Heißluft („Heißwind") von etwa 800 °C, in COWPERschen Winderhitzern aufgeheizt, evtl. mit Sauerstoff angereichert, wird durch Windformen eingeblasen. Sie verbrennt den Koks unvollständig (Koksüberschuss!) zu Kohlenstoffmonoxid, CO. Dieses strömt nach oben.
- *Reduktion der Eisenerze:* erfolgt stufenweise durch Kohlenstoffmonoxid (*indirekte Reduktion*) und feinverteilten Kohlenstoff (*direkte Reduktion*). Es entsteht zunächst festes, schwammiges Eisen.
- *Regenerierung des Kohlenstoffmonoxids:* Das bei der Reduktion der Eisenerze entstehende Kohlenstoffdioxid wird durch den Koks teilweise wieder zu Kohlenstoffmonoxid reduziert; dieses vermag erneut auf Eisenerze einzuwirken.
- *Kohlung des Eisens:* Das schwammige Eisen katalysiert die Einstellung des BOUDOUARD-Gleichgewichtes

  $$2\,CO \rightleftharpoons CO_2 + C;$$

  der am Eisen entstehende feinverteilte Kohlenstoff dringt in dasselbe ein und erniedrigt den Schmelzpunkt um fast 400 K auf etwa 1150 °C.

- *Schmelzen und Abstich des Roheisens:* Oberhalb 1150 °C schmilzt das kohlenstoffhaltige Eisen und sammelt sich im untersten Teil des Gestells. Der „Abstich" erfolgt alle 4 bis 6 Stunden.
- *Bildung und Abstich der Schlacke:* Die Schlacke bildet sich in der Schmelzzone aus den noch vorhandenen Erzbegleitstoffen (der Gangart) und den Zuschlägen. Letztere führen die schwer schmelzbare Gangart in niedrig schmelzende Schlacke über.
  „Saure Erze" (SiO_2-reich) erfordern „basische Zuschläge" ($CaCO_3$).
  „Basische Erze" ($CaCO_3$-reich) erfordern „saure Zuschläge" (SiO_2).
  Mit dem in der Gangart oder den Zuschlägen vorhandenen Ton entsteht eine Schlacke aus Calcium-aluminat-silicat. Die Schlacke sammelt sich im Gestell auf dem flüssigen Roheisen an; sie fließt kontinuierlich ab oder wird von Zeit zu Zeit abgestochen.

Produkte des Hochofens:

- *Roheisen:* enthält neben Eisen etwa 3 bis 5 % Kohlenstoff, 0,3 bis 2,5 % Silicium, 0,5 bis 6,0 % Mangan, 0,08 bis 2,2 % Phosphor und 0,03 bis 0,12 % Schwefel. Je nach Bedarf erzeugt man:
  - *Weißes Roheisen:* manganreich; in Stahlkokillen rasch abgekühlt; flüssig auf THOMAS-Stahl weiterverarbeitet; Kohlenstoff als Zementit, Fe_3C; für Stahl- und Temperguss.
  - *Graues Roheisen:* siliciumreich; in Masselbetten aus Sand langsam abgekühlt; Kohlenstoff als Graphit; für Gusseisen.
- *Hochofenschlacke:* besteht aus Ca-Al-Silicat. Verwendung für Straßen- und Gleisschotter; als Splitt und Schlackensand für die Betonbereitung; als Hüttenbims (geschäumt) für Leichtbeton; als Schlackenwolle (mit Luft verdüst) zur Wärmeisolation; abgeschreckt und gemahlen für Hochofen- und Portlandhüttenzement.
- *Gichtgas:* etwa 60 Vol.-% Stickstoff + 30 Vol.-% Kohlenstoffmonoxid + 10 Vol.-% Kohlenstoffdioxid + viel Staub.
  Nach Entstaubung *Verwendung* zum Aufheizen der Winderhitzer, zur Erzeugung von Elektroenergie sowie als Heizgas.

27.2.3.3 Glühfrischen (Tempern)

Weißer Temperguss: Weißes Roheisen wird in Formen gegossen; die geformten Gegenstände werden in ein Gemisch aus Eisen(III)-oxid, Fe_2O_3, und Eisen(II,III)-oxid, Fe_3O_4, fest eingepackt und 5 bis 6 Tage lang bei 950 bis 1000 °C geglüht. Dabei erfolgt von der Oberfläche her Entkohlung, wodurch das Roheisen stahlähnlich wird. Anwendung für dünnwandige Massenartikel (Schlüssel, Hebel, Kettenglieder usw.).

Schwarzer Temperguss: Einbettmittel sind Sand oder Asche, dabei scheidet sich Kohlenstoff als „Temperkohle" in der Masse aus. Glühen 3 bis 4 Tage.

27.2.3.4 Herstellung von Stahl

Geschichtliches: Stahl wurde bereits um 1200 v. Chr. in so genannten Rennöfen hergestellt. Technisch wichtig wurden das Puddelverfahren (seit etwa 1784), das BESSEMER-Verfahren (seit 1854), das SIEMENS-MARTIN-Verfahren (SM-; seit 1864) und das THOMAS-Verfahren (seit 1878; Verbesserung des BESSEMER-Verfahrens). Besonders für legierte Stähle eignete sich das Elektrostahlverfahren (seit etwa 1880). Heute werden nahezu ausschließlich das

- Sauerstoffaufblasverfahren (seit 1951) und das
- Elektrostahlverfahren

angewandt.

In Deutschland wurde das letzte THOMAS-Stahlwerk im Jahre 1975, das letzte SIEMENS-MARTIN-Stahlwerk 1982 stillgelegt.

Allgemeines: *Rohstoffe* für Stahl sind Roheisen, Stahlschrott, Eisenschwamm und evtl. Legierungsmetalle.

Um Roheisen in Stahl umzuwandeln, ist der Kohlenstoffgehalt unter 2,0 % zu senken; zudem sind schädliche Begleitelemente (Schwefel, Silicium, Phosphor, z. T. auch Mangan) zu entfernen. Beides erfolgt durch Oxidation mit Sauerstoff („Frischen"); auch der im Rost des Alteisens gebundene Sauerstoff ist beteiligt. Durch die Anwendung von Sauerstoff statt Luft vermeidet man die beim THOMAS-Verfahren auftretende, auf den aufgenommenen Stickstoff zurückzuführende Versprödung des Stahls. Der Vorteil gegenüber dem SM-Verfahren besteht in der kürzeren Reaktionszeit und damit auch Energieeinsparung.

Für legierte Stähle werden Stahlveredler (Chrom, Nickel, Vanadium, Wolfram, Niob, Tantal, Titan, Molybdän, Zirconium, auch Kupfer), meist in Form ihrer Ferrolegierungen (Ferrochrom, Ferromolybdän usw.) zugesetzt.

Etwa 80 % des Stahls werden in der Bundesrepublik Deutschland nach dem *Sauerstoff-Aufblasverfahren,* etwa 20 % nach dem *Elektrostahlverfahren* hergestellt.

Historische Verfahren

THOMAS-Verfahren, auch als *Blasfrischen* oder *Windfrischen* bezeichnet: In mit Kalkstein ausgekleideten Konvertern (THOMAS-Birnen) wird kalte evtl. sauerstoffangereicherte Luft mittels Bodendüsen durch flüssiges Roheisen (weißes Roheisen, so genanntes Stahleisen) geblasen. Es finden die Oxidationen (↑ S. 597) von Kohlenstoff, Schwefel, Silicium und Phosphor statt; Kalkzuschläge sowie die Kalkauskleidung des Gefäßes binden die Oxide von Phosphor und Silicium zu THOMAS-Schlacke (Calcium-Silicat-Phosphat), die gemahlen ein Düngemittel darstellt. Da der Blasprozess zur völligen Entfernung des Kohlenstoffs führt, ist nachfolgende *Aufkohlung* durch so genannte Spiegeleisen (↑ 26.2.2) erforderlich.
Das **BESSEMER-Verfahren** arbeitete ohne Kalk und war daher für phosphorreiches Roheisen nicht geeignet.

SIEMENS-MARTIN-Verfahren, *SM-Verfahren, Herdfrischen*: In einer flachen Mulde („Herd") werden Schrott und Roheisen durch vorgewärmtes, brennendes Generatorgas niedergeschmolzen. Nach Zusatz von Kalkzuschlägen erfolgt das Frischen, indem mehr Luft schräg auf die Schmelze geblasen wird, als zum Verbrennen des Gases erforderlich ist. Da der Frischprozess nur von der Oberfläche her erfolgt, dauert er mehrere Stunden.

Desoxidation: Durch die Frischprozesse enthalten die Stähle geringe Mengen überschüssigen Sauerstoff, der beim Erstarren in Form von CO-Gasblasen qualitätsmindernd austritt. „Beruhigten Stahl" erhält man durch Zusatz von *Desoxidationsmitteln* (z. B. Bor, Silicium) vor dem Erstarren; jedoch werden auch desoxidierende Stahlveredler eingesetzt.

Sauerstoffaufblasverfahren: (*LD-, LINZ-Donawetz-Verfahren*)

- In einem kippbaren „Konverter" (ähnlich der früheren THOMAS-Birne , jedoch wesentlich größer und ohne Bodendüsen) bläst man während etwa 20 min reinen (etwa 98,5%igen) Sauerstoff mit einem Druck von 10 bis 12 bar durch ein wassergekühltes Düsenrohr („Sauerstofflanze") auf flüssiges Roheisen.
- In exothermer Reaktion entstehen unter starkem Aufwallen gasförmige (Kohlenstoffdioxid, CO_2, Schwefeldioxid, SO_2) und andere (Phosphor(V)-oxid, P_2O_5, Siliciumdioxid, SiO_2) Produkte, wobei die Temperatur von etwa 1150 °C auf etwa 1650 °C ansteigt.
- In der Regel werden Stahl- oder Eisenschrott mit eingeschmolzen und somit der Neuverwertung zugeführt. Zur Bildung von Phosphor(V)-oxid und Siliciumdioxid setzt man Kalk zu; es bildet sich eine flüssige Calcium-Silicat-Phosphat-Schlacke, die abgegossen wird.
- Der Prozess dauert etwa 20 bis 50 Minuten.

Neben dem Aufblasverfahren werden neuerdings auch *Durchblasverfahren* angewandt, bei denen der Sauerstoff durch gekühlte Bodendüsen zugeführt wird.

Elektrostahlverfahren: In Lichtbogenöfen (Kohle-Elektrode über der Schmelze), seltener in Induktions- oder Widerstandsöfen, werden hauptsächlich Schrott und Eisenschwamm, seltener Roheisen oder Aufblas-Stahl niedergeschmolzen und evtl. mit Sauerstoff gefrischt; gleichzeitig reagiert Rost mit dem Kohlenstoff des Rohstoffs gemäß

$$Fe_2O_3 + 3\,C \rightarrow 2\,Fe + 3\,CO.$$

Schließlich werden Stahlveredler (↑ S. 598) zugefügt.

Elektronenstrahlschmelzen: *Ultrareine Stähle* mit besonders hervorragenden Eigenschaften werden durch *Elektronenstrahlschmelzen* gegossener oder verformter Abschmelzstäbe bei etwa 10^{-6} bar hergestellt. Das durch Aufprallen eines Elektronenstrahls abschmelzende Gut wird von einer wassergekühlten Kupferkokille mit absenkbarem Boden aufgefangen und ist frei von gebundenen Gasen und Schlackeneinschlüssen.

27.2.4 Eisenverbindungen

Allgemeines: *Eisen(II)-verbindungen* (kristallwasserhaltig meist von grüner Farbe) gehen, besonders in alkalischem Milieu, an der Luft leicht in Eisen(III)-verbindungen (meist gelb) über. Auch durch Wasserstoffperoxid, heiße Salpetersäure und andere Oxidationsmittel geht Fe(II) in Fe(III) über.
Umgekehrt lassen sich *Eisen(III)-verbindungen* z. B. durch Schütteln mit Eisenpulver wieder in Eisen(II)-verbindungen rückverwandeln, z. B.

$$2\,FeCl_3 + Fe \rightarrow 3\,FeCl_2.$$

Eisen(VI)-verbindungen sind sehr unbeständig.

Nachweis:

Eisen(III)-salzlösungen ergeben:

- mit Kaliumthiocyanat eine intensiv rote Färbung;
- mit Kaliumcyanidoferrat(II) einen intensiv blauen Niederschlag (Berliner Blau)

Eisen(II)-salzlösungen ergeben:

- mit Kaliumcyanidoferrat(III) einen intensiv blauen Niederschlag (TURNBULLs Blau);

Physiologie: Eisenverbindungen sind für alle Organismen lebensnotwendig.
Pflanzen bilden bei Eisenmangel kein *Chlorophyll,* können deshalb das Kohlenstoffdioxid, CO_2, nicht assimilieren und gehen infolge „Chlorose" ein.
Mittels des roten Blutfarbstoffs *Hämoglobin*, einer Eisenverbindung, wird der Sauerstoff aus den Lungen in die Körperzellen befördert; das WARBURGsche Atmungsenzym (*Eisen-Oxygenase*), ebenfalls eine Eisenverbindung, vermittelt im Zusammenwirken mit weiteren, teils eisenhaltigen (*Zytochrome*), teils eisenfreien Enzymen die Oxidation der biologischen „Brennstoffe" (Glucose) innerhalb der Zellen. Auch die Enzyme *Katalase* und *Peroxidase* sind Eisenverbindungen. Der erwachsene Mensch enthält etwa 4 bis 5 g Eisen, davon 65 % im Blut. In Leber, Knochenmark und Milz wird Eisen als *Ferritin* und *Hämosiderin* gespeichert; das Blutplasma enthält *Transferrin.*

Eisenoxide:

Eisen(II)-oxid, FeO, z. B. durch Erhitzen von Eisen(II)-oxalat unter Luftabschluss hergestellt,
ist ein schwarzes Pulver; *F* 1420 °C; nicht stöchiometrisch zusammengesetzt (eigentlich $Fe_{1-x}O$). Es kommt nicht in der Natur vor.

Eisen(II,III)-oxid, *Trieisentetraoxid*, Fe_3O_4 (= $FeO \cdot Fe_2O_3$), kommt als *Magnetit* in der Natur vor, entsteht als *Hammerschlag* beim Schmieden sowie beim Verbrennen von Eisenfeilspänen an der Luft und bildet die Hauptmasse des *Glühzunders* von Eisen und Stahl; beim *Schwarzoxidieren* (*Brünieren*) von Eisenwerkstoffen wird es künstlich erzeugt; *F* 1538 °C. Es ist ferromagnetisch und leitet den elektrischen Strom; Verwendung zum Thermitschweißen, zur Herstellung von γ-Eisen(III)-oxid, als Magnetitelektrode, als Magnetpigment und als schwarzes Farbpigment („Eisenoxidschwarz").

Eisen(III)-oxid, Fe_2O_3, kommt in der Natur als *Hämatit* (Ausbildungsformen u. a. Blutstein, Eisenglimmer, Rötel) vor. Als Pulver ist es je nach Korngröße hellrot (feinkörnig) bis tief rotviolett; größere Kristalle sind grau bis schwarz, ergeben jedoch auf rauem Porzellan einen roten Strich. Eisen(III)-oxid verbleibt beim Erhitzen von Eisen(III)-oxidhydrat, -sulfat oder -nitrat als Rückstand; durch Glühen wird es (wie Aluminiumoxid, Al_2O_3, und Chrom(III)-oxid, Cr_2O_3) resistent gegenüber Säuren. Oberhalb 1200 °C geht es unter Sauerstoffabgabe gemäß

$$3\ Fe_2O_3 \rightarrow 2\ Fe_3O_4 + 1/2\ O_2$$

in Eisen(II,III)-oxid über. Verwendung als Farbpigment („Englischrot") und als Poliermittel („Polierrot") für Stahl und Glas.
Neben dem gewöhnlichen, paramagnetischen, hexagonal kristallisierenden α-Fe_2O_3 existiert eine ferromagnetische, kubisch kristallisierende Modifikation **γ-Eisen(III)-oxid.** Es wird durch vorsichtige Oxidation von Eisen(II,III)-oxid hergestellt; durch geeignete Reaktionsführung gelingt es, kleinste Nädelchen (Länge : Breite = mindestens 5:1) zu erhalten, die, eingebettet in Kunststoff (Polyester), als Bild- und Tonträger auf Magnetbändern verwendet werden. Bereits oberhalb 350 °C wandelt sich γ-Fe_2O_3 in α-Fe_2O_3 um.

Ferrite sind eisen(III)-oxidhaltige Doppeloxide, die keramisch gebrannt und teilweise als magnetische Werkstoffe verwendet werden, z. B. **Bariumferrit** (*Maniperm*), $BaO \cdot 6\ Fe_2O_3$.

Eisenoxidhydrate: Aus Eisen(II)- und Eisen(III)-salzlösungen fallen durch Alkalilaugen oder Ammoniak flockige, gelartige Niederschläge der Zusammensetzung $FeO \cdot x\ H_2O$ bzw. $Fe_2O_3 \cdot x\ H_2O$, die oft vereinfacht als Hydroxide $Fe(OH)_2$ bzw. $Fe(OH)_3$ angesehen werden.
Die Eisen(II)-verbindung sieht, aus luftfreier Lösung gefällt, weiß aus; bei Luftzutritt färbt sie sich zunächst schmutzig grün (Zwischenprodukt, II- + III-wertig) und schließlich infolge Bildung von Eisen(III)-oxidhydrat rostbraun.
Die Eisenoxidhydrate lösen sich leicht in Säuren; Alkalilaugen lösen nur in hochkonzentriertem Zustand zu *Ferraten(III)*.

Eisenoxidpigmente:

Eisengelb (*Eisenoxidgelb, Ferritgelb, Marsgelb*)	Eisen(III)-oxidhydroxid, FeO(OH)
Eisenrot (*Eisenoxidrot*)	Eisen(III)-oxid, Fe_2O_3
Eisenschwarz (*Eisenoxidschwarz*)	Trieisentetraoxid, Fe_3O_4
Eisenoxidbraun	γ-Fe_2O_3 oder Gemische aus Eisenoxidgelb, -rot und -schwarz
Eisenmennige	natürliches Eisenoxidrot
Ocker	natürliches Gemisch aus Limonit, [FeO(OH)],Ton u. a.

Weitere Eisen(II)-verbindungen:

Eisen(II)-sulfat, $FeSO_4$, wasserfrei ein weißes Pulver, kristallisiert aus wässriger Lösung als Heptahydrat **Eisenvitriol,** $FeSO_4 \cdot 7\ H_2O$. Dies bildet grüne, an der Luft durch Oxidation unter Braunfärbung allmählich verwitternde Kristalle; Verwendung für pharmazeutische Eisenpräparate, Eisen(gallus)tinte, Berliner Blau, gelbes und rotes Blutlaugensalz, die Holzkonservierung und die Behandlung von Abwässern.
Luftbeständiger ist **Ammoniumeisen(II)-sulfat** („MOHRsches Salz"), $(NH_4)_2SO_4 \cdot FeSO_4 \cdot 6\ H_2O$; blassgrüne Kristalle.

Eisen(II)-sulfat-lösung absorbiert Stickstoffmonoxid, NO, zu dunkelbraunem Nitrosyleisen(II)-sulfat, $[Fe(NO)]SO_4$, worauf ein Nachweis von Nitraten beruht.

Eisen(II)-chlorid, $FeCl_2$, ist wasserfrei weiß und hygroskopisch, auch ethanollöslich; aus wässriger Lösung kristallisiert es als $FeCl_2 \cdot 4\,H_2O$ in Form bläulich grüner Kristalle. Verwendung als Reduktionsmittel.

Eisen(II)-carbonat, $FeCO_3$, fällt aus Eisen(II)-lösungen durch Alkalicarbonat als weißer Niederschlag aus, der sich in CO_2-haltigem Wasser unter Bildung von **Eisen(II)-hydrogencarbonat,** $Fe(HCO_3)_2$, löst. In dieser Form ist Eisen in manchen Quellwässern enthalten; Zutritt von Luftsauerstoff bewirkt allmähliche Oxidation unter Abscheidung von Eisen(III)-oxidhydrat.

Eisen(II)-sulfid, FeS, fällt als schwarzer Niederschlag aus Eisen(II)-lösungen durch Ammoniumsulfid, kann auch durch Synthese gewonnen werden; dient im Labor zur Bereitung von Schwefelwasserstoff:

$$FeS + H_2SO_4 \rightarrow FeSO_4 + H_2S.$$

Weitere Eisen(III)-verbindungen:

Eisen(III)-chlorid, $FeCl_3$, bildet wasserfrei braune, in der Durchsicht granatrote, das Licht grün metallisch reflektierende, hygroskopische und auch in Ethanol lösliche Kristalle, die beim Erhitzen sublimieren; *F* um 310 °C, *Kp* 317 °C. Aus wässriger Lösung lässt sich $FeCl_3 \cdot 6\,H_2O$ als gelbe, hygroskopische Masse abscheiden;
Verwendung zum Ätzen von Kupfer in der Reproduktionstechnik

$$2\,FeCl_3 + Cu \rightarrow 2\,FeCl_2 + CuCl_2$$

für blutstillende Watte, als Oxidationsmittel und Beize in der Färberei und Textildruckerei.

Eisen(III)-sulfat, $Fe_2(SO_4)_3$, bildet Alaune; besonders gut kristallisiert das farblose, durch Spuren von Mangan(III)-sulfat oft schwach violett gefärbte **Ammoniumeisen(III)-sulfat,** („Ammoniumeisenalaun"), $(NH_4)_2SO_4 \cdot Fe_2(SO_4)_3 \cdot 24\,H_2O$ bzw. $NH_4Fe(SO_4)_2 \cdot 12\,H_2O$; Verwendung als Beize in der Färberei.

Eisen(III)-thiocyanat, (Eisen(III)-rhodanid), $Fe(SCN)_3$, bildet wasserfrei violette Kristalle; die beim Nachweis von Eisen mit Kaliumthiocyanat auftretende blutrote Färbung ist auf das komplexe Ion $[Fe(SCN)(OH_2)_5]^{2+}$ zurückzuführen.

Eisen(VI)-verbindungen: Eisen(VI)-verbindungen enthalten das Eisen im Ferrat(VI)-Anion, FeO_4^{2-}. Beim Einbringen von Eisen-Spänen in eine Kaliumnitrat-Schmelze findet unter Aufglühen lebhafte Oxidation statt. Aus der wässrigen Lösung der Schmelze lässt sich das tiefrote **Kaliumferrat(VI),** K_2FeO_4, isolieren; Bariumchlorid fällt karmoisinrotes **Bariumferrat(VI),** $BaFeO_4$.
Ferrate(VI) sind noch stärkere Oxidationsmittel als Permanganate.

Eisenpentacarbonyl, $Fe(CO)_5$: blassgelbe, bei 103 °C siedende, wasserunlösliche, giftige, brennbare Flüssigkeit; entsteht aus feinverteiltem Eisen und Kohlenstoffmonoxid bei höherer Temperatur und höherem Druck; bei starkem Erhitzen zerfällt es. Verwendung zur Herstellung von sehr reinem Eisen.

Komplexe Eisen-Cyan-Verbindungen:

Kaliumhexacyanidoferrat(II), *gelbes Blutlaugensalz,* $K_4[Fe(CN)_6] \cdot 3\,H_2O$:
gelbe, wasserlösliche Kristalle; hergestellt aus Gasreinigungsmasse oder aus der aus Kalkstickstoff erzeugten Cyanidschmelze. Eisen(II)-sulfat ergibt mit Kaliumcyanidlösung braunes, unlösliches Eisen(II)-cyanid, das sich im Überschuss der Cyanidlösung zum Cyanidoferrat löst.
Verwendung für Berliner Blau und Kaliumhexacyanidoferrat(III); Lebensmittelzusatz (E 536).

Kaliumhexacyanidoferrat(III), *rotes Blutlaugensalz,* $K_3[Fe(CN)_6]$:
rote, in Wasser mit gelbgrüner Farbe lösliche Kristalle; entsteht aus Cyanidoferrat(II) und Chlor gemäß

$$2\,K_4[Fe(CN)_6] + Cl_2 \rightarrow 2\,K_3[Fe(CN)_6] + 2\,KCl\,.$$

Da es feinverteiltes Silber in *Silbercyanidoferrat(II)*, $Ag_4[Fe(CN)_6]$, umwandelt, das sich in Natriumthiosulfat bzw. Fixierbad löst, wird es in der Farbfotografie (↑ 20.2.3) als „Bleichsalz" und in der Schwarzweißfotografie (↑ 20.2.3) als „Abschwächer" verwendet.

Berliner Blau und **TURNBULLs Blau** fallen aus Eisen(III)-lösung durch Cyanidoferrat(II) bzw. aus Eisen(II)-lösung durch Cyanidoferrat(III) als Niederschläge wechselnder Zusammensetzung aus. Im Berliner Blau ist z. B. Eisen(III)-hexacyanidoferrat(II), $Fe_4[Fe(CN)_6]_3$, enthalten, doch sind die Niederschläge oft auch kaliumhaltig (z. B. $KFe[Fe(CN)_6]$ „lösliches Berliner Blau"). Verwendung als Blaupigment. Die tiefblaue Farbe kommt durch einen sehr schnellen Elektronenaustausch zwischen $\overset{+2}{Fe}$ und $\overset{+3}{Fe}$ zustande („charge-transfer-Komplex").

Nitroprussidnatrium, *Natriumprussiat, Natriumpentacyanidonitrosylferrat(III),*
Formel $Na_2[Fe(CN)_5NO] \cdot 2\,H_2O$,
dunkelrote, wasserlösliche Kristalle; entsteht aus Kaliumcyanidoferrat(II), Salpetersäure und nachfolgende Umsetzung mit Natriumcarbonat.
Nachweismittel für gelöste Sulfide (Violettfärbung); blutdrucksenkender Wirkstoff.
Prusside (*Prussiate*) enthalten als Liganden 5 CN-Gruppen und eine andersartige Gruppe.

27.3 Cobalt und Cobaltverbindungen

Symbol: Co [von „Kobold" da man die früher nicht verhüttbaren Cobalt-Erze [1)] für von Kobolden verzaubert hielt; vgl. Nickel (↑ 27.4)] **Oxidationszahlen: +2**, seltener +3

Erstherstellung: 1735 durch GEORG BRANDT (Schweden).

Vorkommen: nur gebunden, meist mit Nickel vergesellschaftet.

Minerale:	Speiscobalt (*Smaltit*)	$CoAs_3$
	Glanzcobalt (*Cobaltit*)	$CoAsS$
	Cobaltnickelkies (*Linnéit*)	$(Co,Ni)_3S_4$

Physiologie: Cobalt ist ein für Menschen und andere höhere Organismen lebensnotwendiger Mikronährstoff. Vitamin B 12 (*Cobalamin*) ist eine Cobaltverbindung. Bei Cobaltmangel entsteht perniziöse Anämie (schwere, gefährliche Blutarmut).

Herstellung des Metalls: aus den Erzen und den bei der Verhüttung anderer Metalle anfallenden „Speisen" (Arsenide von Cobalt und Nickel) durch Rösten, Lösen der entstandenen Oxide in Säure, Trennung von Nickel durch Ausfällung mit Natriumhypochloritlösung bei pH 3,9 bis 4,2 unter Einblasen von Luft, Überführung ins Oxid und die Reduktion desselben mit Kohle, Aluminium oder Wasserstoff.

Eigenschaften des Metalls (siehe auch Tabelle 27-1): Cobalt ist ein silberweißes, schwach rötliches, bis 1121 °C ferromagnetisches Metall; zäher, härter und fester als unlegierter Stahl; an der Luft bei gewöhnlicher Temperatur beständig; in Säuren leicht, in Alkalien nicht löslich.

Verwendung des Metalls: für Legierungen (z. B. (Schnellarbeitsstähle) und Hartmetalle (Cobaltpulver mit Wolframcarbid, WC und WC_2, gesintert).

Radiocobalt: Das künstlich hergestellte, radioaktive Nuklid Co 60 dient als Strahlenquelle zur Krebsbekämpfung; Halbwertszeit 5 1/2 Jahre.

Cobaltverbindungen

Cobalt(II)-verbindungen sind am beständigsten, Cobalt(III)-verbindungen fast nur in Form von Komplexen stabil. Cobalt(II)-salze sehen wasserhaltig meist rosa bis rot, wasserfrei oft blau aus.

[1)] ursprünglich deutsch: Kobalt

Cobalt(II)-chlorid, $CoCl_2$, bildet wasserfrei blassblaue, leicht sublimierende, hygroskopische, in Wasser mit rosaroter, in Ethanol mit blauer Farbe lösliche Kristalle. Aus der wässrigen Lösung lässt sich bei Raumtemperatur das Hexahydrat, $CoCl_2 \cdot 6\,H_2O$, in Form roter Kristalle gewinnen, die beim Erhitzen, auch in wässriger Lösung, in blaue, wasserärmere Verbindungen übergehen, beim Erkalten wieder rot werden und deshalb für Geheimtinten und Luftfeuchtigkeitsanzeiger verwendet werden können.

Cobalt(II)-hydroxid, $Co(OH)_2$, fällt aus Cobalt(II)-lösungen durch Alkalilaugen je nach Wassergehalt als blauer bis rosaroter, nicht amphoterer, beim Stehen an der Luft in braunes $Co_2O_3 \cdot x\,H_2O$ übergehender Niederschlag.

Cobalt(II)-oxid, CoO, hinterbleibt beim Erhitzen von Cobalt(II)-hydroxid, -carbonat oder -nitrat als meist olivgrünes, je nach Zerteilungsgrad auch braungelbes bis schwarzes, in Säuren leicht lösliches Pulver. Verwendung als Glasur- und Pigmentfarbe bei der Emaille-, Glas- und Keramikherstellung.

Cobalt(II)-sulfat kristallisiert aus wässriger Lösung als himbeerrotes **Cobaltvitriol,** $CoSO_4 \cdot 7\,H_2O$,

Cobalt(II)-nitrat kristallisiert als leicht wasserlösliches Hexahydrat, $Co(NO_3)_2 \cdot 6\,H_2O$.

Cobalt(II)-carbonat, $CoCO_3$, fällt aus Cobalt(II)-lösungen durch Alkalicarbonat als rotvioletter Niederschlag, der auch Hydroxidcarbonate enthält; es dient, wie auch das schwarze Cobalt(III)-oxid, Co_2O_3, zum Blaufärben von Glas, Porzellan und Email.

Cobalt(II)-sulfid, CoS, scheidet sich aus Cobalt(II)-lösungen durch Ammoniumsulfid als schwarzer, nach kurzem Stehen in verdünnter Salzsäure unlöslicher Niederschlag ab.

Cobalt(III)-fluorid, CoF_3, ein hellbraunes Pulver, spaltet bei etwa 600 °C elementares Fluor ab:

$$2\,CoF_3 \rightarrow 2\,CoF_2 + F_2\,.$$

Cobalt(II)-stearat, $(C_{17}H_{35}COO)_2Co$, ist in Sikkativen für Leinölfirnis enthalten.

Cobaltglas ist Kalium-Cobalt-Silicat; es dient gemahlen unter dem Namen „Smalte“ (= Schmelze) als Blaupigment.

Nachweis: Die Phosphorsalz- und Boraxperle werden durch Cobaltverbindungen intensiv blau gefärbt.

Cobalt(III)-amminkomplexe sind in der Regel sehr stabil, z. B. das orangefarbene, wasserlösliche **Hexaammincobalt(III)-chlorid,** $[Co(NH_3)_6]Cl_3$, in dem die NH_3-Liganden durch die verschiedensten anderen ersetzt werden können. Genannt seien das rote *Aquapentaammincobalt(III)-chlorid,* $[(H_2O)Co(NH_3)_5]Cl_3$, und das purpurfarbene *Chloridopentaammincobalt(III)-chlorid,* $[Co(NH_3)_5Cl]Cl_2$.

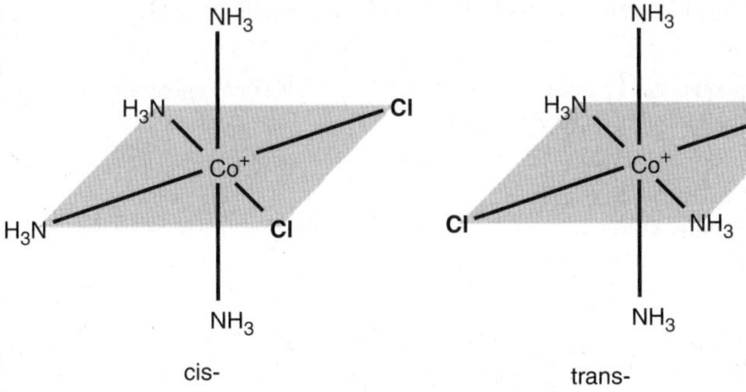

Bild 27-2: *Dichlorido-tetraammin-cobalt(III)-chlorid (cis-trans-Isomere des komplexen Ions)*

Beim *Dichloridotetraammincobalt(III)-chlorid*, $[Co(NH_3)_4Cl_2]Cl$, liegt die in der anorganischen Chemie sehr seltene **cis-trans-Isomerie** vor. Die 6 Liganden bilden die Ecken eines Oktaeders, und je nachdem, ob die Cl-Atome benachbart sind oder einander diagonal gegenüberstehen, liegen die blauviolette *cis*- oder die grüne *trans*-Verbindung vor.

Bei 2-zähnigen Liganden, z. B. 1,2-Diaminoethan („Ethylendiamin", gekürzt „en"), $H_2N\text{-}CH_2\text{-}CH_2\text{-}NH_2$, kann es zur **Spiegelbildisomerie** kommen; *Dichlorido-diethylendiamino-cobalt(III)-chlorid,* $[Co(en)_2Cl_2]Cl$, existiert in 2 optischen Antipoden:

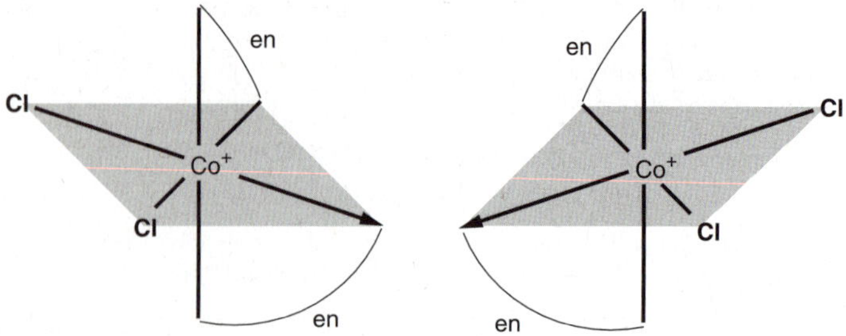

Bild 27-3: *Dichlorido-diethylendiamino-cobalt(III)-chlorid (optische Antipoden des komplexen Ions)*

Cobaltfarben:

Cobaltblau, THÉNARDs Blau	Cobaltaluminat, $CoAl_2O_4$
Cobaltblau, Cölestinblau	Cobaltstannat(IV), $CoSnO_3$
Cobaltgrün, RINMANNs Grün	Cobaltzinkoxid, $CoO \cdot x\,ZnO$
Cobaltgelb, Aureolin	Kaliumhexanitritocobaltat(III), $K_3[Co(NO_2)_6]$
Smalte, Cobaltglas	Cobalt(II)-kalium-silicat

27.4 Nickel und Nickelverbindungen

Symbol: Ni [von „Nickel" einem männlichen Berggeist, dem Gegenstück zu Nixe; vgl. Cobalt (↑ 27.3)]
Oxidationszahlen: (+4), (+3), **+2**.

Erstherstellung: 1751 durch AXEL FREDRIK CRONSTEDT (Schweden); bereits im alten China waren nickelhaltige Legierungen bekannt.

Vorkommen: elementar in Eisenmeteoriten (durchschnittlich 8 % Nickel); sonst nur chemisch gebunden, meist mit Cobalt, oft mit Arsen und Antimon vergesellschaftet.

Minerale:	Rotnickelkies	NiAs
	Weißnickelkies (Chloanthit)	$(Ni,Co,Fe)As_3$
	für die Gewinnung wichtiger sind:	
	Garnierit	$(Ni,Mg)_6(OH)_6Si_4O_{11} \cdot H_2O$ und andere Nickelsilicate
	Magnetkies	$(Fe,Cu,Ni)S$

Physiologie: Im menschlichen Körper kommt Nickel besonders angereichert in den Haaren vor. Bei häufigem Kontakt mit vernickelten Gegenständen (insbesondere Schmuck) kann Nickeldermatitis auftreten. Stäube von Nickel und seinen Verbindungen sind krebserregend. Nickeltetracarbonyl und organische Nickelverbindungen sind sehr giftig.

Herstellung:

- Silicatische Erze werden nach dem *Rennverfahren* in Drehrohröfen mit Kohlenstaub zu Nickel-Eisen-Luppen (mit 5 bis 8 % Nickel) reduziert. Diese werden entschwefelt, geröstet und ammoniakalisch ausgelaugt. Aus saurer Lösung wird dann Nickel elektrolytisch rein abgeschieden.
- Nach dem „Carbonylverfahren" (MOND-Verfahren) erzeugt man erst einen „Nickelkupferstein", bestehend aus Sulfiden, und behandelt diesen bei höheren Drücken mit Kohlenstoffmonoxid. Das hierbei entstehende flüchtige Nickeltetracarbonyl, $Ni(CO)_4$, zerfällt beim Erhitzen in Nickel und Kohlenstoffmonoxid, das in den Prozess zurückkehrt.
- Aluminothermisch entsteht Nickel aus Nickeloxid und Aluminiumgrieß

$$3\,NiO + 2\,Al \rightarrow 3\,Ni + Al_2O_3\ .$$

Eigenschaften (siehe auch Tabelle 27-1): Nickel ist ein schwach gelblich-silberweißes, bis 356 °C ferromagnetisches Metall, sehr zäh und dehnbar; gut schmied-, schweiß- und walzbar; an der Luft sehr beständig; in Säuren langsam, in Alkalien, auch in Alkalihydroxidschmelzen, nicht löslich.

Verwendung: für Legierungen (z. B. Sonderstähle), Anodenplatten zum galvanischen Vernickeln, Laborgeräte, Münzen, Thermoelemente, Nickel-Cadmium-Akkumulatoren; als Hydrierungskatalysator (z. B. für die Fetthärtung).

Legierungen:

Monelmetall: warmfest bis 500 °C, sehr korrosionsfest;
65 bis 67 % Nickel + 30 bis 32 % Kupfer + 1 % Mangan

Nichrom: für Heizdrähte von Elektroöfen
60 % Nickel + 40 % Chrom

Muniperm: hohe magnetische Permeabilität bei sehr geringen Hysteresisverlusten
76 % Nickel + 17 % Eisen + 5 % Kupfer + 2 % Chrom

Invar: dehnt sich beim Erwärmen fast nicht aus
65 % Eisen + 35 % Nickel

ferner: *Nickel-* und *Chromnickelstähle,* Neusilber (↑ 20.1.2) und die „Widerstandslegierungen" *Konstantan, Nickelin* und Manganin (↑ 20.1.2).

Vernickeln: zu Zwecken des Korrosionsschutzes (meist 12 bis 36 μm Ni-Auflage); erfolgt galvanisch in Elektrolyten aus Nickelsulfat, Natriumchlorid, Borsäure, Netzmitteln und Glanzbildnern (Saccharin, Natriumnaphthalentrisulfonat, Eiweißhydrolysate) unter Verwendung löslicher Nickelanoden; Glanzbeständigkeit erzielt man durch nachfolgendes Verchromen (0,3 µm).

Stromloses Vernickeln ist in Lösungen von Nickelchlorid, Natriumhypophosphit und Natriumnitrat bei 95 °C und pH 4 bis 6 möglich:

$$NiCl_2 + NaH_2PO_2 + H_2O \rightarrow Ni + NaH_2PO_3 + 2\,HCl;$$

die Reaktion setzt ein, wenn der zu vernickelnde Gegenstand in der Lösung mit einem Stück Zink berührt wird (Bildung einer galvanischen Kette), und schreitet dann selbständig fort. (Analog ist auch stromloses *Vercobalten* möglich.)

Nickelverbindungen

Nickel(II)-oxid, NiO, entsteht als graugrünes, kristallines Pulver beim Erhitzen von Nickel(II)-hydroxid, -carbonat oder -nitrat; *F* 2090 °C. Es löst sich leicht in Säuren und lässt sich durch Wasserstoff oder aluminothermisch zum Metall reduzieren. Verwendung als Färbemittel für Emaille, Glasuren und Glas sowie zur Herstellung von Hydrierungskatalysatoren.

Nickel(II)-hydroxid, $Ni(OH)_2$, fällt aus Nickel(II)-lösungen durch Alkalihydroxid als nicht amphoterer, voluminöser, apfelgrüner Niederschlag, der sich in Ammoniakwasser mit hellblauer Farbe unter Bildung von **Hexaamminnickel(II)-salzen,** z. B. $[Ni(NH_3)_6]Cl_2$, löst. Auf Zusatz von Hypochlorit oder Brom (bzw. Hypobromit) bilden sich unter Schwarzfärbung verschiedene **Nickel(III)-oxidhydrate,** $Ni_2O_3 \cdot x\ H_2O$;

Nickel(III)-oxidhydroxid, NiO(OH), potenzialbildendes Material im Nickel-Cadmium-Akkumulator (↑ 9.11.2.2).

Beim Erhitzen mit Säuren gehen alle höheren Oxidhydrate unter Bildung von Nickel(II)-salzen in Lösung.

Nickel(II)-chlorid, $NiCl_2$, bildet wasserfrei goldgelbe, leicht sublimierende, in Wasser und Ethanol lösliche Kristalle. Aus der wässrigen Lösung lässt sich das Hexahydrat, $NiCl_2 \cdot 6\ H_2O$, in Form grasgrüner Kristalle gewinnen. Verwendung von Nickel(II)-chlorid zum Vernickeln, als Ammoniak-Absorber in Schutzmasken und zur Herstellung von Katalysatoren.

Nickel(II)-sulfat kristallisiert aus wässriger Lösung als schön smaragdgrünes **Nickelvitriol,** $NiSO_4 \cdot 7\ H_2O$; Verwendung zum Vernickeln.

Das ebenfalls smaragdgrüne **Nickel(II)-nitrat,** $Ni(NO_3)_2 \cdot 6\ H_2O$, ist sehr leicht in Wasser löslich.

Nickel(II)-carbonat, $NiCO_3$, wird als blassgrüner, feinkristalliner Niederschlag aus Nickel(II)-lösungen durch Alkalihydrogencarbonat gefällt; Alkalicarbonate ergeben Nickel(II)-hydroxidcarbonate.

Nickel(II)-sulfid, NiS, scheidet sich aus Nickel(II)-lösungen durch Ammoniumsulfid als schwarzer, nach kurzem Stehen in verdünnter Salzsäure unlöslicher Niederschlag ab. Verwendung zur Katalysatorherstellung, z. B. für Hydrier- und Reforming-Prozesse in der Erdölchemie.

Nickeltetracarbonyl, $Ni(CO)_4$, eine farblose, brennbare, giftige, bei 43 °C siedende Flüssigkeit, entsteht aus feinverteiltem Nickel und Kohlenstoffmonoxid bei 50 bis 100 °C; bei 200 °C zersetzt es sich in Umkehrung der Bildungsreaktion, wobei an den Gefäß- oder Rohrwänden ein glänzender Nickelspiegel entsteht.

Nachweis: Eine ethanolische Lösung von *Diacetyldioxim* (Dimethylglyoxim), $CH_3–C(=N–OH)–C(=N–OH)–CH_3$, bildet mit ammoniakalischer Nickel(II)-lösung einen scharlachroten, kristallinen Niederschlag eines Komplexsalzes.

27.5 Leichte Platinmetalle

27.5.1 Ruthenium und Rutheniumverbindungen

Ruthenium, Ru [von *Ruthenia* = Russland], erst 1845 durch CARL ERNST CLAUS (Russland) im „Osmiridium" entdeckt;
findet sich gediegen als Begleiter von Platin.
Ruthenium ist silberweiß, sehr hart, spröde und schwer schmelzbar (siehe auch Tabelle 27-1). Es wird bei Abwesenheit von Sauerstoff von keiner Säure, auch nicht von Königswasser, angegriffen, löst sich aber in Gegenwart von Sauerstoff in heißer Salzsäure langsam zu komplexen Ruthenium(III)-chloriden; oxidierende alkalische Schmelzen (z. B. von Kaliumhydroxid, KOH, und Kaliumchlorat, $KClO_3$, Kaliumnitrat, KNO_3, oder Natriumperoxid, Na_2O_2) ergeben Ruthenate(VI).
Feinverteiltes Ruthenium eignet sich, da es leicht Wasserstoff und Sauerstoff aufnimmt und wieder abgibt, als Hydrier- und Oxidationskatalysator.

Rutheniumverbindungen:

Ruthenium ist neben Osmium das einzige achtwertig auftretende Metall; daneben existieren verschiedene niedere Oxidationsstufen (+6, +4, +3; aber auch +7 und +5).

Ruthenium(VIII)-oxid, RuO_4, bildet gelbe, intensiv ozonartig riechende, in Wasser, aber auch in Tetrachlormethan, CCl_4, lösliche Kristalle, die bereits bei normaler Temperatur allmählich verdampfen und bei 26 °C zu einer orangefarbenen Flüssigkeit schmelzen; bei 108 °C erfolgt sehr heftige Zersetzung in schwarzes **Ruthenium(IV)-oxid,** RuO_2, und Sauerstoff.
Das höchste Fluorid ist **Ruthenium(V)-fluorid,** RuF_5, eine dunkelgrüne Masse; *F* 101 °C, *Kp* 250 °C.
Ruthenium(IV)-sulfid, RuS_2, fällt aus Ruthenium-Lösungen durch Schwefelwasserstoff als schwarzbrauner Niederschlag.
Durch Schmelzen von Rutheniumpulver mit Kaliumhydroxid, KOH, und Kaliumnitrat, KNO_3, (oder Kaliumchlorat, $KClO_3$) bildet sich in Analogie zu Manganverbindungen eine tiefgrüne, **Kaliumruthenat(VII)** (*Kaliumperruthenat*), $KRuO_4$, enthaltende Schmelze, die sich in Wasser mit orangeroter Farbe unter Bildung von **Kaliumruthenat(VI),** K_2RuO_4, löst, das in Form grün schillernder, dunkelrot durchscheinender Kristalle als $K_2RuO_4 \cdot H_2O$ auskristallisiert werden kann.

27.5.2 Rhodium und Rhodiumverbindungen

Rhodium, Rh [*rhodeos* (grch.) rosenrot, nach der Farbe vieler Rhodiumverbindungen], entdeckt 1803 von WILLIAM HYDE WOLLASTON , findet sich gediegen als Begleiter von Platin und auch Gold; siehe auch Tabelle 27-2.
Rhodium zeigt außerordentlich hohe Lichtreflexion; es ist silberweiß, stark glänzend, anlaufbeständig und im kompakten Zustand unlöslich in allen Säuren einschließlich Königswasser; feinverteiltes „Rhodiumschwarz“ wird jedoch von letzterem angegriffen. Rhodium ist auch sehr widerstandsfähig gegenüber Fluor.
Relativ leicht löst sich Rhodium in geschmolzenem Kaliumhydrogensulfat zu Rhodium(III)-sulfat.
Verwendet wird Rhodium für Thermoelemente und in Legierungen mit Platin als Katalysator zur technischen Ammoniakoxidation (↑ 15.2.6) und zur Reinigung von Kraftfahrzeugabgasen (↑ 27.6.3).
Man erzeugt es auch als galvanischen Niederschlag auf Silber („Rhodinieren“ aus Sulfatelektrolyten mit unlöslichen Anoden), um dessen Dunkelwerden zu verhindern.

Rhodiumverbindungen:

Rhodium ist bevorzugt +3-wertig; es neigt wie das homologe Element Cobalt sehr stark zur Bildung von Komplexen.

Rhodium(III)-chlorid, $RhCl_3$, ist wasserfrei ein rotes, wasserunlösliches Pulver, das bei 440 °C wieder in die Elemente zerfällt;
als $RhCl_3 \cdot 4\ H_2O$ bildet es eine rote, hygroskopische Masse. Verwendung als Katalysator für organische Synthesen.

Rhodium(III)-sulfat, $Rh_2(SO_4)_3$, existiert in einer gelben und einer roten Form; in letzterer liegen Sulfatokomplexe vor; beide Formen sind wasserlöslich. Das gelbe Sulfat dient zum Rhodinieren; es bildet auch *Alaune*, z. B. **Kaliumrhodiumalaun,** $KRh(SO_4)_2 \cdot 12\ H_2O$.

Rhodium(III)-oxidhydrat, $Rh_2O_3 \cdot 5\ H_2O$, fällt aus Rhodium(III)-lösungen durch Alkalilaugen als zitronengelber Niederschlag, der sich leicht wieder in Säuren löst und beim Erhitzen schwarzes **Rhodium(III)-oxid,** Rh_2O_3, hinterlässt.

Rhodium(VI)-fluorid, RhF_6, ist das höchste Fluorid; es ist schwarz, äußerst unbeständig und reagiert ähnlich aggressiv wie freies Fluor.

WILKINSON-Katalysator, $RhCl[P(C_6H_5)_3]_3$, Chloridotris(triphenylphosphan)rhodium(I), wird hergestellt durch Reduktion von Rhodium(III)-chlorid in Gegenwart von Triphenylphosphan in ethanolischer Lösung. Verwendung als Katalysator für Hydrierungen und Hydroformylierungen von Alkenen in homogener Lösung. Der (leicht verzerrte) quadratisch planare Komplex bildete den Ausgangspunkt für die Entwicklung industriell angewendeter wasserlöslicher sowie trägerfixierter Katalysatoren auf der Basis von Rhodium(I)-Verbindungen.

27.5.3 Palladium und Palladiumverbindungen

Palladium, Pd, [benannt nach dem Planetoiden *Pallas*], entdeckt 1803 von WILLIAM HYDE WOLLASTON (England), findet sich gediegen als Begleiter von Platin und Gold.

Palladium ist silberweiß, von starker Lichtreflexion, in der Hitze schweiß- und schmiedbar, etwas härter und zäher als Platin; siehe auch Tabelle 27-3.

Palladium absorbiert viel Wasserstoff (kompaktes Palladium das 600-fache, feinverteiltes Palladium das 850-fache Volumen), wobei es spröde und rissig wird. Ein heißes Palladiumblech ist für Wasserstoff praktisch völlig durchlässig.

Palladium ist an der Luft sehr beständig, löst sich jedoch leicht in konz. Salpetersäure zu Palladium(II)-nitrat.

Palladium dient (auch in kolloider Lösung) als Hydrierungskatalysator. Als Legierungsmetall für Silber (verhindert dessen Anlaufen), z. B. als *Sipal* („Silberpalladium") für die Zahntechnik.

Palladiumverbindungen:

Palladium hat in seinen Verbindungen hauptsächlich die Oxidationsstufe +2, seltener +4.

Palladium(II)-oxid, PdO, ist schwarz, unlöslich und zerfällt bei stärkerem Erhitzen in die Elemente.

Palladium(II)-oxidhydrat, $PdO \cdot x\ H_2O$, fällt aus Palladium(II)-lösungen durch Alkalilaugen als brauner, amphoterer Niederschlag, der sich in frischem Zustand in Säuren zu den entsprechenden Palladiumsalzen löst, jedoch beim Stehen „altert" und sich dann immer schwerer löst.

Palladium(II)-nitrat, $Pd(NO_3)_2$, entsteht beim Auflösen des Metalls in konz. Salpetersäure und bildet gelbbraune, hygroskopische Kristalle.

Palladium(II)-chlorid, $PdCl_2 \cdot 2\ H_2O$, dunkelrotbraun, und
Palladium(II)-sulfat, $PdSO_4 \cdot 2\ H_2O$, rotbraun, sind ebenfalls hygroskopisch.
Palladium(II)-chloridlösung wird durch Kohlenstoffmonoxid, Methan u. a. unter Schwarzfärbung zum Metall reduziert, z. B. gemäß

$$PdCl_2 + CO + H_2O \rightarrow Pd + CO_2 + 2\ HCl.$$

Palladium(II)-sulfid, PdS, fällt aus Palladium(II)-lösungen durch Schwefelwasserstoff als schwarzbrauner, in Säuren unlöslicher Niederschlag.

27.6 Schwere Platinmetalle

27.6.1 Osmium und Osmiumverbindungen

Osmium, Os, [*osmeo* (grch.) ich rieche; da das Metall stets schwach nach dem Oxid riecht], entdeckt 1804 durch SMITHSON TENNANT (England), kommt in Platinerzen als königswasserunlösliche Iridiumlegierung („Osmiridium" mit z. B. 52 % Iridium, 27 % Osmium, 10 % Platin, 6 % Ruthenium und 1,5 % Rhodium) vor.
Osmium ist bläulich silberglänzend, hochschmelzend, sehr hart, spröde und das schwerste Metall; siehe auch Tabelle 27-3.

In kompaktem Zustand an der Luft beständig, neigt feinverteiltes Osmium stark zur Bildung von flüchtigem Osmium(VIII)-oxid, sodass es ständig danach riecht. Osmiumpulver wird auch von konzentrierter Salpetersäure, Natriumhypochloritlösung und oxidierenden Schmelzen (Kaliumhydroxid, KOH, + Kaliumnitrat, KNO_3, oder Kaliumchlorat, $KClO_3$) angegriffen. Osmium findet nur wenig praktische Anwendung.

Osmiumverbindungen:

Die Hauptoxidationsstufen sind +8, +6 und +4, jedoch treten auch andere Oxidationszahlen auf. Die Existenz der Stufe +8 hat es mit Ruthenium und Xenon gemeinsam, doch sind die Osmium(VIII)-verbindungen wesentlich beständiger; es besteht sogar eine stark ausgeprägte Tendenz zur Bildung von Osmium(VIII)-oxid.

Osmium(VIII)-oxid, *Osmiumtetraoxid,* OsO_4, bildet blassgelbe, fast farblose, bereits bei gewöhnlicher Temperatur allmählich verdampfende, durchdringend nach Chlordioxid riechende Kristalle; *F* 40 °C; *Kp* 132 °C. Es ist im Gegensatz zu Ruthenium(VIII)-oxid, RuO_4, unzersetzt destillierbar. Die Dämpfe sind sehr giftig, reizen unter Schwarzfärbung (Osmium(IV)-oxid) die Schleimhäute und sind insbesondere für die Augen sehr gefährlich. Osmium(VIII)-oxid löst sich leicht in Tetrachlormethan, CCl_4, Ethanol, C_2H_5OH u. a. organischen Lösemitteln; in Wasser löst es sich allmählich mit neutraler Reaktion.
Osmium(VIII)-oxid entsteht aus Osmiummetall spontan, aus vielen Osmiumverbindungen beim Erhitzen an der Luft. Mit konzentrierter Kalilauge bilden sich wenig stabile Komplexe, z. B. *Kaliumtetraoxodihydroxidoosmat(VIII)*, $K_2[OsO_4(OH)_2]$; Ethanol fällt aus diesen Lösungen violettes, kristallines **Kaliumosmat(VI),** $K_2OsO_4 \cdot 2\,H_2O$.

Osmium(IV)-oxid, OsO_2, ist schwarz und geht beim Erhitzen an der Luft in OsO_4 über; beim Erhitzen unter Luftabschluss disproportioniert es in Os + OsO_4.

Osmium(VI)-fluorid, OsF_6, ist das höchste bei Raumtemperatur stabile Fluorid des Osmiums; es bildet zitronengelbe Kristalle; *F* 32,1 °C, *Kp* 59,8 °C; bei sehr tiefen Temperaturen ist auch Osmium(VII)-fluorid, OsF_7, beständig; das Fluorid OsF_8 ist entgegen früheren Annahmen nicht beständig.

27.6.2 Iridium und Iridiumverbindungen

Iridium, Ir [*irideios* (grch.) regenbogenfarbig, nach der Vielfarbigkeit seiner Verbindungen],
entdeckt 1804 durch SMITHSON TENNANT (England), findet sich als „Osmiridium" (↑ 27.6.1) in Platinerzen.
Iridium ist nächst Osmium das zweitschwerste Metall (siehe auch Tabelle 27-3); es ist silberweiß, sehr hart und spröde; als chemisch widerstandsfähigstes aller Platinmetalle widersteht es Königswasser ebenso wie geschmolzenen Alkalihydroxiden. Fein verteiltes Iridium wird von oxidierenden Schmelzen unter Bildung von löslichen und unlöslichen „Iridaten" angegriffen.
Iridium wird verwendet vor allem als härtestes Legierungsmetall für Platin, ferner für elektrische Kontakte und Füllfederspitzen.

Iridiumverbindungen:

Bevorzugt werden die Oxidationsstufen +3 und +4; in Analogie zu den homologen Elementen Cobalt und Rhodium existiert eine Vielzahl von Komplexverbindungen.

Iridium(III)-oxid, Ir_2O_3, ein schwarzes Pulver, eignet sich, da es oberhalb 1000 °C unter Bildung feinverteilten Iridiums zerfällt, zur Erzeugung schwarzer Färbungen auf Porzellan.

Iridium(IV)-oxid, IrO_2, ist ebenfalls ein schwarzes, beim starken Glühen in die Elemente zerfallendes Pulver.

Iridium(VI)-fluorid, IrF_6, das höchste Fluorid, bildet eine goldgelbe, sehr hygroskopische, glasige Masse; *F* 44,4 °C, *Kp* 53 °C.

Iridate: Beim Erhitzen von Iridiumpulver mit Kaliumchlorid im Chlorstrom erhält man **Kaliumhexachloridoiridat(IV),** $K_2[IrCl_6]$, in Form dunkelroter, wasserlöslicher Kristalle; analog erhält man das leicht wasserlösliche **Natriumhexachloridoiridat(IV),** $Na_2[IrCl_6]$. Das hieraus durch Ammoniumsalze in Form tief dunkelroter, schwer löslicher Kristalle fällbare **Ammoniumhexachloridoiridat(IV)**, $(NH_4)_2[IrCl_6]$, heißt auch „Iridiumsalmiak". Durch Reduktion mit Schwefelwasserstoff lässt sich z. B. aus Chloridoiridat(IV)-lösungen olivgrünes Natriumhexachloridoiridat(III), $Na_3[IrCl_6] \cdot 12\ H_2O$, gewinnen.

27.6.3 Platin und Platinverbindungen

Symbol: Pt [*platina* (span.) kleines Silber].

Entdeckung: im 17. Jhdt. durch kolumbianische Goldsucher; erstmals 1748 erwähnt durch ANTONIO DE ULLOA (Spanien); in Europa bekannt gemacht 1750 durch WILLIAM WATSON (England).

Vorkommen: meist elementar und mit anderen Platinmetallen legiert in „Platinerzen", oft in Flusssanden.

Herstellung: Aus einer Lösung von Rohplatin in Königswasser fällt man nach Reinigung mit Kalkmilch durch Ammoniak das Hexachloridoplatinat(IV), das beim Glühen reinen Platinschwamm hinterlässt.

Eigenschaften: (siehe auch Tabelle 23-3) Platin ist ein silberweißes, ziemlich weiches, dehnbares, zähes, in der Hitze gut schmied- und schweißbares Metall, dessen Schmelze (wie Silber) leicht Sauerstoff aufnimmt und beim Abkühlen unter Verspritzen wieder abgibt. Durch Zulegieren von Iridium wird es härter und noch zäher.

Platin ist gegenüber den meisten Säuren beständig, löst sich jedoch leicht in Königswasser zu Hexachloridoplatin(IV)-säure. Platin wird jedoch auch von vielen Schmelzen (Alkalihydroxide, Peroxide, Nitrate, Cyanide u. a.) sowie von Ruß allmählich angegriffen, was beim Umgang mit Platintiegeln zu beachten ist (keine leuchtende Flamme anwenden, stets in der Oxidationszone der Flamme erhitzen!).

Ähnlich dem Palladium, nur in etwas geringerem Maße, absorbiert auch Platin (besonders in feinverteilter Form als „Platinschwarz" und „Platinmohr") Wasserstoff; ein rotglühendes Platinblech ist für Wasserstoff praktisch durchlässig. Da auch Sauerstoff absorbiert wird und im Platin wie Wasserstoff in aktiviertem Zustand enthalten ist, eignet sich Platin sowohl als Oxygenierungs- als auch als Hydrierungs- und Dehydrierungskatalysator. Es ist jedoch zu beachten, dass Platinkatalysatoren leicht „vergiftet" werden.

Verwendung: für Laborgeräte (Tiegel, Elektroden u. a.), Schmuckwaren und als Katalysator, z. B. für Kraftfahrzeugabgase (↑ S. 611).

Platinverbindungen:

Die Hauptoxidationsstufen sind +4 und +2; es existieren viele Komplexverbindungen.

Hexachloridoplatin(IV)-säure, $H_2[PtCl_6]$, entsteht beim Auflösen von Platin in salzsäurereichem Königswasser gemäß der summarischen Gleichung

$$3\ Pt + 18\ HCl + 4\ HNO_3 \rightarrow 3\ H_2[PtCl_6] + 4\ NO + 8\ H_2O$$

und kann aus der gelben Lösung in Form rotbrauner, hygroskopischer, auch in Ethanol löslicher Kristalle als $H_2[PtCl_6] \cdot 2\ H_2O$ erhalten werden.
Während sich das orangegelbe Natriumsalz, $Na_2[PtCl_6] \cdot 6\ H_2O$, sehr leicht in Wasser löst, fallen **Ammonium-** und **Kaliumhexachloridoplatinat(IV),** $(NH_4)_2[PtCl_6]$ und $K_2[PtCl_6]$, beim Eingießen der

gelösten Säure in Ammonium- bzw. Kaliumsalzlösungen als zitronengelbe, kristalline, schwer lösliche Niederschläge aus. Das Ammoniumsalz, auch „Platinsalmiak“ genannt, hinterlässt beim Glühen gemäß

$$3\,(NH_4)_2[PtCl_6] \rightarrow 3\,Pt + 2\,N_2 + 18\,HCl + 2\,NH_3$$

reinen **Platinschwamm**.

Beim Auslaugen einer Schmelze aus Platinschwamm und Kaliumhexacyanidoferrat(II) erhält man eine Lösung, aus der das in der Hitze leicht, in der Kälte schwerer lösliche **Kaliumtetracyanidoplatinat(II),** $K_2[Pt(CN)_4] \cdot 3\,H_2O$, abgeschieden werden kann. Das Salz zeigt „Pleochroismus“, indem es je nach Blickrichtung relativ zur Kristallachse in der Durchsicht unterschiedliche Färbungen zeigt: in Achsenrichtung blau, quer dazu gelb.

Das ebenfalls pleochroitische (gelbgrün-violettblau) **Bariumtetracyanidoplatinat(II),** $Ba[Pt(CN)_4] \cdot 4\,H_2O$, fluoresziert beim Auftreffen von Röntgenstrahlen sowie den Strahlen radioaktiver Stoffe intensiv grün und wurde daher in der Medizin für Leuchtschirme bei Röntgendurchleuchtungen verwendet.

Platin(IV)-sulfid, PtS_2, fällt aus Platin(IV)-lösungen durch Schwefelwasserstoff als schwarzer, sehr säurebeständiger Niederschlag, der sich in Polysulfidlösungen zu Thiosalzen, z. B. *Ammoniumthioplatinat(IV),* $(NH_4)_2[PtS_3]$, löst.

Das höchste Fluorid, **Platin(VI)-fluorid,** PtF_6, bildet intensiv dunkelrote, flüchtige Kristalle; *F* 61,3 °C, *Kp* 69,1 °C. Es ist ein noch stärkeres Oxidationsmittel als elementares Fluor, sodass es mit Xenon zu **Xenonhexafluoridoplatinat(V)** (orangegelbe Kristalle), $Xe[PtF_6]$, und mit molekularem Sauerstoff zu **Dioxygenylhexafluoridoplatinat(V)** (dunkelrote Kristalle), $O_2[PtF_6]$, reagiert.

Katalytische Abgasreinigung von Kraftfahrzeugen: Die wesentlichen Schadstoffe in den Abgasen von Otto-Motoren (Kohlenwasserstoffe, insbes. Benzen; Kohlenstoffmonoxid; Stickstoffmonoxid) können durch platinmetallhaltige Katalysatoren weitgehend beseitigt werden. Die „Kats“ bestehen aus poröser Keramik (meist *Cordierit*, Formel $2\,MgO \cdot 2\,Al_2O_3 \cdot 5\,SiO_2$), deren innere Oberfläche mit γ-Aluminiumoxid und feinverteilten Platinmetallen (hauptsächlich Palladium und Rhodium im Verhältnis 5 : 1 bis 10 : 1, insgesamt 3 g) beschichtet ist. Ein so genannter „3-Wege-Kat“ ermöglicht 3 Reaktionswege:

$$\text{I} \quad C_mH_n + \frac{4m+n}{4} O_2 \rightarrow m\,CO_2 + \frac{n}{2}\,H_2O$$

$$\text{II} \quad CO + 1/2\,O_2 \rightarrow CO_2$$

$$\text{III} \quad NO + CO \rightarrow 1/2\,N_2 + CO_2$$

Hierbei katalysiert das Rhodium die Stickstoffmonoxid-Reduktion; zudem wirkt es als puffernder Sauerstoff-Speicher. Weitestgehende Umsetzung (bis 98 % Schadstoffbeseitigung) ermöglicht ein „geregelter 3-Wege-Kat“. Bei diesem wird der Sauerstoffgehalt der Abgase vor und nach dem Kat gemessen (so genannte Lambda-Sonde) und durch Regelung der Verbrennungsluft konstant gehalten. Kats erfordern bleifreien Kraftstoff, da sie anderenfalls „vergiftet“ werden.

28 Nomenklatur anorganischer Verbindungen

Für die internationale einheitliche Benennung der anorganischen Verbindungen gibt es Empfehlungen der Internationalen Union für Reine und Angewandte Chemie (IUPAC). Sie gehen in ihrem Inhalt weit über die anorganischen Verbindungen hinaus, die in diesem Taschenbuch behandelt oder auch nur erwähnt werden.

Im Folgenden werden nur einige der wichtigsten Empfehlungen behandelt, die sich schon auf der Grundlage der „Richtsätze“ von 1958 in der chemischen Literatur weitgehend durchgesetzt hatten. Gegenüber den – zum Teil noch verwendeten – traditionellen Namen bieten die in den Richtsätzen bzw. Empfehlungen festgelegten systematischen Bezeichnungen den Vorteil, dass der Name aus der Formel und die Formel aus dem Namen abgeleitet werden kann, also eine eindeutige Zuordnung gegeben ist.

Literatur:

- Nomenclature of Inorganic Chemistry, IUPAC Recommondations 1990, 2000 und 2005 („red books“); issued by the Division of Chemical Nomenclature and Structure Representation in collaboration with the Division of Inorganic Chemistry; Hrsg.: Neil G. Connelly, Ture Damhus, Richard M. Hartshorn, Alan T. Hutton, Cambridge 2005; ISBN 0-85404-438-8.
- Nomenklatur der Anorganischen Chemie.
  Deutsche Ausgabe der Empfehlungen 1990, herausgegeben von W. Liebscher;
  VCH, Weinheim 1995.
- [Lie1999]

28.1 Namen der binären Verbindungen

Am einfachsten zu benennen sind die binären Verbindungen, das sind die Verbindungen, die nur aus *zwei* Elementen aufgebaut sind. In den *Formeln* der binären Verbindungen steht das elektropositive Element links, das elektronegative Element rechts. Dementsprechend wird in den Bezeichnungen zuerst das *elektropositive Element* genannt, das *elektronegative Element* folgt mit seinem lateinischen Wortstamm[1)] und der Endung **-id**.

▲ $NaCl$	Natriumchlor**id**
CaO	Calciumox**id**
K_2S	Kaliumsulf**id**
Mg_3N_2	Magnesiumnitr**id**

Bei den Verbindungen mit *Ionenbindung* wird also zuerst das *Kation,* dann das *Anion* genannt.

In einigen wichtigen Ausnahmefällen tragen auch *mehratomige Anionen* die Endung **-id**.

▲ OH^-	Hydrox**id**-Ion
O_2^{2-}	Perox**id**-Ion
O_2^-	Hyperox**id**-Ion
SCN^-	Rhodan**id**-Ion (Thiocyanat-Ion)
CN^-	Cyan**id**-Ion
NH_2^-	Am**id**-Ion

1) Die lateinischen (zum Teil auch aus dem Griechischen abgeleiteten) Namen der Elemente sind in Tafel 1 (↑ S. 848) in Klammern gesetzt.

Wird diese Bezeichnungsweise auf Verbindungen mit *Atombindung* angewandt, so wird davon ausgegangen, dass im Periodensystem die elektropositiveren Elemente innerhalb einer Periode *links,* innerhalb einer Gruppe *unten* stehen (siehe auch Elektronegativitätsskala (↑ S. 131)). Das im PSE *links* bzw. *unten* stehende Element ist also in der Bezeichnung einer binären Verbindung zuerst zu nennen.

▲ SiC Siliciumcarb**id**
CO Kohlenstoffmonox**id**
ClF Chlorfluor**id**

Zu beachten ist, dass Sauerstoff elektronegativer (↑ S. 131) als Chlor ist, aber elektropositiver als Fluor, daher:

ClO_2 Chlordiox**id**, aber
OF_2 Sauerstoffdifluor**id**

Die Mengenverhältnisse, die in den Formeln durch Teilchenstöchiometriezahlen (↑ S. 16) (Atommultiplikatoren, Indizes) gekennzeichnet werden, können in den Namen der Verbindungen auf zwei verschiedene Arten angegeben werden:

- **Bezeichnung der stöchiometrischen Zusammensetzung**
  Mit vorangestellten griechischen (z. T. auch lateinischen) Zahlwörtern (↑ 44.6) wird angegeben, mit wie viel Atomen die Elemente am Aufbau eines Moleküls beteiligt (bzw. in der Formel der Verbindung enthalten) sind.

  ▲ SO_2 Schwefel**di**oxid
  N_2O_4 **Di**stickstoff**tetra**oxid
  CO Kohlenstoff(**mon**)oxid
  Cl_2O_7 **Di**chlor**hepta**oxid

  Es ist üblich, statt von Monooxid von Monoxid zu sprechen. Die Bezeichnung „mono" für „eins" kann aber auch ganz weggelassen werden, soweit sie nicht zur Unterscheidung benötigt wird.

  Diese Bezeichnungsweise wird vorwiegend für Verbindungen mit Atombindung angewandt.

- **Bezeichnung der Oxidationszahl (der Wertigkeit)**
  Mit römischen Ziffern, die dem Namen eines Elements in runden Klammern angefügt werden, wird die Oxidationszahl (↑ S. 170) bzw. die Ionenwertigkeit (↑ S. 169) angegeben, mit der dieses Element in der bezeichneten Verbindung vorliegt.

  ▲ $FeCl_2$ Eisen(II)-chlorid
  $FeCl_3$ Eisen(III)-chlorid
  V_2O_5 Vanadium(V)-oxid, auch Vanadiumpentaoxid

  Zu beachten ist, dass die Ziffer V die Oxidationszahl des Vanadiums angibt, die Bezeichnung „penta" dagegen die Anzahl der Sauerstoffatome entsprechend der Formel der Verbindung.

28.2 Namen mehratomiger (komplexer) Kationen und Anionen

Aus mehr als zwei Elementen aufgebaute anorganische Verbindungen, bei denen ein elektropositiver und ein elektronegativer Bestandteil zu unterscheiden ist, werden bei der Benennung wie binäre Verbindungen behandelt. Dabei treten in den Namen wie in den Formeln komplexe Kationen bzw. Anionen an die Stelle der einfachen Ionen. Die Bezeichnung solcher *Komplex-Ionen* erfolgt nach dem Schema:

Anzahl der Liganden Name der Liganden Name des Zentral-Ions

Das **Zentral-Ion** wird in Anlehnung an die binären Verbindungen bei den *komplexen Kationen* mit dem *deutschen Elementnamen*, bei den *komplexen Anionen* mit dem *lateinischen bzw. griechischen Wortstamm* bezeichnet, der hier mit der Endung **-at** versehen wird.

▲ Verbindungen mit

– *komplexen Kationen:*

Tetraammin-kupfer(II)-sulfat	$[Cu(NH_3)_4]SO_4$
Hexaaqua-aluminium-chlorid	$[Al(H_2O)_6]Cl_3$

– *komplexen Anionen:*

Kalium-hexacyanido-ferrat(II)	$K_4[Fe(CN)_6]$
Natrium-hexahydroxido-aluminat	$Na_3[Al(OH)_6]$

Die Wertigkeit der Zentral-Ionen wird – soweit das zur Unterscheidung notwendig ist – durch nachgestellte römische Ziffern in runden Klammern angegeben.

▲ Kalium-hexacyanido-ferrat(II)	$K_4[Fe^{II}(CN)_6]$	auch noch	$K_4[\overset{+2}{Fe}(CN)_6]$
Kalium-hexacyanido-ferrat(III)	$K_3[Fe^{III}(CN)_6]$	auch noch	$K_3[\overset{+3}{Fe}(CN)_6]$
Eisen(III)-hexacyanido-ferrat(II)	$Fe_4^{III}[Fe^{II}(CN)_6]_3$	auch noch	$\overset{+3}{Fe}_4[\overset{+2}{Fe}(CN)_6]_3$

Im letzten Beispiel ist das Eisen im Kation dreiwertig, im Anion zweiwertig.

Die Namen der **Liganden** werden nach folgenden Regeln gebildet:

- Bei *Anionen,* die als Liganden auftreten, wird der Bezeichnung des Anions ein -**o** angefügt.

▲ SCN^-	Thiocyanat-Ion	als Ligand: -thiocyanat**o**-
H^-	Hydrid-Ion	als Ligand: -hydrid**o**-
F^-	Fluorid-Ion	als Ligand: -fluorido-
Cl^-	Chlorid-Ion	als Ligand: -chlorido-
O^{2-}	Oxid-Ion	als Ligand: -oxido-
OH^-	Hydroxid-Ion	als Ligand: -hydroxido-
CN^-	Cyanid-Ion	als Ligand: -cyanido-

- Für Moleküle, die als Liganden auftreten, wurden besondere Bezeichnungen festgelegt.

▲ H_2O	Wasser	als Ligand: -aqua-
NH_3	Ammoniak	als Ligand: -ammin-

Komplexe Kationen mit Wasserstoff als Ligand werden auf andere Weise benannt. An die Stammsilbe des lateinischen Namens des als Zentral-Ion auftretenden Elements wird die Endung -**onium** angehängt.

▲ $[PH_4]^+$	Phosphonium-Ion
$[SH_3]^+$	Sulfonium-Ion
$[H_3O]^+$	Oxonium-Ion, früher Hydronium-Ion

Von dieser Regel abweichend, ist die Bezeichnung $[NH_4]^+$ Ammonium-Ion,
nicht vom Namen des Elements Stickstoff, sondern aus dem der Verbindung Ammoniak, NH_3, abgeleitet.

Komplexe Anionen mit Sauerstoff als Ligand werden meist noch nach einer älteren Bezeichnungsweise benannt, bei der zur Kennzeichnung der unterschiedlichen Wertigkeiten (Oxidationszahlen) des Zentral-Ions neben

der Endung -**at**	(für die wichtigste Wertigkeitsstufe),
die Endung -**it** und die Vorsilbe -**hypo**-	(für niedrigere Wertigkeitsstufen),
die Vorsilbe -**per**-	(für höhere Wertigkeitsstufen)

verwendet werden.

▲ Natriumperchlorat	$NaClO_4$	[Natrium-tetraoxo-chlorat]
Natriumchlorat	$NaClO_3$	[Natrium-trioxo-chlorat]
Natriumchlorit	$NaClO_2$	[Natrium-dioxo-chlorat]
Natriumhypochlorit	$NaClO$	[Natrium-monooxo-chlorat]

In Eckklammern stehen die rationellen Bezeichnungen, die eine eindeutige Zuordnung von Formel und Name gestatten würden, sich aber bisher kaum durchgesetzt haben. Bei den jetzt noch üblichen älteren Bezeichnungen ist eine solche Zuordnung nicht gegeben:

▲ Natriumsulfat	$Na_2S^{VI}O_4$	auch noch	$Na_2\overset{+6}{S}O_4$
Natriumcarbonat	$Na_2C^{IV}O_3$	auch noch	$Na_2\overset{+4}{C}O_3$
Natriumphosphat	$Na_3P^{V}O_4$	auch noch	$Na_3\overset{+5}{P}O_4$
Natriumnitrat	$NaN^{V}O_3$	auch noch	$Na\overset{+5}{N}O_3$

Diese Namen lassen weder auf eine bestimmte Anzahl Sauerstoffatome noch auf die Oxidationszahl des Zentralatoms schließen.

Die Oxidationszahlen sind *nicht* Bestandteil der chemischen Formeln, sie werden nur angegeben, wenn auf sie eingegangen wird.

28.3 Namen der Säuren

Für die Bezeichnung der wichtigsten Säuren wird gegenwärtig noch an den traditionellen Namen festgehalten.

- Bei den *sauerstofffreien Säuren* wird an den Namen des säurebildenden Elements die Bezeichnung -**wasserstoffsäure** angehängt.

▲ HCl	Chlorwasserstoffsäure	(Salzsäure)	[Hydrogenchlorid]
HF	Fluorwasserstoffsäure	(Flusssäure)	[Hydrogenfluorid]

  Daneben sind die in runde Klammern gesetzten Trivialnamen noch weit verbreitet;
  dagegen werden die in Eckklammern gesetzten rationellen Bezeichnungen kaum benutzt.

- Bei den *sauerstoffhaltigen Säuren* (Oxosäuren) wird in der Regel an den Namen des Elements, das als Zentral-Ion in dem Oxokomplex auftritt, die Bezeichnung -**säure** angehängt.

▲ H_2SO_4	Schwefelsäure	[Dihydrogen-sulfat]
H_2CO_3	Kohlensäure	[Dihydrogen-carbonat]
$HClO_3$	Chlorsäure	[Hydrogen-chlorat]

  Ausnahme: HNO_3 Salpetersäure [Hydrogen-nitrat],
  benannt nach dem Salz „Salpeter“, KNO_3. (Die Salpetersäure war schon im 13. Jahrhundert bekannt, das Element Stickstoff wurde erst im 18. Jahrhundert entdeckt.)
  Aus diesen Bezeichnungen der Säuren kann nicht auf deren Formel geschlossen werden, was bei den in Eckklammern angefügten, aber bisher wenig gebräuchlichen rationellen Bezeichnungen der Fall ist.

Bildet ein Element mehrere Oxosäuren, so kann zu deren Unterscheidung analog der Benennung der komplexen Anionen (↑ 28.2) dieser Säuren verfahren werden.

▲ $HClO_4$	**Per**chlorsäure	ClO_4^-	**Per**chlorat-Ion
$HClO_3$	Chlorsäure	ClO_3^-	Chlorat-Ion
$HClO_2$	Chlor**ig**säure	ClO_2^-	Chlor**it**-Ion
$HClO$	**Hypo**chlor**ig**säure	ClO^-	**Hypo**chlor**it**-Ion

Säuren, in denen Sauerstoffatome durch die Peroxogruppe –O–O– oder durch Schwefelatome ersetzt sind, werden *Peroxosäuren* bzw. *Thiosäuren* genannt.

▲ H_2SO_5 Peroxoschwefelsäure
$H_2S_2O_3$ Thioschwefelsäure

Bei anderen Liganden (außer Sauerstoff und Schwefel) werden diese wie bei den komplexen Anionen nach Anzahl und Art dem Namen des Zentral-Ions bzw. dem Namen der Säure vorangestellt.

▲ H_2PtCl_6 Hexachlorido-platin(IV)-säure
H_2SiF_6 Hexafluorido-kieselsäure

28.4 Namen der Salze

Salze werden entsprechend ihrer Zusammensetzung als binäre Verbindungen (↑ 28.1) oder als Verbindungen mit komplexen Ionen (↑ 28.2) benannt. Einige Besonderheiten in der Zusammensetzung von Salzen erfordern zusätzliche Benennungen:

- **Hydrogensalze** enthalten – durch elektrolytische Dissoziation abspaltbare – *Wasserstoff-Ionen.* (Die ältere Bezeichnung „saure Salze" ist irreführend, da solche Salze in wässriger Lösung auch neutral oder basisch reagieren können.)
  Die Bezeichnung **-hydrogen** steht unmittelbar vor dem Anion.

  ▲ $NaHCO_3$ Natrium-hydrogen-carbonat
  Na_2HPO_4 Dinatrium-hydrogen-phosphat
  NaH_2PO_4 Natrium-dihydrogen-phosphat

- **Doppelsalze** sind Salze, die zwei verschiedene Kationen oder zwei verschiedene Anionen enthalten.

  ▲ zwei Kationen: $CaMg(CO_3)_2$ Calcium-magnesium-carbonat (Dolomit)
  zwei Anionen: $CaCl(ClO)$ Calcium-chlorid-hypochlorit (Chlorkalk)

- **Hydroxidsalze** enthalten neben anderen Anionen *Hydroxid-Ionen,* OH^- (ältere Bezeichnung *Hydroxysalze*)
- **Oxidsalze** enthalten neben anderen Anionen *Oxid-Ionen,* O_2^{2-} (ältere Bezeichnung *Oxysalze*).
  Beide – früher unter dem Begriff basische Salze zusammengefasst – werden heute wie Doppelsalze benannt, wobei die Hydroxid-Ionen und Oxid-Ionen den anderen Anionen in der Formel und im Namen vorangestellt werden.

  ▲ $Al(OH)SO_4$ Aluminium-hydroxid-sulfat
  $BiOCl$ Bismut-oxid-chlorid (früher Bismutylchlorid)

- Verbindungen, in denen Oxid-Ionen und Hydroxid-Ionen nebeneinander vorliegen, werden gleichfalls wie Doppelsalze benannt.

  ▲ $AlO(OH)$ Aluminium-oxid-hydroxid

Organische Chemie

29 Theoretische Grundlagen der organischen Chemie

29.1 Allgemeines

Definition: Die organische Chemie ist die *Chemie der Kohlenstoffverbindungen.*

Lediglich Kohlensäure, Carbonate, Carbide, die Oxide des Kohlenstoffs sowie Metallcarbonyle werden der anorganischen Chemie zugerechnet. Zur organischen Chemie gehören

- Naturstoffe, die Pflanzen, Tiere oder der Mensch durch ihre Lebensvorgänge produzieren. Bis 1828 (WÖHLERsche Harnstoffsynthese aus dem anorganischen NH_4OCN (↑ 14.2.8)) wurde eine dazu nötige „Lebenskraft", vis vitalis, angenommen.
- Geologische Umwandlungsprodukte solcher Naturstoffe wie Kohle, Erdöl etc.
- synthetisch hergestellte („naturidentische") Naturstoffe
- eine Vielzahl anderer synthetischer Kohlenstoffverbindungen wie z. B. die Kunststoffe

Durch die metallorganische Chemie ist der Übergang zur anorganischen Chemie fließend. Die Trennung erfolgt nur aus praktischen Gründen wegen der hohen Zahl an Kohlenstoffverbindungen.

Elemente: Im Allgemeinen sind am Aufbau der organischen Moleküle nur wenige Elemente beteiligt, neben Kohlenstoff vor allem Wasserstoff, Sauerstoff, Stickstoff, Schwefel, Halogene und Phosphor. Prinzipiell bilden jedoch auch fast alle übrigen Elemente mit Kohlenstoff organische Verbindungen. Trotz der geringen Anzahl der beteiligten Elemente liegt die Zahl der organischen Verbindungen wesentlich höher als die der anorganischen (siehe bei Kohlenstoff (↑ 14.2)).

Namen organischer Verbindungen: Die z. Z. gültigen Regeln zur Bezeichnung organischer Verbindungen wurden von der IUPAC (International Union of Pure and Applied Chemistry) in englischer Sprache ausgearbeitet. Diese Regeln wurden ins Deutsche übertragen und ohne große Veränderungen für das *Taschenbuch der Chemie* übernommen.

In der deutschsprachigen chemischen Literatur werden leider immer noch von diesen Regeln abweichende alte und durch ihre Endungen verwirrende Bezeichnungen verwendet, wie z. B. Benzol statt Benzen, Toluol statt Toluen, Naphthalin statt Naphthalen, Glycerin statt Glycerol. Weitere Regeln und Beispiele (↑ Kap. 44).

Bindungsart: Die Elemente sind im Allgemeinen durch Atombindung (↑ 5.1.1.1) (*homöopolare Bindung*) miteinander verknüpft. Die meisten organischen Verbindungen sind aus Molekülgittern aufgebaut, deren Bindungsenergie durch die schwachen VAN-DER-WAALSschen Kräfte gegeben ist (niedriger Siedepunkt, aber hohe Verbrennungswärme). In vielen Fällen ist die Bindung polarisiert (↑ 5.1.4); nur bei organischen Salzen tritt auch Ionenbindung auf.

Bindungszustand am C-Atom (↑ 5.1.3.6): Das C-Atom ist vierbindig. Bei der Einfachbindung steht das Kohlenstoffatom im Mittelpunkt eines regelmäßigen Tetraeders, in dessen Ecken die vier sp^3-Hybridorbitale gerichtet sind. Bei der Doppelbindung findet eine sp^2-Hybridisierung und bei der Dreifachbindung eine sp-Hybridisierung statt.

Kohlenstoffketten und -ringe: Die C-Atome können sich sowohl zu Ketten als auch zu Ringen verbinden. Bei den Ringverbindungen unterscheidet man *aromatische Verbindungen* mit Ringen vom Benzentyp (↑ 5.1.3.6) und *alicyclische Verbindungen* mit jeder anderen Art von C-Ringbildung. Außerdem gibt es Ringe, in denen ein oder mehrere C-Atome durch N, O, S oder andere Atome ausgetauscht sind (*heterocyclische Verbindungen*).

Unter homologen Reihen versteht man Reihen von Verbindungen, bei denen sich aufeinander folgende Glieder durch die Atomgruppierung $–CH_2–$ unterscheiden.

Formeln einiger homologer Kohlenwasserstoffe	CH_4		C_2H_6		C_3H_8		C_4H_{10}
Differenz		**CH_2**		**CH_2**		**CH_2**	

Innerhalb einer homologen Reihe ändern sich einige physikalische Eigenschaften (↑ 30.2.1) wie Schmelz- und Siedepunkte gesetzmäßig.

29.2 Isomerie

Definition: Unter Isomerie versteht man die Tatsache, dass Moleküle mit gleicher Summenformel, jedoch verschiedener Struktur oder verschiedener räumlicher Anordnung der Atome existieren. Ihre chemischen und physikalischen Eigenschaften können unterschiedlich sein.

Es wird zwischen verschiedenen Isomeriearten unterschieden, wie folgende Übersicht zeigt:

Übersicht der Isomeriearten

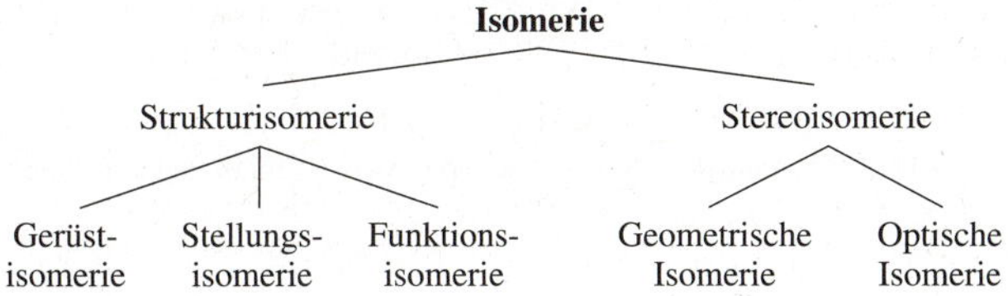

29.2.1 Strukturisomerie

Die Strukturisomerie (auch Konstitutionsisomerie genannt) beruht auf der unterschiedlichen Verknüpfung der Atome in den Molekülen.

Mit steigender Anzahl der Atome in einem organischen Molekül steigt auch die Anzahl der möglichen Strukturisomeren. Beispiele zeigt Tabelle 29-1.

Tabelle 29-1: *Beispiele für mögliche Strukturisomere*

Summenformel	**Anzahl der möglichen Isomeren**
C_4H_{10}	2
C_5H_{12}	3
C_6H_{14}	5
C_7H_{16}	9
C_8H_{18}	18
C_9H_{20}	35
$C_{10}H_{22}$	75

Es wird unter anderem unterschieden nach:

- Gerüstisomerie
- Stellungsisomerie und
- Funktionsisomerie.

Gerüstisomerie: Die Gerüstisomerie beruht auf unterschiedlichem Kohlenstoffgerüst bei gleicher Summenformel.

▲ 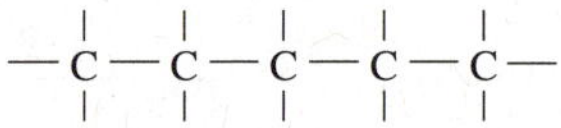

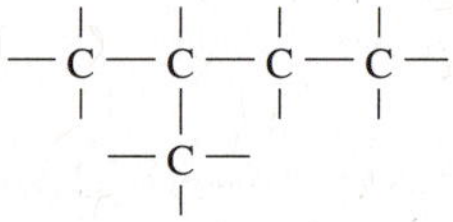

Normal-Verbindungen
(enthalten unverzweigte C-Ketten)

Iso-Verbindungen
(enthalten verzweigte C-Ketten)

Stellungsisomerie: Die Stellungsisomerie beruht auf unterschiedlicher Stellung von Substituenten an einem Kohlenstoffgerüst bei gleicher Summenformel.

▲ 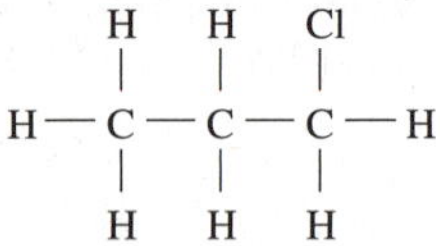

Substituent am C-Atom 1
1-Chlorpropan
Kp 46,6 °C

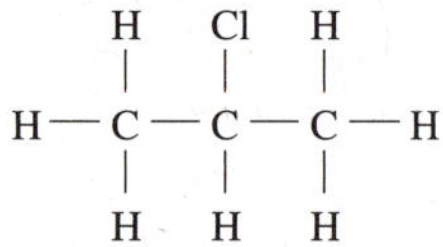

Substituent am C-Atom 2
2-Chlorpropan
Kp 35,7 °C

Zur Benennung organischer Verbindungen siehe Nomenklatur (↑ Kap. 44).

Funktionsisomerie: Die Funktionsisomerie beruht auf unterschiedlichen funktionellen Gruppen (↑ Kap. 33) bei gleicher Summenformel.

▲ C_4H_8O

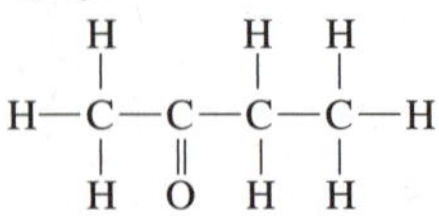

Ethylmethylketon (Butanon)

funktionelle Gruppe

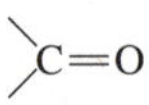

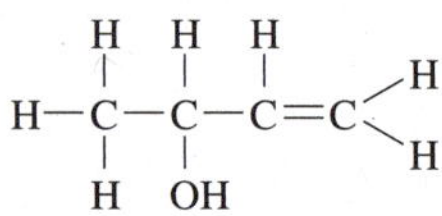

1-Buten-3-ol

funktionelle Gruppe

—OH

Tautomerie: Wenn *zwei verschiedene Strukturisomere* miteinander in einem *Gleichgewicht* stehen, spricht man von zwei **Tautomeren.** Die Erscheinung wird **Tautomerie** genannt.

Im folgenden Beispiel unterscheiden sich die beiden Tautomeren voneinander durch die Stellung eines Wasserstoffatoms. **Acetessigsäureethylester**, für den besonders gründliche Untersuchungen zur Tautomerie durchgeführt wurden, steht in folgendem Gleichgewicht:

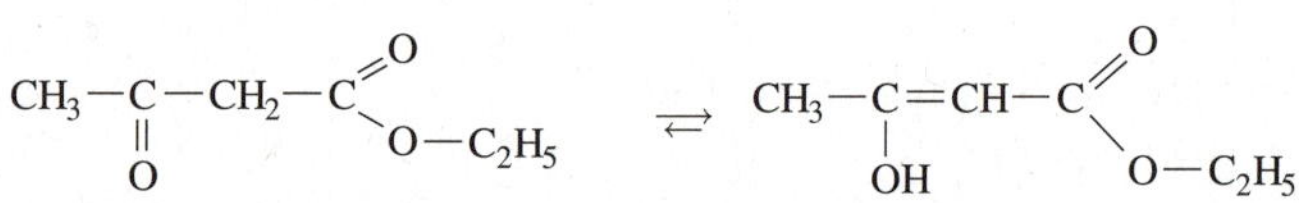

Ketoform Enolform

Die Ketoform, die durch die Carbonylgruppe

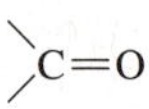

gekennzeichnet ist, geht teilweise in die Enolform über, die die Atomgruppierung

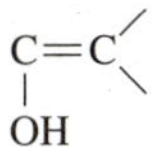

aufweist. Bei 25 °C liegen 92,5 % in der Ketoform und 7,5 % in der Enolform vor.

Diese wichtigste Art der Tautomerie wird **Keto-Enol-Tautomerie** genannt. In der Bezeichnung „Enol" steht „ol" für die alkoholische Hydroxylgruppe -OH und „en" für die Doppelbindung. Es gibt auch Tautomere, die sich lediglich durch die Stellung einer Doppelbindung innerhalb einer Kohlenstoffkette unterscheiden.

▲ Ungesättigte Carbonsäuren

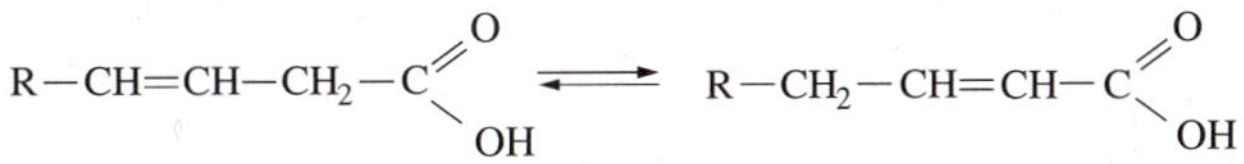

29.2.2 Stereoisomerie

Die Stereoisomerie (auch Konfigurationsisomerie genannt) beruht auf unterschiedlicher räumlicher Anordnung einzelner Atome oder Atomgruppen in einem Molekül.

Es wird unter anderem unterschieden nach:

- Geometrische Isomerie
- Optische Isomerie.

Geometrische Isomerie: Die geometrische Isomerie tritt nur bei Verbindungen mit C=C-Doppelbindungen und bei einigen Ringverbindungen auf. C=C-Doppelbindungen sind nicht in allen Richtungen frei drehbar. C≡C-Dreifachbindungen sind ebenfalls nicht drehbar, führen aber zu linearen Molekülen, die sich als ganzes um ihre Symmetrieachse drehen lassen. Daher gibt es hier keine geometrische Isomerie.

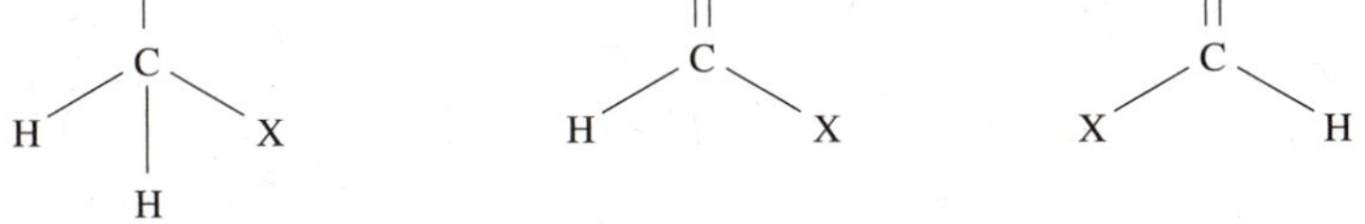

wegen der Drehbarkeit tritt keine geometrische Isomerie auf

cis-Form (Z)

trans-Form (E)

(X: verallgemeinerter Substituent, z. B. für eine Alkylgruppe oder ein Halogenatom)

Atome oder Atomgruppen befinden sich in der **cis- oder Z-Form,** wenn sie auf der **gleichen** Seite der Betrachtungsebene liegen.
Sie befinden sich in der **trans- oder E-Form,** wenn sie auf **entgegengesetzten** Seiten der Betrachtungsebene liegen.

▲ 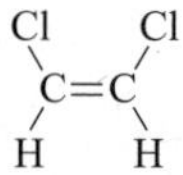

cis-1,2-Dichlorethen
Kp 60,3 °C

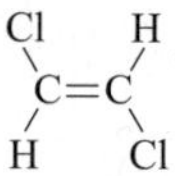

trans-1,2-Dichlorethen
Kp 47,5 °C

Bei Ringverbindungen ist die Ringebene Betrachtungsebene. Substituenten auf der gleichen Seite der Ringebene stehen cis zueinander, Substituenten auf entgegengesetzten Seiten stehen trans. Zur Darstellung benutzt man am besten Keilstriche. Substituenten an den gefüllten Keilbindungen befinden sich vor der Ringebene, Substituenten an den quergestrichelten Keilbindungen befinden sich unter der Ringebene.

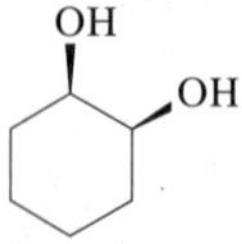

cis-1,2-Cyclohexandiol
Schmp. 101 °C

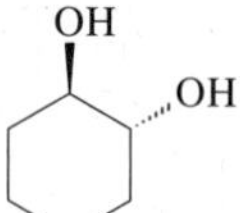

trans-1,2-Cyclohexandiol
Schmp. 104 °C

Analog können auch zwei Ringe cis-oder trans verknüpft sein.

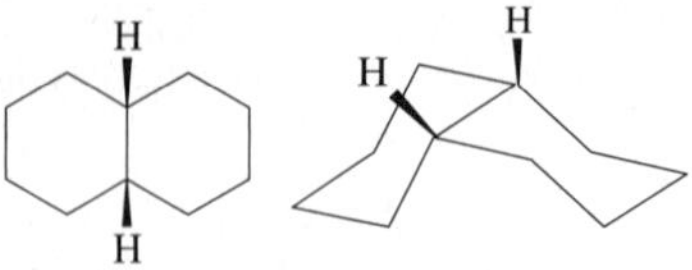

cis-Decalin
Kp 193 °C

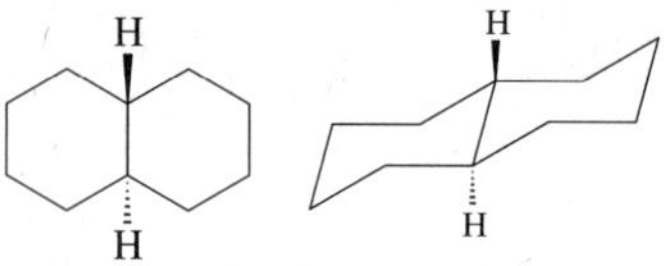

trans-Decalin
Kp 185 °C

Bei geometrischen Isomeren an Doppelbindungen, die sich nicht nach cis-trans benennen lassen, wendet man die Z,E-Nomenklatur an. Z kommt von zusammen und E von entgegen.

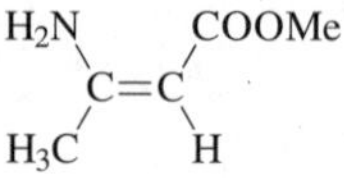

(*Z*)-3-Aminocrotonsäuremethylester

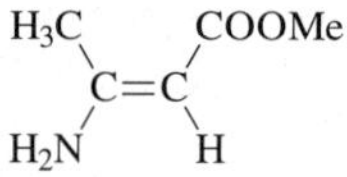

(*E*)-3-Aminocrotonsäuremethylester

Man wendet hier die Sequenzregeln (↑ 44.7.3) an. Die vier Substituenten werden nach ihrer Priorität in fallender Reihenfolge geordnet: a > b > c > d. Im Beispiel ist die Sequenz:

$$\begin{array}{ccccccc} H_2N & > & COOMe & > & CH_3 & > & H \\ a & > & b & > & c & > & d \end{array}$$

Man betrachtet nun die Kohlenstoffatome der Doppelbindung getrennt, und zwar hinsichtlich der Substituenten mit der jeweils größeren Priorität. Befinden diese sich nun auf derselben Seite der Doppelbindung sind diese zusammen also Z. Befinden diese sich hingegen auf entgegengesetzten Seiten der Doppelbindung ist dies E.

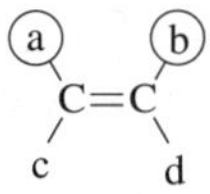

Z-Form

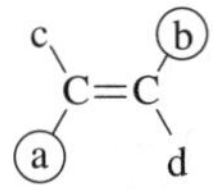

E-Form

Und für den 2-Aminocrotonsäuremethylester gilt:

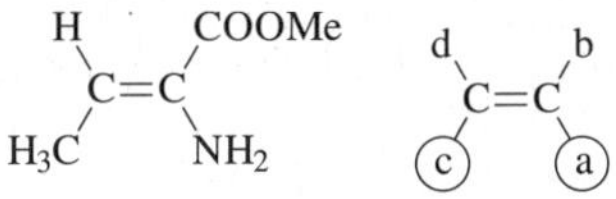

Z-Form

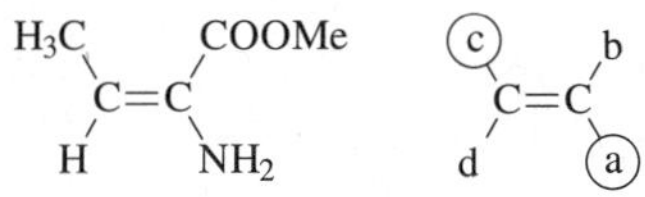

E-Form

Optische Isomerie: Man versteht hierunter die Eigenschaft eines Moleküls bei Durchgang eines linear polarisierten Lichtstrahls die Schwingungsebene des Lichtes zu drehen. Die Drehrichtung, die mithilfe eines Polarimeters festgestellt wird, kann nach rechts (+) oder nach links (−) erfolgen, gegen die Lichtquelle gesehen.

Grundsätzlich sind Moleküle optisch aktiv, wenn sich ihr Bild *nicht* mit ihrem Spiegelbild zur Deckung bringen lassen. Die Moleküle besitzen keine Drehspiegelachse. Man nennt dies auch Chiralität (gr. Hand) oder Händigkeit. Weil sich die beiden Hände wie Bild und Spiegelbild verhalten und nicht zur Deckung zu bringen sind, sind sie ein typisches Beispiel für Chiralität. Moleküle mit Symmetrieebene oder Symmetriezentrum (Mesoweinsäure (↑ 44.7.3)) sind optisch inaktiv.

Bei organischen Verbindungen beruht die Chiralität hauptsächlich auf einem so genannten asymmetrischen Kohlenstoffatom; das ist ein Kohlenstoff mit *vier verschiedenen Substituenten*. Man bezeichnet es als Chiralitätszentrum [1]. Es wird häufig mit einem Sternchen gekennzeichnet. Daneben gibt es aber auch die chirale Achse, die chirale Ebene und die helicale Chiralität, die aber nicht die Bedeutung besitzen.

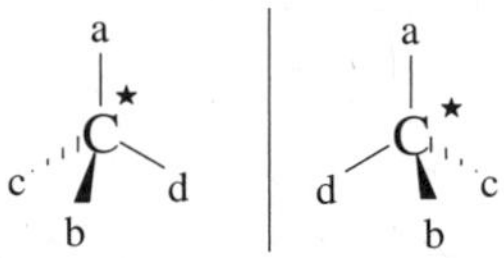

Bild Spiegelbild

Chiralitätszentrum
„asymmetrisches C-Atom"

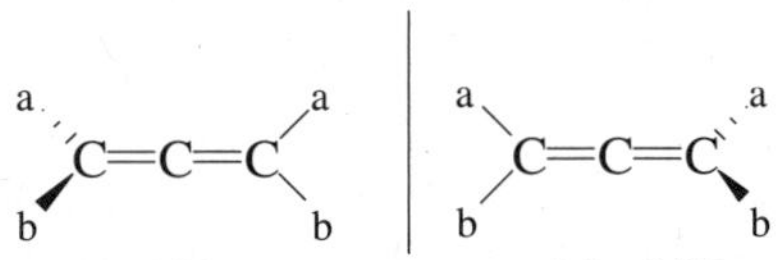

Bild Spiegelbild

chirale Achse

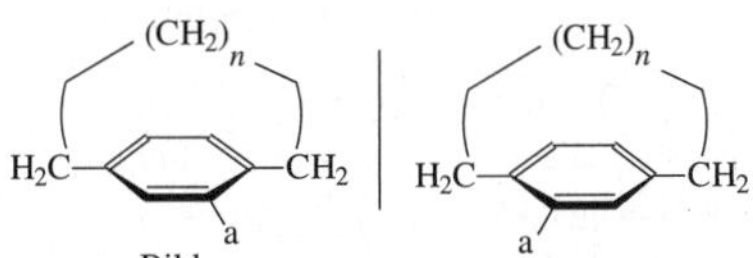

Bild Spiegelbild

chirale Ebene

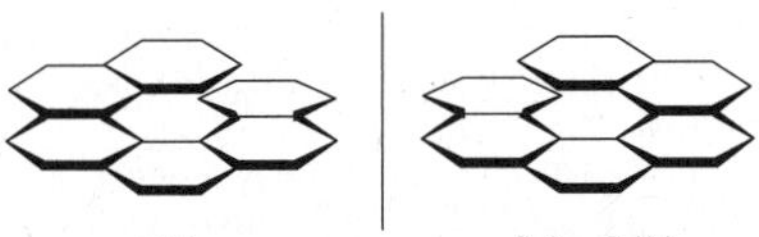

Bild Spiegelbild

chirale Helix

Bild und **Spiegelbild** einer chiralen Verbindung bezeichnet man als **Enantiomere** oder optische Antipoden. Beide Enantiomere unterscheiden sich nur in Richtung ihres Drehwinkels. Der Betrag ist immer derselbe. Für die Enantiomere gibt es eine eigene Nomenklatur: D,L-Nomenklatur und R,S-Nomenklatur. Die ältere D,L-Nomenklatur (↑ 44.7.2) nach Emil Fischer wird historisch bedingt hauptsächlich noch in der Biologie verwendet, insbesondere zur Benennung der Enantiomere von Hydroxysäuren, Aminosäuren und

[1] Auch Si, N, S und Metalle können Chiralitätszentren sein.

Zuckern. Die Nomenklatur bezieht sich hier auf eine chirale Referenzsubstanz, den Glycerinaldehyd und ist somit eine relative Nomenklatur. Man hat den beiden optisch aktiven Glycerinaldehyden willkürlich eine bestimmte Raumstruktur zu geordnet. Die wirkliche absolute Anordnung konnte erst später (1951) durch Röntgenstrukturanalyse nachgewiesen werden. Sie stimmt mit der angenommenen überein. Laut Festlegung wird der D-Glycerinaldehyd in der Fischer-Projektion, die die Projektion eines räumlichen Tetraeders auf die Papierebene darstellt, derart geschrieben, dass die OH-Gruppe nach rechts schaut (D von *dextro*, lat. rechts), und der L-Glycerinaldehyd derart, dass die OH-Gruppe nach links schaut (L von *laevo*, lat. links).

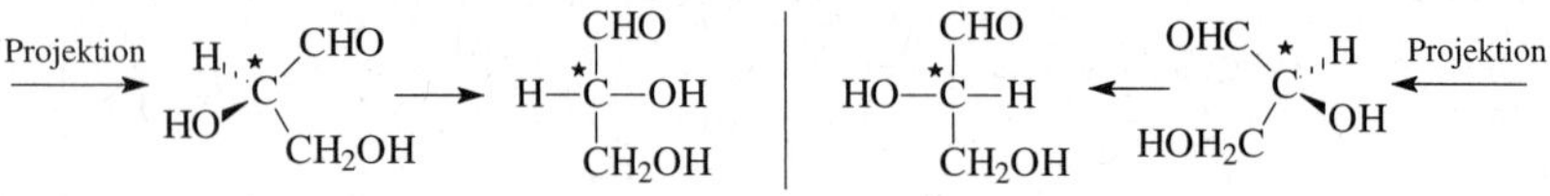

D-(+)-Glycerinaldehyd L-(-)-Glycerinaldehyd

Ähnliche Stoffe, mit gleicher sterischer Anordnung am chiralen Zentrum wie der D- oder L-Glycerinaldehyd, bekommen dann die gleiche Zuweisung.

▲

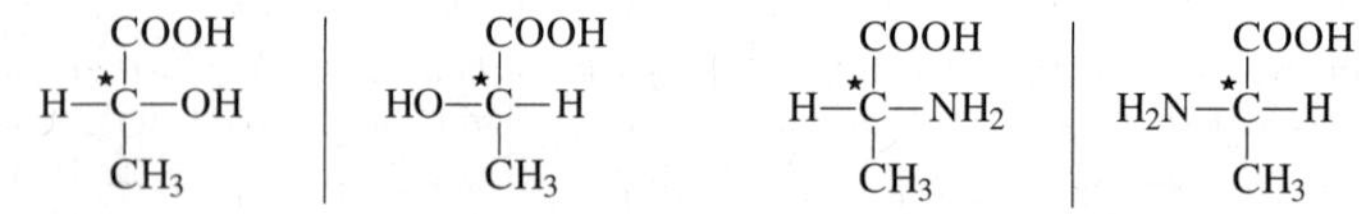

D-(-)-Milchsäure L-(+)-Milchsäure D-(-)-Alanin L-(+)-Alanin

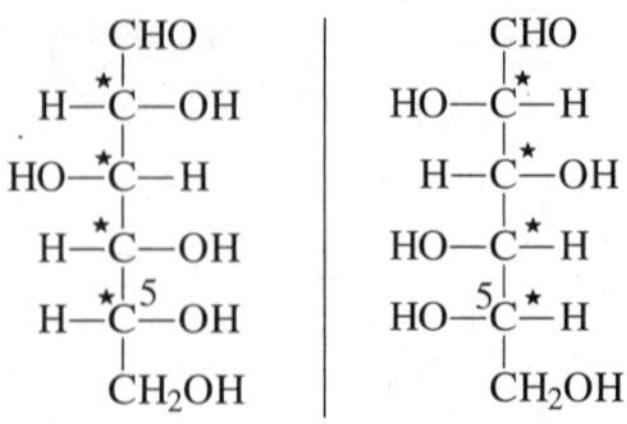

D-(+)-Glucose L-(-)-Glucose

Bei den Zuckern entscheidet die Zugehörigkeit zur D- oder L-Reihe die Konfiguration am letzten Asymmetriezentrum, bei den Hexosen ist dies am C-5. Praktisch alle natürlichen Zucker gehören der D-Reihe an. Man beachte, dass die Drehrichtung (+) oder (−) mit der D,L-Nomenklatur nichts zu tun hat und dass bei der L-Glucose alle Chiralitätszentren zu spiegeln sind.

Gemische gleicher Mengen beider Enantiomere (optischer Antipoden) zeigen keine optische Drehung mehr, da sich beide Drehrichtungen gegenseitig aufheben. Solche 1 : 1-Mischungen heißen **Racemate**. Bei Synthesen chiraler Substanzen entstehen in der Regel derartige Racemat, siehe Traubensäure (↑ S. 681). Mit modernen Methoden, wie beispielsweise mit chiralen Katalysatoren oder Enzymen (weiße Biotechnologie), lassen sich aber heute gezielt auch enantiomerenreine Verbindungen (die nur ein Enantiomer enthalten) herstellen.

Optisch aktive Verbindungen, die strukturell nicht oder nur sehr schwierig auf den D- oder L-Glycerinaldehyd bezogen werden können, werden besser nach der R,S-Nomenklatur bezeichnet, die eine absolute Nomenklatur darstellt. Die Bezeichnung R kommt von *rectus* (lat. rechts) und S von *sinister* (lat. links). Die R,S-Nomenklatur ist der D,L-Nomenklatur übergeordnet. Letztere kann leicht in diese umgewandelt werden. Die Zuordnung erfolgt hier nach bestimmten Auswahlregeln, den Sequenzregeln (↑ 44.7.3).

29.3 Reaktionsarten

Die organischen Reaktionen lassen sich, wenn man die Art des *Austausches* der reagierenden Teilchen betrachtet, auf *drei Grundarten* zurückführen.

- Substitution (↑ 29.3.1)
- Addition (↑ 29.3.2)
- Eliminierung (↑ 29.3.3)

Ihr Mechanismus kann durch Formulierung von Zwischenstufen veranschaulicht werden.

29.3.1 Substitution (Kurzzeichen S)

Unter *Substitution* versteht man den *Ersatz* eines Atoms oder einer Atomgruppe durch ein anderes Atom oder eine andere Atomgruppe. Es entstehen dabei stets *zwei* Reaktionsprodukte.

Die *Reaktionsart Substitution* kann nach dem Reaktionsmechanismus weiter unterteilt werden in drei Reaktionstypen (↑ 29.6.2).

Im Folgenden werden wichtige Substitutionsreaktionen als Beispiele behandelt:

Halogenierung (substitutiv): Substitution (in der Regel von Wasserstoff) durch Halogene; Beispiele (↑ 34.2).
Fluor reagiert mit den meisten organischen Stoffen explosionsartig; deshalb wählt man für Fluoride andere Herstellungsverfahren. Bei Iod ist eine direkte Substitution aus energetischen Gründen nicht möglich.

Reaktionsbedingungen der Substitution von Wasserstoff durch Halogen:

- *am aliphatischen Kohlenstoff:* Aktivierung durch energiereiches Licht;
- *am aromatischen Kohlenstoff:* Beschleunigung durch Katalysatoren.

Kondensation: Substitution unter Abspaltung einfacher Moleküle;

▲ – *Veresterung*:

Alkohol + Säure ⇌ Ester + Wasser.

– *Bildung von* Alkylhalogeniden (↑ Kap. 34) aus Alkohol und Halogenwasserstoff oder Halogeniden des Phosphors oder Schwefels.
– *Polykondensation* (↑ 43.1.2): Reaktion kleiner Moleküle, der so genannten *Monomeren*, die zwei oder mehr funktionelle Gruppen tragen, zu *Makromolekülen* (Riesenmolekülen) unter Abspaltung niedermolekularer Moleküle (meist H_2O).

Esterspaltung:

- *Esterhydrolyse* (durch Säuren katalysiert)

  Ester + Wasser ⇌ Alkohol + Säure

- *Verseifung* (mit Alkalihydroxid)

  Ester + Alkalihydroxid ⇌ Alkohol + Alkalisalz (der im Ester gebundenen Säure)

Ammonolyse

Säurehalogenid + Ammoniak ⇌ Säureamid (↑ 36.3) + Ammoniumhalogenid

29.3.2 Addition (Kurzzeichen A)

Unter *Addition* versteht man die *Anlagerung* eines anorganischen oder organischen Moleküls an eine organische Verbindung mit Mehrfachbindung, die dabei aufgespalten wird. Dabei werden die Doppelbindungen in Einfachbindungen oder die Dreifachbindungen in Doppel- oder Einfachbindungen übergeführt.

Die *Reaktionsart Addition* kann nach dem Reaktionsmechanismus weiter unterteilt werden in drei Reaktionstypen (↑ 29.6.2).

Im Folgenden werden wichtige Additionsreaktionen als Beispiele behandelt:

Hydrierung: Katalytische Anlagerung von Wasserstoff

▲ $CH_2{=}CH_2 + H_2 \rightleftharpoons CH_3\text{-}CH_3$
Ethen Ethan

Als Katalysator wurden früher vor allem Platinschwarz und Palladium verwendet. Heute nimmt man meist Mischkatalysatoren, z. B. Chrom(III)-oxid und Kupfer, oder fein verteiltes Nickel.

Hydratisierung: Anlagerung von Wasser

▲ $CH_2{=}CH_2 + H_2O \xrightleftharpoons{300\,°C;\ 70\ bar} CH_3\text{-}CH_2(OH)$
Ethen Ethanol

Als Katalysator wird Phosphorsäure auf Kieselgel verwendet.

Hydrohalogenierung: Anlagerung von Halogenwasserstoff

▲ $CH_3\text{-}CH{=}CH_2 + HX \rightleftharpoons CH_3\text{-}CHX\text{-}CH_3$
Propen 2-Halogenpropan

Bei Alkenen mit mehr als zwei C-Atomen tritt das Halogen an das H-ärmere C-Atom (Regel von MARKOWNIKOW).

Halogenierung: Anlagerung von Halogenen (Cl_2; Br_2; I_2)

▲ $CH_2{=}CH_2 + Cl_2 \rightleftharpoons CH_2Cl\text{-}CH_2Cl$
Ethen 1,2-Dichlorethan

Epoxidierung: Anlagerung von Sauerstoff an 2 benachbarte C-Atome durch sauerstoffabgebende Mittel wie Persäuren oder Wasserstoffperoxid, oder katalytisch mit molekularem Sauerstoff.

▲ $CH_2{=}CH_2 + \frac{1}{2}\,O_2 \xrightarrow{Ag-Kat.}$ 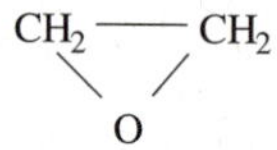
Ethen Ethylenoxid (Epoxyethan)

Hydrolyse des Epoxyethans (↑ 33.1.4)

Addition von Hypohalogenigen Säuren:

▲ $CH_2{=}CH_2 + HOCl \rightarrow CH_2(OH)\text{-}CH_2Cl$
Ethen 2-Chlorethanol (Ethylenchlorhydrin)

Bei nachfolgender Abspaltung von Halogenwasserstoff entstehen *Epoxide.*

Addition von
Cyanwasserstoff an einen Aldehyd (↑ 33.3)
Chlorwasserstoff an Ethin (↑ 30.4)

Polymerisation: Verknüpfung gleicher (*Homopolymerisation*) oder verschiedener (*Copolymerisation, Mischpolymerisation*) *ungesättigter Moleküle* (der *Monomeren*) zu einem *Makromolekül* (dem Polymeren (↑ 43.1.2)).

Jede Polymerisation (↑ 43.1.2) verläuft in 3 Schritten:

1. Schritt: Startreaktion
2. Schritt: Kettenwachstum
3. Schritt: Abbruchreaktion

Je nach dem Reaktionstyp sind die Aktivierungsenergien, die *Initiatoren*, die die Reaktion einleiten, und die Bedingungen, die die Kettenlänge regeln, verschieden.

▲ Polymerisation von Vinylchlorid zu Polyvinylchlorid (radikalische Polymerisation):

1. Startreaktion

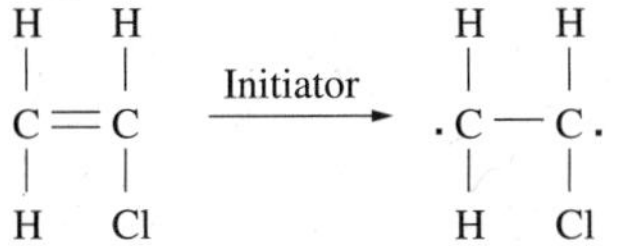

2. Kettenwachstum (*n* = Polymerisationsgrad)

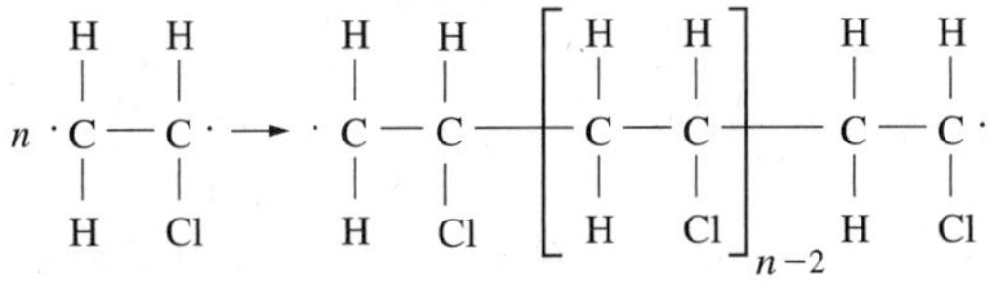

3. Abbruchreaktion

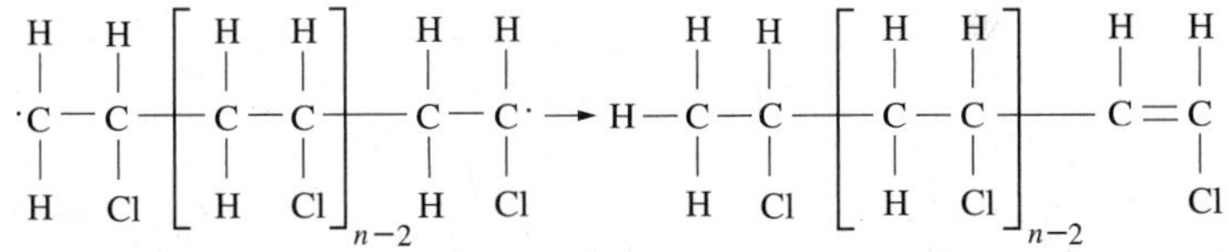

Der *Kettenabbruch* kann verschiedenartig erfolgen:

Bei *radikalischer Polymerisation*

- Bildung einer Doppelbindung durch Wanderung eines H-Atoms; (s. Beispiel)
- Ringbildung oder Rekombination zweier Radikale

Bei *ionischer Polymerisation*

- Anlagerung von Gegen-Ionen, d. h., bei kationischen Polymerisationen durch Anionen und bei anionischen Polymerisationen durch Kationen.

Polyaddition (↑ 43.1.2): Sie ist eine besondere Art der Additionsreaktion, da hier keine Mehrfachbindungen zwischen C-Atomen aufgespalten werden. Es reagieren zwei unterschiedliche funktionelle Gruppen, die sich entweder am gleichen Molekül oder an zwei verschiedenen Molekülen befinden, ohne Abspaltung niedermolekularer Verbindungen. Die Addition erfolgt an eine C=N- oder C=O-Bindung.

▲ Reaktion zwischen Isocyanat- und Hydroxylgruppen bei der Bildung eines Polyurethans (↑ 43.1.2):

… + O=C=N–R'–N=C=O + **H**O–R"–OH + … → … + O=C=N–R'–N**H**–CO–OR"–OH + …

29.3.3 Eliminierung (Kurzzeichen E)

Unter *Eliminierung* versteht man die *Abspaltung* von Atomen oder Atomgruppen aus einem Molekül unter anschließender Ausbildung einer Mehrfachbindung. Sie ist die Umkehrung der Addition.

Die Reaktionsart *Eliminierung* kann nach dem Reaktionsmechanismus weiter unterteilt werden in drei Reaktionstypen (↑ 29.6.2).

Im Folgenden werden wichtige Eliminierungsreaktionen als Beispiele behandelt:

▲ **Dehydrierung**: Abspaltung von Wasserstoff durch Oxidation oder durch Wärmeeinwirkung (*pyrolytische Dehydrierung*).
Dehydratisierung: Abspaltung von Wasser.
Dehydrohalogenierung: Abspaltung von Halogenwasserstoffen aus Dihalogenalkanen zu Alkinen oder halogenierten Alkenen durch starke Basen, z. B.

$$CH_2Br\text{–}CHBr\text{–}CH_3 \xrightarrow{-2\,HBr} CH{\equiv}C\text{–}CH_3$$
1,2-Dibrompropan → Propin

$$CH_2Cl\text{-}CH_2Cl \xrightarrow{-HCl} CH_2{=}CHCl$$
1,2-Dichlorethan → Monochlorethen (Vinylchlorid)

29.4 Mesomerie (Resonanz)

Definition: Mesomerie (Resonanz) beschreibt Bindungsverhältnisse in Molekülen, deren Struktur durch eine einzige Valenzstrichformel nicht hinreichend dargestellt wird.

Name: Mesomerie (grch.) zwischen den Teilen

Strukturelle Voraussetzungen für Mesomerie:

Mesomerie tritt z. B. auf

- zwischen *konjugierten* Mehrfach-, insbesondere Doppelbindungen (↑ S. 629) (auch unter Einbeziehung mehrfach gebundener Heteroatome):

  $$\ldots\ \text{–CH=CH–CH=CH–}\ \ldots\ \text{–CH=CH–CH=}\overline{\underline{O}}\ \ldots\ \text{–CH=CH–C}{\equiv}\text{N}\,|$$

- bei der *Konjugation* einer Doppelbindung *mit einem „einsamen"* (ungebundenen) Elektronenpaar:

  $$\ldots\ \text{–CH=CH–}\overline{\underline{Cl}}\,|$$

Räumliche Bedingung für das Auftreten von Mesomerie ist, dass das betroffene Bindungssystem in einer Ebene liegt.

▲ Im *Cyclooctatetraen*, C_8H_8, einem ringgeschlossenen System von 8 C-Atomen mit 4 konjugierten Doppelbindungen, ist *keine Mesomerie* vorhanden, da das Molekül nicht eben gebaut ist, sondern „Wannenform" aufweist.

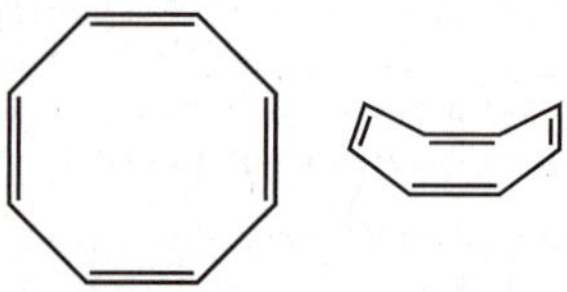

Draufsicht Ansicht

Doppelbindungen im Molekül:

- *Kumulierte* Doppelbindungen folgen unmittelbar aufeinander:
  1,2-Pentadien $CH_2{=}C{=}CH{-}CH_2{-}CH_3$
- *Konjugierte* Doppelbindungen schließen eine Einfachbindung ein:
  1,3-Pentadien $CH_2{=}CH{-}CH{=}CH{-}CH_3$
- *Isolierte* Doppelbindungen schließen mehr als eine Einfachbindung ein:
  1,4-Pentadien $CH_2{=}CH{-}CH_2{-}CH{=}CH_2$

Die hier für Doppelbindungen geprägten Begriffe gelten auch für Dreifachbindungen.

Die π-Elektronen *konjugierter Doppelbindungen* befinden sich nicht streng zwischen den doppelt miteinander verbundenen C-Atomen, sondern verteilen sich mehr oder weniger gleichmäßig über das gesamte *mesomere Bindungssystem* (*Delokalisierung*). Hierbei wird die *Mesomerieenergie* frei, sodass das mesomere Bindungssystem energiearm und somit relativ stabil ist.

▲ Bei dem Versuch, das stark ungesättigte *Cyclohexatrien* herzustellen, dessen Moleküle ein ringgeschlossenes System dreier konjugierter Doppelbindungen enthalten (Formeln I und II), erhält man statt dessen das relativ gesättigte und entsprechend beständige *Benzen* (Benzol), die Stammsubstanz der aromatischen Verbindungen. Die sechs π-Elektronen des Cyclohexatriens verteilen sich unter starker Energieabgabe gleichmäßig über das gesamte Ringsystem (Delokalisierung). Die Bindungen zwischen den C-Atomen sind gleich lang.

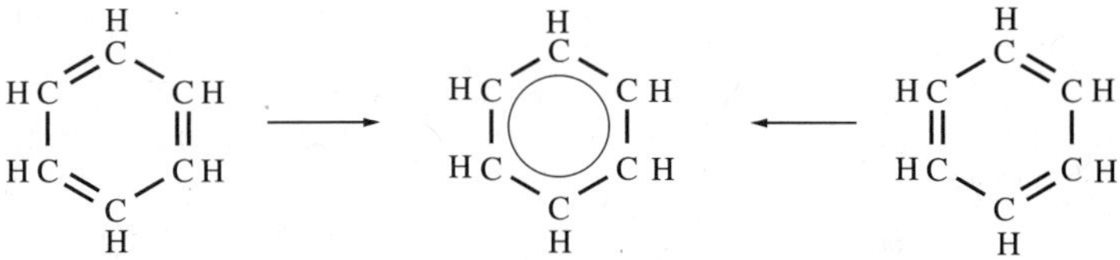

(I) (M) (II)

Es bildet sich das *mesomere* (in diesem Fall *aromatische*) *Bindungssystem* (M).

Das Bindungsorbital der π-Elektronen besteht aus je einem Torus (räumlicher Ring) ober- und unterhalb der Ebene der σ-Bindungen.

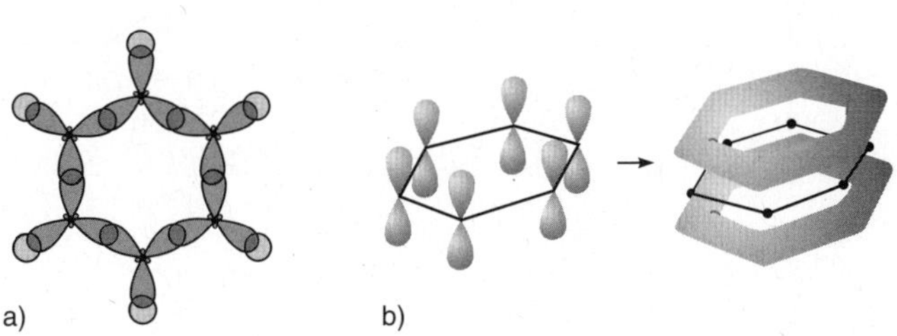

Bindungen im Molekül des Benzens (Benzols); a) σ-Bindungen, b) π-Bindungen

Grenzstrukturen: Die *wahre Struktur* des Benzens liegt *zwischen* den Strukturen I und II.

Sie kann durch diese herkömmlichen („klassischen") Valenzstrichformeln nicht wiedergegeben, sondern nur eingegrenzt werden. Man bezeichnet daher die Formeln I und II als *Grenzstrukturen* (Grenzformeln) und verknüpft sie durch den Mesomeriepfeil ⟷:

I II

Der *Mesomeriepfeil* ⟷ darf nicht mit den Gleichgewichtspfeilen ⇌ bzw. ⇌ verwechselt werden. In einem mesomeren Bindungssystem herrscht kein chemisches Gleichgewicht zwischen verschiedenartigen Molekülen, sondern es existiert nur eine einzige Molekülart, deren Struktur durch die Grenzformeln eingegrenzt wird.

Polare Grenzformeln:

- Die *wahre Struktur* des **Vinylchlorids** liegt zwischen der unpolaren Grenzstruktur (I) und der polaren Grenzstruktur (II) (Erläuterung zur Symbolik (↑ 29.6.1) ⊕ und ⊖).

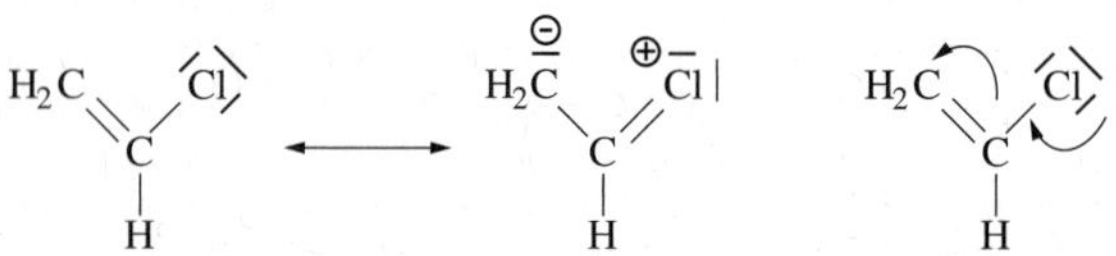

(I) (II) (III)

  Die polare Grenzformel entsteht aus der unpolaren, indem das Cl-Atom 1 Elektron an das benachbarte C-Atom abgibt und somit aus einem nichtbindenden Elektronenpaar ein bindendes entsteht (III). Durch die Elektronenabgabe erhält das Cl-Atom eine positive Ladung. Der „Elektronendruck“ (+M-Effekt (↑ 29.5.3)) setzt sich jenseits des C-Atoms fort, sodass am endständigen C-Atom eine negative Ladung auftritt (II).
- Im **Buta-1,3-dien** verteilen sich die vier π-Elektronen der beiden Doppelbindungen über das *gesamte konjugierte Bindungssystem.* Der tatsächliche Bindungszustand wird durch die unpolare Grenzformel (I) („klassische“ Strukturformel des Butadiens) sowie durch die beiden polaren Grenzformeln (II) und (III) eingegrenzt:

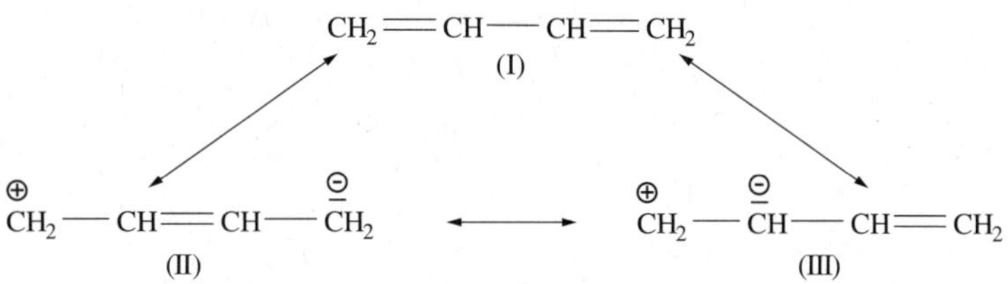

- Die Strukturen der **Nitrogruppe** und des **Carboxylat-Anions** werden beschrieben durch:

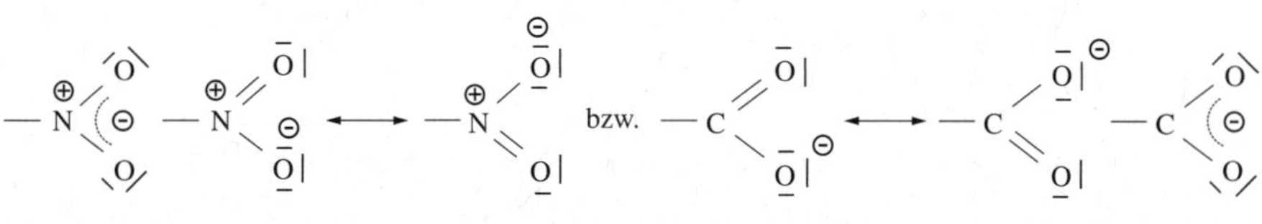

Beweglichkeit der π-Elektronen mesomerer Systeme:
Die π-Elektronen sind im Gegensatz zu den σ-Elektronen längs des mesomeren Bindungssystems verschiebbar. Beispielsweise kann sich beim Vollzug einer chemischen Reaktion die tatsächliche Struktur unter dem Einfluss eines polaren Reaktionspartners einer der Grenzstrukturen annähern.

29.5 Substituenteneffekte

29.5.1 Übersicht

Ein *Substituent* in diesem Sinne ist jedes Atom und jede Atomgruppe, die die Stelle eines oder mehrerer H-Atome eines Kohlenwasserstoffmoleküls einnehmen, z. B.

–Cl, =O, $>C{=}O$, –OH, $–NH_2$, –COOH und auch $–CH_3$, $–C_2H_5$ usw.

Das mit dem C-Atom unmittelbar verbundene Atom eines Substituenten wird als sein *Schlüsselatom* bezeichnet, z. B. ist N das Schlüsselatom der $–NH_2$-Gruppe.

Ein Substituent übt

- aufgrund unterschiedlicher Elektronegativität (**I-Effekt,** (↑ 29.5.2) *Induktionseffekt*)
- aufgrund der Beteiligung an einem mesomeren Bindungssystem (**M-Effekt,** (↑ 29.5.3) *Mesomerieeffekt*)

einen

- elektronenziehenden (−I- und −M-Effekt) oder
- elektronendrückenden (+I- und +M-Effekt)

Einfluss auf das Kohlenstoffatom aus, an das er gebunden ist.

Von diesem C-Atom aus teilt sich der elektronenziehende oder -drückende Einfluss auf alle Bindungspartner und damit in sich ständig abschwächendem Maße auf alle weiteren C-Atome der Hauptkette und die daran gebundenen Substituenten mit. Hierdurch wird die Reaktivität der betreffenden C-Atome und funktionellen Gruppen, z. B. die Säurestärke (↑ 29.5.2) einer Carboxylgruppe, beeinflusst.

Das *Vorzeichen* der Effekte stimmt mit der Ladung überein, die der Substituent (bzw. sein Schlüsselatom) durch die Elektronenverschiebung erhält. Elektronenzug bewirkt negative, Elektronendruck positive Ladung.

Übt ein Substituent *beide Effekte* aus, so können sie sich entsprechend ihren Vorzeichen in ihrer Wirkung sowohl verstärken (übereinstimmende Vorzeichen) als auch abschwächen (entgegengesetzte Vorzeichen). Beispielsweise sind Cl-Atome durch ihre hohe Elektronegativität elektronenziehend (−I-Effekt); beteiligen sie sich jedoch an einem mesomeren Bindungssystem, so wirken sie elektronendrückend (+M-Effekt). Bei den aromatischen Chlorverbindungen überwiegt der elektronendrückende Effekt, sodass Chlor ein Substituent I. Ordnung ist.

Substitutionsregeln für elektrophile Zweitsubstitution am Aromaten (↑ 29.6.5):

Substituenten I. Ordnung (-Cl, -Br, -I, $-CH_3$, $-C_nH_{2n+1}$, -OH, $-NH_2$) dirigieren einen neu eintretenden Substituenten, gleich welcher Art, bevorzugt in die 2- und 4-Stellung.

Substituenten II. Ordnung ($-NO_2$, -CHO, -COOH, $-SO_2OH$)
dirigieren einen neuen Substituenten bevorzugt in die 3-Stellung.

29.5.2 Der I-Effekt

(induktiver Effekt, Induktionseffekt)

Polarität chemischer Bindungen: Während die C-H-Bindung näherungsweise als unpolar angesehen werden kann, bewirken andere Substituenten am C-Atom je nach ihrer Elektronegativität (↑ 5.1.4) das Auftreten von Teilladungen δ^+ und δ^- zwischen Kohlenstoffatomen und ihren Bindungspartnern.

▲ 

−I-Effekt: Substituenten mit größerer Elektronegativität als C bzw. H üben auf ein Kohlenstoffatom einen *elektronenziehenden Einfluss* aus. Der Substituent (bzw. sein Schlüsselatom) wird partiell negativiert (δ^-), das mit ihm verbundene C-Atom positiviert (δ^+). Die positive Teilladung des C-Atoms wirkt nun ihrerseits in abgeschwächtem Maße anziehend auf die Bindungselektronen der mit ihm verbundenen Atome, sodass letztere ebenfalls, und zwar schwächer, positiviert werden ($\delta\ \delta^+$). Es besteht also ein Elektronenzug zum Substituenten hin, der sich mit zunehmender Entfernung vom Substituenten rasch abschwächt.

▲ Wirkung eines Cl-Atoms (mit → wird die Richtung der Elektronenverschiebung, in diesem Falle des Elektronenzuges, angegeben):

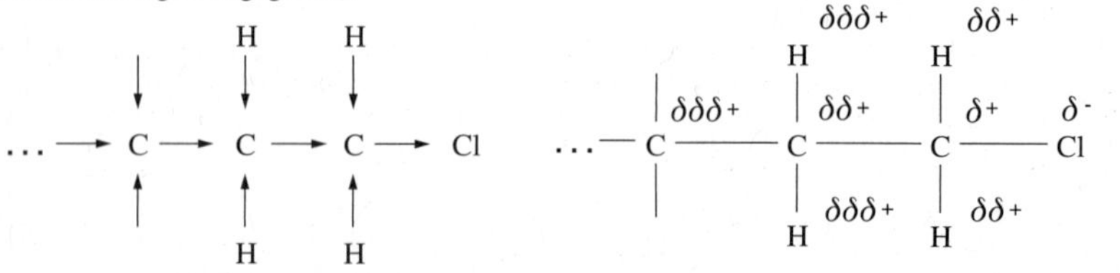

Substituenten mit −I-Effekt: Die meisten Substituenten üben einen −I-Effekt aus. Hierzu gehören neben Atomen mit größerer Elektronegativität (–F, –Cl, –Br, –I, =O, =S), deren Wirkung sich mit ihrer Anzahl verstärkt (z. B. in den Gruppen $-CH_2Cl$, $-CHCl_2$, $-CCl_3$, $-CF_3$), auch die Gruppen –OH, $-NO_2$, $-NH_2$, $-C_6H_5$, –OR, –CHO, –COOH, –COOR, –CN sowie auch alle ungesättigten Kohlenwasserstoffreste wie $-CH{=}CH_2$, $-C{\equiv}CH$ und andere.

Eine eindeutige Reihenfolge bezüglich des Elektronenzuges lässt sich wegen eines zusätzlichen, evtl. entgegenwirkenden M-Effekts, der auch vom übrigen Molekül abhängt, nicht angeben.

+I-Effekt: Substituenten mit kleinerer Elektronegativität als C bzw. H üben einen *elektronendrückenden Einfluss* aus. Sie negativieren das mit ihnen verbundene C-Atom und in abgeschwächtem Maße alle weiteren damit verbundenen Atome.

▲ 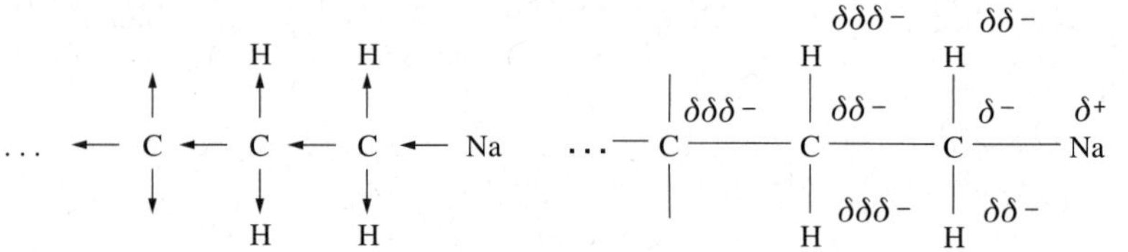

Substituenten mit +I-Effekt: Hierzu gehören alle *Metalle,* weiterhin die in salzartigen Stoffen vorhandenen geladenen Atome $-O^-$ und $-S^-$ sowie auch *Alkylgruppen*, wie $-CH_3$ und $-C_2H_5$, insbesondere wenn sie, wie in der *Tertiärbutylgruppe,* $-C(CH_3)_3$, gehäuft auftreten.

Auswirkung des I-Effekts auf die Stärke von Carbonsäuren: Carbonsäuren sind um so stärker, je leichter die –COOH-Gruppe ein H^+-Ion abspaltet, d. h., je weniger stark negativ das O-Atom der OH-Gruppe ist. Substituenten mit −I-Effekt im Kohlenwasserstoffrest verstärken also den Säurecharakter, Substituenten mit +I-Effekt schwächen ihn ab.

▲ Je niedriger der pK_S-Wert, (↑ 7.3.2.4) um so stärker die Säure:

1. **Je stärker der –I-Effekt, desto stärker ist die Säure.**

	pK_S
CH_3-COOH	4,76
CH_2I-COOH	3,17
CH_2Br-COOH	2,91
CH_2Cl-COOH	2,86
CH_2F-COOH	2,23
$CH_2(NO_2)$-COOH	1,68

2. **Mit zunehmender räumlicher Annäherung eines Substituenten mit –I-Effekt an die Carboxylgruppe steigt die Säurestärke an.**

	pK_S
CH_2Cl-CH_2-CH_2-COOH	4,52
CH_3-CHCl-CH_2-COOH	4,05
CH_3-CH_2-CHCl-COOH	2,86

3. **Je mehr Substituenten mit –I-Effekt, desto stärker ist die Säure.**

	pK_S
CH_2Cl-COOH	2,86
$CHCl_2$-COOH	1,30
CCl_3-COOH	0,70

4. **Substituenten mit +I-Effekt setzen die Säurestärke herab.**

	pK_S
H-COOH	3,74
CH_3-COOH	4,76
$(CH_3)_3C$-COOH	4,78

29.5.3 Der M-Effekt

(mesomerer Effekt, Mesomerieeffekt)

–M-Effekt: Mehrfach gebundene Atome oder Atomgruppen (z. B. =O, ≡N, =NH) beteiligen sich dadurch an einem mesomeren Bindungssystem, dass ein Elektronenpaar der Mehrfachbindung delokalisiert und sich derart zum Substituenten verschiebt, dass dort im mesomeren Grenzzustand ein ungebundenes („einsames") Elektronenpaar vorhanden ist:

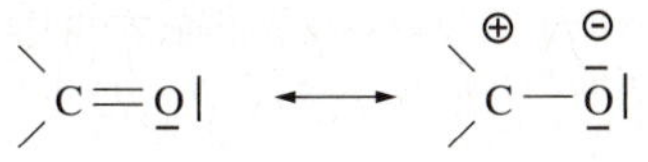

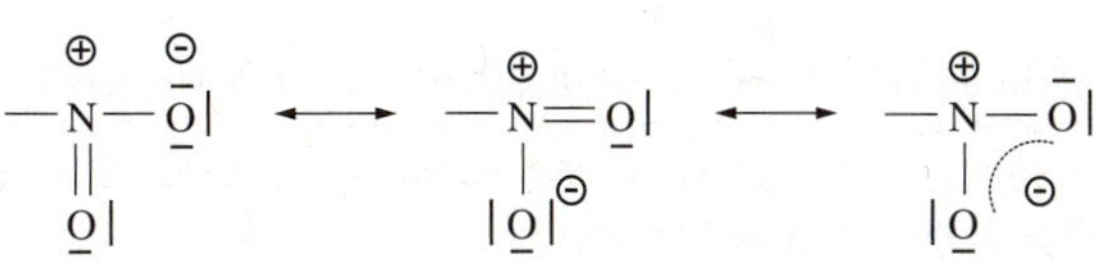

Das mehrfach gebundene Atom wird dadurch negativiert (Vorzeichen des Effektes!); es übt somit einen Elektronenzug auf das übrige Bindungssystem aus, dessen Elektronendichte dadurch erniedrigt wird.

▲

Acrolein
(Propenal)

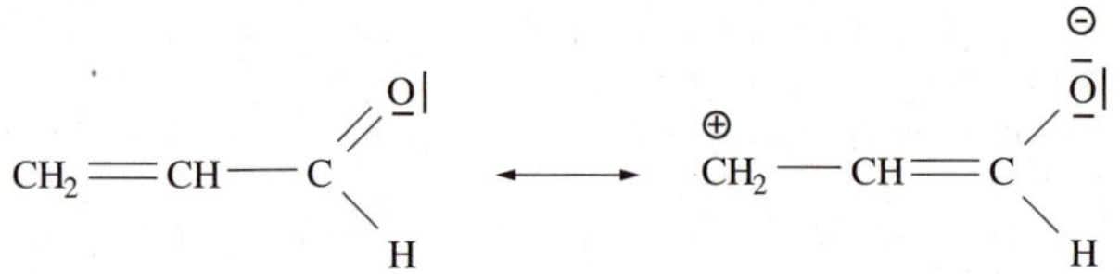

Substituenten mit –M-Effekt: Hierzu gehören –CHO, –COOH, –COOR, –CN, $-SO_2OH$, $-NO_2$. Bei entsprechenden Benzenderivaten werden sie als Substituenten II. Ordnung (↑ 29.5.1) bezeichnet.

+M-Effekt: Substituenten mit mindestens einem ungebundenen („einsamen“) Elektronenpaar (z. B. –$\overline{\text{Cl}}$|, –$\overline{\text{O}}$–H) beteiligen sich dadurch an einem mesomeren Bindungssystem, dass das ungebundene Elektronenpaar delokalisiert und sich derart verschiebt, dass im mesomeren Grenzzustand eine Doppelbindung vorhanden ist:

Der Substituent mit ungebundenem Elektronenpaar wird dadurch positiviert (Vorzeichen des Effektes!); er übt einen Elektronendruck auf das übrige Bindungssystem aus, dessen Elektronendichte dadurch erhöht wird. Die rechte Grenzformel spielt wegen der Elektronegativität von Chlor (–I-Effekt) jedoch nur eine geringe Rolle.

▲ Vinylchlorid (Monochlorethen)

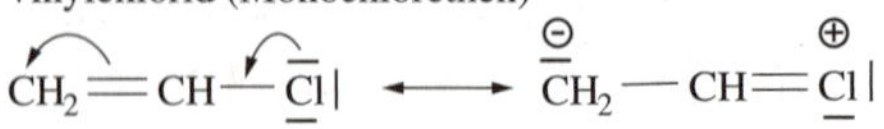

Substituenten mit +M-Effekt: Hierzu gehören –I, –Br, –Cl, –F, –OH, $-NH_2$, $-O^-$. Bei entsprechenden Benzenderivaten werden sie als Substituenten I. Ordnung (↑ 29.5.1) bezeichnet.

29.6 Reaktionstypen

29.6.1 Grundlagen

Substrat und Reagens: Obwohl eine chemische Reaktion zwischen zwei Substanzen stets eine vollkommene Wechselwirkung darstellt (Chlor greift nicht nur Methan an, sondern Methan greift zugleich auch Chlor an; Chlor ist nicht nur „aggressiv“ sondern in gleichem Sinne „leicht angreifbar“), unterscheidet man besonders bei organisch-chemischen Reaktionen Substrat und Reagens. Als *Substrat* wird in der Regel das größere, als *Reagens*[1)] das kleinere, beweglichere Molekül betrachtet. Das ruhend gedachte Substrat wird vom beweglich gedachten Reagens angegriffen.

Die Unterscheidung zwischen Substrat und Reagens ist jedoch oft problematisch und nicht frei von Willkür. So pflegt man z. B. bei der *Veresterung* unabhängig von der Molekülgröße die Carbonsäure als Substrat und den Alkohol als Reagens zu betrachten.

Spaltung chemischer Bindungen: Im Verlaufe chemischer Reaktionen werden chemische Bindungen gespalten und/oder geknüpft.

[1)] Plural laut DUDEN: Reagenzien; üblich jedoch auch Reagentien

- *Homolytische Spaltung* (Homolyse): Das bindende Elektronenpaar wird aufgespalten:

  $$A{:}B \longrightarrow A^{\cdot} + {\cdot}B$$

  Es entstehen (neutrale) *Radikale,* die mindestens ein *freies Elektron* aufweisen und als Elektronenmangelverbindungen unbeständig sind.
- *Heterolytische Spaltung* (Heterolyse): Das bindende Elektronenpaar verbleibt an einem der beiden Atome:

  $$A{:}B \longrightarrow A^{\oplus} + {:}B^{\ominus}$$

  Es entstehen *elektrisch geladene* Spaltstücke (Ionen).

Elektrophilität und Nukleophilität: Atome, Moleküle, Ionen und auch einzelne Molekülbereiche können nukleophile oder elektrophile Eigenschaften haben.

- **nukleophil** („kernfreundlich") heißt:
  aufgrund eines Elektronenüberschusses befähigt, ein Elektronenpaar zur Ausbildung einer homöopolaren Bindung (Atombindung) zur Verfügung zu stellen.
- **elektrophil** („elektronenfreundlich") heißt:
  aufgrund eines Elektronenmangels befähigt, durch Mitbenutzung eines fremden Elektronenpaares eine homöopolare Bindung (Atombindung) auszubilden.

Das Elektronenpaar wird also vom nukleophilen Reaktionspartner dem elektrophilen Partner zur *gemeinsamen* Bindung zur Verfügung gestellt. Hierbei kann das Elektronenpaar bereits als solches (als ungebundenes, „einsames" Elektronenpaar) vorhanden sein, oder aber es kann erst im Verlauf von Reaktionen im Molekülbereich größerer Elektronendichte entstehen.

Nukleophile und elektrophile Reaktionen: Die Bezeichnung der Reaktion richtet sich stets nach dem *Reagens:*

- *Nukleophile Reaktion* = nukleophiles Reagens + elektrophiles Substrat.
- *Elektrophile Reaktion* = elektrophiles Reagens + nukleophiles Substrat.

nukleophil elektronenpaarliefernd	**elektrophil** elektronenpaarnehmend
1. Moleküle mit ungebundenem („freiem") Elektronenpaar: H_2O, NH_3 u. a.	1. Moleküle mit Elektronenpaarlücke („Elektronensextett"): $AlCl_3$, BF_3 u. a.
2. Negative Ionen (sind entweder vorhanden oder bilden sich erst bei der heterolytischen Spaltung): OH^-, Br^-, $NH_2^{\ominus}$ u. a.	2. Positive Ionen (sind entweder vorhanden oder bilden sich erst bei der heterolytischen Spaltung): H^+, aber auch $Br^{\oplus}$, $I^{\oplus}$ u. a.
3. C-Atome mit negativer Teilladung: $\overset{\delta-}{C}$–Me (Me = metallischer Partner)	3. C-Atome mit positiver Teilladung: $\overset{\delta+}{C}$–X (X = nichtmetallischer Partner)
4. Mehrfachbindungen und aromatische Bindungssysteme (↑ 29.4) 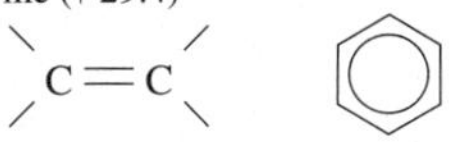	

29.6.2 Übersicht über die Reaktionstypen

Die 3 **Reaktionsarten**

Substitution (Symbol S) *Addition* (Symbol A) *Eliminierung* (Symbol E)	können	*radikalisch* (Index R) *elektrophil* (Index E) *nukleophil* (Index N)

ablaufen.

Somit ergeben sich **9 Grundreaktionstypen:**

S_R	S_E	S_N
A_R	A_E	A_N
E_R	E_E	E_N

Einige dieser Reaktionstypen lassen sich hinsichtlich des **Reaktionsmechanismus**, d. h. des detaillierten Ablaufs, noch weiter unterteilen. So unterscheidet man z. B.

S_N1 bzw. E_N1 = nukleophile Substitution bzw. Eliminierung nach dem *Stufenmechanismus*;
S_N2 bzw. E_N2 = nukleophile Substitution bzw. Eliminierung nach dem *Synchronmechanismus*.

Die angeführten Reaktionstypen sind nicht immer rein ausgeprägt. Bereits zwischen homo- und heterolytischer Spaltung gibt es **Übergangsformen**. Es existieren auch Fälle, bei denen ein nukleophiler und ein elektrophiler Angriff von zwei Bereichen des Reagens gleichzeitig erfolgen. Häufig führen derartige Reaktionen zu zyklischen Übergangszuständen, indem sich zwei, drei oder (seltener) mehr Moleküle unter Ringbildung zusammenlagern (*Cycloaddition*); der zyklische Übergangszustand kann sich dann durch Elektronenverschiebung entweder stabilisieren oder aber (an anderen als den Knüpfungsstellen) wieder auseinander brechen.

29.6.3 Radikalische Reaktionen

Das Reagens ist ein **Radikal**, d. h. ein Teilchen mit einzelnen, ungepaarten Elektronen.

- Radikalische Substitution (S_R-Reaktion)
- Radikalische Addition (↑ S. 637) (A_R-Reaktion)
- Radikalische Eliminierung (↑ S. 637) (E_R-Reaktion)

S_R-Reaktion

Das Reagens ist ein Radikal, z. B. ein ˙Cl-Radikal, wie es aus Cl_2-Molekülen durch homolytische Spaltung, unter Einwirkung von Wärme oder Licht, gebildet wird: $Cl_2 \xrightarrow{\text{Licht}} {}^{\cdot}Cl + .Cl$. Diese *Startreaktion* leitet eine *Kettenreaktion* ein. Indem die ˙Cl-Radikale auf Moleküle einwirken, entstehen neue Radikale (*Fortpflanzungsreaktionen*), bis jede Reaktionskette durch Reaktion zweier Radikale miteinander ihren Abbruch findet (*Abbruchreaktion*).

▲ Chlorierung von Methan

Startreaktion:	$Cl_2 \xrightarrow{\text{Licht}} {}^{\cdot}Cl + .Cl$
Fortpflanzungsreaktionen:	$H_3C\text{-}H + \cdot Cl \rightarrow H_3C\cdot + HCl$
	$H_3C\cdot + Cl_2 \rightarrow H_3C\text{-}Cl + \cdot Cl$
	$\cdot Cl$ wirkt wieder auf CH_4 oder CH_3Cl ein usw.
Abbruchreaktion:	$H_3C\cdot + \cdot Cl \rightarrow H_3CCl$
	(auch $H_3C\cdot + \cdot CH_3 \rightarrow C_2H_6$; Nebenprodukt!)

A_R-Reaktion

Das Reagens ist ein Radikal, das wie bei der S_R-Reaktion entsteht. Es addiert sich an eine ungesättigte Verbindung so, dass ein neues Radikal entsteht und somit eine Reaktionskette ausgelöst wird:

▲ Chlorierung von Ethen

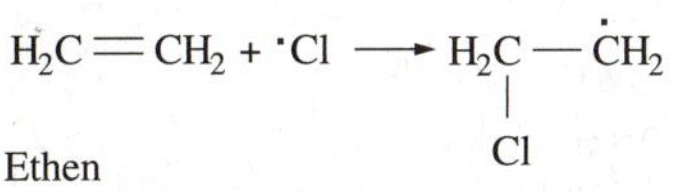

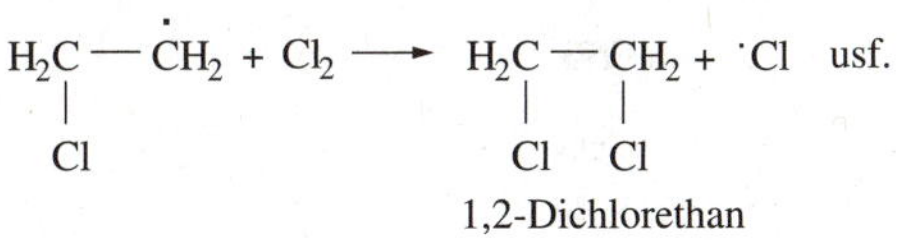

E_R-Reaktion

Bei der radikalischen Eliminierung entstehen Radikale als primäre Spaltstücke von Kohlenstoffverbindungen.

▲ pyrolytische Spaltung (Cracken) von höheren Alkanen

$$R\text{-}CH_2\text{-}CH_2\text{-}CH_2\text{-}CH_2\text{-}R' \rightarrow R\text{-}CH_2\text{-}CH_2\cdot + \cdot\, CH_2\text{-}CH_2\text{-}R'$$

$$R\text{-}CH_2\text{-}CH_2\cdot \rightarrow R\cdot + CH_2{=}CH_2$$

Für den weiteren Verlauf bestehen sehr vielfältige Reaktionsmöglichkeiten.

29.6.4 Nukleophile Reaktionen

Bei nukleophilen Reaktionen greift ein *nukleophiles Reagens* einen elektrophilen Bereich des Substrats an.

- Nukleophile Substitution (S_N-Reaktion)
- Nukleophile Addition (A_N-Reaktion)
- Nukleophile Eliminierung (E_N-Reaktion)

S_N-Reaktion

Bei der S_N-Reaktion verdrängt ein nukleophiles Reagens ein Atom oder eine Atomgruppe aus dem Substrat, und zwar derart, dass der verdrängte Bindungspartner mitsamt dem ursprünglich bindenden Elektronenpaar abgespalten wird, während das Reagens ein Elektronenpaar für die neue Bindung zur Verfügung stellt:

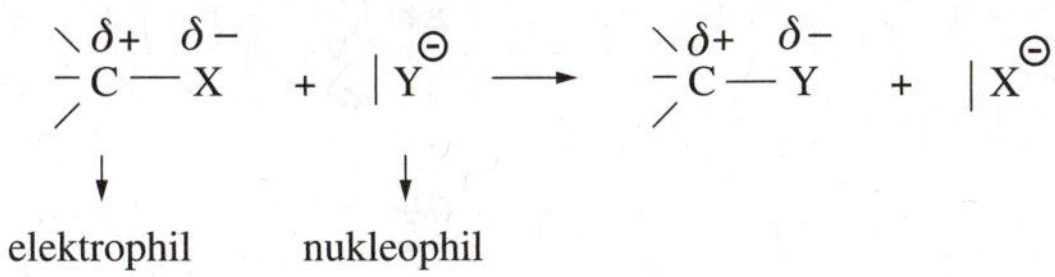

▲ Reaktion zwischen Monochlorethan und Hydroxid-Ionen (z. B. Alkalihydroxid)

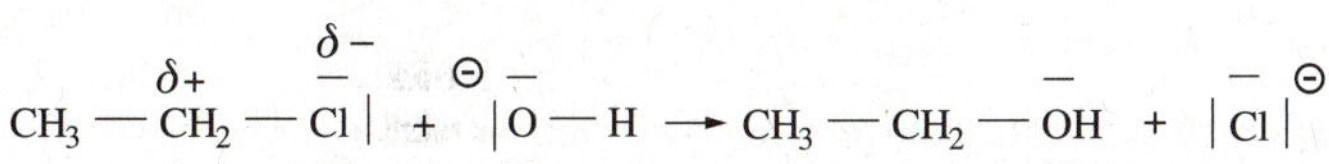

Hinsichtlich des *Mechanismus* kann die S_N-Reaktion auf 2 Arten ablaufen:

S_N1 = Stufenmechanismus: Ablösung des einen und Bindung des anderen Substituenten erfolgen *nacheinander*.
S_N2 = Synchronmechanismus: Ablösung des einen und Bindung des anderen Substituenten erfolgen *gleichzeitig*.

S_N1-Reaktion

1. Schritt:

Das Substrat *dissoziiert* unter Bildung eines relativ stabilen Carbenium-Ions (auch Carbokation genannt):

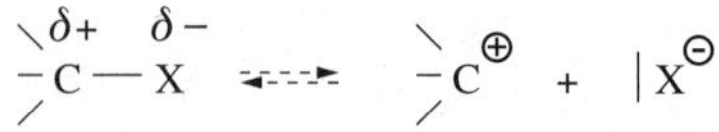

2. Schritt:

Das Carbenium-Ion *addiert* den nukleophilen Partner:

Der 1. Schritt erfordert eine Aktivierungsenergie. Das Carbenium-Ion kann auch noch anderweitig reagieren (Protonenabspaltungen, Umlagerungen), sodass ungesättigte oder isomere Nebenprodukte entstehen. Die Protonenabspaltung führt zur konkurrierenden E_N1-Reaktion (↑ S. 639).

S_N2-Reaktion

In dem Maße, wie sich das Reagens von der einen Seite her nähert, wird der Substituent auf der anderen Seite verdrängt:

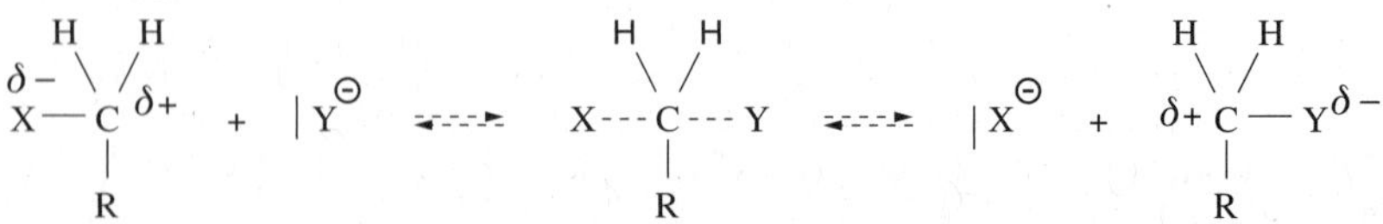

Übergangszustand

Hierbei erfolgt *Konfigurationsumkehr:* Die ursprünglich vom X-Atom abgewendeten Bindungspartner H bzw. R (Tetraedermodell!) richten sich im Übergangszustand senkrecht auf und neigen sich mit zunehmender Bindung des Y-Atoms, dem Umklappen eines Regenschirms vergleichbar, auf die dem Y-Atom abgewendete Seite. Aus einer optisch-aktiven D-Verbindung wird somit eine L-Verbindung und umgekehrt.

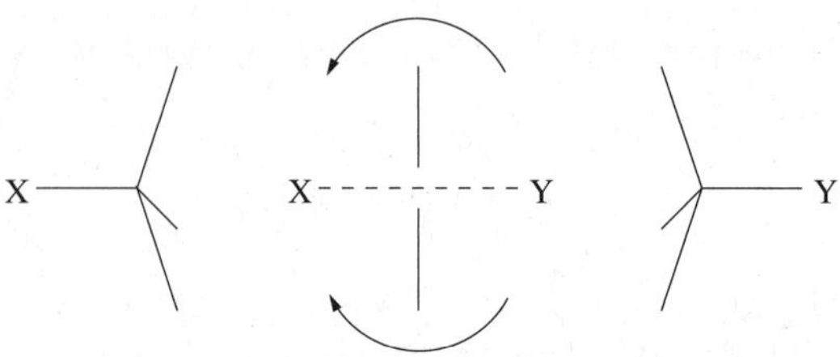

Bild 28-1: *Schematische Darstellung der Konfigurationsumkehr beim S_N2-Mechanismus*

Bei der S_N2-Reaktion gibt es im Gegensatz zum S_N1-Mechanismus keine isomeren Nebenprodukte; jedoch können auch hier Protonenabspaltungen als Konkurrenzreaktionen ablaufen (E_N2-Reaktionen (↑ S. 639)).

A_N-Reaktion

Die Addition an C=C-Doppelbindungen verläuft in der Regel radikalisch (A_R) oder, da der Doppelbindungsbereich eine relativ hohe Elektronendichte aufweist, elektrophil (A_E). Nukleophil ist jedoch z. B. die Addition an die C=O-Bindung eines Aldehyds oder Ketons. Die größere Elektronegativität des O-Atoms positiviert das C-Atom und macht es dadurch einem nukleophilen Angriff zugänglich.

▲ Addition von Cyanwasserstoff an einen Aldehyd.

Das HCN-Molekül ist gemäß $\overset{\delta+}{H}-\overset{\delta-}{CN}$ polar. Bei Annäherung an die ebenfalls polare CO-Gruppe des Aldehyds verstärkt sich die Polarität, sodass im Übergangszustand das $CN^{\ominus}$ -Ion als nukleophiles Reagens wirkt und am positivierten C-Atom angreift:

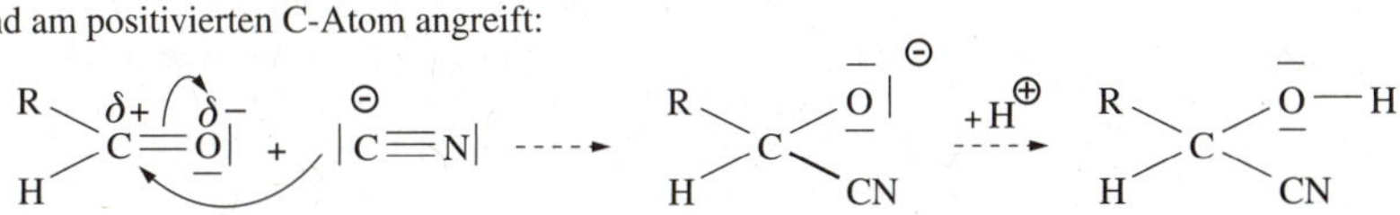

Dabei wird das ursprünglich ungebundene Elektronenpaar am C-Atom des CN^--Ions zum Bindungselektronenpaar, während sich gleichzeitig die zweite Bindung zwischen C und O (π-Bindung) unter Bildung eines ungebundenen Elektronenpaares zum O-Atom verlagert. Als Folge der dort entstehenden negativen Ladung lagert sich nun auch das H^+-Ion des ursprünglichen HCN-Moleküls an.

E_N-Reaktion

Die nukleophile Eliminierung wird wie die nukleophile Substitution (↑ S. 637) (S_N) durch die Bildung eines Carbenium-Ions (S_N1) oder eines Übergangszustandes (S_N2) eingeleitet; entsprechend unterscheidet man den E_N1- und den E_N2-Mechanismus. Die E_N-Reaktion konkurriert mit der S_N-Reaktion; welche von beiden bevorzugt eintritt, hängt von den Reaktionsbedingungen ab. Höhere Temperatur begünstigt stets die Eliminierung.

Während bei der S_N-Reaktion im 2. Schritt die Bindung des nukleophilen Reagens erfolgt, wird bei der E_N-Reaktion wegen des Elektronenzuges (–I-Effekt), den das positive C-Atom ausübt, ein Proton abgestoßen, und zwar meist vom benachbarten C-Atom; zugleich wird die π-Bindung geknüpft.

▲ (E_N1-Mechanismus): Dehydrohalogenierung unter dem Einfluss von Alkali

1. Schritt:

2. Schritt:

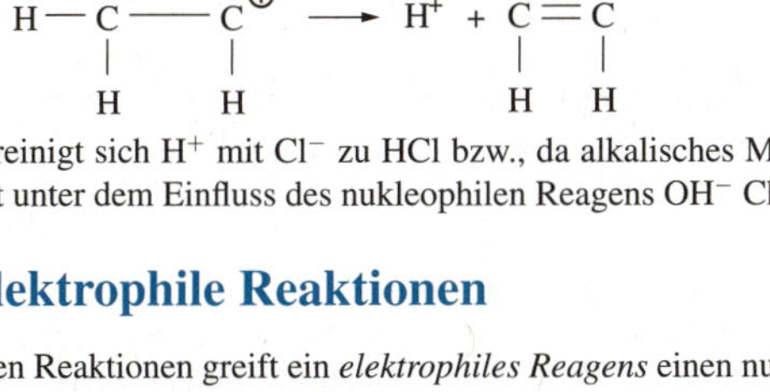

Zugleich vereinigt sich H^+ mit Cl^- zu HCl bzw., da alkalisches Milieu herrscht, mit OH^- zu H_2O. Im Endeffekt ist unter dem Einfluss des nukleophilen Reagens OH^- Chlorwasserstoff abgespalten worden.

29.6.5 Elektrophile Reaktionen

Bei elektrophilen Reaktionen greift ein *elektrophiles Reagens* einen nukleophilen Bereich des Substrats an.

- Elektrophile Substitution (S_E-Reaktion)
- Elektrophile Addition (A_E-Reaktion)
- Elektrophile Eliminierung (E_E-Reaktion)

S_E-Reaktion

Bei der S_E-Reaktion verdrängt ein elektrophiles Reagens ein Atom oder eine Atomgruppe aus dem Substrat, und zwar derart, dass der verdrängte Bindungspartner ohne das ursprünglich bindende Elektronenpaar abgespalten wird; an dieses Elektronenpaar bindet sich das elektrophile Reagens.

Schema:

Die elektrophile Substitution ist insbesondere bei *Aromaten* von Bedeutung. Sie wird durch die ersten beiden Stufen einer elektrophilen Addition eingeleitet. Es bildet sich also zunächst ein *π-Komplex,* der sich in ein Carbenium-Ion, hier *Arenium-Kation* genannt, umlagert. Während aber die A_E-Reaktion durch Anlagerung eines nukleophilen Partners abgeschlossen wird, spaltet sich bei der S_E-Reaktion ein Proton (bzw. ein anderer Substituent) ab. Dadurch kann das energiearme aromatische System erhalten bleiben.

Die positive Ladung des Arenium-Kations ist nicht an ein bestimmtes C-Atom gebunden, sondern wegen des mesomeren Bindungssystems delokalisiert. Bei der Bildung des Arenium-Kations wird das aromatische Bindungssystem leicht deformiert; bei der Abspaltung des Protons stabilisiert es sich wieder.

▲ Chlorierung von Benzen
Erforderlich ist ein Katalysator ($AlCl_3$, $FeCl_3$), der das Chlormolekül im Verlauf der Reaktion durch Komplexbildung heterolytisch spaltet:

$$Cl\text{-}Cl + AlCl_3 \rightarrow Cl^{\oplus} + {}^{\ominus}Cl\text{-}AlCl_3$$

1. Stufe: **Bildung des π-Komplexes:**

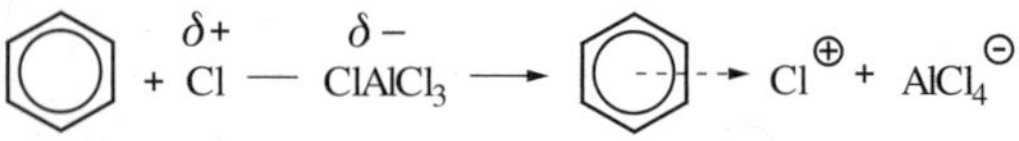

2. Stufe: **Umlagerung des π-Komplexes in ein Arenium-Kation:**

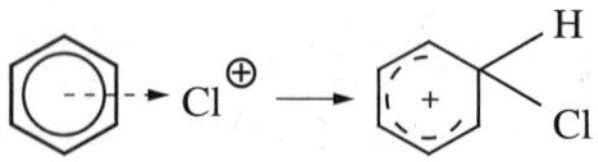

3. Stufe: **Abspaltung eines Protons:**

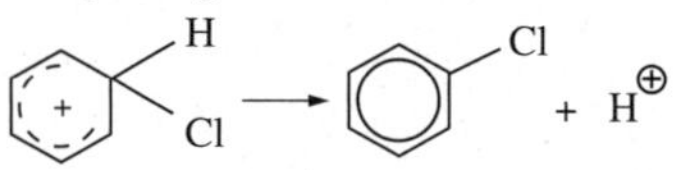

Das Proton reagiert mit dem $AlCl_4^{\ominus}$ -Komplex unter Bildung von Chlorwasserstoff:

$$H^{\oplus} + AlCl_4^{\ominus} \rightarrow HCl + AlCl_3 \,.$$

Das Aluminiumchlorid greift erneut in die Reaktion ein.
Befindet sich bereits ein Substituent am Ring, spricht man von Zweitsubstitution. Es gelten dann die Substitutionsregeln (↑ 29.5.1).

A_E-Reaktion

Die elektrophile Addition wird durch ein elektrophiles Reagens eingeleitet. Sie verläuft über die Stufen eines *π-Komplexes* und eines *Carbenium-Ions* und wird durch ein nukleophiles Reagens abgeschlossen.

Die weitaus meisten Additionen an die C=C-Doppelbindung verlaufen elektrophil, da im Bereich der Bindung, bedingt durch die zwei Elektronenpaare, eine relativ hohe Ladungsdichte herrscht und die Elektronen der π-Bindung leicht verschiebbar sind.

▲ Addition von Chlorwasserstoff an Ethen

1. Stufe: **Bildung des π-Komplexes:**

Im Chlorwasserstoff mit seiner polarisierten Bindung ist das positivierte H-Atom das elektrophile Reagens. In Wechselwirkung mit dem Substrat wird es als H^+-Ion heterolytisch abgespalten und bildet mit der Doppelbindung einen π-*Komplex*:

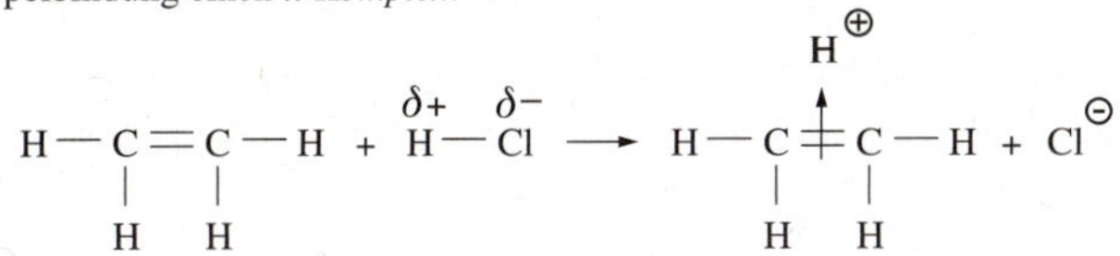

2. Stufe: **Umlagerung des π-Komplexes in ein Carbenium-Ion:**

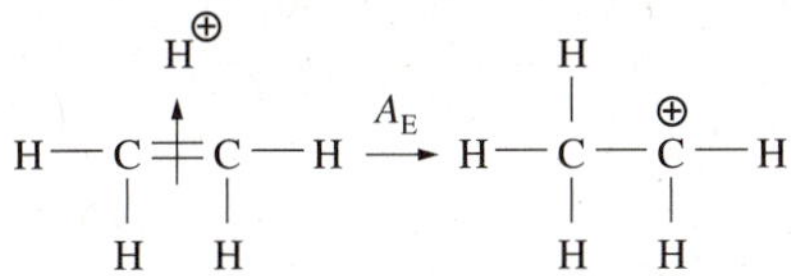

Hierbei verlagern sich die beiden Elektronen der π-Bindung völlig in den Bereich des einen C-Atoms und bilden dort mit dem $H^{\oplus}$ -Ion eine σ-Bindung aus. Das andere C-Atom erhält durch die Abgabe seines π-Elektrons eine positive Ladung.

3. Stufe: **Anlagerung des nukleophilen Partners:**

Das positive Carbenium-Ion lagert das durch heterolytische Spaltung des HCl-Moleküls entstandene (nukleophile) $Cl^{\ominus}$-Ion an:

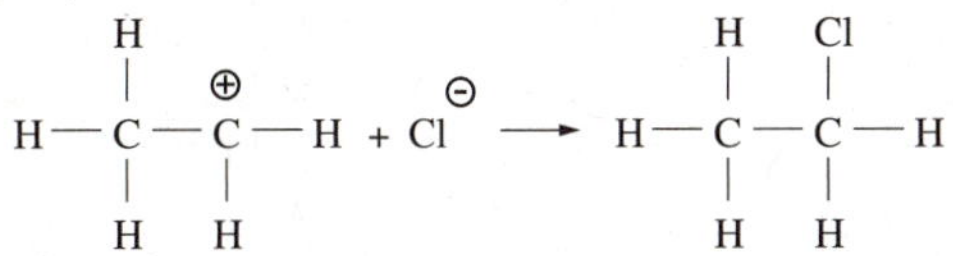

Bei der *Addition eines freien Halogens,* z. B. eines Br_2-Moleküls, an eine Doppelbindung wird eine Polarisierung durch Wechselwirkung mit einem Lösemittel oder einem Katalysator (↑ S. 640) oder auch einfach bei der Annäherung an die elektronegative Doppelbindung erreicht. Das Br_2-Molekül spaltet sich heterolytisch in ein Brom-Kation $Br^{\oplus}$, das die Reaktion elektrophil einleitet, und in ein $Br^{\ominus}$, das sie nukleophil beendet.

E_E-Reaktion

Elektrophile Eliminierungen werden durch ein elektrophiles Reagens eingeleitet; sie verlaufen analog den nukleophilen Eliminierungen. Sie sind jedoch in der Praxis von sehr geringer Bedeutung, sodass sie nicht ausführlich behandelt werden sollen.

29.7 Einteilung der organischen Verbindungen

In der organischen Chemie wird nach der Struktur der Moleküle zunächst unterschieden nach

- **acyclischen Verbindungen** (↑ Kap. 30), das sind Verbindungen ohne Ringschluss und
- **cyclischen Verbindungen** (↑ Kap. 39), das sind Verbindungen mit (mindestens) einem Ringschluss.

Die acyclischen Verbindungen wurden früher meist als **aliphatische Verbindungen** bezeichnet (nach *aleiphatos*, griech. Salbe), da die Fette bzw. Fettsäuren als die typischen Vertreter dieser Verbindungsklasse galten.

Die cyclischen Verbindungen werden weiter unterteilt in

- **carbocyclische Verbindungen** (↑ Kap. 39), das sind Verbindungen, deren Ringe nur Kohlenstoffatome enthalten, und
- **heterocyclische Verbindungen** (↑ Kap. 40), das sind Verbindungen, deren Moleküle auch andere Atome (Heteroatome) enthalten.

Schließlich wird bei den cyclischen Verbindungen weiter unterschieden zwischen

- **alicyclischen Verbindungen** (↑ 39.2), die sich von den aliphatischen Verbindungen lediglich durch den Ringschluss im Molekül unterscheiden, und
- **aromatischen Verbindungen** (↑ 39.3) (**Arene** bzw. **Hetarene**), die in ihren Molekülen einen aromatischen Bindungszustand aufweisen. Alle Ringatome sind in einer Ebene angeordnet und befinden sich im Zustand der sp^2-Hybridisierung. Im Ringsystem müssen $(4n+2)$ π-Elektronen vorhanden sein (HÜCKEL-Regel). Carbocyclische Aromaten enthalten Ringe vom Benzentyp (**Arene**). Heterocyclische Aromaten bezeichnet man als **Hetarene**.

Organische Verbindungen – Übersicht

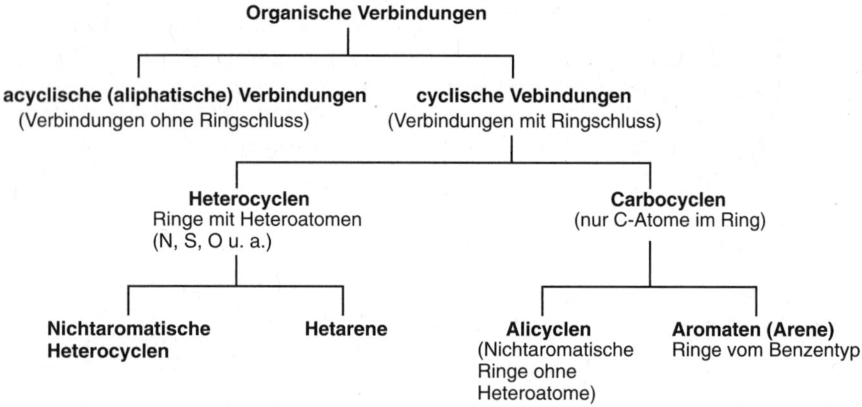

30 Acyclische Kohlenwasserstoffe

30.1 Allgemeines

Kohlenwasserstoffe sind Verbindungen, deren Moleküle nur aus Kohlenstoffatomen und Wasserstoffatomen bestehen.

Dabei wird unterschieden zwischen:

- Kohlenwasserstoffen ohne Ringschluss in ihren Molekülen, den **acyclischen Kohlenwasserstoffen** (auch Kettenkohlenwasserstoffe genannt) und
- Kohlenwasserstoffen mit (mindestens) einem Ringschluss in ihren Molekülen, den **cyclischen Kohlenwasserstoffen** (↑ Kap. 39) (auch Ringkohlenwasserstoffe genannt).

Bei den hier zunächst behandelten *acyclischen Kohlenwasserstoffen* ist weiterhin zu unterscheiden zwischen

- **gesättigten Kohlenwasserstoffen** (Alkanen (↑ 30.2)) und
- **ungesättigten Kohlenwasserstoffen** (Alkenen (↑ 30.3) und Alkinen (↑ 30.4)).

In den Molekülen der gesättigten Kohlenwasserstoffe sind die Bindungen bis zur Grenze der Aufnahmefähigkeit mit Wasserstoffatomen besetzt (daher auch Grenzkohlenwasserstoffe genannt). Diese Moleküle enthalten nur Einfachbindungen.

Die Moleküle der ungesättigten Kohlenwasserstoffe enthalten Doppelbindungen oder Dreifachbindungen, an denen weitere Wasserstoffatome gebunden werden können.

30.2 Alkane

Die Alkane sind gesättigte acyclische (aliphatische (↑ 29.7)) Kohlenwasserstoffe.

30.2.1 Konstitution und allgemeine Eigenschaften

Summenformel: C_nH_{2n+2};
es wurden bereits Alkane mit mehr als 100 C-Atomen synthetisiert ($n > 100$).

Strukturformel: Zur genaueren Kennzeichnung der Alkane verwendet man statt der Summenformeln die Strukturformeln, z. B.

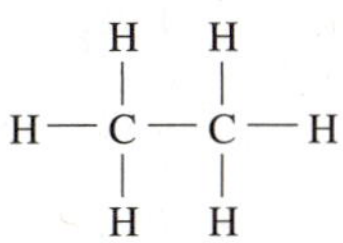

Ethan

Rationelle Formel: Diese abgekürzte Strukturformel gibt ein übersichtlicheres Bild als eine Summenformel und hat gegenüber der Strukturformel den Vorteil, auf eine Zeile geschrieben werden zu können, z. B.

CH_3-CH_3 (Ethan).

Alkylgruppen (*Alkylradikale*) entstehen formal durch Entzug eines H-Atoms aus einem Alkan.

	Alkan	– 1 H → Alkylgruppe
allgemeine Formel:	C_nH_{2n+2}	– 1 H → C_nH_{2n+1}-
Beispiel:	CH_3-CH_3 (Ethan)	– 1 H → CH_3-CH_2- (Ethyl)

Ein **Radikal** ist eine unter normalen Bedingungen nicht existenzfähige Atomgruppierung mit freien Valenzen (ungebundenen Elektronen).

Die Namen wichtiger Alkylgruppen enthält die Tabelle 29-1.

Tabelle 29-1: *Homologe Reihe der Alkane*

Summen-Formel	Rationelle Formel	Systematischer Name	Physikalische Eigenschaften		Alkyl C_nH_{2n+1}
			Schmelzpunkt (in °C)	Siedepunkt (in °C)	
CH_4	CH_4	Methan	−182,5	−161,5	Methyl
C_2H_6	CH_3-CH_3	Ethan	−183,3	−88,6	Ethyl
C_3H_8	CH_3-CH_2-CH_3	Propan	−187,7	−42,1	Propyl
C_4H_{10}	CH_3-$(CH_2)_2$-CH_3	Butan	−138,4	−0,5	Butyl
C_5H_{12}	CH_3-$(CH_2)_3$-CH_3	Pentan	−129,7	+36,1	Pentyl (Amyl)
C_6H_{14}	CH_3-$(CH_2)_4$-CH_3	Hexan	−95,3	+68,7	Hexyl
C_7H_{16}	CH_3-$(CH_2)_5$-CH_3	Heptan	−90,6	+98,4	Heptyl
C_8H_{18}	CH_3-$(CH_2)_6$-CH_3	Octan	−56,8	+125,7	Octyl
C_9H_{20}	CH_3-$(CH_2)_7$-CH_3	Nonan	−53,5	+149,5	Nonyl
$C_{10}H_{22}$	CH_3-$(CH_2)_8$-CH_3	Decan	−29,7	+173,0	Decyl
...	...	...	...	...	...
$C_{15}H_{32}$	CH_3-$(CH_2)_{13}$-CH_3	Pentadecan	+10,0	+270	Pentadecyl
$C_{16}H_{34}$	CH_3-$(CH_2)_{14}$-CH_3	Hexadecan	+18,2	+287	Hexadecyl
$C_{17}H_{36}$	CH_3-$(CH_2)_{15}$-CH_3	Heptadecan	+22,5	+303	Heptadecyl
$C_{18}H_{38}$	CH_3-$(CH_2)_{16}$-CH_3	Octadecan	+27,0	+317	Octadecyl
...	...	...	...	...	...
$C_{20}H_{42}$	CH_3-$(CH_2)_{18}$-CH_3	Eicosan (Icosan)	+36,4	+343,8	Eicosyl (Icosyl)
...	...	...	...	...	...
$C_{30}H_{62}$	CH_3-$(CH_2)_{28}$-CH_3	Triacontan	+66,0	–	Triacontyl
...	...	...	...	...	...
$C_{40}H_{82}$	CH_3-$(CH_2)_{38}$-CH_3	Tetracontan	+81,4	–	Tetracontyl
...	...	...	...	...	...
$C_{100}H_{202}$	CH_3-$(CH_2)_{98}$-CH_3	Hectan	+115	–	Hectyl
...	...	...	...	...	...

Siehe auch Nomenklatur (↑ 44.2) der Alkane und davon abgeleiteter Verbindungen.

30.2.2 Chemische Eigenschaften der Alkane

Bei Standardtemperatur (25 °C) sind die Alkane mit C_1 bis C_4 gasförmig, mit C_5 bis C_{17} flüssig, ab C_{18} fest. Zwischen den ersten Gliedern der homologen Reihe sind die Unterschiede in den physikalischen Eigenschaften größer als zwischen den höheren Gliedern.

Die Alkane sind ziemlich reaktionsträge; daher werden sie auch *Paraffine* genannt [*parum affinis* (lat.) wenig an etwas beteiligt].
Bei Zimmertemperatur sind sie gegen starke Säuren, Laugen und Luftsauerstoff beständig; sie sind jedoch nach Erreichen des Flammpunktes leicht brennbar. Die Verbrennungsprodukte sind Kohlenstoffdioxid und

Wasser. Mit Halogenen erfolgt *Substitution* unter Bildung von Halogenalkanen. Bei höheren Temperaturen reagieren besonders die höhermolekularen Alkane mit Sauerstoff (*Paraffinoxidation*), Schwefeldioxid und Chlor (*Sulfochlorierung*), schwieriger mit konz. Salpetersäure (*Nitrierung*).

30.2.3 Vorkommen und Verwendung der Alkane

Allgemeines: Die Alkane sind die Hauptbestandteile der Erdöle, des Erdgases sowie der Destillationsprodukte des Braunkohlenteers.

Gasförmige Alkane

Methan, CH_4, ist der Hauptbestandteil des *Erdgases,* des *Grubengases* (in Steinkohlenflözen) und des *Sumpfgases* (durch bakterielle Cellulosevergärung in Sümpfen; z. B. im Reisanbau) und des Klärgases (aus der anaeroben Faulung des Klärschlammes als Endstufe der Abwasserreinigung, ca. 70 % CH_4 und 30 % CO_2). Zu etwa 25 Vol.-% kommt es im Leuchtgas vor. Die Explosionsgrenze liegt im Gemisch mit O_2 bei 6 bis 12 Vol.-% Methan.
Methan entsteht beim Wiederkäuen der Rinder. Methan ist ein **Treibhausgas,** d. h. es absorbiert die von der Erde abgestrahlte Wärme, es kommt zur Aufheizung der Erdoberfläche (GWP = 25 (↑ 15.2.8)).
Es wird als Heizgas, Motorentreibstoff und als Ausgangsmaterial für petrolchemische Prozesse verwendet. Wichtige Produkte wie Ethin, Blausäure, chlorierte Methane (Lösemittel, Siliconherstellung), Kohlenstoffdisulfid und Synthesegas werden aus Methan hergestellt.

Ethan, C_2H_6, ist ein Bestandteil bestimmter Erdöle. Es wird technisch vorwiegend in Ethen umgewandelt.

Propan, C_3H_8, entsteht bei petrolchemischen Prozessen und beim FISCHER-TROPSCH-Verfahren (↑ 30.2.4). Es wird als Heiz- und Leuchtgas verwendet und als so genanntes *Flüssiggas* in Stahlflaschen transportiert, in denen es bei 20 °C unter 8 bar Druck im flüssigen Aggregatzustand vorliegt (krit. Temp. 96,81 °C, krit. Druck 43 bar, Heizwert 46 892 kJ · kg^{-1}).
Propan-Butan-Gemische werden als Treibmittel in Spraydosen und als Kältemittel in FCKW-freien Kühlschränken verwendet.

Butan, C_4H_{10}, tritt mit zwei Isomeren auf:

$CH_3–CH_2–CH_2–CH_3$	$CH_3—CH(CH_3)—CH_3$
Butan n-Butan	Methylpropan iso-Butan

In Vorkommen und Eigenschaften steht das Butan dem Propan nahe. Vielfach werden die beiden Gase als Gemisch verwendet, und zwar nicht nur für Heizzwecke, sondern – zur Ablösung von Fluorchlorkohlenwasserstoffen – auch als Kältemittel für Kühlanlagen und als Treibgas für Spraydosen. Als Nachteil erweist sich dabei, dass Propan und Butan brennbar und im Gemisch mit Luft explosiv sind. Butan ist Ausgangsstoff für die Gewinnung von Butadien (für Synthesekautschuk).

Flüssige Alkane sind Bestandteile des Erdöls und Braunkohlenteers. Sie sind z. B. im Petrolether, Benzin, Dieselöl, Heizöl, Leuchtöl und Paraffinöl enthalten.

Feste Alkane (*Paraffin* im engeren Sinne) befinden sich im Erdöl.
Erdwachs (*Ozokerit*; gereinigt *Ceresin*) ist ein natürlich vorkommendes festes Paraffin.
Feste Alkane werden als Kerzenmaterial, zur Imprägnierung von Papier und Pappen, als Isoliermittel und zur Zündholzimprägnierung verwendet.
Die bei der synthetischen Herstellung anfallenden Alkane mit 10 bis 30 C-Atomen werden zu Seifen, anderen waschaktiven Substanzen und Weichmachern verarbeitet.

Vaseline ist ein Gemisch aus flüssigen und festen Alkanen. Es wird vor allem als Schmierstoff, für kosmetische und pharmazeutische Erzeugnisse verwendet.

30.2.4 Herstellung von Alkanen

Gasförmige Alkane gewinnt man aus den Abgasen der Rohöldestillation, der Erdölhydrierung und aus Erdgas.

Flüssige und feste Alkane entstehen durch folgende Verfahren:

- *Fraktionierte Destillation* von Erdöl;
- *Katalytische Hydrierung* von Kohle, Teer oder Erdölfraktionen (BERGIUS-Verfahren).

$$\left.\begin{array}{l}\text{Braunkohlen- bzw.}\\ \text{Steinkohlenschwelteer} + H_2\\ \text{oder Erdölrückstände}\end{array}\right\} \xrightarrow[\substack{300 \text{ bis } 500\ °C\\ 100 \text{ bis } 200 \text{ bar}}]{WS_2,\ MoS_2} \left\{\begin{array}{l}\text{Benzin bzw.}\\ \text{Mittelöl}\\ \text{Schweröl}\end{array}\right.$$

- *Tieftemperatur-Hochdruck-Hydrierverfahren* (TTH-Verfahren). Während beim BERGIUS-Verfahren auch die Spaltung höhermolekularer in niedermolekulare Verbindungen stattfindet, ist das Ziel des TTH-Verfahrens eine hydrierende Raffination.

$$\text{Braunkohlenteer} + H_2 \xrightarrow[300 \text{ bar; } 280 \text{ bis } 380\ °C]{NiS\ /\ WS_2\ /\ Al_2O_3} \left\{\begin{array}{l}\text{Benzin bzw.}\\ \text{Mittelöl}\\ \text{Schweröl}\end{array}\right.$$

Aus dem Schweröl gewinnt man TTH-Paraffin.

- FISCHER-TROPSCH-*Synthese* (Kohlenstoffmonoxidhydrierung):

$$n\ CO + 2n{+}1\ H_2 \xrightarrow[\text{Normaldruck } 160 \text{ bis } 200\ °C]{Co\ /\ MgO\ /\ ThO_2\ /\ \text{Kieselgur}} C_nH_{2n+2} + n\ H_2O$$

▲ $8\ CO + 17\ H_2 \rightarrow C_8H_{18} + 8\ H_2O$

Dabei entstehen etwa 15 % Flüssiggase (Propan und Butane), 50 % Benzin, 28 % Kerosin (Dieselöl), 6 % Weichparaffin (Paraffingatsch), 2 % Hartparaffin (Werte gerundet). Mit anderen Katalysatoren und höheren Drücken entstehen vorwiegend Alkene (↑ 30.3) (Olefine).

Um unabhängiger von Ölkrisen zu sein, gewinnt die FISCHER-TROPSCH-Synthese wieder an Bedeutung. In großem Umfang wird das Verfahren in Südafrika angewendet, da es dort große Kohlevorräte gibt, die preiswert abgebaut werden.

- *Flugstaubsynthese* (Syntholverfahren oder KELLOGsynthese): Kohlenstoffmonoxidhydrierung mit Fe-Schmelzkatalysator, 210 bis 240 °C, 20 bis 25 bar.
- *Flüssigphasensynthese* (Rheinpreußen-KOPPERS): Kohlenstoffmonoxidhydrierung mit Fe (in Öl suspendiert) als Katalysator. Man erhält dabei 85 % Benzin und Flüssiggase oder Weich- und Hartparaffin.
- KÖLBEL-ENGELHARD-*Verfahren:*

$$3n\ CO + n\ H_2O \rightarrow (-CH_2-)_n + 2n\ CO_2$$

Es entstehen ca. 60 % Kohlenwasserstoff und Gemische von Aldehyden, Säuren und anderen sauerstoffhaltigen Verbindungen.

- durch *Hydrierung von Alkenen* (↑ 29.3.2).
- im *Labormaßstab* durch die WURTZsche Synthese (↑ 34.1) (aus Iodalkan und Natrium).

30.3 Alkene und Alkadiene

Alkene (*Alkylene, Olefine*) sind kettenförmige Kohlenwasserstoffe mit einer C=C-Bindung (Doppelbindung); *Summenformel:* C_nH_{2n}.

Alkadiene sind kettenförmige Kohlenwasserstoffe mit zwei C=C-Bindungen; *Summenformel:* C_nH_{2n-2}.

Entsprechende Bezeichnungen führen die Kohlenwasserstoffe mit mehr als zwei Doppelbindungen; z. B. **Alkatriene** (Kohlenwasserstoffe mit drei Doppelbindungen), C_nH_{2n-4}.

30.3.1 Herstellung von Alkenen

- *Mitteltemperaturpyrolyse* (MTP-Verfahren):
  Hitzezersetzung von Alkanen, vorwiegend Ethan, Propan, n-Butan. Zum Teil werden auch Leicht- und Schwerbenzin eingesetzt.

  $$\text{Alkan} \xrightarrow{>700\ °\text{C}} \text{Alken} + \text{Wasserstoff}$$

  Die Alkane entnimmt man der Gasölfraktion des Erdöls. Neben den gasförmigen Alkenen (Ethen, Propen, Buten, Butadien) entsteht Pyrolysebenzin.
- *Hochtemperaturpyrolyse* (HTP-Verfahren (↑ 31.5)):

  $$\text{Leichtbenzin} \xrightarrow[3000\ °\text{C}]{\text{Flammrohr}} \text{Ethen} + \text{Ethin} + (CH_4, H_2, CO)$$

- *Sandcrack-Verfahren:* Hierbei wird Leichtbenzin in einem Wirbelschichtreaktor mit feinem, heißem Sand als Wärmeträger auf etwa 850 °C erhitzt. Neben Ethen und Propen fallen flüssige Produkte verschiedener Zusammensetzung an.

- FISCHER-TROPSCH-Verfahren (↑ 30.2.4) (Kohlenstoffmonoxidhydrierung): bei 200 °C, ca. 35 bar und einem Fe-Cu-Katalysator entstehen etwa 30 % Alkene. Je nach Verfahrensmodifizierung erhöht sich der als Fahrbenzin verwendbare Anteil bis auf 85 %.
- *Dehydratisierung von Alkanolen:*

  $$\text{Alkanol} \xrightarrow[Al_2O_3 \text{ oder } AlPO_4]{360\ °\text{C}} \text{Alken} + \text{Wasser}$$

- *Im Labormaßstab* spaltet man aus Alkanolen Wasser unter anderen Bedingungen ab:

  $$\text{Alkanol} \xrightarrow[\substack{\text{oder } ZnCl_2 \\ \text{oder } H_3PO_4}]{\text{konz. } H_2SO_4} \text{Alken} + \text{Wasser}$$

- *Dehydrohalogenierung von Halogenalkanen.*

Die Alkene dienen als Ausgangsstoffe für zahlreiche Additionsreaktionen sowie für die Polymerisation (↑ 29.3.2).

30.3.2 Wichtige Alkene und Alkadiene

Ethen, *Ethylen,* $CH_2{=}CH_2$; farbloses, erdölartig riechendes Gas; *F* −169,3 °C; *Kp* −103,7 °C.
Verwendung: Ganze Industriezweige sind heute von der Ethenproduktion abhängig. Ethen ist das wichtigste petrolchemische Zwischenprodukt. Man verwendet es z. B. zur Herstellung von Polyethen, Propanol, Vinylchlorid, Styren, Glycol, Acrylnitril, Ethanol.

Propen, *Propylen,* $CH_2{=}CH{-}CH_3$; *F* −185 °C; *Kp* −47,8 °C. Propen hat sehr an Bedeutung gewonnen, nicht nur zur Herstellung von Polypropen, sondern auch für Aceton, Acrylnitril, Propanol, klopffeste, bleifreie Vergaserkraftstoffe, Glycerol, Epichlorhydrin und Cumol (Cumen; als Zwischenprodukt der Phenolsynthese (↑ 39.3.4)).

Buten, *Butylen,* C_4H_8. Es existieren 4 Isomere. Der größte Teil der Butene wird zu Vergaserkraftstoffkomponenten (*Alkylatbenzine* usw.) weiterverarbeitet. Von nicht geringer Bedeutung ist aber auch die Polymerisation zu Elastomeren, wie Butylkautschuk, Isoprenkautschuk, Polyisobutylen.

1,3-Butadien, $CH_2{=}CH{-}CH{=}CH_2$, ein farbloses, leicht zu verflüssigendes Gas, ist das Ausgangsprodukt für die Synthesekautschukherstellung.

Herstellung von Butadien:

- *Mitteltemperaturpyrolyse* von flüssigen Erdölkohlenwasserstoffen, die nach der Pyrolyse durch Tieftemperatur-Druckdestillation fraktioniert werden. Die C_4-Fraktion enthält ca. 40 % Butadien. Dieses Verfahren ist das wirtschaftlichste.
- *katalytische Dehydrierung* von n-Butan und n-Buten (*zweistufiges Verfahren):*

$$\underset{\text{n-Butan}}{CH_3{-}CH_2{-}CH_2{-}CH_3} \xrightarrow[620\,°C]{Cr_2O_3\,/\,Al_2O_3} \underset{\text{1-Buten}}{CH_3{-}CH_2{-}CH{=}CH_2} + H_2$$

Das Buten wird vom nicht umgesetzten n-Butan durch Extraktivdestillation getrennt und anschließend der 2. Dehydrierstufe zugeführt:

$$\underset{\text{1-Buten}}{CH_3{-}CH_2{-}CH{=}CH_2} \xrightarrow[620\,°C]{Cr_2O_3\,/\,Al_2O_3} \underset{\text{1,3-Butadien}}{CH_2{=}CH{-}CH{=}CH_2} + H_2$$

Einstufiges Verfahren:

$$CH_3{-}CH_2{-}CH_2{-}CH_3 \xrightarrow[660\,°C]{\text{modifizierter } Cr_2O_3/Al_2O_3\text{-Kat.}} CH_2{=}CH{-}CH{=}CH_2 + 2\,H_2$$

- *Vierstufenverfahren:*

$$\underset{\text{Ethin}}{2\,CH{\equiv}CH} \xrightarrow[\text{Hg-Verb. als Katalysator}]{+\,H_2O} \underset{\text{Ethanal}}{2\,CH_3{-}CHO}$$

$$\xrightarrow{\text{Adolreaktion}} \underset{\text{Acetaldol (3-Hydroxy-butanal)}}{CH_3{-}CH(OH){-}CH_2{-}CHO}$$

$$\xrightarrow[110\,°C;\ 30\,MPa;\ \text{Ni-Kat.}]{+\,H_2} \underset{\text{1,3-Butandiol}}{CH_3{-}CH(OH){-}CH_2{-}CH_2(OH)}$$

$$\xrightarrow[(NaPO_3)_n\text{-Kat.; } 270\,°C]{-\,H_2O} \underset{\text{1,3-Butadien}}{CH_2{=}CH{-}CH{=}CH_2}$$

2-Methyl-1,3-butadien, *Isopren,* $CH_2{=}C(CH_3){-}CH{=}CH_2$. Isoprenmoleküle sind die Baugruppen vieler Naturstoffe. Isopren ist das Monomer des Naturkautschuks (↑ 43.4.2); alle Doppelbindungen dieses Polymers zeigen die Z-Konfiguration (↑ S. 621); die dadurch geringe Kristallisationsmöglichkeit führt zu der hohen Elastizität des Kautschuks. Zwei Isoprenmoleküle können zu Terpen dimerisieren. Auch davon leiten sich zahlreiche weitere Naturstoffe ab wie die Carotinoide (z. B. das Tetraterpen [d. h. aufgebaut aus 4 Terpen- bzw. 8 Isopreneinheiten] β-Carotin = Provitamin A) (↑ S. 784).

Eine butadienfreie C_4-Fraktion der Mitteltemperaturpyrolyse (↑ S. 648), die Isobuten bzw. Propen enthält, ist die Grundlage der Isoprenherstellung.

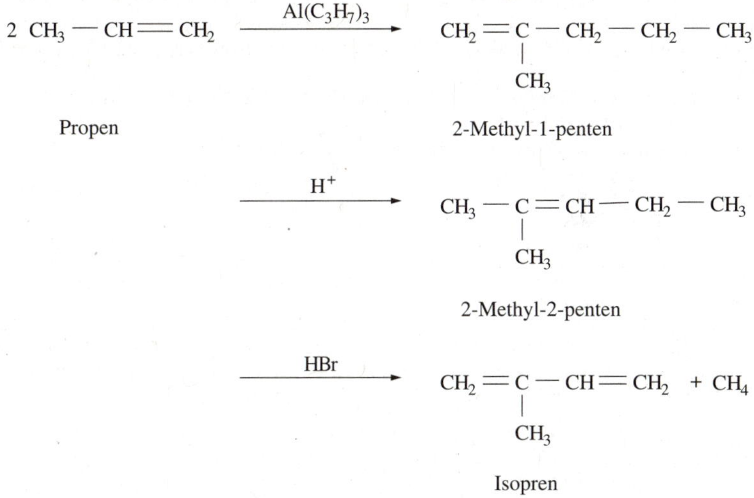

Der *1. Schritt* ist eine *Dimerisierung*, da sich 2 Moleküle miteinander verbinden (siehe Polymerisation (↑ 43.1.2)). Der *2. Schritt* ist eine *Isomerisierung* (Verlagerung der Doppelbindung) und der *3. Schritt* eine *Crackung*.

30.4 Alkine (Acetylene, Acetylenkohlenwasserstoffe)

Alkine enthalten eine C≡C-Bindung; die allgemeine Formel der homologen Reihe der Alkine (*Ethin,* C_2H_2, *Propin,* C_3H_4, *Butin,* C_4H_6 usw.) lautet C_nH_{2n-2}.
Die Alkine sind ähnlich reaktionsfähig wie die Alkene.

Ethin, *Acetylen,* CH≡CH, ist die wichtigste Verbindung dieser Reihe.
Physikalische Eigenschaften: Ethin ist ein farbloses Gas von ätherischem Geruch; *Kp* −84,0 °C. Der unangenehme Geruch des aus Carbid erzeugten Ethins rührt von Verunreinigungen, vor allem von Phosphorwasserstoff, her.
In einem Liter Wasser lösen sich bei 20 °C und 1 bar 1,21 g Ethin.
Acetylenflaschen: Stahlflaschen für Ethin sind mit Kieselgur gefüllt, das mit Aceton (Propanon) gesättigt wurde. Diese Vorsichtsmaßnahme ist notwendig, da reines Ethin beim Komprimieren explodiert:

$$\mathrm{CH{\equiv}CH} \xrightarrow{\text{Druck}} \underset{\text{Ruß}}{2\,\mathrm{C}} + \mathrm{H_2}$$

In einem Liter Aceton lösen sich bei 12,4 bar 350 g Ethin.
Kennzeichnung der Flaschen (DIN EN 1089-3): Kastanienbraune Schulter (RAL 3009), graue Flasche, nahtloser, gewindeloser Bügelverschluss. Die Ventile dürfen kein Kupfer enthalten, um die Bildung des explosiven Kupfer(I)-ethinids, Cu_2C_2, auszuschließen.

Herstellung von Ethin

- **Hochtemperaturpyrolyse** (HTP-Verfahren (↑ 31.5))
- **Sachsse-Bartholome-Verfahren** (BASF):
  Niedere Alkane (Methan bis Leichtbenzin) werden einige Millisekunden auf 1400 – 1500 °C erhitzt, danach stark abgekühlt (abgeschreckt) und das Ethin durch ein Speziallösemittel (N-Methyl-pyrrolidin) abgetrennt.
  Für die Herstellung von 100 kg Ethin benötigt man 410 kg Methan bzw. 430 kg Leichtbenzin; Energieaufwand: 230 kWh.
  Ethin-Konzentration im Spaltgas 8 – 9 %; wichtiges Nebenprodukt 5 – 30 kg Ruß.
- **Lichtbogenverfahren** (Hüls):
  Kohlenwasserstoffe mit Siedepunkten bis 200 °C und Erdgas werden in einem 1 m langen Lichtbogen zwei bis drei Millisekunden zur Reaktion gebracht, Reaktionstemperatur 1400 – 1500 °C. Danach erfolgt Abschreckung.
  Für die Herstellung von 100 kg Ethin benötigt man 253 kg Kohlenwasserstoffe; Energieaufwand: 960 kWh.
  Ethin-Konzentration im Spaltgas ca. 16 %; Nebenprodukte: 45 kg Ethen, 30 kg Wasserstoff, 16 kg aromatische Leichtöle, 60 kg Ruß.

Bei den Pyrolyseverfahren wird das entstandene Gasgemisch schnell unter 200 °C abgekühlt, damit sich das gebildete Ethin nicht wieder zersetzt. Dieses Abkühlen (Abschrecken) wird durch Einsprühen von Wasser oder flüssigen Kohlenwasserstoffen erreicht. Das nennt man auch „*quenchen*“.

Herstellung auf carbochemischer Basis: Aus Kalk und Kohle wird in kombinierten Lichtbogen- und Widerstandsöfen, die sehr viel Elektroenergie verbrauchen, Calciumcarbid hergestellt, das anschließend mit Wasserdampf umgesetzt wird.

$$\text{I.}\quad \underset{\text{gebr. Kalk}}{3\,C + CaO} \rightarrow \underset{\text{Calciumcarbid}}{CaC_2} + CO$$

$$\text{II.}\quad CaC_2 + 2\,H_2O(\text{Dampf}) \rightarrow \underset{\text{Ethin}}{CH{\equiv}CH} + \underset{\text{Löschkalk}}{Ca(OH)_2}$$

Dieses Verfahren wird wegen des hohen Stromverbrauchs kaum noch durchgeführt.

Chemische Eigenschaften und Verwendung von Ethin:

Ethin verbrennt mit heißer, i. Allg. stark rußender Flamme zu Kohlenstoffdioxid und Wasserdampf:

$$2\,C_2H_2 + 5\,O_2 \rightarrow 4\,CO_2 + 2\,H_2O; \qquad \Delta_R H^\ominus = -1308\ \text{kJ} \cdot \text{mol}^{-1}$$

Die hohe Verbrennungsenthalpie nutzt man beim autogenen Schweißen aus.

Die wichtigsten chemisch-technischen Reaktionen mit Ethin sind:

- *Addition von Chlorwasserstoff* (Hydrochlorierung)

$$CH{\equiv}CH + HCl \xrightarrow[140\ldots200\,°C]{HgCl_2 + \text{Aktivkohle}} CH_2{=}CHCl$$

Vinylchlorid (*Chlorethen*)

  Chlorethen ist das Monomere des Polyvinylchlorids (↑ 43.2.4).
- *Addition von Cyanwasserstoff:*

$$CH{\equiv}CH + HCN \xrightarrow[80\,°C]{CuCl,\ NH_4Cl} CH_2{=}CH\text{-}CN$$

Acrylnitril (*Acrylsäurenitril, Propennitril*)

Acrylnitril ist das Monomere des Polyacrylnitrilfaserstoffs (↑ 43.5.3);
Butadien und Acrylnitril ergeben ein Mischpolymerisat (↑ 43.4.3) (ölfesten Synthesekautschuk).

- *Addition von Ethansäure:*

$$CH_3COOH + CH{\equiv}CH \xrightarrow[\text{Aktivkohle; 170 ... 200 °C}]{Zn(CH_3COO)_2} CH_3{-}CO{-}O{-}CH{=}CH_2$$

Essigsäure (*Ethansäure*) — Vinylacetat (*Ethansäureethenylester*)

Vinylacetat wird zu *Polyvinylacetat* polymerisiert, das zur Herstellung von Klebstoffen, Spachtelmassen für Fußbodenbeläge und von Anstrichmitteln („Latexfarben") verwendet wird.

- *Addition von Alkanol:*

$$CH{\equiv}CH + ROH \xrightarrow{\text{Alkalihydroxid}} CH_2{=}CHOR$$

Alkylvinylether (*Alkoxyethen*)

Polyvinylether, durch Polymerisation von Vinylethern entstanden, sind Kleb- und Lackrohstoffe.

REPPE-Synthesen

Der deutsche Chemiker WALTER REPPE hat die Acetylenchemie um neuartige Synthesen bereichert („REPPE-Chemie"). Voraussetzung dafür war die Entwicklung von Methoden zur gefahrlosen Handhabung des Ethins unter Druck.

Die REPPE-Chemie kennt *vier verschiedene Reaktionstypen:*

- **Vinylierung:** Durch Addition von Alkoholen R–OH, Carbonsäuren R–COOH usw. geht das Ethinmolekül in eine Vinylgruppe, $-CH{=}CH_2$, über, z. B.

$$CH{\equiv}CH + RO{-}H \rightarrow RO{-}CH{=}CH_2$$

Vinylether

$$CH{\equiv}CH + R{-}COO{-}H \rightarrow R{-}COO{-}CH{=}CH_2$$

Vinylester

- **Ethinylierung:**

Ethin + Alkanale → Alkinole $R{-}CH(OH){-}C{\equiv}CH$

Ethin + Alkanale → Alkindiole $R{-}CH(OH){-}C{\equiv}C{-}CH(OH){-}R$

als Katalysator verwendet man Kupfer(I)-acetylid, Cu_2C_2.
Aus den Alkinolen bzw. Alkindiolen lassen sich durch Hydrierung, Oxidation und Dehydratisierung wichtige Stoffe herstellen, wie z. B. Glycerol, Isopren, Adipinsäure, 1,6-Diaminohexan (Polyamidsynthese).

- **Cyclisierung:**

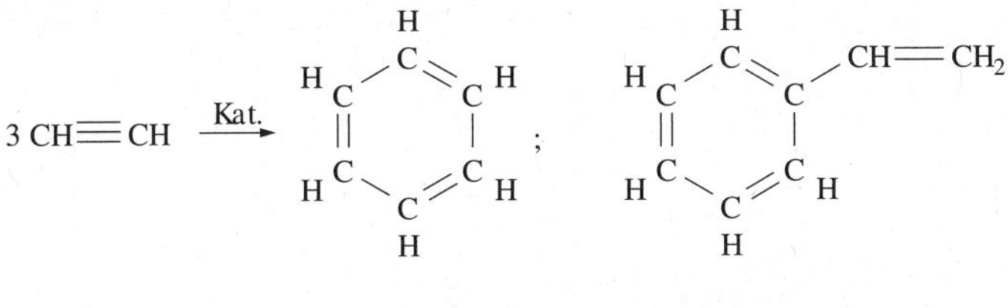

Benzen (80 %) — Styren (Styrol) als Nebenprodukt

Bei der Cyclisierung können unter geeigneten Bedingungen auch andere Ringsysteme entstehen, z. B.

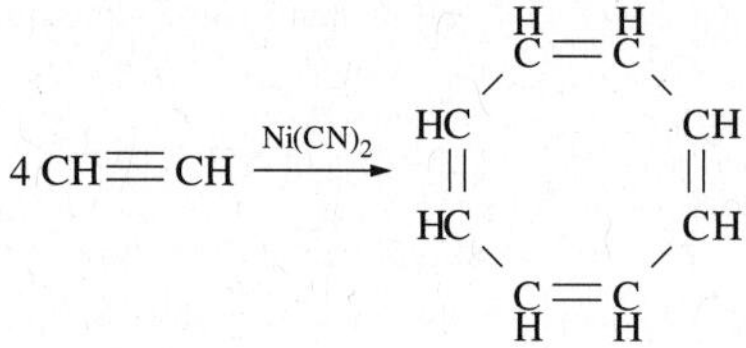

Cyclooctatetraen

- **Carbonylierung:**

$CH{\equiv}CH + CO + H_2O \xrightarrow{\text{Metallcarbonyle}} CH_2{=}CH{-}COOH$
Acrylsäure (↑ 33.5.3) (*Propensäure*)

$CH{\equiv}CH + CO + R{-}OH \rightarrow CH_2{=}CH{-}COOR$
Acrylsäureester (*Propensäureester*)

$CH{\equiv}CH + CO + R{-}NH_2 \rightarrow CH_2{=}CH{-}CO{-}NH{-}R$
Acrylsäureamid (*Propensäureamid*)

31 Erdöl und Erdgas

31.1 Arten und Entstehung

Arten:

- *Paraffinbasisches*[1] *Erdöl* besteht vorwiegend aus unverzweigten Alkanen (USA, Kanada, Kuwait, Europa).
- *Naphthenbasisches Erdöl* setzt sich überwiegend aus cyclischen, nichtaromatischen Kohlenwasserstoffen (Cycloalkanen (↑ 39.2), Naphthenen) zusammen (Baku, Rumänien, USA).
- *Gemischtbasisches Erdöl* kommt am häufigsten vor.

In allen Erdölsorten befinden sich kleinere Mengen stickstoff- und schwefelhaltiger Verbindungen, in einigen auch aromatische Kohlenwasserstoffe (z. B. bis 39 % im Borneoöl).

Vorkommen: Die gesicherten *Erdölreserven*, die konventionell ökonomisch ausgebeutet werden können, werden auf 171,1 Mrd. t geschätzt (Stand 2017), davon 75 % in OPEC-Ländern[2]. An nicht konventinellen Reserven (Ölsande und -schiefer sowie Schweröl) kommen noch einmal 69,8 Mrd. t dazu.

Die Welt-Rohölförderung betrug 2017 etwa 4,4 Mrd. t, davon kamen ca. 17 % aus Saudi-Arabien als bedeutendstem Exportland; USA und China sind weltweit die größten Verbraucher.

Wenn man den Erdölverbrauch in den nächsten Jahren als konstant ansetzt und die Zunahme der bekannten Reserven mit einer Mrd. t pro Jahr annimmt, würden die Erdölreserven, die nach den derzeitigen Kriterien ökonomisch gefördert werden können, ca. 40 Jahre reichen. Nach dieser Zeit müssten (weiterer Bedarf angenommen) auch unökonomische Ölförderungen erfolgen und vor allem die aufwendige Ausbeutung der **Ölsande** und **Ölschiefer** in größerem Stil erfolgen.

Ölsande gibt es in Kanada, Venezuela, USA, auf dem Gebiet der GUS-Staaten, auf Madagaskar, in Italien, Zaire, Albanien, Peru, Trinidad und Rumänien.
Der Mineralölanteil beträgt 5–18 %.

Ölschiefer werden derzeit in den USA („Fracking“) und Kanada genutzt.

Die Reserven an Erdgas wurden 2017 weltweit auf $197 \cdot 10^{12}\ m^3$ geschätzt, die Ressourcen auf $851 \cdot 10^{12}\ m^3$. Mit einer Förderung von $3{,}6 \cdot 10^{12}\ m^3$ (2017) ist Erdgas nach Erdöl und Kohle der drittwichtigste Energieträger (Quelle: Bundesanstalt für Geowissenschaften und Rohstoffe).

Entstehung: Mit größter Wahrscheinlichkeit sind die Erdöle aus tierischen und pflanzlichen Meeresorganismen entstanden. Gleichzeitig mit den absterbenden Lebewesen sanken mineralische Bestandteile zu Boden. Sie dienten als Katalysator der Verwesung, die durch anaerobe (unter Luftabschluss lebende) Bakterien hervorgerufen wurde. Durch tektonische Bewegungen (Bewegungen der Erdkruste) entstand ein ölhaltiges Gestein. Über undurchlässigen Schichten sammelte sich das Erdöl in abbauwürdigen Lagern.

---

[1] *Basisch hier von Basis = Grundlage*
[2] OPEC – Organization of Petroleum Exporting Countries

31.2 Gewinnung und Verarbeitung

Gewinnung: Die Bohrung erfolgt zur Zeit meist im *Turbinenbohrverfahren.* Dabei wird während des Bohrens das zerbohrte Gestein kontinuierlich herausgespült. Das Öl kommt entweder von selbst durch eigenen Gasdruck (über dem Öl befindet sich eine mehr oder weniger hohe Gasschicht) an die Erdoberfläche, oder es wird zur Erhöhung des Drucks Luft, Gas oder Wasser hineingepumpt. Bei zu geringem Druck werden Tiefpumpen eingesetzt.

Verarbeitung: Die chemische Behandlung des Erdöls wird unter dem Namen „*Petrolchemie*" zusammengefasst. Der eigentlichen chemischen Behandlung gehen jedoch verschiedene physikalische Verfahren voraus. Zuerst wird das Wasser samt den gelösten Salzen und sonstigen Beimengungen durch Trennung in großen Absetzbehältern beseitigt. Die restlichen Schwebetröpfchen werden in einem elektrischen Wechselfeld bei 4000 V Spannung entfernt.
Die Trennung von Erdgasen, die durch Druck im Erdinnern gelöst wurden, erfolgt in so genannten Rohrkopfseparatoren mit Unterdruck.
Das Erdöl wird in Tankschiffen, Rohrleitungen und Kesselwagen der Eisenbahn transportiert. In dieser Reihenfolge steigen auch die Beförderungskosten.

Fraktionierte Destillation: Die fraktionierte Destillation erfolgt in Fraktionierkolonnen, die entweder Glockenböden oder Füllkörper (z. B. Raschigringe) enthalten. Dabei kommt der aufsteigende Dampf intensiv mit dem zurückfließenden Kondensat in Berührung, wodurch die Trennwirkung wesentlich erhöht wird.

Da bei Temperaturen über 400 °C die höhermolekularen Verbindungen zur Pyrolyse (Zerfall in kleinere Moleküle) neigen, wird bis 400 °C unter Atmosphärendruck destilliert.

Dabei enstehen:	Verwendung:
Benzin bis 100°C Leichtbenzin bis 180°C Schwerbenzin C_6 bis C_{11}	Reforming und Synthesegaserzeugung [1]
Kerosin (Leuchtöl) 180 ... 240°C C_{10} bis C_{14}	Flugturbinentreibstoff, Rohstoff für Crackprozesse
Gasöl 240 ... 360°C C_{11} bis C_{20}	Dieseltreibstoff, Heizöl, Rohstoff für Crackprozesse

Die höhersiedenden Fraktionen werden unter Vakuum destilliert.

Vakuumdestillate	Motorenöle, Maschinenöle Schmieröle (aus denen Paraffin extrahiert wird) Rohstoffe für Crackprozesse
Vakuumdestillationsrückstände	Schmiermittel, Industrieheizöle, Bitumen

Schmieröle: Die durch Erdöldestillation gewonnenen Schmieröle werden *mineralische Schmieröle* genannt, im Gegensatz zu den *synthetischen Ölen,* die Kohlenwasserstofföle (aus Ethen hergestellt) oder Nichtkohlenwasserstofföle (z. B. Silicone) sind.

Eigenschaften der Schmieröle: Gute Schmieröle müssen einen hohen Viskositäts-Temperatur-Index haben, d. h., die Viskosität darf im Gebrauchstemperaturintervall keine starken Schwankungen aufweisen. Die Schmieröle müssen außerdem ein hohes Schmutztragevermögen haben und in der Lage sein, sauer reagierende Verbrennungsprodukte (Schwefeldioxid, Kohlenstoffdioxid) zu neutralisieren. Man setzt deshalb den Schmierölen so genannte „Additives" zu, kompliziert gebaute organische Verbindungen mit Schmieröl verbessernden Eigenschaften. Schmieröle werden heute in hohem Maße Crackprozessen zugeführt.

[1] Synthesegas ist ein Gemisch aus CO und H_2

Bitumen ist eine dunkelfarbige, springharte, schmelzbare Masse mit hoher Klebfähigkeit. Im Unterschied zu Teer enthalten Bitumina keine Phenole.

Erdgas besteht vorwiegend aus Methan, daneben können auch andere niedermolekulare Kohlenwasserstoffe sowie Stickstoff, Schwefelwasserstoff, Kohlendioxid und Helium vorkommen.

Der größte Teil des Erdgases wird als *Brenn- und Heizstoff* verwendet. Durch den hohen Wasserstoffgehalt (Methan) entsteht bei gleicher Wärmemenge bei der Verbrennung weniger Kohlendioxid als bei der Verbrennung von Kohle und Erdöl.

Chemisch wird Erdgas zur *Herstellung* von Acetylen, Blausäure, Ruß, Wasserstoff und Synthesegas (Gemisch aus CO und H_2) verwendet.

31.3 Octanzahl

Das „Klopfen“ des Ottomotors entsteht durch Bildung kurzlebiger Radikale (↑ S. 636), die eine unkontrollierte explosionsartige Verbrennungsreaktion des Benzins verursachen. Das Maß für die Klopffestigkeit eines Benzins ist die *Octanzahl* (OZ). Sie gibt an, welcher prozentualen Mischung von Isooctan (OZ = 100) und n-Heptan (OZ = 0) der betreffende Kraftstoff in Bezug auf seine Klopffestigkeit gleichwertig ist.

▲ Ein Benzin mit der OZ 98 (Super Plus) gleicht im Klopfverhalten einer Mischung von 98 Vol-% Isooctan und 2 Vol-% n-Heptan.

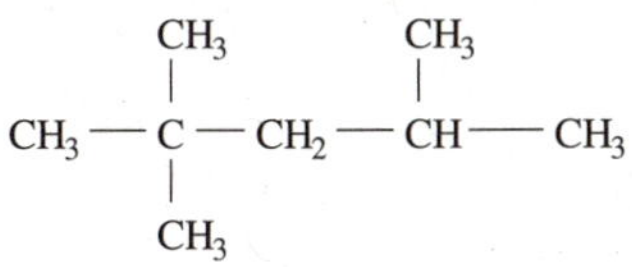

Isooctan; 2,2,4-Trimethylpentan
OZ=100

$CH_3—CH_2—CH_2—CH_2—CH_2—CH_2—CH_3$

n-Heptan
OZ=0

Die Octanzahl steigt von den n-Alkanen über Alkene, Cycloalkane bis zu verzweigten Alkanen und aromatischen Kohlenwasserstoffen an. Superbenzin mit einer OZ > 95 ist ein Gemisch verschiedener meist verzweigter ketten- und ringförmiger, gesättigter und ungesättigter Kohlenwasserstoffe. Zur Erhöhung der OZ werden „*Radikalfänger*“ eingesetzt, früher Tetraethylblei („verbleites“ Benzin) oder Benzen, heute v. a. Methyl-t-butylether (sprich Methyltertiärbutylether, MTBE).

	OZ
n-Pentan	61,7
n-Hexan	24,8
Cyclohexan	77,0
2,2-Dimethylpropan	85,5
2,2-Dimethylbutan	91,8
2,2,3-Trimethylbutan	112,1
Benzen	106,0

31.4 Cetanzahl

Analog zur Octanzahl gibt man die Zündwilligkeit von Dieselkraftstoff mit der *Cetanzahl* (CZ) an. Sie ist definiert als prozentuales Gemisch aus n-Hexadecan (Cetan; CZ = 100) und 1-Methylnaphthalin (CZ = 0), das die gleiche Zündwilligkeit wie ein betrachteter Dieselkraftstoff zeigt. Bei zu kleiner Cetanzahl und damit zu hohem *Zündverzug*, d. h. der Zeit zwischen Zündung und einsetzender Verbrennung, tritt das „Nageln" des Dieselmotors auf.

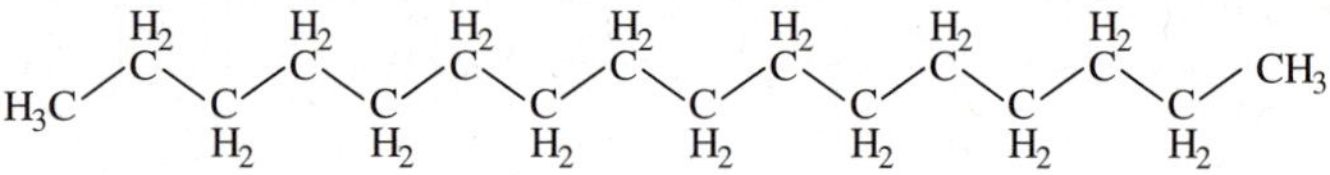

n-Hexadecan
($C_{16}H_{34}$; CZ = 100)

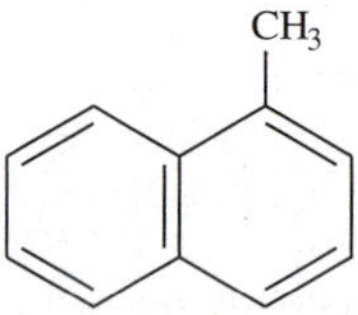

1-Methylnaphthalin (CZ = 0)

▲ Die Cetanzahl von normalem Pkw-Dieselkraftstoff (CZ = 52) entspricht einem Gemisch von 52 Vol-% n-Hexadecan und 48 Vol-% 1-Methylnaphthalin.

31.5 Crackverfahren (Spaltverfahren)

31.5.1 Thermisches Cracken

- **Tieftemperaturpyrolyse**
  Dieses Verfahren dient zur Herabsetzung der Viskosität hochsiedender Fraktionen.

$$\left.\begin{cases}\text{Vakuumdestillationsrückstände}\\ \text{atmosphärische Destillationsrückstände}\\ \text{hochsiedende Fraktionen}\end{cases}\right\} \xrightarrow[10\ldots\ 15\ \text{bar}]{450\ldots\ 570\ {}^\circ\text{C}} \text{destillierbare Öle + Koks}$$

  Die entstandenen destillierbaren Öle können anschließend dem katalytischen Cracken zugeführt werden.

- **Mitteltemperaturpyrolyse** = Cracken bei mittleren Temperaturen (MTP)

$$\left.\begin{cases}\text{Flüssiggas (Ethan, Propan, n-Butan)}\\ \text{Leichtbenzin}\\ \text{Schwerbenzin}\end{cases}\right\} \xrightarrow{750\ldots\ 950\ {}^\circ\text{C}} \text{Olefine, Diolefine, Aromaten}$$

  Die Trennung des entstandenen Reaktionsgemischs geschieht durch *Tieftemperatur-Druckdestillation*. Nach Waschen mit Natronlauge unter Druck, um saure Bestandteile (Kohlenstoffdioxid, Schwefelwasserstoff) zu entfernen, und anschließendem Trocknen werden die Spaltgase durch Kompression und Kühlung getrennt.

- **Hochtemperaturpyrolyse** (HTP; Hoechst)

$$\left\{\begin{matrix}\text{Leichtbenzin}\\ \text{Roherdöl}\end{matrix}\right\} \xrightarrow{2500\ldots3000\,^\circ\text{C}} \text{überwiegend Olefine und Ethin}$$

Die Rohstoffe werden in heißes Trägergas eingedüst; Verweilzeit ca. 2 Millisekunden, danach Quenchen mit Spaltöl. Bei Verwendung von wasserdampfreichem Trägergas fällt kein Ruß an.

31.5.2 Katalytisches Cracken

Mit Zeolithen lassen sich gezielt lineare von verzweigten und ringförmigen Kohlenwasserstoffen abtrennen. Durch geeignete Katalysatoren geht dann beim Crackprozess eine Isomerisierung und Ringbildung der linearen Kohlenwasserstoffe vor sich. Dadurch wird die Octanzahl und damit die Qualität des Benzins erhöht.

Als Katalysatoren werden Aluminiumsilicate $m\ Al_2O_3 \cdot n\ SiO_2$ verwendet. Der durch Koksabscheidung rasch deaktivierte Katalysator wird kontinuierlich reaktiviert.

$$\text{Hochsiedende Fraktionen des Erdöls} \xrightarrow[600\,^\circ\text{C}]{\text{Katalysator}} \text{Benzin mit hoher OZ}$$

Hydrocracken

Das *Hydrocracken* ist ein katalytisches Cracken unter Zufuhr von Wasserstoff. Es dient zur Herstellung niedrigsiedender Produkte aus hochsiedenden Erdölfraktionen. Als Katalysator verwendet man Nickeloxid/Wolframoxid oder Cobaltoxid/Molybdänoxid, aufgetragen auf Zeolithe oder amorphe Aluminiumsilicate.

$$\left\{\text{Gasölfraktion + Wasserstoff}\right\} \xrightarrow[100\ldots200\ \text{bar}]{320\ldots420\,^\circ\text{C}} \left\{\begin{matrix}\text{Flüssiggase}\\ \text{Benzin}\\ \text{Dieselkomponenten}\\ \text{Flugturbinentreibstoffe}\\ \text{Schmierölrohstoffe}\end{matrix}\right\}$$

31.6 Katalytisches Reformieren

Dieses Verfahren dient weniger der Herstellung niedrig siedender Produkte, sondern es sollen tiefgreifende Strukturänderungen vonstatten gehen, die die Octanzahl des Benzins verbessern. *Destillatbenzin* mit OZ 30 bis 45 wird in Reformatbenzin mit OZ 85 bis 95 umgewandelt. Aus dem *Reformatbenzin* gewinnt man auch Benzen (↑ 39.3.2) und andere Arene.

$$\text{Destillatbenzin + Wasserstoff} \xrightarrow[500\,^\circ\text{C; Katalysator}]{10\ldots50\ \text{bar}} \text{Benzin mit hoher OZ}$$

Platin mit einem Rhenium-Zusatz, aber auch Gemische aus Molybdänoxid/Cobaltoxid/Chromoxid, aufgetragen auf Aluminiumoxid oder Aluminiumsilicaten, haben hydrierende, dehydrierende und isomerisierende Eigenschaften.

Folgende chemische Reaktionen laufen bei den Reforming-Prozessen ab:

- **Dehydrierung**

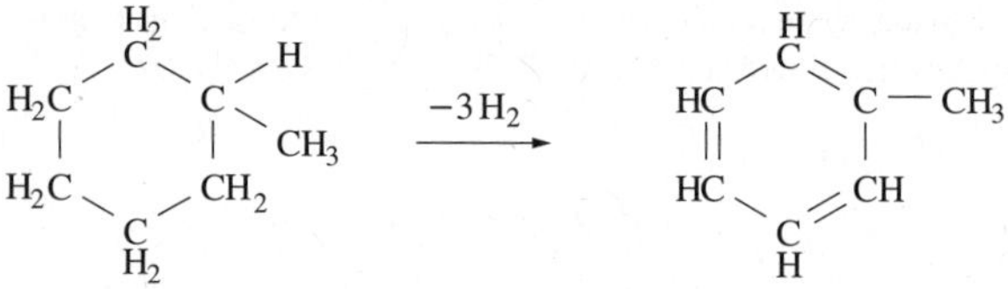

Methylcyclohexan → Toluen

- **Cracken und gleichzeitiges Hydrieren:**

$$CH_3–[CH_2]_5–CH_2–CH_2–[CH_2]_4–CH_3 + H_2 \rightarrow CH_3–[CH_2]_5–CH_3 + CH_3–[CH_2]_4–CH_3$$

Tridecan → n-Heptan + n-Hexan

- **Isomerisierung:**

$$CH_3—CH_2—CH_2—CH_2—CH_2—CH_2—CH_3 \rightarrow CH_3—CH_2—CH_2—CH_2—CH(CH_3)—CH_3$$

n-Heptan → iso-Heptan

oder

Methylcyclopentan → Cyclohexan

- **Cyclisierung:**

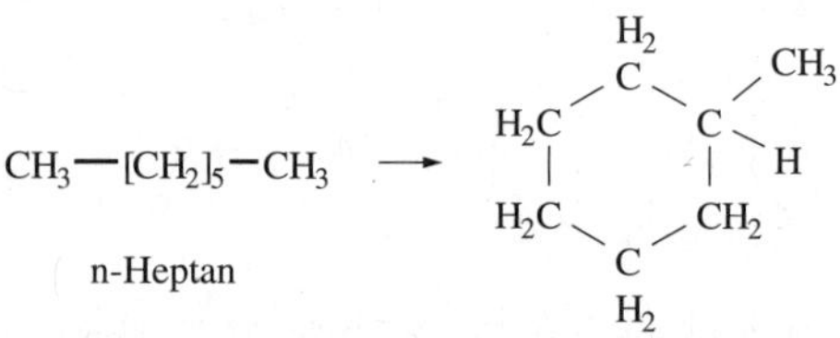

n-Heptan → Methylcyclohexan

Meist erfolgt bei der Cyclisierung gleichzeitig eine *Dehydrierung,* sodass ein großer Teil des Methylcyclohexans in *Toluen* übergeht.

32 Kohle

Die Kohlevorräte der Erde sind wesentlich größer als die Erdölvorräte. Kohle ist gleichmäßiger auf der Erde verteilt. Sie wird im Gegensatz zum Erdöl noch weit über das Jahr 2100 hinaus in ausreichender Menge vorhanden sein. Aus diesen Gründen gewinnt die Kohle, auch für die chemische Umsetzung, wieder mehr an Bedeutung („Carbochemie“).

32.1 Arten und Entstehung der Kohle

- **Zusammensetzung:** Kohlen enthalten wenig freien Kohlenstoff (10 % bei der Steinkohle, wenige Prozente bei der Braunkohle), komplizierte, meist ringförmige Verbindungen, die außer Kohlenstoff, Wasserstoff, Sauerstoff, Stickstoff auch Schwefel enthalten, anorganische Stoffe (Asche) und Wasser.
- **Entstehung:** Die Kohlen sind durch bakterielle Zersetzung unter Luftabschluss vorwiegend aus Pflanzen entstanden. Dieser sich über eine sehr lange Zeit erstreckende Prozess wird *Inkohlung* genannt. Der Inkohlungsgrad nimmt vom Anthrazit über die Steinkohle bis zur Braunkohle ab. Die Kohlevorräte lagern in unterschiedlichen Erdschichten und Tiefen.
  Die Ursprungspflanzen bestimmen weitgehend die Art der Kohle, jedoch wirken hierbei noch andere Faktoren mit. So unterlag die Steinkohle geologischen Veränderungen unter hohen Drücken und hohen Temperaturen, was bei der Braunkohle nicht der Fall war.

Tabelle 31-1: *Kohlearten*

	Zeitalter der Entstehung	Pflanzlicher Ursprung	Heizwert der Rohkohle in kJ/kg	Wassergehalt
Anthrazit	Karbon 300 Millionen Jahre	Bärlappgewächse Schachtelhalme	35 600	1 %
Steinkohle	Karbon 300 Millionen Jahre	Schachtelhalme Farne, Siegelbäume keine Laubbäume	25 100 bis 35 600	1 bis 4 %
Braunkohle	Karbon bis Tertiär (40 Millionen Jahre)	Sumpfzypressen, Mammutbäume, Kiefern, Fichten	12 100	50 bis 60 %

	Steinkohle	Braunkohle
Reserven (in Gt)	716	317
Förderung (in Gt)	6	1

(Globale Daten für 2016; Quelle: Bundesanstalt für Geowissenschaften und Rohstoffe).

32.2 Veredlung der Kohle

32.2.1 Brikettierung

- *Steinkohlenbriketts* werden durch Pressen von Steinkohlenstaub unter Beimengung des Bindemittels Steinkohlenteerpech hergestellt.
  Heizwert: 25 bis 36 MJ · kg^{-1}.
- Braunkohlenbriketts: Rohkohle wird zerkleinert und gesiebt. Die Anteile mit einem Durchmesser von 2 bis 4 mm werden bei ≈ 100 °C getrocknet; dabei sinkt der Wassergehalt von 50 bis 60 % auf 10 bis 20 %. Nach Kühlung auf 40 °C erfolgt Pressen ohne Bindemittel.
  Heizwert: 17 bis 21 MJ · kg^{-1}.

32.2.2 Entgasung von Kohle (Trockendestillation, Zersetzungsdestillation)

Unter *Entgasung* versteht man die chemische Zersetzung von Kohle durch Erhitzen unter Luftabschluss. Es bleibt *Koks* zurück, während sich aus den gasförmigen Produkten beim Abkühlen *Teere* niederschlagen.

Man unterscheidet:

- **Verschwelung** (bei ≈ 500 °C)
- **Verkokung** (bei ≈ 1000 °C)

Verschwelung der Steinkohle

Die Hauptaufgabe der Schwelung ist die Gewinnung flüssiger Produkte (hier vorwiegend Kohlenwasserstoffe zur Benzinherstellung); Schwelgase und Schwelkoks sind Nebenprodukte. Der Schwelkoks eignet sich nicht als Hüttenkoks, kann aber in der heute unmodernen, da zu energieaufwendigen Carbidproduktion und in der Vergasung eingesetzt werden.

Bei der Schwelung muss eine Temperatur von 450 bis 600 °C eingehalten werden, denn oberhalb 600 °C entstehen durch Dehydrierungs- und Polymerisationsreaktionen aromatische Verbindungen, und es bildet sich wesentlich weniger Teer.

Aus einer Tonne Kohle erhält man etwa 110 m^3 Gas, 750 bis 800 kg Koks und 8 kg Teer.

Verkokung der Steinkohle

Die Verkokung, die für die Steinkohle eine wesentlich größere Bedeutung hat als die Verschwelung, wird in *Kokereien* oder in *Gasanstalten* durchgeführt. Sie erfolgt in gleichartigen Anlagen, nur dass in den Gasanstalten *Gaskohle* (mit 35 bis 40 % flüchtigen Bestandteilen) und in den Kokereien *Fettkohle* (mit 20 bis 30 % flüchtigen Bestandteilen) entgast wird.

Die Zersetzung geschieht in dicht abgeschlossenen, 30 bis 40 t Kohle fassenden Kammeröfen, die mit feuerfesten Silicatsteinen ausgemauert sind. Zwischen den Kammern befinden sich Heizkanäle, in denen ein Teil der Abgase der Verkokung, mit vorgewärmter Luft vermischt, verbrannt wird. Die Wärme der Verbrennungsgase wird zum Vorwärmen der Luft ausgenutzt.

Produkte der Kokereien

Rohgas: Durch eine Gaswäsche mit einer Teerölfraktion erhält man Rohbenzen. Der Rest wird zum Heizen der Kammern verwendet und in die Ferngasleitung eingespeist.

Kokereiwasser: Nach Versetzen mit Kalkmilch wird aus den gelösten Ammoniumsalzen Ammoniak ausgetrieben. Phenole werden durch Benzen extrahiert.

Steinkohlenteer: Der Teer wird durch Destillation in *Leichtöl, Mittelöl, Schweröl* und *Anthracenöl* aufgetrennt. Diese Öle bestehen vorwiegend aus Arenen, Phenolen und Pyridinbasen; sie sind wertvolle Rohstoffe zur Herstellung von Lösemitteln, Farbstoffen, Pharmaka, Explosivstoffen, Riechstoffen, Pestiziden u. a. Als Destillationsrückstand verbleibt *Pech,* das im Straßenteer und als Dichtungsmittel Anwendung findet.

Koks Aus der Fettkohle erhält man einen großstückigen, festen Koks, der ein ausgezeichneter Hüttenkoks ist. Der Koks, der aus der Gaskohle entsteht, wird für den Hausbrand, in der Synthesegaserzeugung und bei der Calciumcarbidherstellung verwendet.

Verschwelung der Braunkohle

Das Ziel der zur Zeit in Deutschland nicht mehr durchgeführten Braunkohlenschwelung war, wie bei der Steinkohle, in erster Linie die Erzeugung von Schwelteer.

Bei der meist durchgeführten *Spülgasschwelung* werden Braunkohlenbriketts im Gegenstrom von hocherhitztem Abgas auf Entgasungstemperaturen (600 bis 700 °C) gebracht.

Produkte der Braunkohlenschwelerei:

- 15 % **Schwelgase** (zum Heizen der Schwelöfen, mit Wassergas vermischt als Stadtgas)
- 5 bis 10 % **Braunkohlenteer** – wird durch fraktionierte Destillation in 3 Fraktionen zerlegt:
  Leichtöl (Benzin, Solaröl als Putz- und Motorenöl)
  Mittelöl (Dieselkraftstoff, phenolhaltig)
  Rückstand (Paraffin, Pech)
- 25 bis 30 % **Grudekoks** (Heizwert 25 bis 30 $MJ \cdot kg^{-1}$)
- 50 bis 60 % **Schwelwasser**

Braunkohlenschwelteer ist wesentlich verschieden vom *Steinkohlenteer*, da er vorwiegend kettenförmige Verbindungen enthält, während aus der Steinkohle einfache und kondensierte Ringverbindungen entstehen.

32.2.3 Vergasung von Kohle

Bei der Vergasung werden Braunkohle oder Steinkohlenkoks vollständig zu Generator- und Wassergas umgesetzt, sodass nur Asche zurückbleibt.

- **Vergasung im Drehrostgenerator**
  In Drehrostgeneratoren wird durch eine etwa 3 m dicke Koksschicht von unten her abwechselnd Luft (*Heißblasen*) und Wasserdampf (*Kaltblasen*) zugeführt.
  Heißblasen (exothermer Vorgang):
  $$2\,C + O_2 \rightleftharpoons 2\,CO \quad \Delta_R H^\ominus = -222\ kJ \cdot mol^{-1}$$
  Da Luft zum Heißblasen verwendet wird, besteht das erzeugte Gas aus CO und N_2. Es wird **Generatorgas** oder **Luftgas** genannt. Heizwert: 4300 $kJ \cdot m^{-3}$. Da dieser Heizwert sehr gering ist (Heizwert für Erdgas: 38 000 $kJ \cdot m^{-3}$), kann es nur als Brennstoff für metallurgische Prozesse oder zum Aufheizen von Verkokungskammern verwendet werden.
  Kaltblasen (endothermer Vorgang):
  $$C + H_2O \rightleftharpoons CO + H_2 \quad \Delta_R H^\ominus = +131\ kJ \cdot mol^{-1}$$
  Das Gemisch ($CO + H_2$) nennt man **Wassergas.** (↑ 10.2) Heizwert: 11 500 $kJ \cdot m^{-3}$. Viele wichtige Synthesen werden mit Wassergas durchgeführt (z. B. Methanolsynthese, Ammoniaksynthese u. a.).
- **Vergasung im Winkler-Generator (↑ 14.2.3)**

32.2.4 Katalytische Hydrierung von Kohleprodukten

Das ursprüngliche **BERGIUS-Verfahren,** das gemahlene Kohle, vermischt mit Schweröl und Eisenoxidpulver als Katalysator, in zwei Stufen bei ≈ 300 bar hydrierte, ist wegen des hohen Wasserstoffverbrauchs nicht rentabel. Es wurde daher auf Braunkohlenschwelteer umgestellt, geriet mit dem Aufkommen der Erdölverarbeitung in den Hintergrund und wurde mit der Stilllegung der Braunkohlenschwelereien völlig eingestellt.

Tieftemperatur-Hochdruck-Hydrierung (TTH-Verfahren)

$$\text{Teer} + \text{Wasserstoff} \xrightarrow[300\ \text{bar};\ 280\ \ldots\ 380\ {}^\circ\text{C}]{\text{NiS / WS}_2\text{ / Al}_2\text{O}_3} \left\{\begin{array}{l}\text{Benzin}\\ \text{Mittelöl}\\ \text{Schweröl}\end{array}\right\}$$

Aus dem Schweröl wird Paraffin isoliert, der Rest ist als Schmieröl geeignet. Durch hydrierende Raffination des Mittelöls gewinnt man Vergaser- und Dieseltreibstoffe.

33 Acyclische Sauerstoffverbindungen

33.1 Acyclische Alkohole

Alkohole enthalten die *funktionelle Gruppe* -OH (Hydroxylgruppe), gebunden an einem Kohlenwasserstoffrest.

Die **funktionelle Gruppe** bestimmt weitgehend das chemische Verhalten (die „chemische Funktion“) einer Verbindung.

Ist die Hydroxylgruppe unmittelbar mit einem Kohlenstoffatom eines Benzenringes verbunden, handelt es sich um ein Phenol (↑ 39.3.4).

Alkanole sind gesättigte, acyclische Alkohole; allg. Formel $C_nH_{2n+1}OH$.

Einteilung:

- nach der *Anzahl* der OH-Gruppen:

ein-, zwei-, drei- usw. -wertige Alkohole

  Verbindungen mit mehr als einer OH-Gruppe am *gleichen* C-Atom sind im Allgemeinen unbeständig und gehen spontan unter Wasserabspaltung in andere Verbindungsklassen über (z. B. Aldehyde, Ketone).
- nach der *Stellung* der OH-Gruppen:
  - Bei einem *primären Alkohol* befindet sich die OH-Gruppe an einem *primären C-Atom*, d. h. einem, das nur mit *einem* weiteren C-Atom verknüpft ist.

    primäre Alkohole

    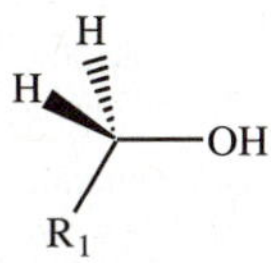

  - Bei einem *sekundären Alkohol* befindet sich die OH-Gruppe an einem *sekundären C-Atom*, d. h. einem, das mit *zwei* weiteren C-Atomen verknüpft ist.

    sekundäre Alkohole

    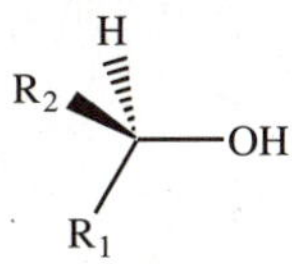

  - Bei einem *tertiären Alkohol* befindet sich die OH-Gruppe an einem *tertiären C-Atom*, d. h. einem, das mit *drei* weiteren C-Atomen verknüpft ist.

    tertiäre Alkohole

    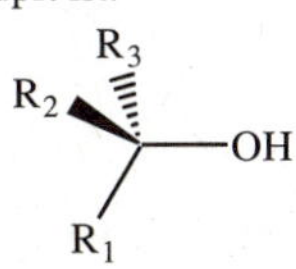

33.1.1 Darstellungsmethoden für Alkanole

Alkenhydratation (*Olefinhydratation*): Die Hydratation läuft über Schwefelsäureester (↑ 33.1.3) und anschließende Verseifung. Sie führt außer mit Ethen immer zu sekundären bzw. tertiären Alkanolen.
Summarische Reaktion:

$$R{-}CH{=}CH_2 + H{-}OH \rightarrow R{-}CH(OH){-}CH_3$$

Hydroformylierung (*Oxo-Synthese*): Primäre Alkohole von 2 bis 20 C-Atomen werden über die Aldehydstufe, in die der Cobalt-Katalysator eingeht, aus Olefinen, Kohlenstoffmonoxid und Wasserstoff hergestellt.

$$R{-}CH{=}CH_2 + CO + 2\,H_2 \xrightarrow[CoH(CO)_4]{150\,°C;\;200\,bar} R{-}CH_2{-}CH_2{-}CH_2OH^{1)}$$

Hydrolyse von Epoxidverbindungen: Dieses Verfahren wird zur Herstellung mehrwertiger Alkohole (↑ 33.1.4) verwendet.

Oxidation von Aluminiumtrialkylen: Diese Methode dient vor allem zur Herstellung von unverzweigten geradzahligen Alkoholen mit 4 bis 20 C-Atomen aus Ethen und Aluminiumtriethyl unter Druck und Wärme:

$$Al[(CH_2)_{2n}{-}CH_2{-}CH_3]_3 \xrightarrow{1{,}5\,O_2} Al[O{-}(CH_2)_{2n}{-}CH_2{-}CH_3]_3$$

$$\xrightarrow{+3\,H_2O} 3\,CH_3{-}CH_2{-}(CH_2)_{2n}{-}OH + Al(OH)_3$$

Labormethoden:

- Verseifung von Halogenalkanen
- mithilfe der GRIGNARD-Reaktion aus Aldehyden und Ketonen.

33.1.2 Eigenschaften von Alkanolen

Aggregatzustand: Schmelz- und Siedepunkte der Alkanole steigen mit zunehmender Kohlenstoffzahl an. Die niederen Alkanole sind bei Zimmertemperatur flüssig, die höheren fest.

Löslichkeit in Wasser: Je länger der *hydrophobe* („wasserfeindliche") Kohlenwasserstoffrest, desto weniger lösen sich die Alkanole in Wasser. Je mehr *hydrophile* („wasserfreundliche") OH-Gruppen im Molekül, desto leichter lösen sich die Alkanole in Wasser.

Alkoholatbildung: Die Alkohole reagieren mit Alkali- und Erdalkalimetallen und auch mit Aluminium unter Bildung salzartiger **Alkoholate,** wobei das Wasserstoff-Atom der OH-Gruppe durch Metall ersetzt wird:

$$R{-}OH + Na \rightarrow \underset{\text{Natriumalkoholat}}{R{-}ONa} + \tfrac{1}{2}\,H_2$$

Die *Alkoholate* bilden mit Wasser *Alkohole* zurück (vollständige *Hydrolyse*):

$$\underset{\text{Alkoholat}}{R{-}ONa} + H_2O \rightarrow \underset{\text{Alkohol}}{R{-}OH} + NaOH$$

---

1) $CoH(CO)_4$ ist *Tetracarbonylhydridocobalt* (bei der angegebenen Reaktion Zwischenprodukt)

Veresterung: Alkohole bilden sowohl mit anorganischen als auch mit organischen Säuren Ester (↑ Kap. 35).

Oxidation:

- *Primäre* Alkohole lassen sich zu Aldehyden (↑ 33.3) und weiter zu Carbonsäuren (↑ 33.5.2) oxidieren.
- *Sekundäre* Alkohole lassen sich zu Ketonen (↑ 33.4) oxidieren.
- *Tertiäre* Alkohole lassen sich nur unter Spaltung des Moleküls oxidieren.

Tabelle 32-1: *Einige Eigenschaften ausgewählter Alkanole (Temperaturangaben in °C)*

Name	**Formel**	**Schmelzpunkt**	**Siedepunkt**	**Wasserlöslichkeit** g in 100 g Wasser
Methanol	CH_3OH	−97,6	64,5	in jedem Verhältnis
Ethanol	C_2H_5OH	−114,2	78,3	in jedem Verhältnis
1-Propanol	C_3H_7OH	−126,1	97,2	in jedem Verhältnis
1-Butanol	C_4H_9OH	−89,8	117,9	6,8 bei 18 °C
1-Hexanol	$C_6H_{13}OH$	−44,6	157,1	wenig löslich
Glycol	$C_2H_4(OH)_2$	−12,6	198	in jedem Verhältnis
1,4-Butandiol	$C_4H_8(OH)_2$	16 … 19	230	in jedem Verhältnis
Glycerol	$C_3H_5(OH)_3$	−18	290	in jedem Verhältnis
1-Dodecanol	$C_{12}H_{25}OH$	24 … 26	259	unlöslich

33.1.3 Einwertige Alkanole

Methanol, *Methylalkohol, Carbinol, Holzgeist,* CH_3OH. *Kp* 64,5 °C; Dichte bei 20 °C 0,7913 g · cm^{-3}; farblose Flüssigkeit von typischem Geruch. Methanol ist stark giftig (Erblindung und Tod).

Herstellung: Industriell wird Methanol aus Wassergas (Synthesegas) hergestellt.

▲ „Niederdruck-Synthese"

$$CO + 2\,H_2 \xrightarrow[60\text{ bar; }250\ldots300\text{ °C}]{CuO\,/\,Cr_2O_3} CH_3OH$$

Die Reaktionsöfen ähneln denen der Ammoniaksynthese. Sie bestehen aber aus Sonderstählen mit hohem Chrom- und Nickelgehalt, wodurch die Bildung von Methan unterdrückt wird.

Verwendung: Methanol ist eines der wichtigsten Produkte der chemischen Industrie (Herstellung von Formaldehyd, Kunststoffen auf Acrylsäurebasis, Essigsäure; Lösemittel für Lacke und Farben). Außerdem wird CH_3OH zur Methylierung und zur Denaturierung von Ethanol verwendet.

Ethanol, *Ethylalkohol, Spiritus, Weingeist,* C_2H_5OH: farblose, brennbare Flüssigkeit von typischem Geruch und narkotischer Wirkung; *Kp* 78,3 °C; Dichte bei 20 °C 0,789 g · cm^{-3}.

Herstellung:

- durch *alkoholische Gärung* von Zucker, der aus der Zuckerrübe, dem Zuckerrohr, zuckerhaltigen Früchten oder anderen stärkehaltigen Stoffen gewonnen wird:

$$\underset{\text{Zucker}}{C_6H_{12}O_6} \xrightarrow{\text{Zymase}} \underset{\text{Ethanol}}{2\,C_2H_5OH} + 2\,CO_2$$

Zymase ist ein Enzym (Biokatalysator) der Hefe; sie wirkt unabhängig von der lebenden Hefezelle.

- durch *Olefinhydratation* (Alkene aus den Crackgasen)
  Direktes Verfahren:

$$CH_2{=}CH_2 + H_2O \xrightarrow[70\ \text{bar}]{300\ ^\circ\text{C}} CH_3{-}CH_2OH$$

  Als Katalysator verwendet man Phosphorsäure, auf Silikagel oder Aktivkohle aufgetragen.
  Indirektes Verfahren:

$$\underset{98\%\text{ig}}{CH_2{=}CH_2 + H_2SO_4} \xrightarrow[35\ \text{bar}]{80 \ldots 90\ ^\circ\text{C}} \underset{\text{Ethylhydrogensulfat}}{CH_3{-}CH_2{-}OSO_2OH}$$

$$CH_3{-}CH_2{-}OSO_2OH + H_2O \rightarrow CH_3{-}CH_2OH + H_2SO_4$$

  Gleichzeitig verläuft als Nebenreaktion die Bildung von Diethylether.

Verwendung: Genuss-, Konservierungs- und Lösemittel; in der chemischen Industrie als Veresterungskomponente. In einigen Ländern wird Ethanol Treibstoffen für Kraftfahrzeuge zugesetzt (Biotreibstoff).

Propanol, *Propylalkohol,* C_3H_7OH.
Zwei Isomere:

- **1-Propanol,** *n-Propanol, normal-Propylalkohol,* $CH_3{-}CH_2{-}CH_2OH$; *Kp* 97,2 °C.
- **2-Propanol,** *Isopropanol, Isopropylalkohol,* $CH_3{-}CHOH{-}CH_3$; *Kp* 80,4 °C.

Herstellung:

- durch *Hydratation von Propen:*

$$CH_3{-}CH{=}CH_2 \xrightarrow[20\ ^\circ\text{C}]{+\,H_2O} CH_3{-}CH_2{-}CH_2OH$$

- durch fraktionierte *Destillation* des *Fuselöls,* das bei der alkoholischen Gärung der aus der Kartoffelstärke hergestellten Eiweißstoffe entsteht. Fuselöl ist ein Gemisch, das hauptsächlich aus 1-Propanol, Methylpropanol und Methylbutanolen besteht.
- durch *Oxidation eines Propan-Butan-Gemisches:*

Propan-Butan-Gemisch + reines O_2 → Methanol
→ Propanole
→ Butanole

Verwendung: Lösemittel in der Filmindustrie, in der Pharmazie und in der Kosmetik als preiswerter Ersatz für Ethanol; hier wird 2-Propanol vorgezogen, da es dem Ethanol ähnlicher ist. Zur Herstellung von Aceton und zur Veresterung. 2-Propanol (Isopropanol) ist giftig.

Höhere einwertige Alkanole

Ähnliche Bedeutung wie Propanol haben die **Butanole** und **Pentanole** (*Amylalkohol*), die ebenfalls im Fuselöl enthalten sind.

Weitere Alkanole:

Hexadecanol (*Cetylalkohol*), $C_{16}H_{33}OH$, im Walrat;

Octadecanol (*Stearylalkohol*), $C_{18}H_{37}OH$, zur Herstellung neutraler Waschmittel;

Hexacosanol (*Cerylalkohol*), $C_{26}H_{53}OH$, im chinesischen Wachs;

Hentriacontanol (*Myricylalkohol*), $C_{31}H_{63}OH$, im Bienenwachs.

Alkanole mit 12 bis 20 C-Atomen (*Fettalkohole*) werden entweder aus einem natürlichen oder durch Paraffinoxidation erzeugten Alkansäuregemisch durch Hochdruckhydrierung oder durch Oxidation von Aluminiumtrialkylen (↑ 33.1.1) hergestellt. Aus ihnen gewinnt man Emulgatoren, Weichmacher, Grundstoffe für Kosmetika, Tenside (Detergenzien; grenzflächenaktive Stoffe).
Für waschaktive Substanzen werden insbesondere *lineare, primäre Fettalkohole* mit *geradzahliger Kohlenstoffkette* als Rohstoffe verwendet, da deren Kohlenstoffgerüst biologisch leicht abgebaut wird.

33.1.4 Mehrwertige Alkanole

Ethylenglycol, *1,2-Ethandiol,* $CH_2OH–CH_2OH$,
Kp 198 °C, Dichte 1,113 g · cm^{-3}; farblose, stark viskose Flüssigkeit, die mit Wasser in beliebigem Verhältnis mischbar ist. Giftig! Süß schmeckend.

Herstellung:

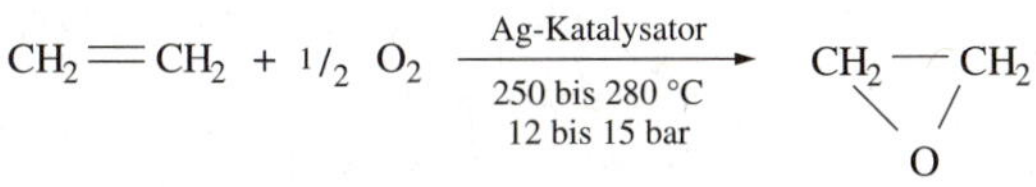

Ethen Ethylenoxid

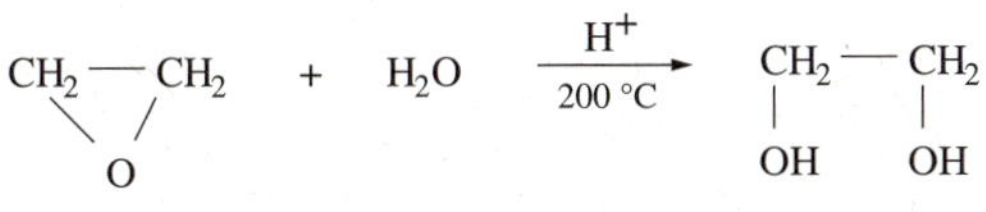

Ethylenglycol

Verwendung: Gefrierschutzmittel für Motorkühlwasser; Weichmacher in der Kunststoffindustrie; zur Herstellung von Polyestern für Fasern, Folien und Getränkeflaschen und zur Herstellung von Explosivstoffen; als Bremsflüssigkeit;

Dioxan, das aus Ethylenglycol gewonnen wird, ist ein wichtiges Lösemittel für Lacke und Celluloseacetat.

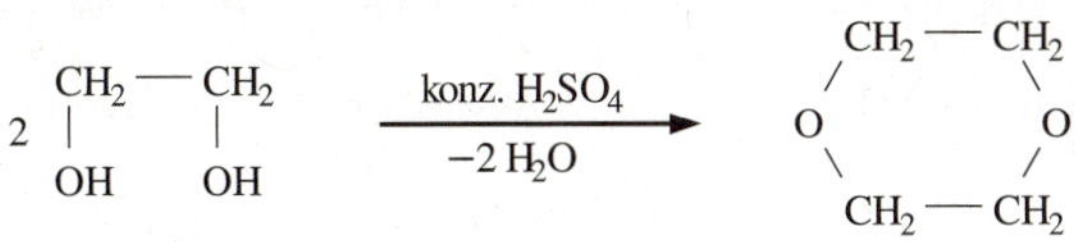

Ethylenglycol Dioxan

Diglycol (*Diethylenglycol),* $HO–CH_2–CH_2–O–CH_2–CH_2–OH$,
Triglycol (*Triethylenglycol*), $HO–CH_2–CH_2–O–CH_2–CH_2–O–CH_2–CH_2–OH$,
und höhere Kondensationsprodukte des Glycols sowie auch entsprechende Verbindungen, die sich aus dem **Propylenglycol,** $HO–CH_2–CH_2–CH_2–OH$, ableiten, finden als *nichtionogene Tenside*, als Lösemittel für Aromaten und zur Herstellung von Polyurethanen Anwendung.

Glycerol, *Glycerin, 1,2,3-Propantriol,* $C_3H_5(OH)_3$, $CH_2(OH)–CH(OH)–CH_2(OH)$; farblose Flüssigkeit, stark viskos und süß schmeckend, mit Wasser und Ethanol in jedem Verhältnis mischbar; *F* −18 °C; *Kp* 290 °C. Glycerol ist Bestandteil pflanzlicher und tierischer Öle und Fette.

Herstellung:

- durch *Verseifung von* Fetten

  Fett + NaOH → Glycerol + Na-Salz höherer Fettsäuren (Seifen)

- aus dem Propen der Crackgase (ältere Methode mit Chlor)

  1. Stufe:

  $$CH_2{=}CH–CH_3 + Cl_2 \xrightarrow{500\,°C} CH_2{=}CH–CH_2Cl + HCl$$

  Propen 3-Chlorpropen

  2. Stufe:

  $$2\,CH_2{=}CH–CH_2Cl + 2\,HOCl \rightarrow CH_2OH–CHCl–CH_2Cl + CH_2Cl–CH(OH)–CH_2Cl$$

  2,3-Dichlor-1-propanol 1,3-Dichlor-2-propanol

  3.Stufe:

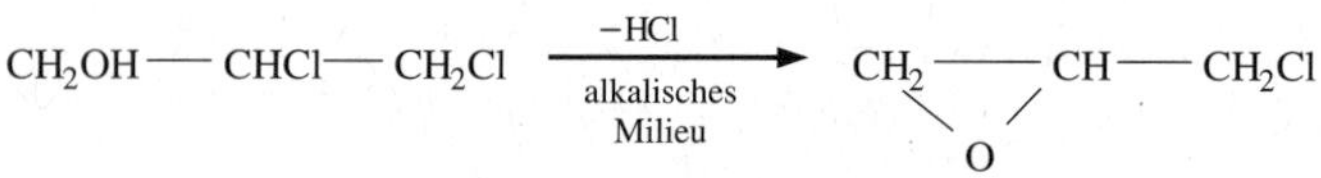

  Epichlorhydrin
  (3-Chlor-1-epoxy-propan)

  $$\xrightarrow[\text{Erhitzen im alkalischen Milieu}]{+2\,H_2O\,-\,HCl} CH_2OH–CH(OH)–CH_2OH$$

  Glycerol

- aus dem Propen der Crackgase (modernere Methode ohne Anwendung von Chlor):

  I $$CH_2{=}CH–CH_3 + O_2 \xrightarrow[350\,°C;\ 10\,bar]{Cu\text{-}Kat.} CH_2{=}CH–CHO + H_2O$$

  Acrolein (Propenal)

  II $$CH_2{=}CH–CHO + CH_3–CH(OH)–CH_3 \xrightarrow{400\,°C} CH_2{=}CH–CH_2OH + CH_3–CO–CH_3$$

  Acrolein Isopropanol (2-Propanol) Allylalkohol Aceton

  III $$CH_2{=}CH–CH_2OH + H_2O_2 \xrightarrow[70\,°C]{WO_3} CH_2OH–CH(OH)–CH_2OH$$

  Allylalkohol Glycerol

Verwendung: in der Papier-, Druckfarben-, kosmetischen und pharmazeutischen Industrie, als Appreturmittel, Bremsflüssigkeit, Weichmacher für Zellglas, zur Herstellung von Glyceroltrinitrat („Nitroglycerin"), Alkydharzlacken und Epoxidharzen.

33.2 Acyclische Ether

Ether enthalten eine oder mehrere Sauerstoffbrücken –O– im Molekül.

Alkoxy-alkane sind gesättigte acyclische Ether.
Allgemeine Formel: $R^1–O–R^2$

Man kann die Ether als Anhydride der Alkohole auffassen:

$$\left.\begin{matrix} R^1—OH \\ R^2—OH \end{matrix}\right\} - H_2O \longrightarrow \begin{matrix} R^1 \diagdown \\ \quad O \\ R^2 \diagup \end{matrix}$$

Einteilung:

- **Einfache Ether:** die Sauerstoffbrücke verbindet zwei *gleiche* Alkylreste.
- **Gemischte Ether:** Die Sauerstoffbrücke verbindet zwei *verschiedene* Alkylreste.

Herstellung:

- durch Wasserentzug aus Alkoholen:

$$2\ R–CH_2OH \rightarrow R–CH_2–O–CH_2–R + H_2O$$

- durch Reaktion zwischen Alkoholaten und Halogenalkanen (X = Halogen) (WILLIAMSON-Synthese):

$$R^1–CH_2–ONa + X–CH_2–R^2 \rightarrow R^1–CH_2–O–CH_2–R^2 + NaX$$

Diethylether, *Ethoxy-ethan,* $C_2H_5–O–C_2H_5$.
Diethylether wird meist kurz als „Ether" bezeichnet.

Eigenschaften: farblose, süßlich riechende, leicht bewegliche Flüssigkeit: *Kp* 34,6 °C. Ether ist mit Wasser nur in geringem Maße mischbar. Die Dämpfe sind leicht entflammbar und bilden mit Luft hochexplosive Gemische. Ether muss in braunen Flaschen aufbewahrt werden, da anderenfalls durch Lichteinwirkung *explosive Peroxide* entstehen.

Herstellung:

- *durch Wasserentzug aus Ethanol*:

$$2\ C_2H_5OH \xrightarrow{H_2SO_4} C_2H_5\text{-}O\text{-}C_2H_5 + H_2O$$

- *durch indirekte Hydratation von Ethen*:
  Bei diesem Verfahren entstehen Ethanol und gleichzeitig Diethylether:

1. Stufe:	$CH_2{=}CH_2 + H_2SO_4$ Ethen		→	$CH_3–CH_2–OSO_3H$ Ethylsulfat	
2. Stufe:	$CH_3–CH_2–OSO_3H + H_2O$ Ethylsulfat		→	$CH_3–CH_2–OH + H_2SO_4$ Ethanol	
3. Stufe:	$CH_2{=}CH_2 + CH_3–CH_2–OSO_3H$ Ethen		→	$(CH_3–CH_2–O)_2SO_2$ Diethylsulfat	
4. Stufe:	$(CH_3–CH_2–O)_2SO_2 +$ Diethylsulfat	$CH_3–CH_2–OH$ Ethanol	→	$CH_3–CH_2–OSO_3H +$ Ethylsulfat	$CH_3–CH_2–O–CH_2–CH_3$ Diethylether

Verwendung: Lösemittel für Fette und Öle; früher als Narkosemittel; als Wiederbelebungsmittel bei Ohnmachten („Hoffmannstropfen", bestehen aus einem Teil Ether und drei Teilen Ethanol).

Früher wurde reiner Diethylether in der Medizin als Narkosemittel verwendet. Er wurde durch halogenierte Methyl-Ethylether abgelöst, die nicht brennbar und für Patienten besser verträglich sind. Man benötigt Diethylether bei den GRIGNARD-Reaktionen (↑ 34.1) und zum „*Ausethern*“ von Substanzen aus wässrigen Lösungen.

33.3 Acyclische Aldehyde

33.3.1 Allgemeines

Aldehyde[1] haben die *funktionelle Gruppe* 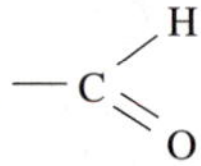 ; (einzeilig geschrieben –CHO);

(*Aldehydgruppe, Formylgruppe*).

Alkanale sind *gesättigte,* **Alkenale** *einfach ungesättigte* acyclische Aldehyde.

Allgemeine Formel der Alkanale:

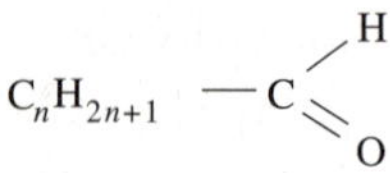

Herstellung:

- *Oxidation primärer Alkanole*:

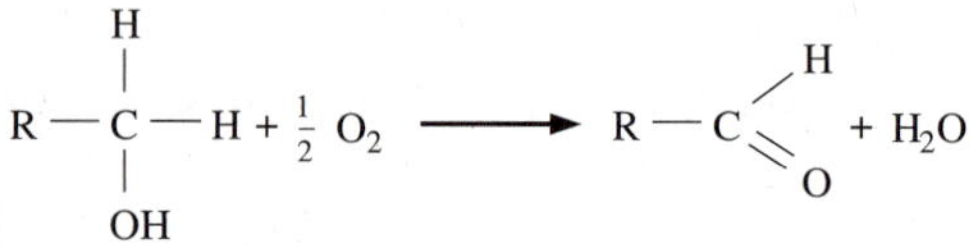

- Erhitzen einer *Carbonsäure* mit *Ameisensäure:*

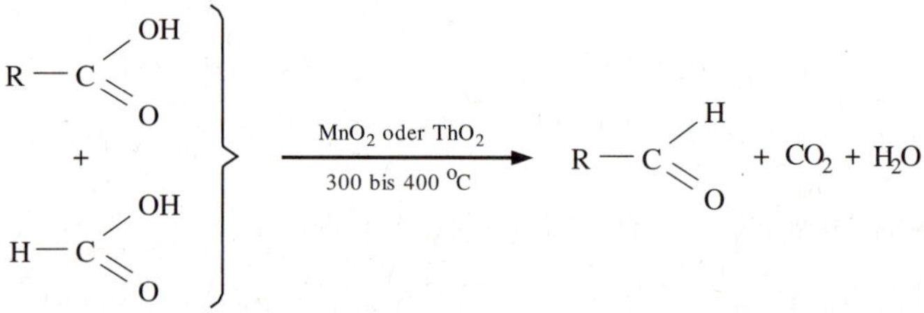

- *Oxosynthese* (Hydroformylierung) Katalytische Druckreaktion bei 50 bis 200 °C zwischen Wasserstoff, Kohlenstoffmonoxid und Alkenen, mit Co-, Rh- bzw. Re-Komplexen als Katalysatoren, z. B.

$$CH_2{=}CH_2 + CO + H_2 \rightarrow CH_3{-}CH_2{-}CHO$$

Propanal

- *Oxidation von Alkenen*

$$R{-}CH{=}CH_2 + \tfrac{1}{2}\,O_2 \rightarrow R{-}CH_2{-}CHO$$

[1] von ***al****cool* ***dehyd****rogenatus* (arab./lat.) entwasserstoffter Alkohol

Eigenschaften:

- *Reduktionswirkung:* Aldehyde wirken reduzierend; hierbei werden sie zu Alkansäuren oxidiert. Der *Nachweis* der Aldehyde mittels FEHLINGscher Lösung (↑ 20.1.3) (Ausscheidung von rotem Kupfer(I)-oxid, Cu_2O) oder ammoniakalischer Silbersalzlösung (Bildung eines Silberspiegels (↑ 20.2.2)) beruht auf der Reduktionswirkung.
- FEHLING-*Reaktion*:

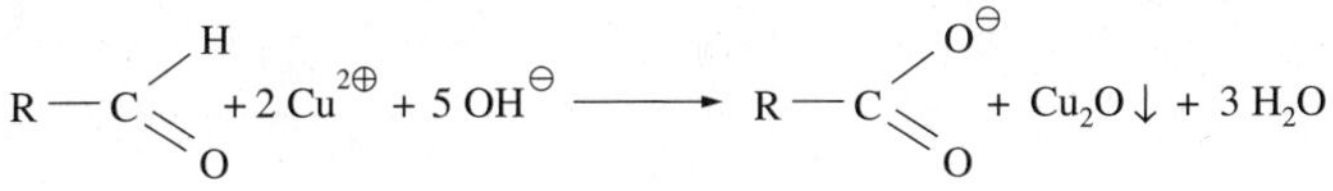

- TOLLENS-*Reaktion*:

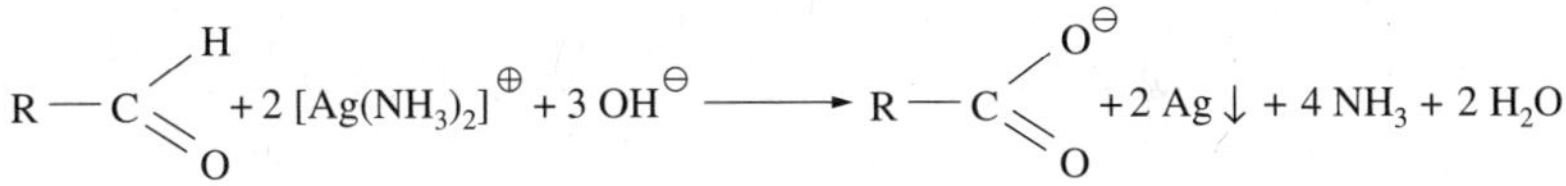

- *Additionsreaktionen*:

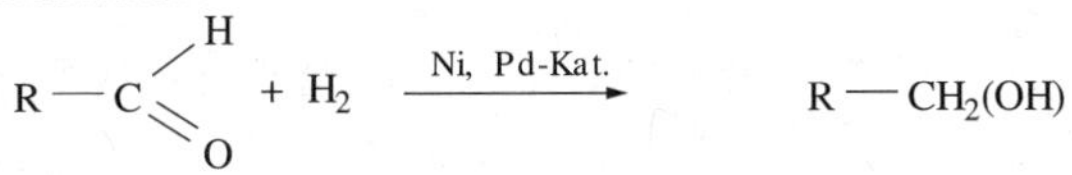

Alkanal Alkanol

Alkanal Hydroxyalkannitril („Cyanhydrin")

- *Aldoladdition* (*Aldolreaktion*) ist eine Aldehyddimerisation (Addition zweier Aldehyde):

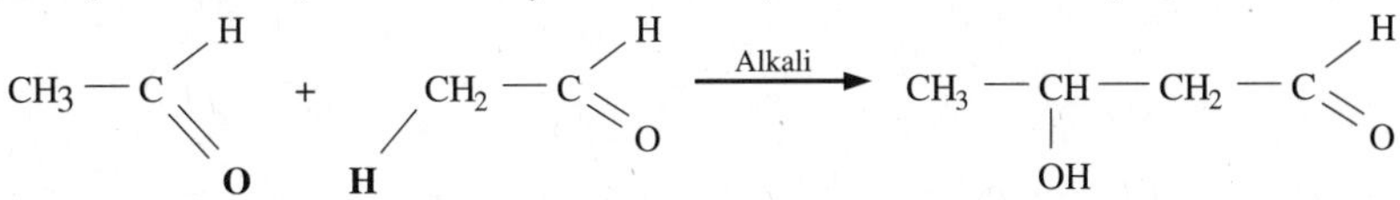

Ethanal (Acetaldehyd) 3-Hydroxy-butanal (Acetaldol)

Die Aldoladdition spielt bei biologischen Prozessen (Gärung) und organischen Synthesen eine große Rolle.

- CANNIZZARO-Reaktion (*Disproportionierung* oder *Dismutation* in die niedrigere und höhere Oxidationsstufe):
Diese Reaktion gehen Aldehyde ein, die kein α-ständiges aktives Wasserstoffatom besitzen und dadurch kein Aldol bilden können.

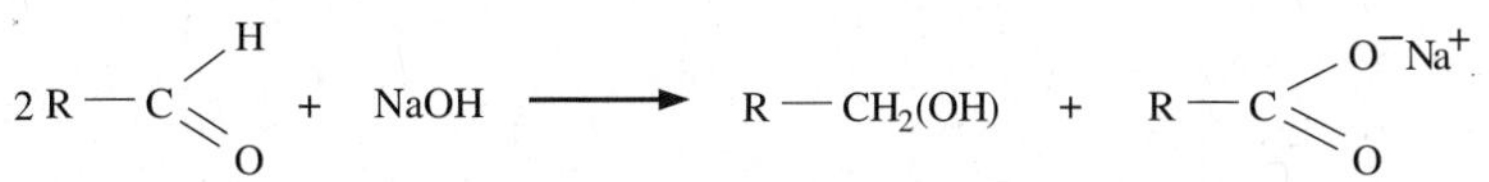

Alkanal Alkanol Natriumcarboxylat

Aromatische Aldehyde reagieren leichter als aliphatische. Aus 2 Molen Aldehyd entstehen 1 Mol primärer Alkohol und 1-Mol Natriumsalz einer Carbonsäure.

- *Acetalbildung*:
  Die Addition von Alkohol an Aldehyde führt über das **Halbacetal** zum **Acetal**. Beide spielen bei der Synthese organischer Verbindungen eine Rolle, da die Aldehydgruppe gewissermaßen „geschützt" wird. Die Reaktion des Halbacetals mit Alkohol erfolgt unter Säurekatalyse.

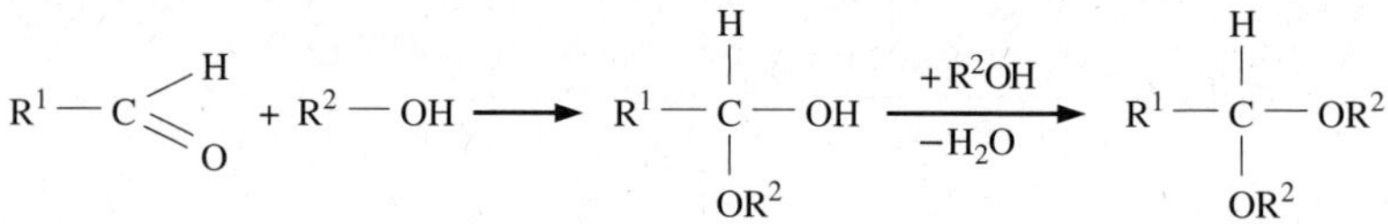

Halbacetal Acetal

Durch verdünnte Säuren wird das Acetal wieder in Aldehyd und Alkanol gespalten.

- *Polymerisation*
  - *Methanal* (Formaldehyd) polymerisiert in leicht saurem oder alkalischem Milieu zu einem weißen Pulver, dem **Paraformaldehyd.** Bei wasserfreier Polymerisation im basischen Milieu entsteht **Polyoxymethylen,** ein höhermolekulares Polymerisat, das sich zu Filmen oder Fäden verarbeiten lässt.

    n H–CHO $\rightarrow$ $(–CH_2–O)_n$
    Methanal Polyoxymethylen
  - *Ethanal* (Acetaldehyd) polymerisiert leicht zu **Paraldehyd** oder zu **Metaldehyd** (Hartspiritus „Meta"); hierbei verschwinden die reduzierenden Eigenschaften des Aldehyds:

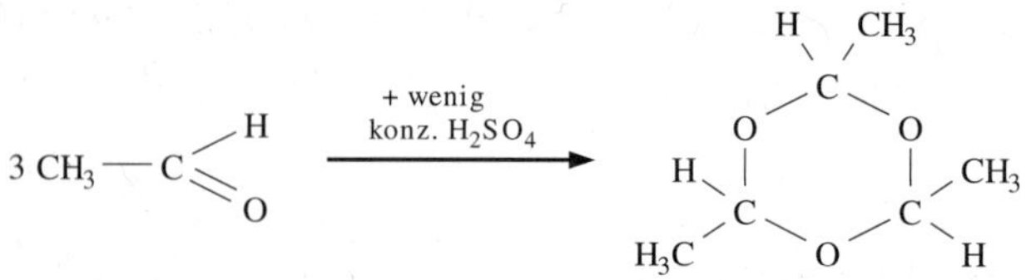

Paraldehyd: *Kp* 124 °C; flüssig

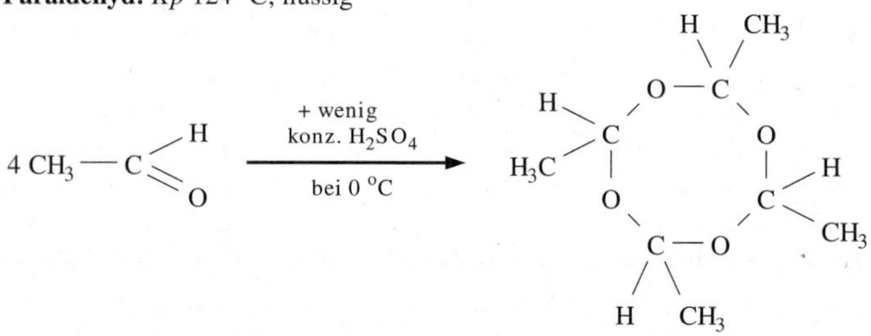

kristalliner **Metaldehyd;** Sublimationspunkt 112 °C

- *Oxidation:* Alkanale werden durch Sauerstoff zu Alkansäuren oxidiert

  $R–CHO + \frac{1}{2}\,O_2 \rightarrow R–COOH$

33.3.2 Einzelne Aldehyde

Formaldehyd, *Methanal,* H–CHO; stechend riechendes, giftiges, wasserlösliches Gas; *Kp* −21 °C. Formaldehyd kommt im Tabakrauch vor.

Herstellung:

- Oxidation von Methan:

$$CH_4 + O_2 \xrightarrow[\text{AlPO}_4\text{-Kat.}]{450\,°\text{C};\ 10 \ldots 20\ \text{bar}} \text{H–CHO} + H_2O$$

- Dehydrierung von Methanol:

$$CH_3OH + \tfrac{1}{2}\,O_2 \xrightarrow[\text{Ag-Kat.; Cu-Kat.}]{600\,°\text{C}} \text{H–CHO} + H_2O$$

Verwendung: Der Hauptanteil des Formaldehyds wird gegenwärtig zur Herstellung von Duroplasten (Phenoplaste, Aminoplaste) und Thermoplasten (Polyformaldehyd) verwendet. Die ca. 40%ige wässrige Lösung des Formaldehyds, *Formalin* genannt, scheidet spontan als Niederschlag oligomeren[1)] *Paraformaldehyd* aus, der beim Erhitzen wieder in Formaldehyd übergeht. Formalin wird zur Härtung von Gelatine in der Fotografie und zur Konservierung biologischer Präparate angewandt. Seifenlösungen des Formaldehyds dienen als Desinfektionsmittel.

Acetaldehyd, *Ethanal,* CH_3–CHO; farblos, in Wasser löslich, riecht stechend-betäubend; *Kp* 20,2 °C.

Herstellung:

- Oxidation des Ethens

$$CH_2{=}CH_2 + \tfrac{1}{2}\,O_2 \xrightarrow[3\ \text{bar};\ 100\,°\text{C}]{PdCl_2\,/\,CuCl_2} CH_3\text{–CHO}$$

- Wasseranlagerung an Acetylen (Ethin)

$$CH{\equiv}CH + H_2O \xrightarrow[90\,°\text{C}]{H_2SO_4;\ HgSO_4} CH_3\text{–CHO}$$

Verwendung: Ethanal ist ein wichtiges Zwischenprodukt für die Herstellung von Essigsäure, Essigsäureanhydrid, Butadien (→ Synthesekautschuk), Pentaerythrit (→ Explosivstoffe, Weichmacher) u. a.

Chloral, *Trichlorethanal,* CCl_3–CHO.
Wichtiger ist das **Chloralhydrat,** CCl_3–$CH(OH)_2$, das als Schlafmittel sowie zur Herstellung von Chloroform und DDT verwendet wird. DDT ist seit 1972 in Deutschland und vielen anderen Ländern verboten, da es in der Natur schwer abbaubar ist und sich durch die Nahrungskette im menschlichen Fettgewebe ablagert.

Acrolein, *Propenal,* CH_2=CH–CHO, *Kp* 52 °C, ist ein *Alkenal.* Farblose, langsam von selbst polymerisierende Flüssigkeit. Der scharfe, stechende Geruch des gebratenen Fettes entsteht durch Zersetzung des im Fett enthaltenen Glycerols zu Acrolein:

$$\underset{\text{Glycerol}}{CH_2(OH)\text{-}CH(OH)\text{-}CH_2OH} - 2\,H_2O \rightarrow \underset{\text{Acrolein}}{CH_2{=}CH\text{-}CHO}$$

Glyoxal, *Ethandial,* OHC–CHO, der einfachste zweiwertige Aldehyd, ist eine gelbe, stechend riechende Flüssigkeit (*F* 15 °C, *Kp* 50,4 °C), deren Dämpfe grün aussehen. Es wird zunehmend anstelle von Formaldehyd verwendet.

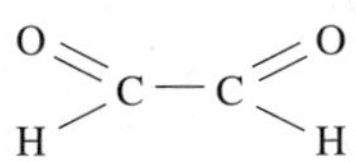

[1)] Oligomere sind Polymere mit niedrigem Polymerisationsgrad.

33.4 Acyclische Ketone

33.4.1 Allgemeines

Ketone enthalten die *funktionelle Gruppe* >C=O (*Keto-* oder *Carbonylgruppe*).

Man unterscheidet

einfache Ketone **gemischte Ketone**

Monoketone haben eine Ketogruppe, **Diketone** zwei Ketogruppen.

Eigenschaften: Ketone mit niedriger C-Zahl sind mit Wasser mischbare Flüssigkeiten. Sie gehen, ähnlich wie die Aldehyde, Additions- und Kondensationsreaktionen ein. Gegen Oxidationsmittel sind sie im Allgemeinen beständig; nur durch energische Oxidation wird das Ketonmolekül in zwei Carbonsäuremoleküle gespalten.

Herstellung:

- durch *Oxidation* bzw. *Dehydrierung sekundärer Alkohole:*

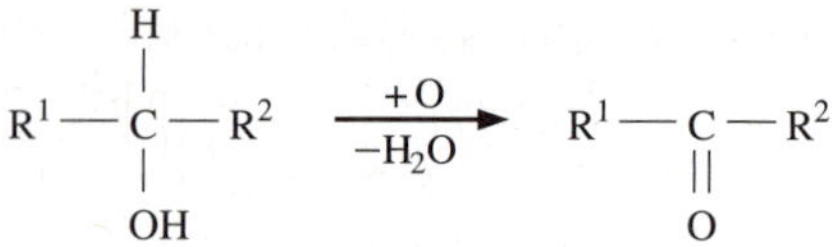

- durch *Destillation von Calciumsalzen der Carbonsäuren* (Labormethode):

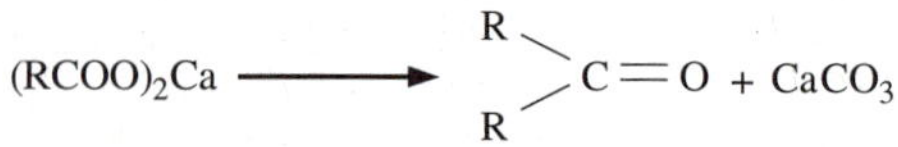

33.4.2 Einzelne Ketone

Aceton, *Propanon, Dimethylketon,* CH_3–CO–CH_3; farblose, obstartig riechende, mit Wasser, Alkohol und Ether mischbare Flüssigkeit; *Kp* 56,2 °C.

Herstellung:

- aus Ethin und Wasserdampf:

$$2\,CH{\equiv}CH + 3\,H_2O \xrightarrow{ZnO} CH_3{-}CO{-}CH_3 + CO_2 + 2\,H_2$$

- technische Synthese:

$$\underset{\text{Propen}}{CH_2{=}CH{-}CH_3} + \tfrac{1}{2}\,O_2 \xrightarrow[100\,°C;\ 10\,bar]{PdCl_2} \underset{\text{Aceton}}{CH_3{-}CO{-}CH_3}$$

- Nebenprodukt bei der Phenolsynthese nach dem Cumenverfahren. (↑ 39.3.4)

Verwendung: Aceton ist ein häufig gebrauchtes Lösemittel (z. B. für Lacke, Fette, Acetatseide, Acetylen). Als Gelatinierungsmittel von Cellulosenitraten spielt es in der Film- und Sprengstofftechnik eine Rolle.

Butanon, *Ethylmethylketon*, CH_3–CH_2–CO–CH_3
farblose, obstartig riechende (acetonähnliche) Flüssigkeit; mit den meisten organischen Lösemitteln löslich, in 100 g Wasser lösen sich 21 g, nicht giftig; *Kp* 79,6 °C.

Verwendung: Butanon ist ein universelles Lösemittel, vor allem in der Lack- und Klebstoffindustrie; es wird zur Entparaffinierung von Schwerölen eingesetzt.

Alkandione (*Diketone*). Man unterscheidet:

1,2-Diketone R^1–CO–CO–R^2
1,3-Diketone R^1–CO–CH_2–CO–R^2
1,4-Diketone R^1–CO–CH_2–CH_2–CO–R^2

2,3-Butandion, *Diacetyl, Dimethylglyoxal,* CH_3–CO–CO–CH_3, ist ein 1,2-Diketon. Das Butteraroma besteht im Wesentlichen aus Diacetyl.

Diacetyldioxim, CH_3–C(=N–OH)–C(=N–OH)–CH_3, ist das Nickelreagens nach TSCHUGAEFF. Es bildet mit Nickel(II)-Ionen einen roten, schwer löslichen Komplex (Nachweis und quantitative Bestimmung von Nickel(II)-Ionen).

33.5 Acyclische Carbonsäuren und Hydroxycarbonsäuren

33.5.1 Allgemeines

Carbonsäuren enthalten die *funktionelle Gruppe* 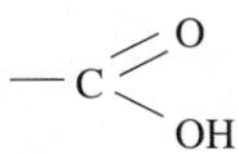 (*Carboxylgruppe*), auch –COOH geschrieben.

Von den gesättigten Kohlenwasserstoffen leiten sich die Alkansäuren (↑ 33.5.2) ab, von den ungesättigten Kohlenwasserstoffen die Alkensäuren (↑ 33.5.3)

Eigenschaften:

Saurer Charakter: Die Carboxylgruppe verleiht dem Molekül *sauren Charakter.* Die Carbonsäuren *dissoziieren* in wässriger Lösung gemäß der Gleichung:

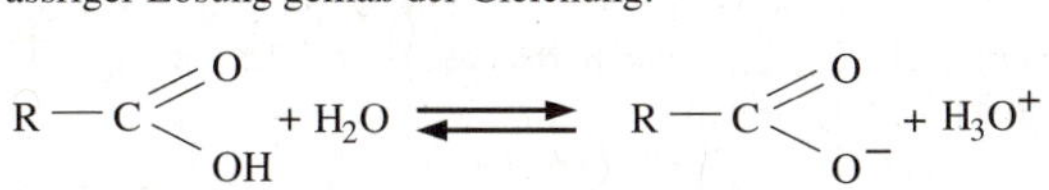

Der Dissoziationsgrad ist relativ gering, sodass die Carbonsäuren im Allgemeinen nur schwache Säuren sind. Eine Ausnahme ist z. B. *Trichlorethansäure*, CCl_3–COOH, die an Stärke der Schwefelsäure gleichkommt.

Salze: Die Carbonsäuren bilden mit Basen, Basenanhydriden und Metallen Salze (*Carboxylate*).

▲ $2\ R\text{–}COOH + Mg(OH)_2 \rightarrow (R\text{–}COO)_2Mg + 2\ H_2O$
$2\ R\text{–}COOH + MgO \rightarrow (R\text{–}COO)_2Mg + H_2O$
$2\ R\text{–}COOH + Mg \rightarrow (R\text{–}COO)_2Mg + H_2$

Da die Carbonsäuren schwache Säuren sind, reagieren die Lösungen ihrer *Alkalisalze* infolge Hydrolyse alkalisch.

Die schwachen Carbonsäuren lassen sich aus ihren Salzen durch stärkere Säuren wieder in Freiheit setzen.

▲ $2\ R\text{–}COONa + H_2SO_4 \rightarrow 2\ R\text{–}COOH + Na_2SO_4$

Reduktion: Carbonsäuren lassen sich relativ schwer zu Alkoholen reduzieren, z. B. nach SCHRAUTH:

$$\text{R–COOH} \xrightarrow[+4\,\text{H},\,-\,\text{H}_2\text{O}]{\text{CuO, Cr}_2\text{O}_3} \text{R–CH}_2\text{–(OH)}$$

Veresterung (↑ 35.6):

$$\text{Carbonsäure + Alkohol} \rightleftharpoons \text{Ester + Wasser}$$

Anhydridbildung: Unter dem Einfluss wasserentziehender Mittel auf Carbonsäuren sowie auch aus *Carbonsäurechlorid + Na-Salz von Carbonsäuren* bilden sich *Carbonsäureanhydride:*

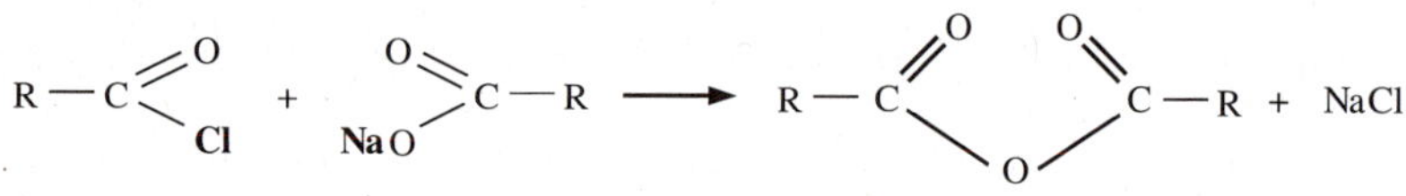

Carbonsäurechlorid   Natriumcarboxylat   Carbonsäureanhydrid

33.5.2 Alkanmonosäuren (gesättigte acyclische Monocarbonsäuren, Fettsäuren[1])

Alkansäuren sind gesättigte acyclische Carbonsäuren. Je nach der Zahl der vorhandenen Carboxylgruppen unterscheidet man **Alkanmono-, Alkandi-, Alkantrisäuren usw.**

Allgemeine Formel der Alkanmonosäuren: $C_nH_{2n+1}COOH$.

Herstellung:

- Oxidation von Alkanalen:

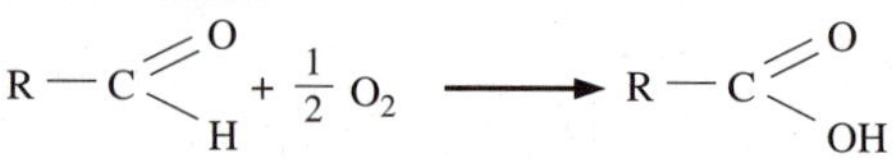

- aus carbonsauren Salzen durch stärkere Säuren
- Verseifung von Carbonsäureestern, z. B. von Fetten und fetten Ölen.
- GRIGNARD-Reaktion (↑ 34.1) mit Kohlenstoffdioxid.
- „*Paraffinoxidation*“:
  In Gegenwart von Manganverbindungen wird Luft durch geschmolzenes Paraffin (langkettige n-Alkane) geblasen. Die Paraffinmoleküle werden bevorzugt in der Mitte, teilweise aber auch weiter von der Mitte entfernt gespalten und oxidiert, sodass ein Gemisch von Alkansäuren der Kettenlänge C_{12} bis C_{18} entsteht. Das Reaktionsgemisch wird als Weichmacher in der Kunststoffindustrie, zur Seifenherstellung und zur Herstellung von Fettalkoholen für synthetische waschaktive Substanzen verwendet.

Seifen

Seifen sind Salze höherer Fettsäuren, insbesondere Palmitin-, Stearin- und Ölsäure. Als *Waschseifen* dienen die Natrium-, aber auch die Kaliumsalze. Sie werden durch Neutralisation meist synthetischer Fettsäuren oder durch Verseifung von Fetten mit Natronlauge hergestellt. Als Nebenprodukt bei der Verseifung von Fetten entsteht Glycerol. Werden billige Öle mit Natron- oder Kalilauge verseift und lässt man das *Glycerol* in der Masse, dann entstehen Schmierseifen.

---

[1] Viele Monocarbonsäuren kommen in Fetten in der Natur vor und werden auch aus Fetten und Ölen gewonnen.

Tabelle 32-2: *Einige Eigenschaften ausgewählter Alkansäuren (Temperaturangaben in °C)*

Name	**Formel**	**Schmelzpunkt**	**Siedepunkt**	**Wasserlöslichkeit** g in 100 g Wasser
Methansäure	$HCOOH$	8,4	100,7	in jedem Verhältnis
Ethansäure	CH_3COOH	16,7	118,1	in jedem Verhältnis
Propansäure	CH_3CH_2COOH	−20,8	141,3	in jedem Verhältnis
Butansäure	$CH_3(CH_2)_2COOH$	−5,5	163,5	in jedem Verhältnis
Pentansäure	$CH_3(CH_2)_3COOH$	−34	185,5	3,5 bei 16 °C
Hexansäure	$CH_3(CH_2)_4COOH$	−3	205,7	0,89 bei 15 °C
Octansäure	$CH_3(CH_2)_6COOH$	16,3	239,3	0,25 bei 100 °C
Decansäure	$CH_3(CH_2)_8COOH$	31,3	268,4	0,0026 bei 15 °C
Dodecansäure	$CH_3(CH_2)_{10}COOH$	44	225 [1]	nicht löslich
Tetradecansäure	$CH_3(CH_2)_{12}COOH$	53,8	250,5 [1]	nicht löslich
Hexadecansäure	$CH_3(CH_2)_{14}COOH$	62,6	171,5 [1]	nicht löslich
Octadecansäure	$CH_3(CH_2)_{16}COOH$	69,3	291 [1]	0,03 bei 25 °C

Ameisensäure, *Methansäure,* H-COOH.

Salze und Ester: **Formiate** (*Methanoate*).

Herstellung:

- Oxidation von *Methanol* bzw. *Methanal:*

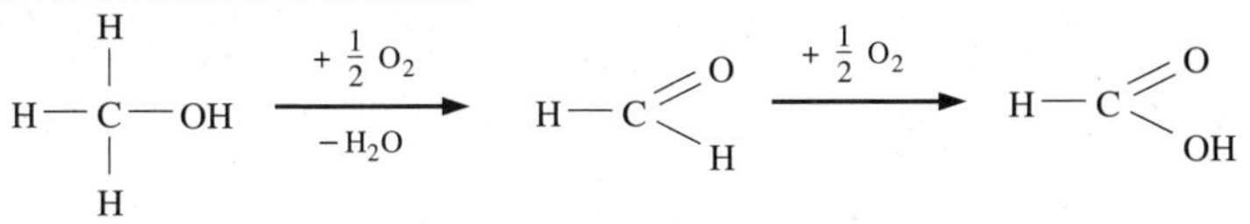

Methanol — Methanal (Formaldehyd) — Methansäure (Ameisensäure)

- Reaktion von *Kohlenstoffmonoxid mit Wasserdampf und Natriumhydroxid als Katalysator:*

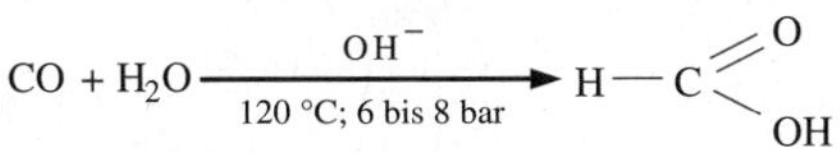

Eigenschaften: Ameisensäure ist eine stechend riechende Flüssigkeit (*Kp* 100,7 °C). Sie ist etwa 4-mal stärker dissoziiert als Essigsäure gleicher Konzentration. Ameisensäure kommt in Ameisen vor und hat deshalb ihren Namen. Brennnesseln enthalten ebenfalls Ameisensäure.

Da in ihrem Molekül die Aldehydgruppe HO — **C**(=**O**)—**H** auftritt, wirkt Methansäure wie ein Aldehyd reduzierend. Damit nimmt sie eine Sonderstellung ein.

Verwendung: als Beize in der Wollfärberei, zur Konservierung von Fruchtsäften und Silofutter, zum Desinfizieren von Wein- und Bierfässern. In der Ledergerberei entkalkt man mit Methansäure.

Essigsäure, *Ethansäure,* CH_3COOH.

Salze und Ester: **Acetate** (*Ethanoate*).

[1] Siedetemperatur bei vermindertem Druck (13,33 kPa), da sich die Säuren bei Normdruck (101,3 kPa) zersetzen.

Herstellung:

- *Umsetzung von Methanol mit Kohlenstoffmonoxid:*
  Dieses Verfahren erhält wachsende Bedeutung.

$$CH_3OH + CO \xrightarrow[150\,°C]{\text{Cobaltiodid}} CH_3COOH$$

- *Oxidation von Ethanol* unter dem Einfluss von Essigbakterien

$$CH_3–CH_2OH + O_2\ (\text{Luft}) \rightarrow CH_3–COOH + H_2O$$

- *Oxidation niederer Paraffine* (Butan oder Leichtbenzin)

$$CH_3–CH_2–CH_2–CH_3 + 2\tfrac{1}{2}\,O_2 \xrightarrow[150\,\ldots\,180\,°C;\ 40\,\ldots\,60\ \text{bar}]{\text{Mn-Salze}} 2\,CH_3–COOH + H_2O$$

- *Oxidation von Acetylen oder Ethen* über die Zwischenstufe Acetaldehyd. Da Acetylen früher nur aus Calciumcarbid hergestellt wurde, wird dieser Essig auch „Carbidessig" genannt.

$$CH_3–CHO + \tfrac{1}{2}\,O_2 \xrightarrow{\text{Mn-Acetat}} CH_3–COOH$$

Eigenschaften der Essigsäure: stechend riechende Flüssigkeit; *Kp* 118,1 °C im wasserfreien Zustand; 100%ige Essigsäure, die schon bei +16,7 °C zu eisartigen Kristallen erstarrt, wird **„Eisessig"** genannt.

Verwendung: Eisessig und **Essigsäureanhydrid,** $CH_3–CO–O–CO–CH_3$, werden bei vielen organischen Synthesen benötigt, z. B. zur Acetylierung (Einführung der Gruppe $CH_3–CO–$ in ein organisches Molekül), oder zur Veresterung. Speiseessig enthält verdünnte 5 bis 10%ige Essigsäure. Verschiedene Acetate haben praktische Bedeutung, z. B. Aluminiumacetat (↑ 13.3.6), $(CH_3COO)_3Al$. Essigsäure dient zur Herstellung von Vinylacetat (↑ 30.4). Essigsäure ist ein wichtiges Zwischenprodukt beim Fettsäureab- und -aufbau in der Natur.

Tabelle 32-3: *Vorkommen höherer Alkanmonosäuren*

Alkansäure	Trivialname des Salzes	Vorkommen
Propansäure (*Propionsäure*)	Propionat	Holzteer, Schwelwasser
Butansäure (*Buttersäure*)	Butyrat	Butter
Pentansäure (*Valeriansäure*)	Valerianat	Baldrian
Hexansäure (*Capronsäure*)	Capronat	Butter, Kokosnussöl
Octansäure (*Caprylsäure*)	Caprylat	Butter
Decansäure (*Caprinsäure*)	Caprinat	Butter, Kokosnussöl
Dodecansäure (*Laurinsäure*)	Laurat	Lorbeeröl, Kokosnussöl, Walrat
Hexadecansäure (*Palmitinsäure*)	Palmitat	Fette, Olivenöl
Octadecansäure (*Stearinsäure*)	Stearat	Fette, Sonnenblumenöl

33.5.3 Alkenmonosäuren (ungesättigte acyclische Monocarbonsäuren)

Alkenmonosäuren sind acyclische Monocarbonsäuren mit mindestens einer C=C-Doppelbindung. Diese *einfach ungesättigten Alkenmonosäuren* haben die *allgemeine Formel*: $C_nH_{2n-1}–COOH$. Daneben existieren auch ungesättigte Monocarbonsäuren mit *mehreren Doppelbindungen*.

Acrylsäure, *Propensäure,* $CH_2=CH–COOH$, eine farblose Flüssigkeit, polymerisiert leicht zu einer glasartigen Masse. Das Polymer kann große Feuchtigkeitsmengen aufnehmen (Superabsorber). Produktion durch

Oxidation von Propen an Metalloxidkatalysatoren bzw. aus nachwachsenden Rohstoffen über Milchsäure (2-Hydroxypropansäure), von der katalytisch Wasser abgespalten wird (Dehydratisierung).

Methacrylsäure, *2-Methyl-propensäure,* $CH_2{=}C(CH_3){-}COOH$; *F* 16 °C, *Kp* 163 °C.
Der Methylester der Methacrylsäure, **Methacrylsäuremethylester,** *Methylmethacrylat,* $CH_2{=}C(CH_3){-}CO{-}OCH_3$, ist das Monomer von Polymethylmethacrylat (↑ 43.2.11) (PMMA).

Ölsäure, *(9Z)-Octadeca-9-ensäure,* $C_{17}H_{33}COOH$; $CH_3{-}[CH_2]_7{-}CH{=}CH{-}[CH_2]_7{-}COOH$; *F* 16 °C.
Farblose, geruchlose Flüssigkeit, die sich nicht in Wasser, aber in Ethanol löst. Ölsäure als Glycerolester ist Hauptbestandteil einiger Fette und vieler fetter Öle, so enthält z. B. Rapsöl ca. 63 % Ölsäure.
Die Salze der Ölsäure heißen **Oleate.**

Linolsäure, *(9Z,12Z)-Octadeca-9,12-diensäure,* $C_{17}H_{31}COOH$; $CH_3{-}[CH_2]_4{-}CH{=}CH{-}CH_2{-}CH{=}CH{-}[CH_2]_7{-}COOH$; *F* −5 °C. Linolsäure gehört zu den für die Ernährung wichtigen essentiellen Fettsäuren („Vitamin F"). Sie ist im Mohnöl (62 %), Sonnenblumenöl (52 %), Sojabohnenöl (54 %), Erdnussöl (31 %), Maisöl (50 %), Leinöl (14 %) und im Rapsöl (20 %) enthalten. Sie besitzt 2 Doppelbindungen; die erste steht vom Kettenende (C18 = Omega[1]; siehe Bild 33-1) her gezählt am 6. Kohlenstoffatom; man bezeichnet Linolsäure daher als **Omega-6-Fettsäure**. Z-, E-Nomenklatur bei Doppelbindungen (↑ S. 621).

Linolensäure, *(9Z,12Z,15Z)-Octadeca-9,12,15-triensäure,* $C_{17}H_{29}COOH$; $CH_3{-}CH_2{-}CH{=}CH{-}CH_2{-}CH{=}CH{-}CH_2{-}CH{=}CH{-}[CH_2]_7{-}COOH$; *F* −11 °C. Linolensäure kommt ebenso wie die Linolsäure im Lein-, Raps-, Nuss- und Mohnöl vor. Linol- und Linolensäure, vermischt mit *Sikkativen* (Mangan-, Cobalt- oder Blei-Salze); ergeben *Firnis. Sikkative* beschleunigen die Trocknung (Verharzung) von Leinöl und damit bereiteten Anstrichmitteln (Ölfarben). Die Verharzung erfolgt durch Oxidation und Polymerisation; der Vorgang wird durch Sonnenlicht erheblich beschleunigt. Linolensäure ist eine Alkenmonosäure mit 3 Doppelbindungen. Vom Kettenende her gezählt steht die erste am 3. Kohlenstoffatom. Man bezeichnet sie daher als **Omega-3-Fettsäure**. Der menschliche Organismus kann Omega-3- und Omega-6-Fettsäuren nicht selbst bilden; sie müssen mit der Nahrung aufgenommen werden; man bezeichnet sie daher auch als essenzielle Fettsäuren.

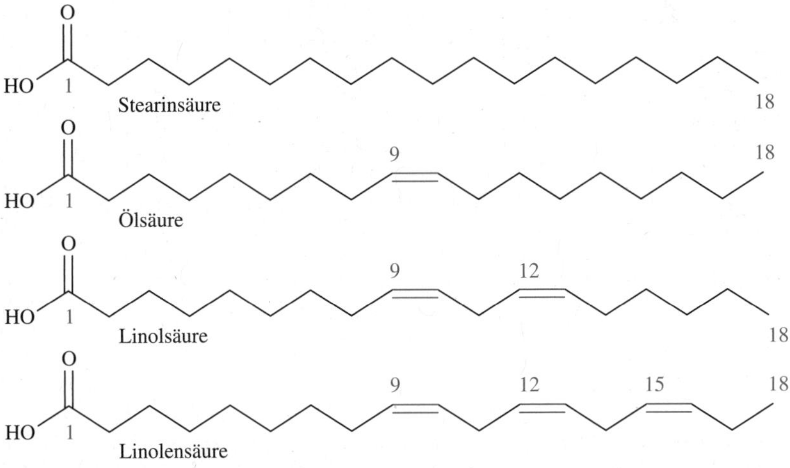

Bild 33-1: *Zusammenhang der gesättigten und ungesättigten C18-Fettsäuren Stearin-, Öl-, Linol- und Linolensäure*

[1] Omega steht als letzter Buchstabe im griechischen Alphabet für das Kettenende!

33.5.4 Alkandisäuren (acyclische Dicarbonsäuren)

Allgemeine Formel: HOOC–R–COOH

Eigenschaften: Kristalline Substanzen, die stärker sauer reagieren als die Alkanmonosäuren. Die Acidität wird mit wachsender Anzahl der Kohlenstoffatome geringer.

Oxalsäure, *Ethandisäure,* HOOC-COOH.
Eigenschaften: mittelstarke Säure, die wesentlich stärker dissoziiert als Essigsäure; *F* 189,5 °C. Oxalsäure ist wegen der Störung des Calciumstoffwechsels (Bildung eines sehr schwer löslichen Ca-Salzes) giftig, 5 g können tödlich sein.

Vorkommen: meist als saures Kaliumsalz in zahlreichen Pflanzen, z.B. im Sauerklee (Oxalis acetosella), Sauerampfer, Spinat, Rhabarber und in der Tomate; auch in Nierensteinen.

Verwendung: Als Reagens in der quantitativen Analyse und als Beizmittel in der Färberei.

Salze und Ester: **Oxalate.**

Herstellung des Natriumsalzes:

$$2\ \text{H-COONa} \xrightarrow{360\ °\text{C}} \text{NaOOC-COONa} + H_2$$

Natriumformiat (Natriummethanat) → Natriumoxalat (Natriumethandiat)

Malonsäure, *Propandisäure,* HOOC–CH_2–COOH, findet sich im Zuckerrübensaft und wird zur Herstellung von *Barbiturat-Schlafmitteln* verwendet.
Salze und Ester: **Malonate.**

Bernsteinsäure, *Butandisäure,* HOOC–CH_2–CH_2–COOH, ist im Bernstein und anderen Harzen sowie in vielen Pflanzen, z. B. Algen, Tomaten, Rhabarber, unreifen Früchten, Pilzen und Flechten vorhanden.
Salze und Ester: **Succinate.**

Adipinsäure, *Hexandisäure,* HOOC–$[CH_2]_4$–COOH, ist ein wichtiges Ausgangsprodukt für die Herstellung von Polyamid-6,6-Faserstoff sowie von glasfaserverstärkten Polyesterharzen (↑ 43.2.6).
Technische Herstellung: Oxidation eines Gemisches aus Cyclohexanol und Cyclohexanon. Beide Produkte gewinnt man aus Phenol.

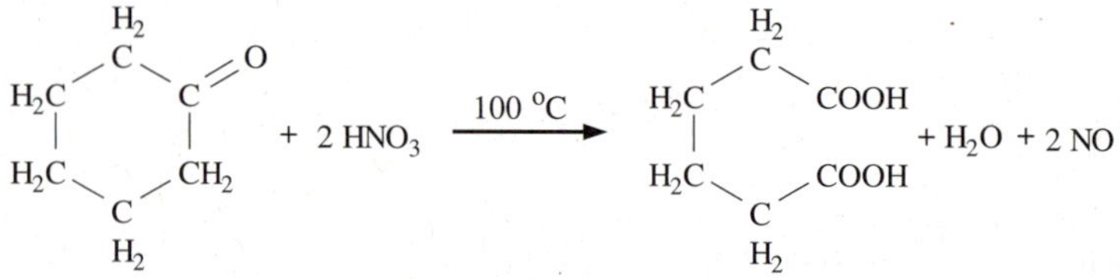

Cyclohexanon Adipinsäure

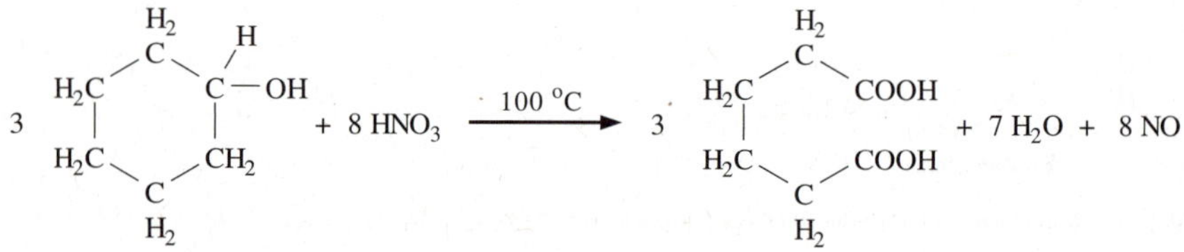

Cyclohexanol Adipinsäure

Maleinsäure, *cis-Buten-disäure,* HOOC-CH=CH-COOH, ist eine *ungesättigte Dicarbonsäure*. Die trans-Verbindung heißt **Fumarsäure.**

Herstellung:

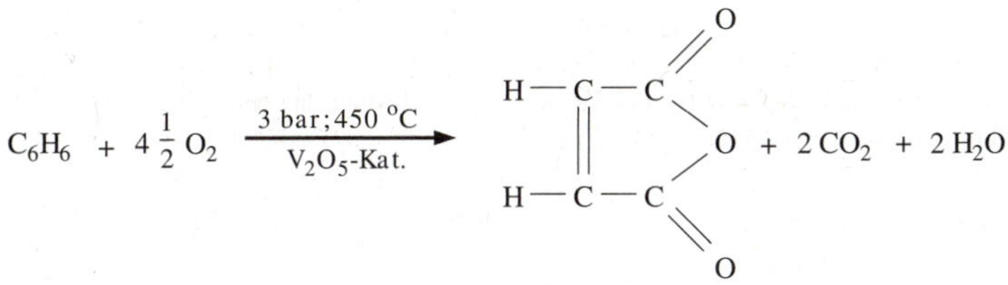

Benzen Maleinsäureanhydrid

Unterhalb 160 °C setzt sich das Anhydrid mit Wasser zu Maleinsäure um. Sie wird zur Herstellung von Alkydharzen für die Lackindustrie verwendet.

33.5.5 Hydroxyalkansäuren (gesättigte acyclische Hydroxycarbonsäuren)

Hydroxycarbonsäuren enthalten sowohl die *Hydroxyl-* als auch die *Carboxylgruppe,* haben also gleichzeitig den Charakter von *Alkoholen* und *Carbonsäuren.* Die Hydroxycarbonsäuren sind feste, meist wasserlösliche Stoffe von saurem Geschmack.

Herstellung:

R–CHBr–COOH + KOH → R–CH(OH)–COOH + KBr
Bromalkansäure Hydroxyalkansäure

Statt Alkalihydroxid kann auch feuchtes Silber(I)-oxid verwendet werden.

Milchsäure, *2-Hydroxypropansäure, α-Hydroxypropansäure,* CH_3–CH(OH)–COOH, ist wasserfrei fest, technisch jedoch eine viskose Flüssigkeit von saurem Geschmack;
Salze und Ester: **Lactate.**

Milchsäure entsteht bei der anaeroben *Milchzuckergärung*, die durch Milchsäurebakterien hervorgerufen wird. Bei dem Gärprozess der Futtersilierung von Rübenblättern und Grünfutter bildet sich Milchsäure; auch im Magensaft und in sauren Gurken ist sie enthalten. In den arbeitenden Muskeln entsteht durch Spaltung von *Glycogen* (Reservekohlenhydrat) und Wasseranlagerung L(+)-Milchsäure (S-Milchsäure).

Herstellung:

Stärke (aus Kartoffeln oder Getreide) $\xrightarrow{\text{Enzyme}}$ Maltose[1] $\xrightarrow[\text{Bacillus delbrücki}]{35\ \ldots\ 45\ ^\circ\text{C}}$ Glucose[1] → Milchsäure

Verwendung: in Gerbereien und Färbereien; zur Säuerung alkoholfreier Getränke.

[1] Stärkeabbau

Weinsäure, *Dihydroxy-bernsteinsäure, 2,3-Dihydroxy-butandisäure,*
Formel HOOC–CH(OH)–CH(OH)–COOH;
Salze und *Ester:* **Tartrate.** *F* 171 ... 174 °C; bereits beim Schmelzpunkt tritt Zersetzung auf.

Weinsäure existiert in drei isomeren Formen. Die **D-(+)-Weinsäure** kommt in vielen Früchten vor. Die beiden anderen Isomeren sind die **L-(−)-Weinsäure** und die **Mesoweinsäure.** Eine Mischung gleicher Teile D-(+)-Weinsäure und L-(−)-Weinsäure heißt **Traubensäure.** (Die Bezeichnungen D- und L- (↑ 44.7.2) werden in englischsprachiger Literatur bei Weinsäure, Äpfelsäure und einigen anderen Verbindungen in umgekehrtem Sinne verwendet.)

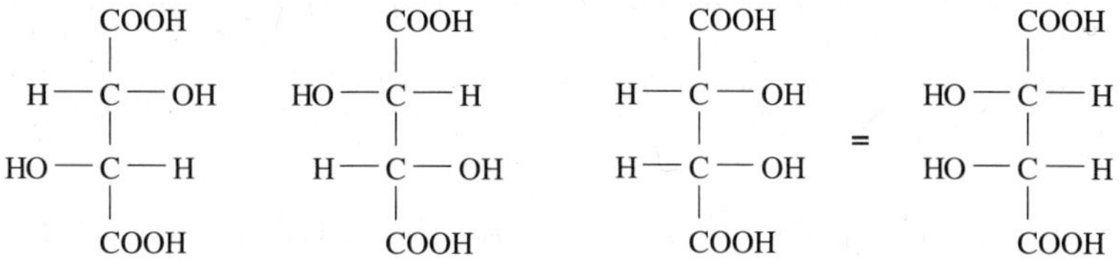

D-(+)-Weinsäure L-(−)-Weinsäure Mesoweinsäure (optisch inaktiv)

Traubensäure

Nach dem CIP-System (↑ 44.7.3) Bezeichnung als (2R,3R)-(+)- bzw. (2S,3S)-(−).

Verwendung der Weinsäure: In Färbereien, zur Bereitung von Backpulver, in Konditorwaren, zur Glasversilberung, zur Konservierung eiweißhaltiger Produkte wie Gelatine.

Kaliumhydrogentartrat, KOOC–CH(OH)–CH(OH)–COOH, das Kaliumsalz der D-(+)-Weinsäure, ist der *Weinstein,* der sich bei der Weinbereitung abscheidet;
Kalium-natrium-tartrat, KOOC–CH(OH)–CH(OH)–COONa, ist *Seignettesalz,* ein Bestandteil der FEHLINGschen Lösung (↑ 20.1.3). Sie dient zum Nachweis reduzierender Substanzen. Seignettesalz wird auch zur Verzögerung des Abbindens von Gips verwendet.

Äpfelsäure, *Hydroxybernsteinsäure, Hydroxy-butandisäure,*
HOOC-CH(OH)–CH_2–COOH; *F* 103 °C; Zersetzung
Salze und Ester: **Malate.**
Äpfelsäure ist in unreifen Äpfeln, Stachelbeeren und Vogelbeeren enthalten.

Zitronensäure, *Citronensäure, 2-Hydroxypropan-1,2,3-tricarbonsäure;*
Salze und Ester: **Citrate;**
Struktur:

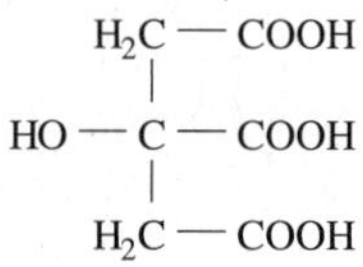

Zitronensäure kristallisiert aus wässriger Lösung mit 1 Molekül Kristallwasser.

Vorkommen: in Zitronen, Orangen, Erdbeeren, Johannisbeeren, Ananas, Preiselbeeren und anderen Früchten, auch in der Milch und im Blut. Sie spielt bei Stoffwechselvorgängen in der Natur eine große Rolle („*Citronensäurecyclus*“).

Herstellung: aus zuckerhaltigen Produkten (Melasse, Rübenschnitzel u. a.) durch Gärung mittels spezieller Schimmelpilze (Aspergillus niger; „*Zitronensäuregärung*“).

Verwendung: zur Säuerung von Getränken und Speisen.

34 Acyclische Halogenverbindungen

34.1 Halogenalkane (Alkylhalogenide)

Allgemeines: *Halogenalkane* sind gesättigte acyclische Verbindungen, die ausschließlich aus Kohlenstoff-, Wasserstoff- und Halogenatomen aufgebaut sind.

Herstellung:

- *Alkanol + Halogenwasserstoff*

$$\text{R–OH + H–X} \underset{\text{Verseifung}}{\overset{\text{Veresterung}}{\rightleftharpoons}} \text{R–X + H}_2\text{O}$$

  Vom HCl, HBr zum HI nimmt die Reaktionsfähigkeit zu. Fluoralkane lassen sich auf diesem Wege nicht herstellen.

- *Alkanol + Phosphorhalogenid:*

3 R–OH + PX_3		→ 3 R–X	+ H_3PO_3
Alkanol	Phosphor-trihalogenid	Halogenalkan	orthophosphorige Säure

- *Addition von Halogenwasserstoff an Alkene:*

R_1–CH=CH–R_2 +	H–X →	R_1–CH_2–CH(X)–R_2
Alken	Halogen-wasserstoff	Halogenalkan

  Diese Reaktion verläuft am besten mit Iodwasserstoff; dabei geht das Iod vorzugsweise an das H-ärmere C-Atom (MARKOWNIKOW-Regel):

CH_3–CH=CH_2 + HI →	CH_3–CH(I)–CH_3
Propen	2-Iodpropan

- *Halogenierung von Alkanen mit Chlor bzw. Brom:*
  Eine direkte Iodierung ist nicht möglich. Die direkte Fluorierung der Alkane ist wegen explosionsartigen Verlaufs ebenfalls nicht möglich; als Fluorüberträger werden deshalb Metallfluoride genommen.

Synthesen mit Halogenalkanen:

- WURTZsche Synthese (Darstellung höherer Alkane):

I.	R-CH_2–I + 2 Na →	R–CH_2–Na + NaI
	Iodalkan	Alkylnatrium
II.	R–CH_2–Na + I–CH_2–R →	R–CH_2–CH_2–R + NaI
		Alkan

- Reaktion mit Natriumhydroxid zu Alkanolen:

$$\text{R–CH}_2\text{–Cl + NaOH} \rightarrow \text{R–CH}_2\text{–OH + NaCl}$$

- **GRIGNARD-Reaktionen** Die Grundlage für diese Reaktionen ist die Fähigkeit des Magnesiums, sich in Gegenwart wasserfreien Ethers mit Iodmethan zu Methylmagnesiumiodid (GRIGNARD-Reagens, „GR“) zu verbinden.

$$\text{CH}_3\text{I + Mg} \xrightarrow{\text{Ether}} \text{CH}_3\text{MgI}$$

(Im GRIGNARD-Reagens sind noch zwei Moleküle Ether komplex gebunden; der Übersicht halber lässt man sie in der Formel meist weg.)
Die GRIGNARD-Reaktionen erfolgen in 2 Stufen:

1. Addition des GRIGNARD-Reagens an ein Heteroatom (O, N) unter Aufspaltung einer Mehrfachbindung
2. hydrolytische Spaltung.

Beispiele für GRIGNARD-Reaktionen:

- **Methanal + GR → primäre Alkohole:**

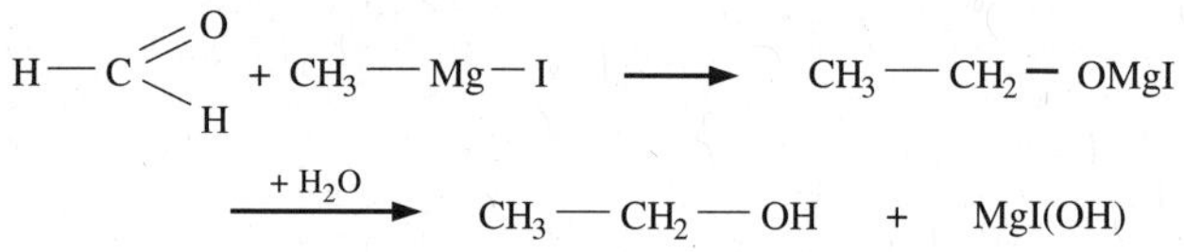

- **Andere Aldehyde + GR → sekundäre Alkohole:**

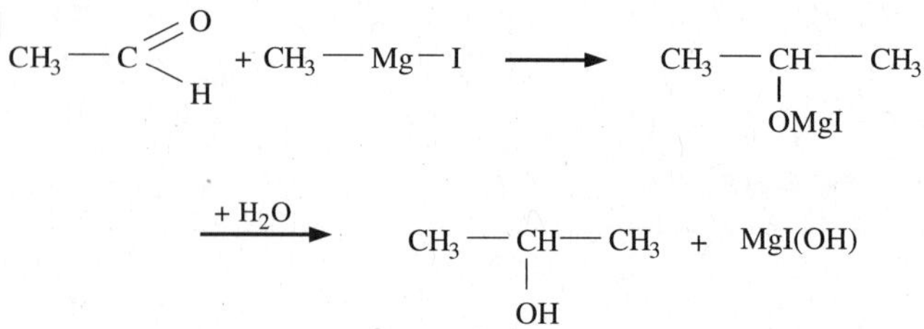

- **Ketone + GR → tertiäre Alkohole:**

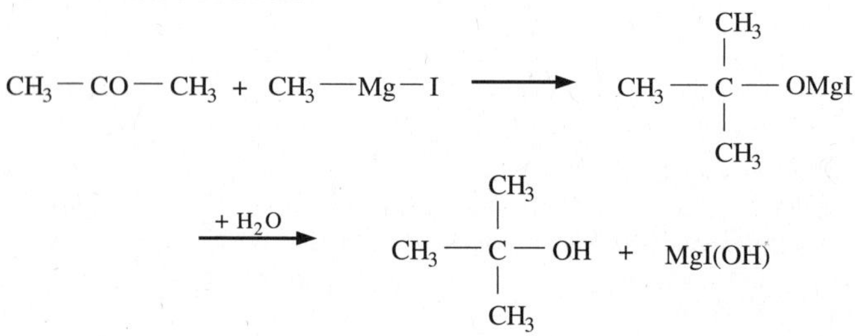

- **Nitrile + GR → Ketone:**

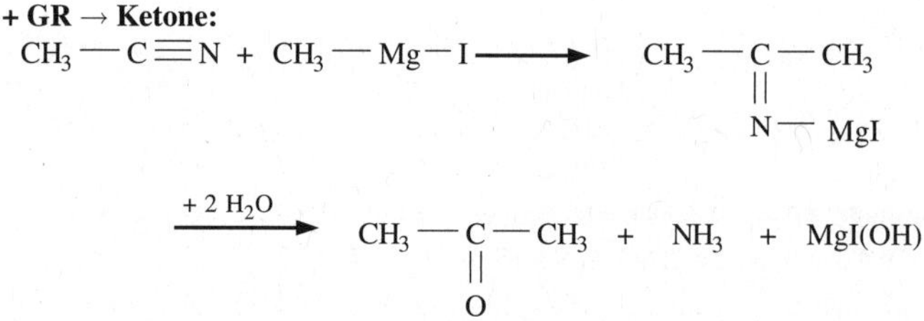

- **Kohlenstoffdioxid + GR → Carbonsäuren:**

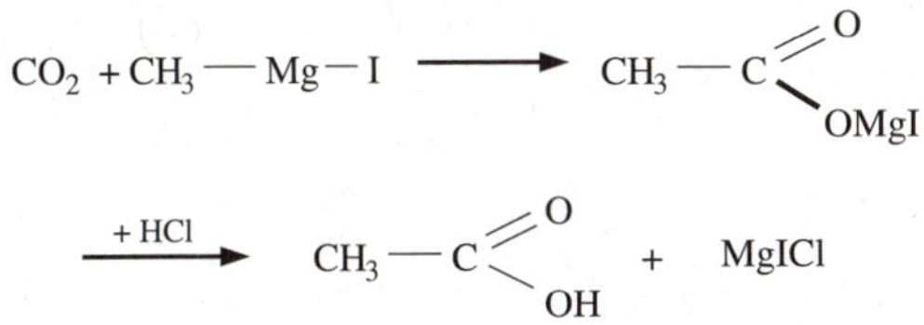

34.2 Wichtige Halogenalkane und -alkene

Die *Chlorierung von Methan* führt durch Ersatz (*Substitution*) der H-Atome durch Chlor zu den vier Reaktionsprodukten *Mono-, Di-, Tri- und Tetrachlormethan.*

I	$CH_4 + Cl_2$	→	$CH_3Cl + HCl$ Monochlormethan
II	$CH_3Cl + Cl_2$	→	$CH_2Cl_2 + HCl$ Dichlormethan
III	$CH_2Cl_2 + Cl_2$	→	$CHCl_3 + HCl$ Trichlormethan
IV	$CHCl_3 + Cl_2$	→	$CCl_4 + HCl$ Tetrachlormethan

Monochlormethan, *Methylchlorid,* CH_3Cl: *Kp* −23,7 °C; wird als Methylierungsmittel verwendet *(Methylierung* = Einführung einer Methylgruppe in ein Molekül) und ist Ausgangsprodukt für die Herstellung von *Siliconen* (↑ 43.6).

Dichlormethan, *Methylenchlorid,* CH_2Cl_2: *Kp* 40,1 °C; nicht brennbares Lösemittel für Celluloseacetat, Fette, Öle und Harze; ist wie alle chlorierten Kohlenwasserstoffe toxisch.

Trichlormethan, *Chloroform,* $CHCl_3$: *Kp* 61,2 °C; eine farblose, nicht entzündliche, süßlich riechende Flüssigkeit, die beim Stehen an der Luft im Sonnenlicht das giftige Phosgen erzeugt; deshalb wird es nicht mehr als Narkosemittel verwendet. Verwendung als Fett- und Harzlösemittel sowie als Zwischenprodukt zur Herstellung des *Polytetrafluorethens.*

Tetrachlormethan, *Tetrachlorkohlenstoff,* „Tetra", CCl_4: *Kp* 76,7 °C; ist ein nicht brennbares Lösemittel für Fette und Öle.

Iodoform, *Triiodmethan,* CHI_3: zitronengelbe, intensiv riechende Blättchen. Es wird zur Wunddesinfektion verwendet.

Ethylchlorid, *Chlorethan,* CH_3–CH_2Cl: *Kp* 12,4 °C; dient zur zahnmedizinischen Anästhesierung durch „Vereisung".

Fluorkohlenwasserstoffe (FKW) und **Fluorchlorkohlenwasserstoffe** (FCKW), die sich von Methan und Ethan ableiten, haben einen niedrigen Siedepunkt, sind ungiftig und chemisch sehr stabil, z. B. **Difluordichlormethan,** CF_2Cl_2, R12, *Kp* −28,9 °C.
Vollhalogenierte FKW und FCKW (d. h. FKW und FCKW, die entgegen der deutschen Bezeichnung keine Wasserstoffatome enthalten; eindeutiger im engl. Sprachgebrauch: FC fluorcarbons bzw. CFC chlorfluorcarbons) wurden auf Grund ihrer Eigenschaften als Treibgase in Sprühflaschen, für Schaumkunststoffe, als Kältemittel sowie als Reinigungs- und Lösemittel verwendet. Seit 2000 sind Herstellung und Verwendung weltweit untersagt, da sie durch ihre Stabilität auch in der Atmosphäre nur sehr langsam abgebaut werden.

Sie sind maßgeblich an der Zerstörung der Ozonschicht über den Polen der Erde („Ozonloch“) beteiligt; zugleich erhöhen sie den Treibhauseffekt. Sie benötigen etwa 10 Jahre, um bis zur Stratosphäre aufzusteigen; erst in mehr als 20 km Höhe werden sie, z. B. gemäß

$$CF_3Cl \rightarrow \cdot CF_3 + \cdot Cl$$

photolytisch gespalten; die · Cl-Radikale wirken auf das Ozon ein. Austauschstoffe für Sprühflaschengase sind z. B. Propan-Butan-Gemische, Dimethylether und Pressluft; für Kühlaggregate greift man ebenfalls auf Propan-Butan-Gemische zurück, bei Schäumprozessen auf Cyclopentan. Ersatzweise können bis 2030 auch nicht vollhalogenierte, sogenannte **H-FKW** verwendet werden.

Vinylchlorid, *Chlorethen,* $CH_2{=}CHCl$: *Kp* −13,9 °C; ist das Monomere des Polyvinylchlorids; beim Menschen krebserregend.

Trichlorethen, *Trichlorethylen,* „Tri“, $CHCl{=}CCl_2$: *Kp* 87 °C; ist ein unbrennbares Lösungs- und Extraktionsmittel für Fette, Öle und Harze. Heute verdrängt durch Ersatzstoffe.

Tetrafluorethen, *Tetrafluorethylen,* $CF_2{=}CF_2$: *Kp* 40,8 °C. Ausgangsstoff zur Herstellung des sehr beständigen Polytetrafluorethens PTFE.

Trifluormonochlorethen, $CF_2{=}CFCl$: polymerisiert leicht und bildet Polychlortrifluorethen, das im Gegensatz zum Polytetrafluorethen gut thermoplastisch zu verarbeiten ist.

Die **Fluoralkane** und **Fluoralkene** werden auch als **Fluorcarbone** bezeichnet.

34.3 Alkanoylhalogenide (Acylhalogenide, Carbonsäurehalogenide)

Carbonsäurehalogenide enthalten die *funktionelle Gruppe* 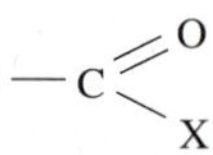 (X = Halogen).

Sie leiten sich von den Carbonsäuren durch Ersatz der OH-Gruppe in der Carboxylgruppe durch –X ab. *Alkanoylhalogenide* sind die *gesättigten acyclischen* Carbonsäurehalogenide.

Allgemeine Formel der Alkanoylhalogenide: C_nH_{2n+1}–CO(X).

Verwendung: In der organischen Synthese führt man mithilfe des Carbonsäurehalogenids den *Acylrest*

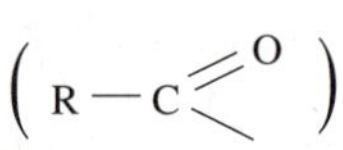

in ein organisches Molekül ein (*Acylierung*).

Acetylchlorid, *Ethanoylchlorid,* CH_3-COCl, ist das wichtigste Acylierungsmittel; *Kp* 50,5 … 51,5 °C. Farblose Flüssigkeit von stechendem Geruch, die an der Luft durch Reaktion mit Wasserdampf Chlorwasserstoffnebel bildet. Acetylchlorid ist giftig und stark ätzend.

Herstellung:

Ethansäure | Phosphortrichlorid | Ethanoylchlorid | Phosphorige Säure

Andere Chlorierungsmittel, außer Phosphortrichlorid, PCl_3, sind Phosphorpentachlorid, PCl_5, Thionylchlorid, $SOCl_2$, und Sulfurylchlorid, SO_2Cl_2.

35 Acyclische Ester

35.1 Allgemeines

Die wichtigste Methode zur *Esterbildung* (Veresterung) ist die *Alkoholyse von Säuren.*

Dabei wird Wasser durch konz. Schwefelsäure, wasserfreien Chlorwasserstoff, Sulfonsäuren oder stark saure Ionenaustauscher entzogen.

- Bei *sauerstoffhaltigen Säuren* erfolgt die Wasserbildung aus dem H-Atom der alkoholischen Hydroxygruppe und der OH-Gruppe der Säure.

▲ R–**OH** + **HO**–NO_2 $\xrightleftharpoons{H_2SO_4}$ R–O–NO_2 + H_2O

Alkohol	Salpetersäure	Salpetersäure-alkylester (Alkylnitrat)

In diesen Estern ist das Zentralatom über eine Sauerstoffbrücke an den Alkylrest gebunden.

- Bei *sauerstofffreien Säuren* erfolgt die Wasserbildung aus einem *H-Atom der Säure* und einer OH-Gruppe des Alkohols.

▲ R–**OH** + **HX** ⇌ R–X + H_2O

Alkohol	Halogen-wasserstoff	Halogen-alkan

Manche Autoren rechnen infolge des anderen Reaktionsverlaufs die aus sauerstofffreien Säuren entstehenden Verbindungen nicht zu den Estern. Sie weisen darauf hin, dass man z. B. die sich von Schwefelwasserstoff, Selenwasserstoff usw. ableitenden Stoffe auch nicht „Ester“ nennt.

Die *Veresterung* entspricht *formal* der *Kondensation*, ist jedoch eine nukleophile Substitution. (↑ 29.6.4) Die *Umkehrung der Veresterung* heißt *Verseifung* (entsprechend der *Hydrolyse* als der Umkehrung der Kondensation).

Alkohol + Säure $\underset{\text{Verseifung}}{\overset{\text{Veresterung}}{\rightleftharpoons}}$ Ester + Wasser

35.2 Ester der Schwefelsäure (Alkylsulfate)

Allgemeine Herstellung:

R–OH +	HO–SO_2OH →	R–O–SO_2OH + H_2O
Alkohol	Schwefelsäure	Alkylsulfat

oder

R–OH +	Cl–SO_3H ⇌	R–O–SO_3H + HCl
Alkohol	Chlorsulfonsäure	Alkylsulfat

▲ 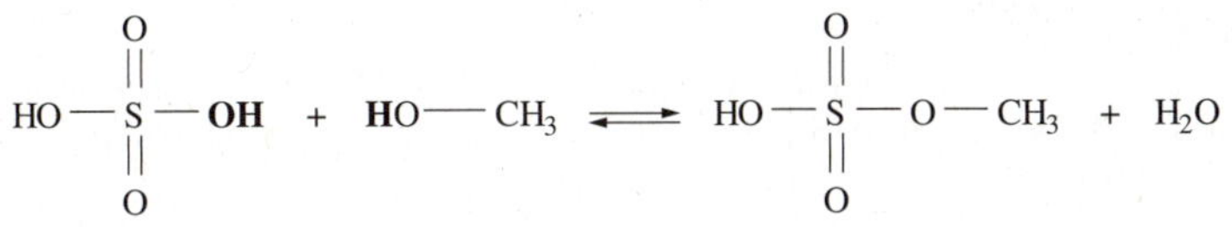

Schwefelsäure Methanol Monomethylsulfat (Schwefelsäuremonomethylester)

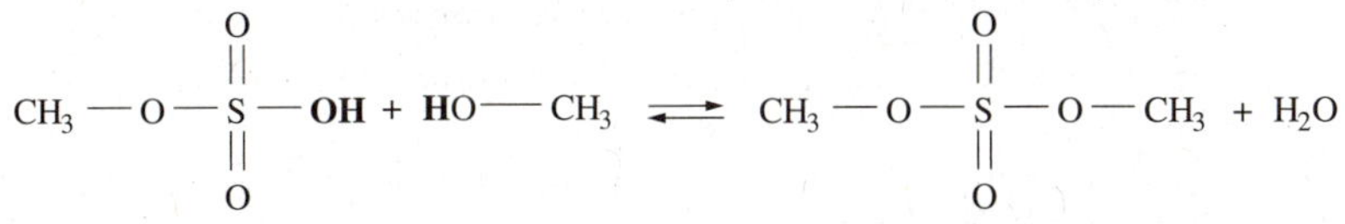

Monomethylsulfat Dimethylsulfat (Schwefelsäuredimethylester)

Unterschied gegenüber Sulfonsäuren:

R–$\underline{\underline{O}}$–$SO_3H$	R–SO_3H
Schwefelsäureester	Sulfonsäure
(Alkyl- oder Arylsulfat)	*(Alkan- oder Arensulfonsäure)*

Bei *Schwefelsäureestern* ist die SO_3H-Gruppe *über den Sauerstoff* an das C des organischen Restes gebunden.

Bei der *Sulfonsäure* ist die SO_3H-Gruppe *über den Schwefel* direkt an das C des organischen Restes gebunden.

Dimethylsulfat, $(CH_3O)_2SO_2$, ist ein wichtiges *Methylierungsmittel.* Es ist ein starkes Gift, das bei Berührung durch die Haut diffundiert (Vorsicht!).

Diethylsulfat ist entsprechend ein *Ethylierungsmittel.*

Die Schwefelsäuremonoester sind zur Salzbildung befähigt. Natriumsalze der Schwefelsäuremonoester von Fettalkoholen (so genannte „Fettalkoholsulfate") z. B. **Natriumdodecylsulfat**, Formel $C_{12}H_{25}$–O–SO_2ONa, sind in einigen Waschmitteln enthalten. Völlig reines Natriumdodecylsulfat wird in der Technik nicht verwendet, sondern ein Gemisch aus Fettalkoholen mit sowohl kürzeren als auch längeren Ketten.

35.3 Ester der Salpetersäure (Alkylnitrate)

Allgemeine Herstellung:

R–OH +	HO–NO_2 →	R–O–NO_2 + H_2O
Alkohol	Salpetersäure	Alkylnitrat

Unterschied gegenüber Nitroverbindungen (↑ 36.7)

R–O–NO_2	R–NO_2
Salpetersäureester	Nitroalkan
(Alkylnitrat)	

Ein einfacher Vertreter der Salpetersäureester ist:
Ethylnitrat, *Salpetersäureethylester* C_2H_5-O-NO_2, eine farblose, brennbare Flüssigkeit, die bei 87 °C siedet und leicht explodiert.

Technisch wichtig ist:

Glyceroltrinitrat, *Propantriol-trinitrat,* [1] ist eine hochexplosive Flüssigkeit, die durch Aufquellung mit Kollodium handhabungssicher gemacht wird (Sprenggelatine). Früher verwendete man hierfür Kieselgur („Dynamit"; Erfinder: A. NOBEL).

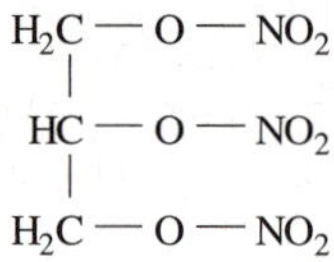

Cellulosenitrate (↑ 38.4):

- **Schießbaumwolle** ist hochveresterte Cellulose („Cellulosetrinitrat").
- **Kollodium** ist niedrigveresterte Cellulose („Cellulosedinitrat").

35.4 Ester der Borsäure (Alkylborate)

In der Analytik wird zum Nachweis der Borsäure (↑ 13.2.3) der flüchtige, mit grüner Flamme brennende Methylester hergestellt:

$$B(OH)_3 + 3\ HO\text{-}CH_3 \rightarrow B(OCH_3)_3 + 3\ H_2O$$

Trimethylborat (Borsäuremethylester)

35.5 Ester der Phosphorsäure (Alkylphosphate)

Phosphorsäureester, insbesondere von Zuckern, sind für die Stoffwechselvorgänge in den Organismen von großer Bedeutung. Zu den Phosphorsäureestern zählen auch **Lecithin** (↑ 41.2) (den *Fetten* verwandt) sowie die für die Vererbungsvorgänge bedeutsamen **Nucleinsäuren** (↑ 41.3). Phosphorsäureester dienen zur Bekämpfung von Schadinsekten; auch gegenüber Warmblütern sind sie giftig.

Bestimmte kompliziert gebaute Phosphor- und Thiophosphorsäureester sind bereits in geringsten Konzentrationen tödlich wirkende Nervengifte und wurden z. T. als *chemische Kampfstoffe* missbraucht (**V-Stoffe, Tabun, Soman, Sarin** u. a.).

Triarylphosphate dienen als Weichmacher für PVC. **Triarylphosphate** mit langkettigen Resten werden als Emulgatoren eingesetzt.

35.6 Ester acyclischer Carbonsäuren (Alkylcarboxylate)

Allgemeine Herstellung:

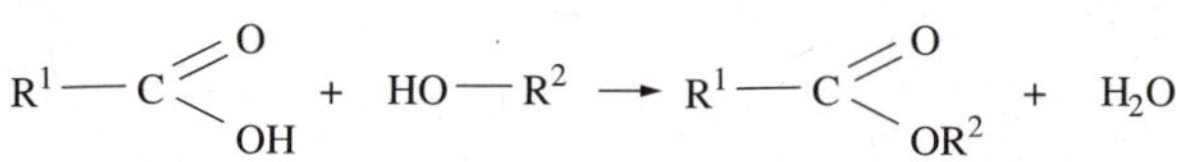

Carbonsäure Alkohol Carbonsäurealkylester

[1] Die auch gebräuchliche Bezeichnung „Nitroglycerin" ist falsch, da es sich nicht um eine Nitroverbindung, sondern um einen Salpetersäureester handelt.

Eigenschaften: Die einfachen Ester sind niedrig siedende, farblose, brennbare Flüssigkeiten von obstartigem Geruch; die höheren Ester sind fest, wachsartig und geruchlos. Sie reagieren neutral, sind leichter als Wasser und mit Wasser nur gering mischbar.

Verwendung: Die niedrigmolekularen Ester werden als Lösungs- und Verdünnungsmittel für Lacke, Harze, Cellulosenitrat und dgl. sowie als Bestandteile von Fruchtaromen verwendet.

▲ **Methylacetat** (*Methylethanoat, Essigsäuremethylester*), CH_3–CO–OCH_3;
Ethylacetat, (*Ethylethanoat, Essigsäureethylester*), CH_3–CO–OC_2H_5;
Butylacetat, (*Butylethanoat, Essigsäurebutylester*), CH_3–CO–OC_4H_9, dient zur Entphenolung von Schwelereiabwässern.

Fruchtester:
Isobutylethanoat (Essigsäureisobutylester, Isobutylacetat), Formel CH_3–CO–O–CH_2–$CH(CH_3)_2$, ist der Hauptbestandteil des Bananenaromas,
Methylbutanoat (Buttersäuremethylester), C_3H_7–CO–O–CH_3, ebenso im Apfelaroma,
Ethylbutanoat (Buttersäureethylester), C_3H_7–CO–O–C_2H_5, im Ananasaroma,
Isopentylbutanoat (Buttersäureisopentylester), C_3H_7–CO–O–CH_2–CH_2–$CH(CH_3)_2$, im Birnenaroma.

Wachse:
Die in der Natur vorkommenden **Wachse** sind Ester höherer einwertiger Alkanole mit höheren einwertigen Carbonsäuren, z. B. **Hentriacontyl-hexadecanoat** (*Palmitinsäuremyricylester*), $C_{15}H_{31}$–CO–$OC_{31}H_{63}$, im *Bienenwachs,* und **Hexadecyl-hexadecanoat** (*Palmitinsäurecetylester*) $C_{15}H_{31}$–CO–$OC_{16}H_{33}$, im *Walrat.*

Montanwachse sind Ester der Montansäure, $C_{27}H_{55}COOH$, und werden aus getrockneter Kohle extrahiert. Bei der trockenen Destillation der Braunkohle gehen sie in Paraffine über. Das technische Montanwachs ist ein Wachs-Harz-Gemisch vom Schmelzpunkt 80 bis 90 °C.

Fette und fette Öle:
Alle Fette und fetten Öle sind Ester höherer acyclischer Monocarbonsäuren (Fettsäuren) mit Glycerol.

Allgemeine Formel der Fette:

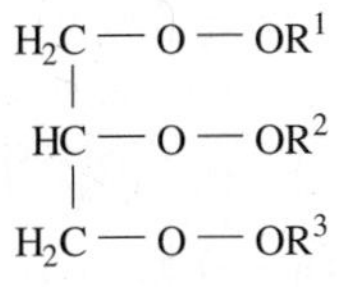

Fett

36 Acyclische Stickstoffverbindungen

36.1 Amine

- *Einteilung:* Je nach der Anzahl der Alkylreste, die mit dem Stickstoffatom verbunden sind, unterscheidet man *primäre, sekundäre* und *tertiäre Amine.*

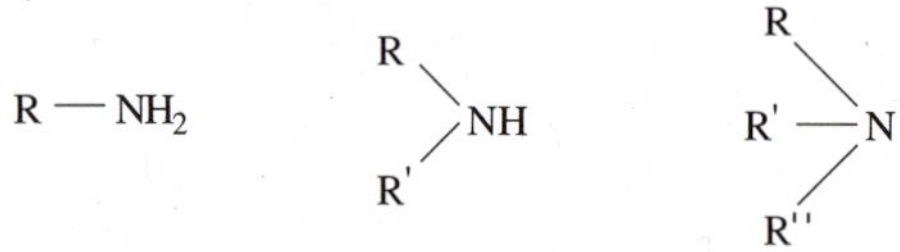

primäres Amin sekundäres Amin tertiäres Amin

Die einwertige Gruppe -NH_2 heißt *Aminogruppe,* die zweiwertige Gruppe –NH– heißt *Iminogruppe.*

- *Basischer Charakter:* Da das N-Atom wie im Ammoniak noch ein freies Elektronenpaar besitzt, ist es in der Lage, das Proton (H^+) einer Säure anzulagern. Es entstehen dabei **Alkylammoniumsalze:**

  $CH_3{-}NH_2 + HCl \rightarrow [CH_3{-}NH_3]^+Cl^-$
  Methylamin Methylammoniumchlorid

  Lagert das Amin das Proton des Wassers an, so entsteht eine **Alkylammoniumbase:**

  $CH_3{-}NH_2 + H\text{-}OH \rightarrow [CH_3{-}NH_3]^+OH^-$
  Methylammoniumhydroxid

  Wässrige Lösungen der Amine reagieren daher *basisch.*

Tetraalkylammoniumsalze: Tertiäre Amine bilden mit Alkylhalogeniden Tetraalkylammoniumsalze, so genannte *quartäre Ammoniumsalze*. Verbindungen mit langkettigen Resten werden in Weichspülern für Wäsche und als Antistatikmittel eingesetzt.

$$R_3N + R'{-}I \rightarrow [R_3R'N]^+I^-$$

Tetraalkylammoniumhydroxide verwendet man als Anionenaustauscher in der Wasserentsalzung. Einer der Reste ist dabei ein wasserunlösliches Kunstharz oder eine Kunststoffmembran. Die im Wasser gelösten Anionen werden in einem Gleichgewicht an den Austauscher gebunden, dessen Hydroxidionen werden an das Wasser abgegeben (↑ 12.4.10).

Analog reagieren *Tetraalkylammoniumchloride*; regeneriert wird mit NaOH bzw. NaCl-Lösung.

Methylamin, CH_3NH_2, **Dimethylamin,** $(CH_3)_2NH$, und **Trimethylamin,** $(CH_3)_3N$, sind farblose, brennbare Gase von fischartigem Geruch, z. B. verursacht *Trimethylamin* den Geruch der Heringslake. *Dimethylamin* ist Ausgangsprodukt für **Dimethylformamid** (↑ 36.3), Formel H–CO–N$(CH_3)_2$, ein wichtiges Extraktionsmittel für Butadien und Acetylen aus dem Pyrolysegas.

1,6-Diaminohexan, *Hexamethylendiamin,* $NH_2{-}[CH_2]_6{-}NH_2$, ist ein Ausgangsstoff für *Polyamide* (↑ 43.2.8).

Hexamethylentetramin, *Urotropin,* $C_6H_{12}N_4$, eine cyclische Verbindung, dient zur Herstellung von Phenoplasten (↑ 43.2.5) und ist in Tablettenform auch als Trockenspiritus bekannt; es brennt mit rauchloser Flamme. In der Pharmazie wird es gegen infektiöse Prozesse der Harn- und Gallenwege verwendet.

Urotropin

Cholin, $[(CH_3)_3N–CH_2–CH_2–OH]^+OH^-$, ist im *Lecithin* enthalten, das in allen lebenden Zellen vorkommt und aus Eigelb, aus dem Gehirn und aus Pflanzensamen isoliert wurde.

36.2 Aminosäuren

Definition: Aminosäuren (genauer: *Aminocarbonsäuren*) sind Stoffe, die sowohl *Aminogruppen,* $–NH_2$, als auch *Carboxylgruppen,* –COOH, enthalten.

Amphoterer Charakter: aufgrund des Vorhandenseins der *basischen* Aminogruppe und der *sauren* Carboxylgruppe bilden die Aminosäuren sowohl mit Säuren als auch mit Basen *Salze:*

- *Salzbildung mit Säuren:*

$$R-\underset{\displaystyle NH_2}{\underset{|}{CH}}-COOH + HCl \longrightarrow \left[R-\underset{\displaystyle NH_3}{\underset{|}{CH}}-COOH\right]^+ Cl^-$$

- *Salzbildung mit Basen:*

$$R-\underset{\displaystyle NH_2}{\underset{|}{CH}}-COOH + NaOH \longrightarrow \left[R-\underset{\displaystyle NH_2}{\underset{|}{CH}}-COO\right]^- Na^+ + H_2O$$

Im freien Zustand liegen die Aminosäuren als „innere Salze“ vor (*Wanderung des Protons* von der Carboxylgruppe zur Aminogruppe)

$$R-\underset{\displaystyle NH_3^+}{\underset{|}{CH}}-COO^-$$

Optische Aktivität: Alle α-Aminosäuren (2-Aminosäuren), ausgenommen Aminoethansäure, sind optisch aktiv, denn sie enthalten ein asymmetrisch substituiertes C-Atom. Bei den α-Aminosäuren ist die Aminogruppe der Carboxylgruppe direkt benachbart. In den *Proteinen* kommen 20 natürliche α-Aminosäuren vor.

Kondensation: Verbinden sich zwei Aminosäuren so, dass sich aus dem OH der Carboxylgruppe und einem H der Aminogruppe H_2O abspaltet, so entsteht eine *Peptidbindung*. **Dipeptide** sind aus zwei, **Tripeptide** aus drei und **Polypeptide** aus vielen Aminosäuremolekülen durch Kondensation entstanden. Die *Eiweißstoffe* (Proteine) (↑ Kap. 41) bestehen vorwiegend aus Polypeptidketten.

Einzelne Aminosäuren

Amino-ethansäure (*Aminoessigsäure, Glycin, Glycocoll*)

$$\underset{\displaystyle NH_2}{\underset{|}{CH_2}}-COOH$$

Baugruppe fast aller Eiweißstoffe. Mithilfe des Glycins baut die Zelle Adenosintriphosphorsäure (ATP) auf, die der Energielieferant im tierischen und menschlichen Körper ist.

2-Amino-propansäure (*α-Alanin*)

$$CH_3-\underset{\displaystyle NH_2}{\underset{|}{CH}}-COOH$$

eine Baugruppe von Eiweißstoffen, u. a. von Hühnereiweiß.

3-Amino-propansäure (*β-Alanin*)

$$\underset{\displaystyle NH_2}{\underset{|}{CH_2}}-CH_2-COOH$$

eine Baugruppe der *Panthothensäure* (Vitamin des B-Komplexes).

2-Amino-4-methyl-pentansäure (*α-Amino-isocapronsäure, Leucin*)

$$CH_3-\underset{\displaystyle CH_3}{\underset{|}{CH}}-CH_2-\underset{\displaystyle NH_2}{\underset{|}{CH}}-COOH$$

eine Baugruppe des Caseins und des Horns. Leucin hat wichtige Funktionen im Hormonhaushalt.

2-Amino-3-methyl-pentansäure (*Isoleucin*)

$$CH_3-CH_2-\underset{\displaystyle CH_3}{\underset{|}{CH}}-\underset{\displaystyle NH_2}{\underset{|}{CH}}-COOH$$

Leucin und *Isoleucin* gehen bei der alkoholischen Gärung in Isopentanol über, das im *Fuselöl* enthalten ist. Isopentanol entsteht also aus dem in der Pflanze (Zuckerrohr, Zuckerrübe, Kartoffel) enthaltenen Eiweiß. Isopentanol („Fuselalkohol", „Gärungsamylalkohol") im Fuselöl:

$$CH_3-\underset{\displaystyle CH_3}{\underset{|}{CH}}-CH_2-CH_2-OH$$

3-Methyl-1-butanol

$$CH_3-CH_2-\underset{\displaystyle CH_3}{\underset{|}{CH}}-CH_2-OH$$

2-Methyl-1-butanol

36.3 Säureamide

Definition: Die funktionelle Gruppe der Säureamide (genauer: Carbonsäureamide) ist 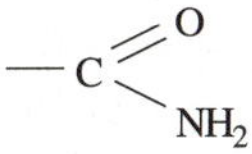 ; dabei ist die OH-Gruppe der Carbonsäure durch die Aminogruppe ersetzt.

Allgemeine Formel: R–CO–NH_2

Herstellung:

- aus Säurehalogenid + Ammoniak:

R–CO–X +	2 NH_3 →	R–CO–NH_2 +	NH_4X
Säurehalogenid	Ammoniak	Säureamid	Ammoniumhalogenid

- durch Erhitzen einer Carbonsäure mit Carbamid:

R–CO–OH +	$OC(NH_2)_2$	→	R–CO–NH_2 + CO_2 + NH_3
Carbonsäure	Carbamid		Säureamid

▲ **Acetamid** (*Ethansäureamid, Essigsäureamid*), CH_3-CO-NH_2;
Struktur:

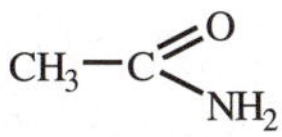

Fp 82,3 °C; *Kp* 221,2 °C; kann durch Reaktion von Acetylchlorid mit Ammoniak hergestellt werden:

CH_3–CO–Cl + NH_3 → CH_3–CO–NH_2 + HCl

Dimethylformamid (*Methansäuredimethylamid, Ameisensäuredimethylamid*), H-CO-$N(CH_3)_2$;
Struktur:

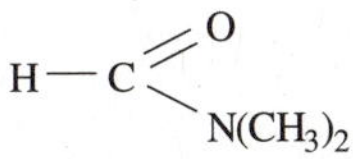

Kp 155 °C; Lösemittel für Polyacrylnitril bei der Herstellung von Polyacrylnitrilfaserstoff; Extraktionsmittel für Butadien aus den Pyrolysegasen.

Carbamid (*Kohlensäurediamid,* Harnstoff (↑ 14.2.8))

36.4 Säureureide (Acylcarbamid, Acylharnstoff, Ureide)

Definition: Säureureide (genauer: Carbonsäureureide) sind Stoffe, in denen die OH-Gruppe der Carboxylgruppe durch den *Carbamidrest* –NH–CO–NH_2 ersetzt ist:

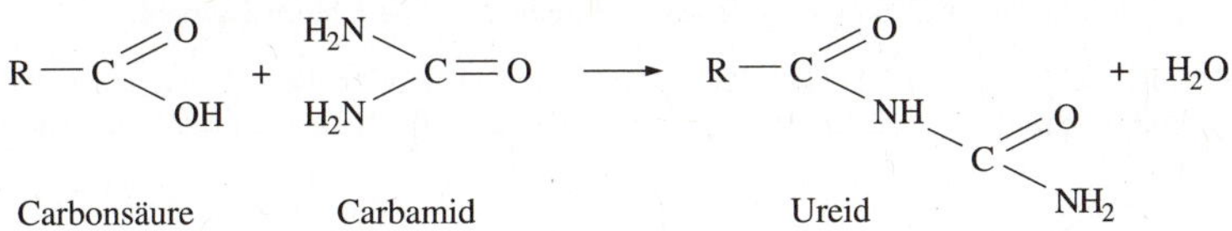

Carbonsäure Carbamid Ureid

Allgemeine Formel: R–CO–NH–CO–NH_2.

Verwendung: Die Ureide sind kristallisierte Verbindungen, die vorwiegend als Schlafmittel verwendet werden. Besondere Bedeutung haben die *cyclischen Ureide*, die bei der Umsetzung von Dicarbonsäureestern mit Carbamid entstehen. Der wichtigste Vertreter ist **Barbitursäure.**

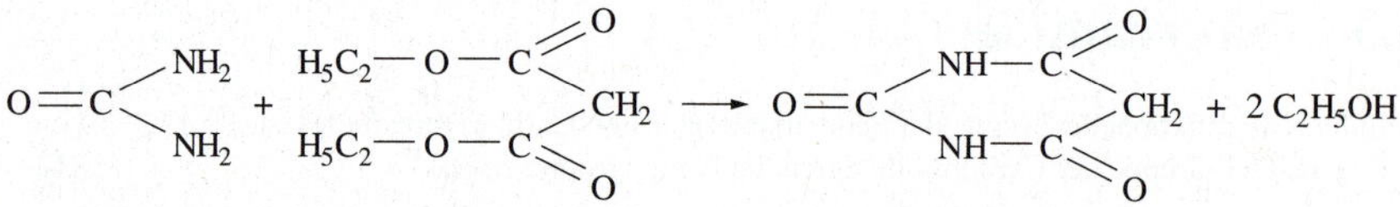

Carbamid + Malonsäurediethylester → Barbitursäure (Malonylcarbamid) (Strukturformel vereinfacht) + $2\,C_2H_5OH$

Dialkylbarbitursäuren, so genannte **Barbiturate**, sind bekannte Schlafmittel, z. B. **Veronal** (5,5-*Diethylbarbitursäure*) und das Narkosemittel **Evipan** (5-*Cyclohexenyl-5-methyl-N-methyl-barbitursäure*):

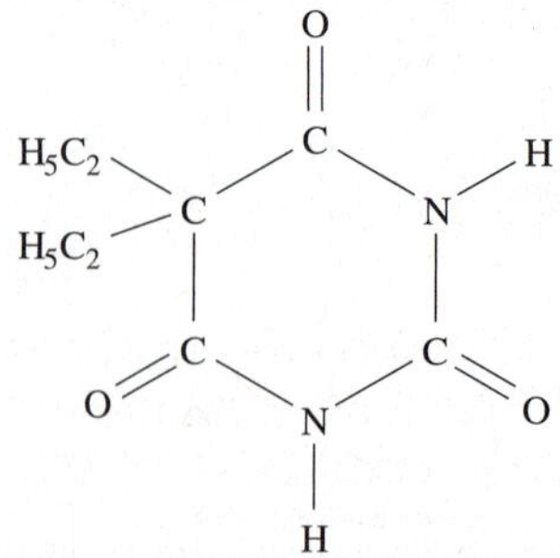

Veronal (Barbital)

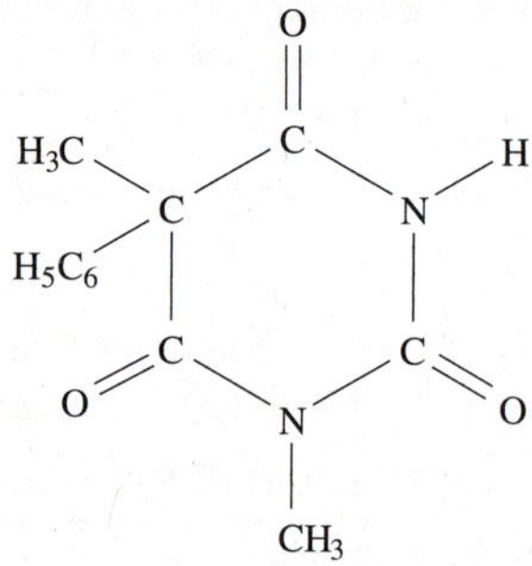

Evipan

36.5 Carbaminsäureester (Urethane)

Carbaminsäure, NH_2-CO-OH, das Monoamid der Kohlensäure, ist nur in Form von Salzen und Estern bekannt. Die Ester heißen **Urethane;** Formel NH_2–CO–OR.

Struktur:

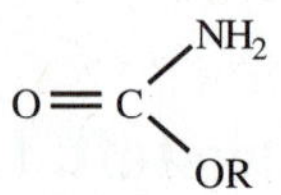

Herstellung:

Cl–CO–OR	+ NH_3	→	NH_2–CO–OR	+ HCl
Chlorkohlensäureester	+ Ammoniak	→	Urethan	+ Chlorwasserstoff

Verwendung: Beruhigungs- und Schlafmittel. Besondere Bedeutung haben die Urethane als Strukturelemente der **Polyurethane,** (↑ 43.2.10) die aus Diisocyanaten, O=C=N–R–N=C=O, und Dihydroxyverbindungen, HO–R–OH, hergestellt werden.

36.6 Alkannitrile (Alkancarbonitrile, Alkylcyanide) und Alkanisonitrile (Alkancarboisonitrile)

Allgemeine Formeln:

R–C≡N	R–N=C
Alkannitril	Alkanisonitril

Herstellung: Hauptsächlich wird die **KOLBE-Nitrilsynthese** angewandt. Dabei wird in wässrig-alkoholischer Lösung ein entsprechendes *Alkylhalogenid* mit *Kaliumcyanid* zur Reaktion gebracht. Dabei entsteht neben dem Nitril auch in geringen Mengen Isonitril. Das Isonitril lässt sich mit kalter verdünnter Chlorwasserstoffsäure entfernen.

▲ $CH_3—CH_2—I + K^{\oplus} |C^{\ominus}≡N| \longrightarrow CH_3—CH_2—C≡N|$

Ethyliodid + Kalium-Cyanid → Propannitril

$CH_3—CH_2—I + K^{\oplus} |C^{\ominus}≡N| \longrightarrow CH_3—CH_2—N^{\oplus}≡C^{\ominus}|$

Ethyliodid + Kalium-Cyanid → Propanisonitril

Verwendung: Die Alkannitrile lassen sich zu Carbonsäuren (bzw. deren Ammoniumsalzen) verseifen, die um ein C-Atom reicher sind als das Ausgangsprodukt, aus dem das Nitril hergestellt wurde, z. B.

$CH_3–CH_2–X \rightarrow CH_3–CH_2–CN + 2\ H_2O \rightarrow CH_3–CH_2–COONH_4$

Ethylhalogenid Propannitril Ammoniumpropionat

Acrylnitril, *Propennitril,* $CH_2=CH–CN$, ist das Ausgangsprodukt für die Herstellung des Polyacrylnitrilfaserstoffs (↑ 43.5.3).

36.7 Nitroalkane

Allgemeine Formel: $R–NO_2$.
Die funktionelle $-NO_2$-Gruppe heißt *Nitrogruppe.*

In den *Nitroalkanen* liegen gesättigte Kohlenwasserstoffreste vor. Die einfachsten Vertreter sind:

Nitromethan CH_3-NO_2
Nitroethan $CH_3-CH_2-NO_2$

Nitroverbindungen dürfen nicht mit *Salpetersäureestern* und *Salpetrigsäureestern* verwechselt werden. In den *Estern* ist der Stickstoff über *Sauerstoff* mit Kohlenstoff verbunden, in den Nitroverbindungen ist der Stickstoff direkt mit dem Kohlenstoff verbunden:

$R–NO_2$	$R–O–NO_2$	$R–O–NO$
Nitroalkan	**Alkylnitrat**	**Alkylnitrit**
	(*Salpetersäureester*)	(*Salpetrigsäureester*)

Die Nitroverbindungen sind den Salpetrigsäureestern *funktionsisomer*, sie haben die *gleiche Summenformel*, aber *verschiedene funktionelle Gruppen*. Durch einen Vergleich der Molekülmodelle von

- Nitroethan und
- Ethylnitrit

wird das deutlich.

Herstellung von Nitroalkanen:

- technisch:

R–H +	HO–NO_2 →	RNO_2 + H_2O (hohe Temp.)
Alkan	Salpetersäure	Nitroalkan

- im Labor:

R–I (oder R–Br) +	$NaNO_2$ →	R–NO_2 +	NaI (oder NaBr)
Iod- oder Bromalkan	Natrium- nitrit	Nitroalkan	Natriumiodid oder -bromid

Verwendung: Die niederen Nitroalkane, vor allem **1-Nitropropan,** CH_3-CH_2-CH_2-NO_2, haben als gute Lösemittel für einige Kunststoffe Bedeutung erlangt, z. B. für Vinylharze, Polyacrylnitril, Polystyren und Cellulosefaserstoffe.

Tetranitromethan, $C(NO_2)_4$, wird Raketentreibstoffen zugesetzt; außerdem ist es ein Nitrierungsmittel.

Chlorpikrin, chloriertes Nitromethan, Cl_3C–NO_2, ist ein *Insektizid.*

37 Acyclische Schwefelverbindungen

37.1 Alkanthiole (Thioalkohole, Mercaptane)

Allgemeine Formel: R–SH

Eigenschaften: Die niederen Alkanthiole sind äußerst widerlich riechende, brennbare Flüssigkeiten. (Ausnahme: Methylmercaptan ist gasförmig).
Die in Wasser schwer löslichen Quecksilbersalze der Alkanthiole heißen *Mercaptide*, daher der Name *corpus mercurium captans* = Quecksilber fällender Körper.

$$2\,R\text{–}S\text{–}H + HgO \rightarrow (R\text{–}S)_2Hg + H_2O$$

Verwendung: Alkanthiole dienen als chemische Zwischenprodukte sowie, in geringen Mengen zugesetzt, als Mittel zur Wahrnehmung geruchloser Gase.
Durch starke Oxidationsmittel, wie HNO_3, entstehen Alkansulfonsäuren.

37.2 Alkansulfonsäuren (Alkylsulfonsäuren)

Allgemeine Formel: 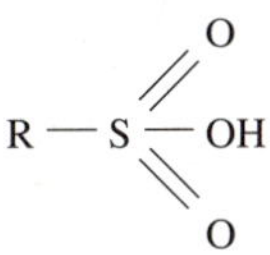 ; $R\text{-}SO_2OH$ (auch $\text{–}SO_3H$ geschrieben)

Funktionelle Gruppe: $\text{–}SO_2OH$ (Sulfonsäuregruppe)

Der einfachste Vertreter der Alkansulfonsäuren ist die Methansulfonsäure, *Methylsulfonsäure*, $CH_3\text{–}SO_2\text{–}OH$, eine farblose Flüssigkeit.

Sulfonsäuren dürfen nicht mit *Schwefelsäureestern* und *Schwefligsäureestern* verwechselt werden. In den *Estern* ist der Schwefel über *Sauerstoff* mit Kohlenstoff verbunden, in den *Sulfonsäuren* ist der *Schwefel* direkt mit dem *Kohlenstoff* verbunden:

$R\text{–}SO_2OH$	$R\text{–}O\text{–}SO_2OH$	$R\text{–}O\text{–}SOOH$
Alkylsulfonsäure	**Alkylsulfat**	**Alkylsulfit**
	(*Schwefelsäureester*)	(*Schwefligsäureester*)

Die *Sulfonsäuren* sind *sehr starke Säuren*. Ihre Salze heißen **Sulfonate,** während die Estersalze als *Sulfate* bzw. *Sulfite* bezeichnet werden.

▲ $R\text{–}SO_2ONa$ Natrium-alkan-sulfonat (*Salz einer Sulfonsäure*)
$R\text{–}O\text{–}SO_2ONa$ Natrium-alkyl-sulfat (*Salz eines Schwefelsäureesters*)
$R\text{–}O\text{–}SOONa$ Natrium-alkyl-sulfit (*Salz eines Schwefligsäureesters*)

Natriumalkansulfonate: Die Natriumsalze der Alkylsulfonsäuren mit längerem Alkylrest sind auch in hartem Wasser gut schäumende, neutrale, waschaktive Substanzen.
Auch die Natriumsalze von Alkylsulfaten mit längerer Alkylkette sind waschaktive Substanzen.

Herstellung von Natrium-Alkansulfonaten

- durch *Sulfoxidation* und *anschließende Neutralisation*:

$$R{-}H + SO_2 + 1/2\ O_2 \xrightarrow[\text{oder Ozon}]{\text{UV-Licht}} R{-}SO_2OH \xrightarrow{+\ NaOH} R{-}SO_2ONa + H_2O$$

- durch *Sulfochlorierung* und *anschließende Verseifung:*

$$R{-}H + SO_2 + Cl_2 \xrightarrow[-\ HCl]{\text{UV-Licht}} R{-}SO_2{-}Cl \xrightarrow{+\ 2\ NaOH} R{-}SO_2ONa + NaCl + H_2O$$

Das UV-Licht dient der Radikalbildung, da es sich bei der Sulfoxidation und Sulfochlorierung um Radikalreaktionen handelt.

38 Kohlenhydrate

38.1 Allgemeines

Name und allgemeine Formel: In den meisten Kohlenhydraten sind neben Kohlenstoffatomen die Elemente Wasserstoff und Sauerstoff wie im Wasser im Verhältnis 2 : 1 enthalten. Dies entspricht der *summarischen Formel* $C_m(H_2O)_n$.

Ausnahmen bilden die *Desoxyzucker,* z. B. die in Nucleinsäuren (↑ 41.3) gebundene **Desoxyribose**, $C_5H_{10}O_4$.

Einteilung nach Zahl der Kohlenhydratbausteine:

- **Monosaccharide** (*Einfachzucker*) lassen sich *nicht* in einfachere Kohlenhydrate spalten.
- **Oligosaccharide** (*Mehrfachzucker*) lassen sich in *zwei* bis *sechs* gleiche oder verschiedene Monosaccharidmoleküle spalten; sie bestehen also aus mehreren Monosaccharidbausteinen. Am wichtigsten sind **Disaccharide** (*Zweifachzucker*) aus *zwei* Monosaccharidbausteinen; ferner existieren Trisaccharide z. B. Raffinose und Tetra-, Penta- und Hexasaccharide.
- **Polysaccharide** (*Vielfachzucker*) lassen sich in *viele* (Größenordnung 100 bis mehrere 1000) Monosaccharidmoleküle spalten. Sie bestehen also aus vielen Monosaccharidbausteinen. Die Eigenschaften der Polysaccharide weichen wesentlich von denen der Mono- und Oligosaccharide ab.

Die Spaltung der Oligo- und Polysaccharide in Monosaccharide erfolgt unter Wasseraufnahme (Hydrolyse), z. B. beim Kochen mit verdünnten Säuren. Der Aufbau der Oligo- und Polysaccharide aus Monosacchariden erfolgt demnach unter Wasserabspaltung (Kondensation).

Vertreter aus allen drei Gruppen der Saccharide gewinnen in zunehmendem Maße als „nachwachsende Rohstoffe" an Bedeutung. Man versucht, die Struktur der Kohlenhydrate weitgehend zu erhalten.

38.2 Monosaccharide

Einteilung nach funktionellen Gruppen:
Die Kohlenhydrate enthalten Hydroxylgruppen und eine damit benachbarte Aldehyd- oder Ketogruppe. Sie sind als Oxidationsprodukte mehrwertiger Alkohole anzusehen.

- **Aldosen** enthalten eine Aldehydgruppe; eine primäre Alkoholgruppe wird oxidiert.
- **Ketosen** enthalten eine Ketogruppe; eine sekundäre Alkoholgruppe wird oxidiert.

Die *Aldosen* reduzieren wie andere Aldehyde FEHLINGsche Lösung und ammoniakalische Silbersalzlösung.

Einteilung nach der Anzahl der Kohlenstoffatome [1]:

- **Pentosen** enthalten 5 C-Atome; Formel $C_5H_{10}O_5$;
- **Hexosen** enthalten 6 C-Atome; Formel $C_6H_{12}O_6$.

In der Natur kommen fast nur Pentosen und Hexosen mit unverzweigter Kohlenstoffkette vor. Außerdem existieren **Triosen** (3 C-Atome), **Tetrosen** (4 C-Atome), **Heptosen** (7 C-Atome) usw.

Je nachdem, ob Aldosen oder Ketosen vorliegen, unterscheidet man **Aldopentosen, Aldohexosen, Ketohexosen** usw.

---

[1] genauer: Anzahl der in unverzweigter Kette direkt verknüpften Kohlenstoffatome

Darstellung der Strukturformeln:

- **Kettenformeln** (↑ 38.2.2), auch FISCHERsche Konfigurationsformeln genannt. Diese Form der Darstellung ist übersichtlich, erklärt aber einige Eigenschaften der Monosaccharide nicht (z. B. erfolgt nicht die Addition von $NaHSO_3$ oder NH_3, die typische Aldehyd- bzw. Ketonreaktionen sind). Die Zuckermoleküle liegen im kristallinen Zustand nicht in dieser Kettenform vor.
- **Ringformeln** (↑ 38.2.2) nach TOLLENS.

Optische Aktivität:
Infolge der Anwesenheit asymmetrischer C-Atome C*, die vier verschiedene Substituenten tragen, sind die Monosaccharide optisch aktiv. Je nach der Stellung der OH-Gruppe am asymmetrischen C-Atom der Zuckerkette, das am weitesten von der C=O-Gruppe entfernt steht, unterscheidet man **D**- und **L**-Verbindungen (↑ 44.7.2).

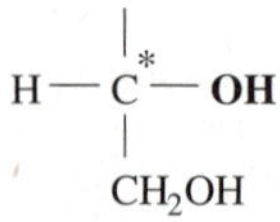
D-Verbindung

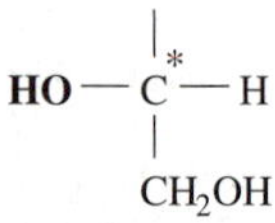
L-Verbindung

38.2.1 Pentosen

Pentosen kommen in der Natur nicht frei, sondern nur als Baugruppen von Oligo- und Polysacchariden vor, z. B. im Holz. Als Proteide (Verbindungen mit Eiweißstoffen) finden sie sich auch in der Leber und der Bauchspeicheldrüse des tierischen Körpers. Sie sind Aldosen und lassen sich mit Hefe nicht vergären.

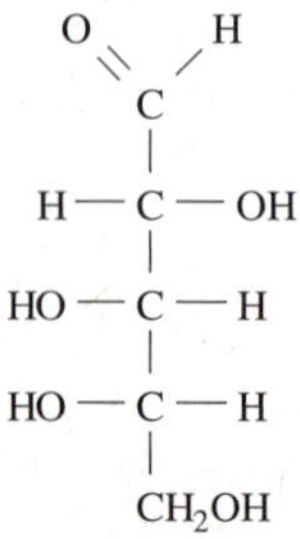
L-(+)-Arabinose (Kirschgummikomponente)

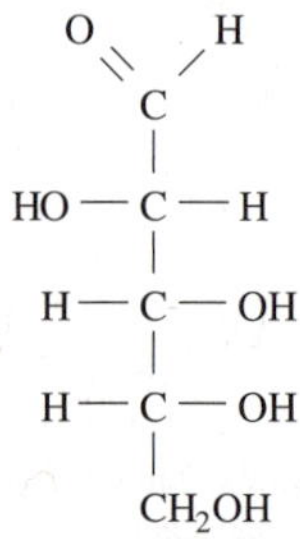
D-(−)-Arabinose (Aloekomponente)

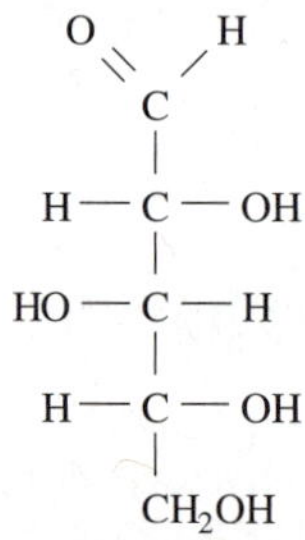
D-(+)-Xylose (Kleie- und Strohkomponente)

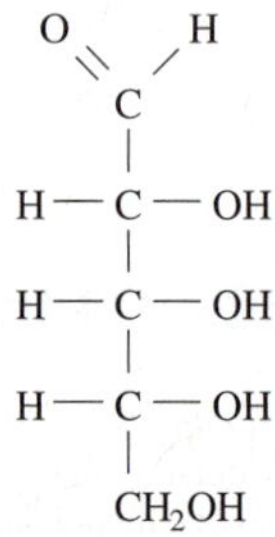
D-(−)-Ribose (Bestandteil von Nucleinsäuren)

38.2.2 Hexosen

Hexosen kommen in der Natur sowohl frei, als auch in Oligo- und Polysacchariden gebunden vor. Von den 16 optisch aktiven Aldohexosen wurden in der Natur 4 gefunden. In den Polysacchariden sind die Hexosen glykosodisch miteinander verbunden.

Glycoside sind Verbindungen zwischen Kohlenhydraten und Substanzen anderer Stoffklassen. Sie finden sich z. B. im Eiweiß. Die reaktionsfähige OH-Gruppe am C1 oder C2 (Halbacetalform) reagiert mit einem Alkohol oder Phenol.

D-(+)-Glucose, *Traubenzucker, Dextrose,* das häufigste Monosaccharid, ist eine *Aldohexose*. Sie kommt frei in vielen Früchten, im Blut (*Blutzucker*), im Honig und chemisch gebunden in der Saccharose, Maltose,

Lactose, Cellulose, Stärke und vielen anderen Kohlenhydraten vor. D-(+)-Glucose ist ein weißes, leicht wasserlösliches, süß schmeckendes Kristallpulver.

D-(+)-Mannose ist eine *Aldohexose*, die z. B. in der Steinnuss und in Johannisbrotbaumsamen vorkommt.

D-(+)-Galactose ist eine *Aldohexose*, die als Baugruppe des Disaccharids Lactose (Milchzucker) vorkommt.

D-(+)-Talose ist die vierte in der Natur gefundene *Aldohexose*.

D-(−)-Fructose, *Lävulose, Fruchtzucker,* ist eine *Ketohexose*. Sie kommt frei in vielen Früchten und im Honig, gebunden im Disaccharid *Saccharose* (Rohr-, Rübenzucker) und im Polysaccharid *Inulin* vor. **Inulin** besteht nur aus Fructosebausteinen, es besitzt stärkeähnliche Eigenschaften und findet sich z. B. in Dahlienknollen.
Fructose ist ein weißes, sehr süß schmeckendes Kristallpulver. Sie reduziert, obwohl sie eine Ketogruppe enthält, FEHLINGsche Lösung, da Keto-Enol-Tautomerie (↑ 29.2.1) auftritt.

Strukturformeln:

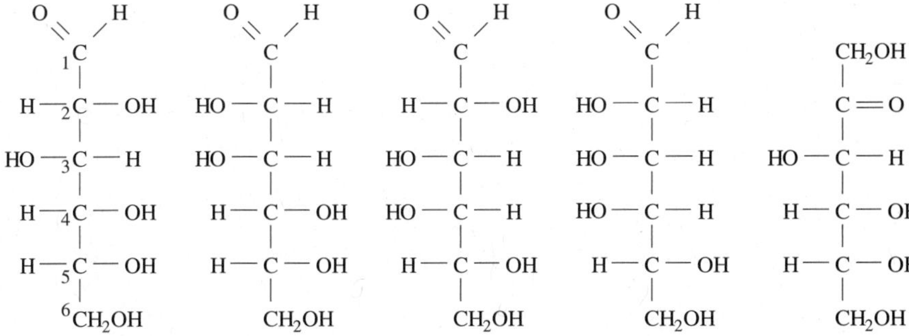

D-(+)-Glucose D-(+)-Mannose D-(+)-Galactose D-(+)-Talose D-(−)-Fructose

Ringformeln der Monosaccharide

Die bisher angegebenen Kettenformeln der Kohlenhydrate sind vereinfacht. Der deutsche Chemiker B.C.G. TOLLENS folgerte aus der speziellen Reaktionsfähigkeit der Kohlenhydrate, dass eine intramolekulare Verknüpfung zwischen der Aldehyd- bzw. Ketogruppe und einer Hydroxylgruppe vorhanden sein müsse. Er entwickelte eine Ringformel.

Ringschluss nach TOLLENS:

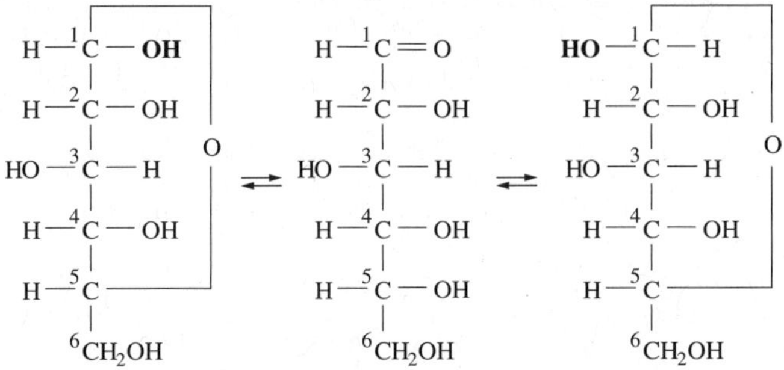

α-D-Glucose D-Glucose (Aldehyd-Form) β-D-Glucose

Eine Weiterentwicklung ist die Ringformel von HAWORTH.

Entwicklung der HAWORTH-Ringformel aus der FISCHER-Projektionsformel:

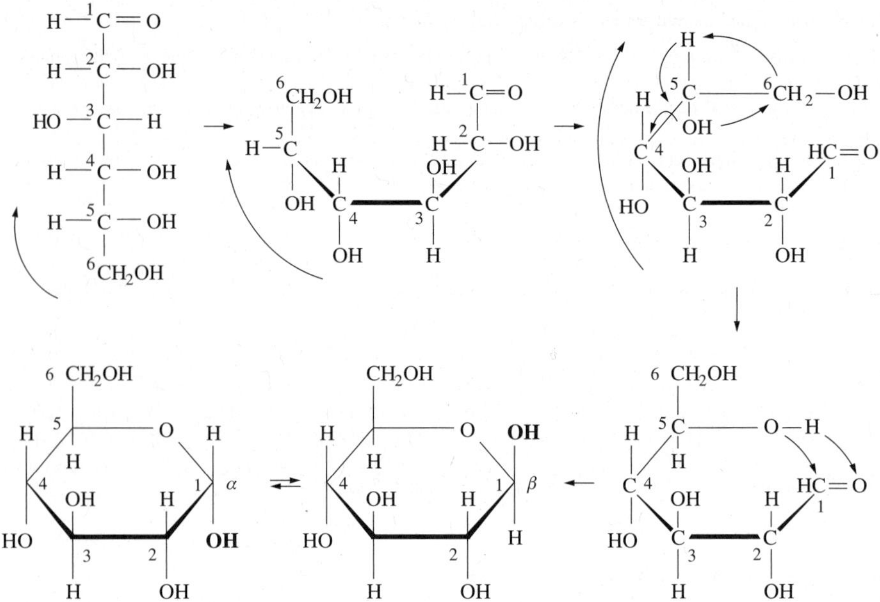

Man kann sich die Ringbildung so verstellen, dass das C1 der FISCHER-Formel an der rechten vorderen Ecke der Ringformel steht. Dann dreht man den Rest der Kette im Uhrzeigersinn zu einem sechseckigen Ring. Dabei wird eine Ecke (rechts oben) durch ein Sauerstoff gebildet. Alle OH-Gruppen, die rechts in der Kettenformel stehen, befinden sich durch die Ringbildung unter der Ringebene, die links in der Kettenformel stehenden OH-Gruppen befinden sich in der Ringformel oberhalb der Ringebene.

Ringformeln nach HAWORTH ausgewählter Monosaccharide:

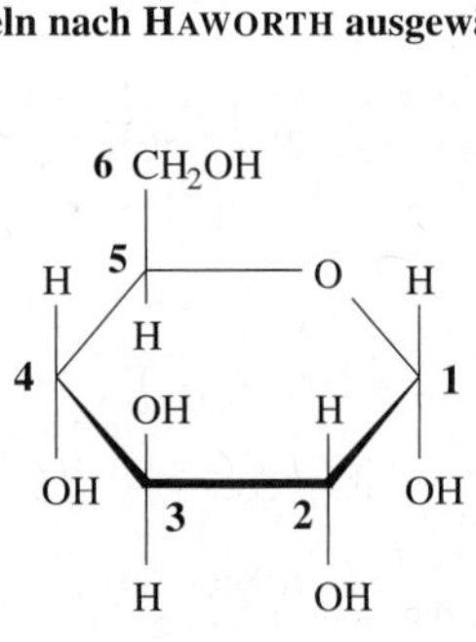

D(+)-Glucopyranose

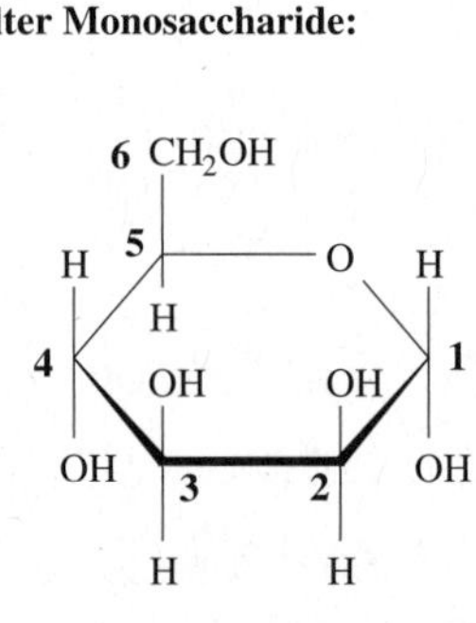

D(+)-Mannopyranose

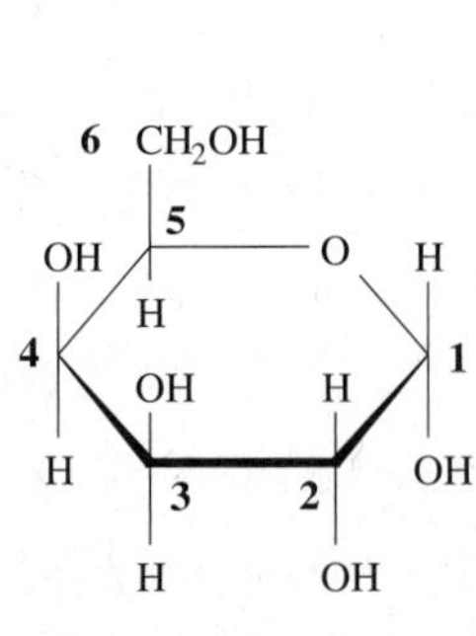

D(+)-Galactopyranose

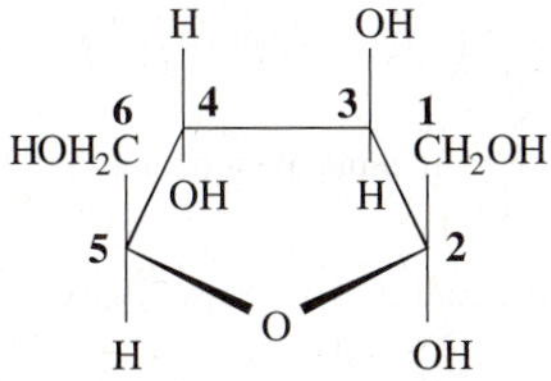

D(-)-Fructofuranose

Kohlenhydrate mit *Sechsring*-Konfiguration heißen **Pyranosen**, mit *Fünfring*-Konfiguration **Furanosen**, da sie das Ringsystem des *Pyrans* bzw. des *Furans* enthalten.

α-Glucose und β-Glucose

Durch den Ringschluss entsteht am C-Atom 1 eine OH-Gruppe, deren Stellung Einfluss auf die physikalischen Eigenschaften hat, z. B. Löslichkeit, Schmelzpunkt, optische Drehung; deshalb muss diese Stellung besonders beachtet werden. Man unterscheidet deshalb α-Glucose und β-Glucose:

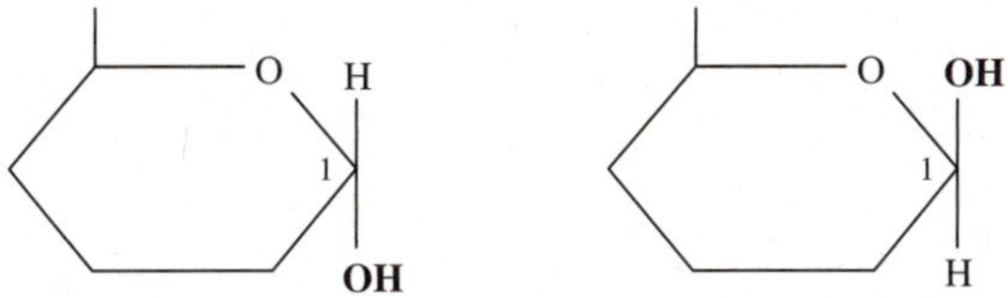

α-Glucose β-Glucose

α-Glucose (genauer α-D-Glucose) dreht die Ebene des polarisierten Lichtes um 111,2 °C,
β-Glucose (genauer β-D-Glucose) dreht die Ebene des polarisierten Lichtes um 17,5 °C.
Sie sind keine optischen Antipoden, sondern Diastereomere.

Nach REEVES ist der Ring in den Hexosen nicht planar (wie oben dargestellt) angeordnet, sondern wie Cyclohexanderivate, in zwei so genannten „**Sesselformen**“:

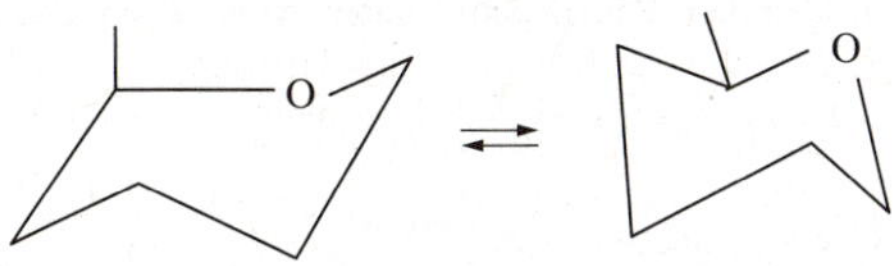

(vereinfacht)

Diese Strukturformeln werden *Konformationsformeln* genannt. Als *Konformation* bezeichnet man die räumlichen Strukturen eines Moleküls, die sich nur durch Drehung (Rotation) um C–C-Einfachbindungen voneinander unterscheiden.

38.3 Disaccharide

Disaccharide bauen sich unter Wasserabspaltung aus zwei Monosaccharidmolekülen auf, z. B.

$$C_6H_{12}O_6 + C_6H_{12}O_6 \rightarrow C_{12}H_{22}O_{11} + H_2O$$

Die Verknüpfung der beiden Monosaccharide erfolgt zwischen der durch Ringschluss entstandenen OH-Gruppe (glycosidische Hydroxylgruppe) und der Carbonylgruppe oder einer alkoholischen Hydroxylgruppe des anderen Monosaccharids. Im ersteren Fall (z. B. beim Rohrzucker) gehen die reduzierenden Eigenschaften verloren, im zweiten Fall (z. B. beim Milchzucker) nicht.

In der Natur kommen frei vor: Rohr-, Milch- und Malzzucker. Verbindungen, an denen die glycosidische Hydroxylgruppe beteiligt ist, heißen **Glycoside**.

Saccharose (*Rohrzucker, Rübenzucker*) besteht aus α-D-Glucose und β-D-Fructose. Beide sind mit ihrer halbacetalischen Hydroxylgruppe *acetalartig* verbunden.

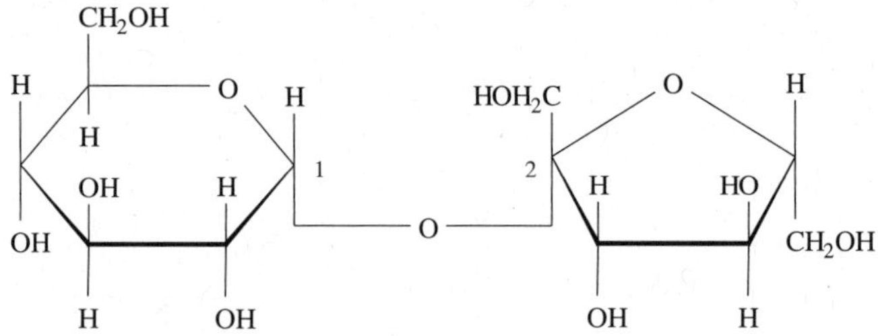

α-D-Glucopyranose β-D-Fructofuranose

Saccharose

Da an der glycosidischen Bindung die Carbonylgruppe beteiligt ist, wird FEHLINGsche Lösung nicht reduziert. Erst nach der Spaltung (*Inversion*) sind die reduzierenden Eigenschaften wieder vorhanden.

$$\text{Saccharose} \xrightarrow[\text{Enzyme oder verd. Säuren}]{\text{Hydrolytische Spaltung}} \underbrace{\text{Glucose + Fructose}}_{\text{Invertzucker}}$$

Invertzucker ist ein Gemisch aus Glucose und Fructose. *Bienenhonig* enthält natürlichen Invertzucker. *Karamell* entsteht beim Erhitzen des Zuckers über den Schmelzpunkt; dabei treten die verschiedenartigsten Zersetzungsprodukte auf.

(+)-Lactose (*Milchzucker*) besteht aus β-D-Galactose und β- oder α-D-Glucose.

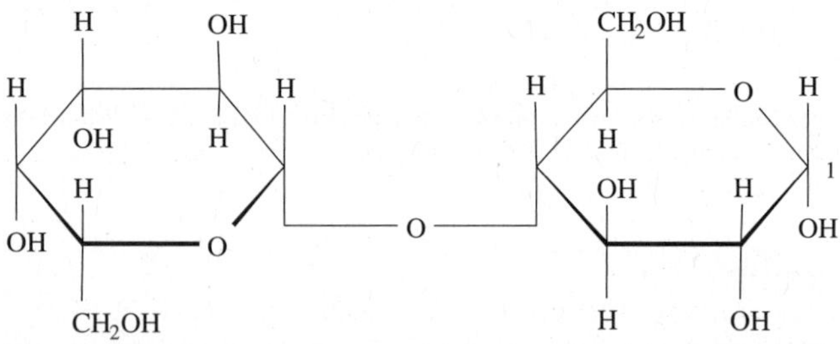

β-D-Galactopyranose α-D-Glucopyranose

Lactose

Hier ist die Carbonylgruppe als Acetalgruppe erhalten geblieben, deshalb zeigt der Milchzucker die üblichen Zuckerreaktionen. Das C-Atom (1) der Glucose ist nicht mit einem anderen Molekül verknüpft.
Lactose schmeckt weniger süß als Saccharose. Sie ist zu 4 bis 5 % in der Kuhmilch und zu 5,5 bis 7,5 % in der Frauenmilch enthalten. Beim Sauerwerden der Milch wandelt sich Milchzucker durch Bakterien in *Milchsäure* um.

(+)-Maltose, *Malzzucker,* besteht aus 1 Molekül α-D-Glucose und 1 Molekül α- oder β-Glucose

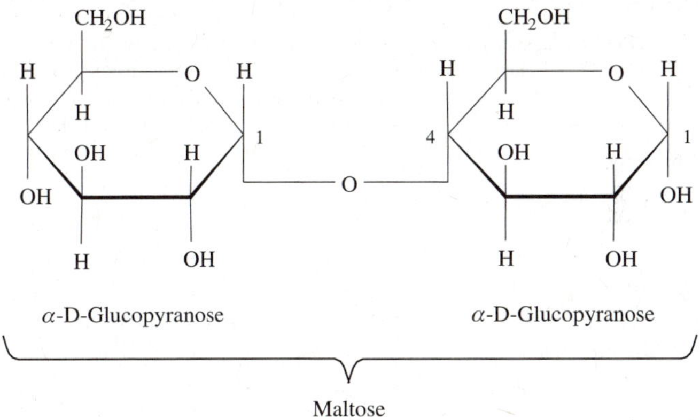

Die Aldehydreaktionen sind wie beim Milchzucker positiv. Malzzucker befindet sich in keimenden Samen. Malzzucker entsteht beim hydrolytischen Abbau der Stärke. Bei der Bierherstellung wird Gerstenmalz (gekeimte Gerste) verwendet.

38.4 Polysaccharide

Die wichtigsten Polysaccharide sind *Stärke, Glycogen* und *Cellulose,* ferner die sich vorwiegend aus Pentosen aufbauenden *Hemicellulosen* und das *Inulin.*

Stärke ist ein Polykondensat aus α-D-Glucose. Sie ist keine einheitliche Substanz, sondern besteht zu 80 % aus Amylopektin als Hüllsubstanz und zu 20 % aus Amylose im Innern des Korns.

Amylopektin ist im Wasser unlöslich. Es besitzt stark verzweigte Glucoseketten, die aus 1000 bis 6000 Glucoseeinheiten bestehen.

Amylose bildet unverzweigte Ketten, die in Wasser löslich sind und aus 100 bis 1400 Glucoseeinheiten bestehen. Beim Erhitzen mit verdünnten Säuren (z. B. Salzsäure) oder unter Einwirkung von Enzymen (Diastase) lässt sich Stärke abbauen:

Stärke → **Dextrin** → **Maltose** → **Glucose**

Die grünen Pflanzen wandeln unter Lichteinwirkung mithilfe des Chlorophylls Kohlenstoffdioxid und Wasser über die Zwischenstufe Glucose in Stärke um (Assimilation); die Glucose entsteht hierbei gemäß der Gleichung

$$6\,CO_2 + 6\,H_2O \rightarrow C_6H_{12}O_6 + 6\,O_2\,.$$

Die Stärke stellt das Energiereservoir der Pflanzen dar.

Dextrin, ein gelblich-weißes Pulver, wird als Klebstoff verwendet. Es ist ein Gemisch aus Glucose, Maltose und kurzen Glucoseketten.

Glycogen ist das Reservekohlenhydrat des menschlichen und tierischen Organismus. Es wird in der Leber (bis zu 18 % der Lebermasse) und in den Muskeln gespeichert. Bei Muskelarbeit wird Glycogen zu L-(+)-Milchsäure abgebaut, deren Anhäufung Ermüdungserscheinungen hervorruft. Chemisch ähnelt Glycogen sehr dem Amylopektin. Es hat aber noch stärker verzweigte Ketten und ist höhermolekular (25 000 bis 90 000 Glucoseeinheiten).

Cellulose ist das verbreitetste Polysaccharid und zugleich die organische Substanz, die in absolut größter Menge auf der Erde in pflanzlichen Zellwänden vorkommt. Cellulose ist im Gegensatz zu Amylose, Amylopektin und Glycogen aus β-Glucose aufgebaut. Sie lässt sich jedoch wesentlich schwieriger hydrolytisch abbauen. Bei der *Holzverzuckerung* wendet man z. B. 40%ige Salzsäure bei hoher Temperatur an. Der Abbau erfolgt über das Disaccharid Cellobiose:

Cellulose → **Cellobiose** → **Glucose**

Die Hydrolyse mit konzentrierter Salzsäure bei Raumtemperatur liefert dextrinähnliche Abbauprodukte, die als gut verdauliches Mastfutter für Wiederkäuer geeignet sind.

Cellulose lässt sich mit Säuren verestern. Großtechnisch geschieht das vor allem mit Salpetersäure („Nitrieren") und Essigsäure („Acetylieren").

- **Cellulosetrinitrat** enthält je Glucosebaugruppe 3 Nitratgruppen -O-NO_2. Es heißt wegen seiner Verwendung *Schießbaumwolle.*
- **Cellulosedinitrat** hat eine niedrigere Veresterungsstufe. Cellulosedinitrat ist *Kollodiumwolle,* es wird zu Celluloid, Nitrolacken und Kollodiumlösung verarbeitet. Die Cellulosenitrate werden fälschlicherweise auch als „Nitrocellulosen" bezeichnet.
- **Celluloseacetat,** der Essigsäureester der Cellulose, wird in der Filmindustrie (nicht entflammbares Filmmaterial) und als Faserstoff (↑ 43.5.7) verarbeitet.

Viscoseseide, Zellwolle und *Zellglas* bestehen aus reiner (regenerierter) Cellulose (↑ 43.5.6).

Holz besteht aus *Cellulose* (etwa 45 %), *Hemicellulosen* (etwa 30 %) und *Lignin* (etwa 20 %) sowie aus Harzen und Mineralstoffen. *Lignin* ist eine komplizierte makromolekulare aromatische Substanz. Durch verschiedene chemische Verfahren lässt es sich in wasserlösliche Produkte abbauen, dadurch bleibt die Cellulose als *Zellstoff* zurück.

Hemicellulosen kommen immer mit Cellulose zusammen vor. Hemicellulosen sind ein Gemisch verschiedener Polysaccharide, in denen Polyaldopentosen, vor allem das Xylan, überwiegen.

39 Carbocyclische Verbindungen

39.1 Allgemeines

Cyclische[1] **Verbindungen** enthalten einen oder mehrere Ringe im Molekül (mono-, bi-, tricyclisch usw. je nach Anzahl der Ringe).

Einteilung:

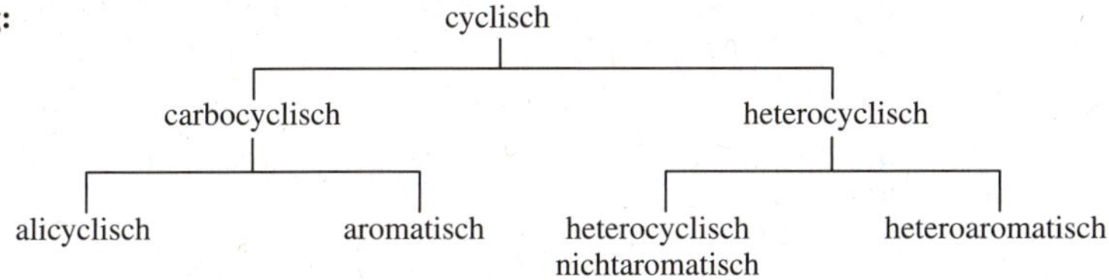

- **Carbocyclische Verbindungen** (*isocyclische Verbindungen*): Die Ringe bestehen ausschließlich aus Kohlenstoffatomen.
- **Heterocyclische Verbindungen:** Die Ringe enthalten außer Kohlenstoffatomen noch andere Atome, z. B. Stickstoff, Schwefel, Sauerstoff u. a., als Ringglieder.
- **Aromatische Verbindungen:** Aromaten und Heteroaromaten haben $(4n + 2)\pi$-Elektronen. Die Ringe enthalten das aromatische Bindungssystem.
- **Alicyclische Verbindungen:** Die Ringe enthalten kein aromatisches Bindungssystem.

Unter dem Namen **hydroaromatische Verbindungen** fasste man früher solche alicyclische Verbindungen (Cyclohexan und Derivate) zusammen, die durch Hydrierung von Benzen und seinen Derivaten entstehen.

39.2 Alicyclische Verbindungen

Cycloalkane: Die einfachsten alicyclischen Kohlenwasserstoffe (*Cycloalkane; Naphthene*) sind:

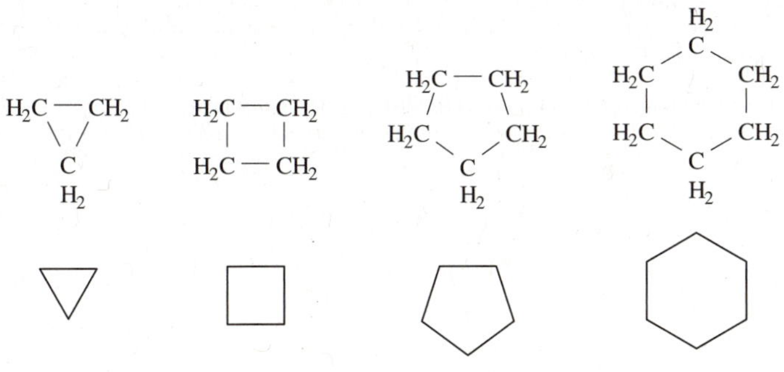

C_3H_6	C_4H_8	C_5H_{10}	C_6H_{12}
Cyclopropan	Cyclobutan	Cyclopentan	Cyclohexan

---

[1] eingedeutscht: *zyklisch, karbozyklisch* usw.

Die Cycloalkane sind farblose, wasserunlösliche, brennbare Stoffe, die in ihrem chemischen Verhalten den Alkanen ähneln; sie kommen in manchen Erdölsorten reichlich vor. Cyclopropan, C_3H_6, und Cyclobutan, C_4H_8, sind gasförmig, die kohlenstoffreicheren Verbindungen sind flüssig, die kohlenstoffreichsten fest. Die niederen Cycloalkane haben einen benzinartigen Geruch.

Man beachte, dass die Cycloalkane nicht den entsprechenden Alkanen, sondern den *Alkenen* isomer sind.

Cyclohexanol, $C_6H_{11}OH$, und **Cyclohexanon,** $C_6H_{10}O$, sind Zwischenprodukte bei der Herstellung von Caprolactam.
Cyclohexanol, eine farblose, charakteristisch riechende Flüssigkeit (*F* 25 °C, *Kp* 161,5 °C), entsteht bei der Hydrierung von Phenol in Gegenwart katalytisch wirkenden Nickels:

$$C_6H_5OH + 3\ H_2 \rightarrow C_6H_{11}OH;$$

es ist auch durch Oxidation von Cyclohexan mit Luft bei 150 °C in Gegenwart cobalt- oder manganhaltiger Katalysatoren erhältlich:

$$C_6H_{12} + 1/2\ O_2 \rightarrow C_6H_{11}OH.$$

Cyclohexanol ist ein sekundärer Alkohol; durch Oxidation mit verdünnter Salpetersäure entsteht daraus das Keton *Cyclohexanon*, ein Lösemittel für PVC (*Kp* 155 °C).

Hexachlorcyclohexan, *HCH,* $C_6H_6Cl_6$: entsteht durch Addition von Chlor an Benzen in Gegenwart von UV-Strahlung (Quecksilberdampflampe):

$$C_6H_6 + 3\ Cl_2 \rightarrow C_6H_6Cl_6.$$

Aus dem entstehenden Gemisch von Stereoisomeren (*Lindan*) isoliert man γ-HCH, ein hochwirksames Insektizid, als farblose, kristallisierte Substanz; *F* 112 °C. Lindan ist aus Umweltgründen in Deutschland verboten, das γ-Isomere ist erlaubt.

Naphthensäuren sind Cyclopentan- und Cyclohexancarbonsäuren;
sie finden sich als unangenehm riechende Flüssigkeiten im Erdöl.
Alkalinaphthenate dienen als Seifen;
Schwermetallnaphthenate sind in Kohlenwasserstoffen löslich und werden als Sikkative für Ölfarben verwendet (Cobalt-, Mangan-, Bleisalz).

Decalin (*Decahydronaphthalen*), $C_{10}H_{18}$, und **Tetralin,**[1] (*Tetrahydronaphthalen*), $C_{10}H_{12}$, werden durch katalytische Hydrierung von Naphthalen hergestellt und als terpentinölähnliche Lösemittel verwendet.

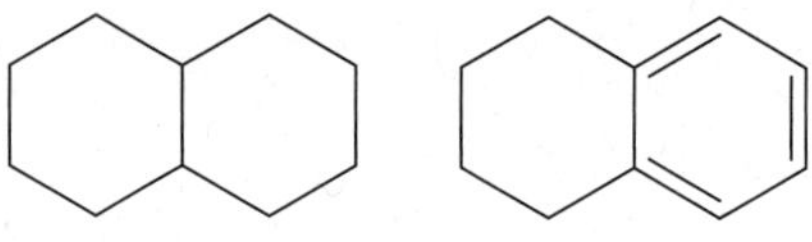

Decalin Tetralin

Muscon, $CH_2 - CH(CH_3) - [CH_2]_{12} - CO$ (ringförmig verknüpft), ist der Hauptgeruchsträger des Moschus. Das Molekül enthält einen 15gliedrigen Ring:

[1] Tetralin gehört, da es einen Benzenring enthält, zu den aromatischen Verbindungen und ist systematisiert als *Tetralen* zu bezeichnen.

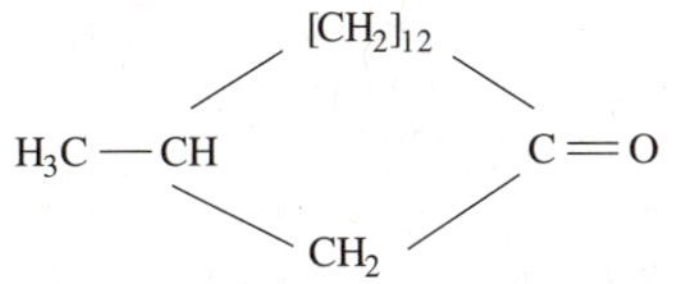

Muscon

Hochgliedrige Ringe wie im Muscon bilden sich relativ schwer, da hierbei in der Regel endständige Gruppen offener Ketten intramolekular miteinander reagieren müssen. Sie sind aber, einmal gebildet, sehr beständig, da sie inneren Spannungen durch vielfältige räumliche Möglichkeiten der Molekülgestalt ausweichen können.

39.3 Aromatische Verbindungen

39.3.1 Allgemeines

Definition: Aromatische Verbindungen (↑ S. 130, 622) sind ebene Ringverbindungen mit $(4n + 2)$ π-Elektronen in einer konjugierten (↑ S. 629) Anordnung. Verwechseln Sie *n* dabei nicht mit der Stoffmenge; es steht in der HÜCKEL-Regel für eine ganze Zahl von 0, 1, 2, 3, ...!

▲ Bei Benzen mit seinen 6 π-Elektronen ist $n = 1$, im Naphthalen ist $n = 2$.

Auch einige anorganische Verbindungen, die die Definition erfüllen, zeigen das besonders stabile aromatische Bindungssystem:

▲ Die zum Cyclopentadienylanion, $C_5H_5^-$, isoelektronischen[1] ebenen Ringe mit 6 π-Elektronen ($n = 1$) P_5^-, As_5^- oder $P_2N_3^-$

Aromatisches Bindungssystem: Im Benzen, C_6H_6, lassen sich die Bindungsverhältnisse nicht durch klassische Strukturformeln wiedergeben. Die von dem deutschen Chemiker AUGUST KEKULÉ 1865 aufgestellte Formel mit 3 Doppelbindungen widerspricht sowohl dem fast gesättigten Charakter der Verbindung als auch den Isomerieverhältnissen bei 1,2-Disubstitutionsprodukten. KEKULÉ nahm deshalb an, dass die Bindungen ständig ihren Platz wechseln („oszillieren"):

[1] Isoelektronisch sind Verbindungen mit gleicher Valenzelektronenzahl; sie zeigen oft ähnliche Strukturen und Eigenschaften wie im Beispiel das ebene Ringsystem und die Aromatizität.

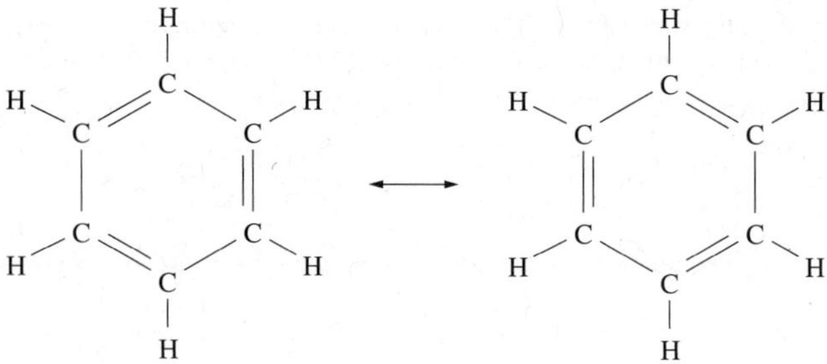

vereinfachte Schreibweise:
Jede Ecke entspricht einem C-Atom;
die H-Atome werden nicht angegeben

In Wirklichkeit findet kein Oszillieren statt, sondern es herrscht ein besonders stabiler, energiearmer Zwischenzustand („Mesomerie" (↑ 29.4)) zwischen beiden Formen. Die über die Einfachbindung hinaus vorhandenen sechs Elektronen (π-Elektronen) treten miteinander in eine spezielle Wechselwirkung und verteilen sich gleichmäßig über den gesamten Ring (aromatischer Zustand (↑ 5.1.3.6)). Diese gleichmäßige Verteilung wird auch durch einen eingeschriebenen Kreis wiedergegeben.

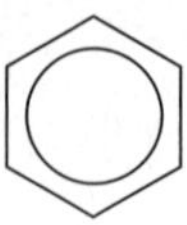

Andere Schreibweise

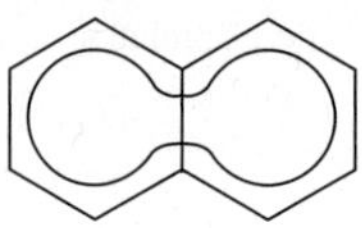

Andere Schreibweise des Naphthalen-Moleküls

Da jedoch diese Schreibweise bei polycyclischen Ringsystemen unhandlich und wegen der Existenz von Übergangsformen zwischen aromatischem und nichtaromatischem Bindungssystem in manchen Fällen problematisch wird, bevorzugt man auch heute noch oft die KEKULÉ-Formel mit alternierenden (= konjugierten) Doppelbindungen für das aromatische Bindungssystem.

Kern und Seitenketten: Das Kohlenstoffskelett des Benzens bezeichnet man als „Benzenkern"; die davon abzweigenden C-Ketten, auch wenn sie nur aus einer Methylgruppe bestehen, werden „Seitenketten" genannt.

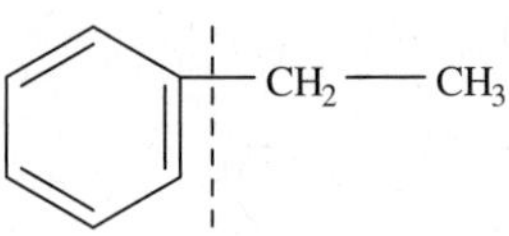

Kern Seitenkette

Kondensierte und nichtkondensierte Ringe: Kondensierte Ringe haben mehrere C-Atome als Ringglieder gemeinsam (Naphthalen, Anthracen); nichtkondensierte Ringe haben keine Ringglieder gemeinsam (Biphenyl, Diphenylmethan):

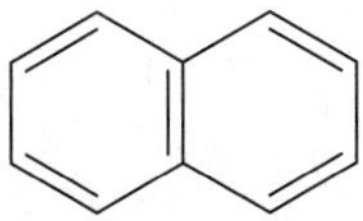

Naphthalen

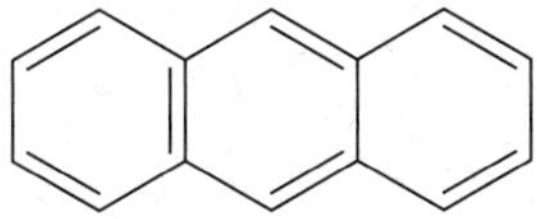

Anthracen

kondensiert

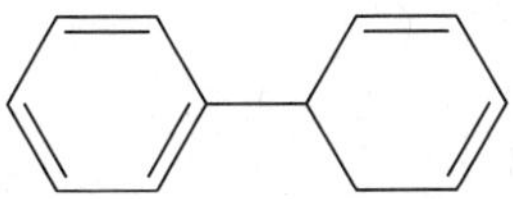

Biphenyl

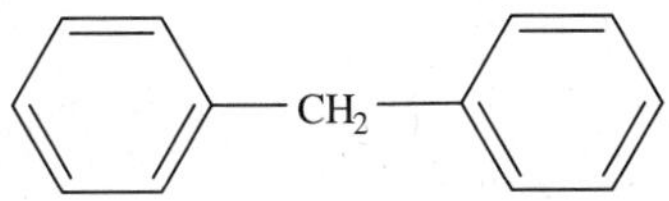

Diphenylmethan

nicht kondensiert

Isomerieverhältnisse beim Benzen: Alle H-Atome befinden sich in gleicher Situation im Molekül; folglich existieren

- bei *einem* Substituenten
  nur *eine* Verbindung, z. B. nur *ein* Chlorbenzen, C_6H_5Cl;
- bei *zwei* Substituenten
  drei isomere Verbindungen z. B. Dichlorbenzene, $C_6H_4Cl_2$
  (Wäre die KEKULÉ-Formel richtig, sollte man *zwei* o-Verbindungen erwarten, je nachdem, ob die beiden Substituenten eine Einfach- oder eine Doppelbindung einschließen.):

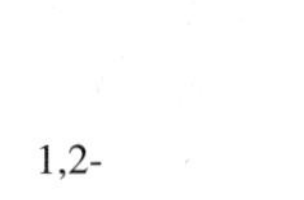

1,2-
o-
(ortho-)

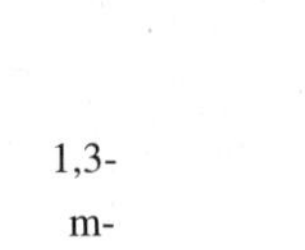

1,3-
m-
(meta-)

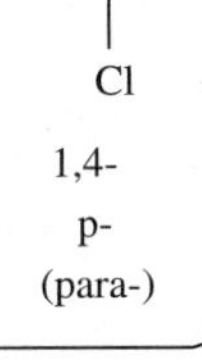

1,4-
p-
(para-)

Dichlorbenzen

- bei *drei gleichen* Substituenten
  drei isomere Verbindungen, z. B. Trichlorbenzene, $C_6H_3Cl_3$:

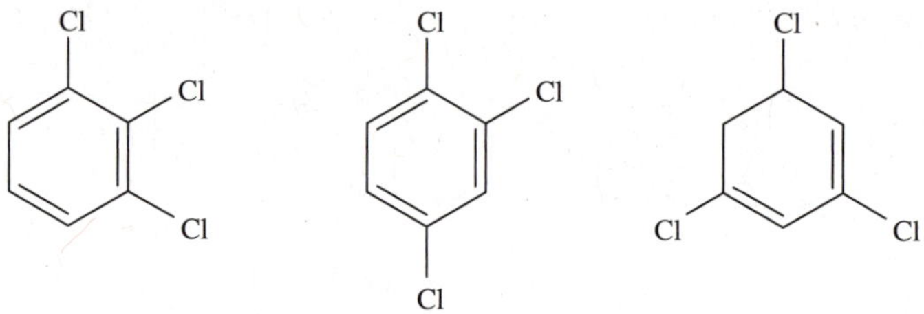

1,2,3- vic- (vicinal)	1,2,4- asym- (asymmetrisch)	1,3,5- sym- (symmetrisch)

Trichlorbenzen

- bei *vier gleichen* Substituenten
  drei isomere Verbindungen, z. B. Tetrachlorbenzene, $C_6H_2Cl_4$:

  1, 2, 3, 4-
  1, 2, 3, 5- } Tetrachlorbenzen
  1, 2, 4, 5-
- bei *fünf gleichen* Substituenten
  eine Verbindung, z. B. Pentachlorbenzen, C_6HCl_5;
- bei *sechs gleichen* Substituenten
  eine Verbindung, z. B. Hexachlorbenzen, C_6Cl_6.

Aromatisches Verhalten von Benzenderivaten: Der aromatische, fast gesättigte Charakter des Benzens bleibt auch in den meisten seiner Derivate erhalten. Nur wenn mehrere Substituenten I. Ordnung vorhanden sind, wird das aromatische Bindungssystem stark „deformiert“.

Zusätzlich zu den Benzenderivaten existieren auch einige heterocyclische Verbindungen (↑ 40.1) mit aromatischem Charakter.

39.3.2 Aromatische Kohlenwasserstoffe (Arene)

Übersicht: Wichtige aromatische Kohlenwasserstoffe (frühere Namen in Klammern)

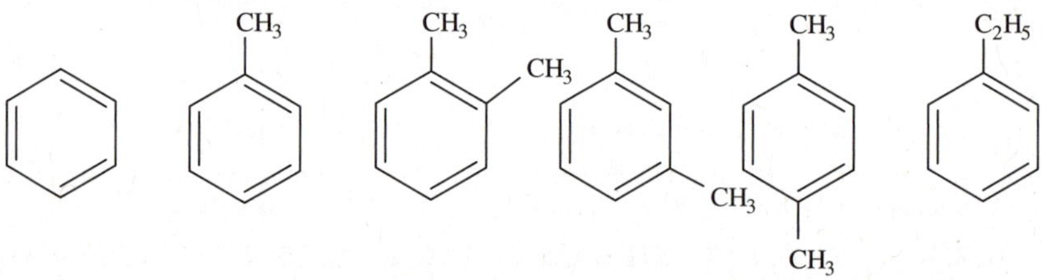

Benzen (Benzol)	Toluen (Toluol)	o-Xylen (o-Xylol)	m-Xylen (m-Xylol)	p-Xylen (p-Xylol)	Etylbenzen (Ethylbenzol)

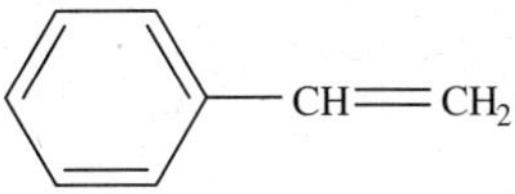

Styren
(Styrol)

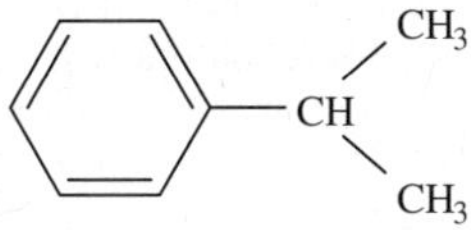

Cumen
(Cumol)

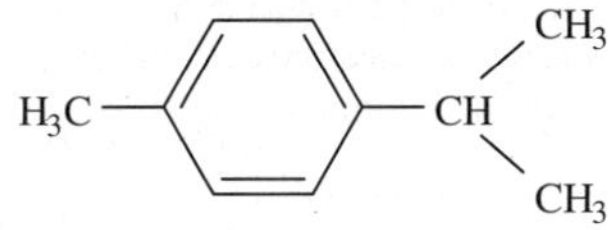

p-Cymen
(p-Cymol)

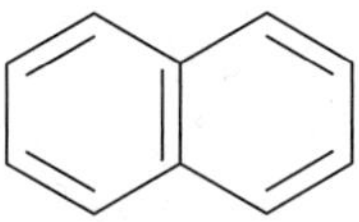

Naphthalen
(Naphthalin)

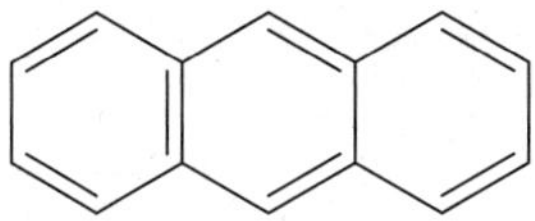

Anthracen

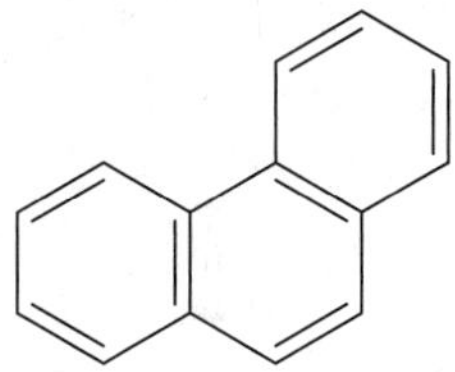

Phenanthren

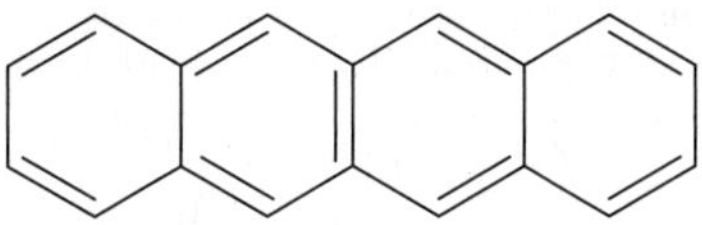

Naphthacen

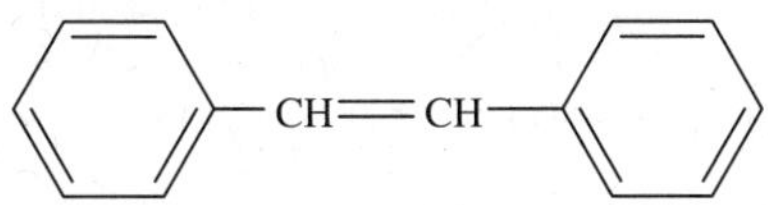

Stilben

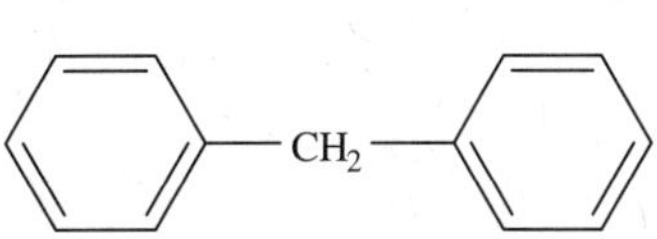

Diphenylmethan

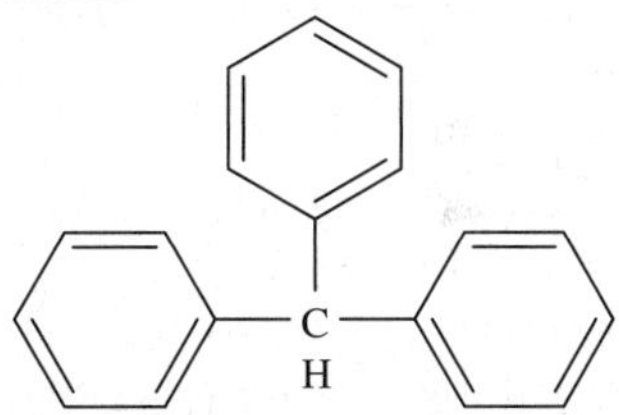

Triphenylmethan

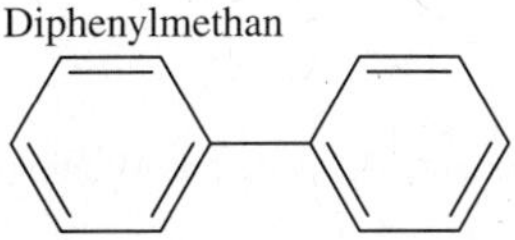

Biphenyl

Unter dem Namen **BTX-Aromaten** fasst man **B**enzen, **T**oluen und die **X**ylene zusammen.

Gewinnung aus Kokereigas und Steinkohlenteer:

Aus **Kokereigas** gewinnt man Benzen, Toluen, und die Xylene durch Auswaschen mit z. B. Anthracenöl oder durch Adsorption an Aktivkohle.

Durch fraktionierte Destillation des **Steinkohlenteers** erhält man z. B. neben 2 bis 5 % Ammoniakwasser 1 bis 2 % *Leichtöl* (Siedepunkt bis 180 °C), 10 bis 12 % *Mittelöl* (180 bis 230 °C), 8 bis 10 % *Schweröl* (230 bis 270 °C), 18 bis 25 % *Anthracenöl* („Grünöl"; 270 bis 360 °C) und als Rückstand etwa 55 % Teerpech.

Aus den Teerölen trennt man durch Schwefelsäure Pyridinbasen (Pyridin, Picolin, Chinolin u. a.) und durch Natronlauge Phenole (Phenol, Cresole, Xylenole, Naphthole u. a.) ab, sodass Kohlenwasserstoffe („Neutralöle") verbleiben, die durch Destillation, Kristallisation und Extraktion in reine Verbindungen zerlegt werden können:

Steinkohlenteer

Leichtöl	**Mittelöl**	**Schweröl**	**Anthracenöl**	**Pech**
Benzen Toluen Xylene	Xylene Naphthalen Pyridin Picoline Chinolin Phenol Cresole Xylenole	Naphthalen Methyl-naphthalen Biphenyl Fluoren Naphthole	Anthracen Phenanthren	

Gewinnung durch Aromatisierung nichtaromatischer Kohlenwasserstoffe: Aliphatische und alicyclische Kohlenwasserstoffe, wie sie in Erdöl- und Braunkohlenbenzinen vorliegen, werden durch *Reformieren* (Reforming-Verfahren (↑ 31.6)) zu 40 bis 70 % in BTX-Aromaten umgewandelt. Aus dem flüssigen Reaktionsgemisch (*Reformatbenzin, Reforming-Benzin*) extrahiert man die Aromaten durch selektive Lösemittel (Monomethylformamid, N-Methyl-caprolactam u. a.) und trennt sie anschließend durch fraktionierte Destillation.
Die Aromatisierung wird durch folgende Reaktionen bewirkt:

- *Dehydrierung* von Cyclohexan und dessen Alkylderivaten (Methylcyclohexan → Toluen);
- *Dehydrocyclisierung* von Alkanen (n-Heptan → Toluen);
- *Dehydroisomerisierung* von Cyclopentanderivaten (Methylcyclopentan → Benzen).

Gewinnung aus Pyrolysebenzin: Pyrolysebenzin ist Nebenprodukt bei der Erzeugung von Ethen und Propen durch katalytisches Cracken (Pyrolyse (↑ 31.5)) von Erdölbenzinen. Das Produkt besteht zu 80 bis 90 % aus Aromaten und wird durch kombinierte Extraktion und Destillation aufgearbeitet.

FRIEDEL-CRAFTS-Synthese

Einführung von Alkylen oder Acylen (Säureradikalen) in aromatische Kohlenwasserstoffe mit Aluminiumchlorid, $AlCl_3$, oder Borfluorid, BF_3, als Katalysator.

- *Einführung eines Alkyls* durch Alkylhalogenid oder Alken:

$$\underset{\text{Benzen}}{C_6H_6} + \underset{\text{Monochlorethan}}{Cl{-}CH_2{-}CH_3} \rightarrow \underset{\text{Ethylbenzen}}{C_6H_5{-}C_2H_5} + HCl$$

$$C_6H_6 + CH_2{=}CH_2 \rightarrow C_6H_5{-}C_2H_5$$

- *Einführung eines Acyls* durch Carbonsäurechlorid oder -anhydrid:

$$\underset{\text{Benzen}}{C_6H_6} + \underset{\text{Acetylchlorid}}{Cl{-}CO{-}CH_3} \rightarrow \underset{\text{Acetophenon}}{C_6H_5{-}CO{-}CH_3} + HCl$$

Einzelne Arene

Benzen, *Benzol,* C_6H_6

Entdeckung: 1825 durch MICHAEL FARADAY (England).

Herstellung:

- aus *Erdölbenzinen* durch Reformieren (↑ 31.6), Extrahieren der entstandenen Arene und Trennung durch fraktionierte Destillation; (↑ S. 716)
- als Nebenprodukt bei der Benzinpyrolyse (↑ S. 716);
- aus *Kokereigas* und Steinkohlenteer (↑ S. 715);
- aus *Ethin* (Acetylen) beim Durchströmen glühender Rohre (technisch bedeutungslos):
  $3\,C_2H_2 \rightarrow C_6H_6$;
- aus Lösungen *diazotierten* Anilins (↑ 39.3.9) durch Zinn(II)-chlorid.

Eigenschaften: farblose, charakteristisch riechende, mit rußender Flamme brennbare Flüssigkeit (*F* 5,4 °C; *Kp* 80,1 °C); mit Wasser nicht mischbar, wohl aber mit den meisten organischen Flüssigkeiten. Benzendämpfe sind krebserregend und sehr giftig (Benzen ist wesentlich giftiger als die ebenfalls sehr gesundheitsschädigenden Verbindungen *Toluen* und *Xylen*). Benzen ist chemisch sehr beständig.

Leicht verläuft die Nitrierung (→ Nitrobenzen), etwas schwerer die Sulfonierung (→ Benzensulfonsäure). Chlor wirkt in Gegenwart von Eisen als Katalysator substituierend (→ Chlorbenzen), während es ohne Katalysator im Sonnen- oder UV-Licht addiert wird (→ Hexachlorcyclohexan).
Mittels der FRIEDEL-CRAFTS-Reaktion (↑ S. 716) kann Benzen in andere Arene oder in aromatische Ketone übergeführt werden.

Eine auch technisch durchgeführte *Sprengung des Ringsystems* zu Maleinsäureanhydrid erfolgt durch Umsetzung mit Sauerstoff in Gegenwart von Vanadium(V)-oxid, V_2O_5, bei 420 °C:

$$2\,C_6H_6 + 9\,O_2 \rightarrow 2\,C_2H_2(CO)_2O + 4\,H_2O + 4\,CO_2$$

Verwendung: als chemisches Zwischenprodukt für Styren (→ Polystyrol), Cumen (→ Phenol, Aceton), Cyclohexan (→ Cyclohexanol, Caprolactam, Polyamide), Dodecylbenzen (→ waschaktive Substanzen), Nitrobenzen (→ Anilin, Farbstoffe, Pharmaka), Chlorbenzen (→ Insektizide), Hexachlorcyclohexan, Maleinsäureanhydrid (→ Polyesterharze) u. a.

Toluen, *Toluol, Methylbenzen,* $C_6H_5\text{-}CH_3$,
ähnelt dem Benzen stark; *F* −95 °C, *Kp* 110,8 °C.

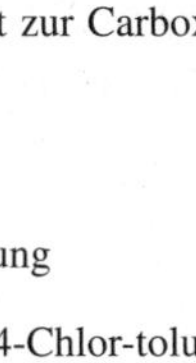

Die Methylseitenkette kann durch Kaliumpermanganat zur Carboxylgruppe oxidiert werden (→ Benzoesäure).

Für die *Chlorierung* gilt:

- **K**älte – **K**atalysator (Fe): **K**ernchlorierung
- **S**iedehitze – **S**onne (oder UV): **S**eitenkettenchlorierung

Bei der *Kernchlorierung* entstehen vorwiegend 2- und 4-Chlor-toluen, $C_6H_4(CH_3)Cl$.
Bei der *Seitenkettenchlorierung* entstehen je nach Dauer der Reaktion

Benzylchlorid,	Phenylchlormethan,	$C_6H_5\text{–}CH_2Cl$	*Kp* 179 °C
Benzalchlorid,	Phenyldichlormethan,	$C_6H_5\text{–}CHCl_2$	*Kp* 205 °C
Benzotrichlorid,	Phenyltrichlormethan,	$C_6H_5\text{–}CCl_3$	*Kp* 213 bis 214 °C

Toluen wird verwendet als Lösemittel sowie als Zwischenprodukt für 2,4,6-Trinitrotoluen, Toluidine (→ Farbstoffe, Diisocyanate für Polyurethane), Benzoesäure, Benzylalkohol, Benzaldehyd, p-Cresol, Saccharin u. a.

Phenyl- und Benzylgruppe:

Phenyl-Gruppe	C_6H_5	(leitet sich vom Benzen ab)
Benzyl-Gruppe	$-CH_2-C_6H_5$	(leitet sich vom Toluen ab)

Xylen, *Xylol,* ist ein Gemisch aus *1,2-, 1,3-* und *1,4-Dimethylbenzen,* $C_6H_4(CH_3)_2$, und *Ethylbenzen,* $C_6H_5-C_2H_5$, (so genannten C_8-Aromaten).

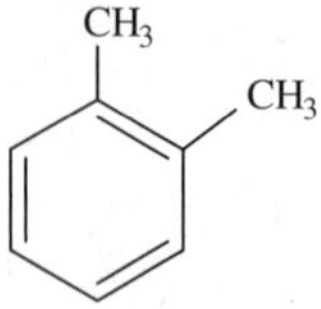

o-Xylen
(o-Xylol)

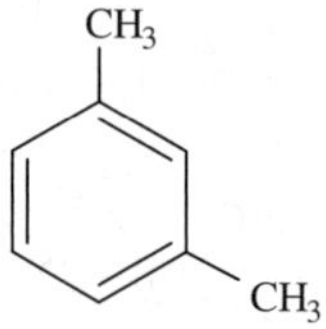

m-Xylen
(m-Xylol)

p-Xylen
(p-Xylol)

Das technisch anfallende Gemisch ist durch Destillation schwer trennbar (*Kp* 144,4 °C; 139,1 °C; 138,3 °C; Ethylbenzen 136,2 °C) und wird deshalb oft unter dem Namen „Xylen" als solches verwendet (Lösemittel für Druckfarben, Lacke, Kautschuk).

Die Methylgruppen lassen sich wie beim Toluen leicht oxidieren; so werden technisch aus 1,2-Xylen (o-Xylen) Phthalsäureanhydrid (→ Weichmacher, Farbstoffe) und aus 1,4-Xylen (p-Xylen) Terephthalsäure (→ Polyester) hergestellt.

Ethylbenzen, *Ethylbenzol,* $C_6H_5-C_2H_5$,

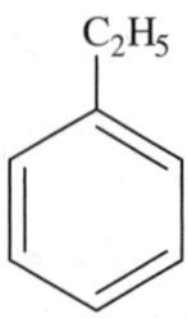

ist im technischen C_8-Aromaten-Gemisch (s. o.) enthalten und wird durch FRIEDEL-CRAFTS-Synthese (↑ S. 716) aus Benzen und Ethen in Gegenwart von Aluminiumchlorid, $AlCl_3$, hergestellt. Es ist flüssig (*Kp* 136,2 °C), den Xylenen isomer und wird in der Technik katalytisch zu Styren dehydriert:

$$C_6H_5-CH_2-CH_3 \rightarrow C_6H_5-CH{=}CH_2 + H_2.$$

Styren, *Styrol, Vinylbenzen,* $C_6H_5-CH{=}CH_2$,

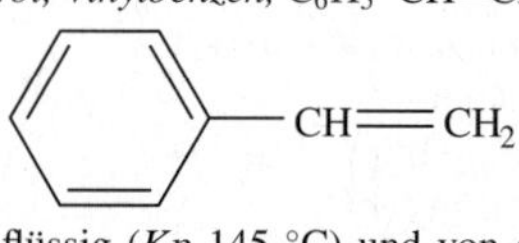

ist farblos, flüssig (*Kp* 145 °C) und von charakteristischem Geruch; es polymerisiert auch spontan sehr leicht (wird dabei fest) und dient zur Herstellung von Polystyrol und Polyesterkunststoffen.

Cumen, *Cumol, Isopropylbenzen,* C_6H_5-$CH(CH_3)_2$, *Kp* 152,5 °C,

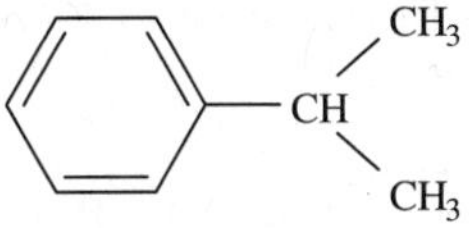

wird technisch durch FRIEDEL-CRAFTS-Synthese (↑ S. 716) aus Benzen und Propen in Gegenwart von Aluminiumchlorid, $AlCl_3$, gewonnen und hauptsächlich zu Phenol und Aceton weiterverarbeitet (Cumenverfahren (↑ 39.3.4)).

1,4-Cymen, *p-Cymen, p-Cymol,* ist *1,4-Methyl-isopropylbenzen,* CH_3-C_6H_4-$CH(CH_3)_2$

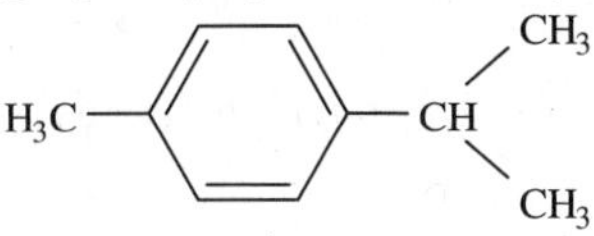

Aromatisch riechende Flüssigkeit (*Kp* 176 °C); kommt in ätherischen Ölen vor und hat das Kohlenstoffskelett vieler Terpene; die vollständige Hydrierung ergibt *p-Menthan.*

Naphthalen, *Naphthalin,* $C_{10}H_8$

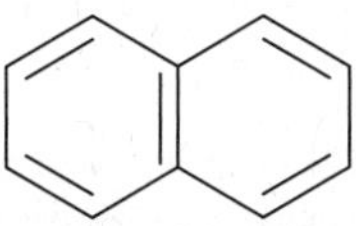

aus Steinkohlenteer und Kokereigas gewonnen, bildet farblose, intensiv riechende Kristalle, die bei 81 °C schmelzen, jedoch bereits bei gewöhnlicher Temperatur allmählich verdampfen. Es wird vor allem auf Phthalsäureanhydrid weiterverarbeitet, weiterhin auf Tetralin (*Tetrahydronaphthalen*), Decalin (*Decahydronaphthalen),* Naphthole, Nitro- und Aminonaphthalene (→ Farbstoffe).

Naphthalen liefert zwei Monosubstitutionsprodukte, z. B.

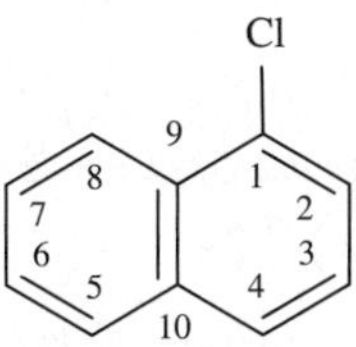

1-Chlornaphthalen
(α-Chlornaphthalen)

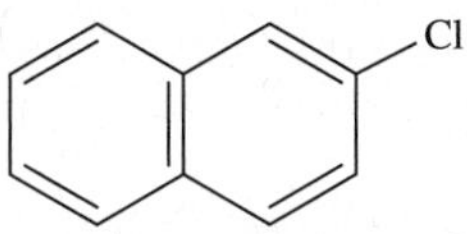

2-Chlornaphthalen
(β-Chlornaphthalen)

Anthracen, $C_{14}H_{10}$

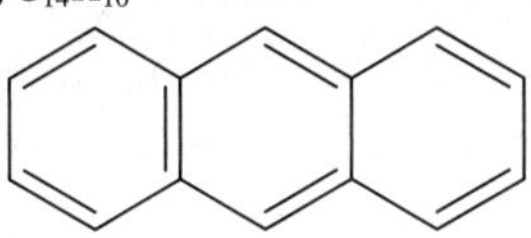

aus dem Anthracenöl des Steinkohlenteers gewonnen, bildet farblose, blau fluoreszierende Blättchen (*F* 217 °C), die technisch durch Oxidation mit Chromsäure oder durch katalytische Oxidation mit Luft in **Anthrachinon**, $C_{14}H_8O_2$

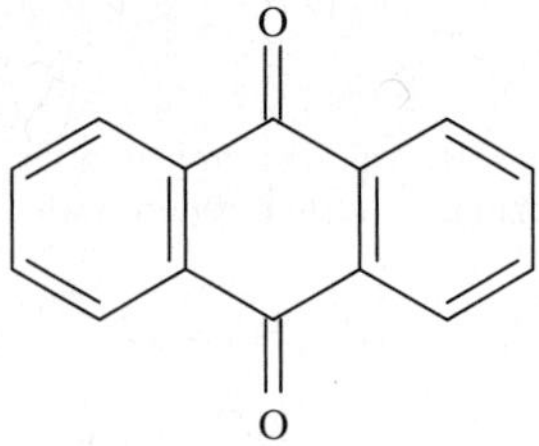

übergeführt werden. Anthrachinon ist Zwischenprodukt für Alizarin und andere Beizenfarbstoffe.

Azulen, $C_{10}H_8$,

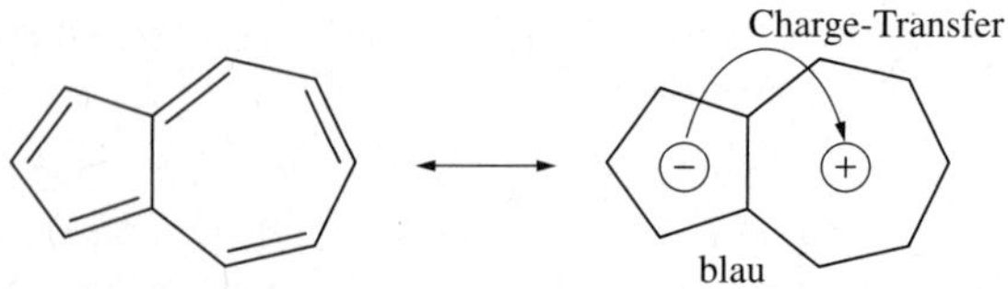

dem Naphthalen isomer, ist blau und kristallisiert; *F* 99 °C. Das Molekül besteht aus einem 5- und einem 7-gliedrigen Ring. Derivate des Azulens finden sich in ätherischen Ölen und rufen u. a. die Blaufärbung des Kamillenöls hervor.

Biphenyl, *Diphenyl,* C_6H_5-C_6H_5,

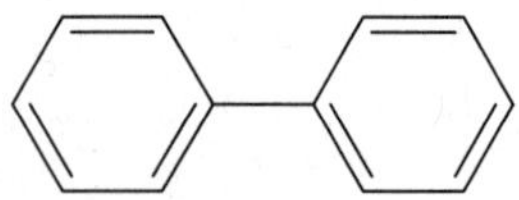

farblose Blättchen (*F* 69,8 °C), ist thermisch sehr stabil, besitzt eine hohe spezifische Wärmekapazität und dient deshalb, wie auch **Diphenylether,** C_6H_5–O–C_6H_5, als Wärmeübertragungsflüssigkeit. Beide Substanzen entstehen bei der Herstellung von Phenol aus Chlorbenzen als Nebenprodukte.

Weitere kondensierte Ringsysteme

3,4-Benzpyren, $C_{20}H_{12}$, blassgelb, *F* 177 °C kommt zusammen mit anderen höher kondensierten Arenen im Steinkohlenteer und Tabakteer vor; es hat kanzerogene (krebserzeugende) Wirkung, und man misst ihm Bedeutung bei der Entstehung des Raucher-Lungenkrebses bei.

Inden, C_9H_8, farblos, *F* −2 °C, *Kp* 181 °C,

Fluoren, $C_{13}H_{10}$, farblos, *F* 115 °C, *Kp* 295 °C,

Pyren, $C_{16}H_{10}$, gelb, *F* 150 °C,

Chrysen, $C_{18}H_{12}$, farblos, *F* 255 °C,

Perylen, $C_{20}H_{12}$, gelb, *F* 264 °C

Coronen, $C_{22}H_{12}$, blassgelb, *F* 440 °C.

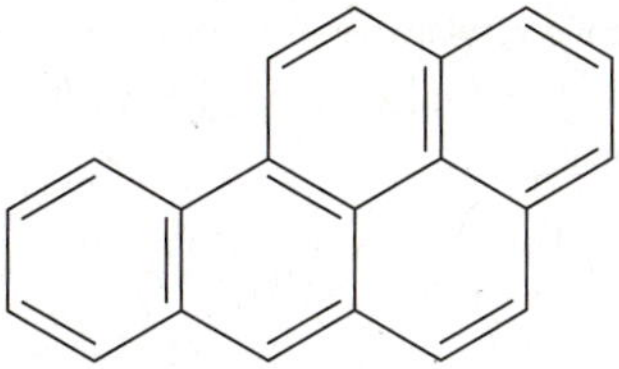

3,4-Benzpyren

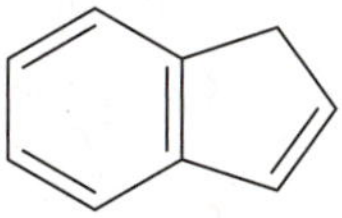

Inden

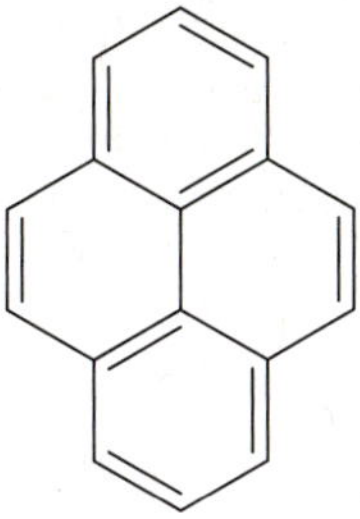

Pyren

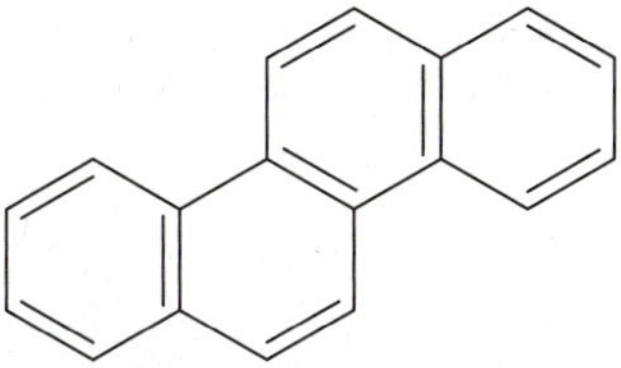

Chrysen

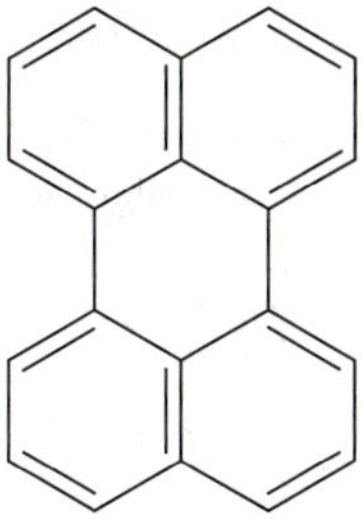

Perylen

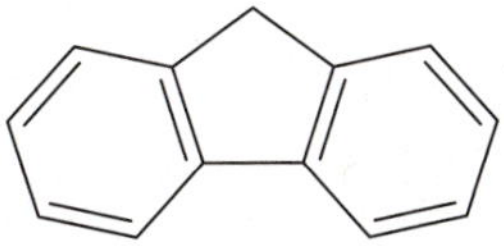

Fluoren

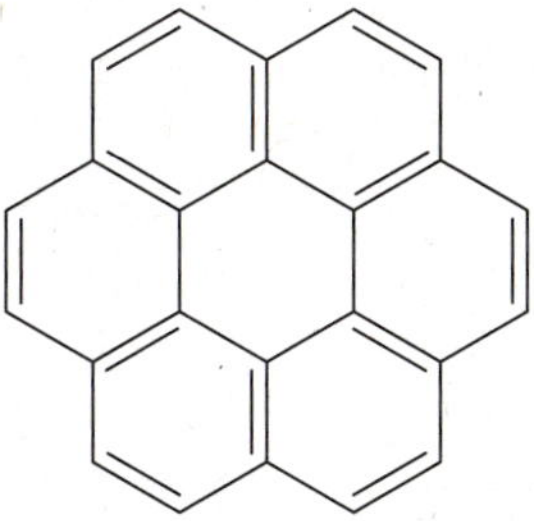

Coronen

39.3.3 Aromatische Halogenkohlenwasserstoffe (Halogenarene)

Chlorierung und Bromierung: Chlor und Brom wirken auf Arene meist substituierend ein, z. B. auf Benzen (in Gegenwart von Eisen):

$$C_6H_6 + Cl_2 \rightarrow C_6H_5Cl + HCl.$$

Halogenarene aus Aminoverbindungen: Die Aminoverbindungen werden diazotiert; die entstehenden Diazoniumsalzlösungen (↑ 39.3.9) ergeben

- *Iodarene* durch Erhitzen mit Kaliumiodidlösung,
- *Brom-* und *Chlorarene* durch Erhitzen mit Bromid- bzw. Chloridlösung in Gegenwart von Kupferpulver;
- *Fluorarene* durch Einwirkung von Fluoroborsäure.

Chlorbenzen, *Chlorbenzol,* C_6H_5Cl: farblos, flüssig (*Kp* 132 °C), wasserunlöslich, von typischem Geruch, reaktionsträge; giftig; hervorragendes Lösemittel für Harze und Teere; dient zur Herstellung von Phenol, Schädlingsbekämpfungsmitteln und Farbstoffzwischenprodukten.

Brombenzen, *Brombenzol,* C_6H_5Br, ähnelt dem Chlorbenzen stark; *Kp* 156,1 °C.

1,4-Dichlorbenzen, *1,4-Dichlorbenzol;* 1,4-$C_6H_4Cl_2$, bildet farblose, stark riechende Kristalle; *F* 53 °C, *Kp* 174 °C; dient als Insektenvertreibungs- und Luftdesinfektionsmittel.

Zu den aromatischen Halogenverbindungen gehört auch *DDT*, das „klassische" Kontaktinsektizid. (↑ 42.4.2)

39.3.4 Phenole

Strukturmerkmal: Phenole enthalten eine oder mehrere OH-Gruppen unmittelbar am Benzenkern gebunden (ein- und mehrwertige Phenole).
Gegensatz: aromatische Alkohole mit OH-Gruppen in den Seitenketten.

Übersicht:

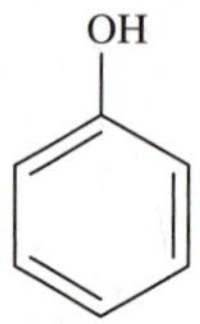

Phenol

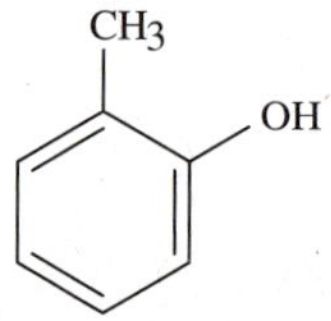

o-Cresol

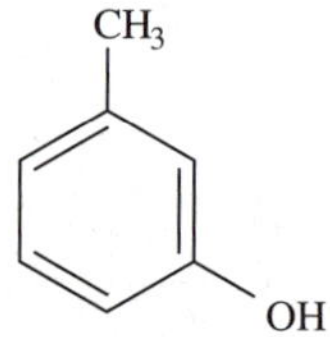

m-Cresol

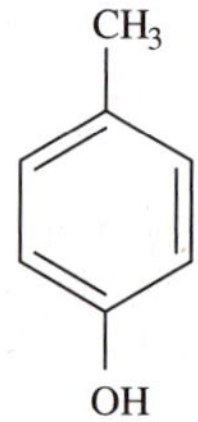

p-Cresol

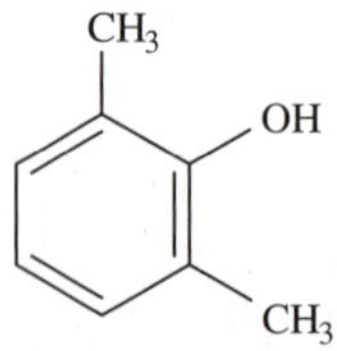

2,6-Dimethyl-phenol
(als Beispiel eines Xylenols)

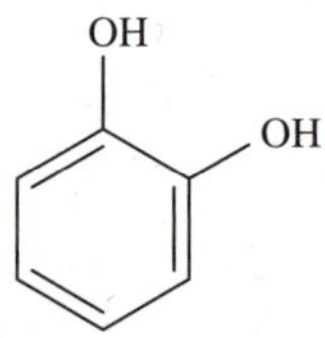

Brenzcatechin

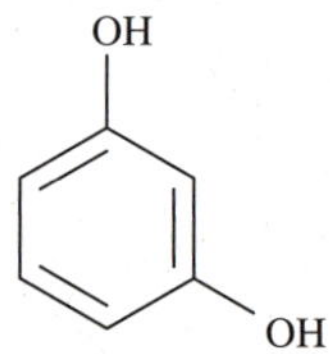

Resorcin

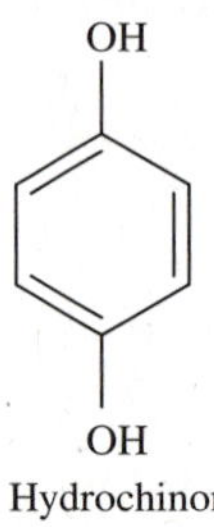

Hydrochinon

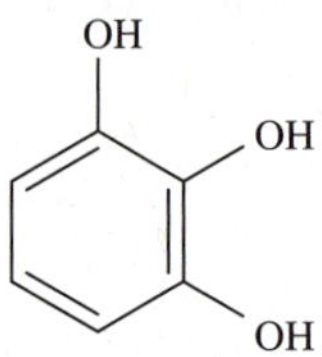

Pyrogallol

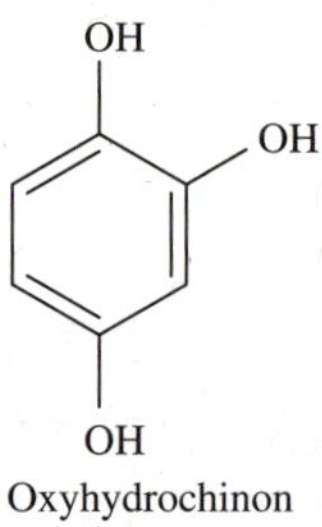

Oxyhydrochinon

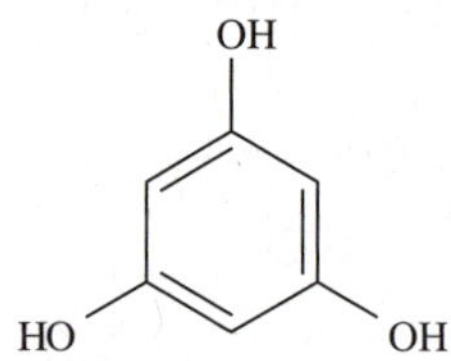

Phloroglucin

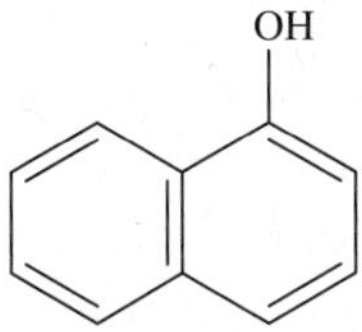

α-Naphthol

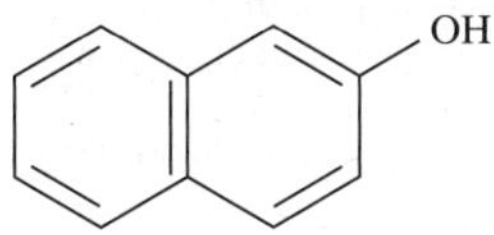

β-Naphthol

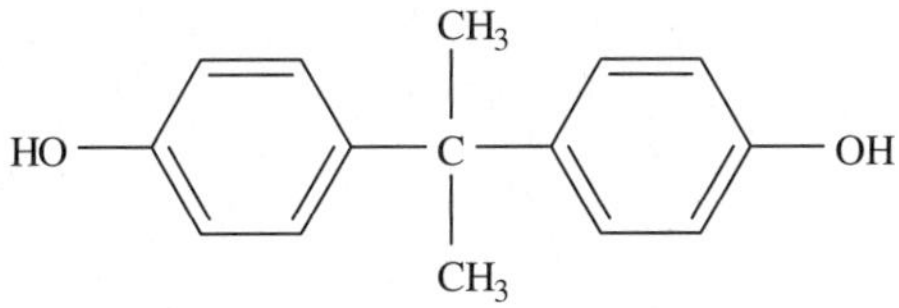

Dian

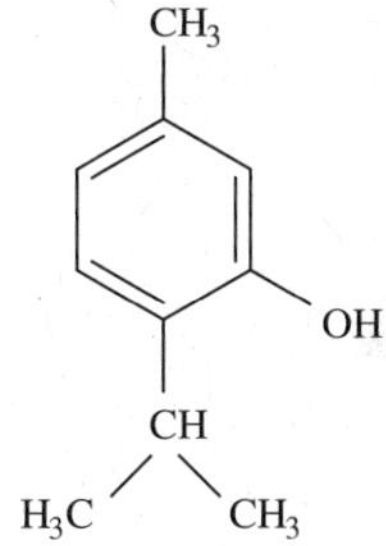

Thymol

Herstellung:

- aus den durch Destillation und Hydrierung von Stein- und Braunkohlenteer erhaltenen Ölen durch Extraktion mit Natronlauge; aus der entstehenden Phenolatlauge scheidet man mit Kohlenstoffdioxid ein *Rohphenolöl* ab („Carbonisierung"), das destillativ in die Einzelphenole zerlegt wird.
- aus phenolhaltigen Abwässern durch Extraktion mit butylacetathaltigen Estergemischen; nach Verdampfen des Esters hinterbleibt ein Phenolgemisch („Phenosolvanverfahren").
- durch Alkalischmelze aromatischer Sulfonsäuren, z. B.

$$C_6H_5\text{–}SO_2ONa + NaOH \rightarrow C_6H_5OH + Na_2SO_3$$

- durch „Verkochen" von Diazoniumsalzlösungen (↑ 39.3.9)

Eigenschaften:

Phenole reagieren stärker sauer als aliphatische Alkohole. Das entstehende Phenolat-Anion ist durch die Delokalisierung der negativen Ladung im Vergleich zu aliphatischen Alkoholaten stabiler und bildet sich daher leichter, das Proton der OH-Gruppe spaltet sich also leichter ab.

Die entstehende Ladungsverteilung ist auch der Grund für den bevorzugten Angriff von Elektrophilen (↑ S. 635) an Phenole in 2-(ortho-) und 4-(para-)Stellung.

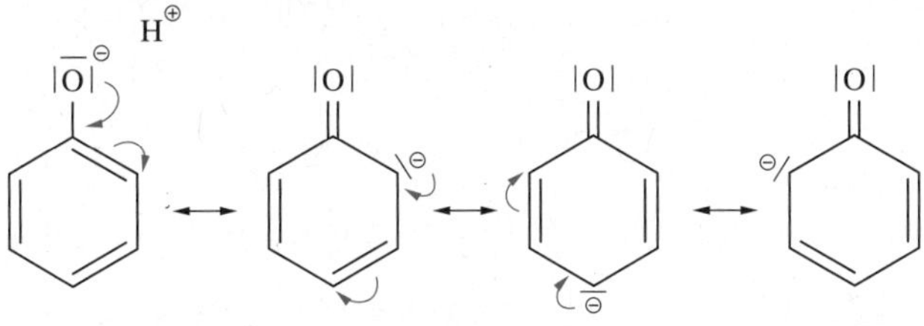

- Phenole bilden mit Alkalihydroxiden wasserlösliche Salze, die *Phenolate*, z. B.

$$C_6H_5OH + NaOH \rightarrow C_6H_5ONa + H_2O$$

- Die Säurestärke ist jedoch sehr gering, sodass bereits Kohlensäure die Phenole wieder abscheidet:

$$C_6H_5ONa + CO_2 + H_2O \rightarrow C_6H_5OH + NaHCO_3$$

- Phenole lassen sich wie Alkohole verestern und verethern.
- Phenole werden leichter nitriert, sulfoniert und chloriert als Kohlenwasserstoffe. Dabei „dirigiert“ die OH-Gruppe den neuen Substituenten vorzugsweise in die 2- und 4-Stellung

Nachweis: Phenole ergeben mit Eisen(III)-chloridlösung charakteristische Färbungen, z. B.

Phenol, Resorcin, α-Naphthol: *violett*
Cresole, Hydrochinon, Phloroglucin: *blau*
Brenzcatechin, β-Naphthol: *grün*
Oxyhydrochinon: *blaugrün*

Phenol, C_6H_5OH

Herstellung:

- aus Braun- und Steinkohlenölen (↑ 39.3.2) und -abwässern;
- aus Benzen nach dem *Cumen-Verfahren*:
  Man kondensiert Benzen mit Propen (aus Erdöl) in Gegenwart von Aluminiumchlorid, $AlCl_3$, zu Cumen (FRIEDEL-CRAFTS-Synthese (↑ 39.3.2)), oxidiert dies in der Hitze mit Luftsauerstoff zu Cumenhydroperoxid und spaltet diese Verbindung mit 70%iger Schwefelsäure in Phenol und Aceton:

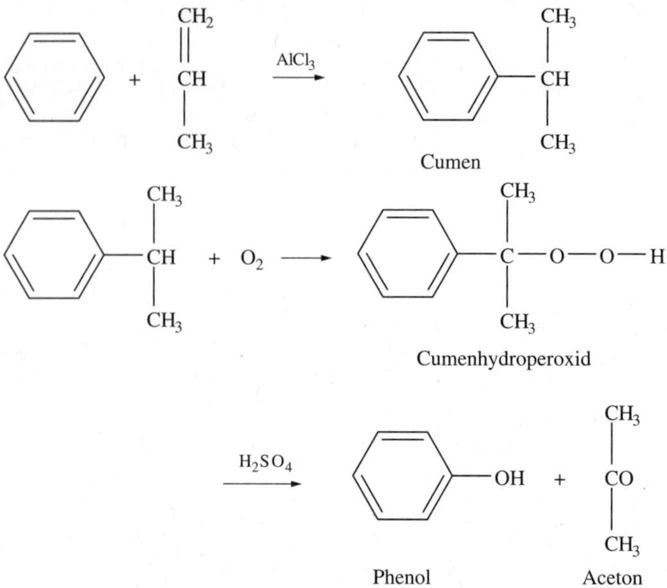

- aus Chlorbenzen durch Natronlauge (200 bis 250 °C; 20 bis 50 bar); Nebenprodukte: Biphenyl, Diphenylether.

Eigenschaften: farblose, meist infolge technisch bedingter Beimengungen rötliche, intensiv riechende Kristalle (*F* 41 °C, *Kp* 182 °C), die auf der Haut weiße Flecke hervorrufen. Phenol löst sich begrenzt in Wasser (↑ 2.13) (Einfluss der hydrophilen OH-Gruppe!); andererseits löst sich auch etwas Wasser in Phenol, wobei sich das Gemisch verflüssigt; dazwischen besteht eine „Mischungslücke“. Durch vollständige Hydrierung entsteht Cyclohexanol.

Verwendung: als Zwischenprodukt für Phenoplaste, Bisphenol A (→ Epoxidharze (↑ 43.2.7)), Cyclohexanol (→ Caprolactam → Polyamide (↑ 43.2.8)), Chlorphenole (Desinfektionsmittel; → Wuchsstoffherbizide), Pentachlorphenol („PCP", sehr gesundheitsschädliches Holzschutz- und Unkrautbekämpfungsmittel), o-Cresol, Salicylsäure sowie verschiedene weitere Zwischenprodukte für Farbstoffe, Pharmaka u. a.

Weitere Phenole

Cresole und **Xylenole**: **Cresole** (auch *Kresole*) heißen die drei Methylphenole, $C_6H_4(CH_3)(OH)$,
Xylenole die sechs Dimethylphenole, $C_6H_3(CH_3)_2(OH)$.
Alle ähneln dem Phenol, haben jedoch geringere Bedeutung; der Einsatz für Kunststoffe ist beschränkt.
Cresolseifenlösung ist ein Desinfektionsmittel,
o-Tricresylphosphat, $OP[OC_6H_4(CH_3)]_3$, dient als Weichmacher für PVC.

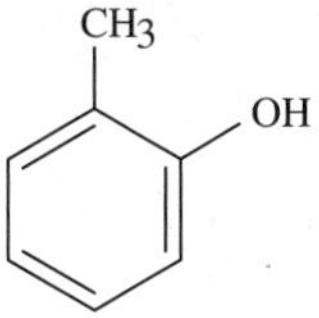

o-Cresol

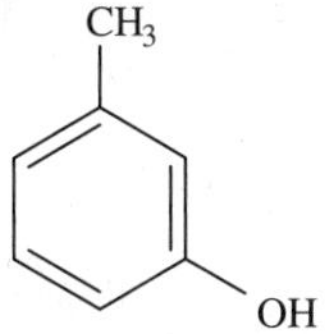

m-Cresol

p-Cresol

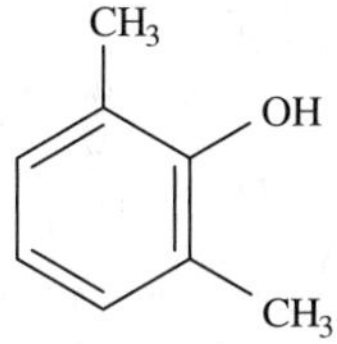

2,6-Dimethyl-phenol
(als Beispiel eines Xylenols)

Thymol, *2-Isopropyl-5-methyl-phenol,*

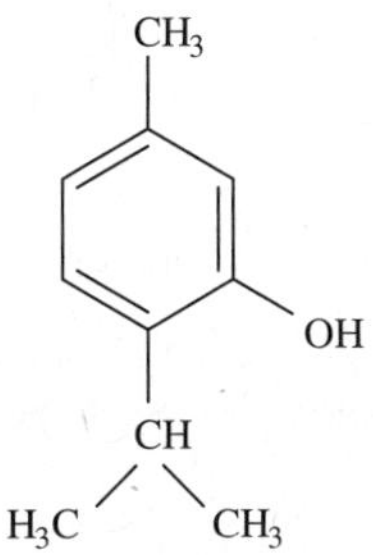

bildet farblose, nur wenig wasserlösliche Kristalle von typischem Thymiangeruch; *F* 51 °C, *Kp* 233 °C. Es kommt im Thymianöl u. a. ätherischen Ölen vor und wird als mildes Antiseptikum verwendet. Durch vollständige Hydrierung geht es in *Menthol* über:

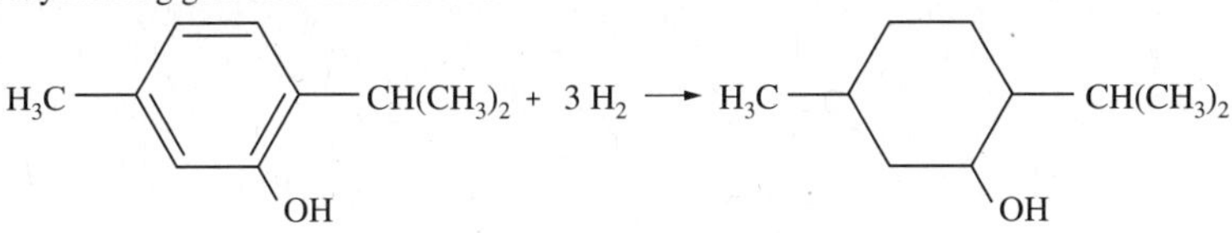

Thymol Menthol

Naphthole, $C_{10}H_7OH$

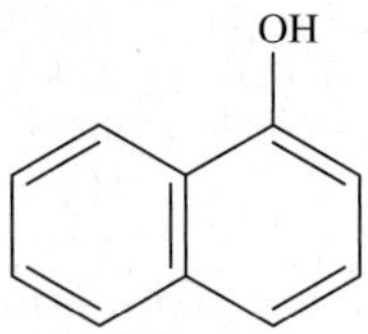

α-Naphthol

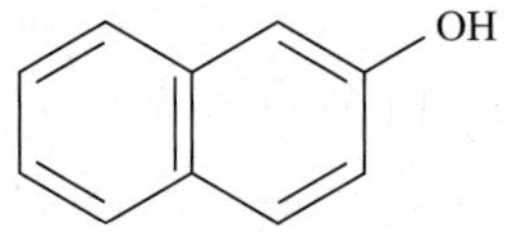

β-Naphthol

sind farblos (am Licht nachdunkelnd), wenig wasserlöslich und von phenolähnlichem Geruch. In Alkalilaugen lösen sie sich leicht unter Bildung von *Naphtholaten*;
Verwendung als Zwischenprodukte insbes. für Farbstoffe.
α-**Naphthol,** *Naphth-1-ol*: *F* 96 °C, *Kp* 288 °C, sublimierbar.
β-**Naphthol,** *Naphth-2-ol*: *F* 121 °C, *Kp* 285 °C, sublimierbar.

Mehrwertige Phenole

Die zweiwertigen Phenole **Brenzcatechin, Resorcin** und **Hydrochinon,** $C_6H_4(OH)_2$

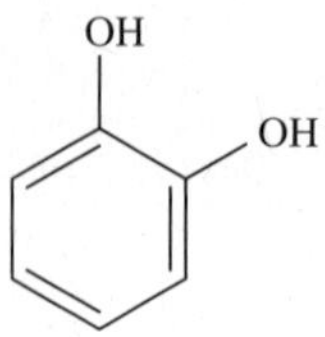

Brenzcatechin

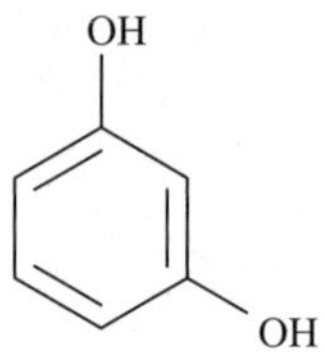

Resorcin

Hydrochinon

bilden farb- und geruchlose Kristalle. Resorcin wird für Farbstoffe (Fluorescein, Eosin) und Pharmaka, Hydrochinon für fotografische Entwickler (↑ S. 728) verwendet.
Hydrochinon wird bei der Oxidation (Dehydrierung) in gelbes, festes, stechend riechendes **Chinon,** $C_6H_4O_2$, umgewandelt, wobei das aromatische Bindungssystem in das so genannte „chinoide" System übergeht:

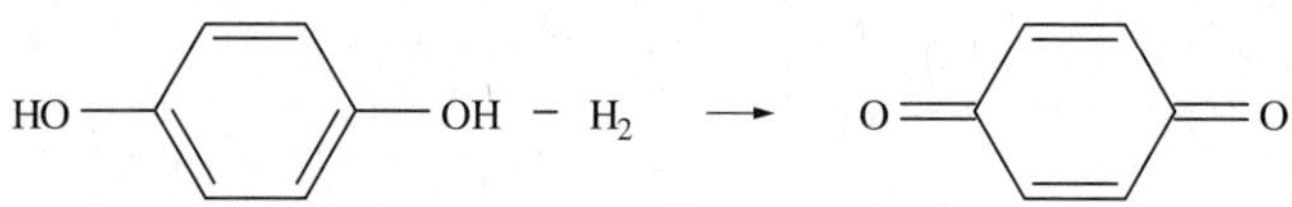

Hydrochinon Chinon

Pyrogallol, *1,2,3-Trihydroxybenzen,* $C_6H_3(OH)_3$,

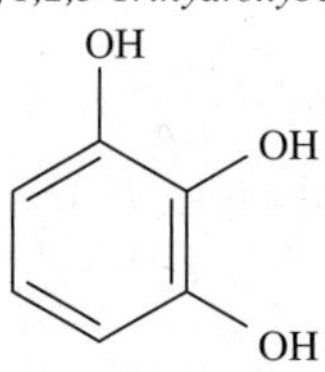

ist das wichtigste dreiwertige Phenol. Es nimmt in alkalischer Lösung quantitativ Sauerstoff auf und wird daher zur Gasanalyse verwendet.

Bisphenol A (*2,2-[4,4'-***Di***hydroxidiphenyl]-prop***an**; Dian; Diphenylopropan)

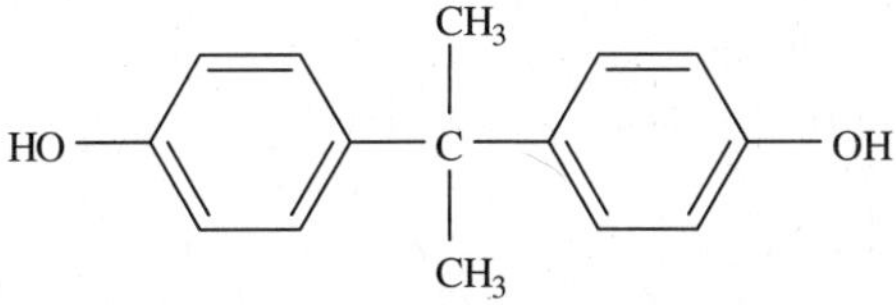

entsteht aus Phenol und Aceton in Gegenwart von Schwefelsäure:

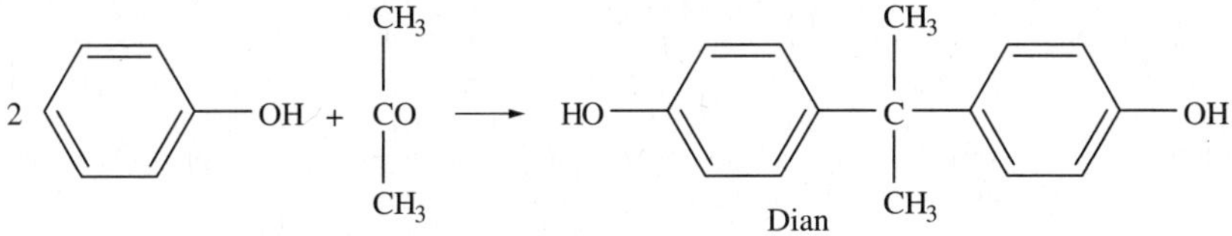

Dian

Es wird mit Epichlorhydrin zu Polyepoxiden kondensiert.

Phenolether

Phenolether finden sich oft in ätherischen Ölen, z. B. der Anisriechstoff **Anethol** und die Nelkenriechstoffe **Eugenol** und **Isoeugenol.** Aus Eugenol wird Vanillin hergestellt. Der *Phenylmethylether,* C_6H_5–O–CH_3, heißt **Anisol**, der *β-Naphthylmethylether*, $C_{10}H_7$–O–CH_3, **Nerolin.**

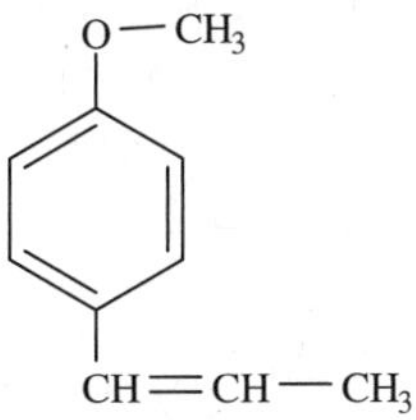

Anethol

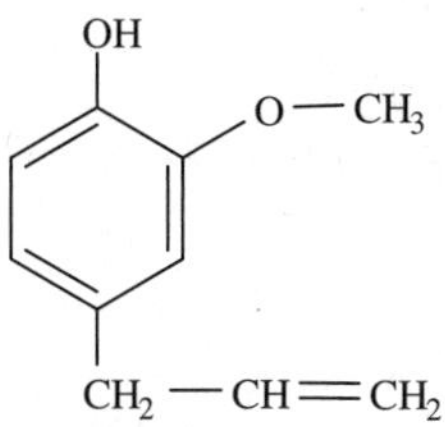

Eugenol

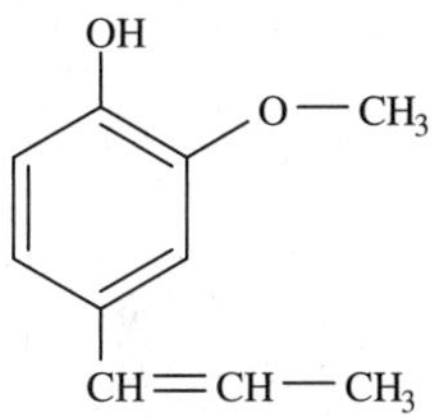

Isoeugenol

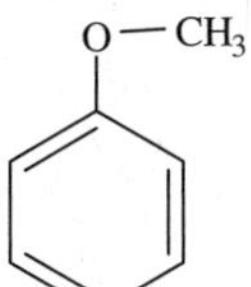

Anisol

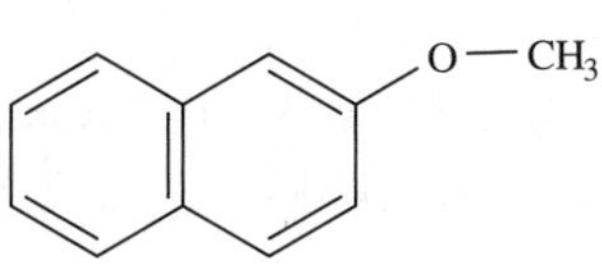

Nerolin

Von der **Phenoxyessigsäure,** C_6H_5–O–CH_2COOH, einer *Phenolethercarbonsäure,* leiten sich als wichtigste Unkrautbekämpfungsmittel die synthetischen **Wuchsstoffherbizide** ab, z. B. *2,4,5-Trichlorphenoxyessigsäure* (Struktur s. u.). Bei sachkundiger Anwendung bewirken sie, dass sich die Unkräuter „zu Tode wachsen", während die Kulturpflanzen unbeeinflusst bleiben. Hohe Konzentrationen führen zur Vernichtung jeglichen Pflanzenwuchses. Die Substanz ist teratogen, d. h., sie führt zu Missbildungen bei der Entwicklung des Embryos.

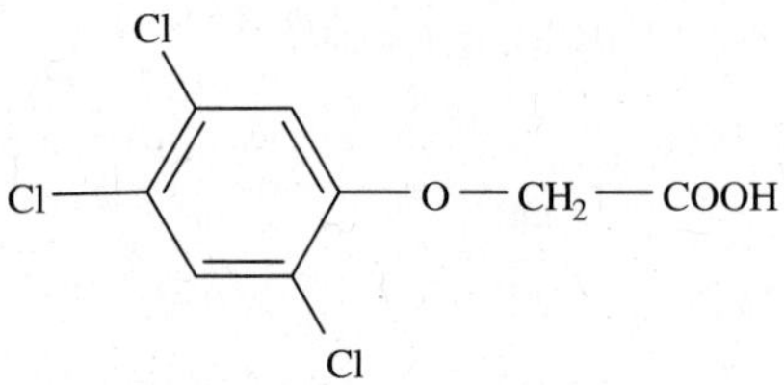

2,4,5-Trichlorphenoxy-essigsäure (2,4,5T)

Sonstige Phenolderivate

Lignin, eine amorphe, krümlige, gelbe bis braune, geruchlose Masse, verursacht die Verholzung des pflanzlichen Gewebes. Es umhüllt die Cellulosefasern und füllt den Raum zwischen den Holzzellen aus. Nächst Cellulose ist Lignin die zweithäufigste makromolekulare organisch-chemische Natursubstanz. Sie ist von aromatischem Charakter und enthält sowohl phenolische als auch alkoholische Hydroxylgruppen.

Fotografische Entwickler enthalten mindestens 2 OH-, 2 NH_2- oder je eine dieser Gruppen in 1,2- oder 1,4-Stellung; bei der Aminogruppe darf 1 H-Atom substituiert sein.

▲

Hydrochinon

4-Amino-phenol

Metol
4-Methylamino-phenol

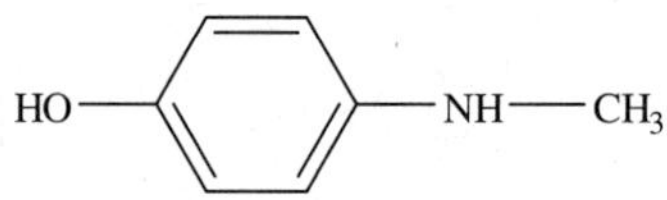

4-Diethylamino-anilin
(Farbentwickler)

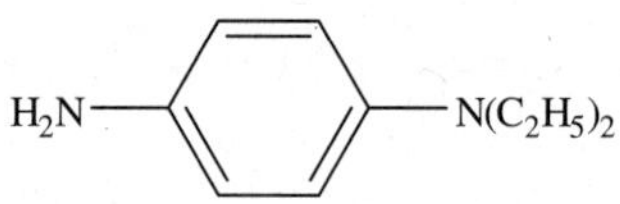

39.3.5 Aromatische Alkohole, Aldehyde, Ketone und Carbonsäuren

Allgemeines: Aromatische Alkohole enthalten im Gegensatz zu den Phenolen Hydroxylgruppen in den *Seitenketten*. Sie können, z. B. durch schwefelsäurehaltige Dichromatlösung, zu Aldehyden bzw. Ketonen und im ersten Fall weiter zu Carbonsäuren oxidiert werden.

Wichtige Verbindungen:

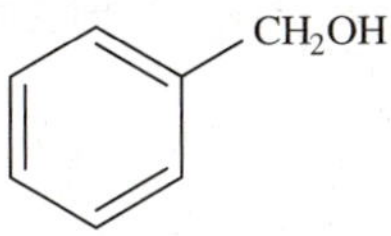

Benzylalkohol

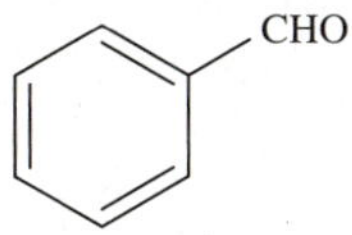

Benzaldehyd

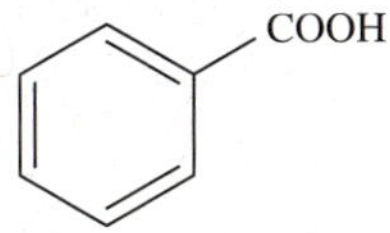

Benzoesäure

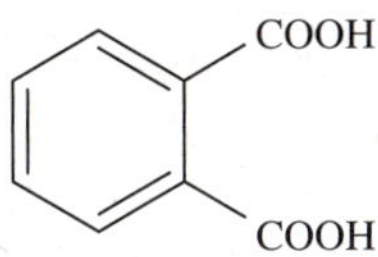

Phthalsäure

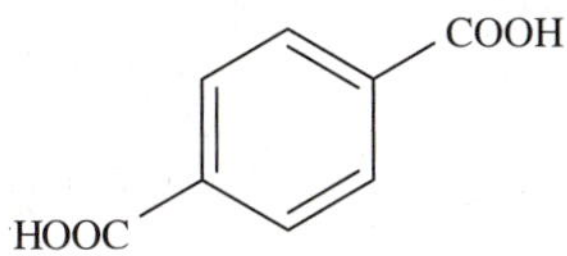

Terephthalsäure

Phenolcarbonsäuren sind:

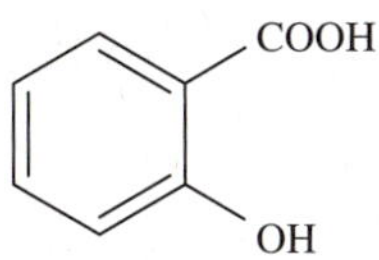

Salicylsäure

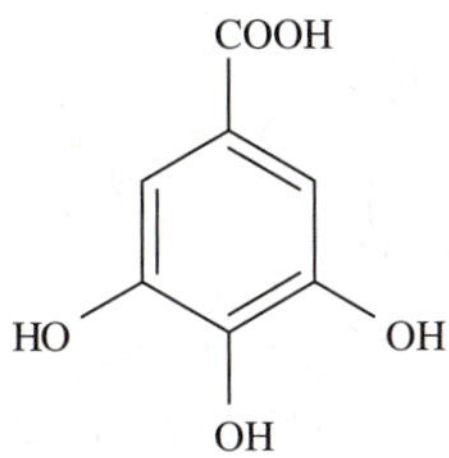

Gallussäure

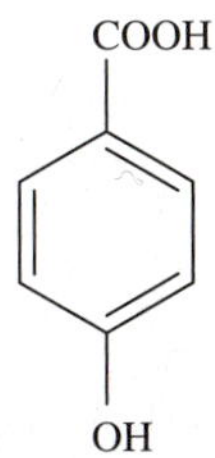

4-Hydroxy-benzoesäure

Benzylalkohol, *Phenylmethanol*, C_6H_5–CH_2OH, entsteht aus Benzylchlorid durch Kochen mit Kalilauge. Farblose, fast geruchlose Flüssigkeit (*Kp* 179 °C);
der Essigsäureester, **Benzylacetat,** CH_3–CO–O–CH_2–C_6H_5, wird als Jasminriechstoff verwendet.

Benzaldehyd, *Phenylmethanal,* C_6H_5–CHO, farblose Flüssigkeit; *Kp* 205,5 °C; bildet das intensiv riechende „Bittermandelöl“, das an Zucker und Blausäure gebunden in Mandeln sowie Kernen von Aprikosen, Pfirsichen und anderem Steinobst vorkommt.
Verwendung als Aromastoff und für Farbstoffe.
Beim Stehen an der Luft erfolgt Oxidation zu Benzoesäure, die sich in farblosen Kristallen ausscheidet.

Benzoesäure, *Benzencarbonsäure,* C_6H_5–COOH, weiße, in heißem Wasser lösliche Blättchen (*F* 122 °C), kommt verestert im Benzoeharz vor und wird technisch durch katalytische Oxidation von Toluen (Luftsauerstoff, 130 bis 150 °C, 2 bis 3 bar) gewonnen.
Verwendung zur Lebensmittelkonservierung und zur Herstellung von Farbstoffen und Pharmaka.
Die Salze und Ester heißen **Benzoate**.

Benzoesäuremethylester, *Methylbenzoat,* „Niobeöl“, C_6H_5–$COOCH_3$, riecht aromatisch.

Phthalsäure, *Benzen-1,2-dicarbonsäure,* 1,2-$C_6H_4(COOH)_2$,

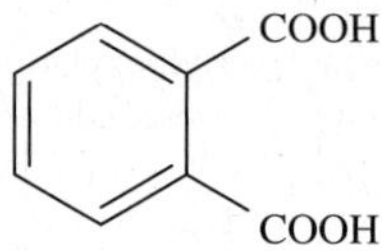

entsteht aus Naphthalen durch katalytische Oxidation mit Luft und geht leicht in **Phthalsäureanhydrid** über.

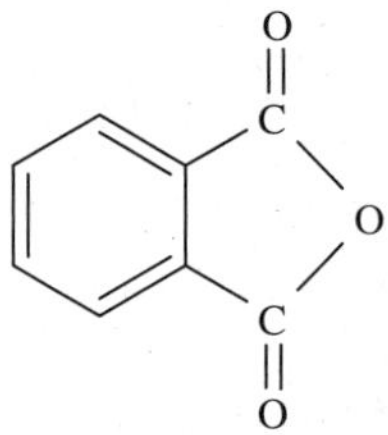

Phthalsäureanhydrid

Säure und Anhydrid bilden farblose Kristalle. Beim Erhitzen mit Phenol und etwas konz. Schwefelsäure entsteht Phenolphthalein (↑ 42.1.2).

Phthalsäurealkylester, die **Phthalate**, sind wichtige Weichmacher für Kunststoffe; z. B. **D**ioctyl**p**hthalat (DOP) für PVC.

Terephthalsäure, *Benzen-1,4-dicarbonsäure,*

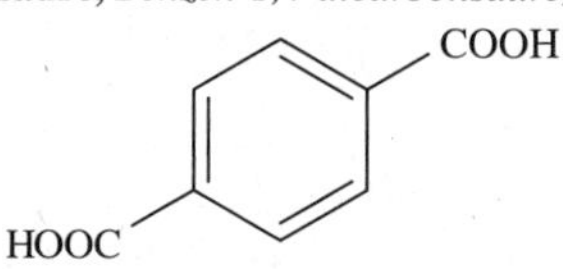

hergestellt aus p-Xylen oder Phthalsäure, wird für *Polyesterfaserstoffe* (↑ 43.5.4) verwendet.

Phenylethylalkohol, *Phenylethanol,* C_6H_5–CH_2–CH_2OH, riecht nach Rosen und kommt im Rosenöl und Rosenwasser vor. Er ergibt bei der Oxidation den hyazinthenartig riechenden **Phenylacetaldehyd,** *Phenylethanal,* C_6H_5–CH_2–CHO.

Weitere Oxidation ergibt die feste **Phenylessigsäure,** *Phenylethansäure,* C_6H_5–CH_2–COOH, deren Ester als Honigaroma Verwendung finden.

Zimtaldehyd, C_6H_5–CH=CH–CHO, flüssig, ist der Träger des Zimtaromas; durch Reduktion entsteht **Zimtalkohol,** C_6H_5–CH=CH–CH_2OH, durch Oxidation **Zimtsäure**, C_6H_5–CH=CH–COOH, beides farb- und geruchlose Festsubstanzen. Die Salze der Zimtsäure heißen *Cinnamate.*

Cumarin (Formel siehe unten) ist das innere Anhydrid der 2-Hydroxyzimtsäure. Farblose Kristalle; Riechstoff des Waldmeisters.

Mandelsäure, C_6H_5–CH(OH)–COOH, bildet farblose, geruchlose Kristalle; ihr Nitril, C_6H_5–CH(OH)–CN, kommt, an das Disaccharid *Gentiobiose* gebunden, in Mandeln und Steinobstkernen vor. Die Salze und Ester heißen Mandelate.

Vanillin, der Riechstoff der Vanilleschoten, und **Heliotropin** (*Piperonal*), intensiv nach Heliotrop riechend, werden als Riech- und Aromastoffe verwendet. Beide bilden farblose Kristalle.

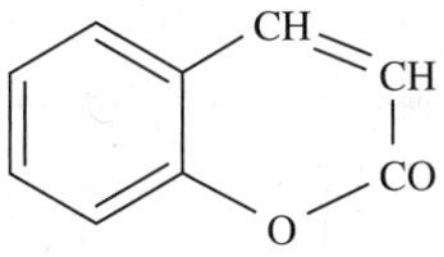

Cumarin

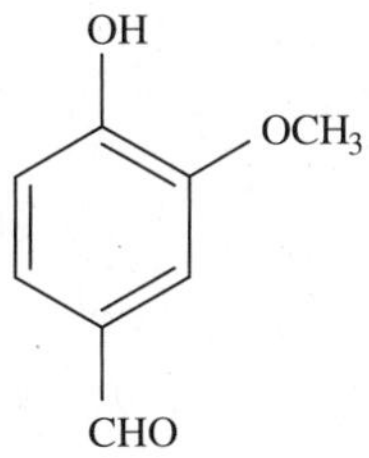

Vanillin

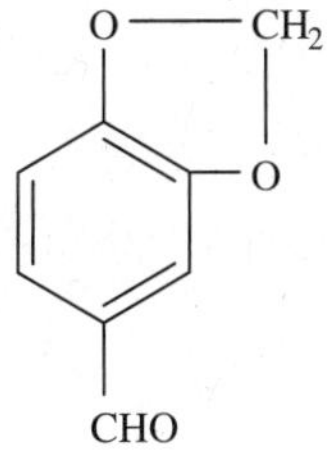

Heliotropin

Salicylsäure; *2-Hydroxy-benzoesäure,* 1,2-$C_6H_4(OH)COOH$,

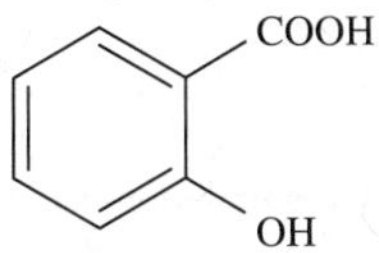

bildet farblose, in Wasser schwer lösliche Kristalle. Natriumsalicylat entsteht aus Natriumphenolat und Kohlenstoffdioxid:

$$C_6H_5ONa + CO_2 \rightarrow C_6H_4(OH)COONa.$$

Schwefelsäure setzt hieraus Salicylsäure in Freiheit. Die Säure spaltet beim Erhitzen wieder Kohlenstoffdioxid ab und geht dabei in Phenol über.
Salicylsäure und ihre Derivate finden pharmazeutische Verwendung, so der intensiv riechende **Salicylsäuremethylester,** „Wintergrünöl", als Rheumamittel, und der Essigsäureester, Acetylsalicylsäure, als schmerzlinderndes und fiebersenkendes Mittel („Acesal", „Aspirin").

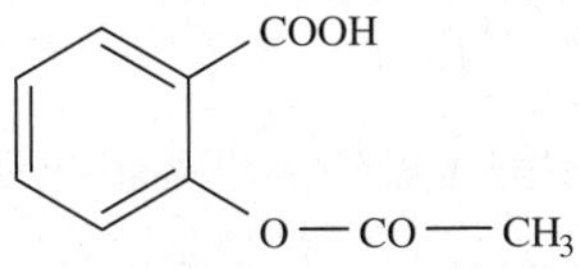

Acetylsalicylsäure

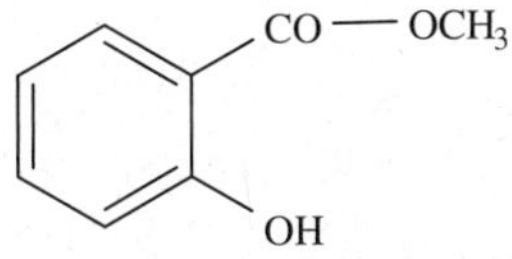

Salicylsäuremethylester

4-Hydroxy-benzoesäure, 1,4-$C_6H_4(OH)COOH$,

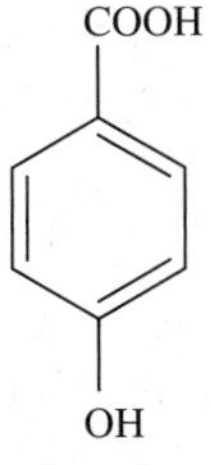

Parabene

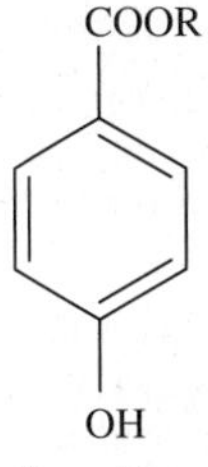

R = $-CH_3$, $-C_2H_5$, $-C_3H_7$, $-C_4H_9$

wird in Form ihrer Ester („Parabene") zur Konservierung von Lebensmitteln, Kosmetika und Arzneimitteln verwendet.

Gallussäure, *3,4,5-Trihydroxy-benzoesäure,* $C_6H_2(OH)_3COOH$,

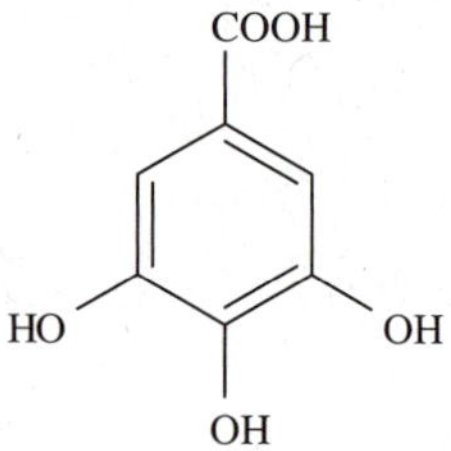

farblose, wasserlösliche Kristalle, kommt an Glucose gebunden als (makromolekulares) **Tannin** in Galläpfeln vor und wird daraus durch Kochen mit Säuren in Freiheit gesetzt. Die Säure ergibt mit Eisen(III)-salzen eine intensiv schwarze Färbung. „Eisengallustinten" enthalten neben einem blauen Farbstoff (für die Anfangssichtbarkeit der Schrift) das fast farblose *Eisen(II)-gallat.* Dieses geht durch Oxidation an der Luft in die tiefschwarze, „dokumentenechte" Eisen(III)-verbindung über.

Tannin, ein schwach gelbes Pulver, dient als Gerbstoff und Färbereihilfsmittel.

Acetophenon, *Phenyl-methyl-keton,* $C_6H_5–CO–CH_3$, das einfachste aromatische Keton, ist eine farblose, aromatisch riechende, bei 20 °C erstarrende Flüssigkeit.

Benzophenon, *Diphenylketon,* $C_6H_5–CO–C_6H_5$, ist fest (*F* 46 °C; *Kp* 305 °C) und riecht geranienähnlich.

39.3.6 Aromatische Sulfonsäuren (Arensulfonsäuren)

Die Sulfonsäuren (↑ 37.2) enthalten die Gruppe $–SO_2OH$ und entstehen durch „Sulfonierung" von Arenen mit heißer, konzentrierter Schwefelsäure, z. B. **Benzensulfonsäure,** *Benzolsulfonsäure:*

$$C_6H_6 + HO–SO_2OH \rightarrow C_6H_5–SO_2OH + H_2O$$

Die Sulfonsäuren sind fest, geruchlos und leicht wasserlöslich; durch Sulfonierung werden z. B. Farbstoffe wasserlöslich gemacht. Im Gegensatz zu den Carbonsäuren sind die Sulfonsäuren starke Säuren (Salze: *Sulfonate*). Durch Alkalischmelze gehen sie in *Phenole,* durch Reduktion in die übel riechenden *Thiophenole,* z. B. C_6H_5SH, über.

Aromatische Sulfonsäuren werden technisch zu Farbstoffen, Netz- und Emulgiermitteln verarbeitet. *Naphthalendi-* und *-trisulfonate* sind in Glanzbildnergemischen für die galvanische Vernicklung vorhanden. Aus *Phenolsulfonsäuren* werden künstliche Gerbstoffe hergestellt.

Sulfanilsäure, *4-Amino-benzensulfonsäure,* $C_6H_4(NH_2)(SO_2OH)$, entsteht aus Anilin und konz. Schwefelsäure bei 200 °C, bildet farb- und geruchlose, in Wasser schwer lösliche Kristalle. Freie Sulfanilsäure liegt in der Innersalzform $C_6H_4(NH_3^+)(SO_2O^-)$ vor, indem zwischen der basischen Amino- und der sauren Sulfonsäuregruppe Salzbildung stattfindet.

Sulfanilsäure ist die Muttersubstanz der **Sulfonamide,** wichtiger Pharmaka (G. DOMAGK, 1935), durch welche erstmals eine chemische Bekämpfung vieler durch Bakterien hervorgerufener Krankheiten möglich wurde („Chemotherapie"). Die Sulfonamide gelangen über den Verdauungskanal ins Blut und schädigen dort die Bakterien; gegen Viren sind sie unwirksam.
Das einfachste wirksame Sulfonamid ist **Sulfanilamid.**

Bei Ersatz der Aminowasserstoffatome durch andere Gruppen entstehen Stoffe mit gesteigerter Wirksamkeit.

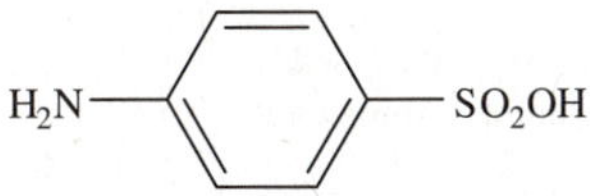

Sulfanilsäure

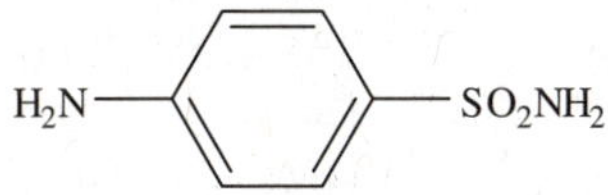

Sulfanilamid

Saccharin, *1,2-Benzoesäure-sulfimid,*

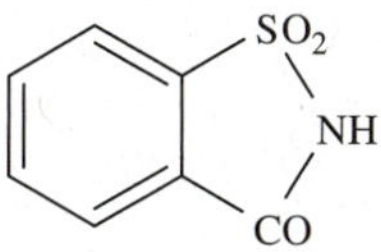

ist über 500-mal süßer als Rohrzucker und dient als künstlicher Süßstoff (ohne Nährwert). Außerdem ist Saccharin Bestandteil von Glanzbildnergemischen für die galvanische Vernicklung.

39.3.7 Aromatische Nitroverbindungen (Nitroarene)

Wichtige Verbindungen:

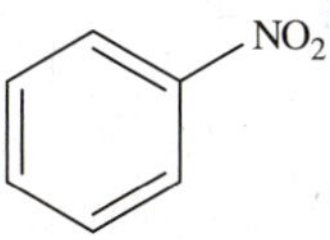

Nitrobenzen
(Nitrobenzol)

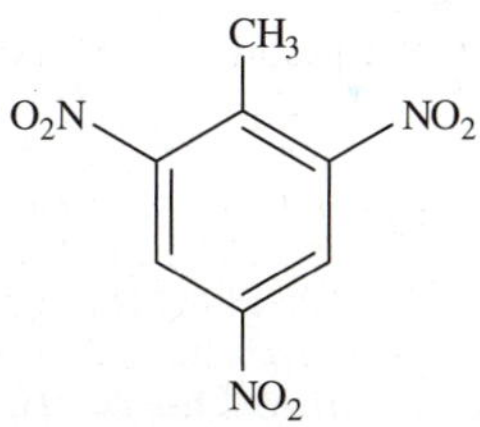

2,4,6-Trinitrotoluen
(2,4,6-Trinitrotoluol, „TNT“)

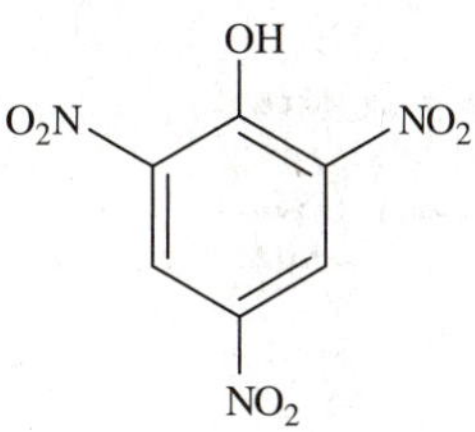

Pikrinsäure

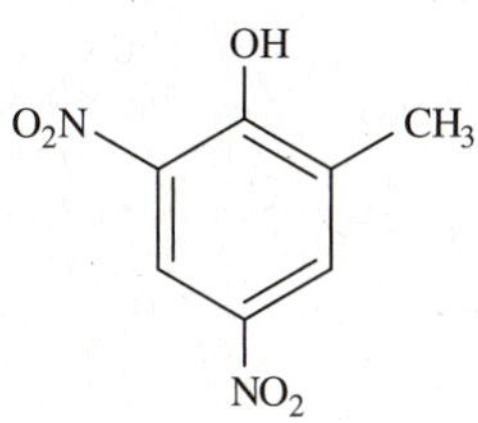

Dinitro-o-cresol

Herstellung: durch „Nitrierung“ aromatischer Kohlenwasserstoffe, Phenole usw. mittels *Nitriersäure* (konz. Salpetersäure + Schwefelsäure), z. B.

$$\underset{\text{Benzen}}{C_6H_6} + HO\text{-}NO_2 \rightarrow \underset{\text{Nitrobenzen}}{C_6H_5\text{–}NO_2} + H_2O$$

Eigenschaften: Nitroarene sehen meist schwach gelb aus; die einfachsten sind flüssig, die höheren fest. Sie lassen sich über eine Reihe von Zwischenprodukten zu Aminoverbindungen reduzieren:

$C_6H_5{-}NO_2$ →	$C_6H_5{-}NO$ →	$C_6H_5{-}NH(OH)$ →	$C_6H_5{-}NH_2$
Nitrobenzen	Nitrosobenzen	Phenylhydroxylamin	Aminobenzen (Anilin)

Verwendung: als Zwischenprodukt für Aminoverbindungen; einige Verbindungen mit mehreren Nitrogruppen dienen als Explosivstoffe (↑ S. 735).

Nitrobenzen, *Nitrobenzol,* $C_6H_5{-}NO_2$;

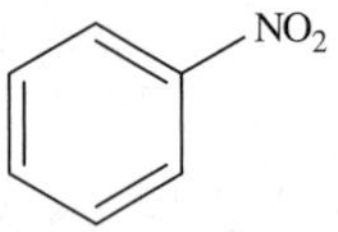

gelbe Flüssigkeit (*F* 5,8 °C, *Kp* 210,8 °C), die grob bittermandelartig riecht; Zwischenprodukt für Anilin. Nitrobenzen ist ein Blutgift (Aufnahme durch Lunge, Magen und Haut).

1,3-Dinitrobenzen, $C_6H_4(NO_2)_2$, bildet farblose Kristalle; *F* 90 °C.

2,4,6-Trinitrotoluen, *Trinitrotoluol,* „TNT", $CH_3{-}C_6H_2(NO_2)_3$,

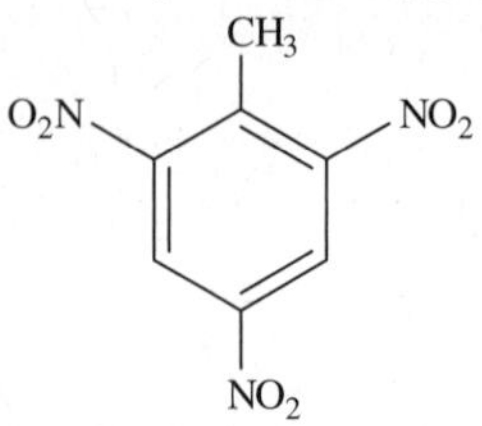

durch Nitrierung von Toluen hergestellt, bildet blassgelbe, schlag- und stoßunempfindliche, gefahrlos vergießbare Kristalle (*F* 80,6 °C), die bei stärkerem Erhitzen unter Rußentwicklung verpuffen, bei Initialzündung jedoch heftig explodieren; hochbrisanter, handhabungssicherer Explosivstoff (↑ S. 735) für militärische und technische Zwecke.

Pikrinsäure[1], *2,4,6-Trinitrophenol*

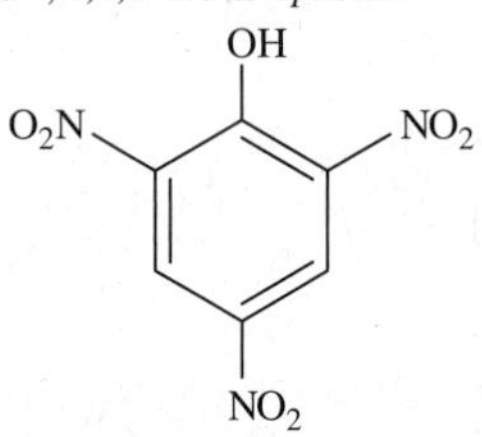

schwach gelbe, mäßig wasserlösliche, sehr bitter schmeckende Kristalle, die beim Erhitzen verpuffen; Anwendung für chemisch-analytische Zwecke. Die intensiv gelben Salze (*Pikrate*) explodieren durch Schlag oder Stoß auf das heftigste.

---

[1] *pikros* (grch.), bitter

Dinitro-orthocresol, *2-Methyl-4,6-dinitrophenol,*

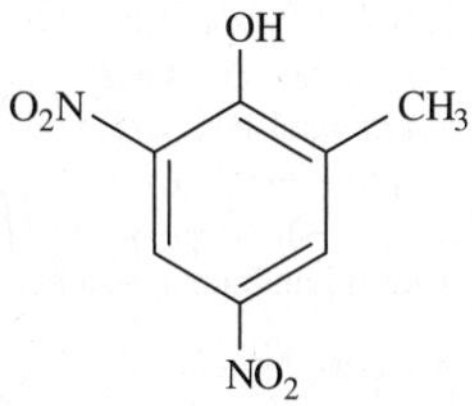

ist ein gelbes, wenig wasserlösliches Pulver, das zur Bekämpfung überwinternder Schädlinge an Obstbäumen sowie zur Unkrautvernichtung verwendet wird („Gelbspritzmittel“).

Explosivstoffe sind:

- **Salpetersäureester,** z. B. *Glyceroltrinitrat (Nitroglycerin), Glycoldinitrat, Cellulosenitrate, Pentaerythrittetranitrat*

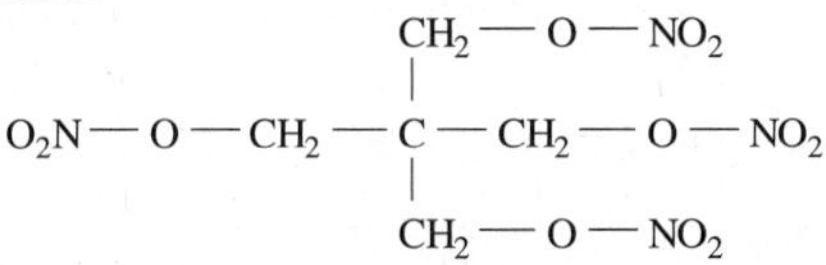

Pentaerythrittetranitrat

- **Nitroverbindungen,** z. B. *2,4,6-Trinitrotoluen, Trinitroresorcin, Bleitrinitroresorcinat.*

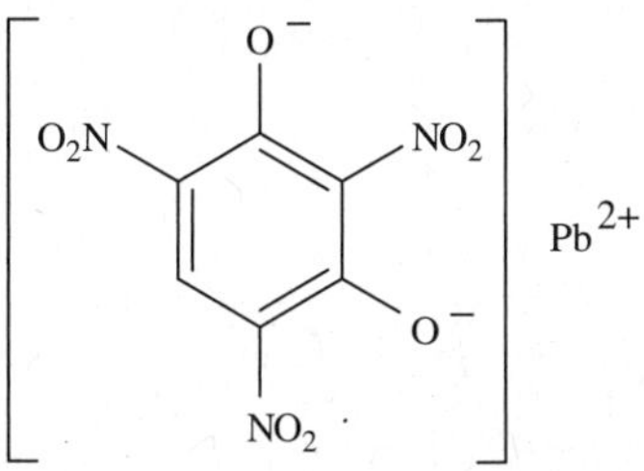

Bleitrinitroresorcinat

- **Nitramine,** z. B. *Hexogen, Nitroguanidin*

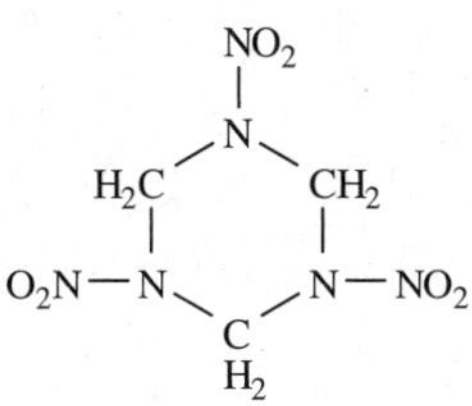

Hexogen

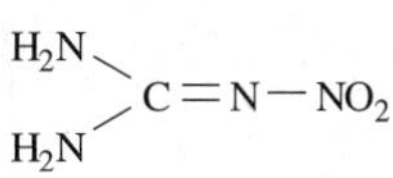

Nitroguanidin

Gemische:

- **Donarite** enthalten 70 bis 80 % Ammoniumnitrat, daneben „Sprengöl“ (Glycerol- oder Glycolnitrat) u. a. Explosivstoffe, auch Holzmehl u. dgl.;
  sie sind pulverförmig und von mittelstarker Wirkung.
  Die Donarite haben die **Dynamite** (mit $\approx$ 70 % Sprengöl) weitgehend verdrängt.

- **Gelatine-Donarite** enthalten neben Ammoniumnitrat 20 bis 40 % Sprenggelatine (Sprengöl mit Cellulosedinitrat); sie sind gelatinös und von sehr starker Wirkung.
- **Ammonite** sind sprengölfrei, bestehen z. B. aus 80 % Ammoniumnitrat und Trinitrotoluen.
- **Wetter-Sprengstoffe** enthalten Natriumchlorid; sie sind wegen sehr niedriger Explosionstemperatur schlagwettersicher.
- **ANDK-Sprengstoffe,** *Ammoniumnitrat-Dieselkraftstoff-Sprengstoffe,* bestehen aus 92 bis 96 % Ammoniumnitrat, NH_4NO_3, und 4 bis 8 % Dieselkraftstoff; sie sind besonders handhabungssicher.

Initialsprengstoffe lösen die Explosion anderer Explosivstoffe aus. Hierzu gehören:

- Knallquecksilber, (↑ 14.2.9) $Hg(CNO)_2$
- Bleiazid, (↑ 15.2.8) $Pb(N_3)_2$
- Bleitrinitroresorcinat (Formel siehe oben)

39.3.8 Aromatische Amine

Wichtige Verbindungen:

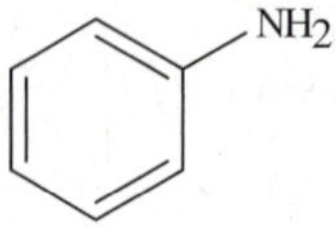

Anilin

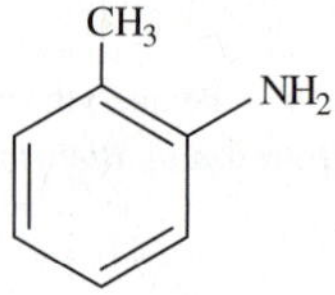

o-Toluidin
(analog m- und p-)

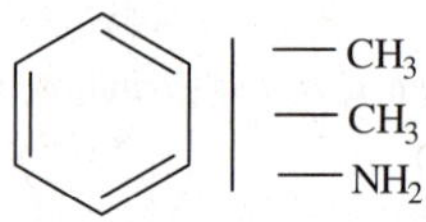

Xylidin

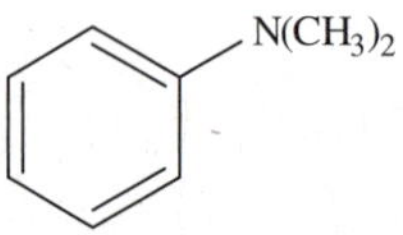

Dimethylanilin

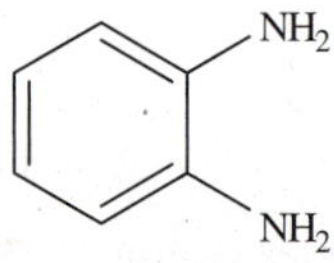

o-Phenylendiamin
(analog m- und p-)

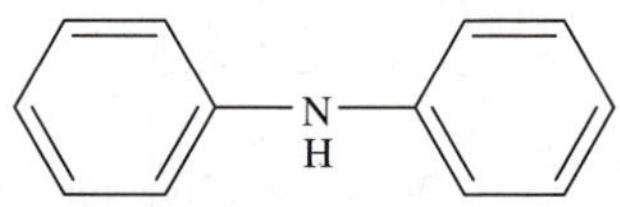

Diphenylamin

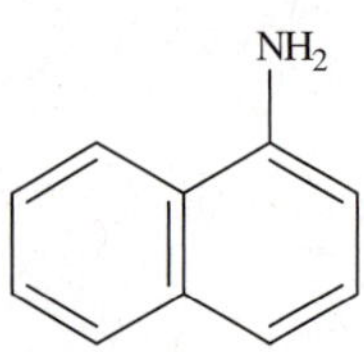

α-Naphthylamin

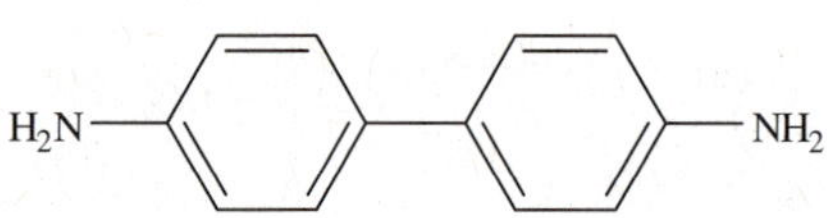

Benzidin

Herstellung: Durch Reduktion der entsprechenden Nitroverbindungen:

- mit *molekularem Wasserstoff* in Gegenwart von Nickel- oder Kupfer-Katalysatoren;
- mit *naszierendem Wasserstoff* durch Verrühren mit Eisenspänen und Salzsäure, z. B.

$$C_6H_5NO_2 + 6\,H \rightarrow C_6H_5NH_2 + 2\,H_2O\,.$$

Physikalische Eigenschaften: farblose, in Wasser wenig lösliche Flüssigkeiten oder Kristalle, die sich an der Luft infolge geringfügiger Zersetzung braun färben.

Chemische Eigenschaften:

- **Salzbildung:** Die Amine können als substituierte Ammoniakmoleküle aufgefasst werden und bilden wie Ammoniak mit Säuren Salze, z. B.

  $C_6H_5–NH_2 + HCl \rightarrow [C_6H_5–NH_3]^+Cl^-$.

  Das aus Anilin entstehende Salz heißt *Phenylammoniumchlorid;* es kann auch als *Aniliniumchlorid* oder *Anilinhydrochlorid* bezeichnet werden.
  Durch Alkalilaugen wird aus der wässrigen Salzlösung das Amin wieder abgeschieden:

  $[C_6H_5–NH_3]Cl + NaOH \rightarrow C_6H_5–NH_2 + H_2O + NaCl$.

- **Alkylierung:** Durch Erhitzen mit Alkyliodid oder Alkanol werden die H-Atome der Aminogruppe durch Alkyl ersetzt, sodass sekundäre und tertiäre Amine entstehen, z. B.

  $C_6H_5–NH_2 + I–CH_3 \rightarrow C_6H_5–NH(CH_3) + HI$.

- **Acylierung:** Durch wasserfreie Säuren, Säureanhydride oder Säurechloride wird ein H-Atom der Aminogruppe durch ein Säureradikal ersetzt, z. B.

  $C_6H_5–NH_2 + Cl–CO–CH_3 \rightarrow C_6H_5–NH–CO–CH_3 + HCl$
  Acetylchlorid Acetanilid

- **Diazotierung:** Durch Salpetrige Säure werden die primären Amine in Diazoniumsalze umgewandelt. Die Diazotierung erfolgt in saurer Lösung unter Eiskühlung (damit sich das Diazoniumsalz nicht zersetzt); die Salpetrige Säure wird im Reaktionsgemisch aus Nitrit und Schwefelsäure erzeugt.

  ▲ $[C_6H_5–NH_3]^+Cl^- + HO\text{-}NO \rightarrow [C_6H_5–N{\equiv}N]^+Cl^- + 2\,H_2O$
  Benzendiazoniumchlorid

  Die Diazoniumsalze (↑ 39.3.9) gehen vielfältige Reaktionen ein.

- **Nitrosierung:** Sekundäre Amine werden durch Salpetrige Säure (bzw. Nitrit + Säure) in **Nitrosamine** umgewandelt, wobei der Iminowasserstoff durch die Nitroso-Gruppe –NO ersetzt wird:

  sek. Amin Nitrosamin

  Die in der Regel gelben bis orangefarbenen, flüssigen oder festen, wenig wasserlöslichen Nitrosamine sind extrem krebserregend (siehe Nitrate (↑ 15.2.6) im Trinkwasser).

Verwendung: Die aromatischen *Amine* sind Zwischenprodukte für die Herstellung insbesondere von Farbstoffen und pharmazeutischen Produkten.
Diamine und *Aminophenole* sind fotografische Entwickler (↑ 39.3.4).

Anilin, *Aminobenzen*, *Aminobenzol*, *Phenylamin*, $C_6H_5–NH_2$,

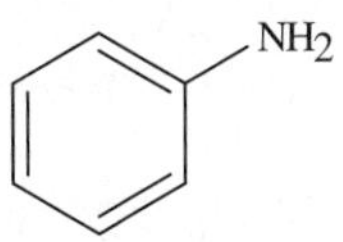

hergestellt durch Reduktion von Nitrobenzen (↑ 39.3.7), ist eine farblose (technisch gelbe bis braune), ölige, sehr giftige (Blutgift; Aufnahme auch durch die Haut!), wenig wasserlösliche Flüssigkeit von schwachem, an Ammoniak erinnerndem Geruch; *F* –6,2 °C, *Kp* 184,4 °C.
Chemische Eigenschaften (↑ S. 736).

Verwendung zur Herstellung von Farbstoffen (Azofarbstoffe, Indigo, Fuchsin, Anilinschwarz), Pharmaka (Aminophenazon) und der Polyurethankomponente 4,4'-Diphenylmethan-diisocyanat.

Das Isocyanat entsteht gemäß der Reaktionsfolge

I. $H_2N{-}C_6H_5 + OCH_2 + C_6H_5{-}NH_2 \rightarrow H_2N{-}C_6H_4{-}CH_2{-}C_6H_4{-}NH_2 + H_2O$
Anilin Formaldehyd 4,4'-Diamino-diphenyl-methan

II. $OC\mathbf{Cl}_2 + \mathbf{H}_2N{-}C_6H_4{-}CH_2{-}C_6H_4{-}N\mathbf{H}_2 + \mathbf{Cl}_2CO \rightarrow OCN{-}C_6H_4{-}CH_2{-}C_6H_4{-}NCO + \mathbf{4\ HCl}$
Phosgen 4,4'-Diphenylmethan-diisocyanat

Toluidine und **Xylidine** sind die dem Anilin sehr ähnlichen *Aminotoluene* und *-xylene;* die 2wertigen **Phenylendiamine** sind die *Diaminobenzene.*

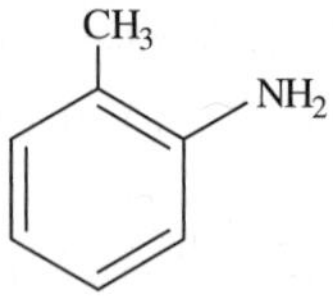

o-Toluidin
(analog m- und p-)

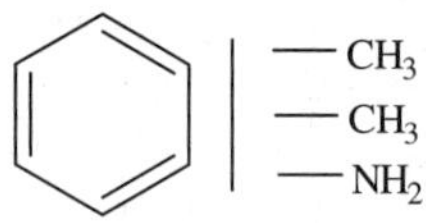

Xylidin

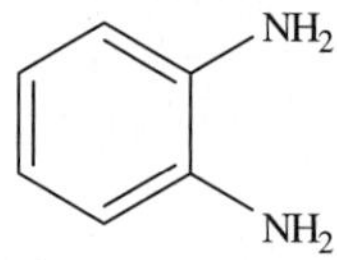

o-Phenylendiamin
(analog m- und p-)

2,4-Diaminotoluen wird durch Phosgen in die Polyurethankomponente *2,4-Toluylen-diisocyanat* übergeführt (analog der bei Anilin angeführten Reaktion II).

Benzidin, *4,4'-Diamino-biphenyl,* $H_2N{-}C_6H_4{-}C_6H_4{-}NH_2$,

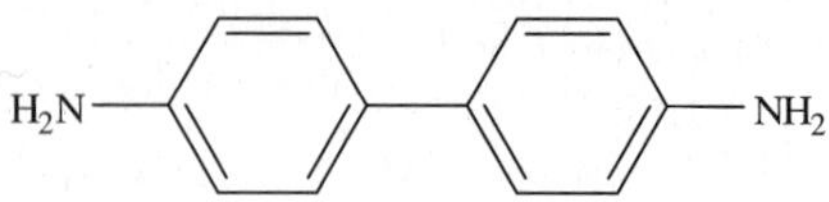

entsteht durch Reduktion von Nitrobenzen mit Zinkstaub und KOH in Ethanol und anschließende „Benzidinumlagerung“ (Ringdrehung!) des gebildeten Hydrazobenzens durch Behandlung mit starken Säuren:

I. $C_6H_5{-}NO_2 + O_2N{-}C_6H_5 + 10\ H \rightarrow C_6H_5{-}NH{-}NH{-}C_6H_5 + 4\ H_2O$
Nitrobenzen Nitrobenzen Hydrazobenzen

II. $C_6H_5{-}NH{-}NH{-}C_6H_5 \rightarrow H_2N{-}C_6H_4{-}C_6H_4{-}NH_2$
Hydrazobenzen Benzidin

Benzidin bildet farblose Kristalle; es lässt sich an beiden Aminogruppen diazotieren („tetrazotieren“) und wird z. B. zur Herstellung von Kongorot (↑ 42.1.2) verwendet. Es wirkt stark cancerogen und wird in modernen Substantivfarbstoffen nicht mehr verwendet.

Substituierte Aminoverbindungen

Anthranilsäure, *4-Amino-benzoesäure,* 1,4-$C_6H_4(NH_2)COOH$, weiße Blättchen, die beim Erhitzen in Anilin und Kohlenstoffdioxid zerfallen.

Anthranilsäuremethylester riecht nach Orangenblüten und findet in der Parfümerie Anwendung.

Novocain, *Jenacain*, das meistgebrauchte Lokalanästhetikum, ist der Diethylaminoethylester der Anthranilsäure:

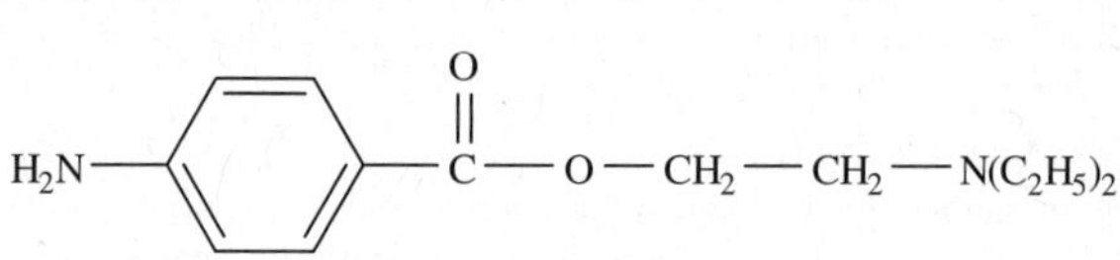

4-Amino-salicylsäure, „PAS“ p-Amino-salicylsäure, wird gegen Tuberkulose eingesetzt.

Paracetamol,

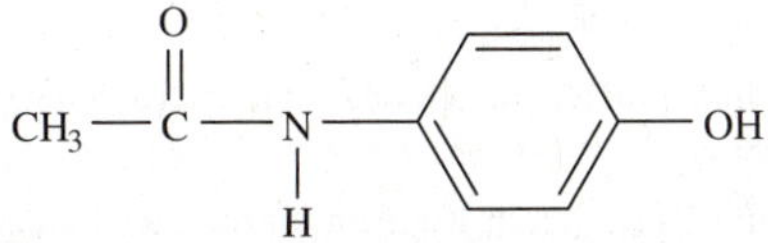

ist zugleich Phenol und acyliertes Amin. Es wirkt fiebersenkend, schmerzstillend und hat zunehmend das bisher angewandte **Phenacetin** ersetzt:

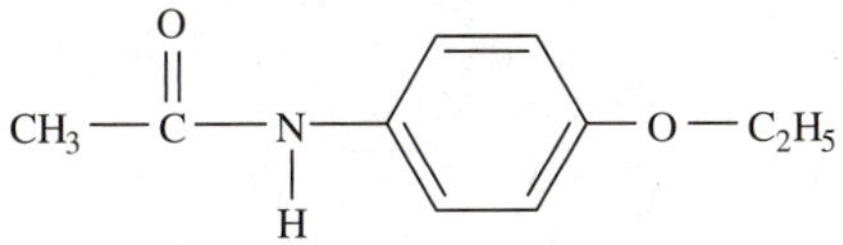

Metol und **4-Dimethylamino-anilin** fotografische Entwickler (↑ 39.3.4);

Sulfanilsäure (↑ 39.3.6) und Derivate.

39.3.9 Diazoniumsalze

Allgemeines:
Diazoniumsalze entstehen durch Diazotierung (↑ 39.3.8) von Aminoverbindungen. Da sie in festem Zustand sehr explosiv sind, werden sie nicht isoliert, sondern unmittelbar nach ihrer Herstellung in wässriger Lösung weiterverarbeitet. Man unterscheidet:

- **Diazospaltung** (Reaktionen unter Abspaltung von Stickstoff)
- **Kupplungsreaktionen** (Stickstoff verbleibt als Azogruppe –N=N– im Molekül)

Diazospaltung:
Durch Erhitzen wässriger Diazoniumsalzlösungen mit verschiedenen, ebenfalls gelösten Salzen lässt sich die N_2-Gruppierung durch viele andere Atome und Atomgruppen ersetzen; in manchen Fällen sind Kupfer(I)-verbindungen als Katalysator erforderlich (SANDMEYER-Reaktionen).

- *Phenole* bilden sich beim Erhitzen der Lösungen ohne Zusatz („Verkochen“):

$$[C_6H_5{-}N{\equiv}N]^+Cl^- + HOH \rightarrow \underset{\text{Phenol}}{C_6H_5OH} + HCl + N_2$$

- *Iodverbindungen* entstehen leicht beim Erhitzen mit Kaliumiodid-Lösung:

$$[C_6H_5{-}N{\equiv}N]^+Cl^- + KI \rightarrow \underset{\text{Iodbenzen}}{C_6H_5I} + KCl + N_2$$

- Analog bilden sich *Thiophenole* beim Erhitzen mit Natriumhydrogensulfid-Lösung.
- Um in gleicher Weise *Brom-, Chlor-, Thiocyanat- (Rhodan-)* und *Cyanverbindungen* (*Nitrile*, zu *Carbonsäuren* verseifbar!) zu erhalten, bedarf es der Gegenwart entsprechender Kupfer(I)-verbindungen.
- *Fluorarene* werden durch Erhitzen der mit Fluoroborsäure ausfallenden, gefahrlos zu handhabenden Diazoniumfluoroborate erhalten:

$$[C_6H_5{-}N{\equiv}N]^+[BF_4]^- \rightarrow \underset{\text{Fluorbenzen}}{C_6H_5F} + BF_3 + N_2$$

- *Arene* bilden sich durch Reduktion mit Zinn(II)-chlorid:

$$[C_6H_5{-}N{\equiv}N]^+Cl^- + SnCl_2 + 2\,HCl \rightarrow \underset{\text{Benzen}}{2\,C_6H_6} + SnCl_4 + N_2$$

Kupplungsreaktionen: *Diazoniumsalze* „kuppeln“

- mit *Aminoverbindungen* in schwach saurer Lösung,
- mit *Phenolen* in schwach alkalischer Lösung

zu Farbstoffen, wobei sich die *Azogruppe* –N=N– bildet [*azote* (frz.) Stickstoff]. Die Kupplung erfolgt fast stets in 4-Stellung zur Amino- oder Hydroxylgruppe.

Zum Beispiel entsteht der Indikatorfarbstoff *Methylorange* durch Kuppeln diazotierter Sulfanilsäure mit Dimethylanilin:

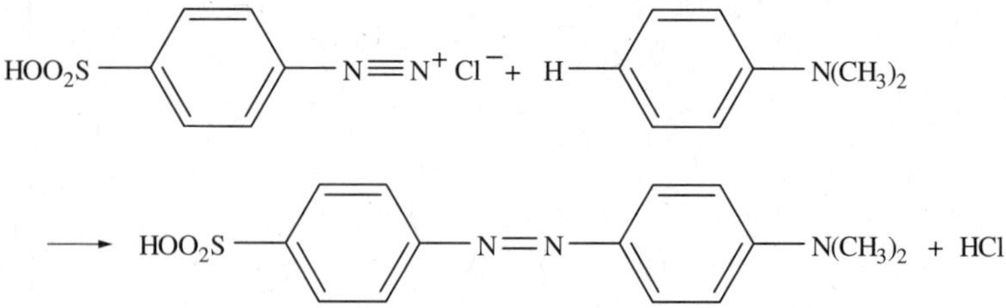

Die **Azoverbindungen** mit der Gruppe –N=N– sind im Gegensatz zu den *Diazoniumsalzen* mit der Gruppe –N≡N$^+$ sehr beständige Verbindungen. Der einfachste Stoff, **Azobenzen,** C_6H_5–N=N–C_6H_5, bildet sehr reaktionsträge, orangefarbene Kristalle; *F* 68 °C.

Diazotypie

Diazotypiepapiere sind die so genannten *Lichtpauspapiere* zum Vervielfältigen technischer Zeichnungen usw. Sie enthalten als Diazokomponente die gegenüber den eigentlichen Diazoniumsalzen stabileren **Chinondiazide,** als Kupplungskomponente meist *α-Naphtholsulfonsäuren.* Bei der Belichtung durch transparentes Papier mit schwarzer Zeichnung wird an den vom Licht getroffenen Stellen das Chinondiazid unter N_2-Abspaltung zerstört und verliert dadurch die Fähigkeit, beim nachfolgenden Entwicklungsprozess zum Farbstoff zu kuppeln. Die Entwicklung besteht in der Einwirkung von Ammoniakdämpfen, wodurch das für die Kupplung erforderliche schwach alkalische Milieu geschaffen wird. Die Farbstoffbildung erfolgt also unter den schwarzen Stellen der Zeichnung, sodass ein Positiv entsteht.

Die Chinondiazide entstehen durch Diazotierung von 4-Aminophenol und Derivaten.

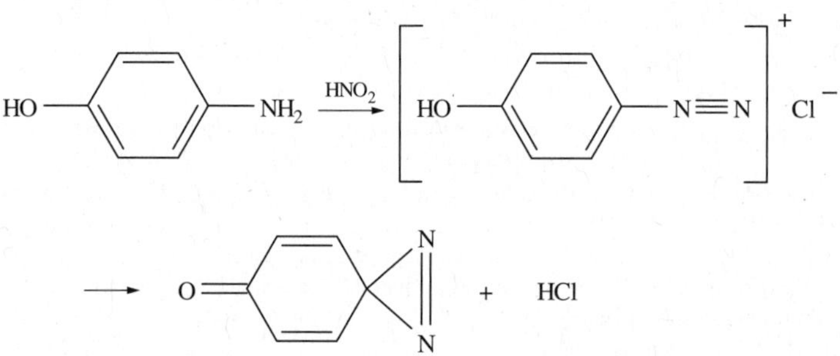

Chinondiazid

Die genauere Struktur der Chinondiazide ist noch umstritten.

40 Heterocyclische Verbindungen

40.1 Einfache heterocyclische Verbindungen

Allgemeines: Heterocyclische Verbindungen enthalten neben C-Atomen noch ein oder mehrere andere Atome als Ringglieder; von Bedeutung sind vornehmlich N, O und S. Ringe aus 5 oder 6 Atomen sind am beständigsten.

Übersicht über einfache heterocyclische Verbindungen:

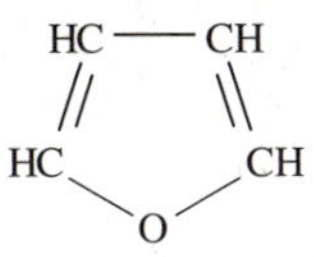
Furan

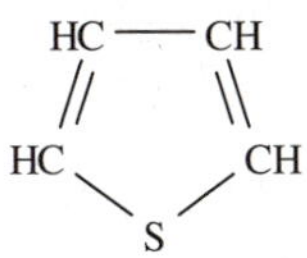
Thiophen

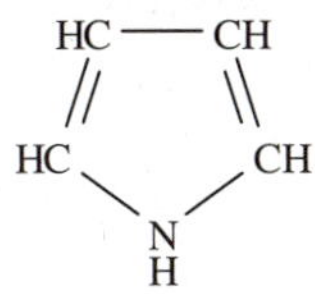
Pyrrol

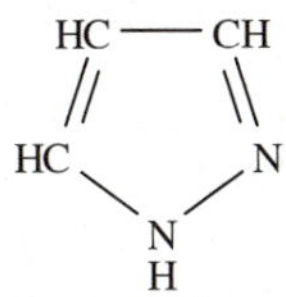
Pyrazol

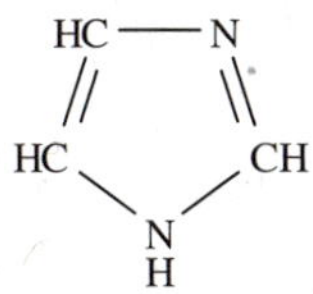
Imidazol

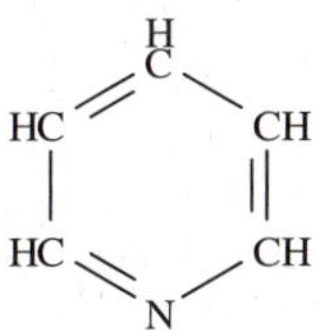
Pyridin

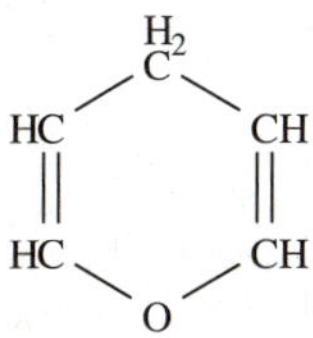
Pyran

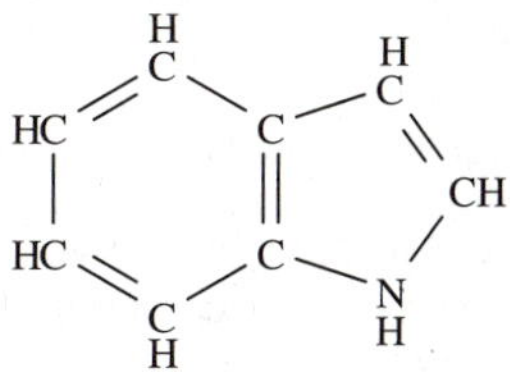
Indol

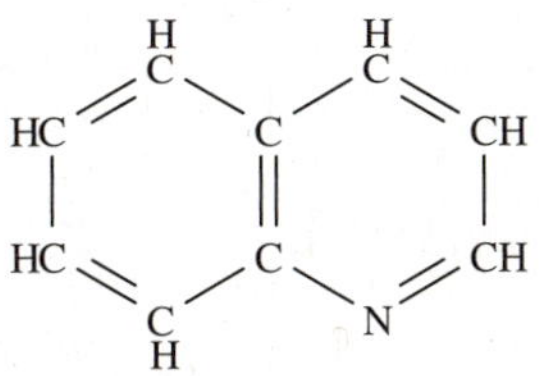
Chinolin

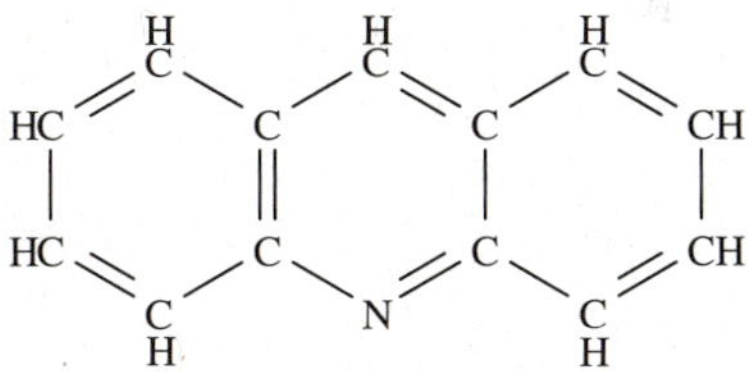
Acridin

Im strengen Sinne sind auch einige Stoffe heterocyclisch, die gewöhnlich bei den aliphatischen oder carbocyclischen Stoffen abgehandelt werden, da sie leicht aus diesen entstehen und leicht wieder in diese übergeführt werden können, z. B. die Anhydride zweiwertiger Carbonsäuren, die Ringstrukturen der Kohlenhydrate oder auch das Ethylenoxid.

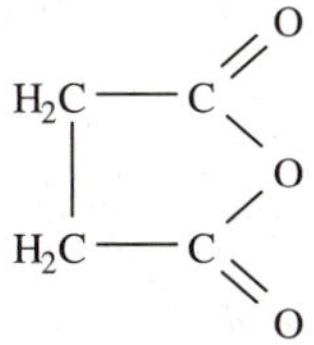
Bersteinsäureanhydrid

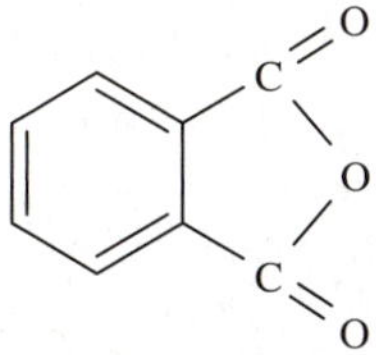
Phthalsäureanhydrid

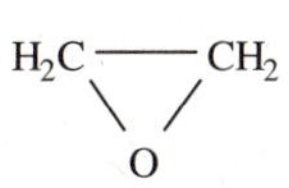
Ethylenoxid

Die komplizierter gebauten heterocyclischen Farbstoffe (↑ 42.1), Alkaloide (↑ 40.2) u. a. werden in Sonderkapiteln aufgeführt.

Chemische Eigenschaften: Viele heterocyclische Ringe zeigen analog dem Benzen aromatisches Verhalten (von den bisher angeführten nur Pyran nicht). So setzen sie den Versuchen, Wasserstoff oder Halogene zu addieren, erheblichen Widerstand entgegen; hingegen werden ihre H-Atome leicht substituiert. Auch lassen sie sich nitrieren.

Nomenklatur: Bei der systematischen Benennung der Ringsysteme setzt man vor den Namen des entsprechenden carbocyclischen Kohlenwasserstoffs (unter Berücksichtigung der Doppelbindungen) für jedes Heteroatom eine bestimmte Vorsilbe, und zwar:

N ≙ Aza ... S ≙ Thia ... O ≙ Oxa ...

Bei Vorhandensein mehrerer Heteroatome gilt die Rangordnung: O vor S vor N.

▲ Pyridin = Azabenzen
Furan = Oxacyclopenta-2,4-dien
Pyrazol = 1,2-Diazacyclopenta-2,4-dien
Ethylenoxid = Oxacyclopropan

Die Bezifferung der Ringglieder für die systematische Benennung von Substitutionsprodukten erfolgt bei den monocyclischen Stoffen so, dass das Heteroatom die Ziffer 1 bekommt. Sind weitere Heteroatome vorhanden, so wird in derjenigen Richtung weitergezählt, bei welcher das nächste Heteroatom die kleinere Zahl bekommt; ein benachbartes Heteroatom erhält also die Ziffer 2. Dabei rangieren O vor S vor NH vor N.

▲

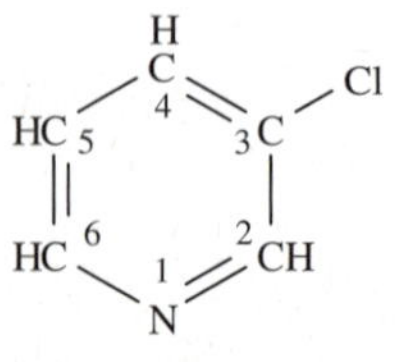

3-Chlor-pyridin
(3-Chlor-aza-benzen)

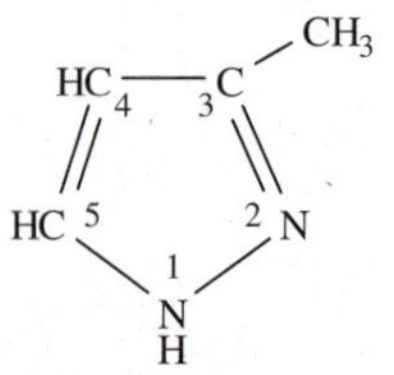

3-Methyl-pyrazol
(3-Methyl-1,2-diaza-penta-2,4-dien)

Pyrrol, Azacyclopenta-2,4-dien, C_4H_5N: farblose, angenehm riechende Flüssigkeit (*Kp* 130 °C), die sich an der Luft unter Verharzung allmählich braun färbt. Ein mit Salzsäure befeuchteter Fichtenspan nimmt in Pyrrol kirschrote Farbe an (Nachweis).
Das Ringsystem des Pyrrols ist u. a. im Blutfarbstoff *Hämoglobin,* im Blattfarbstoff *Chlorophyll* und im Gallenfarbstoff *Bilirubin* enthalten.

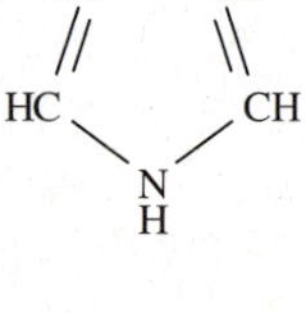

Pyrrolidin ist das vollständig hydrierte Pyrrol. Derivate des Pyrrolidins sind u. a. die Eiweißbausteine *Prolin* und *Oxyprolin,* ferner die Alkaloide *Nicotin, Kokain* und *Atropin.*

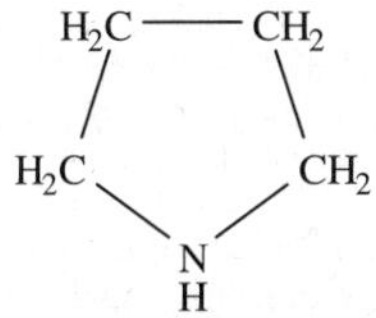

Furan, C_4H_4O: farblose, sehr leicht flüchtige, chloroformartig riechende Flüssigkeit (*Kp* 32 °C), die einen mit Salzsäure befeuchteten Fichtenspan intensiv grün färbt (Nachweis).

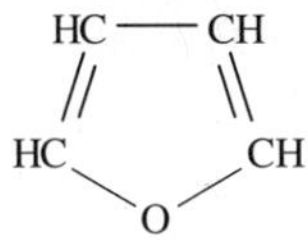

Furfural, das wichtigste Derivat des Furans, ist eine farblose, nach frischem Brot riechende Flüssigkeit (*Kp* 161,6 °C), die beim Erhitzen von Pentosen mit verdünnten Säuren destilliert und technisch aus Kleie [*furfur* (lat.) Kleie], entkörnten Maiskolben u. dgl. gewonnen wird.
Furfural, Fu–CHO, lässt sich zu **Furfurylalkohol**, Fu–CH_2OH, reduzieren und zu **Brenzschleimsäure**, Fu–COOH, oxidieren (Fu steht für das Furan-Ringsystem).

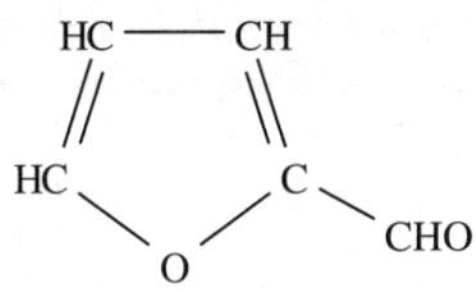

Tetrahydrofuran entsteht durch vollständige (katalytische) Hydrierung von Furan und ist ein ausgezeichnetes Lösemittel (*Kp* 66 °C); auch als chemisches Zwischenprodukt wird es verwendet.

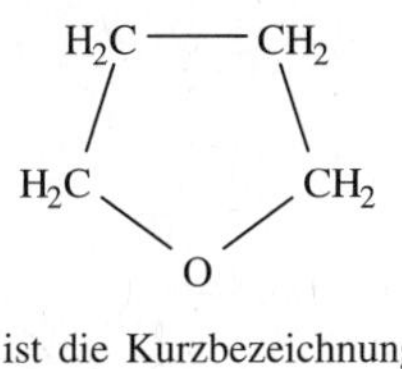

„Dioxin“, ist die Kurzbezeichnung für *2,3,7,8-Tetrachlor-dibenzodioxin,* das sich vom 1,4-Dioxin bzw. Dibenzodioxin ableitet:

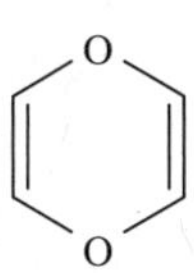

1,4-Dioxin

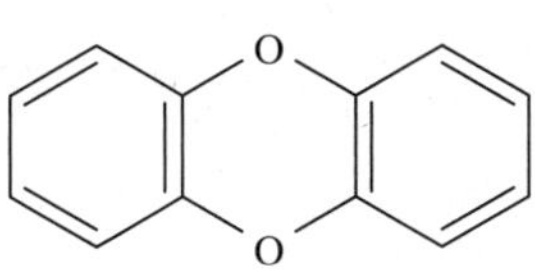

Dibenzodioxin

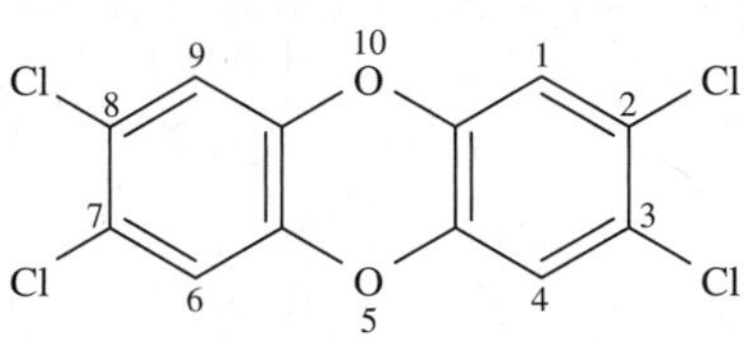

2,3,7,8-Tetrachlor-dibenzodioxin („Dioxin“)

„Dioxin“ (farblos, wasserunlöslich; *F* 320 bis 325 °C), eine der giftigsten Substanzen überhaupt (übertrifft Strychnin oder Natriumcyanid bei weitem), bildet sich bei der Verbrennung bzw. Pyrolyse chlorierter aromatischer Verbindungen oft in kleinsten, aber sehr gefährlichen Mengen (Problematik der Müllverbrennung!). Bei der Produktion hochchlorierter Phenole (Tri-, Pentachlorphenol) kann es in den technischen Produkten als Verunreinigung enthalten sein.

Da „Dioxin“ chemisch außerordentlich beständig und bis 800 °C thermostabil ist, zählt es zu den gefährlichsten „Umweltgiften“. Subakute Dosen rufen schwere Schädigungen von Leber, Nieren, Herz, Atmungstrakt, Haut u. a. Organen, verbunden mit Muskelschwund, hervor.

Ähnliche Wirkungen zeigen auch Substanzen mit abweichenden Chlorpositionen; sie werden insgesamt als „Dioxine“ oder genauer als **p**oly**c**hlorierte **D**ibenzo**d**ioxine (PCDD) bezeichnet. Auch polychlorierte Dibenzofurane (PCDF) und ebene polychlorierte Biphenyle (PCB) binden an die gleichen Rezeptoren und rufen daher ähnliche gesundheitliche Schäden hervor.

Thiophen, C_4H_4S, ähnelt dem Benzen in physikalischen und chemischen Eigenschaften, auch im Geruch, außerordentlich stark (*Kp* 84 °C) und ist zu 0,1 bis 0,2 % im technischen Steinkohlenteerbenzen enthalten.

Pyrazol und **Imidazol,** $C_3H_4N_2$, sind feste, kristalline Substanzen.

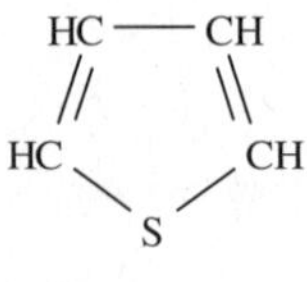
Thiophen

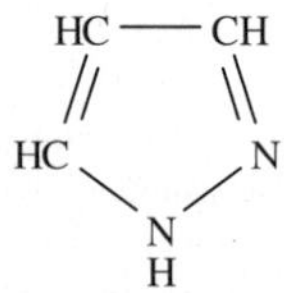
Pyrazol

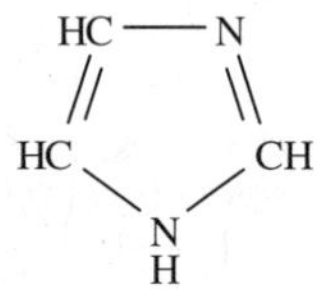
Imidazol

Derivate des Pyrazols sind z. B. die aus Anilin hergestellten Analgetika und Antipyretika **Phenazon** (früher: *Antipyrin*) und **Aminophenazon** (früher: *Pyramidon, Amidopyrin*). Beide leiten sich vom Keton **Pyrazolon** ab:

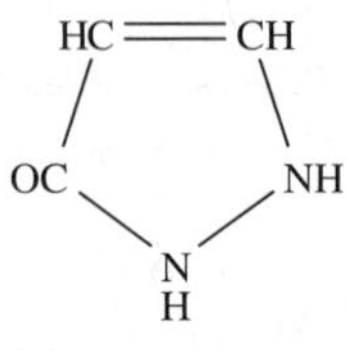
Pyrazolon

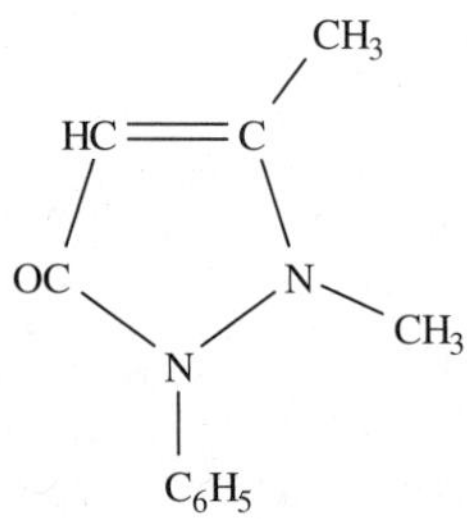
Phenazon

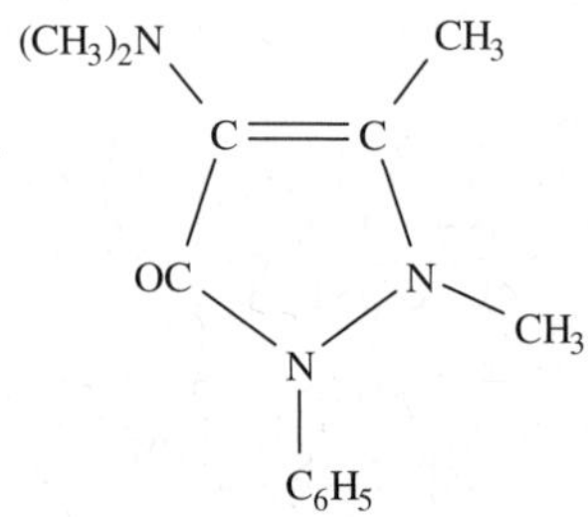
Aminophenazon

Purinderivate

Der **Imidazol-Ring** ist Bestandteil des **Purin-Ringsystems,** von dem sich u. a. Harnsäure, Coffein und Theobromin und Nucleinsäurebasen (↑ 41.3) ableiten:

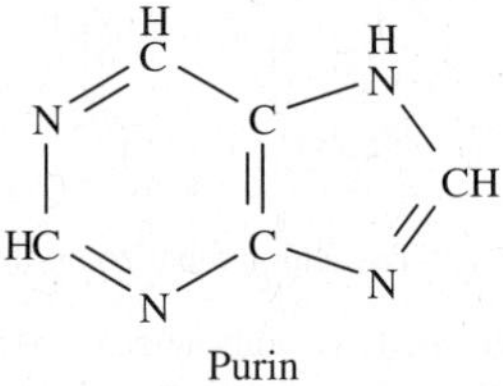
Purin

Harnsäure: weißes, geruchloses Kristallpulver (Salze: **Ureate**); findet sich neben Harnstoff im Harn (täglich 1 g). Blasen- oder Nierensteine bestehen oft völlig aus Harnsäure und ihren Salzen; bei Gicht lagert sich Harnsäure in Gelenken ab.

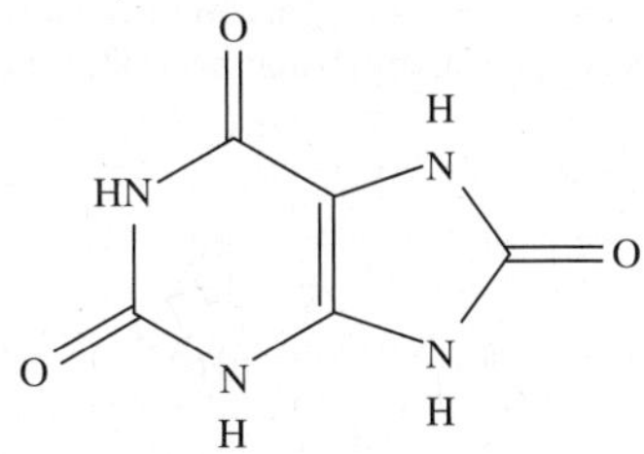

Coffein: weißes, geruchloses, bitter schmeckendes, beim Erhitzen sublimierendes Kristallpulver (*F* 236 °C), das bis zu 5 % in getrockneten Teeblättern und zu 1 bis 1,5 % in Kaffeebohnen vorkommt, heute auch synthetisch gewonnen wird. Coffein regt Herztätigkeit, Stoffwechsel und Atmung an.

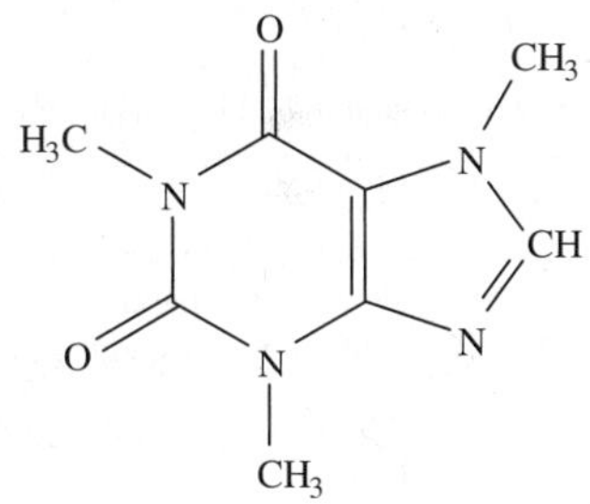

Theobromin: ebenfalls weiß und geruchlos, ist bis zu 1,8 % in Kakaobohnen vorhanden; es wirkt ähnlich wie Coffein.

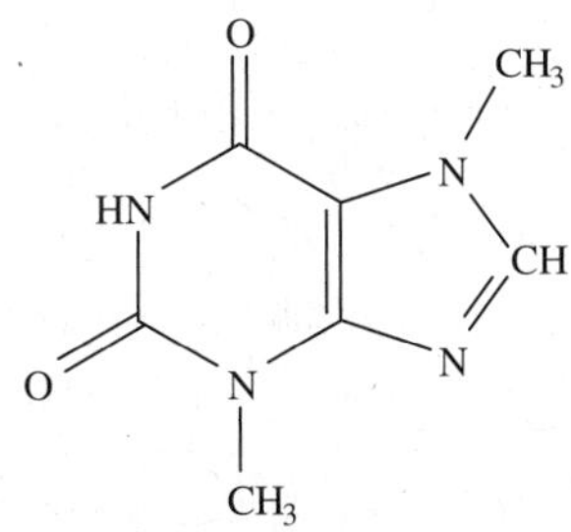

Pyridin, C_5H_5N: farblose, eigentümlich durchdringend riechende, beliebig mit Wasser mischbare Flüssigkeit (*Kp* 115,6 °C), die im Knochenöl (Destillat entfetteter Knochen) und im Steinkohlenteer vorkommt. Es weist zugleich aromatisches und basisches Verhalten auf, ist schwer substituierbar und bildet z. B. mit Salzsäure festes, weißes, leicht wasserlösliches *Pyridiniumchlorid* (*Pyridinhydrochlorid*).
Verwendung als Lösemittel, Denaturierungsmittel für Ethanol und chemisches Zwischenprodukt für Farbstoffe und Pharmazeutika.

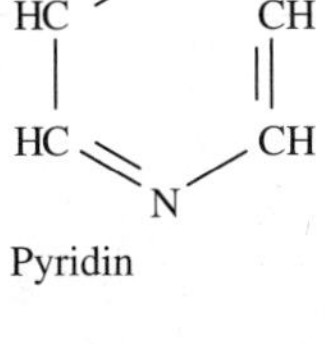

Pyridin

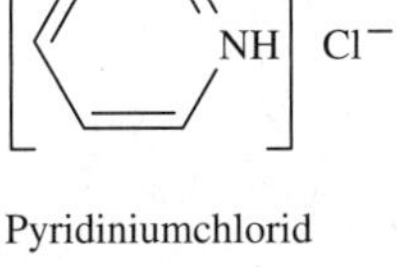

Pyridiniumchlorid

Die *Methylpyridine* heißen **Picoline,** die *Dimethylpyridine* **Lutidine,** die *Trimethylpyridine* **Collidine.** Das vollständig hydrierte Pyridin heißt **Piperidin.**

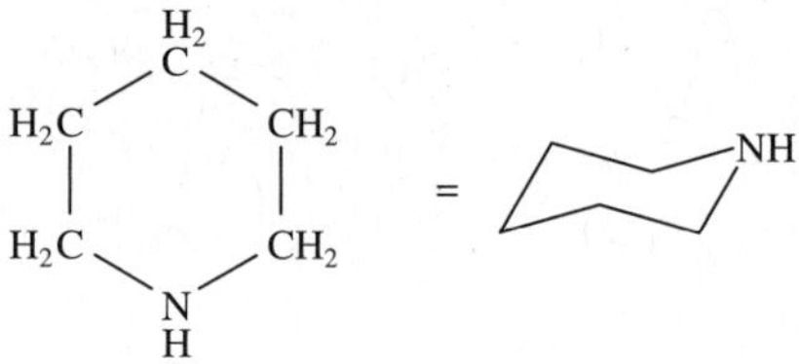

Piperidin Sessselform des Piperidins

Bei den über Doppelbindungen verknüpften Ringatomen in Pyridin liegt eine sp^2-Hybridisierung (↑ S. 126) vor; die Struktur ist daher eben mit 120°-Winkeln. Im Piperidin sind die Ringatome dagegen einfach gebunden und sp^3-hybridisiert, was eine tetraederförmige Umgebung ergibt. Piperidin – und andere über Einfachbindungen gebundene Sechsringe – sind daher gewinkelt und bilden eine sogenannte Wannen- oder bevorzugt die im rechten Formelbild gezeigte Sesselform. Diese erkennen Sie auch in vielen überbrückten Ringen bei Alkaloiden (↑ S. 748) und anderen Naturstoffen.

Pyridin- und Piperidinringe finden sich in Alkaloiden, z. B. im *Coniin, Nicotin* und *Piperin.*

Die heterocyclischen aromatischen Sechsringe mit 2 N-Atomen heißen:

Pyridazin = 1,2-Diaza-benzen

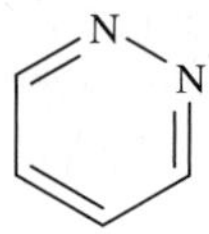

Pyrimidin = 1,3-Diaza-benzen

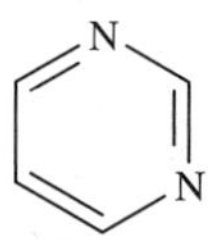

Pyrazin = 1,4-Diaza-benzen

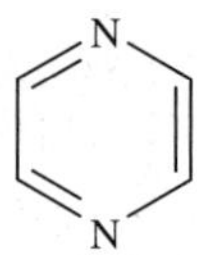

Von **Pyrimidin** leiten sich Nucleinsäurebasen (↑ 41.3) ab.

Pyran ist bislang nur in Form von Derivaten bekannt; von ihm leiten sich die Sechsringformen der Kohlenhydrate („Pyranosen") sowie die *Anthocyane,* eine Gruppe blauer und roter Blütenfarbstoffe, ab.

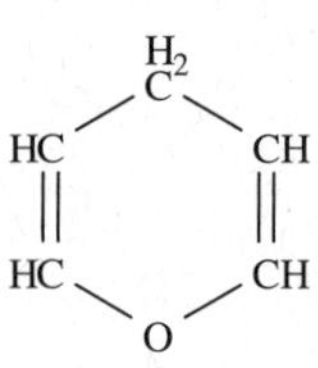

Indol ist fest und besitzt wie sein Methylderivat **Skatol** (3-Methyl-indol) in unreinem Zustand einen fäkalartigen Geruch (vgl. „Skat“: das Abgelegte); beide Stoffe kommen in den Fäzes vor und werden in reinem Zustand für Parfüme verwendet.

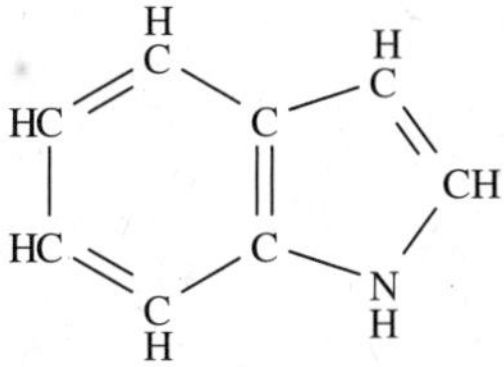

Indol

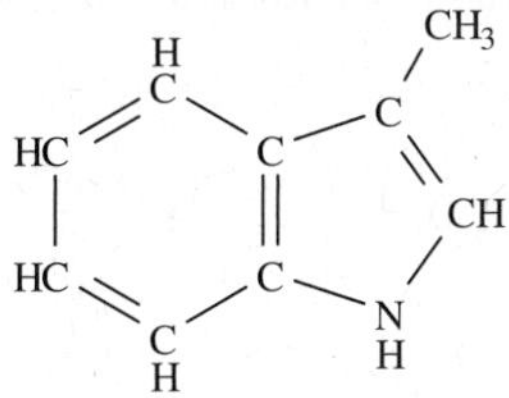

Skatol

Chinolin ist eine farblose, sich an der Luft allmählich braun färbende Flüssigkeit (*Kp* 238 °C), kommt in Steinkohlenteer vor und ähnelt in seinen Eigenschaften dem Pyridin. Ausgangsstoff für Farbstoffe und Arzneistoffe.

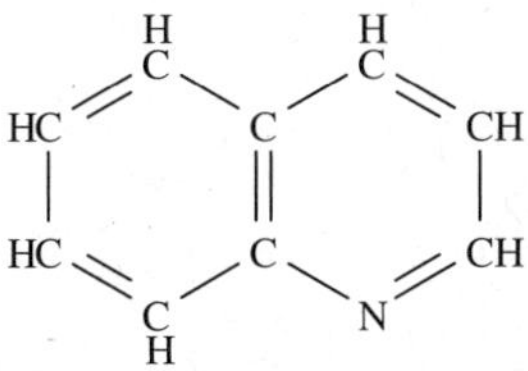

Acridin, das farblose Nadeln bildet, ist ebenfalls im Teer enthalten und ist Muttersubstanz wichtiger Arzneistoffe.

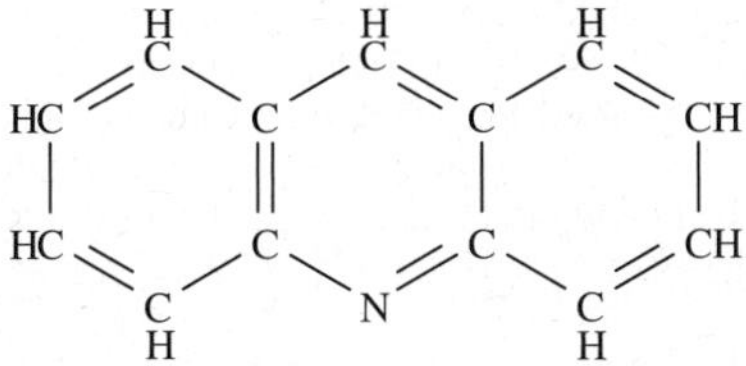

Melamin, *2,4,6-Triaminotriazin,* $C_3N_3(NH_2)_3$, ein farbloses, in heißem Wasser leicht lösliches, beim Erhitzen sublimierendes Kristallpulver, wird technisch gemäß

$$6\,CO(NH_2)_2 \rightarrow C_3N_3(NH_2)_3 + 3\,CO_2 + 6\,NH_3$$

durch Erhitzen von Carbamid (Harnstoff) auf 350 bis 400 °C hergestellt;
Verwendung für Melaminharz und -kunststoffe.

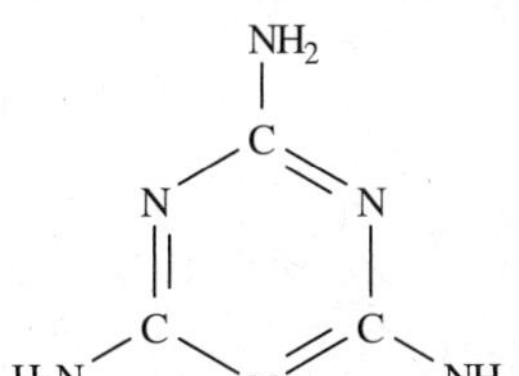

Alloxan, $(CO)_4(NH)_2$, ein gelber, kristallisierter, leicht wasserlöslicher Stoff, ist das Ureid (Carbamidderivat) der *Mesoxalsäure* (HOOC–CO–COOH); *F* 256 °C. Alloxan entsteht aus Harnsäure durch starke Oxidationsmittel und ergibt mit Wasser farbloses *Alloxanhydrat.* Alloxan und sein Hydrat färben die Haut intensiv rot und werden daher z. B. für hautentwickelnde Lippenstifte verwendet.

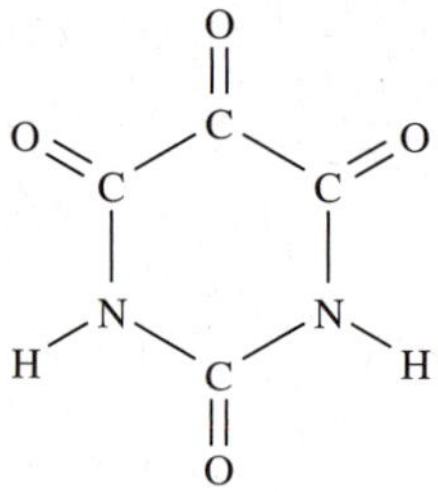

40.2 Alkaloide

Definition: Alkaloide sind basische, in Pflanzen vorkommende Stoffe, die Stickstoff in meist heterocyclischer Bindung enthalten.

Allgemeines: Man kennt über 8000 Alkaloide; die meisten sind sehr giftige, farblose Feststoffe; einige wenige sind flüssig. Sie kommen in den Pflanzen als gelöste Salze vor.

(–)-Nicotin: farblose, sehr giftige, an der Luft braun werdende, ölige, tabakähnlich riechende, scharf schmeckende Flüssigkeit; kommt zu 0,6 bis 0,9 % im Tabak (2 bis 8 % des Trockengewichtes der Tabakblätter) und in anderen Nachtschattengewächsen vor; wird aus Tabaklauge durch Extraktion mit organischen Lösemitteln gewonnen; *Kp* 246 °C. Nicotin erregt erst und lähmt dann das Zentralnervensystem. 50 bis 100 mg sind oral verabreicht tödlich; 1 Zigarette enthält etwa 12 bis 15 mg, wovon 30 bis 50 % in den Rauch übergehen.

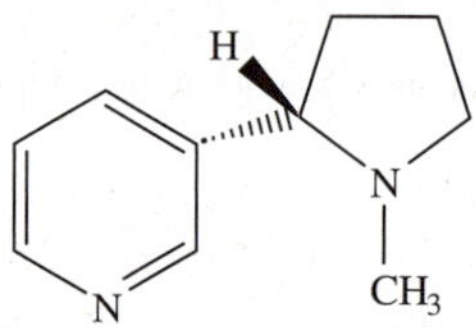

(+)-Coniin, (S)-2-Propylpiperidin: farblose, ölige Flüssigkeit; Schierlingsgift (SOKRATES); 500 bis 100 mg sind tödlich infolge Lähmung des Atemzentrums.

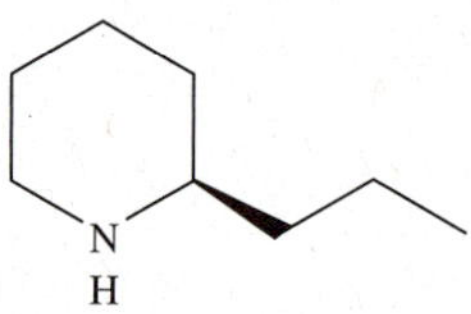

Piperin: farblose Kristalle; *F* 128 °C; Hauptgeschmacksträger des Schwarzen Pfeffers.

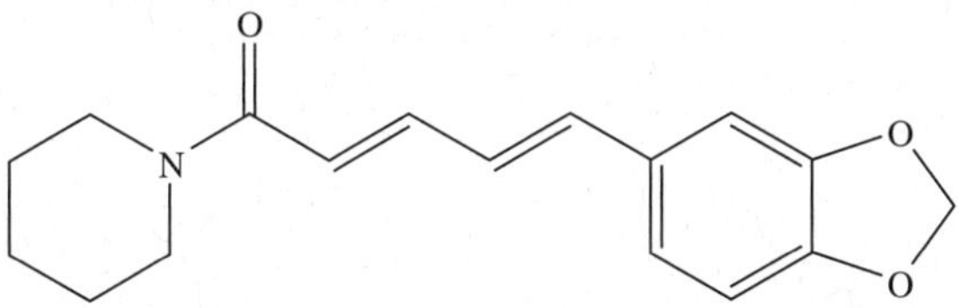

(–)-Lobelin: farblose, nadelförmige Kristalle; *F* 131 °C; Hauptalkaloid der nordamerikanischen Lobelie; wirkt atmungsanregend.

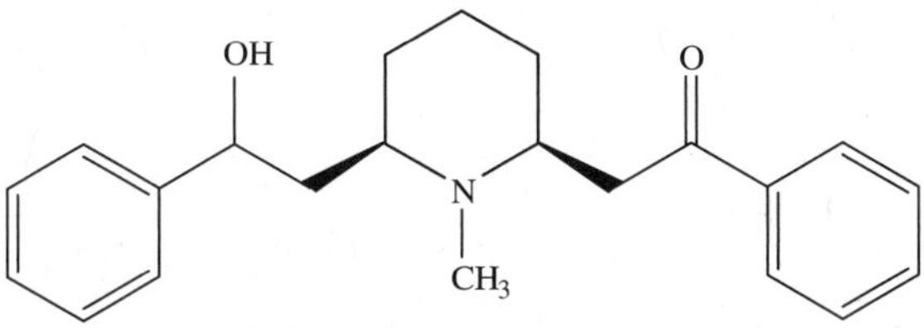

Atropin: bitter schmeckende Kristalle; *F* 115 °C; Gift der Tollkirsche; tödliche Dosis etwa 100 mg; kleinere Mengen bewirken Durst und Trockenheit im Mund, Erweiterung der Pupillen, Unruhe, Kopfschmerz, Sehstörungen, Halluzinationen und schließlich Bewusstlosigkeit.

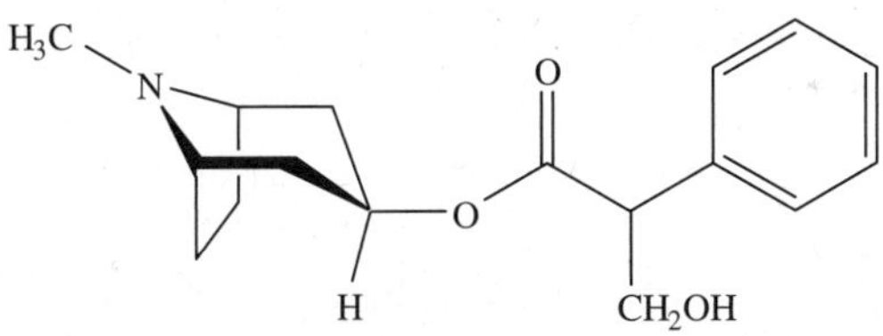

Verwandt mit Atropin sind **Hyoscyamin** und **Scopolamin**, die ebenfalls in Nachtschattengewächsen vorkommen.

Kokain, *Cocain*: farblose Kristalle; *F* 98 °C; in Kokablättern bis zu 1,3 % vorkommendes Suchtgift; Anwendung als anästhesierendes und pupillenerweiterndes Mittel in der Augenheilkunde; beseitigt in kleinen Mengen Müdigkeit und Hunger; führt Tod durch Lähmung des Atemzentrums herbei.

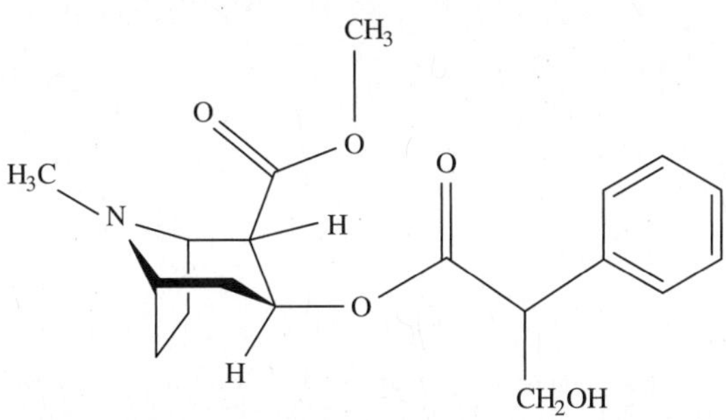

Chinin: farblose Kristalle; *F* 177 °C; wichtigstes Alkaloid der Rinde der „Chinabäume“ (Indonesien, Südamerika, Indien). Chinin besitzt fiebersenkene, wehenfördernde, krampflösende, in größeren Dosen lähmende Wirkung und ist besonders wirksam gegen Malaria. Die wässrige Lösung von Chininsulfat fluoresziert intensiv blau.

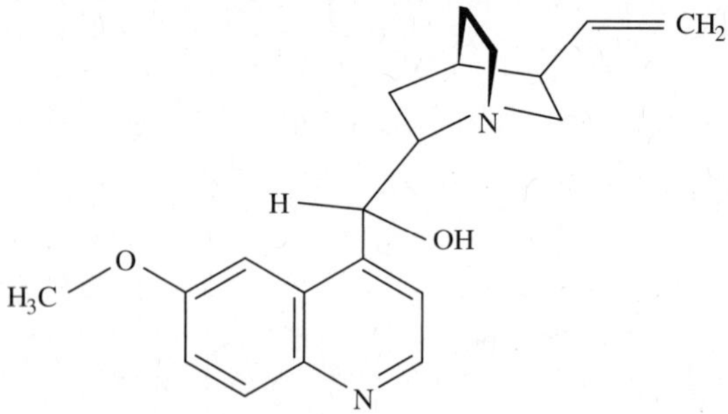

Tubocurarin, als Chlorid $C_{37}H_{42}Cl_2N_2O_6$, ist eines der wichtigsten Alkaloide des *Curare* (südamerikanisches Pfeilgift); es wird wegen seiner lähmenden Wirkung, beruhend auf Hemmung der Impulsübertragung vom Nervenende auf den willkürlichen Muskel, medizinisch verwendet, z. B. bei der Narkose.

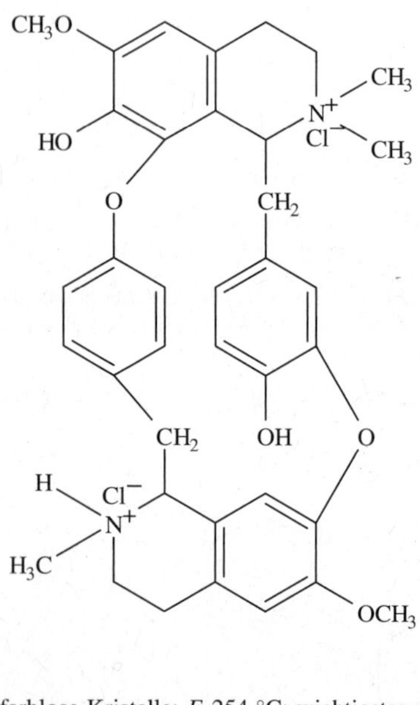

Morphin: farblose Kristalle; *F* 254 °C; wichtigstes Alkaloid des *Opiums* (Opium = eingetrockneter Saft unreifer Samenkapseln verschiedener Mohnarten); als erstes Alkaloid 1805 von FRIEDRICH WILHELM

SERTÜRNER isoliert; Synthese 1952. Morphin ist eines der wirksamsten schmerzstillenden Mittel, führt jedoch leicht zur Sucht.

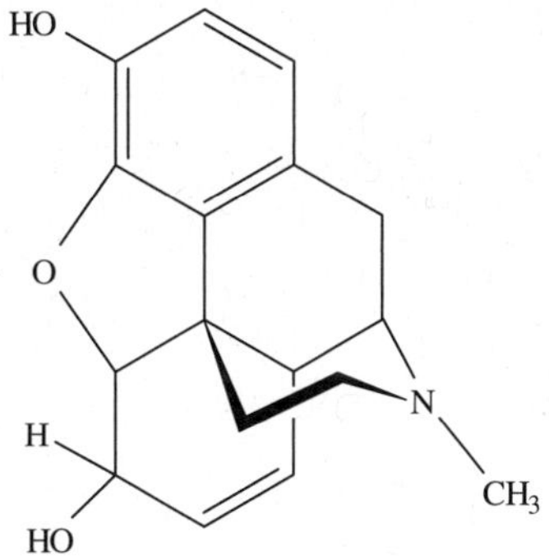

Codein, ebenfalls im Opium vorkommend, ist der Monomethylether des Morphins und wird auch aus diesem hergestellt; *F* 155 °C; es wirkt hustenstillend.

Heroin ist *Diacetylmorphin; F* 173 °C; es wird aus Morphin durch Behandlung mit Essigsäureanhydrid hergestellt und ist eines der gefährlichsten Suchtgifte.

Yohimbin, das Alkaloid der Blätter und Rinde des Yohimbebaums (Westafrika); *F* 234 °C; gilt als Aphrodisiakum.

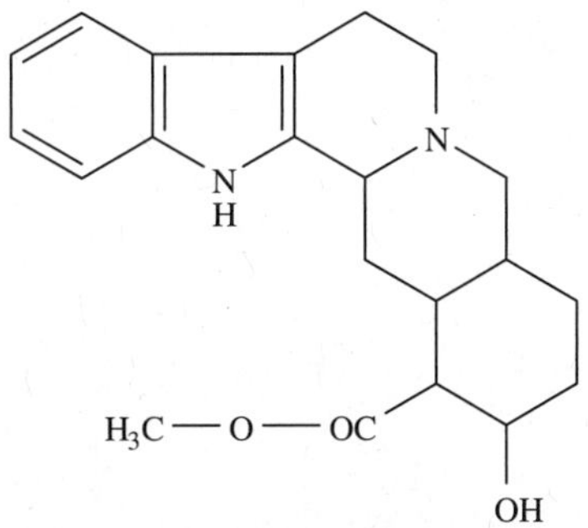

Strychnin: farblose Kristalle; sehr giftiges, krampferregendes Alkaloid aus den Samen des Brechnussbaumes (Ostindien); Synthese 1954; tödliche Dosis 15 bis 100 mg.

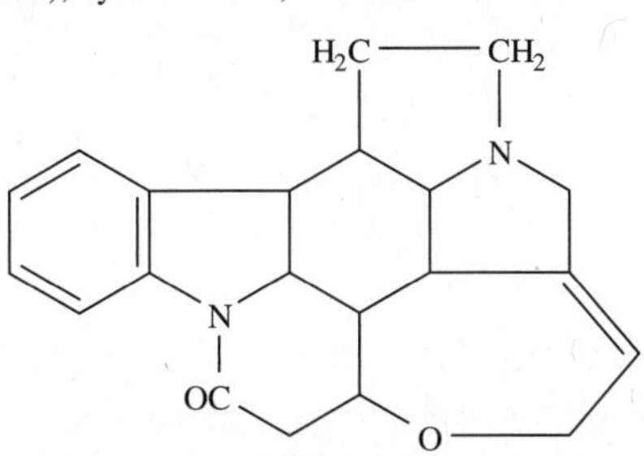

Ergotamin kommt neben anderen Alkaloiden im Mutterkorn (einem auf Roggen wachsenden Pilz) vor; aus ihm lässt sich **Lysergsäure** abspalten, deren Derivat **Lysergsäurediethylamid** (LSD) als halluzinogenes Suchtgift missbraucht wird.

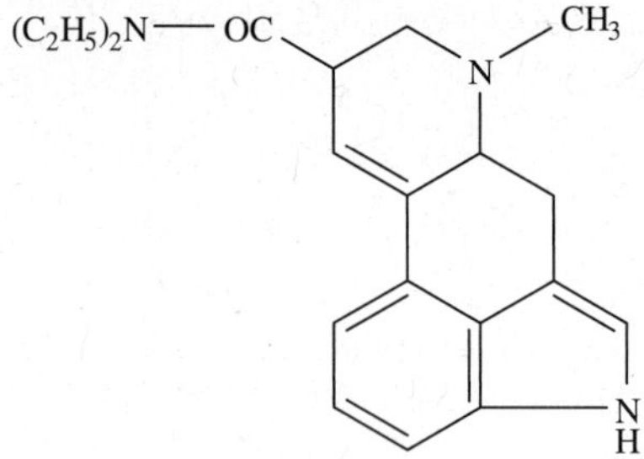

Lysergsäurediethylamid

Aconitin ist das Gift des blauen Eisenhutes, **Solanin** das der grünen Teile von Nachtschattengewächsen (z. B. der Kartoffel);
Muscarin ist das Alkaloid des Fliegenpilzes.

Colchicin, das Alkaloid der Herbstzeitlose, ermöglicht die Züchtung von Pflanzen mit erhöhter Chromosomenzahl.

41 Biochemisch wichtige Stoffgruppen

Zu den biochemisch wichtigen Stoffgruppen gehören auch die Kohlenhydrate (↑ Kap. 38).

41.1 Eiweißstoffe (Eiweiße, Eiweißkörper)

41.1.1 Allgemeines

Definition: Eiweißstoffe sind makromolekulare Verbindungen, deren Moleküle sich aus säureamidartig miteinander verknüpften Aminosäuren (genauer: Aminocarbonsäuren) und evtl. weiteren Bestandteilen zusammensetzen.

Elemente: Alle Eiweißstoffe enthalten Kohlenstoff, Wasserstoff, Stickstoff und Sauerstoff, nahezu alle auch Schwefel, viele Phosphor, manche Eisen, Kupfer, Zink und andere Elemente.

Einteilung:

- **Proteine** (*einfache Eiweißstoffe*) bestehen ausschließlich aus Aminosäurebaugruppen.
- **Proteide**[1] (*zusammengesetzte Eiweißstoffe*) enthalten zusätzlich „prosthetische Gruppen“ (Zucker, Nucleinsäuren, Phosphorsäure, Farbstoffe, Vitamine u. a.)

  Proteid = Protein + prosthetische Gruppe

Molekülgröße: Die Anzahl der miteinander verbundenen Aminosäurebaugruppen beträgt größenordnungsmäßig 100 bis 100 000, sodass sich relative Molekülmassen von etwa 10 000 bis 10 000 000 ergeben.

Struktur: Bei der Verknüpfung der Aminosäuren reagiert formal das -COOH des einen Moleküls mit dem -NH_2 des anderen unter Wasserabspaltung zur *Säureamidgruppierung* -CO-NH- (bei den Aminosäuren auch *Peptidbindung* genannt):

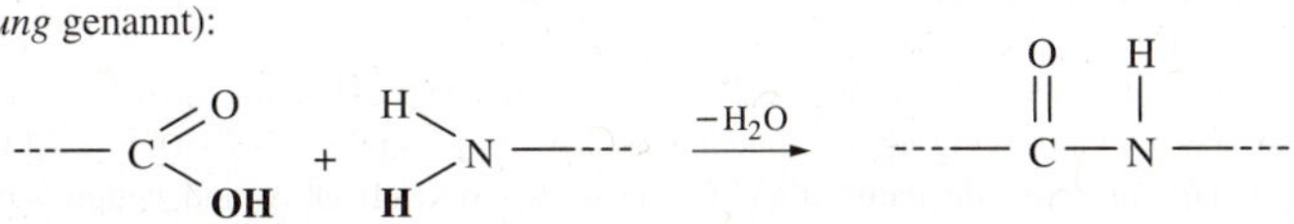

Die entstehenden Verbindungen heißen **Peptide.** *Oligopeptide* enthalten bis zu 10 (*Dipeptide* 2, *Tripeptide* 3 usw.), *Polypeptide* mehr als 10 Aminosäurebaugruppen; Polypeptide mit mehr als 100 Aminosäurebaugruppen heißen auch *Makropeptide.*
Die **Proteine** bestehen aus hochmolekularen Peptidketten, die durch Wasserstoffbrücken, Disulfid- (–S–S–), Ionen- oder andere Bindungen verknüpft sind.

Primärstruktur:	Reihenfolge der Aminosäuren in den Polypeptidketten;
Sekundärstruktur:	Form der Polypeptidketten (gestreckt, geknäuelt, geschraubt);
Tertiärstruktur:	räumliche Lagerung der Polypeptidketten im Gesamtmolekül;
Quartiärstruktur:	Anordnung mehrerer Polypeptidketten zu Dimeren oder Tetrameren etc.

Eigenschaften: Die Eiweißstoffe sind z. T. sehr empfindlich (bestimmte Schlangengifte werden schon beim Schütteln ihrer Lösungen zerstört), z. T. aber auch sehr beständig (Hornsubstanz).

Manche Eiweißstoffe sind unlöslich, andere ergeben mit Wasser kolloide Lösungen. Aus diesen Lösungen lassen sie sich durch Salze (Natriumchlorid, Ammoniumsulfat) oder durch Einstellen bestimmter pH-Werte

[1] Sprich: Prote-ine bzw. Prote-ide

reversibel ausfällen. Beim Erhitzen oder Zufügen starker Säuren erfolgt irreversible Ausfällung (*Denaturierung*) unter Verlust ihrer biologischen Wirksamkeit.
Eiweißlösungen sind optisch aktiv.

Hydrolyse: Die Eiweißstoffe lassen sich

- durch Erhitzen mit *Säuren* oder *Alkalien*
- durch Einwirken von *Enzymen* („enzymatisch")

unter Wasseraufnahme in ihre Aminosäuren und sonstigen Bestandteile aufspalten.

Die peptidspaltenden Enzyme („Proteasen") sind häufig auf die Sprengung der Bindung zwischen ganz bestimmten Aminosäuren spezialisiert, sodass auch höhermolekulare Spaltprodukte erhalten werden.

Farbreaktionen:

- *Biuretreaktion* (auch bei Harnstoff positiv!): Violettfärbung schwach alkalischer Lösungen (enthaltend Biuret, $H_2N–CO–NH–CO–NH_2$) bei Zusatz von Kupfersulfat;
- *Xanthoproteinreaktion:* Gelbfärbung mit konz. Salpetersäure, beruhend auf Nitrierung aromatischer Aminosäuren;
- MILLON*sche Reaktion:* rotbrauner Niederschlag beim Erwärmen mit salpetrigsaurer Quecksilber(II)-nitratlösung.

Physiologische Bedeutung: Eiweißstoffe sind die eigentlichen „Träger des Lebens". Im *Protoplasma* spielen sich unter ständiger Umwandlung der Eiweißstoffe die Lebensvorgänge ab. Die biokatalytisch wirkenden *Enzyme* und ein Teil der *Hormone* sind ebenfalls Eiweißstoffe. *Gerüsteiweiße,* z. B. *Horn*, wirken als Stützsubstanzen oder sind (als Feder- oder Haarkleid) für den Wärmehaushalt von Bedeutung. Alle Eiweißstoffe im lebenden Organismus erneuern sich ständig und müssen durch Nahrungsaufnahme ergänzt werden, wobei tierisches Eiweiß (wegen genügenden Gehalts an essentiellen Aminosäuren (↑ 41.1.2)) wertvoller ist als pflanzliches.

41.1.2 Eiweiß-Aminosäuren

Struktur und Konfiguration: nahezu ausschließlich α-Aminosäuren (2-*Aminocarbonsäuren*), d. h. die Aminogruppe ist an das der Carboxylgruppe benachbarte C-Atom gebunden: $R–CH(NH_2)–COOH$.
Mit Ausnahme von Glycin sind alle natürlichen Aminosäuren optisch aktiv und gehören der L-Reihe (↑ 44.7.2) an.

Essentielle Aminosäuren: nicht vom Organismus synthetisierbar; Zufuhr mit der Nahrung notwendig. Von den etwa 22 insgesamt vorhandenen sind dies beim Menschen (in der Reihenfolge abnehmenden Bedarfs) folgende 10:
Leucin, Lysin, Valin, Phenylalanin, Methionin, Histidin, Tryptophan, Arginin, Threonin, Isoleucin.

Aminosäuren – Übersicht (in Klammern: Symbole; * essentiell)

- **Aliphatische Aminosäuren**
  - *Monoamino-monocarbonsäuren*

    Glycocoll (Gly), *Glykokoll*, *Glycin* (gebräuchlicher Name), *Aminoessigsäure, Amino-ethansäure,* $CH_2(NH_2)–COOH$

    Alanin (Ala), *2-Amino-propansäure,* $CH_3–CH(NH_2)–COOH$

    Valin* (Val), $CH_3–CH(CH_3)–CH(NH_2)–COOH$

    Leucin* (Leu), $CH_3–CH(CH_3)–CH_2–CH(NH_2)–COOH$

    Isoleucin* (Ileu), $CH_3–CH_2–CH(CH_3)–CH(NH_2)–COOH$

Alanin,

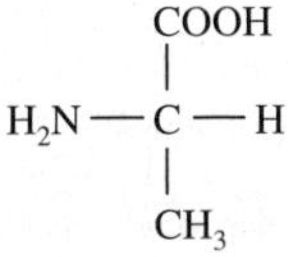

- *Monoamino-monocarbonsäuren mit Hydroxygruppen*

  Serin (Ser), $CH_2(OH)–CH(NH_2)–COOH$

  Threonin* (Thr), $CH_3–CH(OH)–CH(NH_2)–COOH$

- *Monoamino-monocarbonsäuren, schwefelhaltig*

  Cystein (Cys), $CH_2(SH)–CH(NH_2)–COOH$; geht durch Oxidation leicht in

  Cystin, $HOOC–CH(NH_2)–CH_2–S–S–CH_2–CH(NH_2)–COOH$, über.

  Methionin* (Met), $CH_2(SCH_3)–CH_2–CH(NH_2)–COOH$

- *Monoamino-dicarbonsäuren und -amide*

  Asparaginsäure (Asp), *Amino-bernsteinsäure,* $HOOC–CH_2–CH(NH_2)–COOH$

  Asparagin ($Asp-NH_2$), ist deren Monoamid, $H_2NOC–CH_2–CH(NH_2)–COOH$

  Glutaminsäure (Glu), $HOOC–[CH_2]_2–CH(NH_2)–COOH$

  Glutamin ($Glu-NH_2$) ist das Monoamid, $H_2NOC–[CH_2]_2–CH(NH_2)–COOH$.

  Natriumglutamat („Glutamat"), das Mononatriumsalz der Glutaminsäure, ist ein Würzmittel, das den Eigengeschmack verschiedener Nahrungsmittel verstärkt.

- *Diamino-monocarbonsäuren*

  Lysin* (Lys), $H_2N–[CH_2]_4–CH(NH_2)–COOH$

  Arginin* (Arg), $H_2N–C(=NH)–NH–[CH_2]_3–CH(NH_2)–COOH$

- **Aromatische Aminosäuren**

  Phenylalanin* (Phe), $C_6H_5–CH_2–CH(NH_2)–COOH$

  Tyrosin (Tyr), $HO–C_6H_4–CH_2–CH(NH_2)–COOH$

- **Heterocyclische Aminosäuren** (Formeln s. u.)

  Prolin (Pro), und **Hydroxyprolin** (Hypro);

  Tryptophan* (Try);

  Histidin* (His); .

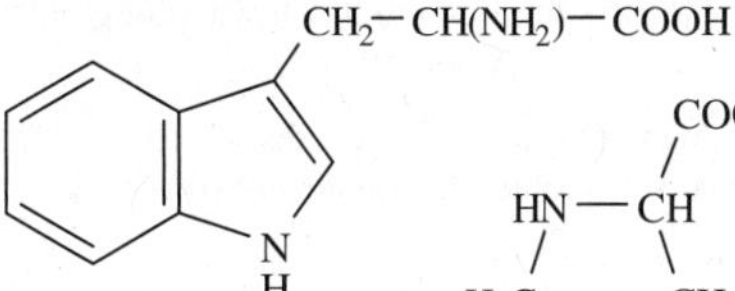

Tryptophan

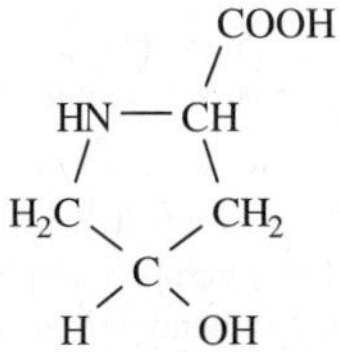

Hydroxyprolin

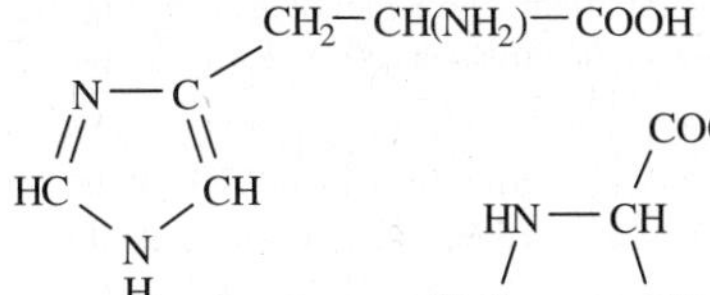

Histidin

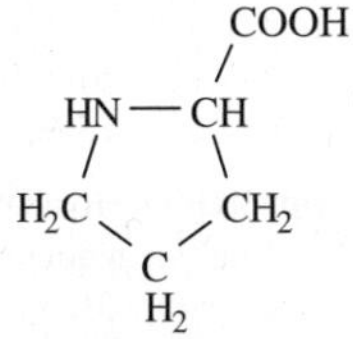

Prolin

41.1.3 Wichtige Proteine

Globuline: schwach sauer; in Wasser unlöslich, dagegen löslich in verdünnten Neutralsalzlösungen (z. B. NaCl 5 %) und Alkalien; durch halbgesättigte Ammoniumsulfatlösung reversibel ausfällbar.
Verbreitetste Proteingruppe, z. B. Reserveeiweiß in Hülsenfrüchtlern, Getreide u. a.; als *Serumglobulin* und *Fibrinogen* im Blutplasma, als *Zellglobulin* in Geweben, als *Lactoglobulin* in der Milch, als *Ovoglobulin* in Eiern.

Albumine: meist neutral; wasserlöslich; durch Sättigung mit Ammoniumsulfat, $(NH_4)_2SO_4$, reversibel ausfällbar; enthalten kaum Glycin; sind reich an Schwefel. Kommen gemeinsam mit Globulinen vor, z. B. als *Serum-*, *Lact-* und *Ovalbumin* in Blutplasma, Milch und Eiern. Äußerst giftig ist das **Ricin** der Rizinussamen.

Histone: basisch; löslich in verdünnten Alkalien und Säuren; durch Ethanol fällbar. Vorkommen in Zellkernen in lockerer Bindung an Nucleinsäuren.

Prolamine (*Gliadine*) und **Glutaline** bilden zusammen das für die Backfähigkeit des Brotes wichtige **Klebereiweiß** (*Gluten*) in den Getreidekörnern; löslich in 50 bis 80%igem Ethanol.

Skleroproteine (Gerüsteiweißstoffe): organische Gerüstsubstanz von Mensch und Tier; unlöslich; chemisch und z. T. auch mechanisch sehr widerstandsfähig.
Einteilung: *Kollagene* und *Keratine.*

- **Kollagene:** bilden das Bindegewebe und die organische Grundsubstanz von Knochen, Knorpel, Sehnen und Haut; gehen beim Kochen mit Wasser (Molekülabbau) in *Gelatine* (*Glutin*; unrein *Leim*) über. Deren Lösung erstarrt beim Abkühlen zu einem Gel, das sich beim Erwärmen wieder verflüssigt. An den Kollagenen der Haut vollzieht sich die *Gerbung* bei der Herstellung von *Leder.*
- **Keratine:** Hornsubstanzen von Mensch und Tier: Haare (z. B. Wolle), Federn, Nägel, Hörner, Hufe, Klauen. Hoher Cystin- und damit Schwefelgehalt; widerstandsfähig auch gegen eiweißspaltende Enzyme.

Naturseide (Raupenseide), von der Seidenraupe ersponnen, besteht aus dem keratinartigen *Fibroin* mit einer kollagenartigen Hülle aus *Sericin* (Seidenleim); letztere wird vor der textilen Nutzung aufgelöst.
Naturschwamm besteht aus dem iodhaltigen *Spongin*, die Aminosäure *3,5-Diiodtyrosin* enthaltend.

41.1.4 Wichtige Proteide

Nucleoproteide (prosthetische Gruppe: *Nucleinsäuren*): in Zellkernen und im Zellplasma von Tieren und Pflanzen vorkommend, in den Chromosomen (↑ 41.3) als Träger der Erbinformationen.
Virusproteide sind die (meist alleinigen) Bestandteile der *Viren*. Dies sind submikroskopische, z. T. auch kristallisiert erhältliche Krankheitserreger (Durchmesser $< 300\ \mu$m), die sich durch Umwandlung belebter Substanz autokatalytisch selbst reproduzieren.

Phosphorproteide (prosthetische Gruppe: *Phosphorsäure*): am wichtigsten *Casein* in der Milch und *Vitellin* im Eidotter. **Casein** ist als Calciumsalz in der Milch gelöst; die beim Sauerwerden entstehende Milchsäure bindet die Ca^{2+}-Ionen, sodass Casein ausfällt.

Glycoproteide (prosthetische Gruppe: *Kohlenhydrate*): hierzu gehören insbes. die **Mucopolysaccharide** (mit oft überwiegendem, aminozuckerhaltigem, z. T. auch mit Schwefelsäure verestertem Polysaccharidanteil), z. B. die im Binde- und Stützgewebe (Knorpel) vorkommenden *Mucoide* und die in Sekreten (Speichel, Schleim) enthaltenen *Mucine* (Schleimstoffe), ferner das blutgerinnungshemmende *Heparin* und die *Blutgruppensubstanzen.*

Chromoproteide (prosthetische Gruppe: *Farbstoffe*): hierzu gehören insbes. die Eisenverbindungen *Hämoglobin* (roter Blutfarbstoff) und *Myoglobin* (roter Muskelfarbstoff), beide mit der Farbstoffkomponente *Häm;* ferner verschiedene, ebenfalls eisenhaltige Atmungsenzyme (↑ 27.2.4); in den Pflanzen u. a. das magnesiumhaltige *Chloroplastin* mit der grünen Farbstoffkomponente *Chlorophyll.*

Zu den Proteiden gehören ferner Enzyme (↑ 41.6) (z. T. mit Vitaminen als prosthetischer Gruppe) sowie ein Teil der Hormone (↑ 41.5).

41.2 Lipide

Allgemeines: Tierische und pflanzliche Fette und fette Öle bestehen zu über 97 % aus den eigentlichen *Fetten*; daneben enthalten sie fettähnliche und fettunähnliche Begleitstoffe. Fette und fette Öle unterscheiden sich lediglich durch den Schmelzpunkt.

Unter dem Begriff **Lipide** fasst man Fette, fettähnliche Begleitstoffe (ursprünglich als *Lipoide* bezeichnet) und auch Wachse zusammen. Gemeinsam ist diesen Stoffen, dass sie Ester relativ langkettiger Carbonsäuren (Fett- bzw. Wachssäuren) sind. Fettunähnliche Begleitstoffe sind z. B. die Vitamine.

Fettsäuren sind fast ausnahmslos aliphatische, unverzweigte, gesättigte oder ungesättigte Monocarbonsäuren mit endständiger Carboxylgruppe. Natürliche Fettsäuren weisen eine gerade Anzahl von C-Atomen auf und sind mit fast alleiniger Ausnahme der Ricinolsäure unsubstituiert. Am häufigsten sind Palmitin-, Öl-, Linol-, und Ricinolsäure.

Wichtige natürliche Fettsäuren

- gesättigt:

$C_5H_{11}COOH$	Capronsäure (↑ 33.5.2)
$C_7H_{15}COOH$	Caprylsäure
$C_9H_{19}COOH$	Caprinsäure (↑ 33.5.2)
$C_{11}H_{23}COOH$	Laurinsäure
$C_{13}H_{27}COOH$	Myristinsäure
$C_{15}H_{31}COOH$	Palmitinsäure (↑ 33.5.2)
$C_{17}H_{35}COOH$	Stearinsäure (↑ 33.5.2)
$C_{19}H_{39}COOH$	Arachinsäure
$C_{21}H_{43}COOH$	Behensäure
$C_{23}H_{47}COOH$	Lignocerinsäure
$C_{25}H_{51}COOH$	Cerotinsäure

- ungesättigt:

$C_{17}H_{33}COOH$	Ölsäure (↑ 33.5.3) [*Octadec-9-ensäure*], $CH_3–[CH_2]_7–CH{=}CH–[CH_2]_7–COOH$
$C_{17}H_{31}COOH$	Linolsäure (↑ 33.5.3) [*Octadeca-9,12-diensäure*], $CH_3–[CH_2]_4–CH{=}CH–CH_2–CH{=}CH–[CH_2]_7–COOH$
$C_{17}H_{29}COOH$	Linolensäure (↑ 33.5.3) [*Octadeca-9,12,15-triensäure*], $CH_3–CH_2–CH{=}CH–CH_2–CH{=}CH–CH_2–CH{=}CH–[CH_2]_7–COOH$

- ungesättigt und substituiert:

$C_{17}H_{32}(OH)(COOH)$	Ricinolsäure [*Octadec-9-en-12-olsäure*], $CH_3–[CH_2]_5–CH(OH)–CH_2–CH{=}CH–[CH_2]_7–COOH$

Fette

- *Chemische Zusammensetzung:*
  Fette sind Ester zwischen Fettsäuren und Glycerol (*Fettsäureglycerolester, Fettsäureglyceride*).
  Bei den natürlichen Fetten sind alle drei OH-Gruppen des Glycerols verestert (*Triglyceride, Triacylglycerole*): $CH_2(O–CO–R')–CH(O–CO–R'')–CH_2(O–CO–R''')$. Hierbei können R′, R″, und R‴ identisch, teilweise identisch oder verschieden sein. Jedes natürliche Fett besteht aus einer Vielzahl verschiedener Triglyceride.

- *Struktur:*

▲ 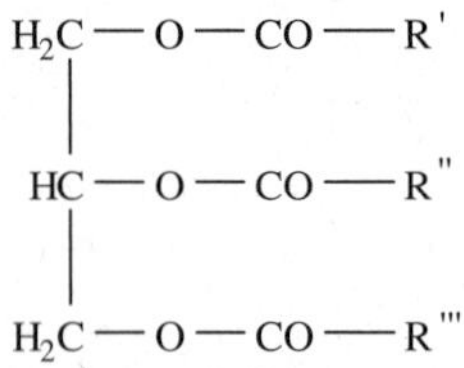

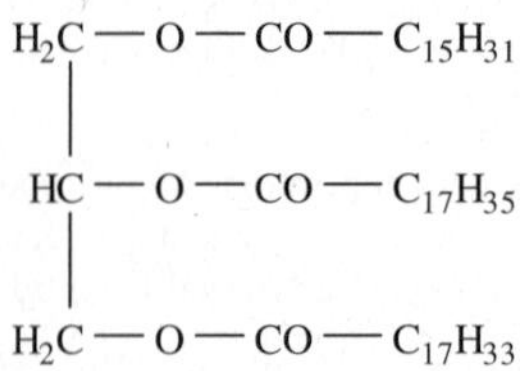

Oleo-palmito-stearin

- *Eigenschaften:* Reine Fettsäuretriglyceride sind farb- und geruchlose, kristallisierbare, in Wasser unlösliche, in kaltem Ethanol schwer lösliche, in vielen organischen Lösemitteln leicht lösliche Substanzen. Je ungesättigter ein Fett, desto niedriger liegt der Schmelzpunkt. *Fette Öle* weisen demnach einen höheren Gehalt an ungesättigten Fettsäurekomponenten auf. Sehr stark ungesättigte Fette vermögen zu polymerisieren (trocknende Öle). An Licht und Luft zersetzen sich viele Fette, z. T. unter Mitwirkung von Mikroorganismen, unter Bildung übel riechender Aldehyde, Ketone, Säuren u. a. (*Ranzigkeit*). Siehe auch Fetthydrierung (Fetthärtung).

- *Fettspaltung* (*Verseifung*): Erhitzen mit verdünnten Säuren oder Basen spaltet die Estergruppe der Fette in Glycerol und Fettsäuren (bzw. deren Alkalisalze, den *Seifen*):

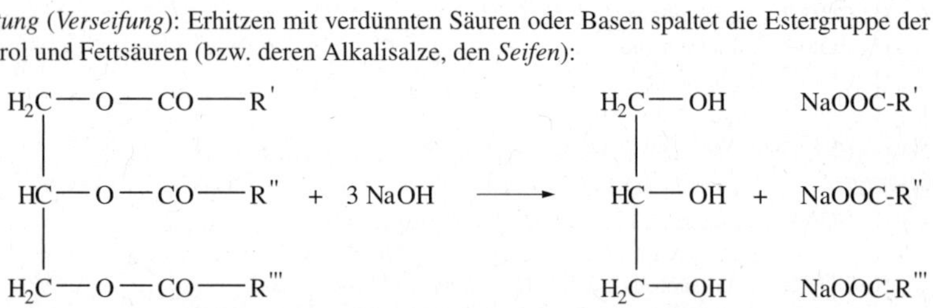

  Diese Reaktion nutzt man bei der *Umesterung von Rapsöl zu Biodiesel*: Rapsöl wird wegen seiner zu hohen Viskosität und der zu schlechten Zündwilligkeit (siehe Cetanzahl (↑ S. 656)) mit Natronlauge verseift, wobei Glycerol als Abfallprodukt anfällt; die entstehenden einzelnen Fettsäuresalze verestert man mit Methanol zu Rapsölmethylester (RÖME, Biodiesel) mit Cetanzahlen von 56–58.

- *Fetthärtung:* Durch katalytische Hydrierung lassen sich fette Öle (auch z. B. Fischtran) in feste oder halbfeste Fette umwandeln; ungesättigte Fettsäuregruppen gehen hierbei ganz oder teilweise in gesättigte über. Man leitet Wasserstoff bei etwa 200 °C in das mit feinstverteiltem, schwarzem Nickelpulver gemischte Öl. Die Produkte werden vor allem in der Lebensmittelindustrie (Margarine) verwendet.

Trocknende Öle sind stark ungesättigt und polymerisieren leicht unter Bildung von festem *Linoxyn.* Die Polymerisation erfolgt an der Luft unter Sauerstoffaufnahme; sie erfolgt jedoch auch ohne Sauerstoff und wird durch Erwärmen stark beschleunigt. Trocknende Öle, insbes. *Leinöl*, werden in Anstrichstoffen verwendet.

Firnis ist (in der Regel durch Erhitzen vorpolymerisiertes) Leinöl (so genanntes *Standöl*), das katalytisch wirkende Trockenstoffe (Sikkative) gelöst enthält.

Phospholipide (*Phosphatide*) begleiten die Fette in Mengen von 0,1 bis maximal 2 % und kommen, z. T. an Eiweiß gebunden, in allen tierischen und pflanzlichen Zellen vor. Ihre Moleküle enthalten anstelle von Fettsäuren Phosphorsäure, die ihrerseits mit

Cholin, $[(CH_3)_3N\text{-}CH_2\text{-}CH_2OH]^+OH^-$, oder

Colamin, $CH_2(NH_2)\text{-}CH_2OH$, verestert ist.

Am wichtigsten sind die (sich durch die Art der Fettsäurereste und durch die Stellung der Phosphorsäurederivate voneinander unterscheidenden) **Lecithine:**

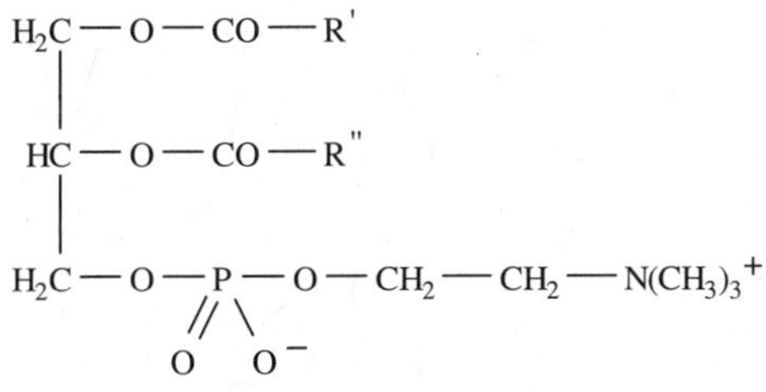

Lecithin

Reine synthetische Phospholipide sind farblos, kristallisierbar und scharf schmelzend; natürliche Produkte sind zäh-viskose, gelb bis tiefbraun gefärbte, nach den Aminkomponenten riechende Massen. Die an sich unlöslichen Phosphatide quellen mit Wasser schleimig auf und gehen schließlich kolloid in Lösung; durch Salzzusatz flocken sie aus. Sie sind von sehr großer physiologischer Bedeutung.

Wachse: Die natürlichen Wachse (*pflanzlich*, z. B. Carnaubawachs; *tierisch*, z. B. Bienen- und Wollwachs (so genanntes Wollfett, *Lanolin*); *mineralisch* (z. B. Montanwachs) sind zumeist Ester aus Wachssäuren und Wachsalkoholen.

Wachssäuren sind *Montansäure*, $C_{27}H_{55}COOH$, *Myricinsäure*, $C_{30}H_{61}COOH$ und andere langkettige Carbonsäuren; der Übergang zu den Fettsäuren ist fließend.

Wachsalkohole sind z. B. *Myricylalkohol*, $C_{31}H_{63}OH$, *Cerylalkohol*, $C_{26}H_{53}OH$, und *Cetylalkohol*, $C_{16}H_{33}OH$. Lediglich Erdwachs (*Ozokerit*) ist ein Kohlenwasserstoffwachs.

Wachse sind im Gegensatz zu den Fetten nach dem Schmelzen sofort dünnflüssig und nicht fadenziehend.

41.3 Nucleinsäuren

Molekülbau: Nucleinsäuren (sprich: nukle-in) sind makromolekulare Verbindungen (*Polynucleotide*), die sich nach folgendem Schema aus *Nucleinsäurebasen, Zucker* und *Phosphorsäure* aufbauen:

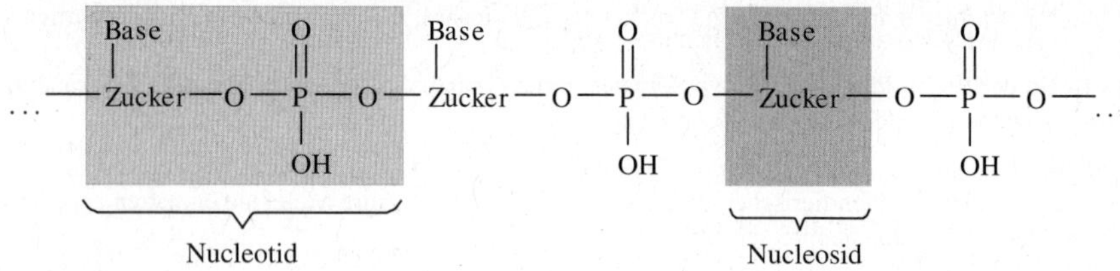

- **Nucleotide** bestehen aus Base, Zucker und Phosphorsäure,
- **Nucleoside** bestehen aus Base und Zucker.

Nucleinsäurebasen: In den Nucleinsäuren kommen hauptsächlich folgende 5 Basen vor:

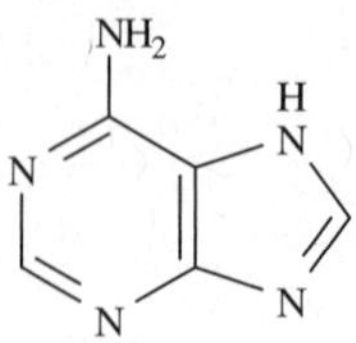

Adenin
(6-Amino-purin)

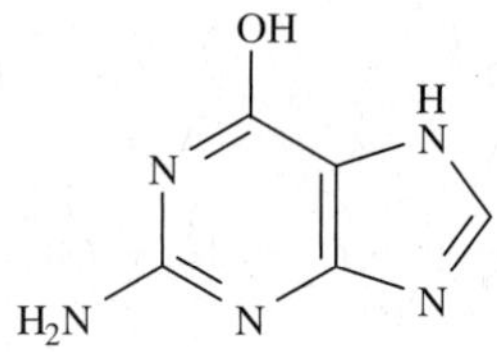

Guanin
(2-Amino-6-hydroxy-purin)

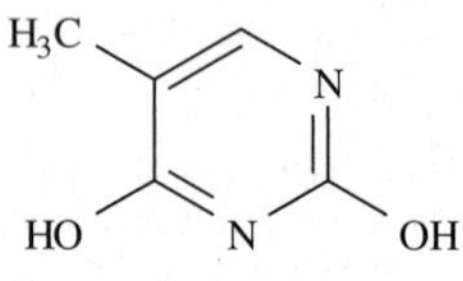

Thymin
(2,6-Dihydroxy-5-methyl-pyrimidin)

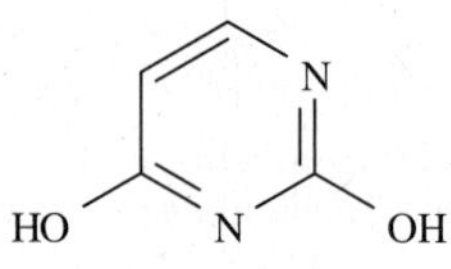

Uracil
(2,6-Dihydroxy-pyrimidin)

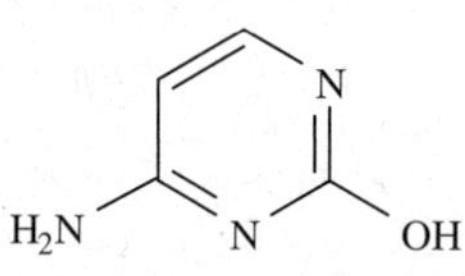

Cytosin
(2-Hydroxy-6-amino-pyrimidin)

Vom Purin (↑ 40.1) leiten sich ab: Adenin, Guanin.
Vom Pyrimidin (↑ 40.1) leiten sich ab: Thymin, Uracil, Cytosin.

Alle Nucleinsäurebasen sind feste, farblose Substanzen.

- **Ribonucleinsäure** (RNS; RNA [1]) enthält:
  als *Zucker:* D-Ribose (eine Pentose, $C_5H_{10}O_5$)
  als *Basen:* Adenin, Guanin, Cytosin, Uracil
- **Desoxyribonucleinsäure** (DNS, DNA [1]) enthält:
  als *Zucker:* D-2-Desoxyribose (eine Pentose, $C_5H_{10}O_4$)
  als *Basen:* Adenin, Guanin, Cytosin, Thymin

Es gibt sehr viele Ribo- und Desoxyribonucleinsäuren; sie unterscheiden sich in der Aufeinanderfolge der Basen.

Baugruppe eines Ribonucleinsäuremoleküls:
Die organische Base haftet jeweils am C-Atom Nr. 1 des Zuckers. Die Phosphorsäurebrücken verknüpfen die C-Atome Nr. 3 und 5 der benachbarten Nucleoside. Die Desoxyribonucleinsäuren enthalten am C-Atom Nr. 2 des Zuckers anstelle der OH-Gruppe ein H-Atom.

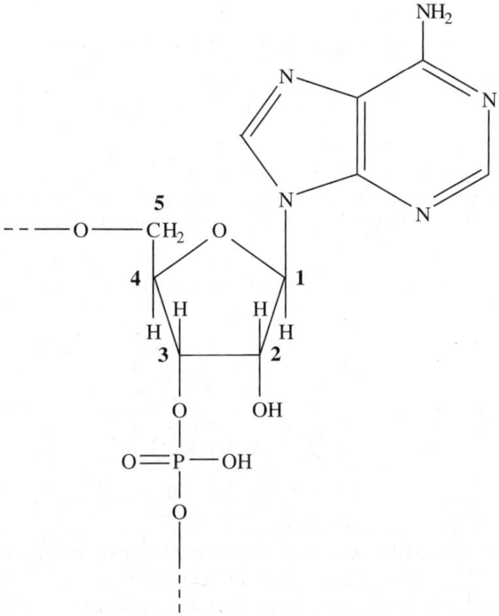

Räumliche Struktur der Nucleinsäuren: Im Normalzustand besteht DNA aus zwei spiralig umeinandergeschlungenen Nucleinsäuresträngen, wobei jeweils die Basen Guanin/Cytosin und Adenin/Thymin durch 3 bzw. 2 Wasserstoffbrücken miteinander verknüpft sind. Beim Erhitzen der Lösung rollen sich die Spiralen auf, und die Einzelstränge werden frei. In der RNA ist Thymin durch Uracil ersetzt.

Eigenschaften der Nucleinsäuren: Die Nucleinsäuren sind weiße bis schwach gelbliche Feststoffe, die in Wasser schwer, in Alkalien unter Salzbildung leicht löslich sind.

[1] A von engl. *acid* = Säure

Physiologische Bedeutung: Die Nucleinsäuren kommen teils frei, teils an Eiweiß gebunden (*Nucleoproteide*) in allen Zellen vor; manche Viren bestehen ausschließlich aus Nucleoproteiden. Die Nucleinsäuren steuern die Synthese der Proteine aus Aminosäuren. Hierbei legt die *Basensequenz* (Aufeinanderfolge der Basen) die Reihenfolge der Verknüpfung der Aminosäuren fest; je drei aufeinander folgende Basen bestimmen, welche Aminosäure zum Protein gebunden wird.
In den Chromosomen sind die Nucleinsäuren die Träger der Vererbung; bei der Zellkernteilung erfolgt Entkoppelung der Nucleinsäurestränge und Wiederverdoppelung jedes einzelnen Strangs, sodass nach der Teilung zwei Doppelspiralen vorliegen. Die im „genetischen Code“ (der Aufeinanderfolge der Base) enthaltene Information der Eiweißsynthese wird auf diese Weise ständig weitergegeben.
Die DNS gibt unter Mitwirkung von Enzymen den Code zunächst an die „messenger-RNS“(m-RNS; Boten-RNS) weiter, die ihn aus dem Zellkern zu den Ribosomen transportiert.
Dorthin befördert die „transfer-RNS“ (t-RNS) Aminosäuren, die unter Berücksichtigung des Codes zu Polypeptidketten verknüpft werden. Aus diesen gehen schließlich die Struktur- und Enzymeiweiße hervor.

41.4 Vitamine

41.4.1 Allgemeines

Definition:
Vitamine sind organische Wirkstoffe, die vom tierischen bzw. menschlichen Organismus nicht synthetisiert werden können und daher mit der Nahrung (evtl. in Form von *Provitaminen*) aufgenommen werden müssen.
Provitamine sind Vitaminvorstufen, die der Organismus in die eigentlichen Vitamine umwandeln kann.

Funktion: Die meisten Vitamine werden als Bestandteile von Enzymen (↑ 41.6) oder Coenzymen wirksam. Bei ihrem Fehlen oder bei ungenügender Zufuhr treten Mangelerkrankungen (*Avitaminosen* bzw. *Hypovitaminosen*) ein.

41.4.2 Einzelne Vitamine

Fettlösliche Vitamine

Axerophthol, *Retinol, Vitamin A_1:* gelbliche Kristalle, sauerstoffempfindlich, kochbeständig[1].
Vorkommen: Milch, Butter, Eigelb, Lebertran; synthetisch hergestellt.
Mangelerscheinungen: Haut- und Schleimhauterkrankungen, Nachtblindheit, Wachstumsverzögerung; Veränderungen an Knochen und Nerven. Axerophthol ist am Sehprozess beteiligt.
Provitamine sind viele Carotinoide (↑ 42.1.2), orangerote Farbstoffe in vielen Pflanzen, z. B. Möhren.

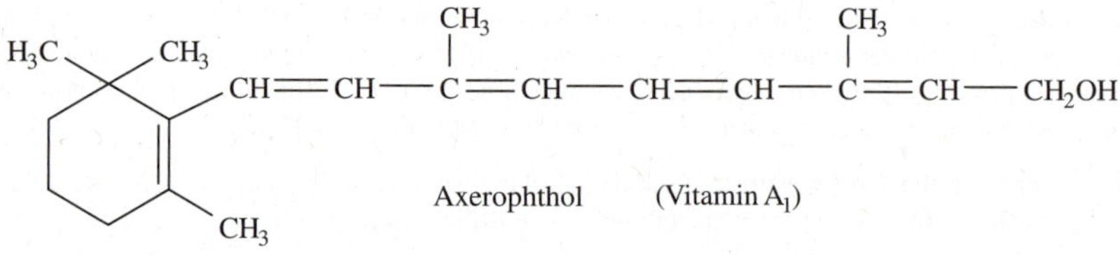

Axerophthol (Vitamin A_1)

[1] Hierunter wird in diesem Kapitel die Beständigkeit beim Kochen zur Bereitung von Speisen verstanden.

Calciferol (*Vitamin D*): umfasst insbes. *Ergocalciferol* (*Vitamin D_2*) und das um 1 Methyl * und die Doppelbindung * ärmere *Cholecalciferol* (*Vitamin D_3*), beides farblose, kristallisierte Stoffe; koch- und sauerstoffbeständig.
Avitaminose: Rachitis, Knochenerweichung; d. h. unzureichende Calciumphosphatablagerung in den Knochen.
Provitamine: Ergosterin (für D_2) und *7-Dehydrocholesterol* (für D_3); ersteres in Milch und Milchprodukten, letzteres bildet sich im Körper aus Cholesterol. Beide, vorwiegend in der Haut abgelagert, gehen durch Sonnen- bzw. Ultraviolettbestrahlung (Heilwirkung!) in die D-Vitamine über.

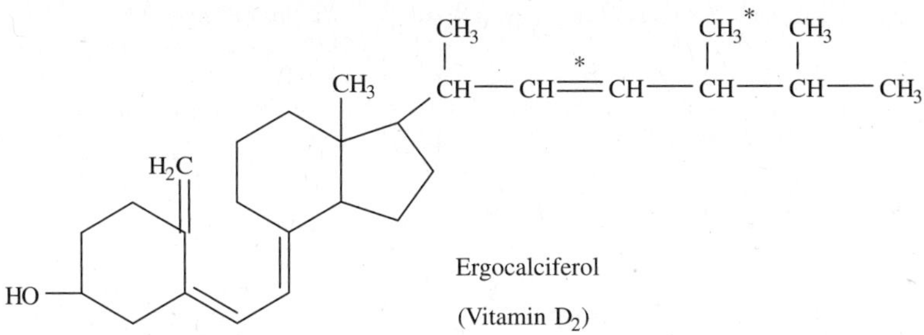

Ergocalciferol
(Vitamin D_2)

Tocopherol (*Vitamin E*): mehrere chemisch ähnliche Komponenten. α-Tocopherol ist ein blassgelbes Öl; kochbeständig.
Vorkommen: Getreidekeimlinge und deren Öle (Weizenkeimöl), grüne Gemüse, Leber, Fett, Eigelb.
Bedeutung: allgemeiner Stoffwechselfaktor, nötig z. B. für Funktion von Nervensystem, Muskulatur, Hoden und normalem Schwangerschaftsverlauf; in Fetten Antoxidans für die früher als „Vitamin F" bezeichneten essentiellen ungesättigten Fettsäuren.

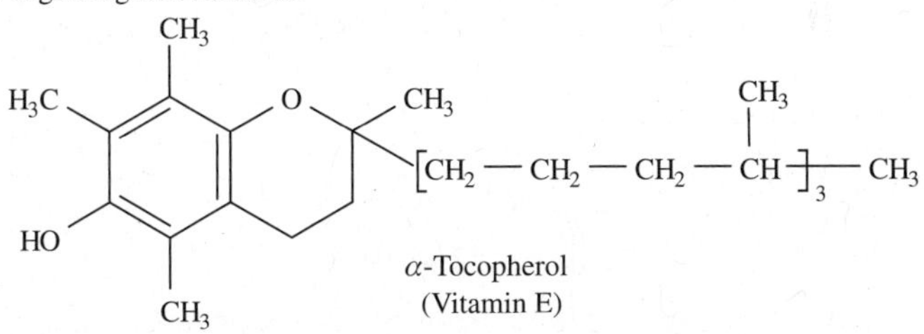

α-Tocopherol
(Vitamin E)

Vitamin K: mehrere Komponenten; z. B. *Phyllochinon* (Vitamin K_1), ein hellgelbes, kochbeständiges Öl.
Vorkommen: grüne Pflanzenteile, Bakterien; Hauptquelle für den Menschen: Kolibakterien im Darm.
Bedeutung: wichtig für die Blutgerinnung. Mangel an Vitamin K verzögert die Gerinnung.

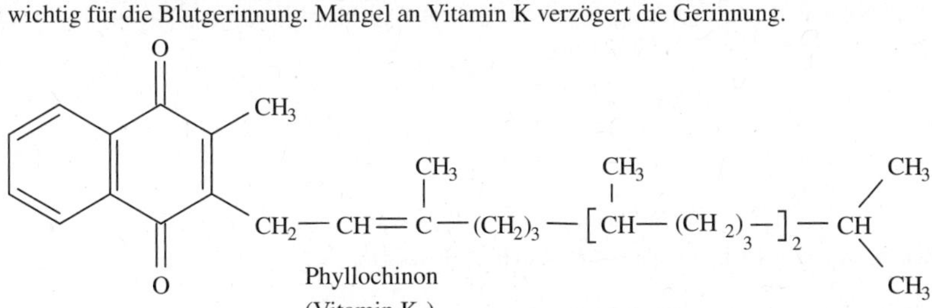

Phyllochinon
(Vitamin K_1)

Wasserlösliche Vitamine

Die so genannte *Vitamin-B-Gruppe* umfasst die meist vergesellschaftet vorkommenden, jedoch chemisch sehr unterschiedlichen Substanzen *Aneurin, Lactoflavin, Niazin, Pyridoxin, Pantothensäure, Folsäure und Cobalamin.*

Aneurin, *Thiamin, Vitamin* B_1: farblose Kristalle, unbeständig gegen längeres Kochen.
Vorkommen: Hefe, Getreidekeimlinge, Gemüse, Kartoffeln, Leber, Milch; synthetisch hergestellt.
Mangelerkrankungen: Beriberi, Funktionsstörungen des Nervensystems.
Bedeutung: notwendig für Kohlenhydratstoffwechsel.

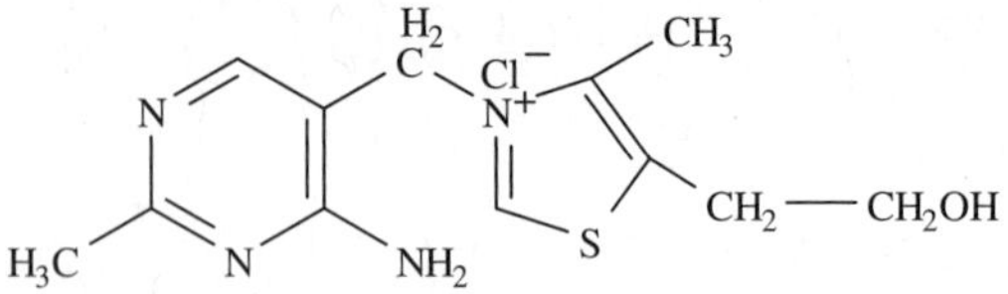

Aneurin
(Vitamin B_1)

Lactoflavin, *Riboflavin, Vitamin* B_2: gelber Farbstoff, in Wasser grün fluoreszierend, lichtempfindlich, relativ kochbeständig.
Vorkommen (meist an Eiweiß oder Phosphorsäure gebunden): Milch (gelbe Farbe der Molke!), Fleisch, Ei, Hefe, Hülsenfrüchte.
Bedeutung: als Bestandteil sehr vieler Enzyme und Coenzyme wichtig für den Stoffwechsel in jeder Zelle.

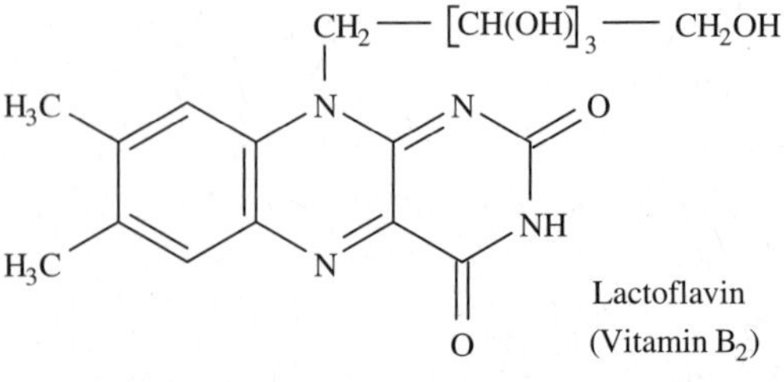

Lactoflavin
(Vitamin B_2)

Niazin, PP-*Faktor*[1)]: umfasst Nicotinsäure und Nicotinsäureamid, beides farblose Kristalle.
Vorkommen: Hefe, Früchte, Gemüse, Milch.
Avitaminose: Pellagra; Beeinträchtigung der Nervenfunktion und Verdauung, Hautveränderungen.
Provitamin: Eiweißbaustein *Tryptophan.*

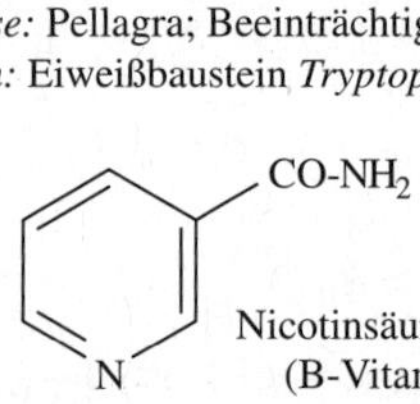

Nicotinsäureamid
(B-Vitamin)

(Bei *Nicotinsäure* ist die Gruppe –NH_2 durch –OH ersetzt.)

[1)] PP = Pellagra preventive (gegen Pellagra, eine Vitaminmangelerkrankung, vorbeugend)

Pyridoxin, *Vitamin* B_6: 3 ähnliche Substanzen, z. B. *Pyridoxol*: farblos, kochbeständig.
Vorkommen: sehr verbreitet (tierische Organe, grüne Pflanzen, Hefe, Milch, Eigelb); daher beim Menschen keine Avitaminose bekannt.
Bedeutung: Eiweißstoffwechsel.

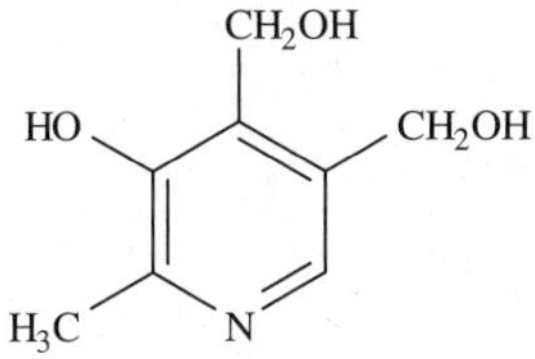

Pyridoxol
(Vitamin B_6)

Pantothensäure; viskoses Öl, als Calciumsalz kristallisiert, nicht kochbeständig.
Vorkommen: sehr verbreitet (Hefe, grüne Pflanzen, tierische Organe, Milch), sodass Mangelerscheinungen nicht bekannt sind.
Bedeutung: als Bestandteil des Coenzyms A wichtig für den gesamten Stoffwechsel.

$$CH_2(OH)-C(CH_3)_2-CH(OH)-CO-NH-[CH_2]_2-COOH$$

Pantothensäure
(B-Vitamin)

Folsäure: orangegelbe Kristalle, lichtempfindlich, nicht kochbeständig.
Vorkommen: grünes Gemüse, Leber, Hefe.
Bedeutung: Eiweiß- und Nucleinsäurestoffwechsel; Blutfarbstoffbildung.
Mangelerscheinung: krankhafte Veränderung des Blutes.

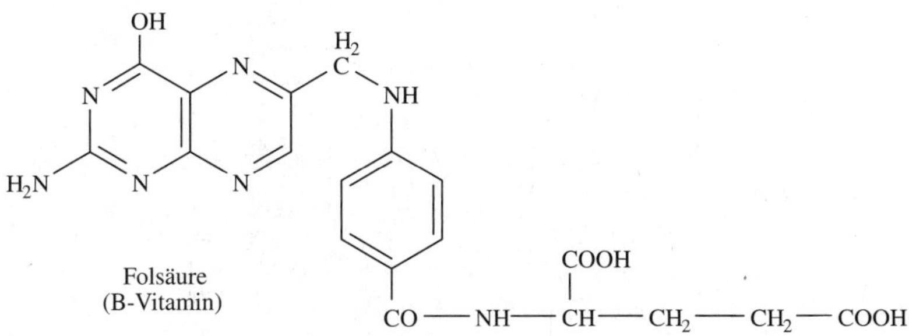

Folsäure
(B-Vitamin)

Cobalamin, *Vitamin* B_{12}*:* Cobaltkomplexverbindung der Summenformel $C_{63}H_{90}O_{14}N_{14}PCo$; rubinrote Kristallnadeln; kochbeständig.
Vorkommen: Leber, Niere, Eigelb, Milch; auch mikrobiologisch hergestellt.
Avitaminose (nur bei extrem vegetarischer Ernährung oder bei gestörter Resorption aus dem Darm): perniziöse Anämie (bösartige Blutarmut).

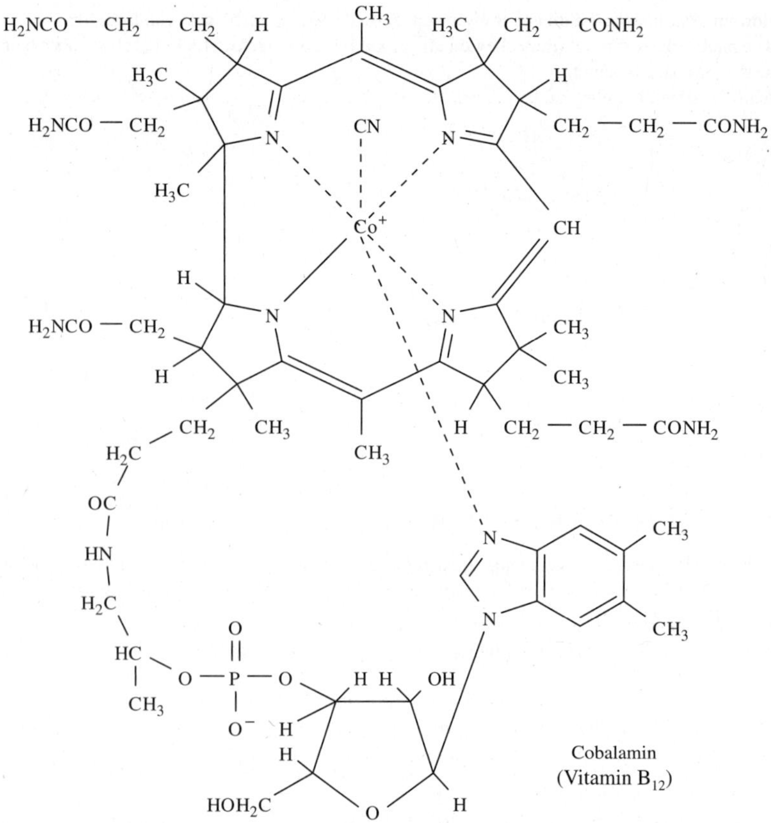

Cobalamin
(Vitamin B_{12})

Ascorbinsäure, *Vitamin C*: farb- und geruchlose Kristalle von stark saurem Geschmack; licht- und sauerstoffempfindlich; nur unter Ausschluss von Sauerstoff kochbeständig.
Vorkommen: frische Früchte (insbes. Hagebutten, Zitronen), frische Gemüse, Kartoffeln.
Herstellung: technisch in einem mehrstufigen Verfahren aus Glucose.
Avitaminose: Scorbut.
Hypovitaminose: Zahnfleischentzündung, Blutungsneigung u. a.

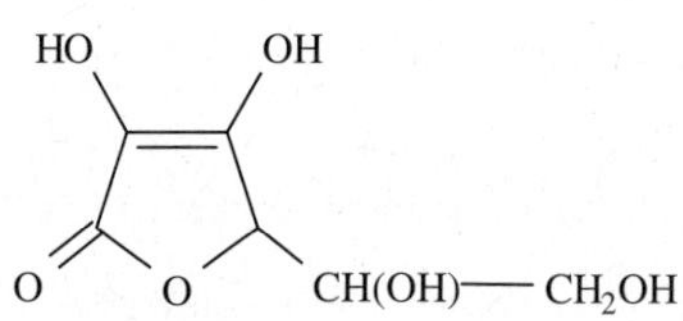

Ascorbinsäure
(Vitamin C)

Biotin, *Vitamin H*: farblose Kristallnadeln; hitze-, sauerstoff- und lichtempfindlich.
Vorkommen: Eigelb, Leber, Milch, Muskelfleisch, Gemüse, Bakterien; der Bedarf wird normalerweise durch die Darmbakterien gedeckt.
Avitaminose (z. B. bei übermäßiger Aufnahme rohen Hühnereiklars): Seborrhoe (Hauterkrankung).

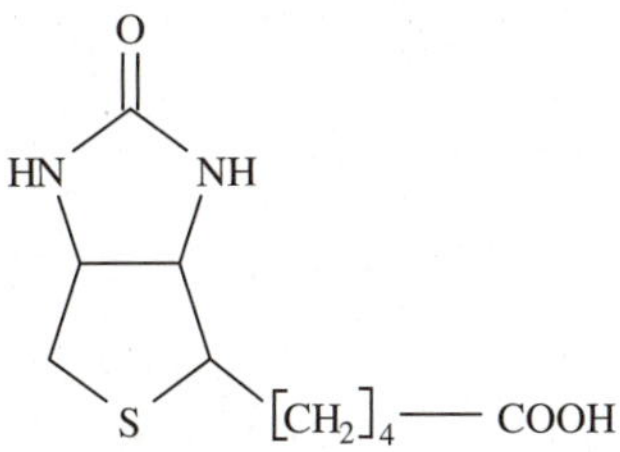

Biotin
(Vitamin H)

41.5 Hormone

41.5.1 Allgemeines

Definition: Hormone sind organische Wirkstoffe, die hauptsächlich in innersekretorischen Drüsen gebildet und durch das Blut (z. T. auch die Lymphe) an den Ort ihrer Wirkung gebracht werden.

Innersekretorische Drüsen: geben ihr Produkt unmittelbar an die Blutbahn ab, z. B. Hypophyse (Hirnanhangdrüse), Schilddrüse, Nebenschilddrüse, Bauchspeicheldrüse, Nebennierenmark, Nebenniere, Keimdrüsen.
Einige Hormone der *Hypophyse* (glandotrope Hypophysenhormone) steuern die Tätigkeit anderer Drüsen. Deren Hormone wirken rückkoppelnd auf die Hypophyse ein; außerdem wird die Tätigkeit der Hypophyse vom Nervensystem über Wirkstoffe des Zwischenhirns (so genannte *Neurohormone*) beeinflusst.

Chemische Zusammensetzung:

- *Steroide* (Nebennierenrinde, Keimdrüsen). Steroide (↑ 41.7) sind Derivate des *Sterans;* Formel (↑ 41.7)
- *Aminosäurederivate* und andere Amine (Nebennierenmark, Schilddrüse);
- *Polypeptide* und *Eiweißstoffe* (übrige innersekretorische Drüsen).
- Manche in die Umwelt gelangte künstlich hergestellte Chemikalien sind ebenfalls hormonell wirksam (sog. *endokrine Stoffe*). Östrogenartige Wirkung zeigen z. B. Bisphenol A (↑ 39.3.4), Phthalsäureester, polychlorierte Biphenyle (PCB) und Alkylphenole; androgenartig wirken Tributylzinn und das Bakterizid Triclocarban.

41.5.2 Einige spezielle Hormone

Insulin: Hormon der Bauchspeicheldrüse; Polypeptid aus 51 Aminosäuren, die in zwei durch Disulfidbrücken –S–S– verbundenen Ketten linear angeordnet sind und durch Zink-Ionen zu Aggregaten mit der 2-, 3- und mehrfachen Molekülmasse verknüpft sein können.
Insulin senkt den Blutzuckergehalt, indem es in der Leber den Abbau des Glycogens zu Glucose hemmt und deren Verwertung in den Körperzellen steigert.
Insulinmangel überschwemmt das Blut mit Zucker, sodass dieser weitgehend ungenutzt mit dem Harn ausgeschieden wird („Zuckerkrankheit“, Diabetis mellitus).

Adrenalin und **Noradrenalin:** Hormone des Nebennierenmarks; erhöhen den Blutzuckerspiegel (Gegenspieler des Insulins!); wirken gefäßverengend und blutdrucksteigernd.

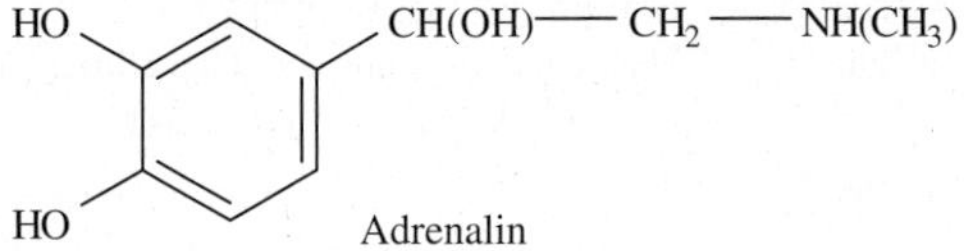

Adrenalin

Somatotropin, *Wachstumshormon:* in der Hypophyse gebildetes Protein aus 187 Aminosäuren; vielseitige Wirkung; im Wachstumsalter führt Überschuss unter Erhaltung der Körperproportionen zu Riesenwuchs, Mangel zu Zwergwuchs.

Thyroxin (Tetraiodthyronin) und **Triiodthyronin:** Hormone der Schilddrüse, gesteuert durch das *Thyreotropin* der Hypophyse; beschleunigen den Stoffwechsel; steigern die Erregbarkeit des Zentralnervensystems; fördern das Wachstum.
Hormonmangel (z. B. infolge Iodmangels im Trinkwasser) führt in früher Kindheit zu Störungen des Skelett- und Gehirnwachstums (Kretinismus), in fortgeschrittenerem Alter zu Kropf und teigiger Hautveränderung.
Hormonüberschuss führt ebenfalls zu Kropf sowie zu BASEDOWscher Krankheit.

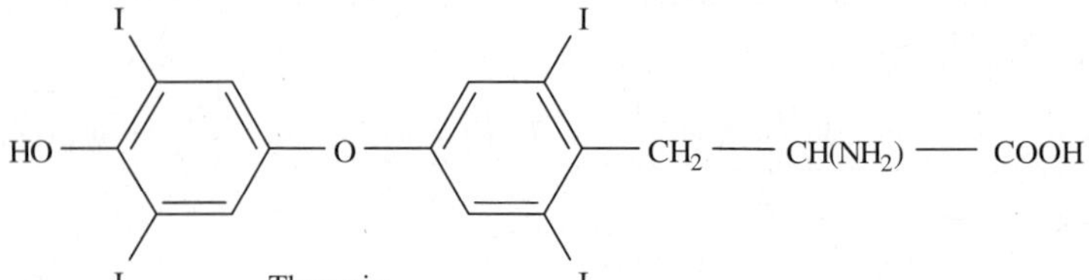

Thyroxin

Weibliche Sexualhormone: Die Östrogene[1] *(Estrogene,* Follikelhormone), insbes. **Östradiol** (*Estradiol*), werden unter dem Einfluss eines Hypophysenhormons in den Eierstöcken, bei Schwangerschaft auch in der Gebärmutterschleimhaut, gebildet (kleine Mengen auch in der Nebennierenrinde und beim Mann in den Hoden). Sie steuern Ausbildung, Wachstum und Funktion der Geschlechtsorgane, z. B. schaffen sie in der 1. Hälfte des Menstrualzyklus optimale Bedingungen für die Befruchtung (Wachstum der Gebärmutterschleimhaut u. a.).

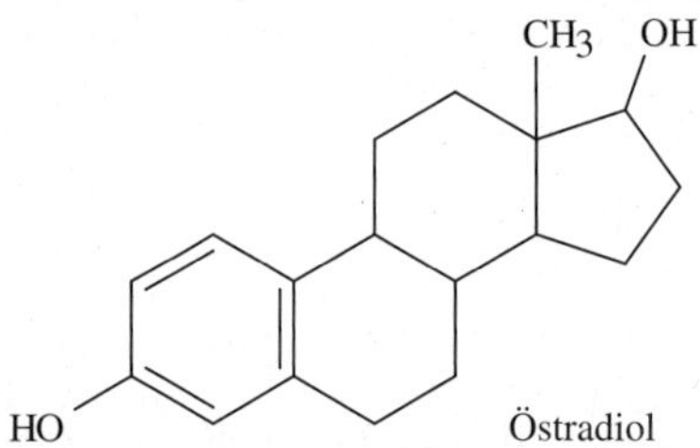

Östradiol

Die Gestagene[2], insbes. **Progesteron** (*Gelbkörperhormon*) entstehen besonders in der 2. Hälfte des Menstrualzyklus unter dem Einfluss von Hypophysenhormonen im Gelbkörper, bei Schwangerschaft wesentlich verstärkt in der Gebärmutterschleimhaut. Progesteron ermöglicht die Einbettung des befruchteten Eis in

[1] *oistros* (grch.) Brunst
[2] *gastatio* (lat.) Trächtigkeit

die Schleimhaut, verhindert die Heranreifung einer weiteren Eizelle und ist für den Ablauf der Schwangerschaft von größter Bedeutung. Durch ständige (tägliche) Zuführung kann die Heranreifung einer Eizelle und damit eine Schwangerschaft verhindert werden (empfängnisverhütende „Pille").

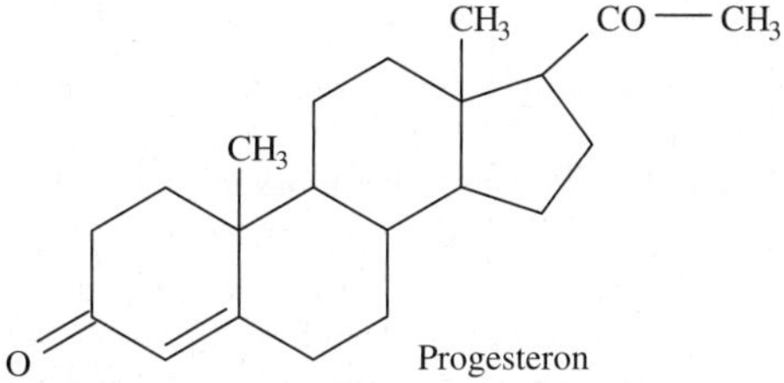

Progesteron

Männliche Sexualhormone (*Androgene*): in den Hoden (in kleinen Mengen auch in der Nebennierenrinde und in den Eierstöcken der Frau) unter dem Einfluss der gleichen Hypophysenhormone wie im weiblichen Organismus gebildete Steroide, insbes. **Testosteron** und das schwächer wirksame **Androsteron.** Die Androgene steuern in Wechselwirkung mit den Hypophysenhormonen Entwicklung und Funktion der primären und sekundären Geschlechtsmerkmale, z. B. Haarwuchs, Kehlkopfvergrößerung (Stimmbruch), Spermaproduktion u. a.

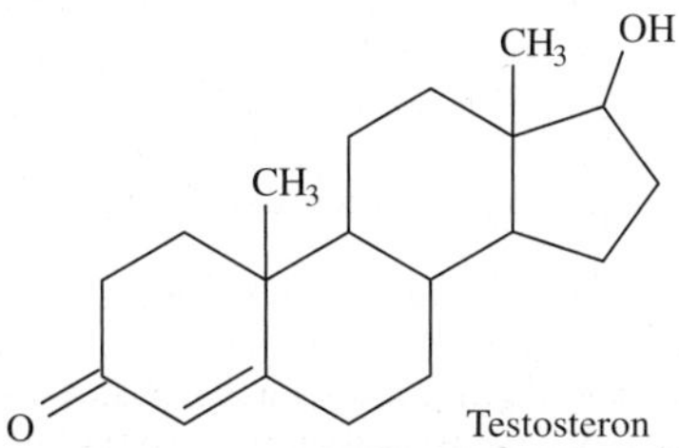

Testosteron

Nebennierenrindenhormone, *Corticoide*: **Aldosteron,** das wichtigste *Mineralocorticoid,* hält in den Nieren Na^+-Ionen und damit zugleich Cl^-, HCO_3^- und Wasser im Organismus zurück.
Cortisol, das wichtigste *Glucocorticoid,* greift lebenswichtig in den Kohlenhydratstoffwechsel ein.
Mangel an Nebennierenrindenhormonproduktion führt über die ADDISONsche Krankheit zum raschen Tod.

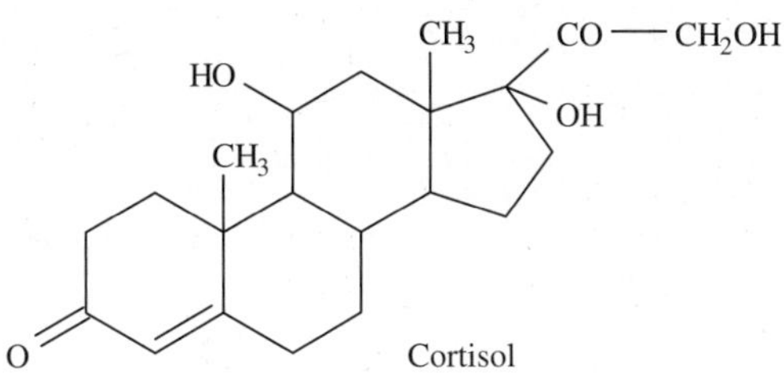

Cortisol

41.6 Enzyme

Definition: Enzyme sind vom lebenden Organismus gebildete Wirkstoffe, die innerhalb und außerhalb des Organismus chemische Reaktionen, z. B. die Stoffwechselvorgänge, katalytisch beeinflussen.

Chemische Zusammensetzung: Die Enzyme sind Eiweißstoffe mit einer niedermolekularen Wirkgruppe, die bei fester Bindung als *prosthetische Gruppe,* bei leicht erfolgender reversibler Abspaltbarkeit als *Coenzym* bezeichnet wird. Wirkgruppen sind z. B. Nucleotide, (evtl. abgewandelte) Vitamine, eisenhaltige Porphyrinfarbstoffe.

Spezifität: Die Wirkung der Enzyme ist weitgehend spezifisch, da sich im ersten Reaktionsschritt bestimmte Bereiche des Substrats (= Substanz, auf die das Enzym wirkt) und des Enzyms genau (wie Schloss und Schlüssel) aneinander lagern. Die Spezifität kann verschieden stark ausgeprägt sein. Während bestimmte Enzyme z. B. alle Ester unabhängig von der Art ihrer Komponenten spalten, setzen andere nur ein einziges Substrat um, wobei im Falle höchster Spezifität z. B. bei optischen Antipoden oder cis-trans-Isomeren nur eine der möglichen Formen angegriffen wird.

Einteilung der Enzyme in 6 Hauptklassen:

- **Oxidoreduktasen** übertragen Wasserstoff oder Elektronen von einem Substrat auf ein anderes.
- **Transferasen** übertragen Molekülgruppen (z. B. Phosphat-, Methyl-, Amino- u. a. Gruppen).
- **Hydrolasen** spalten C–O- oder C–N-Bindungen unter Einbau von Wasser. Zu ihnen gehören u. a. die fettspaltenden *Lipasen,* die kohlenhydrat- und glycosidspaltenden *Glycosidasen* (darunter die stärke- und glycogenspaltenden *Amylasen*) und die eiweißspaltenden *Proteasen* (z. B. das *Pepsin* des Magensaftes).
  Zu den Proteasen gehört auch das **Lab** aus Kälber- und Schweinemagen, das zur Fällung von calciumhaltigem Casein aus Milch genutzt wird (Käsezubereitung).
- **Lyasen** spalten in nichthydrolytischer Weise C–C-, C–O- und andere Bindungen.
- **Isomerasen** katalysieren innermolekulare Umlagerungen (z. B. *cis-trans-Isomerasen*).
- **Ligasen** knüpfen bestimmte chemische Bindungen (bauen z. B. Kohlenstoffdioxid als Carboxylgruppe ein) unter Mitwirkung des energieliefernden Adenosintriphosphats, das hierbei in Adenosindiphosphat (oder -monophosphat) und Phosphorsäure (oder Di-phosphorsäure) zerfällt.

41.7 Steroide

Definition: Steroide sind Derivate (insbes. Alkohole) des **Sterans** (neuerdings auch *Gonan* genannt), eines vollständig hydrierten *1,2-Cyclopentano-phenanthrens,* $C_{17}H_{28}$;

Zu den Steroiden gehören:
Sterine (↑ S. 771),
Gallensäuren (↑ S. 771) (z. B. *Cholsäure,* $C_{23}H_{36}(OH)_3COOH$,
D-Vitamine (↑ 41.4.2),
Corticoide (↑ 41.5.2) (Sexual- und Nebennierenrindenhormone),
Digitalisglycoside (z. B. *Digitoxin*, herzwirksam) und
Krötengifte (z. B. *Bufotalin*),
Saponine (z. B. *Digitonin*) und
einige *Alkaloide* (z. B. Solanin (↑ 40.2)).

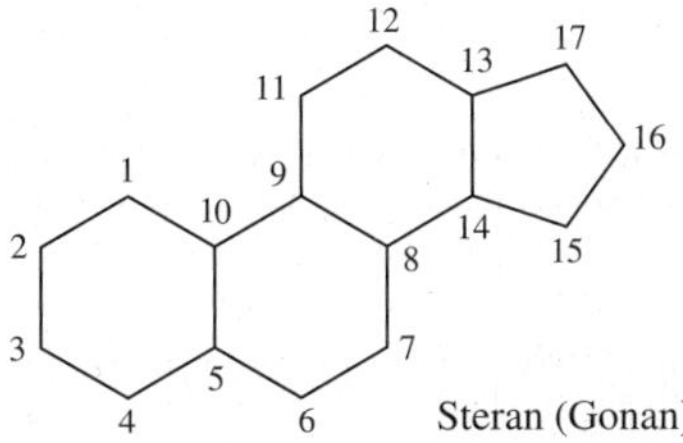

Steran (Gonan)

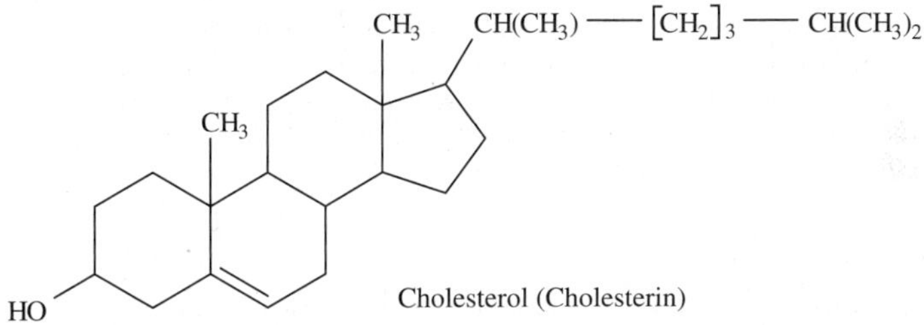

Cholesterol (Cholesterin)

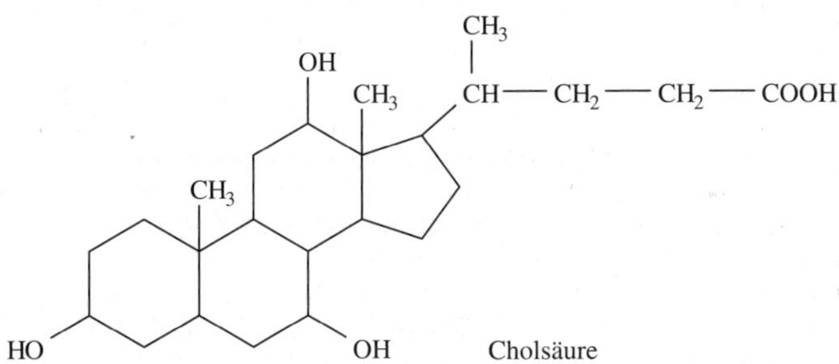

Cholsäure

Sterine: in allen tierischen und pflanzlichen Zellen; lebenswichtig; die natürlichen Sterine tragen eine OH-Gruppe am C-Atom 3, zwei CH_3-Gruppen an den C-Atomen 10 und 13 sowie eine aliphatische Seitenkette am C-Atom 17.

Cholesterol (*Cholesterin*), $C_{17}H_{45}OH$, farb-, geruchlos und kristallin, fühlt sich fettig an, löst sich nicht in Wasser, wohl aber in Ethanol, Diethylether, Benzen u. a.; *F* 149 °C. Es wird in der Leber gebildet, findet sich (z. T. gebunden) in Gallenflüssigkeit, Blutplasma, Zentralnervensystem, Nebennieren sowie in allen biologischen Membranen und wird z. B. durch die Haut in Form hautschützender Cholesterolester ausgeschieden. Aus Cholesterol, Kalk und Gallenfarbstoffen bestehen die Gallensteine. Störungen des Cholesterolstoffwechsels führen zu Ablagerung in den Blutgefäßen (Arteriosklerose). Ein 65 kg schwerer Mensch enthält etwa 250 g Cholesterol.

Gallensäuren werden in der Leber aus Cholesterol gebildet und gelangen durch die Gallenblase in den Darm, wo sie in Form ihrer Alkalisalze als Emulgatoren für Fette deren Resorption durch die Darmwand verbessern.

Cholsäure (farblos, *F* 195 °C; Formel (↑ S. 770)), die wichtigste Gallensäure, ist stets in Bindung an Glycin (*Glycocholsäure*) oder Taurin (*Taurocholsäure*) wirksam. (**Taurin** ist *Aminoethansulfonsäure*; $H_2N–CH_2–CH_2–SO_2OH$, die überwiegend als inneres Salz, $H_3N^+–CH_2–CH_2–SO_2O^-$, vorliegt.)

41.8 Antibiotika

Definition: Antibiotika sind von Mikroorganismen erzeugte Substanzen, die das Wachstum oder das Leben anderer Mikroorganismen verhindern. Sie werden (als *teilsynthetische Antibiotika* auch chemisch verändert) als Chemotherapeutika zur Bekämpfung von Krankheitserregern und als wachstumsfördernde Viehfutterzusätze verwendet.

Penicilline sind Stoffwechselprodukte des Schimmelpilzes *Penicillium notatum* und verwandter Organismen. Als erstes Antibiotikum 1928 entdeckt (ALEXANDER FLEMING, England); seit 1943 praktisch angewendet. Das chemische Grundgerüst der Penicilline ist ein bicyclisches, N-S-heterocyclisches Ringsystem, bestehend aus einem 4- und einem 5-gliedrigen Ring. Den Penicillinen verwandt und z. T. aus diesen herstellbar sind die **Cephalosporine.**

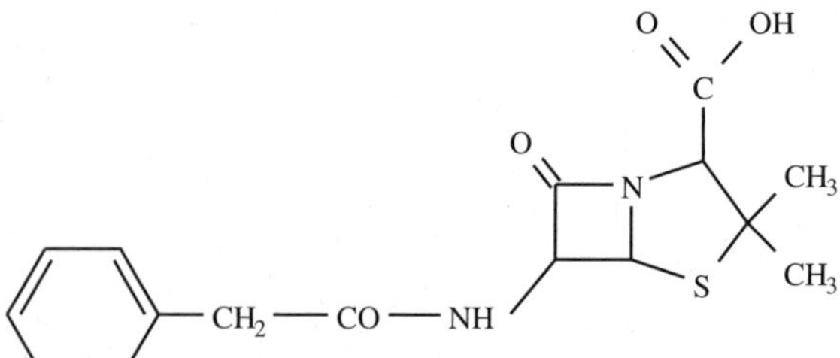

Penicillin G

Tetracycline werden von verschiedenen *Streptomyces*-Arten (Strahlenpilze) gebildet. Sie sind gelb, schmecken bitter und leiten sich von einem tetracyclischen Grundkörper ab, z. B. das seit 1948 bekannte Cl-Derivat **Aureomycin** und das seit 1949 bekannte OH-Derivat **Oxytetracyclin** (*OTC*; *Terramycin*).

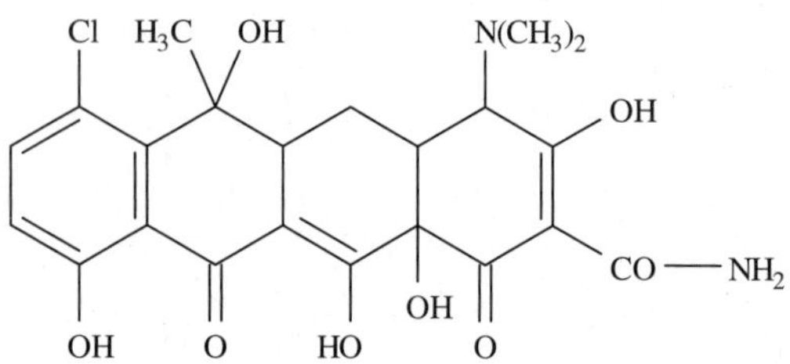

Tetracyclin

Aminoglycosidantibiotika sind Produkte von Streptomyces- und anderen Strahlenpilzarten. Sie bestehen aus 3 oder 4 glycosidisch miteinander verbundenen Amino- und Neutralzuckern, so z. B. das **Streptomycin** aus Methylaminoglucose, Streptose und Streptidin.

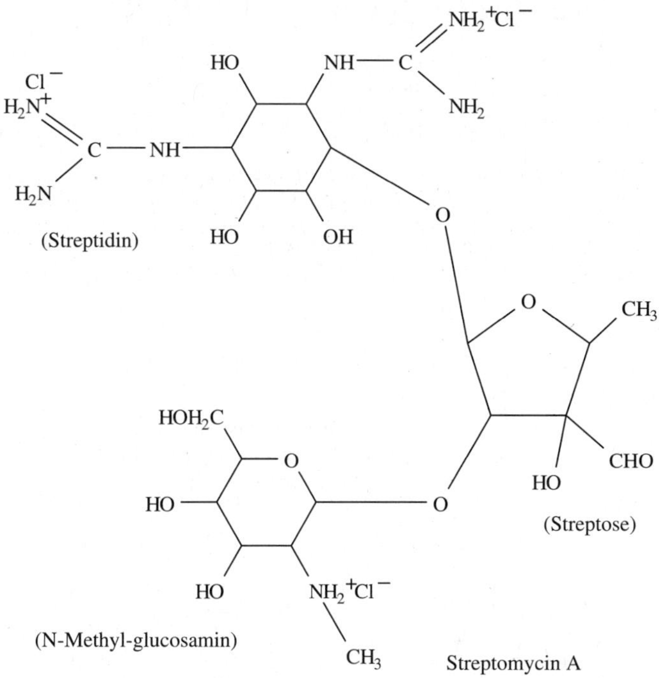

(Streptidin)

(Streptose)

(N-Methyl-glucosamin)

Streptomycin A

Makrolidantibiotika enthalten neben Zucker- und Aminozuckerkomponenten vielgliedrige Lactonringe, z. B. das **Erythromycin** einen 14gliedrigen Ring.

Chloramphenicol aus Streptomyces-Arten hat eine relativ einfache Struktur und wird heute vollsynthetisch produziert.

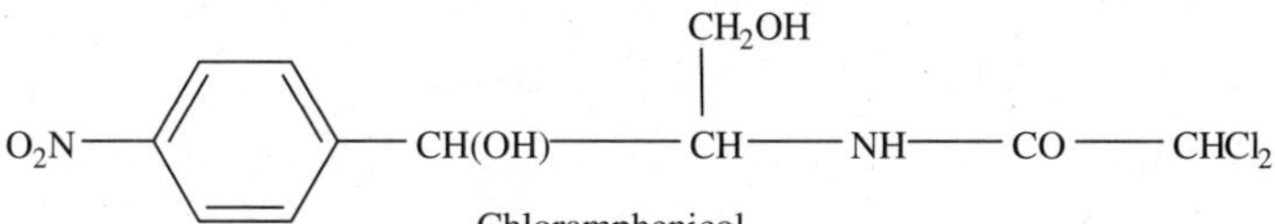

Chloramphenicol

42 Sondergebiete der organischen Chemie

42.1 Organische Farbstoffe

42.1.1 Allgemeines

Definition: Farbstoffe sind farbige organische Verbindungen, welche die natürliche Färbung von Lebewesen bewirken (*Naturfarbstoffe*) oder zum Färben anderer Materialien dienen. (Nicht jeder *farbige Stoff* ist demnach ein *Farbstoff*.)

Chromophore und Auxochrome:

Chromophore (chromophore Gruppen) verschieben die Lichtabsorption organischer Moleküle so, dass (oft erst bei mehrfachem Vorhandensein) Farbigkeit hervorgerufen wird.

Auxochrome (auxochrome Gruppen) bewirken neben einer weiteren Verschiebung der Lichtabsorption eine beträchtliche Erhöhung der Farbintensität und ermöglichen häufig erst das Haften des Farbstoffes am Färbegut.

- *Chromophore* sind Atomgruppen mit π-Bindungen:

  >CH (*Methingruppe*), insbes. in der *chinoiden Gruppierung* 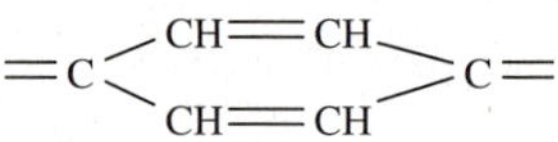,

  symbolisch durch 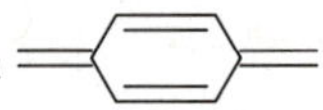 dargestellt;

  >CH=N– (*Azomethingruppe*);

  –N=N– (*Azogruppe*);

  >C=O (*Carbonylgruppe*);

  –N=O (*Nitrosogruppe*);

  $-NO_2$ (*Nitrogruppe*)

- *Auxochrome* sind:

  –OH (*Hydroxygruppe*),

  $-NH_2$ (*Aminogruppe*, auch substituiert)

Verwendung:

- zum Färben von Faserstoffen, Pelzwerk, Leder, Holz, Papier, Nahrungs- und Genussmitteln, Eloxalschichten, mikroskopischen Präparaten;
- zum In-Masse-Färben von Kunststoffen, Elasten, Wachs, Seife u. dgl.;
- für Druckfarben, Schreibpasten und -flüssigkeiten, Drucker- und Schreibmaschinenfarbbänder, lasierende (durchscheinende) Anstriche;
- zur Herstellung von Pigmenten (durch „Verlackung“ mit einem Substrat);
  in Reproduktions-, z. B. Lichtpaustechniken; in der Farbfotografie und als fotografische Sensibilisatoren;
- als chemische Indikatoren u. v. a. m.

Ein löslicher oder unlöslicher Farbstoff kann durch Überführung in einen **Farblack** in ein unlösliches, deckendes Farbpigment umgewandelt werden. Dies erfolgt durch adsorptive Bindung eines unlöslichen Farbstoffsalzes (Aluminium-, Barium-, Bleisalz) an ein unlösliches *Substrat* (Bariumsulfat, Bleisulfat, Aluminiumhydroxid u. a.), z. B. durch gleichzeitige Ausfällung von Farbstoffsalz und Substrat oder durch langdauerndes intensives Verreiben beider.

Einteilung: erfolgt einerseits nach chemischen, andererseits nach färbetechnischen Gesichtspunkten.

42.1.2 Wichtige chemische Farbstoffklassen

Azofarbstoffe: enthalten die Azogruppe –N=N– als Chromophor; Herstellung aus Aminoverbindungen durch Diazotieren und nachfolgendes Kuppeln (↑ 39.3.9) mit einem aromatischen Amin oder Phenol. *Monoazofarbstoffe* enthalten 1, *Disazofarbstoffe* 2, *Trisazofarbstoffe* 3, *Tetrakisazofarbstoffe* 4 Azogruppen.

▲ – **Anilingelb:** gelbe Kristallnadeln; aus diazotiertem Anilin und Anilin; einfachster Azofarbstoff; mangels Echtheitseigenschaften keine praktische Anwendung
- **Methylorange,** *Helianthin:* orangefarbene Kristallblättchen; Herstellung (↑ 39.3.9) aus diazotierter Sulfanilsäure und Dimethylanilin; Säure-Base-Indikator (pH < 3 rot; pH > 4,4 gelb)
- **Methylrot:** rote bis violette Kristallblättchen; aus diazotierter Anthranilsäure und Dimethylanilin; Säure-Base-Indikator (pH < 4,4 karminrot; pH > 6,2 grünlichgelb)

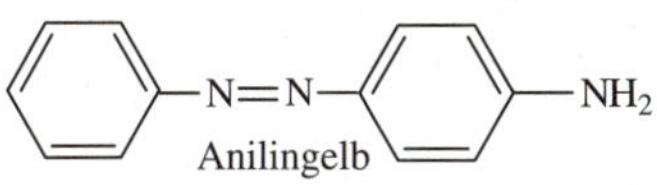

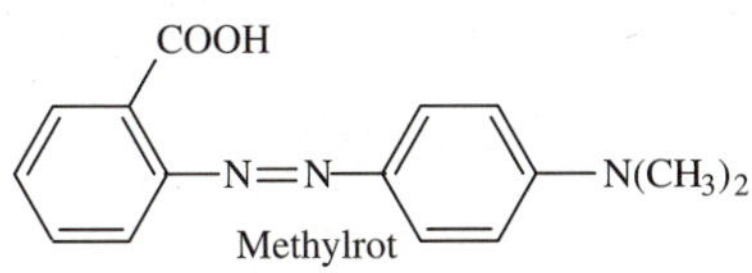

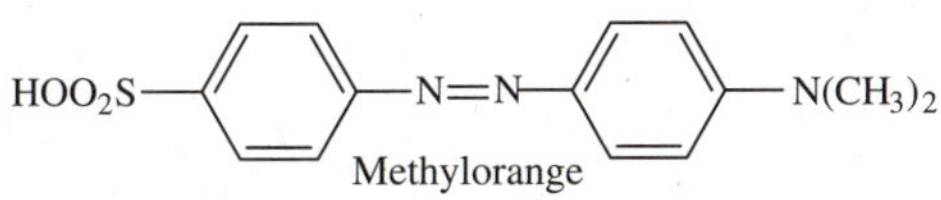

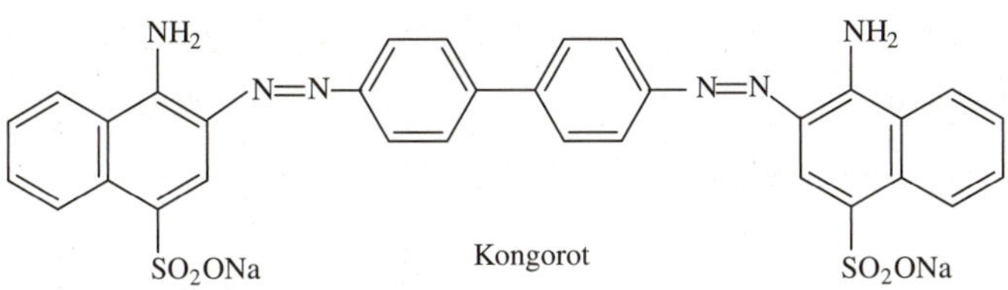

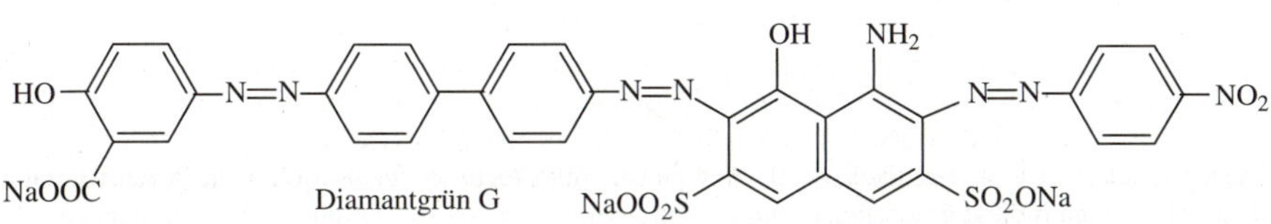

- **Kongorot:** rotbraunes Kristallpulver, Disazofarbstoff; aus doppelt diazotiertem („tetrazotiertem“) Benzidin und Naphthionsäure; erster auf Baumwolle „direktziehender“ Azofarbstoff; Säure-Base-Indikator ($pH < 3{,}0$ blau; $pH > 5{,}2$ rot)
- **Diamantgrün G,** *Diamingrün G:* grünes Pulver; Trisazofarbstoff; aus diazotierter „H-Säure“ und p-Nitranilin wird ein Azo-Zwischenprodukt hergestellt; doppelt diazotiertes Benzidin wird auf der einen Seite mit dem Azozwischenprodukt, auf der anderen Seite mit Salicylsäure gekuppelt; einer der ersten grünen Azofarbstoffe
- **Cibacetylviolett 5R:** für Acetatseide und synthetische Fasern
- **Hansagelb G:** für Öl- und Druckfarben, für Viskose

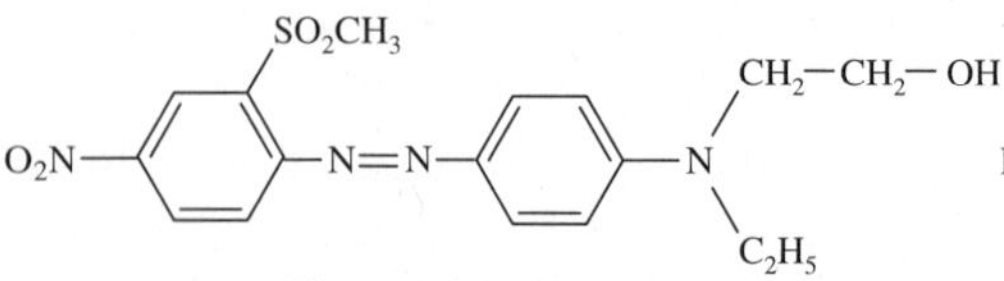

Cibacetylviolett 5R

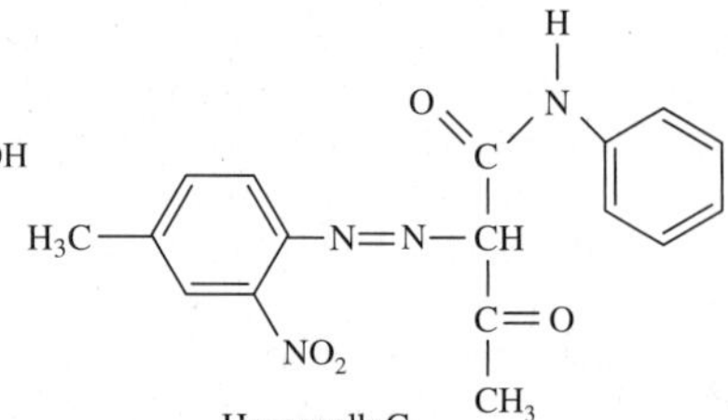

Hansagelb G

Die in der Praxis zum Färben verwendeten Azofarbstoffe haben ähnlich dem Diamantgrün komplizierte Strukturen.

Triphenylmethanfarbstoffe: Ihre so genannten *Leukoverbindungen* [*leukos* (grch.) weiß] sind Amino- oder Hydroxyderivate des Triphenylmethans. (↑ 39.3.2) Durch Oxidationsmittel gehen hieraus die farblosen *Farbbasen* (bei Aminoverbindungen) bzw. *Farbsäuren* (bei Hydroxyverbindungen) hervor, aus denen sich durch Salzbildung mit Säuren bzw. Basen die Farbstoffe bilden. So ergibt z. B. *Leukanilin* bei der Oxidation die farblose Farbbase *Rosanilin,* das mit Salzsäure in **Fuchsin** übergeht:

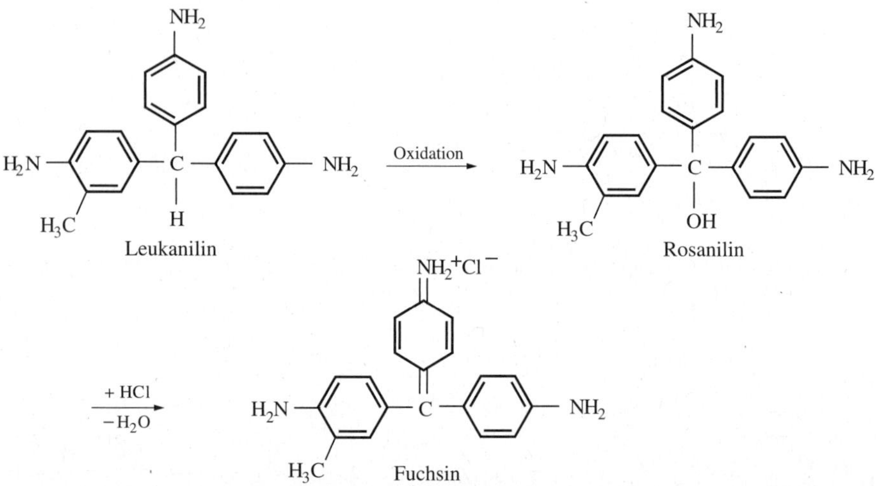

Fuchsin: gelbgrün bronzierende Kristalle, mit intensiv roter Farbe in Wasser löslich; hergestellt durch Oxidation eines Gemisches aus Anilin, o- und p-Toluidin mit Nitrobenzen; für billige Papierfärbungen

Kristallviolett, im festen Zustand bräunlich bronzierend, löst sich mit intensiv violetter Farbe in Wasser. Es leitet sich formal vom *Parafuchsin* (Fuchsin ohne Methylgruppe) ab: Kristallviolett enthält 6 an N gebundene Methylgruppen. Kristallviolett wird aus MICHLERs *Keton*, p,p'-$(H_3C)_2N–C_6H_4–CO–C_6H_4–N(CH_3)_2$, und Dimethylanilin hergestellt. Der Farbstoff wird für Kopierstifte, Stempelfarben u. dgl. verwendet.

Malachitgrün, im festen Zustand grün oder messinggelb bronzierend, mit blaugrüner Farbe in Wasser löslich, aus salzsaurem Dimethylanilin und Benzaldehyd hergestellt, für Stempel- und Papierfarben und zum Färben mikroskopischer Präparate verwendet;

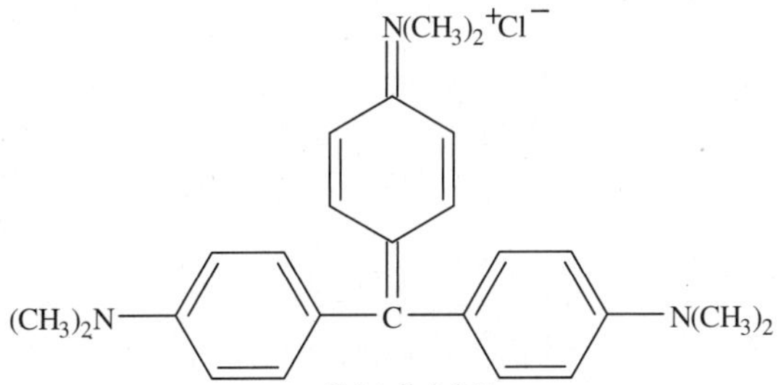

Kristallviolett

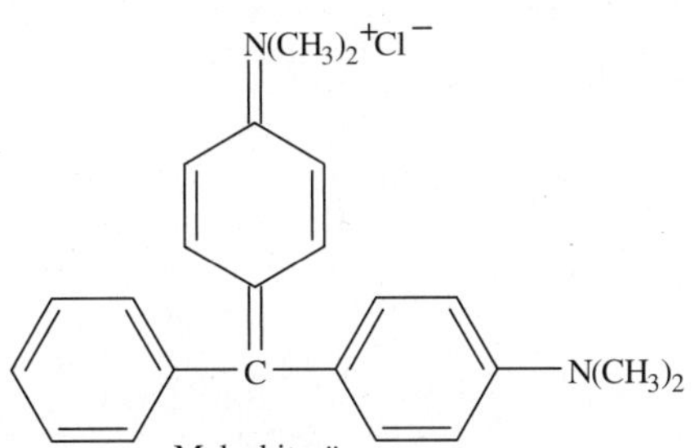

Malachitgrün

Eine Untergruppe der Triphenylmethanfarbstoffe bilden die **Phthaleine,** Derivate des **Phthalophenons.** Sie bilden sich beim Erhitzen von Phthalsäureanhydrid mit Phenolen in Gegenwart wasserbindender Mittel, z. B. konz. Schwefelsäure.

Phenolphthalein entsteht mit Phenol, Thymolphthalein mit Thymol, Fluorescein mit Resorcin, Eosin durch Bromierung von Fluorescein.

Phenolphthalein: weißes Pulver; Säure-Base-Indikator (pH $< 8{,}2$ farblos, pH $> 9{,}8$ rotviolett); Abführmittel. Formel (↑ S. 778)

Fluorescein: orangefarbenes, wasserunlösliches Kristallpulver. Das sich in entsprechend alkalischer Lösung bildende Dinatriumsalz (*Uranin*) löst sich leicht; die gelbe wässrige Lösung zeigt eine überaus intensive grüne Fluoreszenz. Anwendung für Anzeigeflüssigkeiten, Badeessenzen sowie zur Herstellung von Eosin. Formel (↑ S. 778)

Eosin: Das Dinatriumsalz bildet ein rotes Kristallpulver, das sich mit grüner Fluoreszenz in Wasser löst; Verwendung in der Kosmetik, für rote Tinten und zum Anfärben mikroskopischer Präparate. Durch Nitrierung entsteht ein bläulich-rotes Produkt, das ebenfalls als Mikroskopierfarbstoff Anwendung findet. Formel unten.

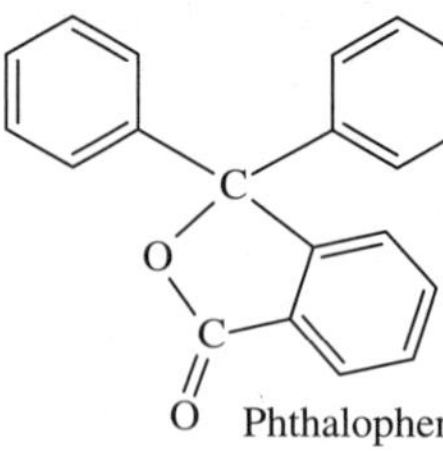

Phthalophenon

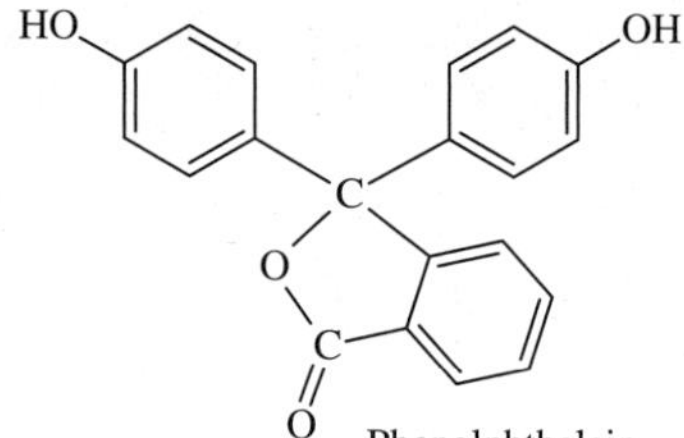

Phenolphthalein

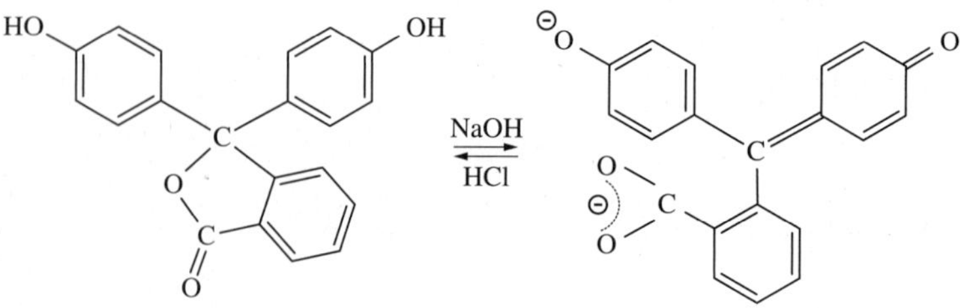

Phenolphthalein bei pH < 8,2 farblos

Phenolphthalein bei pH > 9,8 rotviolett

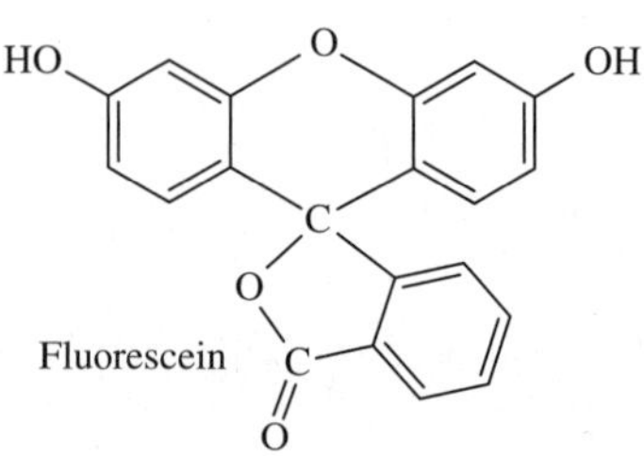

Fluorescein

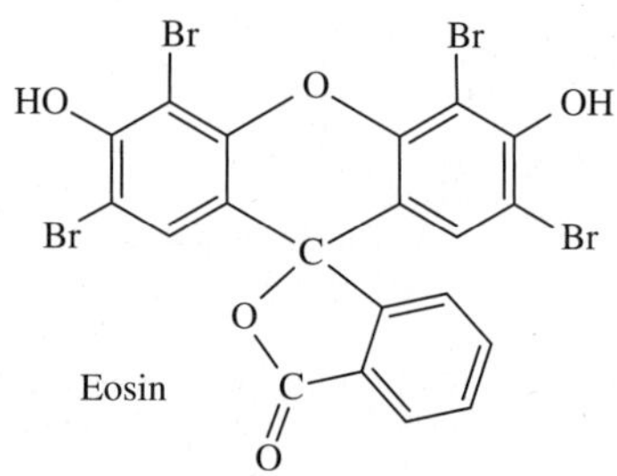

Eosin

Anthrachinonfarbstoffe enthalten eine oder mehrere Anthrachinonbaugruppen (↑ 39.3.2).

- Der Beizenfarbstoff **Alizarin,** der Farbstoff der Krappwurzel, heute ausschließlich synthetisch hergestellt, ergibt mit Aluminiumhydroxid einen leuchtend roten Farblack.
  Alizarin entsteht bei der Alkalischmelze von *Anthrachinon-2-sulfonsäure,* wobei gleichzeitig das 1-ständige H-Atom durch Luftsauerstoff zu -OH oxidiert wird.
  Alizarin S, ein gelbes Kristallpulver, ist das Natriumsalz eines sulfonierten Alizarins; es ist im Gegensatz zu Alizarin wasserlöslich und dient als Mikroskopierfarbstoff, als analytisches Nachweisreagens für Aluminium (roter Farblack) und als Säure-Base-Indikator (pH < 4,3 gelb, pH > 6,3 violett).

- Zwei Anthrachinonkerne enthält der Küpenfarbstoff **Indanthrenblau**[1] **RS**.

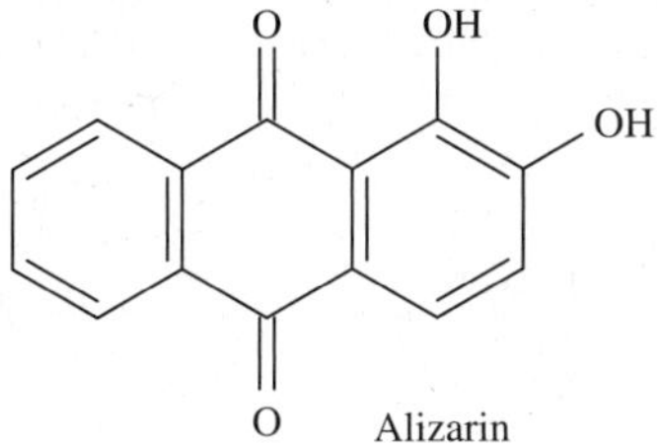

Alizarin

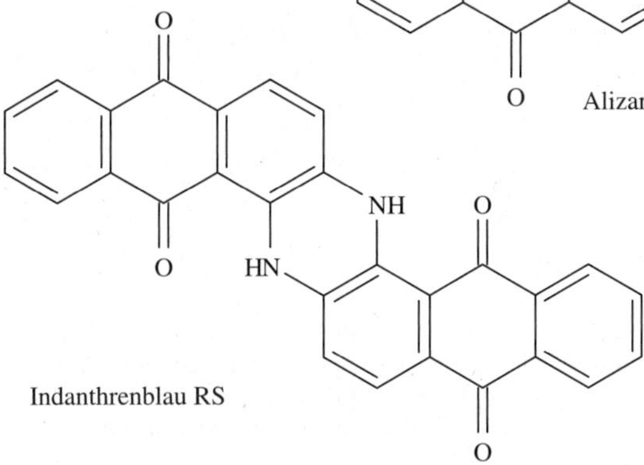

Indanthrenblau RS

Indigofarbstoffe: Diese Gruppe umfasst Indigo und Derivate. Es sind in der Regel unlösliche Küpenfarbstoffe, die vor dem Färben in wasserlösliche *Leukoverbindungen* übergeführt werden (Küpenfärberei (↑ 42.1.3)).

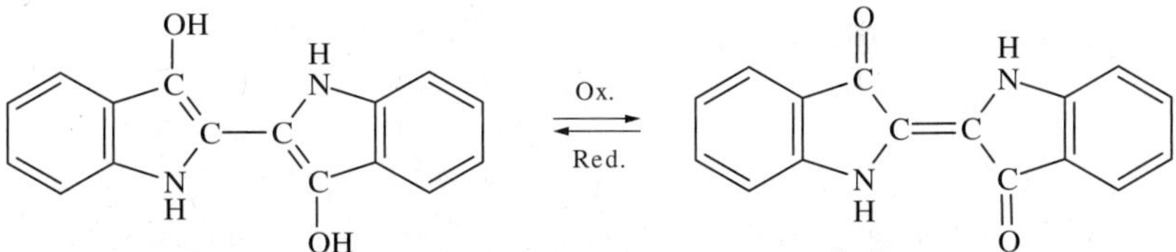

Leukoindigo Indigo

Indigo, *Indigotin*: Der seit dem Altertum aus dem Indigostrauch (Indigofera tinctoria; Ostasien) und aus dem Färberwaid (Isatis tinctoria; Europa) gewonnene, sehr licht- und waschechte Textilfarbstoff wurde seit 1897 binnen weniger Jahre durch das synthetische Produkt verdrängt. Bei der Synthese kondensiert man *Anilin* mit *Chloressigsäure* zu *Phenylglycin*; dies geht bei der Alkalischmelze unter Zusatz von Natriumamid in *Indoxyl* über, das durch Luftsauerstoff sehr leicht in *Indigo* umgewandelt wird (1. HEUMANNsche Synthese):

[1] Die Bezeichnung *Indanthren* kennzeichnet keine chemische Struktur, sondern besonders gute Echtheitseigenschaften.

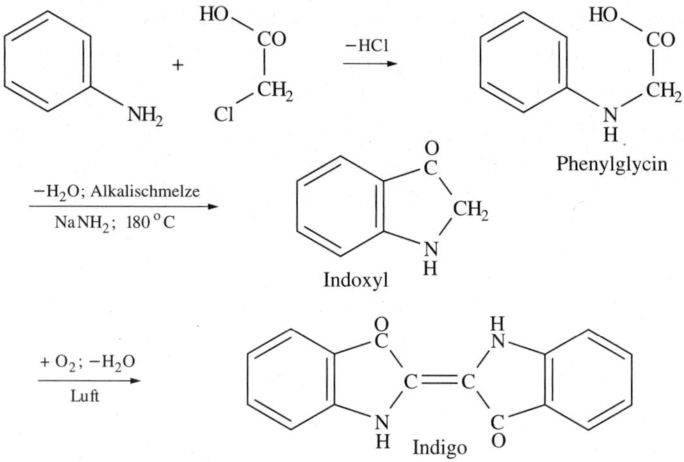

Indigo ist ein dunkelblaues, beim Reiben kupferrot bronzierendes, kristallines Pulver, das bei etwa 300 °C unter Bildung eines tiefroten Dampfes sublimiert. Mit Natriumdithionit entsteht der farblose, wasserlösliche *Leukoindigo,* der auf dem Färbegut durch Luftsauerstoff den tiefblauen Farbstoff zurückbildet.

Antiker Purpur, 6,6'-*Dibromindigo*, im Altertum äußerst wertvoll, ist als Leukoverbindung im Drüsensaft der (1864 in Irland wiederentdeckten) Purpurschnecke enthalten; bei der Strukturaufklärung wurden aus 12 000 Schnecken 1,4 g Farbstoff gewonnen; er ist heute ohne praktische Bedeutung.

Thioindigo und **Indanthrenbrillantrosa** sind weitere Indigofarbstoffe.

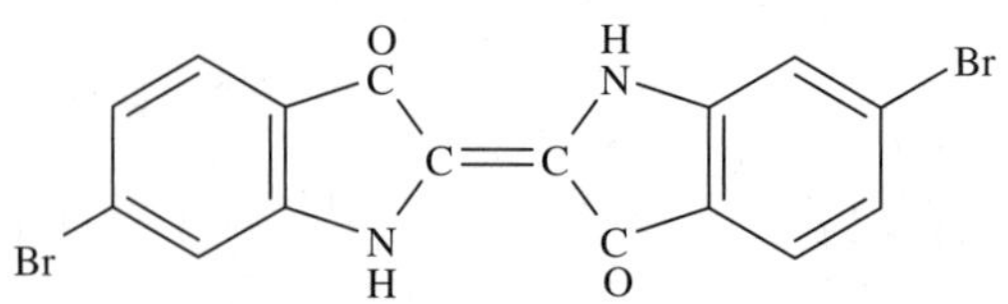

Antiker Purpur

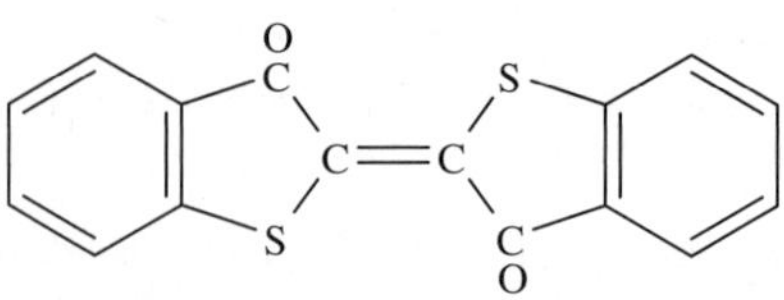

Thioindigo

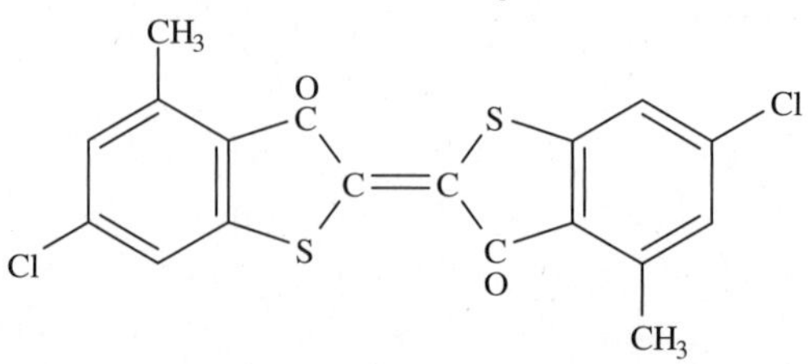

Indanthrenbrillantrosa

Schwefelfarbstoffe: entstehen aus aromatischen Aminen u. a. durch Schmelzen mit Schwefel oder Polysulfiden; sie enthalten in der Regel mehrere Ringsysteme mit S und N als Heteroatome und werden ähnlich den

Küpenfarbstoffen (↑ 42.1.3) angewandt, wobei Natriumsulfid, Na_2S, als Reduktionsmittel dient; sie liefern matte, sehr echte Farbtöne.

Anthocyane: eine Gruppe sehr verbreiteter, roter, violetter und blauer, glycosidischer Naturfarbstoffe, deren Aglycone, die *Anthocyanidine,* sich vom *Flavan* (Struktur s. u.) ableiten. Sie bewirken die Färbung vieler Blüten (Dahlien, Astern, Nelken) und Beeren (Erd-, Heidel-, Preisel-, Brombeeren); ihre Farbe ist in saurem Milieu anders als in alkalischem, sodass das gleiche Anthocyan in verschiedenen Blüten eine unterschiedliche Färbung ergibt. Verschiedene Farbtöne resultieren auch durch Bindung an verschiedene Zucker sowie durch Mischung mit anderen Farbstoffklassen, z. B. den Flavonen.

Cyanidin sieht im sauren Milieu (pH $<$ 3) rot, in alkalischem (pH $>$ 10) blau aus und bewirkt, an den mit * bezeichneten OH-Gruppen mit Glucose verbunden (*Cyanin*), sowohl die rote Farbe der Rose als auch die blaue der Kornblume. In Bindung an andere Zucker findet es sich u. a. auch im roten Mohn, in Holunderbeeren und in der Kirsche.

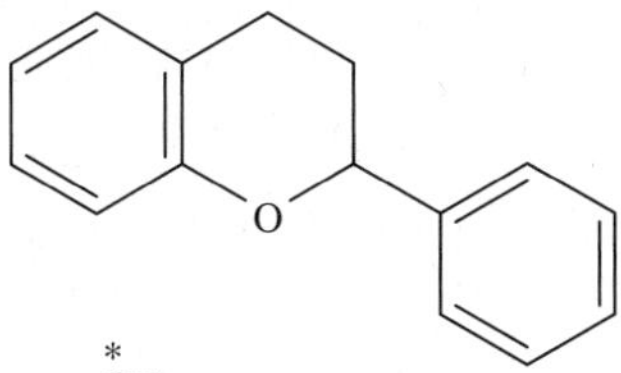

Flavan

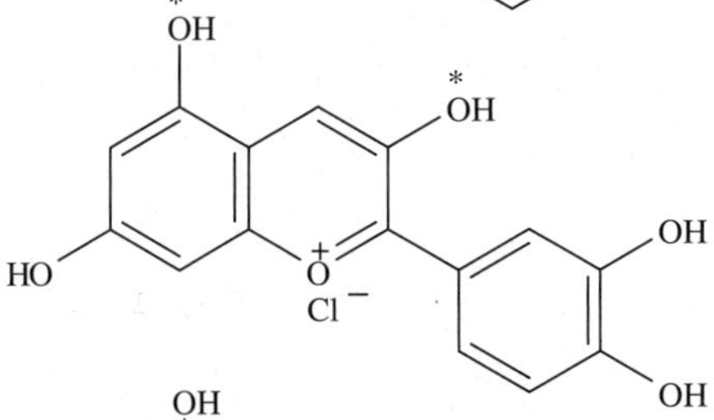

Cyanidinchlorid
(rot)

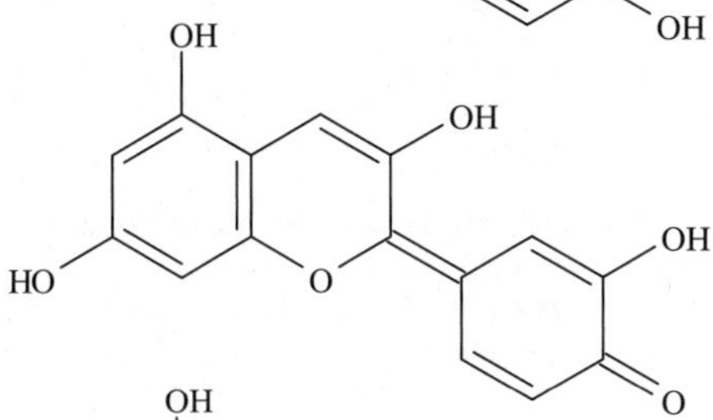

Cyanidin
(violett)

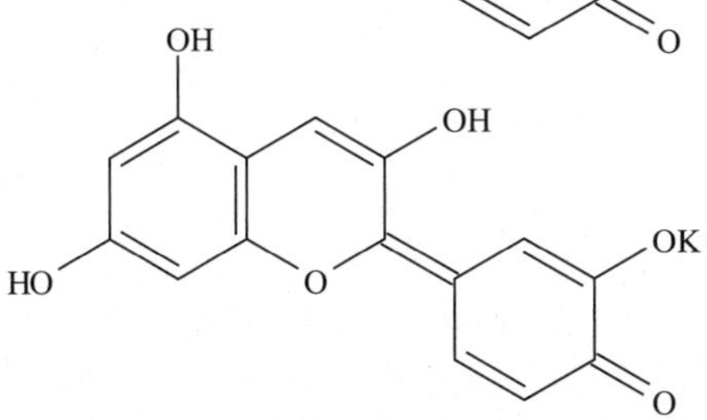

Kaliumcyanidinat
(blau)

Mit den Anthocyanen verwandt sind die **Flavone,** gelbe Blütenfarbstoffe, die sich vom *Flavon Isoflavon* ableiten, z. B. das Isoflavonderivat **Genistein** der Ginsterblüten.

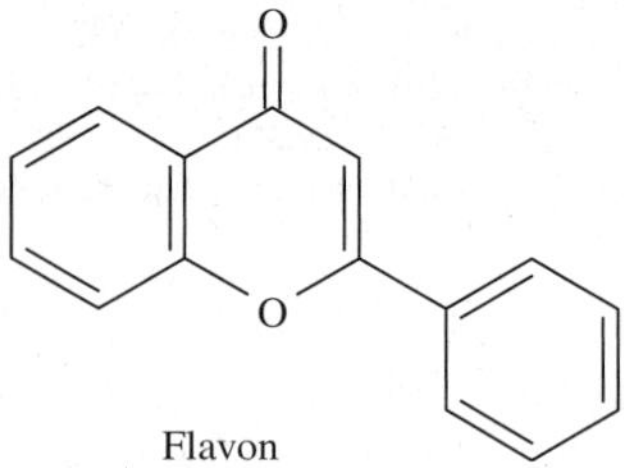
Flavon

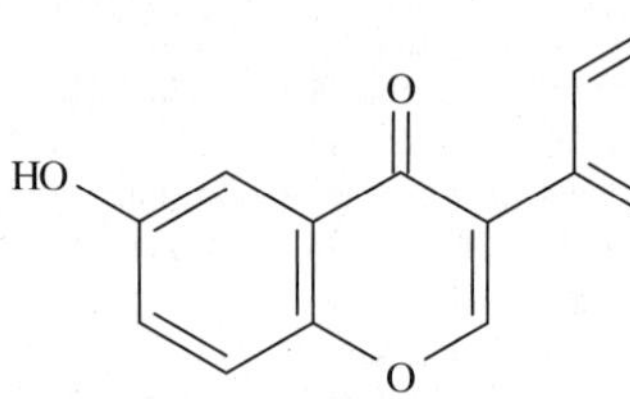
Genistein

Porphinfarbstoffe: Derivate des **Porphins**; als Naturfarbstoffe von großer physiologischer Bedeutung [*Hämoglobin* (eisenhaltig), *Chlorophyll* (magnesiumhaltig); einen ähnlichen Grundkörper hat Vitamin B_{12} (↑ 41.4.2) (cobalthaltig)]; als synthetische Produkte sind die *Phthalocyanine* (kupfer- oder nickelhaltig) wichtig geworden.

- **Hämoglobin:** roter Blutfarbstoff der Wirbeltiere; Chromoproteid aus der (zu den Histonen gehörenden) Eiweißkomponente *Globin* und der Farbstoffkomponente *Häm* (mit 2wertigem Eisen), wobei 4 Häm-Gruppen zu einem Molekül gehören. Die hydrolytische Spaltung mit verdünnter Salzsäure verläuft oxidativ und liefert neben Eiweiß das *Hämin* (mit 3wertigem Eisen).
  Hämoglobin transportiert den Sauerstoff durch lockere Bindung an das 2wertige Eisen (*Oxyhämoglobin*) aus der Lunge zu den Geweben:

  $$\text{Hämoglobin} + 4\ O_2 \rightleftharpoons \text{Oxyhämoglobin}$$

  1 Atom Fe transportiert 1 Molekül O_2, das Eisen bleibt hierbei 2wertig. Die entsprechende Verbindung mit 3wertigem Eisen (*Methämoglobin*) vermag keinen Sauerstoff zu transportieren. Kohlenstoffmonoxid wirkt dadurch giftig, dass es sich fester an Hämoglobin bindet als Sauerstoff, sodass kein Sauerstofftransport mehr möglich ist.
  Das Blut eines Menschen enthält etwa 30 g Häm (entspricht 950 g Hämoglobin); 1 g Häm bindet bei Standardbedingungen 1,35 mL Sauerstoff.
  Durch biologische Oxidation von Hämoglobin oder ähnlichen Verbindungen entstehen unter Sprengung des Porphin-Ringsystems die (metallfreien) *Gallenfarbstoffe*, insbes. das orangefarbene **Bilirubin** (Formel).
- **Chlorophyll**: Farbstoff der grünen Pflanzen („Blattgrün"); kommt dort in zwei Formen (Chlorophyll a und b) am Eiweiß gebunden vor. Der im Molekül veresterte Alkohol der Formel $C_{20}H_{39}OH$ ist Phytol, ein acyclischer Diterpenalkohol der Zusammensetzung $CH_3–[CH(CH_3)–(CH_2)_3]_3–C(CH_3)=CH–CH_2OH$.
  Chlorophyll leitet unter dem Einfluss von Licht – wirksam ist das langwellige (rote) Ende des Spektrums – die für das gesamte höhere Leben auf der Erde wichtige Photosynthese (↑ 14.2.4) ein, d. h. die Reaktion zwischen Kohlenstoffdioxid und Wasser zu Glucose (bzw. Stärke) und Sauerstoff.
  Photochemisch aktiviertes Chlorophyll spaltet primär Wasser, wobei gleichzeitig die energiereichen Verbindungen Adenosintriphosphat (ATP) und reduziertes Nicotinsäure-amid-adenin-dinucleotid-phosphat (NADPH) entstehen, die die weiteren Syntheseprozesse initiieren.
- **Phthalocyanine**: meist blaue bis grüne Pigmente von sehr hoher Lichtechtheit für Druck- und Tapetenfarben, Anstrichstoffe und zum In-Masse-Färben von Kunststoffen. Die Phthalocyanine enthalten in der Regel Kupfer oder Nickel zentral gebunden; das unsubstituierte *Kupferphthalocyanin*, eine dunkelblaue, sehr stabile Verbindung, die bei etwa 500 °C sublimiert, bildet sich z. B. beim Erhitzen von *Phthalodinitril*, 1,2-$C_6H_4(CN)_2$, mit Kupferpulver.

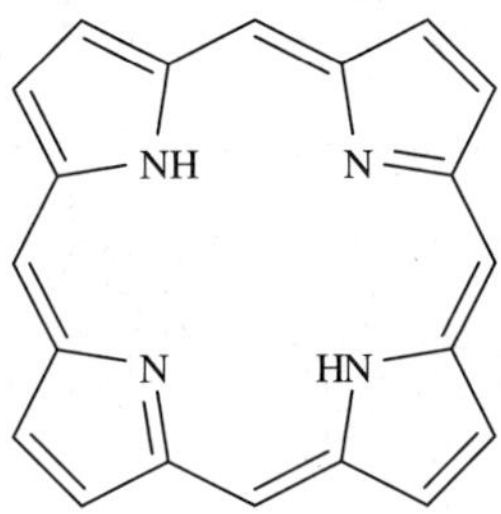

Porphin

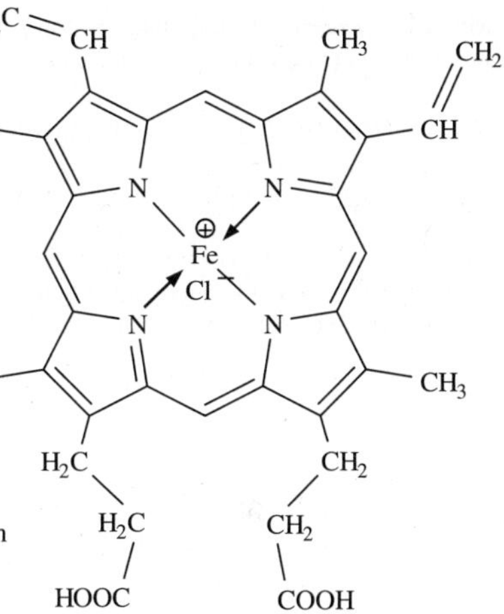

Hämin

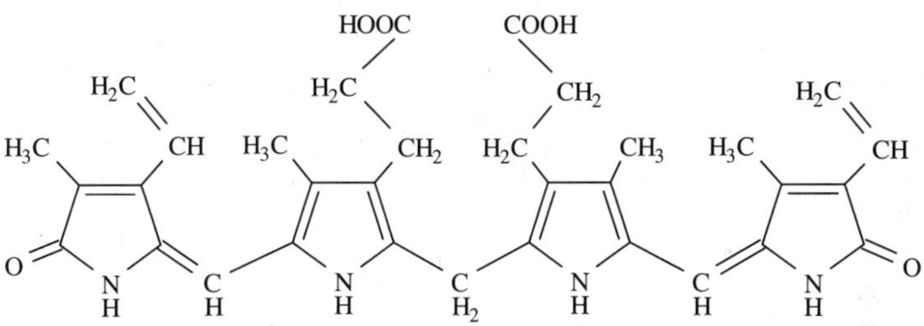

Bilirubin

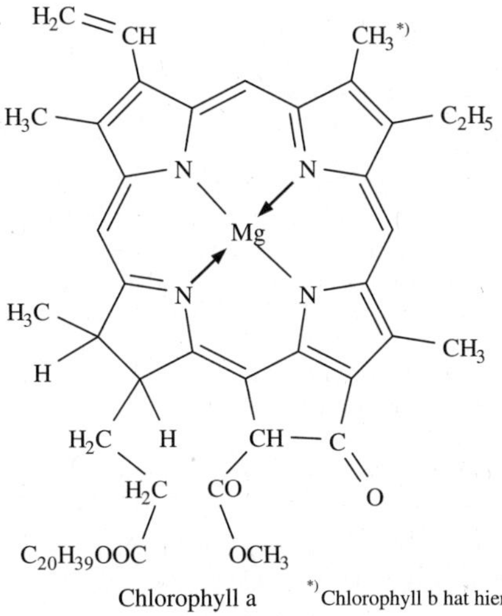

Chlorophyll a

*) Chlorophyll b hat hier die Gruppe CHO

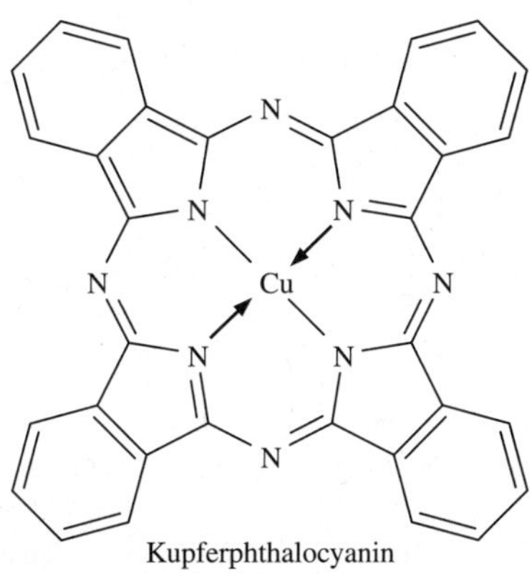

Kupferphthalocyanin

Carotinoide, *Carotenoide,* sind gelbe und rote bis violette, wasserunlösliche, in Fettsubstanzen leicht lösliche, meist mit mehreren Isomeren auftretende Naturstoffe mit langkettigen Systemen konjugierter Doppelbindungen, z. B.
Carotin, systematisiert *Caroten,* $C_{40}H_{56}$, in Möhren, Paprika, grünen Blättern, Milch, Blutplasma;
Lycopin, $C_{40}H_{56}$, in Tomaten, Hagebutten,
Lutein, $C_{40}H_{56}(OH)_2$, im Eidotter; diverse **Xanthophylle** rufen die Gelbfärbung des Herbstlaubes hervor.

***β*-Carotin,** *β-Caroten*, $C_{40}H_{56}$, ist am verbreitetsten; es bildet tiefrote, blau bronzierende Kristalle; *F* 183 °C; wird auch synthetisch gewonnen und als Lebensmittelfarbstoff (E 160a) verwendet. Es wird auch als *Provitamin A* bezeichnet, da es in der Leber hydrolytisch in 2 Moleküle Vitamin A_1 (↑ S. 762) gespalten wird.

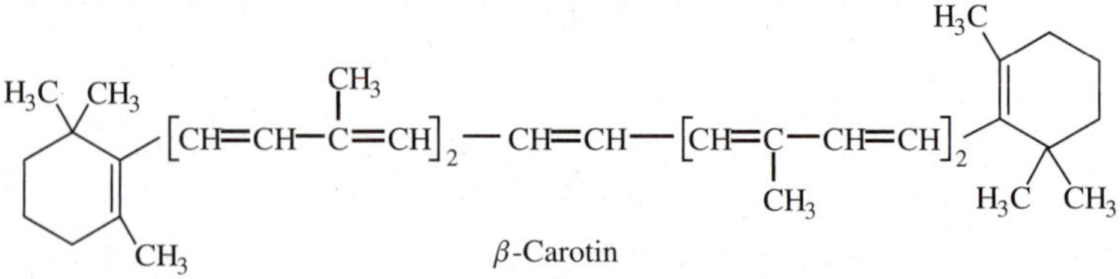

β-Carotin

Thiazinfarbstoffe

Thiazinfarbstoffe leiten sich vom **Phenthiazin** ab.
Wichtig ist **Methylenblau** nicht nur für Textilfärbungen, sondern auch als Mikroskopierfarbstoff für Bakterien, Nervensubstanz sowie zum Nachweis anionischer Tenside in Wasser.
Methylenblau bildet dunkelblaue, rötlich bronzierende, in Wasser und Ethanol lösliche Kristallblättchen.

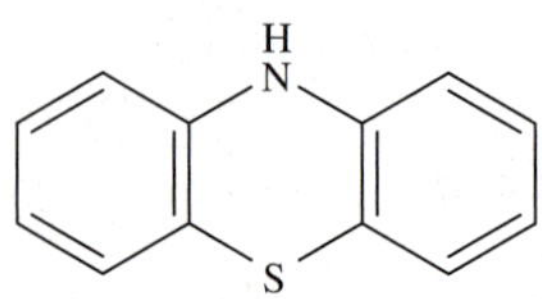

Phenthiazin

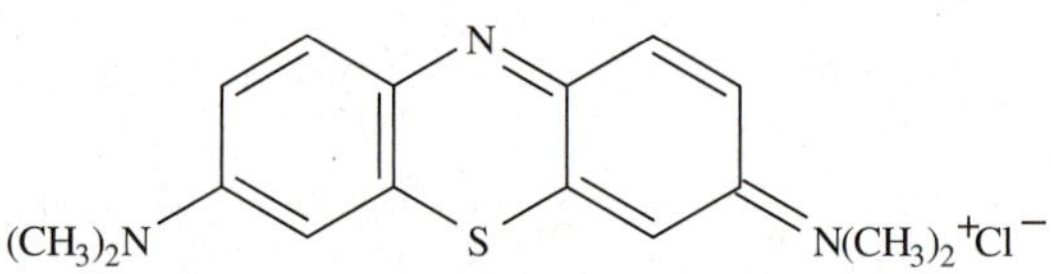

Methylenblau

42.1.3 Wichtige färbetechnische Farbstoffklassen

Basische und **saure Farbstoffe** ziehen unter Salzbildung auf amphotere Faserstoffe (Wolle, Seide) unmittelbar aus der wässrigen Lösung (der „Färbeflotte") auf.

Beizenfarbstoffe haften erst nach Vorbehandlung des Färbegutes mit einer *Beize* (Aluminiumsalze, Tannin u. a.). Metallverbindungen als Beizen binden den Farbstoff häufig unter Umwandlung in eine unlösliche Komplexverbindung (einen „Farblack" (↑ 42.1.1)).

Direktfarbstoffe (*substantive Farbstoffe*) ziehen auf neutrale Faserstoffe (Cellulose) unmittelbar auf, sind jedoch von begrenzter Waschechtheit.

Reaktivfarbstoffe enthalten reaktive Atomgruppen, die mit den OH-Gruppen der Cellulose oder mit den NH_2- oder NH-Gruppen von Wolle, Seide und den Polyamidfaserstoffen homöopolare chemische Bindungen eingehen und daher wesentlich waschechter sind als Direktfarbstoffe.

Entwicklungsfarbstoffe, unlöslich und daher sehr waschecht, werden auf dem Faserstoff erzeugt, indem dieser mit einem aufziehenden Vorprodukt (z. B. der Kupplungskomponente eines Azofarbstoffes) getränkt und der Farbstoff danach durch Tauchen in die Lösung einer zweiten Komponente (z. B. eines Diazoniumsalzes) „entwickelt" wird.

Küpenfarbstoffe werden vor dem Färben *verküpt*, d. h. durch Reduktion mit *Natriumdithionit,* $Na_2S_2O_4$, in eine *Leukoverbindung* umgewandelt, wobei Carbonylgruppen >C=O in Hydroxygruppen >CH(OH) übergehen. Die Leukoverbindung (z. B. der farblose *Leukoindigo*) wird durch den Sauerstoff der Luft zum Farbstoff (z. B. dem blauen *Indigo*) oxidiert.
Beim Färben mit *Schwefelfarbstoffen* dient *Natriumsulfid,* Na_2S, als Reduktionsmittel.

Dispersionsfarbstoffe kommen in äußerst feiner wässriger Dispersion insbes. für Chemiefaserstoffe zur Anwendung. Sie sind wasserunlöslich, lösen sich jedoch im Faserstoff, wodurch sie aufziehen.

42.2 Terpene

Ätherische Öle: Ätherische Öle finden sich in vielen Pflanzen; sie werden in der Regel aus Blüten, Blättern und anderen Pflanzenteilen, auch aus Balsamen, durch Wasserdampfdestillation gewonnen; vereinzelt werden sie auch ausgepresst oder extrahiert. Ätherische Öle zeichnen sich durch charakteristische Gerüche aus, die jeweils das komplexe Ergebnis einer Vielzahl von Inhaltsstoffen darstellen. Unter diesen Inhaltsstoffen spielen die *Terpene* eine wichtige Rolle.

Definition: Terpene sind Glieder oder Derivate von Kohlenwasserstoffen der Formel $(C_5H_8)_n$ (n = 2, 3, 4. . .), die formal aus Isopren (↑ 30.3.2)-Einheiten, C_5H_8, aufgebaut sind („Polyprene"). Man unterscheidet *Monoterpene* (n = 2), *Sesquiterpene* (n = 3), *Diterpene* (n = 4) usw.

Neben **Terpenkohlenwasserstoffen, -alkoholen, -estern, -ethern, -aldehyden, -ketonen** u. a. finden sich auch hydrierte Produkte. Aus sehr vielen Isopren-Einheiten baut sich *Naturkautschuk* auf.

Eigenschaften: Terpene sind flüssig oder fest, mehr oder weniger leicht flüchtig, in der Regel farblos und in Wasser schwer, in organischen Lösemitteln leicht löslich. Viele Terpene weisen charakteristische Gerüche auf und werden als Riechstoffe verwendet.

Einteilung: Je nach Anzahl der carbocyclischen Ringe im Molekül unterscheidet man *mono-, bi-* und *tricyclische* Terpene; auch *acyclische* (d. h. ringfreie) Terpene sind bekannt.

▲ – acyclisch
Geraniol, $C_{10}H_{17}OH$: im Rosen- und Geraniumöl; Rosengeruch;
Linalool, $C_{10}H_{17}OH$: im Linaloeholz- und Rosenöl; Maiglöckchengeruch;
Linalylacetat, CH_3-CO-$C_{10}H_{17}$: im Lavendelöl; Lavendelgeruch;
Citronellol, $C_{10}H_{19}OH$: im Rosen- und Citronellöl (aus Citronellgras); feiner Rosengeruch;
Citronellal, C_9H_{17}-CHO: im Eukalyptus- und Citronellöl; Melissengeruch;
Citral, C_9H_{15}-CHO: im Zitronen- und Lemongrasöl; intensiver Zitronengeruch;

- monocyclisch
  Limonen, $C_{10}H_{16}$: in sehr vielen Ölen; schwacher, zitronenähnlicher Geruch;
  Menthol, $C_{10}H_{19}OH$: im Pfefferminzöl; Pfefferminzgeruch;
  Terpineol, $C_{10}H_{17}OH$: in vielen Ölen; fliederartiger Geruch;
  Carvon, $C_{10}H_{14}O$: im Kümmelöl; Kümmelgeruch;
- bicyclisch
  Pinen, $C_{10}H_{16}$: im Terpentinöl; Terpentingeruch;
  Kampfer, $C_{10}H_{16}O$: im Kampferbaumöl; spezifischer Geruch;
  Bornylacetat, $CH_3–CO–OC_{10}H_{17}$: in den meisten Koniferenölen; Fichtennadelgeruch.

Terpentinöl ist das Destillat des *Terpentins,* eines Balsams, der beim Einkerben der Rinde verschiedener Nadelhölzer als zäh-viskose Masse ausfließt. Es besteht hauptsächlich aus **Pinen,** $C_{10}H_{16}$, und dient als Lösemittel für Harze, Lacke, Wachse u. dgl. sowie zur Herstellung von synthetischem Kampfer.
Der Destillationsrückstand ist **Kolophonium,** ein Gemisch verschiedener *Harzsäuren,* insbes. der tricyclischen Diterpencarbonsäure *Abietinsäure,* $C_{19}H_{29}COOH$. Formel (↑ S. 788). Kolophonium wird zum Löten, als Geigenharz und zur Herstellung von Lackharzen verwendet. Mit Alkalien entstehen die *Harzseifen,* die zum Leimen von Papier und zur Herstellung von Sikkativen dienen.

Kampfer, *Campher,* $C_{10}H_{16}O$: farblose, an freier Atmosphäre allmählich verdampfende, in Wasser schwer, in organischen Lösemitteln leicht lösliche Kristalle; *F* 177 °C; kommt im Holz des Kampferbaums (Taiwan) vor; wird synthetisch aus Pinen hergestellt und medizinisch sowie zur Herstellung von Zelluloid verwendet. Formel (↑ S. 788).

Menthol, $C_{10}H_{19}OH$: farblose Kristalle; *F* 43 °C; Hauptbestandteil des Pfefferminzöls; ruft auf der Haut und Schleimhäuten Kälteempfindung hervor; wird synthetisch durch vollständige Hydrierung von Thymol hergestellt:

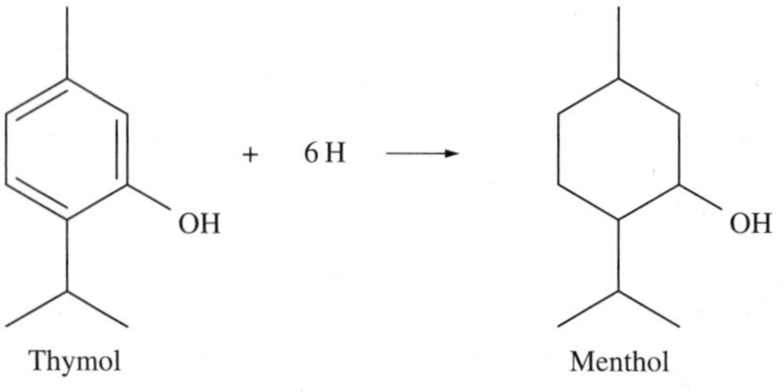

Cyclocitralderivate: *Citral*, $C_9H_{15}–CHO$ lässt sich cyclisieren; von dem entstehenden Ringsystem leiten sich die Veilchenriechstoffe **Iron** (natürlich) und **Ionon** (synthetisch) ab. Als Riechstoff findet Ionon Anwendung, da es einen intensiveren Geruch als Iron aufweist.

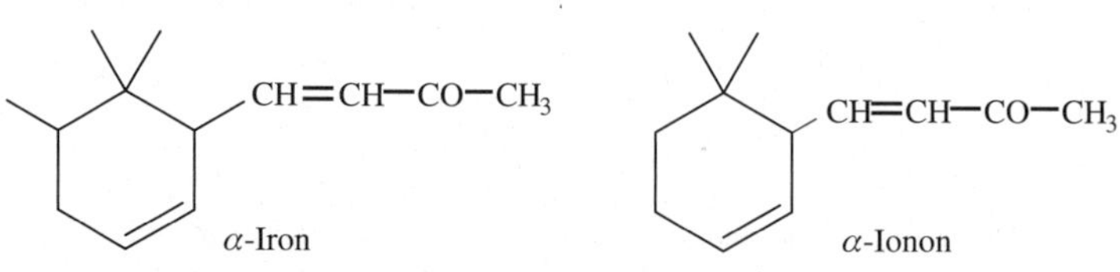

Auch Vitamin A und die Carotinoide enthalten das Cyclocitralringsystem.

Strukturformeln: Als Grundstruktur sehr vieler Terpene kann man formal die des **1,4-Menthans,** $C_{10}H_{20}$, ansehen. 1,4-Menthan (p-Menthan) ist *1-Methyl-4-isopropyl-cyclohexan.* Die angegebene Kurzformel enthält zugleich die verbindliche Bezifferung; in der letzten Formel gibt die gestrichelte Linie die Zusammensetzung aus (in diesem Fall hydrierten) Isoprenresten wieder.

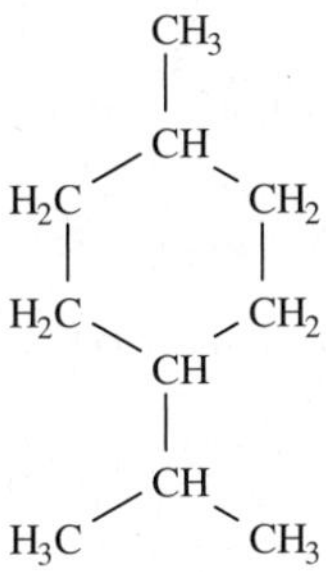

1,4-Menthan

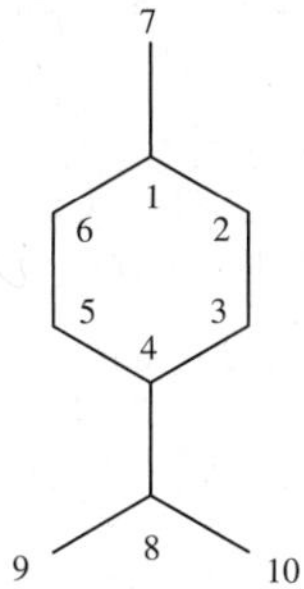

1,4-Menthan
(Kurzformel)

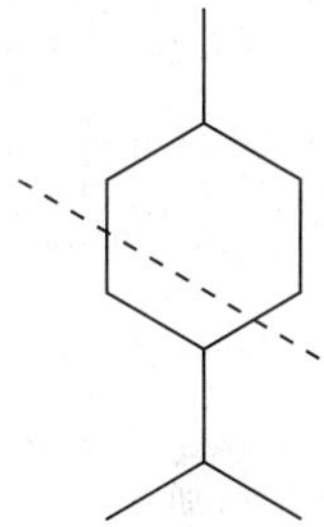

1,4-Menthan
Aufbau aus 2 hydrierten Isoprenresten

Von diesem Molekül leiten sich durch Substitution, Dehydrierung, Ringspaltung und Umlagerung wichtige Terpene ab, so auch die bicyclischen Grundstrukturen *Caran*, *Pinan*, *Camphan, Thujan* und *Fenchan*:

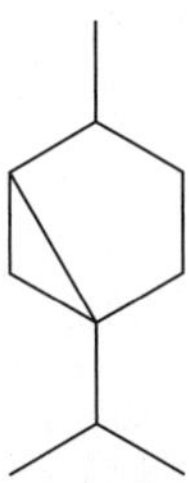

Thujan

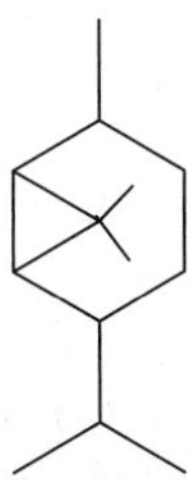

Caran

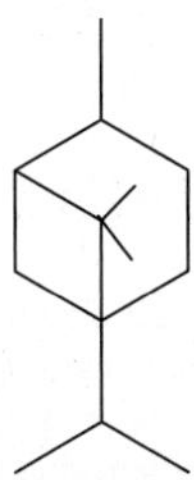

Pinan

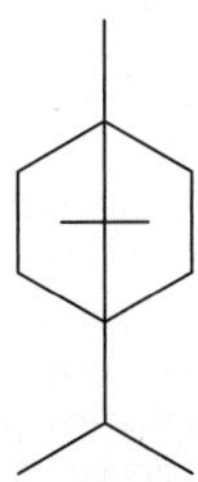

Camphan
(Bornan)

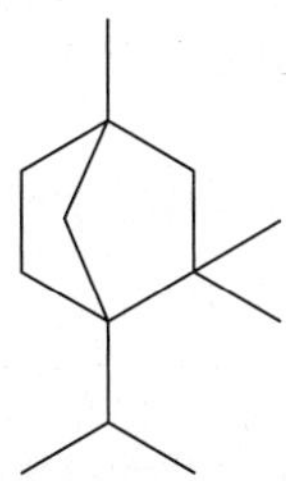

Fenchan

Derivate:

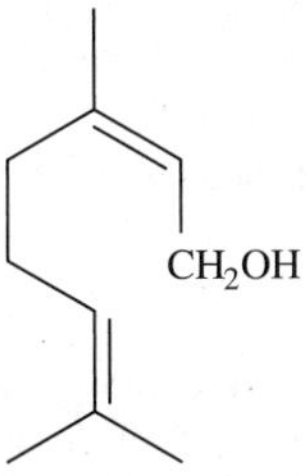

Geraniol

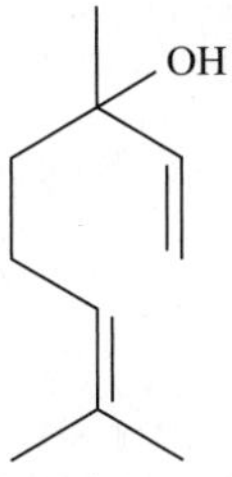

Linalool

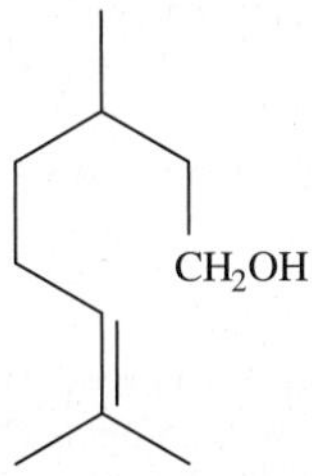

Citronellol

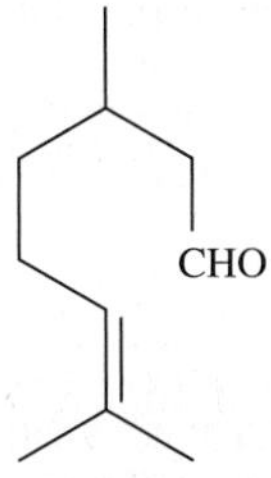

Citronellal

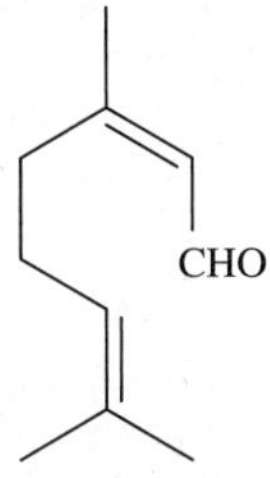

Citral

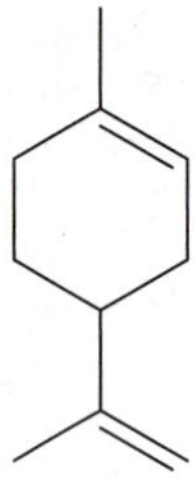

Limonen

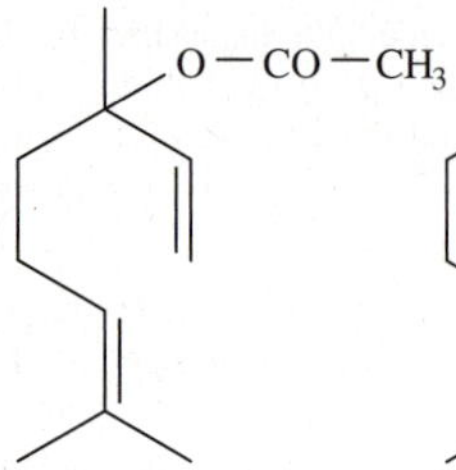

Linalylacetat

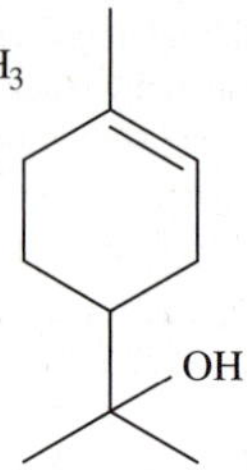

α-Terpineol

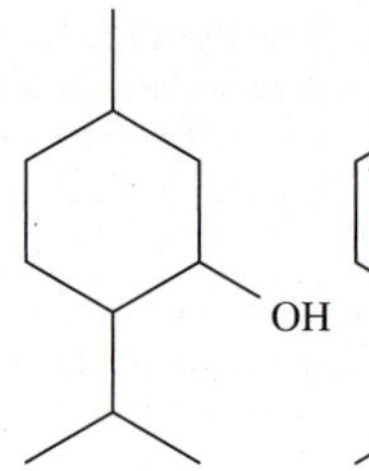

Menthol

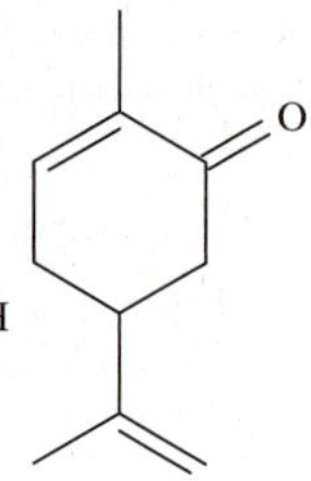

Carvon

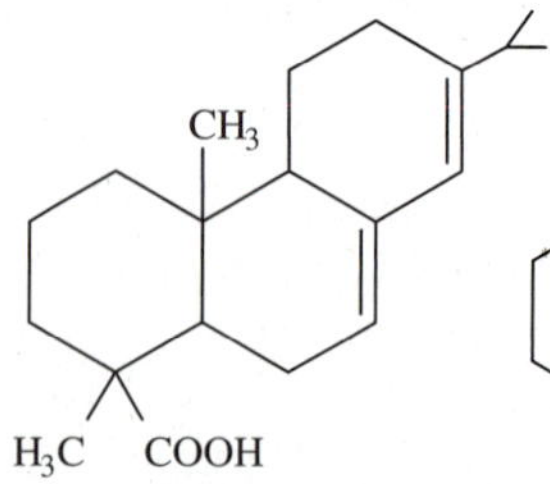

Abietinsäure

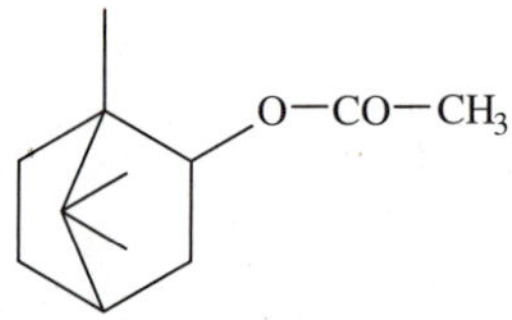

Bornylacetat

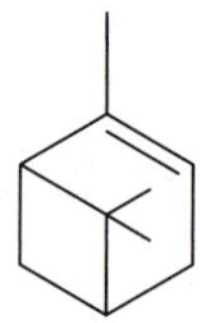

α-Pinen

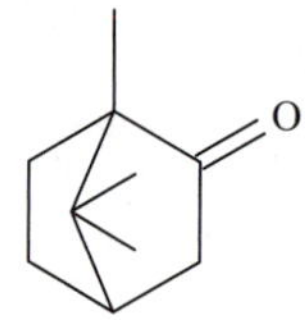

Kampfer
(Campher)

42.3 Tenside (grenzflächenaktive Stoffe)

Allgemeines: Tenside sind organische Verbindungen, die sich im gelösten Zustand an Phasengrenzflächen konzentrieren, wo sie die Grenzflächenspannung herabsetzen. Praktisch wichtig ist die Herabsetzung der Grenzflächenspannung von Wasser, um seine Netz- und Emulgierfähigkeit zu erhöhen. Tenside werden daher als *Netzmittel* und *Emulgatoren* verwendet, vor allem aber unter Ausnutzung beider Eigenschaften als *waschaktive Substanzen* in Wasch-, Spül- und sonstigen Reinigungsmitteln.

Molekülbau und Wirkungsweise: Die Moleküle der Tenside bestehen aus einem *hydrophilen* („wasserfreundlichen") und einem *hydrophoben* („wasserfeindlichen") Teil. An den Grenzflächen zwischen Wasser und z. B. Öltröpfchen richten sie sich so aus, dass die hydrophilen Atomgruppen in das Wasser und die hydrophoben Atomgruppen in das Öl hineinragen. Da somit jedes Öltröpfchen mit einer hydrophilen Hülle versehen wird, die eine Bindung an das Wasser vermittelt, wird ein Zusammenfließen des Öls und damit eine Entmischung verhindert (oder auch stark verzögert), und die Tröpfchen bleiben in der Schwebe; es ist eine *Emulsion* entstanden: Tenside wirken emulgierend.

▲ Gewöhnliche *Seife* besteht aus fettsauren Natriumsalzen; sie enthält z. B. Natriumpalmitat, $C_{15}H_{31}COONa$. Beim Auflösen dissoziiert Natriumpalmitat gemäß der Gleichung

$$C_{15}H_{31}COONa \rightarrow C_{15}H_{31}COO^- + Na^+.$$

Das Palmitat-Anion, $C_{15}H_{31}COO^-$, ist grenzflächenaktiv. Der hydrophile Teil ist die Carboxylatgruppe $-COO^-$, der hydrophobe Teil der Kohlenwasserstoffrest $-C_{15}H_{31}$. Beim Schütteln der Seifenlösung mit Öl dringen die Kohlenwasserstoffreste in die Öltröpfchen ein, sodass die Carboxylatgruppen dem Wasser zugewandt sind.

An der Grenzfläche der Tensidlösung zu Luft, d. h. an der Oberfläche der Lösung, richten sich Tensidmoleküle so aus, dass der hydrophile Teil ins Wasser ragt, während der hydrophobe Teil der Luft zugewandt ist. Hierdurch wird die Oberflächenspannung des Wassers stark herabgesetzt, wodurch es beim Schütteln schäumt und leichter in Kapillaren (z. B. Poren in Textilfasern) eindringt: Tenside erhöhen die Netzwirkung.

Umweltverhalten: Tenside müssen „weich", d. h. in Kläranlagen und Gewässern durch Bakterien möglichst weitgehend letztlich zu Kohlenstoffdioxid und anorganischem Sulfat abbaubar sein. Man erreicht dies prinzipiell, indem man unverzweigte (oder nur minimal verzweigte) Kohlenwasserstoffketten in die Moleküle einführt. Auf diese Weise ist es gelungen, das frühere starke Schäumen der Flussläufe abzubauen.

Einteilung: Man unterscheidet

- anionaktive Tenside (mit grenzflächenwirksamem Anion)
- kationaktive Tenside (mit grenzflächenwirksamem Kation)
- nichtionogene Tenside (mit grenzflächenwirksamem Neutralmolekül)
- Amphotenside (mit grenzflächenwirksamem Zwitter-Ion)

Anionaktive Tenside sind Salze (in der Regel Natriumsalze) mit grenzflächenaktivem Anion.

Tabelle 41-1: *Anionaktive Tenside*

Salze von	Namen	Formel	Anion
Carbonsäuren	Na-alkyl-carboxylate [1]	R-COONa [2]	$R\text{-}COO^-$
Sulfonsäuren	Na-alkansulfonate	$R\text{-}SO_2ONa$	$R\text{-}SO_2O^-$
	Na-alkylbenzen-sulfonate	$R\text{-}C_6H_4\text{-}SO_2ONa$	$R\text{-}C_6H_4\text{-}SO_2O^-$
Schwefelsäureester	Na-alkyl-sulfate [3]	$R\text{-}O\text{-}SO_2ONa$	$R\text{-}O\text{-}SO_2O^-$

▲ **Seifen** sind am preiswertesten, ergeben jedoch alkalische Lösungen und sind empfindlich gegenüber hartem Wasser (↑ 12.4.10) sowie gegen Schwermetall-Ionen.

▲ **Sulfonate** ergeben neutrale Lösungen und schäumen auch in hartem Wasser; sie sind gegenüber den Härtebildnern weniger empfindlich. Verwendet werden hauptsächlich Alkyl-benzen-sulfonate, gewonnen durch HF-katalysierte FRIEDEL-CRAFTS-Synthese aus Benzen und Gemischen längerkettiger Alkene (oder Chloralkane), nachfolgende Sulfonierung und Neutralisation mit Natronlauge.

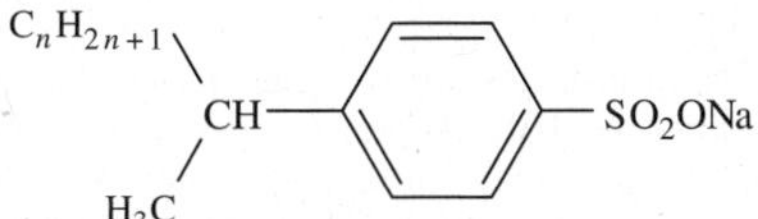

Natrium-alkylbenzensulfonat

▲ **Fettalkoholsulfate** (FAS)] ähneln den Sulfonaten. Zur Herstellung hydriert man Gemische längerkettiger Fettsäuren zu Fettalkoholen, verestert diese mit Schwefel- oder Chlorsulfonsäure und neutralisiert schließlich mit Natronlauge.

Kationaktive Tenside sind totalsubstituierte („quartäre") Ammoniumsalze mit längerkettigen Alkylresten; sie werden u. a. als Weichspüler, Textilhilfsmittel, Flotations- und Desinfektionsmittel verwendet.

[1] fettsaure Salze, Seifen
[2] ist in der Regel ein Gemisch unverzweigter Kohlenwasserstoffreste C_nH_{2n+1}, wobei etwa $10 < n < 20$ ist.
[3] Fettalkoholsulfate

▲ 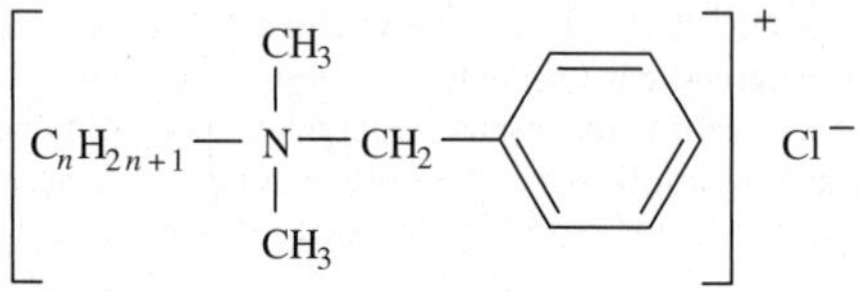

Alkyl-benzyl-dimethylammoniumchlorid

Nichtionogene Tenside (*Niotenside*) sind ungeladen, unempfindlich gegen hartes Wasser und besonders hautfreundlich. Die grenzflächenaktive Wirkung lässt sich über die Länge des hydrophoben bzw. hydrophilen Molekülteils hier leicht einstellen. Man setzt sie daher als Emulgatoren in der Industrie, in Waschmitteln und Kosmetika ein. Es handelt sich um Ether mit einem längerkettigen Alkylrest als hydrophobem und einem (kürzeren) Polyglycoletherrest als hydrophilem Molekülbestandteil.

▲ $$\underbrace{C_nH_{2n+1}}_{\text{hydrophober}}—\underbrace{O—(CH_2\text{-}CH_2\text{-}O)_m—H}_{\text{hydrophiler}}$$

Molekülteil

Alkyl-polyglycolether

Amphotenside enthalten sowohl positiv als auch negativ geladene Gruppen. Sie wirken besonders schonend und finden z. B. in Haarwaschmitteln Anwendung.

▲ 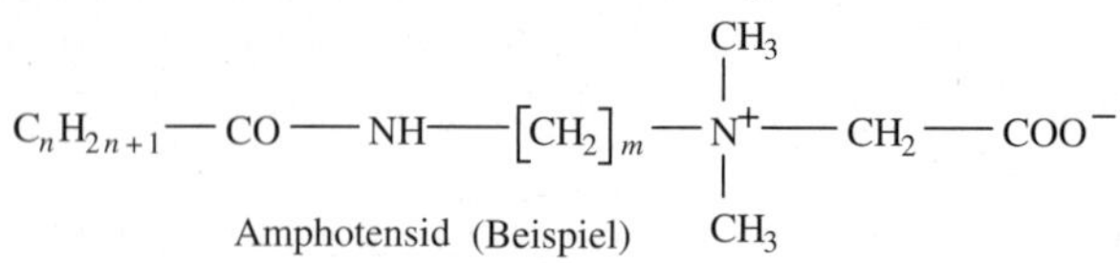

Amphotensid (Beispiel)

Waschmittel sind leistungsoptimierte Mischungen, die neben einer oder (meist) mehreren *waschaktiven Substanzen* noch weitere Bestandteile enthalten. Moderne Rezepturen enthalten nur etwa 5 bis 15 % waschaktive Substanz.
Weitere Komponenten sind zum Beispiel:

- **Gerüststoffe** (*Builders*). Sie unterstützen in verschiedener Hinsicht die Wirkung der waschaktiven Substanzen, z. B. durch Enthärtung des Wassers, durch Einstellung eines optimalen pH-Wertes, durch Erhöhung des Schmutztragevermögens u. a. Das früher angewandte Universalmittel *Pentanatriumtripolyphosphat,* $Na_5P_3O_{10}$, wurde aus Umweltgründen insbes. durch Zeolithe (↑ 14.3.5) und *Polycarboxylate* (Mischpolymerisate aus Acryl- und Maleinsäure) ersetzt; alkalische Waschmittel enthalten *Natriumcarbonat,* Na_2CO_3.
- **Bleichmittel,** z. B. *Natriumperborat,* $Na_2BO_2 \cdot H_2O_2 \cdot H_2O$. Oberhalb 60 °C oxidieren sie z. B. Huminsäuren (Kaffee, Tee, Kakao), Gerbstoffe (Rotwein, Tee), Anthocyanfarbstoffe (Beerenobst) u. a. Bereits bei niedrigeren Temperaturen reagieren die *Percarbonate*.
- **Bleichmittelaktivatoren,** z. B. Acetylierungsmittel wie *Tetraacetylethylendiamin,* TAED, $(CH_3\text{–}CO)_2N\text{–}CH_2\text{–}CH_2\text{–}N(OC\text{-}CH_3)_2$. Sie ermöglichen über eine zwischenzeitliche Bildung von *Peressigsäure* (Peroxyethansäure), $CH_3\text{–}CO\text{–}O\text{–}OH$, eine oxidative Bleiche auch unterhalb 60 °C.
- **Enzyme,** ihr Einsatz verstärkt sich zunehmend; z. B. auch in Maschinengeschirrspülmitteln. *Proteasen* bauen (hochmolekulare) Eiweißverschmutzungen (Ei, Blut u. a.) ab. *Lipasen* spalten fetthaltigen Schmutz. *Amylasen* sind gegenüber stärke- und dextrinhaltigen Verschmutzungen wirksam. *Cellulasen* kommen bei Baumwollgewebe zum Einsatz und vermindern die Knötchenbildung, da lose Faserenden abgespalten werden.

- **Stellmittel,** hauptsächlich *Natriumsulfat,* Na_2SO_4, garantieren Riesel- und damit Dosierfähigkeit, indem sie Zerstäubung und Zusammenbacken des Waschmittelpulvers verhindern.
- **Optische Aufheller** (*Weißtöner*) sind fluoreszierende Substanzen, insbes. Stilbenderivate, die die unsichtbare Ultraviolettstrahlung des Sonnenlichts aufnehmen und dafür blauviolettes Licht abgeben. Dieses lässt die Textilien heller erscheinen und kompensiert ihre meist leicht gelbliche Eigenfarbe zu einem reinen, „strahlenden" Weiß.

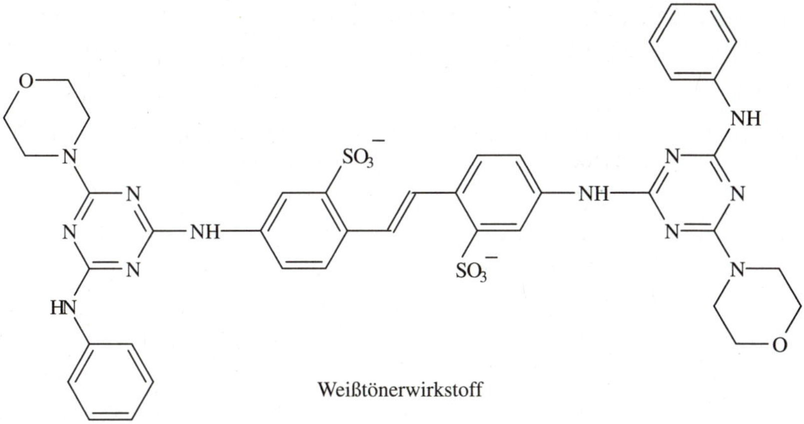

Weißtönerwirkstoff

- **Weichspüler** haften auf dem Faserstoff und machen ihn hydrophob; sie verhindern so die so genannte „Trockenstarre" der Wäsche und verleihen ihr einen weichen, flauschigen Griff; außerdem verhindern sie die elektrostatische Aufladung und damit die rasche Wiederverschmutzung synthetischer Textilien. Weichspüler sind kationaktive Wirkstoffe; klassisch sind quartäre Ammoniumbasen mit langkettigen Kohlenwasserstoffresten, wie *Dimethyl-distearyl-ammoniumchlorid,* $[(C_{17}H_{35})_2N(CH_3)_2]^+Cl^-$.

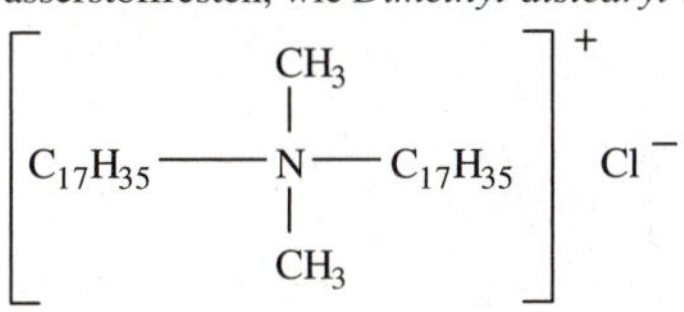

Dimethyl-distearyl-ammoniumchlorid (Weichspüler)

- **Farbübertragungsinhibitoren** verhindern die Verfärbung von Buntwäsche. Es wird häufig Polyvinylpyrrolidon (PVP) eingesetzt.

42.4 Pestizide

42.4.1 Allgemeines

Definition: Pestizide (auch *Biozide* genannt) sind Pflanzenschutz- und Schädlingsbekämpfungsmittel. Sie schützen Nutzpflanzen vor schädigenden Einflüssen durch andere Organismen und werden auch zur Bekämpfung krankheitsübertragender Insekten, Ratten und anderer Schädlinge für den Schutz von Menschen und Tieren eingesetzt.

Einteilung: Es wirken

Insektizide	gegen Insekten,	**Akarizide**	gegen Milben,
Molluskizide	gegen Schnecken,	**Nematizide**	gegen Fadenwürmer,
Rodentizide	gegen Nagetiere,	**Fungizide**	gegen Pilzbefall,
Herbizide	gegen Unkräuter	**Ovizide**	gegen Insekteneier.

Hinzu kommen **Lock-** und **Abschreckmittel**[1] für Insekten, Vögel und Säugetiere. Beispielsweise können durch *Sexuallockstoffe* bestimmte Insektenarten auf engem Raum konzentriert und dann dort vernichtet werden.
Mit **Sterilantien** wird die Fortpflanzung von Schädlingen unterbunden.

Problematik: Es dürfen mit den schädlichen nicht auch die nützlichen Tiere und Pflanzen sowie Menschen geschädigt werden; zugleich sind Langzeitwirkungen auszuschließen. Diese Forderungen sind z.Z. nur unvollkommen zu erfüllen; andererseits kann im Interesse der Ernährung der Menschen gegenwärtig auf die Anwendung von Pestiziden nicht verzichtet werden. Schätzungsweise wäre ohne Pestizideinsatz nur ein Drittel der jetzigen Welternte verfügbar. Das Risiko ist deshalb durch sorgfältig dosierte und sachgemäße Anwendung so gering wie möglich zu halten.

42.4.2 Insektizide

Arten: Man unterscheidet *Kontakt-, Atem-* und *Fraßgifte.* Kontaktinsektizide dringen bei Berührung in den Insektenkörper ein. *Systemische Insektizide* werden von den Pflanzensäften aufgenommen, in der Pflanze verbreitet und auf pflanzensaugende Insekten (und Milben) übertragen.

▲ – **Lindan,** (↑ 39.2) *γ-Hexachlorcyclohexan*, $C_6H_6Cl_6$.
- **Aldrin** und andere *mehrfach chlorierte polycyclische Kohlenwasserstoffe* z. B. *Dieldrin, Chlordan, Heptachlor* und das schwefelhaltige *Thiodan.*
- **DDT** ist *1,1-[4,4'-**D**ichlor**d**iphenyl]-2,2,2-**t**richlorethan.* Es bildet farblose, fast geruchlose Kristalle und ist das „klassische" Kontaktinsektizid (seit 1939; PAUL HERRMANN MÜLLER, Schweiz). Durch seinen Einsatz gegen die Anophelesmücke hat es viele Millionen Menschen vor dem Malariatod bewahrt. Wegen schwer überschaubarer Langzeitwirkungen auf Warmblüter sind Herstellung und Anwendung in vielen Ländern, auch in Deutschland, untersagt.

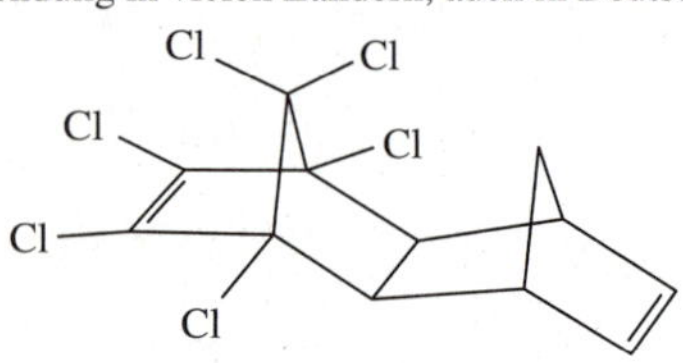

Aldrin

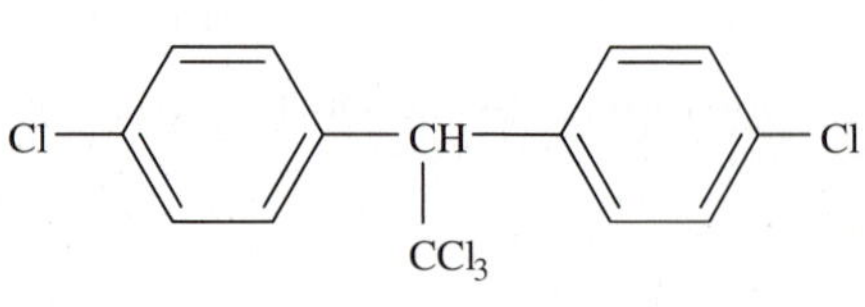

DDT

- **Systox** und **Dimethoat** und andere *Phosphor- und Thiophosphorsäureester,* mit z. T. systemischer Wirkung; sie sind auch für Warmblüter giftig, werden jedoch in der Natur rasch abgebaut.

[1] Abschreckmittel heißen auch **Repellents**.

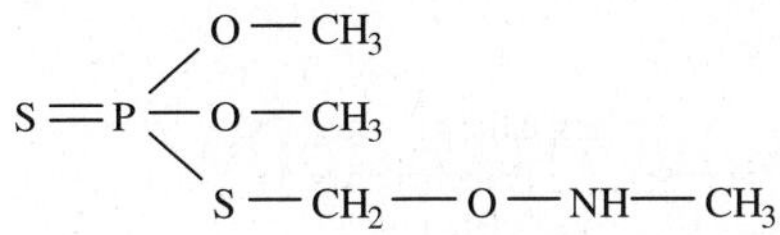

Dimethoat

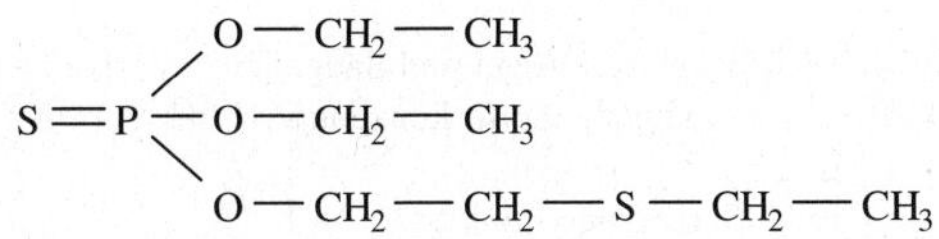

Systox

- **Pyrethrin** ist ein natürliches Kontaktinsektizid aus den Blüten bestimmter Chrysanthemum-Arten; synthetische Produkte mit ähnlicher Struktur heißen *Pyrethroide.*
- **Dinitro-o-cresol** (↑ 39.3.7)

43 Makromolekulare organisch-chemische Werkstoffe

43.1 Kunststoffe

43.1.1 Allgemeines

Definition: Kunststoffe (Plastikwerkstoffe) sind vollsynthetisch oder teilsynthetisch (d. h. durch Umwandlung hochmolekularer Naturprodukte) hergestellte makromolekulare organisch-chemische Werkstoffe.

Einteilung: Nach dem Verhalten beim Erwärmen unterscheidet man Thermoplaste (↑ 43.1.3) sowie Elastomere und Duroplaste (↑ 43.1.3). Thermoplaste schmelzen, Elastomere und Duroplaste nicht.

Herstellung vollsynthetischer Kunststoffe: in Polyreaktionen (Polymerisation, Polykondensation oder Polyaddition) durch die Verknüpfung niedermolekularer Ausgangsstoffe (Monomere), die ihrerseits aus Erdöl, Erdgas, Kohle oder nachwachsenden pflanzlichen Rohstoffen gewonnen werden.

Eigenschaften: niedrige Dichte (0,85 bis 1,8 g · cm^{-3}); extrem niedrige elektrische Leitfähigkeit; geringe Wärmeleitfähigkeit; mäßige mechanische Festigkeit; bei stärkerem Erhitzen Zersetzung (z. T. nach vorherigem Erweichen); weitgehend feuchtigkeitsunempfindlich; i. Allg. widerstandsfähig gegen Säuren und Basen; unterschiedlich beständig gegen organische Lösemittel; i. Allg. physiologisch indifferent.
Die Eigenschaften der *Kunststoffe* lassen sich anwendungsgerecht *modifizieren* durch: Misch- und Pfropfpolymerisation, stereospezifische Polymerisation, Kombination von Kunststoffen miteinander (Blend) oder mit Werkstoffen wie Glasfasern, Textilgeweben u. a., Einarbeiten von Füll- und Farbstoffen, Weichmachern, Wärme- und Lichtstabilisatoren, Bestrahlen u. a. sowie bei manchen Arten durch Variierung ähnlicher Ausgangsstoffe (z. B. durch Einsatz verschiedener Polyole und verschiedener Diisocyanate bei der Herstellung von Polyurethanen).

Umweltverhalten: Aus reinen Kohlenwasserstoffen bestehende unpolare Kunststoffe sind in der Umwelt schwer, sauerstoffhaltige polarere etwas leichter abbaubar. Vor allem in den Meeren sammeln sich kleinste Plastikteilchen, die eine Gefahr für die Meereslebewesen darstellen. In der Abfallverbrennung ergeben beide im Wesentlichen unschädliche Produkte.

Bei halogen- und stickstoffhaltigen Kunststoffen entstehen in der Abfallverbrennung dagegen u. a. Halogenwasserstoffe (HCl, HF, ...) und Cyanverbindungen, die ausgewaschen werden müssen. Mit chlorhaltigen Verbindungen bilden sich unter Schwermetallkatalyse bevorzugt bei Temperaturen von 300 bis 400 °C hochgiftige polychlorierte Dibenzodioxine und Dibenzofurane („Dioxine“, PCDD bzw. „Furane“, PCDF), die in der Abgasreinigung zurückgehalten werden müssen.

Die Mehrzahl der Thermoplaste ist wiederverwertbar (recyclingfähig).

43.1.2 Polyreaktionen

Polymerisation: chemische Verknüpfung kleiner Moleküle (der *Monomeren*) zu einem Makromolekül (dem *Polymeren*) durch Reaktion zwischen Mehrfachbindungen (I) oder Aufspaltung cyclischer Verbindungen (II).

▲ (I ungesättigte Verbindung, II Ringöffnung eines Lactams (↑ 43.2.8) zu einem Polyamid)

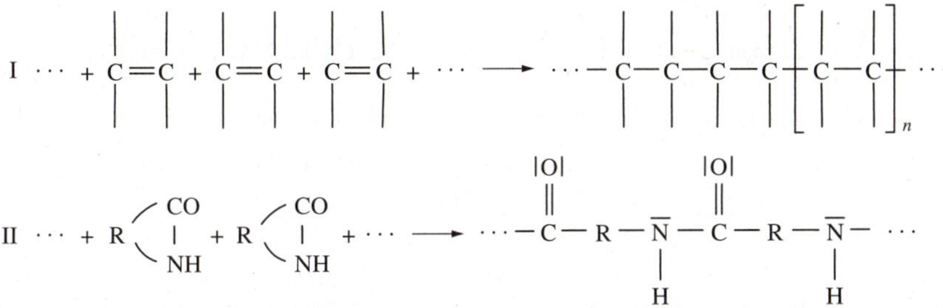

Die Verknüpfung kann je nach Monomer radikalisch, kationisch oder anionisch erfolgen. Der *Polymerisationsgrad n* gibt an, wie viele Monomere durchschnittlich das Polymer aufbauen; er ist also ein Maß für die Kettenlänge.

Homopolymerisation: Polymerisation einer einzigen Monomerart

Mischpolymerisation: Polymerisation eines Gemisches mehrerer verschiedener Monomere (Copolymerisation, bei drei Monomeren: *Terpolymerisation*). Die einzelnen Monomere können dabei genau abwechselnd (alternierend), statistisch verteilt oder blockartig eingebaut werden.

Stereospezifische Polymerisation: Bei Polymeren vom Typ $[-CH_2-CHX-]_n$ sind die C-Atome, an denen die Substituenten X (z. B. Methylgruppen) haften, asymmetrisch, sodass jeweils 2 räumliche Anordnungen der Substituenten (D- und L- (↑ 44.7.2) bzw. R- und S (↑ 44.7.3)-Konfiguration) existieren. Je nach der Verteilung der Konfigurationen über die gesamte Polymerenkette unterscheidet man:

- **isotaktische Polymere:** gleiche Konfiguration bei allen asymmetrischen C-Atomen;
- **syndiotaktische Polymere:** regelmäßig abwechselnde Konfigurationen;
- **ataktische Polymere:** unregelmäßige Verteilung der Konfigurationen.

Ataktische Polymere sind amorph, während die Moleküle iso- und syndiotaktischer Polymerer so angeordnet sein können, dass durch maximal anziehende Wirkung zwischenmolekularer Kräfte bessere Festigkeiten, höhere Schmelzpunkte und (durch Ausbildung kristallartiger Ordnungen) größere Dichten resultieren.

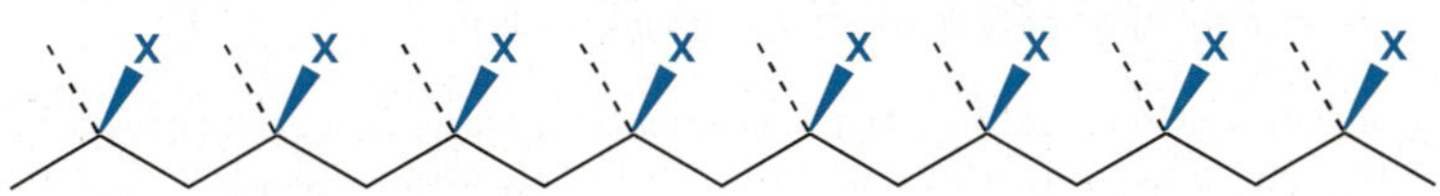

isotaktisch

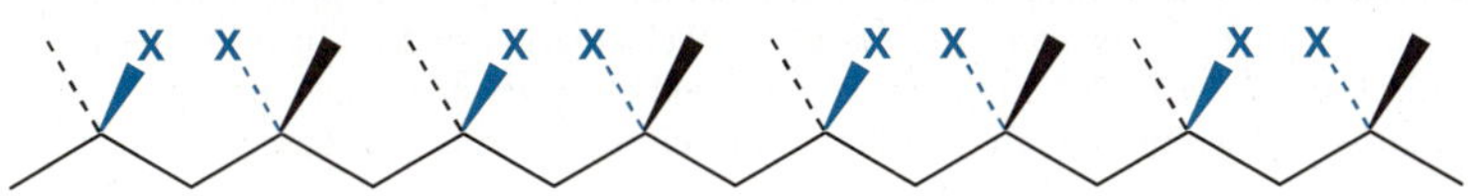

syndiotaktisch

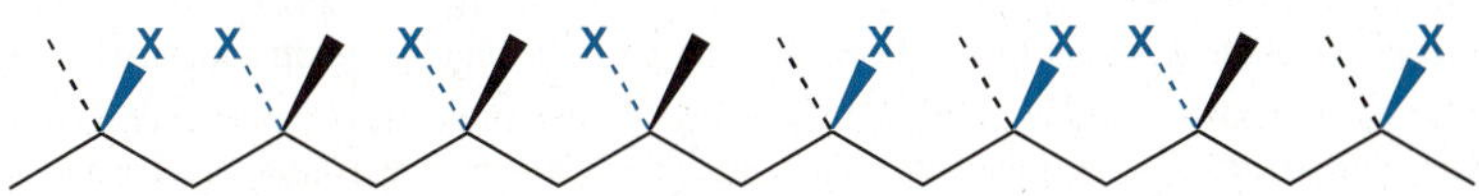

ataktisch

Pfropfpolymerisation: An der Hauptkette eines Polymeren werden durch Reaktion mit dessen Monomeren Seitenketten eines anderen Polymeren „aufgepfropft".

Polykondensation: chemische Verknüpfung kleiner Moleküle zu einem Makromolekül unter Abspaltung von Wasser oder anderen kleinen Molekülen.

▲ Bildung eines Polyesters (↑ 43.2.6) aus einem Diol und einer Dicarbonsäure

… + **HO**–R–**OH** + **HO**OC–R'–COO**H** + **HO**–R–**OH** + **HO**OC–R'–COO**H** + …
→ … –O–R–O–OC–R'–CO–O–R–O–OC–R'–CO– … + n H_2O

Die Polykondensation kann zwecks Einarbeitung wertverbessernder Stoffe und Warmformung unterbrochen werden.

Polyaddition: chemische Verknüpfung kleiner Moleküle zu einem Makromolekül durch Reaktion zwischen funktionellen Gruppen ohne Abspaltung von Wasser oder anderen kleinen Molekülen. Hierbei findet eine fortgesetzte Addition eines Reaktanden an eine Kohlenstoff-Heteroatom-Doppelbindung (z. B. –N=C–) statt.

▲ Bildung eines Polyurethans (↑ 43.2.10) aus einem Diisocyanat und einem Diol

… + OCN–R–NCO + **HO–R'–OH** + OCN–R–NCO + **HO–R'–OH** + …
→ … –OC–**H**N–R–N**H**–CO–**O–R'–O**–OC–**H**N–R–N**H**–CO–**O–R'–O**– …

43.1.3 Thermoplaste, Duroplaste und Elastomere

Thermoplaste (thermoplastische Kunststoffe)

- **Eigenschaften:** Die Thermoplaste erweichen beim Erwärmen, lassen sich warmformen und werden beim Abkühlen formbewahrend wieder fest; der Vorgang ist beliebig oft wiederholbar. Bestimmte Lösemittel wirken lösend oder quellend ein.
- **Technische Warmformung:** durch Spritzgießen, Extrudieren, Walzen (Kalandrieren), Blasen, Pressen, Vakuumtiefziehen, Rundbiegen, Abkanten u. a.
- **Molekülaufbau:** lineare, evtl. schwach verzweigte, jedoch räumlich nicht durch starke chemische Bindungen vernetzte Makromoleküle.
- **Herstellung:**
  - durch Polymerisation von Monomeren mit 1 Doppelbindung (Polyethen (↑ 43.2));
  - durch Polymerisation von cyclischen Monomeren unter Ringöffnung (Polycaprolactam (↑ 43.2.8))
  - durch Polykondensation (lineare Polyester (↑ 43.2.6)) oder Polyaddition (lineare Polyurethane (↑ 43.2.10)) bifunktioneller[1] niedermolekularer Stoffe
- **Weichmacher:** Durch Einarbeiten von Weichmachern werden Thermoplaste weicher und schmiegsamer, was insbesondere für Folien erwünscht ist. Weichmacher sind i. Allg. Flüssigkeiten von niederem Dampfdruck (hohem Siedepunkt), die sich aufgrund eines gewissen, jedoch nur schwach ausgeprägten Lösevermögens zwischen die Kunststoffmoleküle einlagern, wobei sie diese ganz oder teilweise umhüllen.
- **Wichtige Thermoplaste:** Polyethen, Polyvinylchlorid, Polyamide, Polystyren, Polymethacrylsäureester, Polycarbonat, Polytetrafluorethen (nur begrenzt thermoplastisch verarbeitbar), Polyvinylacetat, Celluloseacetat, Celluloid; ferner lineare Polyester (nur als Folie und Faserstoff), lineare Polyurethane.

[1] zwei funktionelle Gruppen oder reaktionsfähige Atome enthaltend

Duroplaste (duroplastische Kunststoffe) und Elastomere

- **Eigenschaften:** Sie zersetzen sich beim Erhitzen ohne vorheriges Erweichen und sind unlöslich.
- **Molekülaufbau:** räumlich vernetzte Makromoleküle; Elastomere sind nur wenig vernetzt und daher dehnbar (z. B. Gummi, Kautschuk), Duroplaste sind stark vernetzt und daher hart und spröde.
- **Herstellung:**
  - durch Polykondensation oder Polyaddition, wobei eine der Komponenten tri- oder mehrfunktionell[1] sein muss (z. B. Phenoplaste (↑ 43.2.5));
  - durch Einwirkung vernetzend wirkender „Härter" auf reaktionsfähige Thermoplaste (z. B. ungesättigte Polyester (↑ 43.2.6)); hierbei verknüpfen die Härter die linearen Moleküle zu einem Raumnetz.

  Bei wenigen trifunktionellen Komponenten bzw. „Härter" und damit wenigen Verknüpfungsstellen zwischen Einzelketten ergeben sich Elastomere; viele trifunktionelle Komponenten bzw. „Härter" führen zu Duroplasten.
- **Technische Warmformung:** Bei der Polykondensation wird ein thermoplastischer Zustand durchlaufen, in dem die Produkte noch löslich und schmelzbar sind. In diesem Zustand werden sie gegossen oder (mit Füll- und Farbstoffen versehen) warmgepresst, wobei sie unter Vollendung der räumlichen Vernetzung zum Duroplast aushärten.
- **Wichtige Duroplaste:** Phenoplaste, Aminoplaste (Melamin-, Dicyandiamid- und Carbamidharze), vernetzte Epoxidharze, vernetzte Polyurethane, vernetzte Siliconharze.

43.2 Vollsynthetische Kunststoffe

43.2.1 Polyethen

Kurzzeichen nach DIN 1043 **PE** (siehe Anhang Tafel 5)

Herstellung: durch Polymerisation von Ethen:

$$n\,CH_2{=}CH_2 \rightarrow [-CH_2-CH_2-]_n$$

- *Hochdruckverfahren:* Ethen wird bei 1400 bis 3500 bar und 150 bis 350 °C durch Rührautoklaven oder durch Rohre von mehreren 100 m Länge geleitet. Die entstehende Lösung des Polymeren im nicht umgesetzten (überkritischen!) Ethen wird gekühlt und entspannt; hierbei fällt das Polymere als flüssige Phase an. Es wird granuliert, während nicht umgesetztes Gas im Kreislauf zurückströmt.
- *Niederdruckverfahren:* Ethen wird bei Normal- oder schwach erhöhter Temperatur und einem Druck bis zu 10 bar durch organische Lösemittel geleitet, die spezielle metallorganische Katalysatoren, z. B. ZIEGLER-NATTA-Katalysatoren (Gemische aus Titantetrachlorid, $TiCl_4$, und Aluminiumalkylen, AlR_3) oder Metallocene gelöst enthalten; das Polymere fällt flockig aus.

Molekularer Aufbau: Hochdruck-Polyethen ($n \approx 1000$) enthält Seitenketten bis zu etwa 4 C-Atomen; Niederdruck-Polyethen ($n \approx 10\,000$) ist praktisch unverzweigt und dadurch dichter.

Eigenschaften: thermoplastisch, durchscheinend bis weiß (in allen Farben färbbar), sich wachsartig anfühlend; schlecht klebbar; schlagunempfindlich; beständig gegen Wasser, nichtoxidierende Säuren, Alkalien und die meisten organischen Lösemittel.
Alkane und Halogenalkane wirken in der Wärme quellend; UV-Strahlen bewirken an der Luft allmähliche Zersetzung; Dichte 0,92 (Hochdruck) bis 0,96 (Niederdruck) $g \cdot cm^{-3}$.

[1] drei oder mehr funktionelle Gruppen oder reaktionsfähige Atome enthaltend

Mit zunehmender Dichte nehmen Steifigkeit, Zugfestigkeit, Oberflächenhärte, Erweichungsbeginn (etwa 80 bis 120 °C) und Beständigkeit gegenüber Lösemittel zu.
PE ist umweltneutral und wiederverwertbar („Recycling").

Man beachte:

Hochdruck-PE = LDPE. (LD bedeutet niedrige Dichte, engl. *low density.*)
Niederdruck-PE = HDPE. (HD bedeutet hohe Dichte, engl. *high density.*)

Unter LLDPE (*linear low density-PE*) versteht man Copolymere mit höheren Alkenen (Buten bis Octen).

Verarbeitung: durch Extrudieren, Spritzgießen und spanende Bearbeitung; beim *Folienblasverfahren* wird ein extrudierter Schlauch sofort aufgeblasen und nach dem Erkalten aufgeschnitten.

Verwendung: Folien (bes. für Verpackung), Haushaltgegenstände, Kanister, technische Apparateteile, Rohrleitungen, elektrotechnische Kabelummantelung, Faserstoffrohmaterial.

Handelsnamen: *Hostalen, Lupolen, Trolen, Vestolen, Baylon.*

43.2.2 Polypropen

Kurzzeichen **PP**

Herstellung: durch Polymerisation von Propen in Gegenwart von ZIEGLER-NATTA-Katalysatoren (analog der Herstellung von Niederdruck-Polyethen (↑ 43.2.1)):

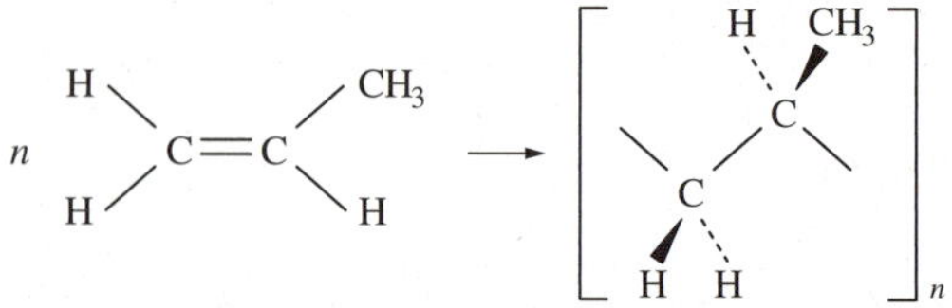

Molekularer Aufbau: praktisch unverzweigte Hauptkette; mit $TiCl_4/Al(C_2H_5)_3$ als ZIEGLER-NATTA-Katalysator bildet sich eine isotaktische (↑ 43.1.2), bei VCl_5 dagegen eine syndiotaktische Anordnung der Methylgruppen.

Eigenschaften: ähnlich Polyethen, jedoch leichter (mit Dichte 0,90 g · cm^{-3} leichtester Massivkunststoff!), härter (kratzfester), temperaturbeständiger (Erweichungsbeginn 140 °C), keine Spannungsrisskorrosion; höhere Licht- und Sauerstoffempfindlichkeit (durch Stabilisatoren herabsetzbar); versprödet unterhalb 0 °C; umweltneutral; wiederverwertbar.

Verarbeitung: durch Extrudieren und Spritzgießen, auch spangebend.

Verwendung: ähnlich Polyethen, auch als Faserstoffrohmaterial; als Folie besonders in der Elektrotechnik.

Handelsnamen: *Hostalen PP, Vestolen P, Novolen, Propathene.*

43.2.3 Polystyrol (Polystyren)

Kurzzeichen **PS**

Herstellung: durch Polymerisation von Styren (↑ 39.3.2) mit Emulsions-, Suspensions- und Massepolymerisation (Block-, Substanzpolymerisation):

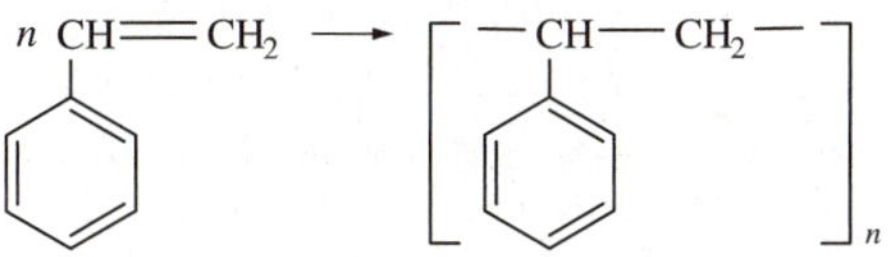

$n \approx 3000$ bis 4500

Eigenschaften: thermoplastisch, glasklar bis trüb; lichtbeständig; geruchlos; Dichte 1,05 g · cm^{-3}; erweicht bereits bei ≈ 80 °C; spröde und schlagempfindlich; sehr gute elektrische Isolierfähigkeit; mit rußender Flamme brennbar; beständig gegen Wasser, Alkalien und nichtoxidierende Säuren; empfindlich gegenüber Kohlenwasserstoffen, Estern und anderen Lösemitteln, relativ umweltneutral; wiederverwertbar.

Verarbeitung: durch Spritzgießen, seltener Warmpressen; auch spangebend.

Verwendung: Isolierteile in der Elektrotechnik; Haushaltgegenstände; als Schaumstoff zur Verpackung und Wärmeisolierung; als Folie (auch zur Elektroisolierung).

Handelsnamen: *Trolitul, Vestyron; Styroflex* (Folie); *Alporit, Exporit, Styropor* (Schaumstoffe).

ABS-Polymere sind Misch- und Pfropfpolymerisate von Styren mit Acrylnitril und Butadien; sie sind wesentlich schlagfester als reines Polystyren, Handelsname: *Terluran.*

43.2.4 Polyvinylchlorid

Kurzzeichen **PVC**

Herstellung: durch Polymerisation von Vinylchlorid (Monochlorethen):

$$n\,CH_2{=}CHCl \rightarrow [–CH_2–CHCl–]_n \qquad (n = 500 \text{ bis } 1500)$$

- *Suspensionspolymerisation* (ergibt *PVC-S*-Typen):
  Druckverflüssigtes Vinylchlorid wird bei 5 bis 12 bar unter einem Schutzgas durch starkes Rühren in Wasser, das geringe Mengen Initiatoren[1)] und sonstige Hilfsmittel gelöst enthält, zu feinen Tröpfchen verwirbelt und auf 45 bis 75 °C erhitzt. Es entstehen sehr reine PVC-Perlen.
- *Emulsionspolymerisation* (ergibt *PVC-E*-Typen):
  Eine wässrige Emulsion von druckverflüssigtem Vinylchlorid, die u. a. gelöste Emulgatoren[2)] und Initiatoren enthält, wird bei 5 bis 8 bar mehrere Stunden lang auf 40 bis 60 °C erwärmt. Es entsteht ein Latex, aus dem das Polymere z. B. durch Zerstäubungstrocknung als weißes Pulver (von geringerer Reinheit als das Suspensionspolymerisat) erhalten wird.

Verarbeitung: ohne (ergibt *PVC-hart*) und mit Weichmacher (ergibt *PVC-weich*); durch Extrudieren, Spritzgießen und Kalandrieren.
Als Weichmacher dienen Substanzen vom Typ *Dibutylphthalat,* 1,2-$C_6H_4(CO–OC_4H_9)_2$.

[1)] *Initiatoren* lösen die Polymerisation aus.

[2)] *Emulgatoren* halten die Emulsion stabil.

Eigenschaften: sehr stark durch Weichmacher und sonstige Zusätze beeinflussbar; thermoplastisch; Gebrauchstemperatur bis etwa 50 °C; Erweichung ab 70 °C; Dichte 1,4 g · cm^{-3} (hart) bis 1,3 g · cm^{-3} (weich); z. T. farblos durchsichtig (S-Typen), in allen Farben färbbar; sehr beständig gegen Wasser, Alkalien, nichtoxidierende Säuren und Kohlenwasserstoffe, quellbar in Chlorkohlenwasserstoffen, löslich z. B. in Cyclohexanon; schwer entflammbar, selbstlöschend; gute elektrische Isolierfähigkeit. Kein neutrales Umweltverhalten; gibt insbes. bei der Verbrennung Chlorwasserstoff, unter ungünstigen Umständen auch Dioxine ab; begrenzt wiederverwertbar.

Verwendung:
PVC-hart: Rohrleitungen, Profile, Dachrinnen, Elektroinstallationsmaterial;
PVC-weich: Fußbodenbeläge, Kunstleder (auf Textilgrundlage), nachchloriert für Faserstoffe. Wegen ungünstigem Umweltverhalten geht die Anwendung zugunsten chlorfreier Kunststoffe zurück.

Handelsnamen: *Hostalit, Vestolit, Vinoflex, Rhovyl, Fibravyl.*

43.2.5 Phenoplaste

Kurzzeichen **PF**

Herstellung: durch Polykondensation von Phenol (auch m-Cresol) mit Formaldehyd (Methanal).

- In *saurem Milieu* entstehen gemäß

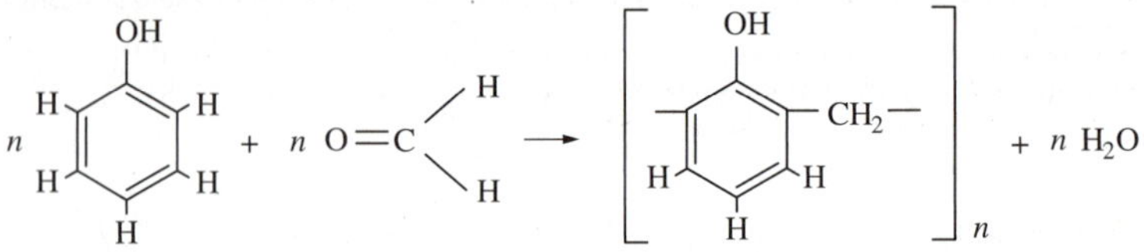

lineare Produkte (*Novolake*), in denen die phenolischen Reste durch Methylenbrücken $–CH_2–$ verknüpft sind.
- In *alkalischem Milieu* bilden sich Dimethylenetherbrücken $–CH_2–O–CH_2–$ aus und es reagiert zusätzlich das p-ständige H-Atom, sodass eine räumliche Vernetzung eintritt.
- Die Novolake können durch Erhitzen mit formaldehydabspaltenden „Härtern", z. B. *Hexamethylentetramin* (Urotropin), vernetzt („ausgehärtet") werden.
- Die Polykondensation erfolgt diskontinuierlich in beheizten Rührautoklaven (Druckkesseln).

Verarbeitung:

- *Pressmassen:* Novolak-Härter-Gemische oder (durch Unterbrechung der Polykondensation im noch schmelzbaren Zustand erhaltene) *Resitole* werden gemahlen, mit Füllstoffen (Schiefer-, Holzmehl, Cellulosefasern) vermischt und durch Form-, Spritz- oder Strangpressen bei ≈ 160 °C 1 bis 2 min je mm Wandstärke ausgehärtet.
- *Schichtpressstoffe:* Holzplatten, Papier- oder Gewebebahnen werden mit dem gelösten oder geschmolzenen Vorkondensat getränkt und in beheizten Pressen ausgehärtet.
- *Edelkunstharze* sind füllstofffrei und werden gegossen oder gepresst.

Eigenschaften:

- *lineare Produkte:* thermoplastisch, gelb bis braun, in organischen Lösemitteln löslich.
- *räumlich vernetzte Produkte:* duroplastisch, gelb bis braun; Dichte ≈ 1,3 g · cm^{-3} (mit anorganischen Füllstoffen bis 2 g · cm^{-3}); bis 150 °C (mit anorganischen Füllstoffen bis 100 °C) anwendbar, bei höheren Temperaturen Zersetzung unter Phenolabspaltung; relativ spröde; gut elektrisch isolierend; i. Allg.

(füllstoffabhängig) beständig gegen Wasser, organische Lösemittel, verdünnte Säuren und Alkalien; für Lebensmittel nicht geeignet; kaum wiederverwertbar.

- Phenoplastmüll ist nicht umweltneutral (Abgabe von Formaldehyd und Phenolen).

Verwendung: als massives Material oder Schichtpressstoff sehr vielseitig in Technik (insbes. Elektrotechnik) und Haushalt, u. a. auch für Möbel- und Wandverkleidungen; weiterhin für Lacke und Holzleime.

Handelsnamen: *Bakelite, Dekorit, Haveg, Pertinax, Trolitan, Trolitax.*

43.2.6 Polyester

Molekülkennzeichen:

$$\ldots-\overset{\overset{|\mathrm{O}|}{\|}}{\mathrm{C}}-\overline{\underline{\mathrm{O}}}-\ldots$$

(Estergruppierung), im Makromolekül ständig wiederkehrend.

Herstellung: durch Polykondensation (↑ 43.1.2) zwischen mehrwertigen Alkoholen und mehrwertigen Carbonsäuren:

$$n\,\mathrm{HO{-}R{-}OH} + n\,\mathrm{HO{-}\overset{\overset{O}{\|}}{C}{-}R'{-}\overset{\overset{O}{\|}}{C}{-}OH} \rightarrow \left[\mathrm{{-}O{-}R{-}O{-}\overset{\overset{O}{\|}}{C}{-}R'{-}\overset{\overset{O}{\|}}{C}{-}}\right]_n + (n+1)\,\mathrm{H_2O}$$

Gesättigte Polyester: nur für Chemiefaserstoffe, (↑ 43.5.4) Folien und (relativ niedermolekular mit OH-Endgruppen) als Polyolkomponente für Polyurethane (↑ 43.2.10).
Handelsname: *Hostaphan.*

Ungesättigte Polyesterharze

Kurzzeichen **UP**; glasfaserverstärkt **GUP**

- **Herstellung:** Aus ungesättigten aliphatischen Dicarbonsäuren (Maleinsäure, Fumarsäure)[1] und zweiwertigen Alkoholen (Diole, z. B. Glycol) stellt man zunächst bei 160 bis 220 °C lineare UP als farblose, zähflüssige Massen her. Diese werden mit Styren[2] gemischt und (evtl. nach Einarbeitung von Glasfaservliesen oder -geweben), z. T. bei Normaltemperatur, copolymerisiert, wobei die Polyestermoleküle durch Polystyrenbrücken räumlich vernetzt werden und dadurch zu einem Duroplast aushärten.
- **Eigenschaften:** im ausgehärteten Zustand duroplastisch; nahezu farblos; bis 150 °C anwendbar; Dichte $1{,}2\ \mathrm{g \cdot cm^{-3}}$ (glasfaserverstärkt 1,5 bis $2{,}0\ \mathrm{g \cdot cm^{-3}}$); sehr gute dielektrische und mechanische Eigenschaften (glasfaserverstärkte Polyester haben die Zugfestigkeit guter Stähle); wetterfest; gegen Wasser und verdünnte Säuren beständig; gegen Alkalien und organische Lösemittel relativ unempfindlich; im Wesentlichen umweltneutral.
- **Verwendung:** ungefüllt als Gießharz zum Einbetten elektrotechnischer Bauteile und biologischer Präparate; für kalthärtende Kleber und Spachtelmassen.
  Glasfaserverstärkte Polyester für kleine und auch große Teile von hoher Bruchfestigkeit und geringer Masse, z. B. Bootskörper, Wellbedachungen, Schutzhelme, Campingwagen, Gartenmöbel.
- **Handelsnamen:** *Leguval, Vestopal.*

Alkydharze: Lackharze, hergestellt durch Reaktion zwischen mehrwertigen Alkoholen (insbes. Glycerol) und (gesättigten sowie ungesättigten) Säuren (Phthalsäure, Adipinsäure, Maleinsäure), wobei gleichzeitig Fettsäuren, Ölsäuren, Harzsäuren, Styren u. a. in die Moleküle eingebaut werden.

---

[1] auch im Gemisch mit gesättigten Dicarbonsäuren (Adipinsäure)

[2] oder anderen ungesättigten copolymerisationsfähigen Verbindungen

43.2.7 Polyepoxide (Epoxidharze)

Kurzzeichen **EP**

Herstellung: aus einem Epoxid (meist *Epichlorhydrin* = 1,2-Epoxy-3-chlorpropan) und einem Diphenol (meist *Dian* = Diphenylolpropan = 2,2-Bis-[4-hydroxyphenyl]-propan) durch kombinierte Polyaddition/Polykondensation und nachfolgende Härtung.

- Dabei reagiert zunächst jede phenolische Hydroxylgruppe mit einer Epoxidgruppe, und aus dem Produkt spaltet sich unter Ausbildung einer neuen Epoxidgruppe HCl ab. Formulierung mit 1 OH-Gruppe:

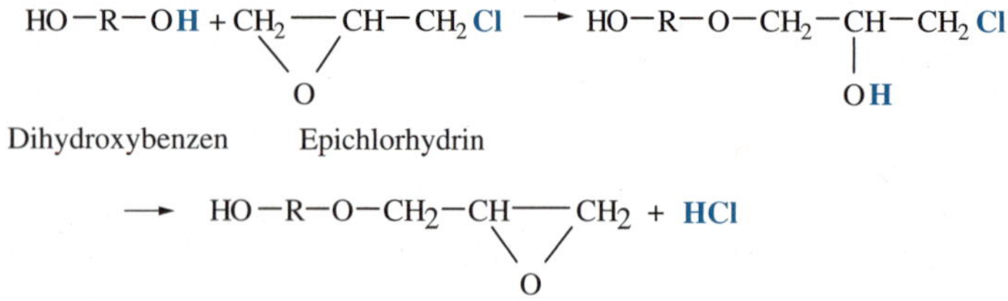

Die entstandene Epoxidgruppe setzt sich mit einem weiteren Dihydroxybenzenmolekül um:

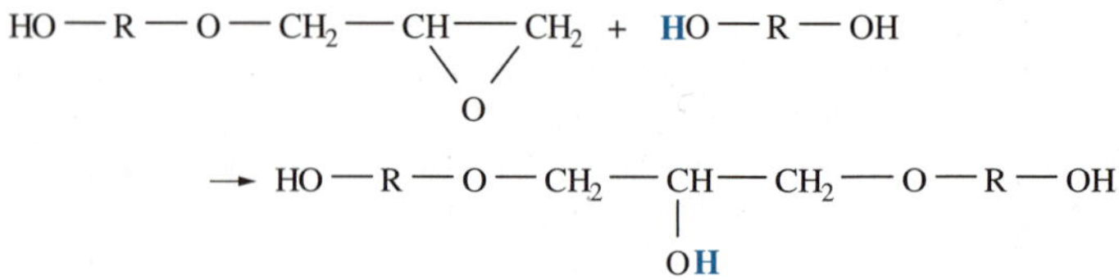

Die phenolischen OH-Gruppen des Produktes reagieren wieder mit Epichlorhydrin usw., sodass schließlich ein linearer Polyether mit endständigen Epoxidgruppen und sekundären Hydroxylgruppen entsteht.

- Aus Bisphenol A (Dian; 2,2-Di(4-hydroxyphenyl)propan)

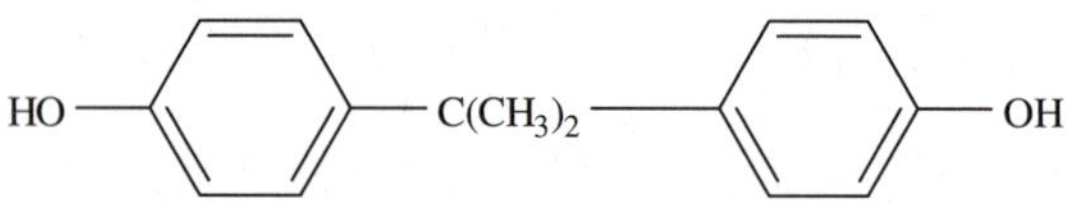

und Epichlorhydrin bildet sich folgendes Molekül:

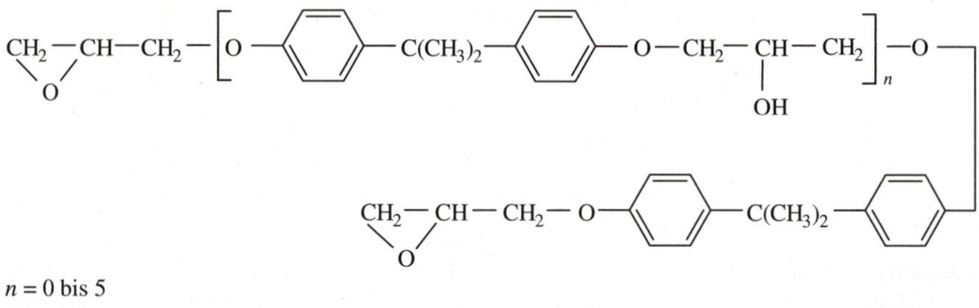

$n = 0$ bis 5

Härtung: Durch Reaktion der Epoxid- und Alkoholgruppen mit sauren (z. B. Phthalsäureanhydrid) oder alkalischen Härtern (z. B. *Diethylentriamin,* H_2N-$[CH_2]_2$-NH-$[CH_2]_2$ -NH_2) lassen sich die EP-Moleküle räumlich vernetzen. Alkalische Härter wirken bereits bei normaler Temperatur.

Eigenschaften: gehärtet duroplastisch; stark von Härtungsart und Füllstoffen abhängig; farblos bis gelbbraun; geruchlos; brennbar; Dichte (ohne Füllstoff) 1,2 bis 1,3 g · cm^{-3}; als zähflüssiges Harz auf fast allen Werkstoffen fest haftend; beständig gegen Heißwasser, Laugen und verdünnte Säuren; relativ umweltneutral.

Verwendung: als Kleber für Metalle, keramische Massen, Kunststoffe, Holz; als Gießharze für Maschinenteile und zum Einbetten elektrotechnischer und elektronischer Bauteile; für Schichtpressstoffe (auch glasfaserverstärkt); als Lackharze und Spachtelmassen.

Handelsnamen: *Lekutherm, Witolen, Rütapox, Beckopox.*

43.2.8 Polyamide

Kurzzeichen **PA**

Molekülkennzeichen:

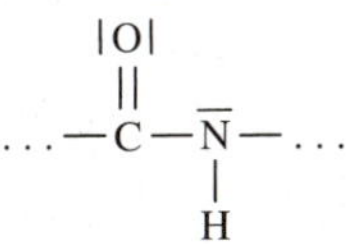

(Säureamidgruppierung), im Makromolekül ständig wiederkehrend.

Herstellung:

- durch ringöffnende Polymerisation von Lactamen (↑ 43.1.2)

▲ 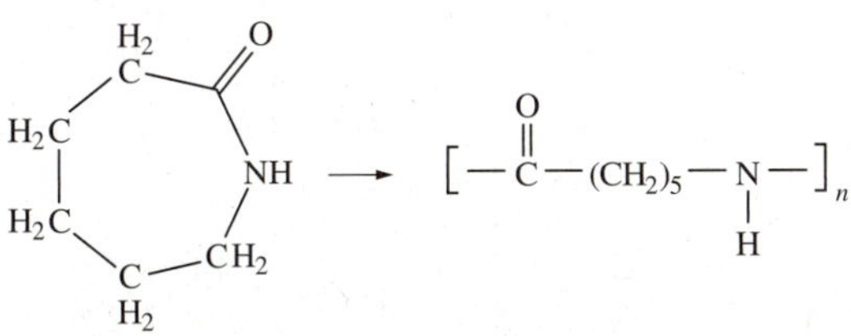

ε-Caprolactam Polycaprolactam (Polyamid-6) (Perlon (↑ 43.5.2))

- durch Polykondensation von Diaminen mit Dicarbonsäuren

▲ $n\ H_2N–(CH_2)_6–NH_2 + n\ HOOC–(CH_2)_4–COOH \rightarrow$
1,6-Diaminohexan Adipinsäure

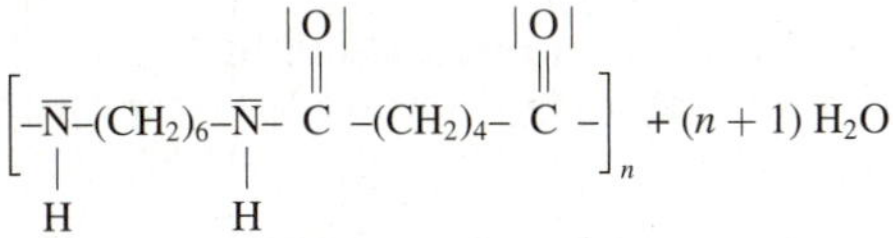

Polyamid-6,6 (Nylon (↑ 43.5.2))

Benennung:

- *Polyamid-k* bedeutet: das Lactam hat *k* C-Atome;
- *Polyamid-m,n* bedeutet: das Diamin hat *m*, die Dicarbonsäure *n* C-Atome.
  Das heißt im Beispiel Polyamid-6,6 (Nylon) ist das Molekül aufgebaut aus 1,6-Diaminohexan mit 6 C-Atomen und aus Adipinsäure mit insgesamt ebenfalls 6 C-Atomen.

Eigenschaften: undurchsichtig weiß; Dichte 1,0 bis 1,2 g · cm^{-3}; Schmelzpunkt (PA-6) 218 bis 220 °C, schmilzt ohne nennenswerte vorherige Erweichung; von Luft oberhalb 110 °C oxidativ angegriffen; geruchlos; beständig gegen Alkalien und viele Lösemittel, unbeständig gegenüber konzentrierten Säuren; wasseraufnehmend (bis 10 %). Die guten mechanischen Eigenschaften (hohe Schlagzähigkeit, Festigkeit und Abriebfestigkeit) sind von einem gewissen Wassergehalt abhängig, der sich entsprechend der Luftfeuchtigkeit einstellt; beim Austrocknen tritt Versprödung ein; bei Müllverbrennung Gefahr der Stickoxidbildung.

Verarbeitung: Spritzgießen, Extrudieren, spanende Bearbeitung.

Verwendung: für mechanisch beanspruchte Teile, z. B. Armaturen, Behälter, Wasserhähne, Kugellagerkäfige, Kalanderwalzen, Haushaltgegenstände, Verpackungsfolien.

Handelsnamen: *Durethan, Trogamid, Altramid, Vestamid.*

43.2.9 Aminoplaste

Typen:

Melamin-Formaldehydharze	(Kurzzeichen **MF**)
Carbamidharze, Harnstoff-Formaldehydharze	(Kurzzeichen **UF**)

Herstellung: durch Polykondensation zwischen Formaldehyd (Methanal) und Melamin (↑ 40.1) bzw. Carbamid (↑ 14.2.8).

- Reaktionsschema (Melaminharz):

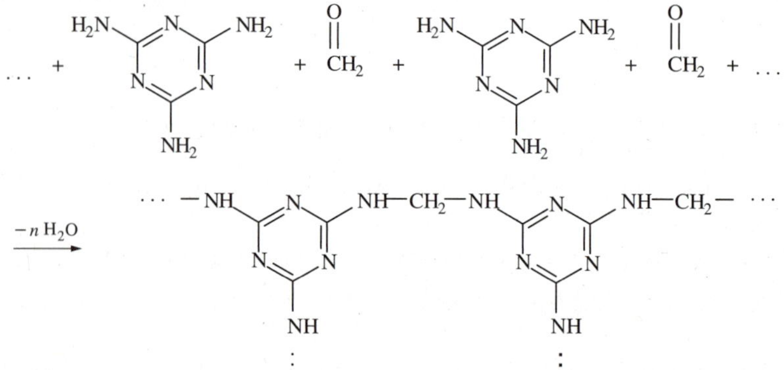

Da alle Aminogruppen reagieren, entstehen räumlich vernetzte Makromoleküle.

- Durch Erwärmen einer wässrigen Lösung der Ausgangsstoffe erhält man die Lösung eines Vorkondensates, die entweder sprühgetrocknet oder zur Herstellung von *Pressmassen* mit Füllstoffen versetzt und danach getrocknet wird.

Verarbeitung: durch Formpressen, Spritzpressen und Spritzgießen unter gleichzeitiger Aushärtung.

Eigenschaften: duroplastisch; Melaminharze bis 100 °C, teilweise bis 130 °C anwendbar; andere bis 90 °C; bei höheren Temperaturen Zersetzung; Dichte 1,5 bis 2,0 g · cm^{-3}; relativ spröde; gut elektrisch isolierend, insbesondere kriechstromfest; im Gegensatz zu Phenoplasten geruchlos, geschmackfrei, farblos (in allen Farben einfärbbar), lichtecht und für Lebensmittel geeignet; bei Müllverbrennung Gefahr der Stickoxidbildung; nicht wiederverwertbar.

Verwendung: als Massivwerkstoff für elektrotechnische Artikel, Haushaltgegenstände (z. B. Ess- und Trinkgeschirr), Möbelbeschläge u. a.; als Schichtpressstoff (z. B. für künstliches Möbelfurnier); als Schaumstoff zur Schall- und Wärmedämmung (Carbamidharz); als Lackharz; als Holzklebstoff (mit niedrigem Kondensationsgrad):

Handelsnamen: *Bakelite, Keramin, Ultrapas* (Melaminharze), *Ultramid, Carta, Melacart* (Schichtpressstoff), *Spumalit* (Schaumstoff).

43.2.10 Polyurethane

Kurzzeichen **PUR**

Molekülkennzeichen:

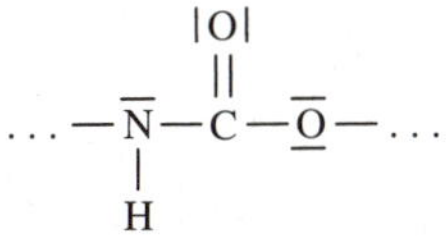

(Urethangruppierung), im Makromolekül ständig wiederkehrend.

Herstellung: durch Polyaddition zwischen mehrwertigen Isocyanaten und mehrwertigen Alkoholen. Bei Anwendung ausschließlich zweiwertiger (bifunktioneller) Ausgangsstoffe (*Diisocyanate* und *Diole*) entstehen lineare, bei Anwendung auch dreiwertiger (trifunktioneller) Ausgangsstoffe räumlich vernetzte Polyaddukte.

▲ n OCN–R–NCO + n HO–R'–OH → $[\text{–CO–NH–R–NH–CO–O–R'–O–}]_n$
Diisocyanat Diol lineares Polyurethan

Besonders vorteilhaft ist, dass die Reaktion bereits bei gewöhnlicher Temperatur mit ausreichender Geschwindigkeit verläuft.

Polyisocyanatkomponenten: hergestellt durch Umsetzung zwischen Aminen und Phosgen, z. B. *Hexamethylendiisocyanat* aus *Hexamethylendiamin* (1,6-Diaminohexan):

$$OCCl_2 + H_2N\text{–}[CH_2]_6\text{–}NH_2 + Cl_2CO \rightarrow OCN\text{–}[CH_2]_6\text{–}NCO + 4\ HCl$$

Weiterhin werden z. B. verwendet: *2,4-Toluylendiisocyanat,* $C_6H_3(CH_3)(NCO)_2$, und *4,4'-Diphenylmethandiisocyanat,* $OCN\text{–}C_6H_4\text{–}CH_2\text{–}C_6H_4\text{–}NCO$.

Polyolkomponenten: hauptsächlich

- oligomere *Polyetheralkohole,* z. B. $HO\text{–}[\text{–}CH_2\text{–}CH_2\text{–}O]_m\text{–}CH_2OH$ (m = 5 bis 80) und
- *Polyesteralkohole,* z. B. $HO\text{–}R'\text{–}[\text{–}O\text{–}CO\text{–}R\text{–}CO\text{–}O\text{–}R'\text{–}]_n\text{–}OH$ (n = 2 bis 20),

die auch verzweigtkettig und dann polyfunktionell sein können. Die PUR sind also eigentlich Polyether oder Polyester mit zwischengeschalteten Urethangruppen.

Eigenschaften: lineare PUR sind thermoplastisch; mit zunehmender Vernetzung entstehen gummielastische (↑ 43.4.4) und schließlich duroplastische Produkte. Die Eigenschaften sind im Einzelnen sehr unterschiedlich und werden durch Auswahl der Komponenten und Zusätze auf den Verwendungszweck abgestimmt; bei der Müllverbrennung Gefahr der Bildung von Stickoxiden und Cyanverbindungen.

Verarbeitung: In den meisten Fällen, insbesondere zur Verschäumung, werden Isocyanat- und Polyolkomponenten vom Anwender unter gleichzeitiger Formgebung zur Reaktion gebracht. Die *Hartverschäumung* erfolgt physikalisch [durch Beimischung leicht verdampfender Stoffe, z. B. *Cyclopentan*, *Aceton*, *Dichlormethan* oder übergangsweise H-FKW (H-FKW152a etc.)], die Weichverschäumung (↑ 43.4.4) chemisch.

Verwendung: Etwa 60 % aller PUR wird als Weich-, etwa 20 % als Hartschaum (dieser auch für selbsttragende Bauelemente) erzeugt, beide auch als Integralschäume (mit verdichteter Außenhaut). Weitere Anwendungsformen: massiver fester oder gummielastischer Werkstoff für spezielle technische Artikel; Gießharze; Lackharze; Chemiefaserstoffe; (↑ 43.5) Klebharze, Beschichtungsmassen für Kunstleder; Textilhilfsmittel.

Handelsnamen: *Desmopan, Vulkollan, Durethan U, Elastomoll, Moltopren, Porosyn.*

43.2.11 Sonstige vollsynthetische Kunststoffe

Polymethylmethacrylat, *Polymethacrylsäuremethylester*, Kurzzeichen **PMMA**:

Herstellung: durch Polymerisation von Methacrylsäuremethylester (meist Massepolymerisation):

$$n\,CH_2{=}C(CH_3)(COOCH_3) \rightarrow [{-}CH_2{-}C(CH_3)(COOCH_3){-}]_n$$

Eigenschaften: thermoplastisch; amorph; farblos, glasklar durchsichtig; bis 70 °C verwendbar; Dichte 1,18 g · cm^{-3}; brennbar, schlagfest; witterungsbeständig; umweltneutral.

Verwendung: als „organisches Glas" für Sicherheitsglas (ergibt bei Bruch keine scharfkantigen Splitter), gewölbte Verglasungen u. a.; ferner als Material für Zahn- und Knochenprothesen; als Lackharz.

Handelsnamen: *Plexiglas, Resartglas, Plexigum.*

Polytetrafluorethen

Kurzzeichen **PTFE**

Herstellung: durch Polymerisation von Tetrafluorethen (meist Emulsionspolymerisation):

$$n\,CF_2{=}CF_2 \rightarrow [{-}CF_2{-}CF_2{-}]_n$$

Verarbeitung: durch Pressen und Sintern des als Pulver anfallenden Polymeren bei 350 bis 360 °C; danach auch spangebend; Folien werden geschält.

Eigenschaften: weiß, etwas durchscheinend, sich wachsartig anfühlend; Gebrauchstemperaturbereich −200 bis +260 °C; Dichte 2,1 bis 2,2 g · cm^{-3}; beständig gegen Ozon, Chlor, Flusssäure, Königswasser, heiße Salpetersäure und Alkalien sowie gegen alle organischen Lösemittel (wird z. B. von Alkalimetallschmelzen, Fluor und Chlortrifluorid angegriffen); nicht entflammbar; ungiftig; lichtecht (auch gegenüber UV-Strahlung); hydrophob und lipophob; geringe Adhäsion und damit extrem niedrige Reibung mit anderen Materialien; sehr gute dielektrische Eigenschaften, bei Müllverbrennung Fluorwasserstoffbildung.

Verwendung: für spezielle technische Bauteile, z. B. Dichtungen, Gleitmaterial, Kondensatorfolie; zur fett- und wasserabweisenden Beschichtung von Pfannen und Töpfen.

Handelsnamen: *Hostaflon TF, Hostaphan, Teflon, Fluon, Halon.*

Polyfluorcarbone werden durch Polymerisation fluorhaltiger Monomerer erhalten, die z. T. umweltbelastend sind. Neben PTFE ist Polychlortrifluorethylen, PCTFE, Formel $[{-}CFCl{-}CF_2{-}]_n$, von Bedeutung, das thermoplastisch verarbeitbar ist.

Polyvinylacetat

Kurzzeichen **PVAC**

Herstellung: durch Polymerisation von Vinylacetat:

$$n\,CH_2{=}CH(O{-}CO{-}CH_3) \rightarrow [{-}CH_2{-}CH(O{-}CO{-}CH_3){-}]_n$$

Verwendung: vor allem in Lösung oder als Latex zur Herstellung von Latexfarben, Lacken, Kunstleder, Wachstuch oder Klebstoffen für die verschiedensten Materialien.

Polycarbonat

Kurzzeichen **PC**

Molekülkennzeichen: Carbonatgruppierung

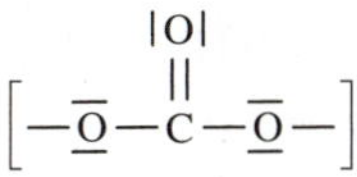

im Makromolekül ständig wiederkehrend.

Herstellung: durch Polykondensation zweiwertiger, mehrkerniger Phenole (insbes. Bisphenol A (↑ 39.3.4)) mit *Phosgen* in Gegenwart basischer Agenzien:

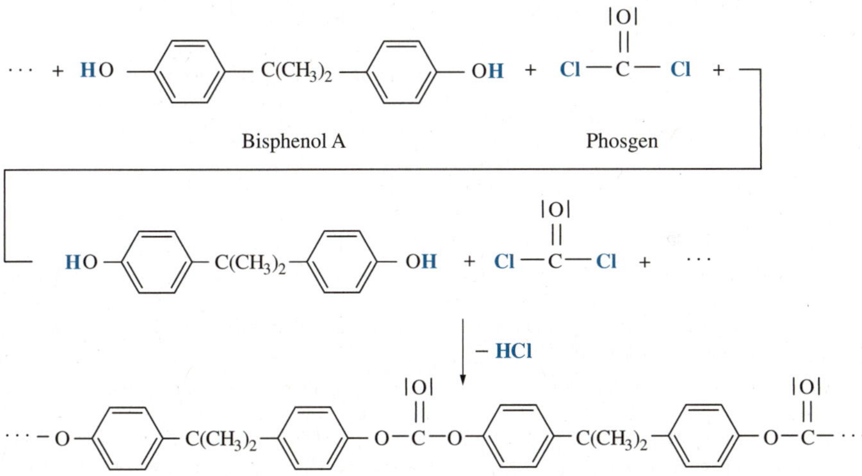

Die Anzahl der Dian-Monomeren beträgt etwa 500.

Eigenschaften: thermoplastisch; farblos durchsichtig herstellbar, beliebig einfärbbar; sehr gute Festigkeitseigenschaften; zwischen −100 °C und +135 °C einsetzbar; schwer entflammbar, selbstlöschend; physiologisch einwandfrei; heißwasserbeständig; unbeständig gegenüber Alkalien, Arenen, Estern, Ketonen; umweltverträglich.

Verarbeitung: durch Spritzgießen und Extrudieren; auch spanend.

Verwendung: für stark beanspruchte Maschinen- und Apparateteile (auch glasfaserverstärkt); für Präzisionsteile in Messinstrumenten u.dgl.; in der Elektrotechnik (auch als Folie). Polycarbonat bildet die Grundmasse der Compact-Discs („CD-Platten") und für organische Gläser.

Handelsnamen: *Makrolon, Makrofol, Lexan.*

Polyvinylpyrrolidon, Kurzzeichen **PVP**

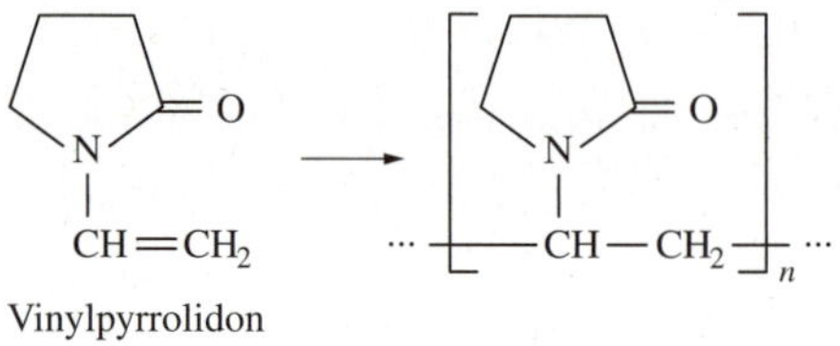

43.3 Kunststoffe als Umwandlungsprodukte hochmolekularer Naturstoffe

Ausgangsstoffe: z. Z. ausschließlich *Cellulose,* gewonnen aus Holz, auch in Form von Baumwollabfällen (*Linters*). *Casein* aus Milch wird nicht mehr genutzt.

Celluloseacetat, *Acetylcellulose,*

Kurzzeichen **CA**

Herstellung: Cellulosetriacetat (Kurzzeichen **CTA**), das je Glucoseeinheit 3 Acetylgruppen enthält, entsteht durch Veresterung von Cellulose mit Essigsäureanhydrid in Gegenwart von Schwefelsäure bei 60 °C während 4 bis 5 Stunden. Es wird wegen mangelnder Thermoplastizität meist durch verdünnte Schwefelsäure partiell zu **Cellulose-2 1/2-acetat** verseift, das je Glucoseeinheit im Durchschnitt 2 1/2 Acetylgruppen enthält.

Verarbeitung: meist mit Weichmacher durch Spritzgießen und Extrudieren; zur Folienherstellung werden Lösungen vergossen, deren Lösemittel verdunstet.

Eigenschaften des 2 1/2 Acetats: thermoplastisch; farblos; bis 170 °C einsatzfähig; Dichte 1,3 g · cm^{-3}; sehr zäh und kratzfest; beständig gegen Wasser und Benzin, unbeständig gegen Säuren, Laugen und einige organische Lösemittel; umweltneutral.
Das Triacetat ist nur mit Weichmachern thermoplastisch und bis 120 °C einsatzfähig.

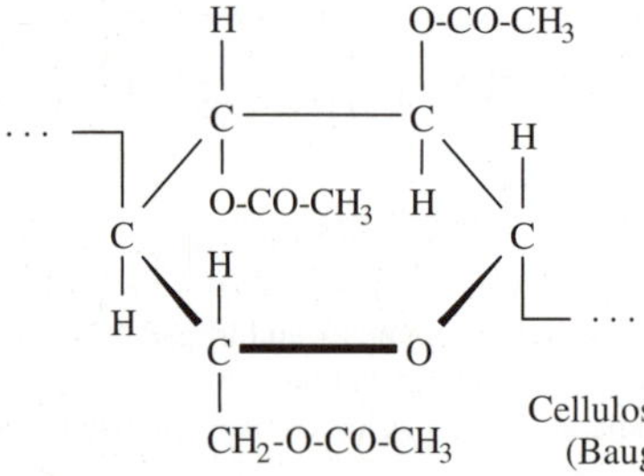

Cellulosetriacetat (Baugruppe)

Verwendung: Cellulosetriacetat für schwer entflammbare Filme; 2 1/2-Acetat als Massivwerkstoff für technische Zwecke und Bedarfsartikel (Werkzeuggriffe; Autolenkräder, Bekleidungszubehör, Spielwaren, Schreibstifte, Brillenfassungen u. a.).

Handelsnamen: *Cellit, Trolit, Ultraphan, Ecarit, Ecaron.*

Celluloid

Kurzzeichen **CN**

Zusammensetzung: Cellulosedinitrat mit nahezu ausschließlich Campher als Weichmacher.

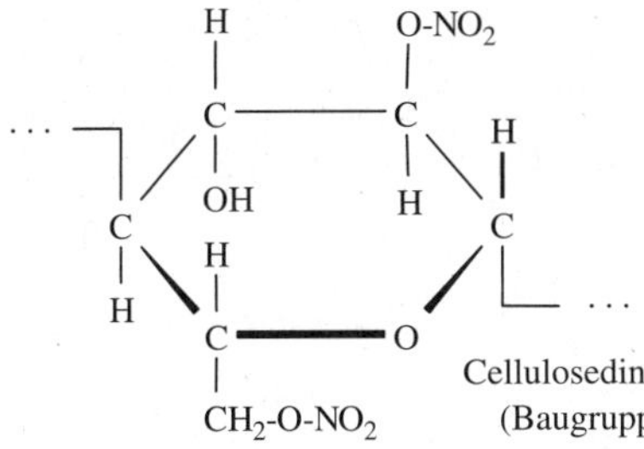

Cellulosedinitrat (Baugruppe)

Herstellung: Durch Veresterung von Cellulose mit Nitriersäure bei 20 bis 35 °C entsteht Cellulosedinitrat (Kollodiumwolle), das mit ethanolischer Campherlösung zu einer homogenen Masse verknetet und unter Einschaltung von Schneid- und Pressprozessen stufenweise getrocknet wird.

Verarbeitung: durch Warmpressen, Hohlkörperblasen, spanende Formung.

Eigenschaften: thermoplastisch; bis 60 °C einsetzbar, bei 70 bis 80 °C erweichend; farblos, glasklar, in leuchtenden Farbtönen einfärbbar; Dichte 1,38 $g \cdot cm^{-3}$; sehr leicht entzündlich; hornartig zäh; beständig gegen Wasser, verdünnte Säuren und Benzin, löslich in Aceton und niederen Estern.

Anwendungen: als Massivwerkstoff für Toilettenartikel (Kämme u. a.), Brillengestelle, Spielwaren, dekorative Musikinstrumentenverkleidungen; als Folie für sehr reißfeste Spielfilme.

Vulkanfiber

Zusammensetzung: hydratisierte, unwesentlich abgebaute Cellulose. Vulkanfiber rechnet nicht zu den Kunststoffen im eigentlichen Sinn.

Herstellung: durch Aufquellen („Pergamentieren") von Cellulosepapieren in warmer, 70%iger Zinkchloridlösung, Verpressen mehrerer Bahnen, Auswaschen und Trocknen.

Eigenschaften: undurchsichtig; zäh, verschleißfest, sehr schlagbiegfest; nicht thermoplastisch, doch begrenzt warmformbar; bis 70 °C verwendbar (sonst Versprödung); Dichte 1,25 bis 1,50 $g \cdot cm^{-3}$; feuchtigkeitsempfindlich (daher oft imprägniert); unempfindlich gegen organische Lösemittel; umweltneutral.

Verwendung: für technische Teile mit mechanischer Beanspruchung (Zahnräder, Gleitlagerfutter, Bremsbeläge); schwächer pergamentiert für Koffer.

Regeneratcellulose: besteht aus stärker abgebauter und hydratisierter Cellulose; hergestellt durch Umwandlung in lösliche Derivate, Auflösen und Ausfällung; wird nur für Chemiefaserstoffe, (↑ 43.5.6) Folien, Schaumstoffe und Schwämme verwendet.

43.4 Elastomere

43.4.1 Allgemeines

Definition: Elastomere sind natürliche oder synthetisch hergestellte makromolekulare Werkstoffe mit gummielastischem Verhalten.

Molekülbau: Makromoleküle aus verknäuelten Molekülketten, die miteinander weitmaschig vernetzt sind. Beim Dehnen strecken sich die Ketten; beim Nachlassen der Zugkraft tritt wieder Knäuelung ein (Gummielastizität).

43.4.2 Naturkautschuk

Kurzzeichen **NR**[1)]

Zusammensetzung: cis-1,4-Polyisopren mit weiteren natürlichen Beimengungen, $n = 4000$ bis 10 000.

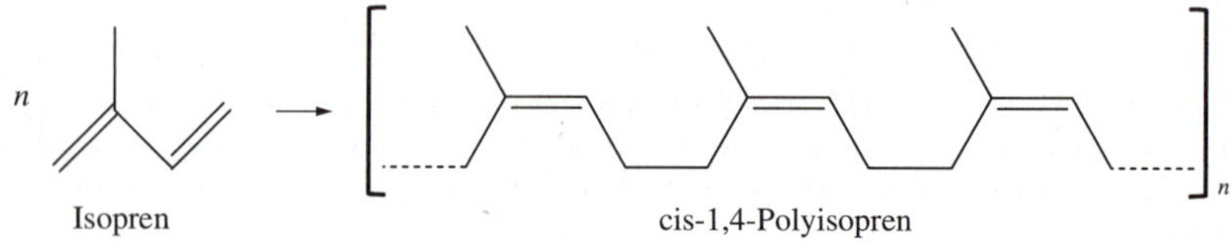

Gewinnung: Aus *Kautschuklatex,* dem Milchsaft des Parakautschukbaumes (Hevea brasiliensis), werden die Kautschukteilchen z. B. durch organische Säuren zum Ausflocken gebracht (koaguliert), gewaschen und zu Fellen ausgewalzt (*Crepe, Crepekautschuk*). Ursprungsländer: vor allem Thailand, Indonesien, Malaysia.

Vulkanisation: Rohkautschuk erhält die wertvollen Eigenschaften erst nach Umwandlung in *Gummi* durch Vulkanisation.
Bei der *Heißluftvulkanisation* wird eine innige Mischung von Kautschuk mit Schwefel und sonstigen Hilfsmitteln geformt und über 100 °C erhitzt. Der Schwefel verknüpft die Kohlenwasserstoffketten unter Aufrichtung eines Teiles der Doppelbindungen. *Weichgummi* enthält 5 bis 10 %, *Hartgummi* 30 bis 50 % Schwefel. Bei der für dünnwandige Artikel angewandten *Kaltvulkanisation* taucht man Positivformen erst in Kautschuklösung oder -latex und dann in eine Lösung von Dischwefeldichlorid, S_2Cl_2, in organischen Lösemitteln.

Eigenschaften: *Rohkautschuk* ist gelb bis braun; Dichte 0,94 $g \cdot cm^{-3}$; unlöslich in Wasser, löslich in Kohlenwasserstoffen und Chlorkohlenwasserstoffen. *Gummi* ist wesentlich elastischer; von höherer Dichte; durch organische Lösemittel quellbar. Kautschuk und Gummi „altern“ durch Licht, Wärme und Reaktion mit Luftsauerstoff (verzögert durch „Alterungsschutzmittel“); sehr gut kältebeständig.

Verwendung: Reifenproduktion, Transportbänder.

cis-1,4-Polyisopren lässt sich mit ZIEGLER-NATTA-Katalysatoren synthetisch reiner als das Naturprodukt herstellen und wird z. B. in Hochleistungsreifen eingesetzt; **Handelsnamen**: Natsyn, Cariflex IR;

trans-1,4-Polyisopren (*Guttapercha*) aus dem Milchsaft des malaysischen Gummibaum Palaquium gutta ist dagegen weit weniger elastisch als das cis-Isomere und wird nur selten eingesetzt (z. B. in der Zahnmedizin und als Isoliermaterial für Tiefseekabel).

---

1) von engl. *natural rubber*

43.4.3 Synthesekautschuk (Butadien-Mischpolymerisate)

Kurzzeichen **BR**[1)]

Chemische Zusammensetzung: Copolymere von Butadien mit 25 – 55 % Styren (Kurzzeichen **SBR**, engl. *styrene **b**utadiene **r**ubber*) oder 25 – 35 % Acrylnitril (Kurzzeichen **NBR**, engl. ***n**itrile **b**utadien **r**ubber*). Auch als Terpolymer von Acrylnitril, Butadien und Styren (Kurzzeichen **ABS**).

Herstellung: durch Polymerisation von Buta-1,3-dien (bzw. Gemischen mit einer 2. Komponente):

$$n\,CH_2{=}CH{-}CH{=}CH_2 \rightarrow [-CH_2{-}CH{=}CH{-}CH_2-]_n$$

Polybutadien (unvulkanisiert, ohne Zweitkomponente)

Emulsionspolymerisation: Bei der Herstellung setzt man in kontinuierlicher Arbeitsweise eine wässrige Emulsion von druckverflüssigtem Butadien (mit Styren, Acrylnitril etc.), die zugleich Emulgatoren, Initiatoren, Puffersubstanzen, Redox-Katalysatoren u. a. Zusätze enthält, unter ständigem Rühren einer Temperatur von 5 °C aus. Der entstehende *Latex* wird wie Naturkautschuklatex durch Essigsäure oder Salzlösungen koaguliert, wobei das Polymerisat in Krümelform anfällt.

Lösungspolymerisation: In Anwesenheit metallorganischer Katalysatoren entsteht reines cis-1,4-Polybutadien.

Verarbeitung: entspricht dem Naturkautschuk (↑ 43.4.2).

Eigenschaften: Die technisch wertvollen Eigenschaften werden wie bei Naturkautschuk durch Vulkanisation und durch Beimengungen erreicht. So werden die Abriebfestigkeit durch Aktivruß, die Alterungsbeständigkeit durch aromatische Amine (N-Phenyl-β-naphthylamin u. a.) erhöht; auch Weichmacher werden zugesetzt; benzin- und ölfest.
Synthesekautschuk kann alterungs- und wärmebeständiger, abriebfester und chemisch widerstandsfähiger als Naturkautschuk hergestellt werden, ist jedoch fester und daher schwerer zu verarbeiten. Für hochelastische und besonders weiche Artikel wird Naturkautschuk allein oder im Gemisch mit Synthesekautschuk eingesetzt.

Verwendung: unentbehrlicher Werkstoff in allen Bereichen der Technik, der Medizin und des täglichen Lebens, auch als Schaumstoff. Synthesekautschuk deckt etwa 2/3 des gesamten Kautschukbedarfs der Welt. Am häufigsten wird dabei Styren-Butadien-Kautschuk eingesetzt.

Handelsnamen:
Styren-Butadien-Kautschuk: *Buna SB, Solprene, Dunatex, Krylene, Cariflex S*, etc.; Buna leitet sich von **Bu**tadien-**Na**trium ab; metallisches Natrium war der erste Katalysator zur (noch nicht stereoselektiven) Polymerisation von Butadien.
Acrynitril-Butadienkautschuk: *Buna NB, Perbunan N, Chemigum, Krynac*, etc.

43.4.4 Weitere Elastomere

Polyurethane (↑ 43.2.10): Polyurethan-Elastomere werden als Massivwerkstoffe, als Chemiefaserstoffe (↑ 43.5.5) und (in weit überwiegender Menge) als Schaumstoffe hergestellt. Alle Produkte lassen sich so einstellen, dass sie in praktisch allen technisch wichtigen Eigenschaften, auch in der Elastizität, Natur- und Synthesekautschuk z. T. bei weitem übertreffen.
PUR-Weichschaum: entsteht durch Anwendung *wasserhaltiger* Polyolkomponenten (↑ 43.2.10). Bei der formgebenden Polyaddition, z. B. mittels des Mischkopfes einer Schäummaschine, dem die Komponenten durch Schläuche zugeführt werden, reagiert das Wasser mit einem Teil des Isocyanats gemäß

$$R{-}NCO + H_2O \rightarrow R{-}NH_2 + CO_2$$

unter Bildung von Kohlenstoffdioxid, das die Masse verschäumt, wobei diese zugleich gummiartig erstarrt.

[1)] von engl. *butadiene rubber*

Thioplaste, *Polysulfidkautschuk:* hergestellt durch Polykondensation von α,ω-Dihalogenverbindungen mit Natriumpolysulfid; besteht aus Molekülen vom Typ $[-CH_2-CH_2-S-S-S-S-]_n$ mit unterschiedlicher Anzahl $-CH_2$-Gruppen und S-Atome; Elastizität und Festigkeit gering, jedoch von -40 bis 120 °C einsetzbar und von außergewöhnlicher Alterungs-, Witterungs- und Ölbeständigkeit; Einsatz zur dauerelastischen Abdichtung arbeitender Fugen (z. B. Bautechnik), als Vibrationsschutz und zur Behälterauskleidung. **Handelsname**: *Thiokol.*

Butylkautschuk: *Polyisobuten* (Kurzzeichen PIB), $[-C(CH_3)_2-CH_2-]_n$, mit maximal 5 % *Polybutadien* oder *-isopren;* sehr witterungs- und oxidationsbeständig. **Verwendung** für Reifenschläuche und Vibrationsdämpfer.

Polychloropren: (Kurzzeichen CR), $[-CH_2-CCl{=}CH-CH_2-]_n$, sehr temperaturbeständig, kerbzäh, hohe Abriebfestigkeit, quillt mit Mineral- und Siliconölen nur wenig; **Verwendung** für Schutzkleidung, technische Schaumstoffe, Förderbänder (Bergwerke) und Kontaktkleber für Holz und Kunststoffe; **Handelsnamen**: *Neopren, Baypren, Butaclor, Petro-Tex, Denka*, etc.

Poly-(Ethen-Propen-Dien)-Kautschuk: (Kurzzeichen **EPDM**), Terpolymer mit 2 – 12 % einer „Dien-Komponente“ (z. B. Dicyclopentadien, Ethylidennorbornen); besonders bei geringen Dien-Gehalten gute Witterungsbeständigkeit, hohe Beständigkeit gegenüber Ozon, Säuren und Laugen; **Verwendung** für Dichtprofile im Kfz- und Baubereich (Türabdichtungen, Flachdachabdeckungen, Teichfolien etc.); **Handelsnamen**: *Buna EP*.

Silicongummi (↑ 43.6) besser temperaturbeständig als Gummi auf Kohlenstoffbasis.

43.5 Chemiefaserstoffe

43.5.1 Allgemeines

Grundbegriffe:

- **Faserstoff:** längenbegrenztes (*Faser*, *Stapelfaser*) oder nicht längenbegrenztes (*Endlosfaden*, *Elementarfaden*, bei Chemiefaserstoffen auch *Filament*), schmiegsames, textilverarbeitbares Gebilde natürlichen oder synthetischen Ursprungs (*Natur-* bzw. *Chemiefaserstoff*) mit einer im Vergleich zur Querschnittsfläche großen Länge.
- **Endlosfaden,** *Elementarfaden*: bei Chemiefaserstoffen auch *Filament*: von Raupen oder mithilfe technischer Spinndüsen ersponnen; potenziell unendlich lang.
  Eine **Seide** besteht aus einem (*monofil*) oder mehreren (*polyfil*) Elementarfäden; Kennzeichen -S, z. B. CV-S, Viskoseseide.
- **Faser:** im engeren Sinn längenbegrenzt (*Spinnfaser*); meist wenige cm Länge; *Chemiefasern* werden durch Zerschneiden einer Endlosfadenschar hergestellt (*Stapelfasern*).
  Sehr kurze, nicht verspinnbare, textil anderweitig verarbeitbare Fasern heißen **Flock**.
  Im weiteren Sinn wird leider der Begriff „Faser“ auch als Oberbegriff für Faserstoff oder Endlosfaden gebraucht.

Ein **Garn** entsteht durch Verspinnen von Fasern, ein **Zwirn** durch Verdrillen mehrerer Garne oder Endlosfäden, ein **Kabel** ist eine Endlosfadenschar ohne nennenswerte Verdrillung.

Spinnverfahren für Chemiefaserstoffe

Nassspinnen: Das Faserstoffvorprodukt oder die Faserstofflösung wird durch Spinndüsen (Tantal, Gold) in ein flüssiges Fällbad gepresst; durch chemische Umwandlung oder Lösemittelverdrängung bildet sich der Elementarfaden; die Fadenschar wird laufend abgezogen.

Trockenspinnen: Die Faserstofflösung wird durch Spinndüsen in einen Heißluftkanal gepresst, wo das Lösemittel verdampft.

Schmelzspinnen: Die Faserstoffschmelze erstarrt nach dem Passieren der Spinndüse in Kaltluft zu Fäden.

Recken: Dehnung der Fäden auf die 2- bis 12-fache Länge; dadurch erhebliche Festigkeitssteigerung infolge Parallelausrichtung der Makromoleküle mit Knüpfung neuer zwischenmolekularer Bindungen, insbesondere Wasserstoffbrückenbindungen.

Übersicht über die Faserstoffe (in Anlehnung an DIN 60001)

Anorganische Faserstoffe

- Silicatfaserstoffe
  - mineralisch:
    - Asbest (AS)
  - technisch:
    - Glasfaserstoffe (GF)
    - Schlackenfaserstoffe (SLF)
    - Gesteinsfaserstoffe (STF)
- Kohlenstoff-Faser (CF)
- Metallfaserstoffe (MTF) (flachgewalzt: Lahn)

Organische Faserstoffe

- Naturfasern (Auswahl)
  - tierische Fasern (Eiweißfaserstoffe):
    - Schafwolle (WO, Schurwolle WV)
    - Alpaka (WP)
    - Kamel (WK)
    - Angora (WA)
    - Kaschmir (WS)
    - Rosshaar (HS)
    - Seide (SE)
  - pflanzliche Fasern (Samen-, Bast-, Hart-) (Cellulosefaserstoffe):
    - Baumwolle (CO)
    - Jute (JU)
    - Flachs (Leinen, LI)
    - Hanf (HA)
    - Sisal (SI)
    - Kokos (CC)
- Chemiefaserstoffe
  - vollsynthetisch (Synthesefaserstoffe):
    - Polyamidfaserstoffe (↑ 43.5.2) (PA)
    - Polyacrylnitrilfaserstoffe (↑ 43.5.3) (PAN)
    - Polyesterfaserstoffe (↑ 43.5.4) (z. B. PBT, PC, PET, PEN etc.)
    - Polyurethanfaserstoffe (↑ 43.5.5) (PUR)
    - Polyvinylchloridfaserstoffe (↑ 43.5.5) (PVC)
  - teilsynthetisch
  - cellulosische Faserstoffe

- Regeneratcellulosefaserstoffe:
  * Viskosefaserstoffe (↑ 43.5.6) (CV)
  * Cuprofaserstoffe (↑ 43.5.6) (CUP)
- Cellulloseesterfaserstoffe:
  * Acetatfaserstoff (↑ 43.5.7) (CA)
- nichtcellulosische Faserstoffe:
  * Gummifaserstoffe (LA)
  * Alginat-Faserstoff (ALG)

43.5.2 Polyamidfaserstoffe

Kurzzeichen **PA**

Herstellung: durch Schmelzspinnen von Polycaprolactam oder anderen Polyamiden (↑ 43.2.8) und Recken auf die 3- bis 4-fache Länge.

- *Herstellung von Caprolactam:* Durch Hydrierung von *Benzen* erhält man *Cyclohexan,* das bei 150 °C und 35 bar durch Luftsauerstoff katalytisch zu einem *Cyclohexanol-Cyclohexanon*-Gemisch oxidiert wird. Nach vollständiger Oxidation zum Keton führt man dieses durch Hydroxylamin (bzw. dessen Sulfat) in *Cyclohexanonoxim* über, das schließlich durch rauchende Schwefelsäure in *ε-Caprolactam* umgelagert wird.
  ε-Caprolactam ist weiß kristallin, wasserlöslich, bei 69 °C schmelzend, von schwachem Geruch.

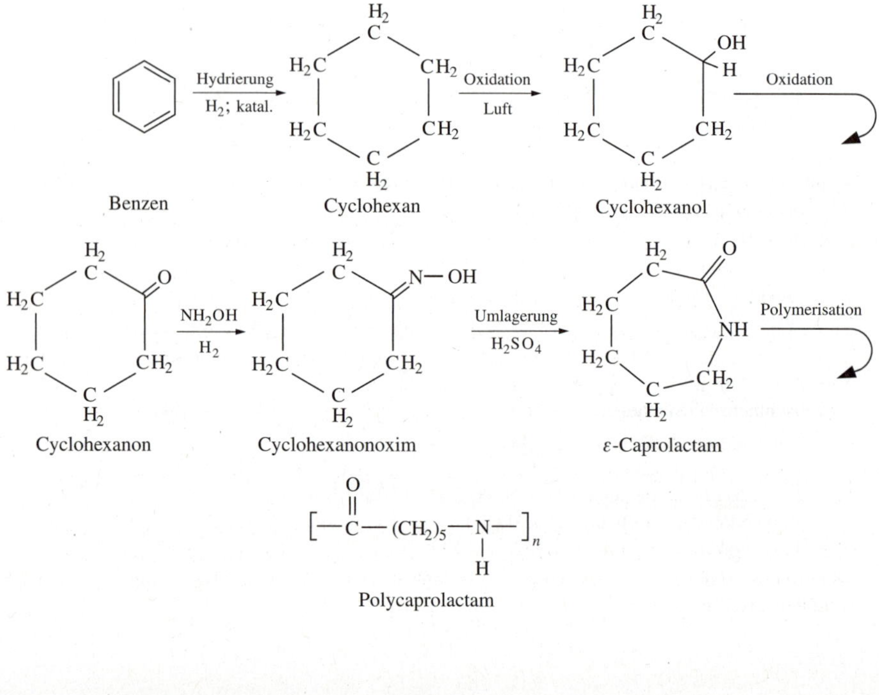

Ein anderer Weg zum Caprolactam geht vom Phenol aus, das über Palladiumkatalysatoren zu Cyclohexanon oxidiert wird.

- *Polymerisation:* meist kontinuierlich, indem die Lactamschmelze (katalysatorhaltig) während 5 bis 20 Stunden bei 240 bis 280 °C ein Rohr (z. B. 6 m lang, 1 m Durchmesser) durchläuft. Nach Entfernung niedermolekularer Produkte gelangt die Polycaprolactamschmelze zur Spinnapparatur.

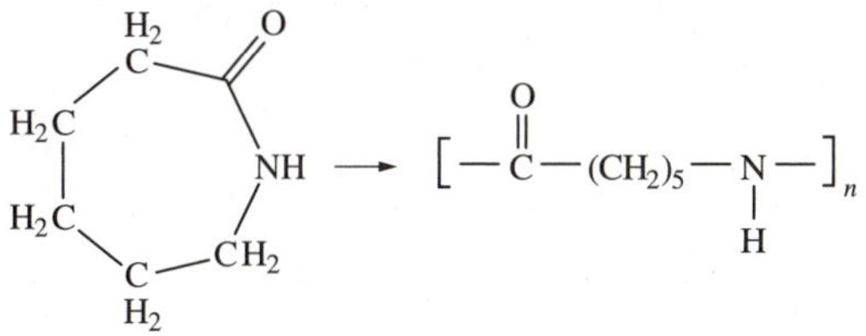

- *Schmelzspinnen:* unter Stickstoff, da Polycaprolactam oberhalb 100 °C von Sauerstoff angegriffen wird.

Benennung (↑ 43.2.8): Polycaprolactam ist Polyamid-6. **Handelsname:** *Perlon*. Aus Adipinsäure und 1,6-Diaminohexan entsteht ebenfalls durch Polykondensation das Polyamid 6,6; Handelsname: *Nylon*. *Nylon* wird auch als Sammelname für Polyamidfasern verwendet.

Eigenschaften: thermoplastisch; leicht; sehr zug-, scheuer- und dauerbiegefest; schwer entflammbar; geringe Wasseraufnahme, daher leicht zu trocknen; maximale Bügeltemperatur 150 °C; gut witterungs-, jedoch ohne spezielle Zusätze nur wenig lichtbeständig.

Verwendung: als Seide (PA-S) für Damenstrümpfe und andere Bekleidung, Raumtextilien, Autoreifencord, Fallschirme, Seile, chirurgische Nähfäden; als Faser (PA-F) allein oder gemischt für strapazierfähige Bekleidung, Teppiche, Seile, Dekostoffe u. a.

43.5.3 Polyacrylnitrilfaserstoffe

Kurzzeichen **PAN**

Herstellung: durch Nass- oder Trockenspinnen einer Lösung von Polyacrylnitril und Recken auf die 4- bis 6-fache (bei Seide 10- bis 12-fache) Länge.

- *Herstellung von Acrylnitril:* durch „Ammoxidation" von Propen mit Ammoniak und Luft bei 400 bis 450 °C in Gegenwart von Bismutoxid-Molybdänoxid-Katalysatoren und Wasserdampf:

$$2\,CH_2{=}CH\text{-}CH_3 + 2\,NH_3 + 3\,O_2 \rightarrow 2\,CH_2{=}CH\text{-}CN + 6\,H_2O$$

- *Acrylnitril:* farblose, giftige, wenig wasserlösliche, bei 77,6 °C siedende Flüssigkeit von unangenehmem Geruch; außer für Faserstoffe verwendet als Mischpolymerisationskomponente für ABS-Polymere, schlagfestes Polystyren und ölfesten Synthesekautschuk (Buna NB).
- *Polymerisation:* Die Lösungspolymerisation in Dimethylformamid ergibt die Spinnlösung:

$$n\,CH_2{=}CH(CN) \rightarrow [\text{–}CH_2\text{–}CH(CN)\text{–}]_n$$

  Polyacrylnitril ist ein weißes, in nur wenigen Lösemitteln lösliches Pulver, das sich bei 250 °C ohne vorheriges Schmelzen zersetzt.
- *Spinnverfahren:* PAN wird aus einer Lösung in *Dimethylformamid,* H–CO–N(CH_3)$_2$, ersponnen, indem dieses in Hexantriol durch Verdrängung (Nassspinnen) oder in Heißluft durch Verdampfung (*Trockenspinnen*) entfernt wird. (*Hexantriol* ist 3-Methylol-pentan-2,4-diol, CH_3–CH(OH)–CH(CH_2OH)–CH(OH)–CH_3)

Eigenschaften: nicht thermoplastisch; kochfest; bis 150 °C bügelfest; extrem wetter-, licht-, verrottungs- und lösemittelfest; schwer entflammbar; wollähnlicher Griff; hohe Bauschelastizität; gutes Wärmerückhaltevermögen; hohe Formbeständigkeit; weniger scheuerfest als PA; geringe Wasseraufnahme, daher leichte und knitterarme Trocknung möglich.

Verwendung: nahezu ausschließlich als Faser (PAN-F) allein oder gemischt für Bekleidungs- (insbes. Strickwaren) und Raumtextilien, Decken, Segeltuch, Filtergewebe, Seile, Taue, Fischereinetze.

Handelsnamen: *Dralon, Dolan, Redon* (Deutschland); *Orlon* (USA).

43.5.4 Polyesterfaserstoffe

Kurzzeichen **PES**

Herstellung: durch Schmelzspinnen von gesättigten Polyestern (↑ 43.2.6), insbes. *Polyethylenterephthalat,* und nachfolgendes Recken auf die 4- bis 5-fache Länge.

- *Herstellung von Polyethylenterephthalat:* durch Polykondensation von *Terephthalsäure* (Benzen-1,4-dicarbonsäure) mit *Glycol* (Ethan-1,2-diol) bei höherer Temperatur:

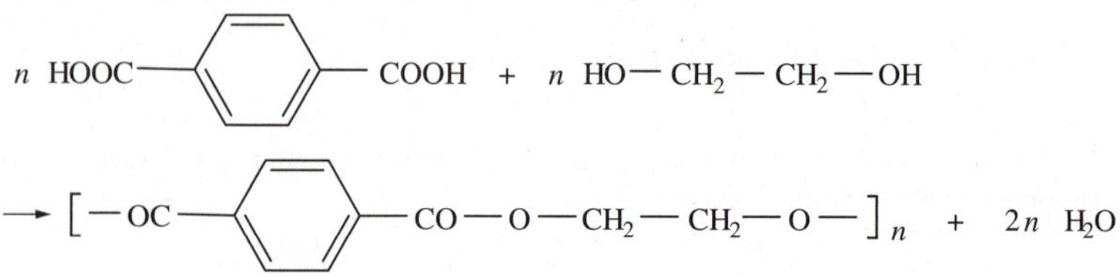

- Der Polyester wird außerdem durch Umesterung von Terephthalsäuredimethylester mit Glycol und nachfolgende Polykondensation gewonnen.

Eigenschaften: thermoplastisch; bei 240 °C erweichend, bei 260 °C schmelzend; geringe Wasseraufnahme (schnell trocknend); sehr reißfest; lichtbeständig; formbeständig; unterhalb 80 °C knitterarm (nicht kochen!); unbeständig gegenüber heißen Säuren und Alkalien; die Fasern sind sprungelastisch und von hohem Wärmerückhaltevermögen.

Verwendung: als Seide (PES-S) für Bekleidung, Gardinen, Teppiche, Vliesstoffe, Seile, Netze; als Faser (PES-F) allein oder gemischt für Bekleidung, Deko- und Möbelstoffe, technische Gewebe; als Füllmaterial für Schlafsäcke, Kissen u. a.

Handelsnamen: *Trevira, Diolen* (Deutschland); *Dacron* (USA).

43.5.5 Sonstige vollsynthetische Faserstoffe

Polyurethanfaserstoffe,

Kurzzeichen **EL**

Herstellung: durch Trocken- oder Nassspinnen aus Lösungen elastischer Polyurethane (↑ 43.4.4) in Dimethylformamid.

Eigenschaften: wichtigste elastische Faserstoffe *(Elastomerfaserstoffe)*; bei 175 °C erweichend; im Vergleich zu Natur- oder Synthesekautschukfäden fester, abriebfester, leichter, wärme- und wetterfester, chemikalien- (z. B. bei Chemischreinigung) und waschbeständiger, besser färbbar, höhere Reißdehnung, höherer Elastizitätsmodul;
Nachteil: Verfärbung durch Sonnenlicht (daher oft von vornherein bräunlich eingefärbt).

Verwendung: als Seide (EL-S) für elastische Textilien aller Art (z. B. Miederwaren); auch für technische Zwecke. EL werden häufig von anderen Faserstoffen, z. B. PA, umsponnen.

Handelsnamen: *Elasthan, Dorlastan* (Deutschland); *Lycra* (USA).

Polyvinylchloridfaserstoffe

Kurzzeichen **CLF**

Herstellung: Lösungen von (z. T. nachchloriertem) Polyvinylchlorid in acetonhaltigen Lösemittelgemischen werden durch Spinndüsen in Wasser gepresst (Nassspinnverfahren).

Eigenschaften: thermoplastisch; bei etwa 75 °C erweichend; sehr säure-, wasser- und alkalibeständig; fäulnis- und verrottungsfest; empfindlich gegen organische Lösemittel; nicht brennbar; laden sich leicht elektrostatisch auf.

Verwendung: ausschließlich als Faser (CLF-F) für technische Zwecke (Filter), unentflammbare Textilien (z. B. für Theater), Decken und Antirheumawäsche.

Handelsnamen: *Rhovyl* (Faser).

43.5.6 Regeneratcellulosefaserstoffe

Arten:

Viskosefaserstoffe (Kurzzeichen **CV**)
Cuprofaserstoffe (*Kuoxamfaserstoffe*) (Kurzzeichen **CUP**)

Herstellung:

- *Viskosefaserstoff:* Zellstofftafeln werden durch 20%ige Natronlauge in Alkalicellulose umgewandelt und danach durch Kohlenstoffdisulfid in orangefarbenes, krümeliges Natriumcellulosexanthogenat[1] („Xanthat") übergeführt, das in Natronlauge zu Viskose (auch Viscose) (gelbbraun, zähflüssig) gelöst wird:

$$\text{Cell{-}ONa} + CS_2 \longrightarrow \text{Cell{-}O{-}C}\begin{matrix}{\scriptstyle\nearrow}\!\!=\!S \\ {\scriptstyle\searrow} SNa\end{matrix}$$

(Cell = Celluloserest)

Beim Erspinnen der Fäden in verdünnte Schwefelsäure (Nassspinnen) wird CS_2 abgespalten unter Rückbildung („Regenerierung") der Cellulose in schwach abgebauter, stärker wasserhaltiger Form (Regeneratcellulose, Hydratcellulose).

- *Cuprofaserstoff,* (*Kuoxamfaserstoff*): Als Lösemittel für Cellulose dient die tiefblaue Lösung von Tetraamminkupfer(II)-hydroxid, $[Cu(NH_3)_4](OH)_2$; als Fällbad dient heißes Wasser mit geringen Zusätzen. (Kuoxam = Kupfer-oxid-ammoniak)

Eigenschaften: ähnlich pflanzlichen Faserstoffen (Baumwolle), umweltverträglich, jedoch weniger fest (besonders im nassen Zustand) und von größerer Wasseraufnahme (dadurch sehr hautfreundlich); bügelfest; auch hochnassfeste Typen wurden entwickelt.

Verwendung: als Faser (CV-F, *Viskosefaser,* früher „Zellwolle") und Seide (CV-S, *Viskoseseide,* und CUP-S, *Kupferseide*). Preiswerteste Chemiefaserstoffe, CV-F findet meist in Mischung mit Baumwolle, Wolle oder vollsynthetischen Fasern vielfältigste Anwendung für Bekleidungs- und Raumtextilien, Decken u. a., hochnassfeste Typen auch technisch; CV-S für Blusen, Kleider, Dekostoffe u. a.
CUP-S ist der Naturseide am ähnlichsten, wird jedoch nur noch wenig produziert.

[1] Natriumcellulosexanthogenat ist das Natriumsalz des Celluloseesters der Dithiokohlensäure, HO–CS(SH).

Handelsnamen: *Reyon.*

Zellglas (früher *Cellophan*) entsteht beim Einpressen von Viskose durch Schlitzdüsen in das Fällbad; enthält Glycerol als Weichmacher.

Viskoseschwämme werden mit gasabspaltenden Treibmitteln „gebacken".

43.5.7 Celluloseacetatfaserstoff (Acetatfaserstoff)

Kurzzeichen **CA**

Herstellung: Die Fäden werden aus einer Lösung von Cellulose-2 1/2-acetat (↑ 43.3) in Aceton durch Einpressen in Warmluft ersponnen, wobei das Lösemittel verdunstet (Trockenspinnverfahren).

Eigenschaften: thermoplastisch; bis 80 °C bügelfest; schmilzt bei 210 bis 220 °C; bezüglich Griff, Glanz, Weichheit und Festigkeit der Raupenseide ähnlich; unbeständig gegenüber vielen organischen Lösemitteln, säure- und alkaliempfindlich.

Verwendung: hauptsächlich als Seide (CA-S) für dekorative Textilien.

Handelsnamen: *Aceta, Drawinella.*

43.6 Silicone

Chemische Zusammensetzung: In den Siliconen sind (evtl. substituierte) Kohlenwasserstoffreste an die Si-Atome einer Si-O-Kette gebunden:

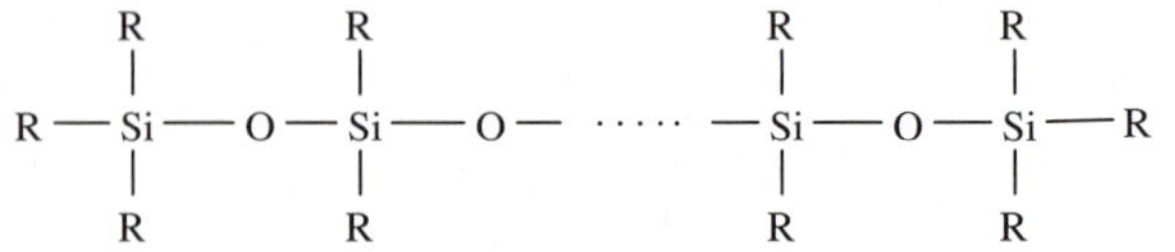

Methylsilicon $(R = CH_3)$

Wie bei den Silicaten (↑ 14.3.4) können sich neben Ketten auch Ringe und Raumnetzstrukturen bilden, wobei jeweils ein Teil der Sauerstoffatome am Silicium gegen Kohlenwasserstoffreste ausgetauscht ist.

Herstellung (Müller-Rochow-Synthese): Durch Überleiten gasförmiger Chlorkohlenwasserstoffe bei 300 °C über pulverförmiges Silicium mit Kupfer als Katalysator entstehen zunächst Alkyl- oder Arylchlorsilane. Aus Monochlormethan bildet sich dabei z. B. **Dichlordimethylsilan** gemäß

$$2\,CH_3Cl + Si \rightarrow (CH_3)_2SiCl_2,$$

das z. T. in $(CH_3)SiCl_3$ und $(CH_3)_3SiCl$ disproportioniert. Mit Wasser entstehen hieraus die *Silanole,* z. B. **Dimethylsilandiol**, $(CH_3)_2Si(OH)_2$, die sofort unter Wasserabspaltung zu den Siliconen polykondensieren:

$$\ldots + \mathbf{HO}\text{–}Si(CH_3)_2\text{–}\mathbf{OH} + \mathbf{HO}\text{–}Si(CH_3)_2\text{–}\mathbf{OH} + \ldots \xrightarrow{-H_2O} \ldots\text{–}Si(CH_3)_2\text{–}O\text{–}Si(CH_3)_2\text{–}O\text{–}\ldots$$

Bei Anwendung auch trifunktioneller Ausgangsstoffe, z. B. **Trichlormethylsilan**, $(CH_3)SiCl_3$, entstehen räumlich vernetzte Silicone.

Eigenschaften: Je nach Molekülgröße, Verzweigungs- und Vernetzungsgrad ergeben sich öl-, harz- oder kautschukartige Stoffe. Ihnen gemeinsam sind: hohe Temperaturbeständigkeit; Unlöslichkeit in Wasser und vielen organischen Lösemitteln; weitgehende chemische Beständigkeit gegenüber Wasser, Basen und Säuren; sehr gute elektrische Isolierfähigkeit.

Siliconöle: rein kettenförmige Silicone, farb-, geruch- und geschmacklos, ungiftig, nicht verharzend, im Allgemeinen wasserabweisend (hydrophob); die Viskosität jedes Öls bleibt von −70 °C bis 250 °C nahezu unverändert; bis 200 °C einsatzfähig; schwer brennbar. Verwendung als Hydraulikflüssigkeit, Transformatoren- und Schalteröl, Formentrennmittel (auch in Bäckereien); als wasserabweisendes und schaumverhütendes Mittel.

Siliconfette: mit Verdickungsmitteln (Lithiumstearat) versetzte Siliconöle; Verwendung als Schmiermittel.

Siliconharze , in Form löslicher Vorkondensate eingesetzt, vernetzen durch Wärme oder Katalysatoren in der letzten Verarbeitungsstufe; für Einbrennlacke (*Siliconlacke*); zur wasserabstoßenden Textilimprägnierung von Papier, Mauerwerk, Glas, Keramik u. a.

Siliconkautschuk wird zu *Silicongummi* vulkanisiert; völlig öl-, licht- und alterungsbeständig; zwischen −55 °C und 200 °C (max. −100 °C bis 230 °C) elastisch; geringe mechanische Festigkeit. Verwendung: temperaturbeständiges Dichtungsmaterial, Elektroisolierungen, Bluttransfusionsschläuche.

Siliconkautschukpasten enthalten Siliconvorkondensate und Substanzen (z. B. *Methyltriacetosilan,* $CH_3Si(OOC\text{-}CH_3)_3$, die mit Luftfeuchtigkeit (unter Abspaltung von Essigsäure) ein Silanol (z. B. *Methylsilantriol,* $CH_3Si(OH)_3$) ergeben, das sofort unter räumlicher Vernetzung mit den freien OH-Gruppen der Vorkondensate zum Siliconkautschuk polykondensiert.

44 Nomenklatur organischer Verbindungen

Hier werden nur die wichtigsten Verbindungsklassen der organischen Chemie behandelt. Speziellere Angaben finden sich in den entsprechenden Abschnitten der organischen Chemie (Kapitel 28 bis 42).

44.1 Allgemeines

Systematische Namen: Die systematisch gebildeten Namen („rationelle Namen") haben den Vorteil, dass aus ihnen die chemische Struktur abgelesen werden kann; umgekehrt kann jede vorgegebene chemische Verbindung eindeutig bezeichnet werden. Der Nachteil der streng systematischen Nomenklatur besteht darin, dass bei kompliziert gebauten Stoffen auch die Namen kompliziert und unhandlich sind, sodass dann umgangssprachlich die (kürzeren) Trivialnamen bevorzugt werden.

Trivialnamen: Gegen die Anwendung von Trivialnamen ist nichts einzuwenden, sofern diese keine falschen Vorstellungen erwecken. Gleichwohl sollte man dort, wo sie keine besonderen Vorteile (z. B. den der Kürze) bieten, die systematischen Namen bevorzugen (*Ethin* statt Acetylen, *Ethanol* statt Ethylalkohol u. a.).
In der Praxis verknüpft man oft Trivialnamen mit systematischen Vorsätzen oder Endungen.

Empfehlungen zur Nomenklatur und Orthographie:

Nach verschiedenen individuellen Ansätzen wurde 1892 in Genf die von 34 Chemikern aus 8 Ländern geschaffene „Genfer Nomenklatur der organischen Verbindungen" veröffentlicht. Diese enthält grundlegende, z. T. auch heute noch gültige Festlegungen, z. B. dass die Namen unter Verwendung von Stammnamen, Vorsätzen (*Präfixe*), Endungen (*Suffixe*), Stellenbezeichnungen (*Lokanten*) unter Beachtung von *Prioritätsregeln* gebildet werden.

Seit 1919 erfolgte die Betreuung der chemischen Nomenklatur in Europa durch eine spezielle Kommission der IUPAC (International Union of Pure and Applied Chemistry); das Regelwerk wurde von Zeit zu Zeit verändert, verbessert und ergänzt. Hierbei ist jedoch zu beachten, dass oft (insbesondere in den Bereichen der Technik und der Hochschullehre) ältere Bezeichnungen (z. B. Acetylen) angewandt werden.

Die derzeit gültige „deutsche IUPAC-Nomenklatur" für die Verbindungen der organischen Chemie stammt von 1978 mit weiteren Empfehlungen von 1993. Ihre wichtigsten Neuerungen sind (neben der Festlegung der c-Schreibweise ohne Rücksicht auf eine evtl. unmittelbar griechische Herkunft, z. B. *Glycol*):

- Schreibung *Ethan, Ethen, Ethin, Ethyl, Ethanol, Ether, Diethylether, Polyethen* (statt bisher Äthan usw.); hiermit wären konsequenterweise verknüpft: *ausethern, verethern, etherische Phase*. Die Namen *Petroläther* und *ätherisches Öl* haben jedoch nichts mit der Stoffklasse der Ether zu tun und sollten ihre Schreibweise behalten.
- Endung *-en* statt *-ol* oder *-in* bei aromatischen Kohlenwasserstoffen („Arenen"): *Benzen, Toluen, Xylen, Naphthalen, Styren, Cumen, Cymen, Caroten.*
- Endung *-ol* in Trivialnamen für Alkohole und Phenole: *Glycerol, Cholesterol, Pinacol, Sorbitol, Mannitol* u. a. (statt bisher Glycerin, Cholesterin, Pinacon, Sorbit, Mannit u. a.);
- Endung *-al* in entsprechenden Aldehyden: *Furfural* (statt Furfurol);
- Stellenangaben stets *vor* Endungen: *But-1-en,* statt Buten-(1), *Buta-1,3-dien,* statt Butadien-(1,3), *Propan-2-ol,* statt Propanol-(2), *Naphth-1-ylamin* und *Naphth-2-ylamin* statt 1-Naphthylamin usw.

Von den hier aufgeführten Regeln hat sich nur die „e-Schreibweise" uneingeschränkt durchgesetzt (*Ethan* usw.); man schreibt sogar *Ethylen* für das veraltete Äthylen; es heißt auch *Estrogen, Estriol* usw. statt *Östrogen, Östradiol* usw.).

Die -en-Schreibweise für aromatische Kohlenwasserstoffe hat sich bisher nicht in gleichem Maße eingebürgert; man findet nach wie vor *Benzol, Toluol, Naphthalin* usw. Ähnliches gilt für Glycerol statt *Glycerin.*

Was die Stellenbezeichnung *vor* Endungen anbelangt, so wird zwar das Prinzip beachtet, jedoch vermeidet man nach Möglichkeit die z. T. schlecht artikulierbaren Namen mit Zahlen im Inneren des Wortes, sondern setzt sie, einer älteren Bezeichnungsweise folgend, an den Anfang: *2-Buten* statt But-2-en, *1,3-Butadien* statt Buta-1,3-dien, *2-Propanol* statt Propan-2-ol.

44.2 Stammverbindungen

Allgemeines: Die systematischen Namen organischer Verbindungen leiten sich von so genannten *Stammverbindungen* dadurch ab, dass deren Namen oder Wortstämme mit Vorsätzen und Endungen[1] (*Präfixe* und *Suffixe*) sowie Zahlenbezeichnungen und Buchstaben versehen werden. Die Namen dieser Stammverbindungen sind historisch entstanden und weisen in der Regel keine durchgehende Systematik auf.

Alkane (↑ 30.2) bilden die Grundlage zur Benennung der acyclischen (aliphatischen) und alicyclischen Verbindungen.
Die Namen der Alkane tragen die systematische Endung **-an** und leiten sich vom 5. Glied an von griechischen und lateinischen Zahlbezeichnungen (für die Anzahl der C-Atome) her:

Tabelle 44-1: *Namen der Alkane*[2]

CH_4	Methan	$C_{11}H_{24}$	Undecan	$C_{21}H_{44}$	Heneicosan
C_2H_6	Ethan	$C_{12}H_{26}$	Dodecan	$C_{22}H_{46}$	Docosan
C_3H_8	Propan	$C_{13}H_{28}$	Tridecan	$C_{23}H_{48}$	Tricosan
C_4H_{10}	Butan	$C_{14}H_{30}$	Tetradecan	...	
C_5H_{12}	Pentan	$C_{15}H_{32}$	Pentadecan	$C_{29}H_{60}$	Nonacosan
C_6H_{14}	Hexan	$C_{16}H_{34}$	Hexadecan	$C_{30}H_{62}$	Triacontan
C_7H_{16}	Heptan	$C_{17}H_{36}$	Heptadecan	$C_{31}H_{64}$	Hentriacontan
C_8H_{18}	Octan	$C_{18}H_{38}$	Octadecan	...	
C_9H_{20}	Nonan	$C_{19}H_{40}$	Nonadecan	$C_{40}H_{82}$	Tetracontan
$C_{10}H_{22}$	Decan	$C_{20}H_{42}$	Eicosan	$C_{50}H_{102}$	Pentacontan
				...	
				$C_{100}H_{202}$	Hectan

Die Namen der **Cycloalkane** (↑ 39.2) leiten sich hieraus durch den Vorsatz *Cyclo-* ab, z. B. *Cyclopropan, Cyclobutan* usw.

Arene (↑ 39.3.2) (aromatische Kohlenwasserstoffe) bilden die Grundlage zur Benennung der carbocyclisch-aromatischen Verbindungen. Die einfachsten Stammverbindungen sind:

[1] oft (nicht ganz korrekt) als *Vor-* und *Nachsilben* bezeichnet

[2] Die Namen sind auf der letzten Silbe zu betonen: Methán, Ethán usw.

Benzen
[Benzol]

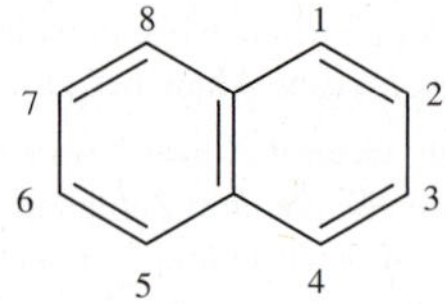

Naphthalen
[Naphthalin]

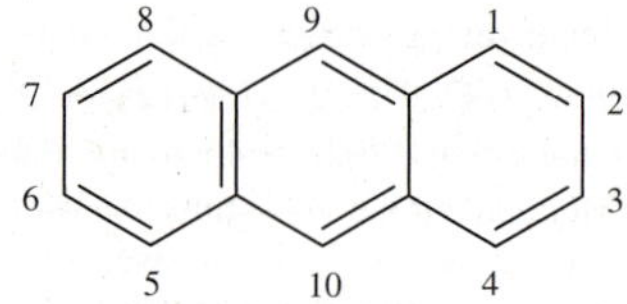

Anthracen

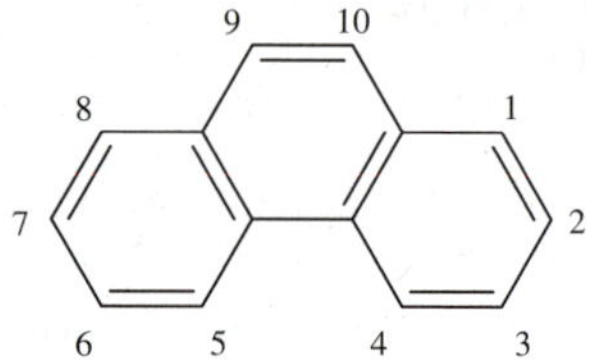

Phenanthren

(Die Formeln enthalten zugleich die verbindliche Bezifferung der Kohlenstoffatome.)

Hydrierte Verbindungen: Manche Verbindungen werden als Hydrierprodukte aromatischer Stammverbindungen angesehen; sie erhalten den Vorsatz *hydro-*, verbunden mit der erforderlichen Anzahlbezeichnung. Im Gegensatz zu allen anderen Vorsätzen und Endungen verfährt man hierbei nicht nach dem substitutiven, sondern nach dem additiven Prinzip.

▲ Decahydronaphthalen (Decalin) = $C_{10}H_{18}$ (Naphthalen = $C_{10}H_8$).

Heterocyclische Stammverbindungen können zwar mithilfe der „Aza-Nomenklatur" (↑ 40.1) auf Cycloalkane und Arene zurückgeführt werden; doch wird hiervon nicht durchgehend Gebrauch gemacht. Wegen einfacherer Handhabung sieht man vielmehr die heterocyclischen Ringsysteme (↑ Kap. 40) als Stammverbindungen an; hinzu treten noch weitere Systeme, die besonders als Bestandteile von Naturstoffen Bedeutung haben, z. B. Purin (↑ 40.1), Pyrimidin (↑ 40.1), Porphin (↑ 42.1.2) und andere.

Sonstige Stammverbindungen: Um die systematischen Namen nicht zu unübersichtlich werden zu lassen, benutzt man in der Praxis Trivialbezeichnungen weiterer Stoffe zur Ableitung der Namen von Derivaten. Hierzu gehören z. B. Steran (↑ 41.7) (= Cyclopentano-tetradecahydro-phenanthren), Menthan (↑ 42.2) (1-Methyl-4-isopropyl-cyclohexan), Glucose (↑ 38.2.2) (Kettenform = optisches Isomer von 2,3,4,5,6-Pentahydroxy-hexanal) und viele weitere.

44.3 Ungesättigte Verbindungen

Einfach ungesättigte Verbindungen: Bei Vorhandensein einer *Doppelbindung* wird die Endung -an des Stammkohlenwasserstoffs durch **-en** (trivial *-ylen*), bei einer *Dreifachbindung* durch **-in** ersetzt:

$CH_3\text{-}CH_2\text{-}CH_3$	$CH_3\text{-}CH{=}CH_2$	$CH_3{-}C{\equiv}CH$
Propan	Propen (trivial: Propylen)	Propin

Lage der Mehrfachbindung:

- Zur Kennzeichnung der *Lage* der Mehrfachbindung im Molekül dient die Stellenangabe des C-Atoms, von dem (in Zählrichtung gesehen) die Mehrfachbindung ausgeht.
- Die *Zählung* der C-Atome beginnt an dem Ende der C-Kette, dem die Mehrfachbindung am nächsten liegt.
- *Schreibweise:* Die Stellenbezeichnung erfolgt durch arabische Zahlen, die (ohne Klammern) unmittelbar vor -en oder -in eingefügt werden.
  Herkömmlicherweise wurden die Zahlen durch einen Bindestrich an den Namen angeschlossen und geklammert. (Die Klammer wurde mitunter auch weggelassen: *Buten-1*.)

▲ (Die Stellenbezeichnungen sind über den C-Atomen angegeben):

$$\overset{4}{CH_3}-\overset{3}{CH_2}-\overset{2}{CH}=\overset{1}{CH_2}$$

But-1-en[Buten-(1)] (falsch wären But-3-en bzw. Buten-(3) mit umgekehrter Zählrichtung)

$$\overset{4}{CH_3}-\overset{3}{CH}=\overset{2}{CH}-\overset{1}{CH_3}$$

But-2-en[Buten-(2)] (hier ergibt die umgekehrte Zählrichtung die gleiche Bezeichnung)

(Die herkömmlichen systematischen Namen werden in diesem Kapitel in eckige Klammern [] geschrieben.)

Mehrfach ungesättigte Verbindungen

- Die *Anzahl* der jeweiligen Mehrfachbindungen wird durch die Zahlbezeichnungen (↑ 44.6) gekennzeichnet, die vor den Endungen -**en** bzw. -**in** eingefügt werden und denen bei Beginn mit Konsonanten der besseren Sprechbarkeit halber ein -**a**- vorangestellt wird.
- Die *Stellenangabe* ist für jede Mehrfachbindung vorzunehmen; die einzelnen Zahlen sind durch ein Komma voneinander zu trennen.
- Bei gleichzeitiger Anwesenheit von Doppel- und Dreifachbindungen geht im Namen und bezüglich der niedrigeren Bezifferung -**en** vor -**in**.

▲

$$\overset{4}{CH_2}=\overset{3}{CH}-\overset{2}{CH}=\overset{1}{CH_2}$$

Buta-1,3-dien
[Butadien-(1,3)][1)]

$$\overset{4}{CH_3}-\overset{3}{CH}=\overset{2}{C}=\overset{1}{CH_2}$$

Buta-1,2-dien
[Butadien-(1,2)]

$$\overset{6}{CH_2}=\overset{5}{CH}-\overset{4}{CH}=\overset{3}{CH}-\overset{2}{CH}=\overset{1}{CH_2}$$

Hexa-1,3,5-trien
[Hexatrien-(1,3,5)]

$$\overset{4}{CH}\equiv\overset{3}{CH}-\overset{2}{CH}=\overset{1}{CH_2}$$

But-1-en-3-in
[Buten-(1)-in-(3)][2)]

---

1) sprich: Buta-eins-drei-di-én bzw. Butadi-én-eins-drei
2) sprich: But-eins-én-drei-ín bzw. Butén-eins-ín-drei

44.4 Reste (Radikale)[1]

Acyclische einwertige Reste:

- *gesättigt-unverzweigte Reste:* Die Endung -an des zugrunde liegenden Kohlenwasserstoffs wird durch **-yl** ersetzt:

$-CH_3$	Methyl-
$-C_2H_5$	Ethyl-
$-C_3H_7$	Propyl- (n-Propyl-)
$-C_4H_9$	Butyl- (n-Butyl-)

  Für C_5H_{11} ist die Trivialbezeichnung *Amyl-* (statt n-Pentyl-) üblich.

- *gesättigt-verzweigte Reste:* Neben der systematischen Nomenklatur (↑ 44.5) sind für die einfachsten Atomgruppen folgende Namen in Gebrauch:

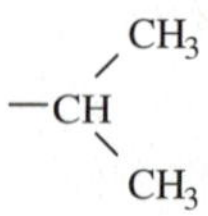

Isopropyl-

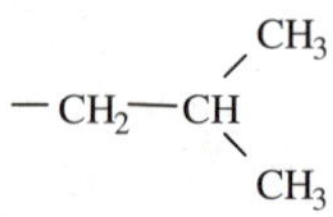

Isobutyl-

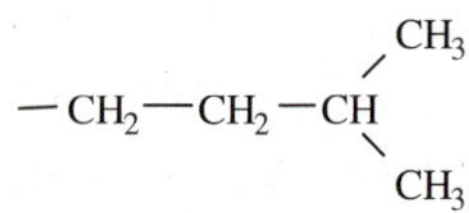

Isoamyl-

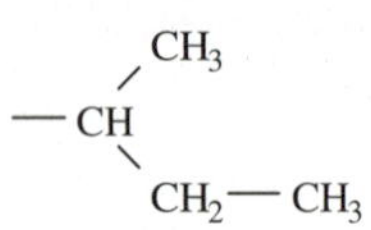

sek.-Butyl

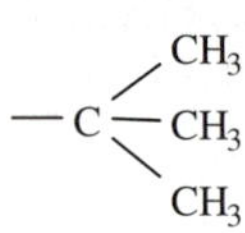

tert.-Butyl

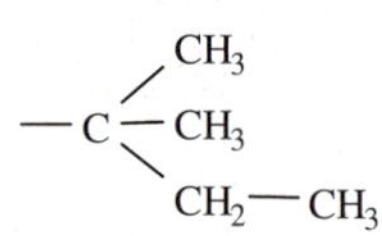

tert.-Amyl

  sprich: Sekundärbutyl-, Tertiärbutyl- usw.

- *ungesättigte Reste:* Die Endung -en oder -in des ungesättigten Kohlenwasserstoffs wird durch -yl ergänzt; Endung -**enyl** bzw. -**inyl**. Für die einfachsten Gruppen sind Trivialbezeichnungen in Gebrauch.

Formel	Trivialname	systematischer Name[2]
$-CH{=}CH_2$	Vinyl-	Ethenyl-
$-CH{=}CH{-}CH_3$	Propenyl-	Prop-1-enyl-[3]
$-CH_2{-}CH{=}CH_2$	Allyl-	Prop-2-enyl-[3]
$-C(CH_3){=}CH_2$	Isopropenyl-	1-Methyl-ethenyl-
$-C{\equiv}CH$	-	Ethinyl-
$-CH_2{-}C{\equiv}CH$	Propargyl-	Prop-2-inyl-

[1] Da der Name *Radikal* hauptsächlich für freie, in der Regel unbeständige Atomgruppen mit (mindestens) einem ungepaarten Elektron verwendet wird, z. B. $\cdot CH_3$, verdient die Empfehlung „Reste" für Atomgruppen als Bestandteile von Molekülen den Vorzug.

[2] Hierbei ist das C-Atom mit der frei gezeichneten Valenz stets das C-Atom Nr. 1.

[3] sprich: Prop-eins-enyl, Prop-zwei-enyl usw.

Acyclische zwei- und dreiwertige Reste:

- *an verschiedenen C-Atomen gebunden*[1]*:* bisherige Endung **-ylen**.

$-CH_2-$	$-CH_2-CH_2-$	$-CH_2-CH_2-CH_2-$	$-CH_2-CH(-)-CH_3$
Methylen-	Ethylen-	Trimethylen-	Propylen-
Methandiyl-	Ethan-1,2-diyl-	Propan-1,3-diyl-	Propan-1,2-diyl-

- *am gleichen C-Atom gebunden*[2]*:* bisherige Endung **-yliden**.

$>CH-CH_3$	$>CH-CH_2-CH_3$	$>C(CH_3)_2$	$>C=CH_2$
Ethyliden-	Propyliden-	Isopropyliden-	Vinyliden-
Ethan-1,1-diyl-	Propan-1,1-diyl-	Propan-2,2-diyl-	Ethen-1,1-diyl-

- *dreiwertig:* –CH= Methin-

Cyclische Reste:

- *gesättigt:* entsprechend den Alkylen Cyclopropyl-, Cyclobutyl-, Cyclopentyl-, Cyclohexyl- usw.
- *aromatisch-einwertig:*
  Beachte:

$-C_6H_5$,	vom Benzen [Benzol] abgeleitet,	heißt *Phenyl-*[3]
$-CH_2-C_6H_5$,	vom Toluen [Toluol] abgeleitet,	heißt *Benzyl-*.

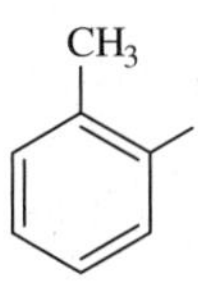

2-Tolyl-
o-Tolyl-

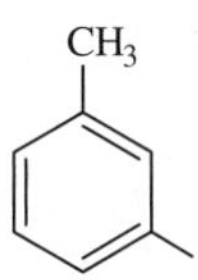

3-Tolyl-
m-Tolyl-

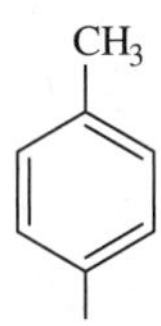

4-Tolyl-
p-Tolyl-

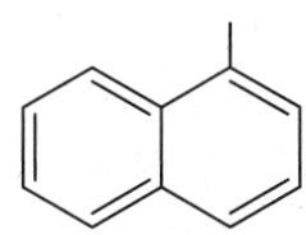

1-Naphthyl-
α-Naphthyl-
Naphth-1-yl-

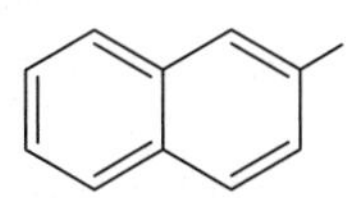

2-Naphthyl-
β-Naphthyl-
Naphth-2-yl-

(Tolyl auch jeweils Toluyl)

- *aromatisch-zweiwertig:*

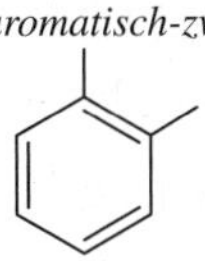

1,2-Phenylen-
o-Phenylen-

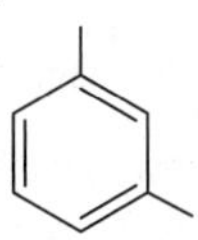

1,3-Phenylen-
m-Phenylen-

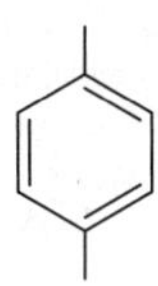

1,4-Phenylen-
p-Phenylen-

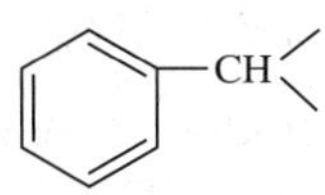

Benzyliden-
Benzal-

---

[1] *bei Methylen- am gleichen (weil einzigen) C-Atom*
[2] *außer Methylen-*
[3] von *Phen*, einer früher für Benzen vorgeschlagenen Bezeichnung, abgeleitet

Sonstige Reste:

- die einwertigen Reste tragen die Endung **-yl**; z. B. Pyridyl- (von Pyridin (↑ 40.1) abgeleitet), Menthyl- (von Menthan (↑ 42.2)) u. a.

▲

$–CH_2Cl$	Chlormethyl-
$–CHCl_2$	Dichlormethyl-
$–CCl_3$	Trichlormethyl-
$–CHCl–CH_3$	1-Chlorethyl-
$–CH_2–CH_2Cl$	2-Chlorethyl-
$–CH_2OH$	Hydroxymethyl- (auch Methylol-)
$–CH_2–COOH$	Carboxymethyl-

Säurereste (*Säureradikale*) haben ebenfalls die Endung -**yl** und leiten sich in der Regel von Trivialnamen[1] ab:

$H–CO–$	Formyl-
$CH_3–CO–$	Acetyl-
$–OC–CO–$	Oxalyl-
$C_6H_5–CO–$	Benzoyl-

44.5 Verzweigtkettige Verbindungen

Die *unverzweigtkettigen acyclischen Verbindungen* heißen auch *normal*-Verbindungen, gekennzeichnet durch ein dem Namen vorangestelltes n-,

z. B. n-*Pentan*, $CH_3–CH_2–CH_2–CH_2–CH_3$.

Verzweigtkettige acyclische Verbindungen:

- Bei *gesättigten Verbindungen ohne Funktionen* entspricht der Stammkohlenwasserstoff der längsten zusammenhängenden C-Kette.

▲ (die Hauptkette ist fett wiedergegeben)

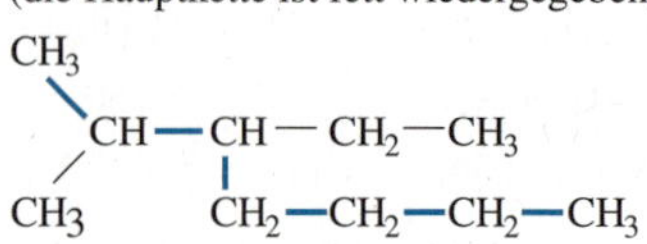

Stammkohlenwasserstoff: -heptan (Gesamtname siehe unten)

Die *Seitenketten* sind (evtl. substituierte) Kohlenwasserstoffreste; ihr Name (↑ 44.4) wird mit vorausgehender Stellenbezeichnung dem Stammkohlenwasserstoff vorangestellt.
Die *Stellenbezeichnungen* sind so zu wählen, dass sich möglichst kleine Zahlen ergeben. Hierbei unterscheidet die *erste* unterschiedliche Angabe; so ist z. B. 2,3,9- „niedriger" als 2,4,4-.
Sind *mehrere gleichartige Seitenketten* vorhanden, so ist für jede einzelne Seitenkette die Stellung anzugeben[2]. Die Anzahl der jeweils vorhandenen Seitenketten gleicher Art wird durch **-di-**, **-tri-** usw. gekennzeichnet.

[1] acidum formicicum = Ameisensäure
acidum aceticum = Essigsäure
acidum benzoicum = Benzoesäure
[2] Trägt ein C-Atom zwei gleichartige Seitenketten, so ist also dessen Nummer zweimal anzuführen.

▲ $CH_3{-}CH(CH_3){-}CH_3$ Methylpropan

$CH_3{-}CH_2{-}CH(CH_3){-}CH(CH_3){-}CH_3$ 2,3-Dimethyl-pentan

$CH_3{-}CH_2{-}C(CH_3)_2{-}CH_2{-}CH_3$ 3,3-Dimethyl-pentan

$CH_3{-}CH(CH_3){-}CH_2{-}C(CH_3)_2{-}CH_3$ 2,2,4-Trimethyl-pentan

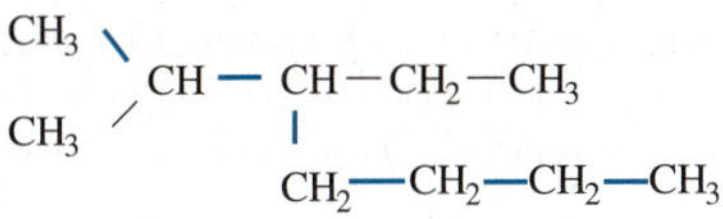

3-Ethyl-2-methyl-heptan
[2-Methyl-3-ethyl-heptan]

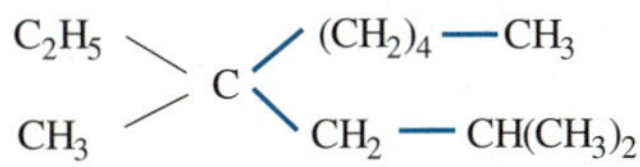

4-Ethyl-2,4-dimethyl-nonan
[2,4-Dimethyl-4-ethyl-nonan]

- ungesättigte Verbindungen
- Bei *ungesättigten Verbindungen ohne Funktionen* entspricht der Stammkohlenwasserstoff der längsten C-Kette mit den meisten Doppel- und Dreifachbindungen.

▲ (die Hauptkette ist fett wiedergegeben)

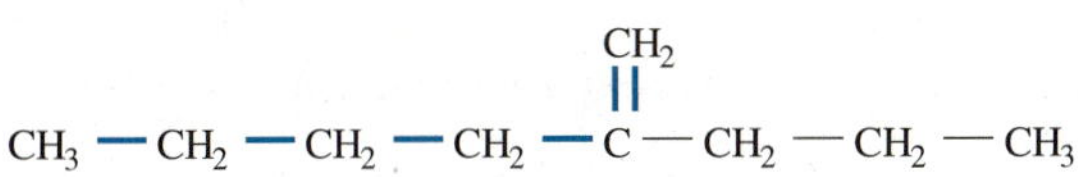

2-Propyl-hex-1-en

[2-Propyl-hexen-(1)]

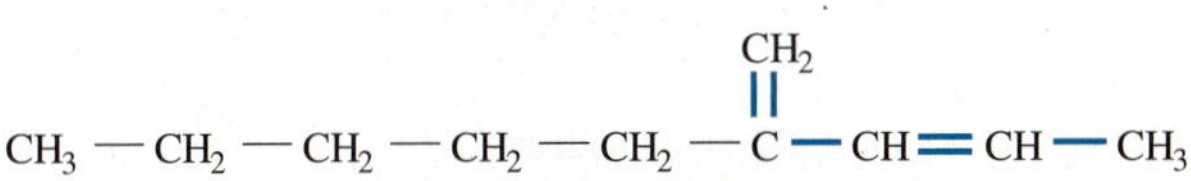

2-Pentyl-penta-1,3-dien

[2-Pentyl-pentadien-(1,3)]

- Bei (gesättigten oder ungesättigten) *Verbindungen mit Funktionen* entspricht der Stammkohlenwasserstoff der längsten C-Kette mit den meisten Funktionen.

▲

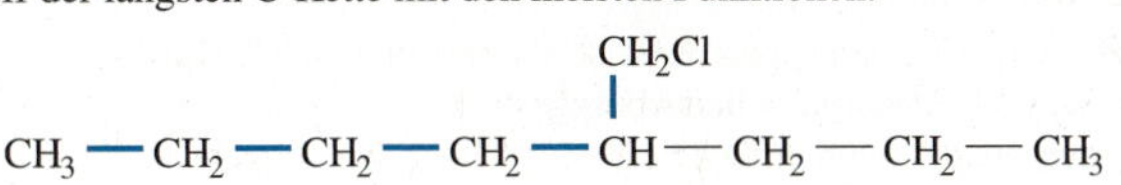

1-Chlor-2-propyl-hexan

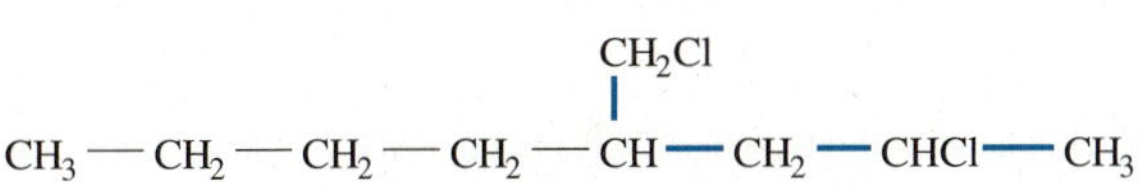

1,4-Dichlor-2-butyl-pentan

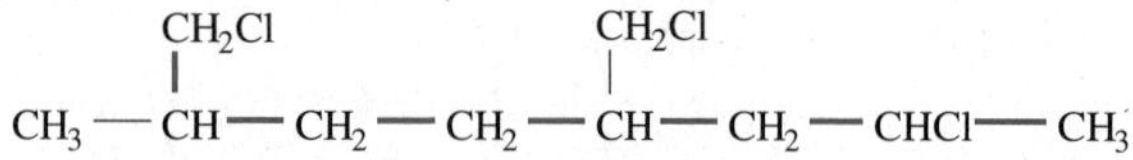

1,7-Dichlor-5-chlormethyl-2-methyl-octan

Verzweigtkettige cyclische Verbindungen (Cyclische Verbindungen mit Seitenketten):

- **Verbindungen mit 1 Seitenkette:** Der Name setzt sich gemäß der Regel „Rest-Stammsubstanz" zusammen. Die Stammsubstanz ist i. Allg. die cyclische Verbindung; jedoch kann man (besonders bei Derivaten) wahlweise auch die Seitenkette als Stammsubstanz ansehen (Vinylbenzen = Phenylethen). Für die meisten Verbindungen sind die Trivialnamen in Gebrauch.

▲

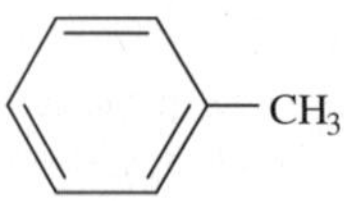

Methylbenzen
(Toluen)
[Toluol]

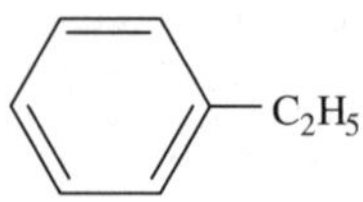

Ethylbenzen

[Ethylbenzol]

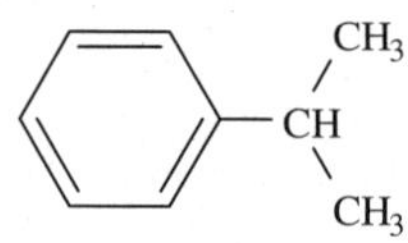

Isopropylbenzen
(Cumen)
[Cumol]

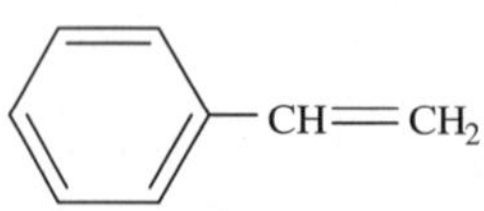

Vinylbenzen
Phenylethen
(Styren)
[Styrol]

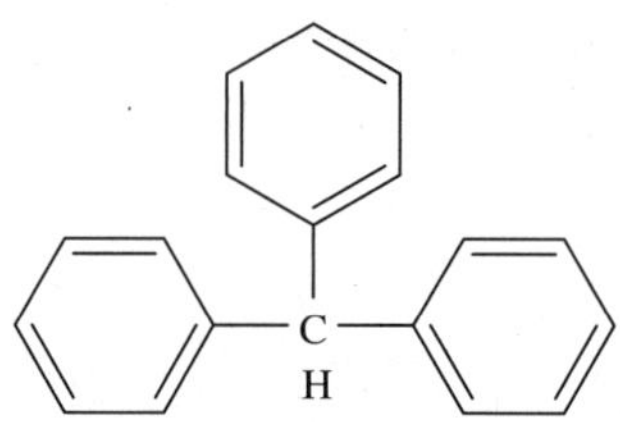

Triphenylmethan
(Tritan)

- **Verbindungen mit mehreren Seitenketten:** Zur Stellenbezeichnung sind grundsätzlich Zahlen anstelle der Vorsätze o-, m-, p- usw. zu bevorzugen.

  Benzenderivate:

1,2-	o-	(ortho-)	1,2,3-	vic-	(vicinal = benachbart)
1,3-	m-	(meta)	1,3,5-	symm-	(symmetrisch)
1,4-	p-	(para-)	1,2,4-	asymm-	(asymmetrisch)

  Naphthalenderivate:

1-	α-	(alpha)	1,8-	(peri-)
2-	β-	(beta)		

  Zählvorschriften (↑ 44.2) für Naphthalen, Anthracen und Phenanthren, siehe Nomenklatur: Arene, Heterocyclen.

- **Heterocyclische Verbindungen** (↑ Kap. 40), siehe Nomenklatur: Arene, Heterocyclen.

Verbindungen mit verzweigten Seitenketten

- *IUPAC-Nomenklatur:* das C-Atom, mit dem die verzweigte Seitenkette an der Hauptkette haftet, erhält jeweils die Nr. 1; die Zählung setzt sich nach außen fort:

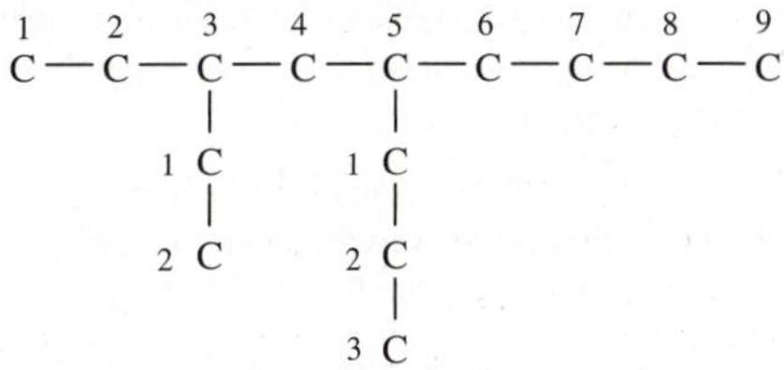

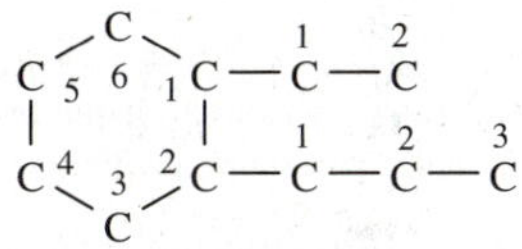

An der Seitenkette haftende Reste werden wie üblich mit Stellenangabe und Endung **-yl** bezeichnet; die gesamte verzweigte Seitenkette wird geklammert und mit Stellenangabe vor die Bezeichnung der Hauptkette gesetzt.

▲ I 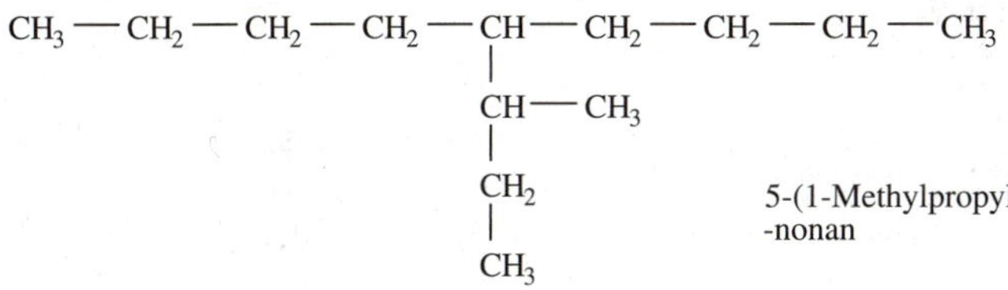

5-(1-Methylpropyl)-
-nonan

II 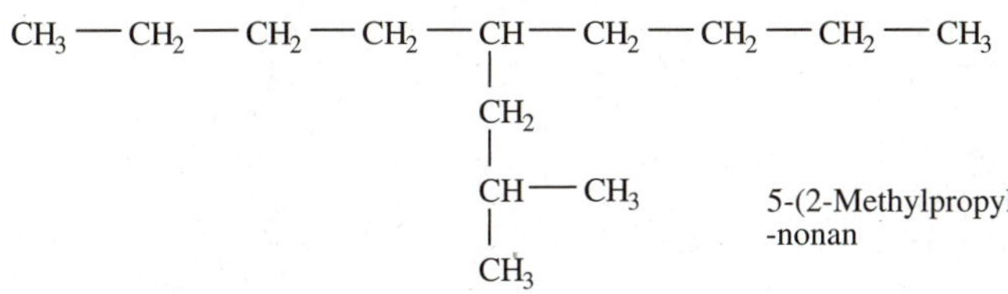

5-(2-Methylpropyl)-
-nonan

Polycyclische Verbindungen

Nach der „Bicyclo-Nomenklatur" gibt die Gesamtzahl der ringbildenden C-Atome die Stammverbindung an; ihr voran geht die Anzahl der Glieder jeder „Brücke".

▲

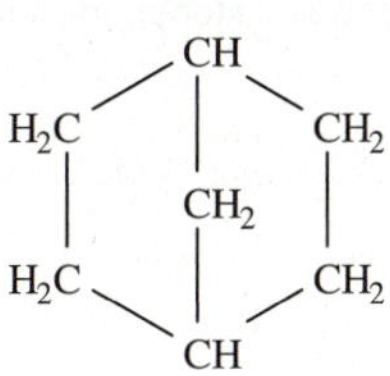

Bicyclo-[2.2.1]-heptan

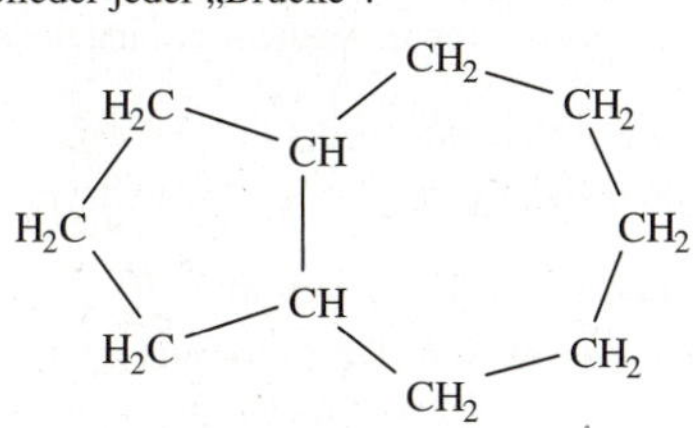

Bicyclo-[5.3.0]-decan

44.6 Verbindungen mit Funktionen

Allgemeines: Das Vorhandensein von Funktionen (funktionelle Atome oder Atomgruppen) wird durch *Vorsätze* oder *Endungen* gekennzeichnet. Für manche Gruppen existieren sowohl Vorsätze als auch Endungen; hierbei sind letztere zu bevorzugen und Vorsätze nur dann anzuwenden, wenn sich eine Häufung von Endungen ergeben würde. Vorsätze heißen auch *Präfixe*, Endungen *Suffixe*.

Der Begriff der „Funktion" wird hier in weitesten Sinne für alle Atome und Atomgruppen außer H-Atomen und Kohlenwasserstoffresten angewendet. Die IUPAC-Nomenklatur verwendet hierfür die (da auch für Einzelatome angewandt, logisch unglücklich gewählte) Bezeichnung „charakteristische Gruppe".

Anzahl gleichartiger Funktionen: Die Anzahl gleichartiger Funktionen wird durch vorangesetzte Zahlbezeichnungen angegeben:

1 = mono	5 = penta	9 = ennea (auch nona)
2 = di	6 = hexa	10 = deca
3 = tri	7 = hepta	11 = undeca
4 = tetra	8 = octa	12 = dodeca usw.

Die Anwendung der Bezeichnung *mono* ist freigestellt.

Die Anzahl gleichartiger größerer Atomverbände wird durch *bis-* (2), *tris-* (3), *tetrakis-* (4), *pentakis-* (5) usw. wiedergegeben; z. B.

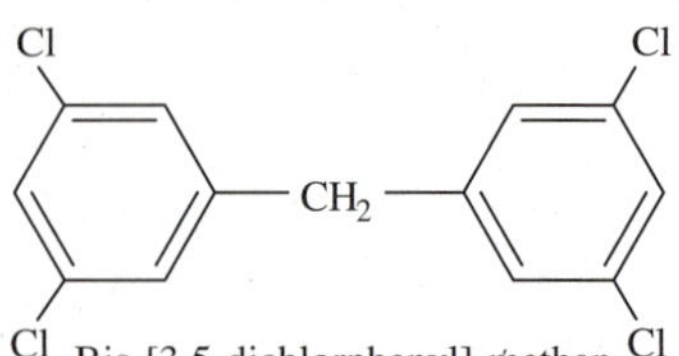

Bis-[3,5-dichlorphenyl]-methan

Reihenfolge der Funktionen:

- *Vorsätze:* Nach BEILSTEIN gilt die Reihenfolge: F-, Cl-, Br-, I-, Nitro-, 1wertige O- und S-Funktionen, 2wertige O- und S-Funktionen, Aminogruppe, restliche N-Funktionen, Kohlenwasserstoffgruppen nach steigender Länge und Größe.
  Richtig: Chlornitromethan; falsch: Nitrochlormethan.
- *Endungen:* -ol, -al, -on, -säure, -sulfonsäure

Halogenverbindungen (in Rundklammern Trivialnamen):

▲ CCl_4 — Tetrachlormethan (Tetrachlorkohlenstoff)
CF_3–$CHClBr$ — 1,1,1-Trifluor-2-chlor-2-brom-ethan (Halan)
CH_2=$CHCl$ — Monochlorethen; Chlorethen (Vinylchlorid)

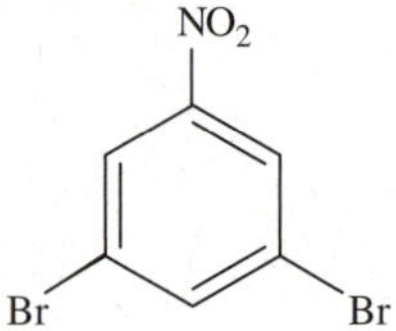

3,5-Dibrom-1-nitrobenzen

Tabelle 44-2: *Bezeichnung der Funktionen*

Funktion	**Endung** (Suffix)	**Vorsatz** (Präfix)	**Bemerkungen**
–F	-	Fluor-	
–Cl	-	Chlor-	
–Br	-	Brom-	
–I	-	Iod-	
–OH	-ol	Hydroxy-	früher *Oxy-*
–OR	-	Alkoxy-	z. B. $–OCH_3$ *Methoxy-*, $–OC_2H_5$ *Ethoxy,* auch $–OC_6H_5$ *Phenoxy-*. Bei längerkettigen Kohlenwasserstoffresten ist der Name gemäß *Alkyloxy-* zu bilden, z. B. $–OC_6H_{13}$ *Hexyloxy-* usw. (ab C_5)
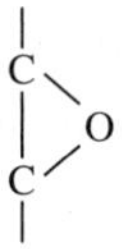	-epoxid	Epoxy-	
–CHO	-al	Formyl-	auch *-carbonal* oder *-carbaldehyd*; bei beiden zählt jedoch das C-Atom der Aldehydgruppe *nicht* zum Stammkohlenwasserstoff.
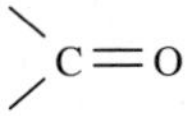	-on	Oxo-	
–COOH	-säure	Carboxy-	auch *-carbonsäure;* das C-Atom der Carboxylgruppe zählt dann *nicht* zum Stammkohlenwasserstoff
–SH	-thiol	Thiolo-	
$–SO_2OH$	-sulfonsäure	Sulfo-	
–SOOH	-sulfinsäure	Sulfino-	
$–NO_2$	-	Nitro-	
–NO	-	Nitroso-	
$–NH_2$	-amin	Amino-	siehe Abschnitt Amine (↑ S. 834)
–NHR	-amin	Alkylamino	siehe Abschnitt Amine; (↑ S. 834) z. B. $–NH(CH_3)$ *Methylamino-* usw.
$–NR_2$	-amin	Dialkylamino	siehe Abschnitt Amine; (↑ S. 834) z. B. $–N(CH_3)_2$ *Dimethylamino-* usw.
=NH	-imin	Imino-	
–CN	-nitril	Cyan-	
–NCO	-isocyanat	Isocyanato-	

Hierbei ist zu beachten, dass bei den Endungen -al, -on, -säure und -nitril das in der funktionellen Gruppe enthaltene C-Atom zum Stammkohlenwasserstoff gehört, bei den entsprechenden Vorsätzen und bei den in den Endungen -carbonsäure und -carbonal bzw. -carbaldehyd jedoch nicht.

Alkohole und Phenole (in eckigen Klammern herkömmliche Bezeichnungen, in Rundklammern Trivialnamen):

CH_3–CH_2–CH_2OH	Propan-1-ol, [Propanol-(1)], (n-Propylalkohol)
CH_3–CH(OH)–CH_3	Propan-2-ol, [Propanol-(2)], (Isopropylalkohol)
CH_2(OH)–CH(OH)–CH_2(OH)	Propan-1,2,3-triol, [Propantriol-(1,2,3)], (Glycerol, Glycerin)
CH_3–CH(OH)–COOH	2-Hydroxy-propansäure, (Milchsäure)
C_6H_5–CH_2OH	Phenylmethanol, (Benzylalkohol)

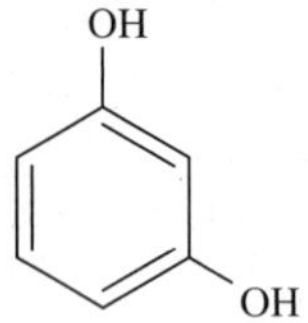

1,3-Dihydroxybenzen, (Resorcin, Resorcinol)

Ether:

- Systematisch wird z. B. CH_3-O-CH_3 als *Methoxy-methan* bezeichnet.
- Üblich ist dagegen die Endung -ether mit Vorsatz der Reste; z. B.

CH_3–O–CH_3	CH_3–O–C_2H_5	C_6H_5–OCH_3
Dimethylether	Ethylmethylether	Methylphenylether

Die IUPAC-Regeln schreiben *alphabetische* Reihenfolge der Reste vor.

Aldehyde: Anstelle der systematischen Endung -**al** werden oft Trivialnamen angewandt, die sich nach der durch Oxidation entstehenden Carbonsäure richten und die Endung *-aldehyd* tragen (siehe auch Tabelle 44-2 (↑ S. 831)).

	H-CHO Methanal (Formaldehyd)	CH_3–CHO Ethanal (Acetaldehyd)	C_6H_5–CHO Benzencarbonal (Benzaldehyd)
abgeleitet aus	acidum formicicum = Ameisensäure	acidum aceticum = Essigsäure	acidum benzoicum = Benzoesäure

Ketone: Anstelle der systematischen Endung -**on** werden oft Namen benutzt, bei denen die Bezeichnungen der beiderseits der Ketogruppe befindlichen Reste vor die Endung *-keton* gesetzt werden:

CH_3–CO–CH_3	C_6H_5–CO–C_2H_5	CH_3–CO–CH=CH_2
Propanon (Dimethylketon)	Ethylphenylketon	But-1-en-3-on [Buten-(1)-on-(3)] (Methylvinylketon)

Das Präfix *Oxo-* wird z. B. bei Ketoncarbonsäuren angewendet:

CH_3–CH_2–CO–CH_2–COOH 3-Oxo-pentansäure

Carbonsäuren: Für die meisten Carbonsäuren sind Trivialnamen in Gebrauch. Bei Bildung der systematischen Namen ist darauf zu achten, ob die Endung -**säure** oder -**carbonsäure** gebraucht wird. Im ersteren Fall zählt das C-Atom der Carboxylgruppe zur Stammverbindung, im zweiten Fall nicht.

CH_3–COOH	Ethansäure, Methancarbonsäure (Essigsäure)
$CH_2(COOH)_2$	Propandisäure, Methandicarbonsäure (Malonsäure)
CH_2 — COOH | CH_2 — COOH	Butandisäure, Ethan-1,2-dicarbonsäure, [Ethandicarbonsäure-(1,2)], (Bernsteinsäure)
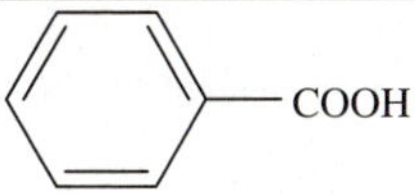	Benzencarbonsäure, Benzolcarbonsäure, (Benzoesäure)
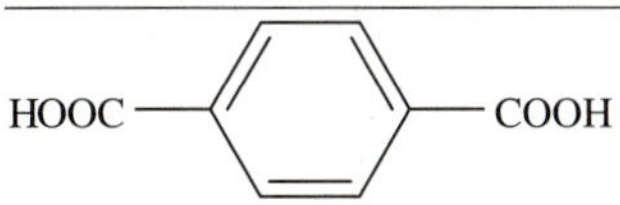	Benzen-1,4-dicarbonsäure, [Benzoldicarbonsäure-(1,4)] [1] (Terephthalsäure)
Cell–CH_2–COOH	Carboxymethyl-cellulose [2]

Bei *substituierten Carbonsäuren* bevorzugt man zur Bezeichnung der Substituenten die Vorsätze (z. B. Hydroxy-, Oxo- usw.). In manchen Fällen wendet man zur Stellenangabe griechische Buchstaben an.
Es bedeuten:

$\alpha \mathrel{\widehat{=}}$ 2-Stellung,
$\beta \mathrel{\widehat{=}}$ 3-Stellung usw.
ω bezeichnet das zur Carboxylgruppe endständige C-Atom.

▲ CH_3–CH(NH_2)–COOH — 2-Amino-propansäure, α-Amino-propansäure
$CH_2(NH_2)$–CH_2–COOH — 3-Amino-propansäure, β-Amino-propansäure
HOOC–$[CH_2]_n$–COOH — α, ω-Dicarbonsäuren

CH_2 — COOH
|
CH(OH) — COOH
|
CH_2 — COOH

2-Hydroxy-propan-1,2,3-tricarbonsäure, 2-Hydroxy-propan-tricarbonsäure-(1,2,3), (Zitronensäure, Citronensäure)

CO — CH_2 — COOH
|
CH_2 — CO — CH_3

3,5-Dioxo-hexansäure

Salze:

- *Systematische Bezeichnung:* Die Endung -säure wird durch -**oat** ersetzt; der so entstehende Name für das Anion wird wie bei den anorganischen Salzen an den Namen des Metalls angeschlossen.
- *Trivialbezeichnung:* Die Endung -**at** wird an den Wortstamm des trivialen Säurenamens (evtl. in der fremdsprachlichen Form) angefügt.

▲ CH_3–COONa — Natriumethanoat, [Natriumethanat],(Natriumacetat)
$(C_{17}H_{35}$–$COO)_2Ca$ — Calciumoctadecanoat, [Calciumoctadecanat],(Calciumstearat)

Ester: Es sind 2 Benennungen möglich:

[1] früher auch *1,4-Benzoldicarbonsäure* und *p-Benzoldicarbonsäure*

[2] Cell = gleichartig substituierter Celluloserest; die Schreibweise lässt den Grad der Substitution je Glucosebaugruppe offen. (Bisweilen bedient man sich individueller, nicht festgelegter Symbole für größere Molekülbaugruppen, z. B. Py = Pyridin bzw. Pyridyl, Fu = Furan bzw. Furyl.)

- An den (systematischen oder trivialen) Namen der Säure schließt sich die Bezeichnung des Restes (Alkyl oder Aryl) der Alkoholkomponente und dann die Endung -**ester** an. Schema: *Carbonsäure-alkylester.*
- An den Namen des Restes der Alkoholkomponente schließt sich die bei den Salzen angeführte (systematische oder triviale) Bezeichnung an. Schema: *Alkyl-carboxylat.*

  ▲ $CH_3–CO–OC_4H_9$ Essigsäurebutylester, Butylacetat [1]; Ethansäure-butylester, Butylethanoat

- **Ester anorganischer Säuren** werden in gleicher Weise benannt:

  $SO_2(OCH_3)_2$ Schwefelsäure-dimethylester, Dimethylsulfat [1]
  $SO_2(OH)(OCH_3)$ Schwefelsäure-monomethylester, Methylhydrogensulfat, Monomethylsulfat [1]

- **Estersalze:**

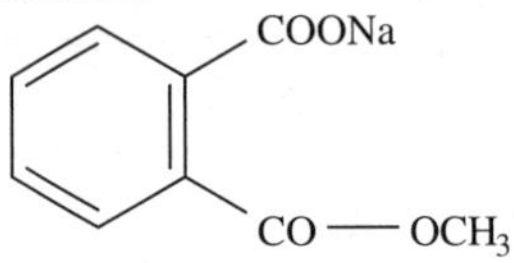

Natrium-methyl-phthalat

$C_{12}H_{25}–O–SO_2ONa$ Natrium-dodecyl-sulfat

Sulfonsäuren und ihre Salze:

$CH_3–SO_2OH$ Methan-sulfonsäure
$CH_3–SO_2ONa$ Natrium-methan-sulfonat

- **Amine:**
  - Amine werden in der Regel als Alkyl- oder Arylderivate des Ammoniaks, NH_3, aufgefasst und durch die Endung -**amin** gekennzeichnet:

CH_3NH_2	$(CH_3)_2NH$	$(CH_3)_3N$	$(CH_3)(C_2H_5)NH$
Methylamin	Dimethylamin	Trimethylamin	Ethyl-methylamin [2]
(Monomethyl-amin)			

  - Primäre Amine werden auch durch den Vorsatz **Amino-** gekennzeichnet:

    $H_2N–[CH_2]_6–NH_2$ 1,6-Diamino-hexan

  - Sekundäre und tertiäre Amine werden besonders bei aromatischen Verbindungen als substituierte Aminoverbindungen betrachtet:

    $C_6H_5–NH(CH_3)$ Monomethylamino-benzen (N-Methyl-anilin) [3]
    $C_6H_5-N(CH_3)_2$ Dimethylamino-benzen (N,N-Dimethyl-anilin) [3]

Nitrile: Die Endung *-säure* wird durch -**nitril** ersetzt oder (bei Trivialnamen) ergänzt;
die Endung *-carbonsäure* wird durch -**carbonitril** ersetzt.
Daneben sind Namen in Gebrauch, bei denen *-nitril* oder *-onitril* an das triviale Stammwort angefügt werden:

$CH_3–CN$ Ethannitril, Essigsäurenitril, Acetonitril [1]
$CH_2{=}CH–CN$ Propennitril, Acrylsäurenitril, Acrylnitril [1]
$C_6H_5–CN$ Benzencarbonitril, Benzoesäurenitril, Benzonitril [1]

---

[1] gebräuchlichste Bezeichnung
[2] Die IUPAC-Regeln schreiben *alphabetische* Reihenfolge der Reste vor.
[3] Das N bringt zum Ausdruck, dass die Methylgruppe am Stickstoffatom der Aminogruppe haftet (und nicht am Benzenring). Es wird oft auch weggelassen: Methylanilin, Dimethylanilin.

44.7 Kennzeichnung optisch-aktiver Verbindungen

44.7.1 Allgemeines

Asymmetrisch gebaute Moleküle z. B. solche, in denen ein Kohlenstoffatom mit 4 verschiedenen Atomen oder Atomgruppen (a, b, c, d) verknüpft ist (ein so genanntes „asymmetrisches Kohlenstoffatom"), sind optisch aktiv. Werden ihre Lösungen mit linear polarisiertem Licht durchstrahlt, so erfährt dessen Schwingungsebene eine Drehung.

Zu jedem asymmetrischen Molekül gehört ein spiegelbildlich gleiches Molekül; beide stimmen in Bindungslängen und -winkeln überein, lassen sich jedoch (wie die rechte und linke Hand) durch Drehoperationen nicht zur Deckung bringen. Diese *Spiegelbildisomerie* wird auch als **Enantiomerie** bezeichnet; spiegelbildlich gleiche asymmetrische Moleküle heißen **Enantiomere**.

Die Asymmetrie von Molekülen wird auch als **Chiralität** (= Händigkeit) bezeichnet.
Asymmetrische Moleküle sind *chiral*, symmetrische Moleküle *achiral*.

Enantiomere zeigen gegenüber symmetrischen Molekülen[1] das gleiche chemische Verhalten, und auch ihre physikalischen Eigenschaften stimmen mit einer Ausnahme überein – der *Richtung*, in welcher die Drehung der Schwingungsebene des polarisierten Lichtes erfolgt. Spiegelbildliche Moleküle bewirken, sofern Lösemittel, Licht, Temperatur, Konzentration und Länge der durchstrahlten Lösung übereinstimmen, eine Drehung um den gleichen Betrag, jedoch in entgegengesetzter Richtung; sie sind *optische Antipoden.*

Die Angabe der Drehrichtung wird durch die Festlegung eindeutig, dass ihre Beobachtung *in Richtung zur Lichtquelle hin* zu erfolgen hat. Eine Drehung im Uhrzeigersinn ist dann eine *Rechtsdrehung* [Symbol (+)]; im entgegengesetzten Fall liegt eine *Linksdrehung* [Symbol (−)] vor.

Für die Kennzeichnung optisch-aktiver Verbindungen stehen zwei Systeme zur Verfügung:

- das ältere D/L-System (↑ 44.7.2) und
- das neuere R/S-System (↑ 44.7.3)

44.7.2 Das D/L-System

Allgemeines: Nach EMIL FISCHER (1891) kennzeichnet man spiegelbildlich gleiche Moleküle durch die Zeichen D- und L- (von lat. *dexter* rechts, *laevus* links). Diese Bezeichnungen stimmen nicht notwendigerweise mit der tatsächlichen Drehrichtung überein; sie beziehen sich vielmehr auf einen gleichartigen räumlichen Bau (gleiche *Konfiguration*) voneinander abgeleiteter Moleküle. Es gibt also sowohl Enantiomerenpaare D-(+) und L-(−) als auch D-(−) und L-(+); so existieren einerseits D-(+)- und L-(−)-Äpfelsäure, andererseits D-(−)- und L-(+)-Milchsäure.

Projektionsformeln: die Kennzeichnung als D- bzw. L-Verbindung kommt auch in der Schreibweise der Strukturformeln zum Ausdruck. Diese werden oft als so genannte *Projektionsformeln* dargestellt: Man denkt sich die (gewinkelte) Kohlenstoffkette des Moleküls vertikal derart auf die Papierebene abgerollt (und längs gestreckt), dass die seitlichen Substituenten *oberhalb* der Ebene zu stehen kommen. Durch Projektion dieser Substituenten auf die Ebene (entsprechend einem Blick senkrecht von oben) ergeben sich Formeln vom Typ der D-Glucose.

[1] Gegenüber asymmetrischen Molekülen kann das chemische Verhalten sehr unterschiedlich sein, wie sich z. B. in der physiologischen Wirkung bezüglich Geruch und Geschmack zeigt.

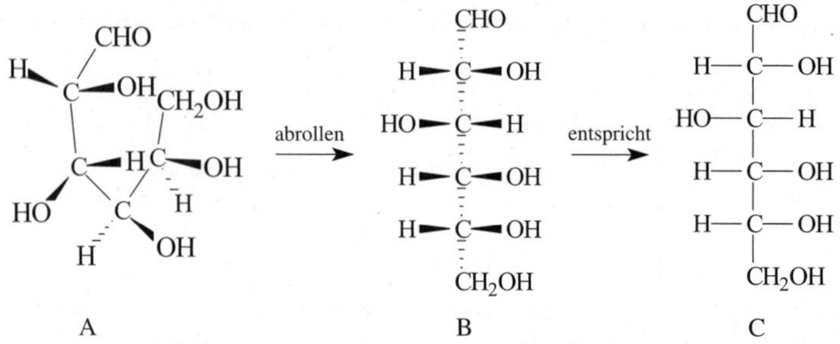

Die gewinkelte Kohlenstoffkette der D-Glucose (Ansicht A) wird abgerollt und führt zur Ansicht B, bei der mit nach vorne weisenden Keilstrichbindungen dargestellt wird, dass sich die horizontal gebundenen Bindungspartner vor der Papierebene befinden. Die senkrechten Bindungen, also die der Kohlenstoffkette, stehen nach hinten, was durch die gestrichelten Bindungen deutlich gemacht wird. Die hierfür übliche Formelschreibweise entspricht der Darstellung C.

Der räumliche Bau eines Moleküls ist also aus einer solchen Projektionsformel wie folgt abzulesen:

1. Die von jedem C-Atom der Hauptkette zu den benachbarten C-Atomen führenden Bindungen befinden sich *hinter* der Papierebene und bilden miteinander einen Winkel von $\approx 109°$.
2. Die von jedem C-Atom der Hauptkette zu den restlichen Atomen bzw. Atomgruppen führenden Bindungen bilden ebenfalls einen Winkel von $\approx 109°$ und sind nach schräg *vorn* gerichtet.

Sämtliche Bindungspartner bilden dann die Eckpunkte eines (gedachten) Tetraeders, in dessen Zentrum sich das jeweilige C-Atom befindet.

Da im gegebenen Fall die endständigen C-Atome nicht asymmetrisch sind (die Aldehydgruppe ist eben, die CH_2OH-Gruppe besitzt keine 4 unterschiedlichen Substituenten), werden sie meist als unstrukturierte Gruppen angegeben.

Bezugssubstanz: Die Kennzeichnung asymmetrischer Moleküle erfordert im D/L-System die Festlegung einer *Bezugssubstanz.* Als solche wurde **Glycerolaldehyd**[1)] (*2,3-Dihydroxy-propanal*), $CH_2(OH)$-$C^*H(OH)$-CHO, die einfachste Aldose, gewählt. Ihr mittleres C-Atom ist asymmetrisch und wird hier wie im Folgenden durch C^* symbolisiert. Mit der Festlegung, dass die Aldehydgruppe *oben* anzuordnen ist, ergeben sich für die optischen Isomeren die angegebenen Projektionsformeln. Aus der weiteren Festlegung, dass der rechtsdrehenden Verbindung die Formel I und die Bezeichnung D- zugeordnet wird, resultieren schließlich die endgültigen Namen. Hierbei werden die Bezeichnungen (+) und (−) nur bei Bedarf angewandt.

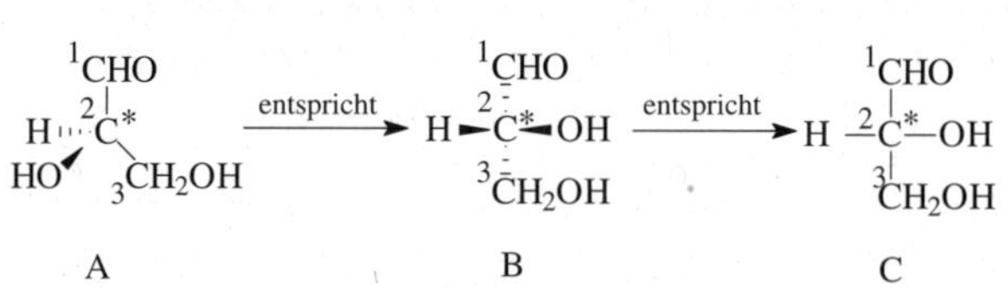

D-(+)-Glycerolaldehyd (D-(+)-Glycerinaldehyd) in der räumlichen Strukturschreibweise A, vereinfacht B und in der Fischerprojektion C.

[1)] auch *Glycerinaldehyd*

Der L-(−)-Glycerolaldehyd (L-(−)-Glycerinaldehyd) sieht dann entsprechend folgendermaßen aus:

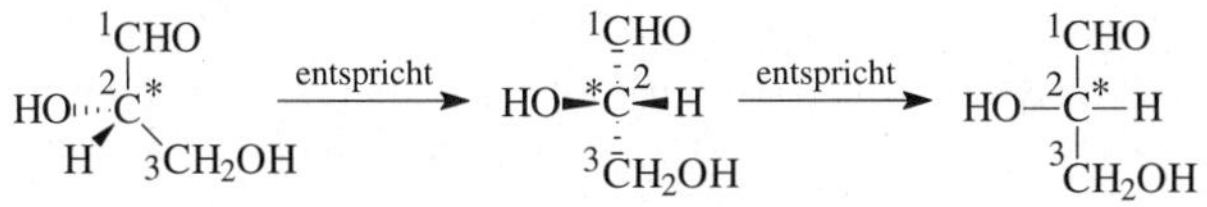

A B C

Die C-Atome werden von oben nach unten steigend nummeriert.

Die CHO- und die CH_2OH-Gruppe befinden sich *unterhalb*, das H-Atom und die OH-Gruppe *oberhalb* der Papierebene. Nach der Lage der OH-Gruppe richten sich die Bezeichnungen D- und L-.

Steht die OH-Gruppe an dem vom C-Atom 1 am weitesten entfernten asymmetrischen C-Atom **auf der rechten Seite**, erhält die Verbindung die Bezeichnung **D**, steht sie **auf der linken Seite** erhält sie ein **L**.

Die D- und L-Bezeichnungen wurden auch auf andere optisch aktive Verbindungen übernommen, wenn sich ein Bezug zum Glyerinaldehyd herstellen lässt.

Aus D-Glycerolaldeyhd lassen sich beispielsweise durch mehrere gezielte Syntheseschritte die meso-Weinsäure, die (−)-Weinsäure und die (−)-Äpfelsäure herstellen:

1. Cyanhydrinbildung aus dem D-Glycerinaldehyd und Blausäure:

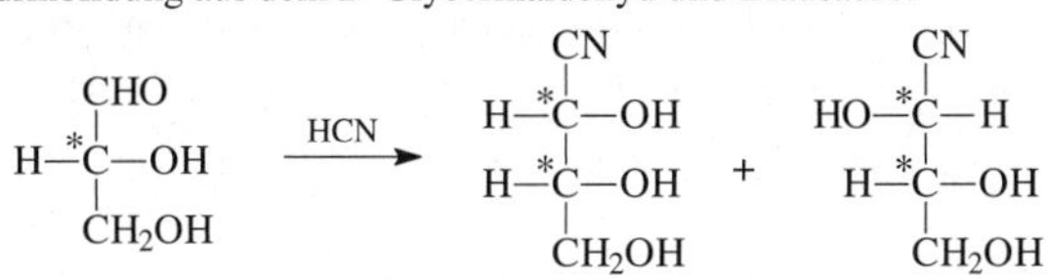

2. Trennung, Hydrolyse und Oxidation der Produkte führt zu meso-Weinsäure und (−)-Weinsäure:

meso-Weinsäure (optisch nicht aktiv) D-(−)-Weinsäure

Da die (−)-Weinsäure aus dem D-Glycerin erhalten wurde, gehört sie der D-Reihe an. Das letzte asymmetrische C-Atom hat die gleiche Konfiguration wie im D-Glycerinaldehyd. Weiterhin lässt sich die D-(−)-Weinsäure durch Reduktion einer Hydroxylgruppe in die (−)-Äpfelsäure überführen:

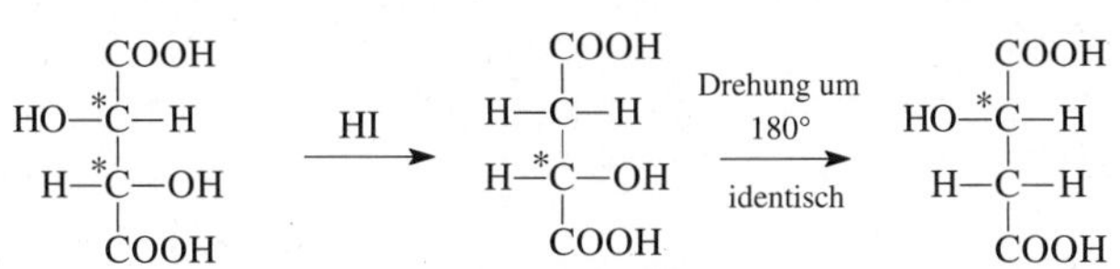

D-(−)-Weinsäure D-(−)-Äpfelsäure = (*S*)-(−)-Äpfelsäure „L-(−)-Äpfelsäure" = (*S*)-(−)-Äpfelsäure

Der (−)-Äpfelsäure wird somit die D-Konfiguration zugewiesen, da das asymmetrische Kohlenstoffatom, die gleiche Konfiguration besitzt, wie im Glycerolaldehyd.

Leider ist es im deutschen Sprachraum häufig üblich, die D-(−)-Äpfelsäure mit L-(−)-Äpfelsäure zu bezeichnen. Diese Form kommt durch Drehung der Fischerprojektion der D-(−)-Äpfelsäure um 180° zustande. Das Chiralitätszentrum wird hier wie bei den Aminosäuren oben gezeichnet. Die OH-Gruppe steht dann an C-2 links. Diese Darstellung ändert aber nichts an der Konfiguration an diesem C*-Atom! Es gilt die Regel: Drehung einer Fischer-Projektionsformel um 180° verändert nicht die Konfigurationen der Chiralitätszentren.

Um Irrtümer zu vermeiden, wendet man besser die R/S-Nomenklatur an (↑ 44.7.3): (*S*)-(−)-Äpfelsäure und (*R*)-(+)-Äpfelsäure sind eindeutige Zuordnungen.

Weitere Beispiele für die D/L-Nomenklatur sind L-(+)-Weinsäure, D-(−)-Mandelsäure und L-(−)-Phenylalanin:

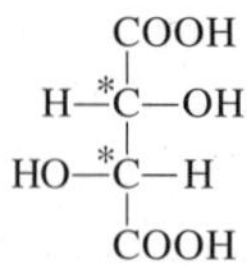

L-(+)-Weinsäure

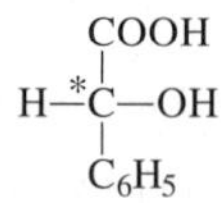

D-(−)-Mandelsäure

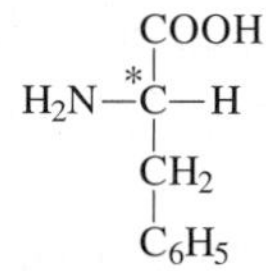

L-(−)-Phenylalanin

Monosaccharide: Relativ einfach sind Monosaccharide auf D- und L-Glycerolaldehyd zurückzuführen. Die Projektionsformeln beginnen oben mit der Aldehydgruppe; es folgen die asymmetrischen C-Atome, deren OH-Gruppen je nach Konfiguration auf verschiedenen Seiten gelagert sind, und schließlich endet die Kette mit der CH_2OH-Gruppe. Die Lage der OH-Gruppe am untersten C* entscheidet über die Bezeichnung der optischen Antipoden. Befindet sie sich wie beim D-Glycerolaldehyd rechts, so liegt die D-Verbindung vor, anderenfalls die L-Verbindung. Beim Enantiomeren muss die Konfiguration *sämtlicher* C* umgekehrt werden.

▲

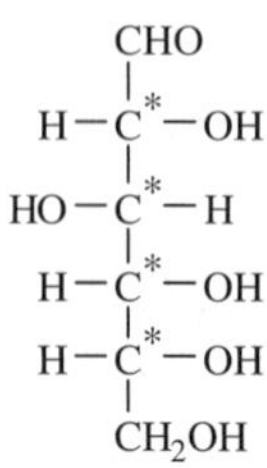

D-(+)-Glucose

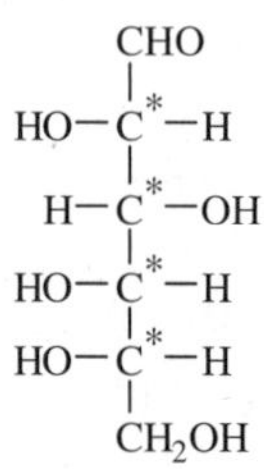

L-(−)-Glucose

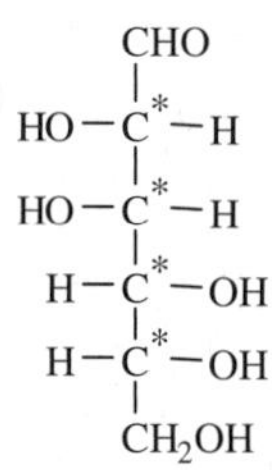

D-(+)-Mannose

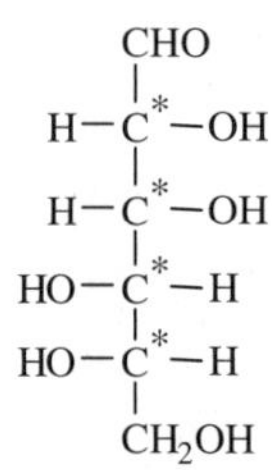

L-(−)-Mannose

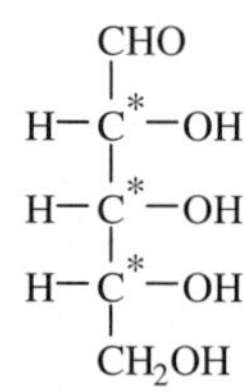

D-(−)-Ribose

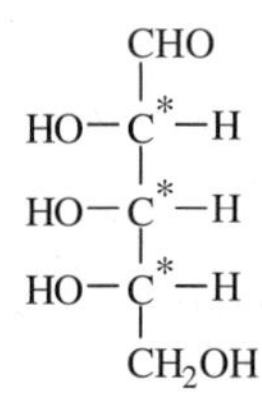

L-(+)-Ribose

Bei Ketosen verfährt man analog; die Projektionsformel wird so geschrieben, dass sich die Ketogruppe im *oberen* Teil befindet:

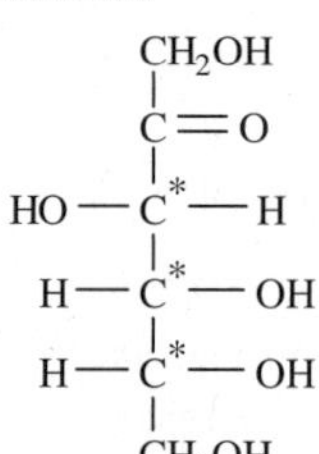

D-(−)-Fructose

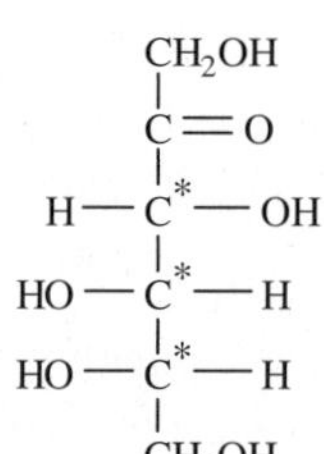

L-(+)-Fructose

In Verbindungen mit mehreren asymmetrischen C-Atomen gibt die D-, L-Bezeichnung nur die Konfiguration am untersten C^* wieder. Die Konfigurationen der anderen C^* drückt man (wie im Beispiel Glucose und Mannose) mit unterschiedlichen Trivialnamen aus. Wegen deren Einfachheit und der leichten Herleitbarkeit aus Glycerolaldehyd wird das D/L-System auch heute noch für Monosaccharide, Hydroxysäuren und Aminosäuren bevorzugt.

44.7.3 Das R/S-System

Allgemeines: Das seit 1951 von R. S. CAHN, C. K. INGOLD und V. PRELOG entwickelte R/S-System (nach den Namen der Wissenschaftler auch *CIP-System*) gestattet, ein vorgegebenes asymmetrisches Molekül eindeutig durch die Zeichen R (lat. *rectus*, recht, gerade) und S (lat. *sinister*, links) zu bezeichnen. Es beruht auf der Anwendung so genannter Prioritätsregeln und der Festlegung der Betrachtungsrichtung; es erfordert keine Bezugssubstanz, ist frei von zusätzlichen Definitionen, vermeidet landesüblich unterschiedliche Anwendungen und ermöglicht auch bei Verbindungen mit mehreren asymmetrischen C-Atomen eine systematische Kennzeichnung ohne die Verwendung von Trivialnamen. Das D/L-System ist relativ; das R/S-System ist absolut.

Prioritätsregeln: Die Prioritätsregeln legen eine eindeutige *Rangordnung* zwischen allen Atomen und Atomgruppen fest, die an ein Asymmetriezentrum, z. B. ein asymmetrisches C-Atom, gebunden sind. Die vier Substituenten werden mit a, b, c und d bezeichnet, was bedeutet, dass a Priorität vor b, dieses Priorität vor c hat und d die geringste Priorität besitzt: $a > b > c > d$.

Die *Hauptregel* lautet:

Das Atom mit der höheren Kernladungszahl hat Priorität vor Atomen mit niedrigerer Kernladungszahl.

Für die am häufigsten gebundenen Atome ergibt sich daher folgende *Prioritätsreihe*:

$$\mathrm{I > Br > Cl > S > P > F > O > N > C > H}$$

Die als nächste anzuwendende Regel lautet:

Sind 2 gleiche Atome an das asymmetrische C-Atom gebunden, so ist für die Priorität jeweils das nächste gebundene Atom ausschlaggebend; erforderlichenfalls ist das Verfahren fortzusetzen.

▲ $-NO_2 > -NH_2$, da O > H
$-CH_2-CH_2-O-NO > -CH_2-CH_2-NO_2$, da O > N

Sind an das asymmetrische C-Atom *mehrere* gleiche Atome gebunden, z. B. bei verzweigten C-Ketten, so entscheidet deren Anzahl über die Priorität.

▲

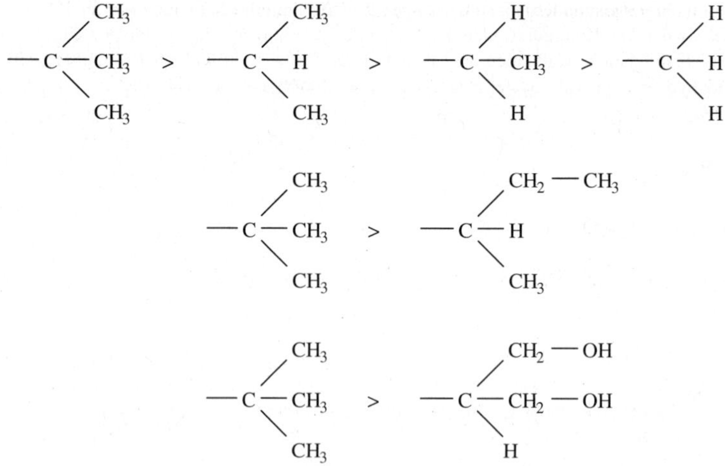

Ein doppelt (bzw. dreifach) gebundenes Atom zählt doppelt (bzw. dreifach).

C=O wird wie 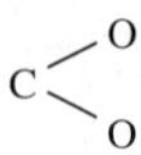 behandelt, C≡N wie 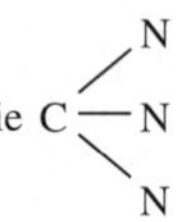

▲

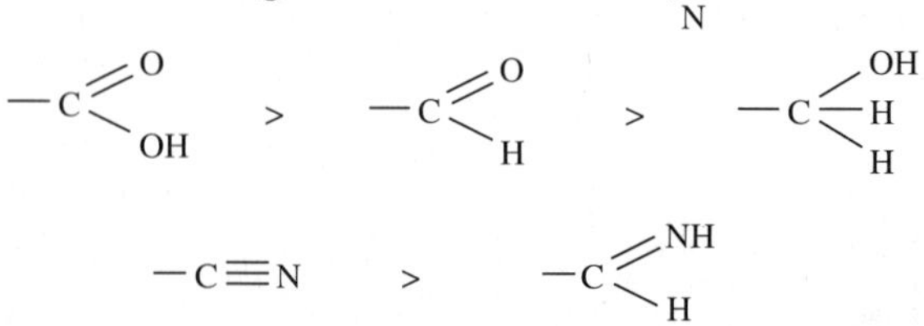

Die durch die bisher angeführten Regeln noch nicht erfassbaren Fälle werden durch weitere Vorschriften entschieden, die jedoch hier nicht weiter verfolgt werden sollen.

Das Zusammenwirken der genannten Regeln ist der folgenden Beispielreihe zu entnehmen:

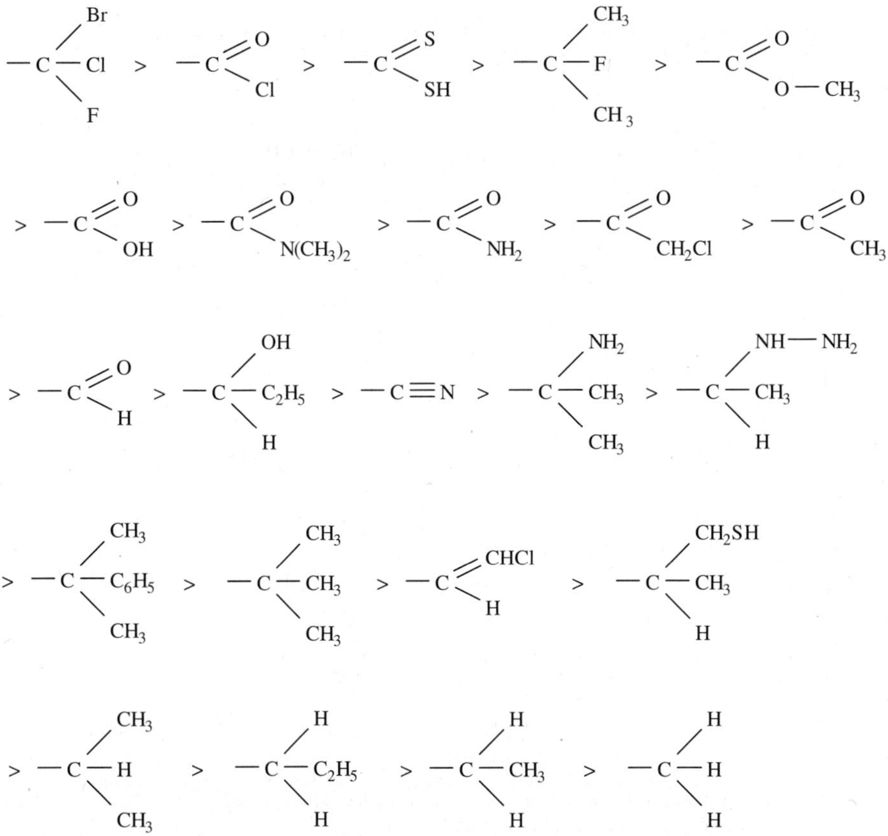

Ermittlung der Konfiguration: Um optische Antipoden (Enantiomere) für Verbindungen mit 1 C^* eindeutig zu kennzeichnen, sind folgende Schritte erforderlich:

1. Die an das C^* gebundenen Atome bzw. Atomgruppen werden mit a, b, c und d bezeichnet und nach fallender Priorität geordnet.
   Definitionsgemäß ist $a > b > c > d$.
   Man stelle sich ein Tetraedermodell mit diesen Bindungspartnern vor, z. B. I und II bzw. vereinfacht III und IV, wobei hier d nach hinten zeigt und nicht gezeichnet ist.

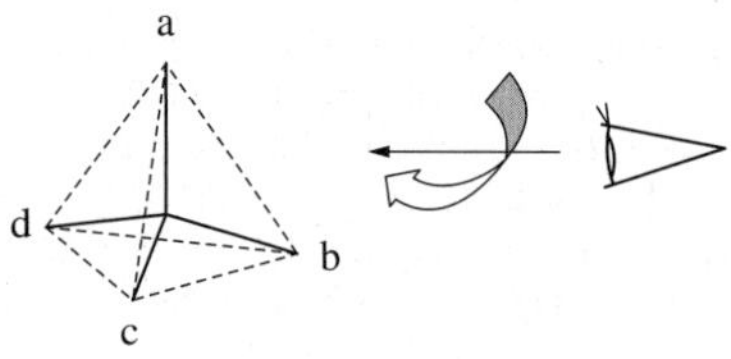

(I)

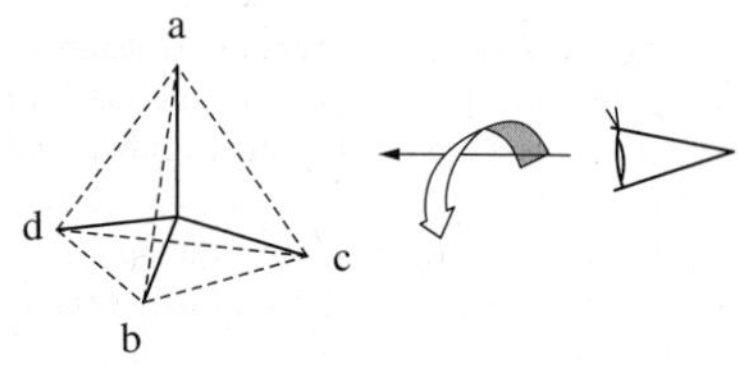

(II)

Vereinfacht kann man darstellen:

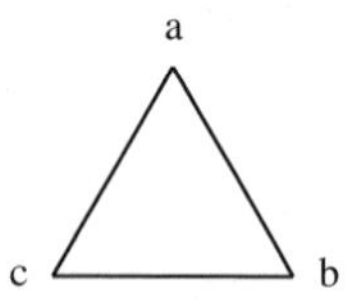

(III)

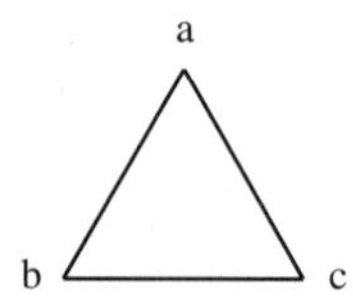

(IV)

2. Das Molekülmodell wird nun so betrachtet, dass das Atom bzw. die Atomgruppe mit der niedrigsten Priorität „d" hinten liegt, d. h. am weitesten vom Betrachter entfernt ist. Im Fall I und II schaut man von rechts auf die Seite des Tetraeders, die dem Substituenten mit der niedrigsten Priorität also „d" genau gegenüberliegt.
3. Man stelle nun fest, ob die Substituenten *nach fallender Priorität* (a > b > c) im *Uhrzeigersinn* oder entgegengesetzt dazu angeordnet sind.
   Sind die Substituenten im Uhrzeigersinn geordnet, liegt die R-Verbindung vor. Im Fall einer Ordnung entgegengesetzt dem Uhrzeigersinn handelt es sich um die S-Verbindung.
   Im vorliegenden Falle ergibt sich gemäß I und damit III die *R*-Verbindung und im Falle von II und IV sind die Substituenten entgegen dem Uhrzeigersinn angeordnet, es handelt sich um die *S*-Verbindung.
   Wenn die räumliche Betrachtung Schwierigkeiten bereitet, empfiehlt es sich, Hilfsmittel zu benutzen. Als solche eignen sich selbsthergestellte Tetraeder aus Papier oder Pappe sowie Valenzmodelle, bei denen die Bindungen durch in Knetmasse gesteckte Zündhölzchen dargestellt werden. Man kann dann das Modell so drehen, dass der Bindungspartner mit der niedrigsten Priorität hinten zu stehen kommt, sodass das Modell bequem von vorn betrachtet werden kann.
   Man kann sich aber auch mithilfe von Daumen, Zeige- und Mittelfinger der linken Hand die Darstellung veranschaulichen:

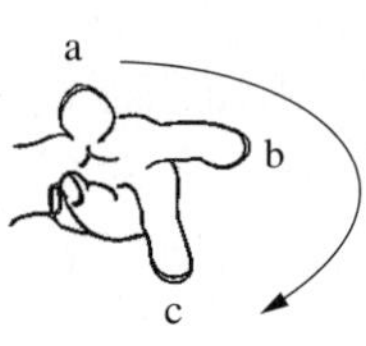

R-Konfiguration

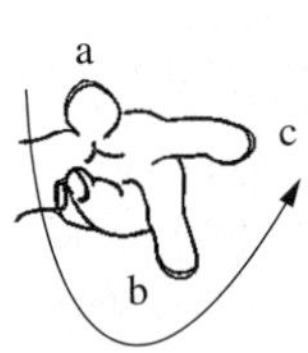

S-Konfiguration

Umwandlung von D/L in *R/S*: Die D/L-Nomenklatur lässt sich leicht in die *R/S*-Nomenklatur umwandeln.

▲ Beispiel D-Glycerolaldehyd (↑ 44.7.2). Es gilt die Regel, dass das einmalige Vertauschen von zwei Substituenten einer chiralen Verbindung an einem Chiraltitätszentrum zur entgegengesetzten Konfiguration führt. Nochmaliges Vertauschen wieder zur Ausgangskonfiguration.

Im Falle der Fischer-Projektion gilt dasselbe. Definitionsgemäß befindet sich der oberste und unterste Substituent, also die Aldehydfunktion und die Hydroxymethylgruppe im Glycerolaldehyd hinter der Papierebene, die beiden waagrechtstehenden Substituenten vor der Papierebene. Die Substituenten werden entsprechend ihrer Priorität mit a > b > c > d bezeichnet. Was bedeutet: OH > CHO > CH_2OH > H. Man bringt nun durch Vertauschen den Substituenten mit der kleinsten Priorität, hier das H, in die oberste Position, was bedeutet, dass dieser automatisch nach hinten rutscht. Durch nochmaliges Vertauschen von zwei weiteren beliebigen Substituenten hat man wieder die Ausgangskonfiguration. Jetzt schaut man auf welchem Kreis sich die Substituenten a > b > c befinden. Handelt es sich um einen Rechtskreis ist dies die *R*-Konfiguration, im Falle eines Linkskreises die *S*-Konfiguration.

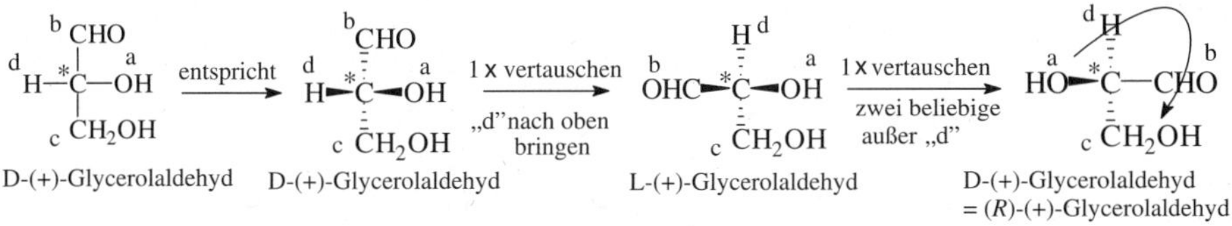

Für den D-(+)-Glycerolaldehyd gilt somit, dass dies der (*R*)-(+)–Glycerolaldehyd ist, woraus folgt, dass der L-(−)-Glycerolaldehyd der (*S*)-(−)-Glycerolaldehyd ist.

Analog gilt für die L-(+)-Milchsäure die Rangfolge: OH > COOH > CH_3 > H. Man bringt auch hier zunächst durch einmaliges vertauschen (H → COOH) den Substituenten mit der kleinsten Priorität also H nach oben, vertauscht dann nochmal zwei Substituenten (HO → CH_3) und hat dann wieder die Ausgangskonfiguration. Man zieht einen Kreis in Richtung der Substituenten mit der Rangfolge: a > b > c. Ergibt sich ein Linkskreis, ist dies die *S*-Konfiguration wie hier im Falle der L-(+)-Milchsäure.

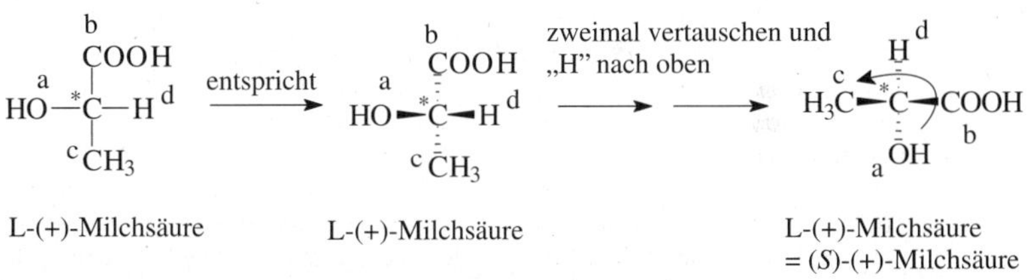

Racemformen: Während sich in Lösung alle Racemformen wie einfache Gemische verhalten, unterscheidet man bei kristallinen Verbindungen

- **Racemische Gemische** (*Konglomerate*): Gemische von Kristallen der R- und der S-Verbindung.
- **Racemische Verbindungen** (*Racemate*): 1:1-Molekülverbindungen zwischen R- und S-Verbindung mit anderen physikalischen Eigenschaften (Schmelzpunkt usw.) als die Einzelkomponenten; an den festen Zustand gebunden.
- **Racemische Mischkristalle:** Kristallgitter, in denen Moleküle der R- und S-Verbindung regelmäßig abwechseln, mit – ausgenommen dem optischen Drehvermögen – den gleichen physikalischen Eigenschaften wie die Einzelkomponenten; an den festen Zustand gebunden.

Racemate werden durch den Vorsatz (RS)- gekennzeichnet. (RS)-Milchsäure ist die so genannte *Gärungsmilchsäure*, während die (L)-(+)-Milchsäure auch als *Fleischmilchsäure* bezeichnet wird.

Verbindungen mit mehreren asymmetrischen C-Atomen: Bei Molekülen mit mehreren C^* wird für *jedes* C^* die Konfiguration ermittelt und hinter der Stellenbezeichnung angeführt.

In der (+)-Weinsäure haben *beide* C^* (sie befinden sich in den Stellungen 2 und 3) R-Konfiguration. Die im deutschen Sprachbereich bisher D-Weinsäure, im englischen Sprachbereich L-Weinsäure genannte Verbindung ist demnach eindeutig als (2R,3R)-Weinsäure, mit Angabe der Drehrichtung als (2R,3R)-(+)-Weinsäure zu bezeichnen (I).

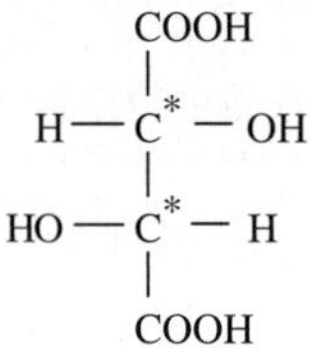

(I)
(2R,3R)-(+)-

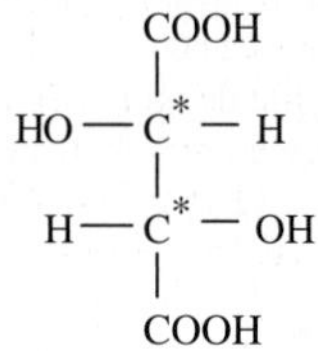

(II)
(2S,3S)-(−)-

Weinsäure

Die entgegengesetzt drehende Verbindung muss, damit eine Drehung des gleichen Absolutbetrages herauskommt, an allen C* die entgegengesetzte Konfiguration aufweisen. L-(+)-Weinsäure ist demnach (2*R*,3*R*)-(+)-Weinsäure und D-(−)-Weinsäure ist die (2*S*,3*S*)-(−)-Weinsäure.

Mesoformen: Im Weinsäuremolekül können die beiden C* auch entgegengesetzte Konfiguration haben (2*S*, 3*R*)- und (2*R*, 3*S*)-Weinsäure. Sofern, wie im Fall der Weinsäure, die C-Atome 2 und 3 *identische* Substituenten haben, hebt die durch das eine C-Atom verursachte Drehung die durch das andere bewirkte gerade auf, sodass das Molekül *intramolekular inaktiv* ist. Bei nicht identischen Substituenten entsteht ein zweites Antipodenpaar .

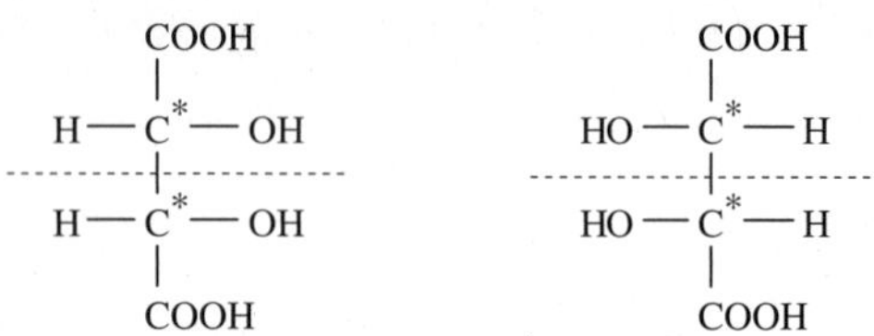

Mesoweinsäure
ms-Weinsäure

Die intramolekular inaktive Form wird als Mesoform bezeichnet und erhält herkömmlicherweise das Präfix ms-.

Das Molekül der *Mesoweinsäure* (ms-Weinsäure) hat zwar 2 asymmetrische C-Atome, ist aber als Ganzes symmetrisch gebaut; die Symmetrieebenen sind in den Projektionsformeln gestrichelt angedeutet.

Mesoformen dürfen nicht mit Racematen (↑ S. 843) verwechselt werden. Mesoformen sind *intramolekular* inaktiv, während man Racemformen als *intermolekular* inaktiv bezeichnen kann. Von der *Mesoweinsäure* ist das Racemat *Traubensäure* streng zu unterscheiden.

Diastereomere Verbindungen: Grundsätzlich sind alle Stereoisomere, die nicht Enantiomere sind, Diastereomere. Im einfachsten Falle sind dies die Z, E- bzw. die cis,trans-Isomere. Bei chiralen Verbindungen sieht dies folgendermaßen aus: Verbindungen mit mehreren asymmetrischen C-Atomen, deren Bindungspartner nicht durchweg identisch sind, liefern mehrere Antipodenpaare. Bei n C* existieren 2^n optische Isomere, und zwar 2^{n-1} Antipodenpaare (oder Enantiomerenpaare).

Die Glieder jedes Antipodenpaares sind einander *enantiomer* (sie drehen um den gleichen Betrag in entgegengesetzter Richtung); Substanzen, die bei gleicher Struktur *verschiedenen* Antipodenpaaren angehören, sind einander *diastereomer*, d. h. ihre Drehungen sind auch im Absolutbetrag verschieden. Diastereomere unterscheiden sich grundlegend in ihren chemischen und physikalischen Eigenschaften; sie sind verschiedene Verbindungen.

▲ Aldotetrosen

Als Beispiele seien die **Aldotetrosen** (Aldehydzucker mit 4 C-Atomen) angeführt. Ihre Formel lautet $CH_2(OH)–C^*H(OH)–C^*H(OH)–CHO$, ihr systematischer Name *2,3,4-Trihydroxy-butanal.* Die beiden mittleren C-Atome sind asymmetrisch, und ihre Substituenten sind nicht identisch. Folglich existieren $2^n = 2^2 = 4$ optische Isomere in Form von $2^{n-1} = 2$ Antipodenpaaren:

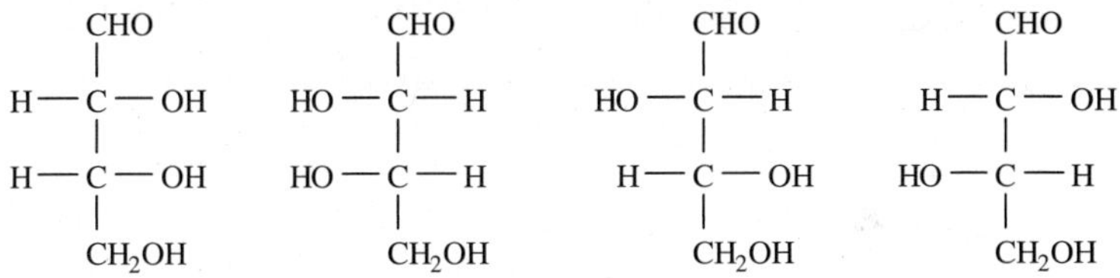

(I) (II) (III) (IV)

(2R,3R)- (2S,3S)- (2S,3R)- (2R.3S)-

2,3,4-Trihydroxy-butanal

Erythrose Threose

I und II sowie III und IV sind Antipodenpaare, die übrigen Paarungen, z. B. I und III oder I und IV, Diastereomere. Die Antipodenpaare tragen eigene Trivialnamen; sie werden (mit Angabe der Drehung) wie folgt bezeichnet:

I (2R,3R)-(−)-Erythrose
II (2S,3S)-(+)-Erythrose
III (2S,3R)-(−)-Threose
IV (2R,3S)-(+)-Threose

Anhang

Tafelanhang

Tafel 1: *Alphabetisches Verzeichnis der Elementsymbole*

Symbol	Name	Ordnungszahl
Ac	Actinium	89
Ag	Silber (*Argentum*)	47
Al	Aluminium	13
Am	Americium	95
Ar	Argon	18
As	Arsen	33
At	Astat (*Astatine*)	85
Au	Gold(*Aurum*)	79
B	Bor	5
Ba	Barium	56
Be	Beryllium	4
Bh	Bohrium	107
Bi	Bismut (*Wismut*)	83
Bk	Berkelium	97
Br	Brom	35
C	Kohlenstoff (*Carboneum*)	6
Ca	Calcium	20
Cd	Cadmium	48
Ce	Cer	58
Cf	Californium	98
Cl	Chlor	17
Cm	Curium	96
Cn	Copernicium	112
Co	Cobalt (*Kobalt*)	27
Cr	Chrom	24
Cs	Caesium	55
Cu	Kupfer (*Cuprum*)	29
Db	Dubnium	105
Ds	Darmstadtium	110
Dy	Dysprosium	66
Er	Erbium	68
Es	Einsteinium	99
Eu	Europium	63
F	Fluor	9
Fe	Eisen (*Ferrum*)	26
Fl	Flerovium	114
Fm	Fermium	100
Fr	Francium	87
Ga	Gallium	31
Gd	Gadolinium	64
Ge	Germanium	32
H	Wasserstoff (*Hydrogenium*)	1
He	Helium	2
Hf	Hafnium	72
Hg	Quecksilber (*Hydrargyrum, Mercurium*)	80

Symbol	Name	Ordnungszahl
Ho	Holmium	67
Hs	Hassium	108
I (Id) [1)]	Iod (*Jod*)	53
In	Indium	49
Ir	Iridium	77
K	Kalium	19
Kr	Krypton	36
La	Lanthan	57
Li	Lithium	3
Lr	Lawrencium	103
Lu	Lutetium	71
Lv	Livermorium	116
Md	Mendelevium	101
Mg	Magnesium	12
Mn	Mangan	25
Mo	Molybdän	42
Mt	Meitnerium	109
N	Stickstoff (*Nitrogenium*)	7
Na	Natrium	11
Nb	Niob	41
Nd	Neodym	60
Ne	Neon	10
Ni	Nickel	28
No	Nobelium	102
Np	Neptunium	93
O	Sauerstoff (*Oxygenium*)	8
Os	Osmium	76
P	Phosphor	15
Pa	Protactinium	91
Pb	Blei (*Plumbum*)	82
Pd	Palladium	46
Pm	Promethium	61
Po	Polonium	84
Pr	Praseodym	59
Pt	Platin	78
Pu	Plutonium	94
Ra	Radium	88
Rg	Roentgenium	111
Rb	Rubidium	37
Re	Rhenium	75
Rf	Rutherfordium	104
Rh	Rhodium	45
Rn	Radon	86
Ru	Ruthenium	44
S	Schwefel (*Sulfur*)	16

Tafel 1: *Alphabetisches Verzeichnis der Elementsymbole (Fortsetzung)*

Symbol	Name	Ordnungs-zahl	Symbol	Name	Ordnungs-zahl
Sb	Antimon (*Stibium*)	51	Tl	Thallium	81
Sc	Scandium	21	Tm	Thulium	69
Se	Selen	34	U	Uran	92
Sg	Seaborgium	106	Uuo	Ununoctium	118
Si	Silicium	14	Uup	Ununpentium	115
Sm	Samarium	62	Uus	Ununseptium	117
Sn	Zinn (*Stannum*)	50	Uut	Ununtrium	113
Sr	Strontium	38	V (Va) [1)]	Vanadium	23
Ta	Tantal	73	W	Wolfram	74
Tb	Terbium	65	Xe	Xenon	54
Tc	Technetium	43	Y	Yttrium	39
Te	Tellur	52	Yb	Ytterbium	70
Th	Thorium	90	Zn	Zink (*Zincum*)	30
Ti	Titan	22	Zr	Zirconium	40

[1)] Die Symbole Id und Va können verwendet werden, wenn eine Verwechslung mit den römischen Ziffern I und V vermieden werden muss.

Das **Periodensystem der Elemente** (Langperiodensystem) ist beigelegt, das Kurzperiodensystem finden Sie im vorderen Innendeckel.

Tafel 2: *Elektronenbesetzung der Elemente*

Die Hauptgruppenelemente sind fett gedruckt.
Die Nebengruppenelemente sind kursiv gedruckt.
Die Lanthanoide und die Actinoide sind eingerückt und in Normalschrift.
Die fetten Ziffern geben die Stellen an, an denen das zuletzt hinzugekommene Elektron eingeordnet ist.
Unregelmäßigkeiten gegenüber dem Aufbauprinzip (↑ S. 88) sind mit * gekennzeichnet.

OZ	Element	1s	2s	2p	3s	3p	3d	4s	4p	4d	4f	5s	5p	5d	5f	6s	6p	6d	7s
1	**Wasserstoff**	**1**																	
2	**Helium**	**2**																	
3	**Lithium**	2	**1**																
4	**Beryllium**	2	**2**																
5	**Bor**	2	2	**1**															
6	**Kohlenstoff**	2	2	**2**															
7	**Stickstoff**	2	2	**3**															
8	**Sauerstoff**	2	2	**4**															
9	**Fluor**	2	2	**5**															
10	**Neon**	2	2	**6**															
11	**Natrium**	2	2	6	**1**														
12	**Magnesium**	2	2	6	**2**														
13	**Aluminium**	2	2	6	2	**1**													
14	**Silicium**	2	2	6	2	**2**													
15	**Phosphor**	2	2	6	2	**3**													
16	**Schwefel**	2	2	6	2	**4**													
17	**Chlor**	2	2	6	2	**5**													
18	**Argon**	2	2	6	2	**6**													
19	**Kalium**	2	2	6	2	6		**1**											
20	**Calcium**	2	2	6	2	6		**2**											
21	*Scandium*	2	2	6	2	6	**1**	2											
22	*Titan*	2	2	6	2	6	**2**	2											
23	*Vanadium*	2	2	6	2	6	**3**	2											
24	*Chrom*	2	2	6	2	6	***5**	1											
25	*Mangan*	2	2	6	2	6	**5**	2											
26	*Eisen*	2	2	6	2	6	**6**	2											
27	*Cobalt*	2	2	6	2	6	**7**	2											
28	*Nickel*	2	2	6	2	6	**8**	2											
29	*Kupfer*	2	2	6	2	6	***10**	1											
30	*Zink*	2	2	6	2	6	**10**	2											
31	**Gallium**	2	2	6	2	6	10	2	**1**										
32	**Germanium**	2	2	6	2	6	10	2	**2**										
33	**Arsen**	2	2	6	2	6	10	2	**3**										
34	**Selen**	2	2	6	2	6	10	2	**4**										
35	**Brom**	2	2	6	2	6	10	2	**5**										
36	**Krypton**	2	2	6	2	6	10	2	**6**										
37	**Rubidium**	2	2	6	2	6	10	2	6			**1**							
38	**Strontium**	2	2	6	2	6	10	2	6			**2**							
39	*Yttrium*	2	2	6	2	6	10	2	6	**1**		2							
40	*Zirconium*	2	2	6	2	6	10	2	6	**2**		2							
41	*Niob*	2	2	6	2	6	10	2	6	***4**		1							
42	*Molybdän*	2	2	6	2	6	10	2	6	***5**		1							
43	*Technetium*	2	2	6	2	6	10	2	6	**5**		2							

Tafel 2: *Elektronenbesetzung der Elemente (Fortsetzung)*

OZ	Element	1s	2s	2p	3s	3p	3d	4s	4p	4d	4f	5s	5p	5d	5f	6s	6p	6d	7s
44	*Ruthenium*	2	2	6	2	6	10	2	6	***7**		1							
45	*Rhodium*	2	2	6	2	6	10	2	6	***8**		1							
46	*Palladium*	2	2	6	2	6	10	2	6	***10**		0							
47	*Silber*	2	2	6	2	6	10	2	6	***10**		1							
48	*Cadmium*	2	2	6	2	6	10	2	6	**10**		2							
49	**Indium**	2	2	6	2	6	10	2	6	10		2	**1**						
50	**Zinn**	2	2	6	2	6	10	2	6	10		2	**2**						
51	**Antimon**	2	2	6	2	6	10	2	6	10		2	**3**						
52	**Tellur**	2	2	6	2	6	10	2	6	10		2	**4**						
53	**Iod**	2	2	6	2	6	10	2	6	10		2	**5**						
54	**Xenon**	2	2	6	2	6	10	2	6	10		2	**6**						
55	**Caesium**	2	2	6	2	6	10	2	6	10		2	6			**1**			
56	**Barium**	2	2	6	2	6	10	2	6	10		2	6			**2**			
57	Lanthan	2	2	6	2	6	10	2	6	10	0	2	6	***1**		2			
58	Cer	2	2	6	2	6	10	2	6	10	**1**	2	6	***1**		2			
59	Praseodym	2	2	6	2	6	10	2	6	10	**3**	2	6			2			
60	Neodym	2	2	6	2	6	10	2	6	10	**4**	2	6			2			
61	Promethium	2	2	6	2	6	10	2	6	10	**5**	2	6			2			
62	Samarium	2	2	6	2	6	10	2	6	10	**6**	2	6			2			
63	Europium	2	2	6	2	6	10	2	6	10	**7**	2	6			2			
64	Gadolinium	2	2	6	2	6	10	2	6	10	7	2	6	***1**		2			
65	Terbium	2	2	6	2	6	10	2	6	10	**9**	2	6			2			
66	Dysprosium	2	2	6	2	6	10	2	6	10	**10**	2	6			2			
67	Holmium	2	2	6	2	6	10	2	6	10	**11**	2	6			2			
68	Erbium	2	2	6	2	6	10	2	6	10	**12**	2	6			2			
69	Thulium	2	2	6	2	6	10	2	6	10	**13**	2	6			2			
70	Ytterbium	2	2	6	2	6	10	2	6	10	**14**	2	6			2			
71	*Lutetium*	2	2	6	2	6	10	2	6	10	14	2	6	**1**		2			
72	*Hafnium*	2	2	6	2	6	10	2	6	10	14	2	6	**2**		2			
73	*Tantal*	2	2	6	2	6	10	2	6	10	14	2	6	**3**		2			
74	*Wolfram*	2	2	6	2	6	10	2	6	10	14	2	6	**4**		2			
75	*Rhenium*	2	2	6	2	6	10	2	6	10	14	2	6	**5**		2			
76	*Osmium*	2	2	6	2	6	10	2	6	10	14	2	6	**6**		2			
77	*Iridium*	2	2	6	2	6	10	2	6	10	14	2	6	**7**		2			
78	*Platin*	2	2	6	2	6	10	2	6	10	14	2	6	***9**		1			
79	*Gold*	2	2	6	2	6	10	2	6	10	14	2	6	***10**		1			
80	*Quecksilber*	2	2	6	2	6	10	2	6	10	14	2	6	**10**		2			
81	**Thallium**	2	2	6	2	6	10	2	6	10	14	2	6	10		2	**1**		
82	**Blei**	2	2	6	2	6	10	2	6	10	14	2	6	10		2	**2**		
83	**Bismut**	2	2	6	2	6	10	2	6	10	14	2	6	10		2	**3**		
84	**Polonium**	2	2	6	2	6	10	2	6	10	14	2	6	10		2	**4**		
85	**Astat**	2	2	6	2	6	10	2	6	10	14	2	6	10		2	**5**		
86	**Radon**	2	2	6	2	6	10	2	6	10	14	2	6	10		2	**6**		
87	**Francium**	2	2	6	2	6	10	2	6	10	14	2	6	10		2	6		**1**
88	**Radium**	2	2	6	2	6	10	2	6	10	14	2	6	10		2	6		**2**
89	Actinium	2	2	6	2	6	10	2	6	10	14	2	6	10	0	2	6	***1**	2
90	Thorium	2	2	6	2	6	10	2	6	10	14	2	6	10	0	2	6	***2**	2
91	Protactinium	2	2	6	2	6	10	2	6	10	14	2	6	10	**2**	2	6	*1	2
92	Uran	2	2	6	2	6	10	2	6	10	14	2	6	10	**3**	2	6	*1	2

Tafel 3: *Verzeichnis der Elemente (nach der Ordnungszahl)*

Ordnungszahl	Name	Symbol	relative Atommasse 2013 der Rein- und Mischelemente gerundet	exakt	des langlebigsten Isotops
1	Wasserstoff	H	1,008*	[1,00784; 1,00811]	
2	Helium	He	4,003	4,002602(2)	
3	Lithium	Li	6,94*	[6,938; 6,997]	
4	Beryllium	Be	9,012	9,012182(3)	
5	Bor	B	10,81*	[10,806; 10,821]	
6	Kohlenstoff	C	12,011*	[12,0096; 12,0116]	
7	Stickstoff	N	14,007*	[14,00643; 14,00728]	
8	Sauerstoff	O	15,999*	[15,99903; 15,99977]	
9	Fluor	F	19,00	18,9984032(5)	
10	Neon	Ne	20,18	20,1797(6)	
11	Natrium	Na	22,99	22,98976928(2)	
12	Magnesium	Mg	24,305*	[24,304; 24,307]	
13	Aluminium	Al	26,98	26,9815386(8)	
14	Silicium	Si	28,085*	[28,084; 28,086]	
15	Phosphor	P	30,97	30,973762(2)	
16	Schwefel	S	32,06*	[32,059; 32,076]	
17	Chlor	Cl	35,45*	[35,446; 35,457]	
18	Argon	Ar	39,95	39,948(1)	
19	Kalium	K	39,10	39,0983(1)	
20	Calcium	Ca	40,08	40,078(4)	
21	Scandium	Sc	44,96	44,955912(6)	
22	Titan	Ti	47,87	47,867(1)	
23	Vanadium	V	50,94	50,9415(1)	
24	Chrom	Cr	52,00	51,9961(6)	
25	Mangan	Mn	54,94	54,938045(5)	
26	Eisen	Fe	55,85	55,845(2)	
27	Cobalt	Co	58,93	58,933195(5)	
28	Nickel	Ni	58,69	58,6934(4)	
29	Kupfer	Cu	63,55	63,546(3)	
30	Zink	Zn	65,38	65,38(2)	
31	Gallium	Ga	69,72	69,723(1)	
32	Germanium	Ge	72,63	72,630(8)	
33	Arsen	As	74,92	74,92160(2)	
34	Selen	Se	78,96	78,971(8)	
35	Brom	Br	79,904*	[79,901; 97,907]	
36	Krypton	Kr	83,80	83,798(2)	
37	Rubidium	Rb	85,47	85,4678(3)	
38	Strontium	Sr	87,62	87,62(1)	
39	Yttrium	Y	88,91	88,90585(2)	
40	Zirconium	Zr	91,22	91,224(2)	
41	Niob	Nb	92,91	92,90638(2)	
42	Molybdän	Mo	95,95	95,95(1)	
43	Technetium	^{98}Tc			97,9072
44	Ruthenium	Ru	101,1	101,07(2)	
45	Rhodium	Rh	102,9	102,90550(2)	
46	Palladium	Pd	106,4	106,42(1)	
47	Silber	Ag	107,9	107,8682(2)	
48	Cadmium	Cd	112,4	112,414(4)	
49	Indium	In	114,8	114,818(1)	

Zu * siehe S. 854

Tafel 3: *Verzeichnis der Elemente (nach der Ordnungszahl) (Fortsetzung)*

Ordnungszahl	Name	Symbol	relative Atommasse 2013 der Rein- und Mischelemente gerundet	exakt	des langlebigsten Isotops
50	Zinn	Sn	118,71	118,710(7)	
51	Antimon	Sb	121,76	121,760(1)	
52	Tellur	Te	127,60	127,60(3)	
53	Iod	I	126,90	126,90447(3)	
54	Xenon	Xe	131,29	131,293(6)	
55	Caesium	Cs	132,91	132,90545196(6)	
56	Barium	Ba	137,33	137,327(7)	
57	Lanthan	La	138,91	138,90547(7)	
58	Cer	Ce	140,12	140,116(1)	
59	Praseodym	Pr	140,91	140,90766(2)	
60	Neodym	Nd	144,24	144,242(3)	
61	Promethium	^{145}Pm			144,91276(2)
62	Samarium	Sm	150,36	150,36(2)	
63	Europium	Eu	151,96	151,964(1)	
64	Gadolinium	Gd	157,25	157,25(3)	
65	Terbium	Tb	158,93	158,92535(2)	
66	Dysprosium	Dy	162,50	162,500(1)	
67	Holmium	Ho	164,93	164,93033(2)	
68	Erbium	Er	167,26	167,259(3)	
69	Thulium	Tm	168,93	168,93422(2)	
70	Ytterbium	Yb	173,05	173,054(5)	
71	Lutetium	Lu	174,97	174,9668(1)	
72	Hafnium	Hf	178,49	178,49(2)	
73	Tantal	Ta	180,95	180,94788(2)	
74	Wolfram	W	183,84	183,84(1)	
75	Rhenium	Re	186,21	186,207(1)	
76	Osmium	Os	190,23	190,23(3)	
77	Iridium	Ir	192,22	192,217(3)	
78	Platin	Pt	195,08	195,084(9)	
79	Gold	Au	196,97	196,966569(5)	
80	Quecksilber	Hg	200,59	200,592(3)	
81	Thallium	Tl	204,38*	[204,382; 204,385]	
82	Blei	Pb	207,2	207,2(1)	
83	Bismut	Bi	208,78	208,98040(1)	
84	Polonium	^{209}Po			208,98243(2)
85	Astat	^{210}At			209,98715(5)
86	Radon	^{222}Rn			222,01758(2)
87	Francium	^{223}Fr			223,019742
88	Radium	^{226}Ra			226,02541(2)
89	Actinium	^{227}Ac			227,02775(2)
90	Thorium	Th	232,04	232,0377(4)	
91	Protactinium	Pa	231,04	231,03588(2)	
92	Uran	U	238,03	238,02891(3)	
93	Neptunium	^{237}Np			237,04817(2)
94	Plutonium	^{244}Pu			244,06421(4)
95	Americium	^{243}Am			243,06138(2)
96	Curium	^{247}Cm			247,07035(3)
97	Berkelium	^{247}Bk			247,07031(4)
98	Californium	^{251}Cf			251,07959(3)

Zu * siehe S. 854

Tafel 3: *Verzeichnis der Elemente (nach der Ordnungszahl) (Fortsetzung)*

Ordnungs-zahl	Name	Symbol	relative Atommasse 2013 des langlebigsten Isotops
99	Einsteinium	^{252}Es	252,0830(3)
100	Fermium	^{257}Fm	257,09511(5)
101	Mendelevium	^{258}Md	258,09843(3)
102	Nobelium	^{259}No	259,1010(7)
103	Lawrencium	^{262}Lr	262,110(2)
104	Rutherfordium	^{267}Rf	267,122(4)
105	Dubnium	^{270}Db	269,131(4)
106	Seaborgium	^{269}Sg	269,129(3)
107	Bohrium	^{270}Bh	270,133(2)
108	Hassium	^{270}Hs	270,134(2)
109	Meitnerium	^{278}Mt	278,156(5)
110	Darmstadtium	^{281}Ds	281,165(4)
111	Roentgenium	^{281}Rg	281,166(6)
112	Copernicium	^{285}Cn	285,177(4)
113	Nihonium	^{284}Nh	286,182(5)
114	Flerovium	^{289}Fl	289,190(4)
115	Moscovium	^{289}Mc	289,174(6)
116	Livermorium	^{293}Lv	293,204(4)
117	Tenness	^{294}Ts	293,208(6)
118	Oganesson	^{294}Og	294,214(5)

Die Ziffern in Klammern geben die Ungenauigkeit der letzten Stelle der relativen Atommasse an. Beispiel: (2) bedeutet ±2.

Die **relativen Atommassen** (*standard atomic weights*) werden von einer Kommission der IUPAC (Internationale Union für Reine und Angewandte Chemie) fortlaufend überprüft und erforderlichenfalls neu festgelegt. Dabei zeigten sich in den letzten Jahrzehnten zwei Tendenzen:

- Für *Reinelemente* wurden die Atommassen aufgrund verfeinerter Messmethoden immer genauer ermittelt.
- Für *Mischelemente* ergaben sich aufgrund von Unterschieden in der Isotopenzusammensetzung von Proben unterschiedlicher Herkunft immer größere Abweichungen, sodass für zwölf Elemente (B, Br, C, Cl, H, Li, Mg, N, O, S, Si, Tl)
  - die *Intervalle* zwischen den niedrigsten und den höchsten ermittelten Zahlenwerten [in eckigen Klammern] bekanntgegeben und
  - *gerundete Werte* festgelegt wurden, die mit * gekennzeichnet sind.

Tafel 4: *Relative Atommassen der Elemente, die als Reinelemente oder als natürliches Isotopengemisch auftreten*

Name	Symbol	Ordnungszahl	relative Atommasse 2013 gerundet[1)]	exakt
Aluminium	Al	13	26,98	26,9815386(8)
Antimon (*Stibium*)	Sb	51	121,76	121,760(1)
Argon	Ar	18	39,95	39,948(1)
Arsen	As	33	74,92	74,92160(2)
Barium	Ba	56	137,33	137,327(7)
Beryllium	Be	4	9,012	9,012182(3)
Bismut (*Wismut*)	Bi	83	208,78	208,98040(1)
Blei (*Plumbum*)	Pb	82	207,2	207,2(1)
Bor	B	5	10,81	[10,806; 10,821]
Brom	Br	35	79,904	[79,901; 97,907]
Cadmium	Cd	48	112,4	112,414(4)
Caesium	Cs	55	132,91	132,90545196(6)
Calcium	Ca	20	40,08	40,078(4)
Cer	Ce	58	140,12	140,116(1)
Chlor	Cl	17	35,45	[35,446; 35,457]
Chrom	Cr	24	52,00	51,9961(6)
Cobalt	Co	27	58,93	58,933195(5)
Dysprosium	Dy	66	162,50	162,500(1)
Eisen (*Ferrum*)	Fe	26	55,85	55,845(2)
Erbium	Er	68	167,26	167,259(3)
Europium	Eu	63	151,96	151,964(1)
Fluor	F	9	19,00	18,9984032(5)
Gadolinium	Gd	64	157,25	157,25(3)
Gallium	Ga	31	69,72	69,723(1)
Germanium	Ge	32	72,63	72,630(8)
Gold (*Aurum*)	Au	79	196,97	196,966569(5)
Hafnium	Hf	72	178,49	178,49(2)
Helium	He	2	4,003	4,002602(2)
Holmium	Ho	67	164,93	164,93033(2)
Indium	In	49	114,8	114,818(1)
Iod (*Jod*)	I	53	126,90	126,90447(3)
Iridium	Ir	77	192,22	192,217(3)
Kalium	K	19	39,10	39,0983(1)
Kohlenstoff (*Carboneum*)	C	6	12,011	[12,0096; 12,0116]
Krypton	Kr	36	83,80	83,798(2)
Kupfer (*Cuprum*)	Cu	29	63,55	63,546(3)
Lanthan	La	57	138,91	138,90547(7)
Lithium	Li	3	6,94	[6,938; 6,997]
Lutetium	Lu	71	174,97	174,9668(1)
Magnesium	Mg	12	24,305	[24,304; 24,307]
Mangan	Mn	25	54,94	54,938045(5)
Molybdän	Mo	42	95,95	95,95(1)
Natrium	Na	11	22,99	22,98976928(2)
Neodym	Nd	60	144,24	144,242(3)
Neon	Ne	10	20,18	20,1797(6)
Nickel	Ni	28	58,69	58,6934(4)
Niob	Nb	41	92,91	92,90638(2)
Osmium	Os	76	190,23	190,23(3)
Palladium	Pd	46	106,4	106,42(1)
Phosphor	P	15	30,97	30,973762(2)

[1)] Siehe S. 856

Tafel 4: *Relative Atommassen der Elemente, die als Reinelemente oder als natürliches Isotopengemisch auftreten (Fortsetzung)*

Name	Symbol	Ordnungszahl	relative Atommasse 2013 gerundet [1)]	exakt
Platin	Pt	78	195,08	195,084(9)
Praseodym	Pr	59	140,91	140,90766(2)
Protactinium	Pa	91	231,04	231,03588(2)
Quecksilber (*Mercurium, Hydrargyrum*)	Hg	80	200,59	200,592(3)
Rhenium	Re	75	186,21	186,207(1)
Rhodium	Rh	45	102,9	102,90550(2)
Rubidium	Rb	37	85,47	85,4678(3)
Ruthenium	Ru	44	101,1	101,07(2)
Samarium	Sm	62	150,36	150,36(3)
Sauerstoff	O	8	15,999	[15,99903; 15,99977]
Scandium	Sc	21	44,96	44,955912(6)
Schwefel (*Sulfur*)	S	16	32,06	[32,059; 32,076]
Selen	Se	34	78,96	78,971(8)
Silber	Ag	47	107,9	107,8682(2)
Silicium	Si	14	28,085	[28,084; 28,086]
Stickstoff	N	7	14,007	[14,00643; 14,00728]
Strontium	Sr	38	87,62	87,62(1)
Tantal	Ta	73	180,95	180,94788(2)
Tellur	Te	52	127,60	127,60(3)
Terbium	Tb	65	158,93	158,92535(2)
Thallium	Tl	81	204,38	[204,382; 204,385]
Thorium	Th	90	232,04	232,0377(4)
Thulium	Tm	69	168,93	168,93422(2)
Titan	Ti	22	47,87	47,867(1)
Uran	U	92	238,03	238,02891(3)
Vanadium	V	23	50,94	50,9415(1)
Wasserstoff	H	1	1,008	[1,00784; 1,00811]
Wolfram	W	74	183,84	183,84(1)
Xenon	Xe	54	131,29	131,293(6)
Ytterbium	Yb	70	173,05	173,054(5)
Yttrium	Y	39	88,91	88,90585(2)
Zink	Zn	30	65,38	65,38(2)
Zinn (*Stannum*)	Sn	50	118,71	118,710(7)
Zirconium	Zr	40	91,22	91,224(2)

In Klammern sind andere Namen bzw. Schreibweisen der Elemente angegeben, die gleichfalls in der Literatur verwendet werden, zum Teil in Ableitungen (z. B. Plumbat, Stannat, Sulfat, Ferrat).

In eckigen Klammern sind die *Intervalle* angegeben, in denen die relativen Atommassen dieser Mischelemente liegen (↑ S. 854).

Die Ziffern in runden Klammern geben die Ungenauigkeit der letzten Stelle der relativen Atommasse an.

[1)] Soweit sich bei der Rundung auf fünf Stellen auch noch Intervalle ergeben, hat die IUPAC gerundete Werte mit weniger Stellen festgelegt.

Tafel 5: *Kunststoffe – Kennbuchstaben und Kurzzeichen (DIN EN ISO 1043-1)*

1. Homopolymere, Polykondensations- und Polyadditionsprodukte (Auswahl)

Kurzzeichen	Name
CA	Celluloseacetat
CAB	Celluloseacetatbutyrat
CAP	Celluloseacetatpropionat
CF	Cresol-Formaldehyd-Harz
CMC	Carboxymethylcellulose
CN	Cellulosenitrat
CP	Cellulosepropionat
CTA	Cellulosetriacetat
EC	Ethylcellulose
EP	Epoxidharz
FF	Furan-Formaldehyd Harz
LCP	Flüssigkristall-Polymer (Liquid-Crystal-Polymer)
MC	Methylcellulose
MF	Melamin-Formaldehyd-Harz
MP	Melamin-Phenol-Harz
PA	Polyamid [1)]
PAA	Polyacrylsäure
PAEK	Polyaryletherketon
PAI	Polyamidimid
PAK	Polyacrylat
PAN	Polyacrylnitril
PAR	Polyarylat
PARA	Polyarylamid
PB	Polybuten
PBAK	Polybutylacrylat
PBD	1,2-Polybutadien
PBS	Polybutensuccinat
PBT	Polybutenterephthalat
PC	Polycarbonat
PCO	Polycycloolefin
PCL	Polycaprolacton
PCTFE	Polychlortrifluorethen
PDAP	Polydiallylphthalat
PDCPD	Polydicyclopentadien
PE	Polyethen [2)]
PEC	Polyestercarbonat

Kurzzeichen	Name
PEK	Polyetherketon
PEOX	Polyethenoxid
PESU	Polyethersulfon
PF	Phenol-Formaldehyd-Harz
PI	Polyimid
PIB	Polyisobuten
PIR	Polyisocyanurat
PK	Polyketon
PLA	Polylactonsäure
PMI	Polymethacrylimid
PMMA	Polymethylmethacrylat
PMP	Poly(-4-methylpent-1-en)
PMS	Poly(α-methyl-styren)
POM	Polyoxymethylen, Polyformaldehyd
PP	Polypropen
PPE	Polyphenylenether
PPOX	Polypropenoxid
PPS	Polyphenylensulfid
PS	Polystyren [2)]
PSU	Polysulfon
PTFE	Polytetrafluorethen
PUR	Polyurethan
PVAC	Polyvinylacetat
PVAL	Polyvinylalkohol
PVB	Polyvinylbutyrat
PVC	Polyvinylchlorid
PVDC	Polyvinylidenchlorid
PVDF	Polyvinylidenfluorid
PVF	Polyvinylfluorid
PVFM	Polyvinylformal(dehyd)
PVK	Polyvinylcarbazol
PVP	Polyvinylpyrrolidon
SI	Silicon
SP	Gesättigte Polyester
UF	Harnstoff-Formaldehyd-Harz
UP	Ungesättigtes Polyester-Harz
VE	Vinylesterharz

[1)] Verschiedene Polyamide werden durch nachgestellte Zahlen voneinander unterschieden.

[2)] Daneben sind bei der Bezeichnung von Kunststoffen vor allem in Deutschland auch die früheren Namen der Monomeren in Gebrauch (Ethylen statt Ethen, Styrol statt Styren u. a.).

2. Copolymere [1] (Auswahl)

Kurzzeichen	Komponenten
ABAK	Acrylnitril/Butadien/Acrylat
ABS	Acrylnitril/Butadien/Styren
AMMA	Acrylnitril/Methylmethacrylat
ASA	Acrylnitril/Styren/Acrylester
COC	Cycloolefin Copolymer
EAA	Ethen-Acrylsäure
EBAK	Ethen-Butylacrylat
EEAK	Ethen/Ethylacrylat
EMA	Ethen/Methacrylsäure
E/P	Ethen/Propen
EVAC	Ethen/Vinylacetat
ETFE	Ethen/Tetrafluorethen
EVOH	Ethen-Vinylalkohol
FEP	Tetrafluorethen/Hexafluorpropen
HBV	Poly(3-hydroxybutyrat)-co-(3-hydroxyvalerat)

Kurzzeichen	Komponenten
MABS	Methylmethacrylat-Acrylnitril-Butadien-Styren
MBS	Methylacrylat/Butadien/Styren
MPF	Melamin/Phenol-Formaldehyd
MSAN	α-Methylstyren-Acrylnitril
PBN	Polybutennaphthalat
PET	Polyethenterephthalat
SAN	Styren/Acrylnitril
SB	Styren/Butadien
SMAH	Styren/Maleinsäureanhydrid
SMS	Styren/a-Methylstyren
VCE	Vinylchlorid/Ethen
VCEMAK	Vinylchlorid/Ethen/Methacrylat
VCEVAC	Vinylchlorid/Ethen/Vinylacetat
VCMAK	Vinylchlorid/Methacrylat
VCMMA	Vinylchlorid/Methylmethacrylat
VCVAC	Vinylchlorid/Vinylacetat
VCVDC	Vinylchlorid/Vinylidenchlorid

[1] Polymerengemische werden durch ein Pluszeichen gekennzeichnet; z. B. PMMA + ABS = Polymethylmethacrylat-Acrylnitril/Butadien/Styren-Gemisch.

3. Kennbuchstaben für besondere Eigenschaften

Zeichen	Eigenschaft
C	chloriert
D	Dichte
E	verschäumt, verschäumbar
F	flexibel, flüssig
H	hoch
I	schlagzäh
L	linear, niedrig
M	Masse, mittel, molekular
N	normal, Novolak
P	weichmacherhaltig
R	erhöht, Resol
U	ultra, weichmacherfrei
V	sehr
W	Gewicht
X	vernetzt, vernetzbar

Die Kennbuchstaben werden (auch kombiniert) durch einen Bindestrich an das Kurzzeichen angeschlossen.

▲ PVC-P Polyvinylchlorid, weichmacherhaltig
PVC-C Polyvinylchlorid, nachchloriert
PE-LD Polyethen, niedrige Dichte

Tafel 6: *H- und P-Sätze der internationalen Gefahrstoffkennzeichnung (GHS, **G**lobally **H**armonized **S**ystem)*[1)]

Gefahrenhinweise (H-Sätze) nach GHS

Die erste Ziffer eines H-Satzes bedeutet: (1 nicht vergeben), 2 physikalische Gefahr, 3 Gesundheitsgefahr, 4 Umweltgefahr

Gefahrenhinweise für physikalische Gefahren

H200 Instabil, explosiv.
H201 Explosiv, Gefahr der Massenexplosion.
H202 Explosiv; große Gefahr durch Splitter, Spreng- und Wurfstücke.
H203 Explosiv; Gefahr durch Feuer, Luftdruck oder Splitter, Spreng- und Wurfstücke.
H204 Gefahr durch Feuer oder Splitter, Spreng- und Wurfstücke.
H205 Gefahr der Massenexplosion bei Feuer.
H220 Extrem entzündbares Gas.
H221 Entzündbares Gas.
H222 Extrem entzündbares Aerosol.
H223 Entzündbares Aerosol.
H224 Flüssigkeit und Dampf extrem entzündbar.
H225 Flüssigkeit und Dampf leicht entzündbar.
H226 Flüssigkeit und Dampf entzündbar.
H228 Entzündbarer Feststoff.
H240 Erwärmung kann Explosion verursachen.
H241 Erwärmung kann Brand oder Explosion verursachen.
H242 Erwärmung kann Brand verursachen.
H250 Entzündet sich in Berührung mit Luft von selbst.
H251 Selbsterhitzungsfähig, kann in Brand geraten.
H252 In großen Mengen selbsterhitzungsfähig, kann in Brand geraten.
H260 In Berührung mit Wasser entstehen entzündbare Gase, die sich spontan entzünden können.
H261 In Berührung mit Wasser entstehen entzündbare Gase.
H270 Kann Brand verursachen oder verstärken; Oxidationsmittel.
H271 Kann Brand oder Explosion verursachen; starkes Oxidationsmittel.
H272 Kann Brand verstärken, Oxidationsmittel.
H280 Enthält Gas unter Druck; kann bei Erwärmung explodieren.
H281 Enthält tiefkaltes Gas; kann Kälteverbrennungen oder -verletzungen verursachen.
H290 Kann gegenüber Metallen korrosiv sein.

Gefahrenhinweise für Gesundheitsgefahren

H300 Lebensgefahr bei Verschlucken.
H301 Giftig bei Verschlucken
H302 Gesundheitsschädlich bei Verschlucken
H304 Kann bei Verschlucken und Eindringen in die Atemwege tödlich sein.
H310 Lebensgefahr bei Hautkontakt.
H311 Giftig bei Hautkontakt.
H312 Gesundheitsschädlich bei Hautkontakt.
H314 Verursacht schwere Verätzungen der Haut und schwere Augenschäden.
H315 Verursacht Hautreizungen.
H317 Kann allergische Hautreaktionen verursachen.
H318 Verursacht schwere Augenschäden.
H319 Verursacht schwere Augenreizung.
H330 Lebensgefahr bei Einatmen.
H331 Giftig bei Einatmen.
H332 Gesundheitsschädlich bei Einatmen.
H334 Kann bei Einatmen Allergie, asthmaartige Symptome oder Atembeschwerden verursachen.
H335 Kann die Atemwege reizen.
H336 Kann Schläfrigkeit und Benommenheit verursachen.
H340 Kann genetische Defekte verursachen.
H341 Kann vermutlich genetische Defekte verursachen.
H350 Kann Krebs erzeugen.
H350i Kann bei Einatmen Krebs erzeugen.
H351 Kann vermutlich Krebs erzeugen.
H360 Kann die Fruchtbarkeit beeinträchtigen oder das Kind im Mutterleib schädigen.
H361 Kann vermutlich die Fruchtbarkeit beeinträchtigen oder das Kind im Mutterleib schädigen.
H362 Kann Säuglinge über die Muttermilch schädigen.
H370 Schädigt die Organe.
H371 Kann die Organe schädigen.
H372 Schädigt die Organe bei längerer oder wiederholter Exposition.
H373 Kann die Organe schädigen bei längerer oder wiederholter Exposition.

Gefahrenhinweise für Umweltgefahren

H400 Sehr giftig für Wasserorganismen.
H410 Sehr giftig für Wasserorganismen, mit langfristiger Wirkung.
H411 Giftig für Wasserorganismen, mit langfristiger Wirkung.
H412 Schädlich für Wasserorganismen, mit langfristiger Wirkung.
H413 Kann für Wasserorganismen schädlich sein, mit langfristiger Wirkung.

[1)] Die entsprechenden Werte der wichtigsten Substanzen finden Sie in: [Wil2007]

Sicherheitshinweise (P-Sätze) nach GHS

Die erste Ziffer eines P-Satzes bedeutet: 1 Allgemeines, 2 Prävention, 3 Reaktion, 4 Lagerung, 5 Entsorgung

Sicherheitshinweise – Allgemeines

P101 Ist ärztlicher Rat erforderlich, Verpackung oder Etikett bereithalten.
P102 Darf nicht in die Hände von Kindern gelangen.
P103 Vor Gebrauch Etikett lesen.

Sicherheitshinweise – Prävention

P201 Vor Gebrauch besondere Anweisungen einholen.
P202 Vor Gebrauch sämtliche Sicherheitsratschläge lesen und verstehen.
P210 Von Hitze / Funken / offener Flamme / heißen Oberflächen fernhalten. Nicht rauchen.
P211 Nicht in offene Flamme oder andere Zündquelle sprühen.
P220 Von Kleidung / … / brennbaren Materialien fernhalten / entfernt aufbewahren.
P221 Vermischung mit brennbaren Stoffen / … unter allen Umständen vermeiden.
P222 Berührung mit Luft vermeiden.
P223 Berührung mit Wasser wegen heftiger Reaktion und möglichem Aufflammen unbedingt vermeiden.
P230 Feucht halten mit …
P231 Unter inertem Gas handhaben.
P232 Vor Feuchtigkeit schützen.
P233 Behälter dicht verschlossen halten.
P234 Nur im Originalbehälter aufbewahren.
P235 Kühl halten.
P240 Behälter und zu befüllende Anlage erden.
P241 Explosionsgeschützte elektrische Anlagen / Lüftungsanlagen / Beleuchtungsanlagen / … / verwenden.
P242 Nur funkenfreies Werkzeug verwenden.
P243 Maßnahmen gegen elektrostatische Aufladungen treffen.
P244 Druckminderventile frei von Fett und Öl halten.
P250 Nicht schleifen / stoßen / … / reiben.
P251 Behälter steht unter Druck: Nicht durchstechen oder verbrennen, auch nicht nach der Verwendung.
P260 Staub / Rauch / Gas / Nebel / Dampf / Aerosol nicht einatmen.
P261 Einatmen von Staub / Rauch / Gas / Nebel / Dampf / Aerosol vermeiden.
P262 Nicht in die Augen, auf die Haut oder auf die Kleidung gelangen lassen.
P263 Berührung während der Schwangerschaft / der Stillzeit vermeiden.
P264 Nach Gebrauch … gründlich waschen.
P270 Bei Verwendung dieses Produkts nicht essen, trinken oder rauchen.
P271 Nur im Freien oder in gut belüfteten Räumen verwenden.
P272 Kontaminierte Arbeitskleidung soll am Arbeitsplatz verbleiben.
P273 Freisetzung in die Umwelt vermeiden.
P280 Schutzhandschuhe / Schutzkleidung / Augenschutz / Gesichtsschutz tragen.
P281 Vorgeschriebene persönliche Schutzausrüstung verwenden.
P282 Schutzhandschuhe / Gesichtsschild / Augenschutz mit Kälteisolierung tragen.
P283 Feuerbeständige / flammbeständige / feuerhemmende / flammhemmende Kleidung tragen.
P284 Atemschutz tragen. Akute inhalative Toxizität
P285 Bei unzureichender Belüftung Atemschutz tragen.

Sicherheitshinweise – Reaktion

P301 BEI VERSCHLUCKEN:
P302 BEI BERÜHRUNG MIT DER HAUT:
P303 BEI BERÜHRUNG MIT DER HAUT (oder dem Haar):
P304 BEI EINATMEN:
P305 BEI BERÜHRUNG MIT DEN AUGEN:
P306 BEI BERÜHRUNG MIT DER KLEIDUNG:
P307 BEI Exposition:
P308 BEI Exposition oder Verdacht:
P309 BEI Exposition oder Unwohlsein:
P310 Sofort GIFTINFORMATIONSZENTRUM oder Arzt anrufen.
P311 GIFTINFORMATIONSZENTRUM oder Arzt anrufen.
P312 Bei Unwohlsein GIFTINFORMATIONSZENTRUM oder Arzt anrufen.
P313 Ärztlichen Rat einholen / ärztliche Hilfe hinzuziehen.
P314 Bei Unwohlsein ärztlichen Rat einholen / ärztliche Hilfe hinzuziehen.
P315 Sofort ärztlichen Rat einholen / ärztliche Hilfe hinzuziehen.
P320 Gezielte Behandlung dringend erforderlich (siehe … auf diesem Kennzeichnungsetikett).
P321 Gezielte Behandlung (siehe … auf diesem Kennzeichnungsetikett).
P322 Gezielte Maßnahmen (siehe … auf diesem Kennzeichnungsetikett).
P330 Mund ausspülen.
P331 KEIN Erbrechen herbeiführen
P332 Bei Hautreizung:

P333 Bei Hautreizung oder -ausschlag:
P334 In kaltes Wasser tauchen / nassen Verband anlegen.
P335 Lose Partikel von der Haut abbürsten.
P336 Vereiste Bereiche mit lauwarmem Wasser auftauen. Betroffenen Bereich nicht reiben.
P337 Bei anhaltender Augenreizung:
P338 Eventuell vorhandene Kontaktlinsen nach Möglichkeit entfernen. Weiter ausspülen.
P340 Die betroffene Person an die frische Luft bringen und in einer Position ruhigstellen, in der sie leicht atmet.
P341 Bei Atembeschwerden die betroffene Person an die frische Luft bringen und in einer Position ruhigstellen, in der sie leicht atmet.
P342 Bei Symptomen der Atemwege:
P350 Behutsam mit viel Wasser und Seife waschen.
P351 Einige Minuten lang behutsam mit Wasser ausspülen.
P352 Mit viel Wasser und Seife waschen.
P353 Haut mit Wasser abwaschen / duschen.
P360 Vor Ablegen der Kleidung kontaminierte Kleidung und Haut sofort mit viel Wasser abwaschen.
P361 Alle kontaminierten Kleidungsstücke sofort ausziehen
P362 Kontaminierte Kleidung ausziehen und vor erneutem Tragen waschen.
P363 Kontaminierte Kleidung vor erneutem Tragen waschen.
P370 Bei Brand:
P371 Bei Großbrand und großen Mengen:
P372 Explosionsgefahr bei Brand. Explosive Stoffe / Gemische und Erzeugnisse mit Explosivstoff
P373 KEINE Brandbekämpfung, wenn das Feuer explosive Stoffe erreicht.
P374 Brandbekämpfung mit üblichen Vorsichtsmaßnahmen aus angemessener Entfernung
P375 Wegen Explosionsgefahr Brand aus der Entfernung bekämpfen.
P376 Undichtigkeit beseitigen, falls gefahrlos möglich.
P377 Brand bei Gasleckage: Nicht löschen, bis Leckage gefahrlos gestoppt werden kann.
P378 ... zum Löschen verwenden.
P380 Umgebung räumen. Explosive Stoffe / Gemische und Erzeugnisse mit Explosivstoff
P381 Alle Zündquellen entfernen, falls gefahrlos möglich.
P390 Verschüttete Mengen aufnehmen, um Materialschäden zu vermeiden.
P391 Verschüttete Mengen aufnehmen.

Sicherheitshinweise – Lagerung

P401 ... aufbewahren.
P402 An einem trockenen Ort aufbewahren.
P403 An einem gut belüfteten Ort aufbewahren
P404 In einem geschlossenen Behälter aufbewahren.
P405 Unter Verschluss aufbewahren.
P406 Behälter mit korrosionsfester Auskleidung aufbewahren.
P407 Luftspalt zwischen Stapeln / Paletten lassen.
P410 Vor Sonnenbestrahlung schützen.
P411 Bei Temperaturen nicht über ... °C / ... °F aufbewahren.
P412 Nicht Temperaturen über 50 °C / 122 °F aussetzen.
P413 Schüttgut in Mengen von mehr als ... kg / ... lbs bei Temperaturen nicht über ... °C / ... °F aufbewahren.
P420 Von anderen Materialien entfernt aufbewahren.
P422 Inhalt in / unter ... aufbewahren.

Sicherheitshinweise – Entsorgung

P501 Inhalt / Behälter ... zuführen.

Anmerkung: Einige P-Sätze müssen je nach Eigenschaften des Stoffes oder Gemisches angepasst bzw. ergänzt werden. Kombinierte P-Sätze sind nicht aufgeführt.

Tafel 6: *Gefahrenkennzeichen des GHS*

- entzündbare Gase, Kategorie 1
- entzündbare Aerosole und Feststoffe, Kategorien 1, 2
- entzündbare Flüssigkeiten, Kategorien 1, 2, 3
- selbstzersetzliche Stoffe und Gemische
- pyrophore Flüssigkeiten, Kategorie 1
- pyrophore Feststoffe, Kategorie 1
- selbsterhitzungsfähige Stoffe / Gemische, Kategorien 1, 2
- Stoffe und Gemische, die bei Berührung mit Wasser entzündbare Gase abgeben, Gefahrenkategorien 1, 2, 3
- organische Peroxide

- auf Metalle korrosiv wirkend, Kategorie 1
- hautätzend, Kategorien 1A, 1B, 1C
- schwere Augenschädigung, Kategorie 1

- akute Toxizität (oral, dermal, inhalativ), Kategorien 1, 2, 3

- akute Toxizität (oral, dermal, inhalativ), Kategorie 4
- Augenreizung, Kategorie 2
- Reizung der Haut, Kategorie 2
- Sensibilisierung der Haut, Kategorie 1
- spezifische Zielorgan-Toxizität (einmalige Exposition), Kategorie 3
- Atemwegsreizung
- narkotisierende Wirkungen

- gewässergefährdend
- akut gewässergefährdend der Kategorie 1
- chronisch gewässergefährdend der Kategorien 1, 2

- instabile explosive Stoffe und Gemische
- explosive Stoffe/Gemische und Erzeugnisse
- selbstzersetzliche Stoffe und Gemische, Typen A, B
- organische Peroxide, Typen A, B

Tafel 6: *Gefahrenkennzeichen des GHS (Fortsetzung)*

- oxidierende Gase, Kategorie 1
- oxidierende Flüssigkeiten, Kategorien 1, 2, 3
- oxidierende Feststoffe, Kategorien 1, 2, 3

- Gase unter Druck
- verdichtete Gase
- verflüssigte und tiefgekühlt verflüssigte Gase
- gelöste Gase

Tafel 7: *Verzeichnis der Formelzeichen für physikalisch-chemische Größen*

Zeichen	Größen	Einheiten	Seite
a	Gitterkonstante	m, nm, pm	153
a	Aktivität, Ionenaktivität	1	250
a_b, a_m	Molalitätsaktivität	1	307
a_c	Konzentrationsaktivität	1	307
a_x	Stoffmengenanteilaktivität	1	307
A	Affinität	$J \cdot mol^{-1}$; $kJ \cdot mol^{-1}$	303
A_r	relative Atommasse	1	23
$\ddot{A}_e$	elektrochemisches Äquivalent	$kg \cdot A^{-1} \cdot s^{-1}$; $g \cdot A^{-1} \cdot s^{-1}$	378
b	Molalität	$mol \cdot kg^{-1}$	54
c	Stoffmengenkonzentration	$mol \cdot m^{-3}$; $mol \cdot L^{-1}$	52
C	Teilchenzahlkonzentration	m^{-3}; L^{-1}	54
c, c_{gl}, c_{eq}	Konzentration im Gleichgewichtszustand	$mol \cdot m^{-3}$; $mol \cdot L^{-1}$	232
c_0, C	Konzentration im Ausgangszustand	$mol \cdot m^{-3}$; $mol \cdot L^{-1}$	232
C_s	Löslichkeit, Konzentration der gesättigten Lösung	$mol \cdot m^{-3}$; $mol \cdot L^{-1}$	255
c_{eq}	Äquivalentkonzentration	$mol \cdot m^{-3}$; $mol \cdot L^{-1}$	55
c	Wärmekapazität	$J \cdot K^{-1}$	293
C	molare Wärmekapazität	$J \cdot K^{-1} \cdot mol^{-1}$	293
e	elektrische Elementarladung	$A \cdot s$	66
E	Energie	J; $N \cdot m$; $W \cdot s$	39
E_I, E_i	molare Ionisierungsenergie	$J \cdot mol^{-1}$	99
E_{EA}, EA	molare Elektronenaffinität	$J \cdot mol^{-1}$	101
$E^{\ominus}$	Standardredoxpotenzial	V	211
EN	Elektronegativität	1	103
f	Aktivitätskoeffizient	1	250
f_{eq}, f_{ev}	Äquivalenzfaktor	1	32
f_ψ	Fugazitätskoeffizient	1	308
F	FARADAY-Konstante	$A \cdot s \cdot mol^{-1}$	381
F, Fp	Schmelztemperatur	K; °C	148
g	freie Enthalpie	J	300
$\Delta_B G$	molare freie Bildungsenthalpie	$J \cdot mol^{-1}$; $kJ \cdot mol^{-1}$	304
$\Delta_M G$	molare freie Mischungsenthalpie	$J \cdot mol^{-1}$; $kJ \cdot mol^{-1}$	333
$\Delta_R G$	molare freie Reaktionsenthalpie	$J \cdot mol^{-1}$; $kJ \cdot mol^{-1}$	301
h	Enthalpie	J	273
$\Delta_B H$	molare Bildungsenthalpie	$J \cdot mol^{-1}$; $kJ \cdot mol^{-1}$	282
$\Delta_C H$	molare Verbrennungsenthalpie	$J \cdot mol^{-1}$; $kJ \cdot mol^{-1}$	289
$\Delta_G h$	Gitterenthalpie	J	295
$\Delta_G H$	molare Gitterenthalpie	$J \cdot mol^{-1}$; $kJ \cdot mol^{-1}$	295
$\Delta_H h$	Hydratationsenthalpie	J	295
$\Delta_H H$	molare Hydratationsenthalpie	$J \cdot mol^{-1}$; $kJ \cdot mol^{-1}$	295
$\Delta_L h$	Lösungsenthalpie	J	294
$\Delta_L H$	molare Lösungsenthalpie	$J \cdot mol^{-1}$; $kJ \cdot mol^{-1}$	294
$\Delta_M h$	Mischungsenthalpie	J	296
$\Delta_M H$	molare Mischungsenthalpie	$J \cdot mol^{-1}$; $kJ \cdot mol^{-1}$	296
$\Delta_R h$	Reaktionsenthalpie	J	273
$\Delta_R H$	molare Reaktionsenthalpie	$J \cdot mol^{-1}$; $kJ \cdot mol^{-1}$	274
$\Delta_S H$	molare Schmelzenthalpie	$J \cdot mol^{-1}$; $kJ \cdot mol^{-1}$	292
$\Delta_{Solv} h$	Solvatationsenthalpie	J	295
$\Delta_{Solv} H$	molare Solvatationsenthalpie	$J \cdot mol^{-1}$; $kJ \cdot mol^{-1}$	295
$\Delta_{Sub} H$	molare Sublimationsenthalpie	$J \cdot mol^{-1}$; $kJ \cdot mol^{-1}$	292
$\Delta_V H$	molare Verdampfungsenthalpie	$J \cdot mol^{-1}$; $kJ \cdot mol^{-1}$	292
$\Delta_{Verd} H$	molare Verdünnungsenthalpie	$J \cdot mol^{-1}$; $kJ \cdot mol^{-1}$	295
I	Stromstärke	A	348

Tafel 7: *Verzeichnis der Formelzeichen für physikalisch-chemische Größen (Fortsetzung)*

Zeichen	Größen	Einheiten	Seite
I	molare Ionisierungsenergie	$J \cdot mol^{-1}$; $kJ \cdot mol^{-1}$	99
k_H, k_R	Geschwindigkeitskonstante der Hinreaktion und Rückreaktion	1	193
K	Gleichgewichtskonstante	1	189
K^+, K^*	thermodynamische Gleichgewichtskonstante	1	311
K_B, K_S	Basekonstante, Säurekonstante	$mol \cdot L^{-1}$	224
K_D	Dissoziationskonstante	z. B. $mol \cdot L^{-1}$	217
K_D	Komplexdissoziationskonstante	z. B. $mol^4 \cdot L^{-4}$	261
K_B	Komplexbildungskonstante	z. B. $L^{-4} \cdot mol^{-4}$	262
K_L, L	Löslichkeitskonstante, Löslichkeitsprodukt	z. B. $mol^{-2} \cdot L^{-2}$	253
K_W	Ionenprodukt des Wassers	$mol^{-2} \cdot L^{-2}$	221
Kp	Siedetemperatur, Kondensationstemperatur	K; °C	149
m	Masse	kg, g, mg	23
m_a	Masse eines Atoms	g, u	24, 25
M	molare Masse	$kg \cdot mol^{-1}$; $g \cdot mol^{-1}$	30
M_{eq}, M_{ev}	molare Masse der Äquivalente, molare Äquivalentmasse	$kg \cdot mol^{-1}$; $g \cdot mol^{-1}$	34
M_r	relative Molekülmasse	1	25
$M_{r,eq}$	relative Äquivalentmasse	1	33
n	Stoffmenge, Objektmenge	mol	27
n_{eq}, n_{ev}	Stoffmenge der Äquivalente, Äquivalentmenge	mol	33
N	Teilchenzahl	1	29
N_A	AVOGADRO-Konstante	mol^{-1}	29
N_L	LOSCHMIDT-Konstante	m^{-3}; cm^{-3}	37
p	Druck	Pa; bar	38
p_i, p_b	Partialdruck (der Komponente b)	Pa	62
$\dot{p}$	normierter Partialdruck	Pa	308
P	mathematische Wahrscheinlichkeit	1	323
pH	pH-Wert	1	222
pK_B	pK_B-Wert	1	227
pK_D	pK_D-Wert	1	261
pK_S	pK_S-Wert	1	227
q	Wärme	J	268
Q	molare Reaktionswärme	$J \cdot mol^{-1}$; $kJ \cdot mol^{-1}$	276
Q_S	molare Schmelzwärme	$J \cdot mol^{-1}$; $kJ \cdot mol^{-1}$	292
Q_V	molare Verdampfungswärme	$J \cdot mol^{-1}$; $kJ \cdot mol^{-1}$	292
q	elektrische Ladung	$A \cdot s$; $A \cdot h$	338
Q	Elektrizitätsmenge	$A \cdot s$; $A \cdot h$	379
q	spezifische Partialstoffmenge	$mol \cdot kg^{-1}$	54
Q	Reaktionsquotient, Aktivitätenquotient	1	307
r	Radius, Atomradius, Ionenradius	m, nm, pm	105
r	Stoffmengenverhältnis	1	47
R	Teilchenzahlverhältnis	1	47
R	molare Gaskonstante	$J \cdot mol^{-1} \cdot K^{-1}$; $L \cdot kPa \cdot mol^{-1} \cdot K^{-1}$	39
R	elektrischer Widerstand	Ω; $V \cdot A^{-1}$	348
R_i	innerer Widerstand	Ω; $V \cdot A^{-1}$	348
s	Entropie	$J \cdot K^{-1}$	300
$S^{\ominus}$	molare Standardentropie	$J \cdot K^{-1} \cdot mol^{-1}$	304
$\Delta_R S$	molare Reaktionsentropie	$J \cdot K^{-1} \cdot mol^{-1}$	304
$\Delta_M S$	molare Mischungsentropie	$J \cdot K^{-1} \cdot mol^{-1}$	333
t, θ	Temperatur	°C	38
T	(absolute) Temperatur	K	38

Tafel 7: *Verzeichnis der Formelzeichen für physikalisch-chemische Größen (Fortsetzung)*

Zeichen	Größen	Einheiten	Seite
u	innere Energie	J	268
$\Delta_R u$	Reaktionsenergie	J	271
$\Delta_R U$	molare Reaktionsenergie	$J \cdot mol^{-1}$; $kJ \cdot mol^{-1}$	277
U, U_z	Zellspannung	V	348
U_e	Elektrolysespannung	V	373
U_k	Klemmenspannung	V	348
U_z	Zersetzungsspannung	V	373
U_0	Spannung im stromlosen Zustand	V	373
U_I	Spannung unter Stromfluss	V	373
v	Reaktionsgeschwindigkeit	$mol \cdot m^{-3} \cdot s^{-1}$; $mol \cdot L^{-1} \cdot s^{-1}$	179
v_H, v_R	Geschwindigkeit der Hinreaktion und Rückreaktion	$mol \cdot m^{-3} \cdot s^{-1}$; $mol \cdot L^{-1} \cdot s^{-1}$	180
v	Volumen	m^3, dm^3, cm^3, L, mL	35
V	molares Volumen	$m^3 \cdot mol^{-1}$; $L \cdot mol^{-1}$; $cm^3 \cdot mol^{-1}$	35
$\Delta_R v$	Reaktionsvolumen	m^3, L, cm^3	277
$\Delta_R V$	molares Reaktionsvolumen	$m^3 \cdot mol^{-1}$; $L \cdot mol^{-1}$; $cm^3 \cdot mol^{-1}$	277
w	Massenanteil	1	48
w	Arbeit	J	268
W	thermodynamische Wahrscheinlichkeit	1	323
w_{el}	elektrische Arbeit	J, $W \cdot s$	350
W_{el}	molare elektrische Arbeit	$J \cdot mol^{-1}$; $W \cdot s \cdot mol^{-1}$	351
w_{vol}	Volumenarbeit	J	272
W_{vol}	molare Volumenarbeit	$J \cdot mol^{-1}$; $kJ \cdot mol^{-1}$	277
x	Stoffmengenanteil (früher Molenbruch)	1	47
X	Teilchenzahlanteil	1	47
z	Wertigkeit	1	32
z	Reaktionsladungszahl	1	378
α	Dissoziationsgrad	1	215
α	Protolysegrad	1	232
β	Massenkonzentration	$kg \cdot m^3$; $g \cdot L$	52
δ^+, δ^-	Partialladungen	$A \cdot s$	131
ε	Elektrodenpotenzial	V	353
$\varepsilon^{\ominus}$	Standardelektrodenpotenzial	V	345
ε_0	Elektrodenpotenzial im stromlosen Zustand	V	372
ε_I	Elektrodenpotenzial bei Stromfluss	V	372
ε_R	Ruhepotenzial	V	372
$\varepsilon_A, \varepsilon_K$	Elektrodenpotenzial der Anode/Katode	V	374
ζ	Massenverhältnis	1	48
η	Überspannung	V	375
μ	chemisches Potenzial	$J \cdot mol^{-1}$; $W \cdot s \cdot mol^{-1}$	317
$\tilde{\mu}$	elektrochemisches Potenzial	$J \cdot mol^{-1}$; $W \cdot s \cdot mol^{-1}$	339
ν	Stöchiometriezahl	1	16
ξ	Objektmenge der Formelumsätze (Reaktionsfortschritt, Reaktionslaufzahl, Umsatzvariable)	mol	274
ϱ	Dichte	$kg \cdot m^{-3}$; $g \cdot dm^{-3}$; $g \cdot cm^{-3}$	2
σ	Volumenkonzentration	1	61
φ	elektrisches Potenzial	V	338
φ	Volumenanteil	1	61
ψ	Volumenverhältnis	1	62
ψ	Fugazität	1	308

Tafel 7: *Verzeichnis der Formelzeichen für physikalisch-chemische Größen (Fortsetzung)*

Indizes zu den Formelzeichen für physikalisch-chemische Größen

Zeichen	Bedeutung
Oberer Index:	
$\ominus$	Standardgrößen
Untere Indizes:	
A	Ausgangszustand, Ausgangsstoffe
E	Endzustand, Endprodukte
eq, ev	Äquivalent
G	Gleichgewichtszustand
gl, eq	im Gleichgewichtszustand
A, B, C, D, M, N	unterschiedliche Reaktionsteilnehmer
b	ein bestimmter Reaktionsteilnehmer
i	jeder einzelne Reaktionsteilnehmer, Laufindex
j	alle Reaktionsteilnehmer außer i
n_j; n_1, n_2 ...	Stoffmengen aller anderen Reaktionsteilnehmer konstant
p	unter konstantem Druck, unter Standarddruck (101,325 kPa)
v	unter konstantem Volumen
T	unter konstanter Temperatur unter Standardtemperatur (298,15 K)
g	gasförmig
fl	flüssig (auch l von liquid)
f	fest (auch s von solid)
bei Gleichgewichtskonstanten *K*	
a	bezogen auf Aktivitäten
c	bezogen auf Stoffmengenkonzentrationen
p	bezogen auf Partialdrücke
x	bezogen auf Stoffmengenanteile
Mathematische Zeichen:	
Σ	Summe
Π	Produkt
Δ	Differenz
d	Differenzial
∂	Differenzial (in partiellen Differenzialquotienten)
$\frac{\Delta y}{\Delta x}$	Differenzenquotient
$\frac{dy}{dx}$	Differenzialquotient
$\frac{\partial y}{\partial x}$	partieller Differenzialquotient

Tafel 8: *Internationales Einheitensystem (SI)*
***Basiseinheiten** und für die Chemie besonders wichtige abgeleitete Einheiten und SI-fremde Einheiten*

Größe	Einheit	Zeichen	
Länge	**Meter**	**m**	
Fläche	Quadratmeter	m^2	$1\ m^2 = 10^2\ dm^2 = 10^4\ cm^2$
Volumen	Kubikmeter	m^3	$1\ m^3 = 10^3\ dm^3 = 10^6\ cm^3$
Volumen	Liter	L	$1\ L = 10^{-3}\ m^3 = 10^3\ mL$
Masse	**Kilogramm**	**kg**	$1\ kg = 10^3\ g = 10^6\ mg = 10^9\ \mu g$
Masse	Tonne	t	$10^3\ kg$
Dichte		$kg \cdot m^{-3}$	$1\ kg \cdot m^{-3} = 1\ g \cdot cm^{-3} = 1\ g \cdot mL^{-1}$
Kraft	Newton	N	$1\ N = 1\ kg \cdot m \cdot s^{-1}$
Druck	Pascal	Pa	$1\ Pa = 1\ N \cdot m^{-2}$
Druck	Bar	bar	$1\ bar = 10^5\ Pa = 10^5\ N \cdot m^{-2}$
Energie	Joule	J	$1\ J = 1\ N \cdot m = 1\ W \cdot s$
Leistung	Watt	W	$1\ W = 1\ N \cdot m \cdot s^{-1} = 1\ V \cdot A$
elektrische Stromstärke	**Ampere**	**A**	$1\ A = 10^3\ mA$
elektrische Ladung	Coulomb	C	$1\ C = 1\ A \cdot s$
elektrische Spannung	Volt	V	$1\ V = J \cdot C^{-1} = W \cdot A^{-1} = 10^3\ mV$
elektrischer Widerstand	Ohm	Ω	$1\ \Omega = 1\ V \cdot A^{-1}$
Zeit	**Sekunde**	**s**	
thermodynamische Temperatur	**Kelvin**	**K**	
Stoffmenge (Objektmenge)	**Mol**	**mol**	
Lichtstärke	**Candela**	**cd**	

Vorsätze zu den SI-Einheiten

Vorsatz	Vorsatzzeichen	Faktor	Bezeichnung
Exa	E	10^{18}	Trillion
Peta	P	10^{15}	Billiarde
Tera	T	10^{12}	Billion
Giga	G	10^9	Milliarde
Mega	M	10^6	Million
Kilo	k	10^3	Tausend
Hekto	h	10^2	Hundert
Deka	da	10^1	Zehn
Dezi	d	10^{-1}	Zehntel
Zenti	c	10^{-2}	Hundertstel
Milli	m	10^{-3}	Tausendstel
Mikro	µ	10^{-6}	Millionstel
Nano	n	10^{-9}	Milliardstel
Piko	p	10^{-12}	Billionstel
Femto	f	10^{-15}	Billiardstel
Atto	a	10^{-18}	Trillionstel

Tafel 9: *Griechisches Alphabet*

A	α	a	Alpha	N	ν	n	Ny
B	β	b	Beta	Ξ	ξ	x	Xi
Γ	γ	g	Gamma	O	o	o	Omikron
Δ	δ	d	Delta	Π	π	p	Pi
E	ε	e	Epsilon	P	ϱ	r	Rho
Z	ζ	z	Zeta	Σ	σ, ς	s	Sigma
H	η	e	Eta	T	τ	t	Tau
Θ	θ, ϑ	th	Theta	Y	υ	y	Ypsilon
I	ι	j	Jota	Φ	φ	ph	Phi
K	$\varkappa$	k	Kappa	X	χ	ch	Chi
Λ	λ	l	Lambda	Ψ	ψ	ps	Psi
M	μ	m	My	Ω	ω	o	Omega

Sachwortverzeichnis Begriffe

B

E

L

Q

R

S

T

Z

Sachwortverzeichnis Stoffe

D

E

H

L

M

N

O

S

Literaturverzeichnis

Allgemeine und Anorganische Chemie

[Atk2013] *Atkins, P. W.; de Paula, J.*: Physikalische Chemie. – 5. Auflage. – Weinheim u. a.: Wiley-VCH, 2013

[Atk2008] *Atkins, P. W.*: Kurzlehrbuch Physikalische Chemie. – 4. Auflage. – Weinheim: Wiley-VCH, 2008

[AtB2006] *Atkins, P. W.; Beran, J. A.*: Chemie – einfach alles. – 2. Auflage. – Weinheim u. a.: Wiley-VCH, 2006

[Ayl2014] *Aylward, G. H.; Findlay, T. J. V.*: Datensammlung Chemie in SI-Einheiten. – 4. Auflage. – Weinheim u. a.: Wiley-VCH, 2014

[Bat2013] *Batten, S. R.; Champness, N. R.; Chen, X. M.; Garcia-Martinez, J.; Kitagawa, S.; Öhrström, L.; O'Keeffe, M.; Suh, M. P.; Reedijk, J.*: Terminology of metal-organic frameworks and coordination polymers (IUPAC Recommondations 2013), Pure Appl. Chem. 85/8(2013)1715–1724

[Blu2006] *Blumenthal, G.; Linke, D.; Vieth, S.*: Chemie – Grundwissen für Ingenieure. – 1. Auflage. – Wiesbaden: Verlag Teubner, 2006

[Bro2011] *Brown, T. L.; Le May, H. E.; Bursten, B. E.*: Chemie. – 10. Auflage. – Pearson Studium, 2011

[DAn2008] *D'ANS-LAX*: Taschenbuch für Chemiker und Physiker.
Bd. 1 (Hrsg. *Lechner, M. D.*): Physikalisch Chemische Daten. – 4. Auflage. – Berlin u. a.: Springer Verlag, 1992
Bd. 3 (Hrsg. *Blachnik, R.*): Elemente, anorganische Verbindungen und Materialien, Minerale. – 4. Auflage. – Berlin u. a.: Springer Verlag, 1998

[GES1996] Größen, Einheiten und Symbole in der Physikalischen Chemie. IUPAC, VCH Weinheim, 1996

[Ham2005] *Hamann, C. H.; Vielstich, W.*: Elektrochemie. – 4. Auflage. – Weinheim u. a.: Wiley-VCH, 2005

[HoWi2011] *HOLLEMAN-WIBERG (Wiberg, N.)*: Lehrbuch der Anorganischen Chemie. – 102. Auflage. – Berlin: de Gruyter, 2011

[Huh2012] *Huheey, J.; Keiter, E.; Keiter, R.*: Anorganische Chemie – Prinzipien von Struktur und Reaktivität. – 4. Auflage. – Berlin u. a.: Verlag de Gruyter, 2012

[Kal1998] *Kaltofen, R. u. a.*: Tabellenbuch Chemie. – 13. Auflage. – Haan-Gruiten: Verlag Europa-Lehrmittel, 1998, 2014

[Kit2006] *Kitagawa, S.; Noro, S.-I.; Nakamura, T.*: Chem. Commun. (2006)701

[Kru2007] *Krüger, A.*: Neue Kohlenstoffmaterialien. – 1. Auflage. – Wiesbaden: Verlag Teubner, 2007

[Kur2002] *Kurzweil, P.*: Brennstoffzellentechnik. – Wiesbaden: Vieweg & Sohn Verlag, 2002

[Lie1995] *Liebscher, W.* (Hrsg.): Nomenklatur der Anorganischen Chemie. Deutsche Fassung. – Weinheim u. a.: VCH Verlagsgesellschaft, 1995

[Lie1999] *Liebscher, W.; Fluck, E.*: Die systematische Nomenklatur der anorganischen Chemie. – Berlin u. a.: Springer Verlag, 1999

[Mor2015] *Mortimer, Ch.*: Das Basiswissen der Chemie. – Stuttgart: Thieme, 2015

[Mue2006] *Müller, U.*: Anorganische Strukturchemie. – 6. Auflage. – Stuttgart: Teubner Studienbücher, 2006

[Pfe2012] *Pfestorf, R.*: Chemie – Ein Lehrbuch für Fachhochschulen. – 9. Auflage. – Haan-Gruiten: Verlag Europa-Lehrmittel, 2013

[Rie2012] *Riedel* (Hrsg. *Meyer, H.-J.*): Moderne Anorganische Chemie. – 4. Auflage. – Berlin u. a.: Verlag de Gruyter, 2012

[Roe2018] *RÖMPP Kompakt*: Basislexikon Chemie, Band 1 bis 4. – Stuttgart: Georg Thieme Verlag, 1999

RÖMPP Online (Hrsg. *Dill, B. et al.*): Lexikon Chemie. – Stuttgart: Georg Thieme Verlag, 2018

[Row2004] *Rowsell, J. L. C.; Yaghi, O. M.*: Microporous Mesoporous Mater. 73(2004)3

[Sin1985] *Sing, K. S.*: (IUPAC Recommondations 1985), Pure Appl. Chem. 57/4(1985)603–619

[Vdi2013] *VDI-WÄRMEATLAS* (Hrsg. VDI-Gesellschaft Verfahrenstechnik und Chemieingenieurwesen; Physikalisch Chemische Stoffwerte). – 11. Auflage. – Berlin u. a.: Springer Verlag, 2013

[Wed2012] *Wedler, G.*: Lehrbuch der Physikalischen Chemie. – 6. Auflage. – Weinheim: Wiley-VCH, 2012

[Wil1988] *Wilke, K.-Th.; Bohm, J.*: Kristallzüchtung. – Frankfurt a. M.: Verlag Harri Deutsch, 1988

[Wil2007] *Willmes, A.*: Taschenbuch Chemische Substanzen. – 3. Auflage. – Haan-Gruiten: Verlag Europa-Lehrmittel, 2007

[Win2002] *Winkler, W.*: Brennstoffzellenanlagen. – Berlin; Heidelberg: Springer-Verlag, 2002

Organische Chemie

[Bey2015] *BEYER/WALTER (Schirmeister, T.; Schmuck, C.; Wich, P. R.)*: Lehrbuch der Organischen Chemie. – 25. Auflage. – Stuttgart: Verlag S. Hirzel, 2015

[Bru2011] *Bruice, P. Y.; Lazar, T.*: Organische Chemie. – verb. 5. Auflage. – München: Pearson Studium, 2011

[Cla2017] *Clayden, J.; Greeves, N.; Warren, S.*: Organische Chemie. – 2. Auflage. – Berlin; Heidelberg: Springer-Verlag, 2017

[Bud2011] *Buddrus, J.*: Grundlagen der Organischen Chemie. – 4. Auflage. – Berlin: Verlag de Gruyter, 2011

[Els2008] *Elschenbroich, C.*: Organometallchemie. – 6. Auflage. – Berlin; Heidelberg: Springer-Verlag, 2008

[Har2007] *Hart H.; Craine, L. E.; Hart, D. J.; Hadad, C. M.*: Organische Chemie. – 3. Auflage. – Weinheim: Wiley-VCH, 2007

[Hel2006] *Hellwinkel, D.*: Die systematische Nomenklatur der organischen Chemie. – 5. Auflage. – Berlin; Heidelberg: Springer-Verlag, 2006

[Jer2014] *Jeromin, G.*: Organische Chemie – Ein praxisbezogenes Lehrbuch. – 4. Auflage. – Haan-Gruiten: Verlag Europa-Lehrmittel, 2014

[Leh2009] *LEHNINGER (Nelson, D.; Cox, M.)*: Biochemie. – 4. Auflage. – Berlin u. a.: Springer Verlag, 2009

[Sch2009] *Schrader, B.; Rademacher, P.*: Kurzes Lehrbuch der Organischen Chemie. – 3. Auflage. – Berlin: Verlag de Gruyter, 2009

[Swe2015] *Schwetlick, K.*: Organikum. – 24. Auflage. – Weinheim: Wiley-VCH, 2015

[Str2018] *STRYER (Berg, J. M.; Tymoczko, J. L., Gatto, G. J., Stryer, L.)*: Biochemie. – 8. Auflage. – Berlin, Heidelberg: Springer-Verlag, 2018

[Syk2001] *Sykes,P.*: Reaktionsmechanismen der Organischen Chemie. – 9. Auflage. – Weinheim: Wiley-VCH, 2001

[Vol2011] *Vollhardt, K. P. C., Schore, N. E.*: Organische Chemie. – 5. Auflage. – Weinheim: Wiley-VCH, 2011

Physik

[Sto2018] *Stöcker, H.*: Taschenbuch der Physik. – 8. Auflage. – Haan-Gruiten: Verlag Europa-Lehrmittel, 2018

Wichtige Konstanten

AVOGADRO-Konstante	$N_A = 6{,}022\,14 \cdot 10^{23}\ \text{mol}^{-1}$
FARADAY-Konstante	$F = 96\,485{,}34\ \text{A} \cdot \text{s} \cdot \text{mol}^{-1}$
molare Gaskonstante	$R = 8{,}3145\ \text{J} \cdot \text{mol}^{-1} \cdot \text{K}^{-1}$
molares Volumen idealer Gase (0 °C; 101,325 kPa)	$V = 22{,}4140\ \text{L} \cdot \text{mol}^{-1}$
Elementarladung	$e = 1{,}602\,176\,6 \cdot 10^{-19}\ \text{A} \cdot \text{s}$
atomare Masseneinheit	$1\ \text{u} = 1{,}660\,539 \cdot 10^{-24}\ \text{g}$
Masse des Elektrons	$m_e = 9{,}109\,383 \cdot 10^{-28}\ \text{g}$
Masse des Protons	$m_p = 1{,}672\,622 \cdot 10^{-24}\ \text{g}$
Masse des Neutrons	$m_n = 1{,}674\,927 \cdot 10^{-24}\ \text{g}$

Wichtige Tabellen und Übersichten

Methodische Vorschriften